DELIUS KLASING

MIX
Papier aus verantwortungsvollen Quellen
Paper from responsible sources
FSC® C105338

Wartung und Reparatur

Matthew Coombs

BMW

F 650

Modelle:

F 650 Funduro	1994 bis 2000
F 650 ST Strada	1997 bis 2000
F 650 GS	2000 bis 2007
F 650 GS Dakar	2001 bis 2007
F 650 CS	2002 bis 2005

Delius Klasing Verlag

Originaltitel:
»Haynes Service & Repair Manual« BMW F 650

Bibliografische Information der Deutschen Nationalbibliothek
Die Deutsche Nationalbibliothek verzeichnet diese Publikation in der Deutschen Nationalbibliografie; detaillierte bibliografische Daten sind im Internet über http://dnb.d-nb.de abrufbar.

2. Auflage
ISBN 978-3-667-11900-1

Übertragen und bearbeitet von Udo Stünkel
Einbandgestaltung: Ekkehard Schonhart
Druck: Books on Demand, Norderstedt
Printed in Germany

Vertrieb: Delius Klasing Verlag, Siekerwall 21, D-33602 Bielefeld
Tel.: 0521/559-0, Fax: 0521/559-115
E-Mail: info@delius-klasing.de
www.delius-klasing.de

Inhalt

BMW – Immer etwas anders

von Julian Ryder

Vom Flugmotor zum Motorrad

Seit sich die Bayerischen Motorenwerke mit Zweirädern beschäftigen, kann man die Firmenphilosophie damit umschreiben, dass BMW immer etwas anderes als die Konkurrenz bauen wollte. Man beachtete die Mitbewerber im Wesentlichen nur, um herauszufinden, was diese nicht bauten, und stieß dann mit innovativer Technik in diese Nische.

Die erste echte BMW, die R 32 von 1923, war die weltweit erste eigenständige Neukonstruktion im Motorradbau seit Ende des Ersten Weltkrieges. Ohne Rücksicht auf Traditionen und etablierte Praktiken begründete diese Maschine die deutsche Motorenbauschule und stand Pate für fast alle in den folgenden 85 Jahren vorgestellten BMW-Motorräder. Ihr 180°-Zweizylindermotor hieß aufgrund der sich gleichzeitig aufeinander zu bewegenden Kolben »Boxer« – BMW hatte jedoch weder das Arbeitsprinzip noch den Motor erfunden. Die 1917 gegründete Firma BMW hatte im Ersten Weltkrieg die leistungsstärksten deutschen Flugmotoren gebaut, doch der Versailler Vertrag verbot den Deutschen den Weiterbau von Flugzeugen. Chefkonstrukteur Max Friz besorgte sich ein englisches Douglas-Motorrad und baute dessen quer installierten Boxermotor nach, den er dann an Victoria in Nürnberg verkaufte. Schließlich wurde dieser Motor auch in ein eigenes Fahrzeug namens *Helios* eingebaut, doch ein großer Erfolg wurde diese Maschine nicht – auch weil der hintere Zylinder unter Kühlungsproblemen litt. Der weiß-blaue Propeller war an dieser Maschine ebenfalls noch nicht zu sehen, weshalb die Erfolgsstory offiziell erst anfing, als Victoria OHV-Motoren haben wollte und den Vertrag mit BMW kündigte. Friz drehte den Seitenventilermotor, sodass beide Zylinder seitlich im Wind lagen und die Kraft, wie beim Auto, über die längs liegende Kurbelwelle, eine Einscheiben-Trockenkupplung und ein Dreigang-Getriebe direkt auf die Kardanwelle übertragen wurde. Diese R 32 genannte 500-cm^3-Maschine wurde der Durchbruch. Das geschlossen aufgebaute System und die Perfektion der gesamten Konstruktion beeindruckte das Publikum auf dem Pariser Salon 1923. Zuverlässig, gut verarbeitet und sehr bequem, nur etwas schwer und behäbig war die Maschine – all das sollte fortan bei BMW zur Tradition werden.

Der alte Zweiventil-Boxer trat in der R 80 GS zur letzten Runde an.

Der neue Vierventil-Boxer zeigte ab 1994 in der futuristischen R 1100 GS seine Stärken.

Schnell wurde das neue Konzept erweitert und verfeinert. Die 1925 vorgestellte R 37 produzierte bei gleichem Hubraum (und dem von Douglas übernommen Bohrungs-/Hubverhältnis von 68 x 68 mm), doch mit im Zylinderkopf hängenden Ventilen sportliche 16 PS. Gleichzeitig wurde mit der R 39 die erste Viertelliter-Einzylindermaschine vorgestellt. 1928 erwarb

BMW in Eisenach die Dixi-Werke und baute den Austin 7 mit Linkslenkung als allererstes Auto der Werksgeschichte in Lizenz nach. Die R 63 mit 735 cm^3 wurde ab jetzt die Basis für schwere sportliche Maschinen und Rekordfahrzeuge.

Die 1930er-Jahre waren die Ära der Geschwindigkeitsrekorde zu Land, zu Wasser und in der Luft, und der Name Ernst Henne wurde nicht weniger als zehnmal in den Rekordbüchern verzeichnet – achtmal mit Zweirädern und zweimal als Gespannfahrer. Die ersten Rekorde fuhr er mit einer Kompressor-R-63, aber 1936 fuhr er mit einer 500er-R 5, die als Besonderheiten die erste ölgedämpfte Telegabel im Serienbau, zwei kettengetriebene Nockenwellen und dadurch kürzere Stößelstangen aufwies und damit drehzahlfester war. Geschlossen wurden die Ventile jetzt mit Haarnadel- statt Schraubenfedern. Auf Basis dieses Motors wurde auch eine reine Rennmaschine vorgestellt, deren beiden jeweils obenliegenden Nockenwellen über Königswellen angetrieben wurden. Mit einem Kompressor versehen wurde diese Maschine der Schrecken aller Rennstrecken, und »Schorsch« Meier gewann 1939 als erster Ausländer auf einer ausländischen Maschine die Senior Tourist Trophy auf der Isle of Man. Nach dem Zweiten Weltkrieg wurde diese Maschine ohne Kompressor weiterentwickelt.

2004 erschien mit der R 1200 GS die dritte Enduro-Generation mit dem neuen Boxer.

Während des Krieges wurde die Produktion bei BMW auf Militärfahrzeuge umgestellt, zunächst baute man die veraltete seitengesteuerte R 12, dann die moderne überschwere R 75, hauptsächlich als Gespann für die Wehrmacht, außerdem natürlich wieder Flugzeugmotoren. Der verlorene Krieg traf den Rüstungskonzern BMW besonders hart: Das Werk in Eisenach (in das 1941 die Motorradproduktion verlegt worden war) war an die Russen verloren, und die Amerikaner demontierten die Hallen in München. Erst 1948 konnte wieder langsam die Produktion der Einzylindermaschine R 24 gestartet werden. Zwei Jahre später verließ mit der R 51/2 der erste Nachkriegsboxer das Fließband, allerdings als kaum veränderte Nachfolgerin der Vorkriegsversion R 51. Zwar gab es keine Seitenventilmotoren mehr, doch war man fahrwerkmäßig etwas in Rückstand geraten. Ab 1955 führt BMW das Vollschwingen-Fahrwerk ein, also eine moderne Hinterradschwinge statt der Geradewegfederung, und eine geschobene Earles-Schwinge für das Vorderrad, zum einen wegen der Entwicklungssackgasse im Telegabelbau, zum anderen für besseres Fahrverhalten im Beiwagenbetrieb. Die Maschinen hießen jetzt R 50, R 60 und R 69. Außerhalb Deutschlands verkauften sich diese teuren Maschinen nur in den USA gut. Ende der 1950er-Jahre ging der Verkauf von Motorrädern weltweit stark zurück, und die schlecht laufende Autosparte hatte die Firma inzwischen so weit in die Krise getrieben, dass BMW fast an Mercedes verkauft werden musste. In letzter Minute fand sich mit Herbert Quandt ein Geldgeber und neu entwickelte Autos retteten die Firma. Die Sportmaschine R 69 S mit 42 PS musste als eines der schnellsten Serienmotorräder der Welt ab 1960 den guten Ruf verteidigen. Gegen Ende des Jahrzehnts konnten die US-Ausführungen dieses Modells mit einer neuartigen Telegabel geordert werden – und für den Wiederaufstieg des Motorrads zu Beginn der 1970er-Jahre hatte man sich etwas ganz neues vorgenommen …

Die R 1200 GS Adventure hat sich als eine der besten Langstrecken-Enduros etabliert.

Das neue Werk in Spandau und der neue Boxer

Da die Autoproduktion in München immer mehr Platz brauchte, der Staat die Industrieansiedlung auf der »Insel« West-Berlin förderte und sowieso eine völlig neue Baureihe geplant war, zog Ende der 1960er-Jahre die Motorradsparte der BMW AG in ein ehemaliges Siemens-Werk nach Berlin-Spandau um. Hier wurde ab 1969 die »/5«-Reihe mit 500er-, 600er- und 750er-Maschinen gebaut. Die Weiterentwicklungen hießen entsprechend »/6« und »/7«.

Konnte der engagierte Tourenfahrer zwar schon vorher seine Maschine mit verschiedenen Verkleidungen ausrüsten, so wurde im Jahre 1976 mit der RS-Reihe das weltweit erste Motorrad mit serienmäßiger Vollverkleidung vorgestellt. Die sportliche Maschine war nicht nur schnittig, auch der Windschutz war sehr effektiv. Mit einer höheren Scheibe und Verbreiterungen kam kurz danach die ebenso erfolgreiche »RT« als Tourer. Beide Maschinen waren sehr bequem und konnten mit Koffersystemen ausgerüstet werden, sodass einer großen Reise nichts mehr im Wege stand.

Als Nächstes überraschten die bayerischen Berliner 1980 die Welt mit der R 80 G/S, einer (damals) riesigen Enduro mit über 180 kg Leergewicht. Schon seit langem hatte das Werk mit Sport-Enduros bei den internationalen Sechstagerennen erfolgreich mitgewirkt, und 1981 gewann Hubert Auriol mit einer BMW die Rallye Paris–Dakar – eine bessere Werbung konnte es nicht geben.

Die R 1200 ST löste 2005 als »Sport-Tourer« die seit 1993 angebotene R 1100 bzw. R 1150 RS (*Reise-Sport*) ab.

Die K-Reihe

Gegen Ende der 1970er-Jahre sah der gute alte Boxer trotz inzwischen 1000 cm^3 gegen die Konkurrenz aus Japan ziemlich alt aus, und die Entwicklungsabteilung musste sich etwas neues überlegen. Weil man bekanntlich immer etwas anderes bauen wollte, und es die Honda-Goldwing schon gab, fiel ein Vierzylinder-Boxer ins Wasser. Im Jahre 1983 wurde die neue BMW schließlich der Öffentlichkeit vorgestellt. Man hatte etwas ganz neues konstruiert (wenn man einen Prototypen der englischen Firma Ariel aus den 1950er-Jahren einmal außer Acht lässt) und einiges Traditionelle bewahrt. Konkret hatte man einen wassergekühlten Vierzylinder-Reihenmotor längs und auf die Seite gekippt mittragend unter einen Brückenrahmen gehängt und so weiterhin liegende Zylinder und eine direkte Linie für den Kardan-Antrieb erhalten. Wie schon bei der G/S kam eine Einarmschwinge zum Einsatz, die die Radmontage erleichterte. Die wegen ihres prägnanten Motors auch »Fliegender Ziegelstein« genannte K-Reihe kam als RS, RT und ohne Verkleidung daher.

Es war klar, dass BMW die K-Reihe, von der nach kurzer Zeit auch eine 750er-Dreizylinder angeboten wurde, prädestinierte und damit langfristig den Boxer ablösen wollte. Doch die Kundschaft sah das anders. Genauso wie Porsche, wo man der Kundschaft wassergekühlte Frontmotoren schmackhaft machen wollte, mussten auch die Bayern einsehen, dass ihre Klientel luftgekühlte Boxermotoren mehr als alles andere liebte. Immer wieder totgesagt, wurde der alte Zweiventil-Boxer bis 1996 angeboten. Zwischendurch hatte man die »K« mit Vierventiltechnik und ABS ausgerüstet, doch als neuester Stand der Motorradtechnik wurde 1993 nichts anderes als ein luftgekühlter Zweizylinder-Boxer vorgestellt. Mit den hochliegenden Nockenwellen, Vierventiltechnik und Einspritzung war die Boxer-BMW auch nach einem Dreivierteljahrhundert gut für die Zukunft gerüstet.

Neue Vielfalt

Parallel zur neuen Boxer-Reihe, die deutlich stärker, schwerer und teurer werden sollte als die bekannten Zweiventil-Boxer, arbeitete man in München an einer neuen Mittelklasse, die ein für BMW-Verhältnisse revolutionäres Antriebskonzept aufwies. Bisher waren die Bayern noch nie irgendeiner Mode gefolgt oder hatten auch nur Notiz davon ge-

Als luxuriös ausgestattetes Reisemotorrad erschien im Januar 2005 mit der R 1200 RT die Nachfolgerin der R 1150 RT.

F 650 CS 2005

nommen, was andere Hersteller bauten. Bei BMW hatte man sich schließlich auch nie dafür interessiert, dass außer einigen russischen und chinesischen Motorradfabriken in den 1950er-Jahren kein anderer Hersteller das Prinzip des längs liegenden Boxer-Twins kopierte (Harley-Davidson würde heute wahrscheinlich gar nicht mehr existieren, wenn es seit Beginn der 1980er-Jahre nicht zahllose hemmungslose japanische Kopien gegeben hätte). Die wahrscheinlich beste (manche sagen auch: bessere) BMW-Kopie hatte es Mitte der 1960er-Jahre bei Moto Guzzi gegeben, allerdings wurden hier die Zylinder um jeweils 45° nach oben gekippt.

Nachdem man bereits festgestellt hatte, dass sich die traditionellen BMW-Kundschaft nicht gerade überschwänglich für wassergekühlte Reihenvierzylinder interessierte, versuchten es die Bayern Anfang der 1990er-Jahre mit einem Einzylinder, der nicht nur per Kette angetrieben wurde, sondern auch über einen hohen Anteil von nicht aus Deutschland stammenden Zutaten verfügte. Gegen jegliche Tradition bekam die F 650 genannte Maschine nicht nur als erste BMW einen (in Österreich) zugekauften Motor und wurde in Italien gefertigt, sondern sie erhielt erstmals in der Firmengeschichte auch einen Namen: »Funduro«. Warum sollten die Leute auf so etwas abfahren?

Die letzte BMW mit einem Einzylindermotor war die bis Ende 1966 gefertigte R 27 gewesen, die wie ihre Vorgänger R 24 bis 26 über einen auf einer Vorkriegskonstruktion basierenden 250er-Motor verfügte, der quasi ein hochkant gedrehter Boxer war, dem der untere Zylinder gekappt wurde. Bereits Anfang der 1950er-Jahre waren diese Einzylinder-BMWs leistungsmäßig nicht mehr auf dem neuesten Stand, und in den Sechzigerjahren wurden sie fast ausschließlich an Behörden ausgeliefert. Seit Ende der Sechzigerjahre hatte man bei BMW das Problem, dass die Mittelklasse-Modelle zu schwer und zu teuer waren – egal, ob es sich um die R 50/5, die R 45 oder die R 65 handelte. Es waren Boxer-Maschinen mit Kardanantrieb, die aufgrund ihrer Konstruktion nicht preiswerter und leichter gebaut werden konnten.

Die neue F 650 war die erste BMW mit quer liegender Kurbelwelle und mit Antriebskette, und offensichtlich sollten damit neue Kunden angesprochen werden. Bisher waren BMW-Fahrer immer sehr loyal zu ihrer Marke, und nachdem sie eine BMW gekauft hatten, blieben sie ein Leben lang bei der Marke. Das einzige Problem lag darin, dass dieser Kundenkreis zu langsam anwuchs, weil der Nachwuchs fehlte. Also mussten mit der Funduro neue und jüngere Motorradfahrer angesprochen werden, die sich später, nachdem sie die gute Qualität und das engmaschige Händlernetz kennengelernt hatten, eine andere – echte – BMW kaufen sollten.

Der zweite revolutionäre Aspekt der ersten F-650-Reihe war, dass sie in enger Kooperation mit dem italienischen Hersteller Aprilia entstanden – lange bevor die Firma in den Piaggio-Konzern integriert wurde. Wie bei der Aprilia Pegaso arbeitete auch in der BMW ein Rotax-Triebwerk, zudem wurde die gesamte erste Baureihe (mit Vergasern – bis Baujahr 1999) in Noale gebaut. Trotz der äußerlichen Ähnlichkeit zwischen der Pegaso und der Funduro hatten die beiden Maschinen kaum gleiche Bauteile; Räder, Reifen und Schalter – das war's. Der Zylinderkopf der Aprilia hatte beispielsweise fünf Ventile, während derjenige der BMW nur über vier verfügte.

Der wahrscheinlich revolutionärste Aspekt war der Endantrieb – seit 70 Jahren hatten alle

F 650 GS 2003

F 650 GS 2005

F 650 GS Dakar

BMWs einen Kardanantrieb, und hier trieb eine profane, schmutzige, offen laufende Kette das Hinterrad an! Doch die Kunden störte das alles nicht: In den ersten drei Jahren bis zur Einführung der mit einem kleineren Vorderrad und weniger Federweg ausgerüsteten ST-Version wurden über 30 000 Maschinen verkauft! Ende 1999 waren es über 51 000 Funduros und fast 13 000 ST-Modelle.

Anfang der 1980er-Jahre ahnten oder wussten nur wenige Motorradfahrer, dass BMW-Boxermaschinen überhaupt irgendwie geländetauglich waren, doch nach Einführung der G/S und vier Siegen bei der Rallye Paris–Dakar zweifelte niemand mehr daran. Nun musste BMW beweisen, dass man auch mit der eher als Stadtflitzer konzipierten Funduro schnell durch die Wüste rasen konnte, also wurde die »Doppel-R« entwickelt und der Franzose Richard Sainct verpflichtet – er gewann 1999 und 2000 mit der Einzylinder-BMW, sodass es keine Überraschung war, dass mit der Einführung der neuen (jetzt in Berlin gebauten) F-650-GS-Reihe auch eine »Dakar«-Variante vorgestellt wurde, die sowohl über ein 21-Zoll-Rad wie auch über mehr Federweg verfügte. Anfangs war es ein Sondermodell, doch bald wurde sie ins normale Programm aufgenommen. Die neuen F-650-Modelle gehörten zu den ersten Einzylindermotorrädern mit Einspritzanlage und Katalysator, wie bei BMW üblich konnten sie optional mit ABS geordert werden. Bis 2007 wurden in Berlin fast 40 000 GS und fast 9000 Dakar-Maschinen gebaut.

Die vielleicht radikalste F 650 war die Straßenversion der neuen Reihe – »CS Scarver« genannt. Es handelte sich um ein reines Straßenmotorrad mit 17-Zoll-Gussrädern und – erstmals bei BMW – einem Zahnriemenantrieb. Weil der eigentliche Benzintank bei allen neuen Modellen sowieso im Rahmendreieck lag, konnte man bei der CS in der Tankattrappe Gepäck oder sogar eine im Zubehör erhältliche Musikanlage unterbringen. Wie bei leider allen moderneren Einzylinder-Straßenmotorrädern (außer der SR 500 von Yamaha) blieben auch bei der CS die Verkaufszahlen hinter den Erwartungen zurück, sodass das Modell nach knapp 19 000 Einheiten bereits 2005 wieder aus dem Programm verschwand.

Nach 14 Jahren Bauzeit und knapp 131 000 gebauten Motorrädern war 2007 die Zeit der F 650 vorbei, und drei leichtere und sportlicher getrimmte Einzylinder namens G 650 (Xchallenge, Xcountry und Xmoto) lösten ohne große Änderungen an der Motorisierung die F-Modelle ab. Den Namen F 650 fand man bei BMW jedoch so gut, dass er – an einer Straßen-Enduro mit 800-cm^3-Zweizylindermotor – erhalten blieb.

Die Nachfrage nach der F 650 GS (mit einem Zylinder) blieb jedoch so groß, dass man sich Ende 2008 bei BMW entschloss, das Modell als »G 650 GS« für bestimmte europäische und amerikanische Länder erneut anzubieten, mit dem aus China stammenden Motor, der bereits in der Xcountry Verwendung fand.

Danksagung

Wir danken den Firmen CW Motorcycles aus Dorchester, Bridge Motorcycles aus Exeter und Motorcycle Mania aus Frome, England, die uns die Maschinen für dieses Handbuch zur Verfügung gestellt haben. Außerdem möchten wir uns bei der Cooper-Avon Reifen Company für die Unterstützung und technische Beratung zum Thema Reifen sowie der NGK Spark Plugs (UK) Ltd. bedanken, die uns beim Thema Zündkerzen weitergeholfen hat. Dank auch an Draper Tools Ltd. für die Zurverfügungstellung verschiedener Werkzeuge. Die Einleitung wurde von Julian Ryder geschrieben.

Über dieses Handbuch

Der Sinn dieses Buches ist es, Ihnen zu helfen, mit Ihrem Motorrad viel Freude zu haben. Diese Hilfe kann auf verschiedenen Wegen geschehen: Sie entscheiden, welche Arbeiten erledigt werden müssen und was Sie davon selbst ausführen können; Ihnen werden Informationen zur Instandhaltung und Pflege Ihrer Maschine gegeben. Es werden Ihnen Diagnosen und Reparatur-Reihenfolgen angeboten, um Störungen zu beseitigen.

Wir wünschen uns, dass Sie mit diesem Handbuch viele Arbeiten selber erledigen können. Bei vielen simplen Arbeiten kann es einfacher sein, sie selber auszuführen, als einen Werkstatt-Termin auszumachen und das Motorrad zum Händler zu bringen und wieder abzuholen. Noch wichtiger ist, dass man schon viel Geld sparen kann, wenn man auch nur einige Vorarbeiten erledigt, noch mehr, wenn man alle Reparaturen selber erledigt. Ebenfalls ein wichtiger Punkt ist das gute Gefühl, das entsteht, wenn man eine Arbeit erfolgreich zu Ende gebracht hat.

Angaben für die rechte oder linke Seite beziehen sich – soweit nicht anders angegeben – auf die Fahrtrichtung.

Wir sind stets sehr um die Richtigkeit der Informationen in allen unseren Büchern bemüht, doch es kommt immer wieder vor, dass Motorradhersteller während der Produktion technische Veränderungen vornehmen, von denen wir nichts wissen. Autor und Verlag können deshalb keine Verantwortung für fehlende Informationen übernehmen, die dem Kunden Schaden oder Verletzungen zugefügt haben.

Tägliche Kontrollen (Vor jeder Fahrt)

1 Kontrolle des Kühlmittelpegels

Warnung: Entfernen Sie nicht den Kühlerdeckel, um Flüssigkeit aufzufüllen. Das Nachfüllen erfolgt über den Ausgleichsbehälter. Lagern Sie Kühlflüssigkeit niemals in offenen Behältern, da giftige Gase entweichen können.

Vor Beginn

✓ Stellen Sie sicher, dass Sie eine aus 50 Prozent destilliertem Wasser und 50 Prozent korrosionshemmendem Ethylen-Glykol als Frostschutz bestehende Kühlflüssigkeit vorrätig haben.
✓ Prüfen Sie den Kühlmittelpegel bei kaltem Motor.
✓ Stellen Sie das Motorrad mithilfe des Hauptständers auf einer ebenen Fläche ab.
✓ Bei Funduro- und ST-Modellen befindet sich der Kühlmittel-Ausgleichsbehälter unter der Sitzbank. Die Markierungen sind durch einen Ausschnitt im Hinterrad-Kotflügel sichtbar. Um Kühlmittel nachzufüllen, müssen die Sitzbank und der rechte Seitendeckel entfernt werden (siehe Kapitel 8).
✓ Bei GS- und Dakar-Modellen sitzt der Kühlmittel-Ausgleichsbehälter hinter der linken vorderen Seitenverkleidung, und die Markierungen sind durch einen Ausschnitt im Verkleidungsteil sichtbar. Um Kühlmittel nachzufüllen, muss das Seitenverkleidungsteil entfernt werden (siehe Kapitel 8).
✓ Bei CS-Scarver-Modellen sitzt der Kühlmittel-Ausgleichsbehälter hinter der linken vorderen Seitenverkleidung. Die Kontrolle und das Nachfüllen sind nach dem Entfernen der Abdeckung möglich.

Vorsichtsmaßnahmen

- Benutzen Sie immer die vorgeschriebene Kühlflüssigkeit. Es ist wichtig, dass Frostschutz das ganze Jahr über verwendet wird und nicht nur im Winter. Füllen Sie das System nicht nur mit Wasser auf, um die Flüssigkeit nicht zu verdünnen.
- Füllen Sie den Ausgleichsbehälter nicht über die »MAX«- oder »FULL«-Markierung hinaus auf.
- Wenn der Kühlflüssigkeitsstand stetig abfällt, muss das System auf Undichtigkeiten kontrolliert werden (siehe Kapitel 1). Werden keine Lecks gefunden und der Stand sinkt weiter, muss das Kühlsystem in einer BMW-Werkstatt einer Druckkontrolle unterzogen werden.

Funduro- und ST-Modelle

1 **Bei aufrecht stehendem Motorrad muss der Kühlmittelpegel zwischen den beiden Markierungslinien des Behälters liegen.**

2 **Befindet sich der Pegel nahe oder unterhalb der unteren Markierung, müssen Sitzbank, Seitendeckel (siehe Kapitel 8) und Ausgleichsbehälterdeckel entfernt werden.**

3 **Füllen Sie ggf. mithilfe eines Trichters das vorgeschriebene Kühlmittel bis kurz unter die obere Markierung auf – nicht darüber hinaus! Schrauben Sie den Deckel auf, und installieren Sie den Seitendeckel und die Sitzbank.**

GS- und Dakar-Modelle

1 Bei aufrecht stehendem Motorrad muss der Kühlmittelpegel oberhalb der »MIN«-Markierung (Pfeil) liegen (die »MAX«-Markierung ist nur nach Entfernung der Seitenverkleidung möglich).

2 Befindet sich der Pegel nahe oder unterhalb der unteren Markierung, müssen das linke Seitenverkleidungsteil demontiert (siehe Kapitel 8) und der Ausgleichsbehälterdeckel entfernt werden.

3 Füllen Sie ggf. mithilfe eines Trichters das vorgeschriebene Kühlmittel bis kurz unter die »MAX«-Markierung auf – nicht weiter! Schrauben Sie den Deckel auf, und installieren Sie die Seitenverkleidung.

CS-Modelle

1 Ziehen Sie vorsichtig die seitliche Abdeckung hinten ab, um den Stift aus der im Seitenverkleidungsteil sitzenden Öse zu befreien. Entfernen Sie das Teil unter Beachtung der vorne eingehängten Laschen.

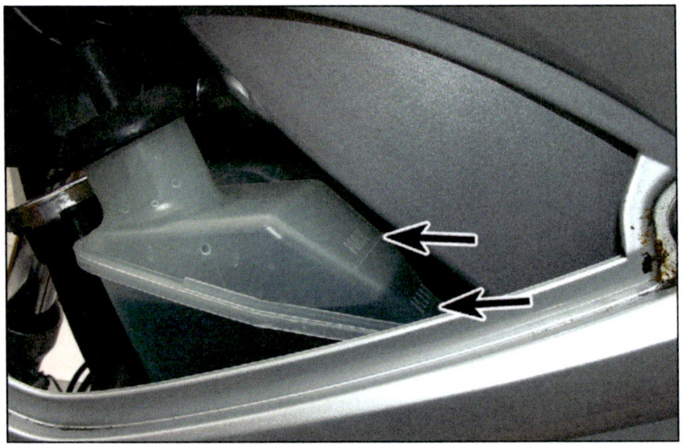

2 Bei aufrecht stehendem Motorrad muss der Kühlmittelpegel zwischen der am Behälter angebrachten »MIN«- und der »MAX«-Markierung (Pfeil) liegen.

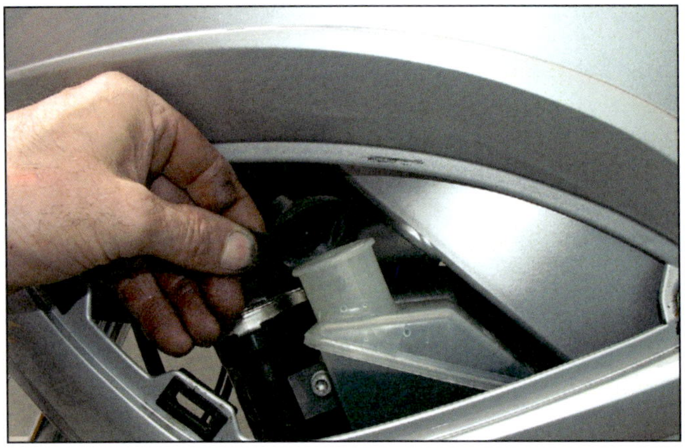

3 Befindet sich der Pegel nahe oder unterhalb der unteren Markierung, muss der Ausgleichsbehälterdeckel entfernt werden.

4 Füllen Sie ggf. mithilfe eines Trichters das vorgeschriebene Kühlmittel bis kurz unter die »MAX«- Markierung auf – nicht darüber hinaus! Schrauben Sie den Deckel auf, und installieren Sie die Seitenabdeckung.

2 Kontrolle des Ölpegels

Vor Beginn

✓ Bringen Sie den Motor auf Betriebstemperatur. Stützen Sie das Motorrad mithilfe des Hauptständers senkrecht auf einer ebenen Fläche ab. Falls der Motor gerade abgeschaltet worden ist, lässt man die Maschine einige Minuten ungestört ruhen, sodass sich der Ölstand stabilisieren kann. Würde man den Ölpegel bei kaltem oder nur wenig erwärmten Motor prüfen, hätte dies falsche Ergebnisse zur Folge.

✓ Bei Funduro-, ST- und CS-Modellen befindet sich das Motoröl im Rahmen; der Ölpegel wird mithilfe eines eingeschraubten Peilstabes kontrolliert.

✓ Bei GS- und Dakar-Modellen befindet sich das Motoröl in einem hinter der linken vorderen Seitenverkleidung sitzenden Öltank. Bei Modellen bis 2003 kann der Ölpegel durch ein Schauglas vorne im Tank kontrolliert werden. Entfernen Sie nötigenfalls die linke vordere Seitenverkleidung (siehe Kapitel 8), und/oder wischen Sie das Schauglas sauber. Bei Modellen ab 2004 wird der Ölpegel mithilfe eines eingeschraubten Peilstabes kontrolliert.

Das richtige Öl

- Moderne, leistungsstarke Motoren stellen große Anforderungen an ihr Motoröl. Es ist deshalb sehr wichtig, dass für das Motorrad das korrekte Öl benutzt wird.
- Benutzen Sie von den angegebenen Öltypen und Viskositäten immer gutes Qualitätsöl, und füllen Sie den Öltank nicht zu voll. Die Differenz zwischen der »MIN«- und »MAX«-Markierung am Peilstab oder den beiden Linien am Schauglas beträgt bei Funduro- und ST-Modellen etwa 0,3 Liter, bei GS-, Dakar- und CS-Modellen etwa 0,4 Liter.

Öltyp	SAE 10W/40-Motorrad-Öl auf mineralischer oder teilsynthetischer Basis

Vorsichtsmaßnahmen

- Wenn regelmäßig Öl nachgefüllt werden muss, sollten die Gründe des Ölverlustes gefunden werden. Sind keine Anzeichen von Lecks an Motordichtungen oder Verbindungen zum Öltank festzustellen, wird das Öl wahrscheinlich vom Motor verbrannt (siehe *Fehlersuche*).

Funduro- und ST-Modelle

1 **Schrauben Sie den Peilstab heraus, und wischen Sie ihn sauber.**

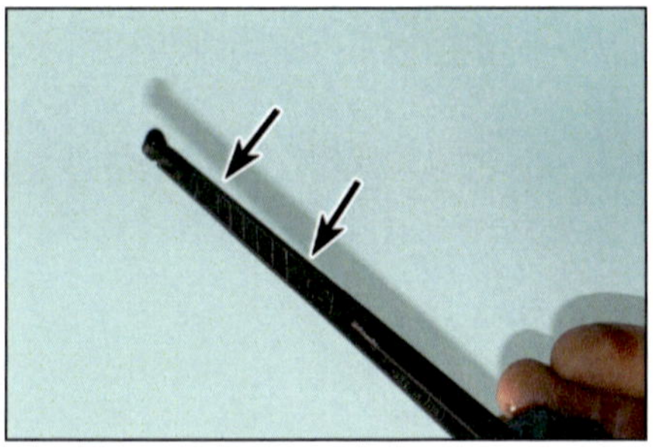

2 **Stecken Sie den Peilstab bis zum Gewinde in den Öltankstutzen, schrauben Sie ihn aber nicht ein. Ziehen Sie den Peilstab wieder heraus. Bei aufrecht stehendem Motorrad muss der Ölpegel zwischen den Linien für »MAX« und »MIN« am Stab liegen.**

3 **Liegt der Pegel kurz über der unteren Linie oder sogar darunter, muss der Öltank mit dem vorgeschriebenen Motoröl aufgefüllt werden, bis der Pegel zwischen den beiden Markierungen liegt – es darf nicht zu viel Öl aufgefüllt werden. Schrauben Sie zum Schluss den Peilstab in den Tank, wärmen Sie das Motoröl erneut auf, und wiederholen Sie die Kontrolle.**

GS- und Dakar-Modelle (bis 2003)

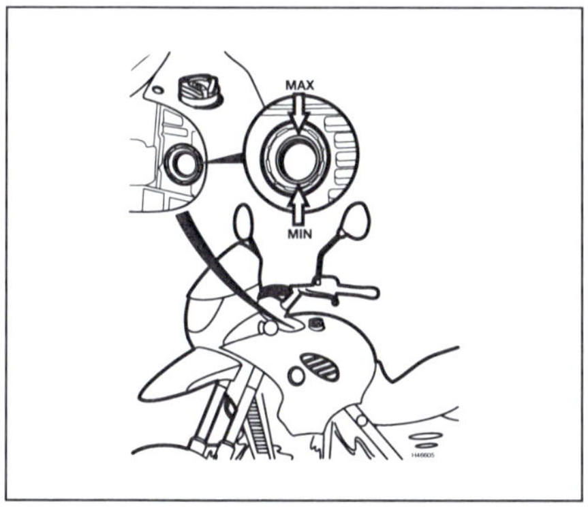

1 **Bei gerade stehendem Motorrad muss der Ölpegel etwa in der Mitte des Schauglases liegen.**

2 **Liegt der Pegel kurz über dem unteren Rand oder darunter, muss der Öltankdeckel entfernt werden – er kann eventuell mithilfe des dem Bordwerkzeug beigefügten Zündkerzenschlüssels gelockert werden.**

3 **Füllen Sie den Öltank mit dem vorgeschriebenen Motoröl auf, bis der Pegel in der Mitte des Schauglases liegt – aber nicht zu viel. Schrauben Sie zum Schluss den Deckel in den Tank, wärmen Sie das Motoröl auf, und wiederholen Sie die Kontrolle.**

GS- und Dakar-Modelle (ab 2004)

1 Schrauben Sie den Peilstab heraus – er kann nötigenfalls mithilfe des dem Bordwerkzeug beigefügten Zündkerzenschlüssels gelockert werden, und wischen Sie ihn sauber.

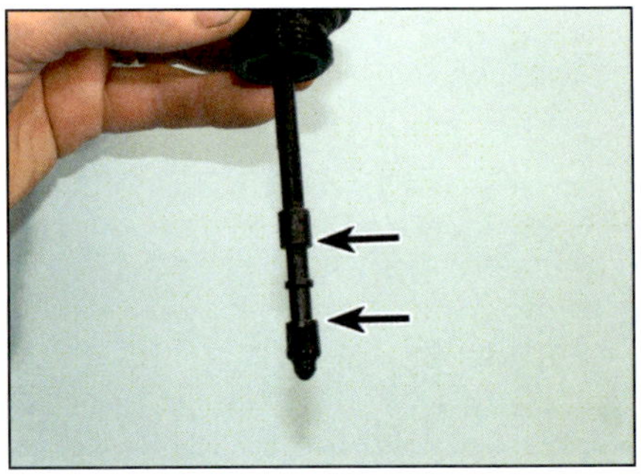

2 Stecken Sie den Peilstab bis zum Gewinde in den Öltankstutzen, schrauben Sie ihn aber nicht ein. Ziehen Sie den Stab wieder heraus. Bei aufrecht stehendem Motorrad muss der Ölpegel zwischen den Linien für »MAX« und »MIN« am Stab liegen.

3 Liegt der Pegel kurz über der unteren Linie oder darunter, muss der Öltank mit dem vorgeschriebenen Motoröl aufgefüllt werden, bis der Pegel zwischen den Markierungen liegt – aber nicht zu viel! Schrauben Sie zum Schluss den Peilstab in den Tank, wärmen Sie das Motoröl auf, und wiederholen Sie die Kontrolle.

CS-Modelle

1 Schrauben Sie den Peilstab heraus – er kann nötigenfalls mithilfe des dem Bordwerkzeug beigefügten Zündkerzenschlüssels gelockert werden, und wischen Sie ihn sauber.

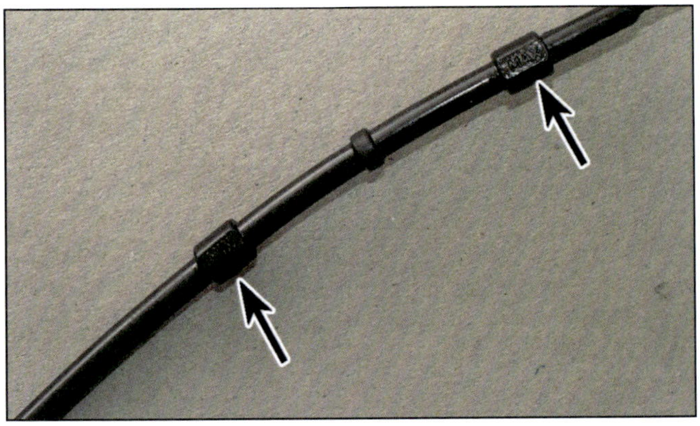

2 Stecken Sie den Peilstab bis zum Gewinde in den Öltankstutzen, schrauben Sie ihn aber nicht ein. Ziehen Sie den Stab wieder heraus. Bei aufrecht stehendem Motorrad muss der Ölpegel zwischen den Linien für »MAX« und »MIN« (Pfeile) am Stab liegen.

3 Liegt der Pegel kurz über der unteren Linie oder darunter, muss die Sitzbank demontiert werden (siehe Kapitel 8), damit der darunter befindliche Trichter in den Öltankstutzen gesteckt werden kann.

4 Füllen Sie den Öltank mit dem vorgeschriebenen Motoröl auf, bis der Pegel zwischen den Markierungen liegt – aber nicht zu viel! Schrauben Sie zum Schluss den Peilstab in den Tank, wärmen Sie das Motoröl auf, und wiederholen Sie die Kontrolle.

3 Kontrolle des Bremsflüssigkeitspegels

***Warnung:** Bremsflüssigkeit kann zu Augenverletzungen führen und Lackoberflächen angreifen. Bewahren Sie deshalb beim Umgang hiermit größte Sorgfalt. Beim Eingießen sollten gefährdete Teile mit Lappen verdeckt sein. Benutzen Sie keine Bremsflüssigkeit, die längere Zeit offen gestanden hat, da sie Feuchtigkeit aus der Luft absorbiert, was zu einem gefährlichen Verlust an Bremswirkung führen kann.*

Vor Beginn

✓ Der vordere Ausgleichsbehälter sitzt rechts am Lenker. Drehen Sie vor der Kontrolle den Lenker so, dass der Behälter waagerecht steht.

✓ Bei Funduro- und ST-Modellen sitzt der hintere Ausgleichsbehälter hinter dem rechten Seitendeckel; der Pegel ist von hinten durch einen Ausschnitt sichtbar.

✓ Bei GS-, Dakar- und CS-Modellen sitzt der hintere Ausgleichsbehälter unterhalb des rechten Seitendeckels.

✓ Stellen Sie sicher, die richtige Bremsflüssigkeit zu haben – DOT 4 ist vorgeschrieben.

✓ Legen Sie Lappen um die Behälter, um Lackschäden durch Spritzer zu vermeiden.

Vorsichtsmaßnahmen

- Der Flüssigkeitsstand in beiden Ausgleichsbehältern nimmt mit zunehmenden Verschleiß der Bremsbeläge ab. Prüfen Sie bei einem niedrigen Pegel zuerst die Bremsbeläge auf Verschleiß (siehe Kapitel 1), und ersetzen Sie sie nötigenfalls (siehe Kapitel 7). Füllen Sie den Behälter nicht auf, bevor neue Beläge installiert sind, und kontrollieren Sie nach deren Einbau, ob der Behälter noch auf gefüllt werden muss – da die Bremssattelkolben beim Einbau neuer Beläge in den Sattel gedrückt werden, wird wieder etwas Bremsflüssigkeit in den Ausgleichsbehälter gepumpt. Die Differenz zwischen der »MAX«- und der »MIN«-Markierung am Behälter entspricht der unterschiedlichen Füllung des Bremssattels bei neuen und verschlissenen Bremsbelägen.
- Muss ein Ausgleichsbehälter immer wieder nachgefüllt werden, spricht das für ein Leck im Bremssystem, das sofort zu reparieren ist.
- Inspizieren Sie alle Leitungen und Schläuche auf austretende Flüssigkeit – werden Lecks entdeckt, müssen sie unverzüglich repariert werden (siehe Kapitel 7).
- Prüfen Sie vor jeder Fahrt die Funktionen beider Bremsen. Wenn ein schwammiges Gefühl festgestellt wird, muss die Bremse entlüftet werden (siehe Kapitel 7).

Vorderradbremse

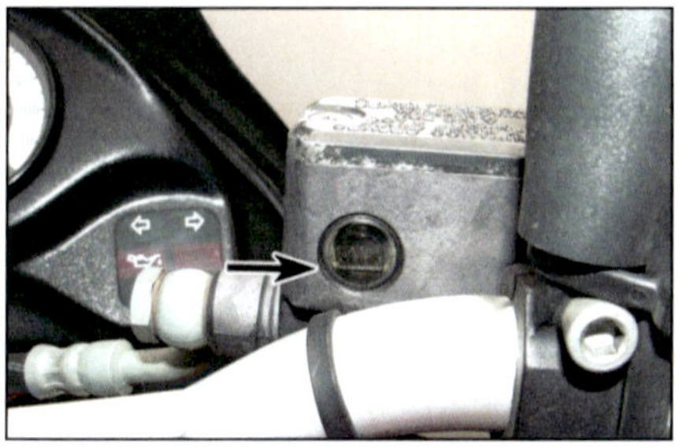

1 Der Bremsflüssigkeitsstand ist durch das Sichtglas des Ausgleichsbehälters sichtbar – er muss sich bei Funduro- und ST-Modellen zwischen der unteren Linie und dem oberen Rand des Schauglases …

2 … und bei GS-, Dakar- und CS-Modellen innerhalb des Schauglases befinden.

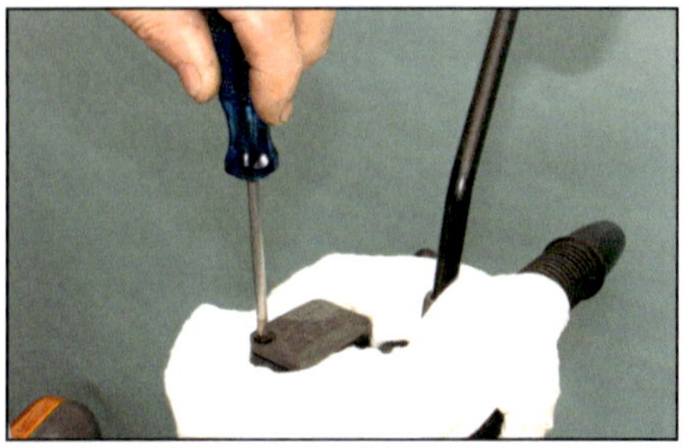

3 Wenn der Pegel nahe oder unter der unteren Markierung bzw. dem Schauglasrand liegt und die Bremsbeläge nicht verschlissen sind, werden die Deckelschrauben gelöst und der Deckel samt Manschette abgenommen.

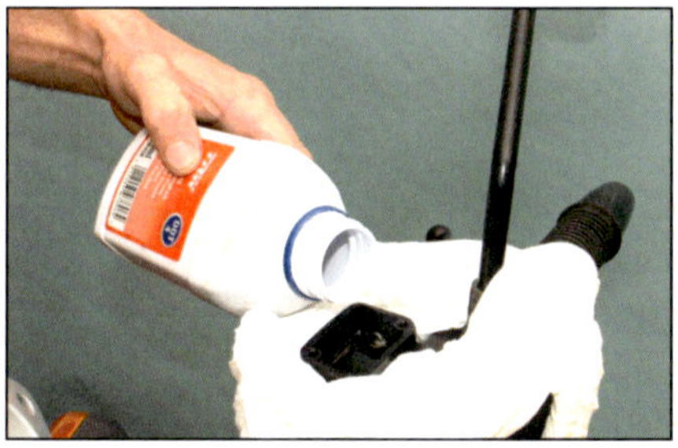

4 Füllen Sie frische Bremsflüssigkeit auf, bis der Pegel oberhalb der »MIN«-Markierung bzw. des unteren Schauglasrandes steht und dem Verschleiß der Bremsbeläge entspricht – also bei zur Hälfte verschlissenen Belägen etwa in der Mitte, bei neuen am oberen Schauglasrand. Füllen Sie nicht zu viel ein, und vermeiden Sie Spritzer – siehe *Warnung* oben!

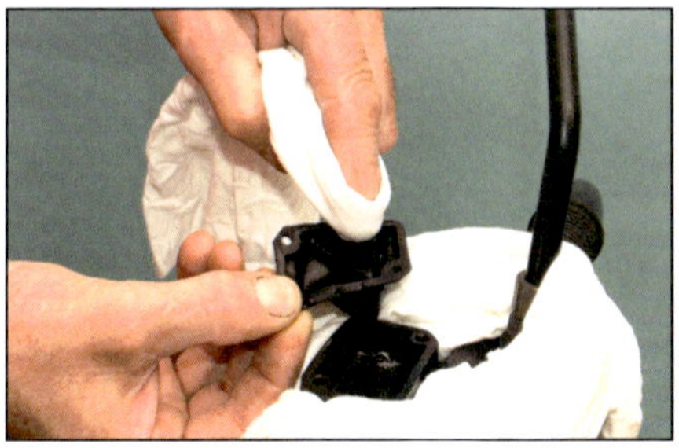

5 Wischen Sie mit einem fusselfreien Lappen Ablagerungen aus der Manschette.

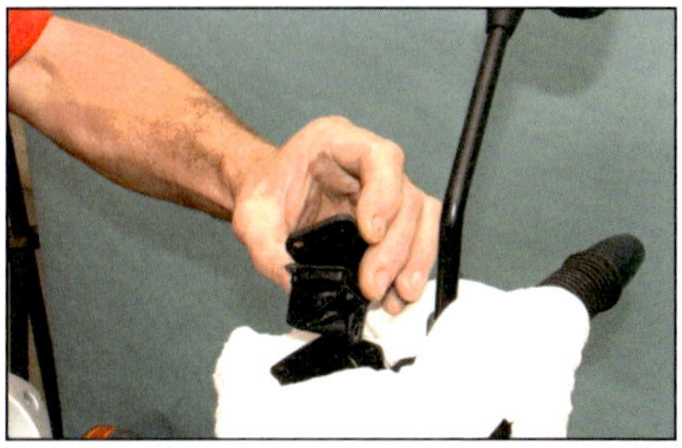

6 Achten Sie beim Einbau der Gummimanschette auf ihren korrekten Sitz, bevor Sie den Deckel aufsetzen und mit den Schrauben sichern.

Hinterradbremse

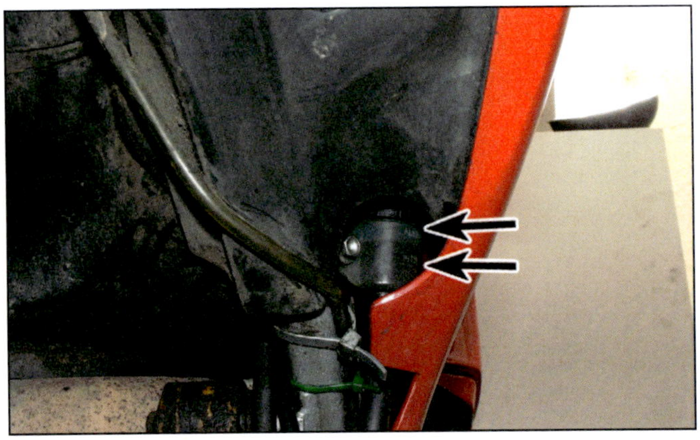

1 Der Bremsflüssigkeitsstand ist bei Funduro- und ST-Modellen durch die Öffnung hinter dem rechten Seitendeckel von hinten durch den transparenten Ausgleichsbehälter sichtbar, er muss sich zwischen der »MAX«- und »MIN«-Markierung (Pfeile) befinden.

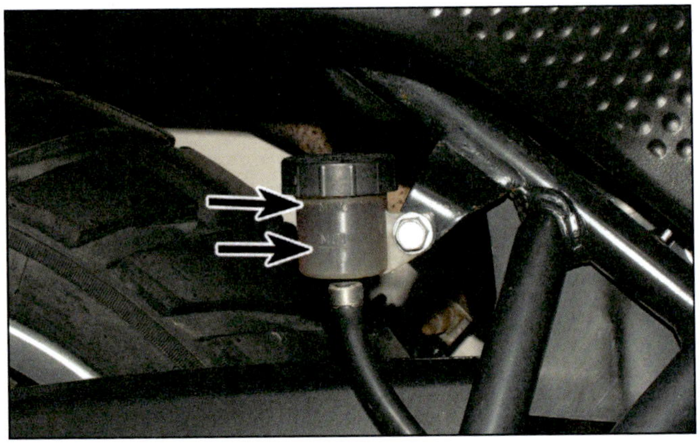

2 Der Bremsflüssigkeitsstand ist bei GS-, Dakar- und CS-Modellen durch den transparenten Ausgleichsbehälters sichtbar, er muss sich zwischen den Linien der »MAX«- und »MIN«-Markierung (Pfeile).

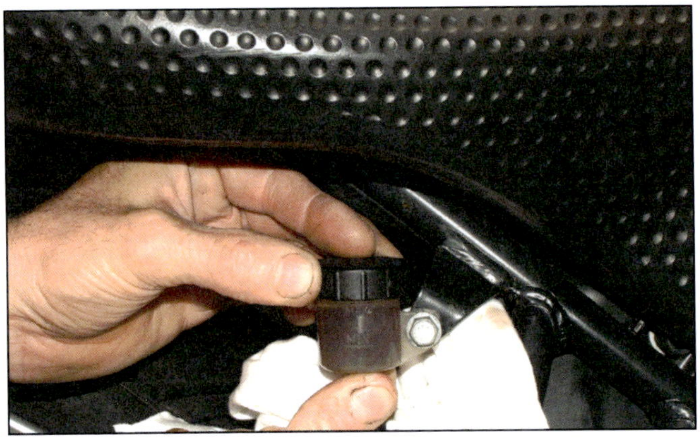

3 Wenn der Pegel nahe oder gar unter der unteren Markierung liegt und die Bremsbeläge nicht verschlissen sind, wird der Deckel gelöst und samt Manschette abgenommen. Bei Funduro- und ST-Modellen muss zunächst der Seitendeckel entfernt werden (siehe Kapitel 8).

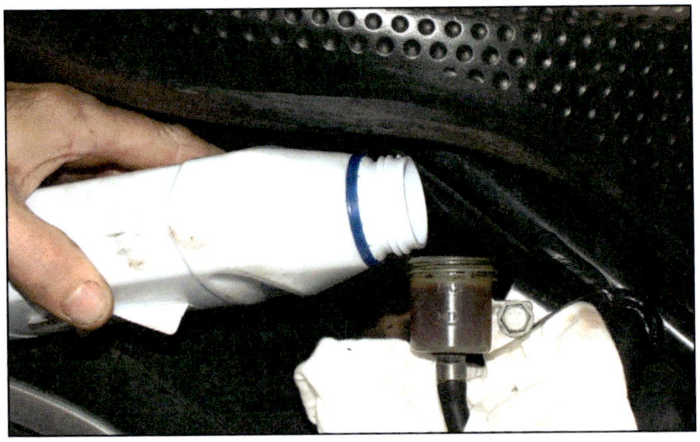

4 Füllen Sie frische DOT-4-Bremsflüssigkeit auf, bis der Pegel oberhalb der »MIN«-Markierung steht und dem Verschleiß der Bremsbeläge entspricht – also bei zur Hälfte verschlissenen Belägen etwa in der Mitte, bei neuen Belägen jedoch am oberen Schauglasrand liegt. Füllen Sie nicht zu viel ein, und vermeiden Sie Spritzer – siehe *Warnung* auf vorheriger Seite!

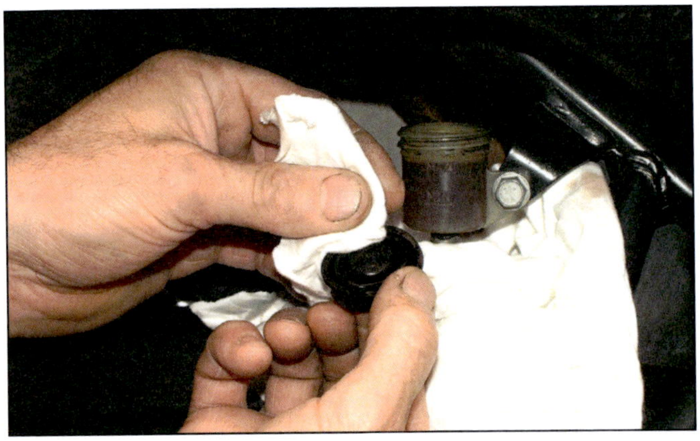

5 Wischen Sie mit einem fusselfreien Lappen Ablagerungen aus der Manschette.

6 Achten Sie beim Einbau der Gummimanschette auf ihren korrekten Sitz, bevor Sie den Deckel aufschrauben. Montieren Sie bei Funduro- und ST-Modellen den Seitendeckel (siehe Kapitel 8).

4 Kontrolle der Reifen

Der richtige Reifendruck

Funduro-Modelle

Beladung	vorne	hinten
nur Fahrer	1,9 bar	2,0 bar
Fahrer, Beifahrer, Gepäck	2,2 bar	2,5 bar

GS- und Dakar-Modelle

Beladung	vorne	hinten
nur Fahrer	1,9 bar	2,1 bar
Fahrer, Beifahrer, Gepäck	2,1 bar	2,3 bar

ST-Modelle

Beladung	vorne	hinten
nur Fahrer	1,9 bar	2,2 bar
Fahrer, Beifahrer, Gepäck	2,2 bar	2,5 bar

CS-Modelle

Beladung	vorne	hinten
nur Fahrer	2,2 bar	2,5 bar
Fahrer, Beifahrer, Gepäck	2,2 bar	2,5 bar

- Der Luftdruck muss bei **kaltem** Reifen überprüft werden, nicht direkt nach längerer Fahrt – hierbei wird der Reifen warm und der Luftdruck steigt. Extrem niedriger Reifenluftdruck kann den Reifen auf der Felge rutschen oder sogar abspringen lassen. Zu hoher Luftdruck lässt den Reifen in der Mitte stark verschleißen und sorgt für eine unsichere Fahrweise.
- Benutzen Sie ein genaues Messgerät.
- Der richtige Luftdruck erhöht die Lebensdauer der Reifen und sorgt für beste Fahrstabilität und Fahrkomfort.

Vorsichtsmaßnahmen

- Kontrollieren Sie die Reifen sorgfältig auf Risse, Schnitte, eingedrungene Nägel oder andere scharfe Dinge und erhöhte Abnutzung. Die Benutzung von Motorrädern mit stark abgefahrenen Reifen ist extrem gefährlich, auch die Straßenlage und Traktion verschlechtern sich stark.
- Im Gummi steckende Steine, Scherben und Nägel müssen entfernt werden, damit sie nicht komplett eindringen und für einen Plattfuß sorgen.
- Achten Sie auf festsitzende Schutzkappen. Entweicht nach dem Entfernen einer Kappe Luft, kann dies an einem locker sitzenden Ventil liegen. Mithilfe eines preiswerten Werkzeugs (das es auch in die Ventilkappe integriert gibt) kann das Ventil wieder angezogen (oder ausgetauscht) werden. Kontrollieren Sie den Zustand der Reifenventile.
- Entfernen Sie alle Nägel und Steine, die sich in das Reifenprofil gesetzt haben.
- Wenn eine Beschädigung offensichtlich ist oder ungewöhnlich hoher Druckverlust auftritt, suchen Sie unverzüglich Rat bei einem Reifenhändler.
- Kontrollieren Sie die Felgen und Speichen auf Beschädigungen. Bei Drahtspeichenrädern ist die Spannung der Speichen regelmäßig zu kontrollieren (siehe Kapitel 1).

Reifenprofiltiefe

- Zurzeit muss ein Reifen laut Gesetz eine Mindestprofiltiefe von 1,6 mm aufweisen, und zwar an der am stärksten abgefahrenen Stelle. BMW empfiehlt, den Vorderreifen bei 2 mm und den Hinterreifen bei 3 mm Profiltiefe zu wechseln.
- Viele heutige Reifen besitzen Profiltiefen-Indikatoren, auf die an den Flanken mit Dreiecken oder der Bezeichnung TWI hingewiesen wird. Diese Indikatoren **müssen nicht** den vorgeschriebenen 1,6 mm entsprechen! Ermitteln Sie die Profiltiefe an der am stärksten abgefahrenen Stelle des Reifens – die Polizei wird es bei einer Kontrolle ebenso tun. Ersetzen Sie einen abgefahrenen Reifen – dies erhöht die Sicherheit und schützt vor Strafe.

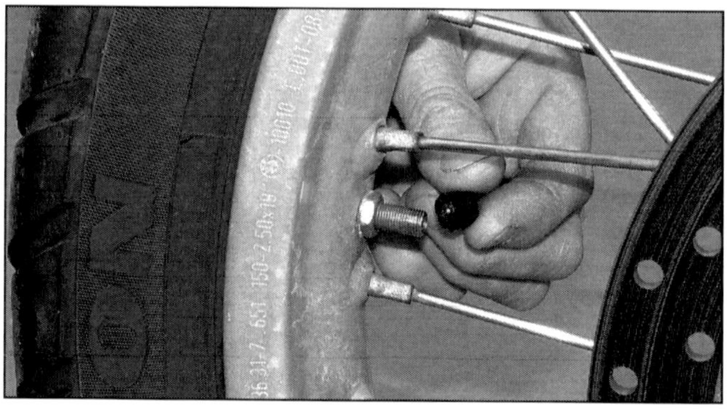

1 **Schrauben Sie die Ventilkappe ab; sollte sie fehlen, muss eine neue beschafft werden.**

2 **Kontrollieren Sie den Luftdruck nur bei kaltem Reifen, und füllen Sie nur bis zum empfohlenen Druck.**

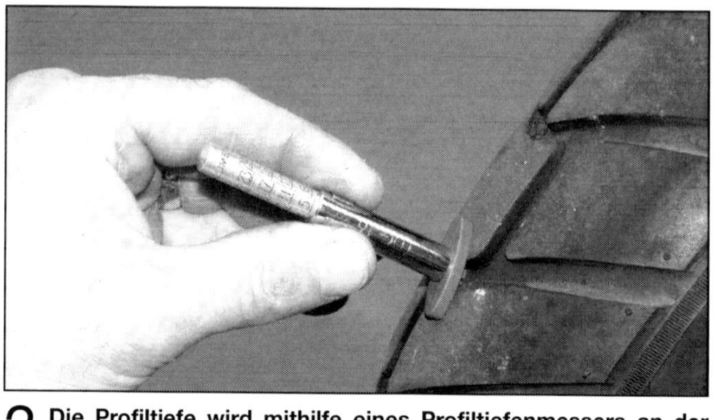

3 **Die Profiltiefe wird mithilfe eines Profiltiefenmessers an der am stärksten abgefahrenen Stelle des Reifens gemessen.**

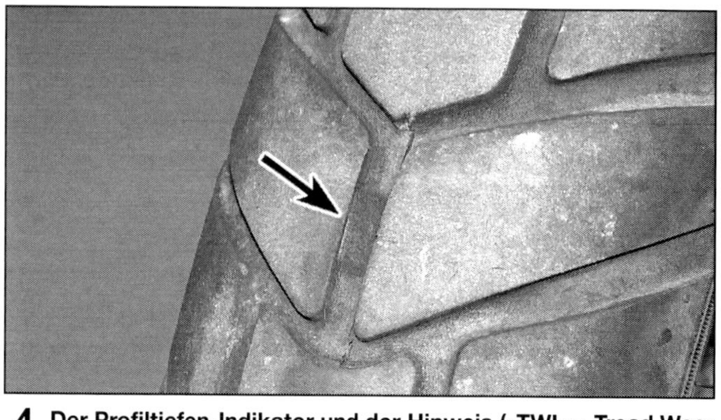

4 **Der Profiltiefen-Indikator und der Hinweis (»TWI« = Tread Wear Indicator) auf der Reifenflanke.**

5 Kontrolle von Federung, Lenkung und Antriebskette bzw. -riemen

Federung und Lenkung

- Überprüfen Sie, ob die Vorder- und die Hinterradfederung weich und ohne zu klemmen arbeiten (siehe Kapitel 1).
- Prüfen Sie, ob der Hinterrad-Stoßdämpfer den Anforderungen entsprechend eingestellt ist (siehe Kapitel 6).
- Überprüfen Sie, ob die Lenkung sich weich von Anschlag zu Anschlag bewegen lässt.

Antriebskette – Funduro-, ST-, GS- und Dakar-Modelle

- Überprüfen Sie, ob der Kettendurchhang korrekt ist. Wie die Kette einzustellen ist, wird in Kapitel 1 beschrieben.
- Ist die Kette trocken, muss sie geschmiert werden (siehe Kapitel 1).

Antriebsriemen – CS-Modelle

- Überprüfen Sie den Riemen auf gebrochene Zähne, Risse und ausgetretene Drähte.

6 Ordnungsgemäßer Zustand und Sicherheit

Licht und Signale

- Kontrollieren Sie, ob der Scheinwerfer, das Rücklicht, das Bremslicht, die Kennzeichenbeleuchtung, die Instrumentenbeleuchtung und alle Blinker korrekt funktionieren.
- Prüfen Sie die Funktion der Hupe.
- Ein funktionierender Tachometer ist gesetzlich vorgeschrieben.

Sicherheit

- Überprüfen Sie, ob der Gasgriff leichtgängig ist und jederzeit und in allen Lenkerpositionen von alleine wieder schließt. Kontrollieren Sie das korrekte Gasgriffspiel (siehe Kapitel 1).
- Prüfen Sie, ob sich die Lenkung sanft von Anschlag zu Anschlag bewegen lässt.
- Kontrollieren Sie, ob dsich alle Hebel sanft bewegen lassen, und schmieren Sie sie nötigenfalls (siehe Kapitel 1).
- Prüfen Sie, ob der Motor ausgeht, wenn der Killschalter betätigt wird. Kontrollieren Sie den Abschaltstromkreis (siehe Kapitel 1).
- Prüfen Sie, ob die Federn des Seitenständers und des Hauptständers diese im eingeklappten Zustand sicher an der Maschine halten.

Kraftstoff

- Es mag überflüssig klingen, aber überprüfen Sie, ob Sie genug Benzin für die bevorstehende Fahrt im Tank haben. Wenn irgendwo Kraftstoff ausläuft, müssen sie Ursachen hierfür sofort beseitigen.
- Vergewissern Sie sich, dass immer der richtige Kraftstoff verwendet wird (siehe Kapitel 4A oder 4B).

Modellentwicklung

F-650-Funduro-Modelle

Das bei Aprilia in Noale gebaute erste F-650-Modell namens Funduro wurde Ende 1993 als 1994er-Modell eingeführt.
Der wassergekühlte Einzylindermotor von RoOtax hatte 652 cm^3 Hubraum. Die vier Ventile des Zylinderkopfes wurden von zwei Nockenwellen geöffnet, die über eine links laufende Steuerkette von der Kurbelwelle angetrieben werden. Eine Ausgleichswelle eliminierte die gröbsten Vibrationen. Der Motor verfügte über eine Trockensumpfschmierung, das Motoröl wurde dabei im Rahmen aufbewahrt.
Eine konventionelle Mehrscheiben-Ölbadkupplung übertrug die Kraft auf ein Fünfganggetriebe, von da aus ging es per offen laufender O-Ring-Kette aufs Hinterrad.
Das Kraftstoff-/Luftgemisch wurde von zwei 33-mm-Gleichdruckvergasern aufbereitet und von zwei Zündkerzen entflammt.
Der Motor saß als tragendes Teil in einem Einschleifenrahmen aus Stahlprofilen. Das Vorderrad wurde von einer konventionellen und nicht einstellbaren Teleskopgabel mit 41 mm Standrohr-Durchmesser geführt. Das Hinterrad steckte in einer Zweiarmschwinge aus Stahlprofilen, die sich über Umlenkhebel gegen einen in der Federvorspannung und der Zugdämpfung einstellbaren Mono-Stoßdämpfer abstützte. Das Motorrad stand vorne und hinten auf Drahtspeichenrädern.
Das Vorderrad wurde von einem auf eine festsitzende Scheibe wirkenden schwimmend gelagerten Zweikolben-Bremssattel verzögert. Beim Hinterrad wirkte ein Einkolben-Schwimmsattel auf eine Scheibe.
1997 erfolgte im Zuge der Einführung der ST-Version und des Exportbeginns in die USA eine leichte Überarbeitung, die eine neue Verkleidung samt Windschutzscheibe, eine niedrigere Sitzbank und eine geänderte Instrumentierung einschloss.

F-650-ST-Modelle

Die Ende 1996 vorgestellte und weiterhin in Italien gebaute ST-Version war gegenüber der Funduro geringfügig auf mehr Straßenbetrieb ausgelegt. Dazu trugen ein von 19 Zoll auf 18 Zoll Durchmesser verkleinertes Vorderrad, ein schmalerer Lenker und etwas weniger Federweg am Hinterrad bei.
Im Jahre 2000 wurde ein Sondermodell vorgestellt, das einen anderen Lenker mit Heizgriffen, eine höhere Windschutzscheibe, einen Kofferträger und ein Topcase aufwies.

F-650-GS-Modelle

Das völlig überarbeitete neue und mehr auf Enduro getrimmte Modell wurde ab Ende 1999 in Berlin gebaut. Das Gemisch wurde von einer BMS-C-Einspritzanlage aufbereitet und nur noch einer einzelnen Zündkerze in Brand gesetzt, ansonsten blieb der Motor weitgehend unverändert. Ein abschaltbares ABS wurde gegen Aufpreis angeboten.
Der Ölvorrat der Trockensumpfschmierung wurde jetzt in einem Tank gebunkert, der sich oberhalb des Motors befand. Der Kraftstofftank befand sich dafür innerhalb des Rahmendreiecks. Ein geänderter Kühler, ein neuer Auspuff, modifizierte Federungselemente und zahlreiche stilistische Änderungen einschließlich des von den GS-Boxern bekannten »Entenschnabels« vervollständigten das Modell.
2004 wurde das Modell überarbeitet, erneut sorgte eine Doppelzündung für eine optimale Verbrennung, die Gemischaufbereitung über-

nahm eine modifizierte BMS-C11-Einspritzanlage. Weitere Änderungen waren ein neuer Scheinwerfer, neue Instrumente, eine neue Windschutzscheibe und neue Kotflügel.

F-650-GS-Dakar-Modelle

Die Ende 2000 vorgestellte Dakar-Version war mit ihrem 21-Zoll-Vorderrad und längeren Federwegen geländetauglicher als die normale GS. Eine Windschutzscheibe und Lenkerprotektoren vervollständigten die Reminiszenz an den doppelten Rallye-Dakar-Sieg mit einer Einzylinder-BMW.

2004 wurde das Modell überarbeitet, erneut sorgte eine Doppelzündung für optimale Verbrennung; die Gemischaufbereitung übernahm eine modifizierte BMS-C11-Einspritzanlage.

F-650-CS-Scarver-Modelle

Die 2002 eingeführte Straßenversion der GS-Modelle wies zahlreiche Unterschiede zur Enduro auf. Wie bei dieser wurde das Gemisch von einer BMS-C-Einspritzanlage aufbereitet und nur noch einer einzelnen Zündkerze in Brand gesetzt. Der Ölvorrat der Trockensumpfschmierung wurde wie bei der alten F 650 im Rahmen gebunkert, der allerdings völlig neu konstruiert war. Der Antrieb erfolgte über einen Zahnriemen, und das Hinterrad wurde von einer Einarmschwinge geführt. Ein abschaltbares ABS wurde gegen Aufpreis angeboten. Ein Gepäckfach anstelle der Tankattrappe, ein neuer Auspuff, ein Doppelscheinwerfer und 17-Zoll-Räder vervollständigten das speziell an jüngere Käufer gerichtete Motorrad.

Ab 2003 gab es optional einen einstellbaren Hinterrad-Stoßdämpfer; ab 2004 sorgte wieder eine Doppelzündung für eine optimale Verbrennung, die Gemischaufbereitung übernahm eine modifizierte BMS-C11-Einspritzanlage.

Technische Daten

Maße und Gewichte

F-650-Funduro-Modelle bis 1996

Gesamtlänge	2180 mm
Gesamtbreite	880 mm
Gesamthöhe	1220 mm
Radstand	1480 mm
Sitzhöhe	810 mm
Leergewicht (voll getankt)	189 kg
maximale Zuladung	182 kg
zulässiges Gesamtgewicht	371 kg

F-650-Funduro-Modelle ab 1997

Gesamtlänge	2180 mm
Gesamtbreite	880 mm
Gesamthöhe	1345 mm
Radstand	1480 mm
Sitzhöhe	800 mm
Leergewicht (voll getankt)	191 kg
maximale Zuladung	180 kg
zulässiges Gesamtgewicht	371 kg

F-650-ST-Modelle

Gesamtlänge	2160 mm
Gesamtbreite	880 mm
Gesamthöhe	1190 mm
Radstand	1470 mm
Sitzhöhe	785 mm
Leergewicht (voll getankt)	191 kg
maximale Zuladung	180 kg
zulässiges Gesamtgewicht	371 kg

F-650-GS-Modelle bis 2003

Gesamtlänge	2101 mm
Gesamtbreite	890 mm
Gesamthöhe	1265 mm
Radstand	1479 mm
Sitzhöhe	780 mm
Leergewicht (voll getankt)	193 kg
maximale Zuladung	187 kg
zulässiges Gesamtgewicht	380 kg

F-650-GS-Modelle ab 2004

Gesamtlänge	2175 mm
Gesamtbreite	910 mm
Gesamthöhe	1265 mm
Radstand	1479 mm
Sitzhöhe	780/750 mm
Leergewicht (voll getankt)	193 kg
maximale Zuladung	187 kg
zulässiges Gesamtgewicht	380 kg

F-650-GS-Dakar-Modelle

Gesamtlänge	
bis 2003	2101 mm
ab 2004	2189 mm
Gesamtbreite	
bis 2003	890 mm
ab 2004	910 mm
Gesamthöhe	1412 mm
Radstand	1489 mm
Sitzhöhe	870 mm
Leergewicht (voll getankt)	192 kg
maximale Zuladung	188 kg
zulässiges Gesamtgewicht	380 kg

F-650-CS-Scarver-Modelle

Gesamtlänge	2143 mm
Gesamtbreite	893 mm
Gesamthöhe	1342 mm
Radstand	1479 mm
Sitzhöhe	780/750 mm
Leergewicht (voll getankt)	187 kg
maximale Zuladung	183 kg
zulässiges Gesamtgewicht	370 kg

Motor

Typ	4-Ventil-Einzylinder
Hubraum	652 cm^3
Bohrung	100 mm
Hub	83 mm
Verdichtungsverhältnis	
Funduro- und ST-Modelle	9,7 : 1
GS-, Dakar- und CS-Modelle	11,5 : 1
Kühlsystem	Wasserkühlung
Kupplung	Mehrscheiben-Nasskupplung
Getriebe	fünf Gänge in konstantem Eingriff
Endantrieb	
Funduro-, ST-, GS- und Dakar-Modelle	O-Ringkette
CS-Modelle	Zahnriemen
Nockenwellen	DOHC, per Kette angetrieben
Kraftstoffsystem	
Funduro- und ST-Modelle	Vergaser
GS-, Dakar- und CS-Modelle	Einspritzung
Zündsystem Computergesteuerte	digitale Hochspannungs-Transistorzündung

Fahrwerk

Rahmen	Stahlprofil-Brückenrahmen mit angeschraubtem Unterzug
Lenkkopfwinkel und Nachlauf	
Funduro-Modelle	28,6°, 112 mm
ST-Modelle	28,6°, 100 mm
GS-Modelle	29,2°, 113 mm
Dakar-Modelle	29,2°, 123 mm
CS-Modelle	27,9°, 86 mm
Tankinhalt (einschl. Reserve)	
Funduro- und ST-Modelle	17,5 Liter (2 l Reserve)
GS- und Dakar-Modelle	17,3 Liter (4 l Reserve)
CS-Modelle 15,0 Liter	(4 l Reserve)
Vorderradfederung	
Typ	Hydraulische Telegabel (41 mm)

Federweg		
Funduro-, ST- und GS-Modelle	170 mm	
Dakar-Modelle	210 mm	
CS-Modelle	125 mm	
Hinterradfederung		
Typ	Schwinge (CS-Modelle: Einarm) mit progressiv angelenktem Mono-Stoßdämpfer	
Federweg (an Hinterachse)		
Funduro- und GS-Modelle	165 mm	
ST-Modelle	120 mm	
Dakar-Modelle	210 mm	
CS-Modelle	140 oder 120 mm (je nach Modell)	
Einstellmöglichkeiten	Federvorspannung und Zugdämpfung (bei CS optional)	
Räder	**vorne**	**hinten**
Funduro-Modelle	2,15 x 19 MT	3,00 x 17 MT
ST-Modelle	2,15 x 18 MT	3,00 x 17 MT
GS-Modelle	2,50 x 19 MT	3,00 x 17 MT
Dakar-Modelle	1,60 x 21 MT	3,00 x 17 MT
CS-Modelle	3,00 x 17 MT	4,50 x 17 MT
Reifen		
Funduro- und GS-Modelle	100/90-19 57S mit Schlauch	130/80-17 65S mit Schlauch
ST-Modelle	100/90-18 57S mit Schlauch	130/80-17 65S mit Schlauch
Dakar-Modelle	90/90-21 54S mit Schlauch	130/80-17 65S mit Schlauch
CS-Modelle	110/70 ZR 17 schlauchlos	160/60 ZR 17 schlauchlos
Vorderradbremse	eine Bremsscheibe (300 mm) mit Zweikolben-Schwimmsattel	
Hinterradbremse	eine Bremsscheibe (240 mm) mit Einkolben-Schwimmsattel	

Fahrzeug-Identifikation

Rahmen- und Motornummern

Die Rahmennummer ist auf der rechten Seite des Lenkkopfes eingeschlagen und findet sich wieder auf dem Typenschild, das sich bei Funduro- und ST-Modellen auf der Rahmenquerstrebe unter der Sitzbank befindet, bei GS-, Dakar- und CS-Modellen ist es rechts am Rahmen angebracht. Die Motornummer ist links unterhalb des Kupplungsdeckels in das Motorgehäuse eingeschlagen. Die Rahmennummer steht im Fahrzeugschein und -brief. Um der Polizei das Wiederfinden einer gestohlenen Maschine zu erleichtern, sollte man sich auch die Motornummer notieren, falls diese von der Rahmennummer abweicht. Falls in diesem Buch behandelte Modelle unterschieden werden müssen, geschieht dies über den Modell-Namen (Funduro-, ST-, GS-, Dakar- und CS-Modelle) und nötigenfalls das Modelljahr – beachten Sie, dass dies nicht dam Jahr der ersten Zulassung entsprechen muss!

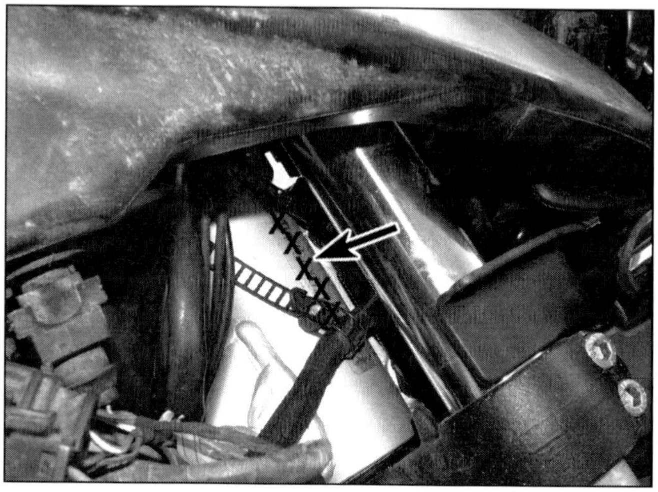

1 **Die Rahmennummer ist rechts in den Lenkkopf eingeschlagen.**

2 **Die Motornummer ist links unten in das Motorgehäuse eingeschlagen.**

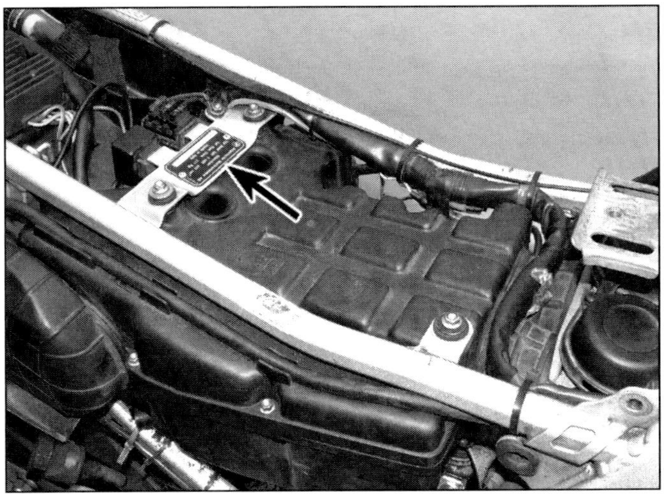

3 Bei Funduro- und ST-Modellen ist das Typenschild auf der Rahmen-Querstrebe unterhalb der Sitzbank befestigt.

4 Bei GS-, Dakar- und CS-Modellen ist das Typenschild rechts am Lenkkopf befestigt.

Ersatzteilkauf

Sobald Sie alle Identifikationsnummern gefunden haben, sollten diese zur Erleichterung beim Ersatzteilkauf notiert werden. Da der Hersteller technische Daten, Teile und Ausführungen ändert, ist das Bereithalten der Nummern die sicherste Methode, die richtigen Teile zu erhalten.

Wenn möglich, sollten immer die defekten Teile mitgebracht werden, um sie mit den Neuteilen zu vergleichen. Auf dem Weg vom Hersteller zum Teileregal des Händlers gibt es viele Möglichkeiten, Nummern zu verwechseln oder falsch zu notieren.

Die zwei Quellen neuer Ersatzteile für Ihr Motorrad – der Zubehörhandel und der Vertragshändler – unterscheiden sich in den Teilen, die sie bereithalten. Während der BMW-Vertragshändler jedes aufgelistete Einzelteil Ihrer Maschine besorgen kann, bietet der Zubehörhändler zumeist nur normale Verschleißteile wie Dichtungs- oder Kettensätze, Bremsbeläge, Zündkerzen sowie Tuningteile wie Stoßdämpfer und Auspuffanlagen an.

Oftmals ist es möglich, von darauf spezialisierten Geschäften Gebrauchtteile zu kaufen, die grob gesagt etwa die Hälfte von Neuteilen kosten. Dafür weiß man nie genau, was man erhält. Auch hier sollten zum Vergleich immer die defekten Teile mitgebracht werden.

Egal, ob Sie neue, gebrauchte oder überholte Teile kaufen wollen, Sie sollten sich immer an jemanden wenden, der sich auf BMW-Teile spezialisiert hat.

Sicherheit geht vor!

Professionelle Mechaniker haben während ihrer Ausbildung viel über Arbeitssicherheit gelernt. Doch auch der Enthusiast sollte sich bei seinen Tätigkeiten die Zeit nehmen, um sicherzustellen, dass er sich nicht unnötig in Gefahr begibt. Eine kurze Unachtsamkeit kann genauso zu einem Unfall führen wie die Nichtbeachtung simpler Vorsichtsmaßnahmen.

Es gibt unendlich viele Möglichkeiten, einen Unfall herbeizuführen – und es kann hier keine umfassende Liste aller Gefahren wiedergegeben werden; vielmehr soll auf das Risiko hingewiesen und auf eine sichere Herangehensweise an alle Arbeiten am Motorrad aufmerksam gemacht werden.

Asbest

• Verschiedene Reibmaterialien, Isolierungen, Dichtungen und andere Dinge wie Brems- und Kupplungsbeläge, Kopfdichtungen, Hitzeschilde usw. können Asbest enthalten. Absolute Vorsicht ist beim Einatmen des Staubs solcher Teile geboten, da dieser äußerst gesundheitsschädlich ist. Im Zweifelsfall sollte man immer davon ausgehen, dass Asbest enthalten ist.

Feuer

• Denken Sie immer daran, dass Benzin leicht entflammbar ist. Rauchen Sie niemals bei der Arbeit am Fahrzeug, und lassen Sie keine offenen Flammen in die Nähe kommen. Hiermit ist das Feuerrisiko jedoch noch nicht gebannt – ein Funken durch einen elektrischen Kurzschluss, das Aufeinanderschlagen zweier Metallteile, der unbedachte Einsatz von Werkzeugen oder gar die statische Aufladung des Körpers oder der Kleidung kann Benzindämpfe entzünden, die sich in geschlossenen Räumen zu einem hochexplosiven Gemisch entwickeln können. Verwenden Sie niemals Benzin als Reinigungsmittel, sondern benutzen Sie ungefährlichere Lösungsmittel.

• Trennen Sie vor jeder Arbeit am Kraftstoff- oder Zündsystem den Masseanschluss (–) von der Batterie. Lassen Sie niemals Benzin auf den heißen Motor oder Auspuff tropfen.

• Es wird empfohlen, in der Garage oder der Werkstatt einen für brennende Flüssigkeiten geeigneten Feuerlöscher griffbereit zu halten. Löschen Sie niemals brennendes Benzin oder unter Strom stehende Teile mit Wasser!

Dämpfe

• Manche Dämpfe sind hochgiftig und können schnell zur Bewusstlosigkeit oder gar zum Tod führen, wenn sie in einer bestimmten Konzentration eingeatmet werden. Benzindämpfe gehören genauso dazu wie Dämpfe von Lösungsmitteln wie Trichlor-Ethylen. Jeglicher Umgang mit solch flüchtigen Stoffen darf nur in gut belüfteten Bereichen geschehen.

• Bei der Verwendung von Reinigungs- oder Lösungsmitteln müssen stets sorgfältig die Anwendungshinweise durchgelesen werden. Benutzen Sie niemals Stoffe aus unbeschrifteten Behältern, und mischen Sie niemals verschiedene an sich harmlose Lösungsmittel – sie können giftige Dämpfe freisetzen.

• Lassen Sie niemals einen Verbrennungsmotor in geschlossenen Räumen laufen. Auspuffgase enthalten Kohlenmonoxid, das extrem giftig ist. Wenn ein Motor gestartet werden muss, hat dies möglichst im Freien zu geschehen, zumindest ist die Maschine so hinzustellen, dass der Auspuff nach draußen zeigt.

Batterie

• Setzen Sie die Batterie nie offenem Feuer oder Funken aus, da sie immer etwas Wasserstoff abgibt, der hochexplosiv ist.

• Trennen Sie vor der Arbeit am Kraftstoff- oder Zündsystem den Masseanschluss (–) von der Batterie – außer, die Stromzufuhr wird ausdrücklich verlangt.

• Lockern Sie beim Laden der Batterie die Einfüllstopfen. Laden Sie die Batterie nicht mit einer zu hohen Rate, da sie beschädigt wird.

• Seien Sie beim Auffüllen, Reinigen und Tragen der Batterie vorsichtig. Die Batteriesäure ist auch im verdünnten Zustand stark ätzend. Haut- und Augenkontakt muss durch das Tragen von Gummihandschuhen und einer Schutzbrille mit Gesichtschutz vermieden werden. Muss die Batteriesäure selber vorbereitet werden, darf nur die Säure langsam dem Wasser zugefügt werden – kippen Sie niemals das Wasser in die Säure!

Strom

• Beim Einsatz von Elektrowerkzeugen, Lampen usw. muss immer ein korrekter Stromanschluss und ggf. Masseanschluss sichergestellt sein. Verwenden Sie keine Elektrogeräte in feuchter Umgebung oder in der Nähe von Benzin oder Benzindämpfen. Achten Sie darauf, dass alle Geräte und das Stromnetz den Sicherheitsstandards entsprechen.

• Einen starken Stromschlag kann man beim Berühren bestimmter Teile der elektrischen Anlage bekommen, so zum Beispiel beim Anfassen der Zündkabel bei laufendem oder durchgedrehtem Motor – und besonders, wenn Bauteile feucht sind oder eine defekte Isolierung haben. Bei elektronischen Zündanlagen kann die Zündspannung lebensgefährlich sein!

Niemals …

✘ den Motor starten, ohne geprüft zu haben, dass sich das Getriebe im Leerlauf befindet.

✘ plötzlich den Deckel eines heißen Kühlsystems entfernen, sondern ihn mit Lappen abdecken. Langsam den Druck ablassen, damit man sich nicht durch austretendes Kühlmittel verbrüht.

✘ aus einem heißen Motor Öl ablassen, sondern ihn erst etwas abkühlen lassen, um sich nicht zu verbrennen.

✘ Teile eines heißen Motors oder Auspuffs anfassen, um sich nicht zu verbrennen.

✘ Bremsflüssigkeit oder Kühlmittel auf Lack oder Kunststoffteile gelangen lassen.

✘ giftige Flüssigkeiten wie Benzin, Bremsflüssigkeit oder Frostschutzmittel mit dem Mund ansaugen oder auf die Haut gelangen lassen.

✘ Staub einatmen, der gesundheitsschädlich sein kann (siehe oben unter Asbest).

✘ Öl oder Fett auf dem Boden belassen, sondern es aufwischen, bevor man ausrutscht.

✘ verschlissene Werkzeuge benutzen, da man damit abrutschen und sich verletzen kann.

✘ schwere Dinge wie Motoren alleine heben, sondern einen Assistenten zu Hilfe holen.

✘ in Zeitnot arbeiten oder die Arbeit auf gefährlichen Wegen abkürzen.

✘ Kinder oder Tieren ermöglichen, sich in der Nähe eines unbeobachteten Fahrzeugs aufzuhalten.

✘ einen Reifen über den erlaubten Maximaldruck aufpumpen. Abgesehen von der Überlastung der Karkasse kann er in Extremfällen platzen.

Stets …

✓ dafür sorgen, dass die Maschine sicher steht. Besonders wichtig ist dies, wenn die Maschine für den Ausbau eines Rades oder einer Radaufhängung aufgebockt wird.

✓ festsitzende Schrauben oder Muttern vorsichtig lockern. An einem Schlüssel zu ziehen ist immer besser als ihn zu drücken, damit man beim Abrutschen nicht auf die Maschine fällt.

✓ beim Einsatz von Bohrern, Schleifern und anderen Maschinen eine Schutzbrille tragen.

✓ beim Arbeiten in schmutzigen Bereichen die Hände mit Schutzcreme versehen, die nicht nur vor Infektionen schützt, sondern auch das Reinigen erleichtert. Längerer Kontakt mit Motoröl kann ein Gesundheitsrisiko sein. Passen Sie aber auf, dass die Hände durch die Creme nicht rutschig werden.

✓ Kleidungsstücke wie Ärmel, Halstücher oder lange Haare außerhalb des Arbeitsbereichs beweglicher Teile halten.

✓ Schmuck und Uhren vor der Arbeit – besonders an elektrischen Bauteilen – ablegen.

✓ den Arbeitsbereich sauber und geordnet halten, um nicht über herumliegende Teile zu fallen.

✓ beim Zusammendrücken von Federn für den Aus- oder Einbau vorsichtig sein. Spannen und Entspannen Sie Federn nur mit geeigneten Werkzeugen, die die Feder nicht plötzlich weg springen lassen.

✓ aufpassen, dass Hebevorrichtungen genügend Tragkraft für die zu verrichtende Arbeit haben.

✓ jemanden regelmäßig die Arbeit kontrollieren lassen, wenn man alleine am Fahrzeug arbeitet.

✓ die Arbeit in einer logischen Reihenfolge ausführen und anschließend prüfen, ob alles korrekt montiert und gesichert ist.

✓ daran denken, dass die Sicherheit des Fahrzeugs auch Ihre eigene Sicherheit und die anderer bedeutet. Bei jedem Zweifel muss professioneller Rat eingeholt werden.

• Da man sich trotz des Befolgens dieser Hinweise verletzen kann, muss dafür gesorgt werden, dass immer jemand (ggf. per Telefon) erreichbar ist, der einem zur Hilfe kommen kann.

Kapitel 1
Routine-Instandhaltung und Kontrolle

Inhalt (in alphabetischer Reihenfolge, die Zahlen geben die Nummerierung in den grauen Feldern wieder)

Schwierigkeitsgrade

Leicht. Für Anfänger mit wenig Erfahrung geeignet.	**Relativ leicht.** Für Anfänger mit etwas Erfahrung geeignet.	**Relativ schwierig.** Geeignet für geübte Selbstschrauber.	**Schwer.** Geeignet für Selbstschrauber mit viel Erfahrung.	**Sehr schwer.** Geeignet für Experten und Profis.

Technische Daten

Motor

Zündkerzen-Typ	
Funduro-, ST- sowie GS- und Dakar-Modelle	bis 2003 NGK D8 EA
GS- und Dakar-Modelle ab 2004 sowie alle CS-Modelle	NGK DR8 EB
Zündkerzen-Elektrodenabstand	0,6 bis 0,7 mm
Standgas-Drehzahl	
Funduro- und ST-Modelle	1300 bis 1400 U/min.
GS- und Dakar-Modelle (bis 2003)	1350 bis 1450 U/min.
GS- und Dakar-Modelle (ab 2004)	1480 U/min.
CS-Modelle	1400 U/min.
Ventilspiel (**kalter** Motor)	
Funduro- und ST-Modelle – Einlass- und Auslassventile	0,10 bis 0,15 mm
GS- und Dakar-Modelle bis 2003	
Einlassventile	0,10 bis 0,15 mm
Auslassventile	0,25 bis 0,30 mm
GS- und Dakar-Modelle ab 2004 sowie alle CS-Modelle	
Einlassventile	0,03 bis 0,11 mm
Auslassventile	0,25 bis 0,33 mm

Verschiedenes

Antriebsketten-Durchhang	
Funduro- und ST-Modelle	20 bis 30 mm
GS-Modelle	35 bis 45 mm
Dakar-Modelle	40 bis 50 mm
Kupplungszugspiel	
Funduro- und ST-Modelle	1,5 bis 2,5 mm
GS-, Dakar- und CS-Modelle	1 bis 2 mm
Gasszugspiel	
Funduro- und ST-Modelle	1 bis 2 mm
GS-, Dakar- und CS-Modelle	1 mm
Chokezug-Spiel (Funduro- und ST-Modelle)	1 bis 3 mm
Reifenluftdruck (**kalt**)	siehe *Tägliche Kontrollen*
Bremsbelag-Verschleißgrenze	1 mm

Empfohlene Schmiermittel und Flüssigkeiten

Motoröl – Typ	mineralisches oder teilsynthetisches Viertakt-Motorradöl SAE 10 W/40
Motoröl – Füllmenge	
Funduro- und ST-Modelle	ca. 2,1 Liter
GS- und Dakar-Modelle	ca. 2,3 Liter
CS-Modelle	ca. 2,5 Liter
Kühlflüssigkeit	50 Prozent destilliertes oder weiches Wasser und 50 Prozent nitritfreies Ethylen-Glykol als Frostschutz
Kühlflüssigkeits-Füllmenge	ca. 1,3 Liter
Bremsflüssigkeit	DOT 4
Antriebskette	O-Ring-verträgliches Kettenspray
Lenkkopflager	Mehrzweckfett mit EP2-Qualität
Schwingenlager	Mehrzweckfett mit EP2-Qualität
Stoßdämpferanlenkung	Mehrzweckfett mit EP2-Qualität
Lagerdichtringlippen	Mehrzweckfett
Schalthebel/Bremspedal- und Fußrastenzapfen	Mehrzweckfett
Kupplungshebel-Lagerzapfen	Mehrzweckfett
Seitenständerzapfen	Mehrzweckfett
Gasgriff	Mehrzweckfett
Handbremshebel-Lagerzapfen und Kolbenspitze	Silikonpaste
Bowdenzüge	für beschichtete Hüllen geeignetes Spray oder Waffenöl

Anzugsdrehmomente

Antriebsketten-Einstellschrauben (Funduro-, ST-, GS- und Dakar-Modelle)	10 Nm
Antriebsriemenspanner-Schraube (CS-Modelle)	10 Nm
Antriebsriemen-Einstellexzenter-Klemmschrauben (CS-Modelle)	
Erstanzug	10 Nm
endgültiger Anzug	21 Nm
Gabelbrückenklemmschrauben (obere Brücke)	
Funduro- und ST-Modelle	25 Nm
GS-, Dakar- und CS-Modelle	23 Nm
Hinterachsmutter (Funduro-, ST-, GS- und Dakar-Modelle)	100 Nm
Lenkkopflagereinsteller	
GS- und Dakar-Modelle	
Erstanzug	25 Nm
endgültiger Anzug	60° zurück
Innensechskant-Gewinderohr	65 Nm
CS-Modelle	
Erstanzug	25 Nm
endgültiger Anzug	60° zurück
Lenkrohrklemmschraube (CS-Modelle)	23 Nm
Lenkrohrmutter	
Funduro- und ST-Modelle	100 Nm
GS- und Dakar-Modelle	65 Nm
Ölablassschraube (Motor)	40 Nm
Ölablassschraube (Rahmen oder Öltank)	
Funduro- und ST-Modelle	10 Nm
GS-, Dakar- und CS-Modelle	21 Nm
Ölfilterdeckel-Schrauben	10 Nm
Wasserpumpen-Ablassschraube	10 Nm
Zündkerze(n)	20 Nm

Instandhaltungsplan – Funduro- und ST-Modelle

Anmerkung: *Die Täglichen Kontrollen, wie sie auch in der Betriebsanleitung aufgeführt sind, sollten vor jeder Fahrt durchgeführt werden. Außerdem sind sie Bestandteil aller größeren Inspektionen. Es kann vorkommen, dass im Handbuch für bestimmte Kontrollen andere Zeitabstände vorgeschrieben sind. Richten Sie sich im Zweifelsfall nach Ihrem Handbuch.*

Täglich (vor jeder Fahrt)

- ☐ siehe unter *Tägliche Kontrollen* am Anfang dieses Handbuches.

Nach den ersten 1000 km

Anmerkung: *Eigentlich wird die Erstinspektion nach 1000 km durch eine BMW-Fachwerkstatt durchgeführt. Danach werden große Inspektionen in den im Plan vorgesehenen Intervallen vorgenommen.*

Alle 1000 km

- ☐ Kontrolle, Einstellung, Reinigen und Schmierung der Antriebskette (Sektion 1)

Alle 10 000 km

- ☐ Kontrolle des Antriebsketten- und Kettenradverschleißes (Sektion 1)
- ☐ Wechsel des Motoröls und des Ölfilters, Reinigung des Öltanksiebes (Sektion 3)
- ☐ Ersetzen des Luftfilterelements (Sektion 4)
- ☐ Kontrolle und Einstellung des Ventilspiels (Sektion 5) – siehe *Anmerkung* unten
- ☐ Ersetzen der Zündkerzen (Sektion 6)
- ☐ Kontrolle des Kraftstoffsystems und seiner Schläuche (Sektion 7)
- ☐ Kontrolle und Einstellung der Standgas-Drehzahl und des CO-Werts (Sektion 8)
- ☐ Kontrolle und Einstellung des Kupplungszuges (Sektion 9)
- ☐ Kontrolle des Kühlsystems (Sektion 10)
- ☐ Kontrolle des Bremsbelagverschleißes (Sektion 11)
- ☐ Kontrolle des Bremssystems und der Bremslichtschalter (Sektion 11)
- ☐ Kontrolle der Räder und Reifen (Sektion 12)
- ☐ Kontrolle der Federelemente (Sektion 13)

Alle 10 000 km (Fortsetzung)

- ☐ Kontrolle und Einstellung der Lenkkopflager (Sektion 14)
- ☐ Schmieren der Ständerlagerungen, aller Hebel und Bowdenzüge (Sektion 15)
- ☐ Kontrolle der Festigkeit aller Muttern, Schrauben und Befestigungen (Sektion 16)

Anmerkung: *Erfahrungen haben gezeigt, dass das Ventilspiel nur alle 20 000 km kontrolliert werden muss – holen Sie im Zweifelsfall Rat bei einer BMW-Werkstatt.*

Alle 20 000 km

Alle Punkte der 10 000-km-Inspektion plus der folgenden:

- ☐ Kontrolle der Radlager (Sektion 12)
- ☐ Wechsel des Gabelöls (Sektion 13)

Einmal jährlich (ungeachtet der Laufleistung)

- ☐ Wechsel des Motoröls und des Ölfilters (Sektion 3)
- ☐ Wechsel des Kühlmittels (Sektion 10)
- ☐ Wechsel der Bremsflüssigkeit (Sektion 11)
- ☐ Kontrolle der Batterie (Sektion 17)

Wartungspunkte ohne Intervallvorgaben

- ☐ Erneuerung der Kraftstoffleitungen (Sektion 7)
- ☐ Erneuerung der Kühlerschläuche (Sektion 10)
- ☐ Erneuerung der Bremsleitungen (Sektion 11)
- ☐ Schmieren der Hinterradschwingen- und der Stoßdämpfer-Anlenkungslager (Sektion 13)
- ☐ Schmieren der Lenkkopflager (Sektion 14)

Instandhaltungsplan – GS-, Dakar- und CS-Modelle

Anmerkung: *Die Täglichen Kontrollen, wie sie auch in der Betriebsanleitung aufgeführt sind, sollten vor jeder Fahrt durchgeführt werden. Außerdem sind sie Bestandteil aller größeren Inspektionen. Es kann vorkommen, dass im Handbuch für bestimmte Kontrollen andere Zeitabstände vorgeschrieben sind. Richten Sie sich im Zweifelsfall nach Ihrem Handbuch.*

Täglich (vor jeder Fahrt)

- ☐ siehe unter *Tägliche Kontrollen* am Anfang dieses Handbuches.

Nach den ersten 1000 km

Anmerkung: *Eigentlich wird die Erstinspektion nach 1000 km durch eine BMW-Fachwerkstatt durchgeführt. Danach werden große Inspektionen in den im Plan vorgesehenen Intervallen vorgenommen.*

Alle 1000 km

- ☐ Kontrolle, Einstellung, Reinigen und Schmierung der Antriebskette (GS- und Dakar-Modelle) (Sektion 1)

Alle 10 000 km

- ☐ Kontrolle des Antriebsketten- und Kettenrad-Verschleißes (GS- und Dakar-Modelle) (Sektion 1)
- ☐ Kontrolle des Antriebsriemens und der Riemenräder (CS-Modelle) (Sektion 2)
- ☐ Wechsel des Motoröls und des Ölfilters (Sektion 3)
- ☐ Reinigen des Luftfilterelements (Sektion 4)
- ☐ Kontrolle und Einstellung des Ventilspiels (Sektion 5) – siehe *Anmerkung* unten
- ☐ Kontrolle des Kraftstoffsystems und seiner Schläuche (Sektion 7)
- ☐ Kontrolle und Einstellung des Kupplungszuges (Sektion 9)
- ☐ Kontrolle des Kühlsystems (Sektion 10)
- ☐ Kontrolle des Bremsbelagverschleißes (Sektion 11)
- ☐ Kontrolle des Bremssystems und der Bremslichtschalter (Sektion 11)
- ☐ Kontrolle der Räder und Reifen (Sektion 12)
- ☐ Kontrolle der Federelemente (Sektion 13)
- ☐ Kontrolle und Einstellung der Lenkkopflager (Sektion 14)
- ☐ Schmieren der Ständerlagerungen, aller Hebel und Bowdenzüge (Sektion 15)
- ☐ Kontrolle der Festigkeit aller Muttern, Schrauben und Befestigungen (Sektion 16)
- ☐ Kontrolle der Batterie (Sektion 17)
- ☐ Auslesen des Fehlercodespeichers durch eine BMW-Werkstatt

Anmerkung: *Erfahrungen haben gezeigt, dass das Ventilspiel nur alle 20 000 km kontrolliert werden muss – holen Sie im Zweifelsfall Rat bei einer BMW-Werkstatt.*

Alle 20 000 km

Alle Punkte der 10 000-km-Inspektion plus der folgenden:

- ☐ Ersetzen des Luftfilterelements (Sektion 4)
- ☐ Ersetzen der Zündkerzen (Sektion 6)
- ☐ Ersetzen des Benzinfilters (GS- und Dakar-Modelle bis 2003) (Sektion 7)
- ☐ Kontrolle der Radlager (Sektion 12)
- ☐ Wechsel des Gabelöls (nur Dakar-Modelle) (Sektion 13)

Alle 40 000 km

Alle Punkte der 20 000-km-Inspektion plus der folgenden:

- ☐ Ersetzen des Antriebszahnriemens (CS-Modelle) (Sektion 2)
- ☐ Ersetzen des Benzinfilters (GS- und Dakar- ab 2004 sowie alle CS-Modelle) (Sektion 7)
- ☐ Wechsel der Hand- und Fußbremszylinder-Dichtungen (ABS-Modelle) (Sektion 11)

Einmal jährlich (ungeachtet der Laufleistung)

- ☐ Wechsel des Motoröls und des Ölfilters (Sektion 3)
- ☐ Wechsel der Bremsflüssigkeit (Sektion 11)

Alle zwei Jahre (Modelle bis 2003)

- ☐ Wechsel des Kühlmittels (Sektion 10)

Alle vier Jahre (Modelle ab 2004)

- ☐ Wechsel des Kühlmittels (Sektion 10)

Wartungspunkte ohne Intervallvorgaben

- ☐ Erneuerung der Kühlerschläuche (Sektion 10)
- ☐ Erneuerung der Bremsleitungen (Sektion 11)
- ☐ Wechsel des Gabelöls (GS- und CS-Modelle) (Sektion 13)
- ☐ Schmieren der Hinterradschwingen- und der Stoßdämpferanlenkungs-Lager (Sektion 13)
- ☐ Schmieren der Lenkkopflager (Sektion 14)
- ☐ Erneuerung der Kraftstoffleitungen (Sektion 7)

Wo befindet sich was?

Funduro- und ST-Modelle – rechte Seite

1 Kühlmittel-Ausgleichsbehälterdeckel
2 Fußbremszylinder-Ausgleichsbehälter
3 Zündkerzen
4 Gaszug-Einsteller
5 Handbremszylinder-Ausgleichsbehälter
6 Lenkkopflager-Einsteller
7 Gabelöl-Ablassschraube
8 Gabeldichtring
9 Lichtmaschinendeckel-Inspektionsstopfen
10 Ölfilter
11 Antriebskettenspanner

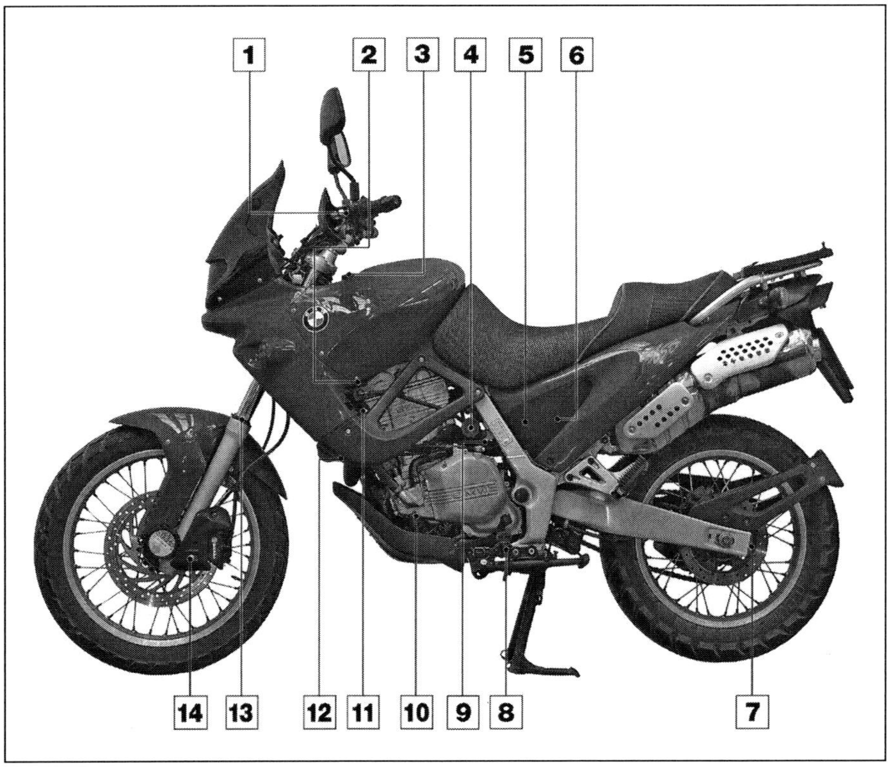

Funduro- und ST-Modelle – linke Seite

1 Kupplungszugeinsteller
2 Benzinhahnfilter
3 Motoröl-Peilstab
4 Stoßdämpfer-Einsteller
5 Batterie
6 Luftfilter
7 Antriebskettenspanner
8 Ölablassschraube (Motor)
9 Standgaseinsteller
10 Kühlmittel-Ablassschraube
11 Öltanksieb
12 Ölablassschraube (Rahmen)
13 Gabeldichtring
14 Gabelöl-Ablassschraube

Wo befindet sich was?

GS- und Dakar-Modelle – rechte Seite

1 Fußbremszylinder-Ausgleichsbehälter
2 Benzinfilter
3 Luftfilter
4 Zündkerze(n)
5 Gaszug-Einsteller
6 Handbremszylinder-Ausgleichsbehälter
7 Gabelöl-Ablassschraube
8 Gabeldichtring
9 Lenkkopflager-Einsteller
10 Stoßdämpfer-Einsteller
11 Lichtmaschinendeckel-Inspektionsstopfen
12 Ölfilter
13 Antriebskettenspanner

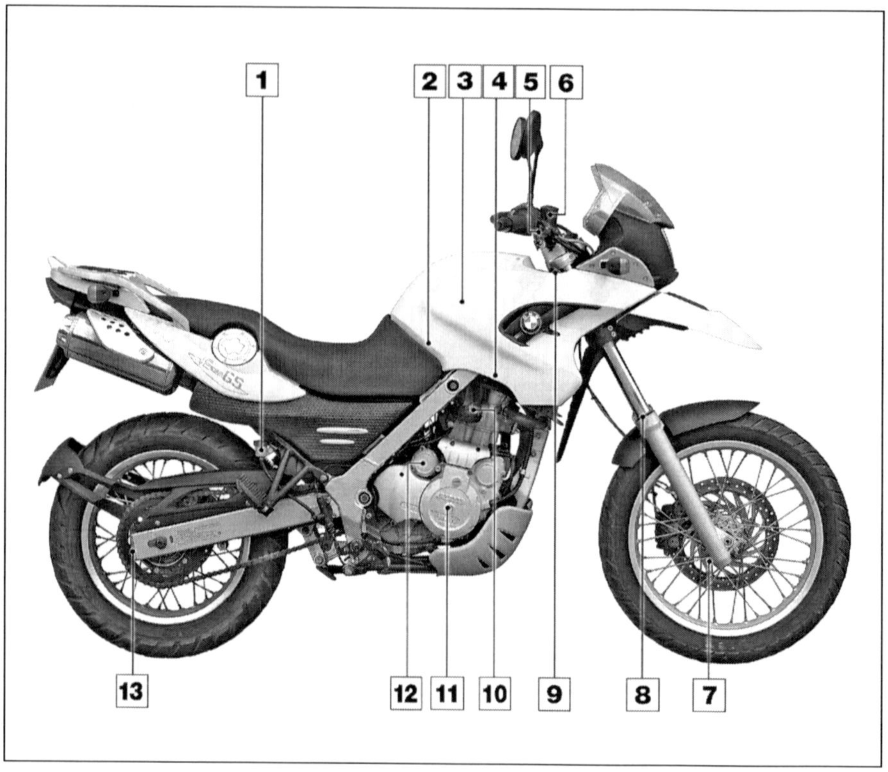

GS- und Dakar-Modelle – linke Seite

1 Kupplungszugeinsteller
2 Motoröl-Peilstab
3 Ölablassschraube (Öltank)
4 Batterie
5 Antriebskettenspanner
6 Ölablassschraube (Motor)
7 Kühlmittel-Ablassschraube
8 Kühlmittelpegel-Inspektionsfenster
9 Gabeldichtring
10 Gabelöl-Ablassschraube

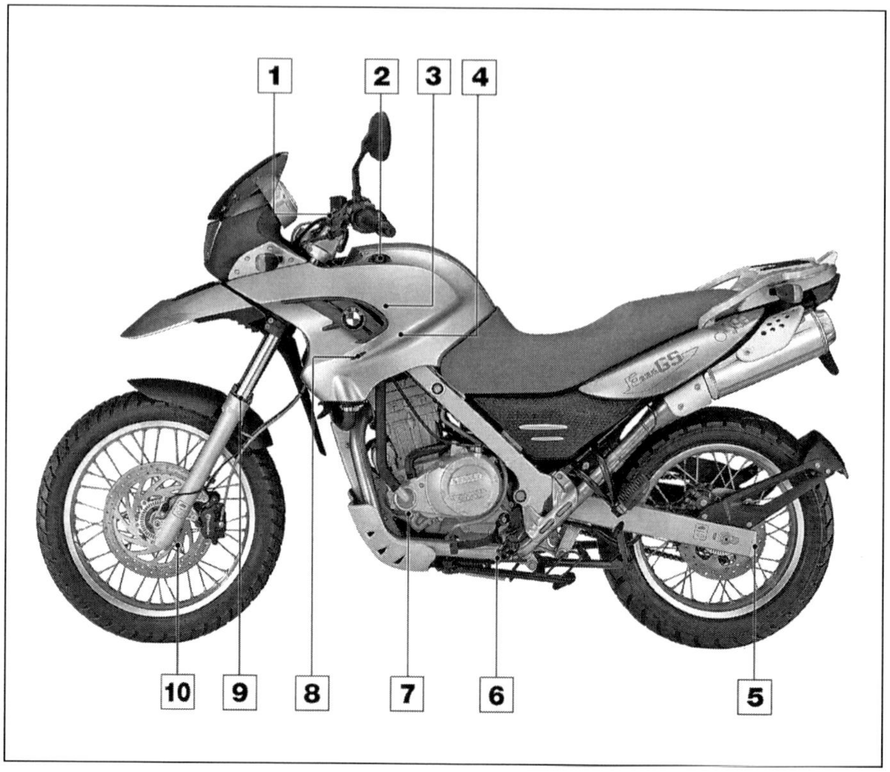

1

Wo befindet sich was?

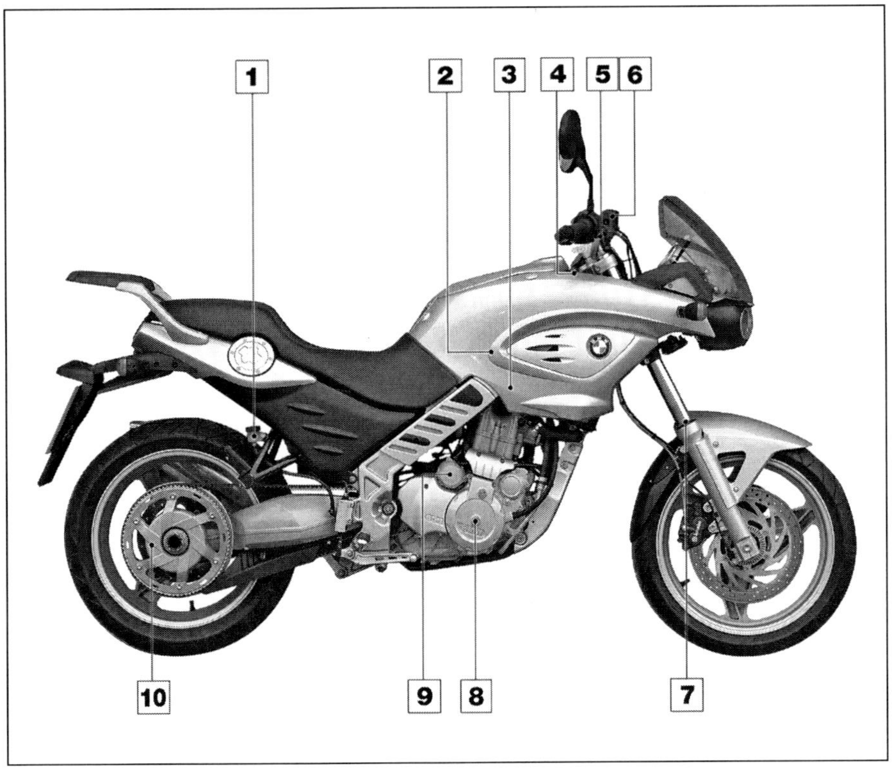

CS-Modelle – rechte Seite

1 *Fußbremszylinder-Ausgleichsbehälter*
2 *Benzinfilter*
3 *Zündkerze(n)*
4 *Motoröl-Peilstab*
5 *Gaszugeinsteller*
6 *Handbremszylinder-Ausgleichsbehälter*
7 *Gabeldichtring*
8 *Lichtmaschinendeckel-Inspektionsstopfen*
9 *Ölfilter*
10 *Antriebsriemen-Einsteller*

CS-Modelle – linke Seite

1 *Kupplungszugeinsteller*
2 *Lenkkopflager-Einsteller*
3 *Kühlmittel-Ausgleichsbehälter*
4 *Luftfilter*
5 *Batterie*
6 *Ölablassschraube (Rahmen)*
7 *Ölablassschraube (Motor)*
8 *Stoßdämpfereinsteller*
9 *Kühlmittel-Ablassschraube*
10 *Gabeldichtring*

Einleitung

1 Dieses Kapitel soll dem Hobbyschrauber helfen, sein Motorrad immer in einem sicheren und technisch guten Zustand zu halten, sodass es immer voll leistungsfähig ist und eine lange Lebensdauer erreicht.
2 Die Entscheidung, wo und wann man mit den Routinekontrollen anfangen soll, hängt von verschieden Faktoren ab. Wenn die Garantieperiode ihrer Maschine gerade abgelaufen ist, und bisherige Inspektionen von einer Werkstatt vorgenommen wurden, kann man mit der folgenden Routinekontrolle bis zum nächsten vorgeschriebenen Kilometerstand oder Zeitablauf warten. Besitzen Sie die Maschine schon einige Zeit, haben aber lange keine Inspektion machen lassen, sollten Sie mit dem nächsten Intervall beginnen und einige zusätzliche Kontrollen vornehmen, um sicherzugehen, dass nichts Wichtiges übersehen wurde. Wenn Sie gerade eine große Motorüberholung hatten, sollten Sie die Serviceintervalle von Anfang an beginnen. Haben Sie eine gebrauchte Maschine erworben und wissen nichts über ihre Geschichte und Wartung, sollten Sie sich für eine Komplettkontrolle aller Punkte entscheiden und dann mit den normalen Intervallen weitermachen.
3 Vor Beginn jeglicher Wartungsarbeiten sollte das Motorrad sorgfältig gereinigt werden. Saubere Teile schützen davor, dass während der Arbeit Schmutz in den Motor eindringt, außerdem kann man Verschleiß und Beschädigungen besser erkennen.
4 Wichtige Wartungshinweise sind oft auf Aufklebern vermerkt, die am Motorrad angebracht sind. Wenn diese Informationen sich von denen in diesem Buch angegebenen unterscheiden, richten Sie sich nach den Angaben am Motorrad.

1 Antriebskette und Kettenräder (Funduro-, ST-, GS- und Dakar-Modelle)

Achtung: Wenn das Motorrad oft auf nassen oder staubigen Straßen gefahren wird, muss die Kette öfter kontrolliert, gereinigt und geschmiert werden.

Kontrolle des Durchhangs

1 Eine vernachlässigte Antriebskette wird nur ein kurzes Leben haben und schnell Ritzel und Kettenrad zerstören. Eine regelmäßige Einstellung und Schmierung garantieren eine maximale Lebensdauer aller Komponenten.
2 Funduro-, ST- und GS-Modelle müssen auf den Hauptständer gestellt werden; Dakar-Modelle werden mit dem Seitenständer abgestützt. Legen Sie den Leerlauf ein, und stellen Sie sicher, dass die Zündung abgeschaltet ist.
3 Drücken Sie den unteren Kettentrum in der Mitte zwischen den beiden Kettenrädern nach oben, und ermitteln Sie mithilfe eines Lineals den Durchhang (siehe Abbildung) – vergleichen Sie den gemessenen Wert mit den Angaben in den *Technischen Daten*. Da Ketten oft ungleichmäßig verschleißen, wird nun das Hinterrad etwas gedreht (bzw. das Motorrad ein kleines Stück bewegt) und die Messung an verschiedenen Stellen der Kette wiederholt. Markieren Sie den strammsten Bereich der Kette, um die Messung zu wiederholen. Da die Kette mit zunehmendem Verschleiß immer länger wird, muss die Einstellung regelmäßig wiederholt werden (siehe unten).

Achtung: Fahren mit einer zu sehr gespannten Kette führt ebenso zu Beschädigungen (des Getriebewellenlagers) wie bei einer zu stark durchhängenden Kette. Teile können beschädigt werden oder die Kette kann abspringen.

4 In Fällen mangelnder Schmierung können Korrosion und Abrieb bewirken, dass die Glieder sich nicht mehr frei bewegen können – was bei den Messungen eine stramme Kette vortäuschen kann (siehe Abbildung). Markieren Sie die Stelle, reinigen Sie den Bereich, und führen Sie eine kurze Probefahrt durch.
5 Ist die Kette nach der Probefahrt immer noch verklemmt, weist lose Bolzen oder beschädigte Rollen auf, wird es Zeit, eine neue einzubauen (siehe Kapitel 7). Eine verrostete oder verschlissene Kette schluckt Leistung, erhöht den Verbrauch und kann reißen – was zu schweren Beschädigungen oder gar Verletzungen und einem Sturz führen kann.
6 Kontrollieren Sie die Kette auf der ganzen Länge auf beschädigte Rollen sowie lockere Laschen, Bolzen und fehlende O-Ringe. Erneuern Sie die Kette gegebenenfalls sofort.

Anmerkung: *Montieren Sie niemals eine neue Kette auf verschlissene Ritzel, und benutzen Sie auf keinen Fall die alte Kette weiter, wenn Sie neue Ritzel montiert haben – ersetzen Sie Kette und Ritzel immer als Satz.*

7 Inspizieren Sie die vorne an der Schwinge sitzende Gleitschiene auf übermäßigen Verschleiß und Schäden – ersetzen Sie sie nötigenfalls (siehe Kapitel 7).

Einstellung des Kettendurchhangs

8 Bringen Sie die Kette in die Position, bei der die strammste Stelle in der Mitte des unteren Trums liegt (siehe Schritt 6), und stützen Sie das Motorrad wie zuvor ab.
9 Lockern Sie die Hinterachsmutter (siehe Abbildung).
10 Drehen Sie beide Einsteller gleichmäßig um viertel bis halbe Umdrehungen in die gewünschte Richtung, um den gewollten Durchhang zu erhalten (siehe Abbildung). Falls die Kette zu locker war, muss die Schraube im Uhrzeigersinn gedreht werden, falls sie zu stramm war, ist gegen den Uhrzeigersinn zu drehen und das Hinterrad nach vorne zu drücken, um die Einsteller gegen die Schwinge zu drücken.

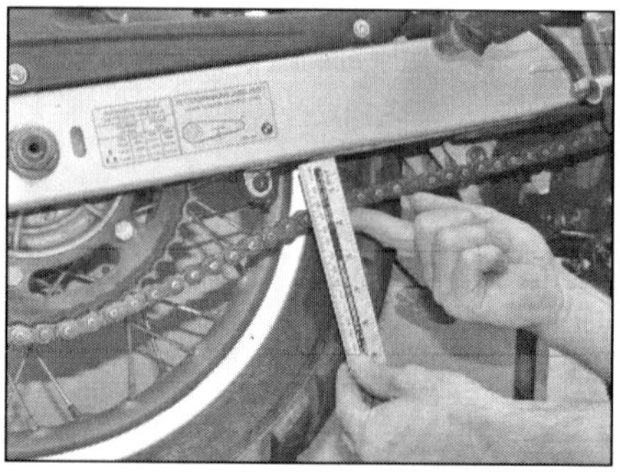

1.3 Drücken Sie die Kette hoch, und messen Sie den Durchhang.

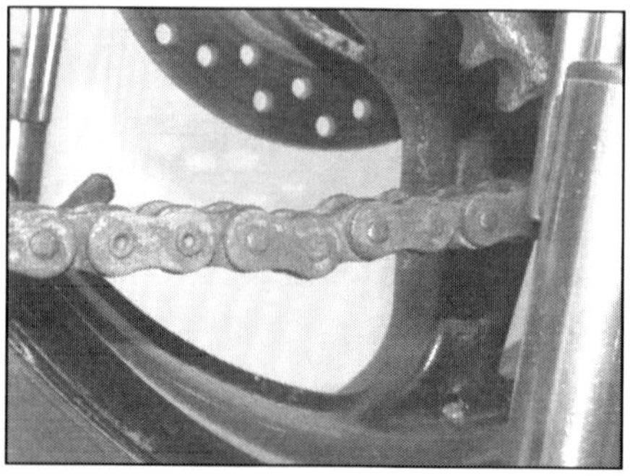

1.4 Vernachlässigung hat diese Kettenglieder verklemmen lassen.

1.9 Lockern Sie die Achsmutter.

1.10 Drehen Sie die Einstellschrauben an beiden Schwingenenden, ...

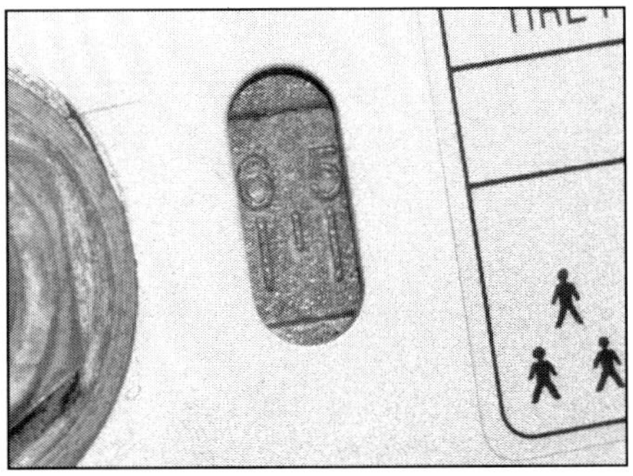

1.11 ... und kontrollieren Sie die Ausrichtung der nummerierten Markierungen zueinander.

11 Kontrollieren Sie bei der Einstellung, dass die in den Ausschnitten der Schwinge sichtbaren Markierungen beider Einstellgleitstücke identisch sind (siehe Abbildung), da sonst das Hinterrad nicht mit dem Vorderrad in Flucht steht und sich das Fahrverhalten der Maschine verschlechtert. Dabei ist darauf zu achten, dass das Hinterrad nach vorne gedrückt wird, um die Einsteller gegen die Anschläge zu drücken. Besteht bei den Einstellerpositionen eine Diskrepanz, müssen die Einsteller korrigiert werden, bevor der Durchhang (an der strammsten Stelle) erneut geprüft wird.

Praxis TiPP ***Informationen zur Ausrichtung der Flucht werden in Kapitel 7 gegeben.***

12 Ziehen Sie nach der Beendigung der Einstellung die Achsmutter mit 100 Nm an. Kontrollieren Sie erneut den Kettendurchhang, und prüfen Sie, ob sich das Hinterrad frei dreht.
13 Ziehen Sie jetzt die Einstellschrauben mit 10 Nm an.

Reinigen und Schmieren

14 Reinigen Sie die Kette nötigenfalls mit einem speziellen Reinigungsspray, oder waschen Sie sie mit einer weichen Bürste in Petroleum oder anderem Lösungsmittel, das nicht die Dichtringe angreift. Wischen Sie das Reinigungsmittel ab, und lassen Sie die Kette trocknen – ggf. mithilfe von Druckluft. Wenn die Kette stark

2.1 Das BMW-Riemenspannungsmessgerät und das dazugehörige 7-kg-Gewicht

1.15 Verteilen Sie das Schmiermittel von innen auf den Überlappungen der Laschen.

verschmutzt ist, sollte sie zum Reinigen ausgebaut (siehe Kapitel 7) und eine Zeit lang eingeweicht werden.

Achtung: Benutzen Sie kein Benzin, Lösungs- oder andere Reinigungsmittel, welche die O-Ringe in der Kette angreifen können. Benutzen Sie keinen Dampfstrahler. Der Reinigungsprozess soll nicht länger als zehn Minuten dauern, da sonst die Dichtringe beschädigt werden können.

15 Die beste Zeit zum Schmieren der Kette ist direkt nach der Fahrt, wenn sie warm ist. Der Schmierstoff dringt dann besser zwischen die Glieder als im kalten Zustand.

Anmerkung: *BMW empfiehlt die Verwendung von Kettenspray, das für O-Ringketten geeignet ist. Ansonsten können Lösungsmittel oder Additive die Dichtringe beschädigen.*

Tragen Sie den Kettenschmierstoff von der Innenseite der Kette her auf die Stellen auf, wo sich die Laschen überlappen, nicht in die Mitte der Rollen (siehe Abbildung).

Praxis TiPP ***Sprühen Sie den unteren Kettentrum von oben her ein, damit die Zentrifugalkraft das Schmiermittel während der Fahrt nach außen zieht. Lassen Sie das Öl einziehen und vorhandenes Lösungsmittel verdunsten.***

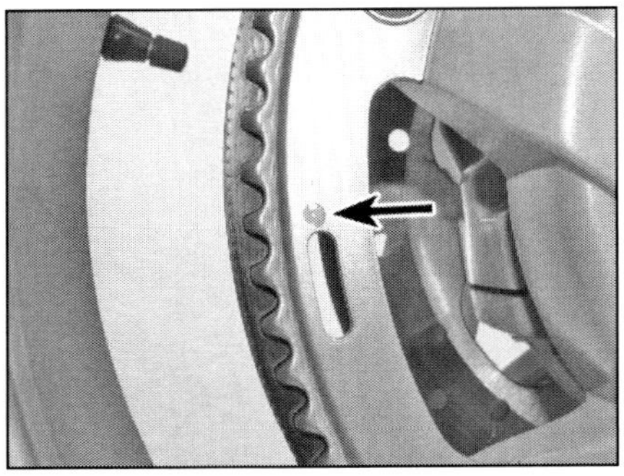

2.2 Die Farbmarkierung am hinteren Riemenrad muss nach hinten zeigen.

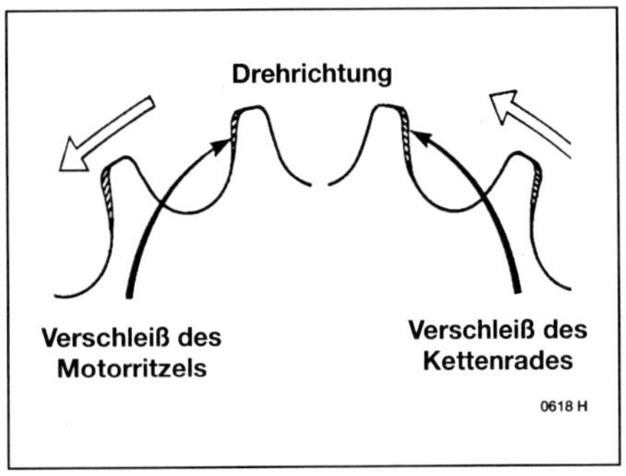

1.16 Kontrollieren Sie die gezeigten Bereiche der Ritzel auf Verschleiß.

Warnung: Das Schmiermittel darf nicht auf den Reifen oder die Bremsscheibe geraten. Schützen Sie beim Aufsprühen den Reifen mit einem Stück Pappe. Reinigen Sie kontaminierte Bereich sorgfältig mit Bremsenreiniger, bevor Sie mit dem Motorrad fahren.

Kettenrad-Verschleißkontrolle

16 Entfernen Sie die Ritzelabdeckung vom Motor (siehe Kapitel 7). Überprüfen Sie die Zähne des Ritzels und des hinteren Kettenrades auf Verschleiß (siehe Abbildung). Wenn die Kettenräder verschlissen sind, müssen sie zusammen mit der Kette ausgetauscht werden.

Anmerkung: *Rüsten Sie verschlissene Kettenräder nicht mit einer neuen Kette aus, bzw. legen Sie keine verschlissene Kette auf neue Kettenräder – beides würde unverzüglich zu großem Verschleiß führen.*

2 Antriebsriemen und Riemenräder (CS-Modelle)

Kontrolle der Riemenspannung

1 Für die Kontrolle der Riemenspannung werden ein spezielles Messgerät (BMW-Teilenummer 270501 oder 271501) sowie ein 7-kg-Gewicht (BMW-Teilenummer 270502 oder 271502) benötigt (siehe Abbildung). Der Riemen sollte damit einen Durchhang von 10 mm aufweisen, was durch den grünen Bereich der Messgerät-Farbskala angezeigt wird. Wer sich mit dem Zahnriemen der CS auskennt, wird die korrekte Spannung wahrscheinlich auch ohne diese Hilfsmittel erkennen, ansonsten stellt der Einsatz des Messgerätes und des Gewichtes die einzige zuverlässige Methode der Kontrolle dar.
2 Stellen Sie das Motorrad auf den Hauptständer oder eine entsprechende Stütze, sodass das Hinterrad nicht den Boden berührt. Legen Sie den Leerlauf ein, und stellen Sie sicher, dass die Zündung abgeschaltet ist. Drehen Sie das Hinterrad, bis die Farbmarkierung am hinteren Riemenrad nach hinten zeigt (siehe Abbildung).

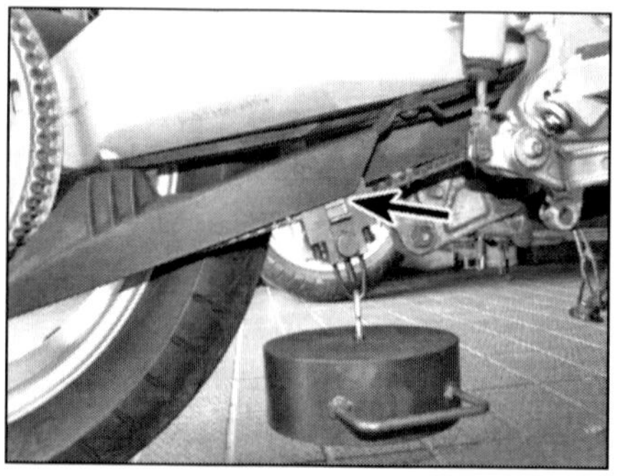

2.4 Der Riemen ist korrekt gespannt, wenn die untere Kante des Riemenschutzes über dem grünen Bereich liegt.

3 Hängen Sie das Messgerät (zunächst ohne das Gewicht) unterhalb des »Knicks« in der Schwinge an den unteren Riementrum. Lassen Sie einen Assistenten die Fußbremse betätigen, damit sich das Hinterrad nicht dreht. Lockern Sie die Rändelschraube des Messgerätes, richten Sie die Farbskalenmarkierung zum unteren Rand der Riemenabdeckung aus, sodass die Farbskala nicht sichtbar ist, und ziehen Sie die Schraube wieder an. Hängen Sie jetzt das Gewicht unten an das Messgerät.

Achtung: Benutzen Sie das Messgerät niemals für andere Zwecke als zur Kontrolle der Riemenspannung!

4 Wenn die Riemenspannung korrekt ist, wird der grüne Bereich des Messgeräts mit dem unteren Rand der Riemenabdeckung fluchten (siehe Abbildung). Wenn der rote Bereich oder der orangefarbene Bereich mit dem Rand fluchten, ist der Riemen zu locker.

Einstellung der Riemenspannung

5 Stützen Sie das Motorrad wie in Schritt 2 beschrieben ab.

6 Lockern Sie die Klemmschrauben des Exzentereinstellers jeweils um eine halbe Umdrehung und die Einstellschraube um mehrere Umdrehungen. Drehen Sie den Exzenter mit dem BMW-Spezialwerkzeug (Teilenummer 111780)

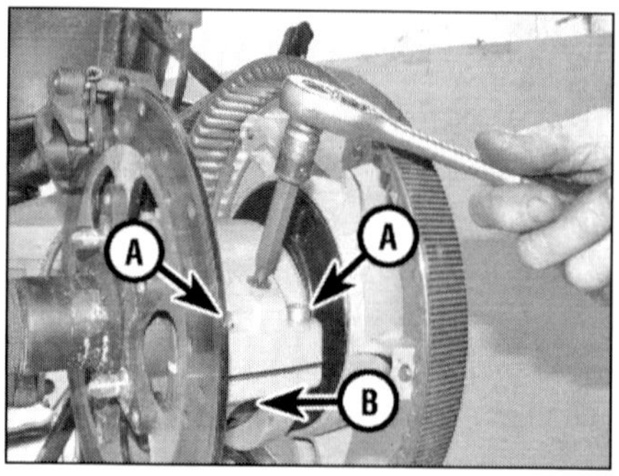

2.6 Lockern Sie erst die Klemmschrauben (A), dann die Einstellschraube (mit Werkzeug). Stecken Sie eine Stange in die Bohrung (B), um den Exzenter so zu drehen, dass der Riemen entspannt ist (das Hinterrad ist nur für eine bessere Sicht ausgebaut).

oder einer als Hebel in die Bohrung gesteckten Stange, bis der Riemen locker ist (siehe Abb.).

7 Installieren Sie das Riemenspannungsmessgerät (siehe Schritte 1 bis 3).

8 Drehen Sie die Einstellschraube, bis der grüne Bereich der Farbskala zum unteren Rand der Riemenabdeckung ausgerichtet ist.

9 Entfernen Sie das Gewicht. Ziehen Sie die Exzenterklemmschrauben schrittweise zunächst bis zum Erstanzugswert von 10 Nm an, dann bis zum endgültigen Wert von 21 Nm. Lockern Sie die Einstellschraube etwas, ziehen Sie die Klemmschrauben erneut mit 21 Nm und dann die Einstellschraube mit 10 Nm an.

Verschleißkontrolle am Zahnriemen und den Riemenrädern

10 Entfernen Sie am Motor die Riemenradabdeckung (siehe Kapitel 7). Kontrollieren Sie die Zähne von Riemen und Riemenrädern auf Verschleiß und Beschädigungen sowie den Riemen auf Risse, Ausbrüche und herausragende Drähte. Ersetzen Sie nötigenfalls den Riemen und/oder die Riemenräder (siehe Kapitel 7).

Einbau eines neuen Antriebsriemens

11 Der Zahnriemen muss ungeachtet seines Zustands spätestens nach 40 000 km gewechselt werden (siehe Kapitel 7).

3 Motoröl und Ölfilter

Warnung: Seien Sie beim Ablassen des Öls vorsichtig. Heiße Motoren, Auspuffrohre und das heiße Motoröl können zu schweren Verbrennungen führen.

1 Ein regelmäßiger Öl- und Filterwechsel ist die wichtigste Wartungsarbeit für den Erhalt eines Motorrades. Das Öl ist nicht nur zur Schmierung der Motorinnereien, der Kupplung und des Getriebe da, sondern auch zur Kühlung, Reinigung, Abdichtung und zum Materialschutz. Aufgrund dieser Anforderungen trägt das Motoröl einen hohen Grad an Verantwortung für die Funktion des Motors und sollte deshalb regelmäßig ersetzt werden. Der kleine Preisunterschied zwischen einem guten und einem billigen Öl macht sich in Relation zu einem Motorschaden auf keinen Fall bezahlt. Der Ölfilter muss bei jedem Ölwechsel ebenfalls ausgetauscht werden.

2 Wärmen Sie den Motor zunächst auf, damit das Öl besser abfließen kann. Stützen Sie das Motorrad auf eine ebene Fläche senkrecht ab. Entfernen Sie bei GS- und Dakar-Modellen die linke vordere Seitenabdeckung und den Ölwannenschutz (siehe Kapitel 8). Entfernen Sie bei allen Modellen die Ritzel- bzw. Riemenradabdeckung (siehe Kapitel 7).

3 Stellen Sie bei Funduro- und ST-Modellen einen sauberen Auffangbehälter unter den Kühler. Lösen Sie den (mit dem Peilstab versehenen) Öleinfülldeckel (siehe Abbildung) und die Ablassschraube am Rahmen. Entfernen Sie nötigenfalls die Abdeckung unten am Kühler, um den Zugang zu verbessern, und lassen Sie das Öl in den Behälter ablaufen (siehe Abbildung). Wenn das Öl aus dem Rahmen abgelaufen ist, wird die Ablassschraube mit einer neuen Dichtscheibe versehen und mit 10 Nm angezogen.

4 Stellen Sie bei GS- und Dakar-Modellen einen sauberen Auffangbehälter auf eine Kiste oder einen Hocker, um ihn dadurch nahe an die Ablassschraube des links am Motorrad sitzenden Öltank zu bringen. Lösen Sie den (mit

3.3a Lösen Sie den Einfülldecken/Peilstab, um den Öltank zu belüften – Funduro- und ST-Modelle.

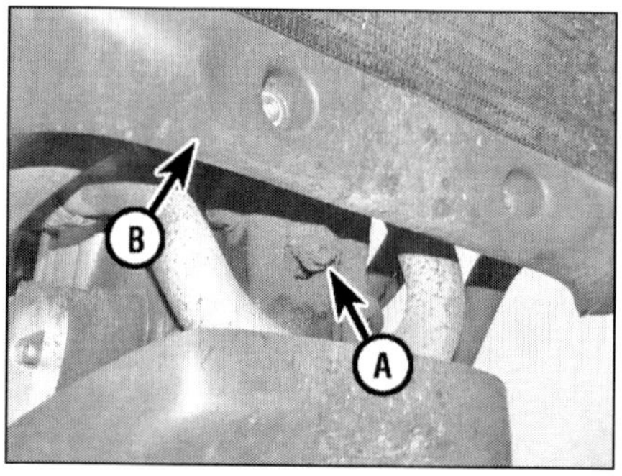

3.3b Ölablassschraube des Rahmens (A). Entfernen Sie nötigenfalls die Kühlerverkleidung (B).

3.4a Lösen Sie den Einfülldecken/Peilstab, um den Öltank zu belüften – GS- und Dakar-Modelle.

3.4b Lösen Sie die Ölablassschraube des Tanks, ...

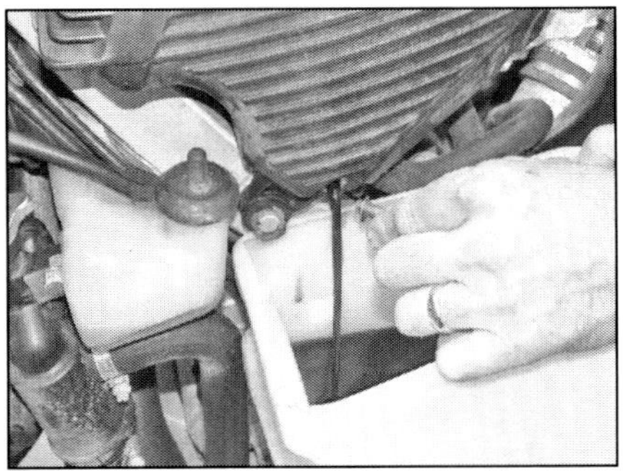

3.4c ... und lassen Sie das Öl ablaufen – GS- und Dakar-Modelle.

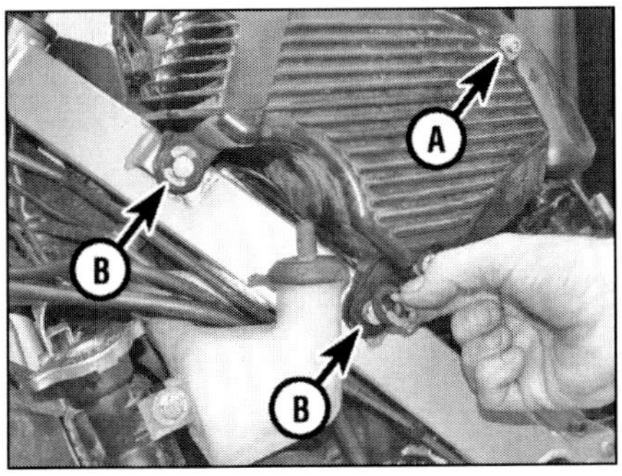

3.4d Lösen Sie die Schraube (A), und befreien Sie die Clips (B), ...

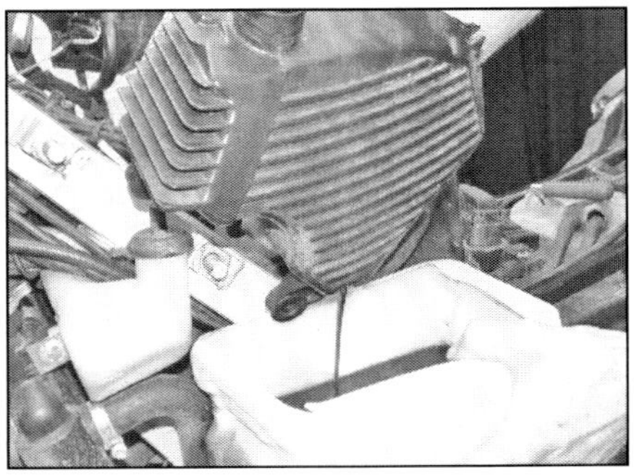

3.4e ... um den Öltank kippen und so vollständig entleeren zu können.

3.5a Lösen Sie den Einfülldecken/Peilstab, um den Öltank zu belüften – CS-Modelle.

3.5b Lösen Sie die Ölablassschraube des Rahmens, und lassen Sie das Öl ablaufen – CS-Modelle

dem Peilstab versehenen) Öleinfülldeckel (siehe Abbildung) – ggf. mithilfe des dem Bordwerkzeug beigefügten Zündkerzenschlüssels – und die Ablassschraube am Öltank. Lassen Sie das Öl in den Behälter ablaufen (siehe Abbildungen). Um sicherzugehen, dass sämtliches Öl ausgelaufen ist, werden die Öltank-Befestigungsschraube und die beiden Clips gelöst, der Tank herausgezogen und so gekippt, dass sämtliches Öl ablaufen kann (siehe Abbildungen). Wenn das Öl abgelaufen ist, wird die Ablassschraube mit einer neuen Dichtscheibe versehen und mit 21 Nm angezogen.

5 Stellen Sie CS-Modelle auf den Seitenständer, und positionieren Sie einen sauberen Auffangbehälter links unter den Rahmen. Lösen Sie den (mit dem Peilstab versehenen) Öleinfülldeckel (siehe Abbildung) – ggf. mithilfe des dem Bordwerkzeug beigefügten Zündkerzenschlüssels. Lösen Sie die Ablassschraube am Rahmen, und lassen Sie das Öl in den Behälter ablaufen (siehe Abbildung). Wenn das Öl abgelaufen ist, wird die Ablassschraube mit einer neuen Dichtscheibe versehen und mit 21 Nm angezogen.

6 Stellen Sie das Motorrad auf den Hauptständer oder eine geeignete Stütze, damit es aufrecht steht. Stellen Sie den Auffangbehälter unter den Motor. Lösen Sie die Ölablassschraube unten am Motor, und lassen Sie das Öl in den Behälter laufen (siehe Abbildungen). Ist das Öl abgelaufen, wird die Ablassschraube mit einer neuen Dichtscheibe versehen und mit 40 Nm angezogen (siehe Abbildung).

7 Stellen Sie den Auffangbehälter unter den rechts am Motor sitzenden Ölfilter. BMW bietet für GS-, Dakar- und CS-Modelle unter der Teilenummer 117511 ein Rinne an, die in die beiden Stifte (um die das Leerlaufschalterkabel verlegt ist) unterhalb des Ölfilterdeckels gehängt werden kann – nötigenfalls (und für Funduro- und ST-Modelle) kann auch ein entsprechend zugeschnittenes Stück Kunststoff-Dachrinne oder einfach Pappe verwendet werden, um austretendes Öl abzuleiten (siehe Abbildung). Wenn die BMW-Rinne verwendet wird, müssen die untere Schraube gelöst und das Leerlaufschalterkabel beiseite genommen werden, um die Rinne an die Stifte hängen zu können (siehe Abbildung). Eine selbst gebaute Rinne wird bei allen Modellen unter den Ölfilterdeckel gehalten, damit austretendes Öl in den Auffangbehälter ablaufen kann. Lösen Sie die (verbliebenen) Schrauben des Ölfilterdeckels, entfernen Sie diesen, und ziehen Sie den Filter aus dem Gehäuse (siehe Abbildungen). Wenn alles Öl abgetropft ist, wird die Rinne entfernt

3.6a Lösen Sie die Ölablassschraube unten am Motor, ...

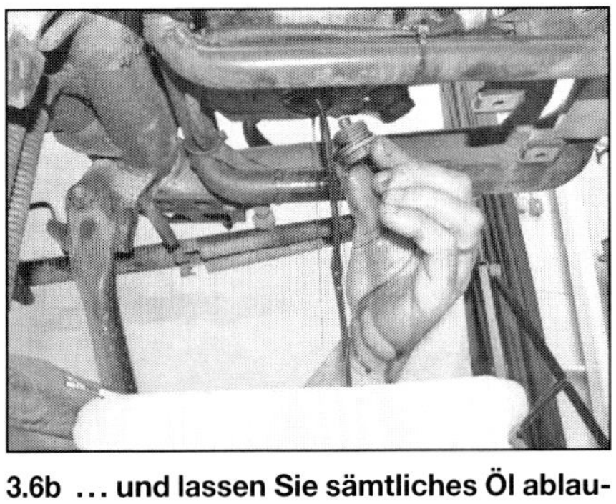

3.6b ... und lassen Sie sämtliches Öl ablaufen.

3.6c Rüsten Sie die Ölablassschraube mit einem neuen Dichtring aus, und ziehen Sie sie mit 40 Nm an.

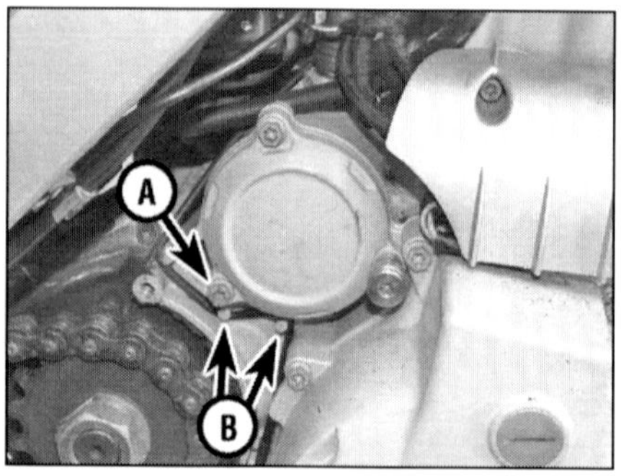

3.7a Lösen Sie die Schraube (A), und richten Sie die Rinne über den Stiften (B) aus.

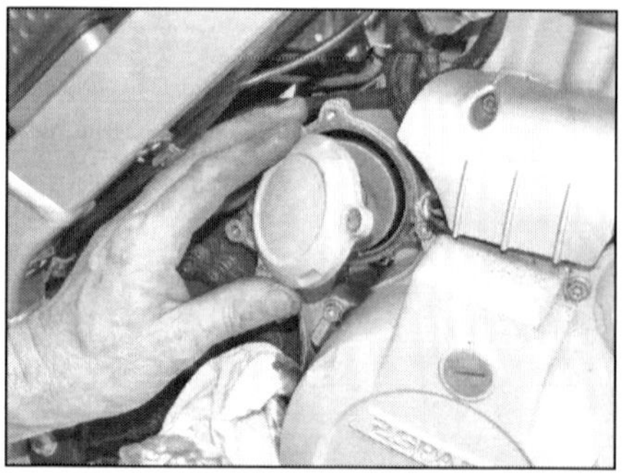

3.7b Entfernen Sie den Ölfilterdeckel, ...

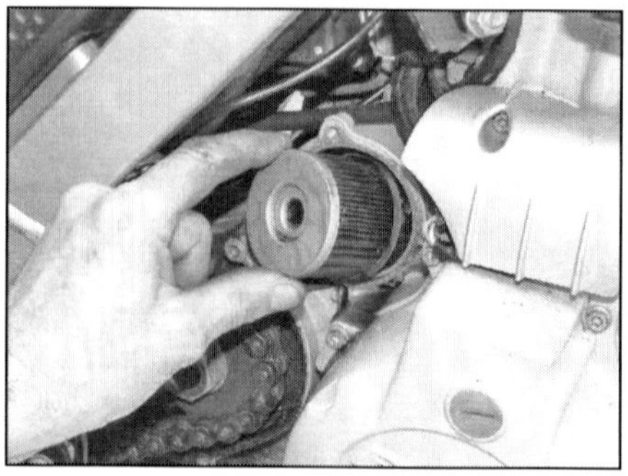

3.7c ... und ziehen Sie den Ölfilter heraus.

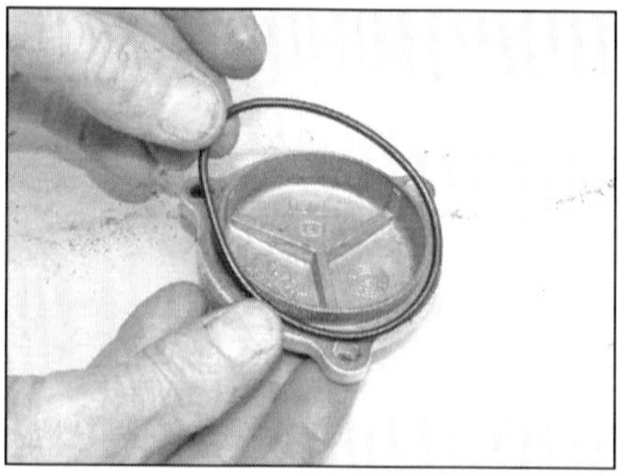

3.8a Rüsten Sie den Deckel nötigenfalls mit einem neuen O-Ring aus.

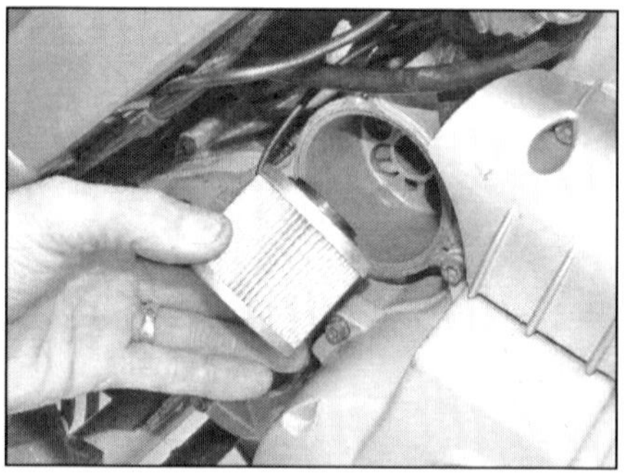

3.8b Installieren Sie den neuen Ölfilter, ...

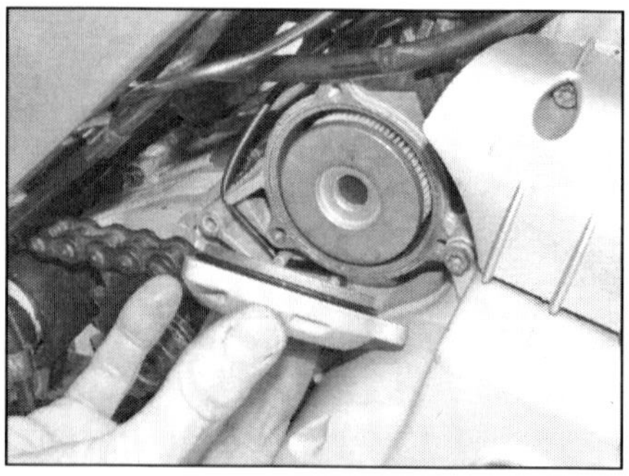

3.8c ... und montieren Sie den Deckel.

und das Gehäuse mit einem sauberen fusselfreien Lappen ausgewischt.

8 Kontrollieren Sie den O-Ring des Ölfilterdeckels, und ersetzen Sie ihn gegebenenfalls durch ein Neuteil (siehe Abbildung). Legen Sie den mit Motoröl geschmierten O-Ring in die Nut des Deckels, stecken Sie den neuen Ölfilter in das Gehäuse, setzen Sie den Deckel auf, und ziehen Sie seine Schrauben mit 10 Nm an (siehe Abbildungen). Verlegen Sie das Leerlaufschalterkabel um die Stifte herum.

9 Befreien Sie bei Funduro- und ST-Modellen links den Ölschlauch vom Öltanksieb (siehe Abbildung) – entfernen Sie nötigenfalls die Motorabdeckung und die Verkleidung, um den Zugang zu verbessern (siehe Kapitel 8). Schrauben Sie das Ölsieb heraus, reinigen Sie es mit Lösungsmittel, und blasen Sie es mit Druckluft aus. Schrauben Sie das Sieb wieder in den Rahmen, ziehen Sie es an, und stecken Sie den Ölschlauch auf.

10 Füllen Sie bei Funduro- und ST-Modellen den Öltank bis zur »MAX«-Markierung am Peilstab mit dem vorgeschriebenen Öl auf (siehe *Tägliche Kontrollen*). Schrauben Sie den Peilstab ein, starten Sie den Motor, und lassen Sie ihn eine Minute laufen (achten Sie dabei darauf, dass die Öldruck-Kontrolllampe nach einigen Sekunden erlischt). Schalten Sie den Motor aus, und füllen Sie Öl nach, bis der Pegel genau zwischen den »MAX«- und »MIN«-Linien liegt.

11 Füllen Sie bei GS-, Dakar- und GS-Modellen den Öltank mit zwei Litern des vorgeschriebenen Öls auf (siehe *Tägliche Kontrollen*). Schrauben Sie den Deckel bzw. Peilstab ein, starten Sie den Motor, und lassen Sie ihn 30 Sekunden laufen (achten Sie dabei darauf, dass die Öldruck-Kontrolllampe nach einigen Sekunden erlischt). Schalten Sie den Motor aus, und füllen Sie bei GS- und Dakar-Modellen weitere 0,3 Liter bzw. bei CS-Modellen weitere 0,5 Liter Öl auf. Starten Sie den Motor erneut, und lassen Sie ihn Betriebstemperatur erreichen, um entsprechend der Vorgaben in den *Tägliche Kontrollen* den Ölpegel zu kontrollieren.

12 Kontrollieren Sie die Bereiche um die Ölablassschrauben und den Ölfilterdeckel herum auf austretendes Öl. Prüfen Sie ggf. die Festigkeit der Schrauben und tauschen Sie nötigenfalls entsprechende Dichtungen.

13 Das alte Motoröl kann nicht mehr verwendet werden und sollte in einen auslaufsicheren Behälter gefüllt werden. Jeder Händler, der technische Öle verkauft, ist auch dazu verpflichtet, entsprechende Mengen Altöl zurückzunehmen und zur fachgerechten Entsorgung oder zum Recycling zu bringen. Lassen Sie nie Altöl in die Kanalisation gelangen oder im Boden versickern!

3.9 Öltanksieb – Funduro- und ST-Modelle

Praxis TiPP ***Kontrollieren Sie genau Ihr Altöl – wenn es stark metallisch schimmert, können das Spuren vom Einfahren eines neuen Motors sein oder Anzeichen ungenügender Schmierung. Wenn kleine Metallbrocken oder Splitter im Öl sind, läuft in Ihrem Motor etwas entschieden falsch, und die Maschine muss zur Inspektion und Reparatur zerlegt werden. Faserartiges Material weist auf extremen Kupplungsverschleiß hin.***

4 Luftfilter

Achtung: Wenn das Motorrad oft auf nassen oder staubigen Straßen gefahren wird, muss der Luftfilter öfter gereinigt und ersetzt werden.

Funduro- und ST-Modelle

1 Entfernen Sie den linken Seitendeckel (siehe Kapitel 8).

2 Befreien Sie das Anlasserrelais vom Luftfilterdeckel (siehe Abbildung) und entfernen Sie diesen (siehe Abbildung).

3 Ziehen Sie den Filter aus dem Gehäuse – beachten Sie seine Einbaulage (siehe Abbildung).

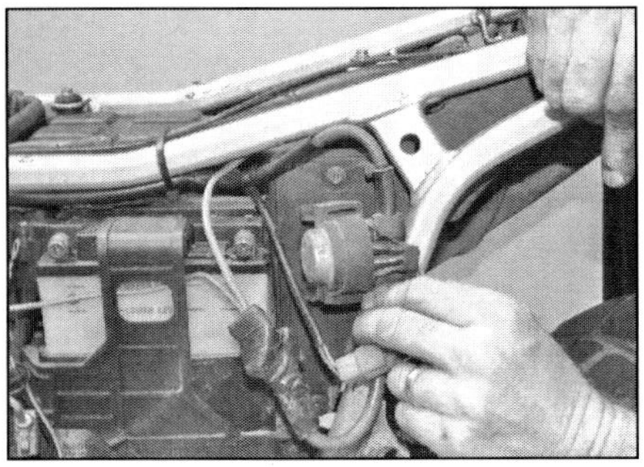

4.2a Befreien Sie das Relais, ...

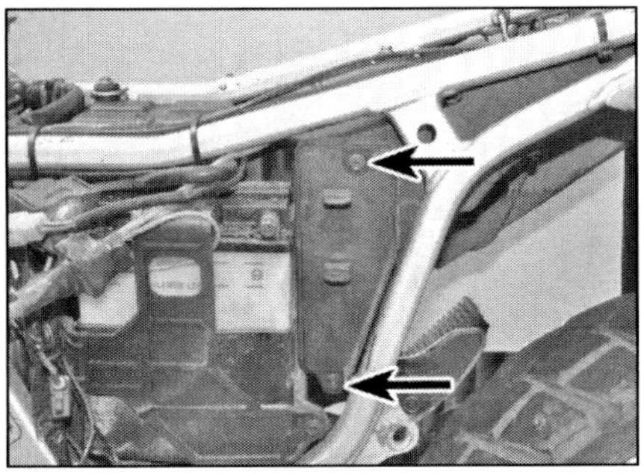

4.2b ... lösen Sie die beiden Schrauben, und entfernen Sie den Luftfilterdeckel.

4.3 Ziehen Sie den Filter aus dem Gehäuse.

4 Klopfen Sie den Filter zur groben Reinigung auf einer harten Fläche aus, und blasen Sie ihn mit Druckluft gegen die normale Strömungsrichtung – also von außen nach innen – aus. Der Filter darf nicht mit Lösungsmittel gereinigt werden. Überprüfen Sie das Filterelement auf Beschädigungen.

5 Wenn der Filter beschädigt ist, der Schmutz sich nicht entfernen lässt oder das Wechselintervall von 10 000 km vorüber ist, muss er durch ein Neuteil ersetzt werden.

6 Entfernen Sie unten am Luftfiltergehäuse-Ablaufschlauch den Stopfen, und lassen Sie angesammelte Flüssigkeit ablaufen. Installieren Sie den Stopfen dann wieder.

7 Stecken Sie den Luftfilter korrekt positioniert in das Gehäuse (siehe Abbildung 4.3). Installieren Sie den Deckel, und ziehen Sie die Schrauben an (siehe Abbildung). Sichern Sie das Anlasserrelais am Luftfilterdeckel (siehe Abbildung 4.2a).

8 Montieren Sie den linken Seitendeckel (siehe Kapitel 8).

GS- und Dakar-Modelle

9 Entfernen Sie das rechte vordere Seitenverkleidungsteil (siehe Kapitel 8).

10 Trennen Sie den Kabelstecker des Ansaugluft-Temperatursensors (siehe Abbildung). Lösen Sie die Schrauben vom Ansaugflansch. Entfernen Sie diesen (siehe Abbildung) und anschließend den Ansaugstutzen – beachten Sie, wie der vordere Stift in die Öse greift (siehe Abbildung).

11 Ziehen Sie den Filter aus dem Gehäuse – beachten Sie seine Einbaulage (siehe Abbildung).

12 Klopfen Sie den Filter zur groben Reinigung auf einer harten Fläche aus, und blasen Sie ihn mit Druckluft gegen die normale Strömungsrichtung – also von außen nach innen – aus (siehe Abbildung). Der Filter darf nicht mit Lösungsmittel gereinigt werden. Überprüfen Sie das Filterelement auf Beschädigungen.

13 Wenn der Filter beschädigt ist, der Schmutz sich nicht entfernen lässt oder das Wechselintervall von 20 000 km vorüber ist, muss er durch ein Neuteil ersetzt werden.

14 Entfernen Sie unten am Luftfiltergehäuse-Ablaufschlauch den Stopfen, und lassen Sie angesammelte Flüssigkeit ablaufen (siehe Abbildung). Installieren Sie den Stopfen dann wieder.

15 Stecken Sie den Luftfilter korrekt positioniert in das Gehäuse (siehe Abbildung 4.11). Installieren Sie den Ansaugstutzen und den Flansch, und ziehen Sie die Schrauben an (siehe Abbildungen). Verbinden Sie den Kabelstecker des Ansaugluft-Temperatursensors (siehe Abbildung 4.10a).

16 Montieren Sie das rechte vordere Seitenverkleidungsteil (siehe Kapitel 8).

4.7 Schieben Sie den Filter ins Gehäuse, und installieren Sie den Deckel.

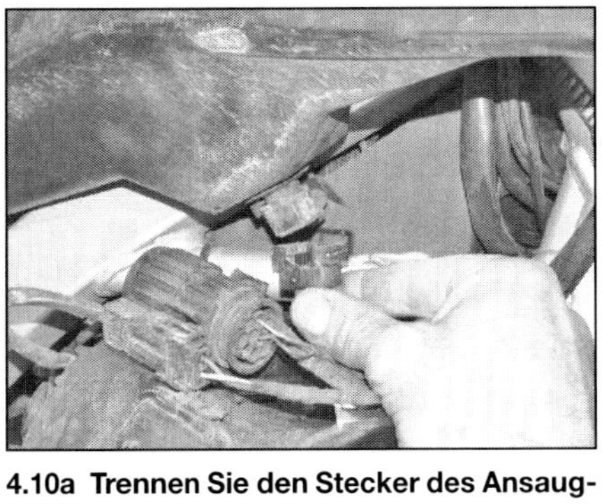

4.10a Trennen Sie den Stecker des Ansaugluft-Temperatursensors.

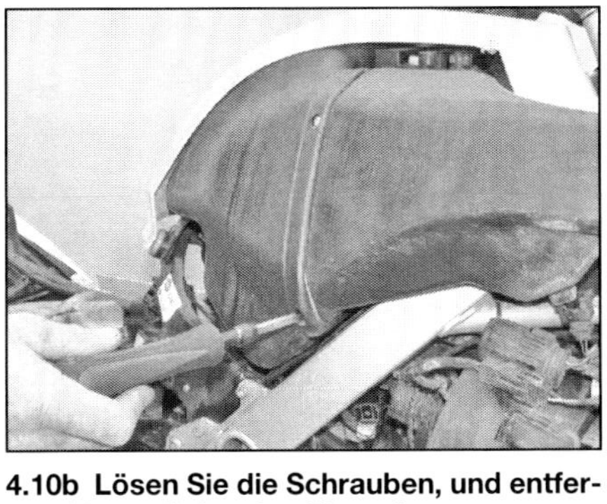

4.10b Lösen Sie die Schrauben, und entfernen Sie zunächst den Flansch, ...

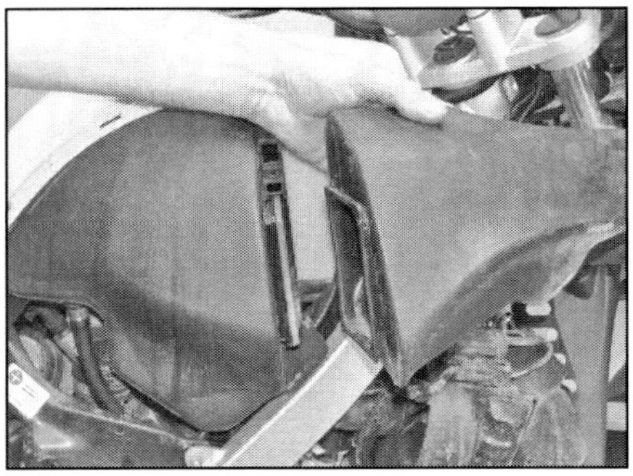

4.10c ... dann den Stutzen ...

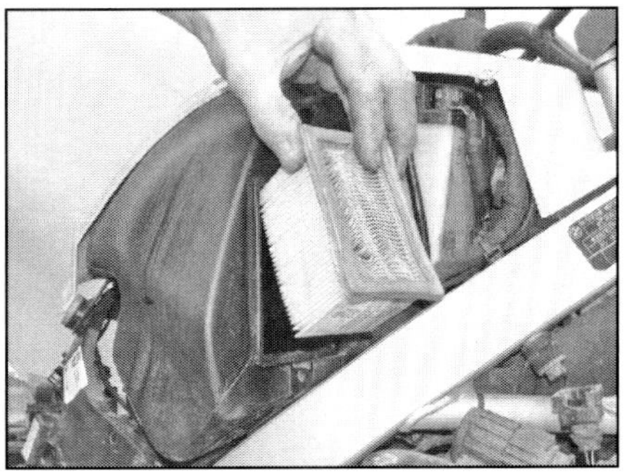

4.11 ... und schließlich den Luftfilter.

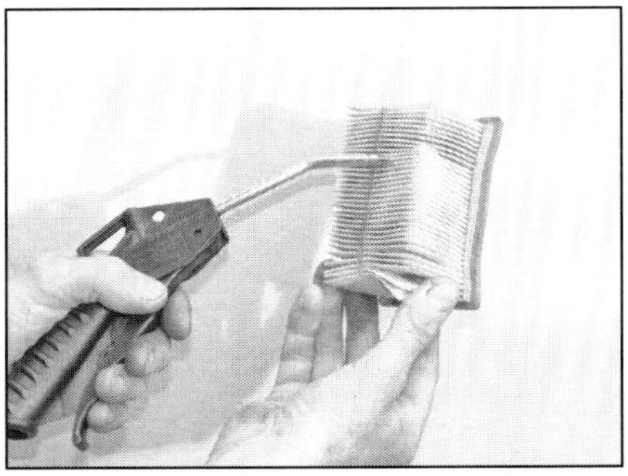

4.12 Blasen Sie den Filter von außen nach innen mit Druckluft aus.

4.14 Entfernen Sie den Stopfen, und lassen Sie angesammelte Flüssigkeit ab.

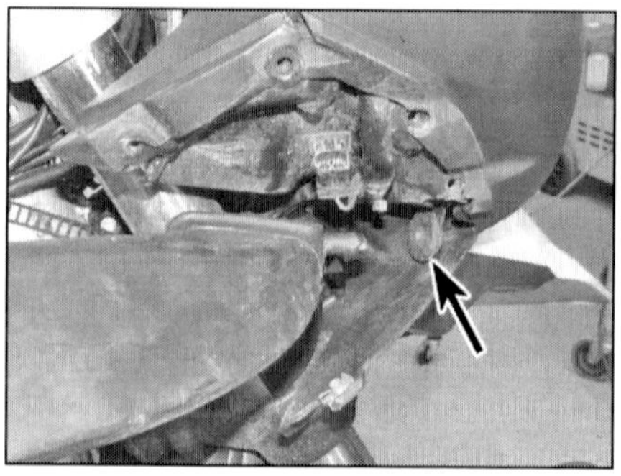

4.15a Der vordere Stift muss in die Öse (Pfeil) greifen, ...

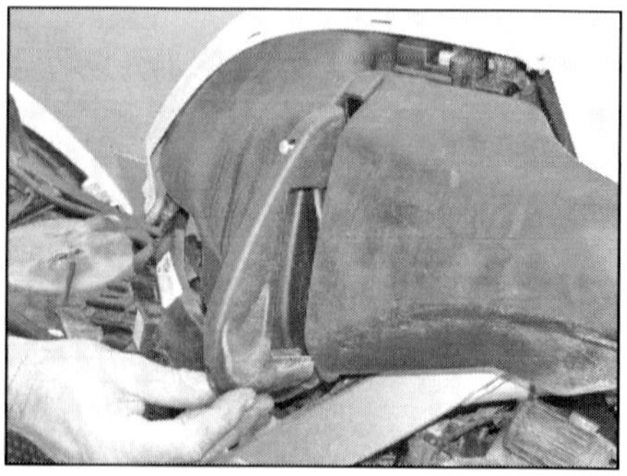

4.15b ... und der Flansch in seine Position geschoben werden.

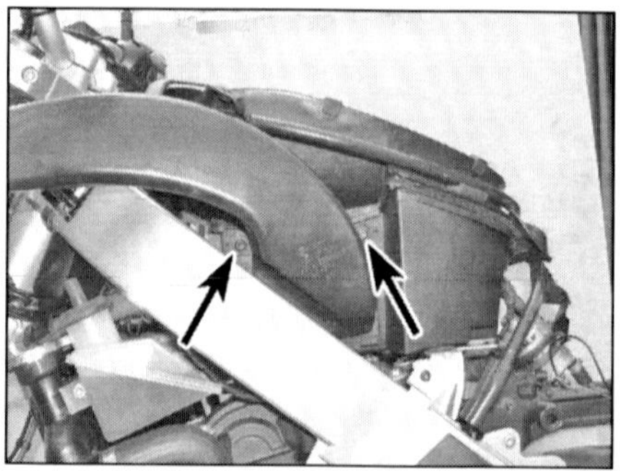

4.18a Lösen Sie die beiden Schrauben, ...

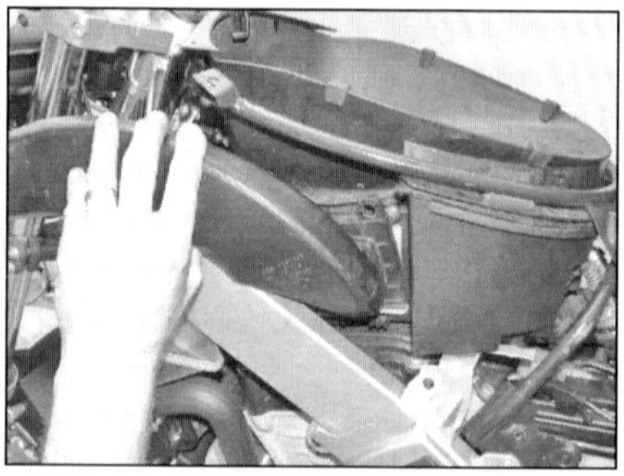

4.18b ... und entfernen Sie den Stutzen ...

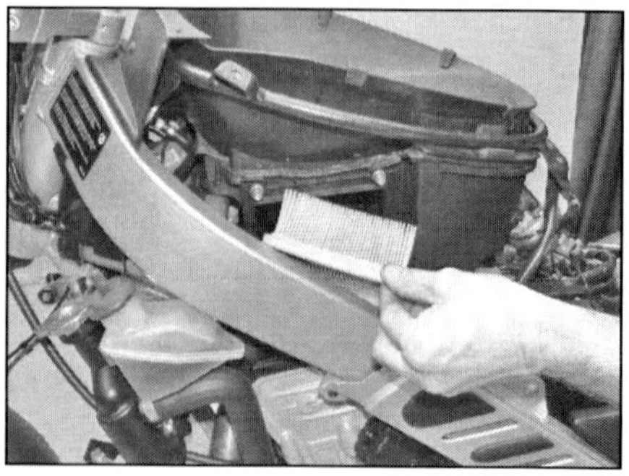

4.18c ... und den Luftfilter.

CS-Modelle

17 Entfernen Sie das linke vordere Seitenverkleidungsteil (siehe Kapitel 8).

18 Lösen Sie die Schrauben des Ansaugstutzens, schwenken Sie ihn zur Seite, heben Sie ihn nach oben aus dem Haken, und entfernen Sie ihn – beachten Sie, wie der vordere Stift in die Öse greift (siehe Abbildungen).

19 Ziehen Sie den Filter aus dem Gehäuse – beachten Sie seine Einbaulage. Er lässt sich leichter ausbauen, wenn man ihn vorne zusammendrückt (siehe Abbildung).

20 Klopfen Sie den Filter zur groben Reinigung auf einer harten Fläche aus, und blasen Sie ihn mit Druckluft gegen die normale Strömungsrichtung – also von außen nach innen – aus (siehe Abbildung 4.12). Der Filter darf nicht mit Lösungsmittel gereinigt werden. Überprüfen Sie das Filterelement auf Beschädigungen.

21 Wenn der Filter beschädigt ist, der Schmutz sich nicht entfernen lässt oder das Wechselintervall von 20 000 km vorüber ist, muss er durch ein Neuteil ersetzt werden.

22 Entfernen Sie unten am Luftfiltergehäuse-Ablaufschlauch den Stopfen, und lassen Sie angesammelte Flüssigkeit ablaufen. Installieren Sie den Stopfen dann wieder.

23 Stecken Sie den Luftfilter korrekt positioniert in das Gehäuse (siehe Abbildung 4.19). Installieren Sie den Ansaugstutzen, und ziehen Sie die Schrauben an (siehe Abbildungen 4.18b und a).

24 Montieren Sie das linke vordere Seitenverkleidungsteil (siehe Kapitel 8).

5.5 Lösen Sie den zentralen Inspektionsstopfen.

5 Ventilspiel

Spezialwerkzeug: *Für diese Arbeit wird ein Satz Fühlerlehrenblätter benötigt (siehe Abbildung 5.8).*

Kontrolle

1 Der Motor muss für die Ventilspielkontrolle völlig kalt sein – am besten lässt man ihn über Nacht abkühlen.

2 Entfernen Sie die Zündkerze – bei Doppelzündungsmotoren reicht es, eine Kerze zu auszubauen (siehe Sektion 6).

3 Entfernen Sie den Ventildeckel (siehe Kapitel 2).

4 Fertigen Sie eine Skizze der Positionen der vier Ventile an, um dort das entsprechende Spiel eintragen zu können. Die Einlassventile befinden sich hinten, die Auslassventile vorne.

5 Lösen Sie den mittleren Inspektionsstopfen aus dem Lichtmaschinendeckel (siehe Abbildung) – sein O-Ring muss später erneuert werden.

6 Um das Ventilspiel kontrollieren zu können, muss die Kurbelwelle so weit gedreht werden, bis der Kolben im oberen Totpunkt (»OT«) des Verdichtungstaktes steht, wo alle Ventile geschlossen sind. Die Welle kann mit einem durch die Inspektionsbohrung geführten Inbusschlüssel gedreht werden – ausschließlich im Uhrzeigersinn!

7 Drehen Sie die Kurbelwelle, bis die Markierungslinien an den Nockenwellenritzeln parallel zur Dichtfläche des Ventildeckels liegen und die kleine Bohrung in jedem Ritzel oben liegt (siehe Abbildungen). Befinden sich die Bohrungen unten, muss die Kurbelwelle eine

5.7a Drehen Sie die Kurbelwelle im Uhrzeigersinn, ...

5.7b ... bis die Nockenwellenritzel wie gezeigt stehen.

volle Umdrehung (360°) gedreht werden, bis die Linien der Ritzel wieder mit der Dichtfläche fluchten und die Bohrungen oben liegen.

8 Schieben Sie ein Fühlerlehrenblatt der korrekten Stärke (siehe *Technische Daten* – beachten Sie die unterschiedlichen Werte für die Ein- und Auslassventile) zwischen den Nocken und den Tassenstößel jedes der Ventile, und prüfen Sie, ob es sich mit leichtem Zug – wie durch ein dickes Buch – hindurchziehen lässt (siehe Abbildung) – ist dies nicht möglich, muss mithilfe anderer Stärken das tatsächliche Ventilspiel ermittelt werden. Notieren Sie das ermittelte Ventilspiel.

9 Nachdem die Werte aller Ventile ermittelt wurden, kann jetzt abgelesen werden, ob sie irgendwo außerhalb der Toleranzen liegen. Wenn dies der Fall ist, muss das Plättchen (»Shim«) zwischen Tassenstößel und Ventil gegen ein passendes ausgetauscht werden, sodass das Ventilspiel wieder korrekt wird.

5.12b ... oder vom Ventilschaft sicher.

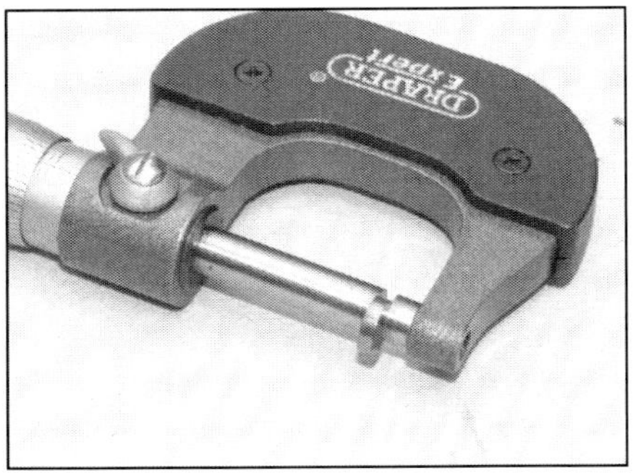

5.13b ... sollte jedoch nachgeprüft werden.

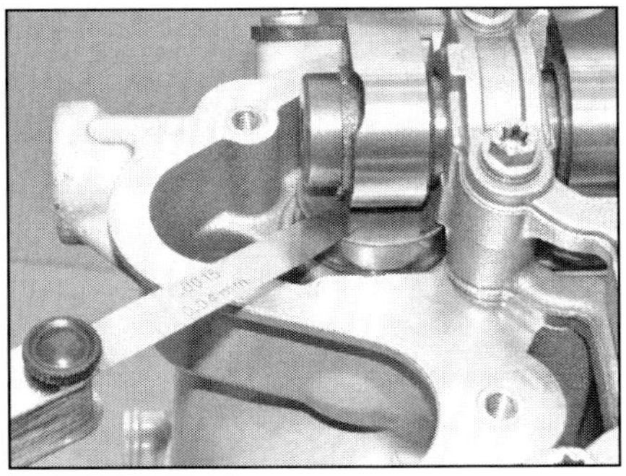

5.8 Schieben Sie die Fühlerlehre wie gezeigt zwischen Nocken und Stößel.

Einstellung

10 Zum Wechseln der Shims müssen die Nockenwellen ausgebaut werden (siehe Kapitel 2). Legen Sie Lappen über die Zündkerzenbohrung(en) und den Steuerkettenschacht, um zu verhindern, dass Shims in den Motor fallen können. Um keine Stößel zu vertauschen, sollte immer nur an *einem* Ventil gearbeitet werden. Sollen mehr als ein Shim und Stößel gleichzeitig demontiert werden, empfiehlt es sich, die Teile in markierten Behältern oder Beuteln zu lagern, und diese entsprechend der Einbaulage zu markieren (Ein-/Auslass – links/rechts).

11 Bei Funduro-, ST- sowie GS-, Dakar- und CS-Modellen mit einer Zündkerze muss der Stößel so gedreht werden, dass die Shim-Ausbaunut zugänglich ist, dann wird das Plättchen mithilfe eines kleinen Schraubendrehers oder ähnlichen Werkzeugs aus dem Stößel befreit. Alternativ kann er mithilfe eines Magneten

5.13a Die Shimstärke muss an einer Seite eingeätzt sein, ...

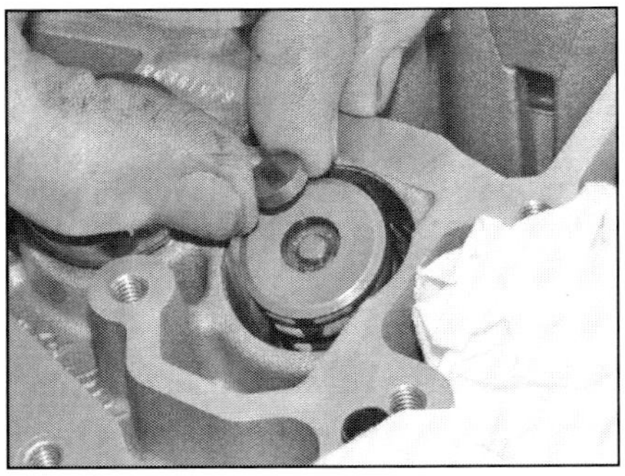

5.16a Stecken Sie den Shim in seinen Sitz im Federteller, ...

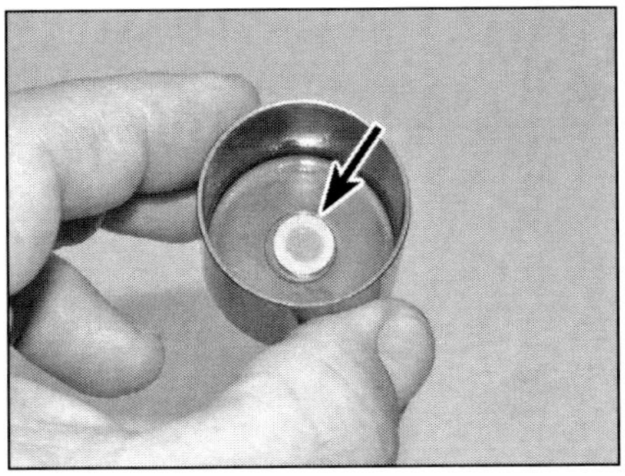

5.12a Stellen Sie den Shim innen im Tassenstößel ...

oder kleinen Saugnapfes nach oben herausgehoben werden. Lassen Sie den Shim nicht in den Motor fallen!

12 Bei GS-, Dakar- und CS-Modellen mit Doppelzündung wird der Stößel mithilfe eines Magneten oder passenden Saugnapfes aus dem Zylinderkopf gehoben (siehe Abbildung 5.16a) und das darunterliegende Einstellplättchen sichergestellt. Findet sich der Shim nicht im Stößel, so liegt er auf dem Ventil, wo er mit einem Magneten, einem mit Fett versehenen Schraubendreher (an dem er kleben bleiben soll) oder einem sehr kleinen Schraubendreher abgehebelt und mit einer Zange abgenommen werden kann (siehe Abbildungen). Lassen Sie den Shim nicht in den Motor fallen!

13 Errechnen Sie die erforderliche Stärke des benötigten Shims – wenn das gemessene Ventilspiel zu groß war, wird ein Shim benötigt, der um den Wert dicker als der vorhandene ist, den das Spiel zu groß war; wenn das gemessene Ventilspiel zu gering war, wird ein Shim benötigt, der um den Wert dünner als der vorhandene ist, den das Spiel zu eng war. Auf dem Shim sollte eine Stärkenangabe eingeätzt sein, doch empfiehlt sich ein Nachmessen, um sicherzugehen, dass er nicht verschlissen ist (siehe Abbildungen).

14 Shims sind für Funduro-, ST- sowie GS-, Dakar- und CS-Modelle mit einer Zündkerze von 2,00 bis 3,00 mm in 0,05-mm-Schritten erhältlich, für GS-, Dakar- und CS-Modelle mit Doppelzündung von 2,30 bis 3,00 mm.

Anmerkung: *Wenn der benötigte Shim größer als 3,00 mm (der größten erhältlichen Shimstärke) sein muss, sitzt das Ventil wahrscheinlich aufgrund von Ölkohleablagerungen nicht korrekt im Sitz. Kontrollieren und reinigen Sie das Ventil (siehe Kapitel 2).*

Besorgen Sie sich das entsprechende Ersatzplättchen (viele BMW-Händler bieten sie im Tausch an), und schmieren Sie es mit einem Gemisch aus gleichen Teilen Molybdänfett und Motoröl.

15 Bei Funduro-, ST- sowie GS-, Dakar- und CS-Modellen mit einer Zündkerze wird der Shim in den Ausschnitt oben im Stößel installiert. Achten Sie darauf, dass er korrekt sitzt!

16 Bei GS-, Dakar- und CS-Modellen mit Doppelzündung wird der Shim über dem Ventilschaft in den Federteller gelegt (siehe Abbil-

5.16b ... und schieben Sie den Tassenstößel über das Ventil.

dung) – achten Sie auf seinen korrekten Sitz. Schmieren Sie den Tassenstößel mit einem Gemisch aus gleichen Teilen Molybdänfett und Motoröl, und schieben Sie ihn senkrecht über das Ventil in seine Bohrung (siehe Abbildung).

17 Wiederholen Sie die Prozedur ggf. an anderen Ventilen, bis das Spiel in Ordnung ist. Montieren Sie die Nockenwellen (siehe Kapitel 2).

18 Drehen Sie die Kurbelwelle mehrere Umdrehungen im Uhrzeigersinn, damit sich alle neuen Shims setzen können, und prüfen Sie das Ventilspiel erneut.

19 Montieren Sie den Ventildeckel (siehe Kapitel 2).

20 Installieren Sie den mit einem neuen O-Ring versehenen Inspektionsstopfen in den Lichtmaschinendeckel (siehe Abbildung).

21 Installieren Sie die Zündkerze (Sektion 6). Kontrollieren Sie bei Funduro- und ST-Modellen die Standgas-Drehzahl (Sektion 8).

6 Zündkerze(n)

Anmerkung: *Bei GS- und Dakar-Modellen mit Doppelzündung sowie allen CS-Modellen sind die Zündspulen direkt in die Kerzenstecker integriert. Lassen Sie Kerzenstecker nicht auf den Boden fallen. Verwechseln Sie die Kerzenstecker nicht, da sie sich unterscheiden.*

Spezialwerkzeug: *Für diese Arbeit wird eine Drahtlehre benötigt (siehe Abbildung 6.6a).*

1 Ziehen Sie bei Funduro- und ST- sowie GS-, Dakar- und CS-Modellen mit einer Zündkerze den Kerzenstecker ab (siehe Abbildung).

2 Ziehen Sie bei GS- und Dakar-Modellen mit Doppelzündung sowie allen CS-Modellen den/die Zündspulenstecker ab (siehe Kapitel 5).

3 Stellen Sie sicher, dass Ihr Zündkerzenschlüssel die richtige Größe hat – ein passender ist dem Bordwerkzeug (unter der Sitzbank) beigefügt.

4 Schrauben Sie die Zündkerze(n) aus dem Zylinderkopf (siehe Abbildung). Soll(en) die Kerze(n) im Zuge des Wartungsplans ersetzt werden, ist es sinnvoll, sie als Ersatzzündkerze(n) für Notfälle mitzuführen.

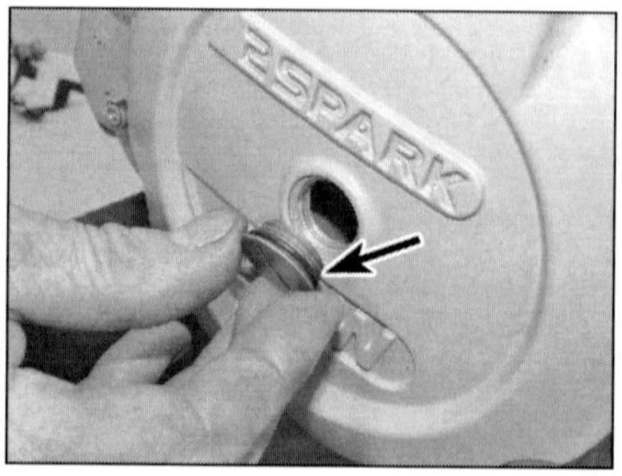

5.20 Rüsten Sie den Inspektionsstopfen mit einem neuen O-Ring aus.

5 Wenn die Zündkerze(n) zwischen den Wechselintervallen oder aufgrund eines potenziellen Problems kontrolliert wird/werden, müssen ihre Elektroden auf Verschleiß überprüft werden. Sowohl die Mittel- als auch die Masseelektroden dürfen nicht abgerundet sein, Letztere sollten auch eine gleichmäßige Stärke aufweisen. Vergleichen Sie Ihre Zündkerzen mit den farbigen Zündkerzenbildern auf der Innenseite des Rückumschlags dieses Buches. Kontrollieren Sie das Gewinde, den Dichtring und den Keramik-Isolator auf Brüche und andere Beschädigungen aufweisen. Inspizieren Sie die Kerzen auf starke Ablagerungen und einen gebrochenen Isolator. Kontrollieren Sie das Gewinde und den Dichtring der Zündkerze. Wenn die Elektroden nicht extrem verschlissen sind, die Ablagerungen leicht mit einer Drahtbürste zu entfernen sind, und keine Isolatorschäden festzustellen sind, können die Kerze(n) nach

6.4 Lösen und entfernen Sie die Zündkerze.

6.6b ... und biegen Sie die Masseelektrode nötigenfalls vorsichtig nach.

6.1 Ziehen Sie den/die Kerzenstecker von der/den Zündkerze(n) – beachten Sie bei Doppelzündung ihre Positionen.

Ermittlung und ggf. Einstellung des Elektrodenabstands wiederverwendet werden. Bei Zweifeln über den Zustand sollten sie gewechselt werden – Zündkerzen sind nicht teuer. Spätestens nach 10 000 km (Funduro- und ST-Modelle) bzw. 20 000 km (GS-, Dakar- und CS-Modelle) müssen die Kerzen auf jeden Fall ersetzt werden.

6 Vergewissern Sie sich vor dem Einbau der Zündkerzen, dass sie vom richtigen Typ sind und den korrekten Wärmewert haben. Kontrollieren Sie den Abstand der Elektroden mit einer Drahtlehre (siehe Abbildung). Liegt der Wert nicht zwischen 0,6 und 0,7 mm, muss nachgestellt werden. Hierbei dürfen nur die Masseelektroden gebogen werden – und auch nur sehr vorsichtig (siehe Abbildung). Die Zündkerze muss mit einem Dichtring ausgerüstet sein.

7 Stecken Sie die Zündkerze in das Werkzeug, und setzen Sie sie damit ein. Da der Zylinder-

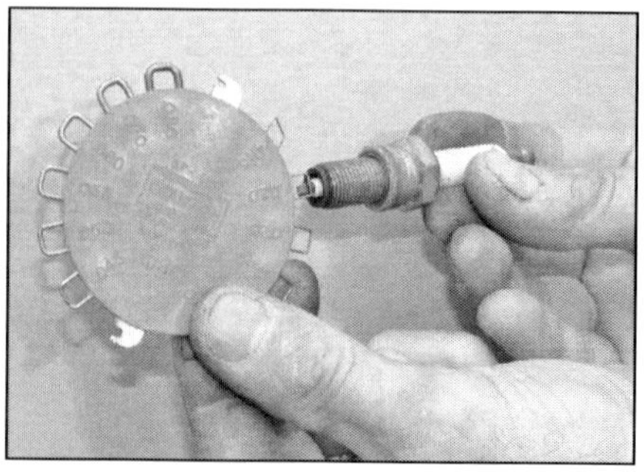

6.6a Benutzen Sie eine Drahtlehre, um den Elektrodenabstand zu ermitteln, ...

6.7 Drehen Sie die Zündkerze(n) zunächst von Hand in den Zylinderkopf.

kopf aus Aluminium besteht, muss bei diesem weichen Material sehr auf Beschädigung des Kerzengewindes geachtet werden. Drehen Sie deshalb die Kerze per Hand in den Motor (siehe Abbildung). Nachdem sie handfest angezogen ist, wird eine gebrauchte Kerze mit dem Schlüssel noch eine weitere achtel bis viertel, eine neue eine halbe Umdrehung angezogen. Hat man einen Drehmomentschlüssel zur Hand, sollten die Kerze mit dem vorgeschriebenen Drehmoment von 20 Nm angezogen werden. Eine zu fest gezogene Kerze kann schnell das Gewinde ausreißen.

Praxis TiPP ***Da die Zündkerze(n) sehr tief im Zylinderkopf sitzt/sitzen, kann es hilfreich sein, ein Stück eines geeigneten Schlauchs auf den Isolator zu schieben, um sie von Hand einschrauben zu können. Falls die Kerze dabei verkantet, wird der Schlauch überrutschen und das Gewinde wird nicht beschädigt.***

8 Installieren Sie die Zündspulen/Kerzenstecker (siehe Abbildung 6.1 bzw. Kapitel 5).

Praxis TiPP ***Ausgerissene Kerzengewinde können mit Gewindeeinsätzen wieder repariert werden. Beachten Sie hierfür die Werkzeug- und Werkstatt-Tipps im Anhang dieses Buches.***

Praxis TiPP ***Zündkerzen können für viele Probleme verantwortlich sein: schlechtes Anspringen, ungleichmäßiges Standgas, Fehlzündungen, hoher Verbrauch, mangelnde Leistung usw. Ein Kerzenwechsel bewirkt hier oft Wunder.***

7 Kraftstoffsystem

Warnung: Benzin ist sehr leicht entzündbar, treffen Sie deshalb besondere Vorsichtsmaßnahmen, wenn Sie am Kraftstoffsystem arbeiten. Rauchen Sie nicht, und lassen Sie keine offenen Flammen oder Glühbirnen in die Nähe. Arbeiten Sie nicht in Garagen, in denen ein Gasheizgerät läuft. Sollte Benzin auf die Haut geraten, muss die Stelle sofort mit Wasser und Seife abgewaschen werden. Tragen Sie bei Arbeiten an der Kraftstoffanlage immer eine Schutzbrille, und stellen Sie einen Feuerlöscher, der für brennende Flüssigkeiten ausgelegt ist, bereit – vergewissern Sie sich, wie er zu benutzen ist.

7.2 Dieser Schlauch muss dringend erneuert werden.

Anmerkung: *An den in diesem Buch behandelten Modellen finden sich an den verschiedenen Schlauchanschlüssen drei Typen von Schellen: Einmalschellen, Klemmschellen und Schraubschellen. Zum Öffnen der Einmal- und der Klemmschellen wird ein kleiner Schraubendreher benötigt, zum Schließen eine spezielle Zange, die ggf. zusammen mit neuen Schellen im Autoteilezubehör oder beim BMW-Händler (Teilenummer 131500) beschafft werden kann.*

Allgemeine Kontrolle

1 Entfernen Sie bei Funduro- und ST-Modellen den Tank (siehe Kapitel 4A) und bei GS-, Dakar- und CS-Modellen das Luftfiltergehäuse (siehe Kapitel 4B).
2 Kontrollieren Sie das gesamte Kraftstoffsystem und alle Schläuche vom Tank zu den Vergasern bzw. dem Benzinfilter zum Drosselklappengehäuse auf Undichtigkeiten, Porosität oder Beschädigungen. Achten Sie besonders auf Lecks an den Kraftstoffschläuchen und ihren Anschlüssen. Überprüfen Sie auch den Schlauch der Motorentlüftung, alle anderen Schläuche zum Luftfiltergehäuse und die Schläuche und Rohre zwischen dem Motor sowie dem Öltank bzw. Rahmen. Ersetzen Sie alle zweifelhaften Schläuche (siehe Abbildung).
3 Inspizieren Sie bei Funduro- und ST-Modellen die Vergaser auf Lecks – besonders im Bereich der Schwimmerkammer. Ziehen Sie evtl. die Ablaufschraube fest, oder ersetzen Sie ggf. die Schwimmerkammerdichtung (Kapitel 4A).
4 Inspizieren Sie bei GS-, Dakar- und CS-Modellen die Verbindungen zwischen der Benzinleitung, der Einspritzdüse und dem Drossel-

7.10b Lösen Sie die Benzinfilter-Klemmschraube – CS-Modelle.

7.10a Benzinfilter-Klemmschraube – GS- und Dakar-Modelle

klappengehäuse. Falls irgendwo Benzin austritt, muss die Einspritzdüse ausgebaut und mit einer neuen Dichtung sowie einem neuen O-Ring ausgerüstet werden (siehe Kapitel 4B).
5 Wenn das Motorrad mit einem Katalysator ausgerüstet ist, sollte der CO-Wert im Abgas von einer entsprechend ausgerüsteten BMW-Werkstatt überprüft werden.

Benzinfilter

6 Entfernen Sie bei Funduro- und ST-Modellen den Benzinhahn vom Tank, und reinigen Sie das Filtersieb (siehe Kapitel 4A).
7 Bei GS-, Dakar- und CS-Modellen muss der Kraftstofffilter spätestens alle 20 000 (GS- und Dakar-Modelle bis 2003) bzw. 40 000 km (GS- und Dakar- ab 2004 sowie alle CS-Modelle) gewechselt werden, ansonsten wenn eine Verstopfung vermutet wird (und die Benzinpumpe in Ordnung ist). Beachten Sie, dass auch die im Tank sitzende Pumpe selbst mit einem Filtersieb ausgerüstet ist – beachten Sie entsprechende Details in Kapitel 4B).
8 Entfernen Sie bei GS- und Dakar-Modellen die linke vordere Seitenverkleidung (siehe Kapitel 8). Lösen Sie die Öltankschraube und befreien Sie die zwei Clips, um den Tank herausziehen und abseits halten zu können (siehe Abbildung 3.4d). Entfernen Sie jetzt das Motorsteuergerät (siehe Kapitel 5).
9 Entfernen Sie bei CS-Modellen die obere Abdeckung und die seitlichen vorderen Seitenverkleidungen (siehe Kapitel 8).
10 Lösen Sie die Schraube der Filterschelle (siehe Abbildungen). Klemmen Sie den Zulauf- und den Ablaufschlauch ab, und legen Sie Lappen um den Filter, um austretendes Benzin aufzusaugen. Lösen Sie die Schlauchschellen, und ziehen Sie die Schläuche unter Beachtung ihrer Positionen ab. Entfernen Sie den Filter, und ersetzen Sie ihn durch ein Neuteil. Sichern Sie die Schläuche mit den Schellen.

8 Standgas-Drehzahl (Funduro- und ST-Modelle)

1 Das Standgas muss alle 10 000 km überprüft werden, außerdem nach dem Einstellen der Ventile und natürlich auch, wenn es offensichtlich zu niedrig oder zu hoch ist. Vor dem Ein-

8.3 Standgaseinsteller

9.3 Messen Sie hier das Kupplungszug-spiel.

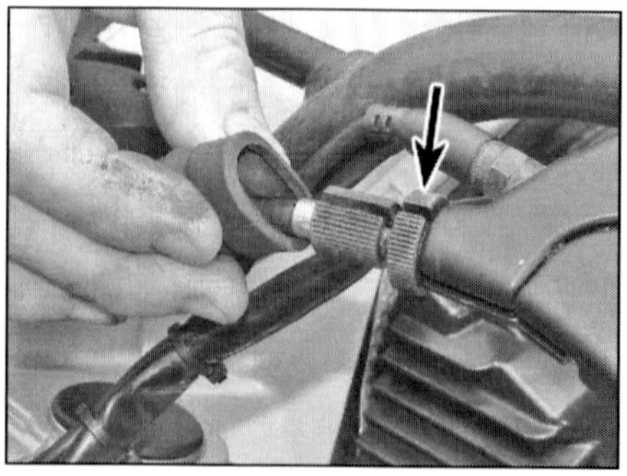

9.4a Ziehen Sie die Gummimanschette ab, und lockern Sie den Konterring (Pfeil), ...

stellen der Drehzahl muss sichergestellt sein, dass die Ventile zu den vorgeschriebenen Intervallen eingestellt wurden, dass der Luftfilter sauber ist (siehe Sektion 4), das Ventilspiel stimmt (siehe Sektion 5) und die Zündkerzen sich in einem guten Zustand befinden (siehe Sektion 6), außerdem darf sich die Drehzahl beim Bewegen des Lenkers nicht verändern – sonst können die Züge falsch verlegt, nicht korrekt eingestellt oder verschlissen sein. Dieser Zustand kann gefährliche Folgen haben und muss unverzüglich korrigiert werden.

2 Die Maschine muss Betriebstemperatur haben, wie sie eigentlich nach einer viertel Stunde Stadtverkehr auftritt. Vergewissern Sie sich, dass sich das Getriebe im Leerlauf befindet.

3 Der Standgaseinsteller ist das Einstellrad an der biegsamen Welle links über der Kupplung (siehe Abbildung). Bei laufendem Motor wird der Einsteller gedreht, bis die Standgas-Drehzahl den korrekten Wert (siehe *Technische Daten*) erreicht hat. Drehen Sie es im Uhrzeigersinn, um die Drehzahl zu erhöhen und gegen den Uhrzeigersinn, um sie zu verringern.

4 Betätigen Sie den Gasgriff einige Male, und kontrollieren Sie erneut die Drehzahl. Wenn nötig, muss die Einstellung wiederholt werden.

5 Wenn es nicht möglich ist, einen weichen und gleichmäßigen Leerlauf einzustellen, und die Zündkerzen, der Luftfilter und das Ventilspiel in Ordnung sind, kann das Problem in den Vergasern oder der Zündanlage liegen.

CO-Wert

6 Wenn das Motorrad mit einem Katalysator ausgerüstet ist, sollte der CO-Wert im Abgas von einer entsprechend ausgerüsteten BMW-Werkstatt überprüft werden.

9 Kupplungs-, Gas- und Choke-Bowdenzüge

Kupplungsbowdenzug

1 Kontrollieren Sie, ob sich der Kupplungshebel leichtgängig und sanft bewegt.

2 Wenn der Kupplungshebel schwergängig oder steif arbeitet, muss der Bowdenzug demontiert (siehe Kapitel 2) und geschmiert werden (siehe Schritt 11). Prüfen Sie, ob sich der Zug frei und leichtgängig in der Hülle bewegen lässt. Bei hartnäckiger Festigkeit muss der Zug erneuert werden. Bauen Sie den geschmierten oder neuen Bowdenzug ein (siehe Kapitel 2).

3 Wenn der Zug korrekt funktioniert, wird geprüft, ob er korrekt eingestellt ist. Eine regelmäßige Einstellung ist nötig, um den Verschleiß der Kupplungsbeläge und das Längen des Bowdenzuges zu kompensieren. Ziehen Sie leicht am Kupplungshebel, bis jegliches Spiel im Zug aufgehoben ist, messen Sie dann die Breite des Spalts zwischen dem Kupplungshebel und dem Hebelhalter (siehe Abbildung) – der Wert muss den Vorgaben in den *Technischen Daten* entsprechen.

4 Falls eine Einstellung nötig wird, müssen die Gummimanschette vom Einsteller gezogen und der Konterring gelockert werden (siehe Abbildung). Drehen Sie den Einsteller ggf. heraus, um das Spiel zu verringern oder hinein, um es zu vergrößern (siehe Abbildung). Ziehen Sie den Konterring anschließend gegen den Hebelhalter – achten Sie darauf, dass die Nuten des Einstellers und des Konterrings nicht mit der des Hebelhalter fluchten und dass der Einsteller nicht zu weit herausgedreht ist, sondern noch von mindestens fünf Gewindegängen gehalten wird.

5 Schieben Sie die Gummimanschette auf.

Gas- und Chokebowdenzug

6 Der Gas- und der Chokezug (nur Funduro- und ST-Modelle) müssen bei verschiedenen Lenkerpositionen frei und leichtgängig funktionieren. Der geöffnete Gasgriff muss nach dem Loslassen von alleine wieder schließen.

7 Klemmt der Gasgriff, liegt dies wahrscheinlich an einem schadhaften Seilzug. Demontieren Sie den Zug (siehe Kapitel 4A oder B), und schmieren Sie ihn (siehe Schritt 11). Läuft der Zug danach immer noch nicht sanft in seiner Hülle, muss der Bowdenzug ersetzt werden.

8 Prüfen Sie bei ausgebautem Gas- oder Chokezug, ob sich der Gasgriff bzw. der Chokehebel frei bewegen lassen – Schmutz und mangelnde Schmierung können zu Schwergängigkeit führen. Demontieren Sie nötigenfalls den Gasgriff bzw. -hebel, um ihn zu reinigen und zu schmieren (siehe Kapitel 6).

9 Ist der Bowdenzug in Ordnung, muss geprüft werden, ob Gasgriff bzw. Chokehebel etwas Spiel haben, bevor die Drosselklappe oder der Choke sich öffnen (siehe Abbildung).

10 Falls eine Einstellung nötig wird, müssen die Gummimanschette vom Einsteller gezogen und der Konterring gelockert werden (siehe

9.4b ... drehen Sie dann den Einsteller in die gewünschte Richtung.

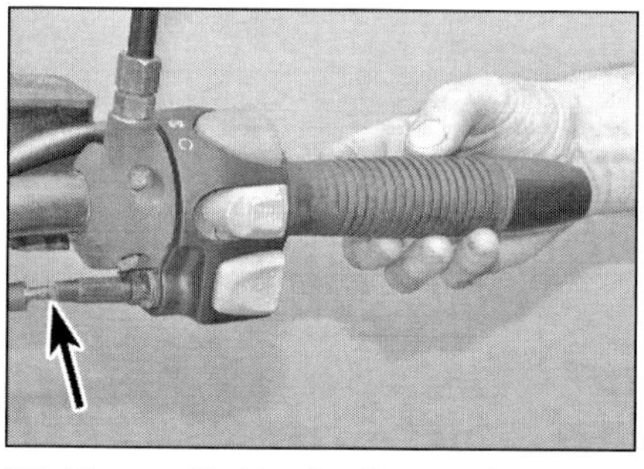

9.9 Messen Sie hier das Gaszug-Spiel.

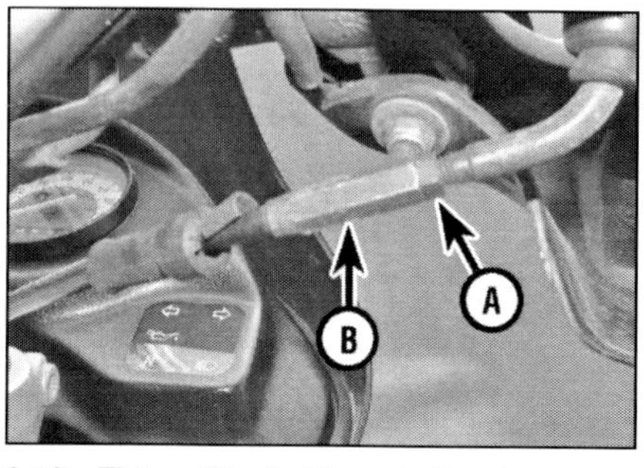

9.10a Ziehen Sie die Manschette ab, um am Gaszug die Kontermutter (A) und den Einsteller (B) freizulegen – Funduro- und ST.

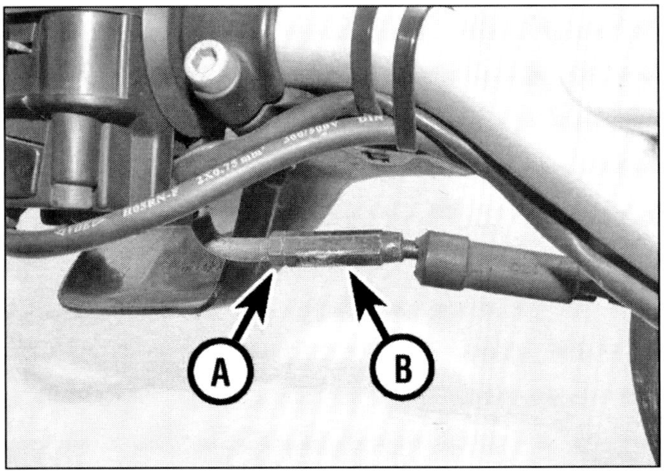

9.10b Ziehen Sie die Manschette ab, um am Chokezug die Kontermutter (A) und den Einsteller (B) freizulegen – Funduro- und ST-Modelle.

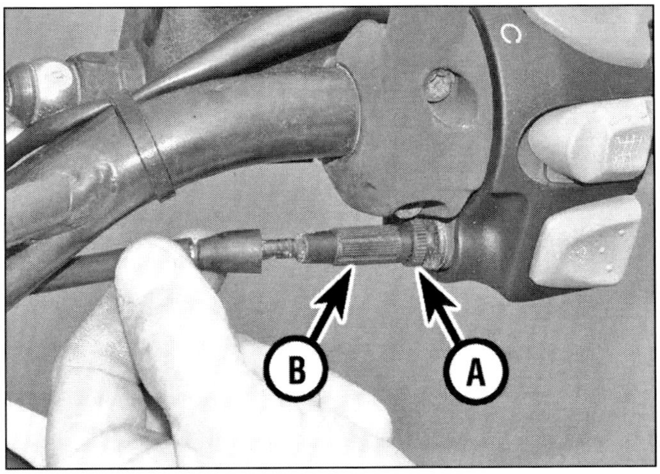

9.10c Ziehen Sie die Manschette ab, um am Gaszug den Konterring (A) und den Einsteller (B) freizulegen – GS-, Dakar- und CS-Modelle.

Abbildungen). Drehen Sie den Einsteller ggf. heraus, um das Spiel zu verringern oder hinein, um es zu vergrößern (siehe Abbildung). Ziehen Sie den Konterring anschließend gegen den Hebelhalter – achten Sie darauf, dass der Einsteller nicht zu weit heraus gedreht ist, sondern noch von mindestens fünf Gewindegängen gehalten wird. Schieben Sie die Gummimanschette auf.

Schmieren

Spezialwerkzeug: *Für diese Arbeit wird ein Bowdenzugöler benötigt.*

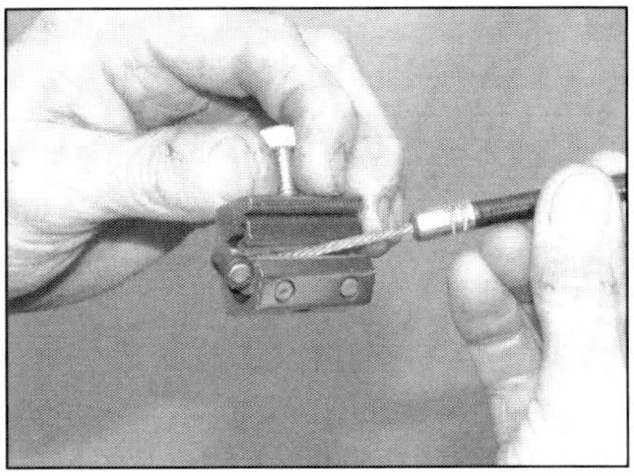

9.11a Montieren Sie den Bowdenzugöler an das Ende des Zuges, ...

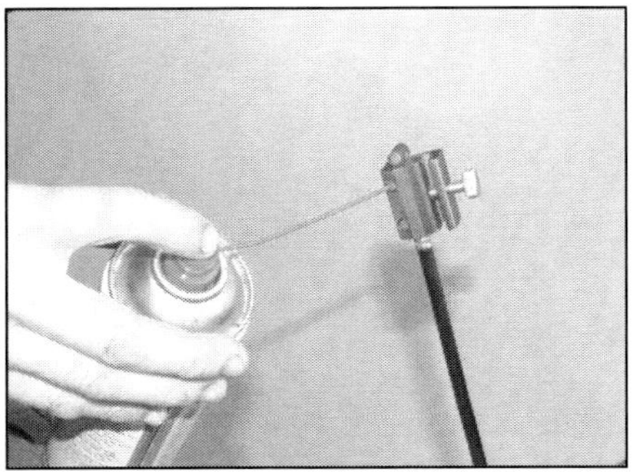

9.11c ... und sprühen Sie das Schmiermittel durch die Bohrung ein.

11 Hängen Sie den entsprechenden Bowdenzug am oberen Ende aus, setzen Sie den Bowdenzugöler an, und sprühen Sie geeignetes Öl – sehr gut funktioniert Ballistol-Waffenöl – in seine Öffnung (siehe Abbildungen).

⚠ ***Warnung: Drehen Sie die Lenkung bei im Standgas laufenden Motor von Anschlag zu Anschlag. Falls sich hierbei die Drehzahl verändert, sind Bowdenzüge nicht korrekt verlegt – korrigieren Sie dies vor der ersten Fahrt!***

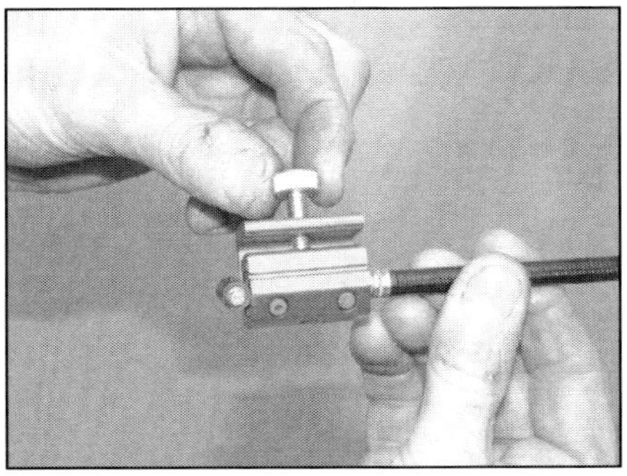

9.11b ... ziehen Sie seine Schraube an, um ihn abzudichten, ...

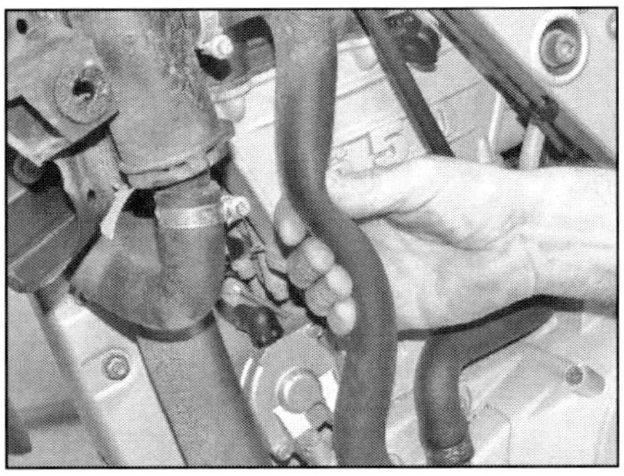

10.2 Überprüfen Sie alle Kühlerschläuche wie beschrieben.

10 Kühlsystem

Anmerkung: *An den in diesem Buch behandelten Modellen finden sich an den verschiedenen Schlauchanschlüssen drei Typen von Schellen: Einmalschellen, Klemmschellen und Schraubschellen. Zum Öffnen der Einmal- und der Klemmschellen wird ein kleiner Schraubendreher benötigt, zum Schließen eine spezielle Zange, die ggf. zusammen mit neuen Schellen im Autoteilezubehör oder beim BMW-Händler (Teilenummer 131500) beschafft werden kann.*

Kontrolle

⚠ ***Warnung: Der Motor muss abgekühlt sein, bevor mit dieser Kontrolle begonnen werden kann.***

1 Entfernen Sie bei Funduro- und ST-Modellen die Tankabdeckung und bei GS-, Dakar- und CS-Modellen die vorderen Seitenverkleidungen (siehe Kapitel 8).

2 Inspizieren Sie das gesamte Kühlsystem auf Undichtigkeiten. Prüfen Sie jeden Gummischlauch auf der ganzen Länge. Achten Sie auf Risse, Scheuerstellen und andere Beschädigungen. Drücken Sie alle Schläuche an verschiedenen Stellen von Hand zusammen, um zu erkennen, ob sie porös oder ausgehärtet sind (siehe Abbildung). Sie müssen sich griffig und glatt anfühlen und nach dem Lösen in ihre alte Form zurückkehren. Wenn sie porös oder verhärtet sind, müssen sie ersetzt werden (siehe Kapitel 3).

3 Kontrollieren Sie alle Verbindungen auf Undichtigkeiten – dazu gehören die Ein- und Auslassstutzen am Motor, das Thermostatgehäuse und die Pumpe links am Motor. Alle Schellen und Befestigungsschrauben müssen festsitzen bzw. angezogen sein. Wenn die Pumpe am Deckel oder ein demontierbarer Schlauchstutzen um seinen Flansch herum leckt und alle

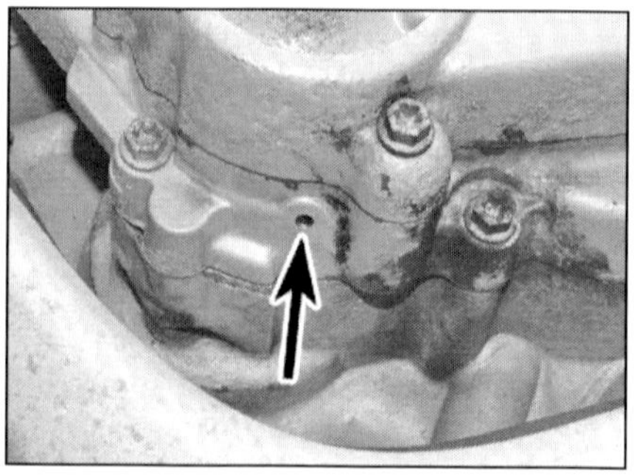

10.4 Aus der Bohrung (Pfeil) unten an der Pumpe tritt bei einer defekten Dichtung Öl oder Kühlmittel aus.

Schrauben fest angezogen sind, müssen Deckel oder Stutzen demontiert und mit neuem O-Ring ausgerüstet werden (siehe Kapitel 3).

4 Um das Eindringen von Kühlmittel in den Ölkreislauf – und umgekehrt – zu verhindern, sitzen auf der Pumpenwelle zwei Dichtungen. An der Unterseite des Pumpengehäuses gibt es eine Ablaufbohrung (siehe Abbildung). Wenn eine Dichtung defekt ist, kann das Öl oder die Kühlflüssigkeit hier ablaufen – eine Vermischung wird so ausgeschlossen. Wenn Hinweise auf austretende Kühlflüssigkeit oder Motoröl vorhanden sind, muss die Pumpe ausgebaut werden, um die Dichtungen samt Pumpenrad und -welle als Satz auszutauschen (siehe Kapitel 3). Wird festgestellt, dass neue Dichtungen nicht lange halten, können die Bohrungen der Welle im Motorgehäuse oder Kupplungsdeckel ausgeschlagen sein, sodass entweder ein neuer Deckel beschafft werden oder ein Fachbetrieb eine Buchse einsetzen muss.

5 Kontrollieren Sie die Kühler auf Lecks und andere Beschädigungen. Lecks am Kühler hinterlassen verräterische Ablagerungen verdunsteter Kühlflüssigkeit. Der Kühler muss in diesem Fall unverzüglich repariert oder ausgetauscht werden (siehe Kapitel 3). Versuchen Sie nicht, den Kühler mit chemischen Dichtmitteln zu reparieren.

6 Kontrollieren Sie die Lamellen des Kühlers auf Matsch, Schmutz und Insekten. Hiermit setzt sich der Kühler zu, und die Luft kann nicht mehr hindurchströmen. Demontieren Sie gegebenenfalls den Kühler (siehe Kapitel 3), und reinigen Sie ihn mit Wasser oder mit von der Innenseite her vorsichtig eingesetzter Druckluft. Sind Kühlerrippen verbogen, können sie vorsichtig mit einem Schraubendreher wieder gerichtet werden. Wenn mehr als 20 Prozent der Kühlfläche mit beschädigten oder verbogenen Kühlerrippen bedeckt ist, muss der Kühler erneuert werden.

Warnung: Lassen Sie den Motor vor dem Entfernen des Kühlerdeckels abkühlen. Bedecken Sie den Deckel mit mehreren Lappen, drehen Sie ihn langsam gegen den Uhrzeigersinn. Hört man ein Zischen, muss gewartet werden, bis das aufhört und der Druck abgebaut ist, dann wird der Deckel heruntergedrückt und weitergedreht, bis er entnommen werden kann.

7 Entfernen Sie den Kühlerdeckel, indem Sie ihn nach links drehen, herunterdrücken, und weiterdrehen, bis er abgenommen werden kann (siehe Abbildung).

8 Kontrollieren Sie den Zustand des Kühlmittels. Wenn es rostfarben ist oder starke Ablagerungen sichtbar sind, muss es abgelassen und das System gespült und neu befüllt werden (s.u.). Kontrollieren Sie die Deckeldichtung auf Risse und andere Schäden. Lassen Sie das Druckventil bei Zweifel über seinen Zustand von einer BMW-Werkstatt testen, oder tauschen Sie es aus.

9 Kontrollieren Sie den Frostschutzgehalt des Kühlmittels mit einem Frostschutz-Hydrometer. Wurde das System zwischenzeitlich nicht mit dem korrekten Kühlmittel aufgefüllt (siehe *Tägliche Kontrollen*), sondern mit Wasser, ist es verdünnt und muss entleert, gespült und neu aufgefüllt werden (s.u.).

10 Setzen Sie den Kühlerdeckel auf, drehen Sie ihn im Uhrzeigersinn bis zum Anschlag, drücken Sie ihn herunter, und drehen Sie ihn weiter fest. Starten Sie den Motor, und bringen Sie ihn auf Betriebstemperatur, bevor Sie erneut die Dichtigkeit des Kühlsystems kontrollieren. Wenn die Kühltemperatur stark ansteigt, muss sich der hinten am Kühler sitzende Ventilator automatisch einschalten, bis die Temperatur wieder auf einen normalen Wert abgesunken ist. Wenn er dies nicht tut, müssen der Ventilator und sein Stromkreis kontrolliert werden (siehe Kapitel 3).

11 Wenn der Kühlmittelpegel kontinuierlich sinkt, obwohl kein Leck sichtbar ist, kann das Kühlsystem zum Motor undicht sein – lassen Sie dies von einer BMW-Werkstatt durch eine Druckprüfung ermitteln.

Wechsel des Kühlmittels

Warnung: Lassen Sie den Motor zunächst vollständig abkühlen. Achten Sie darauf, dass Frostschutzmittel nicht in Kontakt mit der Haut oder lackierten Flächen kommt; Spritzer müssen unverzüglich mit reichlich Wasser abgewaschen werden, Frostschutzmittel ist hochgiftig! Lagern Sie Frostschutzmittel auf keinen Fall in offenen Behältern. Durch seinen süßlichen Geruch können Kinder und Tiere dazu verleitet werden, Frostschutzmittel zu trinken. Gebrauchtes Kühlmittel muss beim Sondermüll abgegeben werden. Frostschutzmittel ist brennbar, sodass es niemals in der Nähe von offenen Flammen gelagert werden darf.

Ablassen

12 Stellen Sie das Motorrad auf den Seitenständer. Entfernen Sie bei Funduro- und ST-Modellen die Tankabdeckung und bei GS-, Dakar- und CS-Modellen die vorderen Seitenverkleidungen (siehe Kapitel 8).

13 Entfernen Sie den Kühlerdeckel, indem Sie ihn nach links drehen, herunterdrücken, und weiterdrehen, bis er abgenommen werden kann (siehe Abbildung 10.7). Hört man ein Zischen, muss gewartet werden, bis es aufhört und der Druck abgebaut ist, dann wird der Deckel heruntergedrückt und weitergedreht bis er entnommen werden kann. Entfernen Sie ebenfalls den Deckel des Ausgleichsbehälters.

14 Stellen Sie einen geeigneten Behälter unter die Ablassschraube der Wasserpumpe, und lösen Sie die Schraube – das Kühlmittel wird anfangs mit Druck herausspritzen, sodass der Behälter entsprechend gehalten werden muss. Lassen Sie das Mittel vollständig ablaufen (siehe Abbildungen). Heben Sie die alte Dichtscheibe ggf. für den Spülprozess auf. Kippen Sie das Motorrad auf dem Ständer hin und her, um die letzten Reste des Kühlmittels auslaufen zu lassen. Lösen Sie bei GS-, Dakar- und CS-Modellen die Schelle, welche den Schlauch links am Rahmen sichert, um den Kühler besser zu entleeren (siehe Abbildung). Stecken Sie den Schlauch wieder auf seinen Stutzen, und

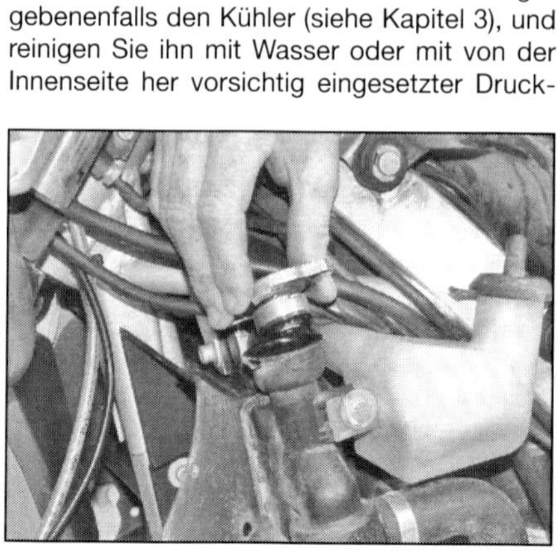

10.7 Lösen Sie den Kühlerdeckel wie beschrieben.

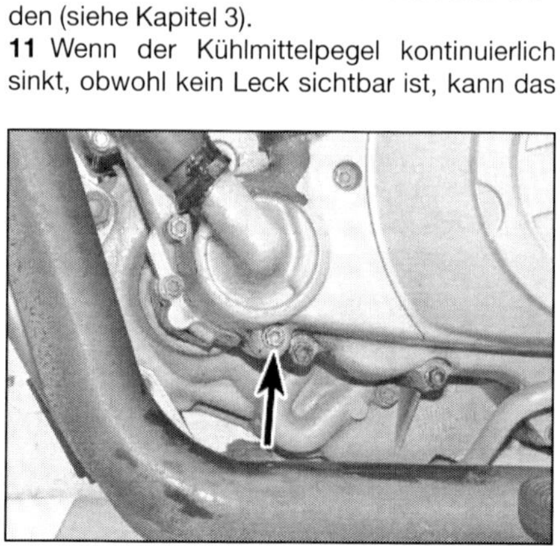

10.14a Lösen Sie die Ablassschraube, ...

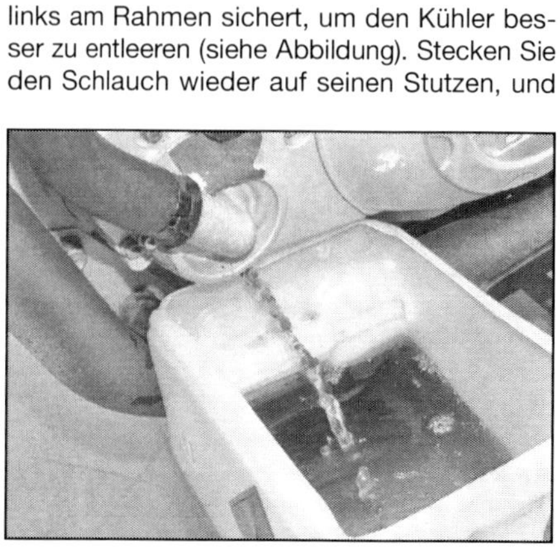

10.14b ... und lassen Sie das Kühlmittel ablaufen.

10.14c Lösen Sie den Schlauch vom Rahmen, um das Kühlmittel vollständig abzulassen.

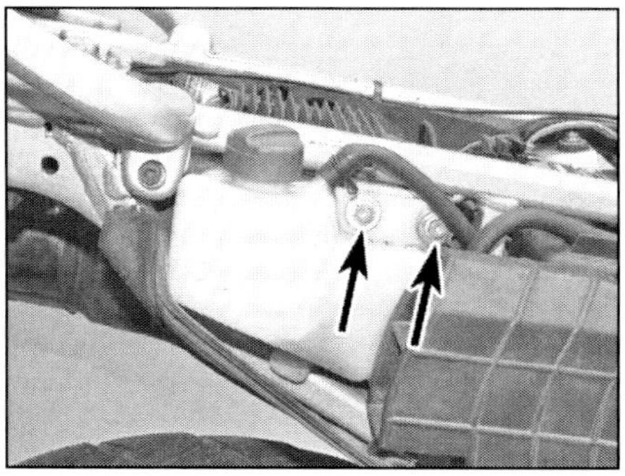

10.15a Ausgleichsbehälter-Befestigungsschrauben – Funduro- und ST-Modelle

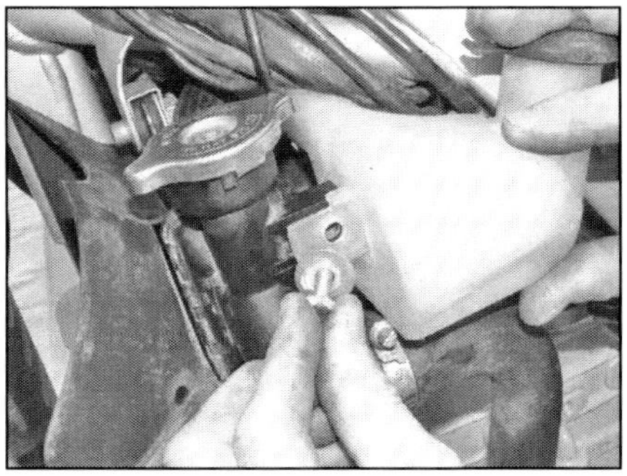

10.15b Ziehen Sie bei GS-, Dakar- und CS-Modellen den Ausgleichsbehälter nach dem Lösen der einen Schraube heraus, ...

10.15c ... beachten Sie, wie der Stift in die Öse greift.

10.24 Lockern Sie die Entlüftungsschraube.

10.25 Füllen Sie Kühlmittel auf, und entlüften Sie das System wie beschrieben.

sichern Sie ihn mit der Schelle – benutzen Sie ggf. eine neue.

15 Lösen Sie die Schraube(n) des Ausgleichsbehälters, um ihn je nach Modell zu entnehmen oder herauszuziehen und in den Sammelbehälter ausschütten zu können (siehe Abbildungen). Beachten Sie bei GS-, Dakar- und CS-Modellen, wie der Stift an der Innenseite des Behälters in die Öse greift (siehe Abbildung).

Spülen

Anmerkung: *Unter normalen Umständen, also wenn das Kühlmittel korrekt gemischt war und regelmäßig gewechselt wurde, sollte Spülen nicht nötig sein. Wurde aber beim Ablassen des Kühlmittels festgestellt, dass sich Rost, Schmutz oder Öl darin befanden, muss das Kühlsystem gespült werden.*

16 Spülen Sie das Kühlsystem mit einem in den Kühlerstutzen gesteckten Gartenschlauch durch. Spülen Sie so lange, bis an der Ablaufbohrung klares Wasser austritt. Werden viele Rostpartikel herausgespült, muss der Kühler demontiert (siehe Kapitel 3) und professionell gereinigt werden. Spülen Sie ebenfalls den Ausgleichsbehälter, und montieren Sie ihn.

17 Reinigen Sie die Ablaufbohrung der Wasserpumpe, und installieren Sie die Ablassschraube mit der alten Dichtscheibe (siehe Abbildung 10.14a).

18 Füllen Sie das Kühlsystem mit einem Gemisch aus frischem Wasser und einer speziellen Spülflüssigkeit auf, die für Aluminium-Bauteile geeignet ist (siehe Abbildung 10.25) – folgen Sie dabei der Gebrauchsanweisung für die Spülflüssigkeit. Installieren Sie den Kühlerdeckel.

19 Starten Sie den Motor, und lassen Sie ihn durch etwa zehnminütiges Laufen Betriebstemperatur erreichen.

20 Schalten Sie den Motor aus, und lassen Sie ihn eine Weile abkühlen. Bedecken Sie den Kühlerdeckel mit einem dicken Lappen, und drehen Sie ihn gegen den Uhrzeigersinn bis zum Anschlag, um noch vorhandenen Druck abzulassen. Nachdem kein Zischen mehr zu hören ist, wird der Deckel heruntergedrückt und weiter gegen den Uhrzeigersinn gedreht, bis er entfernt werden kann.

21 Lassen Sie die Spülflüssigkeit ab.

22 Spülen Sie das Kühlsystem erneut mit klarem Wasser (siehe Schritte 19 bis 21).

Auffüllen

23 Reinigen Sie die Ablaufbohrung der Wasserpumpe. Rüsten Sie die Ablassschraube mit einer neuen Dichtscheibe aus, und ziehen Sie mit 10 Nm an (siehe Abbildung 10.14a).

24 Stellen Sie das Motorrad auf den Hauptständer, oder stützen Sie es senkrecht ab. Lockern Sie bei GS-, Dakar- und CS-Modellen die an dem Zylinderkopf sitzende Entlüftungsschraube, und stecken Sie einen Schlauch auf, dessen anderes Ende in den Sammelbehälter führt (siehe Abbildung).

25 Füllen Sie das Kühlsystem mit dem korrekten Gemisch aus destilliertem Wasser und Frostschutzmittel auf (siehe *Technische Daten*), bis es bei GS-, Dakar- und CS-Modellen aus der Entlüftungsbohrung sickert (siehe Abbildung).

Anmerkung: *Füllen Sie das Kühlmittel nur langsam auf, um möglichst wenig Luft ins System eindringen zu lassen.*

Ziehen Sie bei GS-, Dakar- und CS-Modellen nach dem Entlüften über die Schraube diese wieder sorgfältig an und den Schlauch ab. Füllen Sie den Kühler nötigenfalls bis zum oberen Rand der Verengung im Stutzen auf. Füllen Sie den Ausgleichsbehälter bis zur »FULL«- oder »MAX«-Markierung auf (siehe *Tägliche Kontrollen*).

26 Bedecken Sie den Einfüllstutzen, starten Sie den Motor, und lassen Sie ihn zwei bis drei Minuten laufen. Geben Sie dabei mehrmals kurz Gas, sodass die Drehzahl auf 3000 bis 4000 U/min. steigt. Schalten Sie den Motor wieder ab. Jegliche im Kühlsystem eingeschlossene Luft sollte jetzt oben in den Kühler gelangt sein, sodass der Kühlmittelpegel leicht abgesunken sein kann.

27 Füllen Sie am Kühler nötigenfalls bis zum unteren Rand des Einfüllstutzens auf, und installieren Sie den Deckel. Füllen Sie ebenfalls den Ausgleichsbehälter bis zur oberen Markierung auf, und installieren Sie dessen Deckel.

28 Starten Sie den Motor, und lassen Sie ihn Betriebstemperatur erreichen. Schalten Sie den Motor aus, lassen Sie ihn abkühlen, und entfernen Sie den Kühlerdeckel. Füllen Sie das Kühlsystem ggf. bis zum Rand des Kühlerdeckelstutzens auf, und montieren Sie den Deckel wieder.

11.5a Verschleißmarkierung der vorderen Bremsbeläge

11.5b Verschleißmarkierung der hinteren Bremsbeläge

29 Kontrollieren Sie den Pegel des Ausgleichsbehälters, und füllen Sie ggf. nach.
30 Kontrollieren Sie das Kühlsystem auf Undichtigkeiten. Montieren Sie die Tankabdeckung oder das linke Seitenverkleidungsteil (siehe Kapitel 8).
31 Entsorgen Sie die alte Kühlflüssigkeit beim Sondermüll (siehe *Warnung* zu Beginn dieser Sektion).

Ersetzen der Schläuche

32 Da Kühlerschläuche mit der Zeit aushärten und porös werden, müssen sie ersetzt werden, sobald Alterungserscheinungen sichtbar werden (siehe Kapitel 3).

11 Bremssystem

Kontrolle des Bremssystems

1 Eine routinemäßige Gesamtkontrolle des Bremssystems soll sicherstellen, dass jedes Problem erkannt und behoben ist, bevor die Sicherheit des Fahrers aufs Spiel gesetzt wird.
2 Kontrollieren Sie den Bremshebel und das Pedal auf lockere Verbindungen, unsaubere oder raue Bewegungen, übermäßiges Spiel, Verbiegungen und andere Beschädigungen. Ersetzen Sie alle beschädigten Teile durch neue (siehe Kapitel 6). Reinigen und schmieren Sie den Hebel und das Pedal, wenn Schwergängigkeit festgestellt wird (Sektion 15).
3 Gehen Sie sicher, dass keine Bremsenbefestigungen locker sind. Prüfen Sie die Bremsbeläge auf Verschleiß (siehe Schritte 5 bis 8), und vergewissern Sie sich, dass die Bremsflüssigkeit in beiden Behältern den vorgeschriebenen Pegel hat (siehe unter *Tägliche Kontrollen*). Achten Sie auf Lecks an den Schlauchanschlüssen und Brüche an den Schläuchen (siehe Abbildung). Entfernen Sie bei mit ABS ausgerüsteten Modellen entsprechende Verkleidungsteile (siehe Kapitel 8), und kontrollieren Sie die Bremsleitungen, Anschlüsse und ABS-Hydraulikeinheit auf Undichtigkeiten und Knicke oder Einkerbungen an den Rohren (siehe Abbildung). Wenn der Hebel oder das Pedal sich schwammig anfühlen, muss die entsprechende Bremse entlüftet werden (siehe Kapitel 7).
4 Stellen Sie sicher, dass das Bremslicht leuchtet, wenn die Bremse betätigt wird. Wenn das Bremslicht nicht richtig funktioniert, müssen die Lampe und evtl. der entsprechende Schalter kontrolliert werden (siehe Kapitel 9).

Bremsbelag-Verschleißkontrolle

5 Jeder Bremsbelag ist mit einer Verschleißanzeige versehen – bei den vorderen befindet sich im Belagmaterial eine Nut und die hinteren weisen eine abgerundete Kante auf. Die Verschleißanzeigen sind normalerweise aus bestimmten Blickwinkeln im eingebauten Zustand sichtbar, allerdings kann dies durch eine starke Verschmutzung beeinträchtigt werden (siehe Abbildungen).
6 Sind die Verschleißanzeigen nicht mehr sichtbar, ist das Belagmaterial so weit abgetragen, dass die Beläge erneuert werden müssen. BMW schreibt als minimale Stärke 1 mm vor.

Anmerkung: *Bei Bremsbelägen von Fremdanbietern können andere Verschleißanzeigen vorhanden sein.*

7 Falls die Bremsbeläge bis zum Ende des Ausschnitts (Vorderrad) bzw. dem Beginn der abgerundeten Kante (Hinterrad) verschlissen sind oder nur noch sehr wenig Belagmaterial vorhanden ist, müssen sie spätestens ersetzt werden.
8 Wenn die Bremsbeläge verschmutzt sind oder Zweifel über den Verschleiß bestehen, müssen die Beläge zur Kontrolle ausgebaut werden können (siehe Kapitel 7). Sind die Beläge extrem verschlissen, müssen auch die Bremsscheiben untersucht werden (siehe Kapitel 7).

Bremsflüssigkeit

Wechsel

9 Die Bremsflüssigkeit muss bei jeder Zerlegung oder Überholung einer Bremsenkomponente sowie spätestens nach einem Jahr erneuert werden. Details hierzu finden sich in Kapitel 7, Sektion 12. Stellen Sie sicher, dass sämtliche alte Bremsflüssigkeit aus dem System gepumpt wird. Kontrollieren Sie den Pegel im Ausgleichsbehälter, und testen Sie die Bremsen vor der ersten Fahrt.

Bremsleitungen

Wechsel

10 Die von BMW verwendeten Gummischläuche werden mit der Zeit porös und müssen regelmäßig ersetzt werden (siehe Kapitel 7). Durch den Einbau von sog. Stahlflexleitungen kann man sich den regelmäßigen Austausch ersparen.
11 Ersetzen Sie nach jedem Lösen der Anschlussschrauben die Anschlussdichtringe. Füllen Sie das Bremssystem auf, und entlüften Sie die Bremse wie in Kapitel 7 beschrieben.

Bremssattel- und Geberzylinderdichtungen

Wechsel

12 Die Dichtungen der Bremsen-Bauteile altern mit der Zeit und beginnen zu lecken. Alte Geberzylinderdichtungen können zu einer schwergängigen Bremse führen, alte Bremssatteldichtungen zu schleifenden Bremsbelägen. Die Dichtungen müssen bei Beschädigungen sofort ausgetauscht werden. Erkundigen Sie sich beim BMW-Händler nach der Verfügbarkeit von Reparatursets oder einzelnen Ersatzteilen, bevor Sie die Bremsenteile zerlegen.

12 Räder, Radlager und Reifen

Drahtspeichenräder

1 Kontrollieren Sie die Speichen auf Beschädigungen und Korrosion. Gebrochene oder verbogene Speichen müssen unverzüglich erneu-

12.1 Stellen Sie mithilfe des Nippels die Speichenspannung ein.

ert werden, da benachbarte Speichen die Last aufnehmen müssen und ggf. ebenfalls bald reißen. Kontrollieren Sie die Spannung der Speichen, indem Sie sie leicht mit einem Schraubendreher abklopfen – alle Speichen müssen einen ähnlich hellen Klang abgeben. Zu stramm gespannte Speichen klingen sehr hoch, lockere dagegen dumpf. Einzelne Speichen können mithilfe eines am Nippel angesetzten Speichenschlüssels nachgespannt werden (siehe Abbildung).

2 Ungleichmäßig gespannte Speichen sorgen für eine verzogene Felge. Beachten Sie die Hinweise in Kapitel 7 zum Thema Unrundlauf, und suchen Sie nötigenfalls Rat bei einem Radeinspeicherer, wenn das Rad gerichtet werden muss. Prüfen Sie die Ausrichtung beider Räder zueinander (siehe Kapitel 7).

Gussräder

3 Gussräder sind nahezu wartungsfrei. Doch sie sollten regelmäßig gereinigt und auf Brüche und andere Beschädigungen untersucht werden. Kontrollieren Sie auch den Rundlauf und die Ausrichtung der Räder (siehe Kapitel 7). Versuchen Sie nicht, Gussräder zu reparieren. Bei geringen Schäden kann ein Spezialist zu Rate gezogen werden – ansonsten sind sie zu erneuern. Achten Sie auf den festen Sitz aller vorhandenen Auswuchtgewichte an der Felge. Ist ein Gewicht abgefallen, muss das Rad in einem Fachbetrieb neu ausgewuchtet werden.

Reifen

4 Kontrollieren Sie sorgfältig den Zustand und die Profiltiefe – siehe *Tägliche Kontrollen*.

5 Achten Sie darauf, dass die Ventilkappe immer fest sitzt. Überprüfen Sie das Ventilgummi auf Anzeichen von Alterung oder Beschädigungen. Wenn der Reifen stetig Luft verliert, muss das Ventil mithilfe eines Ventilwerkzeugs (das es beim Reifenhändler in die Kappe integriert gibt) fest angezogen oder nötigenfalls ausgetauscht werden.

Radlager

Anmerkung: *Vermeiden Sie es, einen Hochdruckreiniger direkt auf die Radnabe zu richten. Das Wasser kann in die Lagerdichtungen eindringen, das Fett auswaschen und zu Korrosion führen, sodass das Lager zerstört wird.*

12.7 Prüfen Sie das Spiel der vorderen Radlager.

6 Radlager müssen regelmäßig auf Verschleiß kontrolliert werden. Defekte Lager können die Fahreigenschaften der Maschine erheblich verschlechtern.

7 Stellen Sie das Motorrad so auf eine geeignete Stütze, dass das zu kontrollierende Rad nicht den Boden berührt. Kontrollieren Sie durch Ziehen und Drücken der Räder, ob irgendein Spiel in den Lagern festzustellen ist (siehe Abbildung) – das Vorderrad muss dabei gegen einen der Anschläge gelenkt sein, damit man das Rad dagegendrücken kann. Drehen Sie außerdem das Rad, und prüfen Sie, ob es sich sanft und geräuschlos dreht.

8 Wenn in der Radnabe Spiel festgestellt wurde oder das Rad sich nicht weich dreht (und dies nicht auf eine schleifende Bremse oder die Antriebskette zurückzuführen ist), müssen das Rad ausgebaut und die Lager auf Verschleiß oder Beschädigung kontrolliert werden (siehe Kapitel 7). Im Zweifel sind die Lager zu ersetzen. Bei CS-Modellen befinden sich die Lager des Hinterrades nicht in der Radnabe, sondern innerhalb der Schwinge.

13 Federung

1 Alle Elemente der Federung müssen sich in gutem Zustand befinden, um die Sicherheit des Fahrers zu gewährleisten. Lockere, verschlissene oder beschädigte Komponenten vermindern die Stabilität und die Kontrolle über die Maschine.

13.2 Komprimieren Sie die Gabel wie beschrieben.

Vorderradfederung

2 Stellen Sie sich neben die Maschine, und drücken Sie mit betätigter Bremse den Lenker mehrmals nach unten (siehe Abbildung). Klemmt die Gabel, oder federt sie nicht weich ein und aus, sollte sie demontiert und begutachtet werden (siehe Kapitel 6).

3 Inspizieren Sie die Standrohre auf Kratzer, Korrosion und kleine Pickel, die zu vorzeitigem Ausfall der Dichtringe führen können – bei übermäßiger Beschädigung oder Undichtigkeiten müssen die Rohre ersetzt werden (siehe Kapitel 6). Kleine Roststellen können mit einem feinen Schleifstein entfernt werden.

4 Inspizieren Sie das Standrohr im Bereich der Staubdichtungen auf ausgetretenes Öl, hebeln Sie dann die Staubdichtungen vorsichtig mit einem Schlitzschraubendreher ab, und begutachten Sie den Bereich darunter (siehe Abbildung). Wird hier austretendes Öl festgestellt, muss der Gabeldichtring ersetzt werden (siehe Kapitel 6) – falls im Bereich seiner Drahtsicherung Korrosion aufgetreten ist, muss der Bereich zuvor mit Kriechöl eingesprüht werden, um den Ausbau zu erleichtern. Wischen Sie anschließend das Öl von dem Standrohr und dem Dichtring. Drücken Sie zum Schluss die Staubkappe wieder in ihren Sitz.

5 Prüfen Sie die Festigkeit aller Schrauben und Muttern (siehe Anzugsdrehmomente der *Technischen Daten* von Kapitel 6).

Hinterradfederung

6 Kontrollieren Sie den Stoßdämpfer auf Undichtigkeit und Festigkeit. Wenn ein Leck festgestellt wurde, muss der Dämpfer von einem Spezialisten kontrolliert und gegebenenfalls überholt oder ersetzt werden (siehe Kapitel 6).

7 Mithilfe eines Assistenten wird das Motorrad einige Male hinten heruntergedrückt. Es sollte sich ohne Klemmen frei auf und ab bewegen können. Wenn hier irgendwelche Ungleichmäßigkeiten gefühlt werden, muss das fehlerhafte Teil identifiziert und ersetzt werden (siehe Kapitel 6). Das Problem kann am Stoßdämpfer, seiner Anlenkung oder der Schwingenlagerung liegen.

8 Stützen Sie das Motorrad mit geeigneten Mitteln so ab, dass das Hinterrad nicht den Boden berührt. Greifen Sie die Schwinge, und drücken Sie sie seitlich hin und her. Hinten

13.4 Inspizieren Sie die Standrohre und Dichtringe auf Korrosion und Undichtigkeit.

13.8 Kontrollieren Sie das Spiel der Schwingenlager.

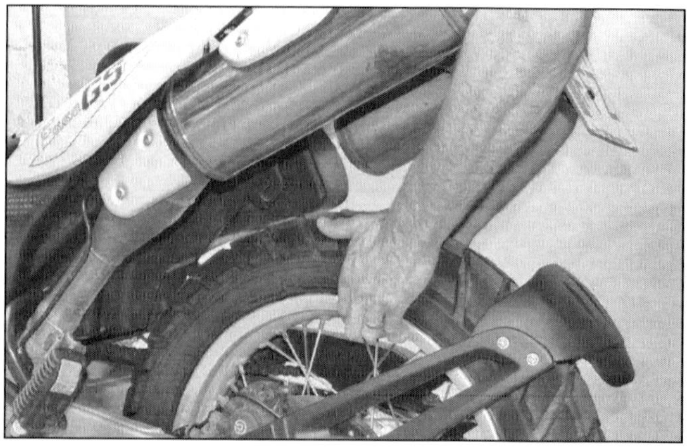

13.9 Prüfen Sie, ob in der Stoßdämpferbefestigung und -anlenkung Spiel vorhanden ist.

sollten keine erkennbaren Bewegungen festzustellen sein (siehe Abbildung). Bei leichtem Spiel oder Klicken müssen alle Befestigungen der Hinterradfederung auf Festigkeit und richtige Anzugsdrehmomente (siehe *Technische Daten* in Kapitel 6) überprüft werden. Kontrollieren Sie schließlich das Schwingenspiel erneut.

9 Als Nächstes wird das Hinterrad nach oben gezogen. Es sollte kein erkennbarer Weg festzustellen sein, bis der Stoßdämpfer zu arbeiten beginnt (siehe Abbildung). Jedes Spiel ist auf verschlissene Lager in der Anlenkung oder der Schwingenaufnahme, einen defekten Dämpfer oder dessen Befestigung zurückzuführen. Verschlissene Komponenten müssen ersetzt werden (siehe Kapitel 6).

10 Um eine brauchbare Einschätzung der Schwingenlager zu erhalten, muss das Hinterrad demontiert werden (siehe Kapitel 7). Wackeln Sie mit einer Hand die Schwinge seitlich, und fühlen Sie mit der anderen Hand an der Verbindungsstelle zwischen Schwinge und Rahmen, ob Spiel festzustellen ist – dies ist hier als Vorwärts-Rückwärts-Bewegung feststellbar. Dann wird die freie Schwinge auf und ab bewegt. Sie sollte weich und ohne Klemmen und Haken über ihren ganzen Arbeitsbereich »schwingen« können. Wenn irgendein Spiel oder rauer, klemmender Lauf festzustellen sind, müssen die Lager zur Inspektion oder zum Austausch ausgebaut werden (siehe Kapitel 6).

Vorderradgabel

Ölwechsel

11 Gabelöl wird mit der Zeit schlechter und verliert seine dämpfenden Eigenschaften. Bei Funduro-, ST- und Dakar-Modellen muss das Gabelöl alle 20 000 km gewechselt werden, bei GS- und CS-Modellen sind keine Wechselintervalle vorgeschrieben, dennoch sollte das Öl nach einer hohen Laufleistung ausgetauscht werden. Bei allen außer CS-Modellen sind die Standrohre mit Ablassschrauben versehen, sodass der Gabelölwechsel relativ einfach ist. Bei CS-Modellen ist es hingegen nötig, die Gabel auszubauen und teilweise zu zerlegen (siehe Kapitel 6, Sektion 7).

Hinterradfederung

Schmieren der Lager

12 Das Fett in den Lagern wird mit der Zeit ausgewaschen, oder es verhärtet, sodass Wasser und Schmutz eindringen können. Zum Reinigen und Schmieren müssen die Schwinge und die Anlenkung ausgebaut werden. Die Lager können ggf. ersetzt werden (siehe Kapitel 6).

14 Lenkkopflager
Kontrolle und Einstellung

1 Die an diesen Motorrädern verwendeten Kegelrollenlager können sich auch im normalen Betrieb eindrücken und lockern oder rau laufen. In Extremfällen können verschlissene oder lockere Lenkkopflager gefährliches Lenkerflattern verursachen.

Kontrolle

2 Stützen Sie das Motorrad so ab, dass das Vorderrad nicht den Boden berührt. Verwenden Sie einen Heber, muss das Gewicht auf dem Motor liegen, nicht auf dem Auspuff. Schützen Sie das Motorgehäuse mit einem unterlegten Holz.

3 Stellen Sie das Vorderrad geradeaus, und bewegen Sie den Lenker ganz langsam hin und her. Wenn das Lager Druckstellen hat oder rau läuft, ist das dadurch zu spüren, dass der Lenker sich nicht weich und frei bewegen lässt. Stellen Sie das Vorderrad wieder geradeaus, und klopfen Sie leicht seitlich gegen das Rad – es muss unter seinem Eigengewicht bis zum Lenkanschlag »fallen«, um anzuzeigen, dass die Lenkkopflager nicht zu fest angezogen sind (beachten Sie dabei, dass die Lenkung durch Kabel und Bowdenzüge leicht behindert wird). Führen Sie die Kontrolle auch in die andere Richtung durch.

4 Greifen Sie als Nächstes unten an die Gabel, und versuchen Sie sie vor- und rückwärts zu bewegen (siehe Abbildung). Jede Lockerung des Lenkkopflagers kann man durch die Bewegung der Gabel erfühlen. Wenn Lagerspiel festgestellt wird, sollte der Lenkkopf wie folgt nachgestellt werden.

Praxis TiPP ***Verwechseln Sie nicht irgendeine Bewegung des Motorrades auf dem Ständer mit Lagerspiel. Drücken und ziehen Sie nicht zu stark – eine leichte Bewegung reicht völlig aus. Spiel in der Gabel kann auch durch verschlissene Gleitbuchsen in den Gabelrohren entstehen. Verwechseln Sie dies Spiel nicht mit dem Lenkkopf-Lagerspiel.***

14.4 Prüfen Sie, ob in den Lenkkopflagern Spiel vorhanden ist.

14.7 Lockern Sie an beiden Seiten die Klemmschraube der oberen Gabelbrücke.

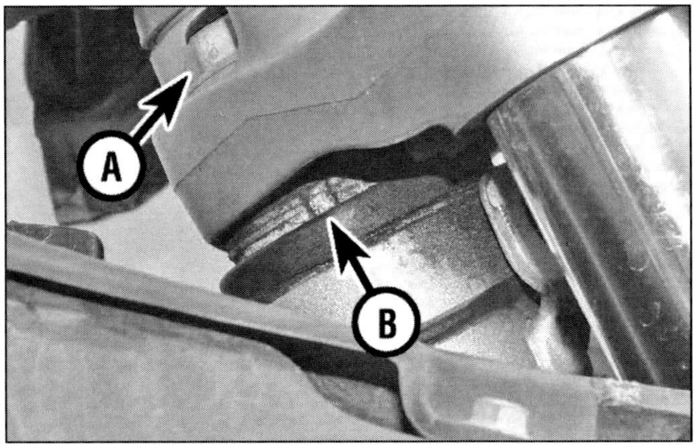

14.8 Lockern Sie die Lenkrohrmutter (A), verdrehen Sie dann den Einsteller (B) mit einem Hakenschlüssel oder Treibdorn.

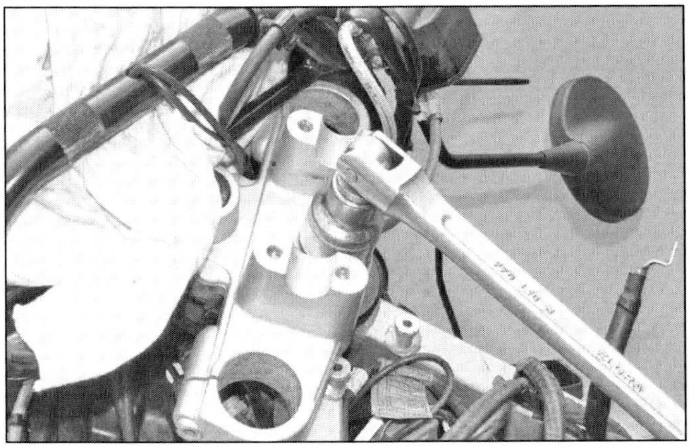

14.9a Lösen Sie die Lenkrohrmutter, ...

14.9b ... und nehmen Sie die obere Gabelbrücke ab.

Einstellung

Spezialwerkzeug: *Bei Funduro- und ST-Modellen wird für diese Arbeit ein geeigneter Hakenschlüssel benötigt. Bei GS- und Dakar-Modellen kann der Einsteller nur mit einem speziellen Steckschlüssel korrekt angezogen werden – dieser kann selbst gebaut oder unter der Teilenummer 316521 beim BMW-Händler beschafft werden.*

5 Zur Sicherheit sollten bei Funduro- und ST-Modellen die Verkleidung und die Tankabde-

14.9c Kontern Sie den Einsteller, und lösen Sie das darin sitzende Gewinderohr.

ckung, bei GS-, Dakar- und CS-Modellen die obere sowie die beiden seitlichen vorderen Verkleidungsteile entfernt werden (siehe Kapitel 8). Obwohl dies nicht zwingend nötig ist, schützt es bei einem abrutschenden Werkzeug vor Beschädigungen.

6 Entfernen Sie bei Funduro-, ST-, GS- und Dakar-Modellen den Lenker von der oberen Gabelbrücke (siehe Kapitel 6).

7 Lockern Sie bei allen Modellen die Klemmschrauben der oberen Gabelbrücke (siehe Abbildung).

8 Lockern Sie bei Funduro- und ST-Modellen die Lenkrohrmutter (siehe Abbildung). Drehen Sie den Einsteller mithilfe eines dünnen Hakenschlüssels oder eines an seinen Nuten angesetzten Treibdorns, bis das korrekte Lagerspiel (siehe Schritte 2 bis 4) erreicht ist. Lenken Sie das Vorderrad mehrmals von Anschlag zu Anschlag, damit sich die Lager setzen, und überprüfen Sie die Einstellung. Ziehen Sie zum Abschluss die Lenkrohrmutter mit 100 Nm an. Ziehen Sie die Gabelbrücken-Klemmschrauben mit 25 Nm an (siehe Abbildung 14.7). Kontrollieren Sie das Lagerspiel erneut wie oben beschrieben.

9 Lösen Sie bei GS- und Dakar-Modellen die Lenkrohrmutter (siehe Abbildung). Befreien Sie die obere Gabelbrücke vorsichtig von den Standrohren, und positionieren Sie sie abseits der Lenkkopflager – schützen Sie andere Komponenten dabei mit Lappen (siehe Abbildungen). Kontern Sie den Einsteller mithilfe eines Bandschlüssels, und lösen Sie das Gewinderohr (siehe Abbildung). Lockern Sie den Einsteller mithilfe des Spezialwerkzeugs, und ziehen Sie ihn mit 25 Nm an (siehe Abbildungen). Lenken Sie das Vorderrad mehrmals von Anschlag zu Anschlag, damit sich die Lager

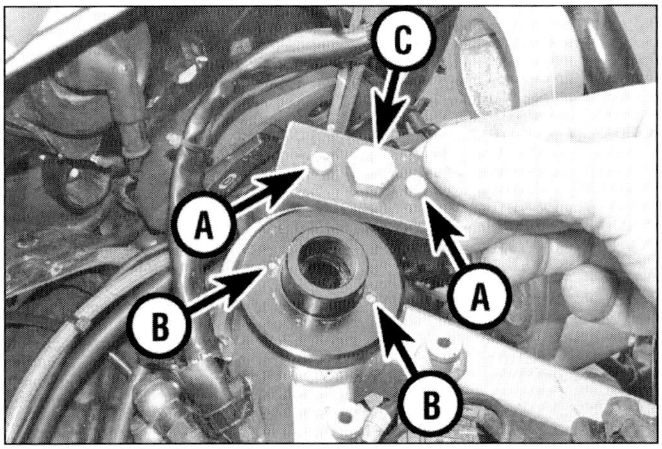

14.9d Die kleinen Schrauben (A) eines solchen selbst gebauten Werkzeugs greifen in die Bohrungen (B) des Einstellers, während das Werkzeug über den Schraubenkopf (C) gedreht wird.

14.9e Um den Einsteller um 60° zu drehen, können im Abstand von 40 mm Markierungen am Lenkkopf angebracht werden.

14.9f Installieren Sie das Gewinderohr. Ziehen Sie es mit 65 Nm an.

14.9g Installieren Sie die Lenkrohrmutter, ...

setzen, und positionieren Sie es zum Schluss gegen den linken Anschlag. Lockern Sie jetzt den Einsteller um 60° (eine sechstel Umdrehung) – entweder mit einer Gradscheibe oder einer mit Filzstift oder Klebeband am Lenkkopf angebrachten 40 mm langen Markierung (siehe Abbildung). Überprüfen Sie die Kontaktflächen der oberen Brücke und des Einstellers, befreien Sie Abrieb mit einem Wetzstein, und reinigen Sie die Oberflächen. Installieren Sie das Gewinderohr (siehe Abbildung). Kontern Sie den Einsteller mithilfe eines Bandschlüssels, und ziehen Sie das Rohr mit 65 Nm an (siehe Abbildung 14.9c). Installieren Sie die obere Gabelbrücke (siehe Abbildung 14.9b). Drehen Sie die Lenkrohrmutter auf, und ziehen Sie sie mit 65 Nm (siehe Abbildungen) und die Gabelbrücken-Klemmschrauben mit 23 Nm an (siehe Abbildung 14.7). Kontrollieren Sie das Lagerspiel erneut wie oben beschrieben.

10 Lockern Sie bei CS-Modellen die in der oberen Gabelbrücke sitzende Lenkrohr-Klemmschraube (siehe Abbildung). Entfernen Sie den Stopfen aus dem Einsteller, und lockern Sie diesen zunächst, bevor Sie ihn mit dem Erstanzugswert von 25 Nm anziehen (siehe Abbildung). Lenken Sie das Vorderrad zweimal von Anschlag zu Anschlag, damit sich die Lager setzen, und positionieren Sie es zum Schluss gegen den linken Anschlag. Lockern Sie jetzt den Einsteller um 60° (eine sechstel Umdrehung) – entweder mit einer Gradscheibe oder zwei Markierungen (eine am Einsteller und eine im Winkel von 60° gegen den Uhrzeigersinn an der Gabelbrücke). Ziehen Sie die Lenkrohr-Klemmschraube und die Gabelbrücken-Klemmschrauben mit 23 Nm an (siehe Abbildungen 14.10a und 14.7). Kontrollieren Sie das Lagerspiel erneut (s.o.). Stecken Sie den Stopfen in den Einsteller (siehe Abbildung 14.10b).

11 Ziel ist es, die Lager so einzustellen, dass sie unter sehr leichter Last stehen – gerade genug, um Lenkkopf-Lagerspiel zu unterbinden, aber keinen Widerstand zu erzeugen. Bei GS-, Dakar- und CS-Modellen darf man sich nicht allein auf die Winkelmethode verlassen und hoffen, dass die Einstellung damit korrekt ist. Prüfen Sie mit Feingefühl die Lenkung, und führen Sie nötigenfalls kleine Änderungen durch. Drehen Sie dabei den Einsteller nur um einen kleinen Bereich, und wiederholen Sie die in den Schritten 2 bis 4 beschriebenen Kontrolle nach jeder Einstellung.

14.9h ... und ziehen Sie sie mit 65 Nm an.

Achtung: Achten Sie sehr darauf, beim Einstellen auf die Lager keinen zu hohen Druck auszuüben – dies führt zu vorzeitigen Lagerschäden.

12 Falls sich die Lager nicht korrekt einstellen lassen oder sich nach einer korrekten Einstellung immer noch nicht sanft und frei anfühlen, muss das Lenkrohr ausgebaut werden, um die Lager einer Begutachtung unterziehen zu können (siehe Kapitel 6).

13 Montieren Sie bei Funduro-, ST-, GS- und Dakar-Modellen den Lenker (siehe Kapitel 6).

14 Kontrollieren Sie noch einmal die Lagereinstellung, und stellen Sie sie nötigenfalls nach.

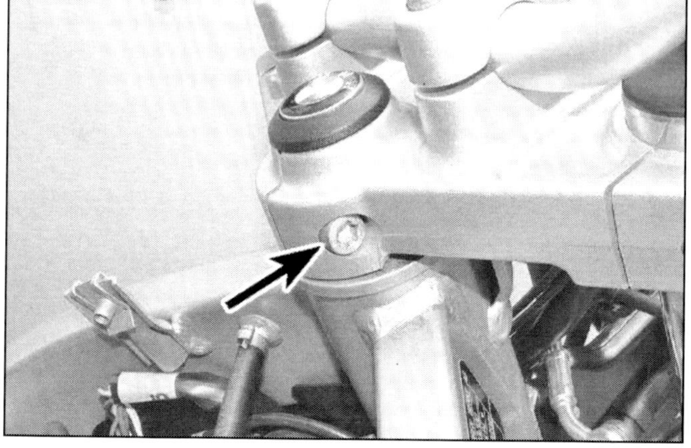

14.10a Lockern Sie die Einsteller-Klemmschraube.

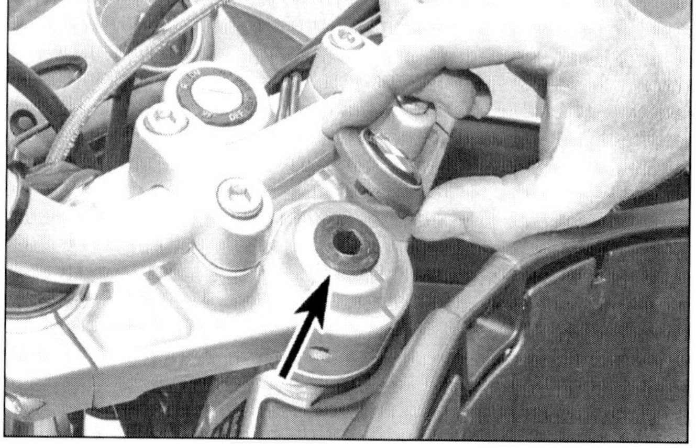

14.10b Entfernen Sie den Stopfen, und drehen Sie den Einsteller, um die Lager zu lockern oder anzuziehen.

17.2 Der Säurepegel muss zwischen den Linien für »UPPER LEVEL« und »LOWER LEVEL« liegen. Bei dieser schlecht gewarteten Batterie befindet sich nur der Pegel der zweiten Zelle von links nahe der unteren Linie.

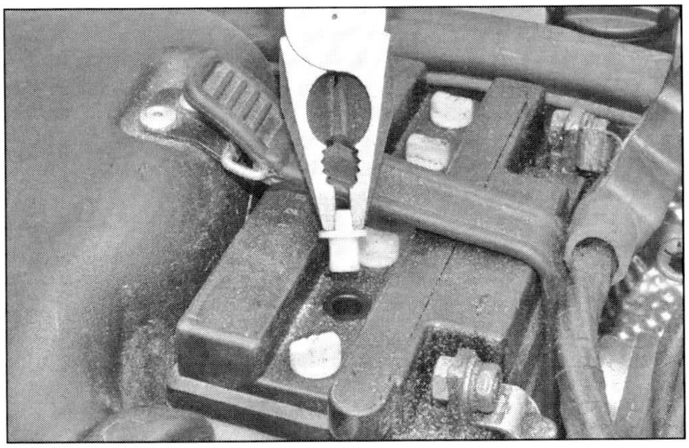

17.3a Entfernen Sie die Stopfen, ...

15 Montieren Sie alle entfernten Verkleidungsteile (siehe Kapitel 8).

Schmieren

16 Mit der Zeit altert das Fett der Lenkkopflager und härtet aus, sodass Schmutz und Wasser eindringen können.
17 Die Lenkkopflager müssen daher nach einem längeren Zeitraum zerlegt, gereinigt und nachgefettet werden (siehe Kapitel 6).

15 Ständer, Zapfen und Bowdenzüge
Schmieren

1 Da die Bedienungselemente, Bowdenzüge oder andere Komponenten des Motorrades ständig den Wetterunbilden ausgesetzt sind, müssen sie regelmäßig geschmiert werden, um eine problemlose Funktion sicherzustellen.
2 Die Fußrasten-, Kupplungs- und Bremshebel, das Bremspedal, der Schalthebel samt Gestänge sowie die Ständerzapfen sollten regelmäßig geschmiert werden (siehe Kapitel 6).
3 Je nach Art des Schmierstoffes kann es das Beste sein, die Komponenten vorher zu zerlegen, um die wichtigsten Stellen zu erreichen (siehe Kapitel 6). Die von BMW empfohlenen Schmierstoffe sind in den *Technischen Daten* angegeben. Wenn Sprühöl oder Kettenspray verwendet wird, reicht es, wenn man die Verbindungsstellen einschmiert, es kriecht dann von alleine an die Stellen, wo die Reibung auftritt (allerdings empfiehlt es sich, die Teile zu zerlegen, um sie zu reinigen und von Korrosion zu befreien). Bei der Verwendung von Motoröl und dünnem Fett sollte auf Sparsamkeit geachtet werden, da Schmutz daran haften bleibt, der die Funktion der Bedienungselemente nach kurzer Zeit stark beeinträchtigen kann.

Anmerkung: *Einer der besten Schmierstoffe für Bedienungshebel ist Trockenfilm, der unter verschiedenen Namen (z.B. Teflon) auf dem Markt angeboten wird.*

4 Die Ständer sind mit Schmiernippeln versehen, sodass sie mithilfe einer Fettpresse geschmiert werden können. Drücken Sie so lange Fett hinein, bis das alte an den Rändern austritt. Wischen Sie dies ab.

16 Schrauben und Muttern

1 Da sich durch die Vibrationen des Motorrades Befestigungen lockern können, sollten alle Muttern, Schrauben und Bolzen regelmäßig auf Festigkeit kontrolliert werden.
2 Beachten Sie besonders die folgenden Befestigungen:
Zündkerze(n)
Motoröl- und Kühlmittel-Ablassschrauben
Hebel- und Pedalbolzen
Fußrasten- und Ständerschrauben
Motorhalterungen
Stoßdämpfer- und Anlenkungsbolzen
Schwingenbolzen und -mutter
Lenkerklemmschrauben
Gabelbrücken-Klemmschrauben (oben und unten) sowie Gabelverschlussschrauben
Lenkrohrschraube (Klemmschraube bei CS-Modellen)
Vorderachsmutter und Achsenklemmschrauben
Hinterachsmutter
Motorritzel/Riemenrad- und Kettenrad/Riemenradmuttern
Bremssattel- und Geberzylinder-Befestigungsschrauben
Bremsleitungs-Anschlussschrauben und Entlüftungsventile
Bremsscheibenschrauben
Auspuffsystemschrauben/-muttern

3 Es ist immer sinnvoll, einen Drehmomentschlüssel zu benutzen und sich an die Drehmomentangaben am Anfang dieses und anderer Kapitel zu halten.

17 Batterie

Anmerkung: *Alle Modelle sind ab Werk mit konventionellen Batterien ausgerüstet. Wurde in der Zwischenzeit eine sogenannte wartungsfreie Batterie installiert, muss lediglich Schritt 10 beachtet werden. Die Batterien sind leicht zu unterscheiden: Standardbatterien besitzen an der Oberseite sechs demontierbare Verschlüsse, während wartungsfreie Batterie diese nicht haben und üblicherweise mit »MF« (für Maintenance-Free) markiert sind.*

Konventionelle Batterie

1 Bauen Sie die Batterie aus (siehe Kapitel 9).
2 Der Säurepegel ist durch das transparente Batteriegehäuse sichtbar – er muss zwischen den Linien für »UPPER LEVEL« und »LOWER LEVEL« liegen (siehe Abbildung).
3 Ist der Pegel in einer oder mehreren Zellen zu niedrig, müssen die entsprechenden Verschlüsse entfernt und die Zellen mit destilliertem Wasser bis zur oberen Linie aufgefüllt werden. Verwenden Sie nur im Notfall Regen- oder möglichst weiches Leitungswasser. Da die Öffnungen sehr klein sind, empfiehlt sich der Ein-

17.3b ... und füllen Sie destilliertes Wasser auf, ...

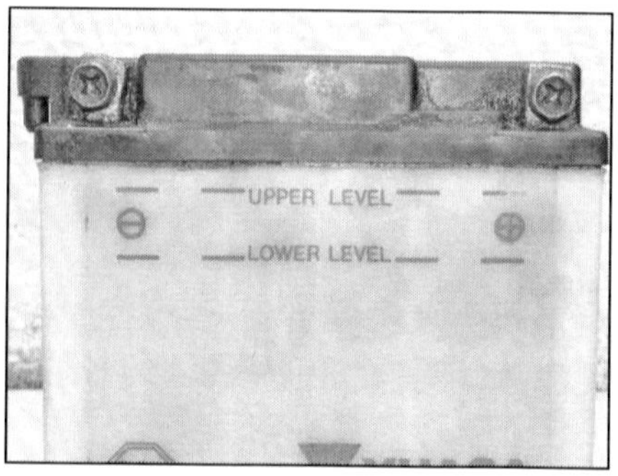

17.3c ... bis die Pegel aller Zellen zwischen den Markierungen liegen.

satz eines kleinen sauberen Trichters oder einer Spritzflasche (siehe Abbildungen).

4 Das Batteriegehäuse muss sauber sein, damit zwischen den Batteriepolen kein Kriechstrom fließen kann, der sie nach einer gewissen Zeit entlädt. Waschen Sie die Batterie mit in Wasser gelöstem Backpulver, lassen Sie sie abtropfen, und trocknen Sie sie ab.

5 Achten Sie auf Risse im Batteriegehäuse – wenn welche entdeckt werden, muss die Batterie unverzüglich ersetzt werden. Wenn Säure auf Metallteile getropft ist, muss sie mit Backpulverlösung neutralisiert werden, bevor die Stelle getrocknet und ggf. neu lackiert wird.

6 Wenn die Maschine stillgelegt wurde, sollte die Batterie vom Bordnetz abgeklemmt und etwa alle vier bis sechs Wochen mit einem geeigneten Ladegerät aufgefrischt werden (siehe Kapitel 9).

7 Der Ladezustand der Batterie kann mithilfe einer Voltprüfung und der Ermittlung der Säuredichte ermittelt werden (siehe Kapitel 9).

8 Kontrollieren Sie die Batteriepole auf Festigkeit und Korrosion. Korrodierte Pole und Batteriekabel können gereinigt und mit einer Drahtbürste oder einem Messer und Schleifpapier poliert werden, bevor sie mit Petroleumpaste (Vaseline) oder speziellem Polfett behandelt werden.

9 Bauen Sie schließlich die Batterie ein (siehe Kapitel 9).

Wartungsfreie (»MF«) Batterie

10 Alles was hier getan werden kann, ist die Kontrolle und Reinigung der Anschlussklemmen sowie eine Sichtkontrolle des Gehäuses auf Risse und Brüche. Beachten Sie Kapitel 9 für weitere Details.

Anmerkung: *Versuchen Sie niemals, die Stopfen dieser Batterien zu öffnen, um den Säurepegel zu kontrollieren. Jeder Versuch zerstört die Batterie!*

Kapitel 2
Motor, Kupplung und Getriebe

Inhalt (in alphabetischer Reihenfolge, die Zahlen geben die Nummerierung in den grauen Feldern wieder)

Schwierigkeitsgrade

Leicht. Für Anfänger mit wenig Erfahrung geeignet.	**Relativ leicht.** Für Anfänger mit etwas Erfahrung geeignet.	**Relativ schwierig.** Geeignet für geübte Selbstschrauber.	**Schwer.** Geeignet für Selbstschrauber mit viel Erfahrung.	**Sehr schwer.** Geeignet für Experten und Profis.

Technische Daten

Allgemein

Typ	4-Ventil-Einzylinder
Hubraum	652 cm^3
Bohrung	100 mm
Hub	83 mm
Verdichtungsverhältnis	
Funduro- und ST-Modelle	9,7 : 1
GS-, Dakar- und CS-Modelle	11,5 : 1
Nockenwellen	DOHC, per Kette angetrieben
Kupplung	Mehrscheiben-Nasskupplung
Getriebe	fünf Gänge in konstantem Eingriff
Endantrieb	
Funduro-, ST-, GS- und Dakar-Modelle	O-Ringkette
CS-Modelle	Zahnriemen
Kühlsystem	Wasserkühlung
Schmiersystem	Trockensumpf, 2 Eatonpumpen

Nockenwellen und Tassenstößel	Standard	Verschleißgrenze
Höhe Einlassnocken		
Funduro- und ST-Modelle – Einlass und Auslass	39,838 bis 39,983 mm	39,7 mm (min.)
GS-, Dakar- und CS-Modelle (bis 2003)		
Einlass	39,35 bis 39,45 mm	39,25 mm (min.)
Auslass	39,15 bis 39,25 mm	39,05 mm (min.)
GS-, Dakar- und CS-Modelle (ab 2004) – Einlass und Auslass	40,37 bis 40,47 mm	40,27 mm (min.)
Nockenwellen-Lagerzapfen – Außendurchmesser	21,967 bis 21,980 mm	21,95 mm (min.)

Noclenwellen und Tassenstößel (Fortsetzung)

	Standard	Verschleißgrenze
Nockenwellenlager-Innendurchmesser	22,04 mm	
Nockenwellen-Lagerspiel	0,02 bis 0,06 mm	0,09 mm (max.)
Tassenstößel-Durchmesser	33,4 mm (min.)	
Tassenstößel-Bohrungsdurchmesser	33,6 mm (max.)	

Ventile, Führungen und Federn

Ventilspiel	siehe Kapitel 1	
Ventildurchmesser		
Einlass	36 mm	
Auslass	31 mm	
»Wackelspiel« des Ventils in der Führung (siehe Sektion 11)	0,4 mm (max.)	
Ventilschaft-Durchmesser		
Funduro- und ST-Modelle		
Einlassventil	5,960 bis 5,975 mm	5,95 mm (min.)
Auslassventil	5,945 bis 5,960 mm	5,935 mm (min.)
GS-, Dakar- und CS-Modelle – Einlass und Auslass	4,90 bis 4,94 mm	4,89 mm (min.)
Ventilführung – Innendurchmesser		
Funduro- und ST-Modelle – Einlass und Auslass	6,006 bis 6,018 mm	6,08 mm (max.)
GS-, Dakar- und CS-Modelle – Einlass und Auslass	5,006 bis 5,018 mm	5,08 mm (max.)
Ventilschaftspiel in Führung		
Einlassventile	0,016 bis 0,58 mm	0,13 mm (max.)
Auslassventile	0,031 bis 0,73 mm	0,145 mm (max.)
Vorsprung Ventilführung im Zylinderkopf		
Funduro- und ST-Modelle		
Einlassventile maximal	15,4 mm	
Auslassventile maximal	17,9 mm	
GS-, Dakar- und CS-Modelle	9,8 bis 10,2 mm	
Ventilsitzbreite		
Funduro- und ST-Modelle		
Einlassventile	1,05 bis 1,35 mm	1,6 mm (max.)
Auslassventile	1,25 bis 1,55 mm	2,2 mm (max.)
Ventilfedern – freie Länge		
Funduro- und ST-Modelle	45,7 mm	44,5 mm (min.)
GS-, Dakar- und CS-Modelle (bis 2003)	40,5 mm	39,5 mm (min.)
GS-, Dakar- und CS-Modelle (ab 2004)	46,37 mm	44,8 mm (min.)
Ventilschaftverzug	0,01 mm	0,05 mm (max.)

Zylinder

Bohrung (60 mm unterhalb des oberen Randes, in drei Richtungen gemessen)		
Toleranzgruppe A	100,000 bis 100,012 mm	100,03 mm (max.)
Toleranzgruppe B	100,012 bis 100,024 mm	100,04 mm (max.)

Kolben

Kolbendurchmesser (gemessen 5 mm oberhalb des Kolbenhemdes und 90° zum Kolbenbolzen)		
Toleranzgruppe A	99,975 bis 99,985 mm	99,94 mm (min.)
Toleranzgruppe B	99,985 bis 99,995 mm	99,95 mm (min.)
Kolbenringnutbreite		
oberer Ring		
Funduro- und ST-Modelle	1,35 mm (max.)	
GS-, Dakar- und CS-Modelle	1,30 mm (max.)	
zweiter Ring		
Funduro- und ST-Modelle	1,35 mm (max.)	
GS-, Dakar- und CS-Modelle	1,60 mm (max.)	
Ölabstreifring (alle Modelle)	2,6 mm	
Kolbenbolzen-Durchmesser	21,996 bis 22,000 mm	21,98 mm (min.)
Kolbenbolzenspiel		
im Kolben	0,012 bis 0,021 mm	0,05 mm (max.)
im oberen Pleuelauge	0,015 bis 0,029 mm	0,05 mm (max.)

Kolbenringe

Stoßspiel im Zylinder (alle Ringe)	0,2 bis 0,4 mm	1,0 mm (max.)
Spiel der Ringe in Kolbennut (alle Ringe)	0,03 bis 0,065 mm	0,15 mm (max.)
Stärke der Ringe		
oberer Ring	1,2 mm	1,15 mm (min.)
zweiter Ring		
Funduro- und ST-Modelle	1,2 mm	1,15 mm (min.)
GS-, Dakar- und CS-Modelle	1,5 mm	1,45 mm (min.)

Kupplung	**Standard**	**Verschleißgrenze**
Belagscheibenstärke	3,45 bis 3,55 mm	
minimale Stärke aller Belagscheiben zusammen		
Funduro- und ST-Modelle	24,0 mm (min.)	
GS-, Dakar- und CS-Modelle	27,5 mm (min.)	
Stahlscheibenverzug	0,15 mm (max.)	

Ölpumpe

Öldruck (Öltemperatur: 80 °C)		
bei Standgas	0,5 bar (min.)	
bei 4500 U/min.	4,5 bar	
Spiel zwischen Innen- und Außenrotoren	0,25 mm (max.)	
Spiel zwischen Außenrotoren und Gehäuse	0,25 mm (max.)	

Schaltwalze und Schaltgabeln

Breite der Schaltgabelenden	3,45 mm (min.)	
Außendurchmesser des Schaltgabel-Führungsstiftes	5,85 mm (min.)	

Getriebe

Untersetzungsverhältnis (Anzahl der Zähne)		
Primäruntersetzung	1,946 zu 1 (72/37)	
1. Gang	2,75 zu 1 (32/12)	
2. Gang	1,75 zu 1 (28/16)	
3. Gang	1,313 zu 1 (21/16)	
4. Gang	1,045 zu 1 (23/22)	
5. Gang	0,875 zu 1 (21/24)	
Eingangswellendurchmesser am rechten Lagersitz	24,98 mm (min.)	
Eingangswellendurchmesser am linken Lagersitz	16,98 mm (min.)	
Ausgangswellendurchmesser am rechten Lagersitz	16,98 mm (min.)	
Ausgangswellendurchmesser am linken Lagersitz	24,98 mm (min.)	

Kurbelwelle und Hauptlager

Axialspiel	0,1 bis 0,3 mm	
Lagerspiel	0,03 bis 0,07 mm	0,10 mm (max.)
Hauptlagerzapfen-Außendurchmesser	45,975 mm (min.)	
Hauptlagerbohrung-Innendurchmesser	46,08 mm (max.)	
Kurbelwellenverzug	0,05 mm	

Ausgleichswelle

Axialspiel	0,1 bis 0,3 mm	
Lagerzapfen-Außendurchmesser	19,96 mm (min.)	

Anzugsdrehmomente

Anlasserfreilaufschrauben		
Funduro- und ST-Modelle	12 Nm	
GS-, Dakar- und CS-Modelle	35 Nm	
Kupplungsfederschrauben	10 Nm	
Kupplungsmutter	140 Nm	
Motorgehäuseschrauben		
Funduro- und ST-Modelle	10 Nm	
GS-, Dakar- und CS-Modelle	12 Nm	
Motorbefestigungen		
Funduro- und ST-Modelle	keine Angaben	
GS- und Dakar-Modelle		
Einsteller	5 Nm (max.)	
Einsteller-Kontermutter	100 Nm	
obere, hintere und vordere Befestigungsbolzen	41 Nm	
Frontrahmen zu Hauptrahmen		
bis 2003	21 Nm	
ab 2004	24 Nm	
Rahmenunterzug zu Front- und Hauptrahmen	21 Nm	
CS-Modelle		
Einsteller	5 Nm (max.)	
Einsteller-Kontermutter	100 Nm	
obere Befestigungsbolzen	41 Nm	
hinterer Befestigungsbolzen	50 Nm	

Anzugsdrehmomente (Fortsetzung)

vorderer Befestigungsbolzen	55 Nm
Frontrahmen zu Hauptrahmen	24 Nm
Rahmenunterzug zu Front- und Hauptrahmen	55 Nm
Nockenwellen-Lagerschildschrauben	10 Nm
Nockenwellenritzel-Schraube	60 Nm
Ölpumpendeckel-Schrauben	6 Nm
Primärradmutter	180 Nm
Schwingenbolzenmutter	100 Nm
Steuerkettenspannerschienen-Lagerbolzen	10 Nm
Steuerkettenspannerverschluss	40 Nm
Ventildeckelschrauben	10 Nm
Zylinderfußschrauben	10 Nm
Zylinderkopfmuttern M10	
Erstanzug	20 Nm
endgültiger Anzug	
Funduro- und ST-Modelle	50 Nm
GS-, Dakar- und CS-Modelle	60 Nm
Zylinderkopfschrauben M6	10 Nm
Zylinderkopfschrauben M8	
Funduro- und ST-Modelle	28 Nm
GS-, Dakar- und CS-Modelle	
bis 2003	33 Nm
ab 2004	30 Nm

1 Allgemeine Informationen

Im Zylinderkopf des wassergekühlten Einzylindermotors betätigen zwei Nockenwellen direkt über Tassenstößel vier Ventile. Die Nockenwellen werden von der Kurbelwelle über eine links verlaufende Kette angetrieben. Das aus einer Aluminiumlegierung gegossene Motorgehäuse ist vertikal geteilt.

Das Motorgehäuse beinhaltet eine Trockensumpf-Druckschmierung mit zwei Eatonpumpen (eine für den Schmierkreislauf und eine für die Rückförderung in den Öltank), die von der Rückseite der Kupplung über Zahnräder angetrieben werden. Der Ansaugbereich der Rückförderpumpe ist mit einem Sieb versehen. Außerdem gibt es einen Ölfilter, einen am Hauptkanal angeschlossenen Öldruckschalter und zwei Kugelventile.

Die Lichtmaschine sitzt rechts auf der Kurbelwelle, und der Rotor trägt den Anlasserfreilauf sowie den Zündzeitpunktauslöser. Die links am Motor sitzende Wasserpumpe wird von der Ausgleichswelle angetrieben, die vor der Kurbelwelle liegt.

Die Kurbelwelle überträgt die Kraft über Zahnräder auf eine per Bowdenzug betätigte Mehrscheiben-Ölbadkupplung. Von hier aus wird die Eingangswelle des Getriebes angetrieben, das fünf Gänge mit im permanenten Eingriff befindlichen Zahnrädern aufweist. Der Antrieb des Hinterrades erfolgt über das auf der Ausgangswelle sitzende Motorritzel (Funduro-, ST-, GS- und Dakar-Modelle) bzw. das Zahnriemenrad (CS-Modelle).

2 Motorbauteile
Zugang

Arbeiten, die bei eingebautem Motor möglich sind

Die unten aufgelisteten Komponenten und Teile können demontiert werden, ohne dass der Motor aus dem Rahmen gebaut werden muss. Wenn jedoch mehrere dieser Arbeiten zugleich ausgeführt werden müssen, empfiehlt es sich, den Motor dafür auszubauen.

Ventildeckel
Steuerkettenspanner und Schienen
Nockenwellen
Steuerkette
Zylinder und Zylinderkopf
Kolben
Kupplung
Lichtmaschine und Anlasserfreilauf
Ölfilter und Ölpumpen
Primärtriebrad
Anlasser
Wasserpumpe

Arbeiten, die den Ausbau des Motors erfordern

Für den Zugang zu folgenden Komponenten müssen der Motor aus dem Rahmen genommen und das Gehäuse getrennt werden:

Kurbelwelle, Pleuel und Lager
Ausgleichswelle und Lager
Schaltmechanismus
Schaltwalze und -gabeln
Pleuelstangen und Pleuelfußlager
Getriebewellen

3 Motor
Verschleißbestimmung

Zylinderkompressionstest

Spezialwerkzeug: *Für diese Arbeit wird ein Kompressionsprüfer mit einem Adapter für ein 12-mm-Zündkerzengewinde benötigt, welches im Fachhandel beschafft werden kann. Das Gewinde des Adapters darf nicht länger als das der Zündkerze sein, damit dieser nicht mit dem Kolben in Kontakt kommt. Je nach Ergebnis des ersten Tests kann es nötig werden, für weitere Kontrollen eine Ölspritzflasche zu beschaffen.*

1 Mangelnde Motorleistung kann unter anderem durch undichte Ventile, eine leckende Zylinderkopfdichtung, einen verschlissenen Kolben samt Ringen und eine riefige oder unrunde Zylinderbohrung hervorgerufen werden. Eine Kompressionsprüfung kann helfen, die Ursache zu finden; zudem lassen sich damit übermäßige Kohleablagerungen ermitteln. Ein (aufgrund der benötigten Ausrüstung von einer BMW-Werkstatt durchzuführender) Druckverlusttest hilft, die genauen Ursachen des Problems herauszufinden.

2 Vor dem Durchführen des Tests muss sichergestellt werden, dass das Ventilspiel in Ordnung ist (siehe Kapitel 1). Zudem müssen alle Zylinderkopfmuttern und -schrauben mit den korrekten Drehmomenten angezogen sein (siehe Sektion 11).

3 Starten Sie den Motor, und lassen Sie ihn Betriebstemperatur erreichen, schalten Sie ihn dann ab. Ziehen Sie die Pirmärwicklungskabel

3.4a Der Adapter muss das gleiche Gewinde wie die Zündkerze haben und nicht tiefer als diese im Brennraum stecken (dieser ist mit zwei Gewindegrößen versehen).

3.4b Drehen Sie den Adapter in das Kerzengewinde und den Kompressionsprüfer in den Adapter.

3.5 Drehen Sie den Motor bei Vollgas durch, bis sich die Anzeige stabilisiert hat.

der Zündspulen ab (siehe Kapitel 5). Entfernen Sie die Zündkerze (bei Doppelzündung die äußere) (siehe Kapitel 1).

4 Schrauben Sie den Adapter des Kompressionsprüfers in das Kerzengewinde und verbinden Sie den Kompressionsprüfer (siehe Abbildungen).

5 Schalten Sie die Zündung ein und den Killschalter auf »RUN«, öffnen Sie vollständig das Gas, und drehen Sie den Motor mit dem Anlasser solange durch, bis sich das Messgerät nach ein paar Kurbelwellenumdrehungen auf einen Wert stabilisiert, der den maximalen Druck angibt (siehe Abbildung).

6 BMW macht keine Angaben zur Motorkompression – das von uns gemessene Funduro-Modell hatte einen Kompressionsdruck von 5,2 bar.

7 Liegt der gemessene Wert darunter, kann der Grund in einer verschlissenen Zylinderbohrung, einem verschlissenen Kolben oder Ringen liegen, außerdem in einer beschädigten Zylinderkopfdichtung oder verschlissenen Ventilsitzen. Um die Ursache zu finden, muss etwas Motoröl durch die Zündkerzenbohrung in den Brennraum gespritzt werden, damit die Kolbenringe gegen den Zylinder abgedichtet werden. Wiederholen Sie den Kompressionstest – steigt der Druck jetzt an, liegt die Ursache in verschlissenen oder gebrochenen Kolbenringen (die jetzt vom Öl abgedichtet wurden); verändert sich der Druck nicht, weist dies auf Probleme mit den Ventilen oder der Kopfdichtung hin.

8 Ein zu hoher Druck ist unwahrscheinlich, würde allerdings auf massive Ölkohleablagerungen im Brennraum und/oder auf dem Kolben hinweisen. In diesem Fall muss der Zylinderkopf demontiert werden, um die Ablagerungen entfernen zu können.

Öldruck-Kontrolle

Spezialwerkzeug: *Für diese Arbeit wird ein Öldruckprüfer mit einem Gewindeadapter benötigt, der im Zubehörhandel beschafft werden kann.*

9 Besteht irgendein Zweifel über die Leistung des Schmiersystems, muss eine Öldruckprüfung durchgeführt werden. Diese Kontrolle gibt hilfreiche Informationen über den im Motor vorhandenen Verschleiß.

10 Die Öldruck-Warnlampe muss nach dem Einschalten der Zündung aufleuchten und wenige Sekunden nach dem Starten des Motors erlöschen. Leuchtet die Lampe bei laufendem Motor auf, muss dieser unverzüglich abgeschaltet und der Grund für den zu geringen Öldruck gefunden werden. Kontrollieren Sie zuerst den Ölpegel, und füllen Sie ggf. Öl nach (siehe *Tägliche Kontrollen*). Ist der Pegel in Ordnung, muss eine Öldruckkontrolle durchgeführt werden.

11 Bringen Sie den Motor auf Betriebstemperatur, und schalten Sie ihn ab.

12 Entfernen Sie den Öldruckschalter (siehe Kapitel 9), und ersetzen Sie ihn durch den Prüfadapter. Verbinden Sie den Öldruckprüfer.

13 Starten Sie den Motor, lassen Sie ihn im Leerlauf laufen, und notieren Sie den Druck – er muss über 0,5 bar liegen. Bringen Sie den Motor jetzt auf eine Drehzahl auf 4500 U/min., und notieren Sie auch diesen Wert – er sollte bei 4 bar, darf aber nicht über 4,5 bar liegen.

14 Liegt der gemessene Druck deutlich unter dieser Vorgabe, klemmt entweder das Überdruckventil im offenen Zustand, die Ölpumpe oder ihr Antrieb ist defekt oder der Ölfilter bzw. das Ansaugsieb sind verstopft; oder aber es liegt erheblicher Motorverschleiß vor. Eine andere Ursache kann zu dünnes Öl (z.B. 0W-20) Beginnen Sie die Diagnose mit der Kontrolle des Ölfilters, des Ansaugsiebs, des Überdruckventils und der Ölpumpen (Sektion 18), wenn diese Teile in Ordnung sind, wird in den Gleitlagern des Motors wahrscheinlich übermäßiges Spiel vorliegen, sodass der Motor überholt werden muss.

15 Ist der Öldruck zu hoch, ist entweder ein Ölkanal verstopft, das Überdruckventil klemmt im geschlossenen Zustand oder es wurde zu dickes Öl aufgefüllt (falsche Viskosität).

16 Schalten Sie den Motor ab, schrauben Sie den Druckprüferadapter aus dem Motor, und ersetzen Sie ihn durch den Öldruckschalter (siehe Kapitel 9).

Warnung: Passen Sie beim Entfernen des Adapters auf, dass Sie sich nicht die Hände am Motor verbrennen.

4 Motor
Ausbau und Einbau

Achtung: Der Motor hat ein hohes Gewicht. Motordemontagen und -montagen sollten immer mit der Hilfe mindestens eines Assistenten ausgeführt werden. Ein herunterfallender oder abrutschender Motor kann Verletzungen und Beschädigungen hervorrufen.

Anmerkung: *An den in diesem Buch behandelten Modellen finden sich an den verschiedenen Schlauchanschlüssen drei Typen von Schellen: Einmalschellen, Klemmschellen und Schraubschellen. Zum Öffnen der Einmal- und der Klemmschellen wird ein kleiner Schraubendreher benötigt, zum Schließen eine spezielle Zange, die ggf. zusammen mit neuen Schellen im Autoteilezubehör oder beim BMW-Händler (Teilenummer 131500) beschafft werden kann.*

1 Stützen Sie das Motorrad mithilfe des Hauptständers oder einer geeigneten Vorrichtung, die den Rahmen trägt, auf einer ebenen Fläche ab. Benutzen Sie keinen Montageständer, der das Hinterrad oder die Schwinge stützt, da die Schwingenlagerung im Motorgehäuse sitzt. Die Arbeit kann erleichtert werden, wenn die Maschine mithilfe einer Rampe oder Bühne auf eine bessere Höhe gebracht wird. Gehen Sie sicher, dass die Maschine fest und stabil steht (beachten Sie die *Werkzeug- und Werkstatt-Tipps* im Anhang). Ziehen Sie den Handbremshebel mit Bändern gegen den Lenker, um das Vorderrad zu blockieren.

2 Entfernen Sie bei Funduro- und ST-Modellen die Verkleidung, die Seitendeckel, die Tankabdeckung und den Motorschutz (siehe Kapitel 8). Entfernen Sie bei GS- und Dakar-Modellen die vorderen Seitenverkleidungen, die obere Abdeckung und den Motorschutz (siehe Kapitel 8). Entfernen Sie bei CS-Modellen die vorderen Seitenverkleidungen und die Rahmenabdeckungen (siehe Kapitel 8).

3 Wenn der Motor, speziell an seinen Aufhängungen, verschmutzt ist, muss er als Erstes gründlich gereinigt werden. Hierdurch wird

4.6 Ziehen Sie die Zündkerzenstecker ab, um sie abseits zu sichern.

nicht nur die Arbeit erleichtert, sondern auch ausgeschlossen, dass abfallender Schmutz hineingeraten kann.

4 Lassen Sie das Motoröl und das Kühlmittel ab (siehe Kapitel 1). Entfernen Sie nötigenfalls den Ölfilter (siehe Kapitel 1).

5 Notieren Sie vor und während des Ausbaus sorgfältig die Verlegung aller Bowdenzüge, Kabel und Schläuche sowie deren Sicherungen und Führungen durch Kabelbinder, Clips und Klemmen, außerdem die Positionen aller Muttern, Schrauben und Scheiben, damit alles an seinen ursprünglichen Platz zurückkehren kann. Sichern Sie Schrauben, Scheiben und Muttern an den entfernten Bauteilen. Falls eine Digitalkamera zur Hand ist, sollte damit alles Wichtige aufgenommen werden, was sonst in der Zeit zwischen dem Aus- und Einbau des Motors in Vergessenheit geraten könnte.

Funduro- und ST-Modelle

6 Trennen Sie das Massekabel (–) von der Batterie (siehe Kapitel 9). Ziehen Sie die Zündkerzenstecker ab – merken Sie sich ihre Positionen (siehe Abbildung).

7 Demontieren Sie den Tank (siehe Kapitel 4A).

8 Entfernen Sie den Kühler samt Schläuchen. Merken Sie sich deren Verlegung (siehe Kapitel 3).

9 Entfernen Sie die Auspuffkrümmer (siehe Kapitel 4A).

10 Befreien Sie die Ölschläuche (Zulauf und Rücklauf) vom Rahmen. Ziehen Sie den Öltank-Belüftungsschlauch vom Ventildeckel (siehe Abbildung) und den Motorentlüftungsschlauch vom Stutzen vorne rechts am Motor (siehe Abbildung).

11 Entfernen Sie rechts am Motor die Kabelabdeckung oben vom Lichtmaschinendeckel (siehe Abbildung). Trennen Sie um den Motor herum die folgenden Kabelstecker: Zündzeitpunktsensor und Lichtmaschine (verfolgen Sie die Kabel aus dem Lichtmaschinendeckel), Öldruckschalter (siehe Abbildung 4.29b), Leerlaufschalter (siehe Abbildung 4.29c), Kühltemperatursensor und Ventilatorschalter (siehe Abbildung) und Seitenständerschalter (falls vorhanden). Trennen Sie das Massekabel des Motors (siehe Abbildung 4.29f). Befreien Sie den Kabelbaum von allen Clips oder Kabelbindern am Motor und dem Rahmenunterzug, merken Sie sich seine Verlegung, und sichern Sie ihn abseits.

12 Lockern Sie die Schellen, mit denen die Vergaser in den Ansaugstutzen gesichert sind (siehe Abbildung).

13 Befreien Sie den Kupplungszug vom Motor (siehe Sektion 17, Schritt 2) sowie die Tachowelle, und sichern Sie sie abseits.

14 Bringen Sie an der Schaltwelle eine zur Klemmöffnung des Hebels fluchtende Markierung an (siehe Abbildung 4.36). Lösen Sie die Klemmschraube, und ziehen Sie den Schalthebel ab.

15 Entfernen Sie das Motorritzel (siehe Kapitel 6). Heben Sie die Antriebskette von der Getriebewelle (siehe Abbildung 4.28).

16 Befreien Sie das Stromkabel vom Anlasser (siehe Abbildung 4.30), und bauen Sie nötigenfalls den Anlasser aus (siehe Kapitel 9).

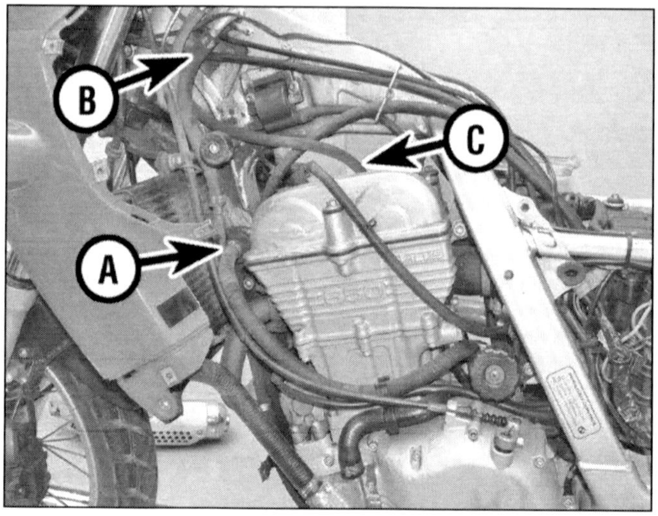

4.10a Lösen Sie den Zulaufschlauch (A), den Rücklaufschlauch (B), den Öltank-Belüftungsschlauch (C), ...

4.10b ... und den Motorentlüftungsschlauch (D).

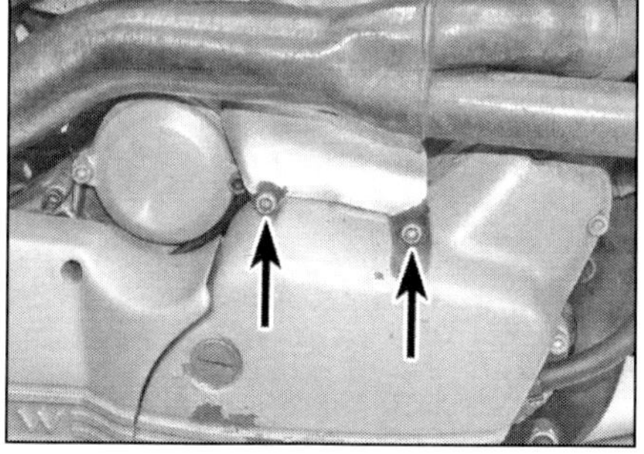

4.11a Lösen Sie die beiden Schrauben, und entfernen Sie die Kabelabdeckung.

4.11b Stecker des Temperatursensors und des Ventilatorschalters

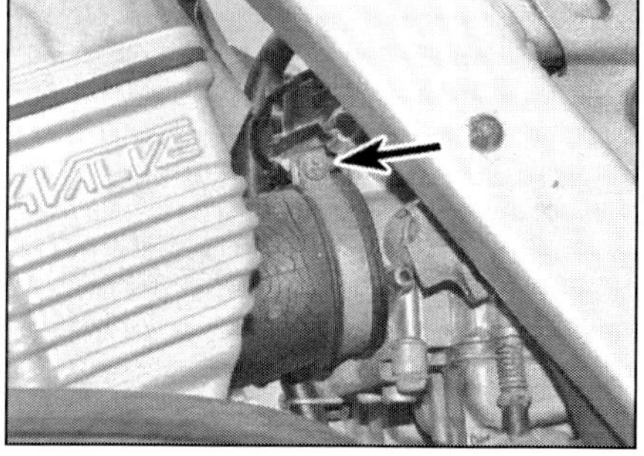

4.12 Lockern Sie an beiden Seiten der Maschine die Schellen der Vergaserstutzen.

4.17 Demontieren Sie den Rahmenunterzug.

4.20 Die Mutter der oberen Motorhalterung

4.25a Befreien Sie den Zulauf- und Rücklaufschlauch ...

4.25b ... sowie den Öltank-Belüftungsschlauch.

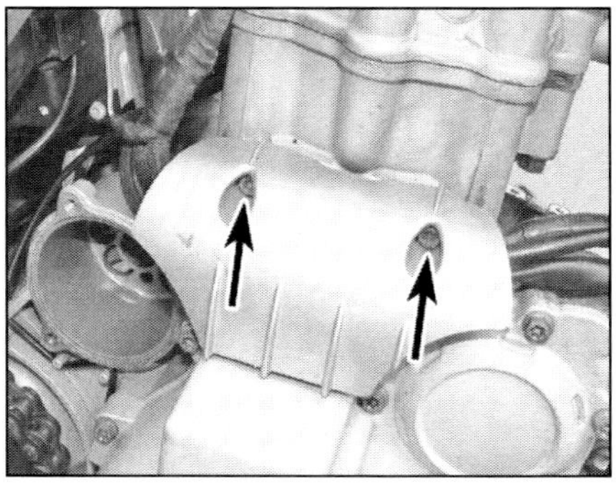

4.26a Lösen Sie die beiden Schrauben, und entfernen Sie die Kabelabdeckung.

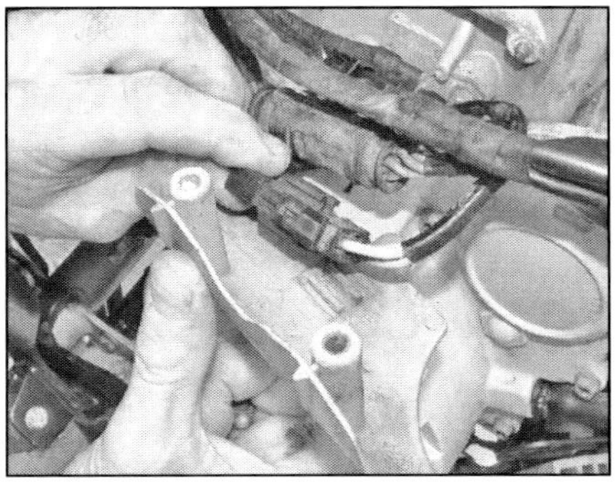

4.26b Befreien Sie den Lichtmaschinenstecker aus seiner Klemme.

17 Lösen Sie am Rahmenunterzug die Muttern, entfernen Sie die Scheiben, und ziehen Sie die Bolzen samt Scheiben heraus, um den Unterzug samt Seitenständer zu entfernen (siehe Abbildung).

18 Stellen Sie eine hydraulische oder mechanische Hebevorrichtung unter den Motor – zwischen Heber und Motor sollte dabei ein Stück Holz liegen. Stellen Sie sicher, dass der Heber sich mittig unter dem Motor befindet, damit dieser nicht kippt, wenn der letzte Haltebolzen entfernt worden ist. Heben Sie die Vorrichtung so weit an, dass das Gewicht des Motors auf dem Heber liegt, dieser aber nicht das ganze Motorrad anhebt – Ziel ist es, den Motor so weit anzuheben, dass keine der Motorbefestigungen nach dem Lockern unter Last steht und so leicht herausgezogen werden kann. Es kann sein, dass die Position des Hebers zwischendurch verändert werden muss, um nach dem Entfernen einiger Bolzen nicht die anderen unter Last zu setzen.

19 Stützen Sie die Schwinge vorne ab. Falls vorhanden, werden die Kappen von der Schwingenlagerung am Rahmen entfernt. Lösen Sie die Schwingenbolzenmutter, und ziehen Sie dann den Bolzen heraus (siehe Abbildungen 4.41a und b).

20 Lösen Sie die Mutter, und entfernen Sie die Scheibe des oberen Motorhaltebolzens (siehe Abbildung). Ziehen Sie den Bolzen samt der Scheibe heraus.

21 Der Motor kann jetzt aus dem Rahmen gehoben werden (beachten Sie den Warnhinweis oben). Prüfen Sie dabei, ob alles, was getrennt werden musste, auch gelöst ist. Senken Sie den Heber vorsichtig ab, ziehen Sie dabei die Vergaser aus den Ansaugstutzen, entfernen Sie mithilfe eines Assistenten den Heber, und entfernen Sie den Motor.

GS- und Dakar-Modelle

22 Bauen Sie die Batterie aus (siehe Kapitel 9).

23 Entfernen Sie das Luftfiltergehäuse (siehe Kapitel 4B).

24 Entfernen Sie die Auspuffkrümmer (siehe Kapitel 4B).

25 Befreien Sie die Ölschläuche (Zulauf und Rücklauf) vom Öltank (siehe Abbildung), und ziehen Sie den Öltank-Belüftungsschlauch vom Ventildeckel (siehe Abbildung).

26 Entfernen Sie rechts am Motor die Kabelabdeckung, und befreien Sie den Lichtmaschinenstecker aus seiner Klemme (siehe Abbildungen).

27 Entfernen Sie bei GS-Modellen die Regler-/Gleichrichtereinheit (siehe Kapitel 9).

28 Entfernen Sie das Motorritzel (siehe Kapitel 6). Heben Sie die Antriebskette von der Getriebewelle (siehe Abbildung).

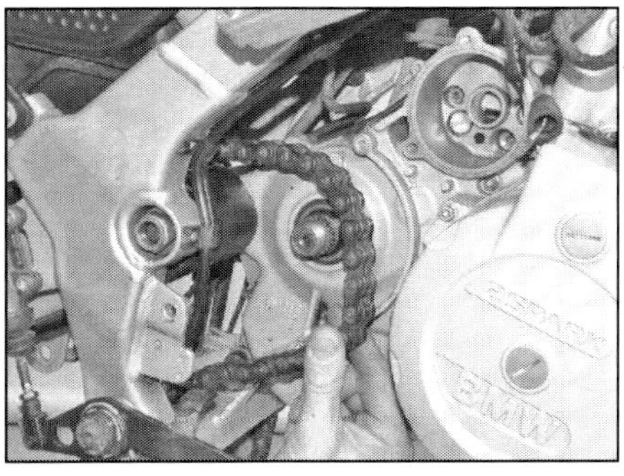

4.28 Heben Sie die Antriebskette von der Getriebewelle.

4.29a Trennen Sie die Stecker der Lichtmaschinenkabel und des Zündrotors, ...

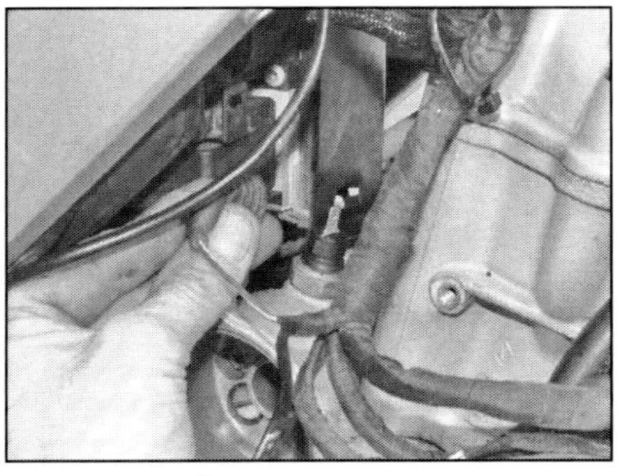

4.29b ... des Öldruckschalter, ...

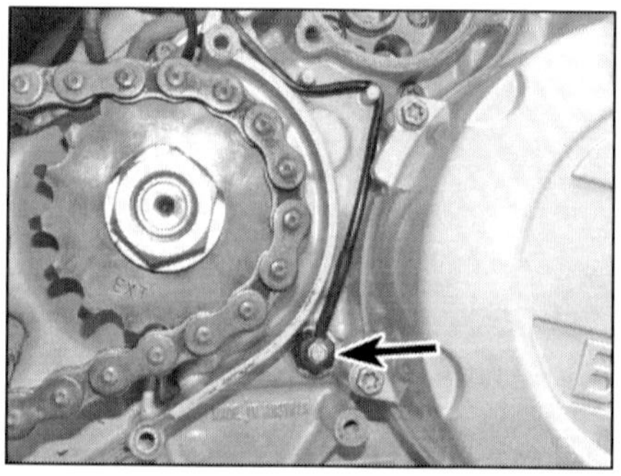

4.29c ... des Leerlaufschalters, ...

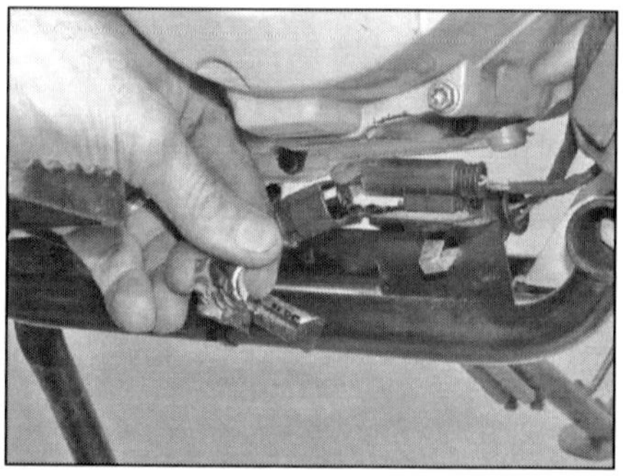

4.29d ... des Seitenständerschalters ...

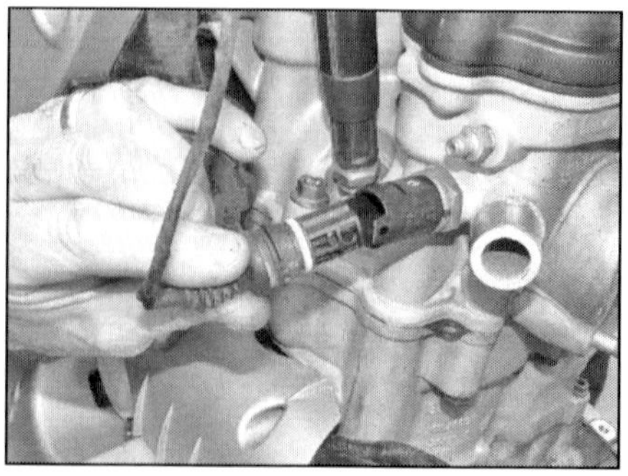

4.29e ... und des Temperatursensors.

4.29f Lösen Sie die Schraube, und befreien Sie das Massekabel.

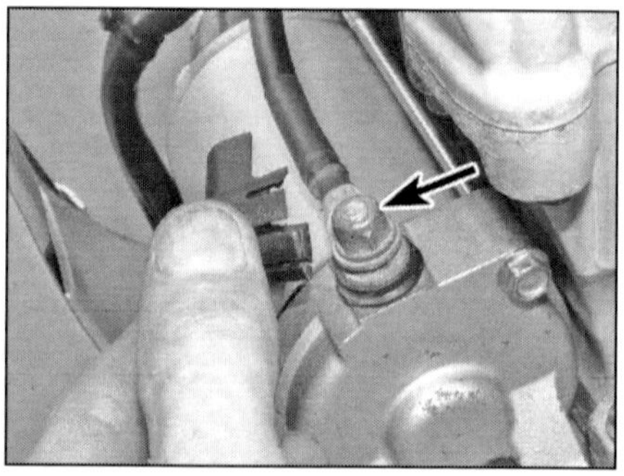

4.30 Entfernen Sie die Abdeckung, lösen Sie die Mutter, und befreien Sie das Anlasserkabel.

4.31 Öffnen Sie den Kabelbinder (A), und lösen Sie die beiden Schrauben (B), um den Federvorspanner zu befreien.

29 Trennen Sie um den Motor herum folgende Kabelstecker: Zündzeitpunktsensor und Lichtmaschine, Öldruckschalter, Leerlaufschalter, Seitenständerschalter, Kühltemperatursensor (siehe Abbildungen) und Regler-/Gleichrichtereinheit (Dakar-Modelle). Lösen Sie das Massekabel vom Motor (siehe Abbildung). Befreien Sie den Kabelbaum von allen Clips oder Kabelbindern am Motor, dem vorderen Rahmenteil und dem Rahmenunterzug, merken Sie sich seine Verlegung, und sichern Sie ihn abseits.

30 Befreien Sie das Stromkabel vom Anlasser (siehe Abbildung), und bauen Sie nötigenfalls den Anlasser aus (siehe Kapitel 9).

31 Entfernen Sie den Kabelbinder vom Federvorspanner des Hinterrad-Stoßdämpfers, lösen Sie die Schrauben, und befreien Sie den Einsteller (siehe Abbildung).

32 Entfernen Sie das Drosselklappengehäuse (siehe Kapitel 4B).

33 Entfernen Sie den Kühler samt seiner Schläuche – merken Sie sich deren Verlegung (siehe Kapitel 3).

34 Entfernen Sie die Zündspule(n) (siehe Kapitel 5).

35 Befreien Sie den Kupplungszug vom Motor (siehe Sektion 17, Schritt 2).

36 Bringen Sie an der Schaltwelle eine zur Klemmöffnung des Hebels fluchtende Markierung an (siehe Abbildung). Lösen Sie die Klemmschraube, und ziehen Sie den Schalthebel oder das Schaltgestänge ab.

37 Entfernen Sie das Bremspedal und die Fußrasten (siehe Kapitel 6).

38 Lösen Sie die Schrauben, die den Rahmenunterzug am vorderen Rahmenteil und am Hauptrahmen sichern (siehe Abbildung). Ziehen Sie die Bolzen heraus – beachten Sie dabei genau die Positionen und Anzahl aller Scheiben (manche von ihnen sind Distanzscheiben, die rechts und hinten den korrekten Abstand des Unterzuges zum Hauptrahmen sicherstellen), und entfernen den Unterzug samt Seitenständer (siehe Abbildung).

39 Lösen Sie die Muttern, und entfernen Sie die Scheiben der Schrauben, die das vordere Rahmenteil an Hauptrahmen und Motor sichern (siehe Abbildung). Entfernen Sie bei GS-Mo-

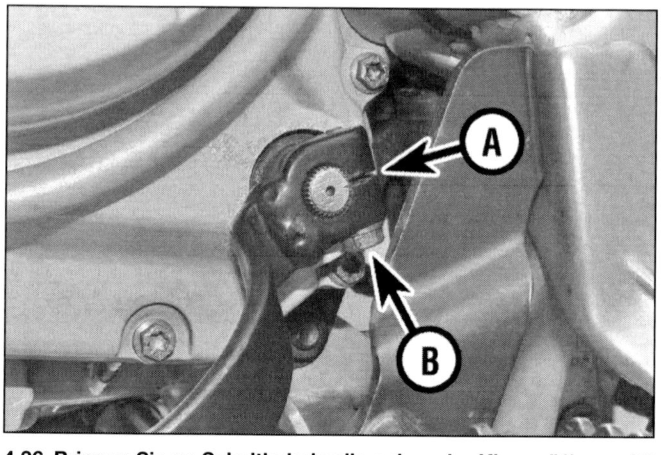

4.36 Bringen Sie an Schalthebelwelle neben der Klemmöffnung (A) eine Markierung an, und lösen Sie die Klemmschraube (B).

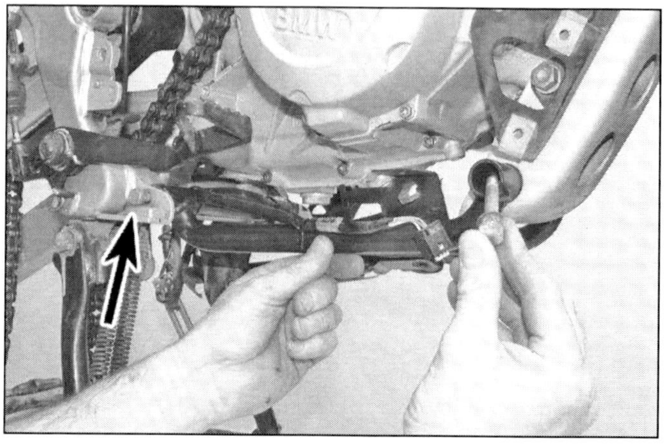

4.38 Lösen Sie die Schrauben, und entfernen Sie den Rahmenunterzug.

4.39a Lösen Sie die Muttern, ...

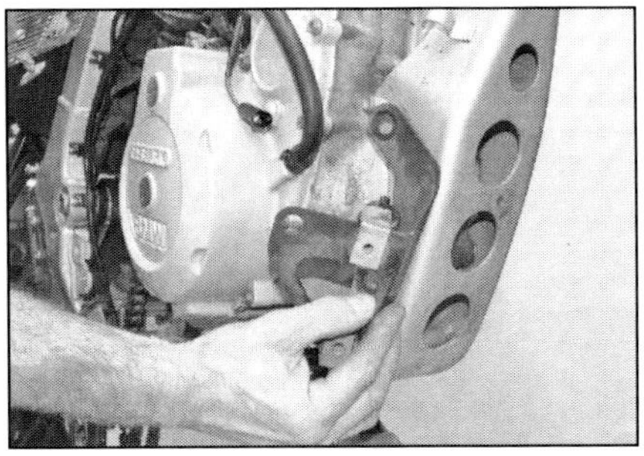

4.39b ... entfernen Sie bei GS-Modellen den Halter, ...

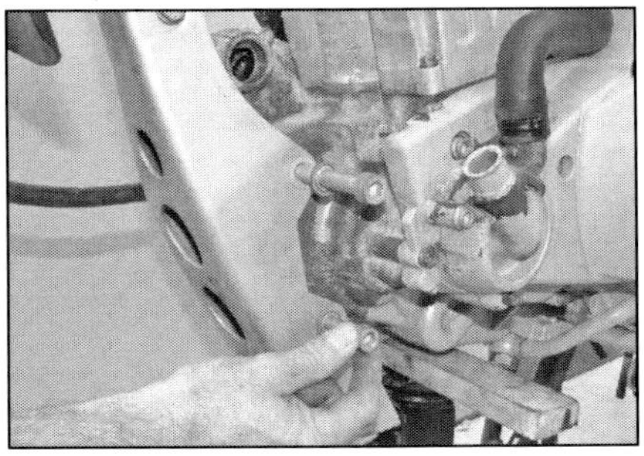

4.39c ... und ziehen Sie die Schrauben heraus, ...

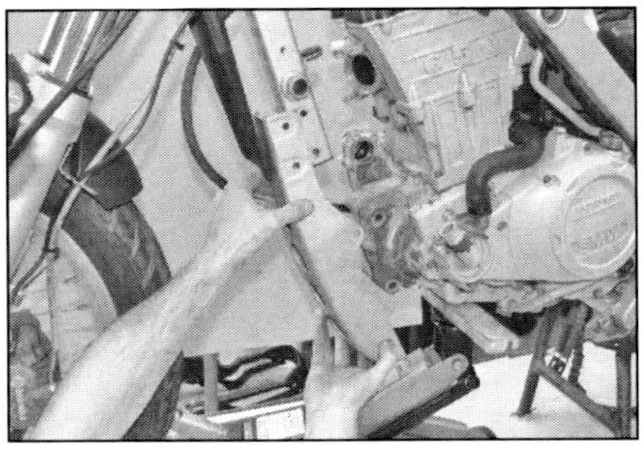

4.39d ... um die vordere Rahmensektion zu entfernen.

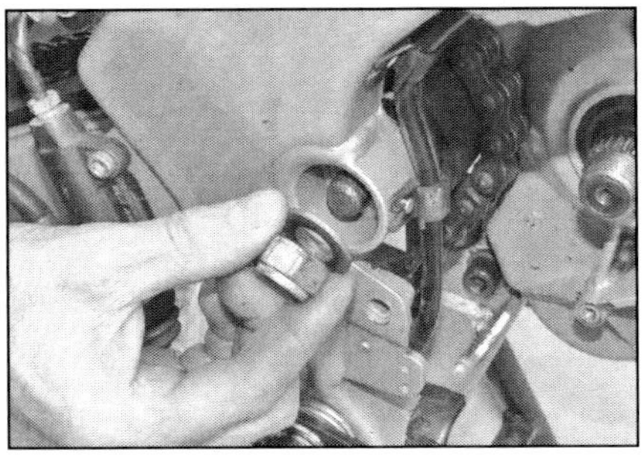

4.41a Lösen Sie die Mutter, entfernen Sie die Scheibe, ...

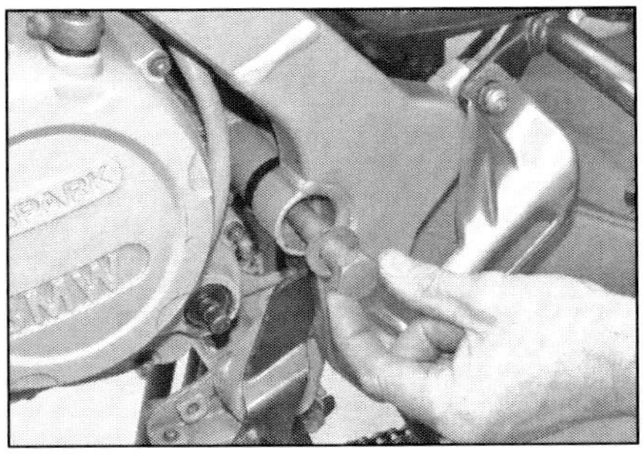

4.41b ... und ziehen Sie den Motorbolzen samt Scheibe heraus.

dellen die Halterung der Regler-/Gleichrichtereinheit (siehe Abbildung). Ziehen Sie die Bolzen samt Scheiben heraus, und entfernen Sie das vordere Rahmenteil (siehe Abbildungen).

40 Stellen Sie eine hydraulische oder mechanische Hebevorrichtung unter den Motor – zwischen Heber und Motor sollte dabei ein Stück Holz liegen. Stellen Sie sicher, dass der Heber sich mittig unter dem Motor befindet, damit dieser nicht kippt, wenn der letzte Haltebolzen entfernt worden ist. Heben Sie die Vorrichtung so weit an, dass das Gewicht des Motors auf dem Heber liegt, dieser aber nicht das ganze Motorrad anhebt – Ziel ist es, den Motor so weit anzuheben, dass keine der Motorbefestigungen nach dem Lockern unter Last steht und so leicht herausgezogen werden kann. Es kann sein, dass die Position des Hebers zwischendurch verändert werden muss, um nach dem Entfernen einiger Bolzen nicht die anderen unter Last zu setzen.

4.42a Lösen Sie den unteren hinteren Motorbolzen, ...

4.42b ... beachten Sie, wie er in den Halter geschraubt ist.

41 Stützen Sie die Schwinge vorne ab. Lösen Sie die Schwingenbolzenmutter, und ziehen Sie den Bolzen heraus (siehe Abbildungen).

42 Lösen Sie den unteren hinteren Motorhaltebolzen, beachten Sie, wie er in die am Halter der hinteren Bremsleitungshalterung sitzenden Mutter geschraubt ist (siehe Abbildungen).

43 Lösen Sie an beiden Seiten den oberen Motorhaltebolzen, und entfernen Sie die Scheibe (siehe Abbildung). Lösen Sie mithilfe eines Zapfenschlüssels (als BMW-Spezialwerkzeug 116661 und im Fachhandel erhältlich oder selbst aus einem geeigneten alten Steckschlüssel gefeilt) die Kontermuttern beider Einsteller (siehe Abbildungen). Drehen Sie beide Einsteller vom Motor weg in den Rahmen, und stellen

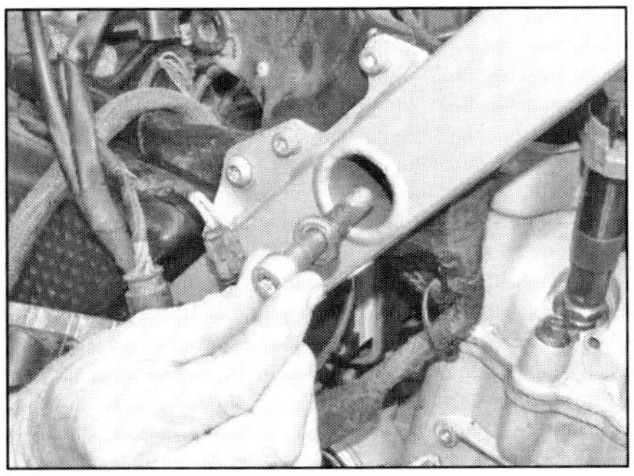

4.43a Lösen Sie oben die Motorhaltebolzen.

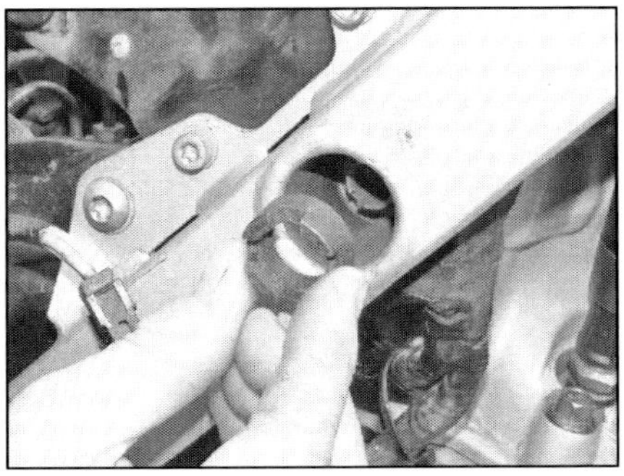

4.43b Lösen Sie die Kontermuttern ...

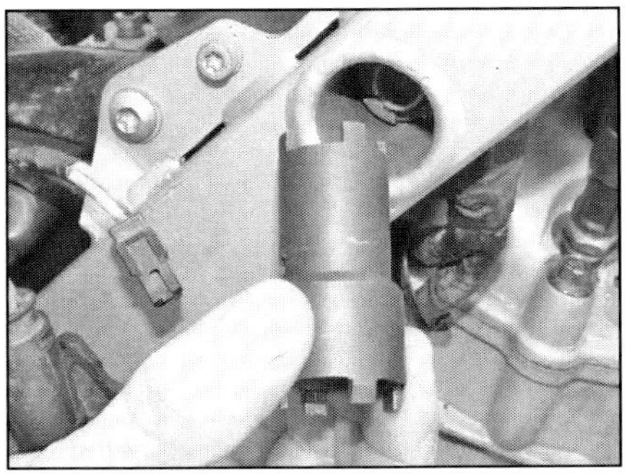

4.43c ... mithilfe eines Zapfenschlüssels.

4.43d Drehen Sie die Einsteller vom Motor weg in den Rahmen, ...

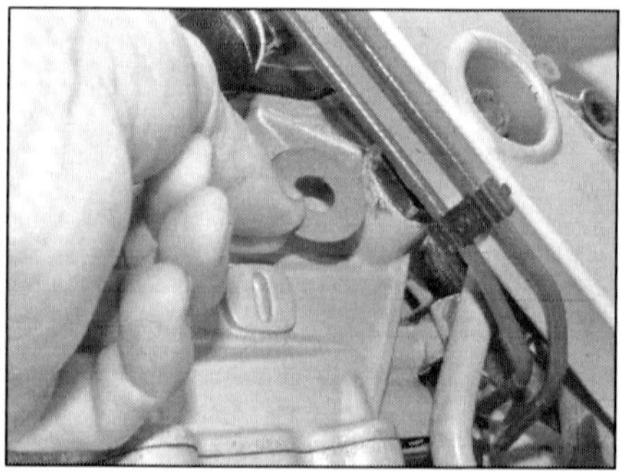

4.43e ... und stellen Sie die Scheiben sicher.

4.44 Senken Sie den Motor ab, und manövrieren Sie ihn aus dem Fahrwerk heraus.

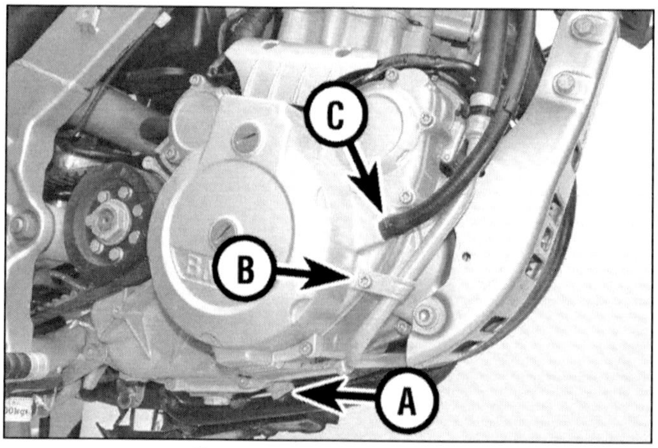

4.48 Lösen Sie die Ölleitungs-Anschlussschraube (A) und die Halteschraube (B). Motorentlüftungsschlauch (C)

4.54 Lösen Sie die beiden Bolzen, um den Rahmenunterzug zu entfernen.

Sie die zwischen dem Motor und dem Kopf jedes Einstellers liegenden Scheiben sicher (siehe Abbildungen).

44 Der Motor kann jetzt aus dem Rahmen gehoben werden (beachten Sie den Warnhinweis oben). Prüfen Sie dabei, ob alles, was getrennt werden musste, auch gelöst ist. Senken Sie den Heber vorsichtig ab (siehe Abbildung), entfernen Sie mithilfe eines Assistenten den Heber, und entfernen Sie den Motor.

CS-Modelle

45 Demontieren Sie die Auspuffanlage (siehe Kapitel 4B).

46 Trennen Sie das Massekabel (–) von der Batterie (siehe Kapitel 9).

47 Befreien Sie den Kupplungszug vom Motor (siehe Sektion 17, Schritt 2).

48 Befreien Sie den Ölzufuhrschlauch von der Rahmen-Querstrebe hinten über dem Motor. Befreien Sie das ABS-Sensorkabel vom Clip am Ölschlauch. Lösen Sie den Ölrücklaufschlauch unten am Motor und vom Lichtmaschinendeckel – die Dichtscheiben des Anschlusses müssen später erneuert werden (siehe Abbildung). Lösen Sie den Schlauch der Motorentlüftung vom Motor. Befreien Sie den Öltank-Entlüftungsschlauch vom Ventildeckel.

49 Entfernen Sie den Kühler samt der Schläuche – merken Sie sich deren Verlegung (siehe Kapitel 3).

50 Entfernen Sie die Kabelabdeckung rechts vom Motor (siehe Abbildungen 4.26a und b).

51 Trennen Sie um den Motor herum folgende Kabelstecker: Zündzeitpunktsensor, Lichtmaschine und Regler-/Gleichrichtereinheit, Öldruckschalter, Leerlaufschalter, Seitenständerschalter und Kühltemperatursensor, (siehe Abbildungen 4.29a, b, c, e und f). Befreien Sie den Kabelbaum von allen Clips oder Kabelbindern am Motor, dem vorderen Rahmenteil und dem Rahmenunterzug, merken Sie sich seine Verlegung, und sichern Sie ihn abseits.

52 Entfernen Sie das vordere Riemenrad (siehe Kapitel 6). Ziehen Sie den Zahnriemen von der Getriebewelle.

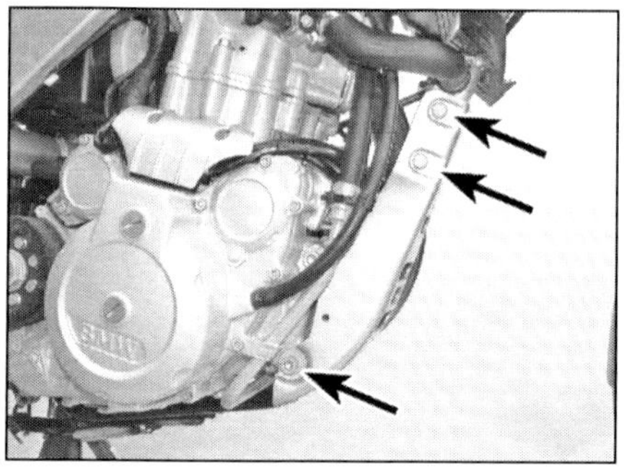

4.57 Lösen Sie die drei Muttern, ziehen Sie die Bolzen heraus, und entfernen Sie die vordere Rahmensektion.

53 Befreien Sie das Stromkabel vom Anlasser (siehe Abbildung 4.30), und bauen Sie nötigenfalls den Anlasser aus (siehe Kapitel 9).

54 Lösen Sie die Schrauben, die den Rahmenunterzug am vorderen Rahmenteil und am Hauptrahmen sichern (siehe Abbildung). Ziehen Sie die Bolzen heraus, und entfernen Sie den Unterzug samt Seitenständer (siehe Abbildung).

55 Entfernen Sie das Drosselklappengehäuse (siehe Kapitel 4B).

56 Entfernen Sie die Zündspule(n) (siehe Kapitel 5).

57 Lösen Sie die Muttern, und entfernen Sie die Scheiben der Schrauben, die das vordere Rahmenteil an Hauptrahmen und Motor sichern (siehe Abbildung). Ziehen Sie die Bolzen samt Scheiben heraus, und entfernen Sie das vordere Rahmenteil.

58 Bringen Sie an der Schaltwelle eine zur Klemmöffnung des Hebels fluchtende Markierung an (siehe Abbildung). Lösen Sie die Klemmschraube, und ziehen Sie das Schaltgestänge ab.

59 Stellen Sie eine hydraulische oder mechanische Hebevorrichtung unter den Motor – zwischen Heber und Motor sollte dabei ein Stück Holz liegen. Stellen Sie sicher, dass der Heber sich mittig unter dem Motor befindet, damit dieser nicht kippt, wenn der letzte Haltebolzen entfernt worden ist. Heben Sie die Vorrichtung so weit an, dass das Gewicht des

2

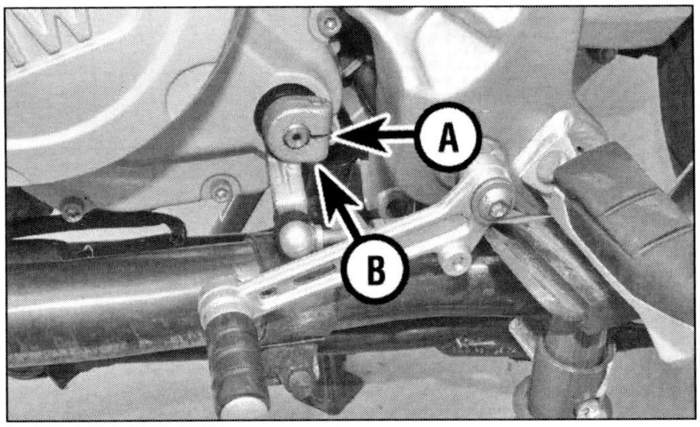

4.58 Bringen Sie an der Schalthebelwelle neben der Klemmöffnung (A) eine Markierung an, und lösen Sie die Klemmschraube (B).

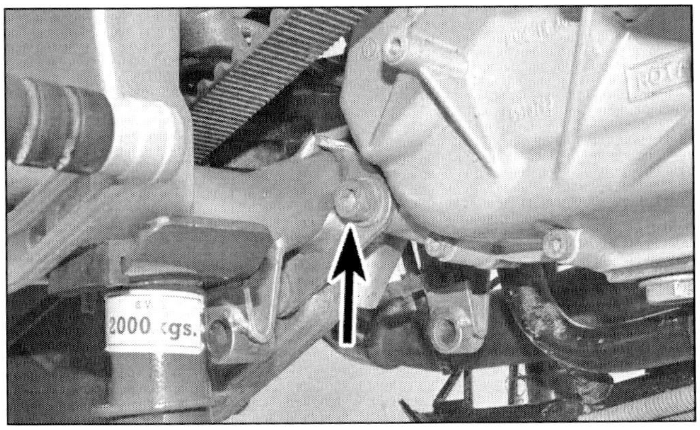

4.61 Lösen Sie den unteren hinteren Motorhaltebolzen.

Motors auf dem Heber liegt, dieser aber nicht das ganze Motorrad anhebt. Ziel ist es, den Motor so weit anzuheben, dass keine der Motorbefestigungen nach dem Lockern unter Last steht und so leicht herausgezogen werden kann. Es kann sein, dass die Position des Hebers zwischendurch verändert werden muss, um nach dem Entfernen einiger Bolzen nicht die anderen unter Last zu setzen.

60 Stützen Sie die Schwinge vorne ab. Lösen Sie die Schwingenbolzenmutter, und ziehen Sie den Bolzen heraus (siehe Abbildungen 4.41a und b).

61 Entfernen Sie den unteren hinteren Motorhaltebolzen (siehe Abbildung).

62 Lösen Sie an beiden Seiten den oberen Motorhaltebolzen, und entfernen Sie die Scheibe (siehe Abbildung 4.43a). Lösen Sie mithilfe eines Zapfenschlüssels (als BMW-Spezialwerkzeug 116661 und im Fachhandel erhältlich, oder selbst aus einem geeigneten alten Steckschlüssel gefeilt) die Kontermuttern beider Einsteller (siehe Abbildungen 4.43b und c). Drehen Sie beide Einsteller vom Motor weg in den Rahmen, und stellen Sie die zwischen Motor und Kopf jedes Einstellers liegenden Scheiben sicher (siehe Abbildungen 4.43d und e).

63 Der Motor kann jetzt aus dem Rahmen gehoben werden (beachten Sie den *Warnhinweis* oben). Prüfen Sie dabei, ob alles, was getrennt werden musste, auch gelöst ist.

64 Senken Sie den Heber vorsichtig ab (siehe Abbildung 4.44), entfernen Sie mithilfe eines Assistenten den Heber und dann den Motor.

4.65a Lösen Sie das Druckhalteventil.

Alle Modelle

Einbau

65 Der Einbau entspricht der umgekehrten Ausbaureihenfolge. Beachten Sie dabei Folgendes:

- Manövrieren Sie den Motor mithilfe des Hebers in Position, und heben Sie ihn an, bis alle Befestigungsbohrungen ausgerichtet sind. Schieben Sie die ggf. mit allen Scheiben ausgerüsteten Befestigungsbolzen sowie den Schwingenbolzen ein – ziehen Sie noch keine Befestigungen an. Stützen Sie den Motor weiterhin mit dem Heber, sodass die Bolzen locker bleiben und zunächst von Hand angezogen werden können. Vergessen Sie bei der Befestigung des Zylinderkopfes bei GS-, Dakar- und CS-Modellen nicht die Scheiben zwischen den Einstellerkopf und den Motor (siehe Abbildung 4.43e). Passen Sie auf, dass keine Kabel eingeklemmt werden. Hängen Sie die Antriebskette bzw. den Zahnriemen über die Getriebewelle.

Funduro- und ST-Modelle

- BMW gibt weder eine Anzugsreihenfolge noch -drehmomente für die Motorbolzen bekannt. Ziehen Sie alle Bolzen gleichmäßig bis zum für die Festigkeit und Gewindegröße üblichen Drehmoment an. Ziehen Sie die Muttern und Bolzen nicht zu fest, um keine Gewinde zu beschädigen. Ziehen Sie den Schwingenbolzen mit 100 Nm an.
- Stellen Sie bei Modellen ab Fahrgestellnummer 10161000S0335221 sicher, dass die Haltefeder am Ölschlauch direkt gegen den Stutzen drückt.

GS-, Dakar- und CS-Modelle

- Ziehen Sie beide Einsteller aus dem Rahmen, bis sie den Zylinderkopf berührt – achten Sie darauf, dass der Motor mittig im Rahmen sitzt und beide Einsteller gleich weit aus dem Rahmen herausragen und nur mit leichtem Druck – maximal mit 5 Nm gegen den Zylinderkopf gezogen werden. Ziehen Sie die Kontermuttern mithilfe des Zapfenschlüssels mit 100 Nm und dann die beiden oberen Befestigungsbolzen mit 41 Nm an.
- Stellen Sie bei der Montage des Rahmenunterzuges an das vordere Rahmensegment und den Hauptrahmen sicher, dass die beim Ausbau notierte Anzahl Distanzscheiben hinten rechts den korrekten Abstand zwischen dem Unterzug und dem Hauptrahmen gewährleisten.
- Ziehen Sie die verbliebenen Motor- und Rahmen-Befestigungsbolzen mit den am Anfang dieses Kapitels angegebenen Drehmomenten an.

Alle Modelle

- Alle Kabel, Bowdenzüge und Schläuche müssen korrekt verlegt und angeschlossen sowie mit entsprechendem Clips und Kabelbindern gesichert sein. Die Ölschläuche dürfen nicht geknickt sein und müssen an beiden Enden sicher angeschlossen sein.
- Bei der Montage des Schalthebels bzw. des Schaltgestängehebels muss die Klemmöffnung zur Markierung auf der Welle ausgerichtet sein (siehe Abbildung 4.36).
- Versehen Sie alle Auspuffanschlüsse mit neuen Dichtungen.
- Füllen Sie Motoröl und Kühlmittel bis zu den korrekten Pegeln auf (siehe Kapitel 1 und *Tägliche Kontrollen*).
- Stellen Sie bei Funduro-, ST-, GS- und Dakar-Modellen den Durchhang der Antriebskette ein (siehe Kapitel 1, Sektion 1) und bei CS-Modellen die Spannung des Antriebsriemens (siehe Kapitel 1, Sektion 2).
- Stellen Sie das Spiel des Kupplungszuges und der Gaszüge ein (siehe Kapitel 1).
- Wenn bei Funduro- und ST-Modellen sowie CS-, Dakar- und CS-Modellen bis 2003 der Motor zerlegt war, muss das Schmiersystem entlüftet werden – dies muss vor dem endgültigen Zusammenbau geschehen, damit Zugang zum Rücklaufschlauch am Öltank besteht. Entfernen Sie den Ölfilter (siehe Kapitel 1). Lösen Sie das Druckhalteventil (siehe Abbildung). Entfernen Sie die äußere Zündkerze (siehe Kapitel 1). Drehen Sie jetzt den Motor mithilfe des Anlassers durch, bis aus der Ventilbohrung Öl ins Fil-

4.65b Öltank-Rücklaufschlauch – Funduro- und ST-Modelle

4.65c Öltank-Rücklaufschlauch – GS- und Dakar-Modelle

4.65d Öltank-Rücklaufschlauch – CS-Modelle

tergehäuse drückt. Installieren Sie das Ventil und den Ölfilter. Lösen Sie jetzt den Rücklaufschlauch vom Öltank (siehe Abbildungen). Drehen Sie erneut den Motor mithilfe des Anlassers so lange durch, bis aus dem Schlauch Öl austritt. Schließen Sie den Schlauch an, und beenden Sie den Zusammenbau.

- Starten Sie den Motor, gehen Sie sicher, dass die Öldruck-Kontrolllampe nach einigen Sekunden erlischt, und lassen Sie die Maschine einige Minuten laufen. Prüfen Sie, dass nirgendwo Öl oder Kühlmittel austreten. Stellen Sie die Standgas-Drehzahl ein (siehe Kapitel 1). Schalten Sie den Motor aus, und kontrollieren Sie den Öl- sowie den Kühlmittelpegel.

5 Motorüberholung
Allgemeine Informationen

1 Vor einer Überholung müssen alle zugehörigen Arbeitsschritte durchgelesen werden, damit man sich einen Überblick über den Umfang und die Anforderungen der Tätigkeit machen kann. Beim Überholen eines Motors zählt nicht nur die Schwierigkeit, sondern auch der Zeitaufwand. Es muss sichergestellt sein, dass alle benötigten Teile und Werkzeuge vorhanden sind.
2 Die meisten Arbeiten können mit den üblichen Handwerkzeugen durchgeführt werden, doch sind zum Bestimmen des Verschleißes Präzisionsmessinstrumente nötig.
3 Um von einem überholten Motor eine maximale Lebensdauer und minimale Probleme erwarten zu können, muss in einer makellos sauberen Umgebung alles sorgfältig zusammengebaut werden.

Zerlegen

4 Vor dem Zerlegen des Motors muss dieser ordentlich gereinigt und äußerlich entfettet werden. Hiermit wird einer Verschmutzung der Motorinnereien vorgebeugt und außerdem ein leichteres und sauberes Arbeiten ermöglicht. Mit einem schwer entflammbaren Lösungsmittel (Petroleum oder Kerosin) oder besser noch einem speziellen Maschinenentfettungsmittel und alten Pinseln oder Zahnbürsten werden die verschiedenen Ecken und Winkel gereinigt. Passen Sie auf, dass kein Lösungsmittel oder Wasser an elektrische Teile oder in die Ein- und Auslasskanäle gerät.

Warnung: Die Verwendung von Benzin als Reinigungsmittel sollte aufgrund des hohen Entzündungsrisikos vermieden werden.

5 Der saubere und trockene Motor wird auf die Werkbank gehoben, auf der genügend sauberer Platz zum Arbeiten ist. Stützen Sie den Motor mit einigen strategisch günstig platzierten Hölzern unter dem Gehäuse oder unter Deckeln ab, sodass er stabil steht. Halten Sie einige Behälter und Plastiktüten bereit, damit zusammengehörige Einzelteile in übersichtlichen Gruppen gelagert werden können. Papier und Stift sollten für Notizen und Markierungen ebenso vorhanden sein wie ein Vorrat an sauberen, saugfähigen Lappen.
6 Vor Beginn der Arbeit muss man sich die entsprechenden Sektionen vollständig durchlesen, um eine genaue Vorstellung von den auszuführenden Tätigkeiten zu erhalten. Bei der Zerlegung der verschiedenen Motorkomponenten gilt, dass große Kraftanstrengung kaum nötig ist – außer es ist extra erwähnt (das Überprüfen des vorgeschriebenen Anzugdrehmoments einer bestimmten Schraube zeigt an, wie fest sie sitzt und wie viel Kraft zum Lösen gebraucht wird). In vielen Fällen, in denen sich Teile hartnäckig weigern, auseinanderzugehen, liegt ein unkorrekter Versuch der Demontage vor. Bei jedem Zweifel sollte im Text nachgelesen werden.
7 Die Zerlegung der Motor-/Getriebeeinheit sollte nach der folgenden generellen Reihenfolge und unter Berücksichtigung der entsprechenden Sektionen vorgenommen werden:
Entfernen Sie den Ventildeckel.
Entfernen Sie die Nockenwellen.
Entfernen Sie den Zylinderkopf.
Entfernen Sie die Steuerkettenschienen.
Entfernen Sie den Zylinder und den Kolben.
Entfernen Sie den Anlasser (siehe Kapitel 9).
Entfernen Sie die Lichtmaschine und den Anlasserfreilauf (siehe Kapitel 9).
Entfernen Sie die Wasserpumpe.
Entfernen Sie die Kupplung.
Entfernen Sie das Primärrad und die Steuerkette.
Entfernen Sie die Ölpumpen.
Trennen Sie das Motorgehäuse.
Entfernen Sie die Kurbelwelle samt Pleuel.
Entfernen Sie die Ausgleichswelle.
Entfernen Sie den Schaltmechanismus.
Entfernen Sie die Schaltwalze und -gabeln.
Entfernen Sie die Getriebewellen.

Zusammenbau

8 Der Zusammenbau des Motors erfolgt in umgekehrter Ausbaureihenfolge.

6 Ventildeckel

Anmerkung: *Der Ventildeckel kann bei eingebautem Motor demontiert werden. Wenn der Motor aus dem Rahmen gebaut ist, müssen nicht zutreffende Schritte ignoriert werden.*

Ausbau

1 Entfernen Sie bei Funduro- und ST-Modellen den Tank (siehe Kapitel 4A). Entfernen Sie den Öltank-Belüftungsschlauch vom Ventildeckel (siehe Abbildung 4.10a).
2 Bauen Sie bei GS- und Dakar-Modellen die Batterie aus (siehe Kapitel 9). Lösen Sie die Öltankschraube und die beiden Clips (siehe Abbildung). Ziehen Sie den Öltank seitlich heraus und den Öltank-Belüftungsschlauch vom Ventildeckel (siehe Abbildung 4.25b). Entfernen Sie den Tank. Entfernen Sie das Luftfiltergehäuse (siehe Kapitel 4B). Befreien Sie den Gasbowdenzug vom Drosselklappengehäuse (siehe Abbildung). Lösen Sie die Schellenschraube, und entnehmen Sie das Drosselklappengehäuse (siehe Abbildungen). Befreien Sie das Anlasserrelais (siehe Abbildung). Entfernen Sie die Elektrikabdeckung (siehe Abbildung) und das Batteriefach (siehe Abbildung) sowie den Hitzeschild, und ziehen Sie den Gaszug hindurch (siehe Abbildungen). Entfernen Sie die Zündspule(n) (siehe Kapitel 5) und den Kühlerausgleichsbehälter (siehe Abbildung).
3 Entfernen Sie bei CS-Modellen das Luftfiltergehäuse (siehe Kapitel 4B). Befreien Sie den Gasbowdenzug vom Drosselklappengehäuse (siehe Abbildung 6.2b). Lösen Sie die Schellenschraube, und entnehmen Sie das Drosselklappengehäuse (siehe Abbildungen 6.2c und

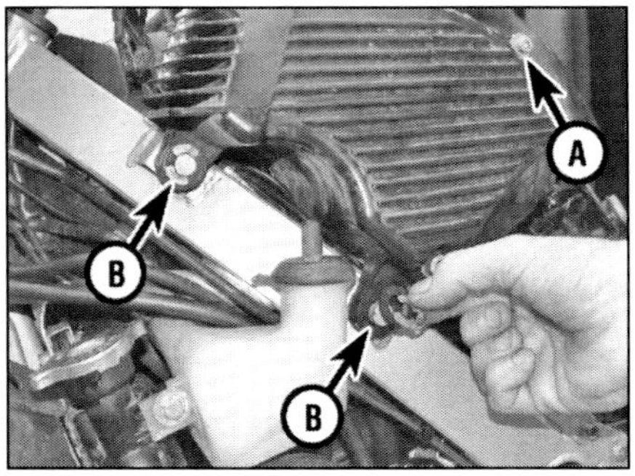

6.2a Lösen Sie die beiden Schrauben (A) und die Klemme (B).

d). Entfernen Sie die Zündspule(n) (siehe Kapitel 5). Entfernen Sie den Kühlerausgleichsbehälter (siehe Abbildung 6.2j und k). Entfernen Sie den Öltank-Belüftungsschlauch vom Ventildeckel.

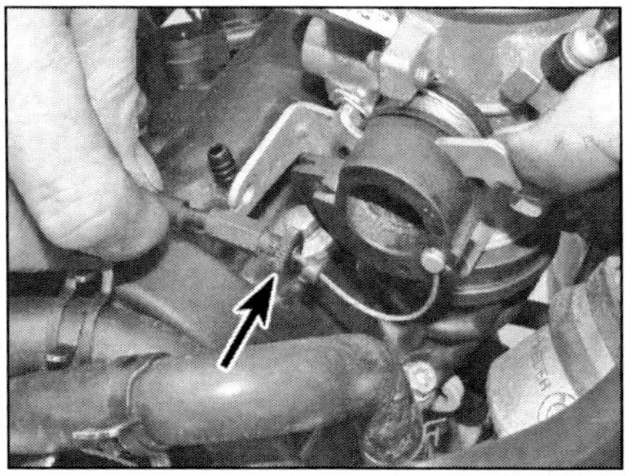

6.2b Lösen Sie den Rändelring (Pfeil), öffnen Sie die Drosselklappe von Hand, und befreien Sie die Bowdenzughülle aus dem Halter und den Nippel aus der Betätigung.

4 Bei Modellen mit in die Kerzenstecker integrierten Zündspulen wird der Spulenhalter entfernt (siehe Abbildung). Lösen Sie die Schrauben des Ventildeckels, und heben Sie diesen vom Zylinderkopf (siehe Abbildung) – sollte er klemmen, darf er nicht mit einem Schraubendreher abgehebelt werden. Klopfen Sie stattdessen die Dichtfläche rundherum mit einem Kunststoffhammer ab, um die Dichtung zu lösen. Beachten Sie die Gummischeiben an den Schrauben, und ersetzen Sie sie, falls sie porös oder gequetscht sind (siehe Abbildung).

5 Entfernen Sie die Ventildeckel-Gummidichtung unter Beachtung ihrer Einbaulage (siehe Abbildung 6.6). Wenn die Dichtung in irgendeiner Weise beschädigt, verformt oder porös ist, muss sie erneuert werden.

Einbau

6 Soll die Ventildeckeldichtung wiederverwendet werden, muss sie gereinigt werden. Reinigen Sie die Dichtflächen des Ventildeckels und des Zylinderkopfes. Installieren Sie die Dichtung in die Nut des Deckels (siehe Abbildung).

7 Positionieren Sie den Ventildeckel auf dem Zylinderkopf, die Dichtung muss dabei in ihrer Nut verbleiben (siehe Abbildung). Rüsten Sie

6.2c Lockern Sie die Schelle, ...

6.2d ... und befreien Sie das Drosselklappengehäuse.

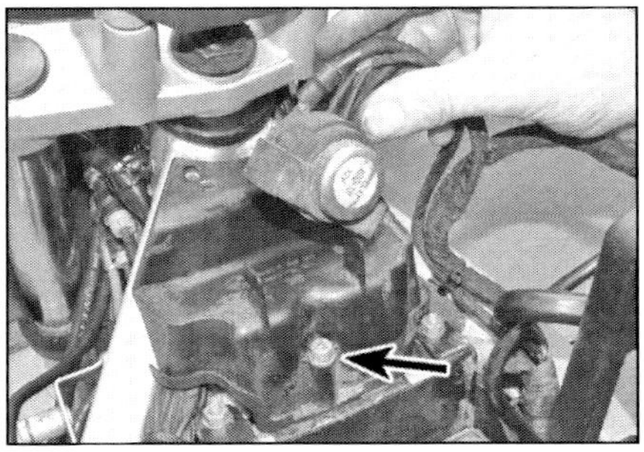

6.2e Befreien Sie das Anlasserrelais, lösen Sie die Schraube, ...

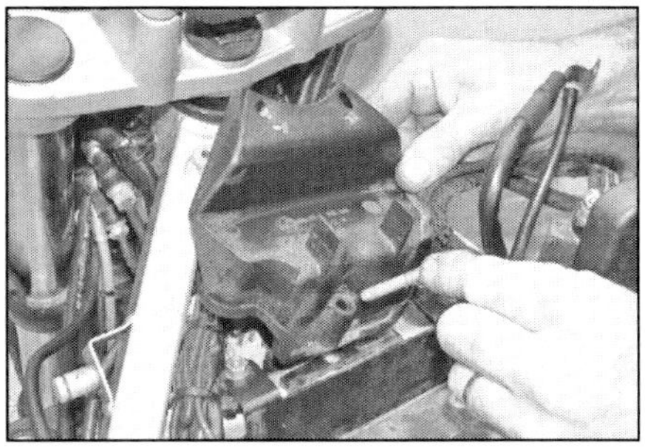

6.2f ... und entnehmen Sie die Elektrik-Abdeckung.

6.2g Lösen Sie die beiden Muttern, und entfernen Sie den Batterieträger.

6.2h Lösen Sie die Clips, ...

6.2i ... um den Hitzeschild zu entnehmen und den Gaszug hindurch zu ziehen.

6.2j Lösen Sie die Schraube, und ziehen Sie den Ausgleichsbehälter heraus, ...

6.2k ... beachten Sie, wie sein Stift in der Gummiöse steckt.

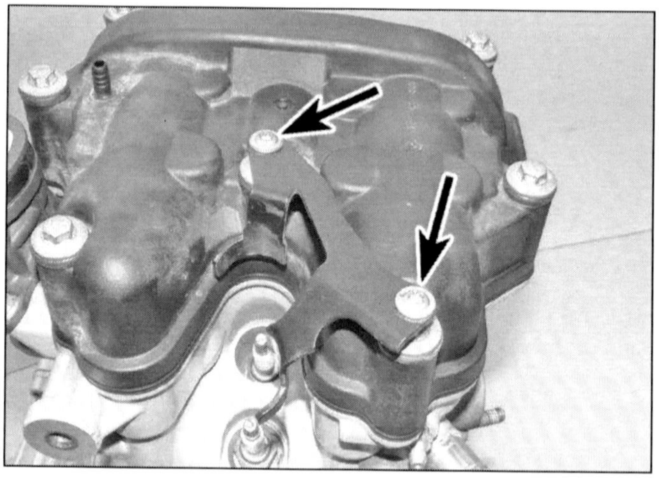

6.4a Lösen Sie die beiden Schrauben, und entfernen Sie den Zündspulenhalter.

6.4b Ventildeckelschrauben

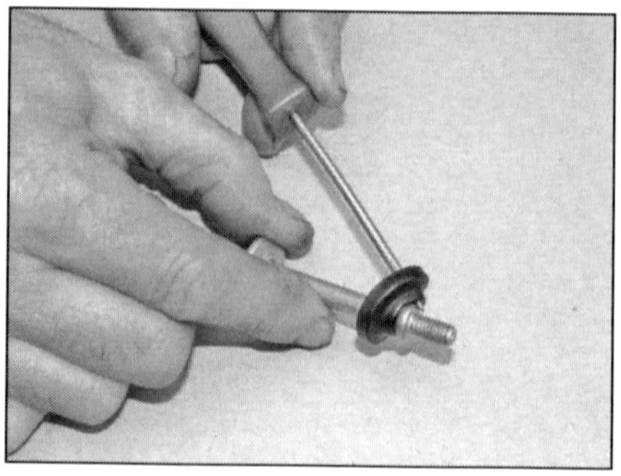

6.4c Die Gummischeiben müssen ggf. erneuert werden.

die Ventildeckelschrauben nötigenfalls mit neuen Gummischeiben aus (siehe Abbildung 6.4c). Installieren Sie die Schrauben – achten Sie bei Modellen mit in die Kerzenstecker integrierten Zündspulen darauf, dass die mit den mit Gewindeköpfen versehenen Schrauben des Spulenhalters korrekt positioniert sind. Ziehen Sie alle Schrauben gleichmäßig und schrittweise bis zum korrekten Drehmoment von 10 Nm an (siehe Abbildung 6.4b). Montieren Sie den Zündspulenhalter (siehe Abbildung 6.4a).

8 Montieren Sie die verbliebenen Komponenten in der umgekehrten Ausbaureihenfolge.

7 Steuerkettenspanner

Anmerkung: *Der Steuerkettenspanner kann bei eingebautem Motor demontiert werden.*

Ausbau

1 Der hydraulisch arbeitende Steuerkettenspanner sitzt links hinten am Zylinderkopf. Lösen Sie die Verschlussschraube, und entfernen Sie sie samt Dichtscheibe (siehe Abbildung). Kontrollieren Sie den Zustand der Dichtscheibe, und ersetzen Sie sie nötigenfalls.

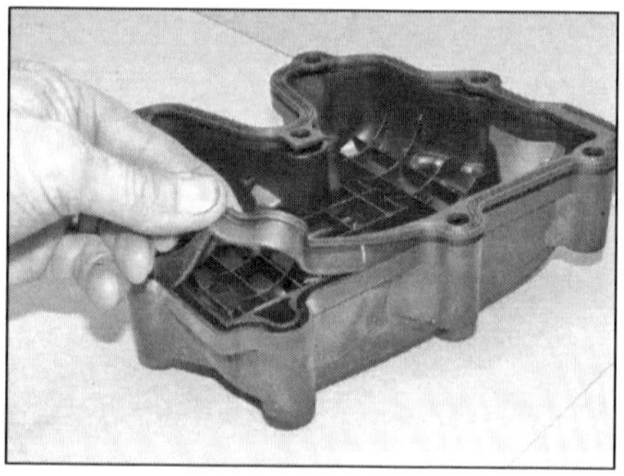

6.6 Drücken Sie die Dichtung in die Nut des Ventildeckels, ...

2 Ziehen Sie den Spanner aus dem Zylinderkopf (siehe Abbildung).

Warnung: Drehen Sie den Motor nicht bei ausgebautem Steuerkettenspanner durch!

Einbau

3 Reinigen Sie das Gewinde der Steuerkettenspanner-Verschlussschraube.

4 Installieren Sie den Spanner (s. Abb. 7.2).

5 Rüsten Sie die Verschlussschraube mit dem (neuen) Dichtring aus (siehe Abbildung 7.1), und ziehen Sie sie mit 40 Nm an.

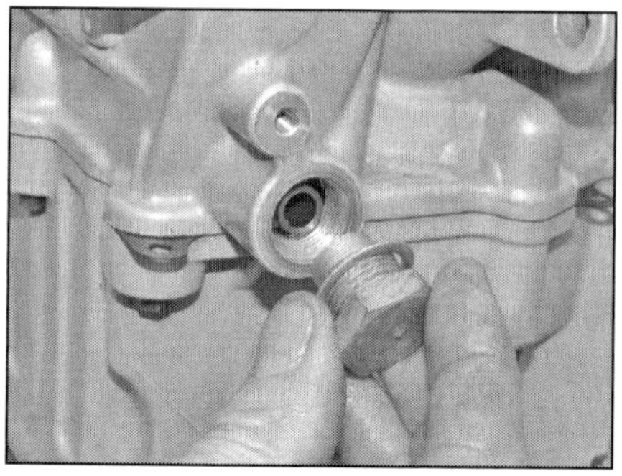

7.1 Lösen Sie den Steuerkettenspannerverschluss, ...

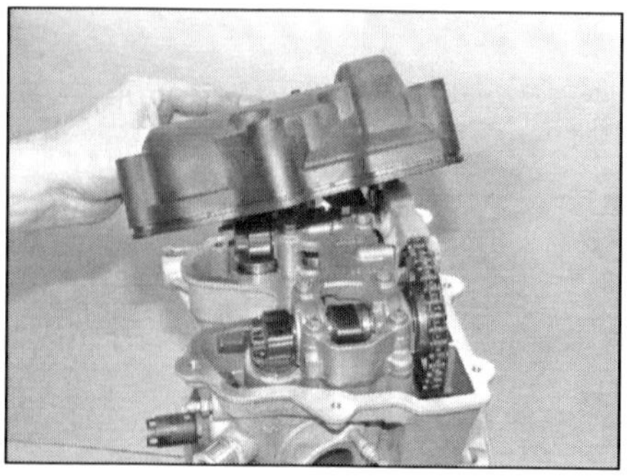

6.7 ... und montieren Sie den Ventildeckel.

8 Nockenwellen und Tassenstößel

Anmerkung: *Die Nockenwellen können bei im Rahmen hängenden Motor entfernt werden. Verstopfen Sie die Zündkerzenbohrung(en) und den Steuerkettenschacht mit sauberen Lappen, damit nichts in den Motor fallen kann.*

Spezialwerkzeug: *Um sicherzustellen, dass der Motor exakt im Oberen Totpunkt (»OT«) steht, ist links in die Kurbelwange eine Nut geschnit-*

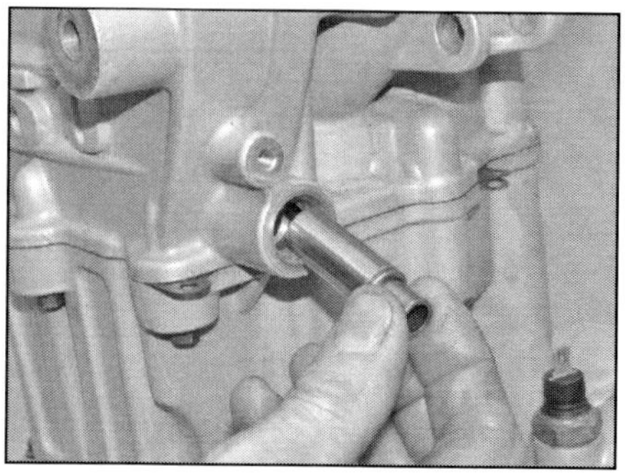

7.2 ... und ziehen Sie den Spanner heraus.

8.2 Lösen Sie den zentralen Inspektionsstopfen.

ten, in die das abgerundete Ende des BMW-Spezialwerkzeugs (Teilenummer 116570) oder einer entsprechend abgerundeten ca. fünf Zentimeter langen M8-x-1,25-Schraube gedreht werden kann, um sie zu arretieren (siehe Abbildungen 8.5a und b). Diese Schraube sollte mindestens eine Härte von 8.8 aufweisen, da sie auch zu anderen Arbeiten wie dem Blockieren des Motors beim Lösen und Anziehen der Lichtmaschinenrotor- oder Primärradmutter eingesetzt werden kann und schwächere Schrauben dabei verbiegen oder abbrechen können. Beim BMW-Werkzeug kann man sicher sein, dass es ausreichend stabil ist. Soll ausschließlich die Kurbelwelle im »OT« gesichert und nicht der Motor gegen hohe Drehmomente blockiert werden, reicht auch eine normale M8-Schraube.

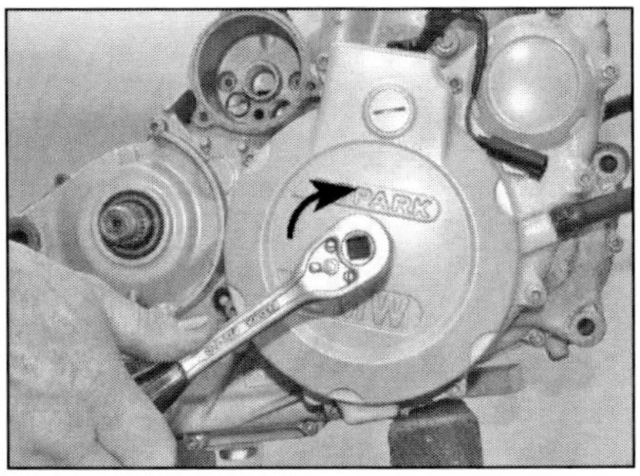

8.4a Drehen Sie die Kurbelwelle im Uhrzeigersinn, ...

Ausbau

1 Entfernen Sie den Ventildeckel (siehe Sektion 6). Entfernen Sie die Zündkerze – bei Doppelzündungsmodellen reicht es, die äußere Kerze zu entfernen (siehe Kapitel 1).

2 Lösen Sie den in der Mitte des Lichtmaschinendeckels sitzenden Inspektionsstopfen (siehe Abbildung) – sein O-Ring muss später erneuert werden.

3 Um die Nockenwellen ausbauen zu können, muss die Kurbelwelle so weit gedreht werden, bis der Kolben im oberen Totpunkt (»OT«) des Verdichtungstaktes steht, wo alle Ventile geschlossen sind. Die Welle kann mit einem durch die Inspektionsbohrung geführten Inbusschlüssel gedreht werden – ausschließlich im Uhrzeigersinn!

4 Drehen Sie die Kurbelwelle, bis die Markierungslinien an den Nockenwellenritzeln parallel zur Dichtfläche des Ventildeckels liegen und die kleinen Bohrung in jeden Ritzel oben liegt (siehe Abbildungen). Befinden sich die Bohrungen unten, muss die Kurbelwelle eine volle Umdrehung (360°) gedreht werden, bis die Linien der Ritzel wieder mit der Dichtfläche fluchten und die Bohrung oben liegen.

5 Lösen Sie die Verschlussschraube links unten am Motor, und ersetzen Sie sie durch das Kurbelwellen-Blockierwerkzeug (s.o.), welches bis in die Kerbe der Kurbelwange geschraubt werden muss (siehe Abbildungen) – wenn der Motor im Rahmen hängt, und das Öl nicht abgelassen wurde, sollte ein Auffangbehälter unter den Motor gestellt oder Lappen zwischen den Motor und die Auspuffkrümmer gestopft werden, um austretendes Öl aufzunehmen. Während das Werkzeug eingeschraubt wird, sollte die Kurbelwelle leicht hin und her gedreht werden, um den korrekten Punkt zu erfühlen. Wenn sich die Welle nicht mehr bewegen lässt, ist sie durch das Werkzeug blockiert. Ziehen Sie das Werkzeug nicht zu fest – handfest reicht aus. Entfernen Sie das Werkzeug nicht, wenn die Nockenwellen ausgebaut sind – so bleibt der Motor für den Einbau in der korrekten Position.

6 Entfernen Sie den Steuerkettenspanner (siehe Sektion 7) und die obere Steuerkettenführung (siehe Sektion 9).

7 Lockern Sie schrittweise und gleichmäßig die Schrauben der Nockenwellenhalter (siehe

8.4b ... bis die Ritzelmarkierungen wie gezeigt liegen.

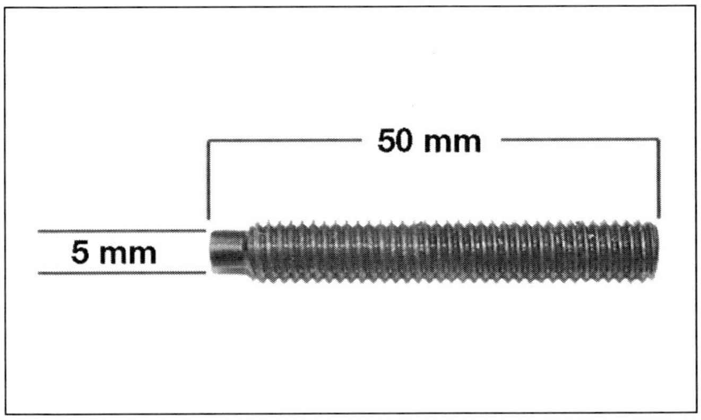

8.5a Dies ist das BMW-Werkzeug, anhand dessen Maßen ein Blockierwerkzeug selbst angefertigt werden kann.

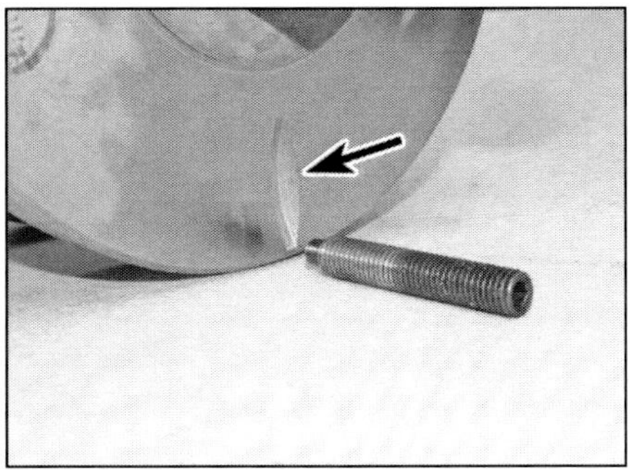

8.5b Die Spitze des Werkzeugs greift in die Kurbelwellennut, um diese zu blockieren.

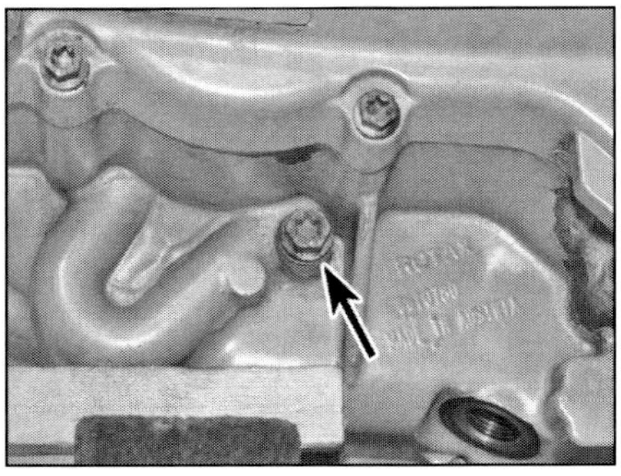

8.5c Lösen Sie den Verschluss, ...

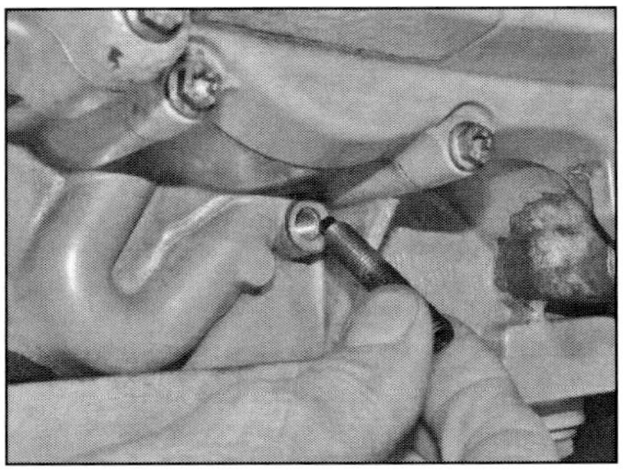

8.5d ... und drehen Sie stattdessen das Blockierwerkzeug in den Motor.

8.7a Lösen Sie die acht Schrauben, ...

8.7b ... und heben Sie den oberen Nockenwellenhalter ab.

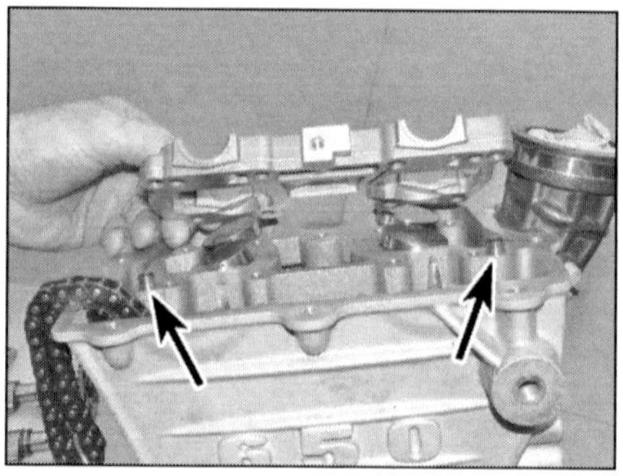

8.9 Entfernen Sie den unteren Nockenwellenhalter, und stellen Sie nötigenfalls die beiden Passhülsen (Pfeile) sicher.

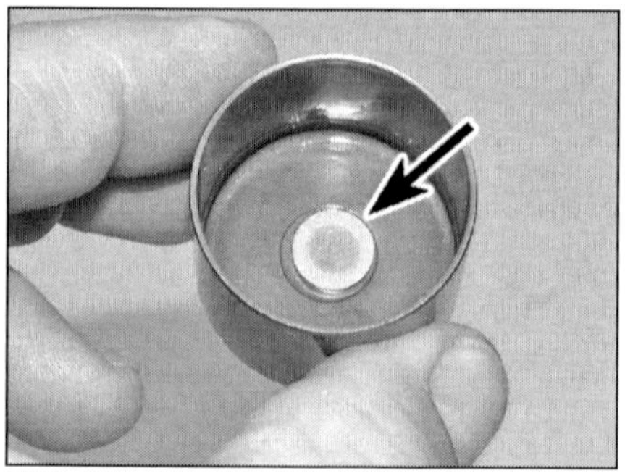

8.10a Stellen Sie das Einstellplättchen aus dem Tassenstößel ...

8.10b ... oder aus dem Ventilfederteller sicher.

Abbildung). Entfernen Sie die Schrauben samt ihrer Scheiben, und heben Sie den oberen Halter ab (siehe Abbildungen).

8 Wenn beide Nockenwellen entfernt werden sollen, muss zuerst die Einlassnockenwelle ausgebaut werden. Heben Sie die die Nockenwelle vorsichtig aus dem unteren Halter, und befreien Sie ihr Ritzel aus der Steuerkette (siehe Abbildungen 8.26 und 8.25). Die Nockenwellen sind nicht entsprechend ihrer Positionen markiert, können jedoch leicht unterschieden werden, da die Auslassnockenwelle den Dekompressionshebel trägt (siehe Abbildung 8.21). Wenn beide Nockenwellen ausgebaut wurden, darf die Steuerkette nicht in den Schacht fallen – sichern Sie sie mit Draht. Legen Sie Lappen über die Zündkerzenbohrung, damit nichts in den Motor fallen kann.

9 Heben Sie nötigenfalls den unteren Nockenwellenhalter aus dem Zylinderkopf (siehe Abbildung) – stellen Sie die lockeren Passhülsen sicher.

10 Wenn die Tassenstößel und Einstellplättchen (»Shim«) aus dem Zylinderkopf entfernt werden sollen, muss ein Behälter mit vier Fächern beschafft und diese entsprechend der Ventil-Position (Ein- oder Auslass, links oder rechts) markiert werden, damit die Bauteile nicht durcheinandergeraten. Nötigenfalls können auch beschriftete Plastiktüten oder ein Eierkarton benutzt werden. Heben Sie den Tassenstößel mithilfe eines Magneten oder kleinen Saugnapfes (eines Läppwerkzeugs) aus seiner Bohrung (siehe Abbildung 8.10b). Stellen Sie den Shim je nach Modell oben oder unten aus dem Stößel oder dem Ventilfederteller sicher – hierzu eignet sich ein Magnet, ein mit etwas Fett bestrichenes Werkzeug (woran der Shim kleben bleibt), ein kleiner Schraubendreher oder eine entsprechende Zange (siehe Abbildungen). Lassen Sie den Shim nicht in den Motor fallen.

Kontrolle

11 Begutachten Sie die Lagergleitflächen der Nockenwellenhalter sowie der Nockenwellen (siehe Abbildung). Achten Sie auf Riefen, tiefe Kratzer und Anzeichen von Abblätterungen (die zu Ausbrüchen führen können).

12 Kontrollieren Sie die Nocken auf Anlassfarben durch Überhitzung (blaue Erscheinung), Kerben, Absplitterungen und Risse. Messen Sie die Höhe jedes Nockens mit einer Mikrometerschraube, und vergleichen Sie die Werte mit denen in den *Technischen Daten* am Anfang des Kapitels (siehe Abbildung). Bei Beschädigungen oder starkem Verschleiß muss die Nockenwelle ersetzt werden.

13 Als Nächstes muss das Lagerspiel der Nockenwelle ermittelt werden. Reinigen Sie die Nockenwelle und ihre Lager in den Haltern mit einem sauberen fusselfreien Lappen. Falls entfernt, wird der untere Nockenwellenhalter über

8.11 Überprüfen Sie die Lagerflächen der Nockenwelle und der Halter auf Verschleiß.

8.12 Messen Sie die Höhe der Nocken.

8.16a Messen Sie die Durchmesser der Lagerzapfen.

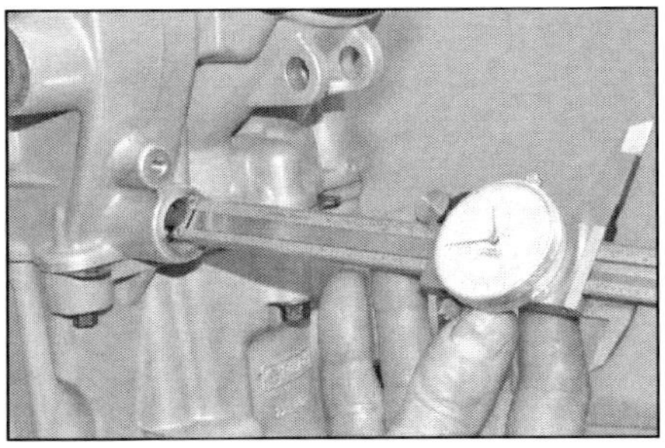

8.17 Prüfen Sie den Verschleiß der Steuerkette anhand der Tiefe des Spanners in seiner Bohrung.

die Passhülsen in den Zylinderkopf gesetzt (siehe Abbildung 8.9). Legen Sie die Nockenwellen mit den Nockenspitzen nach oben zeigend in ihre entsprechenden Positionen. Der Dekompressionshebel der Auslassnockenwelle darf nicht den Tassenstößel berühren (siehe Abbildungen 8.25 und 8.26). Die Steuerkette muss nicht aufgelegt werden.

14 Schneiden Sie von den unter dem Markennamen *»Plastigauge«* angebotenen Messstreifen Stücke ab, die etwas kürzer sind als die Breite der Nockenwellenlager, und legen Sie sie parallel zur Welle auf die Lagerzapfen. Setzen Sie die obere Nockenwellenhalterung auf, und ziehen Sie die Schrauben schrittweise und über Kreuz bis zum Drehmoment von 10 Nm an (siehe Abbildung 8.27) – falls die Nockenwelle dabei gedreht wird, muss die Messung wiederholt werden!

15 Lösen Sie die Schrauben wieder, und heben Sie die obere Nockenwellenhalterung ab.

16 Um das Lagerspiel ermitteln zu können, müssen die gequetschten Plastikstreifen jedes

8.16b Messen Sie den Innendurchmesser der Nockenwellenhalter-Bohrungen.

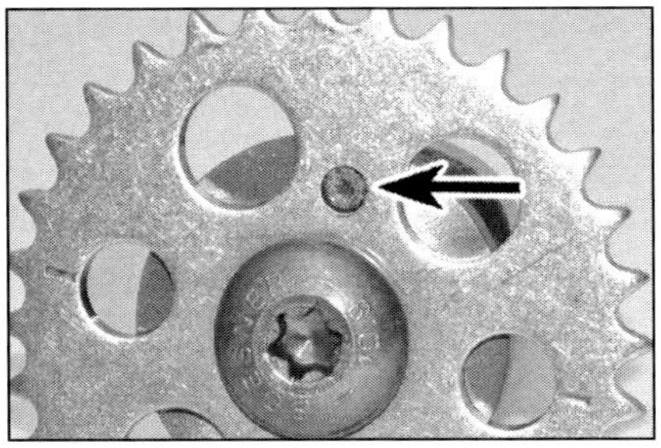

8.18 Arretierstift des Nockenwellenritzels

Lagers an ihrer breitesten Stelle gemessen und mit der auf ihrer Verpackung gedruckten Skala verglichen werden. Notieren Sie alle Ergebnisse, und befreien Sie sorgfältig die Lager von den Messstreifen – um keine Schäden anzurichten, empfiehlt sich hierzu ein Fingernagel. Erweist sich das Spiel irgendwo größer als 0,09 mm, ist dies ein Hinweis auf Verschleiß an der Nockenwelle und/oder ihrer Halterung. Messen Sie den Außendurchmesser des Nockenwellen-Lagerzapfens und den Innendurchmesser der montierten Halterungen (siehe Abbildungen). Ist der Zapfen dünner als 21,95 mm oder die Bohrung größer als 22,04 mm, müssen entsprechende Teile ersetzt werden. Bauen Sie die entsprechenden Neuteile ein, und messen Sie das Lagerspiel erneut.

17 Außer bei Ölmangel dürfte die Steuerkette nur äußerst wenig verschlissen sein. Zur Kontrolle wird bei über den Nockenwellenritzeln liegender Kette der Kettenspanner in den Zylinderkopf gesteckt (aber nicht der Verschluss aufgeschraubt) und bis zur Spannerschiene gedrückt. Messen Sie jetzt, wie tief er in der Bohrung steckt (siehe Abbildung) – bei mehr als 9 mm muss die Steuerkette ersetzt werden. Wenn die Kette klemmt oder Knicke aufweist, muss sie ebenfalls ersetzt werden (siehe Sektion 9).

18 Kontrollieren Sie die Nockenwellenritzel auf ausgebrochene Zähne und andere Beschädigungen, und ersetzen Sie sie nötigenfalls. Klemmen Sie dazu die Nockenwelle in einen mit weichen Backen ausgerüsteten Schraubstock, und lösen Sie die Ritzelschraube – beachten Sie die ggf. vorhandene Scheibe (siehe Abbildung). Ölen Sie vor dem Einbau das Schraubengewinde, und ziehen Sie die Schraube mit 60 Nm an. Wenn die Nockenwellenritzel beschädigt sind, werden wahrscheinlich auch die Steuerkette und das Steuerkettenritzel auf der Kurbelwelle beschädigt sein, sodass muss der Motor für eine weitere Inspektion vollständig zerlegt werden muss.

19 Inspizieren Sie die Steuerkettenführungen und die Spannerschiene (siehe Sektion 9).

20 Begutachten Sie die Gleitflächen der Tassenstößel auf Riefen oder andere Schäden. Wenn ein Tassenstößel schlecht aussieht, wird auch seine Bohrung beschädigt sein. Messen Sie den Außendurchmesser des Stößels und den Innendurchmesser seiner Bohrung (siehe Abbildungen). Ist der Stößel kleiner als 33,4 mm und/oder die Bohrung größer als 33,6 mm, müssen der Stößel und/oder der Zylinderkopf erneuert werden.

Anmerkung: *Es gibt Fachbetriebe, die in der Lage sind, auf verschlissene Gleitflächen Material aufzuschweißen und so zu schleifen, dass sie wieder Sollmaß erreichen. Angesicht des Preises für einen neuen Zylinderkopf sollte man diese Alternative in Betracht ziehen.*

21 Der Dekompressionshebel sollte nur demontiert werden, wenn die Auslassnockenwelle oder er selbst ersetzt werden muss (siehe Abbildung). Inspizieren Sie die Spitze des Hebels auf Verschleiß. Bei nach unten zeigendem Hebel wird gemessen, wie weit die Hebelspitze unten aus dem Grundkreis heraus ragt – wenn es weniger als 0,6 mm sind, müssen der Hebel und die Feder erneuert werden. Kontrollieren Sie auch die Federspannung, indem Sie bei nach oben zeigendem Hebel ermitteln, wie weit die Feder das Hebelgewicht vom Nocken fern hält – bei weniger als 11,5 mm

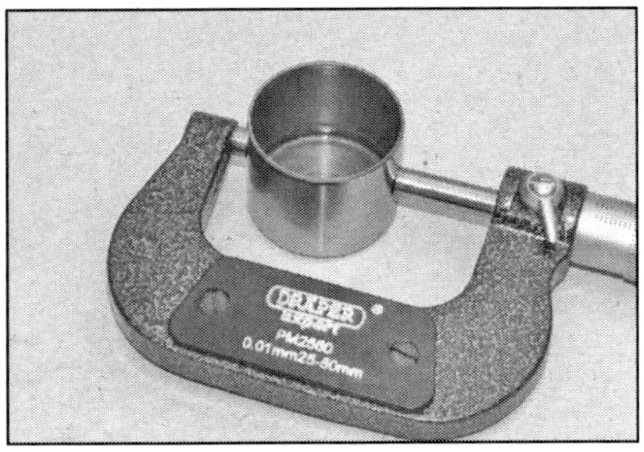

8.20a Messen Sie den Außendurchmesser des Tassenstößels ...

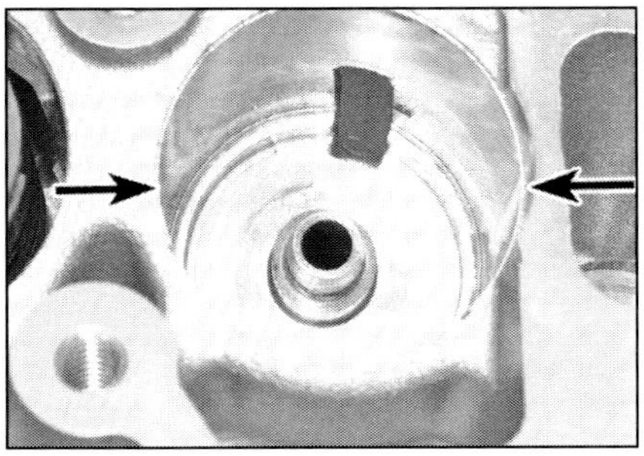

8.20b ... und den Innendurchmesser seiner Bohrung.

8.21 Der an der Auslassnockenwelle sitzende Dekompressionshebel

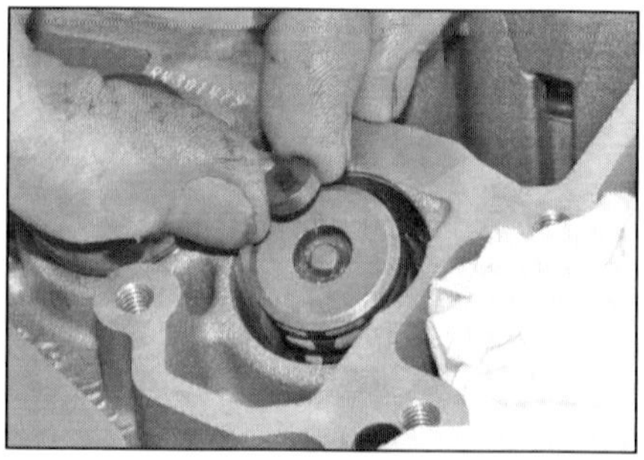

8.22a Stecken Sie den Shim in den Ventilfederteller, ...

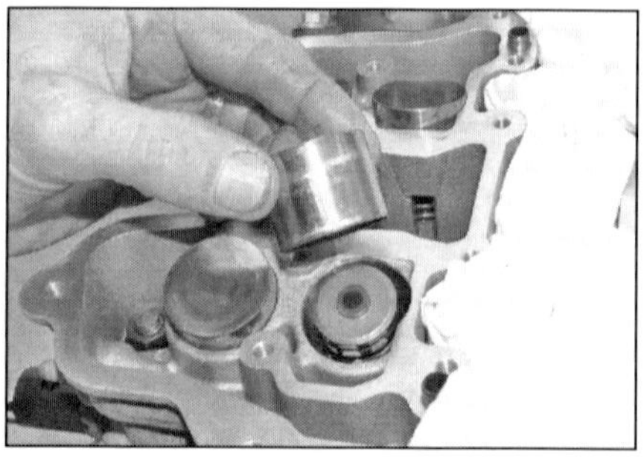

8.22b ... und schieben Sie den Tassenstößel darüber.

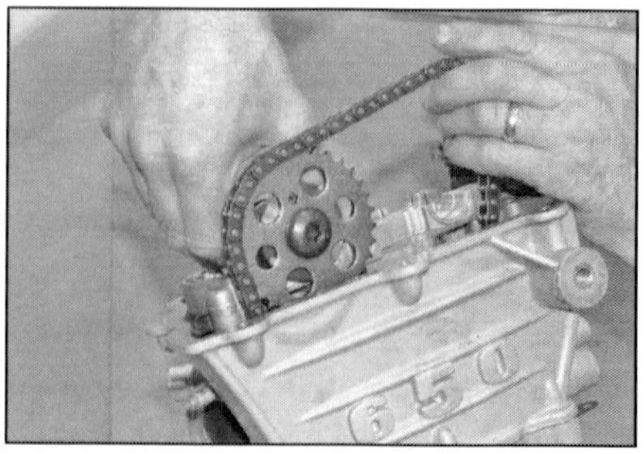

8.25 Installieren Sie zuerst die Auslassnockenwelle ...

muss die Feder erneuert werden. Beachten Sie, dass die Feder auch ersetzt werden muss, wenn der Hebel aus irgendeinem Grund aus der Nockenwelle entfernt wird. Um den Hebel auszubauen, muss sein Lagerstift mit einem geeigneten Dorn ausgetrieben werden – beachten Sie dabei die Position der Feder. Prüfen Sie nach dem Einbau des Hebels und der neuen Feder deren Funktion.

Einbau

22 Falls entfernt, werden die Shims und Tassenstößel mit einem Gemisch aus gleichen Teilen Molybdänfett und Motoröl geschmiert und jeder Shim mit der Größenmarkierung nach oben je nach Modell in den Ausschnitt des Tassenstößels oder des Ventilfedertellers gesetzt (siehe Abbildung).

Anmerkung: *Die Stößel und Shims müssen unbedingt wieder in ihre ursprünglichen Positionen gelangen, da sonst das Ventilspiel nicht mehr stimmt. Prüfen Sie, ob die Shims korrekt sitzen, und schieben Sie den Tassenstößel senkrecht in seine Bohrung (siehe Abbildung).*

23 Die Kontaktflächen von Zylinderkopf und unterem Nockenwellenhalter müssen sauber und trocken sein; das Gleiche gilt für die Lagerzapfen der Nockenwellen und ihren Lagersitzen in den Haltern. Stecken Sie ggf. die Passhülsen in den Zylinderkopf, und installieren Sie den unteren Halter senkrecht darüber, bis er korrekt im Kopf sitzt (siehe Abbildung 8.9). Schmieren Sie die Lagerflächen des unteren Halters, die Lagerzapfen und Nocken der Nockenwellen mit einem Gemisch aus gleichen Teilen Molybdänpaste und Motoröl – dies darf nicht auf die Kontaktflächen zum oberen Halter oder in die Gewindebohrungen geraten.

24 Prüfen Sie, ob die Kurbelwelle in der »OT«-Position arretiert ist (siehe Schritt 5). Waren beide Nockenwellen ausgebaut, muss die Auslassnockenwelle zuerst installiert werden.

25 Installieren Sie die (rechts mit dem Dekompressionshebel ausgerüstete) Auslassnockenwelle so in den unteren Halter, dass die Markierungslinien des Ritzels parallel zur Dichtfläche des Kopfes liegen und die kleine Bohrung oben steht, legen Sie dabei die Steuerkette so über das Ritzel, dass sie im vorderen Trum zwischen der Nockenwelle und der Kurbelwelle stramm ist (siehe Abbildung).

26 Installieren Sie die Einlassnockenwelle so in den unteren Halter, dass die Markierungslinien des Ritzels parallel zur Dichtfläche des Kopfes liegen und die kleine Bohrung oben steht, legen Sie dabei die Steuerkette so über das Ritzel, dass sie im Trum zwischen den beiden Nockenwellen stramm ist (siehe Abbildung). Jeglicher Durchhang der Steuerkette muss jetzt im hinteren Trum zwischen der Einlassnockenwelle und der Kurbelwelle liegen, wo er später vom Kettenspanner absorbiert wird. Prüfen Sie erneut die korrekte Ausrichtung der Ritzel (siehe Abbildung 8.4b).

27 Die Kontaktflächen des oberen Nockenwellenhalters muss sauber und trocken sein,m dann wird die Lagerfläche der Nockenwelle mit einem Gemisch aus gleichen Teilen Molybdänpaste und Motoröl geschmiert – dies darf nicht auf die Kontaktflächen zum unteren Halter oder in die Gewindebohrungen geraten. Legen Sie den oberen Halter auf den unteren (siehe Abbildung 8.7b). Installieren Sie die mit den Scheiben versehenen Schrauben, und ziehen Sie sie zunächst handfest (siehe Abbildung) und dann schrittweise sowie über Kreuz bis zum Drehmoment von 10 Nm an.

28 Drücken Sie – beispielsweise mit einer Holzstange – durch die Bohrung des Spanners die Steuerketten-Spannerschiene gegen die Steuerkette, bis diese keinen Durchhang mehr aufweist. Jetzt müssen die Steuerzeitenmarkierungen **exakt** wie in Schritt 4 beschrieben ausgerichtet sein. Beachten Sie, dass bereits eine um einen Zahn versetzte Nockenwelle größte Motorschäden anrichten kann. Falls die Markierungen nicht fluchten, muss herausgefunden werden, welche Nockenwelle nicht korrekt ausgerichtet ist, dann wird die Holzstange entfernt, die entsprechende Nockenwelle befreit und die Kette auf dem Ritzel versetzt, bis die Steuerzeiten stimmen. Montieren Sie die Nockenwelle, und überprüfen Sie erneut die Ausrichtung der Markierungen.

Achtung: Falls die Markierungen nicht exakt zueinander ausgerichtet sind, stimmen die Steuerzeiten nicht, und Ventile sowie Kolben können sich berühren, was zu erheblichen Beschädigungen führen kann.

29 Montieren Sie die obere Steuerkettenführung (Sektion 9) und den -spanner (Sektion 7).

30 Entfernen Sie das Kurbelwellen-Arretierwerkzeug, und ersetzen Sie es durch die mit neuer Dichtscheibe versehenen Verschlussschraube (siehe Abbildungen). Wenn der Motor im Rahmen hängt und das Motoröl nicht abgelassen war, müssen der Ölpegel kontrolliert und ggf. Öl nachgefüllt werden (siehe *Tägliche Kontrollen*).

2

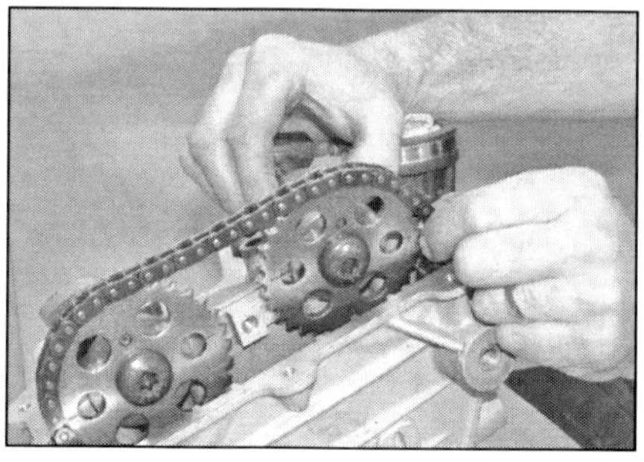

8.26 ... und dann die Einlassnockenwelle.

8.27 Installieren Sie die Nockenwellenhalterschrauben samt ihrer Scheiben, und ziehen Sie sie wie beschrieben an.

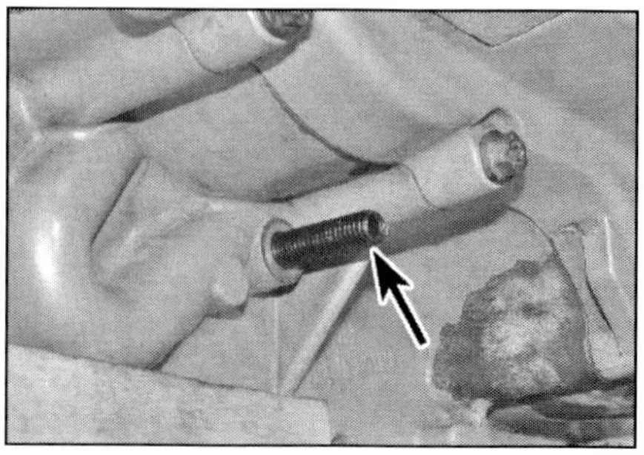

8.30a Entfernen Sie das Blockierwerkzeug, ...

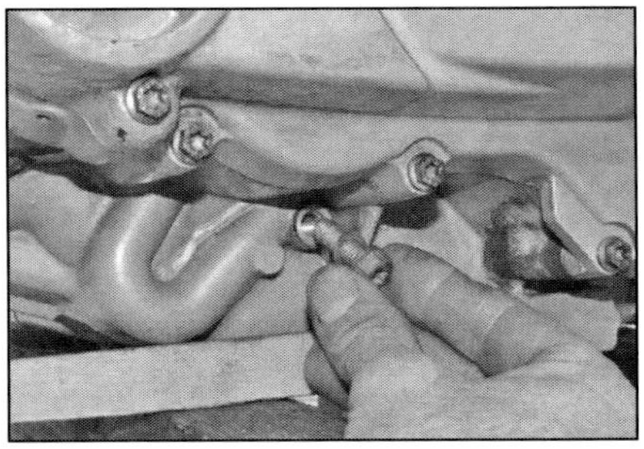

8.30b ... und schrauben Sie stattdessen den mit einer neuen Dichtscheibe versehenen Verschluss ein.

31 Drehen Sie den Motor zwei volle Umdrehungen im Uhrzeigersinn durch, und prüfen Sie erneut die Ausrichtung der Markierungen (siehe Schritte 3 und 4). Kontrollieren Sie das Ventilspiel (siehe Kapitel 1).
32 Installieren Sie den mit einem neuen O-Ring versehenen Inspektionsstopfen in den Lichtmaschinendeckel (siehe Abbildung).
33 Montieren Sie den Ventildeckel (siehe Sektion 6) und die Zündkerze (siehe Kapitel 1).

9 Steuerkette und Schienen

Anmerkung: *Die Steuerkette und alle Schienen können bei eingebautem Motor demontiert werden.*

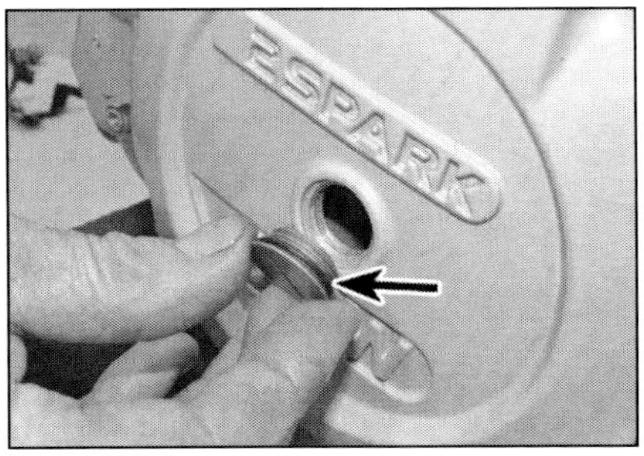

8.32 Installieren Sie den mit einem neuen O-Ring ausgerüsteten Inspektionsstopfen.

Vordere Führungsschiene

Ausbau

1 Entfernen Sie den Ventildeckel (Sektion 6).
2 Ziehen Sie die Schiene aus dem Zylinderkopf (siehe Abbildung).

Obere Führungsschiene

Ausbau

3 Entfernen Sie den Ventildeckel (siehe Sektion 6).
4 Lösen Sie die zwei Schrauben, und heben Sie die Schiene ab (siehe Abbildungen).

Spannerschiene

Ausbau

5 Bauen Sie die Nockenwellen aus (siehe Sektion 8).
6 Demontieren Sie die Kupplung (siehe Sektion 16).
7 Lösen Sie die Lagerschraube, und ziehen Sie die Schiene aus dem Motor (siehe Abbildung).

Steuerkette

Ausbau

8 Bauen Sie die Nockenwellen aus (siehe Sektion 8).
9 Demontieren Sie das Primärtriebrad (siehe Sektion 19).
10 Entfernen Sie die Steuerkette (siehe Abbildung).

Spanner- und Führungsschienen

Kontrolle

11 Begutachten Sie die Gleitflächen der Schienen auf übermäßigen Verschleiß und tiefe Nuten, Risse oder andere Schäden. Installieren Sie nötigenfalls Neuteile.

Steuerkette

Kontrolle

12 Inspizieren Sie die Steuerkette auf klemmende Glieder und sichtbare Schäden, und ermitteln Sie den Verschleiß (siehe Sektion 8, Schritt 17). Kontrollieren Sie auch ihre Ritzel auf verschlissene oder gebrochene Zähne. Bei einem Schaden oder einer offensichtlich zu lang gewordenen Kette müssen die Kette sowie möglichst alle drei Ritzel ersetzt werden.

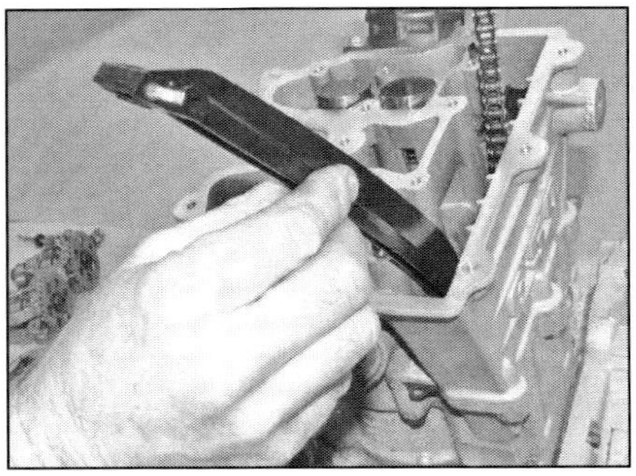

9.2 Ziehen Sie die Führungsschiene heraus.

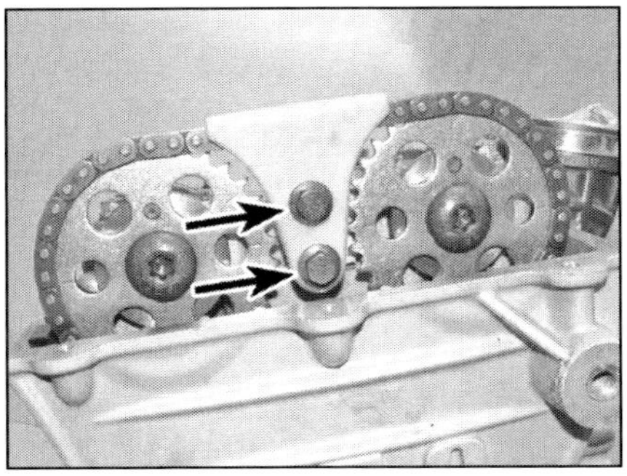

9.4a Lösen Sie die beiden Schrauben, ...

9.4b ... und entfernen Sie die obere Führung.

9.7 Lösen Sie die Zapfenschraube, und ziehen Sie die Spannerschiene aus dem Motor.

9.10 Entfernen Sie die Steuerkette.

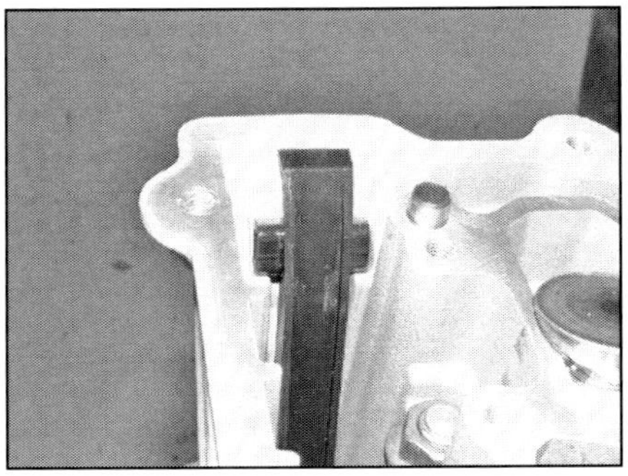

9.13 Richten Sie die Laschen der Führungsschiene zu den Ausschnitten aus.

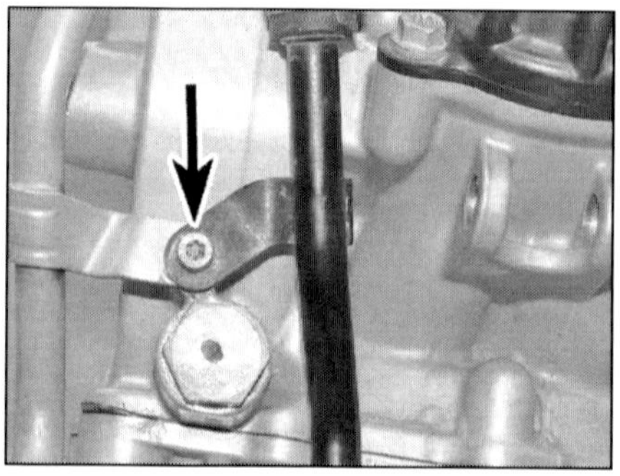

10.4a Lösen Sie die Schraube der Ölrohrhalterung.

Einbau

13 Der Einbau der Steuerkette und der Schienen entspricht der umgekehrten Ausbaureihenfolge. Benutzen Sie einen neuen Spannerschienen-Lagerzapfen, und ziehen Sie ihn mit 10 Nm an (siehe Abbildung 9.7). Achten Sie darauf, dass die vordere Führungsschiene korrekt sitzt (siehe Abbildung).

10 Zylinderkopf
Ausbau und Einbau

Anmerkung: *Der Zylinderkopf kann bei eingebautem Motor demontiert werden – ignorieren Sie bei ausgebautem Motor nicht zutreffende Schritte.*

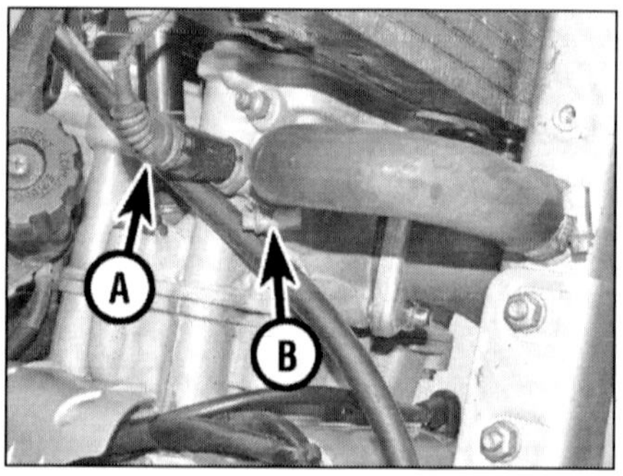

10.4b Trennen Sie den Temperatursensorstecker (A), lockern Sie die Schelle, und ziehen Sie den Kühlerschlauch ab.

Ausbau

1 Entfernen Sie den Kühler (siehe Kapitel 3). Trennen Sie bei Funduro- und ST-Modellen den rechten Schlauch vom Thermostatgehäuse (siehe Kapitel 3).

2 Bauen Sie den Anlasser aus (siehe Kapitel 9).

3 Lockern Sie bei Funduro- und ST-Modellen die Schellen, mit denen die Vergaser an den Zylinderkopfstutzen gesichert sind (siehe Abbildung 4.12). Trennen Sie die Stecker des Kühltemperatursensors und des Ventilatorschalters (siehe Abbildung 4.11b).

4 Lösen Sie bei GS- und Dakar-Modellen die Schraube, mit der die Ölleitung direkt über dem Steuerkettenspanner am Zylinderkopf gesichert ist (siehe Abbildung). Trennen Sie die Stecker des Kühltemperatursensors, und lösen Sie den Kühlerschlauch rechts am Zylinderkopf (siehe Abbildung).

5 Demontieren Sie die Auspuffkrümmer (siehe Kapitel 4A oder 4B).

6 Entfernen Sie den/die obere(n) Motorhaltebolzen (siehe Sektion 4).

7 Bauen Sie die Nockenwellen und ggf. die Tassenstößel und Shims aus (siehe Sektion 8).

8 Entfernen Sie die vordere Steuerketten-Führungsschiene (siehe Sektion 9).

9 Der Zylinderkopf wird mit drei M6-Schrauben, vier (Funduro- und ST-Modelle) bzw. fünf M8-Schrauben (GS-, Dakar- und CS-Modelle) sowie vier M10-Muttern gesichert. Zuerst werden die M6-Schrauben gelöst und entfernt (siehe Abbildungen), dann die M8-Schrauben gleichmäßig und schrittweise gelockert und anschließend entfernt (siehe Abbildung). Schließlich werden die vier M10-Muttern schrittweise über Kreuz gelockert und entfernt.

10 Ziehen Sie den Zylinderkopf vom Zylinder – führen Sie dabei die Steuerkette durch den Schacht, und legen Sie sie über die vordere Kante des Zylinders (siehe Abbildung). Wenn der Kopf klemmt, helfen sanfte Schläge mit einem Kunststoffhammer; versuchen Sie nicht, den Kopf abzuhebeln – dies würde die Dichtflächen zerstören!

11 Entfernen Sie die Zylinderkopfdichtung – später muss eine neue verwendet werden.

12 Kontrollieren Sie die Zylinderkopfdichtung sowie die Dichtflächen des Zylinderkopfes und des Gehäuses auf Anzeichen von Undichtigkeiten, die einen Verzug anzeigen können. Wechseln Sie zu Sektion 11, und überprüfen Sie den Verzug des Zylinderkopfes.

13 Reinigen Sie die Dichtflächen des Kopfes und des Zylinders mit einem geeigneten Lö-

10.9a Lösen Sie die drei M6-Schrauben.

10.9b Lösen Sie schrittweise sowie über Kreuz die vordere(n) M8-Schraube(n) ...

10.9c ... sowie die M8-Schraube hinten ...

10.9d ... und die an jeder Seite.

10.9e Lösen Sie die vier M10-Muttern schrittweise und über Kreuz.

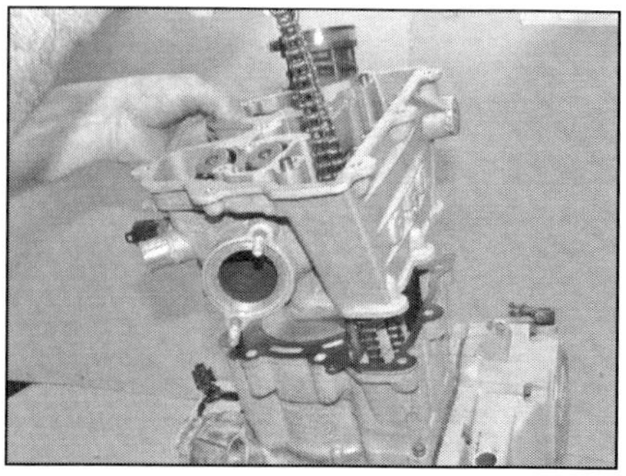

10.10 Heben Sie den Zylinderkopf vorsichtig vom Zylinder.

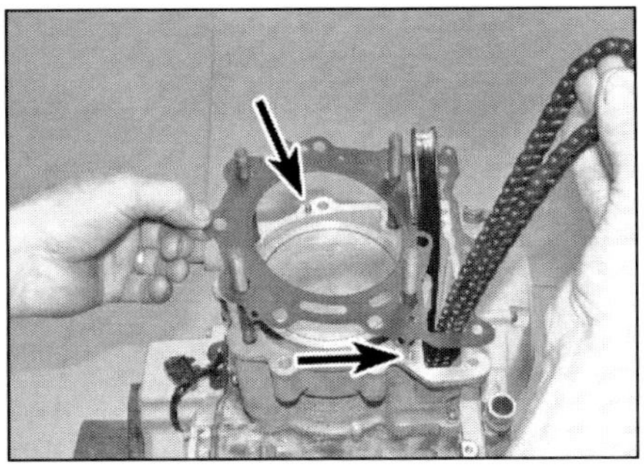

10.15 **Legen Sie die neue Zylinderkopfdichtung über die Stifte (Pfeile).**

sungsmittel. Entfernen Sie sämtliche Dichtungsreste. Wird ein Schaber eingesetzt, muss aufgepasst werden, dass nicht das relativ weiche Aluminium abgetragen wird. Dichtungsreste dürfen nicht in die Zylinderbohrung oder Öl- und Wasserkanäle geraten.

Einbau

14 Schmieren Sie die Zylinderbohrungen mit frischem Motoröl.
15 Sichergehend, dass die Dichtflächen des Zylinderkopfes und des Zylinders sauber sind, wird eine neue Kopfdichtung über die Passstifte gelegt, sodass alle Dichtungs- und Gehäusebohrungen zueinander ausgerichtet sind (siehe Abbildung). Verwenden Sie **nie** die alte Kopfdichtung wieder! Sichern Sie die Steuerkette mit Draht, sodass sie durch den Zylinderkopfschacht geführt werden kann.
16 Senken Sie vorsichtig den Zylinderkopf auf dem Zylinder ab, sodass er korrekt auf den Stiften sitzt (siehe Abbildung 10.10) – führen Sie dabei die Steuerkette durch den Schacht.
17 Installieren Sie alle Muttern und Schrauben, und ziehen Sie sie zunächst handfest an (siehe Abbildungen 10.9e bis a).
18 Ziehen Sie bei Funduro- und ST-Modellen zuerst die vordere und hintere M8-Schraube (1 und 2) leicht an (siehe Abbildung). Ziehen Sie nun die vier M10-Muttern in der vorgegebenen Reihenfolge (3 bis 6) mit 20 Nm (Erstanzug) und dann erneut (7 bis 10) mit 50 Nm (endgültiger Anzug) an. Ziehen Sie dann die beiden M8-Schrauben rechts und links des Zylinders (12 und 13) mit 28 Nm an. Jetzt werden die drei M6-Schrauben außen am Kettenschacht (13) mit 10 Nm und schließlich die beiden M8-Schrauben hinten und vorne (14 und 15) mit 28 Nm angezogen.
19 Ziehen Sie bei GS-, Dakar- und CS-Modellen zuerst die vier M10-Muttern in der vorgegebenen Reihenfolge (1 bis 4) mit 20 Nm (Erstanzug) und dann erneut mit 60 Nm (endgültiger Anzug) an (siehe Abbildung). Ziehen Sie nun die M8-Schrauben in der Reihenfolge 5 bis 9 mit 33 Nm (Modelle bis 2003) bzw. 30 Nm (Modelle ab 2004) und schließlich die drei M6-Schrauben außen am Kettenschacht mit 10 Nm an.
20 Falls der Zylinder demontiert war, müssen jetzt seine Schrauben unten am Kettenschacht mit 10 Nm angezogen werden (siehe Abbildung 12.4a).

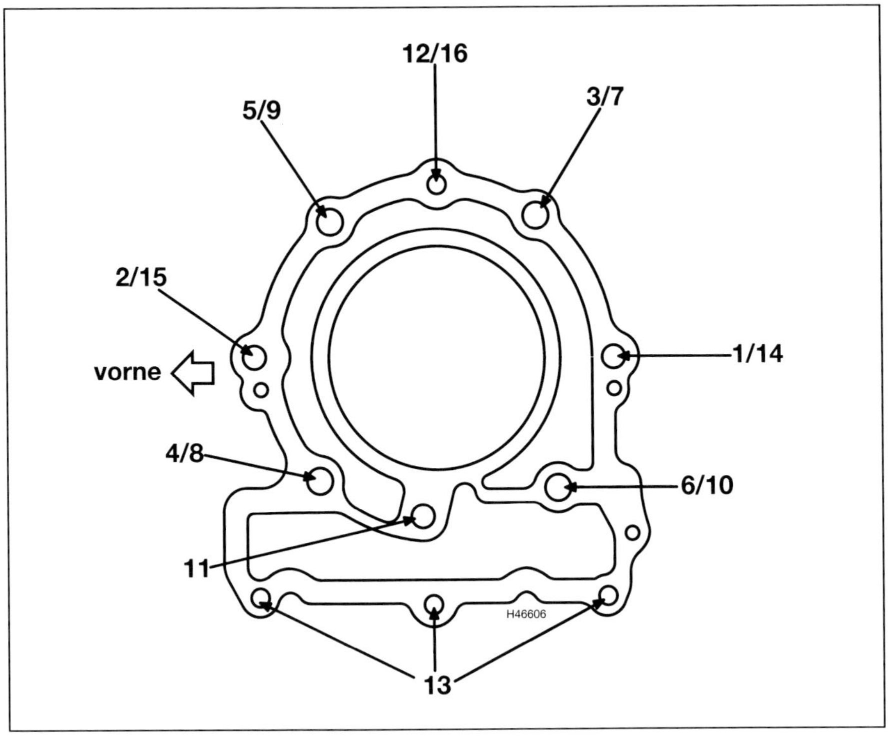

10.18 **Zylinderkopf-Muttern- und -Schrauben-Anzugsreihenfolge – Funduro- und ST-Modelle**

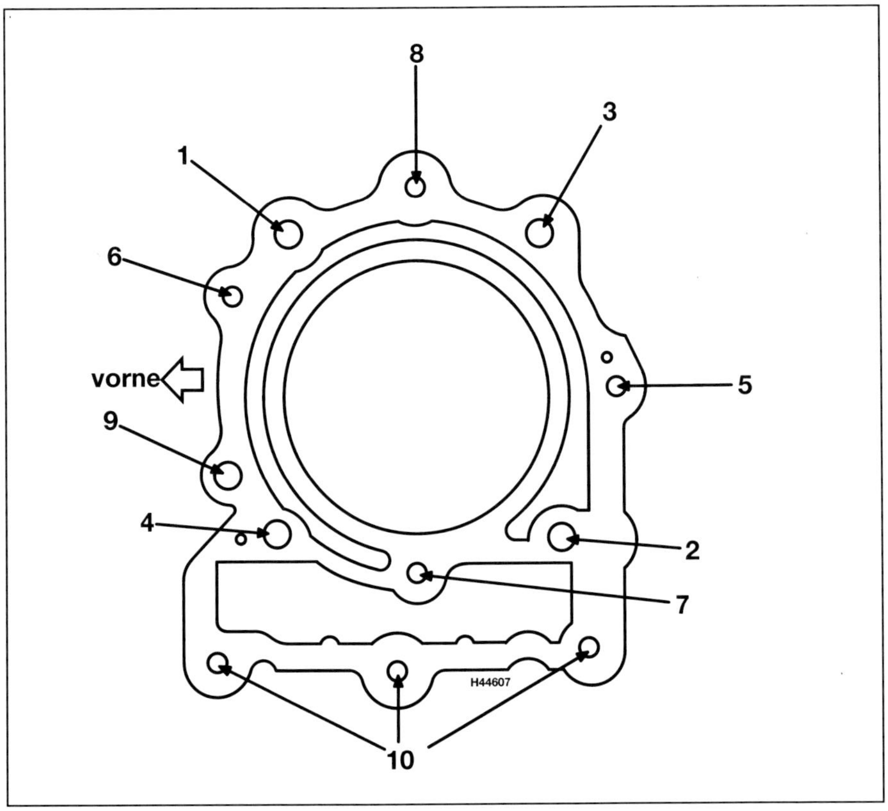

10.19 **Zylinderkopf-Muttern- und -Schrauben-Anzugsreihenfolge – GS-, Dakar- und CS-Modelle**

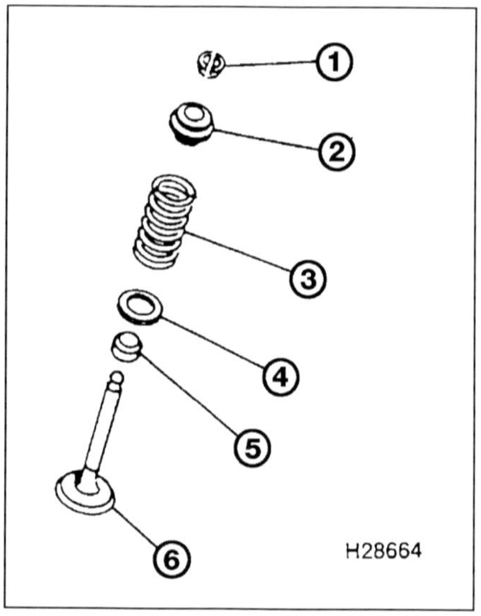

11.5 Ventil-Bauteile

1 Keile
2 Federteller
3 Ventilfeder
4 Federsitz
5 Ventilschaftdichtung
6 Ventil

21 Montieren Sie die verbliebenen Komponenten in umgekehrter Ausbaureihenfolge (siehe Schritte 8 bis 1).

11 Zylinderkopf und Ventile
Überholung

Spezialwerkzeug: *Für den Ausbau der Ventile wird eine korrekt dimensionierte Ventilfederpresse benötigt.*

1 Aufgrund der Komplexität dieser Arbeit und der notwendigen Werkzeuge und Ausrüstungen müssen die meisten Motorradbesitzer Reparaturen an den Ventilen, Ventilsitzen und Ventilführungen einer professionellen Werkstatt überlassen. Allerdings kann man eine Abschätzung über die Dichtigkeit der Ventile und Sitze erhalten, indem man eine kleine Menge Lösungsmittel in jeden Ventilkanal füllt und beobachtet, ob diese am Ventil vorbei in den Brennraum sickert (was ein nicht korrekt sitzendes und abdichtendes Ventil anzeigt).

2 Der Heimwerker kann zudem mithilfe einer geeigneten Ventilfederpresse die Ventile ausbauen, die Bauteile reinigen und auf Verschleiß kontrollieren. Wenn die Ventile nur ein eingeschliffen werden müssen, kann man das selbst erledigen und den Kopf wieder komplettieren.

3 Die Werkstatt wird zudem die Ventilführungen erneuern und die Ventilsitze nachschneiden.

4 Nach erfolgter Ventilüberholung ist der Zylinderkopf in einem neuwertigen Zustand. Wenn Sie den Kopf zurückerhalten, sollten Sie ihn vor dem Einbau sorgfältig reinigen und von Metallspänen und Schleifmittelresten befreien, die von der Überholung stammen können. Wenn möglich, sollten alle Löcher und Kanäle mit Druckluft ausgeblasen werden.

Praxis TiPP

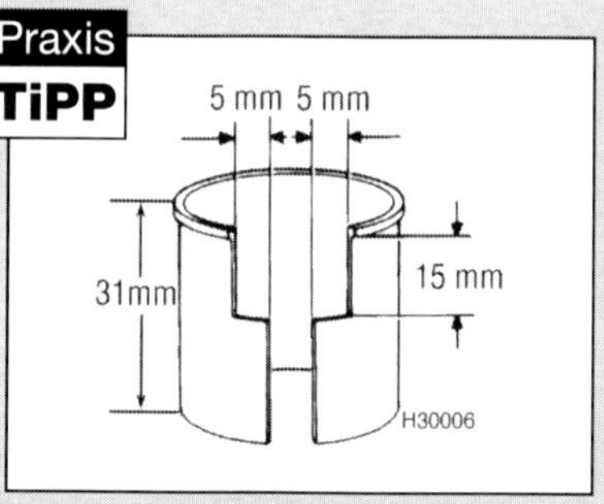

Schützen Sie die Tassenstößelbohrungen im Zylinderkopf mit einer entsprechend zugeschnittenen Kleinbild-Filmdose vor Beschädigungen durch die Ventilfederpresse.

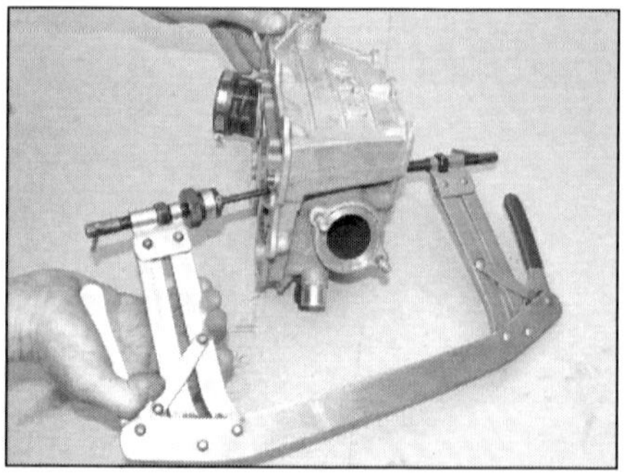

11.6a Drücken Sie die Ventilfeder mithilfe einer Federpresse zusammen.

11.6b Die Federpresse muss oben korrekt gegen den Federteller...

11.6c ... und unten gegen den Ventilteller drücken.

Demontage

5 Vor Arbeitsbeginn muss sichergestellt sein, dass die Ventile und ihre zugehörigen Bauteile so gelagert werden können, dass später jedes Teil wieder genau an seinen Platz im Zylinderkopf gebaut werden kann (siehe Abbildung). Eine Möglichkeit ist die Beschaffung eines Behälters mit vier Fächern, die für jedes Ventil entsprechend beschriftet werden (also Einlass oder Auslass, links oder rechts). Alternativ tun es auch beschriftete Plastikbeutel.

6 Richten Sie die Federpresse zu den beiden Enden des ersten Ventils aus – achten Sie auf ihren korrekten Sitz (siehe Abbildung). An der Oberseite muss der Adapter etwa die gleiche Größe haben wie der Federteller – falls er zu groß ist, kann die Tassenstößelbohrung beschädigt werden (siehe *Praxis-Tipp*); ist er zu klein, wird es schwierig, die Ventilschaftkeile aus- und einzubauen (siehe Abbildung). An der Unterseite (im Brennraum) muss darauf geachtet werden, dass die Presse nur auf das Ventil drückt und nicht gegen das Aluminium des Kopfes – verwenden Sie nötigenfalls eine Distanzhülse (siehe Abbildung). Komprimieren Sie die Federn nicht stärker als nötig.

Achtung: Passen Sie extrem auf, dass Sie mit der Federpresse nicht die Stößelbohrungen beschädigen!

7 Entfernen Sie mit einer Zange, einer Pinzette, einem Magneten oder einem mit Fett bestrichenen Schraubendreher die Keile (siehe Abbildung). Lösen sie vorsichtig die Federpresse, und entfernen Sie den Federteller, die Feder – merken Sie sich die Einbaulage beider Teile –

11.7a Entfernen Sie die Keile, ...

11.7b ... den Federteller und die Feder...

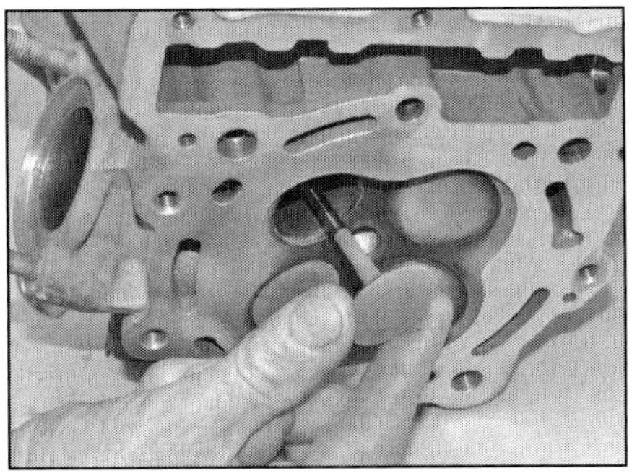

11.7c ... sowie das Ventil.

11.8a Entfernen Sie den Federsitz, ...

und das Ventil (siehe Abbildungen). Wenn das Ventil in der Führung klemmt und sich nicht hindurchziehen lässt, muss es zurückgedrückt und im Bereich um die Keilnut mit einer sehr feinen Feile oder einem Nassschleifstein entgratet werden (siehe Abbildung).

8 Entfernen Sie den Federsitz; dieser ist schwer zu greifen, sodass er entweder mit einem Magneten angehoben oder durch Kippen des Kopfes entfernt werden muss. Ziehen Sie mit einer Zange die Ventilschaftdichtungen von den Ventilführungen und entsorgen sie (alte Dichtungen dürfen niemals wiederverwendet werden) (siehe Abbildungen).

9 Wiederholen Sie die Prozedur an den anderen Ventilen, und achten Sie darauf, dass die Einzelteile genau wieder dem entsprechenden Kanal im Zylinderkopf zugeordnet werden.

10 Als Nächstes wird der Zylinderkopf mit Lösungsmittel gereinigt und sorgfältig getrocknet. Druckluft beschleunigt das Trocknen und sorgt dafür, dass alle Löcher und Ecken sauber werden.

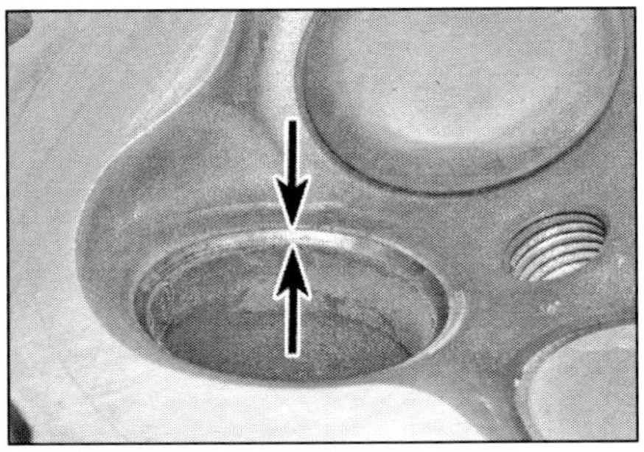

11.15 Messen Sie die Ventilsitzbreite.

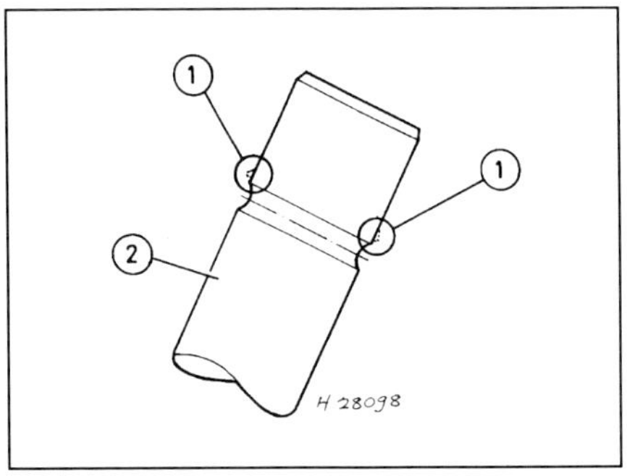

11.7d Wenn das Ventil klemmt, müssen alle Grate (1) an den Keilnuten des Ventilschafts (2) geglättet werden.

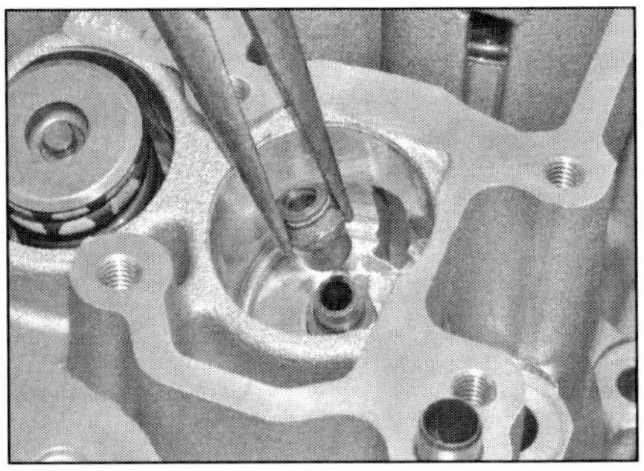

11.8b ... und ziehen Sie die Ventilschaftdichtung von der Ventilführung.

Anmerkung: *Der Brennraum darf nicht mit einem rotierenden Drahtbürstenaufsatz gereinigt werden, da hierbei Aluminium abgetragen würde.*

11 Reinigen Sie alle Ventilfedern, Keile, Federteller und -sitze mit Lösungsmittel, und trocknen Sie sie sorgfältig. Reinigen Sie zurzeit immer nur die Teile eines Ventils, um Verwechslungen zu vermeiden.

12 Schaben Sie alle Kohleablagerungen von den Ventilen, reinigen Sie den Ventilteller und -schaft anschließend mit einem Drahtbürstenaufsatz für die Bohrmaschine. Achten Sie darauf, dass die Ventile nicht durcheinandergeraten.

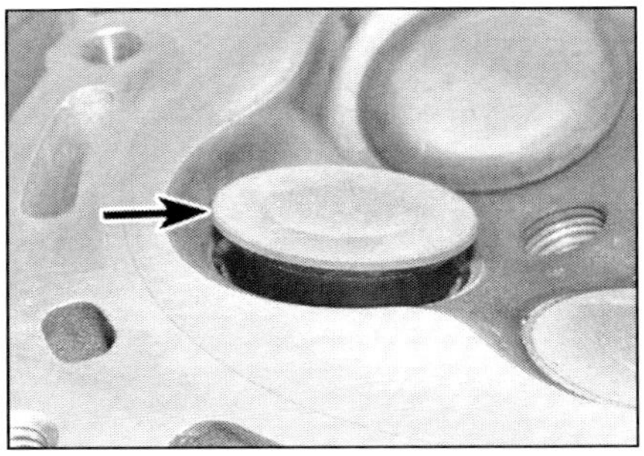

11.16a Halten Sie die Messuhr-Spitze seitlich gegen den Ventilteller, und messen Sie das »Wackelspiel«.

Kontrolle

13 Inspizieren Sie den Zylinderkopf sorgfältig auf Risse und andere Beschädigungen. Wenn Risse festgestellt werden, muss der Zylinderkopf ausgetauscht werden.

14 Mit einem Präzisionsrichtwinkel und einer Fühlerlehre wird die Dichtfläche des Zylinderkopfes vermessen. Wechseln Sie zu Sektion 3 in den *Werkzeug- und Werkstatt-Tipps* im Anhang, um genaue Angaben zur Messung des Zylinderkopfverzugs zu erhalten. Wenn der Zylinderkopf verzogen ist, kann er ggf. geplant werden – konsultieren Sie hierzu eine BMW-Werkstatt oder einen Motorenspezialisten. Bei zu großem Verzug ist er durch einen neuen zu ersetzen.

15 Begutachten Sie die Ventilsitze im Brennraum. Wenn sie Ausbrüche, Risse oder Verbrennungen zeigen, übersteigt die notwendige Arbeit die Möglichkeiten eines Hobbyschraubers. Messen Sie den Durchmesser der Ventilsitzringe im Zylinderkopf (siehe Abbildung). Wenn das Ergebnis außerhalb der in den *Technischen Daten* vorliegenden Angaben liegt oder der Sitz ungleichmäßig breit ist, wird eine Ventilüberholung nötig.

16 Arbeiten Sie immer nur an einem Ventil und seiner Führung. Stecken Sie das Ventil in die Führung, bis der Schaft den oberen Rand erreicht – so liegt der Ventilteller über dem Sitz (siehe Abbildung). Befestigen Sie eine Messuhr an den Zylinderkopf, sodass ihre Spitze gegen den Rand des Tellers drückt. Ermitteln Sie jetzt durch Wackeln des Ventils sein Spiel in der Führung. Wiederholen Sie den Test in eine andere Richtung. Wenn dieses »Wackelspiel« über 0,4 mm liegt, muss der Durchmesser des Ventilschafts gemessen werden (siehe Abbildung). Messen Sie ebenfalls den Innendurchmesser der Führung (siehe Abbildung) – sowohl an den Enden als auch in der Mitte, um einen ungleichmäßigen Verschleiß festzustellen. Wenn die Führung zwar im Toleranzbereich liegt (bis 6,08 mm bei Funduro- und ST-Modellen, bis 5,08 mm bei GS-, Dakar- und CS-Modellen), aber ungleichmäßig verschlissen ist, muss sie von einer Fachwerkstatt ersetzt werden. Ein verschlissenes Ventil ist ebenfalls auszutauschen.

17 Begutachten Sie den Teller, den Schaft und die Keilnut jedes Ventils auf Risse, Ausbrüche und Verschleiß (siehe Abbildung).

11.16b Messen Sie den Durchmesser des Ventilschafts.

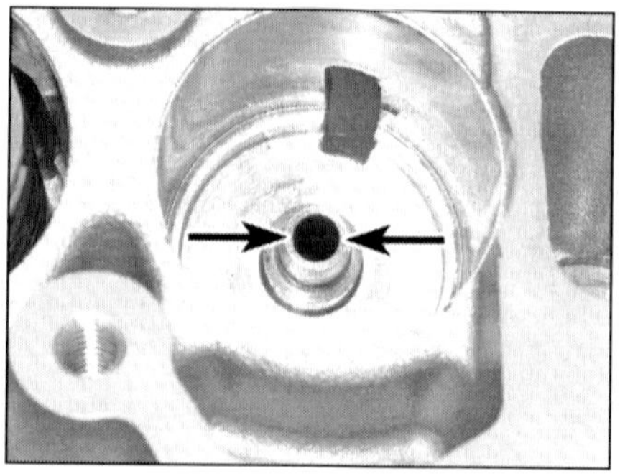

11.16c Messen Sie den Innendurchmesser der Ventilführung.

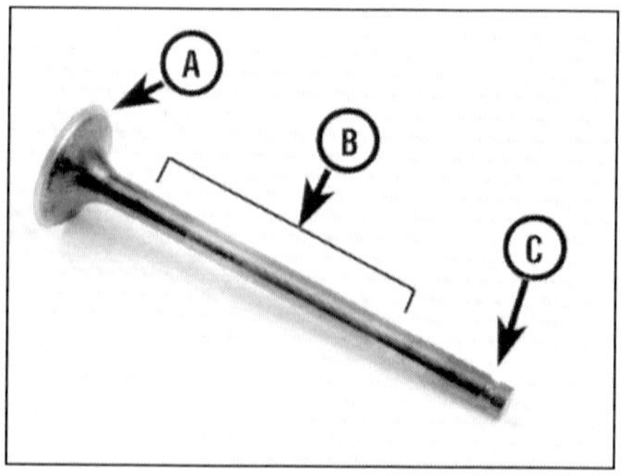

11.17 Kontrollieren Sie den Ventilteller (A), den Ventilschaft (B) und die Keilnuten (C).

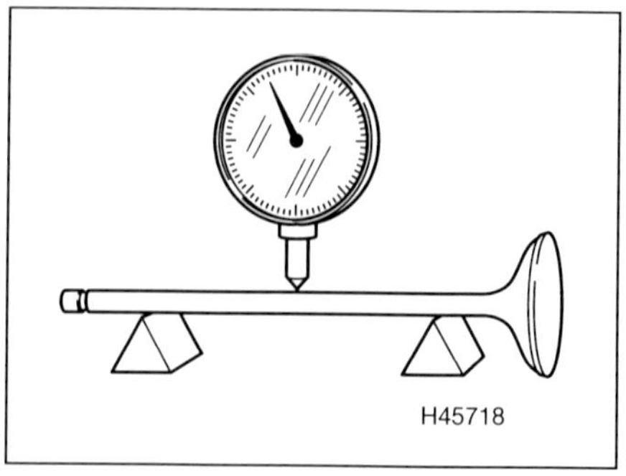

11.18 Überprüfen Sie den Ventilschaft auf Verzug.

11.19 Messen Sie die freie Länge der Ventilfedern, und prüfen Sie sie auf Verzug.

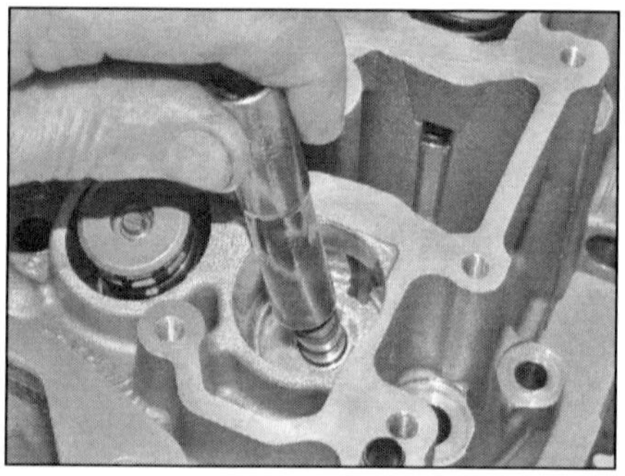

11.22 Installieren Sie die neue Ventilschaftdichtung, und drücken Sie sie über ihren Sitz.

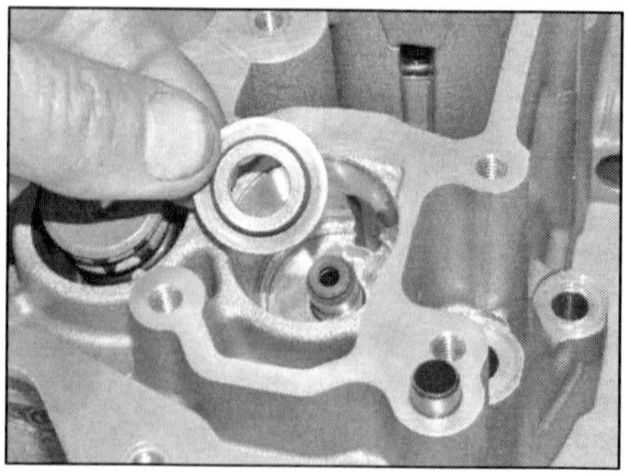

11.23 Legen Sie den Ventilfedersitz über die Führung.

18 Drehen Sie das Ventil in Prismenböcken, und ermitteln Sie Anzeichen von Krümmung mit einer Messuhr (siehe Abbildung). Wenn der Verzug mehr als 0,01 mm beträgt, muss das Ventil ersetzt werden, da es nicht mehr korrekt abdichten wird.

19 Kontrollieren Sie nun die Enden der Ventilfedern auf Verschleiß und Ausbrüche. Messen Sie dann die freie Länge der Federn (siehe Abbildung). Ist eine Feder kürzer als in den *Technischen Daten* angegeben, so ist sie erlahmt und muss ersetzt werden. Kontrollieren Sie die auf einer ebenen Fläche stehenden Federn mithilfe eines Winkels auf Krümmung. Wenn eine Feder stark verzogen ist, muss sie ersetzt werden.

Anmerkung: *Ist eine Feder verschlissen, werden auch die anderen Federn bald ermüden, sodass es sinnvoll ist, gleich alle Federn auszutauschen.*

20 Kontrollieren Sie die Federsitze, Federteller und Keile auf sichtbaren Verschleiß und Brüche. Alle fragwürdigen Teile dürfen nicht wiederverwendet werden, da bei ihrem Ausfall im Motorbetrieb sehr großer Schaden entstehen kann.

21 Wenn die Inspektion erkennen lässt, dass keine Überholung notwendig ist, können die Bauteile des Ventiltriebs wieder in den Zylinderkopf installiert werden.

Zusammenbau

22 Arbeiten Sie zurzeit immer nur an einem Ventil. Drücken Sie per Hand, mit einem passenden Steckschlüssel oder einem speziellen Ventilschaftdichtungs-Montagewerkzeug die Dichtung senkrecht über die Ventilführung, bis sie einrastet (siehe Abbildung).

23 Legen Sie den Federsitz mit dem Bund nach oben über die Führung (siehe Abbildung).

24 Schmieren Sie den Ventilschaft mit einem Gemisch aus Molybdänfett und Motoröl, und stecken Sie das Ventil in die Führung (siehe Abbildung 11.7c). Kontrollieren Sie, ob es sich frei auf und ab bewegen lässt.

25 Jetzt wird die Ventilfeder mit der Farbmarkierung nach oben eingesetzt und der Federteller mit dem Konus nach unten in die Feder gelegt (siehe Abbildungen).

26 Versehen Sie die Keile innen mit etwas Fett, um sie an das Ventil »kleben« zu können. Drücken Sie die Feder mit der korrekt sitzenden Federpresse (siehe Schritt 6) nur so weit wie nötig zusammen, um die Keile montieren zu können (siehe Abbildungen 11.6a, b und c). Bringen Sie die Keile nacheinander mit einem fettbestrichenen Schraubendreher in ihre Positionen an der Ventilnut (siehe Abbildung). Achten Sie darauf, dass die Keile korrekt in den Nuten sitzen, und lösen Sie vorsichtig die Presse.

11.25a Installieren Sie die Ventilfeder mit der Farbmarkierung nach oben ...

11.25b ... und den Ventilfederteller mit dem Konus nach unten in die Feder.

11.26 Die Keile können mit Fett in ihre Nut »geklebt« werden.

11.28 Bringen Sie die Keile wie beschrieben dazu, sich zu setzen.

27 Wiederholen Sie die Prozedur an den anderen Ventilen. Denken Sie daran, die Bauteile einer Ventil-Baugruppe zusammenzuhalten, damit sie wieder in die alten Positionen montiert werden können.

> **Praxis TiPP** ***Kontrollieren Sie die Dichtigkeit der Ventile durch das Einfüllen von Lösungsmittel in den jeweiligen Kanal. Wenn die Flüssigkeit am Ventil vorbei in den Brennraum läuft, muss die Ventil-Baugruppe wieder zerlegt und ggf. von einem Fachbetrieb begutachtet werden.***

28 Stützen Sie den Zylinderkopf so auf Holzblöcke, dass die sich öffnenden Ventile nicht die Werkbank berühren können, und schlagen Sie sanft mit einem Hammer und einem Messingdorn (oder anderem weichen Material) oben auf die Ventilschäfte, damit die Keile sich besser in die Nuten setzen (siehe Abbildung).

29 Kontrollieren Sie nach dem Einbau des Zylinderkopfes und der Nockenwellen das Ventilspiel (siehe Kapitel 1).

12 Zylinder

Anmerkung: *Der Zylinder kann bei eingebautem Motor demontiert werden.*

Ausbau

Anmerkung: *An den in diesem Buch behandelten Modellen finden sich an den verschiedenen Schlauchanschlüssen drei Typen von Schellen: Einmalschellen, Klemmschellen und Schraubschellen. Zum Öffnen der Einmal- und der Klemmschellen wird ein kleiner Schraubendreher benötigt, zum Schließen eine spezielle Zange, die ggf. zusammen mit neuen Schellen im Autoteilezubehör oder beim BMW-Händler (Teilenummer 131500) beschafft werden kann.*

1 Demontieren Sie den Zylinderkopf (siehe Sektion 10).

2 Entfernen Sie die rechts neben dem Zylinder sitzende Kabelabdeckung (siehe Abbildungen 4.11a oder 4.26a und b). Lösen Sie nun die Schraube des Massekabels (siehe Abbildung 4.29f).

3 Lösen Sie die Schelle, welche den Kühlerschlauch am Einlassstutzen hinten am Zylinder sichert, und ziehen Sie den Schlauch ab. Seien Sie mit Lappen auf austretendes Kühlmittel vorbereitet (siehe Abbildung).

4 Lösen Sie die beiden Schrauben, die den Zylinder am Motorgehäuse sichern – aufgrund ihrer Positionen und der Form des Zylinders ist dies nur mit einem abgewinkelten Torx-Schlüssel möglich (siehe Abbildungen).

5 Ziehen Sie den Zylinder vom Motorgehäuse, führen Sie dabei die Steuerkette durch den Schacht, und legen Sie sie vorne über das Gehäuse. Stützen Sie beim Abziehen das Pleuel und den Kolben, damit nichts gegen das Gehäuse schlägt (siehe Abbildung). Wenn der Zylinder klemmt, helfen leichte Schläge mit einem Kunststoffhammer rundherum. Versuchen Sie nicht, den Zylinder mit einem Werkzeug abzuhebeln – das zertsört die Dichtflächen!

6 Entfernen Sie die Zylinderfußdichtung – sie muss später erneuert werden.

7 Stopfen Sie Lappen um das Pleuel herum in die Motoröffnung und den Kettenschacht, damit nichts hinein fallen kann.

8 Befreien Sie den Zylinderblock und das Motorgehäuse von Dichtungsresten. Falls ein Schaber benutzt wird, darf damit kein Aluminium abgetragen werden. Lassen Sie kein Dichtungsmaterial in den Motor fallen.

Kontrolle

Anmerkung: *Die Laufbuchse lässt sich nicht aus dem Zylinderblock entfernen – sie ist mit Nikasil beschichtet und darf daher nicht gehont werden.*

9 Kontrollieren Sie die Zylinderwandung sorgfältig auf Kratzer und Riefen.

10 Mit einem Präzisionsrichtwinkel und einer Fühlerlehre wird die obere Dichtfläche des Zylinders vermessen. Wechseln Sie zu Sektion 3 in den *Werkzeug- und Werkstatt-Tipps* im Anhang, um genaue Angaben zur Messung des Zylinderverzugs zu erhalten. Ist der Zylinder verzogen, kann er ggf. geplant werden – konsultieren Sie hierzu eine BMW-Werkstatt oder einen Motorenspezialisten. Bei zu großem Verzug ist er durch einen neuen zu ersetzen.

11 Mit Präzisionsmessgeräten kann der Verschleiß, die Kegelförmigkeit und die Ovalität der Zylinderbohrungen überprüft werden (beachten Sie dazu die Hinweise in den *Werkzeug- und Werkstatt-Tipps* im Anhang). Finden Sie zunächst heraus, ob Ihr Zylinder zur Toleranzgruppe »A« oder »B« gehört. Messen Sie

12.3 Lösen Sie die Schelle, und ziehen Sie den Kühlerschlauch vom Einlassstutzen.

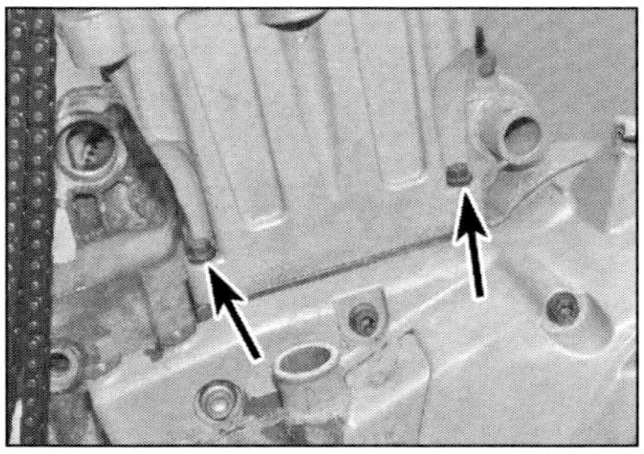

12.4a Lösen Sie die beiden Schrauben ...

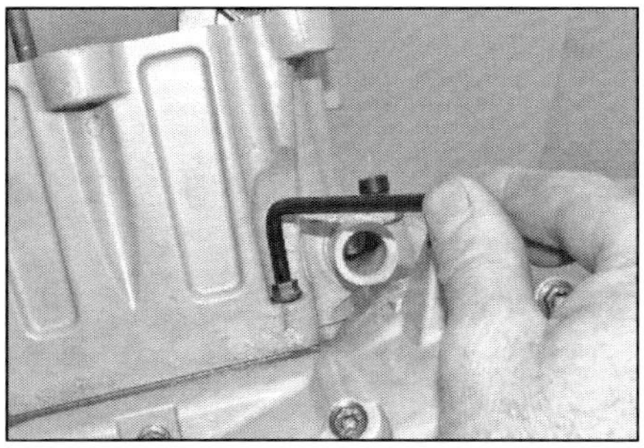

12.4b ... mithilfe eines abgewinkelten Torx-Schlüssels.

12.5 Heben Sie den Zylinder ab – Kolben und Pleuel dürfen nicht gegen die Gehäusewand schlagen.

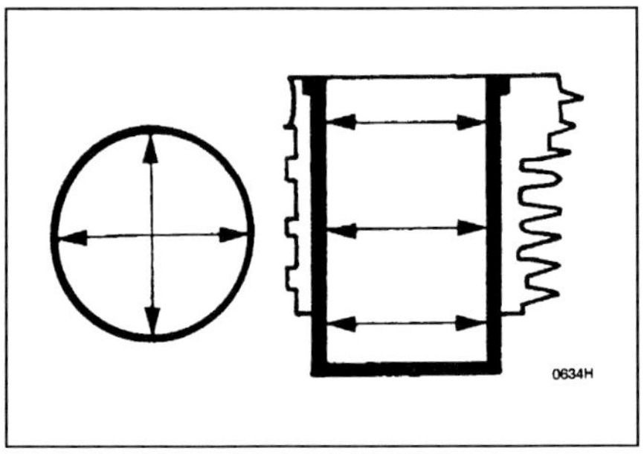

12.11a Messen Sie die Zylinderbohrung an den gezeigten Stellen.

12.11b Messen Sie die Zylinderbohrung in 6 cm Tiefe in verschiedenen Richtungen.

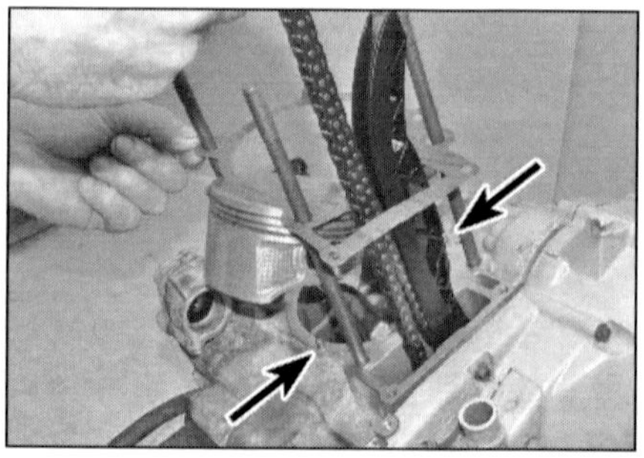

12.14 Richten Sie die neue Zylinderfußdichtung über den Stiften aus.

12.18 Führen Sie vorsichtig die Kolbenringe in den Zylinder ein.

dann 60 mm unterhalb des oberen Randes je einmal in Fahrtrichtung, einmal parallel zur Kurbelwelle und einmal diagonal. Wenn eines dieser drei Ergebnisse von den Angaben in den *Technischen Daten* abweicht, muss der Zylinder durch ein Neuteil ersetzt werden – ein Aufbohren ist nicht möglich und Übermaßkolben nicht erhältlich (siehe Abbildungen).

12 Sind keine Präzisionsmessgeräte zur Hand, kann der Block zur Vermessung in eine BMW-Werkstatt oder einem Motoreninstandsetzer gebracht werden.

Einbau

13 Kontrollieren Sie die Dichtflächen des Zylinderblocks und des Motorgehäuses – sie müssen sauber und trocken sein.

14 Entfernen Sie die Lappen aus dem Motorgehäuse, lassen Sie dabei nicht das Pleuel gegen die Wandung fallen. Legen Sie die neue Fußdichtung über die Stifte auf das Motorgehäuse, sodass alle Bohrungen fluchten (siehe Abbildung) – benutzen Sie **niemals** die alte Dichtung wieder!

15 Stellen Sie sicher, dass die Kolbenringöffnungen 120° versetzt zueinander liegen. Installieren Sie nötigenfalls eine Kolbenringklemme an den Kolben, um den Einbau zu erleichtern – da die Zylinderbohrungen jedoch mit ausreichend großen Fasen ausgerüstet sind, lassen sich die Ringe auch leicht per Hand einführen. Lassen Sie den Zylinderblock möglichst von einem Assistenten halten, während Sie die Ringe einführen, oder platzieren Sie gleich große Holzblöcke unter dem Kolben, um ihn nicht vom Gewicht des Zylinders ins Gehäuse drücken zu lassen.

16 Schmieren Sie die Zylinderbohrung, den Kolben und seine Ringe mit frischem Motoröl.

17 Senken Sie den Zylinder vorsichtig über den Stehbolzen auf den Kolben ab, bis der Kolbenboden senkrecht und ohne zu verkanten in den Zylinder gleitet (siehe Abbildung 12.5). Führen Sie die Steuerkette durch den Schacht, und sichern Sie sie vorne am Zylinder.

18 Drücken Sie vorsichtig die Kolbenringe zusammen, um sie beim Absenken des Zylinders in die Bohrung einzuführen – benutzen Sie nötigenfalls ein äußerst vorsichtig eingesetztes Werkzeug (siehe Abbildung). Klopfen Sie den Zylinder nötigenfalls mit einem Kunststoffhammer vorsichtig herunter, aber achten Sie dabei darauf, dass keine Kolbenringe klemmen oder der Kolben verkantet. Die Ringe sind aus sprödem Material, das leicht brechen kann.

19 Wenn alle Kolbenringe in die Bohrung eingeführt sind, kann der Zylinder vorsichtig heruntergedrückt werden, dabei muss er über die im Motorgehäuse steckenden Stifte gleiten.

20 Installieren Sie die drei Schrauben außen am Kettenschacht, und ziehen Sie sie zunächst handfest an – sie werden erst nach der Montage des Zylinderkopfes vollständig angezogen (siehe Abbildung 12.4a). Drehen Sie die Kurbelwelle durch, um zu prüfen, ob sich alles so bewegt wie es soll (neue Kolbenringe erzeugen zuerst einen nicht unbeträchtlichen Widerstand).

21 Schließen Sie den Kühlerschlauch an, und sichern Sie ihn mit der Schelle (siehe Abbildung 12.3).

22 Schließen Sie das Massekabel an, und sichern Sie es mit der Schraube (siehe Abbildung 4.29f). Installieren Sie die Kabelabdeckung (siehe Abbildungen 4.11a oder 4.26b und a).

23 Montieren Sie den Zylinderkopf (Sektion 11).

13 Kolben

Ausbau

1 Demontieren Sie den Zylinder (siehe Sektion 12). Stellen Sie sicher, dass genügend Lappen um das Pleuel herum und in den Kettenschacht gestopft sind, damit nichts in den Motor fallen kann.

2 Bevor der Kolben vom Pleuel getrennt wird, muss er mit einer Reißnadel oder einem Filzstift vorne markiert werden, damit seine Einbaurichtung gewährleistet ist.

3 Hebeln Sie vorsichtig mit einer Spitzzange oder einem kleinen Schraubendreher, den Sie in die Nut einführen, auf einer Seite des Kolbens den Sicherungsring heraus (siehe Abbildung). Drücken Sie von der anderen Seite den Kolbenbolzen heraus, und nehmen Sie den Kolben vom Pleuel (siehe Abbildung). Entfernen Sie auch den anderen Ring, da beim Einbau immer neue verwendet werden müssen.

Praxis TiPP ***Wenn der Kolbenbolzen im Kolben feststeckt, kann der Kolben mit einem Heißluftgebläse erwärmt werden – das Aluminium wird sich hierdurch ausreichend ausdehnen, sodass sich der Stahlbolzen lösen lässt. Benutzen Sie keine offenen Flammen! Wenn der Bolzen schwergängig ist oder teilweise feststeckt, kann er mit einem Ausziehwerkzeug ausgebaut werden – seien Sie jedoch vorsichtig, damit Sie die Gleitfläche des Kolbens nicht beschädigen.***

4 Mithilfe Ihrer Daumen oder einer Kolbenringzange werden die Ringe nacheinander vorsichtig von den Kolben genommen (siehe Abbildungen 14.8, 14.7 sowie 14.4c, b und a). Sie dürfen hierbei nicht geknickt oder verkantet werden. Beachten Sie die Einbaulage der einzelnen Ringe, wenn Sie sie wiederverwenden wollen. Die Oberseiten des oberen und

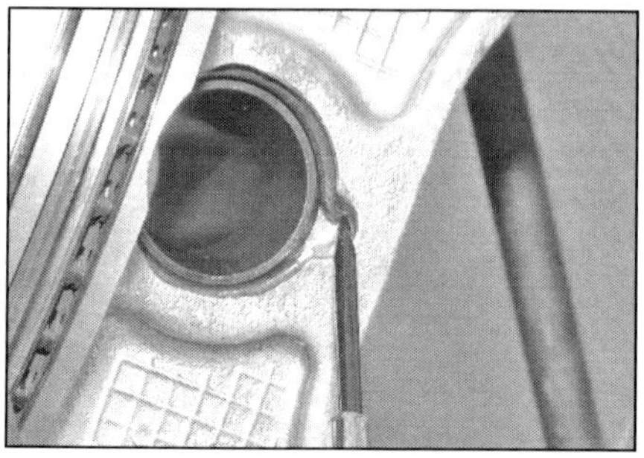

13.3a Hebeln Sie den Sicherungsring mit einem in die Nut eingeführten Werkzeug heraus, ...

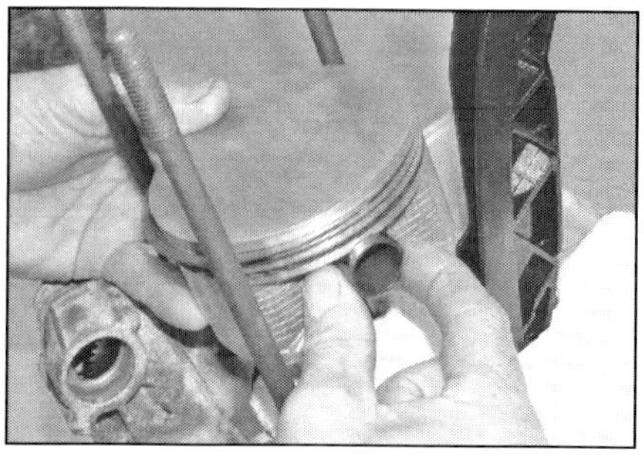

13.3b ... drücken Sie den Bolzen heraus, und befreien Sie den Kolben vom Pleuel.

2

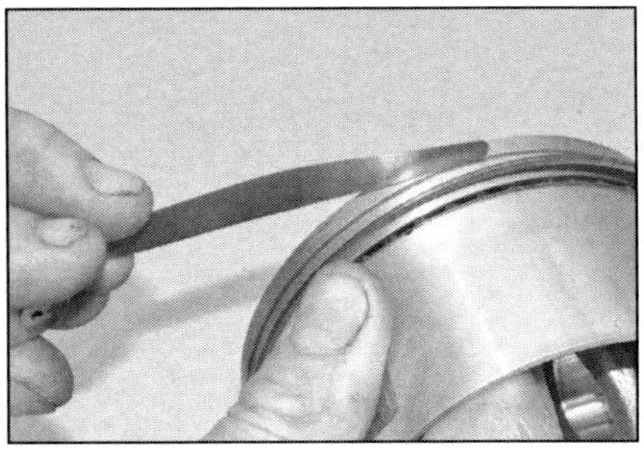

13.10 Messen Sie das Spiel der Kolbenringe in ihren Nuten.

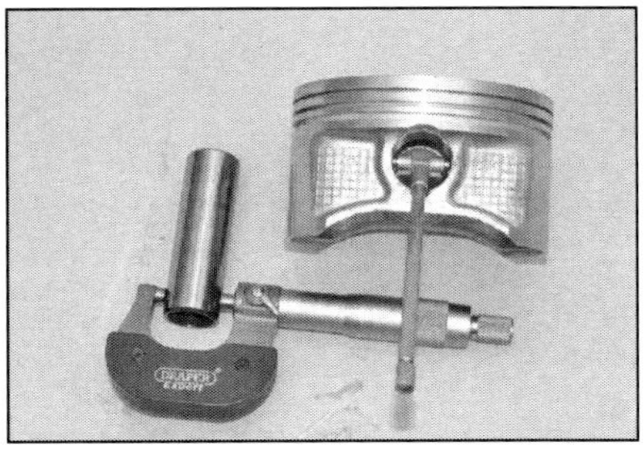

13.12b Vermessen Sie den Kolbenbolzen an den Enden und seine Bohrungen im Kolben, um das Spiel zu ermitteln.

des zweiten Rings sind markiert (siehe Abbildung 14.6b); die beiden Ringe können anhand ihrer unterschiedlichen Profile unterschieden werden (siehe Abbildung 14.6a).

5 Schaben Sie die Ölkohle vom Kolbenboden. Eine weiche Drahtbürste oder feiner Schmirgelleinen kann zur Nacharbeit verwendet werden. Benutzen Sie keinesfalls einen elektrisch betriebenen Drahtbürstenaufsatz, da das weiche Kolbenmaterial abgetragen würde.

6 Die Kolbenringnuten können mit einem Spezialwerkzeug, aber auch einem abgebrochenen Stück eines alten Kolbenringes von Kohleresten befreit werden. Seien Sie vorsichtig, dass kein Kolbenmetall entfernt wird oder die Seiten der Nut gequetscht bzw. eingekerbt werden.

7 Wenn die Kohleablagerungen entfernt sind, wird der Kolben mit Lösungsmittel gereinigt und anschließend getrocknet. Gehen Sie sicher, dass die Ölrücklaufbohrungen unter dem Ölabstreifring sauber sind.

13.16a Richten Sie den Kolben zum Pleuel aus, schieben Sie den Kolbenbolzen ein, ...

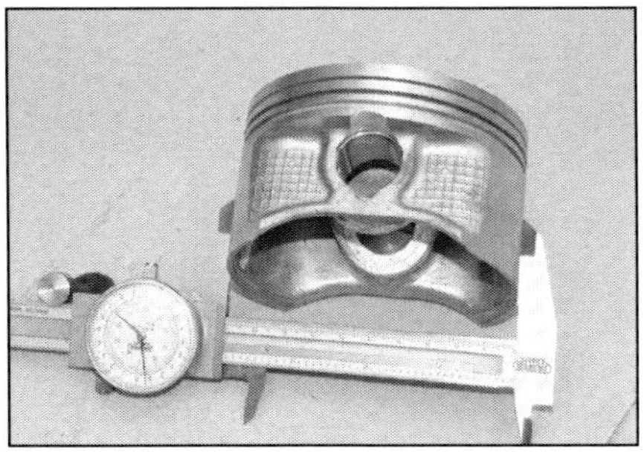

13.11 Messen Sie den Durchmesser des Kolbens 16 mm oberhalb des unteren Randes und 90° zum Kolbenbolzen.

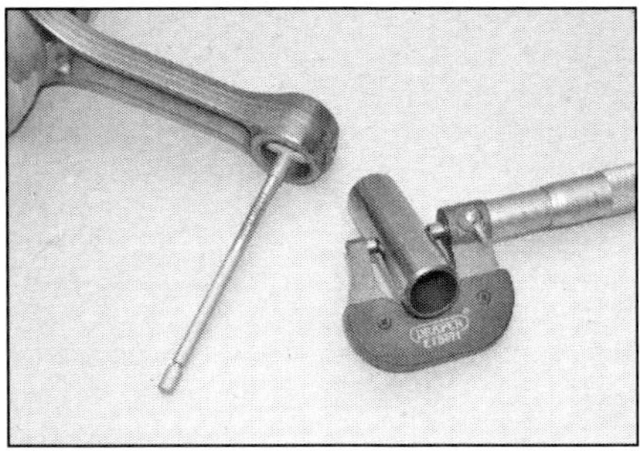

13.12c Vermessen Sie den Kolbenbolzen in der Mitte und das obere Pleuelauge, um das Spiel zu ermitteln.

Kontrolle

8 Begutachten Sie den Kolben auf Brüche am Hemd, an den Bolzenaugen und um die Kolbenringnuten. Normaler Verschleiß zeigt sich in gleichmäßigen senkrechten Spuren auf der Lauffläche und leichtem Spiel des oberen Kolbenrings in seiner Nut. Zeigt das Hemd Riefen oder Klemmspuren, kann der Motor an Überhitzung gelitten haben und/oder eine abnormale Verbrennung sorgte für extrem hohe Arbeitstemperatur. Kontrollieren Sie ebenfalls, ob die Sicherungsringnuten nicht beschädigt sind.

9 Ein Loch im Kolbenboden ist ein Zeichen für abnormale Verbrennung (durch Frühzündung). Verbrannte Stellen am Rand des Bodens weisen auf Klingeln oder Klopfen hin. Wenn eines dieser Probleme existiert, müssen die Gründe beseitigt werden, damit die Schäden sich nicht fortsetzen (siehe *Fehlersuche* im Anhang).

10 Messen Sie das Spiel zwischen den Kolbenringen und deren Nuten im Kolben durch Einlegen eines Ringes und Erfühlen des Spiels mittels einer Fühlerlehre (siehe Abbildung). Gehen Sie sicher, dass Sie den passenden Ring verwenden (siehe Schritt 4). Kontrollieren Sie an drei oder vier Stellen rundherum. Wenn das Spiel größer als die Verschleißgrenze ist, muss die Breite der Kompressionsringe und ihrer entsprechenden Nut gemessen werden, um verschlissene Teile ersetzen zu können. Es ist allerdings ratsam, bei festgestelltem Verschleiß den Kolben samt Ringen zu erneuern.

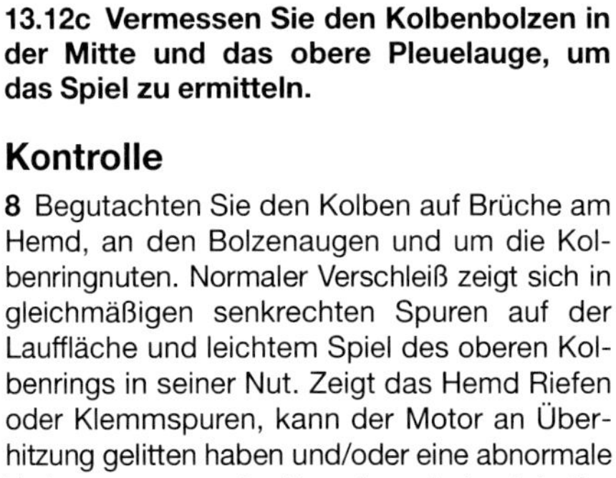

13.16b ... und installieren Sie den Sicherungsring in seine Nut.

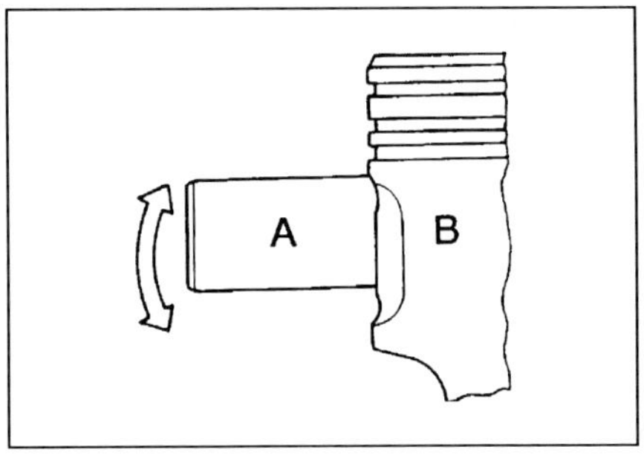

13.12a Prüfen Sie, ob der Kolbenbolzen (A) im Kolben (B) Spiel hat.

11 Kontrollieren Sie das Spiel zwischen Kolben und Zylinder durch Messen der Zylinderbohrung (siehe Sektion 12) und des Kolbendurchmessers. Messen Sie den Kolben 16 mm oberhalb des unteren Endes des Hemds und 90° zum Kolbenbolzen (siehe Abbildung). Subtrahieren Sie den Kolbendurchmesser vom Zylinderdurchmesser, und errechnen Sie das Spiel. Wenn es über 0,09 mm liegt – und die Bohrung ist in Ordnung –, muss ein neuer Kolben (samt Ringen) beschafft werden.

12 Geben Sie frisches Motoröl auf den Kolbenbolzen, schieben Sie ihn in den Kolben, und fühlen Sie, ob Spiel vorhanden ist (siehe Abbildung) – ist es deutlich fühlbar, muss durch Messungen herausgefunden werden, ob der Kolben, der Bolzen oder beides verschlissen ist, um entsprechende Teile ersetzen zu können (siehe Abbildung) – beachten Sie dazu die Angaben in den *Technischen Daten*. Kontrollieren Sie auch das Spiel des Kolbenbolzens im oberen Pleuelauge (siehe Abbildung).

Einbau

13 Inspizieren und installieren Sie die Kolbenringe (siehe Sektion 14). Die Bohrungen um die Pleuelstangen müssen gut mit Lappen verstopft sein, damit im Falle eines gebrochenen Rings nicht auch noch dessen Bruchstücke im Motorgehäuse verschwinden.

14 Schmieren Sie den Kolbenbolzen, seine Bohrung im Kolben und das obere Pleuelauge mit einem Gemisch aus Molybdänfett und frischem Motoröl.

15 Halten Sie den Kolben so über das Pleuel, dass die Markierung vorne zum Auslass zeigt.

16 Setzen Sie einen **neuen** Sicherungsring in ein Kolbenbolzenauge ein (benutzen Sie nie gebrauchte!), richten Sie den Kolben zum oberen Pleuelauge fluchtend aus, und schieben Sie den Kolbenbolzen von der anderen Seite

14.2a Richten Sie den Ring mithilfe des Kolbens in 6 cm Tiefe senkrecht aus, ...

14.2b ... und messen Sie das Stoßspiel.

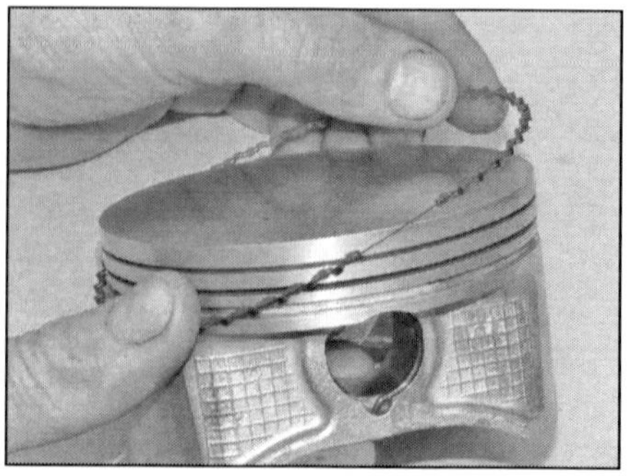
14.4a Installieren Sie den Expander des Ölabstreifrings in seine Nut, ...

hindurch (siehe Abbildung). Sichern Sie den Bolzen mit dem zweiten **neuen** Ring (siehe Abbildung). Beim Einbau der neuen Sicherungsringe ist darauf zu achten, dass sie nicht stärker zusammengepresst werden als nötig, dass sie sauber in ihrem Sitz liegen, und dass die Öffnung nicht über der Ausbaunut sitzt.
17 Installieren Sie den Zylinder (Sektion 12).

14 Kolbenringe

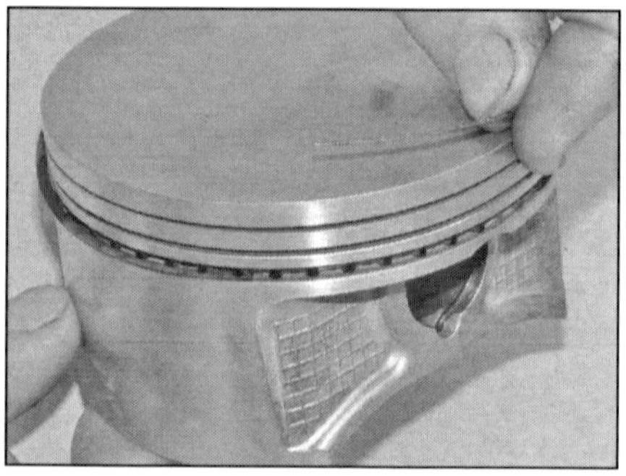
14.4b ... und installieren Sie den unteren ...

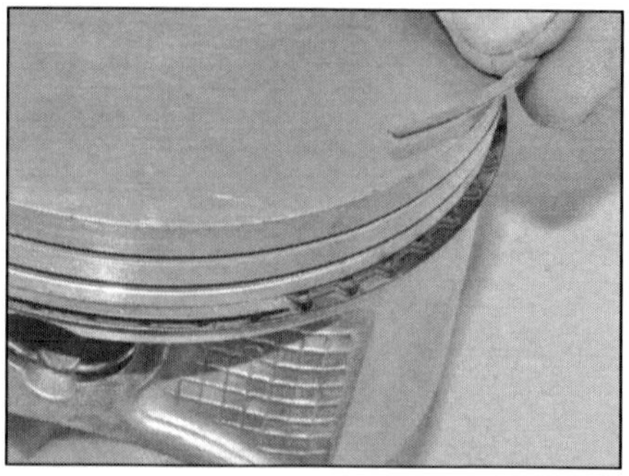
14.4c ... und oberen Abstreifring.

Kontrolle

1 Es ist immer ratsam, die Kolbenringe bei jeder Motorüberholung zu erneuern. Vor dem Einbau neuer Ringe muss das Stoßspiel der Kompressionsringe überprüft werden:
2 Installieren Sie den oberen Kolbenring in den Zylinder, und drücken Sie ihn mithilfe des Kolbens etwa 60 mm unterhalb des oberen Zylinderrandes in eine rechtwinkelige Lage (siehe Abbildung). Mit einer Fühlerlehre wird das Stoßspiel der Ringe gemessen und der Wert mit dem der *Technischen Daten* verglichen (siehe Abbildung). Wiederholen Sie dies mit dem zweiten Kompressionsring – aber nicht mit dem dreiteiligen Ölabstreifring.
3 Übermäßiges Stoßspiel (0,4 mm bis zur Verschleißgrenze von 1,0 mm ist nicht kritisch, solange diese nicht überschritten wird. Ist das Spiel mit neuen Ringen zu groß, muss die Zylinderbohrung kontrolliert werden (siehe Sektion 12). In seltenen Fällen liegt das Stoßspiel allerdings unter 0,2 mm, sodass die Enden bei laufendem Motor durch die Wärmeausdehnung in Kontakt kommen und dadurch die Zylinderbohrung beschädigen können – durch vorsichtiges Feilen an den Ring-Enden kann das Spiel vergrößert werden.

Einbau

4 Der Ölabstreifring muss als unterer zuerst aufgesetzt werden. Er besteht aus drei Teilen – dem Expander und den zwei dünnen Ringen. Zuerst wird der Expander in die Nut gesetzt, ohne dass sich seine Enden überlappen (siehe Abbildung). Installieren Sie dann den unteren Ölring (siehe Abbildung). Diese Arbeit kann nicht mit einer Kolbenringzange ausgeführt werden, da hiermit die Gefahr einer Beschädigung besteht. Setzen Sie stattdessen ein Ende des Rings in die Nut zwischen Expander und Kolben, halten Sie es fest, und schieben Sie den Ring nach und nach in die Nut. Installieren Sie danach den oberen Ring ebenso (siehe Abbildung). Stellen Sie erneut sicher, dass die Enden des Expanders nicht überlappen.
5 Nachdem alle drei Ölring-Bauteile installiert sind, muss kontrolliert werden, ob sich die beiden dünnen Ringe in ihrer Nut sanft drehen.
6 die beiden oberen Kompressionsringe können anhand ihrer unterschiedlichen Profile unterschieden werden, beide Ringe sind an der Oberseite markiert (siehe Abbildungen).
7 Installieren Sie als Nächstes den zweiten Kompressionsring, dessen Markierung nach oben zeigen muss, in die mittlere Ringnut des Kolbens (siehe Abbildung). Drücken Sie den Ring dazu nicht weiter auseinander als nötig. Am sichersten geht der Einbau mit einer Kolbenringzange oder alten Fühlerlehrenblättern.
8 Setzen sie schließlich den oberen Ring in gleicher Weise in die obere Nut des Kolbens ein (siehe Abbildung). Die Identifikationsmarkierung nahe der Öffnungen muss oben stehen.

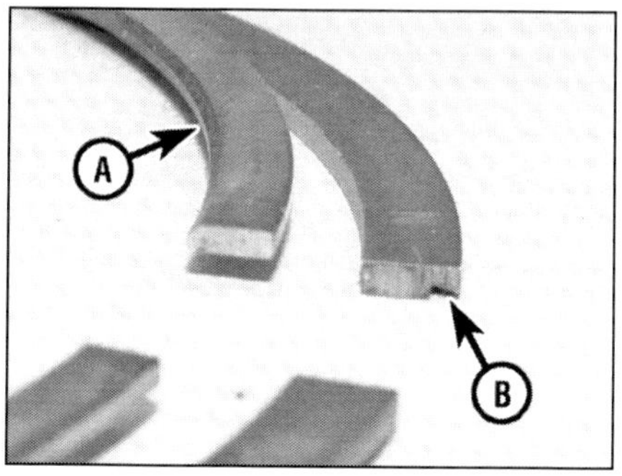

14.6a Beachten Sie die unterschiedlichen Profile vom oberen (A) und zweiten Ring (B).

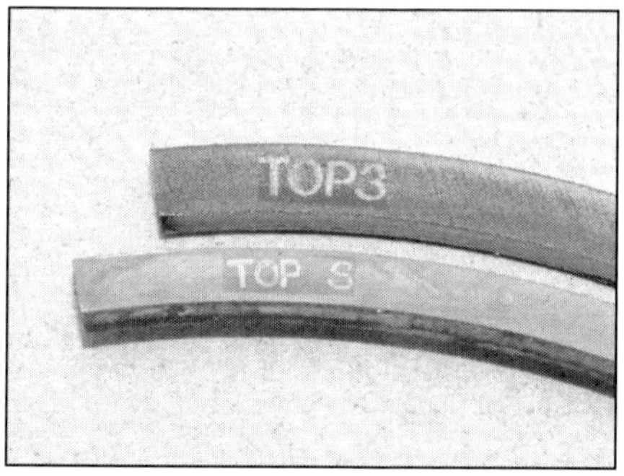

14.6b Beide Ringe sind an der Oberseite markiert.

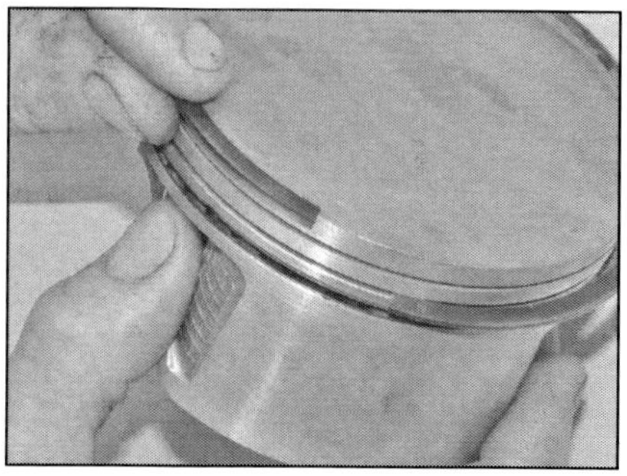
14.7 Installieren Sie wie beschrieben den zweiten ...

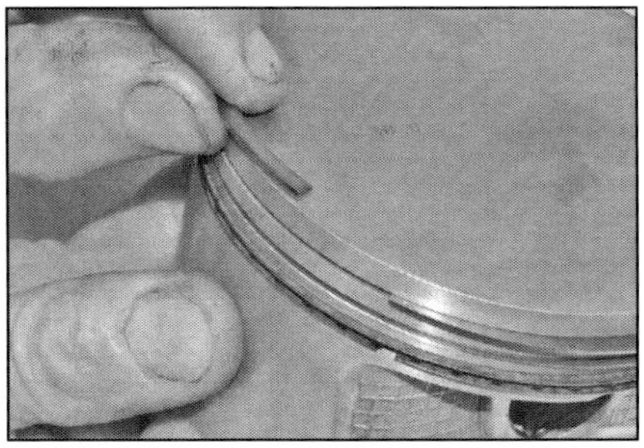

14.8 ... und den oberen Ring.

15.3 Entfernen Sie die Scheibe (A) und die dahinter sitzende Distanzhülse, ziehen Sie dann das Untersetzungsrad (B) und das Zwischenrad (C) ab.

15.4 Prüfen Sie wie beschrieben die Funktion des Freilaufs.

9 Wenn die Ringe korrekt installiert sind, müssen sie sich frei und ohne zu haken bewegen lassen. Verdrehen Sie die Ringstöße anschließend, sodass ihre Öffnungen 120° versetzt zueinander liegen.

15 Anlasserfreilauf und Untersetzung

Anmerkung: *Der Anlasserfreilauf kann bei eingebautem Motor demontiert werden. Ignorieren Sie bei ausgebautem Motor nicht zutreffende Schritte.*

Kontrolle

1 Die Funktion des Anlasserfreilaufs kann nach dem Ausbau des Anlassers (siehe Kapitel 9) im eingebauten Zustand überprüft werden: Von links durch die Anlasseröffnung betrachtet muss sich das Untersetzungsrad im Uhrzeigersinn drehen lassen, wogegen es gegen den Uhrzeigersinn blockieren muss – bei anderen Ergebnissen ist der Freilauf defekt und muss zur Inspektion ausgebaut werden.

Ausbau

2 Entfernen Sie den Lichtmaschinenrotor (siehe Kapitel 9). Wurde das Kurbelwellenrad nicht bereits zusammen mit dem Rotor abgezogen, muss es jetzt von der Kurbelwelle gezogen werden.

3 Entfernen Sie die Scheibe und die Distanzhülse vom Zwischenrad (siehe Abbildung). Ziehen Sie das Untersetzungsrad von der Welle – bei Funduro- und ST-Modellen zusammen mit der großen Scheibe des Zwischenrades. Ziehen Sie das Zwischenrad von der Welle.

Kontrolle

4 Falls getrennt, wird das Kurbelwellenrad in den hinten am Lichtmaschinenrotor sitzenden Freilauf geschoben. Drehen Sie es im Uhrzeigersinn, um die Rollen zu spreizen und es einschieben zu können. Während der Lichtmaschinenrotor nach unten auf der Werkbank liegt, wird geprüft, ob das eingeschobene Kurbelwellenrad sich im Uhrzeigersinn frei drehen lässt und beim Versuch, es gegen den Uhrzeigersinn zu drehen, blockiert (siehe Abbildung). Wenn nicht, muss der Freilauf zerlegt werden.

5 Ziehen Sie das Kurbelwellenrad aus dem Freilauf, und drehen Sie es dabei im Uhrzeigersinn.

6 Inspizieren Sie die im Freilaufgehäuse sitzenden Spreizrollen und die äußere Gleitfläche der Kurbelwellenradnabe; falls Rollen beschädigt, riefig oder an irgendeiner Stelle abgeflacht sind, muss der Freilauf erneuert werden (siehe Schritte 9 bis 11 und Abbildung). Falls die Nabe des Kurbelwellenrades verschlissen ist, muss dies ersetzt werden.

7 Kontrollieren Sie die Gleitfläche der Kurbelwellenrad-Buchse und ihre Lauffläche auf der Kurbelwelle (siehe Abbildung).

8 Begutachten Sie die Zähne vom Untersetzungsrad, Zwischenrad, Kurbelwellenrad und von der Anlasserwelle. Ersetzen Sie schadhafte Zahnräder bzw. den Anlasser (die Welle ist nicht separat erhältlich), falls gebrochene oder verschlissene Zähne feststellt werden. Kontrollieren Sie auch die Untersetzungs- und Zwischenradwellen auf Beschädigungen – die Räder dürfen nicht locker darauf sitzen.

Zerlegung und Zusammenbau

9 Um bei Funduro- und ST-Modellen den Freilauf vom Lichtmaschinenrotor zu trennen, müssen der Rotor gekontert und die Gehäuseschraubenmuttern gelöst werden. Entfernen Sie die Abdeckung, lösen Sie die Spreizrollen-Baugruppe aus dem Gehäuse, und entfernen Sie das Gehäuse – merken Sie sich die Einbaupositionen aller Teile. Kontrollieren Sie das Gehäuse auf Schäden und Verschleiß.

10 Um bei GS-, Dakar- und CS-Modellen den Freilauf vom Lichtmaschinenrotor zu trennen, müssen der Rotor gekontert und die Gehäuseschrauben gelöst werden (siehe Abbildung). Ziehen Sie den Freilauf hinten vom Lichtmaschinenrotor, und lösen Sie die Spreizrollen-Baugruppe aus dem Gehäuse – merken Sie sich die Positionen aller Teile. Kontrollieren Sie das Gehäuse auf Schäden und Verschleiß.

11 Installieren Sie die Spreizrollen-Baugruppe bei Funduro- und ST-Modellen mit dem Pfeil vom Rotor weg zeigend und bei GS-, Dakar- und CS-Modellen zum Rotor zeigend. Reinigen Sie die Freilaufgehäuse-Schrauben, und versehen Sie ihre Gewinde mit Loctite 648 (hochfest), bevor sie mit 10 Nm (Funduro- und ST-Modelle) bzw. 35 Nm (GS-, Dakar- und CS-Modelle) angezogen werden.

15.6 Inspizieren Sie die Spreizrollen (A) und die Kurbelwellenrad-Nabe (B).

15.7 Überprüfen Sie die Buchse (Pfeil) und ihren Sitz auf der Kurbelwelle.

15.10 Der Anlasserfreilauf ist mit sechs Schrauben hinten am Lichtmaschinenrotor befestigt.

15.12a Installieren Sie das Zwischenrad, ...

15.12b ... das Untersetzungsrad, ...

15.12c ... die Distanzhülse ...

Einbau

12 Schmieren Sie die Zwischenrad- und Untersetzungsrad-Wellen mit Motoröl. Schieben Sie das Zwischenrad auf seine Welle (siehe Abbildung). Schieben Sie das Untersetzungsrad mit dem kleineren Zahnrad nach innen auf seine Welle, installieren Sie bei Funduro- und ST-Modellen dabei auch die große Scheibe über das Zwischenrad (siehe Abbildung). Schieben Sie die Distanzhülse gefolgt von der Scheibe auf die Zwischenradwelle (siehe Abbildungen).

13 Versehen Sie den Gleitbereich (aber nicht den Konus!) der Kurbelwelle sowie die äußere Fläche des Zahnrads, der in den Freilauf greift, mit Molybdänfett. Schmieren Sie die Außenseite der Zahnradnabe, die in die Gleitrollen greift, mit frischem Motoröl. Installieren Sie das Kurbelwellenrad in den Freilauf – drehen Sie es dabei im Uhrzeigersinn (siehe Abbildung).

14 Installieren Sie den Lichtmaschinenrotor (siehe Kapitel 9).

16 Kupplung

Anmerkung 1: *Die Kupplung kann bei eingebautem Motor demontiert werden. Ist der Motor bereits ausgebaut, müssen nicht zutreffende Schritte ignoriert werden.*

Anmerkung 2: *Die Kupplungsmutter darf nach dem Lösen nicht wiederverwendet werden – beschaffen Sie sich rechtzeitig eine neue.*

Spezialwerkzeug: *Für diese Arbeit wird ein Kupplungsnaben-Haltewerkzeug benötigt – siehe Schritt 6.*

Ausbau

1 Lassen Sie das Motoröl ab (siehe Kapitel 1).

2 Entfernen Sie den Anlasser (siehe Kapitel 9). Demontieren Sie die Wasserpumpe (siehe Kapitel 3) – es ist nicht nötig, die Pumpe vom Kupplungsdeckel zu trennen (folgen Sie nur den Punkten zum Ausbau des Kupplungsdeckels).

3 Lockern Sie schrittweise und über Kreuz die sechs Kupplungsfederschrauben, bis die Druckplatte entlastet ist (siehe Abbildung) – halten Sie die Kupplung dabei mit Lappen fest (die Schrauben sind nicht sehr fest angezogen). Lassen Sie nach Möglichkeit einen Assistenten die Kupplung halten, während Sie die Schrauben lösen. Entfernen Sie die Schrauben, die Federsitze und die Federn, nehmen Sie dann die Druckplatte ab (siehe Abbildung). BMW empfiehlt, die Kupplungsfedern nach jeder Zerlegung zu erneuern.

4 Entfernen Sie die Belag- und Stahlscheiben als Paket aus dem Kupplungskorb – beachten Sie ihre Einbaulage (bei manchen Modellen liegen die Laschen der äußeren Belagscheibe versetzt zu denen der anderen in flachen Nuten – bei anderen nicht), und legen Sie sie zusammen ab (siehe Abbildung).

5 Biegen Sie das Sicherungsblech von der Kupplungsmutter zurück (siehe Abbildung).

6 Um die Kupplungsmutter entfernen zu können, muss die Getriebeeingangswelle blockiert

15.12d ... und die Scheibe.

15.13 Stecken Sie das Kurbelwellenrad im Uhrzeigersinn drehend in den Freilauf.

16.3a Lösen Sie die sechs Kupplungsfederschrauben, und entfernen Sie die Federn, ...

16.3b ... um die Druckplatte abzunehmen.

16.4 Lagern Sie die entnommenen Kupplungsscheiben in der ursprünglichen Reihenfolge.

16.5 Biegen Sie die Lasche(n) der Sicherungsscheibe zurück.

2

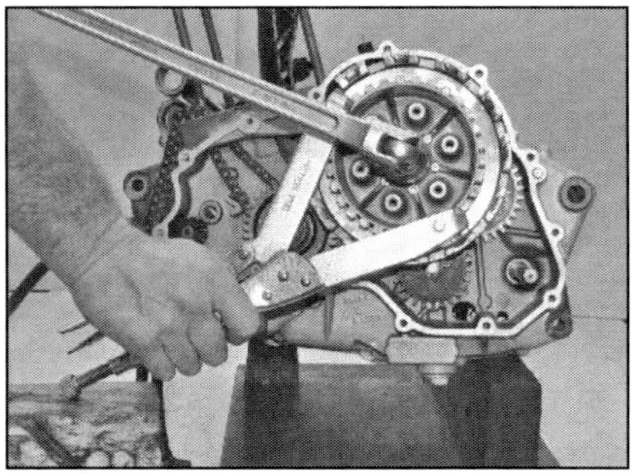

16.6 Blockieren Sie die Kupplung, während die Mutter gelöst wird.

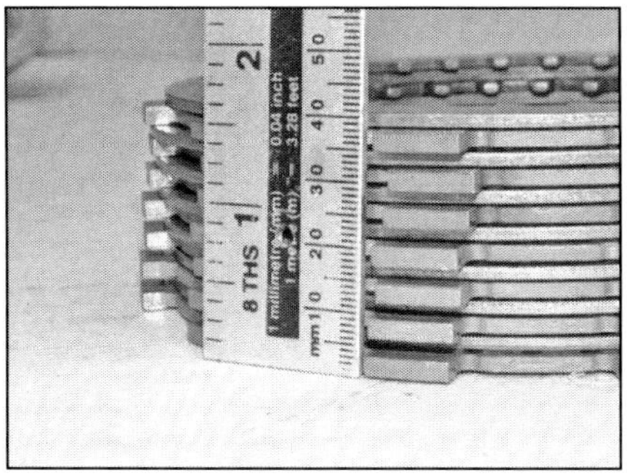

16.9 Messen Sie die Höhe der aufeinander gelegten Belagscheiben.

16.10 Kontrollieren Sie die Stahlscheiben auf Verzug.

16.11a Inspizieren Sie die Laschen der Belagscheiben und die Nuten des Kupplungskorbes ...

werden; dies kann auf verschiedene Arten geschehen: Sitzt der Motor im Rahmen, so wird der fünfte Gang eingelegt und von einem Assistenten die Fußbremse betätigt. Alternativ können das BMW-Spezialwerkzeug mit der Teilenummer 214600 oder ein ähnliches Blockierwerkzeug eingesetzt werden, um die Kupplungsnabe direkt zu blockieren (siehe Abbildung). Die Mutter ist mit Loctite 243 (mittelfest) gesichert, sodass zum Lösen etwas Wärme hilfreich ist. Lösen Sie die Mutter, und entfernen Sie die Sicherungsscheibe – diese muss ersetzt werden, wenn sie bereits mehrfach umgebogen wurde.

7 Ziehen Sie die Kupplungsnabe und die äußere Anlaufscheibe von der Eingangswelle (siehe bbildungen 16.19b und a).

8 Entfernen Sie den Kupplungskorb (siehe Abbildung 16.18a). Entfernen Sie das Nadellager und die innere Anlaufscheibe (siehe Abbildungen 16.17c und b). Befreien Sie den O-Ring aus seiner Nut – ersetzen Sie ihn später ggf. durch ein Neuteil (siehe Abbildung 16.17a).

Kontrolle

9 Nach einer großen Laufleistung ist es normal, dass die Kupplungsscheiben verschleißen und zu rutschen beginnen. Packen Sie die Belagscheiben zusammen, und messen Sie die Höhe des Stapels (siehe Abbildung) – liegt der Wert bei oder unter 24 mm (Funduro- und ST-Modelle) bzw. 27,5 mm (GS-, Dakar- und CS-Modelle), müssen die Belagscheiben als Satz ausgewechselt werden. Das Gleiche gilt, wenn Scheiben verbrannt oder verglast sind.

10 Die Stahlscheiben dürfen keine Anzeichen von Überhitzung (Blaufärbung) aufweisen. Kontrollieren sie mithilfe einer Fühlerlehre den Verzug der Scheiben, indem Sie sie auf eine ebene Oberfläche legen (siehe Abbildung). Wenn eine der Scheiben 0,15 mm oder mehr verzogen oder angelaufen ist, müssen alle Stahlscheiben als Satz ausgewechselt werden.

11 Inspizieren Sie die Laschen der Belagscheiben und die Nuten des Kupplungskorbes auf Grate und Einkerbungen (siehe Abbildung). Überprüfen Sie ebenso die inneren Laschen der Stahlscheiben und die Nuten der Kupplungsnabe (siehe Abbildung). Erhöhter Verschleiß in diesen Bereichen äußert sich durch eine rutschende und/oder schlecht trennende Kupplung, da die Scheiben beim Kuppeln verkanten. Geringfügiger Verschleiß an den Nuten des Korbes oder der Nabe kann vorsichtig mit einer feinen Feile geglättet werden, ansonsten müssen verschlissene Teile ersetzt werden.

12 Kontrollieren Sie das Nadellager und seine Laufflächen im Kupplungskorb und auf der Welle. Werden Verschleiß, Ausbrüche oder andere Schäden festgestellt, müssen entsprechende Teile ersetzt werden.

13 Begutachten Sie die Druckplatte und das Ausrücklager auf Verschleiß, Beschädigungen und rauen Lauf (siehe Abbildung). Überprüfen Sie, ob der äußere Lagerring fest in der Druckplatte sitzt und sich der Innenring frei und sanft drehen lässt. Inspizieren Sie die Zähne der Zugstange und ihre Gegenstücke auf der Ausrückwelle auf Anzeichen von Verschleiß oder Beschädigungen (siehe Abbildung). Ersetzen Sie alle defekten Teile – die Zugstange und das Lager werden von einem Seegerring gesichert, das Lager wird sich nach dem Erwärmen der Druckplatte lösen.

14 Überprüfen Sie den im Kupplungsdeckel sitzenden Ausrückmechanismus auf sanfte Funktion – wenn er schwergängig oder rau arbeitet, muss der Sprengring entfernt und die Welle herausgezogen werden (siehe Abbildung). Reinigen und kontrollieren Sie den Dichtring und die beiden im Deckel sitzenden Nadellager. Der Dichtring kann nötigenfalls herausgehebelt und durch ein Neuteil ersetzt werden. Beachten Sie für den Aus- und Einbau der Nadellager die Hinweise in den *Werkzeug- und Werkstatt-Tipps* im Anhang. Schmieren Sie die Nadellager mit Motoröl und die Lippe des Dichtrings mit Fett, bevor Sie die Welle einbauen.

16.11b ... sowie die Laschen und Nuten der Stahlscheiben und der Kupplungsnabe.

16.13a Überprüfen Sie das in der Druckplatte sitzende Ausrücklager und die Zugstangenverzahnung ...

16.13b ... sowie die Zähne der Ausrückwelle.

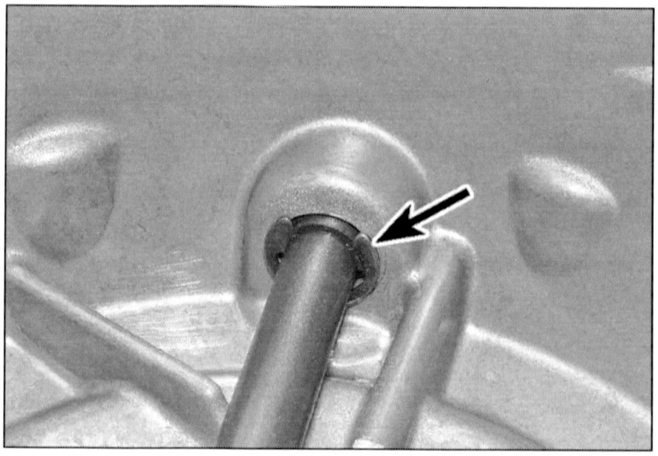

16.14 Entfernen Sie den Sprengring, um die Welle zu befreien.

16.15 Primärrad der Kurbelwelle (A), Primärtrieb der Kupplung (B), Ölpumpen-Antriebsrad (C)

15 Inspizieren Sie die Zähne der beiden Primärtrieb-Zahnräder (das Antriebsrad auf der Kurbelwelle und das angetriebene Rad hinten am Kupplungskorb) (siehe Abbildung). Bei Verschleiß oder ausgebrochenen Zähnen müssen das Antriebsrad und/oder der Kupplungskorb ersetzt werden. Kontrollieren Sie ebenso die insgesamt vier Ölpumpen-Zahnräder.

Einbau

16 Entfernen Sie alle Reste alter Dichtungen von den Dichtflächen des Motorgehäuses und des Deckels.

17 Schmieren Sie den Innenbereich des Kupplungskorbes, die Verzahnung, die Gleitfläche der Getriebeeingangswelle und die Nadellager mit einem Gemisch aus gleichen Teilen Molybdänfett und Motoröl. Installieren Sie den O-Ring in seine Nut (siehe Abbildung) – benutzen Sie evtl. einen neuen. Schieben Sie die innere Anlaufscheibe und das Nadellager – das kürzere voran – auf die Welle (siehe Abbildungen).

18 Schieben Sie den Kupplungskorb über die Lager (siehe Abbildung), dabei müssen die Zahnräder des Primärtriebs und des Ölpumpenantriebs ineinandergreifen – drehen Sie die Ölpumpenräder per Hand, während Sie den Kupplungskorb aufschieben; sobald die Zähne ineinandergreifen, lässt sich der Korb etwas weiterschieben und die Ölpumpenräder nicht mehr unabhängig von der Kupplung drehen (siehe Abbildung).

19 Schieben Sie die äußere Anlaufscheibe auf die Welle (siehe Abbildung) und die Kupplungsnabe auf die Wellenverzahnung (siehe Abb.).

20 Legen Sie die Sicherungsscheibe mit den Laschen nach außen zeigend auf – verwenden Sie nötigenfalls eine neue. Achten Sie darauf, dass sie korrekt über der Verzahnung liegt und nicht abrutscht (siehe Abbildung). Versehen Sie das Gewinde der Kupplungsmutter mit Loctite 243 (mittelfest), und installieren Sie die Mutter mit der Vertiefung nach innen (siehe Abbildung). Kontern Sie die Kupplung wie beim Lösen der Mutter (siehe Schritt 6), und ziehen

16.17a Installieren Sie den O-Ring in seine Nut, ...

16.17b ... und schieben Sie die Anlaufscheibe ...

16.17c ... sowie die beiden Nadellager (das kleinere zuerst) auf die Welle.

16.18a Richten Sie den Kupplungskorb über den Lagern aus.

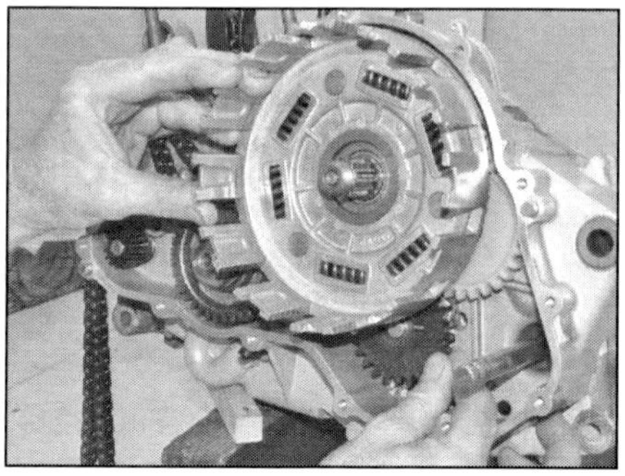

16.18b Die Zähne vom Ölpumpenantrieb und Primärtrieb müssen ineinandergreifen.

16.19a Legen Sie die Anlaufscheibe auf, ...

2

16.19b ... und installieren Sie die Kupplungsnabe.

16.20a Richten Sie die Sicherungsscheibe mit den erhabenen Laschen nach außen über der Verzahnung aus.

16.20b Installieren Sie die Kupplungsmutter (mit der Vertiefung nach innen), ...

16.20c ... und ziehen Sie sie bei blockierter Kupplung mit 140 Nm an.

16.20d Biegen Sie die Laschen gegen die Mutter.

16.21a Beginnen Sie zunächst mit einer Belagscheibe, ...

Sie sie mit 140 Nm an (siehe Abbildung). Biegen Sie die Laschen der Sicherungsscheibe gegen die Mutter (siehe Abbildung).

21 Werden die alten Kupplungsscheiben wiederverwendet, müssen sie in ihre ursprünglichen Positionen gelangen, werden neue installiert (oder die alten waren durcheinandergeraten), müssen sie wie folgt eingesetzt werden:

- Bei Modellen mit acht Belagscheiben muss diejenige identifiziert werden, die sich von den anderen unterscheidet – das ist die äußere Scheibe. Ölen Sie alle Belagscheiben vor dem Einbau ein, und legen Sie sie folgendermaßen in die Kupplung: zuerst eine Stahlscheibe, dann abwechselnd Stahl- und Belagscheiben, bis alle installiert sind – die äußere Belagscheibe sieht anders aus als die anderen und liegt versetzt zu diesen in den flachen Nuten des Kupplungskorbes.
- Bei Modellen mit sieben Belagscheiben muss die einzelne Scheibe identifiziert werden, die mit einer Markierung versehen ist – das ist die äußere Scheibe (bei dem von uns fotografierten Modell war keine Markierung zu finden). Ölen Sie alle Belagscheiben vor dem Einbau ein, und legen Sie sie folgendermaßen in die Kupplung: zunächst eine Stahlscheibe, dann abwechselnd Stahl- und Belagscheiben, bis alle installiert sind (siehe Abbildungen).

22 Schmieren Sie das Ausrücklager mit Motoröl und beide Enden der Zugstange mit Molybdänfett. Setzen Sie die Druckplatte so auf, dass die Angüsse in die Nuten der Kupplungsnabe greifen (siehe Abbildung). Installieren Sie die neuen Federn, die Federsitze (mit dem Absatz in die Feder) und die Schrauben – halten Sie die Kupplung, und ziehen Sie die Schrauben schrittweise und über Kreuz bis zum Drehmoment von 10 Nm an (siehe Abbildung).

23 Montieren Sie die Wasserpumpe (siehe Kapitel 3) und den Anlasser (siehe Kapitel 9).

24 Füllen Sie Öl und Kühlmittel auf (siehe Kapitel 1 und *Tägliche Kontrollen*), und stellen Sie das Spiel des Kupplungszuges ein (siehe Kapitel 1).

17 Kupplungsbowdenzug

1 Beginnen Sie am Lenker. Ziehen Sie die Gummimanschette zurück, und lockern Sie den Konterring des Einstellers, drehen Sie

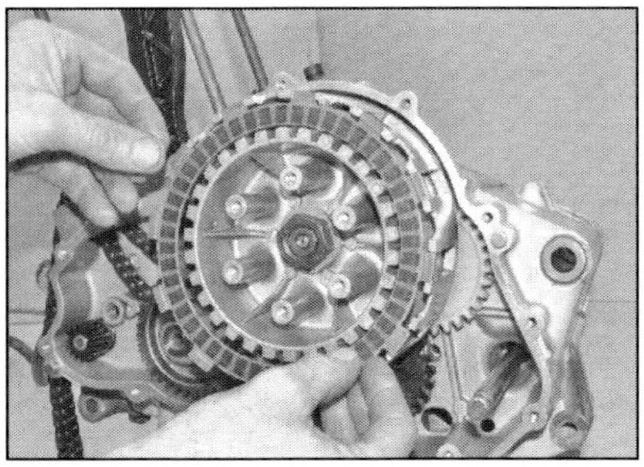

16.21b ... und installieren Sie dann abwechselnd Stahl- und Belagscheiben.

16.22a Installieren Sie die Druckplatte mit den Angüssen über diejenigen der Kupplungsnabe.

16.22b Installieren Sie die Federn, die Federsitze und die Schrauben.

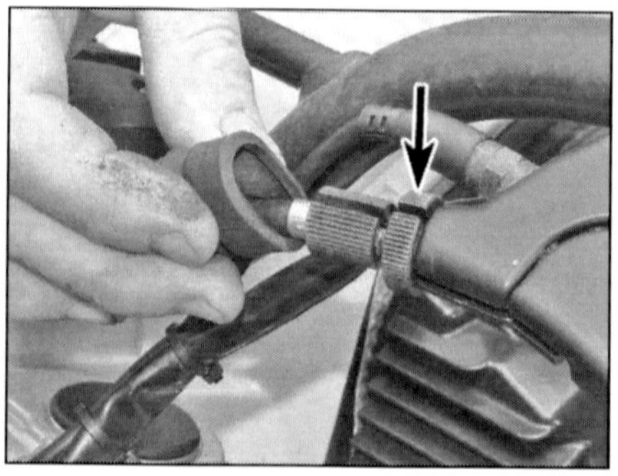

17.1a Ziehen Sie die Gummimanschette ab, und lockern Sie den Konterring (Pfeil).

17.1b Drehen Sie den Einsteller vollständig in den Hebelhalter.

17.2a Schwenken Sie den Ausrückhebel nach vorne, ziehen Sie die Bowdenzughülle aus den Halter, ...

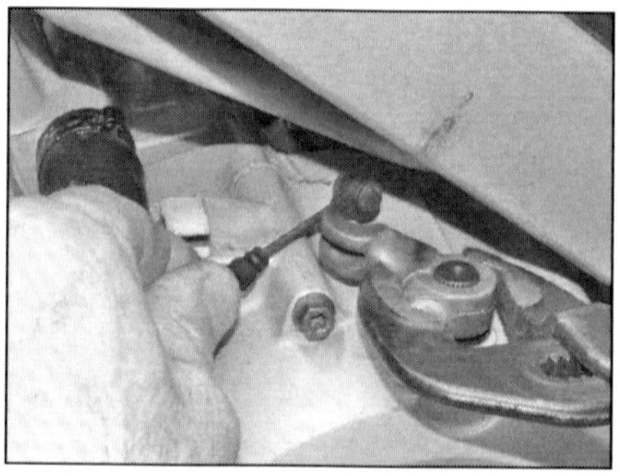

17.2b ... und befreien Sie den Nippel aus dem Hebel.

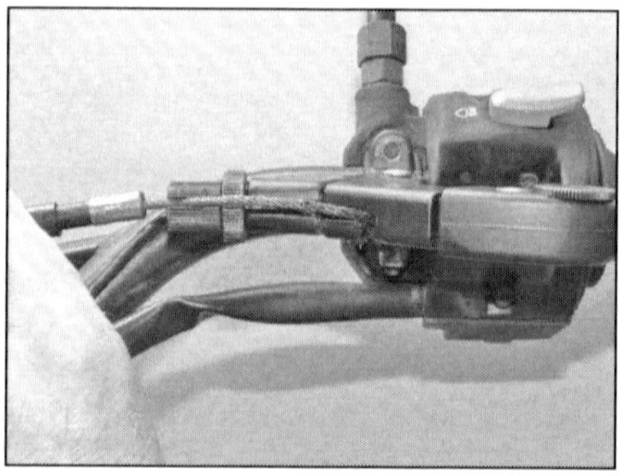

17.3a Richten Sie alle Nuten aus, und befreien Sie den Kupplungszug aus dem Einsteller...

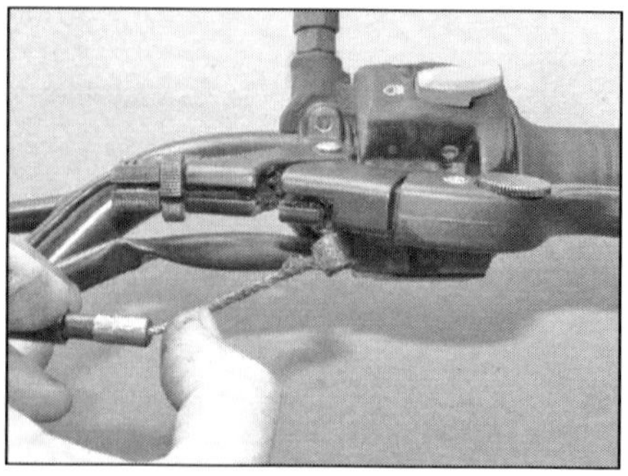

17.3b ... sowie aus dem Hebel.

dann den Einsteller vollständig in den Kupplungshebelhalter (siehe Abbildungen) – so entsteht genügend Spiel im Zug, und der Einsteller befindet sich in seiner Ausgangsposition.

2 Drehen Sie mit einer geeigneten Zange den links oben am Motorgehäuse sitzenden Ausrückhebel nach vorne, ziehen Sie die Bowdenzughülle aus ihrem Sitz, und befreien Sie den Nippel aus dem Hebel (siehe Abbildungen).

3 Richten Sie am Lenkerende die Nuten von Einsteller und Konterring zu der des Halters aus, ziehen Sie die Bowdenzughülle aus ihrem Sitz im Einsteller, und befreien Sie den Nippel aus dem Kupplungshebel (siehe Abbildungen). Befreien Sie den Kupplungszug unter Beachtung seiner Verlegung aus dem Motorrad.

Praxis TiPP ***Soll ein neuer Bowdenzug installiert werden, ist es ratsam, dessen unteres Ende mit Klebeband am oberen des alten Zuges zu befestigen, bevor dieser ausgebaut wird. So kann der neue Zug in die richtige Position gezogen werden, während der alte langsam nach unten herausgezogen wird.***

4 Der Einbau entspricht der umgekehrten Ausbaureihenfolge. Versehen Sie die Bowdenzugenden mit Fett, und prüfen Sie, ob der Zug korrekt verlegt und gesichert ist. Stellen Sie den Bowdenzug wie in Kapitel 1 beschrieben ein. Verdrehen Sie nach dem Einbau den oberen Einsteller und seinen Konterring so, dass die Nuten nicht zueinander ausgerichtet sind.

18 Ölpumpen

Anmerkung: *Die Ölpumpen können ausgebaut werden, während sich der Motor im Rahmen befindet – ignorieren Sie bei ausgebautem Motor entsprechende Schritte.*

Ausbau

1 Lassen Sie das Motoröl und das Kühlmittel ab (siehe Kapitel 1). Bauen Sie die Kupplung aus (siehe Sektion 16).

2 Der Motor ist mit zwei Ölpumpen ausgerüstet. Oben sitzt die Pumpe für die Druckschmierung, unten die zum Absaugen und Rückfördern in den Öltank. Arbeiten Sie zurzeit immer nur an einer Pumpe – wenn beide ausgebaut werden, müssen ihre Einzelteile separat voneinander gelagert werden. Entfernen Sie das Zahnrad von der Ölpumpe – ziehen oder hebeln Sie es bei Funduro- und ST-Modellen bis Motornummer 398297 von der Antriebswelle, um es von seinem Mitnehmerstift zu befreien. Entfernen Sie bei allen anderen Modellen zunächst den Seegerring, um es von der Antriebswelle zu ziehen oder zu hebeln und vom Stift zu befreien (siehe Abbildungen).

3 Drehen Sie die Welle, um den Mitnehmerstift zur Nut im Motorgehäuse auszurichten und herausziehen zu können. Entfernen Sie die Scheibe (siehe Abbildungen).

2

18.2a Entfernen Sie den Seegerring, ...

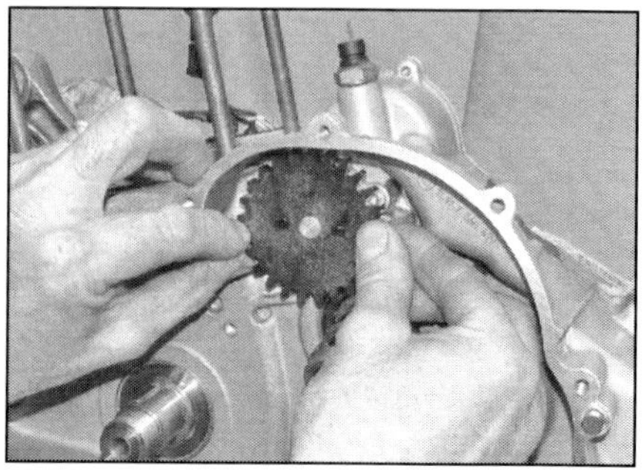

18.2b ... und ziehen oder hebeln Sie das Ölpumpenrad vom Mitnehmerstift.

18.3a Ziehen Sie den Mitnehmerstift heraus.

18.3b Entfernen Sie die Scheibe.

18.4 Lösen Sie die drei Schrauben, ...

18.5a ... und ziehen Sie die Welle samt Deckel und Innenrotor ab, ...

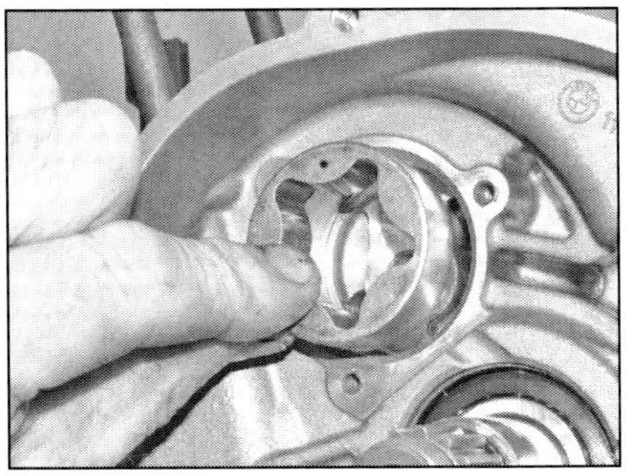

18.5b ... und entfernen Sie den Außenrotor.

18.6a Entfernen Sie den Seegerring und die Scheibe, ...

4 Lösen Sie nun die Pumpendeckelschrauben (siehe Abbildung).
5 Ziehen Sie die Welle samt Deckel und Innenrotor heraus (siehe Abbildung). Entfernen Sie den Außenrotor aus dem Pumpengehäuse (siehe Abbildung). Schieben Sie den Innenrotor die Pumpenwelle hoch, entfernen Sie den Mitnehmerstift, und ziehen Sie den Rotor ab (siehe Abbildung 18.13b).
6 Entfernen Sie nötigenfalls das Zwischenrad. Lösen Sie bei Funduro- und ST-Modellen zunächst die Tachowelle und entfernen Sie die Tachoantriebswelle, bevor Sie das Zahnrad abziehen. Entfernen Sie bei allen anderen Modellen den Seegerring und die Federscheibe, bevor Sie das Zahnrad abziehen (siehe Abbildungen).

18.6b ... und ziehen Sie das Zwischenrad von der Welle.

Kontrolle

7 Reinigen Sie alle Teile mit Lösungsmittel.
8 Begutachten Sie die Pumpenrotoren und Gehäuse auf Riefen und Verschleiß.
9 Messen Sie mithilfe einer Fühlerlehre das Spiel zwischen den Spitzen des Innenrotors und dem Außenrotor sowie zwischen dem Außenrotor und dem Gehäuse (siehe Abbildungen). Übersteigt das Spiel irgendwo 0,25 mm, müssen die Rotoren als Paar ersetzt werden.
10 Kontrollieren Sie das Ölpumpen-Antriebsrad (hinten an der Kupplung), die beiden Ölpumpenräder und das Zwischenrad auf Verschleiß und ausgebrochene Zähne. Die Ölpumpenräder und das Zwischenrad müssen fest auf ihren Wellen stecken.

Einbau

11 Falls entfernt, muss das Zwischenrad installiert werden. Bauen Sie bei Funduro- und ST-Modellen die Tachoantriebswelle ein (siehe Abbildungen 18.6b und a).
12 Schmieren Sie den Außenrotor mit frischem Motoröl, und schieben Sie ihn mit der Körnermarkierung außen liegend in das Gehäuse (siehe Abbildung 18.5b).
13 Schieben Sie das innere Ende der Welle von außen durch den Deckel (siehe Abbildung). Schieben Sie den Innenrotor mit der Körner-

18.9a Messen Sie das Spiel zwischen Innenrotor und Außenrotor...

18.9b ... sowie zwischen Außenrotor und Gehäuse.

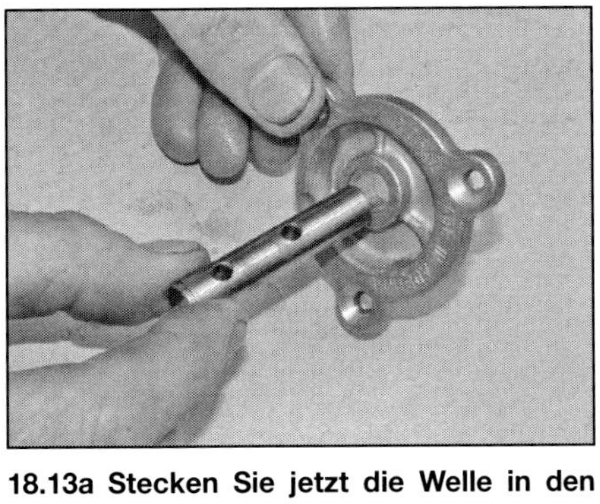

18.13a Stecken Sie jetzt die Welle in den Deckel, ...

markierung zum Deckel zeigend auf die Welle (siehe Abbildung). Stecken Sie den Mitnehmerstift in seine Bohrung, und richten Sie die Ausschnitte des Innenrotors über dem Stift aus (siehe Abbildung).

14 Schmieren Sie den Außenrotor mit frischem Motoröl. Installieren Sie die Baugruppe bestehend aus Welle, Innenrotor und Deckel so, dass der Innenrotor in den Außenrotor und die Welle in ihre Bohrung greifen (siehe Abbildung 18.5a). Versehen Sie die Gewinde der Deckelschrauben mit Loctite 243 (mittelfest), und ziehen Sie sie mit 6 Nm an.

15 Drehen Sie die Welle, um die Mitnehmerstiftbohrung zur Nut im Gehäuse auszurichten. Legen Sie die Scheibe auf, und drücken Sie den Mitnehmerstift in die Bohrung (siehe Abbildungen 18.3b und a).

16 Schieben Sie das Ölpumpenrad auf die Welle, und drücken Sie es über den Mitnehmerstift, bis es einrastet (siehe Abbildung). Installieren Sie bei allen außer Funduro- und ST-Modellen bis Motornummer 398297 den Seegerring in seine Nut (siehe Abbildung 18.2a).

17 Montieren Sie die Kupplung (siehe Sektion 16). Füllen Sie Motoröl und Kühlmittel auf (siehe Kapitel 1).

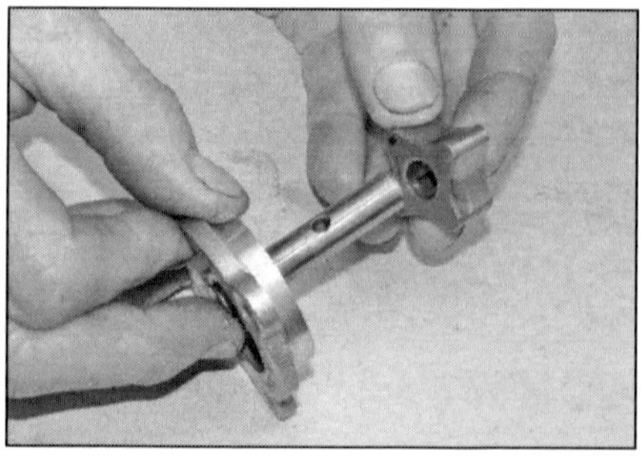

18.13b ... und schieben Sie den Innenrotor auf.

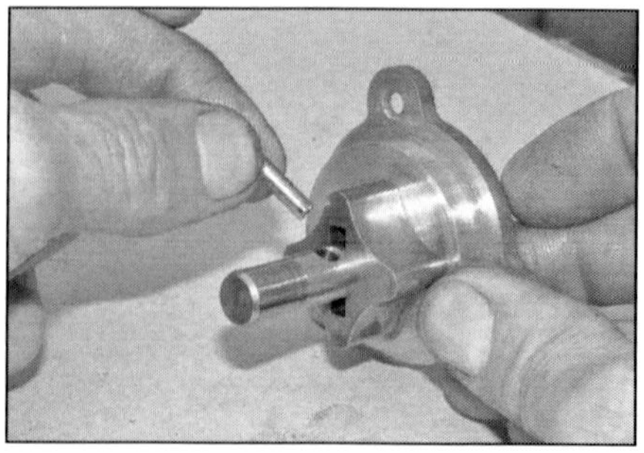

18.13c Installieren Sie den Mitnehmerstift, und richten Sie den Innenrotor darüber aus.

18.16 Richten Sie die Nuten zum Mitnehmerstift aus, und drücken Sie das Zahnrad darüber.

19.2 Lösen Sie die Mutter, und entfernen Sie die Scheibe.

19 Primärtriebrad

Anmerkung: *Das Primärtriebrad kann ausgebaut werden, während sich der Motor im Rahmen befindet – ignorieren Sie bei ausgebautem Motor entsprechende Schritte.*

Ausbau

1 Lassen Sie das Motoröl und das Kühlmittel ab (siehe Kapitel 1). Bauen Sie die Nockenwellen aus (siehe Sektion 8). Demontieren Sie die Kupplung (siehe Sektion 16).

2 Während die Kurbelwelle mit der ausreichend stabilen Schraube oder dem BMW-Spezialwerkzeug (Teilenummer 116570) blockiert ist, wird die die Primärradmutter gelöst und samt ihrer Scheibe entfernt (siehe Abbildung).

3 Drücken Sie die Steuerkettenspannerschiene nach hinten, und ziehen Sie das Primärrad samt dem von der Steuerkette befreiten Ritzel von der Kurbelwelle – beachten Sie, wie seine Nut über dem Keil ausgerichtet war (siehe Abbildung).

4 Falls der Keil locker in seiner Nut in der Kurbelwelle sitzt, muss er sichergestellt werden (siehe Abbildung).

Einbau

5 Falls entfernt, wird der Keil in seine Nut in der Kurbelwelle gesteckt (siehe Abbildung 19.4).

6 Sichergehend, dass die Steuerkette durch den Schacht geführt ist und um die Kurbelwelle herum liegt, wird das Primärrad mit dem Ritzel voran und mit der Nut zum Keil ausgerichtet auf die Welle geschoben, dabei muss die Kette um das Ritzel gelegt und die Kettenspannerschiene nach hinten gedrückt werden (siehe Abbildung).

7 Reinigen Sie die Gewinde der Kurbelwelle und der Mutter, und versehen Sie eins davon mit Loctite 243 (mittelfest). Stellen Sie sicher, dass die Kurbelwelle korrekt blockiert ist. Installieren Sie die Mutter samt Scheibe, und ziehen Sie sie mit 180 Nm an (siehe Abbildung).

8 Montieren Sie die Kupplung (siehe Sektion 16) und die Nockenwellen (siehe Sektion 8). Füllen

19.3 Ziehen Sie das Primärrad von der Kurbelwelle – befreien Sie dabei die Steuerkette vom Ritzel.

19.4 Entfernen Sie den Keil.

19.6 Legen Sie die Steuerkette um das Kurbelwellenritzel, und schieben Sie das Primärrad auf.

19.7 Legen Sie die Scheibe auf, und installieren Sie die Mutter – sie muss mit 180 Nm angezogen werden.

20.3a Hebeln Sie das Wasserpumpen-Antriebsrad von der Welle, ...

20.3b ... und entfernen Sie den Mitnehmerstift.

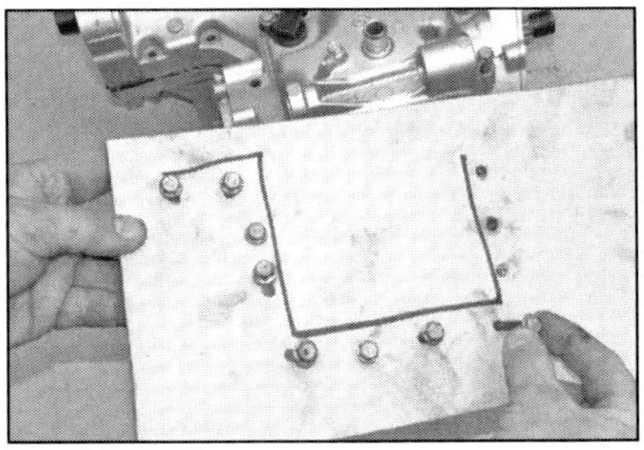

20.4 Mithilfe einer solchen vorbereiteten Pappe lassen sich die Gehäuseschrauben entsprechend ihrer Positionen lagern.

Sie dann Motoröl und Kühlmittel auf (siehe Kapitel 1).

20 Motorgehäuse

Anmerkung: *Um das Motorgehäuse trennen zu können, muss der Motor aus dem Rahmen gebaut werden.*

Trennen

1 Um zur Kurbelwelle, der Ausgleichswelle, deren Lagern, dem Schaltmechanismus, der Schaltwalze und den Schaltgabeln sowie den Getriebewellen Zugang zu erhalten, muss das Motorgehäuse getrennt werden.

2 Bevor das Motorgehäuse getrennt werden kann, sind folgende Bauteile zu entfernen:

Ölfilter (Kapitel 1)
Ventildeckel (Sektion 7)
Nockenwellen (Sektion 6)
Zylinderkopf (Sektion 10)
Zylinder (Sektion 12)
Kolben (Sektion 13)
Lichtmaschine (Kapitel 9)
Wasserpumpe (Kapitel 3)
Kupplung (Sektion 16)
Ölpumpen (nötigenfalls) (Sektion 18)
Steuerketten-Spannerschiene (Sektion 9)
Primärtriebrad (Sektion 19)
Steuerkette
Leerlaufschalter (Kapitel 9)

3 Hebeln Sie mithilfe eines Schraubendrehers das Wasserpumpen-Antriebsrad vom in der Ausgleichswelle steckenden Mitnehmerstift, und ziehen Sie diesen heraus (siehe Abbildungen).

4 Skizzieren Sie auf einem Stück Pappe die Positionen aller 13 Motorgehäuseschrauben, und stechen Sie entsprechende Löcher hinein, damit die Schrauben (samt Scheiben, Kabelklemmen usw.) hineingesteckt werden können (siehe Abbildung). So wird sichergestellt, dass später alles wieder an seine ursprüngliche Position gelangt. Ggf. vorhandene Kupferscheiben müssen bei der Montage durch Neuteile ersetzt werden, belassen Sie die alten jedoch zunächst als Einbauhinweise an den Schrauben.

5 Lösen Sie schrittweise und gleichmäßig die 13 in der rechten Gehäusehälfte steckenden Schrauben, bis alle handfest sind. Entfernen Sie die Schrauben samt Scheiben etc., und stecken Sie sie in die Pappe (siehe Abbildung).

6 Halten Sie die Gehäusehälften zusammen, und legen Sie den Motor mit der rechten Seite auf geeignete Hölzer, sodass er nicht auf der Kurbelwelle und der Getriebeausgangswelle aufliegt. Entfernen Sie das Kurbelwellen-Arretierwerkzeug (siehe Abbildung 8.30a).

7 Heben Sie vorsichtig die linke Gehäusehälfte von der rechten. Klopfen Sie nötigenfalls mit einem Kunststoffhammer oder Holzstück um die Dichtfläche herum das Gehäuse ab, und geben Sie leichte Schläge auf die linken Enden der Kurbelwelle, der Ausgleichswelle und der Getriebeeingangswelle, damit sichergestellt ist, dass alle Teile in der rechten Gehäusehälfte verbleiben (siehe Abbildung).

Anmerkung: *Lassen sich die Hälften nicht leicht trennen, müssen Sie sicherstellen, dass wirklich alle Befestigungen gelöst sind. Keinesfalls darf ein Hebel angesetzt werden, da damit die Dichtflächen zerstört würden. Beachten Sie die links auf der Kurbelwelle und der Ausgleichswelle liegende(n) Distanzscheibe(n) (siehe Abbildung 23.10) – sie müssen auf den Wellen verbleiben und dürfen nicht im Gehäuse kleben.*

8 Entfernen Sie die Gehäusedichtung – sie muss später auf jeden Fall erneuert werden.

9 Demontieren Sie nötigenfalls die Kurbelwelle, die Ausgleichswelle, die Schaltwalze und die Schaltgabeln, den Schaltmechanismus, die Getriebewellen und den Öldruckschalter – beachten Sie die entsprechenden Sektionen dieses Kapitels sowie Kapitel 9 für den Öldruckschalter. Überprüfen Sie die Bauteile und ihre Lager auf Verschleiß und Beschädigungen.

10 Lösen Sie die Schrauben des Ölleitblechs, und entfernen Sie dies aus der linken Gehäusehälfte (siehe Abbildung) und das darunterlie-

20.5 Lösen Sie die 13 Motorgehäuseschrauben.

20.7 Trennen Sie vorsichtig die Gehäusehälften.

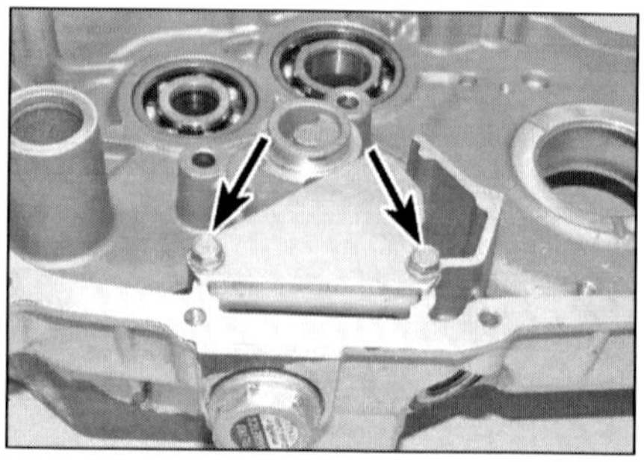

20.10a Lösen Sie die beiden Schrauben, und entfernen Sie das Ölleitblech, ...

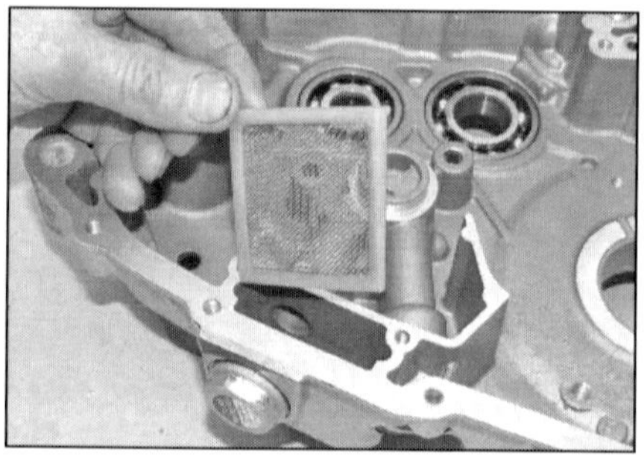

20.10b ... heben Sie dann das Ölsieb heraus.

20.19 Stecken Sie das Ölsieb mit der dünnen Seite voran in seine Nut.

gende Ölsieb (siehe Abbildung). Reinigen Sie das Sieb, und überprüfen Sie es auf Schäden.

11 Entfernen Sie sämtliche Dichtungsreste von den Kontaktflächen der Gehäusehälften und kleinere Beschädigungen an den Oberflächen mit einem feinen Abziehstein oder Wetzstein.

12 Reinigen Sie das Motorgehäuse sorgfältig mit frischem Lösungsmittel, und trocknen Sie es mit Druckluft.

Achtung: Passen Sie beim Entfernen von Dichtungsresten auf, keine Dichtflächen zu beschädigen. Kontrollieren Sie beide Gehäusehälften sorgfältig auf Schäden.

Kontrolle

13 Kleine Brüche oder Löcher in Leichtmetallgehäusen können provisorisch mit Epoxydharz repariert werden. Permanente Reparaturen können nur mit speziellen Schweißverfahren ausgeführt werden, und nur ein Spezialist ist in der Lage, wirtschaftliche und praktische Aspekte abzuwägen. Wenn eine irreparable Beschädigung vorliegt, müssen die Gehäusehälften als Satz ausgetauscht werden.

14 Beschädigte Gewinde können kostengünstig wiederhergestellt werden, wenn man nach entsprechendem Aufbohren einen Gewindeeinsatz (z.B. Heli-Coil) einschraubt.

15 Abgerissene Schrauben und Bolzen können mit Linksausdrehern demontiert werden, deren kegelförmiges Linksgewinde sich in ein vorsichtig vorgebohrtes Loch in der Schraube einfrisst und die Schraube herauszieht. Wenn Sie befürchten, hierbei an die Grenzen ihrer Fähigkeiten zu gelangen, sollten Sie lieber eine Fachwerkstatt aufsuchen, bevor Sie das sehr teure Gehäuse zerstören.

16 Prüfen Sie die Festigkeit der Zylinder-Stehbolzen. Wenn ein Bolzen locker ist, muss er gelöst und sein Gewinde gereinigt werden, bevor er mit Loctite 243 (mittelfest) versehen und installiert werden. Wie Stehbolzen mithilfe zweier Muttern aus- und eingebaut werden, ist in den *Werkzeug- und Werkstatt-Tipps* im Anhang beschrieben.

Praxis TiPP ***Wechseln Sie zu den Werkzeug- und Werkstatt-Tipps im Anhang, um Details über Gewindeeinsätze, Stehbolzen- und Linksausdreher zu erfahren.***

17 Wenn die Getriebewellen nicht ausgebaut wurden, muss der in der rechten Gehäusehälfte sitzende Ausgangswellen-Dichtring inspiziert und ggf. ersetzt werden (siehe Abbildung 23.4). Installieren Sie alle Komponenten in die auf Hölzern gelagerte rechte Gehäusehälfte.

18 Reinigen und entfetten Sie mit einem Lappen und Lösungsmittel die Dichtflächen beider Gehäusehälften.

19 Stecken Sie das Ölsieb mit der dünnen Seite voran in seine Nut in der linken Gehäusehälfte (siehe Abbildung). Legen Sie das Ölleitblech auf, und ziehen Sie seine Schrauben sorgfältig an (siehe Abbildung 20.10b).

20 Stellen Sie sicher, dass die Kurbelwelle exakt auf »OT« steht (siehe Abbildung). Legen Sie eine neue Gehäusedichtung auf die rechte Gehäusehälfte (siehe Abbildung).

21 Prüfen Sie erneut, ob alle Bauteile in Position liegen (siehe Abbildung 20.20a) – die Distanzscheibe(n) muss/müssen auf der Kurbelwelle und der Ausgleichswelle liegen (siehe Abbildung 26.2), und die Getriebeausgangswelle muss mit der Anlaufscheibe ausgerüstet sein (siehe Abbildung 23.10). Legen Sie vorsichtig die linke Gehäusehälfte auf die rechte – dabei müssen alle Wellen in ihre Lager gleiten (siehe Abbildung 20.7).

22 Kontrollieren Sie, ob die linke Gehäusehälfte korrekt sitzt. Installieren Sie zwei gereinigte Gehäuseschrauben – eine oben und eine unten – handfest von unten durch die rechte Gehäusehälfte, um beide Hälften zusammenzuhalten (siehe Abbildung). Installieren Sie das Kurbelwellen-Blockierwerkzeug, sodass es in die Nut der Kurbelwelle greift und diese blockiert (siehe Abbildung 8.5d). Stellen Sie den Motor aufrecht auf die Werkbank.

Achtung: Die Gehäusehälften müssen sich ohne Kraftaufwand verbinden lassen. Wenn sie nicht richtig passen, wird das Unterteil abgehoben und das Problem untersucht. Versuchen Sie nicht, das Gehäuse mit den Gehäuseschrauben zusammenzuziehen – dies würde zu Brüchen und zur Zerstörung des Gehäuses führen!

23 Reinigen Sie die anderen Gehäuseschrauben, und stecken sie sie in ihre ursprünglichen Bohrungen (siehe Abbildung 20.5). Ziehen Sie alle Schrauben zunächst handfest und dann von innen nach außen mit 10 Nm (Funduro- und ST-Modelle) bzw. 12 Nm (GS-, Dakar- und CS-Modelle) an.

24 Schneiden Sie das durch die Zylinderbohrung führende Gehäusedichtungs-Stück heraus (siehe Abbildung).

25 Wenn alle Gehäuseschrauben korrekt angezogen sind, wird geprüft, ob sich die Kurbelwelle, die Ausgleichswelle und die Getriebe-

20.20a Positionieren Sie die Kurbelwelle im »OT«.

20.20b Legen Sie eine neue Dichtung auf die Dichtfläche.

20.22 Installieren Sie beiden Schrauben, um das Gehäuse zusammenzuhalten.

20.24 Schneiden Sie die überstehende Dichtung bündig zum Gehäuse ab.

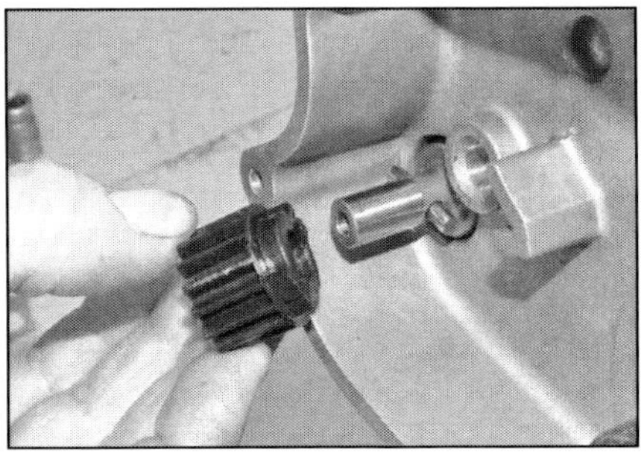

20.26a Schieben Sie das Wasserpumpen-Zahnrad über die Welle auf den Mitnehmerstift, ...

20.26b ... treiben Sie es nötigenfalls mit einem Steckschlüssel auf.

wellen sanft und frei drehen lassen. Die Getriebewellen müssen sich bei eingelegtem Leerlauf unabhängig voneinander drehen lassen. Schalten Sie das Getriebe mithilfe des aufgesteckten Schalthebels durch, während Sie die Ausgangswelle so schnell wie möglich von Hand drehen – alle Gänge müssen sich leicht einlegen lassen, und die Wellen müssen sich dabei frei drehen. Bei irgendwelchen Anzeichen von übermäßiger Schwergängigkeit, klemmenden Teilen oder anderen Problemen muss der Fehler behoben werden, bevor der Motor weiter komplettiert wird.

26 Stecken Sie den Wasserpumpen-Antriebsrad-Mitnehmerstift in die Bohrung der Ausgleichswelle (siehe Abbildung 20.3b). Drücken Sie das Zahnrad über den Stift, sodass er in seinen Ausschnitten liegt (siehe Abbildung) – treiben Sie es nötigenfalls mithilfe eines Hammers und eines geeigneten Steckschlüssels auf (siehe Abbildung).

27 Installieren Sie alle verbliebenen Bauteile in umgekehrter Ausbaureihenfolge (Schritt 2).

21 Schaltmechanismus

Ausbau

1 Bauen Sie den Motor aus (siehe Sektion 4), und trennen Sie die Gehäusehälften (siehe Sektion 20).

2 Beachten Sie, wie die Enden der Schalthebelwellen-Rückholfeder an beiden Seiten um den im Gehäuse sitzenden Arretierstift liegen, und wie die Schaltklauen auf den zwischen der Schaltwalze und dem Schaltstern sitzenden Stiften liegen. Schwenken Sie den Schaltklauenhebel von der Schaltwalze weg, greifen Sie die Welle, und ziehen Sie die Baugruppe heraus (siehe Abbildung).

3 Beachten Sie, wie die Enden der Arretierhebelfedern positioniert sind und die Rolle des Hebels im Leerlaufausschnitt des Schaltsterns liegt. Entfernen Sie den Hebel und die Feder unter Beachtung ihrer Positionen (siehe Abbildungen 21.7b und a).

Kontrolle

4 Kontrollieren Sie den Schaltwellenhebel auf Risse, Verformung und Verschleiß an den Klauen, überprüfen Sie ebenfalls die Stifte am Schaltstern (siehe Abbildung). Prüfen Sie, ob an der Rolle des Arretierhebels und/oder am Schaltstern der Schaltwalze Verschleiß oder Beschädigungen vorliegen; die Rolle muss sich frei drehen lassen (siehe Abbildung). Ersetzen Sie schadhafte Teile.

5 Begutachten Sie die Schalthebel-Rückholfeder, die Schaltklauenfeder und die Arretierhebelfeder auf Beschädigung und Verschleiß und Beschädigungen (siehe Abbildung) – ersetzen Sie eine schadhafte Feder. Bevor die Schalthebel-Rückholfeder ausgetauscht werden kann, muss die Scheibe und die Distanzbuchse von der Welle gezogen werden (siehe Abbildung). Richten Sie die Enden der neu installierten Welle auf beiden Seiten des Zapfens aus, schieben Sie die Distanzhülse in die Feder, und legen Sie die Scheibe darüber. Bevor die Schaltklauenfeder ausgetauscht wird, muss beachtet werden, wie ihre Enden eingehängt sind (siehe Abbildung).

6 Kontrollieren Sie die Schaltwelle auf Krümmung und Beschädigung der Verzahnung. Ist die Welle verbogen, kann sie vielleicht gerich-

21.2 Schwenken Sie den Schaltklauenhebel von der Schaltwalze, und ziehen Sie die Welle heraus.

21.4a Kontrollieren Sie die Schaltklauen und die Stifte der Schaltwalze.

21.4b Überprüfen Sie die Arretierhebelrolle und ihre Laufbahn auf dem Schaltstern.

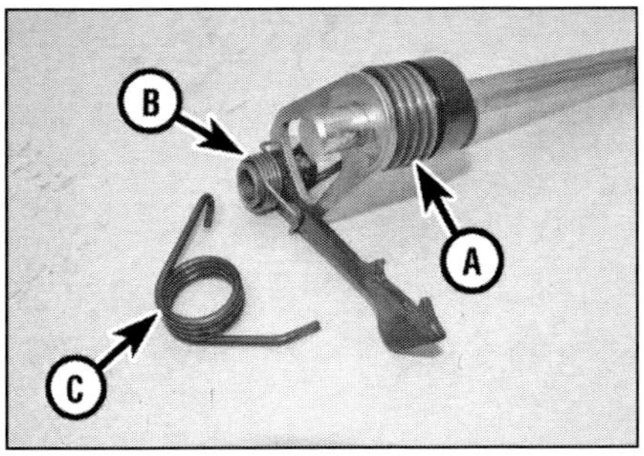

21.5a Kontrollieren Sie die Rückhol- (A), Schaltklauen- (B) und Arretierhebelfeder (C).

21.5b Ziehen Sie die Scheibe und Distanzhülse von der Welle. Entfernen Sie die Feder.

21.5c Die Enden der Schaltklauenfeder müssen so eingehängt sein.

21.6a Hebeln Sie den alten Schaltwellen-Dichtring heraus, ...

21.6b ... und treiben Sie den neuen in seinen Sitz.

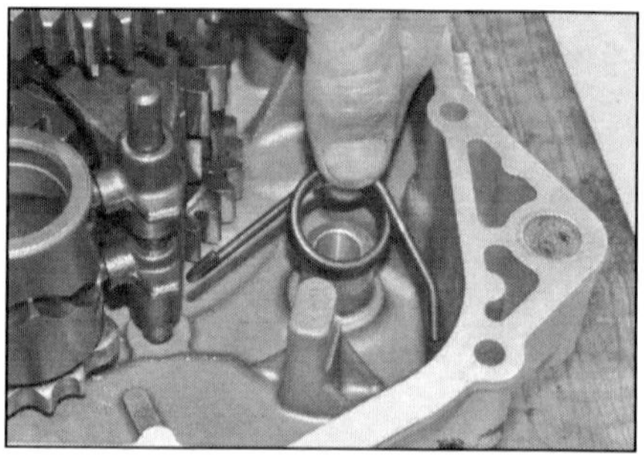

21.7a Richten Sie die Arretierhebel über dem Wellensitz aus ...

21.7b ... und positionieren Sie den Arretierhebel darüber, ...

21.7c ... während Sie die Welle hindurchschieben.

tet werden – bei einer kaputten Kerbverzahnung muss sie ausgewechselt werden. Kontrollieren Sie den Zustand des links im Motorgehäuse sitzenden Schaltwellendichtring – falls er beschädigt, verhärtet oder porös ist, muss er erneuert werden; hebeln Sie den alten Dichtring mit einem Schraubendreher oder Haken heraus (siehe Abbildung). Pressen oder treiben Sie den neuen Dichtring von Hand, mit einem Eintreiber oder einem passenden Steckschlüssel ein (siehe Abbildung).

Einbau

7 Die Schalthebel-Rückholfeder und die Arretierhebelfeder müssen korrekt positioniert sein (siehe Abbildung 21.5a). Richten Sie die Arretierhebelfeder und den Hebel richtig herum aus, sodass seine Rolle in den Leerlaufausschnitt des Schaltsterns greift. Halten Sie den Arretierhebel, sodass seine Bohrung zur Wellenbohrung im Gehäuse ausgerichtet ist, und schieben Sie die Welle durch den Hebel ein (siehe Abbildungen). Richten Sie die Schaltklauen über den Schaltwalzen-Stiften und die Rückholfeder an beiden Seiten des im Gehäuse sitzenden Arretierstifts aus (siehe Abbildung 21.2).

8 Stellen Sie sicher, dass alles korrekt und wie gezeigt positioniert ist (siehe Abbildung).

9 Montieren Sie die Motorgehäusehälften, und bauen Sie den Motor ein (siehe Sektion 4).

22 Schaltwalze und Schaltgabeln

Ausbau

1 Bauen Sie den Motor aus (siehe Sektion 4), und trennen Sie die Gehäusehälften (siehe Sektion 20).

2 Demontieren Sie den Schaltmechanismus (siehe Sektion 21).

3 Bevor die Schaltgabeln ausgebaut werden, müssen sie entsprechend ihrer Positionen mit einem Filzstift markiert werden, damit sie später wieder in ihre ursprünglichen Positionen gelangen.

4 Stützen Sie die Schaltgabeln, und ziehen Sie ihre Welle aus dem Gehäuse; entnehmen Sie die Gabeln – beachten Sie, wie ihre Führungsstifte in die Nuten der Schaltwalze greifen (siehe Abbildungen 22.15e, d, c, b und a). Schieben Sie die Gabeln entsprechend ihrer Positionen auf die Welle zurück.

5 Entfernen Sie die Schaltwalze (siehe Abbildung).

Kontrolle

6 Begutachten Sie die Schaltgabeln auf Anzeichen von Verschleiß und Beschädigung, besonders an den Enden, womit sie in die Nuten der Getrieberäder greifen (siehe Abbildung). Kontrollieren Sie, ob jede Gabel korrekt in die Getrieberadnut eingreift. Bei irgendeinem Schaden muss die entsprechende Gabel erneuert werden.

2

21.8 Stellen Sie sicher, dass alles korrekt positioniert ist.

22.5 Heben Sie die Schaltwalze aus dem Motorgehäuse.

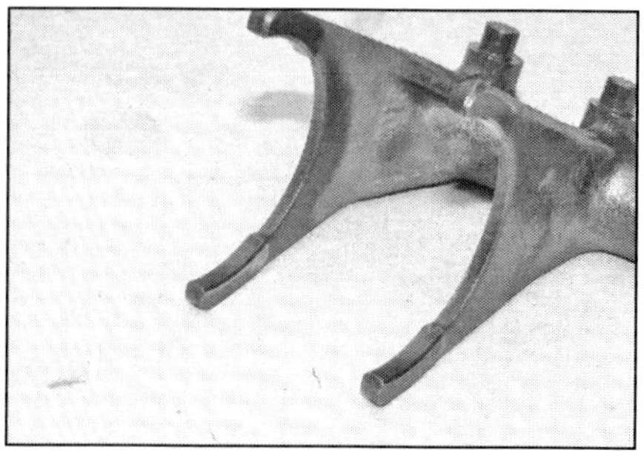

22.6 Inspizieren Sie die Schaltgabel-Enden und die Nuten der Zahnräder.

22.10 Prüfen Sie den Sitz der Schaltgabeln auf ihrer Welle, und inspizieren Sie die Führungsstifte sowie die Schaltwalzen-Nuten.

22.12a Kontrollieren Sie den Leerlaufschalter-Kontakt und die um ihn herum liegende Isolierscheibe ...

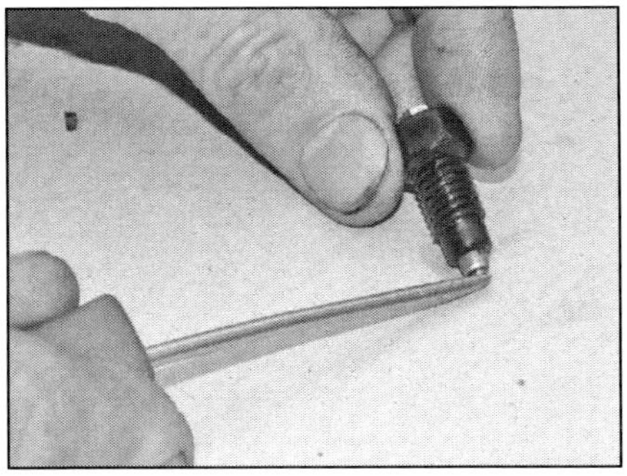

22.12b ... sowie den Stift des Schalters.

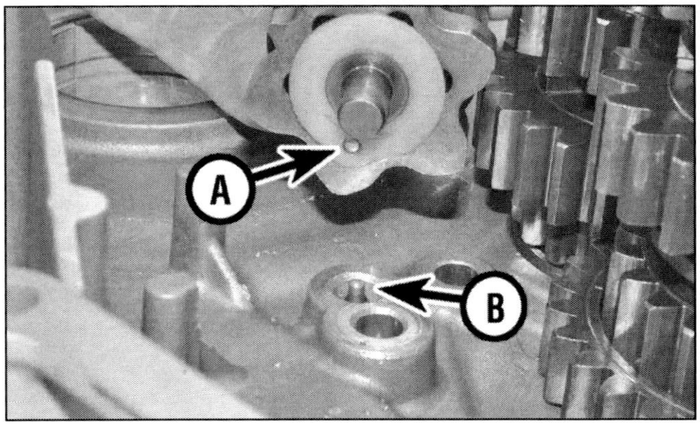

22.14 Positionieren Sie die Schaltwalze so, dass der Leerlauf-Kontakt (A) gegen den Stift des Leerlaufschalters (B) drückt.

22.15a Schieben Sie die untere Schaltgabel in die Nut des 5.-Gang-Rades der Ausgangswelle, ...

7 Messen Sie die Breite der Schaltgabelenden. Wenn weniger als 3,45 mm festgestellt werden, muss die Schaltgabel ersetzt werden.

8 Prüfen Sie genau, ob die Gabeln verbogen sind. Kontrollieren Sie, ob die Gabeln korrekt auf ihrer Welle sitzen – sie sollen sich frei und mit leichtem Schlupf bewegen, aber kein spürbares Lagerspiel haben. Überprüfen Sie, ob die Gabelwellenbohrungen im Motorgehäuse weder verschlissen noch beschädigt sind.

9 Prüfen Sie die Schaltgabelwelle auf Verzug. Eine verbogene Welle verursacht schwergängiges Schalten sowie Probleme beim Gangwechsel und muss ersetzt werden.

10 Inspizieren Sie die Nuten der Schaltwalze und die Führungsstifte der Schaltgabeln auf Verschleiß und Schäden (siehe Abbildung). Messen Sie die Breite der Schaltgabel-Führungsstifte – wenn weniger als 5,85 mm festgestellt werden, muss die Schaltgabel ersetzt werden.

11 Die Schaltwalze muss sich in beiden Gehäusehälften frei drehen lassen, darf jedoch kein Spiel aufweisen.

12 Überprüfen Sie den Leerlaufschalterkontakt und die Isolierscheibe vor dem Schaltstern auf Verschleiß und Beschädigungen (siehe Abbildung). Prüfen Sie, ob sich der Leerlaufschalterstift frei bewegen lässt (siehe Abbildung).

Einbau

13 Schmieren Sie vor dem Einbau alle Teile an den Lager- oder Kontaktstellen (also die Gabelenden, Zahnradnuten, Führungsstifte, Schaltwalzennuten, -Lagerzapfen und -bohrungen) mit einem Gemisch aus Molybdänfett und Motoröl.

14 Schieben Sie die Schaltwalze in das Motorgehäuse – der Leerlaufschalterkontakt muss über dem Schaltergehäuse liegen (siehe Abbildung).

15 Setzen Sie die Schaltgabeln entsprechend der zuvor angebrachten Markierungen in die Nuten der entsprechenden Getrieberäder, und richten Sie die Führungsstifte zu den Nuten der Schaltwalze aus (siehe Abbildungen). Schieben Sie die Schaltgabelwellen durch die Gabel(n) in ihre Sitze im Gehäuse (siehe Abbildungen) – die montierte Baugruppe muss wie gezeigt aussehen (siehe Abbildung).

16 Montieren Sie den Schaltmechanismus (siehe Sektion 21).

22.15b ... und richten Sie seine Führung zur Schaltwalzennut aus.

22.15c Installieren Sie die obere Schaltgabel, ...

22.15d ... und schieben Sie die Welle durch beide Gabeln in ihren Sitz.

22.15e Installieren Sie die Eingangswellen-Schaltgabel, ...

22.15f ... und schieben Sie die Welle durch die Gabel in ihren Sitz.

22.15g Prüfen Sie, ob alles korrekt positioniert ist.

17 Montieren Sie die Motorgehäusehälften, und bauen Sie den Motor ein (siehe Sektion 4).

23 Getriebewellen
Ausbau und Einbau

Ausbau

1 Bauen Sie den Motor aus (siehe Sektion 4), und trennen Sie die Motorgehäusehälften (siehe Sektion 20).

2 Demontieren Sie den Schaltmechanismus (siehe Sektion 21) sowie die Schaltwalze und die Gabeln (siehe Sektion 22). Um den Zugang zu verbessern, kann auch die Kurbelwelle ausgebaut werden (siehe Sektion 26).

3 Heben Sie die (hintere) Ausgangswelle und die (vordere) Eingangswelle zusammen aus der rechten Gehäusehälfte – beachten Sie, wie die Zahnräder ineinandergreifen (siehe Abbildung). Wenn die Wellen festsitzen, müssen mit einem Kunststoffhammer vorsichtig Schläge auf die Enden ausgeübt werden. Halten Sie bei der Eingangswelle die unteren drei Zahnräder fest, damit sie nicht herunterfallen. Die oberen beiden Zahnräder der Ausgangswelle sitzen auch locker – beachten Sie die darüberliegende Anlaufscheibe (siehe Abbildung 23.10).

4 Entfernen Sie den Ausgangswellen-Dichtring aus der rechten Motorgehäusehälfte. Er muss später auf alle Fälle erneuert werden (siehe Abbildung).

23.3 Heben Sie die Getriebewellen gemeinsam heraus – halten Sie dabei die unteren Zahnräder fest.

23.4 Hebeln Sie den alten Ausgangswellen-Dichtring heraus.

5 Falls nötig, können die Eingangs- und Ausgangswelle überholt werden (siehe Sektion 24).

6 Beachten Sie für die Kontrolle der Getriebewellenlager die Hinweise in den *Werkzeug und Werkstatt-Tipps* im Anhang (siehe Abbildungen), und ersetzen Sie sie nötigenfalls – hierzu muss die Gehäusehälfte auf 80 bis 100 °C erwärmt werden. Diejenigen Lager, die zu beiden Seiten geöffnet sind (also alle außer dem Eingangswellenlager in der rechten Gehäusehälfte), können mit einem geeigneten Steckschlüssel ausgetrieben werden. Das Eingangswellenlager in der rechten Gehäusehälfte muss mit einem speziellen Innenabzieher (ggf. samt Zughammer) ausgebaut werden. Lassen Sie ggf. einen Assistenten die Gehäusehälfte mit Lappen oder Handschuhen fest auf die Werkbank drücken. Ein Abzieher muss ggf. mit Hölzern gegen die Gehäusedichtfläche abgestützt werden. Neue Lager können mit geeigneten Steckschlüsseln oder speziellen Eintreibern installiert werden, die nur den Außenring des Lagers berühren – auch hierbei muss das Gehäuse erwärmt werden; ein im Gefrierfach oder mit Kältespray gekühltes Lager erleichtert den Einbau. Achten Sie darauf, dass ggf. abgedichtete Seiten der Lager außen liegen. Schützen Sie die Oberfläche der Gehäusehälfte vor Beschädigungen.

2

23.6a Kontrollieren Sie die Getriebewellenlager ...

23.6b ... in beiden Gehäusehälften.

23.7a Installieren Sie nun den neuen Dichtring, ...

23.7b ... und treiben Sie ihn bündig in seinen Sitz.

23.10 Die Ausgangswelle muss links mit der Anlaufscheibe ausgerüstet sein.

Einbau

7 Fetten Sie die Lippe des neuen Ausgangswellen-Dichtrings, und installieren Sie ihn von außen bündig in die rechte Gehäusehälfte (siehe Abbildungen).

8 Legen Sie die Getriebewellen nebeneinander, sodass ihre Zahnräder ineinandergreifen. Schmieren Sie die Lagerzapfen mit Molybdänfett. Greifen Sie beide Wellen, und halten Sie sie mit den linken Enden nach oben aufrecht – halten Sie dabei die drei Räder rechts auf der Eingangswelle fest, damit sie nicht abfallen (siehe Abbildung 23.3).

9 Senken Sie das Getriebewellenpaar in die rechte Gehäusehälfte ab, und klopfen Sie sie mit einem Kunststoffhammer in ihre Lager.

10 Prüfen Sie, ob beide Wellen korrekt sitzen und die Zahnräder ineinandergreifen. Die Anlaufscheibe muss links auf der Ausgangswelle liegen (siehe Abbildung).

11 Falls entfernt, wird die Kurbelwelle eingebaut (Sektion 26). Montieren Sie die Schaltwalze und die Schaltgabeln (Sektion 22) sowie den Schaltmechanismus (Sektion 21).

12 Montieren Sie die Motorgehäusehälften (Sektion 20). Bauen Sie den Motor ein (Sektion 4).

24 Getriebewellen
Überholung

1 Entfernen Sie die Getriebewellen (Sektion 23). Zerlegen Sie sie einzeln, um Verwechslungen zu vermeiden (siehe Abbildungen). Zum Entfernen der zwischen den Verzahnungen sitzenden Nadellager müssen diese an ihrer Öffnung gespreizt werden – aber nicht so weit, dass der Käfig beschädigt wird. Beim Zusammenbau müssen neue Seegerringe installiert werden.

24.1a Bauteile der Getriebeeingangswelle

1 *2.-Gang-Rad*
2 *5.-Gang-Rad*
3 *5.-Gang-Rad-Nadellager*
4 *Anlaufscheibe*
5 *3.-Gang-Rad*
6 *Seegerring*
7 *Anlaufscheibe*
8 *4.-Gang-Rad*
9 *Eingangswelle mit 1.-Gang-Rad*

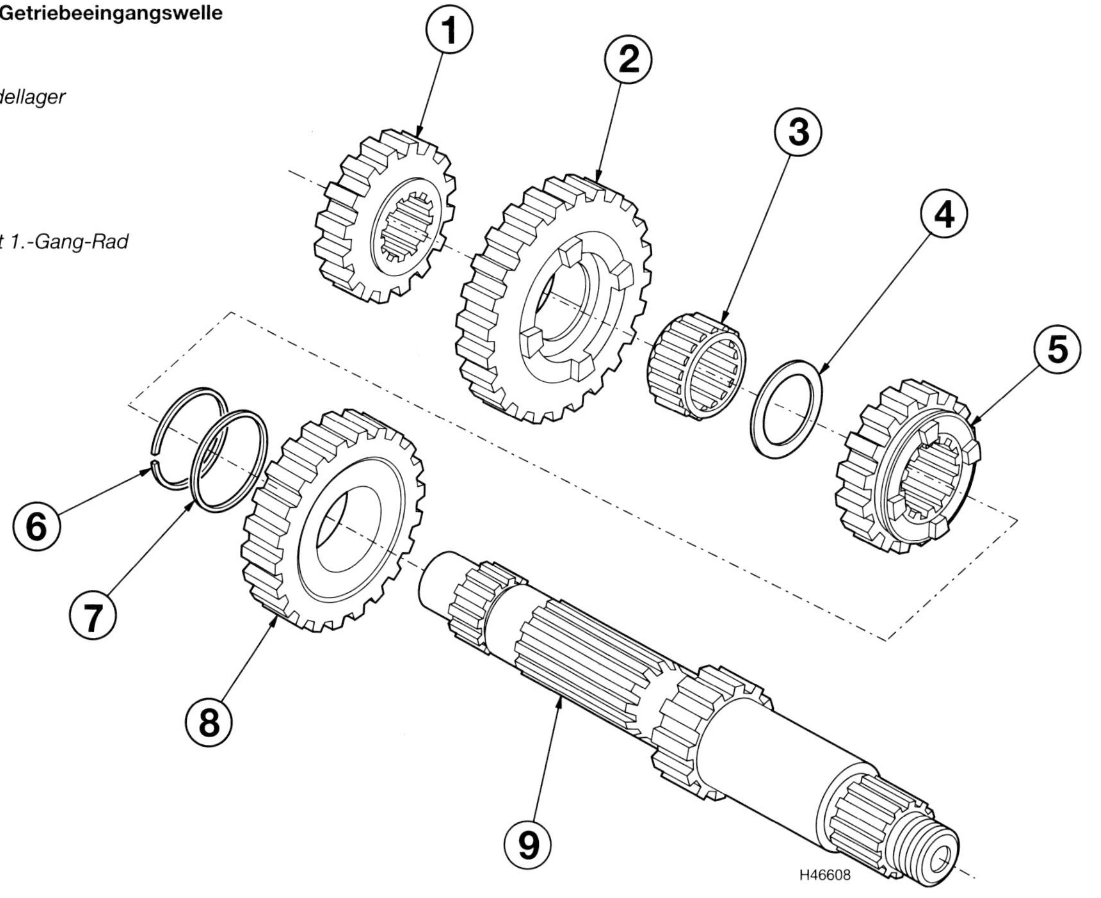

24.1b Bauteile der Getriebeausgangswelle

1 Ausgangswelle
2 Nadellager
3 2.-Gang-Rad
4 Laschenscheiben
5 Seegerring
6 5.-Gang-Rad
7 3.-Gang-Rad
8 4.-Gang-Rad
9 1.-Gang-Rad
10 Anlaufscheibe

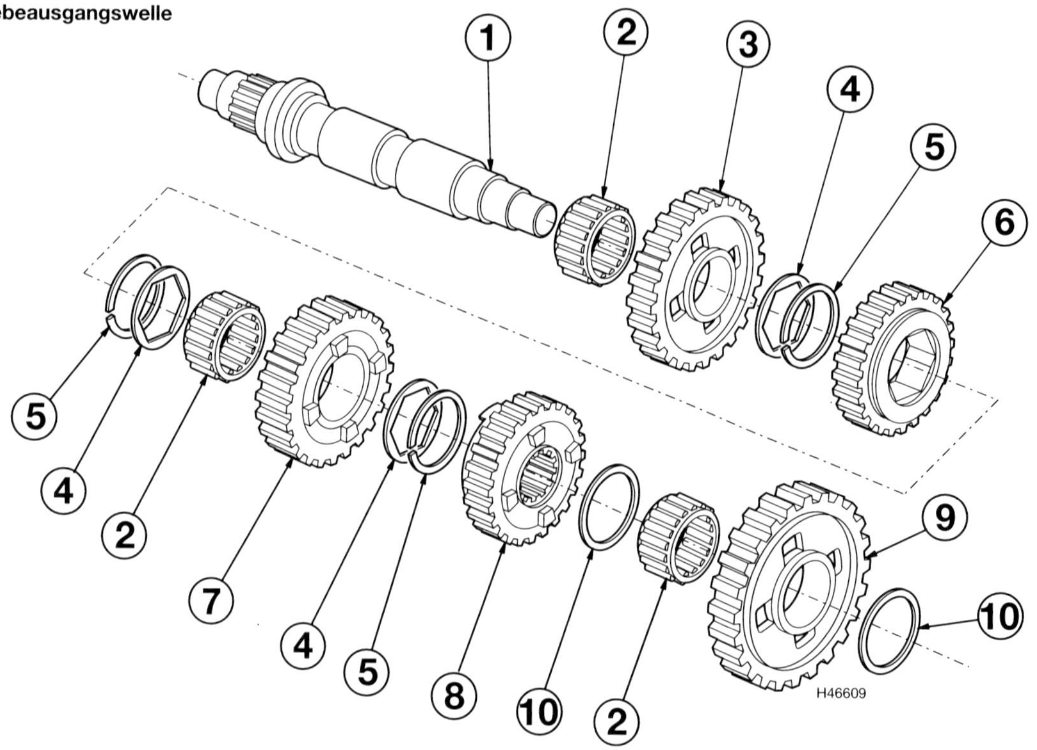

Praxis TiPP ***Beim Zerlegen der Getriebewellen sollten die Teile auf eine Stange gesteckt oder ein Draht durch sie hindurchgezogen werden, um die richtige Reihenfolge und Einbaulage zu garantieren.***

Eingangswelle

Zerlegung

2 Markieren Sie die Außenseite des 2.-Gang-Rades, damit es genauso herum montiert werden kann. Ziehen Sie das 2.-Gang-Rad gefolgt vom 5.-Gang-Rad und dessen Nadellager ab (siehe Abbildungen 24.17 sowie 24.16b und a).

3 Ziehen Sie die Anlaufscheibe und das 3.-Gang-Rad von der Welle (siehe Abbildungen 24.15b und a).

4 Entfernen Sie den Seegerring, der das 4.-Gang-Rad sichert, ziehen Sie dann die Anlaufscheibe und das Zahnrad ab (siehe Abbildungen 24.14c, b und a).

5 Das 1.-Gang-Rad ist in die Welle integriert (siehe Abbildung).

Eingangswelle

Kontrolle

6 Waschen Sie alle Bauteile in sauberem Lösungsmittel, und trocknen Sie sie ab. Alle Ölbohrungen und Ölkanäle müssen frei sein.

7 Kontrollieren Sie alle Zähne auf Ausbrüche, Lochbildung und andere augenfällige Beschädigungen oder Verschleiß. Alle beschädigten Zahnräder müssen ausgetauscht werden.

8 Inspizieren Sie die Mitnehmer und Mitnehmernuten der Zahnräder auf Brüche, Absplitterungen und exzessiven Verschleiß, besonders auch auf abgerundete Ecken. Gehen Sie sicher, dass Zahnradpaare sauber ineinandergreifen. Falls Ersatz nötig wird, ist immer paarweise auszutauschen.

9 Kontrollieren Sie alle Räder, Buchsen und die Welle auf Riefen und blaue Verfärbung, die auf Überhitzung durch mangelhafte Schmierung zurückzuführen ist. Kontrollieren Sie ob sich alle Zahnräder frei aber ohne Spiel auf der Welle oder Buchse drehen und gegebenenfalls verschieben lassen.

10 Eine Beschädigung der Welle ist sehr unwahrscheinlich, außer der Motor ist trocken gelaufen und hat gefressen, das Getriebe wurde unter sehr hoher Last gefahren, oder es liegt eine sehr hohe Laufleistung vor. Kontrollieren Sie die Oberfläche der Welle, besonders die Laufflächen der Zahnräder, und tauschen Sie die Welle aus, wenn Kerben oder Ausbrüche zu sehen sind oder anderer Verschleiß vorliegt. Messen Sie den Durchmesser der Lagerzapfen an den Wellen-Enden – rechts darf nicht weniger als 24,98 mm festgestellt werden – links sind es 16,98 mm; ersetzen Sie die Welle nötigenfalls.

11 Kontrollieren Sie alle Scheiben, und ersetzen Sie schadhafte Teile. Alle Seegerringe müssen pauschal durch Neuteile ersetzt werden.

Eingangswelle

Zusammenbau

12 Schmieren Sie während der Montage alle belasteten Teile der Welle und der Zahnräder sowie die Lager mit einem Gemisch aus gleichen Teilen Molybdänpaste und Motoröl.

13 Spannen Sie die Sicherungsringe nicht mehr als nötig, und setzen Sie ausgestanzte Ringe und Scheiben mit der abgerundeten Seite zum Zahnrad und der flachen Seite zur Druckbelastung ein (siehe Sektion 2 der *Werkzeug- und Werkstatt-Tipps* im Anhang). Drehen Sie die Ringe so, dass sich ihre Enden nicht in einer Längsnut der Welle befinden (siehe Abbildung 24.14d).

14 Schieben Sie das 4.-Gang-Rad mit den Mitnehmerbohrungen vom 1.-Gang-Rad wegzeigend auf die Welle (siehe Abbildung). Schie-

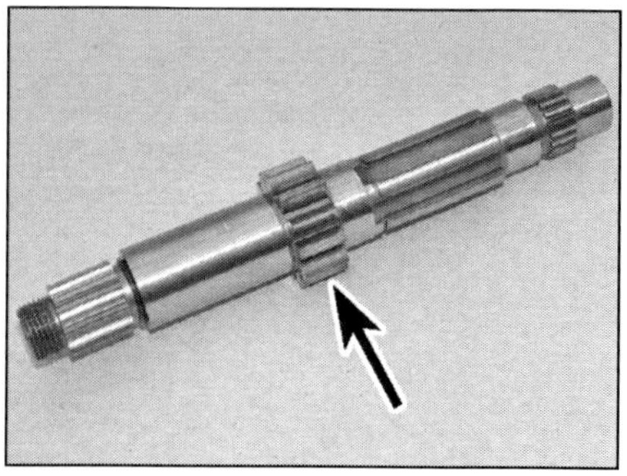

24.5 Das 1.-Gang-Rad ist in die Eingangswelle integriert.

2

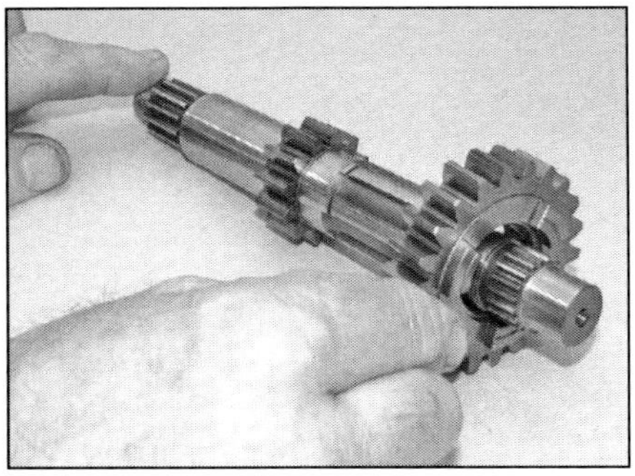

24.14a Schieben Sie das 4.-Gang-Rad ...

24.14b ... und die Anlaufscheibe auf die Welle, ...

24.14c ... und sichern Sie alles mit dem Seegerring, ...

24.14d ... der korrekt in seiner Nut liegen muss.

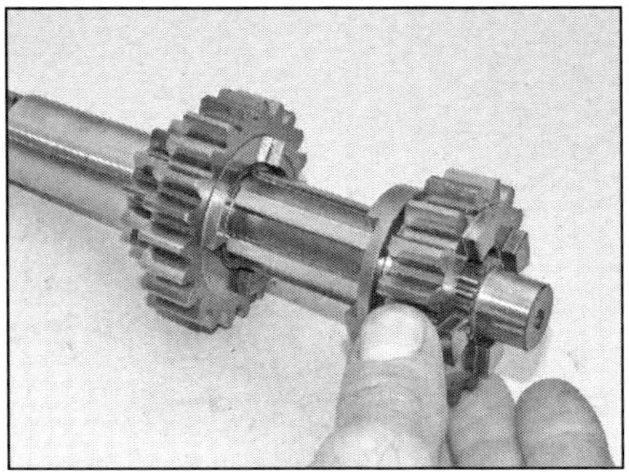

24.15a Schieben Sie das 3.-Gang-Rad ...

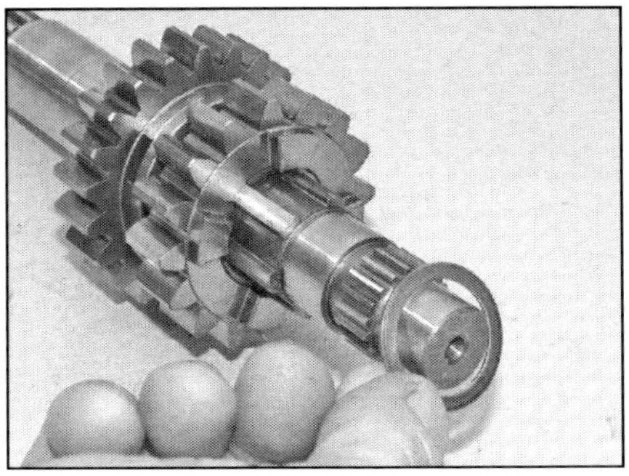

24.15b ... und die Anlaufscheibe auf die Welle, ...

ben Sie die Anlaufscheibe auf, und sichern Sie alles mit dem Seegerring, der korrekt in seiner Nut sitzen muss (siehe Abbildungen).

15 Schieben Sie das 3.-Gang-Rad mit der Schaltgabelnut zum 4.-Gang-Rad zeigend und den Ölbohrungen ausgerichtet auf die Welle (siehe Abbildung). Installieren Sie die Anlaufscheibe (siehe Abbildung).

16 Schieben Sie das Nadellager des 5.-Gang-Rades auf die Welle und das Zahnrad mit den Mitnehmern zum 3.-Gang-Rad darüber (siehe Abbildungen).

17 Schieben Sie das 2.-Gang-Rad mit der zuvor angebrachten Markierung nach außen zeigend auf (siehe Abbildung).

18 Kontrollieren Sie, ob alle Bauteile korrekt installiert sind (siehe Abbildung).

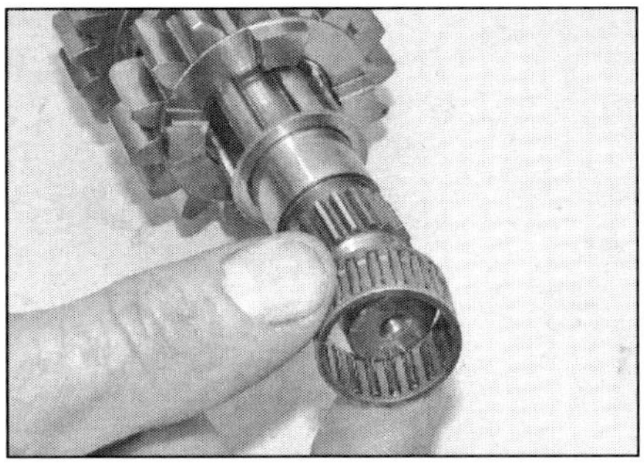

24.16a ... installieren Sie das Nadellager, ...

24.16b ... und schieben Sie das 5.-Gang-Rad auf.

Ausgangswelle

Zerlegung

19 Entfernen Sie die Anlaufscheibe von der Welle, und ziehen Sie das 1.-Gang-Rad, sein Nadellager, die Anlaufscheibe und das 4.-Gang-Rad ab (siehe Abbildungen 24.29c, b und a sowie 24.28b und a).

20 Schieben Sie das 5.-Gang-Rad zum 2.-Gang-Rad, sodass der Seegerring befreit und zum 5.-Gang-Rad geschoben werden kann (siehe Abbildungen). Ziehen Sie jetzt die La-

24.17 Schieben Sie das 2.-Gang-Rad auf die Welle.

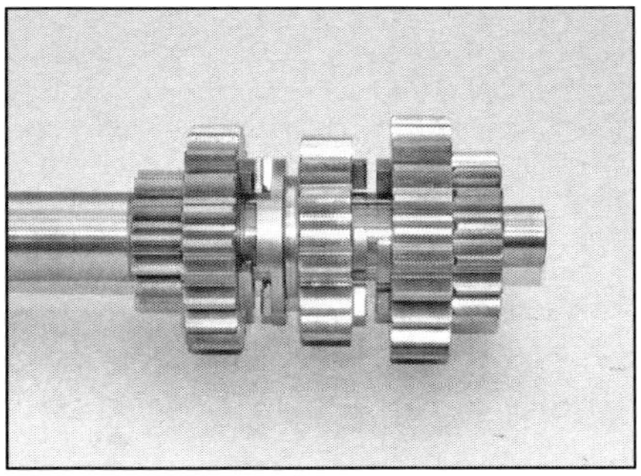

24.18 Die komplette Eingangswelle muss so aussehen.

24.20a Schieben Sie das 5.-Gang-Rad zum 2.-Gang-Rad, ...

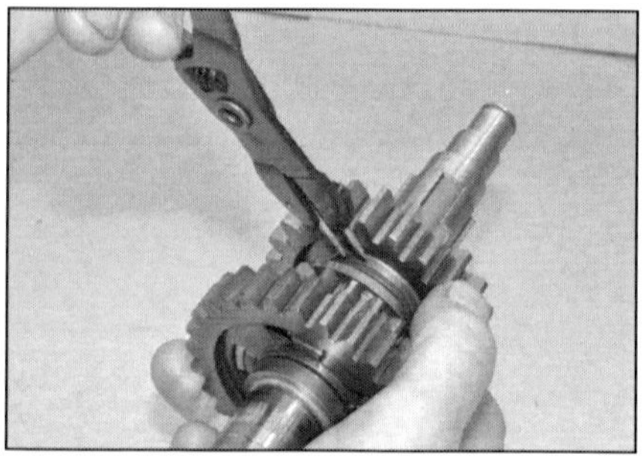

24.20b ... befreien Sie den Seegerring, ...

24.20c ... und positionieren Sie ihn wie gezeigt.

24.20d Schieben Sie das Zahnrad und die mit dem Bund versehene Laschenscheibe zurück, um den Seegerring freizulegen.

24.21 Entfernen Sie den Seegerring (A), und ziehen Sie die Laschenscheibe (B), das 2.-Gang-Rad (C) und sein Nadellager ab.

24.24 Der Seegerring muss korrekt in seiner Nut liegen und wie gezeigt verdreht sein.

schenscheibe, das 3.-Gang-Rad und die mit dem Bund versehene Laschenscheibe zum 5.-Gang-Rad, sodass der Seegerring zugänglich ist und gefolgt von der Laschenscheibe, dem 3.-Gang-Rad, seinem Nadellager, der Laschenscheibe, dem Seegerring und dem 5.-Gang-Rad abgezogen werden kann (siehe Abbildungen 24.27b und a sowie 24.26c, b und a).

21 Entfernen Sie den Seegerring, der das 2.-Gang-Rad sichert, ziehen Sie dann die Laschenscheibe, das Zahnrad und sein Nadellager von der Welle (siehe Abbildung).

Ausgangswelle

Kontrolle

22 Kontrollieren Sie alle Teile wie in den Schritten 6 bis 11 beschrieben.

Ausgangswelle

Zusammenbau

23 Schmieren Sie während der Montage alle belasteten Teile der Welle und der Zahnräder sowie die Lager mit einem Gemisch aus gleichen Teilen Molybdänpaste und Motoröl. Spannen Sie die Sicherungsringe nicht mehr als nötig, und setzen Sie ausgestanzte Ringe und Scheiben mit der abgerundeten Seite zum Zahnrad und der flachen Seite zur Druckbelastung ein (siehe Sektion 2 der *Werkzeug- und Werkstatt-Tipps* im Anhang). Drehen Sie die Ringe so, dass sich ihre Enden nicht in einer Längsnut der Welle befinden (siehe Abbildung 24.24).

24 Schieben Sie das Nadellager des 2.-Gang-Rades auf die Welle und das Zahnrad mit dem Bund nach links zeigend darüber. Schieben Sie die Laschenscheibe auf, und sichern Sie alles mit dem Seegerring, der korrekt in seiner Nut sitzen muss (siehe Abbildung).

25 Schieben Sie das 5.-Gang-Rad mit der Schaltgabelnut vom 2.-Gang-Rad weg zeigend auf die Welle, installieren Sie dann den Seegerring zunächst über seine Nut hinaus (siehe Abbildungen).

26 Schieben Sie die Laschenscheibe auf die Welle, und installieren Sie das Nadellager (siehe Abbildungen). Schieben Sie das 3.-Gang-Rad mit den Mitnehmerstiften vom 5.-Gang-Rad weg zeigend auf das Lager (siehe Abbildung).

27 Schieben Sie die mit dem Bund versehene Laschenscheibe mit der Vertiefung vom 3.-Gang-Rad weg zeigend auf (siehe Abbildung). Installieren Sie den Seegerring in seine Nut (siehe Abbildung). Schieben Sie jetzt die La-

2

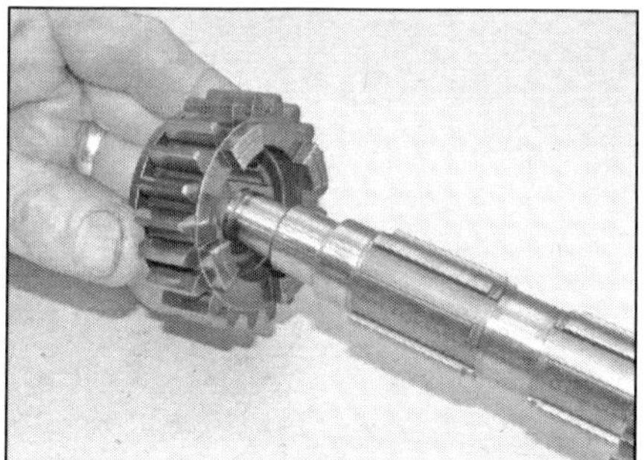

24.25a Schieben Sie das 5.-Gang-Rad auf die Welle, ...

24.25b ... und bringen Sie den Seegerring in die gezeigte Position.

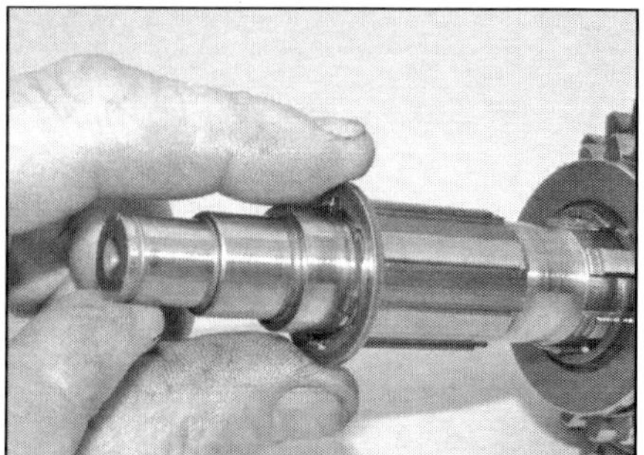

24.26a Schieben Sie die Laschenscheibe auf, ...

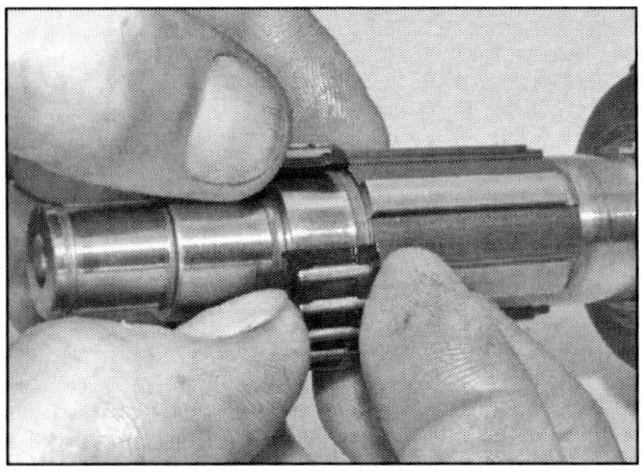

24.26b … montieren Sie das Nadellager, …

24.26c … und schieben Sie das 3.-Gang-Rad darüber.

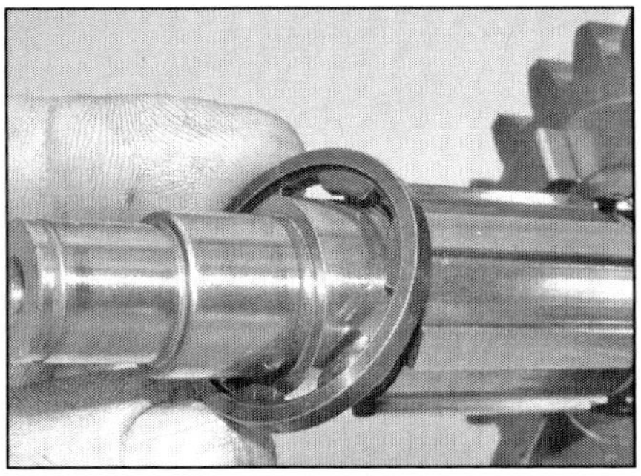

24.27a Schieben Sie die mit dem Bund versehene Laschenscheibe auf, …

24.27b … und installieren Sie den Seegerring in seine Nut.

24.27c Schieben Sie das 5.-Gang-Rad zurück, sodass es den Seegerring …

24.27d … und seine Nut drückt.

schenscheibe gegen den Seegerring und das 3.-Gang-Rad gegen die Scheibe. Installieren Sie jetzt den 5.-Gang-Rad-Seegerring in seine Nut, indem Sie ihn mit dem 5.-Gang-Rad in Position ziehen (siehe Abbildungen).

28 Schieben Sie das 4.-Gang-Rad mit der Schaltgabelnut zum 3.-Gang-Rad zeigend auf; es folgt die Anlaufscheibe (siehe Abbildungen).

29 Schieben Sie das Nadellager gefolgt vom 1.-Gang-Rad mit dem tieferen Einschnitt zum 4.-Gang-Rad zeigend auf die Welle (siehe Abbildungen). Rüsten Sie die Welle zum Schluss mit der Anlaufscheibe aus.

30 Kontrollieren Sie, ob alle Bauteile korrekt installiert sind (siehe Abbildung).

24.28a Schieben Sie das 4.-Gang-Rad …

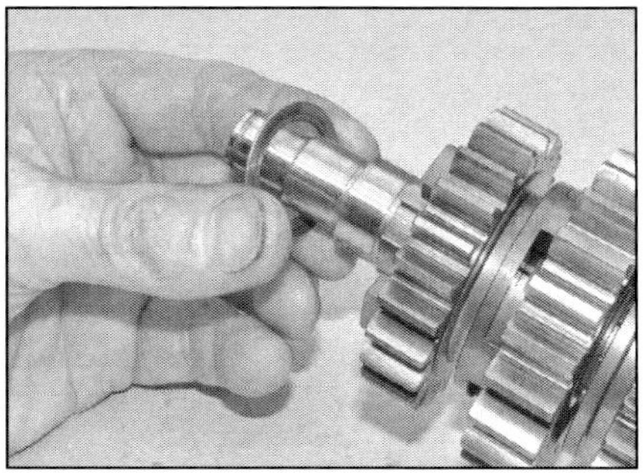

24.28b … gefolgt von der Anlaufscheibe auf die Welle.

24.29a Installieren Sie das Nadellager, …

24.29b … schieben Sie das 1.-Gang-Rad darüber, …

24.29c … und legen Sie die Anlaufscheibe auf.

24.30 Die komplette Ausgangswelle muss so aussehen.

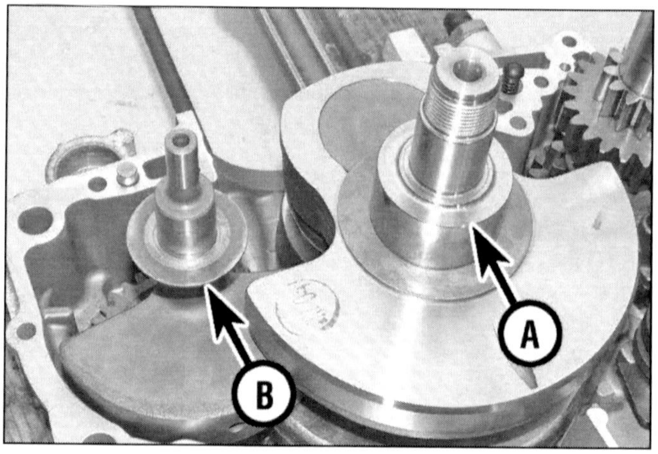

26.2 **Kurbelwellen-Distanzscheibe(n) – (A), Ausgleichswellen-Distanzscheibe(n) – (B)**

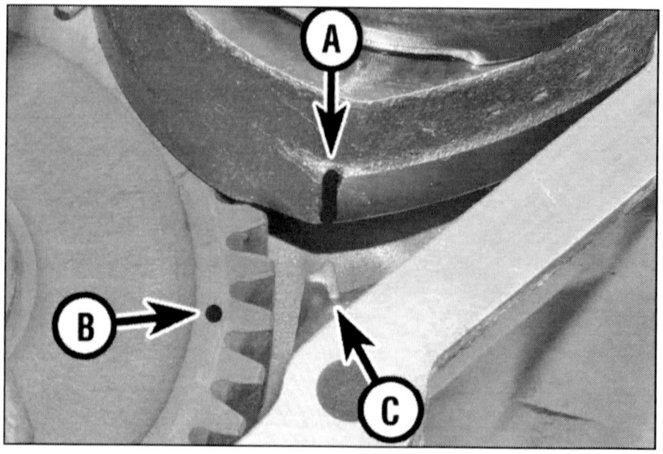

26.3 Richten Sie die Markierung der Kurbelwelle (A) und die Körnermarkierung der Ausgleichswelle (B) zum angegossenen Pfeil am Gehäuse (C) aus – die Körnermarkierung erscheint nur aufgrund des Blickwinkels versetzt.

25 Hauptlager
Allgemeine Informationen

1 Lagerschäden entstehen hauptsächlich aufgrund mangelnder Schmierung, eingedrungener Fremdkörper, Überlastung des Motors und/oder Korrosion. Ungeachtet des Grundes muss ein schadhaftes Lager vor der Montage des Motors ersetzt werden.

2 Schmutz und andere Fremdkörper geraten auf verschiedene Weise in den Motor. Sie können bei der Montage des Triebwerks zurückgeblieben sein oder durch Filter und Entlüftungen eingedrungen sein, dann sind sie ins Öl geraten und zu den Lagern transportiert worden. Oft sind bei Bearbeitungsvorgängen oder durch normalen Motorverschleiß entstandene Metallsplitter dabei. Schleifmittel bleiben oft nach der Aufarbeitung von Motorkomponenten zurück – besonders wenn die Teile nicht sorgfältig gereinigt wurden. Ungeachtet der Ursache lagern sich Fremdkörper oft in den relativ weichen Lageroberflächen ein und lassen sich leicht erkennen. Größere Partikel werden nicht eingebettet, sondern erzeugen im Lager und auf der Welle Riefen und Kratzer. Die besten Vorsichtsmaßnahmen gegen solche Lagerschäden sind eine sorgfältige Reinigung aller Teile und die Montage auf einer absolut sauberen Werkbank. Während des Betriebs verstehen sich regelmäßige Motor- und Ölfilterwechsel von selbst.

3 Eine mangelnde oder unterbrochene Schmierung kann zahlreiche in gegenseitiger Beziehung stehende Gründe haben. Übermäßige Hitze (Ölverdünnung), Überlastung (Öl wird aus den Lagern gequetscht) und Ölmangel oder aufgrund zu großen Lagerspiels herausgedrücktes Öl, eine verschlissene Ölpumpe oder sehr hohe Motordrehzahlen tragen alle zu einer mangelhaften Schmierung bei. Verstopfte Ölkanäle schneiden ein Lager von der Schmierung ab und zerstören es. Wenn Schmiermangel der Grund für den Lagerschaden ist, wird das Lagermaterial von den stählernen Lagerringen abgewischt oder verdrängt. Die Temperaturen können dabei bis zur Blaufärbung des Lagers und Lagerzapfens führen. Beachten Sie die *Werkzeug- und Werkstatt-Tipps* im Anhang, um mehr über Lagerschäden zu erfahren.

4 Auch die Fahrweise hat einen direkten Einfluss auf die Laufzeiten von Lagern. Vollgas bei niedrigen Drehzahlen und hohe Belastung beanspruchen die Lager enorm, da diese dazu neigen, den Ölfilm abzuquetschen. Diese Zustände belasten die Lager stark und erzeugen feine Ermüdungsbrüche in der Oberfläche. Evtl. kann das Lagermaterial ausbrechen und selbst weitere Schäden erzeugen. Kurzstreckenbetrieb führt zu Korrosion der Lager, da der Motor keine ausreichende Betriebstemperatur erreicht, um Kondenswasser und aggressive Gase zu vertreiben. Diese Produkte sammeln sich im Motoröl und bilden Säure und Schlamm. Wenn dieses Öl in die Lager gelangt, greift die Säure die Lager an und lässt das Material korrodieren.

5 Eine nachlässige Lagermontage während des Motorzusammenbaus kann ebenso zu Problemen führen. Festsitzende Lager führen zu geringem Lagerspiel und einem unzureichenden Schmierfilm. Hinter einem Lager verbleibender Schmutz oder Fremdteile verbiegen es und sorgen für punktuellen Verschleiß.

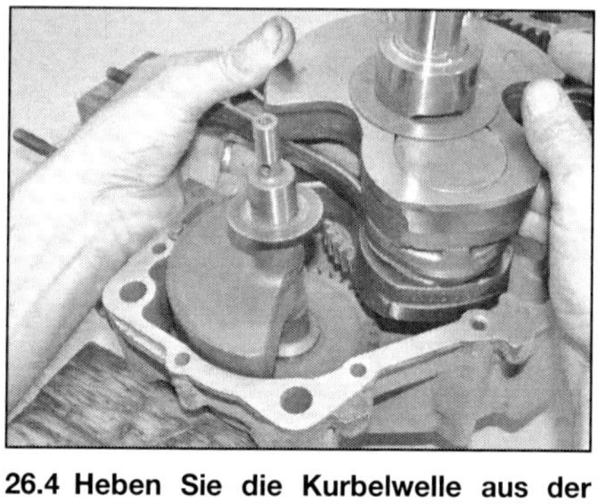

26.4 Heben Sie die Kurbelwelle aus der rechten Gehäusehälfte.

6 Um Lagerprobleme zu vermeiden, müssen alle Teile vor dem Einbau sorgfältig gereinigt, mehrmals überprüft, genau vermessen und anschließend mit frischem Motoröl geschmiert werden.

26 Kurbelwelle, Pleuel und Hauptlager

Ausbau

1 Bauen Sie den Motor aus (siehe Sektion 4), und trennen Sie die Motorgehäusehälften (siehe Sektion 20).

2 Entfernen Sie die Distanzscheibe(n) vom linken Kurbelwellenende (siehe Abbildung).

3 Bevor die Kurbelwelle ausgebaut wird, muss sie so gedreht werden, dass die Markierungen zwischen ihr, der Ausgleichswelle und dem Motorgehäuse wie gezeigt ausgerichtet sind (siehe Abbildung). Bei Modellen bis 2003 mit geteiltem und per Feder verspreiztem Zahnrad (im Gegensatz zu schrägverzahnten Rädern bei Modellen ab 2004) wird jetzt ein Arretierstift (BMW-Teilenummer 116630 oder ein entsprechendes Teil) in die Bohrung des Ausgleichswellenrades gesteckt, um nach dem Ausbau der Kurbelwelle die Zähne beider Segmente ausgerichtet zu halten.

4 Heben Sie die Kurbelwelle aus der rechten Gehäusehälfte (siehe Abbildung). Beachten Sie, dass das Pleuel nicht von der Kurbelwelle getrennt werden kann und auch nicht als separates Ersatzteil erhältlich ist.

Kontrolle

5 Reinigen Sie die Kurbelwelle mit Lösungsmittel, spritzen Sie es mit Druck durch alle Ölbohrungen, und blasen Sie alles mit Druckluft aus.

6 Kontrollieren Sie das Ausgleichswellen-Antriebsrad auf Verschleiß und Beschädigungen (siehe Abbildung). Wenn Zähne extrem ver-

2

26.6a Ausgleichswellen-Antriebsrad (A), Spannhülse (B), Gewindebohrungen (C)

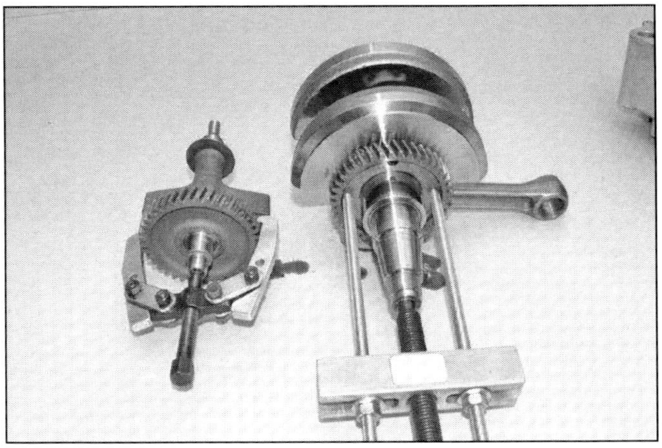

26.6b Zum Entfernen der Ausgleichswellen-Zahnräder werden Abzieher benötigt.

26.7a Hauptlager rechte Gehäusehälfte

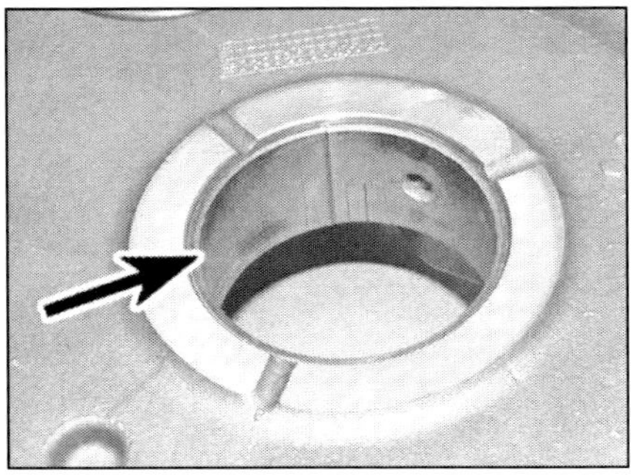

26.7b Hauptlager linke Gehäusehälfte

schlissen oder ausgebrochen sind, müssen das Antriebsrad und das an der Ausgleichswelle sitzende Zahnrad ersetzt werden – sie werden nur paarweise angeboten (siehe Sektion 27). Um das Zahnrad zu demontieren, muss es zunächst auf ca. 140 °C erwärmt und dann mit einem geeigneten Abzieher abgezogen werden – beachten Sie, wie es über der Spannhülse sitzt. Das Zahnrad ist mit zwei Gewindebohrungen versehen, in welche der Abzieher geschraubt werden kann (siehe Abbildung). Das neue Zahnrad muss ebenfalls auf ca. 140 °C erwärmt werden, bevor es auf die Welle gepresst wird – achten Sie darauf, dass die Spannhülse vollständig in der Kurbelwange steckt (sie darf nach dem Aufpressen nicht aus der Zahnradbohrung herausragen).

7 Wechseln Sie zu Sektion 25, und begutachten Sie die Hauptlager (siehe Abbildungen). Wenn sie riefig, stark zerkratzt sind oder die Kurbelwelle darin regelrecht gefressen hat, müssen sie – immer als Satz – ausgetauscht werden. Inspizieren Sie ggf. auch genau die Lagerzapfen der Kurbelwelle – Verfärbungen weisen auf Schmiermangel hin. Überprüfen Sie vor dem Zusammenbau des Motors genau die Ölpumpen, das Überdruckventil und alle Ölbohrungen und Ölkanäle.

8 Legen Sie die Kurbelwelle in eine geeignete Vorrichtung, und prüfen Sie mit einer Messuhr an beiden Enden, ob Verzug vorliegt. Wenn die Welle mehr als 0,05 mm verzogen ist, muss sie laut BMW ersetzt werden – fragen Sie bei einem Fachbetrieb nach, ob eine Reparatur möglich ist.

9 Falls noch nicht geschehen, wechseln Sie zu Sektion 13, Schritt 12, und kontrollieren Sie das obere Pleuelauge und den Kolbenbolzen.

Lagerspiel-Kontrolle

10 Ungeachtet ob neue Hauptlager installiert wurden oder die alten weiterverwendet werden sollte vor dem Zusammenbau des Motors das Lagerspiel kontrolliert werden.

11 Messen Sie den Außendurchmesser der Kurbelwellen-Lagerzapfen an verschiedenen Punkten – bei keiner Messung dürfen weniger als 45,975 mm festgestellt werden (siehe Abbildung). Bei unterschiedlichen Ergebnissen ist der Zapfen oval gelaufen.

12 Messen Sie jetzt den Innendurchmesser der Hauptlager – wieder an verschiedenen Stellen, um Ovalität zu ermitteln (siehe Abbildung) –

26.11 Messen Sie den Durchmesser beider Lagerzapfen ...

26.12 ... und ihrer Lager.

26.18 Die Körnermarkierung der Ausgleichswelle muss wie gezeigt um etwa einen Zahn versetzt zum angegossenen Pfeil liegen.

bei keiner Messung dürfen mehr als 46,08 mm festgestellt werden.

13 Subtrahieren Sie den Lagerzapfen-Durchmesser vom entsprechenden Lager-Innendurchmesser, um das Lagerspiel zu ermitteln.

14 Beträgt das Lagerspiel mehr als 0,1 mm, müssen die Hauptlager erneuert werden, dann wird das Spiel erneut ermittelt; ist es immer noch zu groß, muss auch eine neue Kurbelwelle installiert werden.

Hauptlager

Ausbau und Einbau

Anmerkung: *Die BMW-Werkstatt verwendet für diese Arbeit spezielle Werkzeuge – lassen Sie im Zweifel den Austausch beim BMW-Händler durchführen.*

15 Notieren Sie die exakte Einbautiefe jedes Lagers im Gehäuse. Erwärmen Sie das Gehäuse auf ca. 100 °C, und treiben Sie das Lager mit einem geeigneten Werkzeug oder Steckschlüssel aus – achten Sie darauf, nicht den Lagersitz zu beschädigen.

16 Markieren Sie die Position der Ölbohrung am Gehäuse – diese Bohrung muss mit derjenigen im Lager fluchten, und die Öffnung muss zur Ausgleichswelle zeigen (siehe Abbildungen 26.7a und b). Erwärmen Sie erneut das Gehäuse auf ca. 100 °C, und treiben Sie das neue, korrekt ausgerichtete Lager mit einem geeigneten Werkzeug oder Dorn ein. Das Lager darf nicht über die Öltaschen hinausragen.

Einbau

17 Falls entfernt, wird die Ausgleichswelle installiert (siehe Sektion 27).

18 Drehen Sie bei Modellen bis 2003 die Ausgleichswelle so, dass die Körnermarkierung am Zahnrad zu derjenigen am Kurbelgehäuse ausgerichtet ist. Drehen Sie bei Modellen ab 2004 die Ausgleichswelle so, dass die Körnermarkierung am Zahnrad wie gezeigt etwa einen Zahn links von der Markierung am Gehäuse liegt (siehe Abbildung) – dies kommt daher, dass sich die Welle beim Ineinandergreifen der schräg verzahnten Zahnräder leicht dreht und dadurch in die korrekte Position bringt.

19 Reinigen Sie die Lager in beiden Gehäusehälften sowie die Lagerzapfen der Kurbelwelle. Schmieren Sie die Lager mit einem Gemisch aus Molybdänfett und Motoröl.

20 Senken Sie die Kurbelwelle mit der Konusseite (Lichtmaschine) in die rechte Gehäusehälfte ab (siehe Abbildung 26.4) – richten Sie sie dabei so aus, dass die Markierung an der Kurbelwange zu derjenigen am Gehäuse ausgerichtet ist und das Zahnrad in das Ausgleichswellenrad greift (siehe Abbildung 26.3). Überprüfen Sie erneut, ob die Markierungen der Ausgleichswelle und der Kurbelwelle korrekt ausgerichtet sind.

21 Entfernen Sie bei Modellen bis 2003 den Arretierstift aus dem Ausgleichswellen-Zahnrad. Prüfen Sie, ob sich die Ausgleichswelle und die Kurbelwelle frei drehen lassen und ihre Markierungen zueinander ausgerichtet sind.

22 Falls die Kurbelwelle und/oder das Motorgehäuse erneuert wurde(n), muss die Kurbelwelle ausdistanziert werden (Schritt 23). Wenn alle ursprünglichen Teile wiederverwendet werden, müssen ihre Distanzscheiben geschmiert auf die Welle geschoben werden (siehe Abbildung 26.2).

23 Um die Kurbelwelle auszudistanzieren, muss die Höhe der linken Kurbelwange über der Dichtfläche der rechten Gehäusehälfte gemessen werden; BMW bietet hierfür unter der Teilenummer 002550 ein Messgerät an, ein anderes entsprechend dimensioniertes Messgerät mit einer langen Richtstange kann ebenfalls benutzt werden. Messen Sie jetzt, wie tief die Distanzscheiben-Kontaktfläche in der linken Gehäusehälfte unterhalb der Dichtfläche liegt. Ziehen Sie den ersten Messwert vom Zweiten ab, und subtrahieren Sie 0,4 mm für die Dichtung. Das Ergebnis ist das Axialspiel der Kurbelwelle ohne Distanzscheiben. Wählen Sie entsprechende Scheiben aus, um das Spiel zwischen 0,1 und 0,3 mm zu bringen – Distanzscheiben sind in 0,2 mm-Schritten von 1,0 bis 1,6 mm Stärke erhältlich. Wenn die korrekten Werkzeuge für diese Vermessung bei getrenntem Gehäuse nicht vorhanden sind, wird die Kurbelwelle mit der/den vorhanden Distanzscheibe(n) ausgerüstet und die linke Gehäusehälfte mit einer neuen Dichtung montiert (siehe Sektion 20), dann wird das Axialspiel mithilfe einer Messuhr ermittelt, um ggf. das Gehäuse wieder zu trennen und Distanzscheiben auszutauschen.

24 Montieren Sie die Motorgehäusehälften (siehe Sektion 20).

27 Ausgleichswelle

Ausbau

1 Bauen Sie den Motor aus (siehe Sektion 4), und trennen Sie die Motorgehäusehälften (siehe Sektion 20).

2 Entfernen Sie die Kurbelwelle (siehe Sektion 26).

3 Entfernen Sie nun die Distanzscheibe(n) vom linken Ausgleichswellenende (siehe Abbildung 26.2).

4 Heben Sie die Ausgleichswelle aus der rechten Gehäusehälfte (siehe Abbildung).

Kontrolle

5 Kontrollieren Sie das Ausgleichswellen-Zahnrad auf Verschleiß und Beschädigungen. Wenn Zähne extrem verschlissen oder ausge-

2

27.4 Heben Sie die Ausgleichswelle aus der rechten Gehäusehälfte.

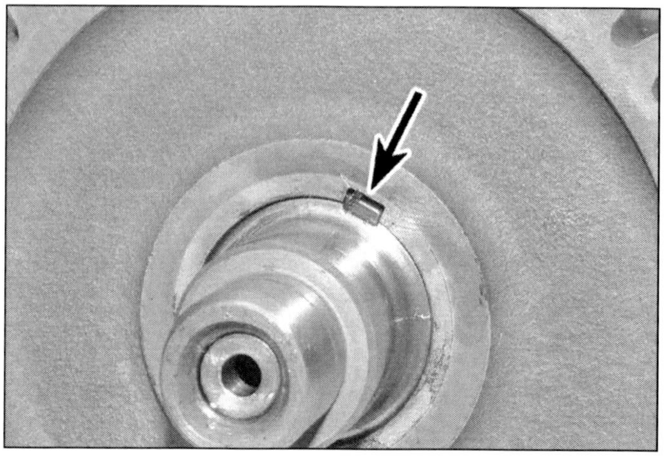

27.5 Die Nut im Zahnrad muss über dem Keil ausgerichtet werden.

27.6 **Ausgleichswellenlager in der rechten Gehäusehälfte**

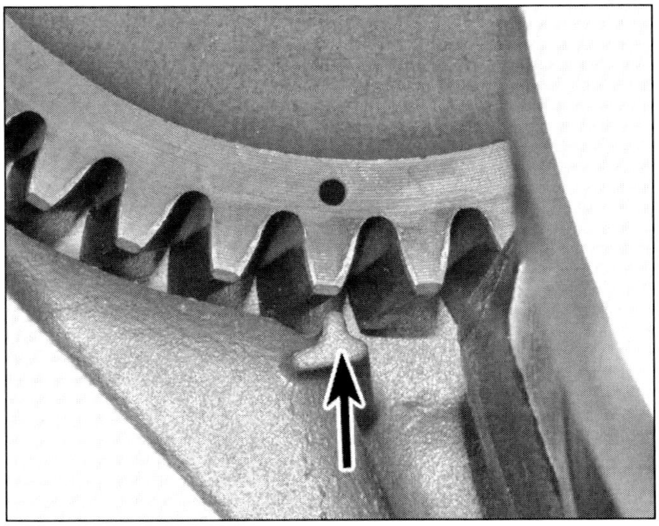

27.11 **Bei eingebauter Kurbelwelle muss die Körnermarkierung der Ausgleichswelle zum Pfeil am Gehäuse ausgerichtet sein.**

brochen sind, müssen das Zahnrad und sein auf der Kurbelwelle steckendes Antriebsrad ersetzt werden – sie werden nur paarweise angeboten (siehe Sektion 26). Um das Zahnrad zu demontieren, muss es zunächst auf ca. 100 °C erwärmt und dann mit einem geeigneten Abzieher abgezogen werden (siehe Abbildung 26.6b) – beachten Sie, wie es über dem Keil sitzt (siehe Abbildung). Das neue Zahnrad muss ebenfalls auf ca. 100 °C erwärmt werden, bevor es auf die Welle gepresst wird – achten Sie darauf, dass der Keil vollständig in seiner Nut liegt steckt und die Nut des Zahnrades korrekt ausgerichtet ist.

6 Beachten Sie für die Kontrolle der Ausgleichswellen-Lager die *Werkzeug- und Werkstatt-Tipps* im Anhang, und ersetzen Sie sie nötigenfalls durch Neuteile – hierfür müssen die Gehäusehälften auf etwa 80 bis 100 °C erwärmt werden (siehe Abbildung). Die Kugellager müssen mit einem Innenabzieher demontiert werden, der entweder mit einem Zughammer oder einer Abziehvorrichtung ausgerüstet ist. Lassen Sie ggf. einen Assistenten die Gehäusehälfte mit Lappen oder Handschuhen fest auf die Werkbank drücken. Ein Abzieher muss mit Hölzern gegen die Gehäuse-Dichtfläche abgestützt werden. Lassen Sie die Arbeit nötigenfalls von einer BMW-Werkstatt erledigen. Neue Lager können mit geeigneten Steckschlüsseln oder speziellen Eintreibern installiert werden, die nur den Außenring des Lagers berühren – auch hierbei muss das Gehäuse erwärmt werden; ein im Gefrierfach oder mit Kältespray gekühltes Lager erleichtert den Einbau. Achten Sie darauf, dass ggf. abgedichtete Seiten der Lager außen liegen. Schützen Sie die Oberfläche der Gehäusehälfte vor Beschädigungen.

Einbau

7 Reinigen Sie die Lagerzapfen, und schmieren Sie sie mit einem Gemisch aus Molybdänfett und Motoröl.

8 Senken Sie nun die Ausgleichswelle mit dem Zahnrad voran in die rechte Gehäusehälfte ab (siehe Abbildung 27.4) – richten Sie sie dabei wie in Sektion 26, Schritt 18, beschrieben aus.

9 Falls die Ausgleichswelle und/oder das Motorgehäuse erneuert wurde(n), muss die Ausgleichswelle ausdistanziert werden (Schritt 10). Wenn alle ursprünglichen Teile wiederverwendet werden, müssen ihre Distanzscheiben geschmiert auf die Welle geschoben werden (siehe Abbildung 26.2).

10 Um die Ausgleichswelle auszudistanzieren, muss die Höhe der Distanzscheiben-Auflagefläche über der Dichtfläche der rechten Gehäusehälfte gemessen werden; BMW bietet hierfür unter der Teilenummer 002550 ein Messgerät an; ein anderes entsprechend dimensioniertes Messgerät mit einer langen Richtstange kann ebenfalls benutzt werden. Messen Sie jetzt, wie tief die Distanzscheiben-Kontaktfläche in der linken Gehäusehälfte unterhalb der Dichtfläche liegt. Ziehen Sie den ersten Messwert vom Zweiten ab, und subtrahieren Sie 0,4 mm für die Dichtung. Das Ergebnis ist das Axialspiel der Ausgleichswelle ohne Distanzscheiben. Wählen Sie entsprechende Scheiben aus, um das Spiel zwischen 0,1 und 0,3 mm zu bringen – Distanzscheiben sind in 0,2 mm-Schritten von 0,8 bis 1,4 mm Stärke erhältlich. Wenn die korrekten Werkzeuge für diese Vermessung bei getrenntem Gehäuse nicht vorhanden sind, wird die Ausgleichswelle mit der/den vorhanden Distanzscheibe(n) ausgerüstet und die linke Gehäusehälfte mit einer neuen Dichtung montiert (siehe Sektion 20), dann wird das Axialspiel mithilfe einer Messuhr ermittelt, um ggf. das Gehäuse wieder zu trennen und Distanzscheiben auszutauschen.

11 Bauen Sie die Kurbelwelle ein (siehe Sektion 26). Prüfen Sie, ob die Körnermarkierung der Ausgleichswelle korrekt ausgerichtet ist (siehe Abbildung).

12 Montieren Sie die Motorgehäusehälften (siehe Sektion 20).

28 Einfahrhinweise

1 Stellen Sie sicher, dass die Motoröl- und Kühlmittelpegel korrekt sind (siehe *Tägliche Kontrollen*). Beachten Sie, dass bei allen Modellen bis 2003 der Ölkreislauf entlüftet sein muss (siehe Sektion 4)!

2 Im Tank muss sich Treibstoff befinden. Schalten Sie den Killschalter auf »ON« und die Zündung ein. Bringen Sie das Getriebe in den Leerlauf, damit die Leerlaufkontrolle aufleuchtet.

3 Starten Sie den Motor, und lassen Sie ihn mit leicht erhöhter Leerlauf-Drehzahl Betriebstemperatur erreichen.

Warnung: Falls die Öldruck-Kontrolllampe nicht nach wenigen Sekunden erlischt oder bei laufendem Motor zu leuchten beginnt, muss der Motor unverzüglich abgeschaltet werden.

4 Wenn sich mangelnde Schmierung andeutet, muss der Motor sofort gestoppt werden und die Ursache gefunden werden. Wenn ein Motor auch nur sehr kurze Zeit ohne Öl gefahren wird, entstehen Schäden größter Ausmaße.

5 Kontrollieren Sie sorgfältig, ob nirgends Öl oder Kühlmittel austritt. Überprüfen Sie, ob der Antrieb und die Instrumente, besonders die Bremsen, ordentlich funktionieren, bevor Sie eine Probefahrt unternehmen.

6 Behandeln Sie die Maschine auf den ersten Kilometern vorsichtig, um sicherzugehen, dass überall im Motor Öl angekommen ist und sich alle neuen Teile zu setzen begonnen haben.

7 Wenn das Motorrad nach der Probefahrt vollständig abgekühlt ist, wird das Ventilspiel kontrolliert (siehe Kapitel 1); außerdem sind der Öl- und Kühlwasserpegel zu kontrollieren (siehe *Tägliche Kontrollen*).

8 Wenn der Motor grundlegend überholt wurde, muss er sehr sorgfältig behandelt werden. Im Falle neuer Kolben oder Kolbenringe und/oder eines neuen Zylinders muss die Maschine behandelt werden, als wäre sie neu. Das bedeutet, dass öfter geschaltet werden muss, um immer im optimalen Drehzahlbereich zu fahren und dass zu Beginn nicht unter hoher Last oder mit zu viel Drehzahl gefahren werden sollte. Vermeiden Sie auf den ersten 1000 km Drehzahlen über 5000 U/min. und Vollgas. Eine Geschwindigkeitsbegrenzung wird nicht vorgeschrieben, hauptsächlich sollen die Teile des Motors sich »einschleifen« und die Leistung langsam gesteigert werden. Erhöhen Sie zwischen 1000 und 2000 km die Drehzahl schrittweise, aber vermeiden Sie weiterhin hohe Lasten und Vollgas über längere Zeiträume. Hat man bereits Erfahrungen mit der Maschine, wird man merken, wann der Motor sich frei dreht.

Kapitel 3
Kühlsystem

Inhalt (in alphabetischer Reihenfolge, die Zahlen geben die Nummerierung in den grauen Feldern wieder)

Schwierigkeitsgrade

Leicht. Für Anfänger mit wenig Erfahrung geeignet.	**Relativ leicht.** Für Anfänger mit etwas Erfahrung geeignet.	**Relativ schwierig.** Geeignet für geübte Selbstschrauber.	**Schwer.** Geeignet für Selbstschrauber mit viel Erfahrung.	**Sehr schwer.** Geeignet für Experten und Profis.

Technische Daten

Kühlmittel

Typ	50 Prozent destilliertes oder weiches Wasser und 50 Prozent nitritfreies Ethylen-Glykol als Frostschutz
Füllmenge	ca. 1,3 Liter

Ventilatorschalter/-sensor

Schalter schließt (Ventilator läuft)	102 °C

Temperatur-Warnlampensensor

Lampe leuchtet auf	118 °C

Thermostat

Öffnungstemperatur	
Funduro- und ST-Modelle	75 °C
GS-, Dakar- und CS-Modelle	85 °C

Kühler

Kühlerdeckel öffnet	1,5 bis 1,7 bar
Systemtestdruck	
Funduro- und ST-Modelle	1 bar für 5 Minuten
GS-, Dakar- und CS-Modelle	1,5 bar für 5 Minuten

Anzugsdrehmomente

Kupplungsdeckelschrauben	11 Nm
Ölrohr an Motor (GS- und Dakar-Modelle)	35 Nm
Temperatursensor	15 Nm
Thermostatdeckel-Schrauben (Funduro- und ST-Modelle)	6 Nm
Thermostatgehäuse-Schrauben (Funduro- und ST-Modelle)	6 Nm
Ventilator-Thermoschalter (Funduro- und ST-Modelle)	35 Nm
Wasserpumpendeckel-Schrauben	10 Nm

1 Allgemeine Informationen

Das Kühlsystem arbeitet mit einem Wasser-/Frostschutzgemisch, das die Aufgabe hat, die beim Verbrennungsvorgang entstehende Wärme abzuleiten und die Temperatur im Motor möglichst konstant zu halten. Dazu wird der Zylinder von Kühlmittel umspült, das sich erhitzt und durch den Thermostaten in den Kühler steigt. Nachdem es dessen Lamellen passiert hat, gelangt es zur links am Motor montierten Wasserpumpe, die über die Ausgleichswelle angetrieben wird und es wieder in den Zylinderwassermantel drückt.

Bei kaltem Motor wird der Kühlkreislauf durch den Thermostaten verkürzt – das Kühlmittel gelangt also nicht durch den Kühler. Nachdem die Betriebstemperatur im sogenannten inneren Kühlkreislauf erreicht ist, öffnet der Thermostat sein Ventil, und das Kühlmittel durchströmt den Kühler. Durch diese Maßnahme gelangt der Motor schneller auf Betriebstemperatur.

Ein Temperatursensor steuert die Warnlampe im Cockpit. Über einen Thermoschalter (Funduro- und ST-Modelle) bzw. einen Temperatursensor und das Motorsteuergerät (GS-, Dakar- und CS-Modelle) wird in extremen Situationen der hinter dem Kühler sitzende Ventilator eingeschaltet.

Das System ist teilweise abgedichtet und arbeitet bei Betrieb unter Druck. Der durch ein federunterstütztes Überdruckventil im Verschlussdeckel des Kühlers regulierte höhere Druck setzt den Siedepunkt herauf. Das Überlaufrohr des Kühlers mündet in einen Ausgleichsbehälter, beim Abkühlen des Motors fließt das Kühlmittel automatisch durch den entstandenen Unterdruck wieder in den Kühler zurück.

Warnung: Entfernen Sie nicht den Kühlerdeckel, wenn der Motor heiß ist. Kochendes Wasser und Dampf können unter Druck austreten und ernsthafte Verbrennungen verursachen. Wenn der Motor abgekühlt ist, muss ein dicker Lappen oder ein Handtuch um den Deckel gelegt werden. Entfernen Sie den Kühlerdeckel durch vorsichtiges Drehen nach links bis zum Anschlag. Wenn Sie ein zischendes Geräusch hören, müssen Sie warten, bis es aufhört. Jetzt wird der Deckel heruntergedrückt und weiter nach links gedreht, bis er abgenommen werden kann.

Warnung: Frostschutzmittel darf nicht mit der Haut oder Lackoberflächen in Berührung kommen. Wischen Sie Spritzer unverzüglich mit reichlich Wasser ab. Frostschutz kann giftige und explosive Gase produzieren, wenn es in offenen Behältern gelagert oder auf den Boden verschüttet wird. Kinder und Tiere können durch den süßen Geschmack irritiert werden und das

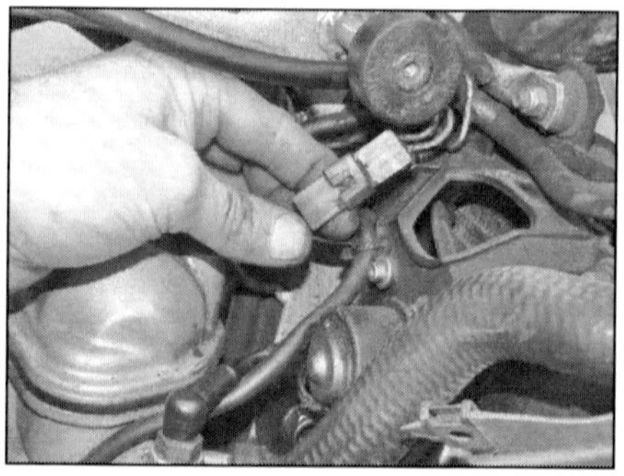

2.2a Ventilatorstecker – Funduro- und ST-Modelle

Mittel trinken. Fragen Sie Ihren Fachhändler, wo Sie altes Frostschutzmittel entsorgen können.

Achtung: Benutzen Sie immer das vorgeschriebene Frostschutzmittel, und mixen Sie im korrekten Verhältnis mit destilliertem Wasser. Der Frostschutz enthält Korrosionsschutzmittel, um das Kühlsystem zu schützen. Fehlt dies, kann Rost entstehen und die feinen Leitungen des Kühlsystems blockieren. Durch den Einsatz von destilliertem Wasser wird die Bildung von Kalkablagerungen verhindert, welche ebenfalls die Kühlwirkung beeinträchtigen können.

2 Ventilator

Ventilator

Kontrolle

1 Wenn der Motor überhitzt, aber der Ventilator sich nicht einschaltet, muss zunächst die Ventilatorsicherung kontrolliert werden (siehe Kapitel 9).

2 Zum Testen des Ventilatormotors muss bei Funduro- und ST-Modellen zunächst die Verkleidung und bei GS-, Dakar- und CS-Modellen das rechte vordere Verkleidungsteil entfernt werden (siehe Kapitel 8). Trennen Sie den Ventilatorstecker (siehe Abbildungen). Verbinden Sie den Pluspol einer geladenen 12-Volt-

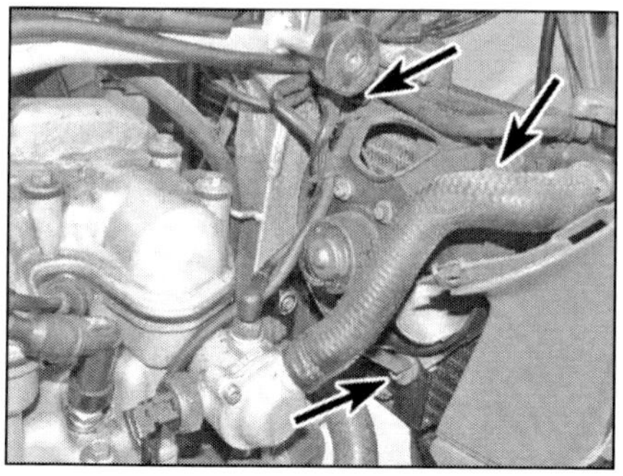

2.6 Schrauben der Ventilatorhalterung – Funduro- und ST-Modelle

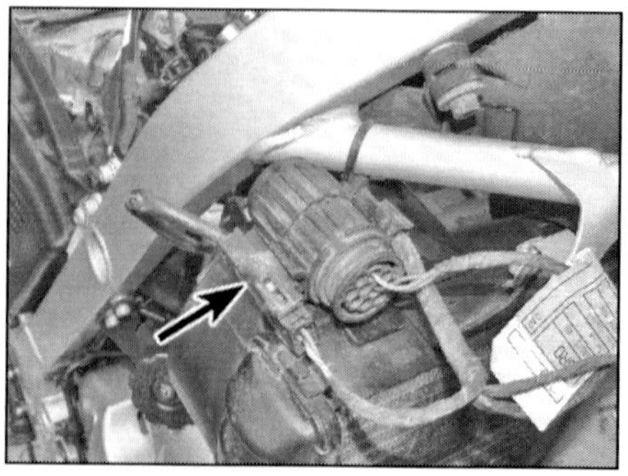

2.2b Ventilatorstecker – GS-, Dakar- und CS-Modelle

Batterie mithilfe zweier geeigneter Kabel mit dem Ventilator – er muss sofort zu laufen beginnen.

3 Falls der Ventilator beim direkten Anschließen der Batterie arbeitet, müssen die Kabel und Stecker des Stromkreises untersucht werden (beachten Sie dazu die Schaltpläne am Ende von Kapitel 9) – sind sie in Ordnung, kann bei Funduro- und ST-Modellen der Ventilatorschalter defekt sein (s.u.); bei GS-, Dakar- und CS-Modellen kann der Defekt im Temperatursensor liegen (siehe Sektion 3).

Ersetzen

Warnung: Der Motor muss vollständig abgekühlt sein, bevor diese Arbeit ausgeführt werden kann.

4 Entfernen Sie bei Funduro- und ST-Modellen die Tankabdeckung und für einen besseren Zugang auch die Verkleidung sowie bei GS-, Dakar- und CS-Modellen das rechte vordere Verkleidungsteil (siehe Kapitel 8).

5 Trennen Sie den Ventilatorstecker (siehe Abbildungen 2.2a oder b).

6 Lösen Sie bei Funduro- und ST-Modellen die drei Schrauben des Ventilatorhalters, und befreien Sie diesen vom Kühler (siehe Abbildung).

7 Lösen Sie bei GS-, Dakar- und CS-Modellen den Diagnosestecker aus seinem Halter (siehe Abbildung). Befreien Sie das Temperatursensorkabel aus seinem Clip am Ventilatorhalter (siehe Abbildung). Lösen Sie den Clip oben rechts, und ziehen Sie die Ventilator-Baugruppe heraus, um die Laschen aus den oberen und

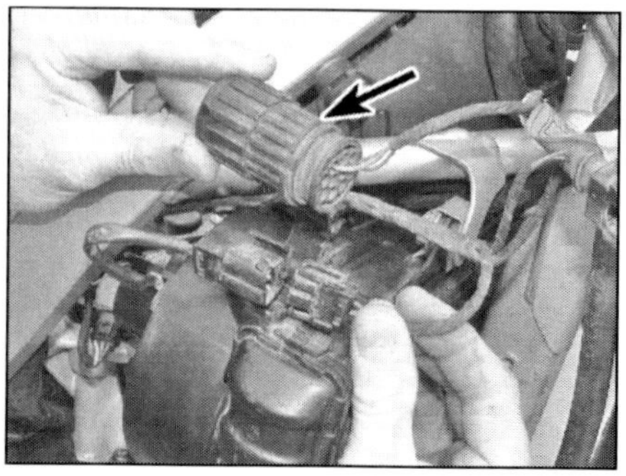

2.7a Befreien Sie den Diagnosestecker...

3

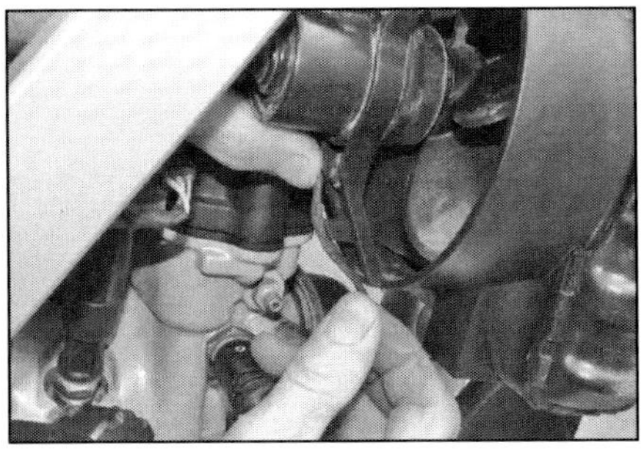

2.7b ... und das Sensorkabel.

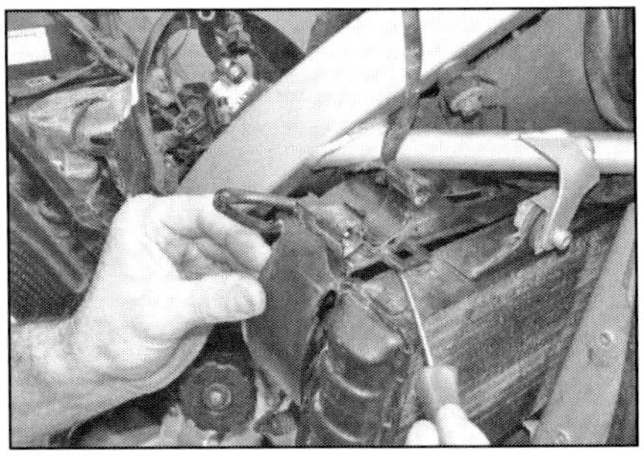

2.7c Lösen Sie mit einem Schraubendreher den Clip, ...

2.7d ... ziehen Sie dann den Ventilator heraus, um die Laschen aus den Halterungen zu befreien.

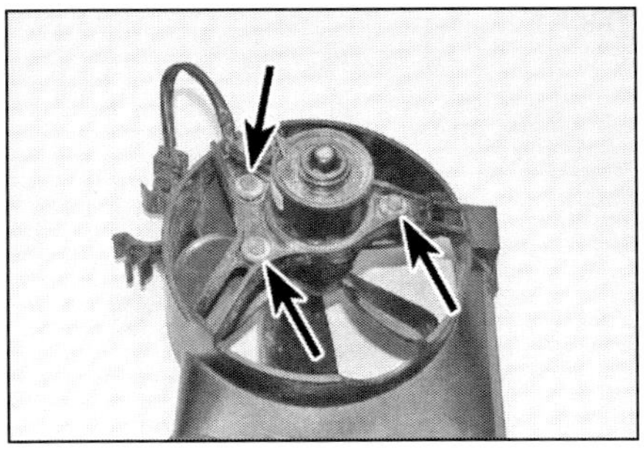

2.7e Lösen Sie die drei Schrauben, und trennen Sie die Halterung vom Ventilator.

unteren inneren Halterungen zu befreien (siehe Abbildungen). Lösen Sie die drei Schrauben, und entfernen Sie den Ventilator vom Halter (siehe Abbildung).

8 Der Einbau entspricht der umgekehrten Ausbaureihenfolge.

Ventilatorschalter – Funduro- und ST-Modelle

Kontrolle

9 Wenn der Motor überhitzt, aber der Ventilator sich nicht einschaltet, muss zunächst die Ventilator-Sicherung kontrolliert werden (siehe Kapitel 9). Ist die Sicherung durchgebrannt, muss der Ventilatorstromkreis auf einen Kurzschluss zu Masse untersucht werden (siehe Schaltpläne am Ende von Kapitel 9).

10 Ist die Sicherung in Ordnung, sollte zunächst die rechte Motorabdeckung entfernt werden, um den Zugang zu verbessern (siehe

2.10 Stecker des Ventilatorschalters

Kapitel 8). Trennen Sie den Kabelstecker vom Ventilatorschalter (siehe Abbildung). Verbinden Sie mit einem Überbrückungskabel die beiden Steckerkontakte – der Ventilator muss jetzt laufen; in diesem Fall ist der Ventilatorschalter defekt und muss ersetzt werden. Läuft der Ventilator nicht, müssen die Kabel und Stecker auf Unterbrechungen und andere Schäden untersucht werden.

11 Läuft der Ventilator ständig, ist entweder der Schalter defekt und muss ersetzt werden, oder in seiner Verkabelung liegt ein Kurzschluss vor.

Ersetzen

⚠ ***Warnung: Der Motor muss vollständig abgekühlt sein, bevor Sie mit dieser Arbeit beginnen.***

12 Entleeren Sie das Kühlsystem (siehe Kapitel 1).

13 Trennen Sie den Stecker vom Schalter (siehe Abbildung 2.10). Lösen Sie den Schalter, und schrauben Sie ihn aus dem Gehäuse – seine Dichtscheibe muss später erneuert werden.

14 Montieren Sie den mit einer neuen Dichtscheibe ausgerüsteten Schalter, und ziehen Sie ihn mit 35 Nm an – zu festes Anziehen würde das Gehäuse beschädigen!

15 Schließen Sie den Stecker an, und füllen Sie das Kühlsystem auf (siehe Kapitel 1).

3 Temperatursensor und Warnlampe

Kontrolle

1 Der Stromkreis besteht aus dem bei Funduro- und ST-Modellen im Thermostatgehäuse, bei GS-, Dakar- und CS-Modellen rechts im Zylinderkopf sitzenden Temperatursensor und der Warnlampe im Cockpit (siehe Abbildungen 3.3a oder b). Wenn die Temperatur über 118 °C steigt, muss die Lampe aufleuchten.

2 Leuchtet die Lampe beim Einschalten der Zündung nicht kurz auf, muss zunächst die Lampe untersucht werden (siehe Kapitel 9). Ist diese in Ordnung, müssen die Kabelstecker des Stromkreises auf lockere Kabel oder korrodierte bzw. gebrochene Kontakte untersucht werden; überprüfen Sie dann die Kabel zwischen Sensor und Cockpit auf Durchgang (siehe Kapitel 9). Ist bis hierhin alles in Ordnung, wird der Sensor defekt sein. BMW macht keine Prüfangaben, sodass er am besten durch ein erwiesenermaßen funktionierendes Teil ersetzt werden sollte, um herauszufinden, ob der Fehler dadurch behoben wird.

Ersetzen

⚠ ***Warnung: Der Motor muss vollständig abgekühlt sein, bevor diese Arbeit ausgeführt werden kann.***

3 Entleeren Sie das Kühlsystem (siehe Kapitel 1). Der Sensor sitzt bei Funduro- und ST-Modellen im Thermostatgehäuse, bei GS-, Dakar- und CS-Modellen rechts im Zylinderkopf (siehe Abbildungen). Entfernen Sie bei GS-,

3.3a Temperatursensor – Funduro- und ST-Modelle

3.3b Temperatursensor – GS-, Dakar- und CS-Modelle

3.4a Trennen Sie den Sensorstecker – Funduro- und ST-Modelle.

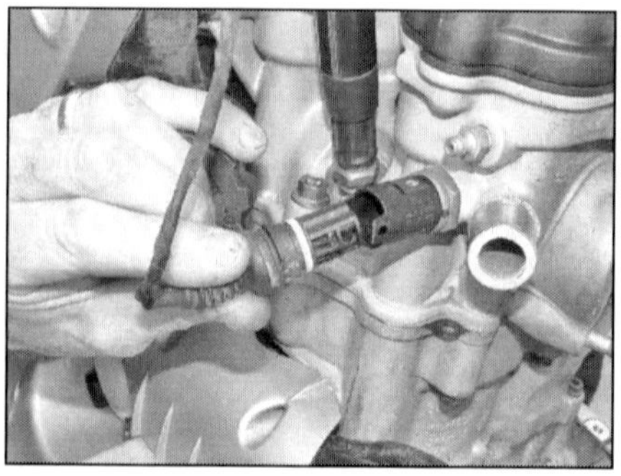

3.4b Trennen Sie den Sensorstecker – GS-, Dakar- und CS-Modelle.

4.3 Thermostatdeckel-Schrauben

Dakar- und CS-Modellen das rechte Frontverkleidungsteil (siehe Kapitel 8).

4 Trennen Sie den Sensorstecker (siehe Abbildungen). Lösen und entfernen Sie den Sensor.

5 Installieren Sie den Sensor, und ziehen Sie ihn mit 15 Nm an. Verbinden Sie den Kabelstecker.

6 Füllen Sie das Kühlsystem auf (Kapitel 1).

4 Thermostat

Anmerkung: *An den in diesem Buch behandelten Modellen finden sich an den verschiedenen Schlauchanschlüssen drei Typen von Schellen: Einmalschellen, Klemmschellen und Schraubschellen. Zum Öffnen der Einmal- und der Klemmschellen wird ein kleiner Schraubendreher benötigt, zum Schließen eine spezielle Zange, die ggf. zusammen mit neuen Schellen im Autoteilezubehör oder beim BMW-Händler (Teilenummer 131500) beschafft werden kann.*

1 Der Thermostat arbeitet automatisch und normalerweise jahrelang zuverlässig. Im Falle eines Defektes kann das Ventil im offenen Zustand blockieren – dann dauert es wesentlich länger, bis der Motor Betriebstemperatur erreicht. Andererseits kann das Ventil auch im geschlossenen Zustand blockieren, dann fließt die Kühlflüssigkeit nicht durch den Kühler, und der Motor kann überhitzen. Keiner dieser Zustände ist akzeptabel und der Defekt muss unverzüglich behoben werden.

Funduro- und ST-Modelle

Ausbau

⚠ ***Warnung: Der Motor muss vollständig abgekühlt sein, bevor Sie mit dieser Arbeit beginnen.***

2 Lassen Sie das Kühlmittel ab (siehe Kapitel 1). Entfernen Sie die Tankabdeckung (siehe Kapitel 8).

3 Lösen Sie die Schrauben der Thermostatabdeckung, und entnehmen Sie diese (siehe Abbildung) – der O-Ring muss später erneuert werden. Ziehen Sie den Thermostaten unter Beachtung seiner Einbaurichtung heraus.

4 Um das Gehäuse entfernen zu können, müssen die Stecker des Temperatursensors und des Ventilatorschalters getrennt werden (siehe Abbildungen 3.3a und 2.10), anschließend werden die Schrauben innerhalb des Gehäuses gelöst und dies vom Motor getrennt – die Dichtung muss später erneuert werden. Reinigen Sie die Kontaktflächen des Motors und des Gehäuses.

Kontrolle

5 Führen Sie vor dem Test eine Sichtkontrolle des Thermostaten durch. Wenn er bei Raumtemperatur offen bleibt, muss er erneuert werden. Kontrollieren Sie die um den Thermostaten liegende Gummidichtung, und ersetzen Sie sie, falls sie beschädigt, verformt oder porös ist.

6 Halten Sie den Thermostaten mit einem Stück Draht in einen Kochtopf mit kaltem Wasser. Halten Sie ein Thermometer (Messbereich bis 100 °C) in die Nähe des Thermostaten (siehe Abbildung). Erhitzen Sie das Wasser, und notieren Sie die Temperatur, bei welcher der Thermostat öffnet – dies sollte bei 75 °C geschehen. Prüfen Sie, wie weit sich das Ventil geöffnet hat, nachdem das Wasser einige Minuten auf 75 °C erhitzt war – öffnet es sich nicht um ca. 7 bis 8 mm, ist der Thermostat defekt und muss ersetzt werden.

7 Ist der Thermostat defekt oder klemmt das Ventil im geschlossenen Zustand, kann im Notfall – und nach Abkühlung des Motors – der Thermostat ausgebaut und weitergefahren werden (das ist besser, als den Motor überhitzen zu lassen). Klemmt das Ventil im offenen Zustand, sollte der Thermostat eingebaut bleiben.

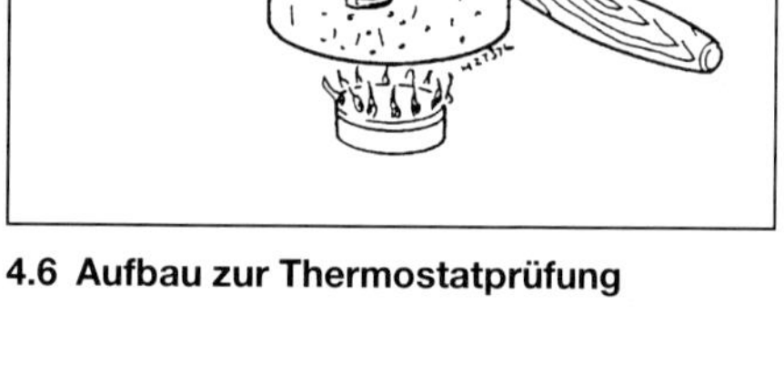

4.6 Aufbau zur Thermostatprüfung

Anmerkung: *In beiden Fällen muss beachtet werden, dass die Warmlaufzeit des Motors erheblich länger als sonst ist. Bauen Sie so schnell wie möglich einen neuen Thermostaten ein.*

Einbau

8 Der Einbau entspricht der umgekehrten Ausbaureihenfolge.

9 Falls entfernt, wird zwischen Thermostatgehäuse und Motor eine neue Dichtung und zwischen Deckel und Gehäuse ein neuer O-Ring installiert. Ziehen Sie die Gehäuse- und die Deckelschrauben mit 6 Nm an.

10 Füllen Sie das Kühlsystem auf (Kapitel 1).

GS-, Dakar- und CS-Modelle

Ausbau

⚠ ***Warnung: Der Motor muss vollständig abgekühlt sein, bevor Sie mit dieser Arbeit beginnen.***

11 Lassen Sie das Kühlmittel ab (siehe Kapitel 1). Lösen Sie die Schelle, und ziehen Sie den Schlauch unten am Thermostathalter ab (siehe Abbildung).

12 Lösen Sie die Federklemme, und ziehen Sie den Thermostathalter aus dem Gehäuse (siehe Abbildungen) – der O-Ring muss später erneuert werden (siehe Abbildung 4.17). Entfernen Sie den Thermostaten aus dem Gehäuse (siehe Abbildung).

Kontrolle

13 Führen Sie vor dem Test eine Sichtkontrolle des Thermostaten durch. Wenn er bei Raum-

4.11 Lösen Sie die Schelle, und ziehen Sie den Schlauch ab.

4.12a Hebeln Sie den Federclip heraus, ...

4.12b ... und ziehen Sie den Thermostathalter heraus.

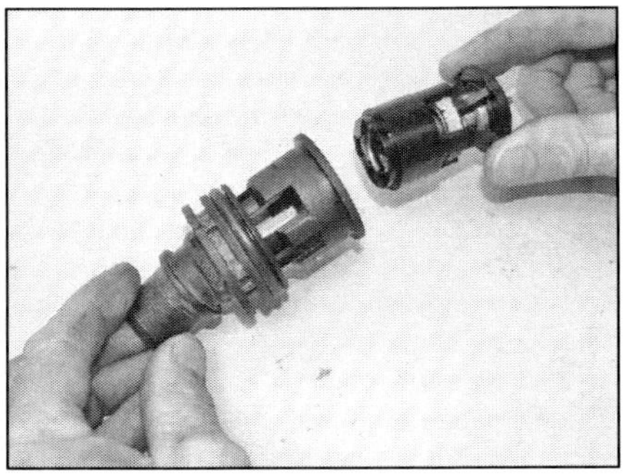

4.12c Entfernen Sie den Thermostaten aus dem Halter.

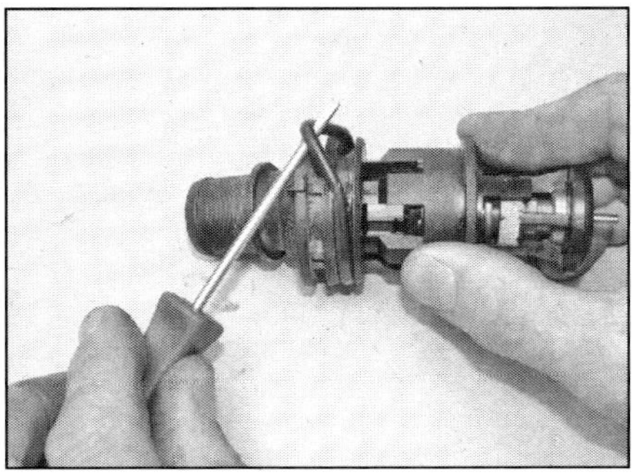

4.17 Rüsten Sie den Halter mit einem neuen O-Ring aus.

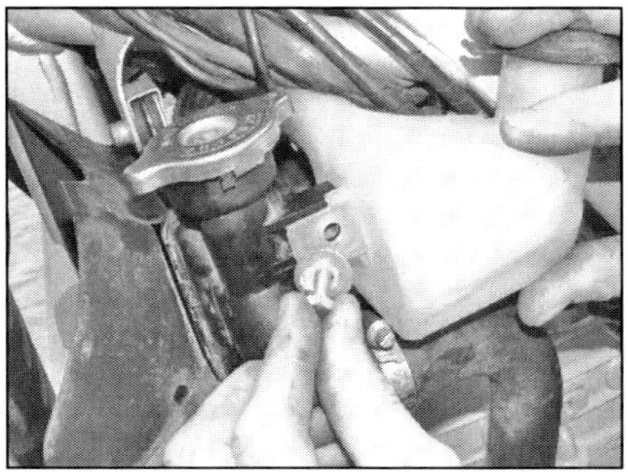

5.3a Lösen Sie die Schraube, und ziehen Sie den Behälter heraus, ...

5.3b ... beachten Sie, wie der Stift in die Öse greift, ...

temperatur offen bleibt, muss er erneuert werden.

14 Halten Sie den Thermostaten mit einem Stück Draht in einen Kochtopf mit kaltem Wasser. Halten Sie ein Thermometer (Messbereich bis 100 °C) in die Nähe des Thermostaten (siehe Abbildung 4.6). Erhitzen Sie das Wasser, und notieren Sie die Temperatur, bei welcher der Thermostat öffnet – dies sollte bei 85 °C geschehen. Prüfen Sie, wie weit sich das Ventil geöffnet hat, nachdem das Wasser einige Minuten auf 85 °C erhitzt war – öffnet es sich nicht vollständig, ist der Thermostat defekt und muss ersetzt werden.

15 Ist der Thermostat defekt oder klemmt das Ventil im geschlossenen Zustand, kann im Notfall – und nach Abkühlung des Motors – der Thermostat ausgebaut und weitergefahren werden (das ist besser, als den Motor überhitzen zu lassen). Klemmt das Ventil im offenen Zustand, sollte der Thermostat eingebaut bleiben.

Anmerkung: *In beiden Fällen muss beachtet werden, dass die Warmlaufzeit des Motors erheblich länger als üblich ist. Bauen Sie so schnell wie möglich einen neuen Thermostaten ein.*

Einbau

16 Der Einbau entspricht der umgekehrten Ausbaureihenfolge.

17 Rüsten Sie den Halter mit einem neuen O-Ring aus (siehe Abbildung). Achten Sie darauf, dass die Federklemme korrekt sitzt.

18 Füllen Sie das Kühlsystem auf (siehe Kapitel 1).

5 Kühler

Anmerkung 1: *Falls der Kühler im Zuge des Motorausbaus demontiert werden soll, empfiehlt es sich, die Schläuche besser am Motor als am Kühler abzuziehen und den Kühler samt Schläuchen zu entfernen. Beachten Sie die Verlegung der Schläuche.*

Anmerkung 2: *An den in diesem Buch behandelten Modellen finden sich an den verschiedenen Schlauchanschlüssen drei Typen von Schellen: Einmalschellen, Klemmschellen und Schraubschellen. Zum Öffnen der Einmal- und der Klemmschellen wird ein kleiner Schraubendreher benötigt, zum Schließen eine spezielle Zange, die ggf. zusammen mit neuen Schellen im Autoteilezubehör oder beim BMW-Händler (Teilenummer 131500) beschafft werden kann.*

Ausbau

⚠ ***Warnung: Der Motor muss vollständig abgekühlt sein, bevor diese Arbeit ausgeführt werden kann.***

1 Lassen Sie das Kühlmittel ab (siehe Kapitel 1). Entfernen Sie bei Funduro- und ST-Modellen zunächst die Verkleidung und bei GS-, Dakar- und CS-Modellen die vorderen Verkleidungsteile (siehe Kapitel 8).

2 Entfernen Sie den Ventilator (siehe Sektion 2).

3 Entfernen Sie bei GS-, Dakar- und CS-Modellen den Ausgleichsbehälter, ziehen Sie den Schlauch ab, und entleeren Sie ihn – merken Sie sich seine Einbauposition (siehe Abbildungen).

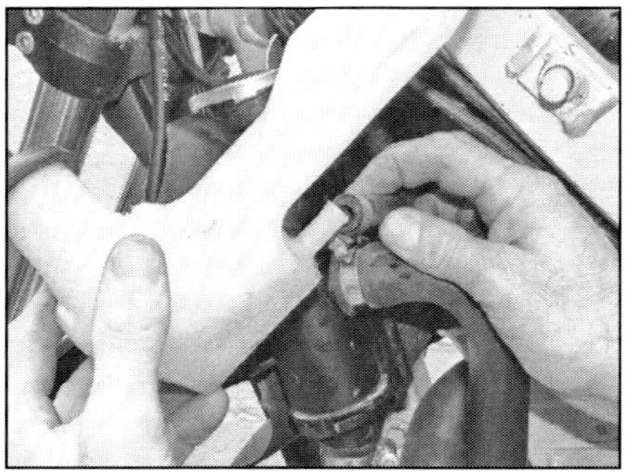

5.3c ... und ziehen Sie den Schlauch ab.

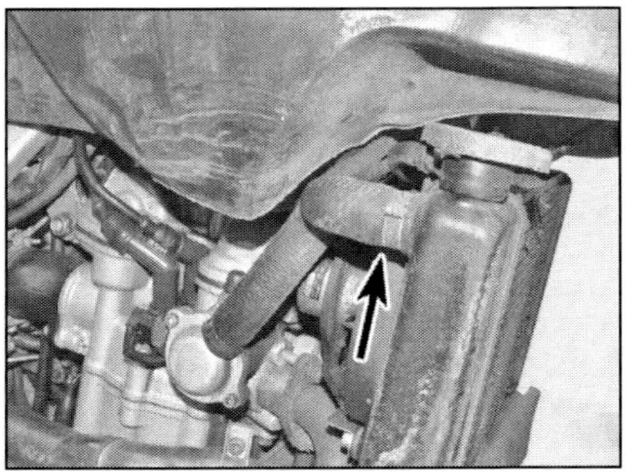

5.4a Ziehen Sie bei Funduro- und ST-Modellen den Schlauch rechts ...

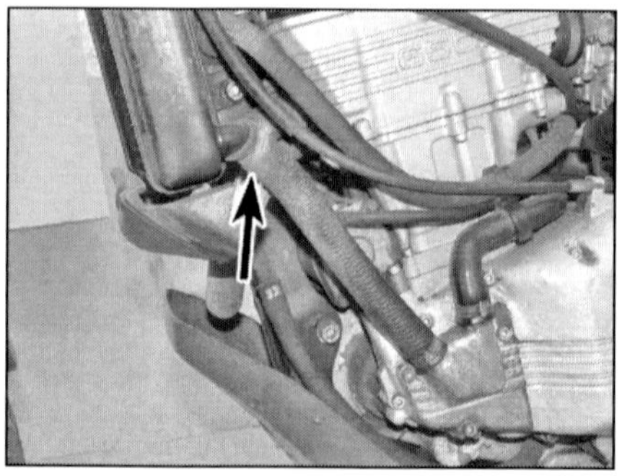

5.4b ... und links vom Kühler ab.

5.4c Ziehen Sie bei GS-, Dakar- und CS-Modellen die Schläuche links vom Kühler ab.

5.5a Lösen Sie an beiden Seiten oben die Schraube, ...

4 Lösen Sie nun die Schellen, mit denen die Schläuche am Kühler gesichert sind, und ziehen Sie sie ab (siehe Abbildungen).
5 Lösen Sie die Kühlerbefestigungsschrauben, und entfernen Sie den Kühler nach links – beachten Sie, wie der Stift unten in der Öse sitzt (siehe Abbildungen).
6 Beachten Sie an den Kühlerhalterungen die Anordnung der Hülsen und Gummibuchsen – ersetzen Sie beschädigte, verformte oder poröse Gummiteile.
7 Entfernen Sie bei GS-, Dakar- und CS-Modellen ggf. den Thermostaten (siehe Sektion 4). Inspizieren Sie den Kühler auf Schäden, und entfernen Sie jeglichen Schmutz, der die Kühlwirkung behindern kann. Verbogene Kühlerlamellen können mit einem Schraubendreher wieder vorsichtig gerichtet werden, sind sie jedoch stark beschädigt oder abgebrochen, muss der Kühler erneuert werden.

Einbau

8 Der Einbau entspricht der umgekehrten Ausbaureihenfolge. Beachten Sie dabei Folgendes:
- Alle Gummibuchsen müssen korrekt installiert sein und die Hülsen darin stecken.
- Die Kühlerschläuche müssen in gutem Zustand sein (siehe Kapitel 1) und sicher mit (ggf. neuen) Schellen befestigt werden.
- Das Kühlsystem muss wie in Kapitel 1 beschrieben aufgefüllt werden.

Kühlerdeckel-Druckprüfung

9 Wenn Probleme wie Überhitzung und Flüssigkeitsverlust auftreten, muss das Kühlsystem wie in Kapitel 1 beschrieben überprüft werden. Der Öffnungsdruck des Kühlerdeckels muss von einer entsprechend ausgerüsteten BMW-Werkstatt getestet werden. Ist der Deckel defekt, muss er ersetzt werden.

6 Wasserpumpe

Kontrolle

1 Die Wasserpumpe sitzt links unten am Motor. Prüfen Sie den Bereich um die Pumpe herum auf Anzeichen von Undichtigkeit.
2 Um das Eindringen von Kühlmittel in den Ölkreislauf – und umgekehrt – zu verhindern, sitzen auf der Pumpenwelle zwei Dichtungen. Unten an der Pumpe ist eine Ablaufbohrung, durch die bei einer beschädigten Dichtung Kühlmittel oder Öl austritt (siehe Abbildung). So wird vermieden, dass die Flüssigkeiten in das jeweils andere System eindringen.
3 Wird bei einer Kontrolle austretende Flüssigkeit festgestellt, muss die Wasserpumpe ausgebaut und die Dichtungen ersetzt werden – BMW bietet ein aus beiden Dichtungen, der Welle und einem neuen Pumpenrad bestehendes Reparaturset an. Wird festgestellt, dass die neuen Dichtungen nicht lange halten, können die Bohrungen der Welle im Motorgehäuse oder Kupplungsdeckel ausgeschlagen sein, sodass entweder ein neuer Deckel beschafft werden oder ein Fachbetrieb eine Buchse einsetzen muss.

Ausbau

Anmerkung 1: *Bei der oberen Schraube des Wasserpumpendeckels und drei der oberen Schrauben des Kupplungsdeckels sind deren Gewindebohrungen nach hinten offen, sodass die Schrauben anfällig für Korrosion sind. Trotz äußerst sorgfältiger Arbeit sind bei unserem Motor zwei dieser Schrauben abgerissen. Vor irgendwelchen Lösungsversuchen sollten daher die Gewindebohrungen und die Bereiche um die Schraubenköpfe herum mit Kriechöl behandelt werden, dem genug lange Zeit zum Einwirken gegeben werden muss. Anschließend können Hammerschläge auf die Köpfe die verbliebene Korrosion lösen. Bei schwergängigen Schrauben muss das umliegende Gehäuse mit einem Heißluftgebläse erwärmt werden, damit es sich ausdehnt. Drehen Sie die Schrauben äußerst vorsichtig hin und her, um sie zu befreien.*

Anmerkung 2: *An den in diesem Buch behandelten Modellen finden sich an den verschiedenen Schlauchanschlüssen drei Typen von Schellen: Einmalschellen, Klemmschellen und Schraubschellen. Zum Öffnen der Einmal- und der Klemmschellen wird ein kleiner Schraubendreher benötigt, zum Schließen eine spezielle Zange, die ggf. zusammen mit neuen Schellen im Autoteilezubehör oder beim BMW-Händler (Teilenummer 131500) beschafft werden kann.*

4 Lassen Sie das Motoröl und das Kühlmittel ab (siehe Kapitel 1).
5 Bringen Sie an der Schaltwelle eine zur Klemmöffnung des Hebels fluchtende Markie-

5.5b ... und heben Sie den Kühler an, um den Stift aus der Öse zu befreien ...

5.5c ... und den Kühler nach links aus dem Motorrad zu befreien.

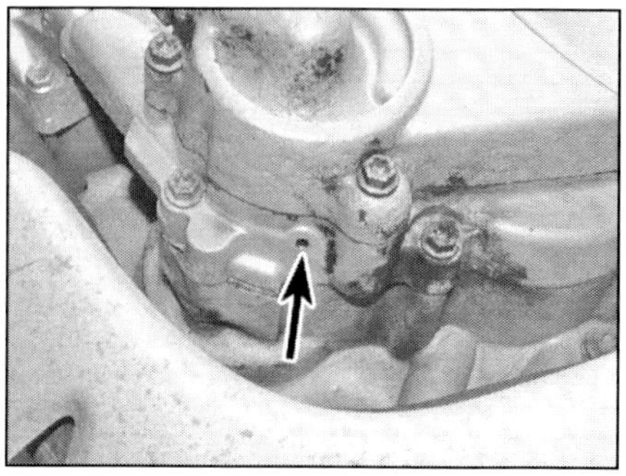

6.2 Wasserpumpen-Ablaufbohrung

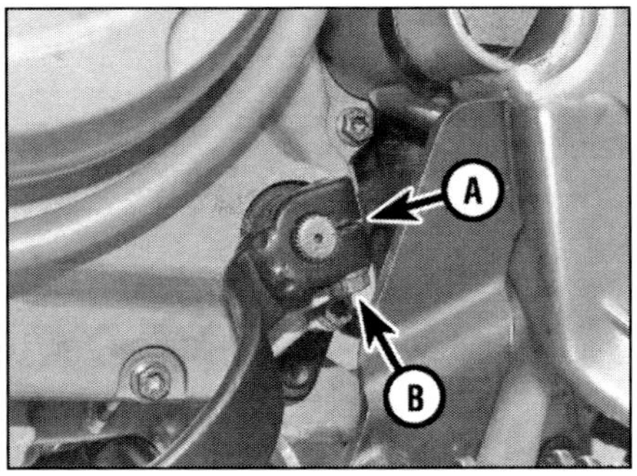

6.5 Bringen Sie an Schalthebelwelle neben der Klemmöffnung (A) eine Markierung an, und lösen Sie die Klemmschraube (B).

6.7a Lösen Sie die Anschlussschraube ...

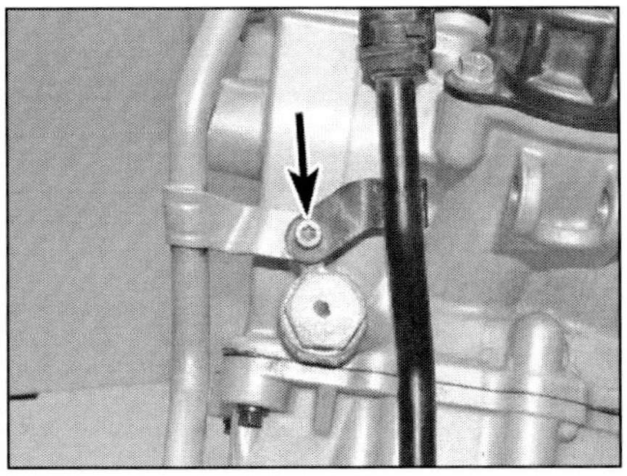

6.7b ... und die Schraube der Rohrhalterung.

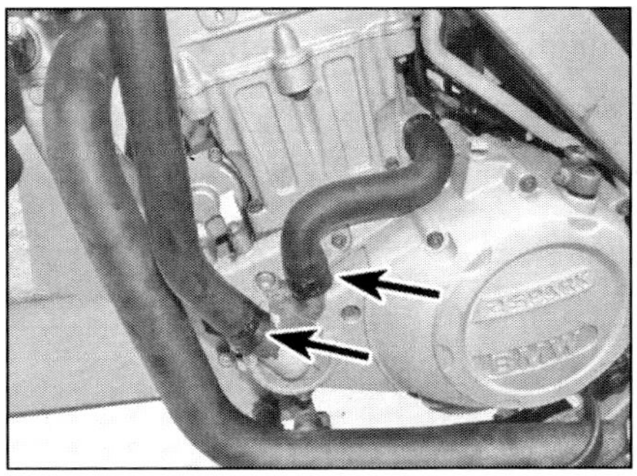

6.9 Lösen Sie die Schellen, und ziehen Sie die Schläuche ab.

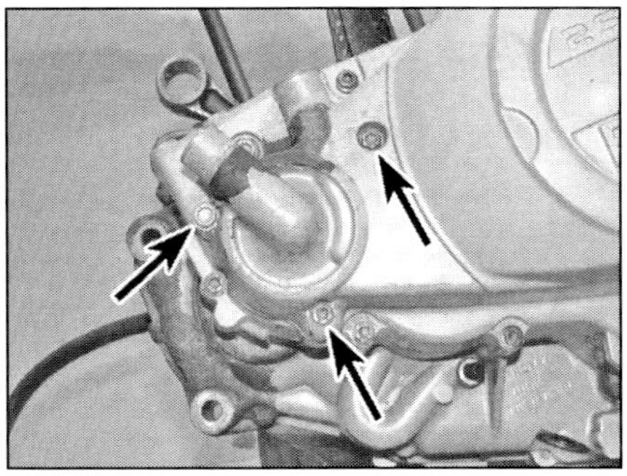

6.10 Lösen Sie die drei Schrauben, und entfernen Sie den Pumpendeckel.

6.11 Lösen Sie die 13 Schrauben, und entfernen Sie den Kupplungsdeckel.

rung an (siehe Abbildung). Lösen Sie nun die Klemmschraube, und ziehen Sie je nach Modell den Schalthebel oder das Schaltgestänge ab.

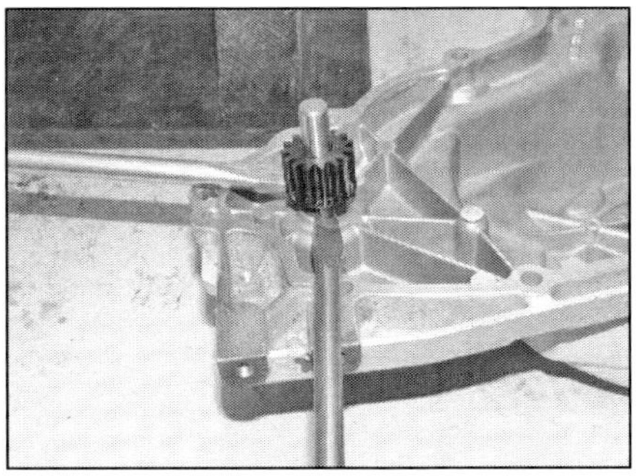

6.12a Hebeln Sie das Zahnrad vom Mitnehmerstift – dort ist es eingerastet.

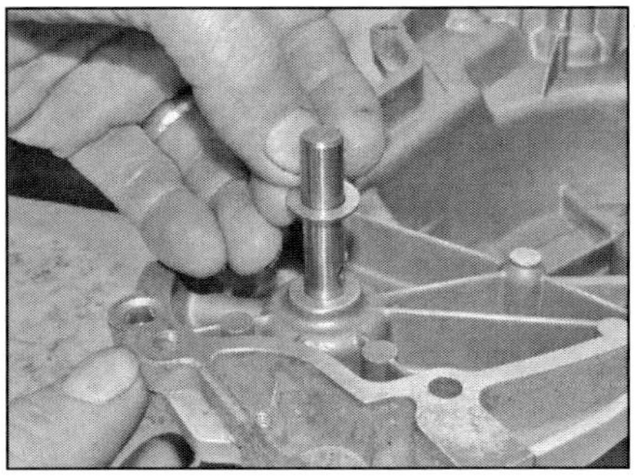

6.12c ... entfernen Sie die Scheibe, ...

6 Befreien Sie den Kupplungszug vom Ausrückhebel am Motor (siehe Kapitel 2).

7 Lösen Sie bei GS- und Dakar-Modellen die Bolzen des linken Fußrastenträgers, und entfernen Sie die Fußrasten-Baugruppe. Lösen Sie das Öl-Rücklaufrohr unten vom Motor und vom Zylinderkopf (siehe Abbildungen) – halten Sie Lappen bereit, um austretendes Öl aufzusaugen. Die Dichtscheiben der Anschlussschraube müssen später erneuert werden.

6.12b Ziehen Sie den Mitnehmerstift heraus, ...

6.12d ... und ziehen Sie die Welle heraus.

8 Bauen Sie den Anlasser aus (siehe Kapitel 9).

9 Lösen Sie die Schellen der beiden Wasserpumpenschläuche, und ziehen Sie diese von der Pumpe (siehe Abbildung).

10 Lösen Sie die drei Schrauben des Pumpendeckels, und entfernen Sie diesen (siehe Abbildung) – der O-Ring muss später erneuert werden (siehe Abbildung 6.19a).

11 Lösen Sie die 13 Kupplungsdeckelschrauben, und heben Sie den Deckel ab (siehe Abbildung) – die Dichtung muss später erneuert werden (siehe Abbildung 6.18a).

12 Hebeln Sie innen an der Pumpenwelle das Zahnrad ab, entfernen Sie dann den Mitnehmerstift und die Scheibe (siehe Abbildungen). Greifen Sie das Pumpenrad, und ziehen Sie es samt Welle aus dem Kupplungsdeckel (siehe Abbildung). Kontrollieren Sie die Welle auf Verschleißriefen, und installieren Sie nötigenfalls das Reparaturset.

13 Inspizieren Sie die Wellenbohrungen im Deckel auf Verschleiß (siehe Schritt 3), und ersetzen Sie nötigenfalls den Deckel.

Ersetzen der Dichtringe

14 Hebeln Sie von beiden Seiten des Kupplungsdeckels den jeweiligen Dichtring heraus. Merken Sie sich, welcher Dichtring wie herum an welcher Seite sitzt (siehe Abbildung).

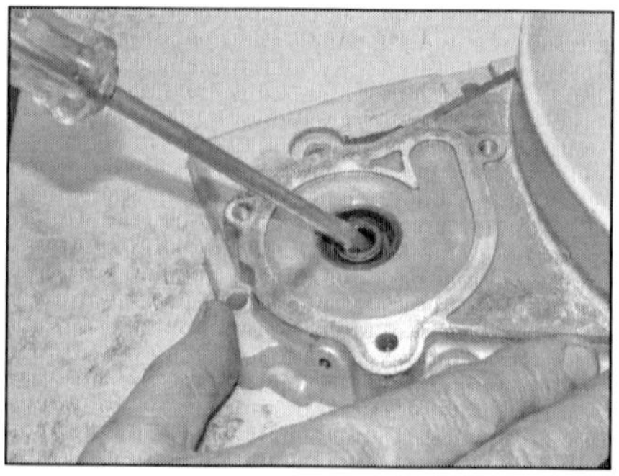

6.14 Hebeln Sie die Dichtringe heraus.

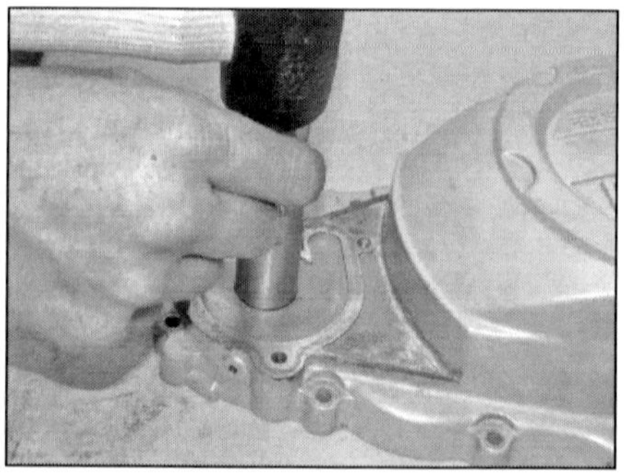

6.15 Die neuen Dichtringe können mit einem Steckschlüssel eingetrieben werden.

6.17a Schieben Sie das Zahnrad zum Mitnehmerstift ausgerichtet auf die Welle, ...

6.17b ... und drücken oder treiben Sie es darüber bis es einrastet.

6.18a Legen Sie eine neue Kupplungsdeckeldichtung auf.

6.18b Richten Sie die Zugstange ...

15 Versehen Sie die Lippen der neuen Dichtringe mit EP2-Fett. Pressen oder treiben Sie den inneren Dichtring mit der markierten Seite nach innen in seinen Sitz. Füllen Sie den Raum zwischen den Dichtringen mit EP2-Fett. Pressen oder treiben Sie den äußeren Dichtring ein, sodass er bündig zum Gehäuse sitzt (siehe Abbildung).

Einbau

16 Prüfen Sie, ob sich am Pumpendeckel Korrosion oder Ablagerungen gebildet haben, und entfernen Sie diese nötigenfalls.

17 Falls noch nicht geschehen, werden der Mitnehmerstift und das Pumpenrad an das äußere Wellenende montiert. Schmieren Sie die Welle mit EP2-Fett, und schieben Sie sie dann durch die Dichtringe (siehe Abbildung 6.12d). Legen Sie innen die Scheibe auf, und schieben Sie den Mitnehmerstift ein (siehe Abbildungen 6.12c und b). Drücken Sie das Zahnrad über den Stift, bis es hörbar einrastet (siehe Abbildungen).

18 Legen Sie eine neue Kupplungsdeckeldichtung auf den Motor (siehe Abbildung). Stellen Sie sicher, dass die Kupplungszugstange wie gezeigt ausgerichtet ist, damit sie in die im Deckel sitzende Ausrückwelle greifen kann (siehe Abbildung). Der Ausrückhebel muss wie gezeigt ausgerichtet sein, damit er nach dem Aufsetzen des Deckels korrekt steht – er dreht sich beim Ineinandergreifen der Zähne nach innen (siehe Abbildungen). Setzen Sie den Kupplungsdeckel auf, drehen Sie dabei das Pumpenrad, damit das Zahnrad in das Antriebsrad greift. Installieren Sie die Schrauben (zumindest diejenigen mit offenen Gewinden sollten mit etwas Kupferpaste versehen werden), und ziehen Sie sie schrittweise und über Kreuz bis zum korrekten Drehmoment von 11 Nm an.

6.18c ... und den Ausrückhebel wie gezeigt aus, ...

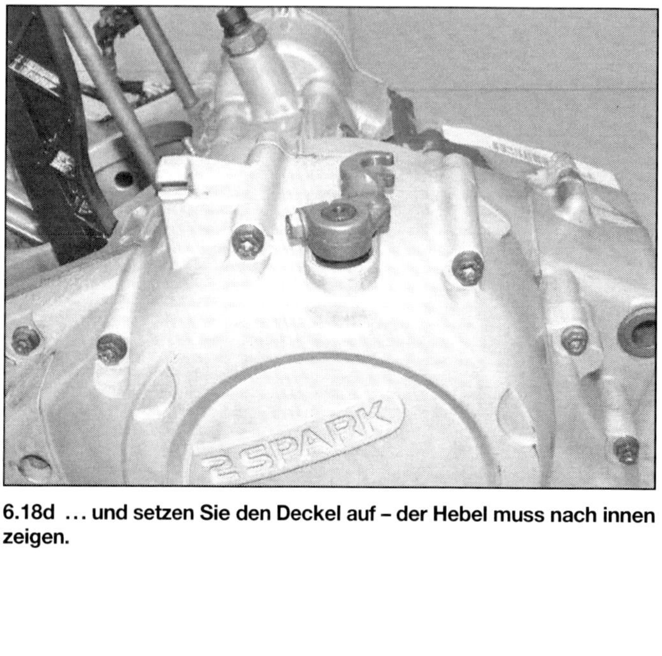

6.18d ... und setzen Sie den Deckel auf – der Hebel muss nach innen zeigen.

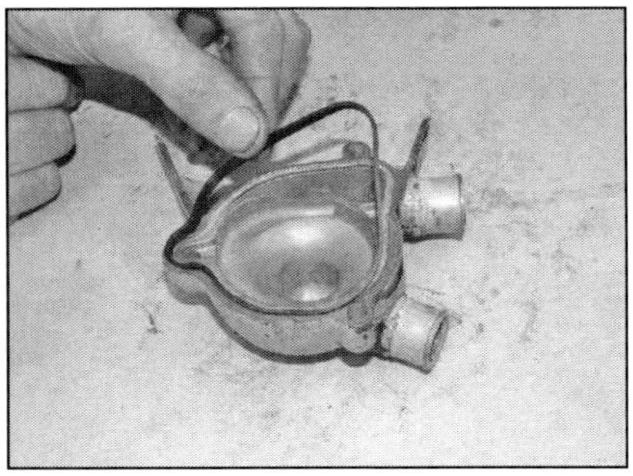

6.19a Rüsten Sie den Pumpendeckel mit einem neuen O-Ring aus, ...

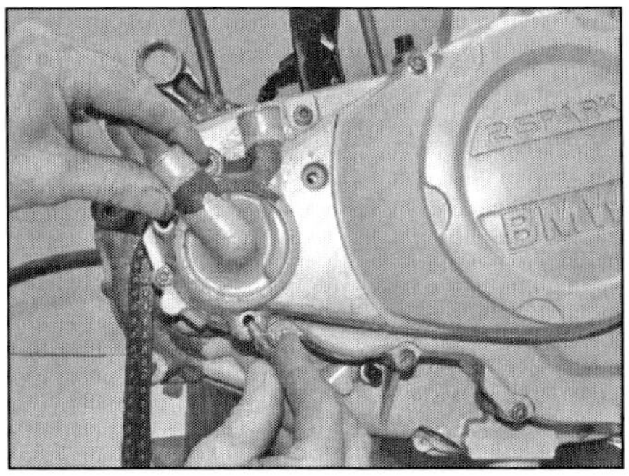

6.19b ... und installieren Sie den Deckel.

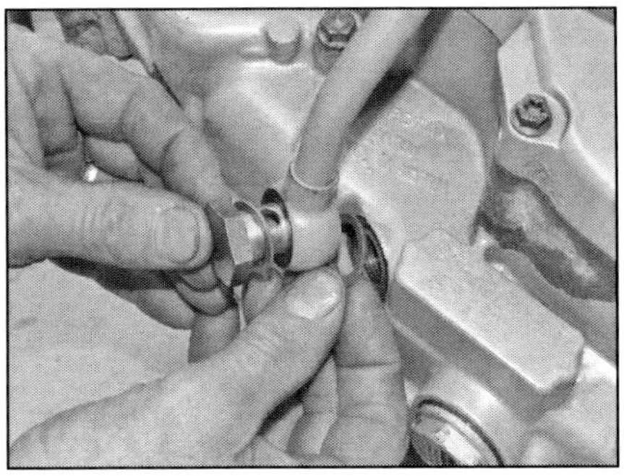

6.21 Rüsten Sie den Anschluss an beiden Seiten mit neuen Dichtscheiben aus.

19 Fetten Sie den neuen Pumpendeckel-O-Ring, und installieren Sie ihn in die Deckelnut (siehe Abbildung). Setzen Sie den Deckel über das Pumpenrad (siehe Abbildung). Installieren Sie die drei Schrauben, und ziehen Sie sie mit 10 Nm an (siehe Abbildung 6.10).

20 Schieben Sie die Schläuche auf die Stutzen, und sichern Sie sie mit den Schellen – benutzen Sie nötigenfalls neue (siehe Abbildung 6.9). Die originalen Schellen müssen mit einer speziellen Zange geschlossen werden, sie können jedoch durch herkömmliche Schellen ersetzt werden, die per Schraubendreher angezogen werden.

21 Installieren Sie die verbliebenen Komponenten in umgekehrter Ausbaureihenfolge. Rüsten Sie bei GS- und Dakar-Modellen den Anschluss des Ölrohrs mit neuen Dichtscheiben aus, und ziehen Sie die Anschlussschraube am Motor mit 35 Nm an (siehe Abbildung).

22 Füllen Sie Motoröl und Kühlmittel auf (siehe Kapitel 1).

7 Schläuche und Rohre

Anmerkung: *An den in diesem Buch behandelten Modellen finden sich an den verschiedenen Schlauchanschlüssen drei Typen von Schellen: Einmalschellen, Klemmschellen und Schraubschellen. Zum Öffnen der Einmal- und der Klemmschellen wird ein kleiner Schraubendreher benötigt, zum Schließen eine spezielle Zange, die ggf. zusammen mit neuen Schellen im Autoteilezubehör oder beim BMW-Händler (Teilenummer 131500) beschafft werden kann.*

Ausbau

1 Lassen Sie zunächst die Kühlflüssigkeit ab (siehe Kapitel 1).

Anmerkung: *Seien Sie trotzdem bei der Demontage von Bauteilen des Kühlsystems auf austretendes Kühlmittel vorbereitet.*

2 Lösen Sie die Schlauchschellen (siehe Anmerkung oben) – schieben Sie die Schellen auf den Schlauch zurück.

Achtung: Die Kühleranschlüsse sind empfindlich. Ziehen Sie die Schläuche nicht mit zu viel Kraft ab.

3 Wenn ein Schlauch sich nicht lösen lässt, muss versucht werden, ihn drehend abzuziehen. Wenn das auch nicht klappt, muss mit einem scharfen Messer ein Längsschnitt über dem Flansch gezogen werden, damit der Schlauch abgeschält werden kann. Es ist immer besser, nur einen neuen Schlauch zu beschaffen als den ganzen Kühler zu ersetzen.

4 Bei älteren GS-, Dakar- und CS-Modellen kann die Auslassrohr-Baugruppe nach dem Lösen der Schrauben vom Zylinderkopf entfernt werden – der O-Ring muss später erneuert werden.

Einbau

5 Schieben Sie die Schelle über den Schlauch, und stecken Sie ihn bis zur Markierung oder bis zum Anschlag auf den entsprechenden Anschlussstutzen.

Praxis TiPP ***Wenn der Schlauch schwer aufzuschieben ist, kann er zum Erweichen in heißes Wasser gehalten werden. Alternativ hilft die Verwendung von Seifenwasser als Schmiermittel.***

6 Rüsten Sie bei älteren GS-, Dakar- und CS-Modellen die Auslassrohr-Baugruppe mit einem neuen O-Ring aus, bevor Sie sie an den Zylinderkopf schrauben.

7 Drehen Sie den Schlauch in Position, bevor Sie die Schelle über den Stutzen schieben und sorgfältig anziehen.

8 Füllen Sie das Kühlsystem auf (siehe Kapitel 1), und kontrollieren Sie den Pegel (siehe *Tägliche Kontrollen*).

Kapitel 4A
Kraftstoffsystem und Auspuffanlage – Funduro- und ST-Modelle

Inhalt (in alphabetischer Reihenfolge, die Zahlen geben die Nummerierung in den grauen Feldern wieder)

Schwierigkeitsgrade

Leicht. Für Anfänger mit wenig Erfahrung geeignet.	**Relativ leicht.** Für Anfänger mit etwas Erfahrung geeignet.	**Relativ schwierig.** Geeignet für geübte Selbstschrauber.	**Schwer.** Geeignet für Selbstschrauber mit viel Erfahrung.	**Sehr schwer.** Geeignet für Experten und Profis.

Technische Daten

Kraftstoff

Sorte	Super bleifrei, mindestens 95 Oktan
Tankkapazität	
gesamt (inkl. Reserve)	17,5 Liter
Reserve	2 Liter

Vergaser

Typ	2 x Mikuni BST 33-B-316
Schwimmerhöhe	14,6 mm
Standgas-Drehzahl	1300 bis 1400 U/min.
Standgas-Gemischschrauben-Einstellung (Umdrehungen heraus)	3 1/2
Hauptdüse	
frühe Modelle ohne 80-db-Geräuschbegrenzung	140
späte Modelle mit 80-db-Geräuschbegrenzung	132,5
Hauptluftdüse	0,6
Düsennadel	
Typ	5E 94-4
Einstellung	4. Kerbe von oben
Nadeldüse	0–2
Leerlaufdüse	41,3
Leerlaufluftdüse	1,5
Drosselklappe	105

Anzugsdrehmomente

Krümmerflanschmuttern	10 Nm
Schalldämpfer-Befestigungsschrauben	25 Nm

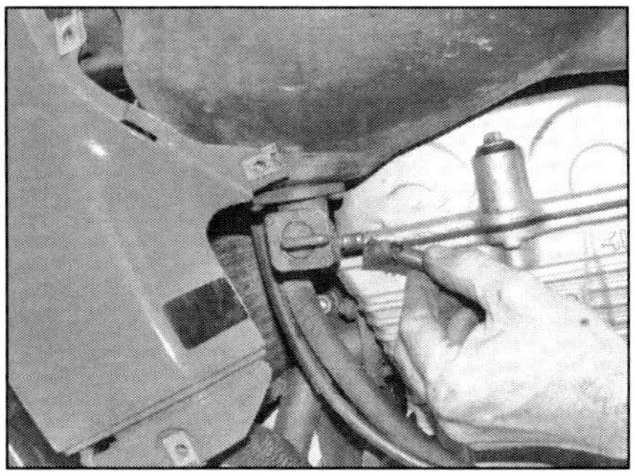

2.3 Lösen Sie die Schelle, und ziehen Sie den Benzinschlauch ab.

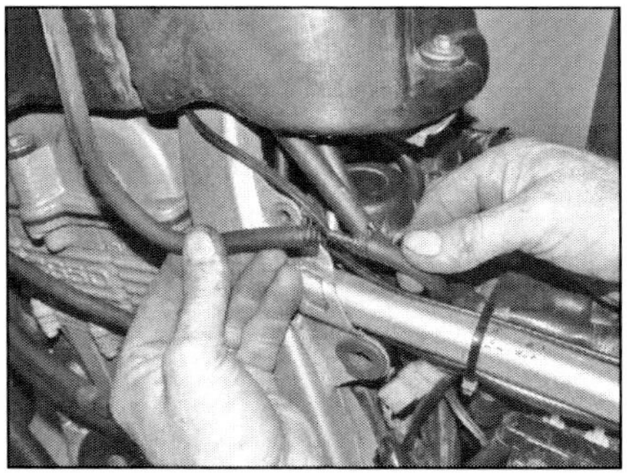

2.4 Trennen Sie den Belüftungsschlauch am Verbindungsstück.

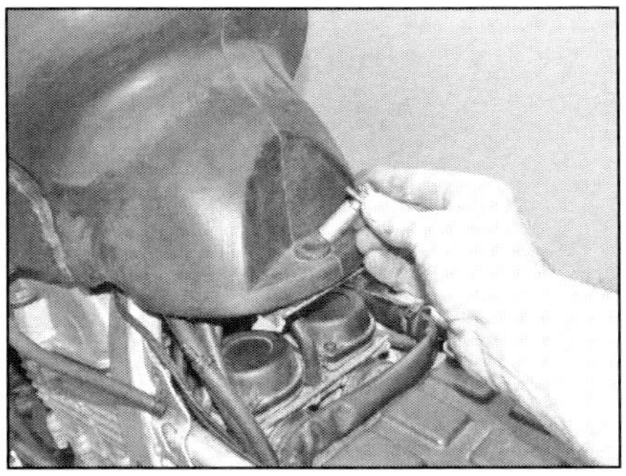

2.5a Lösen Sie die Schraube, ...

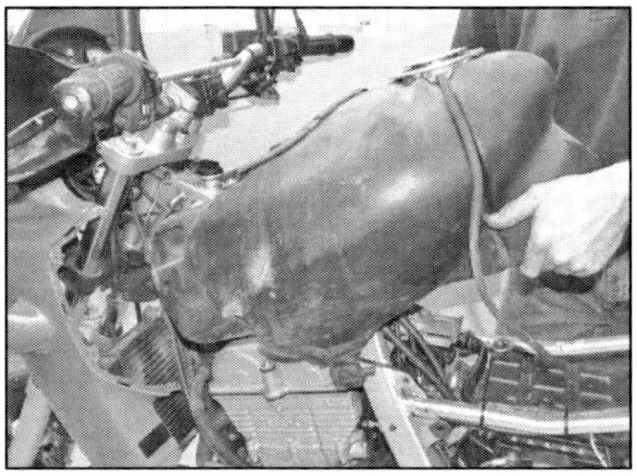

2.5b ... und heben Sie den Tank ab.

1 Allgemeine Informationen und Warnhinweise

Allgemeine Informationen

Das Kraftstoffsystem besteht aus dem Benzintank, dem Benzinhahn samt integriertem Filter, den Kraftstoffleitungen, den Vergasern, dem Gas- und dem Chokebowdenzug.

Bei den Vergasern handelt es sich um Gleichdruck-Ausführungen (CV), deren Schieber über den Unterdruck im Ansaugtrakt betätigt werden. Für den Kaltstart wird ein Choke per Bowdenzug vom links am Lenker sitzenden Hebel betätigt.

Die durch die Vergaser gesogene Luft wird in einem unterhalb der Sitzbank liegenden Luftfilter gereinigt.

Die Auspuffanlage besteht aus zwei Krümmern und einem Schalldämpfer. Modelle ab 1997 können mit einem ungeregelten Katalysator ausgerüstet sein.

Viele Wartungsarbeiten am Kraftstoffsystem sind Routinearbeiten und daher in Kapitel 1 beschrieben.

Warnhinweise

Warnung: Benzin ist leicht entzündlich, vor allem in Form von Dampf. Daher müssen unten stehende Vorsichtsmaßnahmen getroffen werden. Beachten Sie, dass Benzindampf schwerer ist als Luft und sich daher in schlecht belüfteten Ecken sammeln kann. Vermeiden Sie Hautkontakt, und suchen Sie einen Arzt auf, wenn Benzin in die Augen gelangt ist oder verschluckt wurde. Tragen Sie immer eine Sicherheitsbrille, und haben Sie einen geeigneten Feuerlöscher zur Hand.

Führen Sie Arbeiten am Kraftstoffsystem nur in gut belüfteten Räumen durch.

Stellen Sie sicher, dass sich keine offenen Flammen oder Funken (z.B. Zündanlage) in der Nähe befinden, wenn Sie mit Benzin hantieren.

Beachten Sie absolutes Rauchverbot für jedermann bei Arbeiten am Kraftstoffsystem. Denken Sie an die Gefahr, die von brennenden Zigaretten ausgeht, und entfernen Sie sich zum Rauchen weit genug vom Arbeitsplatz weg.

Denken Sie daran, dass elektrische Geräte wie Schalter, Bohrmaschinen, Schleifböcke usw. Funken produzieren. Vermeiden Sie daher den Betrieb solcher Geräte bei Arbeiten am Kraftstoffsystem, und lüften Sie den Raum gründlich aus, bevor Sie damit beginnen.

Wischen Sie grundsätzlich verschüttetes Benzin auf, und entsorgen Sie in Benzin getränkte Lappen und Tücher in einem feuersicheren Behälter (z.B. Stahlfass).

Benzin darf nur in dafür geprüften, luftdicht verschlossenen und beschrifteten Behältern gelagert werden. Die Menge der Vorratshaltung in Wohnhäusern ist gesetzlich begrenzt. Bewahren Sie auch demontierte Benzintanks mit geschlossenem Tankdeckel sicher auf.

Lesen Sie sorgfältig die »Sicherheit-geht-vor!«-Sektion, bevor Sie mit der Arbeit beginnen.

2 Tank und Benzinhahn

Warnung: Lesen Sie die Sicherheitshinweise in Sektion 1, bevor Sie mit der Arbeit beginnen.

Kraftstofftank

Ausbau

1 Schließen Sie den Benzinhahn.

2 Entfernen Sie die Tankabdeckung (siehe Kapitel 8).

3 Halten Sie Lappen bereit, um austretendes Benzin aufzusaugen, lösen Sie dann die Benzinschlauchschelle, und ziehen Sie den Schlauch vom Benzinhahn ab. (siehe Abbildung).

4 Trennen Sie den Schlauch der Tankbelüftung (siehe Abbildung).

5 Lösen Sie die hinten am Tank sitzende Befestigungsschraube (siehe Abbildung). Ziehen Sie den Tank zurück, und heben Sie ihn vom Motorrad (siehe Abbildung).

6 Begutachten Sie die Tankhaltegummis. Wenn sie beschädigt oder porös sind, müssen sie ersetzt werden.

Entleeren

7 Entfernen Sie ggf. den Tank (s.o.), oder schließen Sie den Benzinhahn, halten Sie Lappen bereit, um austretendes Benzin aufzusaugen, lösen Sie dann die Benzinschlauchschelle, und ziehen Sie den Schlauch vom Benzinhahn ab. (siehe Abbildung 2.3).

8 Stecken Sie einen Schlauch richtiger Länge auf den Benzinhahnstutzen, und halten Sie sein anderes Ende in einen für Benzin geeigneten und ausreichend großen Behälter (Kanister). Drehen Sie den Benzinhahn auf »RES«, und lassen Sie den Kraftstoff ablaufen. Wenn der Tank leer ist, wird der Benzinhahn auf »OFF« gestellt.

Einbau

9 Der Einbau entspricht der umgekehrten Ausbaureihenfolge. Beachten Sie dabei Folgendes:

- Alle Gummis müssen korrekt sitzen; im hinteren Gummi muss die Buchse für die Befestigungsschraube stecken.
- Alle Schläuche müssen vollständig auf ihre Stutzen gesteckt und mit Schellen gesichert sein.
- Drehen Sie den Benzinhahn auf »ON«, und prüfen Sie, ob irgendwo Benzin austritt.

Benzinhahn

Ausbau

10 Demontieren Sie den Tank, und entleeren Sie ihn (Schritte 1 bis 8). Legen Sie ihn dann kopfüber auf einige Lappen.

11 Lösen Sie die beiden Schrauben, die den Benzinhahn am Tank sichern, und ziehen Sie ihn heraus (siehe Abbildung). Beachten Sie die

2.11 Benzinhahn-Befestigungsschrauben

Sicherungsscheiben. Entfernen Sie den O-Ring. Später muss ein neuer verwendet werden.

Einbau

12 Legen Sie einen neuen O-Ring in die Nut des Benzinhahns.
13 Montieren Sie den Benzinhahn an den Tank. Der O-Ring muss dabei in seiner Nut verbleiben. Installieren Sie die mit den Scheiben versehenen Schrauben, und ziehen Sie sie sorgfältig an.
14 Montieren Sie den Tank (s.o.).

Reinigung und Reparatur

15 Reparaturarbeiten am Benzintank müssen von Fachbetrieben ausgeführt werden, da sie sehr schwierig und gefährlich sind. Auch nach dem Reinigen und Ausspülen des Tanks können explosive Gase zurückbleiben, die sich im Zuge der Arbeiten entzünden können.
16 Nach der Demontage des Tanks sollte er so gelagert werden, dass die ausströmenden Gase nicht durch Funken und Flammen entzündet werden können. Besondere Vorsicht ist in Räumen mit Gasheizungen geboten, da deren Zündflamme eine Explosion verursachen kann.

3 Luftfiltergehäuse

⚠ ***Warnung: Lesen Sie die Sicherheitshinweise in Sektion 1, bevor Sie mit der Arbeit beginnen.***

Ausbau

1 Entfernen Sie die Seitendeckel (siehe Kapitel 8).
2 Befreien Sie das Anlasserrelais aus seiner Halterung (siehe Abbildung). Bauen Sie die Batterie aus (siehe Kapitel 9). Ziehen Sie unten am Luftfiltergehäuse die Schläuche ab (siehe Abbildung). Entfernen Sie den Batteriehalter (siehe Abbildung).
3 Demontieren Sie den Schalldämpfer (siehe Sektion 8).
4 Stellen Sie sicher, dass der Fußbremsen-Ausgleichsbehälter fest verschlossen ist. Demontieren Sie den Behälter, und lagern Sie ihn mit Lappen umwickelt möglichst aufrecht abseits des Arbeitsbereichs (siehe Abbildung).
5 Lösen Sie die Schraube unten am Luftfiltergehäuse (siehe Abbildung).
6 Öffnen Sie vollständig die Schellen, mit denen die Luftfilterstutzen an den Vergasern gesichert sind, und entfernen Sie sie, damit sie nicht beschädigt werden (siehe Abbildungen).
7 Lösen Sie die drei Schrauben oben am Luftfiltergehäuse (siehe Abbildung).
8 Heben Sie den Kühlerüberlaufschlauch aus seinen Führungen oben am Luftfiltergehäuse

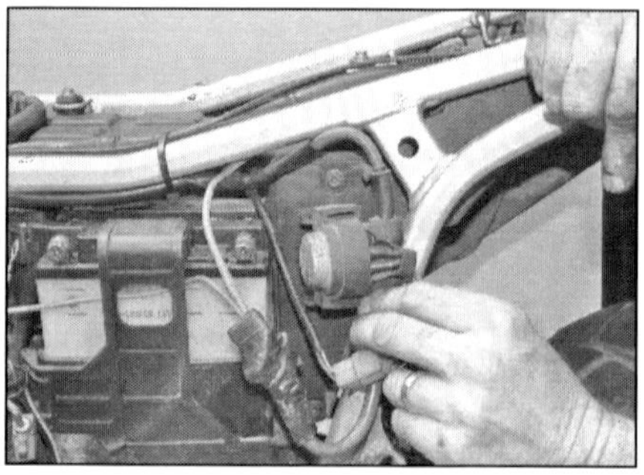

3.2a Befreien Sie das Relais aus seiner Halterung.

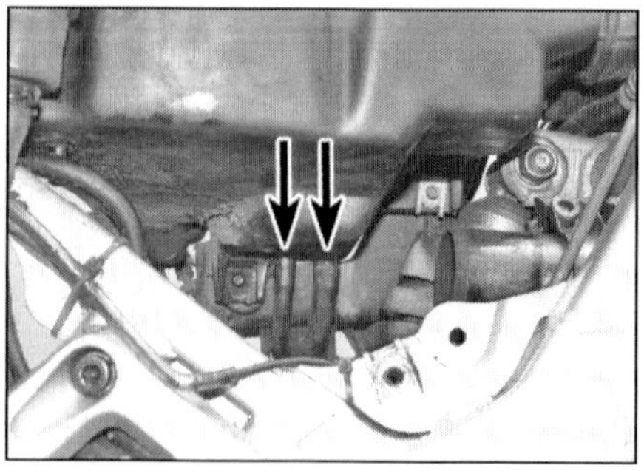

3.2b Ziehen Sie die Schläuche von ihren Stutzen.

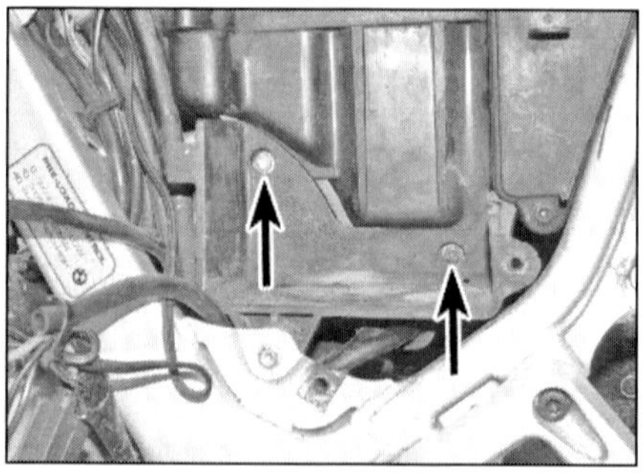

3.2c Lösen Sie die beiden Schrauben, und entfernen Sie den Batteriehalter.

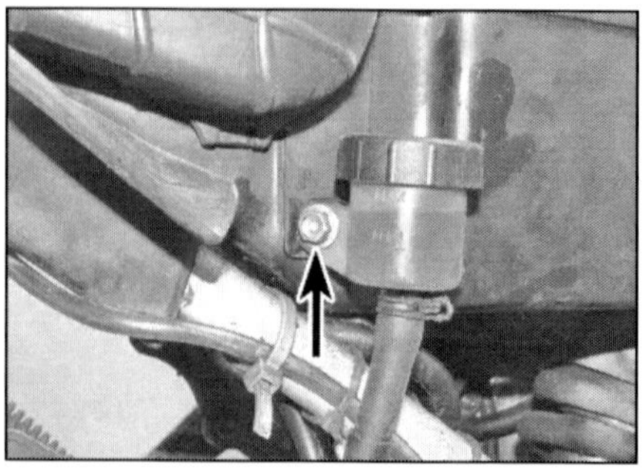

3.4 Lösen Sie die Schraube, und entnehmen Sie den Ausgleichsbehälter.

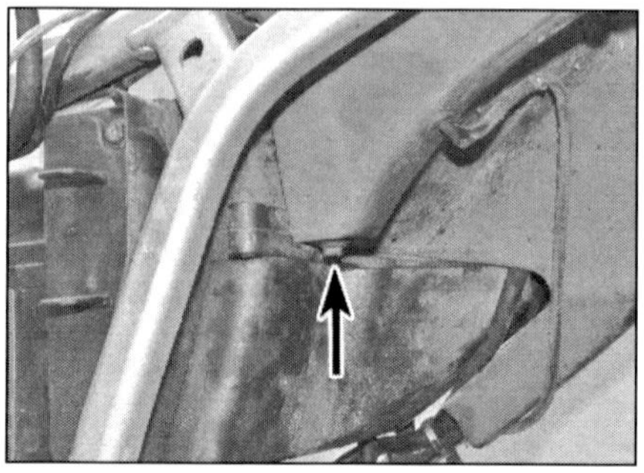

3.5 Lösen Sie die Schraube unten am Gehäuse.

3.6a Lösen Sie an beiden Seiten die Schellen des Ansauggummis, ...

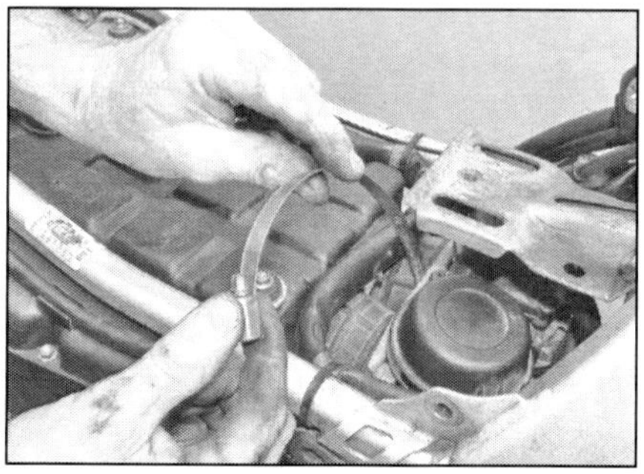

3.6b ... und entfernen Sie sie.

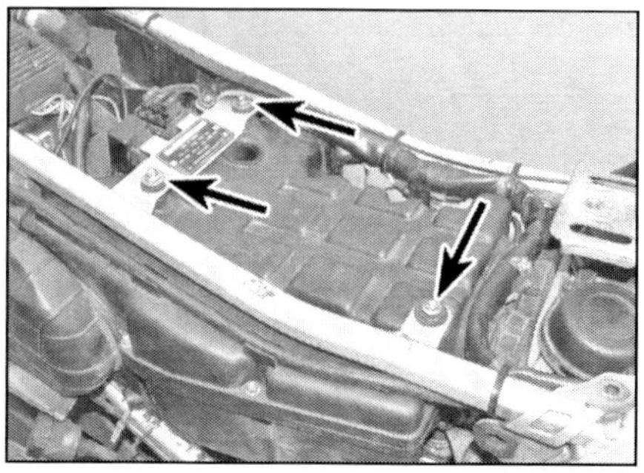

3.7 Lösen Sie die drei Schrauben oben am Gehäuse.

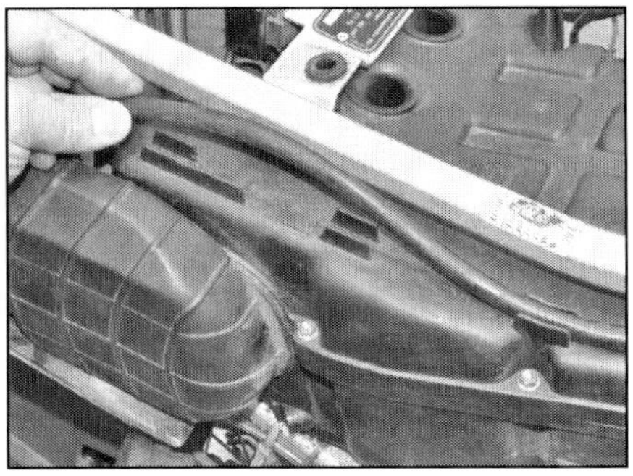

3.8a Befreien Sie den Überlaufschlauch aus seiner Führung.

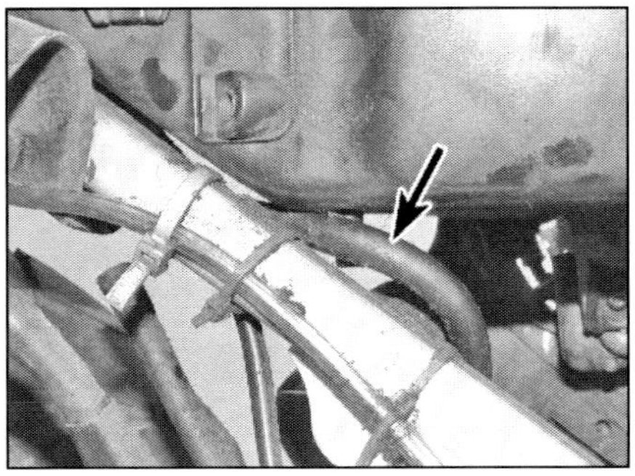

3.8c ... und verdrehen Sie den Belüftungsschlauch nach innen.

(siehe Abbildung). Ziehen Sie den Schlauch vom Stutzen rechts unten am Gehäuse, und führen Sie den Ausgleichsbehälter-Belüftungsschlauch hinter dem Stutzen entlang, damit er nicht beschädigt wird (siehe Abbildungen).

9 Manövrieren Sie das Luftfiltergehäuse nach rechts aus dem Rahmen (siehe Abbildung).

Einbau

10 Der Einbau entspricht der umgekehrten Ausbaureihenfolge. Die Luftfilterstutzen müssen vollständig auf den Vergasern stecken – einige Spritzer WD40 oder etwas Fett können helfen, sie leichter aufrutschen zu lassen. Die Schellen müssen korrekt positioniert sein (siehe Abbildung 3.6).

4 Vergaserüberholung
Allgemeine Informationen

1 Schwache Motorleistung, schlechtes Startverhalten, Absaufen und Fehlzündungen sind Hinweise darauf, dass eine Vergaserüberholung nötig wird.

2 Bedenken Sie, dass viele potenzielle Vergaserprobleme auf technische Defekte im Motor oder an der Zündung zurückzuführen sind. Versuchen Sie herauszufinden, ob wirklich die Vergaser die Probleme verursachen, bevor Sie mit der Überholung beginnen.

3 Kontrollieren Sie vor einer Zerlegung des Vergasers den Benzinhahn samt Filter, die Ansaugstutzen am Zylinderkopf und ihre Schellen, den Luftfilter, die Zündkerzen und die Zündanlage sowie das Ventilspiel.

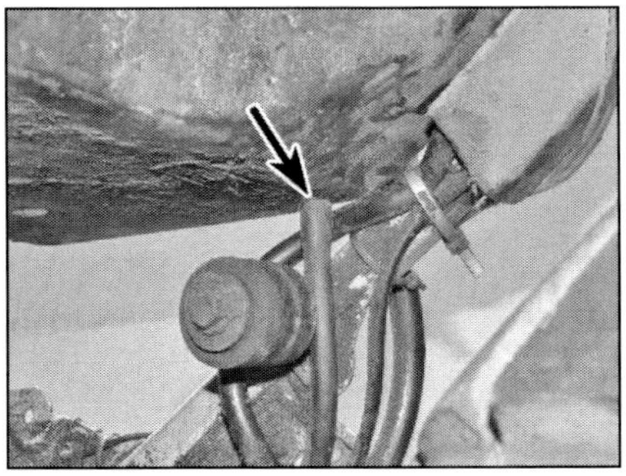

3.8b Ziehen Sie den Schlauch vom Stutzen, ...

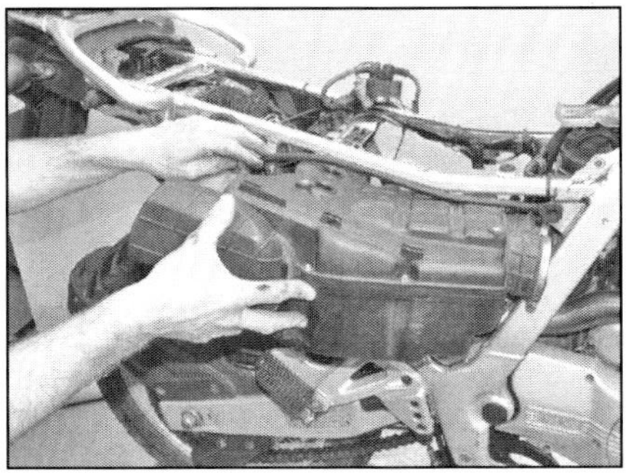

3.9 Ziehen Sie das Gehäuse nach rechts aus dem Motorrad.

4 Die meisten Vergaserprobleme sind auf Ablagerungen und Schmutzpartikel zurückzuführen, die Kraftstoff- und/oder Luftdüsen im Vergaser blockieren. Wenn ein Vergaser nicht entsprechend des Wartungsplans regelmäßig kontrolliert wird, können auch Dichtungen und O-Ringe so weit altern, dass Undichtigkeiten zu schwacher Motorleistung führen.

5 Die Überholung des Vergasers muss auf einer absolut sauberen Arbeitsfläche erfolgen. Halten Sie neben einem Dichtungsset und Vergaserreiniger saubere und fusselfrei Lappen bereit. Ein Kompressor zur Drucklufterzeugung ist sehr nützlich. Es empfiehlt sich, nur einen Vergaser zurzeit zu überholen, damit nichts durcheinandergerät.

6 Zum Überholen muss der Vergaser vollständig zerlegt und mit speziellem Vergaserreiniger gesäubert werden. Trocknen Sie die Teile möglichst mit gefilterter, ölfreier Druckluft. Blasen Sie damit auch Kraftstoff- und Luftdüsen aus, damit keine Fremdkörper darin verbleiben. Verwenden Sie beim Zusammenbau auf jeden Fall alle im Überholset enthaltenen Dichtungen.

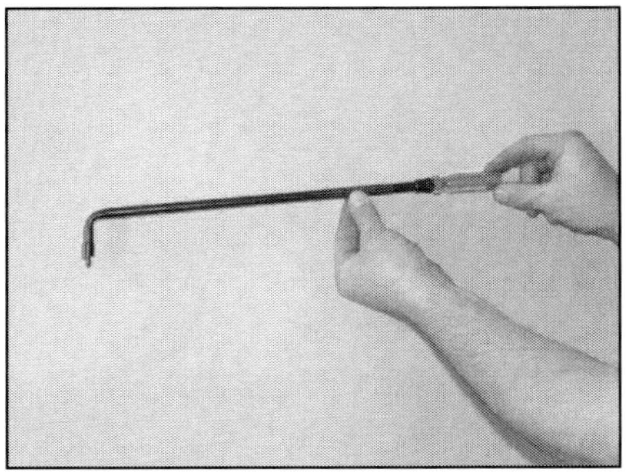

4.8 Die Standgasgemischschrauben sind mit einem solchen Werkzeug zugänglich.

Kraftstoff-/Luftgemisch

7 Wenn der Motor im Standgas extrem rau läuft oder ständig ausgeht, und eine Überholung das Problem nicht löst (es aber definitiv ein Vergaserproblem ist), muss die Leerlaufgemischschraube neu eingestellt werden. Da ein korrekter CO-Wert im Abgas Bestandteil der Hauptuntersuchung ist, empfiehlt es sich, die Einstellung von einer BMW-Werkstatt durchführen zu lassen. Ein korrektes Standgasgemisch sorgt zudem für einen lange funktionierenden Katalysator.

8 Aufgrund der schlecht zugänglichen Leerlauf-Gemischschrauben (siehe Abbildung 6.9) wird ein abgewinkelter Schraubendreher benötigt (siehe Abbildung).

9 Für eine Grundeinstellung werden die Leerlauf-Gemischschrauben beider Vergaser vollständig hineingedreht und dann um 3 1/2 Umdrehungen wieder herausgeschraubt.

10 Bringen Sie den Motor auf Betriebstemperatur. Kontrollieren Sie die Standgas-Drehzahl (siehe Kapitel 1).

11 Lassen Sie den Motor laufen, und beginnen Sie mit der Einstellung des linken Vergasers – drehen Sie die Schraube jeweils eine viertel Umdrehung hinein oder heraus, und warten Sie dann einen Moment ab, bis die höchst mögliche Standgas-Drehzahl erreicht ist. Geben Sie einige Male etwas Gas, und stellen Sie die Standgas-Drehzahl wieder auf den korrekten Wert ein. Wiederholen Sie die Einstellung mit der Gemischschraube des rechten Vergasers.

5 Vergaser
Ausbau und Einbau

Warnung: Lesen Sie die Sicherheitshinweise in Sektion 1, bevor Sie mit der Arbeit beginnen.

Ausbau

1 Demontieren Sie den Tank (siehe Sektion 2). Entfernen Sie das Luftfiltergehäuse (siehe Sektion 3).

2 Entfernen Sie die Tankhalterung (siehe Abbildung).

3 Öffnen Sie vollständig die Schellen, mit denen die Vergaser an den Zylinderkopfstutzen gesichert sind – beachten Sie die Ausrichtung der Schellen (siehe Abbildung).

4 Ziehen Sie die Vergaser nach hinten aus den Ansaugstutzen (siehe Abbildung).

Anmerkung: *Halten Sie die Vergaser waagerecht, damit kein Benzin aus den Schwimmerkammern austritt.*

Entfernen Sie den Gas- und Chokebowdenzug von den Vergasern (siehe Sektion 7).

Achtung: Stopfen Sie nach dem Ausbau des Vergasers einen sauberen Lappen in den Ansaugstutzen, damit keine Fremdkörper hineingelangen.

5 Stellen Sie einen geeigneten Behälter unter die Schwimmerkammern, öffnen Sie nacheinander die Ablassschraube jedes Vergasers, und lassen Sie das Benzin in den Behälter ablaufen (siehe Abbildung). Ziehen Sie die Ablassschraube wieder sorgfältig an.
6 Lösen Sie die Schrauben der Ansaugstutzen, um diese vom Zylinderkopf zu entfernen.

Einbau

7 Der Einbau entspricht der umgekehrten Ausbaureihenfolge. Beachten Sie dabei Folgendes:

- Inspizieren Sie die Gummistutzen auf Risse oder Brüche (siehe Abbildung 5.3), und ersetzen Sie sie nötigenfalls.
- Montieren Sie den Gas- und den Chokebowdenzug (siehe Sektion 7). Prüfen Sie die Funktion der Züge, und stellen Sie das Spiel ein (siehe Kapitel 1).
- Die Vergaser müssen vollständig in den Ansaugstutzen stecken – einige Spritzer WD40 oder etwas Fett können helfen, sie leichter hineinrutschen zu lassen. Die Schellen müssen korrekt positioniert sein (siehe Abbildung 5.3).
- Kontrollieren Sie die Standgas-Drehzahl, und stellen Sie sie evtl. ein (siehe Kapitel 1).

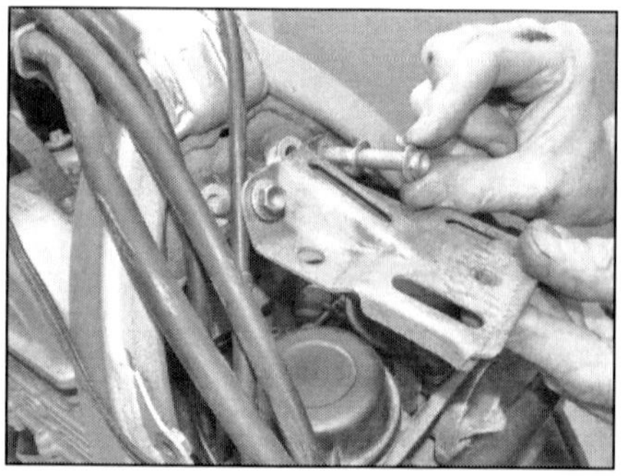

5.2 Lösen Sie die Schrauben, und entfernen Sie die Tankhalterung.

5.3 Lockern Sie nun an beiden Seiten die Schelle, ...

5.4 ... und ziehen Sie die Vergaser nach hinten aus den Stutzen.

5.5 Schwimmerkammer-Ablassschrauben

6 Vergaser
Überholen

Warnung: Lesen Sie die Sicherheitshinweise in Sektion 1, bevor Sie mit der Arbeit beginnen.

Zerlegen

1 Bauen Sie den Vergaser aus (siehe Sektion 5).

Anmerkung: *Trennen Sie die Vergaser nicht – einzelne Vergasergehäuse sind (zumindest bei BMW) nicht separat erhältlich, sodass bei einem schadhaften Gehäuse das komplette Paar ersetzt werden muss. Jeder Vergaser kann im verbundenen Zustand so weit zerlegt werden, dass alle normalen Reinigungen und Einstellungen vorgenommen werden können. Zerlegen Sie die Vergaser immer einzeln, um keine Teile zu vertauschen.*

2 Lösen Sie die beiden Schrauben des oberen Vergaserdeckels. Entfernen Sie diesen (siehe Abbildung) und die Feder aus dem Schieber (siehe Abbildung).
3 Befreien Sie vorsichtig die Membran aus der Gehäusenut, und ziehen Sie sie samt Schieber heraus (siehe Abbildung). Drücken Sie vorsichtig die Nadel von unten in den Schieber, und entfernen Sie sie – beachten Sie die Scheibe auf dem Sprengring und den Nadelsitz darunter (siehe Abbildung).

Achtung: Die Gummimembran ist sehr empfindlich – bearbeiten Sie sie nicht mit scharfkantigen Werkzeugen!

6.2a Lösen Sie die Schrauben, und entfernen Sie den Deckel ...

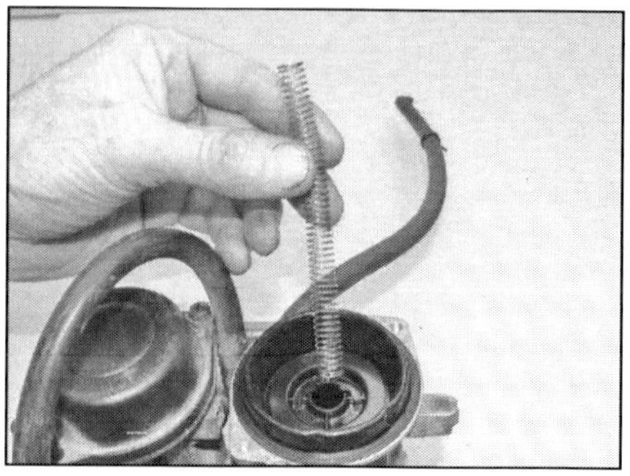

6.2b ... sowie die Feder.

6.3a Heben Sie die Membran samt Schieber heraus, ...

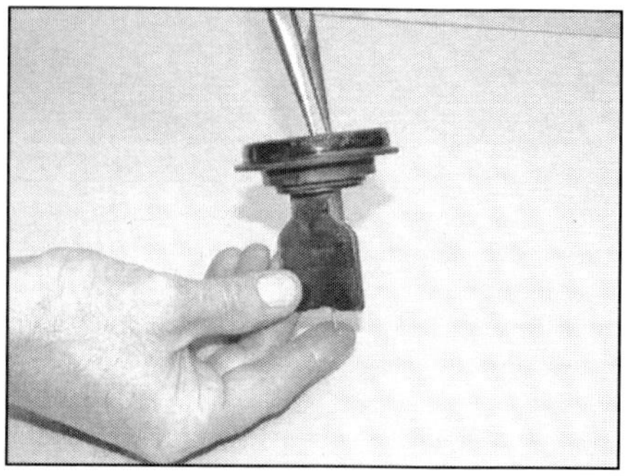

6.3b ... und drücken Sie die Nadel hoch, um sie aus dem Schieber zu entfernen.

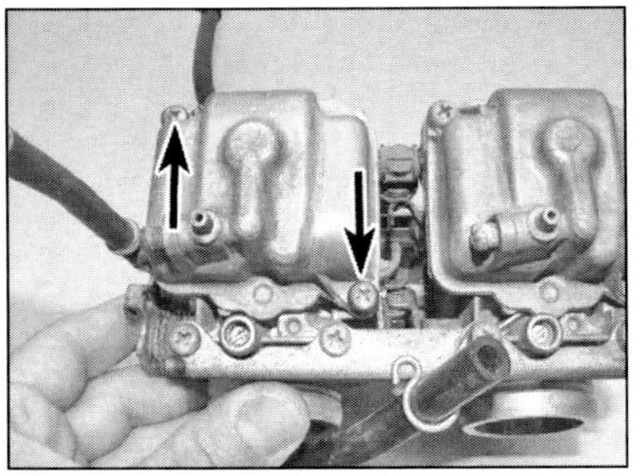

6.4 Lösen Sie die beiden Schrauben, und entfernen Sie die Schwimmerkammer.

6.5a Entfernen Sie die Schwimmer-Baugruppe.

6.5b Befreien Sie das Nadelventil vom Schwimmer.

6.5c Ziehen Sie den Ventilsitz aus dem Gehäuse.

6.6 Hauptdüse (A), Leerlaufdüse (B)

4 Lösen Sie unten am Vergaser die Schrauben der Schwimmerkammer, und entfernen Sie diese (siehe Abbildung) – beachten Sie die Gummidichtung.

5 Entfernen Sie den Schwimmer samt Halter unter Beachtung ihrer Einbaulage (siehe Abbildung). Hängen Sie das Nadelventil aus der Lasche des Schwimmers aus (siehe Abbildung). Entfernen Sie den Nadelventilsitz (siehe Abbildung).

6 Schrauben Sie die Hauptdüse heraus (siehe Abbildung).

7 Drehen Sie anstatt der Hauptdüse eine der Schwimmerkammerschrauben teilweise in die Nadeldüse, und klopfen Sie vorsichtig auf ihren Kopf, um die Nadeldüse zu befreien und durch den Luftkanal zu entfernen (siehe Abbildung). Ziehen Sie die Schieberführung heraus, und entfernen Sie den O-Ring von ihrer Unterseite (siehe Abbildung).

8 Lösen und entfernen Sie die Leerlaufdüse (siehe Abbildung 6.6).

9 Die Leerlauf-Gemischschraube kann aus dem Vergaser geschraubt werden, allerdings muss zuvor ihre exakte Einstellung notiert werden (siehe *Praxis-Tipp*). Falls vorhanden, muss zunächst der Antimanipulationsstopfen entfernt werden. Lösen und entfernen Sie die Leerlauf-Gemischschraube samt Feder, Scheibe und O-Ring (siehe Abbildung).

Praxis TiPP ***Schrauben Sie die Gemischschraube vorsichtig vollständig in den Vergaser – notieren Sie dabei die Anzahl der Umdrehungen bis zum Anschlag (auf eine viertel Umdrehung genau). Drehen Sie die Schraube heraus, um sie zu entfernen. Beim Einbau wird die Schraube zunächst vollständig eingeschraubt und dann um den notierten Wert herausgedreht.***

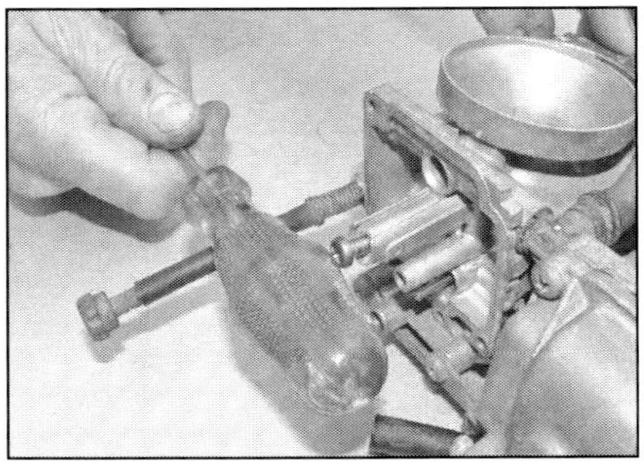

6.7a Drehen Sie die Schraube in die Nadeldüse. Klopfen Sie auf den Schraubenkopf, ...

6.7b ... um die Düse aus dem Luftkanal zu entfernen – hebeln Sie sie evtl. hoch.

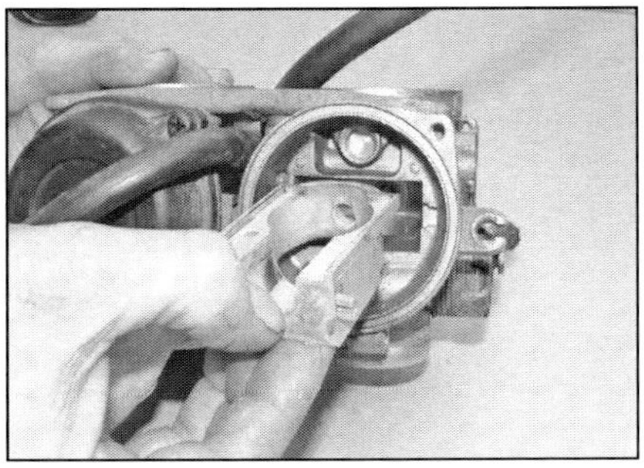

6.7c Heben Sie die Schieberführung heraus.

6.9 Leerlaufgemischschraube

Reinigen

Achtung: Verwenden Sie zum Reinigen der Vergaser nur spezielles Vergaserreinigungsmittel auf Petroleumbasis, die nicht ätzend sind! Rüsten Sie den Vergaser nach dem Reinigen mit neuen O-Ringen aus.

10 Reinigen Sie das Vergasergehäuse und entfernte Metallteile entsprechend der Benutzungshinweise des Vergaserreinigers.

11 Nachdem sich die meisten Lackreste und Ablagerungen aufgelöst haben, entfernen Sie die übrigen Reste mit einer Nylonbürste. Spülen Sie alles, und trocknen Sie möglichst mit Druckluft, blasen Sie dabei alle Kraftstoff- und Luftkanäle des Vergasers durch, vergessen Sie dabei nicht die die Kanäle im Vergasereinlass (siehe Abbildung 6.23a).

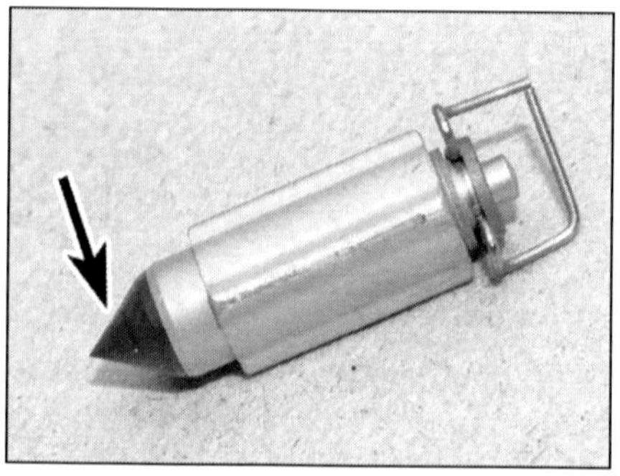

6.18 Inspizieren Sie die Spitze der Schwimmernadel auf Verschleiß.

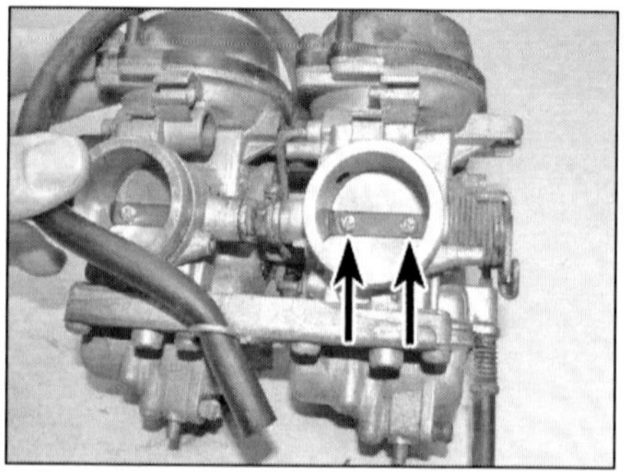

6.19 Prüfen Sie die Drosselklappenschrauben auf Festigkeit.

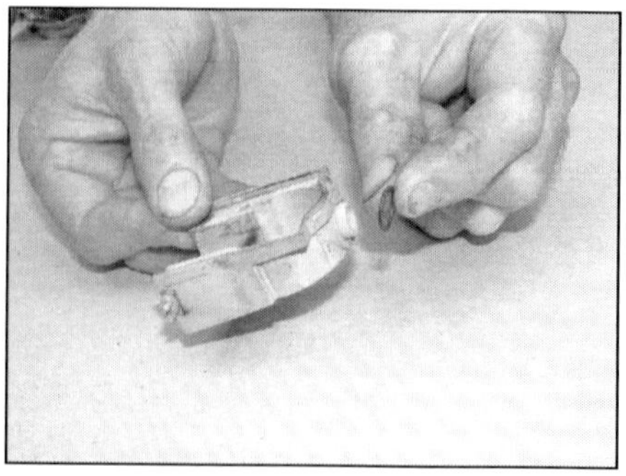

6.23a Rüsten Sie die Führung unten mit dem O-Ring aus.

Achtung: Reinigen Sie Kanäle und Düsen niemals mit Drahtstücken oder Bohrern, weil Sie sie dadurch vergrößern und der Benzinverbrauch steigen würde.

Kontrolle

12 Inspizieren Sie die Nadel am Ende des Chokekolbens, außerdem die Feder und den Kolben selbst. Ersetzen Sie alle verschlissenen, beschädigten oder verbogenen Teile.

13 Falls aus dem Vergaser entfernt, werden die Spitze der Leerlauf-Gemischschraube, die Feder und auch der O-Ring auf Beschädigungen untersucht und die entsprechenden Teile erneuert.

14 Kontrollieren Sie das Vergasergehäuse, die Schwimmerkammer und den oberen Deckel auf Brüche, verzogene Dichtflächen und andere Beschädigungen. Wenn Defekte gefunden worden sind, müssen die entsprechenden Komponenten ersetzt werden – fragen Sie beim BMW-Händler nach der Verfügbarkeit von Einzelteilen.

15 Kontrollieren Sie die Schiebermembran auf Risse, Löcher, Knicke und Porosität. Halten Sie sie gegen das Licht, um kleinste Risse und Löcher zu erkennen. Ersetzen Sie nötigenfalls die aus dem Schieber und der Membran bestehende Baugruppe. Prüfen Sie, ob die Feder nicht ermüdet oder anderweitig beschädigt ist.

16 Stecken Sie den Schieber in seine Führung, und prüfen Sie, ob er sich sanft auf und ab bewegen lässt. Wenn er stark verschlissen ist und wackelt oder klemmt, müssen die Bauteile erneuert werden.

17 Kontrollieren Sie die Düsennadel durch Rollen auf einer ebenen Oberfläche (z.B. einem Spiegel) auf Verbiegung. Beschaffen Sie Ersatz, wenn die Nadel verbogen oder ihre Spitze verschlissen ist. Falls noch nicht geschehen, müssen die Scheibe, der Sprengring und der Nadelsitz von der alten Nadel entfernt und an der neuen installiert werden – der Sprengring gehört wieder in die 4. Kerbe von oben (siehe Abbildung 6.29a).

18 Inspizieren Sie die Spitze des Schwimmernadelventils und seinen Sitz im Vergaser auf Riefen, Kratzer oder sichtbaren Verschleiß (siehe Abbildung) – ersetzen Sie schadhafte Teile.

Anmerkung: *Bei einem verschlissenen Schwimmernadelventil oder Ventilsitz dringt immer etwas Benzin in die Schwimmerkammer ein, sodass der Verbrauch ansteigt und der Vergaser überläuft, wenn der Benzinhahn nach der Fahrt nicht geschlossen wird.*

Prüfen Sie, ob der federbelastete Stift des Ventils korrekt funktioniert. Ersetzen Sie verschlissene Teile.

19 Betätigen Sie die Drosselklappenwelle, um sicherzustellen, dass sich die Drosselklappe sanft öffnet und schließt – reinigen Sie nötigenfalls das Gestänge, und inspizieren Sie außerdem die Klappe auf Verzug sowie Verunreinigungen zwischen ihrem Rand und dem Vergaser. Kontrollieren Sie, ob die Drosselklappe mittig auf der Welle sitzt – wenn die Schrauben sich gelockert haben, kann eine Klappe am Gehäuse scheuern (siehe Abbildung).

20 Inspizieren Sie den Schwimmer auf Beschädigungen. Normalerweise ist eine solche daran zu erkennen, dass sich Benzin in einem der Schwimmer befindet. Bei Beschädigungen muss der Schwimmer ersetzt werden.

21 Überprüfen Sie die Schwimmerkammerdichtung, und ersetzen Sie sie nötigenfalls (siehe Abbildung 6.28a). Kontrollieren Sie genauso den O-Ring der Schieberführung (siehe Abbildung 6.23a).

Zusammenbau und Schwimmerstandkontrolle

Anmerkung: *Besorgen Sie sich vor dem Zusammenbau des Vergasers einen entsprechenden Dichtungssatz, und verwenden Sie alle darin enthaltenen Teile ungeachtet des Zustands der vorhandenen Dichtungen. Passen Sie auf, dass Sie die Düsen und Schrauben nicht überdrehen.*

22 Installieren Sie ggf. die Standgas-Gemischschraube samt Feder, Scheibe und O-Ring. Drehen Sie sie zunächst leicht bis zum Anschlag (siehe Abbildung 6.9). Drehen Sie die Schraube jetzt um den notierten Wert wieder heraus. Wer möchte, kann einen neuen Antimanipulationsstopfen installieren.

23 Rüsten Sie die Schieberführung mit dem (neuen) O-Ring aus (siehe Abbildung). Installieren Sie die Führung in den Vergaser – dies ist nur in eine Richtung möglich (siehe Abbildung 6.7c). Drücken Sie die Nadeldüse durch die Schieberführung, richten Sie ihre Abflachung zum Stift im Vergaser aus (siehe Abbildung).

24 Schrauben Sie die Hauptdüse in die Nadeldüse (siehe Abbildung).

25 Schrauben Sie die Leerlaufdüse in den Vergaser (siehe Abbildung 6.6).

26 Hängen Sie das Nadelventil an die Lasche des Schwimmers (siehe Abbildung 6.5b). Achten Sie darauf, dass der O-Ring installiert ist (siehe Abbildung). Montieren Sie den Schwimmer und seinen Halter an den Vergaser – das Nadelventil muss dabei in seinen Sitz gleiten und die Lasche in ihrem Ausschnitt liegen. Drücken Sie den Halter herunter, bis der O-Ring eingerastet ist.

27 Halten Sie den Vergaser für die Kontrolle der Schwimmerhöhe auf den Kopf, heben Sie dann den Schwimmer an, sodass er parallel zur Schwimmerkammer-Dichtfläche steht. Gleichzeitig muss der Schwimmerhalter gegen

4A

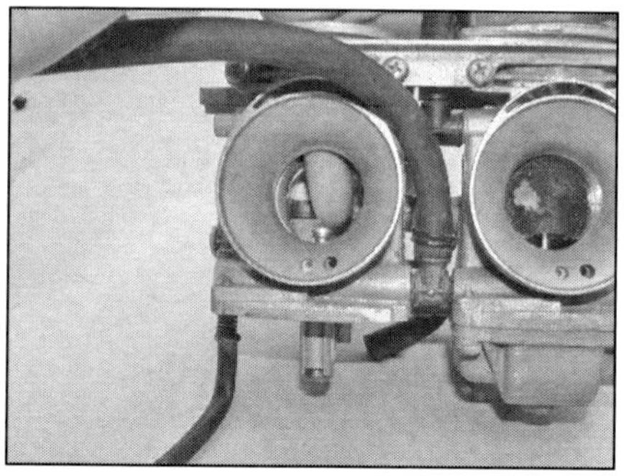

6.23b Drücken Sie die korrekt ausgerichtete Nadeldüse in den Sitz ...

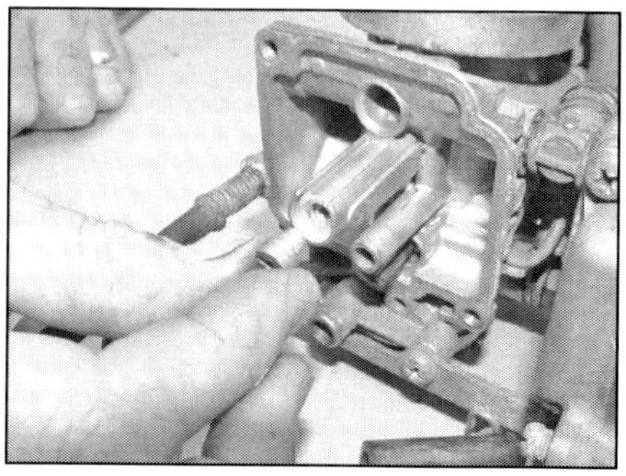

6.24 ... und schrauben Sie die Hauptdüse ein.

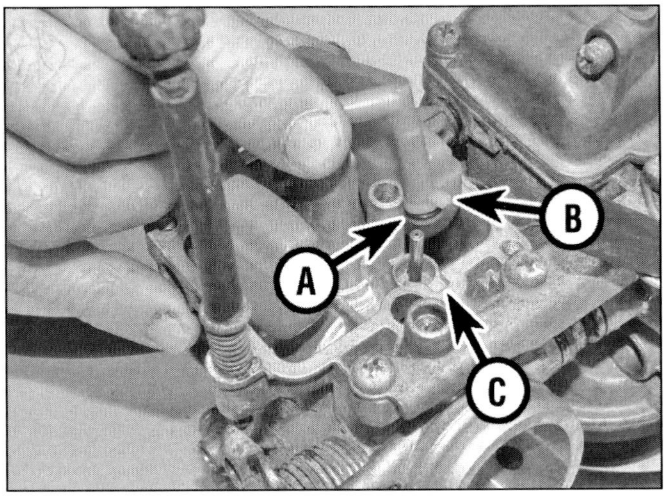

6.26 O-Ring (A); richten Sie die Lasche (B) zum Ausschnitt (C) aus.

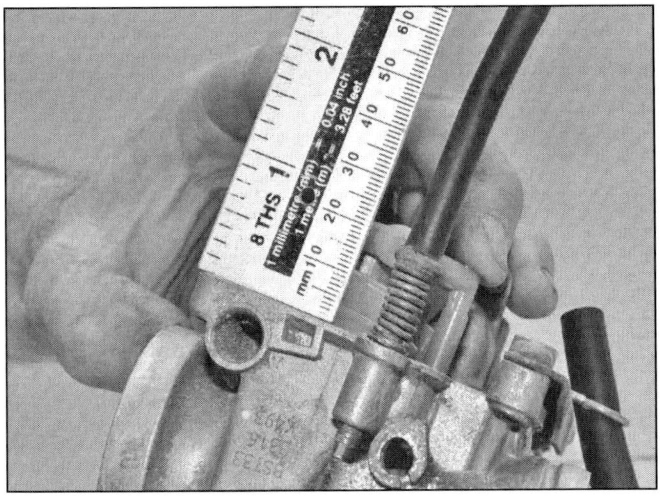

6.27 Messen Sie die Höhe des Schwimmers.

seinen Sitz gehalten werden, sodass keine Last auf das Nadelventil ausgeübt wird. Messen Sie jetzt mit einem Lineal die Höhe des Schwimmers über der Schwimmerkammer-Dichtfläche (siehe Abbildung) – sie sollte etwa 14,6 mm betragen. Muss die Höhe verändert werden, ist dies mit kleinen Shims möglich – fragen Sie Ihren BMW-Händler, wo sie installiert werden.

28 Rüsten Sie die Schwimmerkammer mit der (ggf. neuen) Gummidichtung aus, die korrekt in der Nut liegen muss (siehe Abbildung). Montieren Sie die Kammer, und ziehen Sie die Schrauben sorgfältig an (siehe Abbildung).

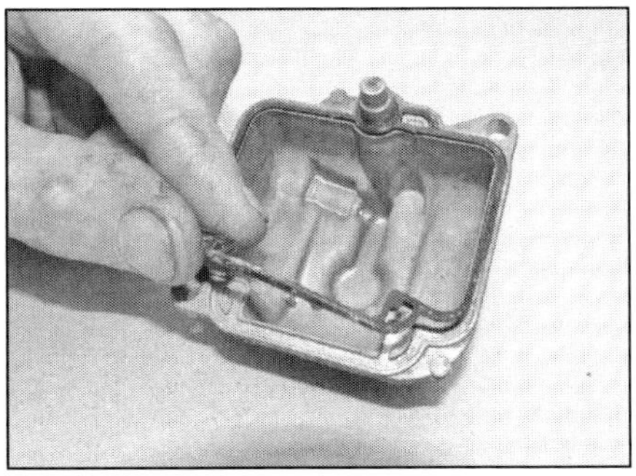

6.28a Legen Sie die Dichtung in die Nut der Schwimmerkammer, ...

6.28b ... und setzen Sie diese an den Vergaser.

29 Die mit dem in der 4. Nut von oben sitzenden Sprengring, dem darunter liegenden Sitz und der darüber liegenden Scheibe (mit dem Bund nach oben) wird in den Schieber gesteckt (siehe Abbildungen).

30 Schieben Sie die aus dem Schieber und der Membran bestehende Baugruppe in die Führung (sie lässt sich nur in eine Richtung installieren), und drücken Sie den Schieber leicht hinunter, sodass die Nadel in die Nadeldüse gleitet (siehe Abbildung 6.3a). Drücken Sie den Rand der Membran in die Nut des Gehäuses. Stecken Sie die Feder in die Führung – sie muss über dem Bund der Düsennadelscheibe liegen (siehe Abbildung 6.2b).

31 Installieren Sie den oberen Vergaserdeckel – der Stift in der Mitte muss in die Feder greifen (siehe Abbildung). Prüfen Sie von Hand, ob sich der Schieber sanft in der Führung nach oben drücken lässt und langsam und sanft wieder nach unten gleitet, wenn man ihn loslässt – wenn er schnell herunterfällt, ist die Membran defekt oder falsch eingebaut.

32 Montieren Sie die Vergaser (siehe Sektion 5).

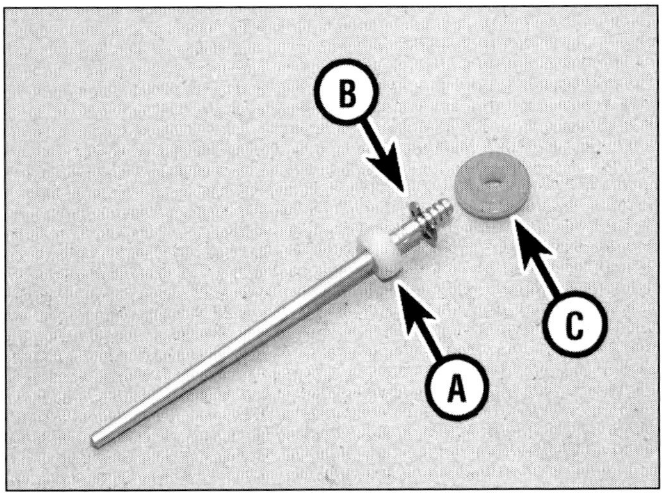

6.29a Nadelsitz (A), Sprengring (B), Scheibe (C)

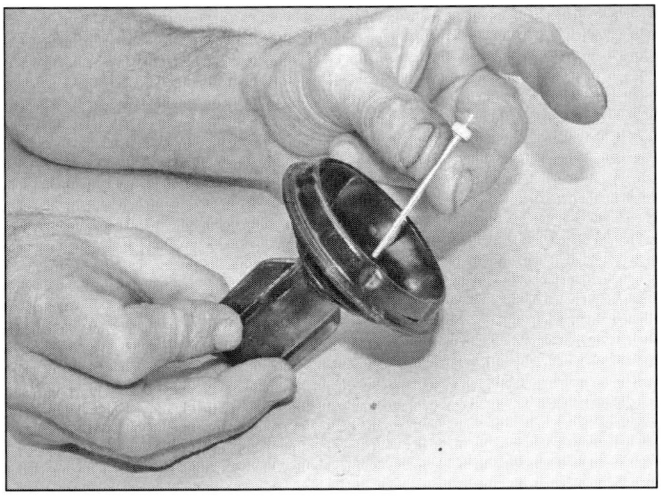

6.29b Stecken Sie die Nadel von oben durch die Bohrung des Schiebers.

6.31 Richten Sie den Stift in die Feder aus, und installieren Sie den Deckel.

7 Gas- und Chokebowdenzug

Warnung: Lesen Sie die Sicherheitshinweise in Sektion 1, bevor Sie mit der Arbeit beginnen.

Gasbowdenzug

Ausbau

1 Entfernen Sie die Motorabdeckungen (siehe Kapitel 8).

2 Entfernen Sie den Tank (siehe Sektion 2). Zur Erleichterung des Zugangs können die Vergaser demontiert werden (siehe Sektion 5).

3 Halten Sie die Drosselklappenbetätigung offen, und ziehen Sie die Bowdenzughülle aus dem Halter, befreien Sie dann den Bowdenzugnippel aus der Betätigung (siehe Abbildungen).

4 Ziehen Sie den Bowdenzug aus dem Motorrad – notieren Sie dabei genau seine Verlegung. Es ist auch möglich, einen Faden an das untere Ende zu binden und diesen als Führung für den neuen Zug zu verwenden.

5 Ziehen Sie am Lenkerende die Gummimanschette vom Bowdenzug (siehe Abbildung). Lockern Sie die Kontermutter. Lösen Sie die Schaltergehäuseschrauben, und trennen Sie die Hälften (siehe Abbildung). Befreien Sie den Bowdenzugnippel aus der Gasgriffrolle, und drehen Sie das Winkelstück aus dem Gehäuse.

Einbau

6 Drehen Sie das Winkelstück des Gaszuges in das Schaltergehäuse, aber ziehen Sie es nicht fest – es muss sich selbst ausrichten können. Schmieren Sie den Bowdenzugnippel mit Mehrzweckfett, und stecken Sie ihn in die Gasgriffrolle – bei nach oben zeigenden Sitzen gehört er in die vordere. Verbinden Sie die Gehäusehälften, und ziehen Sie seine Schrauben sorgfältig an (siehe Abbildung 7.5b).

7 Führen Sie den Bowdenzug zu den Vergasern – er muss korrekt (ggf. entlang des Fadens) verlegt sein. Der Gaszug darf nicht an anderen Komponenten scheuern und auch nicht geknickt oder eng gebogen werden. Ziehen Sie jetzt die Kontermutter gegen das Schaltergehäuse, und schieben Sie die Gummihülle auf (siehe Abbildung 7.5a).

8 Schmieren Sie den unteren Bowdenzugnippel mit Mehrzweckfett, und installieren Sie ihn in die Vergaserbetätigung (siehe Abbildung 7.3b). Halten Sie die Betätigung geöffnet, und stecken Sie die Bowdenzughülle in ihre Aufnahme (siehe Abbildung 7.3a).

9 Installieren Sie ggf. die Vergaser (siehe Sektion 5). Montieren Sie den Tank (siehe Sektion 2). Stellen Sie das Gaszugspiel ein (siehe Kapitel 1). Betätigen Sie den Gasgriff, um sicherzugehen, dass sich die Drosselklappen sanft öffnen und schließen. Bewegen Sie den Lenker von Anschlag zu Anschlag, um sicherzugehen, dass der Gaszug nicht die Lenkung behindert.

10 Starten Sie den Motor, und überprüfen Sie, dass die Leerlauf-Drehzahl nicht steigt, wenn der Lenker bewegt wird. Falls doch, ist der Bowdenzug falsch verlegt und muss korrekt eingebaut werden, bevor mit dem Motorrad gefahren wird. Montieren Sie die Motorverkleidungen (siehe Kapitel 8).

Chokebowdenzug

Ausbau

11 Entfernen Sie die Motorabdeckungen (siehe Kapitel 8).

12 Entfernen Sie den Tank (siehe Sektion 2). Zur Erleichterung des Zugangs können die Vergaser demontiert werden (siehe Sektion 5).

13 Lösen Sie die Chokekolbenmutter, und ziehen Sie den Kolben aus dem Vergasergehäuse (siehe Abbildungen). Ziehen Sie die Feder zurück, befreien Sie das Bowdenzugende vom Kolben, und entfernen Sie die Feder.

14 Ziehen Sie den Bowdenzug aus dem Motorrad – notieren Sie dabei genau seine Verlegung. Es ist auch möglich, einen Faden an das untere Ende zu binden und diesen als Führung für den neuen Zug zu verwenden.

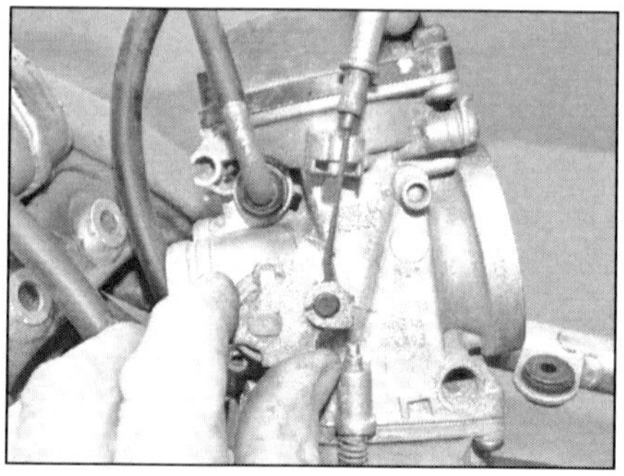

7.3a Ziehen Sie die Bowdenzughülle nach oben aus der Halterung, ...

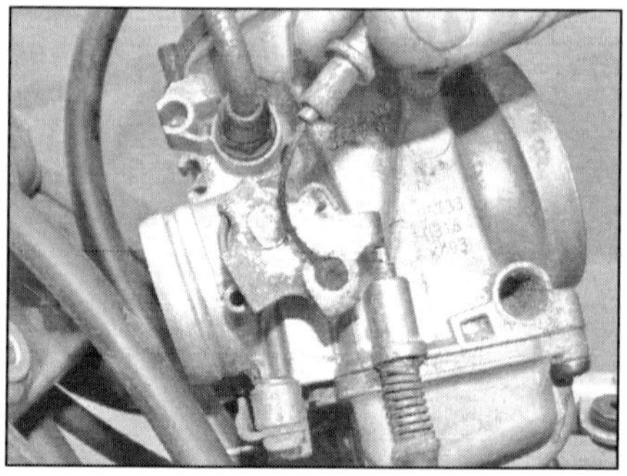

7.3b ... und befreien Sie den Nippel aus der Betätigung.

7.5a Ziehen Sie das Gummi zurück, und lockern Sie die Mutter.

4A

7.5b Schrauben des rechten Schaltergehäuses

7.13a Lösen Sie die Mutter, ...

7.13b ... und ziehen Sie den Chokekolben heraus.

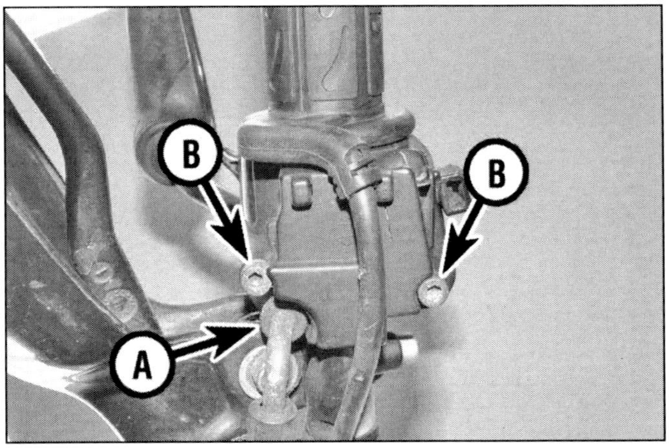

7.15 Chokezugmutter (A), Schrauben des linken Schaltergehäuses

8.2 Lockern Sie die Schelle, ...

15 Lockern Sie unten am linken Lenkerschalter die Kontermutter des Chokezuges (siehe Abbildung). Lösen Sie die Schaltergehäuseschrauben, und trennen Sie die Hälften. Befreien Sie den Bowdenzugnippel aus dem Hebel, und drehen Sie das Winkelstück aus dem Gehäuse.

Einbau

16 Drehen Sie das Winkelstück des Chokezuges in das Schaltergehäuse, aber ziehen Sie es nicht fest – es muss sich selbst ausrichten können. Schmieren Sie den Bowdenzugnippel mit Mehrzweckfett, und stecken Sie ihn in den Chokehebel. Verbinden Sie die Gehäusehälften, und ziehen Sie seine Schrauben sorgfältig an (siehe Abbildung 7.15).

17 Führen Sie den Bowdenzug zu den Vergasern – er muss korrekt (ggf. entlang des Fadens) verlegt sein. Der Bowdenzug darf nicht an anderen Komponenten scheuern und darf weder geknickt noch eng gebogen werden. Ziehen Sie jetzt die Kontermutter gegen das Schaltergehäuse.

18 Schieben Sie die Feder über den Bowdenzug, und drücken Sie sie zurück. Verbinden Sie jetzt den Nippel mit dem Chokekolben, und lösen Sie die Feder. Stecken Sie den Kolben in den Vergaser, und ziehen Sie die Mutter an (siehe Abbildungen 7.13b und a).

19 Installieren Sie ggf. die Vergaser (siehe Sektion 5). Montieren Sie den Tank (siehe Sektion 2). Stellen Sie das Chokezugspiel ein (siehe Kapitel 1). Betätigen Sie den Choke, um sicherzugehen, dass sich der Kolben sanft öffnet und schließt. Bewegen Sie den Lenker von Anschlag zu Anschlag, um sicherzugehen, dass der Gaszug nicht die Lenkung behindert.

20 Starten Sie den Motor, und überprüfen Sie, dass die Leerlauf-Drehzahl nicht steigt, wenn der Lenker bewegt wird. Falls doch, ist der Bowdenzug falsch verlegt und muss korrekt eingebaut werden, bevor mit dem Motorrad gefahren wird. Montieren Sie die Motorverkleidungen (siehe Kapitel 8).

8 Auspuffanlage

Warnung: Wenn der Motor in Betrieb war, ist der Auspuff sehr heiß. Lassen Sie ihn einige Zeit abkühlen, bevor Sie mit der Arbeit beginnen.

Praxis TiPP ***Auspuffbefestigungen neigen zum Korrodieren, sodass ihre Schrauben oder Muttern festgehen. Es ist ratsam, sie einige Stunden vor dem Lösen mit WD40 oder einem anderen Kriechöl einzusprühen.***

Schalldämpfer

Ausbau

1 Entfernen Sie den linken Seitendeckel (siehe Kapitel 8).

2 Lockern Sie die Schelle, die den Schalldämpfer am Sammlerrohr sichert (siehe Abbildung).

3 Lösen Sie die Schalldämpfer-Befestigungsschrauben (siehe Abbildung).

4 Ziehen Sie den Schalldämpfer vom Sammlerrohr.

Einbau

5 Überprüfen Sie den zwischen dem Sammlerrohr und dem Schalldämpfer sitzenden Dichtring, und ersetzen Sie ihn nötigenfalls (siehe Abbildung).

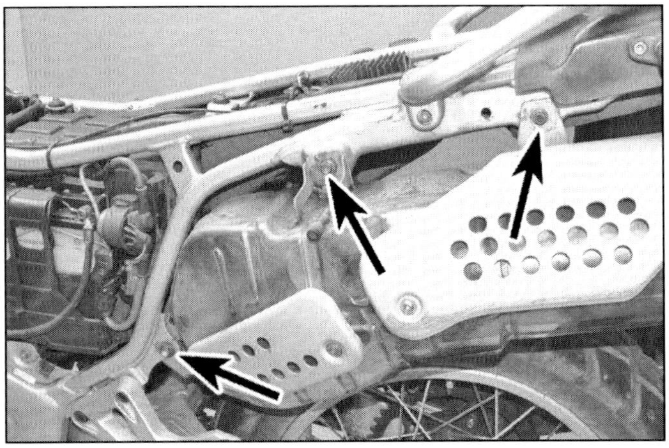

8.3 ... lösen Sie die drei Befestigungschrauben, und ziehen Sie den Schalldämpfer ab.

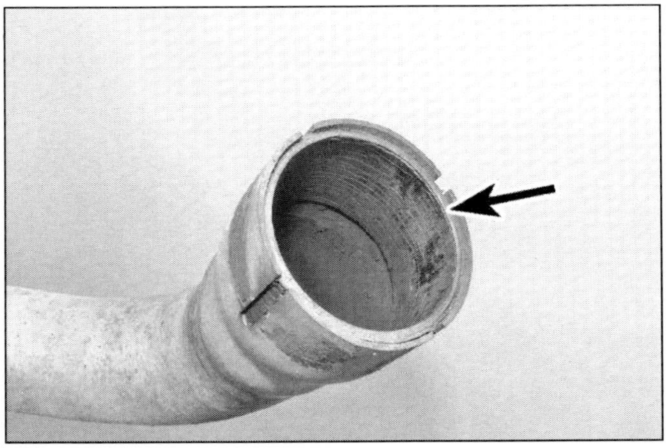

8.5 Der Dichtring muss nötigenfalls erneuert werden.

6 Schieben Sie den Schalldämpfer vollständig auf das Sammlerrohr, und ziehen Sie die Befestigungsschrauben mit 25 Nm an (siehe Abbildung 8.3). Ziehen Sie die Schelle sorgfältig an (siehe Abbildung 8.2).
7 Starten Sie den Motor, und untersuchen Sie den Auspuff auf Undichtigkeit.
8 Installieren Sie den linken Seitendeckel (siehe Kapitel 8).

Krümmer-Baugruppe

Ausbau

9 Entfernen Sie die Motorabdeckungen (siehe Kapitel 8).
10 Lösen Sie die Flanschmuttern des linken Krümmers. Lockern Sie die Schelle, die den linken Krümmer am Sammlerrohr sichert (siehe Abbildung). Befreien Sie den linken Krümmer aus dem Zylinderkopf, und ziehen Sie ihn aus dem Sammler.
11 Lockern Sie die Schelle, mit der das Sammlerrohr am Schalldämpfer gesichert ist (siehe Abbildung 8.2). Lösen Sie die Flanschmuttern des rechten Krümmers (siehe Abbildung). Befreien Sie den rechten Krümmer aus dem Zylinderkopf, und ziehen Sie ihn vom Schalldämpfer.
12 Entfernen Sie die Dichtungen aus den Auslasskanälen – später müssen neue verwendet werden.

Einbau

13 Überprüfen Sie den zwischen dem Sammlerrohr und dem Schalldämpfer sitzenden Dichtring, und ersetzen Sie ihn nötigenfalls (siehe Abbildung 8.5). Stellen Sie sicher, dass die Schelle auf dem Rohr steckt.
14 Rüsten Sie die Zylinderkopfkanäle mit neuen Dichtungen aus – »kleben« Sie sie nötigenfalls mit etwas Fett ein.
15 Manövrieren Sie die aus dem rechten Krümmer und dem Sammler bestehende Baugruppe in Position – richten Sie dabei den Krümmerflansch zum Zylinderkopf und das Sammlerrohr zum Schalldämpfer aus.
16 Ziehen Sie die Krümmerflanschmuttern schrittweise und gleichmäßig bis zum Drehmoment von 10 Nm an. Ziehen Sie die Schelle sorgfältig an (siehe Abbildung 8.2).
17 Stecken Sie den linken Krümmer in das Sammlerrohr und den Zylinderkopf, ziehen Sie dann erst die Krümmerflanschmuttern schrittweise und gleichmäßig bis zum Drehmoment von 10 Nm an, bevor Sie die Schelle sorgfältig anziehen (siehe Abbildung 8.10).
18 Starten Sie den Motor, und untersuchen Sie den Auspuff auf Undichtigkeit.
19 Montieren Sie die Motorabdeckungen (siehe Kapitel 8).

8.10 Lockern Sie die Schelle.

8.11 Lösen Sie die Krümmerflanschmuttern.

9 Katalysator

Allgemeine Informationen

1 Manche Modelle ab 1997 sind mit einem Katalysator ausgerüstet, der die im Motor entstehenden giftigen Abgase in relativ harmlose Gase umwandeln soll, bevor sie aus dem Auspuff entlassen werden. Der Katalysator ist ungeregelt – die Abgase werden also nicht mithilfe der Informationen einer Lambdasonde optimiert.
2 Durch eine auf einem feinen Maschengitter angebrachte spezielle Metallbeschichtung wandelt der Katalysator Stickoxide in Stickstoff und Sauerstoff sowie unverbrannte Kohlenwasserstoffe und Kohlenmonoxide in Wasser und Kohlendioxide um. Die Wirksamkeit des Katalysators wird durch Ablagerungen von Ölkohle, Öl oder Blei beeinträchtigt.

Vorsichtsmaßnahmen

3 Der Katalysator arbeitet automatisch und erfordert praktisch keine Wartung. Trotzdem sollten folgende Hinweise beachtet werden:

- Tanken Sie immer bleifreien Kraftstoff – bereits kleine Mengen verbleiten Benzins zerstören den Katalysator.
- Benutzen Sie keine Kraftstoff- oder Ölzusätze (Additive).
- Halten Sie das Kraftstoff- und Zündsystem in einem guten Zustand. Wird ein unkorrektes Benzin-/Luftgemisch vermutet, muss das System mithilfe eines Abgasanalysegerätes untersucht werden.
- Wenn der Motor Fehlzündungen produziert, muss dies unverzüglich behoben werden, da der Katalysator dadurch zerstört wird.
- Wenn der Motor Öl verbrennt und blaue Abgaswolken produziert, muss er unverzüglich repariert werden, da der Katalysator dadurch zerstört wird.
- Behandeln Sie das ausgebaute Sammlerrohr vorsichtig – der Katalysator verträgt keine Schläge oder Stürze.
- Das Motorrad sollte nur im äußersten Notfall angeschoben werden.

Kapitel 4B
Kraftstoffsystem und Auspuffanlage – GS-, Dakar- und CS-Modelle

Inhalt (in alphabetischer Reihenfolge, die Zahlen geben die Nummerierung in den grauen Feldern wieder)

Schwierigkeitsgrade

Leicht. Für Anfänger mit wenig Erfahrung geeignet.	**Relativ leicht.** Für Anfänger mit etwas Erfahrung geeignet.	**Relativ schwierig.** Geeignet für geübte Selbstschrauber.	**Schwer.** Geeignet für Selbstschrauber mit viel Erfahrung.	**Sehr schwer.** Geeignet für Experten und Profis.

Technische Daten

Kraftstoff

Sorte	
GS- und Dakar-Modelle bis 2003	Super bleifrei, mindestens 95 Oktan
GS- und Dakar- ab 2004 und alle CS-Modelle	Normal bleifrei, mindestens 91 Oktan
Tankkapazität (inkl. Reserve)	
GS- und Dakar–Modelle	17,5 Liter (4 Liter Reserve)
CS-Modelle	15,0 Liter (4 Liter Reserve)

Einspritzanlage

Standgas-Drehzahl	
GS und Dakar (bis 2003)	1350 bis 1450 U/min.
GS- und Dakar-Modelle (ab 2004)	1480 U/min.
CS-Modelle	1400 U/min.
Kraftstoffdruck (bei Standgas)	3,3 bis 3,7 bar

Anzugsdrehmomente

Auspuffanlage	
GS- und Dakar-Modelle	
Krümmerflanschmuttern	20 Nm
Schalldämpfer-Anschlussschelle	55 Nm
Schalldämpfer-Befestigungsschrauben	9 Nm
CS-Modelle	
Krümmerflanschmuttern	20 Nm
Schalldämpfer-Anschlussschelle	55 Nm
Schalldämpfer-Befestigungsschraube	41 Nm
Lambdasonde	45 Nm
Rahmenheckschrauben	24 Nm
Tankbefestigungsschrauben	21 Nm

1 Allgemeine Informationen und Warnhinweise

Kraftstoffsystem

Das Kraftstoffsystem besteht aus dem Benzintank, in welchem die Kraftstoffpumpe und der Kraftstoffstandgeber integriert sind. Außerdem gehören dazu der externe Benzinfilter, die Kraftstoffleitungen, die Einspritzdüse, das Drosselklappengehäuse und der Gaszug. Die im Drosselklappengehäuse sitzende Einspritzdüse reichert die vom Gasgriff über den Öffnungswinkel der Klappe bestimmten Luftmenge mit der vom Motorsteuergerät (ECU = Engine Control Unit) berechneten Menge an fein zerstäubtem Benzin an. Die ECU berechnet diese Menge anhand der von den verschiedenen Sensoren erhaltenen Informationen (weitere Hinweise über die Funktionen siehe Sektion 4). Auch die Kaltstartanreicherung samt leicht geöffneter Drosselklappe wird vom Steuergerät überwacht.

Alle Modelle sind im Cockpit mit einer Tankreserve-Warnlampe ausgerüstet, die von einem im Tank sitzenden Pegelsensor gesteuert wird. Wenn die Lampe aufleuchtet, befinden sich noch ca. vier Liter Treibstoff im Tank.

Warnhinweise

Warnung: Benzin ist leicht entzündlich, vor allem in Form von Dampf. Daher müssen unten stehende Vorsichtsmaßnahmen getroffen werden. Beachten Sie, dass Benzindampf schwerer ist als Luft und sich daher in schlecht belüfteten Ecken sammeln kann. Vermeiden Sie Hautkontakt, und suchen Sie einen Arzt auf, wenn Benzin in die Augen gelangt ist oder verschluckt wurde. Tragen Sie immer eine Sicherheitsbrille, und haben Sie einen geeigneten Feuerlöscher zur Hand.

Auch bei ausgeschaltetem Motor stehen die Benzinleitung und die Einspritzdüse unter einem gewissen Druck. Bevor irgendeine Leitung getrennt wird, muss sichergestellt sein, dass die Zündung ausgeschaltet ist und Lappen vorhanden sind, um austretendes Benzin aufzusaugen. Bei getrennten Leitungen dürfen keine Fremdkörper in den Tank oder die Leitungen gelangen, da hierdurch die Einspritzdüse ausfallen oder beschädigt werden kann. Bevor irgendein Stecker der Motorsteuerung getrennt wird, muss sichergestellt sein, dass die Zündung ausgeschaltet ist, da anderenfalls das Motorsteuergerät Schaden nehmen kann.

Führen Sie Arbeiten am Kraftstoffsystem nur in gut belüfteten Räumen durch.

Stellen Sie sicher, dass sich keine offenen Flammen oder Funken (z.B. Zündanlage) in der Nähe befinden, wenn Sie mit Benzin hantieren. Beachten Sie absolutes Rauchverbot für jedermann bei Arbeiten am Kraftstoffsystem. Denken Sie an die Gefahr, die von brennenden Zigaretten ausgeht, und entfernen Sie sich zum Rauchen weit genug vom Arbeitsplatz weg.

Denken Sie daran, dass elektrische Geräte wie Schalter, Bohrmaschinen, Schleifböcke u.a. Funken produzieren. Vermeiden Sie daher den Betrieb solcher Geräte bei Arbeiten am Kraftstoffsystem, und lüften Sie den Raum gründlich, bevor Sie damit beginnen.

Wischen Sie grundsätzlich verschüttetes Benzin auf, und entsorgen Sie in Benzin getränkte Lappen und Tücher in einem feuersicheren Behälter (z.B. Stahlfass).

Benzin darf nur in dafür geprüften und luftdicht verschlossenen und beschrifteten Behältern gelagert werden. Die Menge der Vorratshaltung in Wohnhäusern ist gesetzlich begrenzt. Bewahren Sie auch demontierte Benzintanks mit geschlossenem Tankdeckel sicher auf.

Lesen Sie sorgfältig die »Sicherheit-geht-vor!«-Sektion, bevor Sie mit der Arbeit beginnen.

2 Tank

Warnung: Lesen Sie die Sicherheitshinweise in Sektion 1, bevor Sie mit der Arbeit beginnen.

Anmerkung 1: *Unter normalen Bedingungen muss der Tank niemals ausgebaut werden. Falls doch, sollte er nahezu leer sein, da die Arbeit dadurch leichter wird.*

Anmerkung 2: *An den in diesem Buch behandelten Modellen finden sich an den verschiedenen Schlauchanschlüssen drei Typen von Schellen: Einmalschellen, Klemmschellen und Schraubschellen. Zum Öffnen der Einmal- und der Klemmschellen wird ein kleiner Schraubendreher benötigt, zum Schließen eine spezielle Zange, die ggf. zusammen mit neuen Schellen im Autoteilezubehör oder beim BMW-Händler (Teilenummer 131500) beschafft werden kann.*

Ausbau

1 Entfernen Sie die Sitzbank, das Bordwerkzeug, das Sitzbankschloss (nur CS-Modelle) und die hinteren Seitendeckel (siehe Kapitel 8). Trennen Sie die Batterie vom Bordnetz (siehe Kapitel 9).

2 Lösen Sie bei GS- und Dakar-Modellen die Mutter der rechts zwischen dem Tank und der Antriebskette liegenden Kettenrolle. Ziehen Sie die Schraube heraus, und entfernen Sie die Rolle – beachten Sie die Positionen der Scheiben und der Distanzhülse.

3 Entfernen Sie den/die Schalldämpfer (siehe Sektion 13).

4 Stellen Sie sicher, dass der Fußbremsen-Ausgleichsbehälter fest verschlossen ist. Demontieren Sie den Behälter, und lagern Sie ihn mit Lappen umwickelt möglichst aufrecht abseits des Arbeitsbereiches (siehe Abbildung).

5 Entfernen Sie die Gummikappe von der Benzinpumpe, und trennen Sie die Stecker der Pumpe und des Reservegebers (siehe Abbildung 4.3). Lösen Sie die Schellen des Zulauf- und Rücklaufschlauchs – merken Sie sich deren Positionen. Halten Sie Lappen oder Behälter bereit, um austretendes Benzin aufzunehmen, und ziehen Sie die Schläuche von der Pumpe ab; alternativ können die Schläuche mit geeigneten Klemmen blockiert werden.

6 Ziehen Sie den Schlauch vom Überlaufventil (siehe Abbildung 4.13a).

7 Heben Sie bei GS- und Dakar-Modellen das Motorsteuergerät beiseite, aber trennen Sie es nicht vom Bordnetz (siehe Kapitel 5).

8 Trennen Sie die Rücklicht- und hinteren Blinkerstecker – notieren Sie sich bei CS-Modellen, welches Kabel zu welchem Rücklichtstecker führt. Befreien Sie den gesamten Heckkabelbaum von allen Kabelbindern oder Klemmen, sodass das Rahmenheck samt aller montierten Komponenten und Kabel zum Rücklicht und den Blinkern entfernt werden kann.

9 Lösen Sie bei GS- und Dakar-Modellen die Muttern der Rahmenheckschrauben. Lockern Sie bei CS-Modellen die Rahmenheckschrauben. Entfernen Sie bei allen Modellen die Schrauben – stützen Sie dabei das Rahmenheck. Der Tank ist am Rahmenheck befestigt und wird zusammen mit ihm entfernt. Ziehen Sie das Rahmenheck samt Tank vorsichtig zurück, ohne die Bremsleitung zum Fußbremszylinder zu beschädigen.

10 Lösen Sie die Benzintankschrauben, und befreien Sie den Tank aus dem Rahmenheck.

11 Entfernen Sie nötigenfalls die Benzinpumpe und das Rücklaufventil (siehe Sektion 4).

Einbau

12 Der Einbau entspricht der umgekehrten Ausbaureihenfolge. Beachten Sie dabei Folgendes:

- Falls entfernt, werden Benzinpumpe und Rücklaufventil installiert (siehe Sektion 4).
- Ziehen Sie die Tankbefestigungsschrauben mit 21 Nm an.
- Stellen Sie sicher, dass bei der Montage der Rahmenheck-/Tank-Baugruppe alle Kabel und Schläuche oben auf dem Tank liegen, und passen Sie auf, nicht die Bremsleitung zum Fußbremszylinder zu beschädigen.
- Ziehen Sie die Rahmenheckschrauben mit 24 Nm an.
- Stellen Sie sicher, dass alle Kabel und Stecker korrekt verlegt und gesichert sind. Stellen Sie bei CS-Modellen sicher, dass die Rücklichtstecker korrekt positioniert sind –

2.4 Lösen Sie die Schraube, und nehmen Sie den Ausgleichsbehälter ab.

das blau/schwarze Kabel kommt an den (in Fahrtrichtung gesehen) rechten Anschluss, das braune an den mittleren und das grün/rote an den linken Anschluss.

- Der Zu- und der Rücklaufschlauch müssen fest mit den Pumpenstutzen verbunden sein. Verwenden Sie nötigenfalls neue Schellen. (BMW rät von der Verwendung von Schraubschellen ab, da diese die Schläuche beschädigen können.)
- Starten Sie den Motor, und prüfen Sie alles auf Undichtigkeit.

Reparatur

13 Reparaturarbeiten am Benzintank müssen von Fachbetrieben ausgeführt werden, da sie sehr schwierig und gefährlich sind. Auch nach dem Reinigen und Ausspülen des Tanks können explosive Gase zurückbleiben, die sich im Zuge der Arbeiten entzünden können.
14 Nach der Demontage des Tanks sollte er so gelagert werden, dass die ausströmenden Gase nicht durch Funken und Flammen entzündet werden können. Besondere Vorsicht ist in Räumen mit Gasheizungen geboten, da deren Zündflamme eine Explosion verursachen kann.

3 Kraftstoffdruck
Kontrolle

Spezialwerkzeug: *Für diese Kontrolle wird ein Druckprüfgerät (ggf. samt geeigneten Adaptern) benötigt.*

Anmerkung: *An den in diesem Buch behandelten Modellen finden sich an den verschiedenen Schlauchanschlüssen drei Typen von Schellen: Einmalschellen, Klemmschellen und Schraubschellen. Zum Öffnen der Einmal- und der Klemmschellen wird ein kleiner Schraubendreher benötigt, zum Schließen eine spezielle Zange, die ggf. zusammen mit neuen Schellen im Autoteilezubehör oder beim BMW-Händler (Teilenummer 131500) beschafft werden kann.*

1 Um den Kraftstoffdruck kontrollieren zu können, wird ein Druckprüfgerät benötigt. BMW bietet unter der Teilenummer 161500 ein entsprechendes Gerät an. Wenn ein anderes Gerät benutzt wird, werden geeignete Adapter samt Schläuchen benötigt, um das Gerät zwischen Zulaufschlauch und Pumpe installieren zu können.
2 Entfernen Sie die Sitzbank (siehe Kapitel 8).
3 Entfernen Sie die Gummikappe von der Benzinpumpe, und trennen Sie die Stecker der Pumpe und des Reservegebers (siehe Abbildung 4.3). Lösen Sie die Schelle des Zulaufschlauchs. Halten Sie Lappen oder Behälter bereit, um austretendes Benzin aufzunehmen, und ziehen Sie den Schlauch von der Pumpe.
4 Schließen Sie das Druckprüfgerät zwischen dem Schlauch und der Pumpe an.
5 Starten Sie den Motor, und ermitteln Sie bei Standgas den Druck – er muss zwischen 3,3 und 3,7 bar liegen.
6 Schalten Sie die Zündung aus, und entfernen Sie das Prüfgerät – saugen Sie wieder austretendes Benzin mit Lappen auf. Stecken Sie den Zulaufschlauch auf den Pumpenstutzen, und sichern Sie ihn – verwenden Sie nötigenfalls eine neue Schelle.

Anmerkung: *BMW rät von der Verwendung von Schraubschellen ab, da diese die Schläuche beschädigen können.*

7 Ist der Druck deutlich niedriger als vorgegeben, muss das Kraftstoffsystem samt Einspritzdüse und Halter auf Undichtigkeit untersucht werden. Finden sich keine Lecks, können der Druckregler defekt, der Ansaugbereich der Pumpe blockiert oder die Benzinpumpe selbst defekt sein. Der Druckregler sitzt innerhalb des Benzinfilters, der regelmäßig erneuert (alle 20 000 km bei GS- und Dakar-Modellen bis 2003; alle 40 000 km bei GS- und Dakar- ab 2004 sowie allen CS-Modellen) werden muss (siehe Kapitel 1). Kontrollieren Sie die Benzinpumpe (siehe Sektion 4).
8 Ist der Druck höher als vorgegeben, ist entweder der Druckregler oder das Benzinpumpen-Regelventil defekt oder Benzinschlauch oder Einspritzdüse sind verstopft. Der Druckregler sitzt innerhalb des Benzinfilters, der regelmäßig erneuert (alle 20 000 km bei GS- und Dakar-Modellen bis 2003; alle 40 000 km bei GS- und Dakar- ab 2004 sowie allen CS-Modellen) werden muss (siehe Kapitel 1). Kontrollieren Sie die Pumpe, den Schlauch und die Einspritzdüse.

4.1 Alle Kabel und Stecker der Pumpe müssen fest verbunden sein.

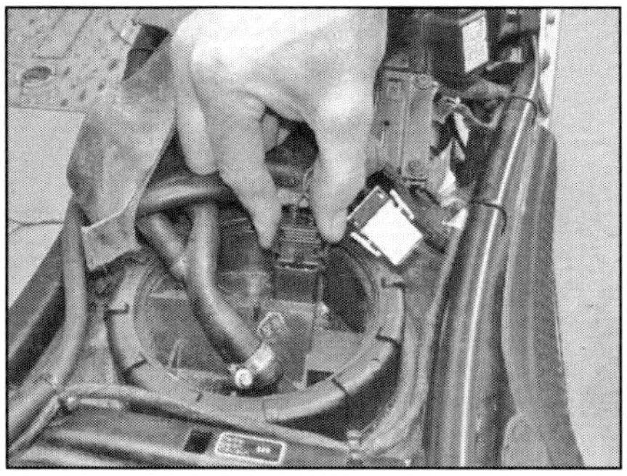

4.3 Entfernen Sie die Gummikappe, und ziehen Sie die Stecker ab.

4 Benzinpumpe und Sicherheitsventil

Benzinpumpe

Kontrolle

1 Die Benzinpumpe sitzt innerhalb des Tanks. Nach dem Einschalten der Zündung sollte die Pumpe einige Sekunden zu hören sein, in denen sie das System unter Druck setzt. Wenn nichts zu hören ist, müssen die Sicherung und das Relais untersucht werden (siehe Kapitel 9). Ist hier alles in Ordnung, müssen die Kabel, Stecker und Anschlüsse des Pumpenstromkreises auf Beschädigungen, Korrosion oder lockere Kontakte überprüft und diese Probleme ggf. beseitigt werden (beachten Sie die Schaltpläne am Ende von Kapitel 9 und die *Elektrik-Fehlersuche* im Anhang). An der Pumpe selbst versorgt der schwarze Stecker (vorderer Anschluss) die Pumpe und der weiße Stecker (hinterer Anschluss) den Reservegeber (siehe Abbildung 4.3). Läuft die Pumpe immer noch nicht, muss sie ausgebaut (s.u.) und auf feste Kontakte untersucht werden (siehe Abbildung). Wenn auch hier alles in Ordnung ist, muss die Pumpe von einer BMW-Werkstatt untersucht werden – Prüfdaten sind nicht erhältlich.

Ausbau

Anmerkung: *An den in diesem Buch behandelten Modellen finden sich an den verschiedenen Schlauchanschlüssen drei Typen von Schellen: Einmalschellen, Klemmschellen und Schraubschellen. Zum Öffnen der Einmal- und der Klemmschellen wird ein kleiner Schraubendreher benötigt, zum Schließen eine spezielle Zange, die ggf. zusammen mit neuen Schellen im Autoteilezubehör oder beim BMW-Händler (Teilenummer 131500) beschafft werden kann.*

2 Entfernen Sie die Sitzbank (siehe Kapitel 8). Trennen Sie die Batterie vom Bordnetz (siehe Kapitel 9).
3 Entfernen Sie die Gummikappe von der Pumpe, und trennen Sie den Pumpen- sowie den Reservegeberstecker (siehe Abbildung).
4 Lösen Sie die Schellen des Zu- und Rücklaufschlauchs – merken Sie sich deren Positionen. Halten Sie Lappen oder Behälter bereit, um austretendes Benzin aufzunehmen, und ziehen Sie die Schläuche von der Pumpe ab. Alternativ können die Schläuche mit geeigneten Klemmen blockiert werden (siehe Abbildung).
5 Lösen Sie den Benzinpumpen-Befestigungsring – entweder mit dem BMW-Werkzeug 161021 oder einem im Fachhandel erhältlichen (nicht teuren) Kupplungshalteschlüssel (siehe Abbildung 4.8b). Mit etwas Mühe lässt er sich auch von Hand oder vorsichtig mit einem Schraubendreher lösen (siehe Abbildung).
6 Beachten Sie die Ausrichtung der Pumpe – es sollte einige Linien geben, die zu einer Markierung am Tank ausgerichtet sein müssen. Alternativ müssen eigene Markierungen angebracht werden. Ziehen Sie die Pumpen-Bau-

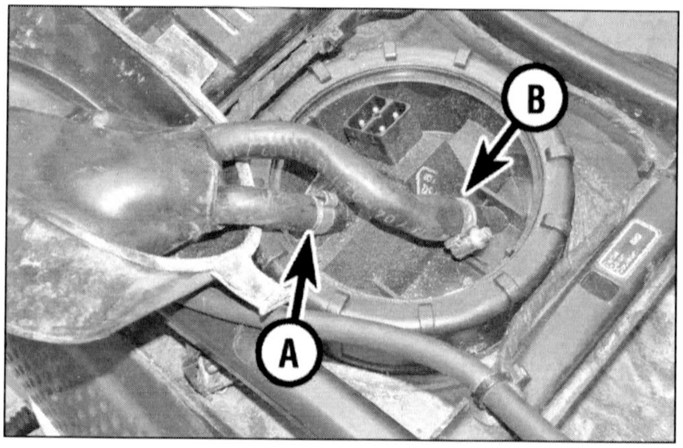

4.4 **Benzinschlauch zur Einspritzdüse (A), Rücklaufschlauch (B)**

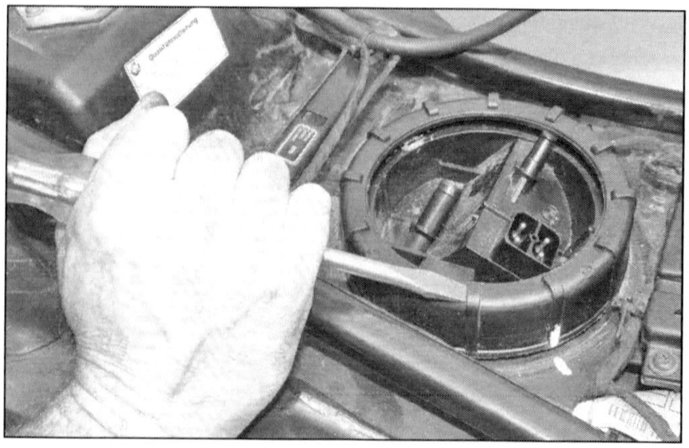

4.5 **Der Ring kann mithilfe eines Schraubendrehers gelöst werden.**

4.6a **Ziehen Sie vorsichtig die Pumpe heraus, …**

4.6b **… und entfernen Sie nötigenfalls die Dichtung.**

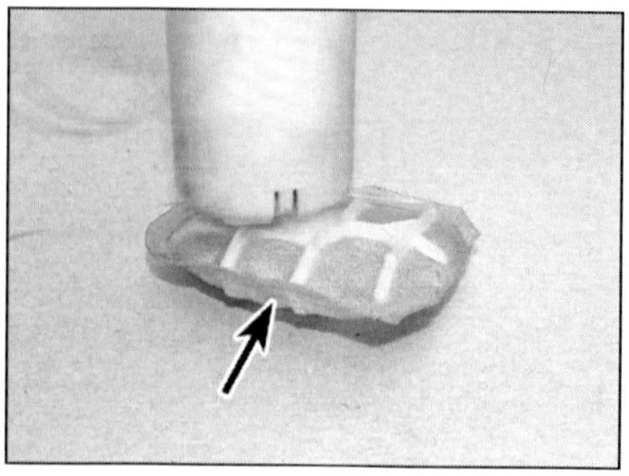

4.7 **Das Ansaugsieb muss sauber sein.**

gruppe vorsichtig aus dem Tank (siehe Abbildung). Kontrollieren Sie den Dichtring, und ersetzen Sie ihn nötigenfalls durch ein Neuteil – BMW empfiehlt, dies ungeachtet seines Zustands zu tun (siehe Abbildung). Die Pumpe selbst kann nicht zerlegt werden.

Einbau

7 Die Kontaktflächen der Pumpe und des Tanks müssen sauber und trocken sein. Auch das Ansaugsieb muss sauber sein – lösen Sie nötigenfalls seine Klemmen, und reinigen Sie es mit Lösungsmittel und Druckluft (siehe Abbildung). Beachten Sie, dass das Ansaugsieg nicht als separates Einzelteil aufgelistet wird; bevor man jedoch aufgrund eines beschädigten Siebes eine komplette Pumpe kauft, sollte ein BMW-Händler konsultiert werden. Installieren Sie ggf. den (neuen) Dichtring in den Tank (siehe Abbildung 4.6b).

8 Manövrieren Sie die Benzinpumpe vorsichtig mit den Steckerkontakten nach vorne zeigend in den Tank, und richten Sie die Markierungen aus (siehe Abbildung 4.6a). Drehen Sie den Befestigungsring auf und ziehen Sie ihn sorgfältig fest (siehe Abbildungen).

9 Verbinden Sie die Kabelstecker (siehe Abbildung 4.3) – der schwarze ist für die Pumpe und gehört nach vorne, der weiße ist für den Reservegeber und gehört nach hinten.

10 Verbinden Sie den Zu- und den Rücklaufschlauch mit ihren Stutzen – verwenden Sie nötigenfalls neue Schellen.

Anmerkung: *BMW rät von der Verwendung von Schraubschellen ab, da diese die Schläuche beschädigen können.*

11 Schließen Sie die Batterie an (Kapitel 9). Montieren Sie die Sitzbank (Kapitel 8).

4B

4.8a **Installieren Sie den Befestigungsring, …**

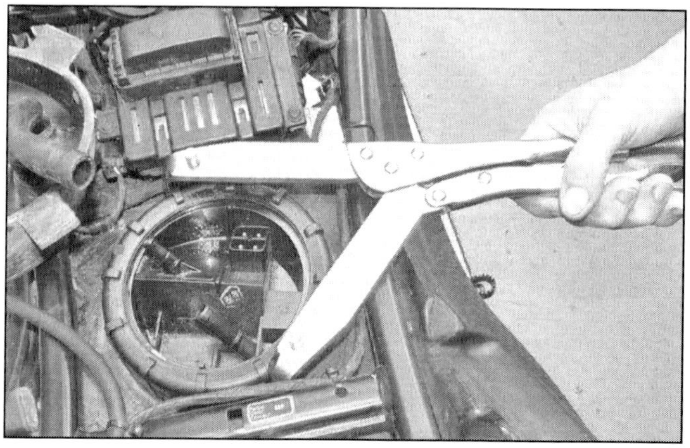

4.8b **… und ziehen Sie ihn nötigenfalls mit einem Kupplungshaltewerkzeug an.**

4.13a Ziehen Sie den Schlauch ab, ...

Sicherheitsventil

12 Entfernen Sie die Sitzbank (siehe Kapitel 8). Trennen Sie die Batterie vom Bordnetz (siehe Kapitel 9).

13 Ziehen Sie den Schlauch vom Sicherheitsventil (siehe Abbildung). Lösen Sie die sechs Schrauben des Ventils, und entfernen Sie es (siehe Abbildung). Kontrollieren Sie die Dichtung, und ersetzen Sie sie ggf. – BMW empfiehlt, dies ungeachtet seines Zustands zu tun.

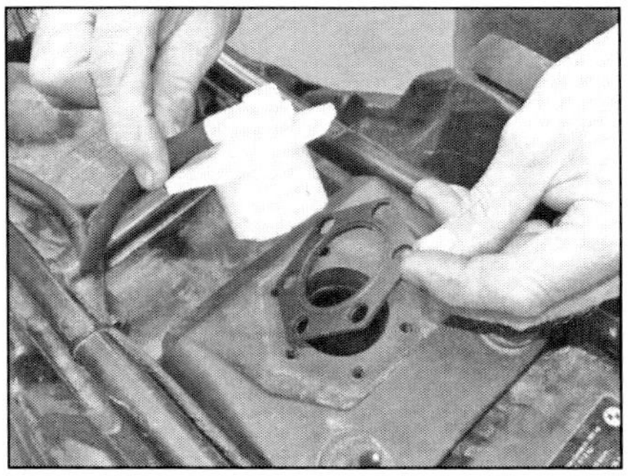

4.13b ... lösen Sie die sechs Schrauben, und entfernen Sie das Sicherheitsventil samt Dichtung.

14 Sichergehend, dass alle Dichtflächen sauber sind, wird die (neue) Dichtung aufgelegt, und das Sicherheitsventil installiert. Ziehen Sie die Schrauben schrittweise und über Kreuz vorsichtig an (mit 2 Nm – falls ein geeigneter Drehmomentschlüssel zur Hand ist). Stecken Sie den Schlauch auf.

5 Luftfiltergehäuse

GS- und Dakar-Modelle

Ausbau

1 Entfernen Sie die vorderen Seitenverkleidungen und die obere Abdeckung (siehe Kapitel 8).

2 Trennen Sie den Stecker des Ansaugluft-Temperatursensors (siehe Abbildung 7.8).

3 Entfernen Sie den Luftfilter (siehe Kapitel 1).

4 Lösen Sie das Batteriehalteband am Gehäuse (siehe Abbildung). Lösen Sie rechts unten am Gehäuse die Schelle, und ziehen Sie den Schlauch ab (siehe Abbildung).

5 Lösen Sie die Schraube, die den Öltank am Gehäuse sichert – beachten Sie die Distanzhülse (siehe Abbildung).

6 Lösen Sie die Schrauben, die das Gehäuse am Rahmen sichern (siehe Abbildung). Befreien Sie das Gehäuse vom Drosselklappengehäuse und vom Batterieträger (siehe Abbildung).

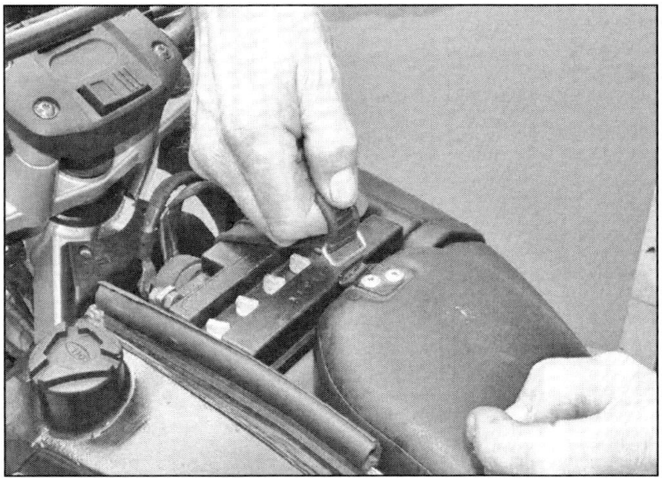

5.4a Lösen Sie das Batterie-Halteband oben am Gehäuse, ...

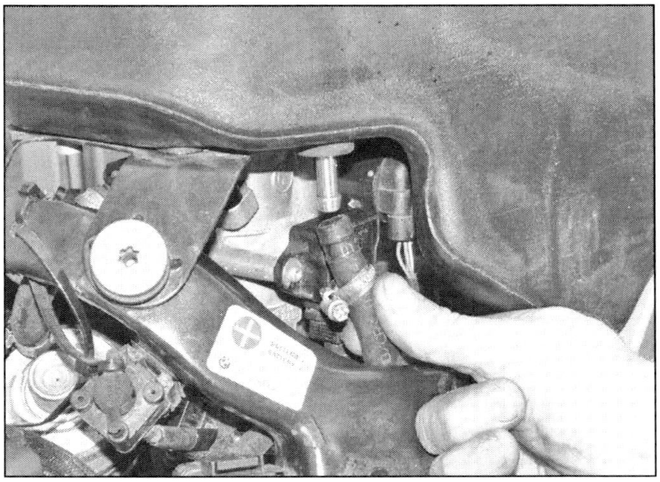

5.4b ... und ziehen Sie rechts unten den Schlauch ab.

5.5 Lösen Sie die Öltankschraube.

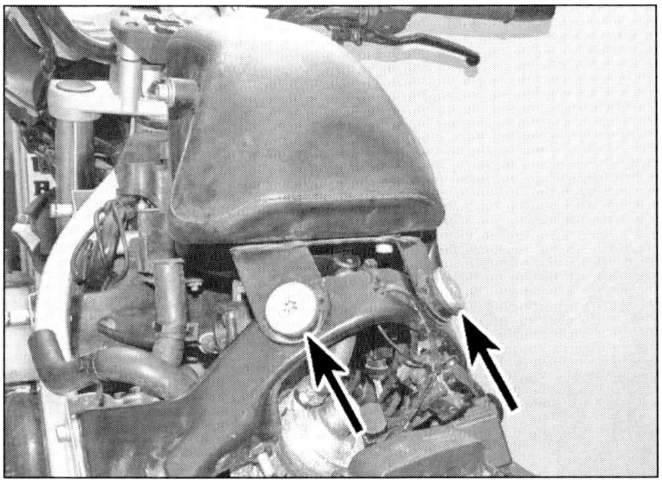

5.6a Lösen Sie die beiden Schrauben, ...

5.6b ... und heben Sie das Gehäuse ab.

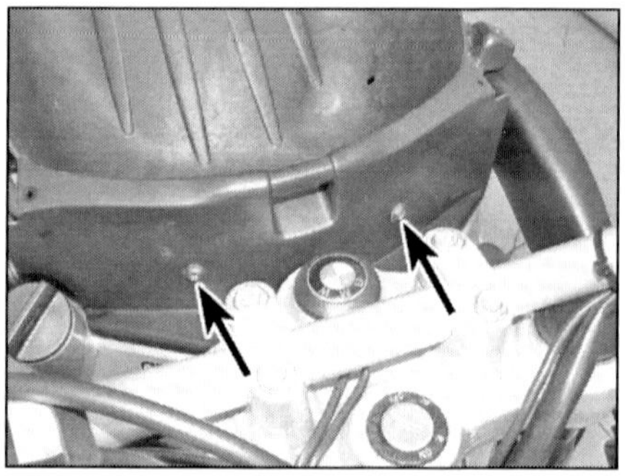

5.8a Lösen Sie die beiden Schrauben, ...

5.8b ... und entfernen Sie die vordere Gepäckfach-Abdeckung.

7 Bedecken Sie das Drosselklappengehäuse mit Lappen.

CS-Modelle

Ausbau

8 Entfernen Sie die vorderen Seitenverkleidungen (siehe Kapitel 8). Lösen Sie die Schrauben, und entfernen Sie die vordere Abdeckung des Gepäckfachs (siehe Abbildungen).

9 Lösen Sie den Benzinfilter und die Sicherungsbox vom Gepäckfachrahmen (siehe Abbildungen). Lösen Sie die vier Schrauben des Rahmens, und entfernen Sie ihn (siehe Abbildungen).

10 Befreien Sie die aus dem Gepäckfach und dem Luftfiltergehäuse bestehende Baugruppe vom Drosselklappengehäuse, lösen Sie dann hinten am Gehäuse die Schelle, und ziehen Sie den Schlauch ab. Trennen Sie unten am Gehäuse den Stecker des Ansaugluft-Temperatursensors (siehe Abbildungen). Entfernen Sie die Gehäuse-Baugruppe.

11 Lösen Sie nötigenfalls die Schrauben des Ansaugtraktes. Entfernen Sie diesen und den Luftfilter.

12 Bedecken Sie das Drosselklappengehäuse mit Lappen.

Alle Modelle

Einbau

13 Der Einbau entspricht der umgekehrten Ausbaureihenfolge. Stellen Sie sicher, dass das Gehäuse korrekt auf dem Drosselklappengehäuse sitzt. Bei GS- und Dakar-Modellen muss es zudem korrekt in den Batterieträger greifen (siehe Abbildung), bei CS-Modellen muss der Stift vorne am Ansaugtrakt in seinen Halter greifen (siehe Abbildung). Vergessen Sie nicht, den Stecker des Ansaugluft-Temperatursensors zu verbinden.

5.9a Drehen Sie die Sicherungsbox gegen den Uhrzeigersinn, um sie aus dem Halter zu befreien, ...

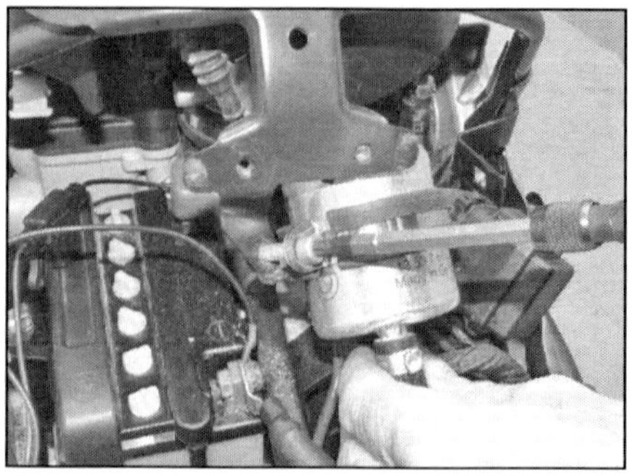

5.9b ... und lösen Sie die Schraube des Benzinfilters.

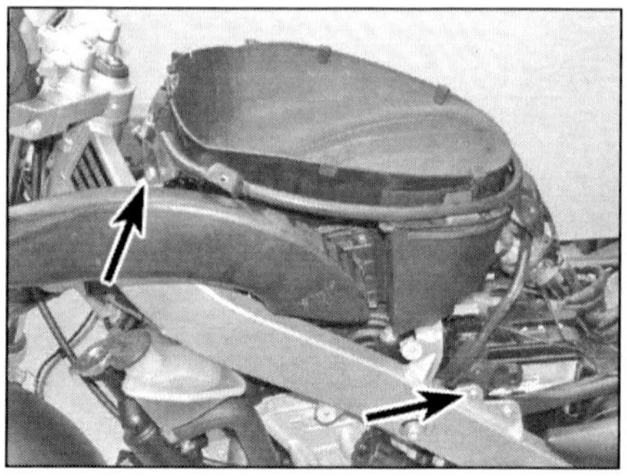

5.9c Lösen Sie an beiden Seiten die beiden Schrauben, ...

5.9d ... und entfernen Sie den Gepäckfachrahmen.

4B

5.10a Heben Sie die Gepäckfach/Luftfiltergehäuse-Baugruppe an, ...

5.10b ... ziehen Sie hinten den Schlauch ab, ...

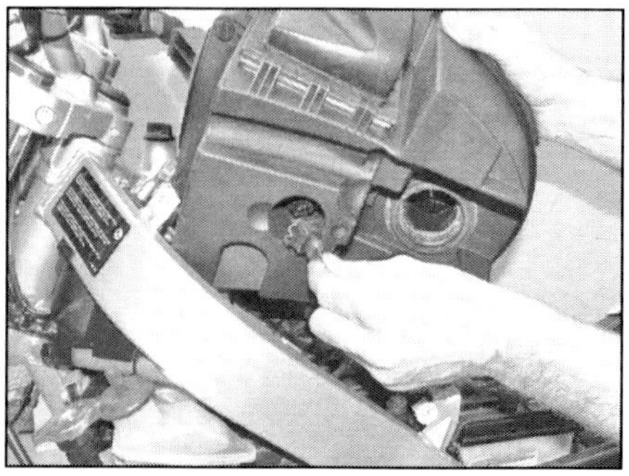

5.10c ... und trennen Sie den Stecker des Ansauglufttemperatursensors.

5.13a Die Flanschkante muss in die Nut unten am Batteriehalter greifen – GS- und Dakar-Modelle.

6 Einspritzanlage
Beschreibung

1 Die Einspritzanlage besteht aus dem Kraftstoff- und dem elektronischen Steuersystem.

2 Das Kraftstoffsystem besteht aus dem Tank, der darin sitzenden Benzinpumpe samt Ansaugsieb und Reservegeber, dem außen liegenden Filter, dem Druckregler, dem Drosselklappengehäuse und der Einspritzdüse. Das Benzin gelangt unter Druck aus dem Tank durch den Filter und den Druckregler in die Einspritzdüse. Der Arbeitsdruck wird von der Pumpe und dem Druckregler gesteuert. Die Einspritzdüse sprüht fein zerstäubten Kraftstoff in das Drosselklappengehäuse, wo er sich mit Luft vermischt, bevor er in den Motor gesaugt, verdichtet und gezündet wird.

3 Das elektronische Steuersystem besteht aus dem Motorsteuergerät (*Engine Control Unit – ECU*), das sowohl die Einspritzung als auch die Zündung regelt, sowie den verschiedenen Sensoren, die es mit Informationen über den Funktionszustand des Motors und die Außenbedingungen versorgt.

4 Das Steuergerät überwacht Signale der folgenden Sensoren (die englischen Abkürzungen erleichtern unter bestimmten Bedingungen das Auffinden):

- Ansauglufttemperatur-Sensor (IAT-Sensor)
- Drosselklappensensor (TP-Sensor)
- Zündzeitpunkt- oder Kurbelwellenpositionssensor (CKP-Sensor)

5.13b Der Stift des Ansaugtraktes muss in den Halter greifen – CS-Modelle.

- Kühlmitteltemperatursensor (ECT-Sensor)
- Lambdasonde (O^2-Sensor) – falls vorhanden

5 Anhand der erhaltenen Informationen berechnet das Steuergerät den besten Zünd- und Einspritzzeitpunkt sowie die erforderliche Kraftstoffmenge. Durch verschieden lange elektronische Impulse an die Einspritzdüse werden die Einspritzdauer und damit die Einspritzmenge reguliert. Diese Menge hängt davon ab, ob der Motor gestartet oder warm gefahren wird, im Standgas läuft, im Schiebebetrieb rollt oder unter Last arbeitet.

6 BMW bietet keinerlei Informationen für eine Fehlerdiagnose oder den Test irgendeiner einzelnen Komponente, und es gibt keine Warnlampe, die einen wissen lässt, dass ein Problem vorliegt. Wird ein Fehler vermutet, bedeutet dies für den Kunden den Besuch einer Werkstatt, damit diese ein Diagnosegerät anschließen und den Fehler auslesen kann.

7 Bevor man sich allerdings die Mühe macht, eine BMW-Werkstatt zu besuchen, sollte sichergestellt sein, dass die entsprechenden Systemkabelstecker sicher verbunden und frei von Korrosion sind – schlechte Kontakte sind die häufigsten Gründe für alle Arten von Problemen (beachten Sie für den Zugang hierzu die relevanten Sektionen dieses Kapitels, Kapitel 3 für den Kühlmittel-Temperatursensor und Kapitel 5 für den Zündrotorsensor). Überprüfen Sie auch die Kabel selbst auf irgendwelche sichtbaren Schäden oder Brüche, und benutzen Sie einen Durchgangsprüfer zur Kontrolle der Kabel und Stecker zwischen den Komponenten und dem Motorsteuergerät (beachten Sie die Schaltpläne am Ende von Kapitel 9).

7 Einspritzanlage
Sensoren

Achtung: Bevor irgendein Stecker der Einspritzanlage abgezogen oder aufgesteckt wird, muss die Zündung ausgeschaltet sein. Anderenfalls kann des Motorsteuergerät beschädigt werden!

Drosselklappensensor (TP-Sensor)

1 Entfernen Sie das Luftfiltergehäuse (siehe Sektion 5).

2 Trennen Sie den Sensorstecker (siehe Abbildung).

3 Lösen Sie die Schrauben, und befreien Sie den Sensor unter Beachtung seiner Einbaulage vom Drosselklappengehäuse.

4 Für den Einbau muss die Drosselklappenlasche in die Nut des Sensors geschoben werden und dieser an das Drosselklappengehäuse gesetzt werden. Installieren Sie die mit den Scheiben versehenen Schrauben, und ziehen Sie sie sorgfältig an.

5 Verbinden Sie den Sensorstecker (siehe Abbildung 7.2).

6 Installieren Sie das Luftfiltergehäuse (siehe Sektion 5).

Ansauglufttemperatursensor (IAT-Sensor) GS- und Dakar-Modelle

7 Entfernen Sie die rechte vordere Seitenverkleidung (siehe Kapitel 8).

8 Trennen Sie den Sensorstecker (siehe Abbildung). Lösen Sie die Klemme, und ziehen Sie den Sensor aus dem Luftfiltergehäuse.

9 Der Einbau entspricht der umgekehrten Ausbaureihenfolge.

CS-Modelle

10 Entfernen Sie das Luftfiltergehäuse (siehe Sektion 5).

7.2 Stecker und Schrauben (Pfeile) des Drosselklappensensors

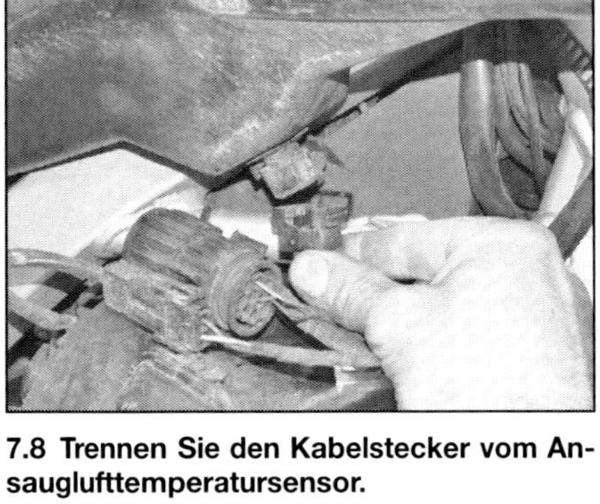

7.8 Trennen Sie den Kabelstecker vom Ansauglufttemperatursensor.

7.13 Lambdasonde

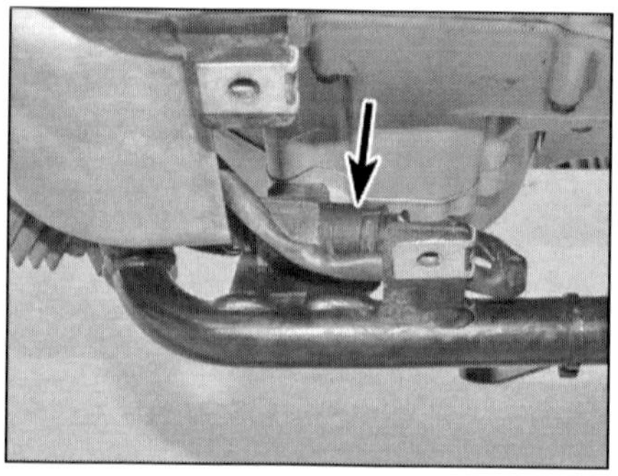

7.14 Lambdasonden-Kabelstecker – gezeigt am GS-Modell

11 Lösen Sie die Klemme, und ziehen Sie den Sensor aus dem Luftfiltergehäuse.
12 Der Einbau entspricht der umgekehrten Ausbaureihenfolge.

Lambdasonde

13 Die Lambdasonde ist in das Krümmersammlerrohr geschraubt (siehe Abbildung). Entfernen Sie bei GS- und Dakar-Modellen den Motorschutz (siehe Kapitel 8).
14 Verfolgen Sie das Sondenkabel, und trennen Sie es am Stecker (siehe Abbildung).
15 Lösen und entfernen Sie die Sonde. Lassen Sie sie nicht auf den Boden fallen, und halten Sie den Sensorbereich (unten) und die Filterbohrungen (oben) frei von Staub und Schmutz.
16 Der Einbau entspricht der umgekehrten Ausbaureihenfolge. Versehen Sie das Gewinde der Sonde dünn mit Hochtemperaturfett (z.B. Optimoly TA). Wenn die korrekten Werkzeuge vorhanden sind, wird die Lambdasonde mit 45 Nm angezogen.

8 Drosselklappengehäuse

Warnung: Lesen Sie die Sicherheitshinweise in Sektion 1, bevor Sie mit der Arbeit beginnen.

Anmerkung: *An den in diesem Buch behandelten Modellen finden sich an den verschiedenen Schlauchanschlüssen drei Typen von Schellen: Einmalschellen, Klemmschellen und Schraubschellen. Zum Öffnen der Einmal- und der Klemmschellen wird ein kleiner Schraubendreher benötigt, zum Schließen eine spezielle Zange, die ggf. zusammen mit neuen Schellen im Autoteilezubehör oder beim BMW-Händler (Teilenummer 131500) beschafft werden kann.*

Ausbau

1 Entfernen Sie das Luftfiltergehäuse (siehe Sektion 5).
2 Entfernen Sie den Gaszug (siehe Sektion 11).
3 Trennen Sie den Einspritzdüsenstecker (siehe Abbildung). Entfernen Sie nötigenfalls die Einspritzdüse (siehe Sektion 9). Wird die Düse

8.3 Ziehen Sie den Einspritzdüsenstecker ab. Benzinschlauchschelle (Pfeil)

nicht entfernt, muss die Schelle des Benzinschlauchs gelockert und dieser vom Einspritzdüsenhalter gezogen werden – halten Sie Lappen bereit, um austretendes Benzin aufzusaugen.
4 Trennen Sie nun den Stecker des Drosselklappensensors (siehe Abbildung 7.2). Entfernen Sie dann nötigenfalls den Sensor (siehe Sektion 7).
5 Trennen Sie den Stecker der Drosselklappenbetätigung (siehe Abbildung 10.2). Entfernen Sie nötigenfalls die Betätigung (siehe Sektion 10).
6 Lockern Sie die Schelle, die das Drosselklappengehäuse im Ansaugadapter sichert (siehe Abbildung). Befreien Sie das Gehäuse aus dem Adapter, und entfernen Sie es (siehe Abbildung).

Achtung: Nach dem Trennen der Gaszüge darf man die Drosselklappenbetätigung nicht zurückschnappen lassen, da hierdurch die Anschläge der Klappen beschädigt werden können, was zu Problemen beim Standgas führen kann!

Achtung: Verstopfen Sie nach dem Ausbau der Drosselklappengehäuse die Ansaugstutzen des Zylinderkopfes mit sauberen Lappen, damit nichts hineinfallen kann!

7 Inspizieren Sie das Ansaugadaptergummi auf Risse oder Brüche, und ersetzen Sie sie nötigenfalls. Alle Dichtflächen müssen sauber sein.

Einbau

8 Der Einbau entspricht der umgekehrten Ausbaureihenfolge. Beachten Sie dabei Folgendes:
- Entfernen Sie die Lappen aus dem Ansaugadapter.
- Das Drosselklappengehäuse muss vollständig im Ansaugadapter stecken, bevor die Schelle angezogen wird.
- Der Benzinschlauch und alle Kabelstecker müssen fest angeschlossen sein.
- Prüfen Sie, ob die Drossel mithilfe des Gasgriffs korrekt geöffnet werden kann und sich nach dem Loslassen automatisch wieder schließt. Stellen Sie nötigenfalls den Gaszug ein (siehe Kapitel 1).
- Prüfen Sie vor der ersten Fahrt die korrekte Funktion des Kraftstoffsystems.

8.6a Lockern Sie die Schelle, ...

8.6b ... und entfernen Sie das Drosselklappengehäuse.

9 Einspritzdüse

Warnung: Lesen Sie die Sicherheitshinweise in Sektion 1, bevor Sie mit der Arbeit beginnen.

Ausbau

1 Entfernen Sie das Luftfiltergehäuse (siehe Sektion 5).
2 Trennen Sie den Einspritzdüsenstecker (siehe Abbildung 8.3). Lockern Sie ggf. die Schelle des Benzinschlauchs, und ziehen Sie diesen vom Einspritzdüsenhalter – halten Sie Lappen bereit, um austretendes Benzin aufzusaugen.
3 Entfernen Sie die Federklemme von der Einspritzdüse (siehe Abbildung). Lösen Sie die Schrauben des Düsenhalters (siehe Abbildung).

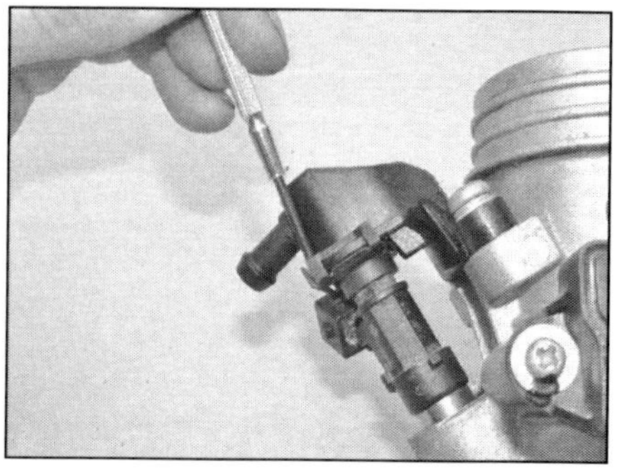

9.3a Lösen Sie die Klemme ...

9.3b ... und die beiden Schrauben.

4 Heben Sie den Halter vorsichtig ab, und entfernen Sie dann die Einspritzdüse (siehe Abbildungen).
5 Entfernen Sie den O-Ring von der Einspritzdüse – später muss ein neuer verwendet werden (siehe Abbildung).

Einbau

6 Der Einbau entspricht der umgekehrten Ausbaureihenfolge. Beachten Sie dabei Folgendes:

- Versehen Sie die Einspritzdüse mit einem neuen, mit etwas Motoröl geschmierten O-Ring (siehe Abbildung 9.5).
- Stellen Sie sicher, dass die Einspritzdüse korrekt im Drosselklappengehäuse sitzt (siehe Abbildung 9.4b).
- Richten Sie die Lasche der Einspritzdüse beim Einsetzen in den Halter zu dessen Ausschnitt aus (siehe Abbildung 9.4a).
- Drücken Sie den Clip vollständig ein, sodass er korrekt sitzt (siehe Abbildung).
- Der Benzinschlauch und der Kabelstecker müssen fest angeschlossen sein (siehe Abbildung 8.3).
- Prüfen Sie vor der ersten Fahrt die korrekte Funktion des Kraftstoffsystems.

10 Drosselklappenanheber (Kaltstart)

Warnung: Lesen Sie die Sicherheitshinweise in Sektion 1, bevor Sie mit der Arbeit beginnen.

Ausbau

1 Entfernen Sie das Luftfiltergehäuse (siehe Sektion 5).
2 Trennen Sie den Stecker des Drosselklappenanhebers (siehe Abbildung).
3 Lösen Sie die Schrauben, und befreien Sie den Anheber unter Beachtung seiner Einbaulage aus dem Drosselklappengehäuse (siehe Abbildungen).
4 Kontrollieren Sie den O-Ring, und ersetzen Sie ihn bei Beschädigungen (siehe Abbildung).

Einbau

5 Installieren Sie den ggf. mit einem neuen O-Ring ausgerüsteten Anheber an das Drosselklappengehäuse (siehe Abbildungen 10.4 und 10.3b).
6 Reinigen Sie die Gewinde der Schrauben, und versehen Sie sie mit Loctite 243 (mittelfest), bevor Sie sie sorgfältig anziehen.
7 Verbinden Sie den Kabelstecker (siehe Abbildung 10.2).
8 Installieren Sie das Luftfiltergehäuse (siehe Sektion 5).
9 Schalten Sie die Zündung ein, warten Sie, bis die Temperatur-Warnlampe erlischt, und unternehmen Sie eine Probefahrt, um den Anheber zu initialisieren.

9.4a Entfernen Sie den Einspritzdüsenhalter.

9.4b Entfernen Sie dann die Einspritzdüse.

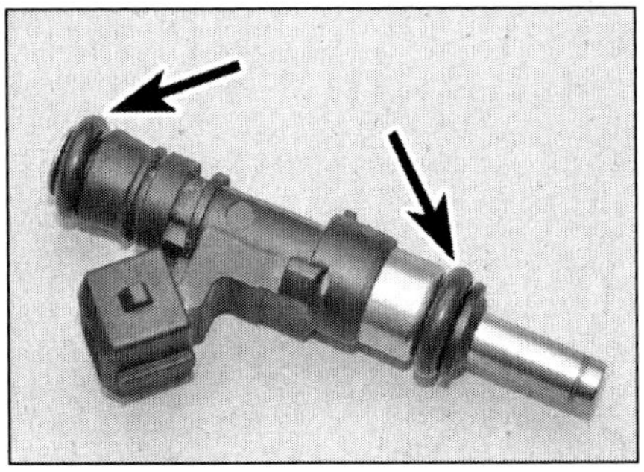

9.5 Die beiden O-Ringe müssen beim Einbau durch Neuteile ersetzt werden.

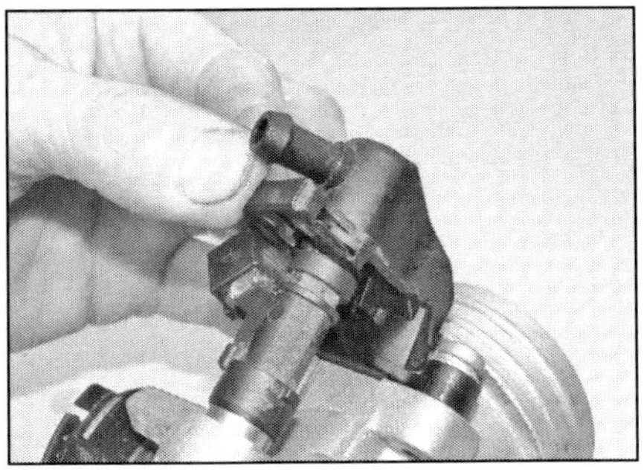

9.6 Die Klemme muss korrekt ausgerichtet sein.

10.2 Stecker des Drosselklappenanhebers

10.3a Lösen Sie die beiden Schrauben, ...

10.3b ... und entfernen Sie den Anheber.

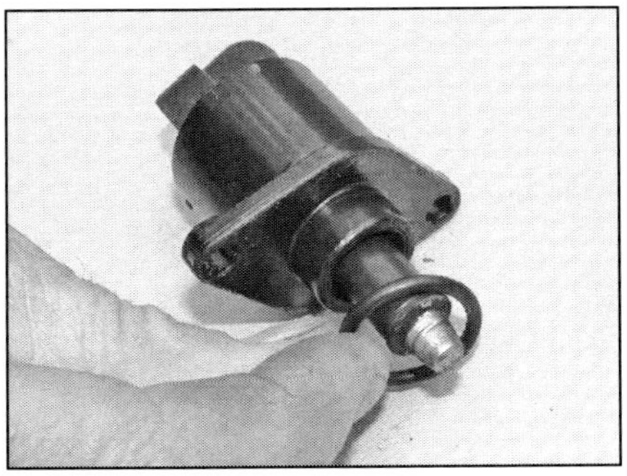

10.4 Rüsten Sie den Anheber mit einem neuen O-Ring aus.

11.2a Befreien Sie die Gaszughülle aus dem Halter, ...

11.2b ... öffnen Sie die Betätigung, und befreien Sie den Nippel.

11.4a Lösen Sie die beiden Schrauben, und nehmen Sie die Schalterseite ab.

11.4b Ziehen Sie die Betätigung von ihrem Zapfen, ...

11.4c ... und befreien Sie den Nippel.

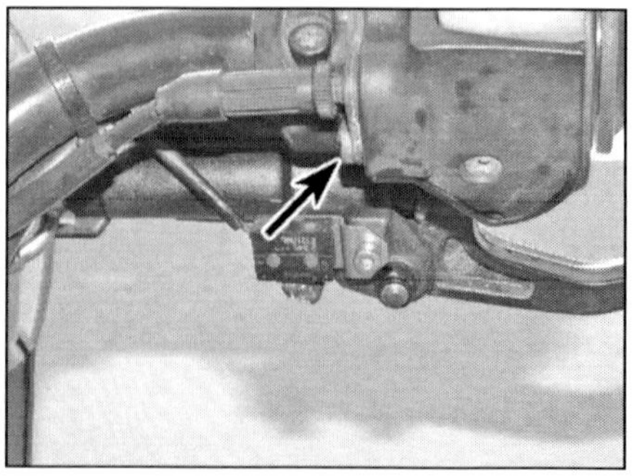

11.4d Gaszug-Halteschraube

11 Gasbowdenzug

Warnung: Lesen Sie die Sicherheitshinweise in Sektion 1, bevor Sie mit der Arbeit beginnen.

Ausbau

1 Entfernen Sie die linke vordere Seitenverkleidung (siehe Kapitel 8).

2 Je nach Modell werden Sprengring oder Mutter entfernt, um den Gaszug aus der Halterung zu ziehen (siehe Abbildung). Halten Sie die Drosselklappenbetätigung geöffnet, und befreien Sie den Bowdenzugnippel (siehe Abbildung).

3 Ziehen Sie den Bowdenzug aus dem Motorrad – notieren Sie dabei sorgfältig seine Verlegung. Es ist auch möglich, einen Faden an das untere Ende zu binden und diesen als Führung für den neuen Zug zu verwenden.

4 Lösen Sie die Schrauben des rechten Gasgriffgehäuses, und nehmen Sie die Schalterseite ab (siehe Abbildung). Ziehen Sie die Gaszugbetätigung von ihrem Zapfen, und befreien Sie den Bowdenzugnippel (siehe Abbildungen) – beachten Sie, wie die Betätigung und der Gasgriff zueinander ausgerichtet sind. Lösen Sie die Bowdenzug-Halteschraube, und ziehen Sie den Zug aus dem Gehäuse (siehe Abbildung).

Einbau

5 Schieben Sie den Gaszug in das Gehäuse, und sichern Sie seinen Halter mit der Schraube (siehe Abbildung 11.4d). Schmieren Sie den Gaszugnippel mit Mehrzweckfett, und installieren Sie ihn in die Betätigung, bevor diese installiert und zum Gasgriff ausrichten (siehe Abbildungen 11.4c und b). Setzen Sie die Schalterseite auf, und ziehen Sie die Schrauben an (siehe Abbildung).

6 Führen Sie den Bowdenzug zum Drosselklappengehäuse – er muss korrekt (ggf. entlang des Fadens) verlegt sein. Der Gaszug darf nicht an anderen Komponenten scheuern und weder geknickt noch eng gebogen werden. Ziehen Sie jetzt die Kontermutter gegen das Schaltergehäuse, und schieben Sie die Gummihülle auf.

7 Schmieren Sie den unteren Bowdenzugnippel mit Mehrzweckfett. Halten Sie die Betätigung geöffnet, installieren Sie dann den Nippel (siehe Abbildung 11.2b). Richten Sie nun die Bowdenzughülle zu ihrer Aufnahme aus, und installieren Sie anschließend den Sprengring oder die Mutter.

8 Stellen Sie das Gaszugspiel ein (siehe Kapitel 1). Betätigen Sie den Gasgriff, um sicherzugehen, dass sich die Drosselklappe sanft öffnet und schließt. Bewegen Sie den Lenker von Anschlag zu Anschlag, um sicherzugehen, dass der Gaszug nicht die Lenkung behindert.

9 Starten Sie den Motor, und überprüfen Sie, dass die Leerlauf-Drehzahl nicht steigt, wenn der Lenker bewegt wird. Falls doch, ist der Bowdenzug falsch verlegt und muss korrekt eingebaut werden, bevor mit dem Motorrad gefahren wird.

10 Montieren Sie die vordere Seitenverkleidung (siehe Kapitel 8).

12 Tankreservegeber und Warnlampe

Warnung: Lesen Sie die Sicherheitshinweise in Sektion 1, bevor Sie mit der Arbeit beginnen.

Kontrolle

1 Der Stromkreis besteht aus dem innerhalb der Benzinpumpe sitzenden Geber sowie der Warnlampe im Cockpit. Die Warnlampe leuchtet auf, wenn der Pegel im Tank auf vier Liter absinkt.

2 Wenn die Warnlampe nicht funktioniert, muss zunächst die Sitzbank demontiert werden (siehe Kapitel 8). Entfernen Sie die Gummikappe von der Benzinpumpe, und trennen

11.5 Setzen Sie den Schalterbereich auf das Gehäuse.

13.2 Lösen Sie die Schraube, ...

13.3 ... und entfernen Sie nun den rechten Schalldämpfer.

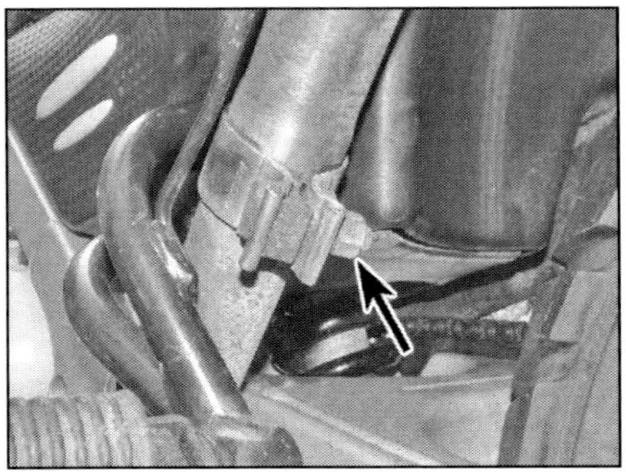

13.4 Lockern Sie die Schelle.

Sie den (weißen) Stecker des Reservegebers (siehe Abbildung 4.3). Überbrücken Sie bei eingeschalteter Zündung mit einem Draht die Kontakte der Kabelbaumseite – die Warnlampe muss jetzt aufleuchten, sonst muss zuerst die Lampe kontrolliert werden (siehe Kapitel 9). Ist diese in Ordnung, müssen der Kabelstecker auf lockere oder korrodierte Kontakte und das Kabel zwischen dem Geber und dem Cockpit auf Durchgang untersucht werden (siehe Kapitel 9). Ist auch hier alles in Ordnung, muss der Geber ausgetauscht werden.

Ersetzen

Warnung: Der Motor muss vor Arbeitsbeginn vollständig abgekühlt sein.

3 Der Tankreservegeber ist in die Benzinpumpe integriert und nicht separat erhältlich. Aus- und Einbau der Pumpe sind in Sektion 4 beschrieben.

13 Auspuffanlage

Warnung: War der Motor in Betrieb, ist der Auspuff sehr heiß. Lassen Sie ihn vor Arbeitsbeginn einige Zeit abkühlen.

Praxis TiPP ***Auspuffbefestigungen neigen zum Korrodieren, sodass ihre Schrauben oder Muttern festgehen. Es ist ratsam, sie einige Stunden vor dem Lösen mit WD40 oder einem anderen Kriechöl einzusprühen.***

Schalldämpfer GS- und Dakar-Modelle

Ausbau

1 Entfernen Sie die Sitzbank und die Seitendeckel (siehe Kapitel 8).

2 Lösen Sie die Befestigungsschraube des rechten Schalldämpfers (siehe Abbildung).

3 Ziehen Sie den rechten Schalldämpfer vom linken sowie vorne aus dem Halter, um ihn zu entfernen (siehe Abbildung).

4 Lockern Sie die Schelle, die den linken Schalldämpfer am Krümmer sichert – merken Sie sich einer Ausrichtung (siehe Abbildung).

5 Lösen Sie die Befestigungsschraube des linken Schalldämpfers.

6 Ziehen Sie den linken Schalldämpfer vom Krümmerrohr sowie vom Halter, und entfernen Sie ihn (siehe Abbildung).

7 Demontieren Sie nötigenfalls den Hitzeschild vom Schalldämpfer.

CS-Modelle

Ausbau

8 Bedecken Sie das Hinterrad, um mögliche Schäden zu vermeiden.

9 Lockern Sie die Schelle, die den Schalldämpfer am Krümmerrohr sichert.

10 Lösen Sie die Schalldämpfer-Befestigungsschraube.

11 Ziehen Sie den Schalldämpfer vom Krümmer.

Alle Modelle

Einbau

12 Der Einbau entspricht der umgekehrten Ausbaureihenfolge. Achten Sie darauf, dass die Schalldämpferschelle korrekt positioniert ist (siehe Abbildung). Ziehen Sie die Schalldämpfer-Befestigungsschraube(n) mit 9 Nm (GS- und Dakar-Modelle) bzw. 41 Nm und die Schelle mit 55 Nm fest.

13 Starten Sie den Motor, und untersuchen Sie den Auspuff auf Undichtigkeit.

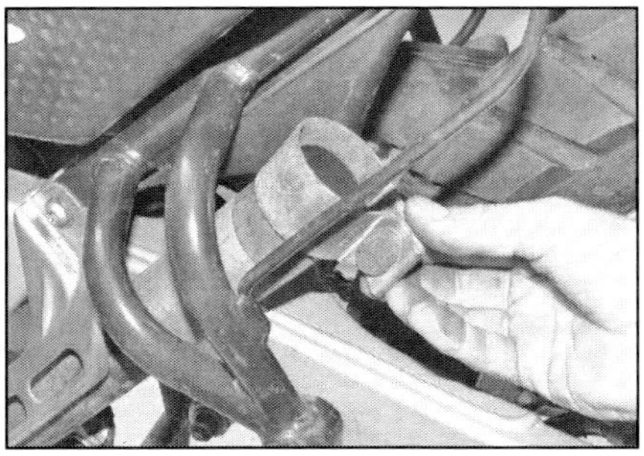

13.12 Vergessen Sie nicht, die Schelle aufzuschieben.

Krümmer-Baugruppe

Ausbau

14 Demontieren Sie ggf. den/die Schalldämpfer (s.o.). Wenn das Motorrad auf dem Hauptständer oder einer anderen Abstützung steht, wird der Seitenständer ausgeklappt.

15 Entfernen Sie bei GS- und Dakar-Modellen den Motorschutz (siehe Kapitel 8) sowie den linken Fußrastenhalter (siehe Kapitel 6).

16 Falls vorhanden, wird der Lambdasondenstecker getrennt (siehe Abbildung 7.14). Führen Sie das Kabel zur Sonde zurück – befreien Sie es aus allen Befestigungen, und merken Sie sich seine Verlegung.

17 Lockern Sie ggf. die Schelle, welche den Krümmer am Schalldämpfer sichert (siehe Abbildung 13.4).

18 Lösen Sie die Krümmerflanschmuttern (siehe Abbildung).

19 Befreien Sie den Krümmer aus Zylinderkopf und ggf. Schalldämpfer (siehe Abbildung).

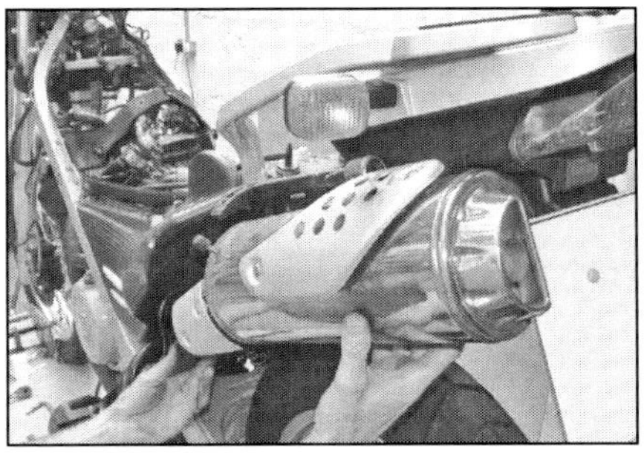

13.6 Entfernen Sie den linken Schalldämpfer.

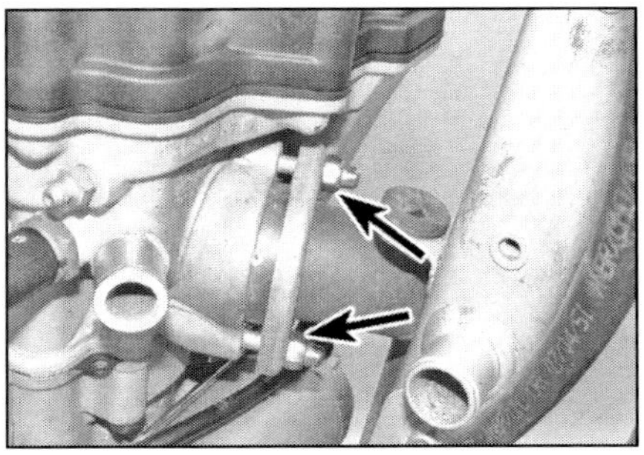

13.18 Lösen Sie die Krümmerflanschmuttern, ...

13.19 ... und entfernen Sie den Krümmer.

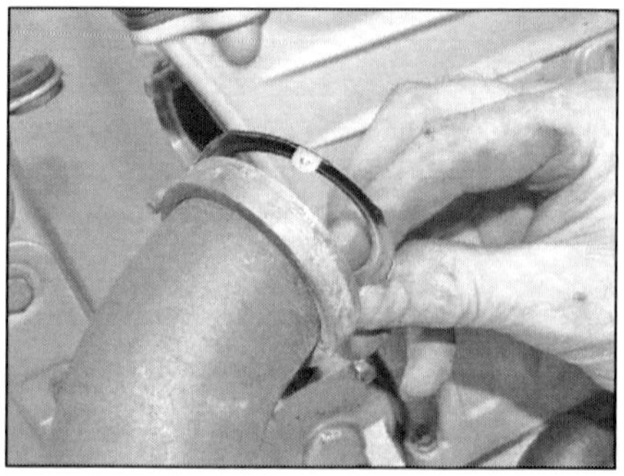

13.22 Rüsten Sie den Krümmer mit einer neuen Dichtung aus.

20 Entfernen Sie die Dichtung vom Krümmer oder aus dem Auslasskanal – später muss eine neue verwendet werden (siehe Abbildung 13.22).

Einbau

21 Falls der Schalldämpfer nicht entfernt wurde, muss sichergestellt werden, dass die Anschlussschelle aufgeschoben und korrekt positioniert ist (siehe Abbildung 13.12).

22 Rüsten Sie den Krümmer vorne mit einer neuen Dichtung aus, und biegen Sie deren Laschen um den Bund herum (siehe Abbildung).

23 Manövrieren Sie den Krümmer in Position, sodass er in den Zylinderkopf und ggf. den Schalldämpfer geschoben werden kann (siehe Abbildung 13.19).

24 Ziehen Sie die Krümmerflanschmuttern schrittweise bis zum Drehmoment von 20 Nm an (siehe Abbildung 13.18). Ziehen Sie die Schalldämpferschelle mit 55 Nm an (siehe Abbildung 13.12). Verlegen Sie das Lambdasondenkabel, sichern Sie es, und verbinden Sie den Stecker (siehe Abbildung 7.14).

25 Starten Sie den Motor, und untersuchen Sie den Auspuff auf Undichtigkeit.

26 Montieren Sie bei GS- und Dakar-Modellen den linken Fußrastenhalter (siehe Kapitel 6) sowie den Motorschutz (siehe Kapitel 8).

14 Katalysator

Allgemeine Informationen

1 Alle Modelle sind mit einem Katalysator ausgerüstet, der die im Motor entstehenden giftigen Abgase in relativ harmlose Gase umwandeln soll, bevor sie aus dem Auspuff entlassen werden. Der Katalysator ist geregelt – die Abgase werden also mithilfe der Informationen der Lambdasonde optimiert.

2 Durch eine auf einem feinen Maschengitter angebrachte spezielle Metallbeschichtung wandelt der Katalysator Stickoxide in Stickstoff und Sauerstoff sowie unverbrannte Kohlenwasserstoffe und Kohlenmonoxide in Wasser und Kohlendioxide um. Die Wirksamkeit des Katalysators wird durch Ablagerungen von Ölkohle, Öl oder Blei beeinträchtigt.

Vorsichtsmaßnahmen

3 Der Katalysator arbeitet automatisch und erfordert praktisch keine Wartung. Trotzdem sollten folgende Hinweise beachtet werden:

- Tanken Sie immer bleifreien Kraftstoff – bereits kleine Mengen verbleiten Benzins zerstören den Katalysator.
- Benutzen Sie keine Kraftstoff- oder Ölzusätze (Additive).
- Halten Sie das Kraftstoff- und Zündsystem in einem guten Zustand. Wird ein unkorrektes Benzin-/Luftgemisch vermutet, muss das System mit einem Abgasanalysegerät untersucht werden.
- Wenn der Motor Fehlzündungen produziert, muss dies unverzüglich behoben werden, da der Katalysator dadurch zerstört wird.
- Wenn der Motor Öl verbrennt und blaue Abgaswolken produziert, muss er unverzüglich repariert werden, da der Katalysator dadurch zerstört wird.
- Behandeln Sie das ausgebaute Sammlerrohr vorsichtig – der Katalysator verträgt keine Schläge oder Stürze.
- Das Motorrad sollte nur im äußersten Notfall angeschoben werden.

Kapitel 5
Zündanlage

Inhalt (in alphabetischer Reihenfolge, die Zahlen geben die Nummerierung in den grauen Feldern wieder)

Schwierigkeitsgrade

Leicht. Für Anfänger mit wenig Erfahrung geeignet.	**Relativ leicht.** Für Anfänger mit etwas Erfahrung geeignet.	**Relativ schwierig.** Geeignet für geübte Selbstschrauber.	**Schwer.** Geeignet für Selbstschrauber mit viel Erfahrung.	**Sehr schwer.** Geeignet für Experten und Profis.

Technische Daten

Zündkerze(n)

Typ	
Funduro-, ST- sowie GS- und Dakar-Modelle bis 2003	NGK D8 EA
GS- und Dakar- ab 2004 sowie alle CS-Modelle	NGK DR8 EB
Elektrodenabstand	0,6 bis 0,7 mm

Zündspule(n)

Funduro- und ST-Modelle	
Primärwicklungswiderstand	0,2 bis 0,5 Ohm
Sekundärwicklungswiderstand	6 bis 14 K-Ohm
Zündkerzensteckerwiderstand	ca. 5 K-Ohm
GS- und Dakar-Modelle (bis 2003)	
Primärwicklungswiderstand	0,45 bis 0,55 Ohm
Sekundärwicklungswiderstand	keine Angaben
GS-, Dakar- und CS-Modelle (ab 2004)	
Primärwicklungswiderstand	0,87 Ohm
Sekundärwicklungswiderstand	keine Angaben
CS-Modelle (bis 2003)	
Primärwicklungswiderstand	0,50 bis 0,53 Ohm
Sekundärwicklungswiderstand	20 K-Ohm

Zündsensor

Abstand (Funduro- und ST-Modelle)	0,5 bis 1,0 mm
Widerstand	
Funduro- und ST-, GS- und Dakar-Modelle (bis 2003)	190 bis 300 Ohm
GS- und Dakar- (ab 2004) und alle CS-Modelle	190 bis 360 Ohm

Anzugsdrehmomente

Zündsensorschrauben	
Funduro- und ST-Modelle	6 Nm
GS-, Dakar- und CS-Modelle	8 Nm

1 Allgemeine Informationen

Alle Modelle sind mit einem digitalen induktiven Zündsystem ausgerüstet, das mangels irgendwelcher mechanischen Teile absolut wartungsfrei ist. Das System besteht aus einem am Lichtmaschinenrotor sitzenden Auslöser, einem Zündsensor, einem Steuergerät und je nach Modell einer oder zwei Zündspule(n) – beachten Sie für Details die Schaltpläne am Ende von Kapitel 9). Funduro- und ST-Modelle sind mit zwei Zündkerzen ausgerüstet, die über konventionelle Zündspulen, Zündkabel und Kerzenstecker versorgt werden. GS- und Dakar-Modelle bis 2003 haben eine einzelne Zündkerze und eine konventionelle Zündspule; ab 2004 gibt es auch hier Doppelzündung, jedoch sind die Zündspulen in die Kerzenstecker integriert. Alle CS-Modelle sind mit integrierten Zündspulen-Steckern ausgerüstet – auch hier wird bis 2003 das Gemisch mit einer, und ab 2004 mit zwei Zündkerzen entflammt.

Der Zündauslöser erregt bei sich drehender Kurbelwelle magnetisch den Zündsensor, der so das Steuergerät über die Motordrehzahl und die Kurbelwellenposition informiert. Das Steuergerät errechnet den optimalen Zündzeitpunkt und versorgt die Zündspule(n) mit dem nötigen Zündstrom. Das Steuergerät besitzt einen Drehzahlbegrenzer, der bei 7500 U/min. den Zündzeitpunkt auf »OT« zurückstellt.

Das Zündsystem beinhaltet einen Sicherheitsstromkreis, der die Zündung unterbricht, wenn bei laufendem Motor und eingelegtem Gang der Seitenständer ausgeklappt oder bei laufendem Motor und ausgeklapptem Ständer ein Gang eingelegt wird. Der Motor kann außerdem bei auf dem Seitenständer stehender Maschine und eingelegtem Gang nicht gestartet werden, wenn nicht die Kupplung gezogen wird.

Bauartbedingt können die Teile der Zündung zwar kontrolliert, aber nicht repariert werden. Wenn im Zündsystem Probleme auftreten, kann die fehlerhafte Komponente isoliert und durch ein Austauschteil ersetzt werden. Elektronikteile können oftmals nach dem Kauf nicht umgetauscht werden. Um unnötige Kosten zu vermeiden, sollten Sie absolut sicher gehen, dass das fehlerhafte Teil richtig identifiziert worden ist, bevor Sie ein Neuteil kaufen.

Beachten Sie, dass es nicht möglich ist, den Zündzeitpunkt einzustellen.

2 Zündsystem
Kontrolle

Warnung: Die Primärspannung von Hochspannungskondensator-Zündungen (CDI) kann bei herzschwachen Menschen lebensgefährlich sein. Die Zündspannung andererseits ist zwar nicht gefährlich, aber

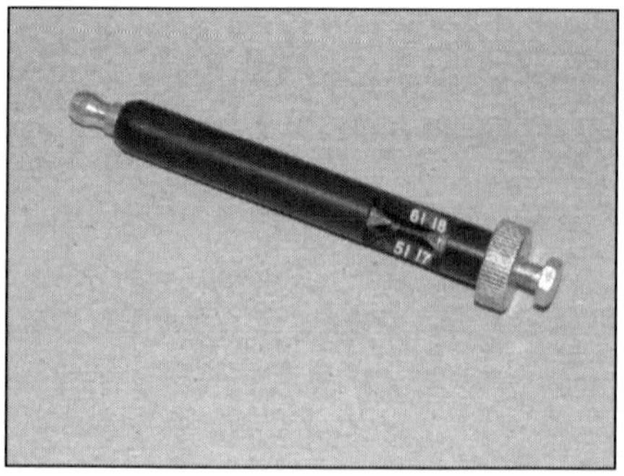

2.4 Ein typisches Funkenstrecken-Messgerät

sehr unangenehm. Daher sollten nie Zündkerzen oder ihre Stecker in der Hand gehalten oder Zündspule und Zündbox berührt werden, wenn die Zündung angeschaltet oder der Motor per Anlasser gedreht wird. Für das Wohlbefinden des Zündsystems ist es wichtig, dass der Motor niemals durchgedreht oder gestartet wird, wenn ein Kerzenstecker abgezogen ist.

1 Da das Zündsystem völlig wartungsfrei ist und nicht eingestellt werden kann, können Fehlfunktionen nur auf Defekte in den einzelnen Komponenten oder in der Verkabelung zurückgeführt werden. Wahrscheinlicher ist die zweite Ursache. Bei Fehlfunktionen prüfen Sie die Zündungsbauteile in systematischer Reihenfolge.

2 Ziehen Sie je nach Modell den Kerzenstecker oder Zündspulen-Stecker von einer/der Zündkerze (siehe Sektion 3). Stecken Sie eine erwiesenermaßen funktionierende Zündkerze hinein, und legen Sie diese mit dem Gewinde an Masse (Rahmen oder Motor) – halten Sie sie nötigenfalls mit einer gut isolierten Zange fest.

Warnung: Nehmen Sie für diese Kontrolle nie die Kerze(n) aus dem Motor, da austretendes Benzin-/Luftgemisch sich entzünden und zu Verletzungen führen kann! Stellen Sie außerdem sicher, dass beim Zündfunkentest die Kerze gründlichen Kontakt zu Masse haben, da sonst die Zündspule durchschlagen und das Steuergerät beschädigt werden können.

3 Schalten Sie den Killschalter auf »RUN«, schalten Sie die Zündung ein, legen Sie den Leerlauf ein, und drehen den Motor mit dem Anlasser durch. Ist die Zündung in Ordnung, werden an der Zündkerze kräftige blaue Funken zu sehen sein. Ist der Funken schwach, geht ins Gelbe oder bleibt ganz aus, muss die Ursache dafür gefunden werden. Schalten Sie die Zündung wieder aus, und wiederholen Sie bei Modellen mit Doppelzündung den Test mit der anderen Zündkerze.

4 Das Zündsystem muss Funken erzeugen, die in der Lage sind, eine bestimmte Strecke zu überspringen – bei einem gesunden System sollten dies mindestens 8 mm sein. Ein entsprechendes (einstellbares) Funkenstrecken-Prüfgerät ist im Fachhandel erhältlich (siehe Abbildung). Folgen Sie den Hinweisen des Herstellers. Wiederholen Sie bei Modellen mit Doppelzündung die Kontrolle mit dem zweiten Zündkerzen- bzw. Spulenstecker.

5 Wenn das Prüfergebnis (ggf. an beiden Steckern) gut ist, kann die Zündanlage als in Ordnung betrachtet werden. Schafft der Zündfunke (ggf. auch nur eines Steckers) die Strecke nicht zu überspringen, müssen weitere Untersuchungen vorgenommen werden.

6 Fehlfunktionen der Zündanlage können in zwei Kategorien eingeteilt werden: vollständiger Defekt oder zeit- bzw. teilweise Fehlfunktion. Die wahrscheinlichsten Ursachen sind unten aufgeführt, beginnend mit der häufigsten. Arbeiten Sie sich systematisch durch diese Liste, wobei in den jeweiligen Unterpunkten dieses Kapitels für Details nachgeschaut werden muss. Beachten Sie die Schaltpläne am Ende von Kapitel 9.

Anmerkung: *Bevor Sie beginnen, muss sichergestellt sein, dass die Batterie voll geladen ist und alle Sicherungen in Ordnung sind.*

- Lockere, korrodierte oder beschädigte elektrische Steckverbindungen, gebrochene Kabel im Zündsystem (siehe Kapitel 9);
- defekte Kerzenstecker, Zündkerzen, verschmutzte, verschlissene oder beschädigte Kerzenelektroden, falscher Elektrodenabstand (siehe Kapitel 1);
- defekter Kill- oder Zündschalter (siehe Kapitel 9);
- fehlerhafter Leerlauf-, Kupplungs- oder Seitenständerschalter (siehe Kapitel 9);
- defekter Zündsensor (siehe Sektion 4) oder Auslöser am Lichtmaschinenrotor (siehe Kapitel 9);
- defekte Zündspule(n) (siehe Sektion 3);
- defektes Steuergerät (siehe Sektion 5).

7 Wenn alle oben beschriebenen Möglichkeiten keinen Grund des Problems erkennen lassen, sollten Sie die Zündanlage bei einer BMW-Werkstatt testen lassen – diese hat ein Testgerät, das eine Diagnose der Zündanlage erstellen kann.

3 Zündspule(n)

5

Funduro- und ST-Modelle

Kontrolle

1 Stellen Sie sicher, dass die Zündung ausgeschaltet ist. Trennen Sie die Batterie vom Bordnetz (siehe Kapitel 9).

2 Entfernen Sie den Tank (siehe Kapitel 4A). Inspizieren Sie die Spulen auf Risse, lockere Stecker oder andere Schäden.

3 Mithilfe eines Ohmmeters (oder Multimeters) kann der Widerstand der Zündspule im einge-

3.3a Ziehen Sie den Kerzenstecker von der Zündkerze.

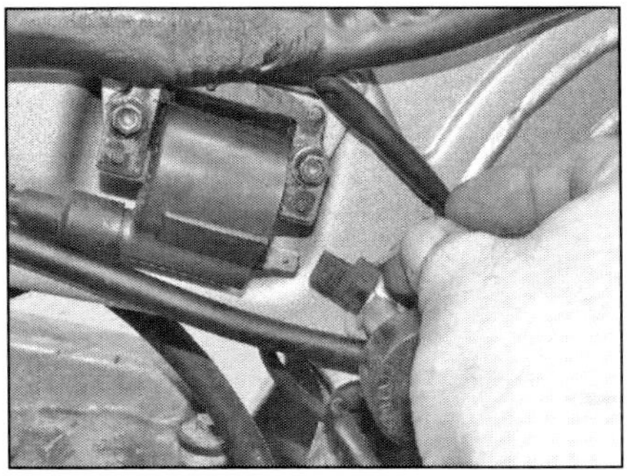

3.3b Trennen Sie den Primärstromstecker.

bauten Zustand überprüft werden – ziehen Sie dazu den entsprechenden Zündkerzenstecker ab (siehe Abbildung), und trennen Sie den Primärstromstecker (siehe Abbildung).

4 Zur Messung des Primärwicklungs-Widerstandes wird das Messgerät auf den Bereich Ohm x 1 geschaltet, dann wird eine Prüfklemme mit dem Kontakt der Spule und die andere mit einer der Befestigungsschrauben verbunden (siehe Abbildung) – liegt das Ergebnis nicht zwischen 0,2 und 0,5 Ohm, ist die Spule möglicherweise defekt.

5 Zur Messung des Sekundärwicklungswiderstandes wird das Messgerät auf den Kilo-Ohm-Bereich geschaltet, dann wird eine Prüfklemme mit dem Kontakt des Zündkerzensteckers und die andere mit einer der Befestigungsschrauben verbunden (siehe Abbildung) – liegt das Ergebnis nicht zwischen 6 und 14 K-Ohm, ist die Spule möglicherweise defekt.

6 Bevor man eine neue Zündspule kauft, sollte der Zündkerzenstecker vom Zündkabel geschraubt und sein Widerstand zwischen Zündkabel- und Zündkerzenkontakt gemessen werden (siehe Abbildungen) – liegt der Wert nicht bei etwa 5 K-Ohm, muss der Kerzenstecker ersetzt werden. Ist die Zündspule danach immer noch suspekt, sollte sie zunächst durch eine erwiesenermaßen funktionierende Spule ersetzt werden. Existiert das Problem weiterhin, liegt der Defekt wahrscheinlich im Primärstromkreis – überprüfen sie alle Kabel und Stecker (siehe Schaltpläne am Ende von Kapitel 9).

7 Falls sich die Zündspule als defekt erwiesen hat, muss sie ausgetauscht werden – sie ist »vergossen« und kann nicht repariert werden.

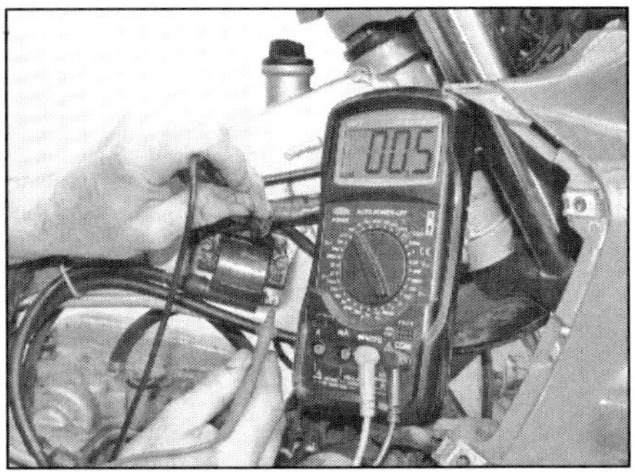

3.4 Zum Test des Primärspulen-Widerstandes wird das Messgerät zwischen den Primärstrom-Anschluss und eine der Befestigungsschrauben geklemmt.

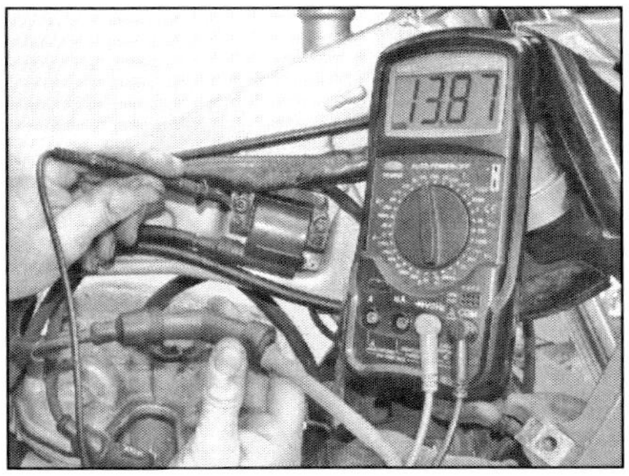

3.5 Zum Test des Sekundärspulen-Widerstandes wird das Messgerät zwischen den Zündkerzenkontakt und eine der Befestigungsschrauben geklemmt.

Ausbau

8 Stellen Sie sicher, dass die Zündung ausgeschaltet ist. Trennen Sie die Batterie vom Bordnetz (siehe Kapitel 9).

9 Entfernen Sie den Tank (siehe Kapitel 4A).

10 Ziehen Sie den zur Zündspule gehörenden Kerzenstecker ab (siehe Abbildung 3.3a). Schrauben Sie den Zündkerzenstecker vom Zündkabel (siehe Abbildung 3.6a). Führen Sie das Zündkabel unter Beachtung seiner Verlegung zur Zündspule zurück.

11 Trennen Sie den Primärstromstecker von der Zündspule (siehe Abbildung 3.3b). Lösen Sie die Befestigungsschrauben. Entfernen Sie die Spule (siehe Abbildung). Merken Sie sich ihre Position (Spulen sind nicht austauschbar).

Einbau

12 Der Einbau erfolgt in umgekehrter Ausbaureihenfolge. Alle Kabel müssen korrekt verlegt, ggf. gesichert und angeschlossen sein.

GS- und Dakar-Modelle (bis 2003)

Kontrolle

13 Stellen Sie sicher, dass die Zündung ausgeschaltet ist. Trennen Sie die Batterie vom Bordnetz (siehe Kapitel 9).

14 Entfernen Sie das Luftfiltergehäuse (siehe Kapitel 4B). Inspizieren Sie die Spulen auf Risse, lockere Stecker oder andere Schäden.

15 Mit einem Ohmmeter (oder Multimeter) kann der Widerstand der Zündspule im eingebauten Zustand überprüft werden. Ziehen Sie dazu den entsprechenden Zündkerzenstecker ab, und trennen Sie den Primärstromstecker.

16 Zur Messung des Primärwicklungswiderstandes wird das Messgerät auf den Bereich Ohm x 1 geschaltet, dann werden die Prüfklemmen mit den Kontakten der Spule verbunden (siehe Abbildung) – liegt das Ergebnis nicht zwischen 0,45 und 0,55 Ohm, ist die Spule möglicherweise defekt.

17 BMW macht zum Sekundärwicklungswiderstand keine Angaben – er kann jedoch mithilfe des auf den Kilo-Ohm-Bereich geschalteten Messgeräts ermittelt werden, indem man eine Prüfklemme mit dem Kontakt des Zündkerzensteckers und die andere mit dem Pluskontakt des Primärstromsteckers verbindet.

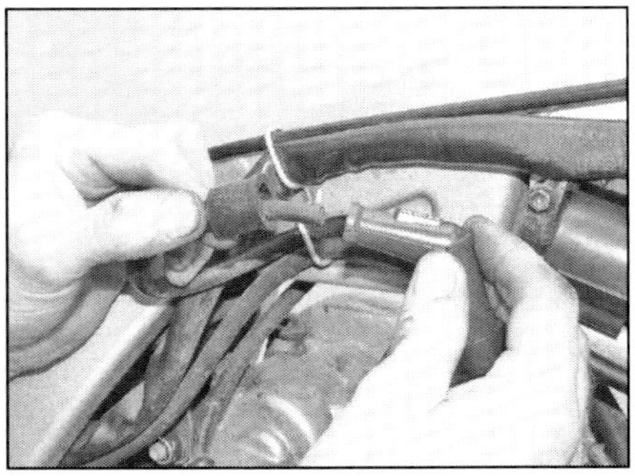

3.6a Drehen Sie den Kerzenstecker vom Zündkabel, ...

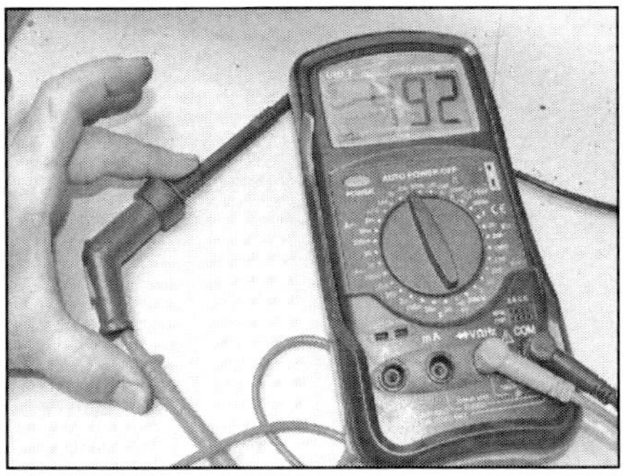

3.6b ... und messen Sie seinen Widerstand.

3.11 Lösen Sie die beiden Schrauben, und entfernen Sie die Zündspule.

18 Bevor man eine neue Zündspule kauft, sollten der Zündkerzenstecker und das Zündkabel untersucht werden. Ziehen Sie das Zündkabel aus seinem Anschluss an der Zündspule, und messen Sie den Widerstand zwischen dem Zündspulen- und dem Zündkerzen-Kontakt. Es gibt zwar keine Vorgaben, doch sollte der gemessene Wert bei etwa 5 K-Ohm liegen.

19 Falls sich die Zündspule als defekt erwiesen hat, muss sie ausgetauscht werden – sie ist vergossen und kann nicht repariert werden.

Ausbau

20 Stellen Sie sicher, dass die Zündung ausgeschaltet ist. Trennen Sie die Batterie vom Bordnetz (siehe Kapitel 9).

21 Entfernen Sie das Luftfiltergehäuse (siehe Kapitel 4B).

22 Ziehen Sie den Kerzenstecker von der Zündkerze. Führen Sie das Zündkabel unter Beachtung seiner Verlegung zur Zündspule zurück.

23 Trennen Sie den Primärstromstecker von der Zündspule. Lösen Sie die Befestigungsschrauben. Entfernen Sie die Spule und ggf. das Zündkabel.

Einbau

24 Der Einbau erfolgt in umgekehrter Ausbaureihenfolge. Alle Kabel müssen korrekt verlegt, ggf. gesichert und angeschlossen sein.

GS- und Dakar-Modelle (ab 2004) und alle CS-Modelle

Ausbau

25 Stellen Sie sicher, dass die Zündung ausgeschaltet ist. Trennen Sie die Batterie vom Bordnetz (siehe Kapitel 9).

26 Entfernen Sie bei CS-Modellen die rechte vordere Seitenverkleidung (siehe Kapitel 8).

27 Bei CS-Modellen mit einer Zündkerze wird die Zündspule gegen den Uhrzeigersinn gedreht und von der Kerze gezogen, bevor ihr Stecker getrennt wird.

28 Bei allen Modellen mit Doppelzündung unterscheiden sich die Zündspulenstecker und dürfen nicht vertauscht werden – die äußere Spule ist mit einer braunen Abdeckung versehen, die innere mit einer schwarzen.

29 Um die äußere Spule zu entfernen, muss sie so weit es geht im Uhrzeigersinn gedreht werden, um die Lasche der Halterung aus der Tasche in der Abdeckung zu befreien (siehe Abbildung). Ziehen oder hebeln Sie die Spule von der Zündkerze (siehe Abbildung). Trennen Sie den Kabelstecker, und markieren Sie ihn mit Klebeband, damit sichergestellt ist, dass er an die äußere Spule gehört.

30 Um die innere Spule entfernen zu können, muss zunächst die äußere demontiert sein. Drehen Sie dann die innere Spule so weit es geht gegen den Uhrzeigersinn, um die Lasche der Halterung aus der Tasche in der Abdeckung zu befreien (siehe Abbildung 3.29a), ziehen oder hebeln Sie die Spule von der Zündkerze, und trennen Sie den Kabelstecker.

3.29a Drehen Sie die äußere Spule im Uhrzeigersinn und die innere dagegen, um sie von den Laschen der Halterung zu befreien.

3.29b Hebeln Sie die Spule nötigenfalls wie gezeigt mit einem Maulschlüssel ab.

Kontrolle

31 Zur Messung des Primärwicklungswiderstandes wird das Messgerät auf den Bereich Ohm x 1 geschaltet, dann werden die Prüfklemmen mit den Steckerkontakten 1 und 3 der Spule verbunden (die Anschlussnummern sind sehr klein) – liegt das Ergebnis nicht bei 0,87 Ohm (Modelle ab 2004) bzw. zwischen 0,50 und 0,53 Ohm (CS bis 2004), ist die Spule möglicherweise defekt. BMW macht zum Sekundärwicklungswiderstand keine Angaben. Falls sich die Zündspule als defekt erwiesen hat, muss sie ausgetauscht werden. Die Spule ist »vergossen« und kann nicht repariert werden.

Einbau

32 Der Einbau erfolgt in umgekehrter Ausbaureihenfolge.

33 Bei allen Modellen mit Doppelzündung unterscheiden sich die Zündspulen-Stecker und dürfen nicht vertauscht werden – die innere Spule ist mit einer schwarzen Abdeckung versehen, die äußere mit einer weißen. Auch die Anschlusskabel dürfen nicht vertauscht werden – das beim Trennen markierte gehört an die äußere Spule.

34 Verbinden Sie zuerst den (nicht markierten) Stecker mit der inneren Spule, stecken Sie diese auf die innere Zündkerze, und drehen Sie sie so weit es geht im Uhrzeigersinn – dabei muss die Lasche des Halters in die Tasche der Abdeckung greifen (siehe Abbildung 3.35).

35 Verbinden Sie dann den (markierten) Stecker mit der äußeren Spule, stecken Sie diese auf die äußere Zündkerze, und drehen Sie sie so weit es geht gegen den Uhrzeigersinn – dabei muss die Lasche des Halters in die Tasche der Abdeckung greifen (siehe Abbildung).

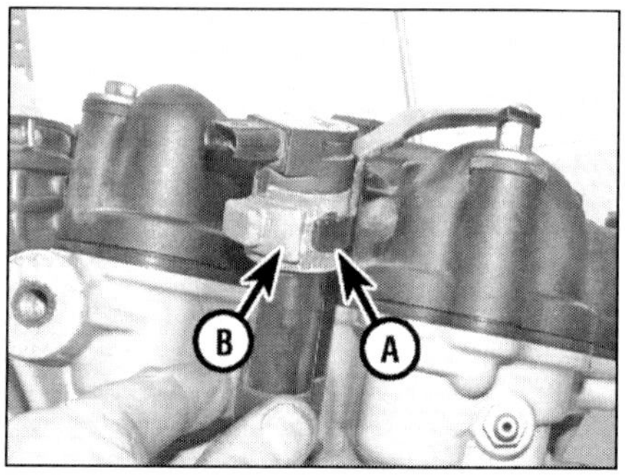

3.35 Die Halterungslasche (A) greift in die Tasche der Abdeckung (B).

4 Zündsensor

Kontrolle

1 Trennen Sie die Batterie vom Bordnetz (siehe Kapitel 9).

2 Entfernen Sie die Kabelabdeckung rechts am Zylinder (siehe Abbildung).

3 Wenn am Zündsensor ein Defekt vermutet wird, muss zunächst kontrolliert werden, ob dieser nicht auf ein beschädigtes oder gebrochenes Kabel, einen beschädigten Stecker oder eventuell Korrosion zurückzuführen ist – diese Dinge können üblicherweise repariert werden.

4 Trennen Sie den Stecker des Sensorkabels (siehe Abbildung). Prüfen Sie mithilfe eines auf den Bereich Ohm x 100 geschalteten Messgeräts den Widerstand zwischen den Stecker-Kontakten der Sensorseite – werden nicht 190 bis 300 Ohm (Funduro- und ST-, GS- und Dakar-Modelle [bis 2003]) bzw. 190 bis 360 Ohm (GS- und Dakar- [ab 2004] und alle CS-Modelle) festgestellt, ist der Sensor defekt und muss ersetzt werden.

5 Ist der Widerstand in Ordnung, liegt das Problem irgendwo im Zündungsstromkreis.

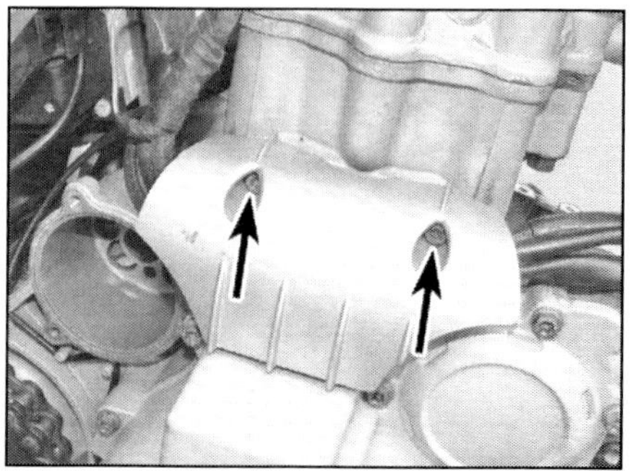

4.2 Lösen Sie die beiden Schrauben, und entfernen Sie die Abdeckung.

4.4 Trennen Sie den Sensor-Stecker (gezeigt am GS-Modell), und messen Sie den Widerstand des Sensors.

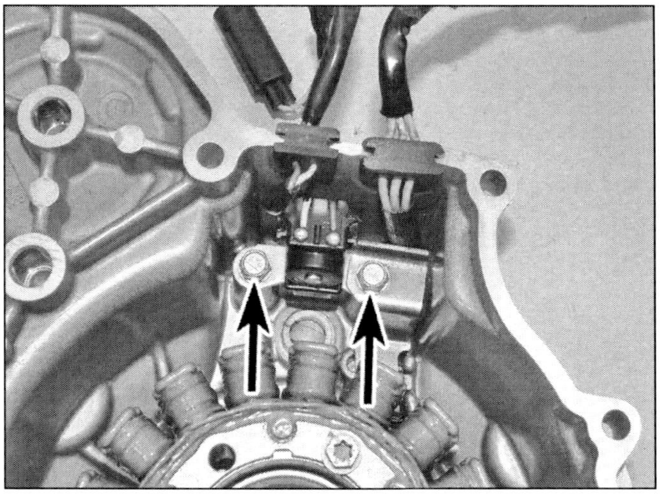

4.9 Lösen Sie die beiden Schrauben, und entfernen Sie den Sensor (gezeigt am GS-Modell).

4.12 Tragen Sie Silikon-Dichtmasse auf den Kabelstopfen auf.

Ausbau

6 Trennen Sie die Batterie vom Bordnetz (siehe Kapitel 9).

7 Entfernen Sie die Kabelabdeckung rechts am Zylinder (siehe Abbildung 4.2). Trennen Sie den Stecker des Sensorkabels (siehe Abbildung 4.4).

8 Entfernen Sie den Lichtmaschinendeckel (siehe Kapitel 9). Bei Funduro- und ST-Modellen sitzt der Sensor am Motorgehäuse. Bei GS-, Dakar- und CS-Modellen sitzt der Sensor im Deckel.

9 Lösen Sie die Schrauben des Sensors, befreien Sie seinen Kabelstopfen, und entfernen Sie den Sensor (siehe Abbildung).

Einbau

Anmerkung: *Die Sensor-Befestigungsschrauben sind selbstschneidend – überprüfen Sie ihr Gewinde, und beschaffen Sie nötigenfalls neue. Falls bei GS-, Dakar- und CS-Modellen ein neuer Lichtmaschinendeckel montiert werden soll, sind dessen Schraubenbohrungen nicht mit Gewinden versehen. Benutzen Sie in diesem Fall neue Schrauben, die sich beim Eindrehen ihr eigenes Gewinde schneiden. Verwenden Sie kein Loctite!*

10 Reinigen Sie die Schraubengewinde, den Gummistopfen und seinen Ausschnitt.

11 Versehen Sie die Sensorschrauben mit Loctite 243 (mittelfest) – beachten Sie die *Anmerkung* oben. Installieren Sie den Sensor, und ziehen Sie die Schrauben mit 6 Nm (Funduro- und ST-Modelle) bzw. 8 Nm (GS-, Dakar- und CS-Modelle) an.

12 Versehen Sie den Kabelstopfen mit etwas Silikon-Dichtmasse, und stecken Sie ihn in seinen Ausschnitt (siehe Abbildung).

13 Richten Sie bei Funduro- und ST-Modellen den Auslöser am Lichtmaschinenrotor zum Pick-Up des Sensors aus, und überprüfen Sie mithilfe einer Fühlerlehre, ob der Abstand zwischen den Teilen einen halben bis ganzen Millimeter beträgt – ist dies nicht der Fall, muss die Befestigungsplatte entsprechend gebogen werden.

14 Installieren Sie den Lichtmaschinendeckel (siehe Kapitel 9).

15 Verbinden Sie den Sensorstecker, und montieren Sie die Kabelabdeckung.

16 Verbinden Sie die Batterie mit dem Bordnetz (siehe Kapitel 9).

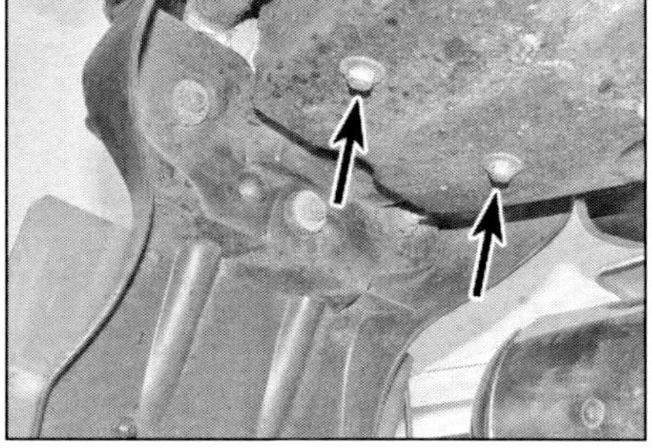

5.3a Lösen Sie die beiden Muttern, ...

5.3b ... ziehen Sie die Schrauben heraus, entnehmen Sie das Steuergerät, und trennen Sie seinen Stecker.

5 Motorsteuergerät (ECU)

Kontrolle

1 Wenn die in den vorherigen oder folgenden Sektionen beschriebenen Tests den Grund für ein Zündungsproblem nicht erkennen lassen, kann es durchaus sein, dass das Steuergerät selbst defekt ist. Da BMW keinerlei Angaben für eine Kontrolle dieser »Black Box« macht, muss das Motorrad zu einer BMW-Werkstatt gebracht werden. Wer ein erwiesenermaßen funktionierendes Steuergerät zur Hand hat, kann dies installieren, um sicherzugehen, dass der Fehler nicht doch irgendwo anders zu suchen ist.

Funduro- und ST-Modelle

Ausbau

2 Entfernen Sie die Sitzbank (siehe Kapitel 8). Stellen Sie sicher, dass die Zündung ausgeschaltet ist. Trennen Sie die Batterie vom Bordnetz (siehe Kapitel 9).

3 Lösen Sie an der Unterseite des Hinterrad-Kotflügels die beiden Muttern (siehe Abbildung). Ziehen Sie die Schrauben heraus, entnehmen Sie das Steuergerät, und trennen Sie seinen Stecker (siehe Abbildung).

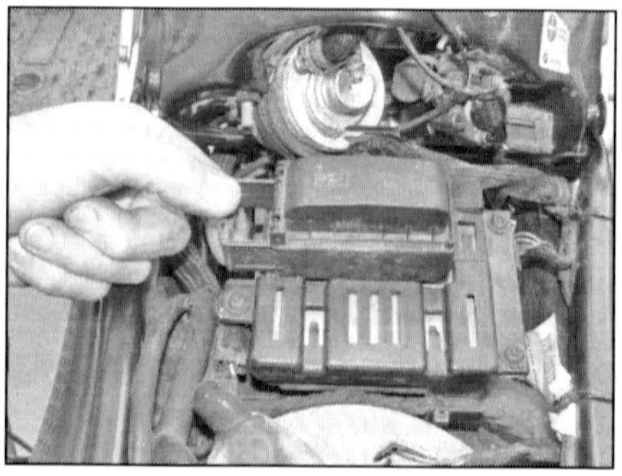

5.6a Lösen Sie die Arretierung, ...

5.6d ... und heben Sie das Steuergerät aus seinem Halter.

GS- und Dakar-Modelle

Ausbau

4 Entfernen Sie die Sitzbank (siehe Kapitel 8). Stellen Sie sicher, dass die Zündung ausgeschaltet ist. Trennen Sie die Batterie vom Bordnetz (siehe Kapitel 9).

5 Hängen Sie bei Modellen bis 2003 das Haltegummi aus, heben Sie das Steuergerät an, und trennen Sie den Stecker.

6 Lösen Sie bei Modellen ab 2004 die Arretierung, und trennen Sie den Stecker (siehe Abbildungen). Lösen Sie die drei Schrauben, entfernen Sie die Abdeckung, und heben Sie das Steuergerät aus seinem Halter (siehe Abbildungen).

5.6b ... und trennen Sie den Stecker.

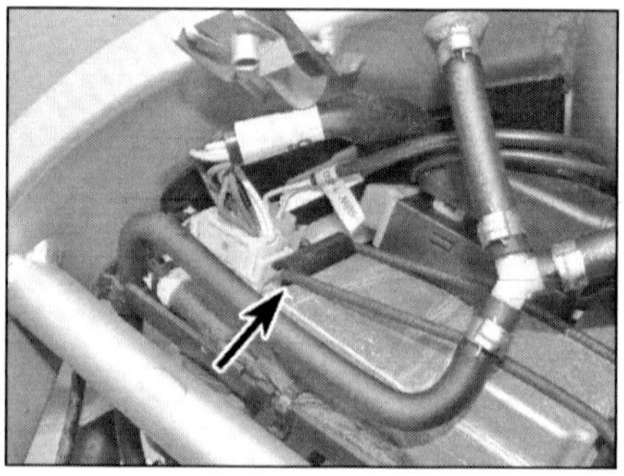

5.8 Hängen Sie das Haltegummi aus.

CS-Modelle

Ausbau

7 Stellen Sie sicher, dass die Zündung ausgeschaltet ist. Trennen Sie die Batterie vom Bordnetz (siehe Kapitel 9). Entfernen Sie das Luftfiltergehäuse (siehe Kapitel 4B).

8 Hängen Sie das Haltegummi aus (siehe Abbildung). Hebeln Sie vorsichtig die Haltestange hoch, und entfernen Sie das Steuergerät – hebeln Sie es nötigenfalls hoch.

9 Lösen Sie die Arretierung, und trennen Sie den Stecker.

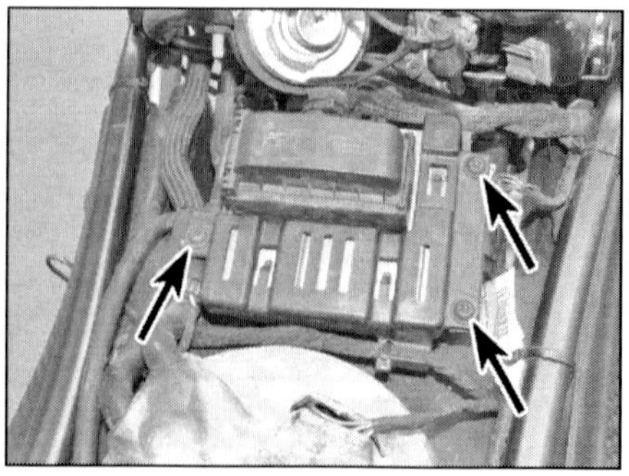

5.6c Lösen Sie die drei Schrauben, entfernen Sie die Abdeckung, ...

Alle Modelle

Einbau

10 Der Einbau erfolgt in umgekehrter Ausbaureihenfolge. Der Kabelstecker muss korrekt sitzen und gesichert sein.

6 Zündzeitpunkt

Da der Zündzeitpunkt nicht einstellbar ist und kein Bauteil mechanischem Verschleiß unterliegt, gibt es auch keinerlei Kontrollmöglichkeiten. Wenn der Zündzeitpunkt nicht in Ordnung zu sein scheint oder sich mit steigender Drehzahl nicht verändert, muss zunächst der Zündsensor samt Kabel und Steckern untersucht werden (siehe Sektion 4). Wer ein erwiesenermaßen funktionierendes Steuergerät zur Hand hat, kann dies installieren, um sicherzugehen, dass der Fehler nicht im Steuergerät liegt.

Kapitel 6
Rahmen und Federung

Inhalt (in alphabetischer Reihenfolge, die Zahlen geben die Nummerierung in den grauen Feldern wieder)

Schwierigkeitsgrade

Leicht. Für Anfänger mit wenig Erfahrung geeignet.	**Relativ leicht.** Für Anfänger mit etwas Erfahrung geeignet.	**Relativ schwierig.** Geeignet für geübte Selbstschrauber.	**Schwer.** Geeignet für Selbstschrauber mit viel Erfahrung.	**Sehr schwer.** Geeignet für Experten und Profis.

Technische Daten

Vorderradgabel

Typ	hydraulische Teleskopgabel, ölgedämpft
Federweg	
Funduro-, ST- und GS-Modelle	170 mm
Dakar-Modelle	210 mm
CS-Modelle	125 mm
Gabelöl	BMW-Gabelöl 10W
Füllmenge je Gabelholm bei Ölwechsel (bei Überholung + 10 ml)	
Funduro- und ST-Modelle	
normale Federung	600 ml
abgesenkte Federung	650 ml
GS-Modelle	
normale Federung	600 ml
abgesenkte Federung	610 ml
Dakar-Modelle	550 ml
CS-Modelle	470 ml
Gabelfederlänge	
Funduro- und ST-Modelle	527 mm
GS-Modelle	515 mm
Dakar-Modelle	468 mm
CS-Modelle	365 mm
Standrohrverzug (max.)	0,1 mm

Hinterradfederung

Typ	Progressiv angelenkter Mono-Stoßdämpfer, Aluminiumschwinge
Federweg (an Hinterachse)	
Funduro- und GS-Modelle	165 mm
ST-Modelle	120 mm
Dakar-Modelle	210 mm
CS-Modelle	140 oder 120 mm (je nach Ausführung)

Anzugsdrehmomente

Beifahrer-Fußrastenträger an Rahmen	
Funduro- und ST-Modelle	50 Nm
GS-, Dakar- und CS-Modelle	30 Nm
Bremspedal-Lagerbolzen	
Funduro- und ST-Modelle	25 Nm
GS-, Dakar- und CS-Modelle	21 Nm
Fahrerfußrastenträger-Schrauben – GS- und Dakar-Modelle	30 Nm
Gabeldämpferstangenschraube	20 Nm
Gabelverschlussschraube – Funduro-, ST- und Dakar-Modelle	25 Nm
Handbremshebelhalter-Klemmschraube	
Funduro- und ST-Modelle	12 Nm
GS-, Dakar- und CS-Modelle	9 Nm
Hinterrad-Stoßdämpfer	
Funduro- und ST-Modelle	
obere Befestigungsschraube/-mutter	50 Nm
untere Befestigungsschraube	30 Nm
GS-, Dakar- und CS-Modelle	
obere Befestigungsschraube/-mutter	58 Nm + 45°
untere Befestigungsschraube	47 Nm
Hinterrad-Stoßdämpfer-Anlenkung	
Funduro- und ST-Modelle	
Anlenkhebel zu Stangen	80 Nm
Anlenkhebel zu Rahmen	50 Nm
Anlenkstangen zu Schwinge	50 Nm
GS- und Dakar-Modelle	
Anlenkhebel zu Stangen	71 Nm
Anlenkhebel zu Rahmen	58 Nm + 45°
Anlenkstangen zu Schwinge	41 Nm
CS-Modelle	
Anlenkhebel zu Stangen 41 Nm	
Anlenkhebel zu Rahmen 58 Nm + 45°	
Anlenkstangen zu Schwinge 41 Nm	
Kupplungshebelhalter-Klemmschraube	
Funduro- und ST-Modelle	12 Nm
GS-, Dakar- und CS-Modelle	9 Nm
Lenkkopflager-Einsteller	
GS- und Dakar-Modelle	
Erstanzug	25 Nm
endgültiger Anzug	60° nach links
Innensechskant-Gewinderohr	65 Nm
CS-Modelle	
Erstanzug	25 Nm
endgültiger Anzug	60° nach links
Lenkrohr-Klemmschraube (CS-Modelle)	23 Nm
Lenkrohrmutter	
Funduro- und ST-Modelle	100 Nm
GS- und Dakar-Modelle	65 Nm
Lenker	
Funduro- und ST-Modelle	
Lenkerhalter – obere Muttern	10 Nm
Lenkerhalter – untere Muttern	40 Nm
Lenkerklemmschrauben	25 Nm
GS- und Dakar-Modelle bis 2003	
Lenkerklemmschrauben	21 Nm
GS- und Dakar- ab 2004 sowie alle CS-Modelle	
Lenkerklemmschrauben	23 Nm
Rahmenheckschrauben	
GS- und Dakar-Modelle bis 2003	21 Nm
GS- und Dakar- ab 2004 sowie alle CS-Modelle	24 Nm
Schwingenbolzenmutter	100 Nm
Seitenständerlagerung	
Funduro- und ST-Modelle	
Lagerbolzen	10 Nm
Kontermutter	25 Nm
GS-, Dakar- und CS-Modelle	40 Nm
Standrohr-Klemmschraube (obere und untere Gabelbrücke)	
Funduro- und ST-Modelle	25 Nm
GS-, Dakar- und CS-Modelle	23 Nm

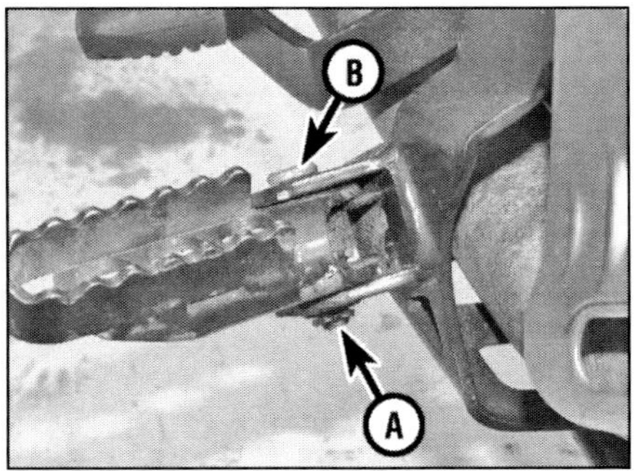

3.2 Entfernen Sie den Splint (A) und die Scheibe, ziehen Sie dann den Lagerbolzen (B) heraus – GS- und Dakar-Modelle.

1 Allgemeine Informationen

Alle Modelle besitzen einen Stahlrohrrahmen mit dem Motor als tragendes Element. Bei Funduro-, ST- und CS-Modellen dient der Rahmen auch als Öltank für die Trockensumpfschmierung.

Das Vorderrad wird mit einer konventionellen ölgedämpften Gabel geführt, die nicht einstellbar ist.

Hinten stützt sich bei Funduro-, ST-, GS- und Dakar-Modellen eine konventionelle Kastenschwinge, bei CS-Modellen eine Einarmschwinge über eine progressiv wirkende Anlenkung gegen einen Mono-Stoßdämpfer ab, der außer bei Standard-CS-Modellen in der Federvorspannung und der Zugdämpfung einstellbar ist. Für CS-Modelle ist optional ein einstellbarer Stoßdämpfer erhältlich.

2 Rahmen
Kontrolle und Reparatur

1 Dem Rahmen braucht normalerweise keine Aufmerksamkeit geschenkt zu werden – außer er wurde bei einem Unfall beschädigt. Nur wenige Spezialisten sind in der Lage, einen verzogenen Rahmen zu reparieren und zu richten, da genau eingeschätzt werden muss, ob anschließend die Stabilität gewährleistet ist.

3.3 Entfernen Sie den Splint (A) und die Scheibe, ziehen Sie dann den Lagerbolzen (B) heraus – CS-Modelle.

2 Nachdem eine Maschine sehr viele Kilometer zurückgelegt hat, sollte der gesamte Rahmen auf Anzeichen von Brüchen oder Rissen an den Schweißnähten begutachtet werden. Lockere Motorhaltebolzen können ihre Aufnahmen ausgeschlagen oder verbogen haben. Kleine Beschädigungen können je nach Ausmaß und Art eventuell von Spezialisten geschweißt werden. Bei GS-, Dakar- und CS-Modellen ist das Rahmenheck ggf. austauschbar (siehe Kapitel 3, Sektion 2 – Tankausbau). Überprüfen Sie bei Funduro-, ST- und CS-Modellen, ob es Hinweise auf Lecks durch das im Rahmen befindliche Motoröl gibt.

3 Beachten Sie, dass ein verbogener Rahmen Fahrwerksprobleme hervorruft. Wenn ein Verzug infolge eines Unfalls festgestellt wird, ist es nötig, den Rahmen von sämtlichen Anbauteilen zu befreien, um ihn komplett kontrollieren und vermessen zu können.

3 Fußrasten, Bremspedal, Schalthebel und Schaltgestänge

Fußrasten

Fahrerfußrasten

Ausbau

1 Entfernen Sie bei Funduro- und ST-Modellen den Splint und die Scheibe unten am Gelenkstift, und ziehen Sie diesen heraus. Entfernen Sie die Fußraste – beachten Sie die Position der Rückholfeder. Die (separat erhältlichen) Fußrastengummis lassen sich nötigenfalls nach dem Lösen der beiden Schrauben an der Unterseite der Raste entfernen.

2 Entfernen Sie bei GS- und Dakar-Modellen den Splint und die Scheibe unten am Gelenkstift, und ziehen Sie diesen heraus (siehe Abbildung). Entfernen Sie die Fußraste – beachten Sie die Position der Rückholfeder und der Distanzhülse. Die ggf. vorhandenen (separat erhältlichen) Fußrastengummis lassen sich nötigenfalls nach dem Lösen der beiden Schrauben an der Unterseite der Raste entfernen.

3 Entfernen Sie bei CS-Modellen den Splint unten am Gelenkstift, und ziehen Sie diesen heraus. Entfernen Sie die Fußraste – beachten Sie die Position der Rückholfeder. Die (separat erhältlichen) Fußrastengummis und Platten lassen sich ggf. nach dem Lösen der Schrauben an der Unterseite der Raste entfernen (s. Abb.).

Beifahrerfußrasten

Ausbau

4 Entfernen Sie bei Funduro-, ST-, GS- und Dakar-Modellen den Splint und die Scheibe unten am Gelenkstift, und ziehen Sie diesen heraus. Entfernen Sie die Fußraste – beachten Sie ihre Einbauposition. Ziehen Sie ggf. das Gummi ab, und entfernen Sie die Distanzhülse (alles ist separat erhältlich).

5 Entfernen Sie bei CS-Modellen den Splint unten am Gelenkstift, und ziehen Sie diesen heraus. Entfernen Sie die Fußraste. Achten Sie auf die Position der Arretierplatte, der Kugel und der Feder und darauf, dass die Kugel und die Feder nicht wegspringen. Lösen Sie nötigenfalls die Schrauben, und trennen Sie das Gummi und die Platte von der Raste – alle Teile sind separat erhältlich.

Einbau

6 Der Einbau entspricht der umgekehrten Ausbaureihenfolge. Versehen Sie die Gleitflächen aller Teile mit etwas Fett. Benutzen Sie möglichst neue Splinte.

Bremspedal

Ausbau

7 Befreien Sie bei Funduro- und ST-Modellen die Belüftungsschläuche aus der Führung

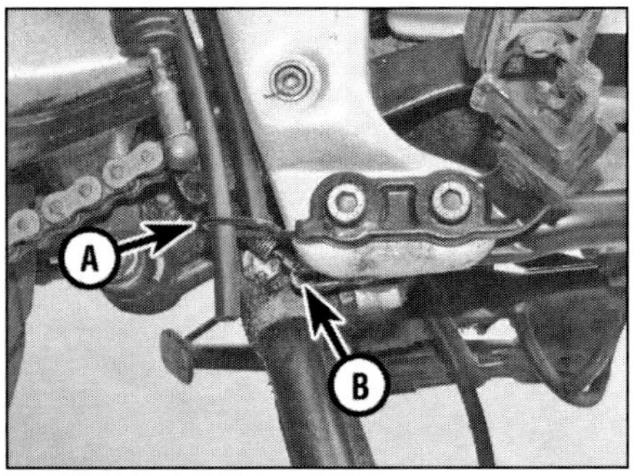

3.7a Ziehen Sie die Schläuche aus der Führung (A), hängen Sie dann die Feder (B) aus.

3.7b Lösen Sie den Sicherungsring, und befreien Sie die Druckstange.

3.7c Lösen Sie die Schraube, und entfernen Sie das Bremspedal.

(siehe Abbildung). Hängen Sie am Rahmen die Bremspedal-Rückholfeder aus. Entfernen Sie den Sicherungsring vom Druckstangengelenk, und befreien Sie dieses vom Pedal (siehe Abbildung). Kontern Sie die Mutter innen am Lagerbolzen, lösen Sie diesen, und entfernen Sie die Mutter, die Scheibe, die Kettenrolle, die Distanzhülse, das Pedal und die O-Ringe (siehe Abbildung).

8 Lösen Sie bei GS- und Dakar-Modellen die Schrauben des rechten Fußrastenträgers, und nehmen Sie die Baugruppe ab (siehe Abbildung). Lösen Sie die Klemme des Gelenkstiftes, entfernen Sie diesen, und befreien Sie die Druckstange vom Pedal (siehe Abbildungen). Lösen Sie den Pedalgelenkbolzen, und entfernen Sie das Pedal – beachten Sie die Scheiben und die Position der Rückholfeder. Beachten Sie auch die Buchse im Pedalgelenk, und entfernen Sie sie, um sie zu reinigen und bei Verschleiß zu ersetzen.

9 Lösen Sie bei CS-Modellen die Klemme des Gelenkstiftes, entfernen Sie diesen, und befreien Sie die Druckstange vom Pedal (siehe Abbildung 3.8b und c). Lösen Sie den Pedalgelenkbolzen, und entfernen Sie das Pedal – beachten Sie die Scheiben und die Position der Rückholfeder (siehe Abbildung). Beachten Sie auch die Buchse im Pedalgelenk, und entfernen Sie sie, um sie zu reinigen und bei Verschleiß zu ersetzen.

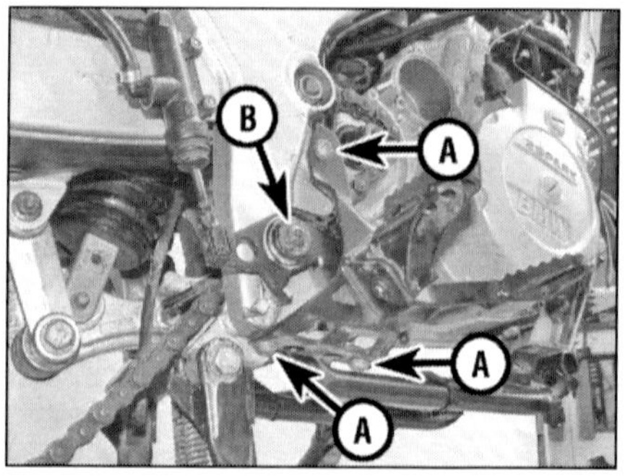

3.8a Schrauben des Fußrastenträgers (A), Bremspedal-Lagerbolzen (B)

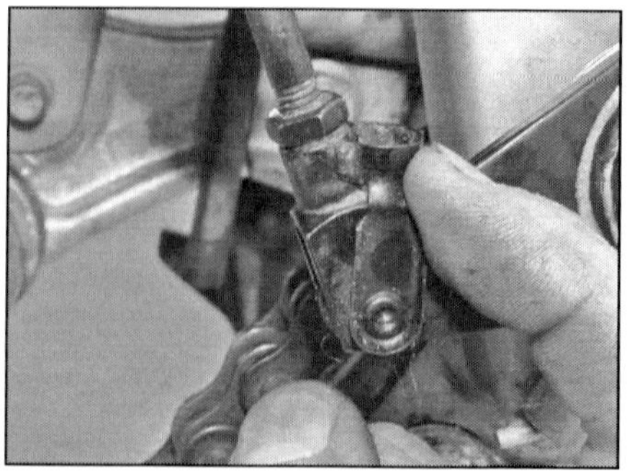

3.8b Lösen Sie die Klemme, ...

3.8c ... und ziehen Sie den Stift heraus.

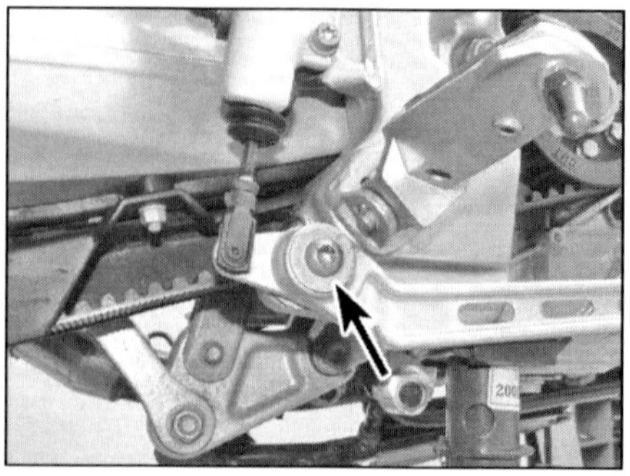

3.9 Bremspedal-Lagerbolzen – CS-Modelle

Einbau

10 Der Einbau entspricht der umgekehrten Ausbaureihenfolge. Beachten Sie dabei Folgendes:

- Entfernen Sie altes Fett und Schmutz. Versehen Sie den Lagerbereich des Schalthebels mit Fett.
- Das Bremspedal muss korrekt gegen den Bremslichtschalter ausgerichtet sein.
- Ziehen Sie den Bremspedal-Lagerbolzen mit 25 (Funduro- und ST-Modelle) bzw. 21 Nm (GS-, Dakar- und CS-Modelle) an.
- Ziehen Sie bei GS- und Dakar-Modellen die Fußrasten-Trägerschrauben mit 30 Nm an.
- Die Bremspedal-Rückholfeder muss korrekt eingehängt sein.
- Prüfen Sie vor der ersten Fahrt die Funktion der Bremse und des Bremslichts.

Schalthebel und Schaltgestänge

Ausbau

11 Bringen Sie bei Funduro-, ST-, GS- und Dakar-Modellen an der Schaltwelle eine zur Klemmöffnung des Schalthebels fluchtende Markierung an (siehe Abbildung). Lösen Sie die Klemmschraube, und ziehen Sie den Schalthebel ab.

12 Bringen Sie bei CS-Modellen an der Schaltwelle eine zur Klemmöffnung des Schaltgestängehebels fluchtende Markierung an (siehe Abbildung). Lösen Sie die Klemmschraube, und ziehen Sie den Hebel ab. Lösen Sie den Lagerzapfen des Schalthebels, und entfernen Sie diesen samt Gestänge. Lösen Sie eventuell die Clips, und befreien Sie die Gelenkstange vom Hebel und den Gelenkhebel dann von der Stange – alle Bauteile sind separat erhältlich.

Einbau

13 Der Einbau entspricht der umgekehrten Ausbaureihenfolge. Entfernen Sie altes Fett und Schmutz. Versehen Sie bei CS-Modellen den Lagerbereich des Schalthebels und des Gestänges mit Fett. Stellen Sie bei CS-Modellen die Höhe des Hebels nötigenfalls ein, indem Sie die Kontermutter der Gelenkstange lockern und die Stange im dem Schalthebelgelenk entsprechend verdrehen (achten Sie darauf, dass sie immer mit mindestens fünf Gewindegängen darin steckt). Ziehen Sie die Kontermutter sorgfältig wieder an.

4 Seiten- und Hauptständer

Seitenständer

Ausbau

1 Stützen Sie das Motorrad mit dem Hauptständer oder einer anderen Vorrichtung ab.

2 Außer bei frühen Funduro-Modellen muss bei allen Modellen der Seitenständerschalter demontiert werden (siehe Kapitel 9) – es ist nicht nötig, den Stecker zu trennen oder den Schalter vollständig zu entfernen, lassen Sie ihn am Kabel hängen.

3 Hängen Sie die Ständerfedern aus (siehe Abbildung). Lösen Sie bei Funduro- und ST-Modellen die Mutter des Lagerbolzens (siehe Ab-

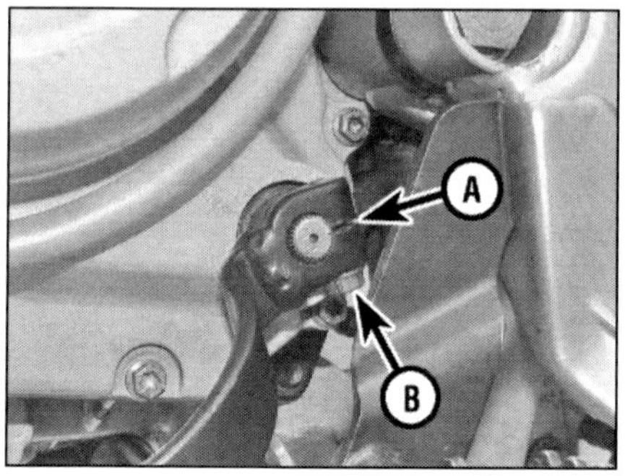

3.11 Bringen Sie an der Schalthebelwelle neben der Klemmöffnung (A) eine Markierung an, und lösen Sie die Klemmschraube (B).

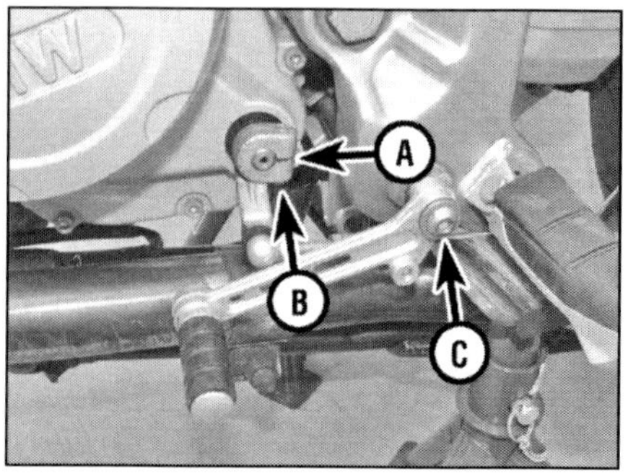

3.12 Bringen Sie an der Schalthebelwelle neben der Klemmöffnung (A) eine Markierung an, und lösen Sie die Klemmschraube (B) sowie den Lagerbolzen (C).

4.3a Hängen Sie die Ständerfedern aus.

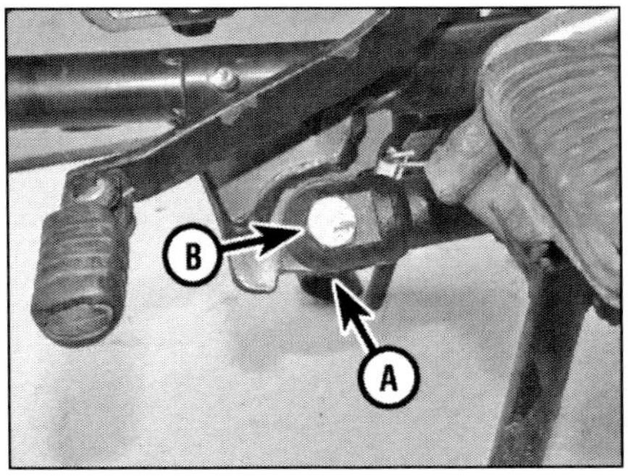

4.3b Lösen Sie bei Funduro- und ST-Modellen unten die Mutter (A), und schrauben Sie den Bolzen (B) heraus.

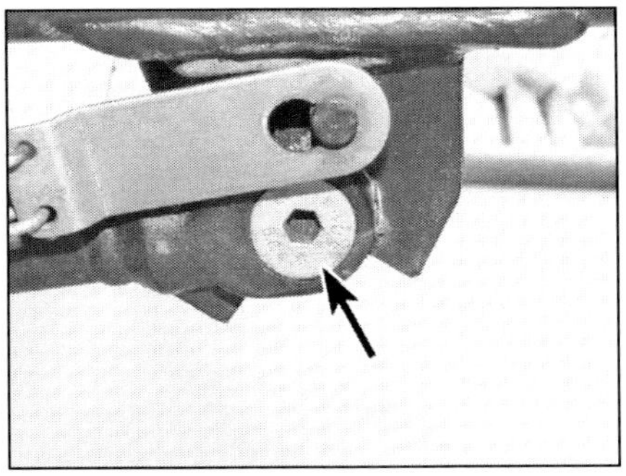

4.3c Lösen Sie bei GS-, Dakar- und CS-Modellen die Schraube.

4.6a Hauptständerfedern – Funduro- und ST-Modelle

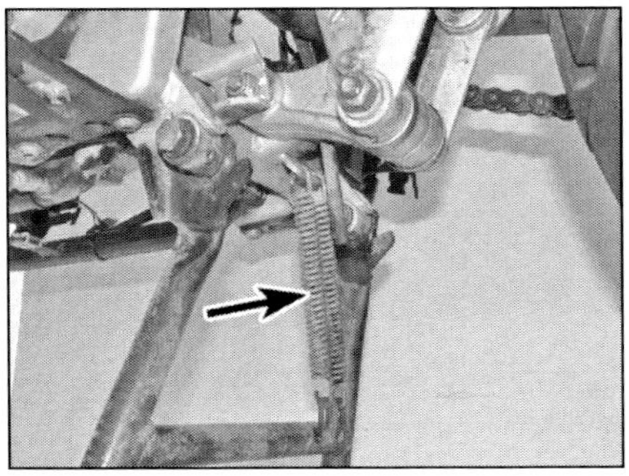

4.6b Hauptständerfedern – GS- und Dakar-Modelle

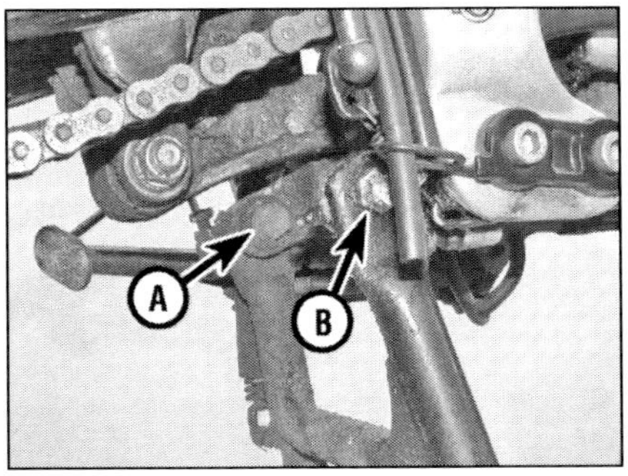

4.6c Lösen Sie innen an den Lagerbolzen die Mutter (A), und schrauben Sie die Bolzen (B) heraus.

bildung). Lösen Sie den Bolzen, und entfernen Sie den Ständer (siehe Abbildung).

Einbau

4 Der Einbau entspricht der umgekehrten Ausbaureihenfolge. Beachten Sie dabei Folgendes:

- Entfernen Sie altes Fett und Schmutz. Versehen Sie den Lagerbereich des Ständers mit Fett.
- Ziehen Sie den Lagerbolzen mit 10 Nm (Funduro- und ST-Modelle) bzw. 40 Nm (GS-, Dakar- und CS-Modelle) an. Installieren Sie dann bei Funduro- und ST-Modellen die Mutter, und ziehen Sie sie mit 25 Nm an.
- Die Federn müssen korrekt eingehängt sein.
- Installieren Sie den Seitenständerschalter.

Hauptständer

Ausbau

5 Stellen Sie das Motorrad auf den Seitenständer.

6 Hängen Sie die Ständerfedern aus (siehe Abbildungen). Lösen Sie an beiden Lagerbolzen die Mutter, und entfernen Sie die Scheibe (siehe Abbildung). Lösen Sie die Lagerbolzen, und entfernen Sie den Ständer. Entfernen Sie die Lagerhülsen.

Einbau

7 Der Einbau entspricht der umgekehrten Ausbaureihenfolge. Beachten Sie dabei Folgendes:

- Entfernen Sie altes Fett und Schmutz. Versehen Sie die Lagerhülsen innen und außen mit Fett.
- Die Federn müssen korrekt eingehängt sein.

5 Lenker und Hebel

Anmerkung: *Der Lenker kann (z.B. für den Zugang zur Lenkrohrschraube) von der oberen Gabelbrücke entfernt werden, ohne dass der Bremszylinder, der Gasgriff, die Schalter oder die Hebel demontiert werden müssen, allerdings empfiehlt sich die Demontage der Rückspiegel.*

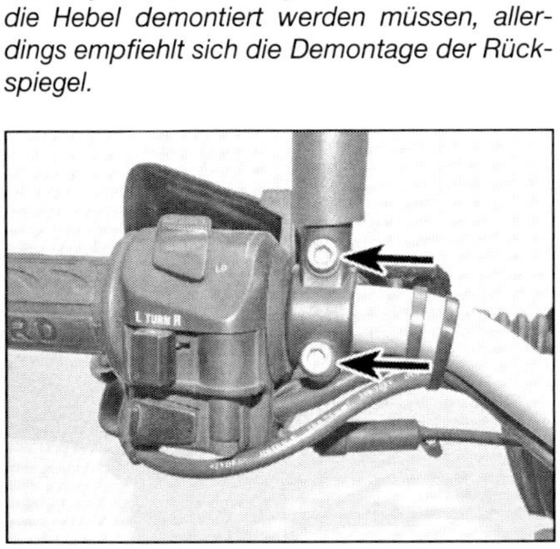

5.3 Lösen Sie die Klemmschrauben, und entnehmen Sie den Kupplungshebelhalter.

Funduro- und ST-Modelle

Ausbau

1 Um nicht die Tankverkleidung mit einem abrutschenden Werkzeug zu beschädigen, sollten diese Teile demontiert (siehe Kapitel 8) oder zumindest mit reichlich Lappen abgedeckt werden. Falls vorhanden, müssen die Handprotektoren demontiert werden. Schneiden Sie die am Lenker befindlichen Kabelbinder auf.

2 Entfernen Sie die Rückspiegel (Kapitel 8).

3 Lösen Sie die Kupplungshebelhalter-Klemmschrauben, entfernen Sie die aus dem Hebel, dem Halter und dem Kupplungszug bestehende Baugruppe, und lagern Sie sie auf Lappen (siehe Abbildung).

4 Lösen Sie die Schrauben des linken Schaltergehäuses, und trennen Sie die Gehäusehälften (siehe Abbildung). Befreien Sie den Chokezug-Nippel vom Hebel.

5 Lösen Sie die Klemmschrauben, und demontieren Sie den Handbremszylinder (siehe Abbildung), umwickeln Sie ihn mit Lappen, und positionieren Sie ihn möglichst aufrecht, um keine Bremsflüssigkeit austreten und keine Luft eindringen zu lassen; die Bremsleitung darf nicht unter Last gesetzt werden.

6 Lösen Sie die Schrauben des rechten Schaltergehäuses, und trennen Sie die Gehäusehälften (siehe Abbildung). Befreien Sie den Gaszugnippel von der Griffrolle.

7 Lösen Sie die Schrauben der Lenkergewichte, und entfernen Sie diese (siehe Abbildung 5.18).

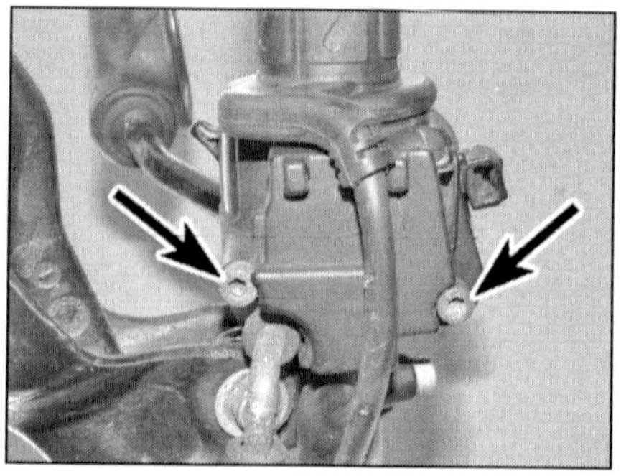

5.4 Lösen Sie die beiden Schrauben, und trennen Sie das linke Schaltergehäuse.

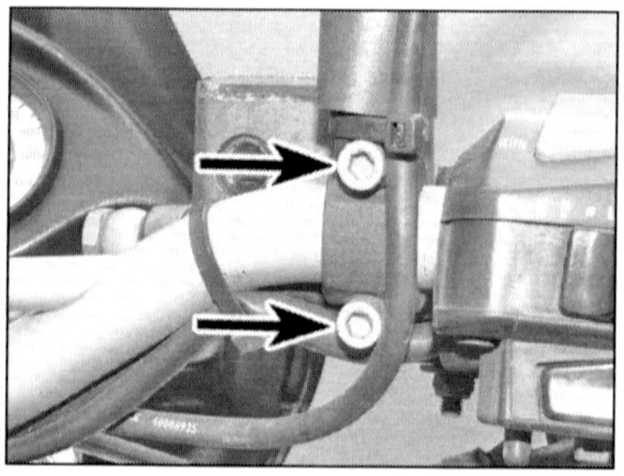

5.5 Lösen Sie die Klemmschrauben, und entnehmen Sie den Bremszylinderhalter.

5.6 Lösen Sie die beiden Schrauben, und trennen Sie das rechte Schaltergehäuse.

Ziehen Sie rechts den Gasgriff samt Scheibe ab und links das Griffgummi – falls es sich nicht abziehen lässt, kann versucht werden, es an einer Stelle anzuhebeln und Seifenwasser zwischen das Gummi und den Lenker zu spritzen oder Druckluft anzusetzen; wenn es angeklebt ist, muss es aufgeschnitten und später durch ein Neuteil ersetzt werden. Ziehen Sie links den Chokehebel ab.

8 Beachten Sie die Markierungen am Lenker, die zur Klemmfläche seiner Halter ausgerichtet sein muss – falls keine vorhanden ist, muss eine angebracht werden, um später den Lenker wieder korrekt ausrichten zu können. Falls die Lenkerhalter entfernt werden sollen, empfiehlt es sich jetzt, ihre Muttern an der Unterseite der oberen Gabelbrücke zu lockern.

9 Entfernen Sie die Stopfen aus den Lenkerklemmschrauben. Lösen Sie die Schrauben, entfernen Sie die Klemmstücke, und entnehmen Sie den Lenker – wird er mit angeschlossenen Zügen und Leitungen demontiert, muss er vor oder hinter der oberen Gabelbrücke auf Lappen abgelegt werden.

10 Lösen Sie jetzt nötigenfalls die jeweils zwei übereinanderliegenden Lenkerhaltermuttern an der Unterseite der oberen Brücke, und entfernen Sie sie. Entfernen Sie dann die Halter und ihre Gummisitze.

Einbau

11 Der Einbau entspricht der umgekehrten Ausbaureihenfolge. Beachten Sie dabei Folgendes:

- Installieren Sie die Gummisitze in die Gabelbrücke. Ziehen Sie die Lenkerhaltermuttern zunächst nur handfest an, damit die Halter korrekt ausgerichtet werden können.
- Achten Sie darauf, das Klemmstück mit den Pfeilen nach vorne zeigend aufzusetzen. Richten Sie den Lenker so aus, dass er mittig sitzt und die Körnermarkierung zur Kontaktfläche des Lenkerhalters ausgerichtet ist. Installieren Sie die Schrauben, und ziehen Sie zunächst die vorderen, dann die hinteren mit 25 Nm an – hinten am Lenkerhalter muss ein Spalt entstehen. Ziehen Sie jetzt die Lenkerhaltermuttern mit 10 (obere Mutter) bzw. 40 Nm (untere Mutter) an.
- Richten Sie je nach Modell die Klemmfläche des Kupplungshebelhalters und des Handbremszylinders zur Körnermarkierung oben am Lenker aus, oder lassen Sie seinen Stift in die Lenkerbohrung greifen. Installieren Sie die Klemmschrauben, und ziehen Sie sie mit 12 Nm an.
- Schmieren Sie die Bowdenzugnippel.
- Neue Griffgummis müssen nötigenfalls mit geeignetem Klebstoff am Lenker bzw. der Gasgriffbetätigung gesichert werden.
- Prüfen Sie vor der ersten Fahrt die Funktion des Gasgriffs, der Kupplung, der Handbremse, des vorderen Bremslichtschalters und des Kupplungsschalters.

GS-, Dakar- und CS-Modelle

Ausbau

12 Damit Sie die vorderen Verkleidungsteile nicht mit einem abrutschenden Werkzeug beschädigen, sollten diese Teile demontiert (siehe Kapitel 8) oder mit reichlich Lappen abgedeckt werden. Falls vorhanden, müssen die Handprotektoren demontiert werden. Schneiden Sie die am Lenker befindlichen Kabelbinder auf.

13 Entfernen Sie die Rückspiegel (siehe Kapitel 8).

14 Lösen Sie die Schrauben des linken Schaltergehäuses, und trennen Sie die Gehäusehälften (siehe Abbildung).

15 Lösen Sie die Kupplungshebelhalter-Klemmschrauben, entfernen Sie die aus dem Hebel, dem Halter und dem Kupplungszug bestehende Baugruppe, und lagern Sie sie auf Lappen (siehe Abbildung).

16 Lösen Sie die Schrauben des rechten Schaltergehäuses, und trennen Sie die Gehäusehälften (siehe Abbildung). Lösen Sie die Gaszug-Befestigungsschraube (siehe Abbildung). Ziehen Sie die Gaszugbetätigung von ihrem Zapfen, und befreien Sie den Bowdenzugnippel (siehe Abbildungen) – beachten Sie, wie die Betätigung und der Gasgriff zueinander

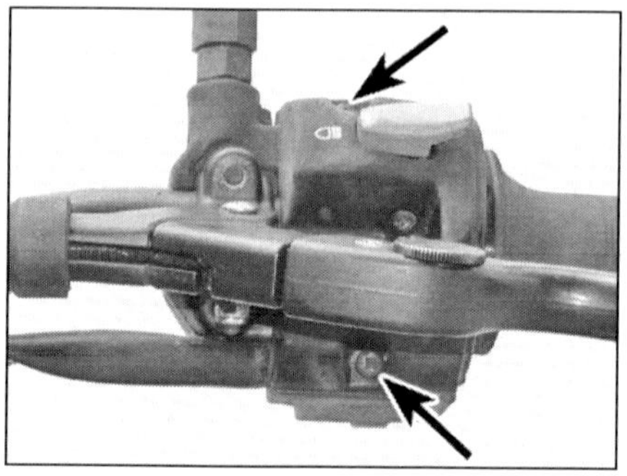

5.14 Lösen Sie die beiden Schrauben, und trennen Sie das linke Schaltergehäuse.

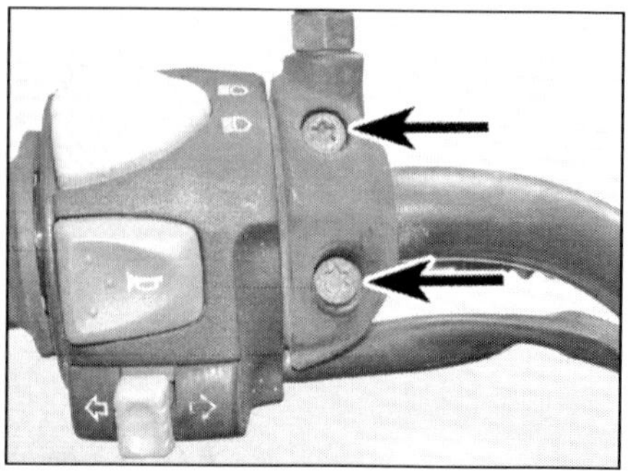

5.15 Lösen Sie die Klemmschrauben, und entnehmen Sie den Kupplungshebelhalter.

5.16a Lösen Sie die beiden Schrauben, ...

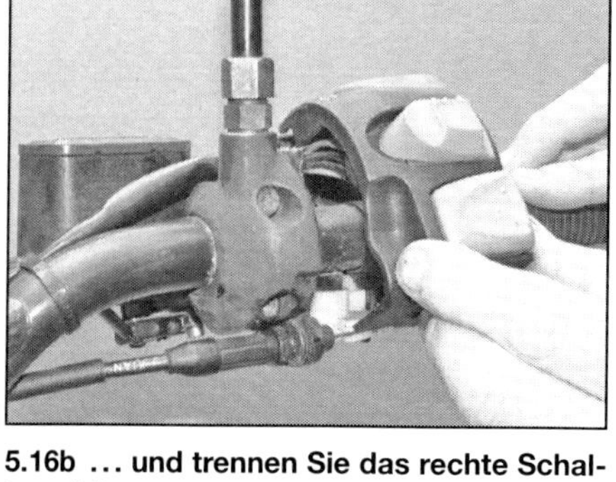

5.16b ... und trennen Sie das rechte Schaltergehäuse.

5.16c Lösen Sie die Schraube.

5.16d Ziehen Sie die Betätigung von ihrem Zapfen, ...

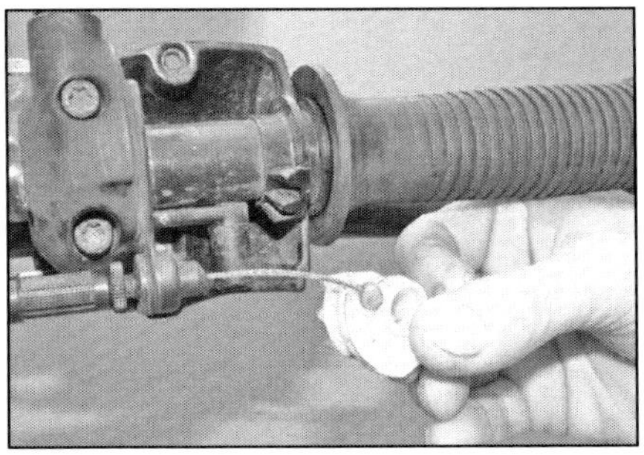

5.16e ... und befreien Sie den Gaszugnippel.

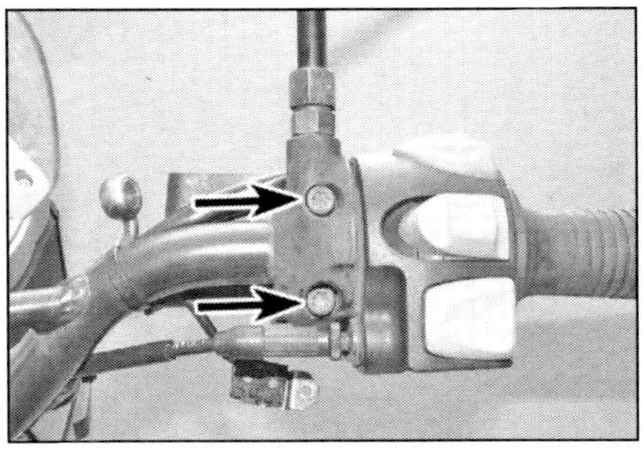

5.17 Lösen Sie die Klemmschrauben, und entnehmen Sie den Bremszylinderhalter.

5.18 Lenkergewichtschraube

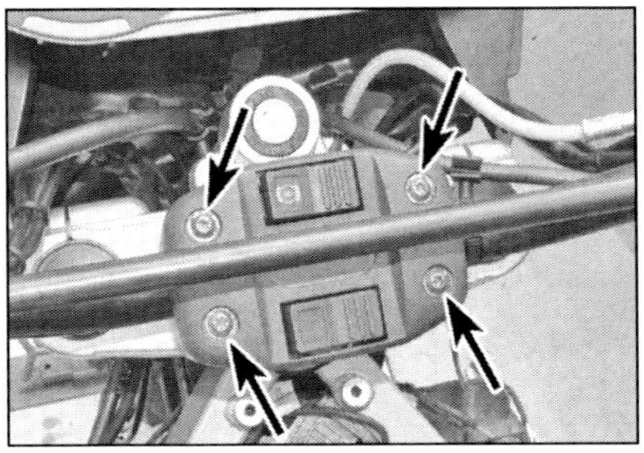

5.19 Lösen Sie die vier Schrauben, und entfernen Sie das zentrale Schaltergehäuse.

ausgerichtet sind. Entfernen Sie das Schaltergehäuse.

17 Lösen Sie die Klemmschrauben, und demontieren Sie den Handbremszylinder (siehe Abbildung), umwickeln Sie ihn mit Lappen, und positionieren Sie ihn möglichst aufrecht, um keine Bremsflüssigkeit austreten und keine Luft eindringen zu lassen; die Bremsleitung darf nicht unter Last gesetzt werden.

18 Lösen Sie die Lenkergewichtschrauben, und entfernen Sie diese (siehe Abbildung). Ziehen Sie rechts den Gasgriff samt Schaltergehäuse ab und links das Griffgummi – falls es sich nicht abziehen lässt, kann versucht werden, es an einer Stelle anzuhebeln und Seifenwasser zwischen das Gummi und den Lenker zu spritzen oder Druckluft anzusetzen. Wenn es angeklebt ist, muss es aufgeschnitten und später durch ein Neuteil ersetzt werden. Ziehen Sie links das Schaltergehäuse ab.

19 Falls vorhanden, wird das zentrale Schaltergehäuse entfernt (siehe Abbildung).

20 Beachten Sie die Markierung am Lenker, die zur Klemmfläche seiner Halter ausgerichtet sein muss (siehe Abbildung). Ist keine vorhanden, muss eine angebracht werden, um später den Lenker korrekt ausrichten zu können.

21 Lösen Sie die Lenkerklemmschrauben, und entnehmen Sie den Lenker – wird er mit angeschlossenen Zügen und Leitungen demontiert, muss er vor oder hinter der oberen Gabelbrücke auf Lappen abgelegt werden (siehe Abbildungen).

5.20 Bringen Sie eine eigene Markierung an, wenn keine sichtbar ist.

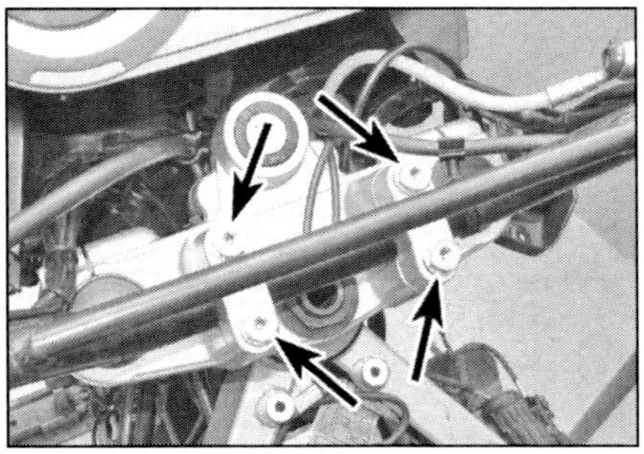

5.21a Lösen Sie die vier Schrauben, und entfernen Sie die Klemmstücke, ...

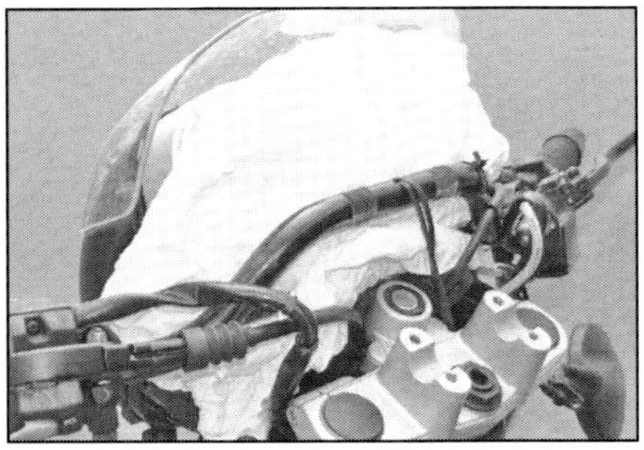

5.21b ... um den Lenker zu entfernen oder vor der Brücke abzulegen.

5.22a Setzen Sie die Klemmstücke richtig herum auf.

Einbau

22 Der Einbau entspricht der umgekehrten Ausbaureihenfolge. Beachten Sie dabei Folgendes:

- Setzen Sie die Lenkerklemmstück mit der weiter vom Lenkerausschnitt weg liegenden Bohrung nach vorne zeigend auf. Richten Sie den Lenker so aus, dass er mittig sitzt und die Körnermarkierung zur Kontaktfläche des Lenkerhalters ausgerichtet ist (siehe Abbildung 5.20). Installieren Sie die Schrauben, und ziehen Sie zunächst die vorderen und dann die hinteren mit 21 Nm (GS- und Dakar-Modelle bis 2003) bzw. 23 Nm (GS- und Dakar- ab 2004 und alle CS-Modelle) an – hinten am Lenkerhalter muss ein Spalt entstehen (siehe Abbildung).
- Richten Sie je nach Modell die Klemmfläche des Kupplungshebelhalters und des

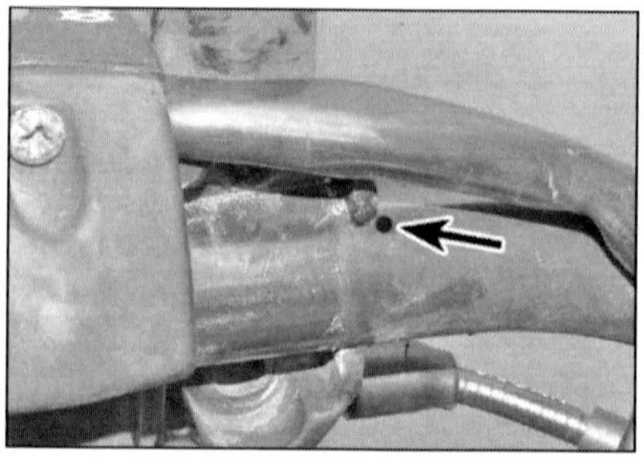

5.22b Richten Sie die Klemmfläche des Bremszylinderhalters zur Markierung am Lenker aus.

5.23a Lösen Sie die Kontermutter, ...

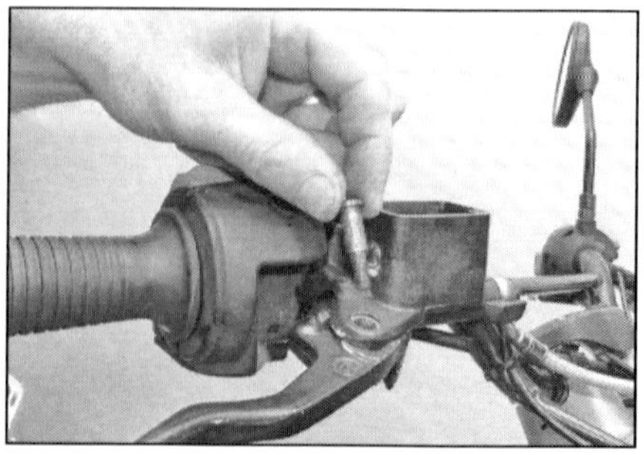

5.23b ... und ziehen Sie den Lagerbolzen heraus.

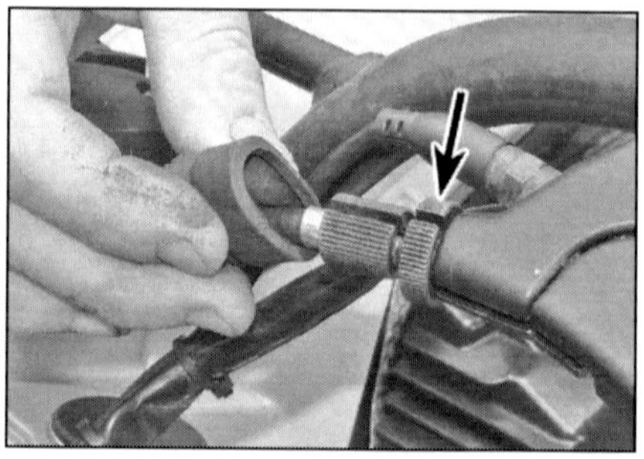

5.24a Ziehen Sie das Gummi zurück, lockern Sie den Konterring, ...

5.24b ... und drehen Sie den Einsteller in den Halter.

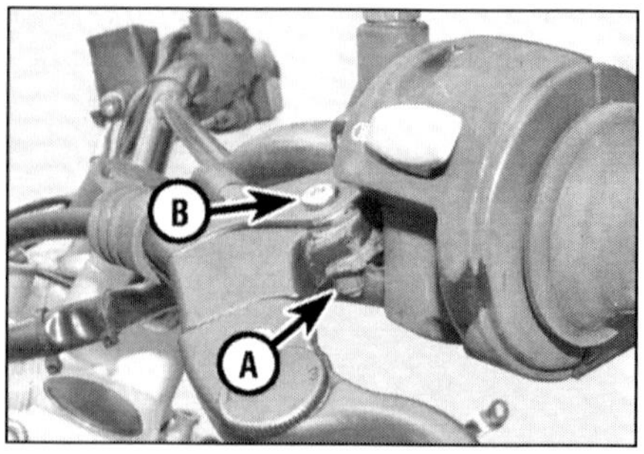

5.24c Lösen Sie die Kontermutter, und schrauben Sie den Lagerbolzen heraus.

Handbremszylinders zur Körnermarkierung oben am Lenker aus, oder lassen Sie seinen Stift in die Lenkerbohrung greifen. Installieren Sie die Klemmschrauben, und ziehen Sie sie mit 9 Nm an (siehe Abbildung).

- Schmieren Sie die Bowdenzugnippel.
- Neue Griffgummis müssen nötigenfalls mit geeignetem Klebstoff am Lenker bzw. der Gasgriffbetätigung gesichert werden.
- Prüfen Sie vor der ersten Fahrt die Funktion des Gasgriffs, der Kupplung, der Handbremse, des vorderen Bremslichtschalters und des Kupplungsschalters.

Hebel

23 Für den Ausbau des Handbremshebels müssen die Kontermutter des Lagerbolzens gelöst und dann der Bolzen selbst entfernt werden (siehe Abbildungen).

24 Um den Kupplungshebel entfernen zu können, muss zunächst der Konterring des Einstellers vollständig zurückgedreht werden. Drehen Sie dann den Einsteller vollständig in den Halter, um maximales Spiel im Kupplungszug zu erhalten (siehe Abbildungen). Lösen Sie die Kontermutter des Lagerbolzens, entfernen Sie diesen, und entnehmen Sie den Hebel, um den Bowdenzugnippel zu befreien (siehe Abbildung).

25 Der Einbau entspricht der umgekehrten Ausbaureihenfolge. Beachten Sie dabei Folgendes:

- Versehen Sie beim Handbremshebel den Kontaktbereich zur Druckstange und zum Hebelhalter sowie den Gleitbereich des Lagerbolzens mit Silikonpaste. Ziehen Sie den Lagerbolzen leicht an, kontern Sie ihn, und ziehen Sie die Kontermutter sorgfältig an (siehe Abbildung).
- Versehen Sie beim Kupplungsbremshebel den Kontaktbereich zum Hebelhalter sowie den Gleitbereich des Lagerbolzens mit Silikonpaste. Stellen Sie das Spiel des Kupplungszuges ein (siehe Kapitel 1).
- Stellen Sie sicher, dass sich alle Hebel leicht bedienen lassen.

Ausbau

1 Entfernen Sie je nach Modell die Verkleidung oder die vorderen Seitenteile, um guten Zugang zu den Klemmschrauben der oberen und unteren Gabelbrücke zu erhalten und Beschädigungen an deren Oberflächen durch abrutschende Werkzeuge zu vermeiden – siehe *Warnhinweis* oben (siehe Kapitel 8).

2 Demontieren Sie den Vorderrad-Bremssattel und ggf. den ABS-Sensor, und sichern Sie die Teile außerhalb des Arbeitsbereichs.

3 Bauen Sie das Vorderrad aus (Kapitel 7). Entfernen Sie den Vorderrad-Kotflügel (Kapitel 8). Notieren Sie die Verlegung aller Bowdenzüge, Schläuche und Kabel um die Gabelrohre.

4 Arbeiten Sie immer nur an einem Gabelrohr, und lockern Sie die Klemmschraube der oberen Gabelbrücke (siehe Abbildung). Notieren Sie, wie weit die Standrohre ggf. oben aus der Brücke ragen.

5 Wenn bei Funduro-, ST- und Dakar-Modellen das Gabelrohr zerlegt oder das Gabelöl ge-

5.25 Kontern Sie Lagerbolzen, während die Mutter angezogen wird.

6 Vorderradgabel
Ausbau und Einbau

Achtung: Obwohl nicht unbedingt notwendig, empfiehlt es sich, vor dem Ausbau der Gabel die Verkleidung sowie Verkleidungsteile zu demontieren (siehe Kapitel 8). So lassen sich Beschädigungen an deren Oberflächen durch ein abrutschendes Werkzeug vermeiden.

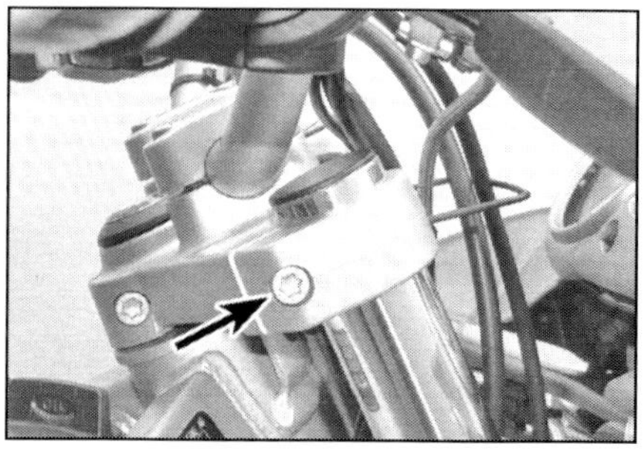

6.4 Lockern Sie die Klemmschrauben der oberen Gabelbrücke – gezeigt bei CS.

6.5 Lockern Sie die Verschlussschraube, falls der Gabelholm zerlegt werden soll.

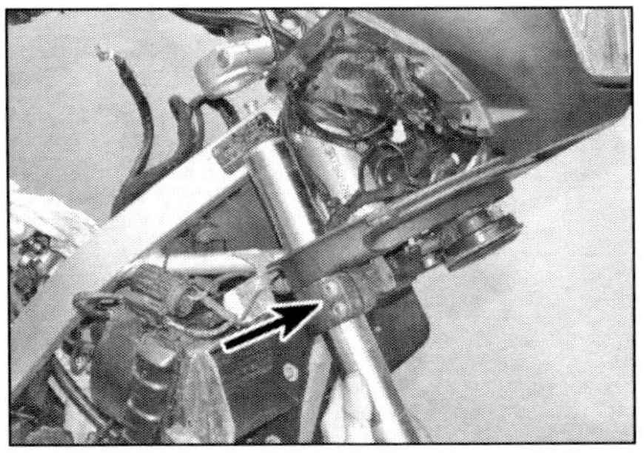

6.6 Lockern Sie die Klemmschrauben der unteren Gabelbrücke, und ziehen Sie den Gabelholm nach unten heraus.

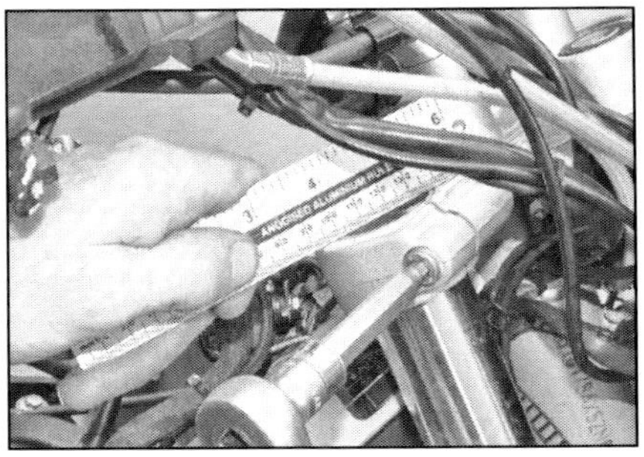

6.8 Bei GS- und Dakar-Modellen muss das Gabelrohr bündig zur Oberseite der oberen Brücke eingeschoben sein.

wechselt werden soll, empfiehlt es sich, jetzt den Gabelverschluss etwa eine halbe Umdrehung zu lockern, solange die Gabel in die unteren Brücke geklemmt ist (siehe Abbildung).

6 Lockern Sie die Klemmschrauben der unteren Brücke, und ziehen das Gabelrohr nach unten aus der Brücke – drehen Sie es dabei nötigenfalls (siehe Abbildung).

> **Praxis TiPP** ***Wenn ein Standrohr fest in den Gabelbrücken klemmt, sprühen Sie die entsprechenden Stellen mit Kriechöl ein. Lassen Sie es einige Zeit wirken, bevor Sie den Ausbau nochmals probieren.***

Einbau

7 Entfernen Sie alle Rostspuren von den Standrohren und den Gabelbrücken. Schieben Sie das Gabelrohr durch die untere Gabelbrücke – alle Kabel, Bowdenzüge und Schläuche müssen wie beim Ausbau notiert verlegt sein – in die obere Brücke (siehe Abbildung 6.6).

8 Bringen Sie das Standrohr in die beim Ausbau notierte Position zur oberen Brücke – bei Funduro- und ST-Modellen liegt der obere Rand der Verschlussschraube serienmäßig 3 mm über der Gabelbrücke (siehe Abbildung 6.5); bei GS- und Dakar-Modellen sollte das Rohr ohne die Kappe (GS-Modelle) bzw. Verschlussschraube (Dakar-Modelle) bündig zur Gabelbrücke stehen (siehe Abbildung); bei CS-Modellen ragt die Oberseite der Kappe 12 mm aus der Brücke heraus (siehe Abbildung 6.4).

9 Ziehen Sie die Klemmschrauben der unteren Gabelbrücke gleichmäßig und schrittweise bis zum Anzugswert von 25 Nm (Funduro- und ST-Modelle) bzw. 23 Nm (GS-, Dakar- und CS-Modelle) an (siehe Abbildung 6.6).

10 Wenn bei Funduro, ST- und Dakar-Modellen die Gabelrohre zerlegt oder das Öl gewechselt wurden, muss jetzt die Gabelverschlussschraube mit 25 Nm angezogen werden (siehe Abbildung 6.5).

11 Ziehen Sie dann die Klemmschrauben der oberen Gabelbrücke bis zum Anzugswert von 25 Nm (Funduro- und ST-Modelle) bzw. 23 Nm (GS-, Dakar- und CS-Modelle) an (siehe Abbildung 6.4).

12 Montieren Sie alle entfernten Teile in umgekehrter Ausbaureihenfolge.

13 Kontrollieren Sie vor der ersten Fahrt die Funktion der Vorderradgabel und -bremse.

7 Vorderradgabel
Ölwechsel

1 Das Gabelöl altert mit der Zeit und verliert die Schmier- und Dämpfungsqualitäten. Arbeiten Sie immer nur an einem Gabelrohr, wechseln Sie aber das Öl grundsätzlich an beiden Seiten.

Funduro-, ST-, GS- und Dakar-Modelle

2 Bedecken Sie den Bereich um die Gabelverschlussschrauben herum mit Lappen ab.

3 Stützen Sie das Motorrad so ab, dass die Gabel vollständig entlastet ist. Falls vorhanden ist, muss die Abdeckung vom Bremssattel entfernt werden (siehe Abbildung).

4 Lockern Sie die Klemmschraube der oberen Gabelbrücke (siehe Abbildung 6.4).

5 Schrauben Sie bei Funduro-, ST- und Dakar-Modellen die Verschlussschraube aus dem Standrohr. Sie steht unter Federdruck, sodass sich der Einsatz einer Ratsche empfiehlt, mit der während des Lösens konstanter Druck gegen die Feder ausgeübt werden kann (siehe Abbildung 6.5). Entfernen Sie den Verschluss, und lassen Sie die Feder entspannen.

6 Entfernen Sie bei GS-Modellen die Kappe aus dem Standrohr (siehe Abbildung). Falls sich Rost findet, muss der Bereich mit Kriechöl eingesprüht werden. Klopfen Sie jetzt auf den Verschlussstopfen, damit dieser sich lockert. Drücken Sie den Stopfen gegen die Feder herunter, hebeln Sie den darüberliegenden Si-

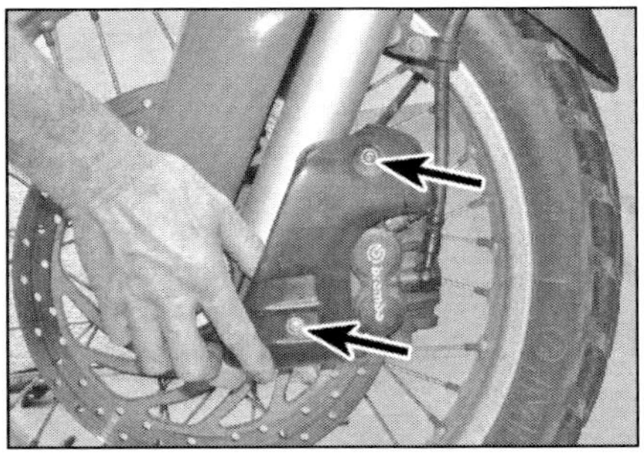

7.3 Lösen Sie die beiden Schrauben, und entfernen Sie die Bremssattel-Abdeckung.

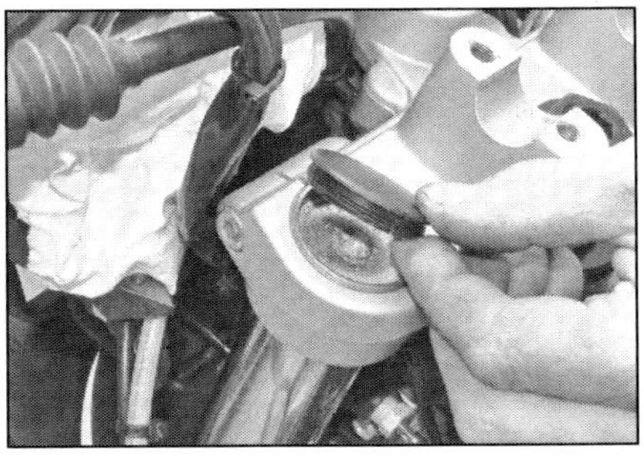

7.6a Entfernen Sie die Kappe, ...

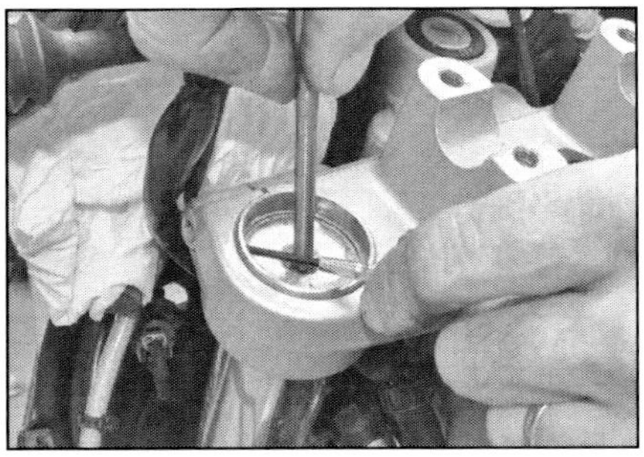

7.6b ... drücken Sie den Verschlussstopfen herunter, und hebeln Sie den Sicherungsring heraus.

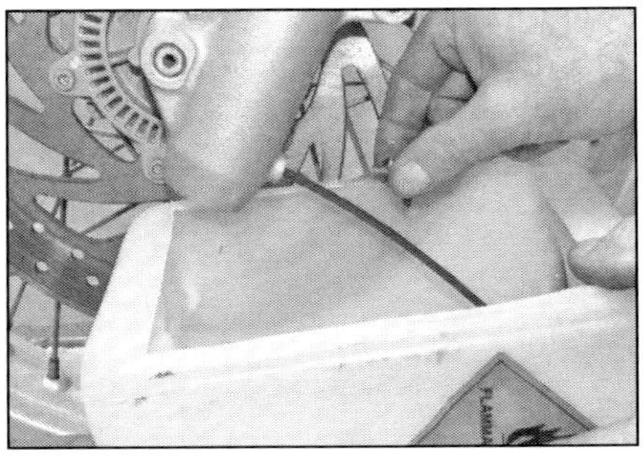

7.7 Lösen Sie die Ablassschraube, und lassen Sie das Gabelöl ablaufen.

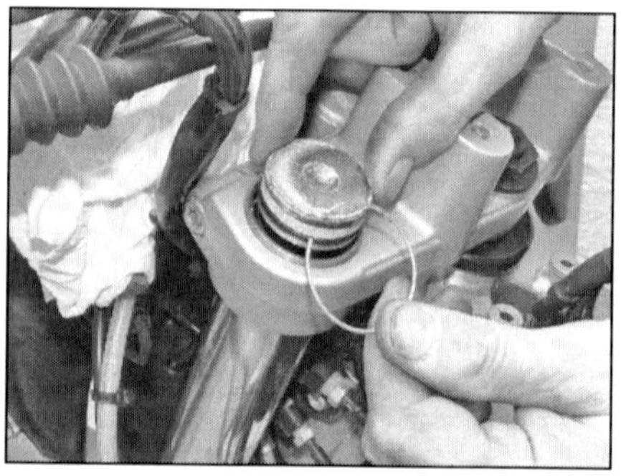

7.12 Drücken Sie den Verschlussstopfen herunter. Installieren Sie den Sicherungsring.

cherungsring aus seiner Nut, und verringern Sie langsam den Druck auf den Stopfen, damit dieser herauskommt und entnommen werden kann (siehe Abbildung).

7 Stellen Sie einen geeigneten Behälter unter das Gabeltauchrohr. Lösen Sie die Ablassschraube, und lassen Sie das Gabelöl vollständig in den Behälter abfließen (siehe Abbildung). Wenn alles abgelaufen ist, wird die mit einer neuen Dichtscheibe versehene Schraube wieder installiert und sorgfältig angezogen.

8 Falls das Gabelöl Metallpartikel enthält, müssen die Bauteile der Gabel auf Verschleiß untersucht werden (siehe Sektion 8).

9 Füllen Sie langsam die in den *Technischen Daten* angegebene Menge Gabelöl auf.

10 Sichergehend, dass der Verschluss-O-Ring in Ordnung ist, werden er und ggf. das Standrohrgewinde mit Gabelöl geschmiert.

11 Drücken Sie bei Funduro-, ST- und GS-Modellen die Verschlussschraube vorsichtig gegen die Feder in das Rohr, und schrauben Sie sie mit der Ratsche ohne zu verkanten ein, um sie mit 25 Nm anzuziehen. Ziehen Sie dann die Klemmschraube der oberen Gabelbrücke bis zum Anzugswert von 25 Nm (Funduro- und ST-Modelle) bzw. 23 Nm (Dakar-Modelle) an (siehe Abbildung 6.4).

12 Drücken Sie bei GS-Modellen den Stopfen gegen die Feder in das Standrohr, bis die Nut des Sicherungsrings sichtbar wird und dieser installiert werden kann (siehe Abbildung). Stecken Sie die Kappe auf (siehe Abbildung 7.6a). Ziehen Sie die Klemmschraube der oberen Gabelbrücke mit 23 Nm an.

13 Entfernen Sie die Abstützung. Montieren Sie ggf. die Bremssattelabdeckung (siehe Abbildung 7.3).

CS-Modelle

14 Bauen Sie das Gabelrohr aus (Sektion 6).

15 Stützen Sie das aufrecht stehende Gabelrohr, und entfernen Sie die Kappe (siehe Abbildung 8.4). Falls sich Rost findet, muss der Bereich mit Kriechöl eingesprüht werden. Klopfen Sie jetzt auf den Verschlussstopfen, damit dieser sich lockert. Drücken Sie den Stopfen gegen die Feder herunter, hebeln Sie den darüberliegenden Sicherungsring aus seiner Nut, und verringern Sie langsam den Druck auf den Stopfen, damit dieser herauskommt und entnommen werden kann (siehe Abbildung 8.29b).

16 Drücken Sie das Standrohr in das Tauchrohr, und entfernen Sie das Distanzrohr sowie die Feder, sobald sie sichtbar werden (siehe Abbildungen 8.5a und c). Wischen Sie das Öl von den Teilen ab.

17 Gießen Sie das im Gabelrohr befindliche Öl in einen geeigneten Behälter, und pumpen Sie die Gabel einige Male, um so viel Öl wie möglich herauszubekommen. Stellen Sie das Gabelrohr verkehrt herum in den Behälter, und lassen Sie es einige Minuten abtropfen. Falls das Gabelöl Metallpartikel enthält, müssen die Bauteile der Gabel auf Verschleiß untersucht werden (siehe Sektion 8).

18 Füllen Sie langsam 365 ml Gabelöl auf. Schieben Sie die Rohre einige Male zusammen, und ziehen Sie sie auseinander, um das Öl gut zu verteilen (siehe Abbildung 8.27).

19 Stecken Sie die Feder mit den engeren Wicklungen nach unten in das Standrohr (siehe Abbildung 8.5c). Ziehen Sie das Standrohr aus dem Tauchrohr, und installieren Sie das Distanzrohr (siehe Abbildung 8.5a)

20 Sichergehend, dass der Verschluss-O-Ring in Ordnung ist, wird er mit Gabelöl geschmiert. Drücken Sie den Stopfen gegen die Feder ins Standrohr, bis die Nut des Rings sichtbar wird und dieser installiert werden kann. Stecken Sie die Kappe auf (siehe Abbildung 8.4).

21 Bauen Sie das Gabelrohr ein (Sektion 6).

8 Vorderradgabel
Überholen

Zerlegen

1 Bauen Sie das Gabelrohr aus – bei Funduro-, ST- und Dakar-Modellen sollte die Verschlussschraube gelockert werden, bevor die untere Gabelbrücken-Klemmschraube gelöst wird (siehe Sektion 6). Zerlegen Sie die Gabelrohre immer einzeln, um Verwechslungen zu vermeiden, die nach der Montage zu einem erhöhten Verschleiß führen. Lagern Sie alle Komponenten in getrennten und markierten Behältern.

2 Bevor der Gabelholm zerlegt wird, muss die Dämpferstangenschraube unten im Tauchrohr gelockert und dann wieder leicht angezogen werden, damit kein Öl austritt (siehe Abbildung). Fall sich die Schraube nicht lockern lässt, muss der Gabelholm auf den Kopf gestellt und zusammengedrückt werden, sodass die Feder Druck auf die Dämpferstange ausübt und diese am Mitdrehen hindert. Reicht dies nicht aus, und ist kein Druckluftschrauber zur Hand, muss das in Schritt 6 beschriebene Haltewerkzeug eingesetzt werden.

3 Entfernen Sie bei Funduro-, ST- und Dakar-Modellen die Gabelverschlussschraube oben aus dem Standrohr – sie steht unter Federdruck, sodass sich der Einsatz einer Ratsche empfiehlt, mit der während des Lösens konstanter Druck gegen die Feder ausgeübt werden kann. Entfernen Sie den Verschluss, und lassen Sie die Feder entspannen.

4 Entfernen Sie bei GS- und CS-Modellen die Kappe von Standrohr (siehe Abbildung). Falls sich Rost findet, muss der Bereich mit Kriechöl eingesprüht werden. Klopfen Sie jetzt auf den Verschlussstopfen, damit dieser sich lockert. Drücken Sie den Stopfen gegen die Feder herunter, hebeln Sie den darüberliegenden Sicherungsring aus seiner Nut, und verringern Sie langsam den Druck auf den Stopfen, damit dieser herauskommt und entnommen werden kann (siehe Abbildung 8.29b).

5 Drücken Sie das Standrohr in das Tauchrohr, und entfernen Sie das Distanzrohr, des-

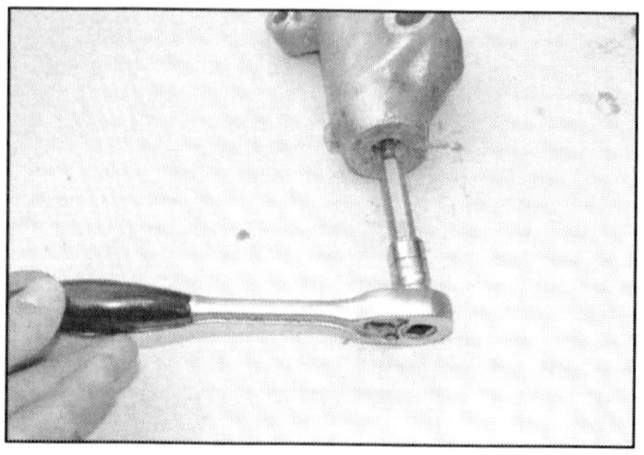

8.2 Lockern Sie die Dämpferstangenschraube.

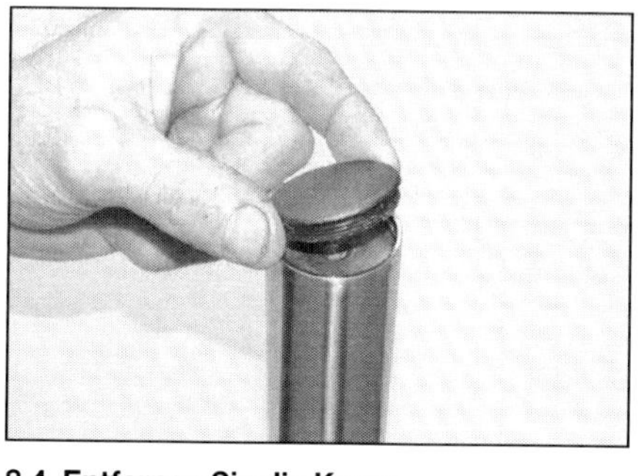

8.4 Entfernen Sie die Kappe.

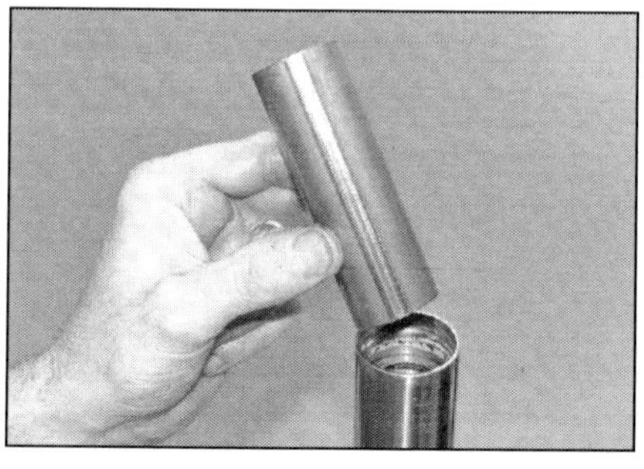

8.5a Entfernen Sie das Distanzrohr, ...

8.5b ... den Sitz (nicht bei CS-Modellen) ...

8.5c ... und die Feder aus dem Standrohr.

8.8 Hebeln Sie die Staubdichtung mit einem Schraubendreher heraus.

8.9 Hebeln Sie den Sicherungsdraht mit einem Schraubendreher heraus.

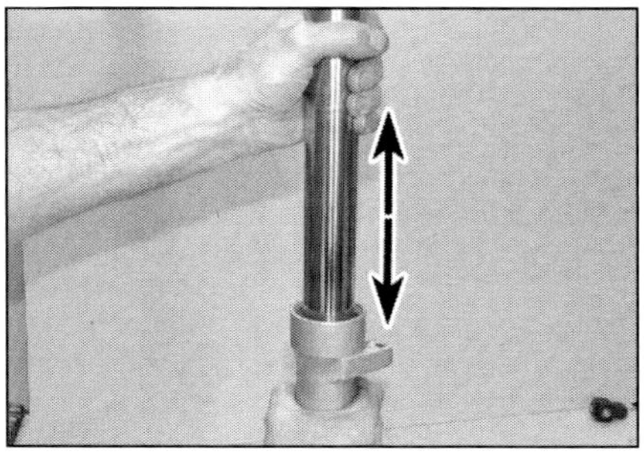

8.10a Ziehen Sie die Gabelrohre kräftig auseinander, ...

sen Sitz (nicht vorhanden bei CS-Modellen) sowie die Feder, sobald sie sichtbar werden (siehe Abbildungen).

6 Entfernen Sie die zuvor gelockerte Dämpferstangenschraube samt ihrer Dichtscheibe unten aus dem Tauchrohr – die Scheibe muss später erneuert werden. War es in Schritt 2 nicht möglich, die Schraube zu lockern, muss die Dämpferstange mit einer geeigneten Holzstange, die vorne einen Konus aufweist (z.B. einer Besenstange) blockiert werden.

7 Kippen Sie die Dämpferstange und die Anschlagfeder aus dem Gabelholm heraus (siehe Abbildung 8.20a).

8 Hebeln Sie vorsichtig die Staubdichtung aus ihrem Sitz im Tauchrohr, um Zugang zur Drahtsicherung des Gabel-Dichtrings zu erhalten (siehe Abbildung) – die Staubdichtung muss später durch ein Neuteil ersetzt werden.

9 Entfernen Sie die Drahtsicherung, ohne die Oberfläche des Tauchrohres zu beschädigen (siehe Abbildung).

10 Greifen Sie mit einer Hand das Tauchrohr und mit der anderen das Standrohr, und ziehen Sie beide Rohre mehrmals kräftig auseinander, bis die unten am Standrohr gesicherte Gleitbuchse dabei die ins Tauchrohr eingepresste Buchse, die Scheibe und den Dichtring mit heraus schiebt und sich die Rohre trennen (siehe Abbildungen). Ziehen Sie den Dichtring, die Scheibe und die obere Buchse vom Standrohr – der Dichtring muss später erneuert werden.

11 Entfernen Sie die untere Buchse nur, wenn sie durch ein Neuteil ersetzt werden muss. Um sie ausbauen zu können, muss sie mit einem Schraubendreher auseinander gehebelt und abgezogen werden (siehe Abbildung).

12 Kippen Sie den Dämpferstangensitz aus dem Tauchrohr heraus (siehe Abbildung).

Kontrolle

13 Reinigen Sie alle Teile in Lösungsmittel, und blasen Sie sie möglichst mit Druckluft aus. Begutachten Sie das Standrohr auf Kerben, Kratzer, Chromabblätterungen und extremen oder abnormalen Verschleiß. Achten Sie auf Beulen in den Rohren und ersetzen Sie gegebenenfalls beide Standrohre der Gabel als Satz.

14 Kontrollieren Sie das Standrohr mithilfe von Prismenböcken und einer Messuhr auf Verbiegung; wenn der Verzug mehr als 0,1 mm beträgt oder Zweifel über den Zustand eines der Rohre besteht, lassen Sie es von einer BMW-Werkstatt untersuchen.

Warnung: Ein verbogenes Standrohr darf nicht gerichtet werden! Ersetzen Sie die beiden Rohre immer als Satz.

15 Überprüfen Sie die Gleitfläche im Tauchrohr und der beiden Buchsen auf Riefen, Kratzer und Hinweise auf übermäßigen Verschleiß (was sich dadurch zeigt, dass die Teflonbeschichtung bis auf das Kupfer abgerieben ist. Die Buchsen sind separat erhältlich und müssen bei Beschädigungen oder Verschleiß erneuert werden.

16 Kontrollieren sie den Sitz des Dichtringes auf Kerben, Quetschungen und Kratzer. Wenn Beschädigungen festzustellen sind, können hierdurch Undichtigkeiten entstehen. Auch die Dichtringscheibe sollte einer Begutachtung unterzogen werden.

17 Kontrollieren Sie beide Federn auf Risse und andere Beschädigungen. Messen Sie die freie Länge der Hauptfeder – wenn eine Gabelfeder beschädigt oder ermüdet und kürzer als in den *Technischen Daten* angegeben ist, müssen immer beide als Satz ausgetauscht werden – niemals einzeln (siehe Abbildung).

18 Kontrollieren Sie die Dämpferstange und besonders den Ring in ihrem Kopf auf Beschädigungen und Verschleiß. Ersetzen Sie schadhafte Teile – der Ring ist einzeln erhältlich.

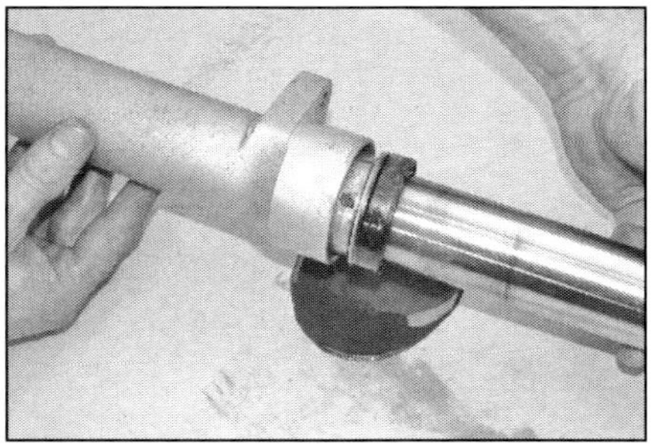

8.10b ... um den Dichtring, die Scheibe und die obere Buchse herauszudrücken.

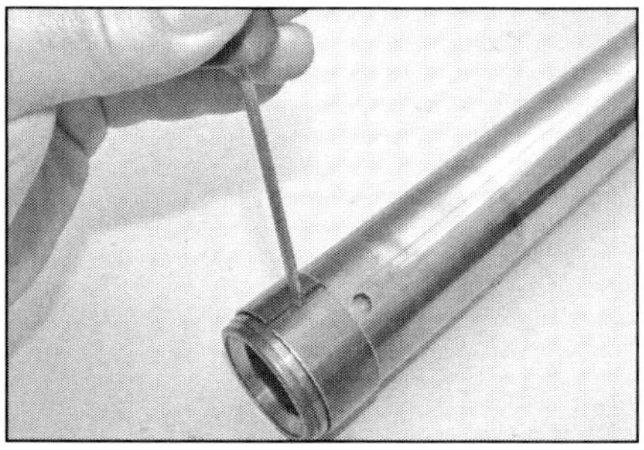

8.11 Hebeln Sie die untere Buchse auseinander, um sie zu entfernen.

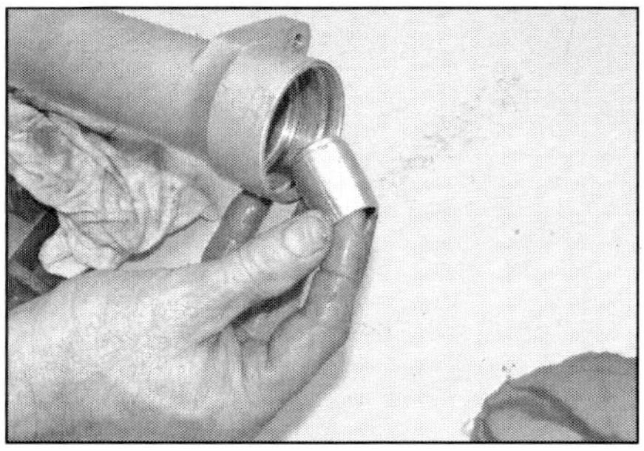

8.12 Kippen Sie den Dämpferstangensitz aus dem Tauchrohr heraus.

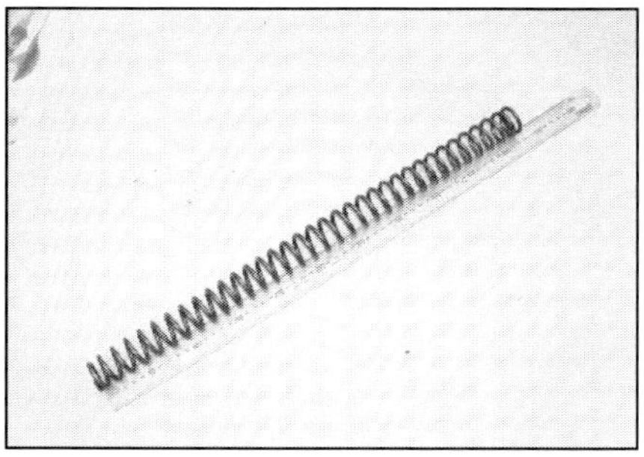

8.17 Messen Sie die freie Länge der Haupt-Gabelfedern.

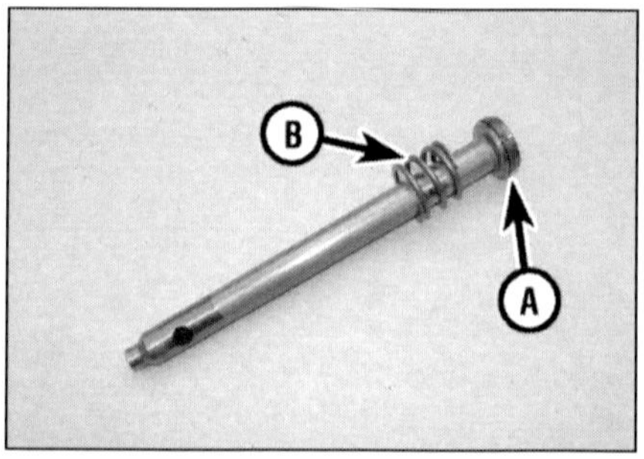

8.18 Dämpferstangen-Kolbenring (A) und Anschlagfeder (B)

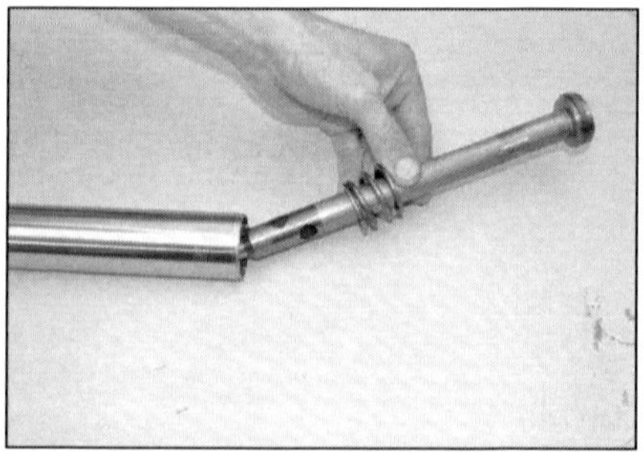

8.20a Schieben Sie die Dämpferstange von oben ins Standrohr.

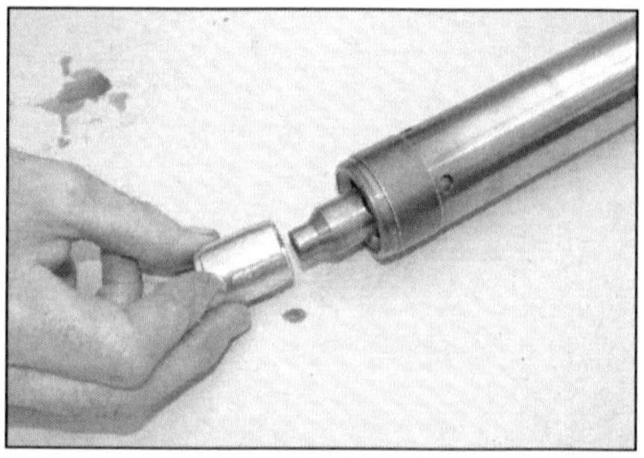

8.20b Stecken Sie unten ihren Sitz auf.

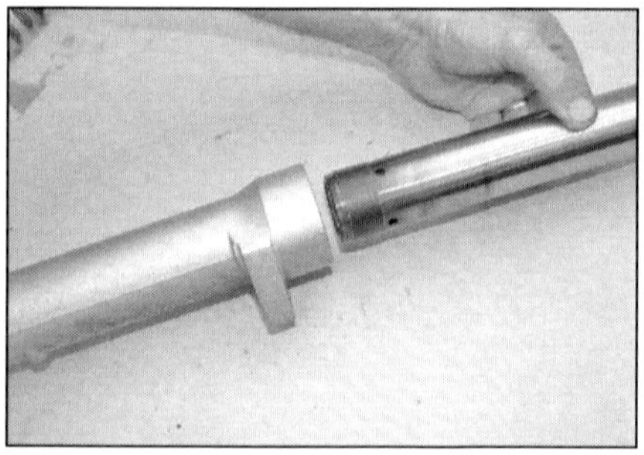

8.21 Schieben Sie das Stand- ins Tauchrohr.

Zusammenbau

19 Die (neue) untere Gleitbuchse muss korrekt in ihrer Nut unten am Standrohr sitzen.

20 Installieren Sie den Kolbenring in die Nut oben an der Dämpferstange (siehe Abbildung 8.18). Schieben Sie die Anschlagfeder auf die Dämpferstange und die Stange ins Standrohr, sodass ihr unteres Ende unten herausragt (siehe Abbildung). Stecken Sie dort den Dämpferstangensitz auf, und drücken Sie die Stange ins Standrohr zurück (siehe Abbildung).

21 Schmieren Sie die untere Gleitbuchse und die Gleitfläche des Tauchrohres mit Gabelöl, und schieben Sie das Standrohr vollständig in das Tauchrohr (siehe Abbildung).

22 Bestücken Sie die Dämpferstangenschraube mit einem neuen Kupferdichtring, setzen Sie die Schraube von unten ins Tauchrohr, und drehen Sie sie in die Dämpferstange. Ziehen Sie die Schraube mit 20 Nm an – falls dies nicht möglich ist, muss entweder das Haltewerkzeug verwendet (Schritt 6) oder gewartet werden, bis die Gabel vollständig zusammengebaut ist und Federdruck auf die Dämpferstange ausgeübt werden kann (Schritt 30).

23 Schmieren Sie die obere Buchse innen und außen mit Gabelöl, schieben Sie sie über das Standrohr, und drücken Sie sie so weit wie möglich von Hand senkrecht in das Tauchrohr (siehe Abbildung). Legen Sie zum Schutz die Scheibe über die Buchse, und treiben Sie sie mit einem geeigneten Dorn oder Rohr oder dem BMW-Spezialwerkzeug 313650 in ihren Sitz (siehe Abbildungen) – dabei darf das Standrohr nicht beschädigt werden. Entfernen Sie die Scheibe, und kontrollieren Sie, ob die Buchse korrekt sitzt – ihr oberer Rand muss bündig zum Sitz des Dichtrings liegen. Legen Sie die Scheibe wieder auf (siehe Abbildung).

24 Schmieren Sie die Dichtlippen des neuen Dichtrings mit Gabelöl, und schieben Sie ihn so über das Rohr, dass die Beschriftung nach oben zeigt. Drücken Sie ihn so weit wie möglich von Hand senkrecht ins Tauchrohr (siehe Abbildung). Treiben Sie ihn vorsichtig mit einem geeigneten Rohr, Eintreiber oder dem BMW-Spezialwerkzeug (Teilenummer: 313650) in seinen Sitz, sodass die Nut der Drahtsicherung rund herum sichtbar ist (siehe Abbildung) – beschädigen Sie dabei nicht das Tauchrohr.

25 Installieren Sie die Drahtsicherung in ihre Nut (siehe Abbildung). Füllen Sie den Bereich

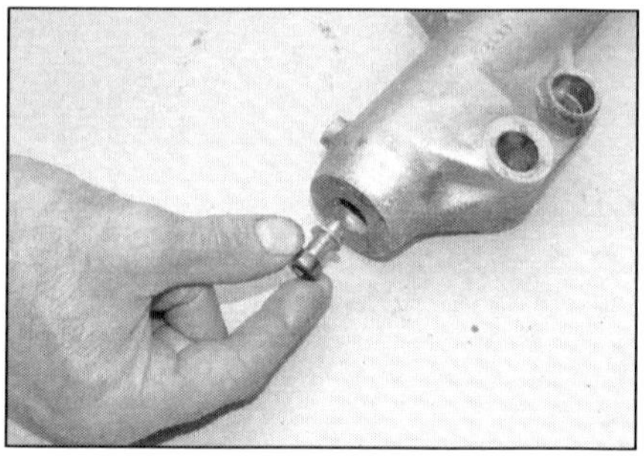

8.22 Installieren Sie die mit einer neuen Dichtscheibe ausgerüstete Dämpferstangenschraube, und ziehen Sie sie mit 20 Nm an.

8.23a Schieben Sie die obere Buchse in das Tauchrohr, ...

8.23b ... und legen Sie die Dichtringscheibe auf, ...

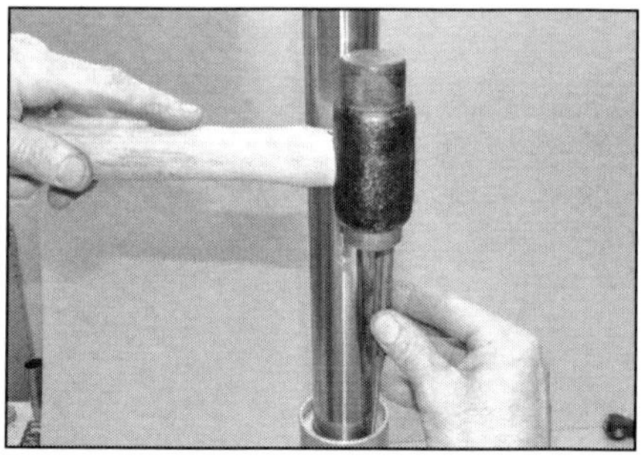

8.23c ... um die Buchse beim Eintreiben damit zu schützen.

8.23d Die Buchse muss vollständig in ihren Sitz getrieben sein.

8.24a Schieben Sie den Dichtring auf, ...

8.24b ... und treiben Sie ihn in das Tauchrohr, bis die Nut des Sicherungsdrahtes rundherum sichtbar ist.

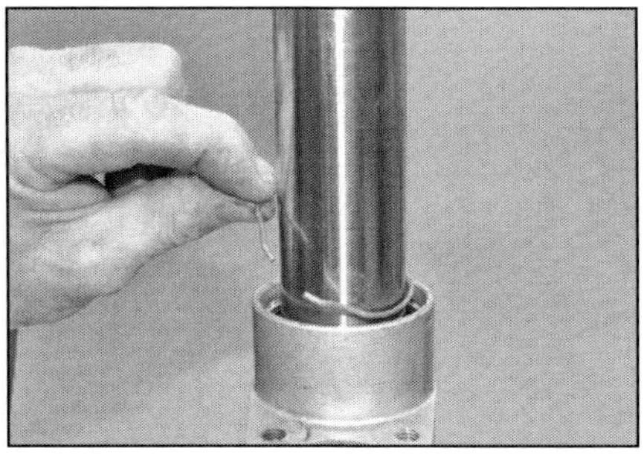

8.25a Installieren Sie den Sicherungsdraht in seine Nut.

8.25b Füllen Sie die Staubdichtung mit Fett, ...

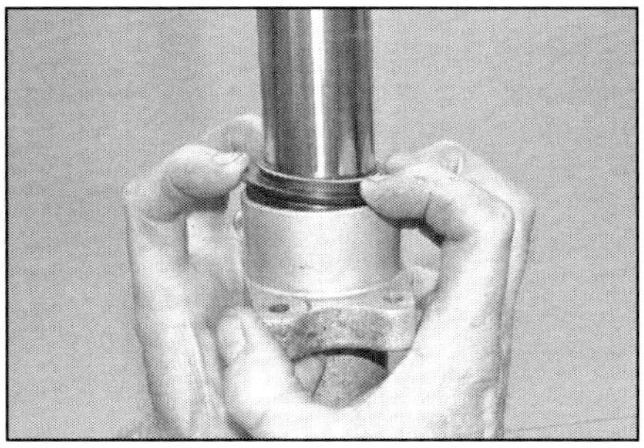

8.25c ... und drücken Sie sie in das Tauchrohr.

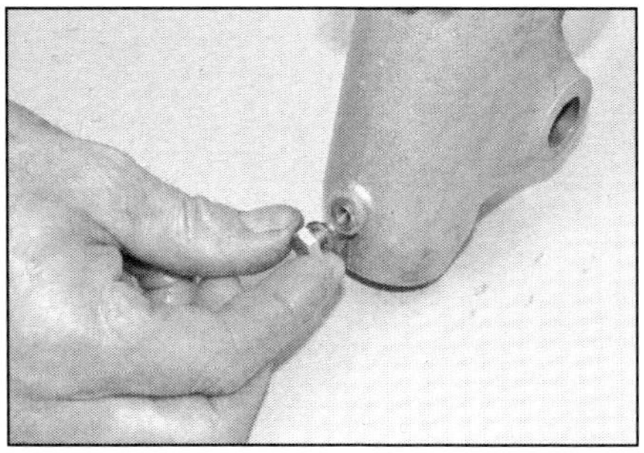

8.26 Eine einmal entfernte Ablassschraube benötigt danach eine neue Dichtscheibe.

8.27 Füllen Sie das Öl langsam ein, und pumpen Sie die Gabelrohre, um es zu verteilen.

zwischen den Dichtlippen der neuen Staubdichtung mit Fett, und drücken Sie die Dichtung in ihre Position (siehe Abbildungen).

26 Bei Funduro-, ST-, GS- und Dakar-Modellen muss die ggf. mit einer neuen Dichtscheibe versehene Gabelöl-Ablassschraube installiert sein (siehe Abbildung).

27 Füllen Sie langsam die in den *Technischen Daten* angegebene Menge Gabelöl ein – beachten Sie, dass die angegebenen Werte um 10 ml erhöht werden müssen. Pumpen Sie einige Male, um das Öl gut zu verteilen (siehe Abbildung). Stecken Sie die Feder mit den engeren Wicklungen voran ins Standrohr (siehe Abbildung 8.5c). Ziehen Sie das Standrohr aus dem Tauchrohr, und installieren Sie den Distanzrohrsitz (nicht bei CS-Modellen) und das Distanzrohr (siehe Abbildungen 8.5b und a).

28 Stellen Sie bei Funduro-, ST- und Dakar-Modellen sicher, dass der Verschluss-O-Ring in Ordnung ist, und schmieren Sie ihn und das Standrohrgewinde mit Gabelöl. Drücken Sie die Verschlussschraube vorsichtig gegen die Feder in das Rohr, und schrauben Sie sie mithilfe der Ratsche ohne zu verkanten ein, um sie dann mit 25 Nm anzuziehen – ist dies zu diesem Zeitpunkt nicht möglich, kann der Anzug bei in der unteren Gabelbrücke geklemmtem Gabelrohr erfolgen.

29 Stellen Sie bei GS- und CS-Modellen sicher, dass der Verschluss-O-Ring in Ordnung ist, dann wird er mit Gabelöl geschmiert (siehe Abbildung). Drücken Sie den Stopfen gegen die Feder ins Standrohr, bis die Nut des Sicherungsrings sichtbar wird und dieser installiert werden kann (siehe Abbildungen). Entlasten Sie den Stopfen langsam, und lassen Sie ihn von innen gegen den Sicherungsring drücken. Stecken Sie die Kappe auf (siehe Abbildung 8.4).

30 Falls die Dämpferstangenschraube noch angezogen werden muss (siehe Schritt 22), muss die mit einem Lappen geschützte Gabel verkehrt herum auf den Boden gestellt und von einem Assistenten zusammengedrückt werden, sodass maximaler Federdruck auf die Dämpferstange ausgeübt wird. Ziehen Sie die Schraube jetzt mit 20 Nm an.

31 Montieren Sie den Gabelholm (siehe Sektion 6).

9 Lenkrohr

Ausbau

1 Entfernen Sie je nach Modell die Verkleidung oder die vorderen Seitenteile, um den Zugang zu den Klemmschrauben der oberen und unteren Gabelbrücke zu erhalten und Beschädigungen an deren Oberflächen durch abrutschendes Werkzeug zu vermeiden (siehe Kapitel 8). Bauen Sie die Gabelrohre aus (siehe Sektion 6). Demontieren Sie den Lenker, und stützen Sie ihn mit Lappen gesichert auf der oberen Ga-

8.29a Rüsten Sie den Gabelverschlussstopfen ggf. mit einem neuen O-Ring aus.

8.29b Stecken Sie den Verschluss in das Standrohr, ...

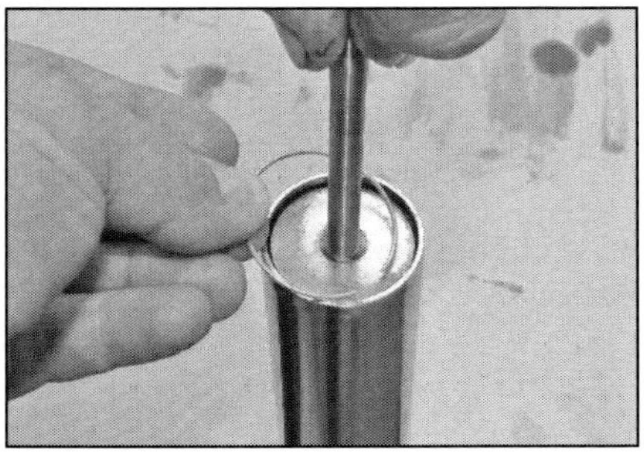

8.29c ... drücken Sie ihn herunter, und installieren Sie den Sicherungsring.

9.3a Lösen Sie die Lenkrohrmutter, ...

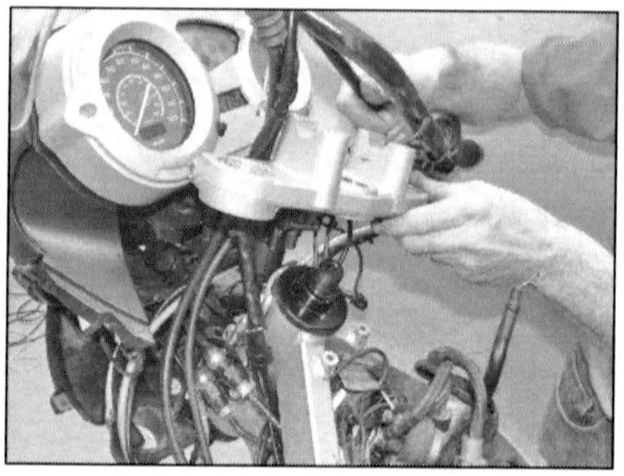

9.3b ... und heben Sie die obere Gabelbrücke ab.

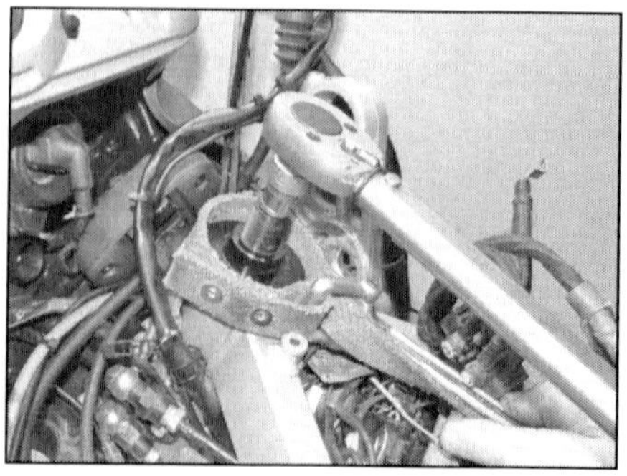

9.5a Kontern Sie den Einsteller, und schrauben Sie das Gewinderohr heraus.

belbrücke; alternativ kann er vollständig entfernt werden (siehe Sektion 5).

2 Entfernen Sie die Hupe (siehe Kapitel 9). Befreien Sie je nach Modell den Bremsleitungshalter und/oder die Kabelführung und/oder die Abdeckung von der unteren Gabelbrücke.

3 Lösen Sie bei Funduro-, ST-, GS- und Dakar-Modellen die Lenkrohrmutter (siehe Abbildung). Heben Sie die obere Brücke ab, und sichern Sie sie außerhalb des Arbeitsbereichs auf Lappen (siehe Abbildung).

4 Halten Sie bei Funduro- und ST-Modellen die untere Brücke, und lösen Sie den Einstellring mithilfe eines Hakenschlüssels. Senken Sie die untere Brücke samt Lenkrohr aus dem Lenkkopf ab. Entfernen Sie die Lagerabdeckung und das Lager oben aus dem Lenkkopf.

5 Kontern Sie bei GS- und Dakar-Modellen den Einsteller mithilfe eines Bandschlüssels, und schrauben Sie das Gewinderohr aus ihm heraus (siehe Abbildung). Stützen Sie die untere Brücke, und lösen Sie mithilfe des BMW-Werkzeugs (Teilenummer 316521) oder dem gezeigten selbst gebauten Werkzeug, dessen kleine Schrauben in die Bohrungen des Einstellers passen und dessen zentrale Schraube von unten mit einer Mutter gesichert ist (siehe Abbildung). Die Lagerabdeckung und das Lager sitzen im Einsteller. Senken Sie die untere Brücke samt Lenkrohr aus dem Lenkkopf ab (siehe Abbildung).

6 Lockern Sie bei CS-Modellen die in der oberen Gabelbrücke sitzende Lenkrohr-Klemmschraube (siehe Abbildung). Entfernen Sie den Stopfen aus dem Einsteller (siehe Abbildung). Stützen Sie die untere Brücke ab, und lösen Sie den Einsteller, heben Sie dann die obere

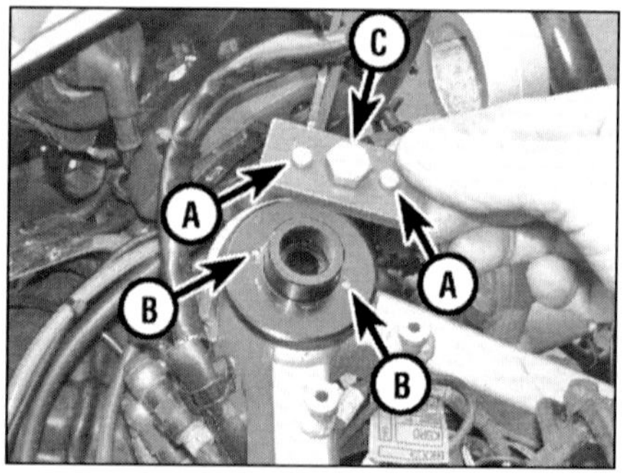

9.5b Die kleinen Schrauben (A) eines selbst gebauten Werkzeugs greifen in die Bohrungen (B) des Einstellers, während das Werkzeug über den Schraubenkopf (C) gedreht wird.

Brücke vom Lenkrohr, und sichern Sie sie außerhalb des Arbeitsbereichs auf Lappen. Senken Sie die untere Brücke samt Lenkrohr aus dem Lenkkopf ab (siehe Abbildung 9.5c).

7 Entfernen Sie das unten am Lenkrohr sitzende Lager (siehe Abbildung).

8 Reinigen Sie die Lager und ihre Ringe mit Lösungsmittel, und befreien Sie sie von alten Fettresten, um sie wie in Sektion 10 beschrieben auf Verschleiß und Beschädigungen zu untersuchen.

Einbau

9 Geben Sie eine ausreichende Menge Mehrzweckfett auf die Lagerschalen und in die Lager, und arbeiten Sie es gut in beide Lager ein. Installieren Sie das untere Lager über das Lenkrohr (siehe Abbildung 9.7).

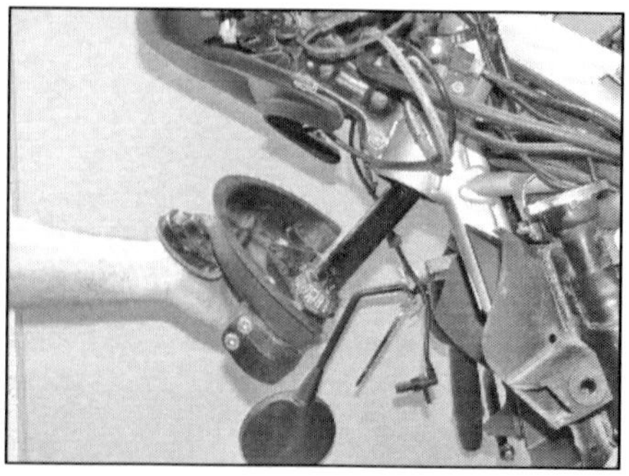

9.5c Heben Sie die untere Gabelbrücke samt Lenkrohr aus dem Lenkkopf.

10 Heben Sie bei Funduro- und ST-Modellen vorsichtig die untere Gabelbrücke mit dem Lenkrohr in den Lenkkopf, und stützen Sie sie dort ab (siehe Abbildung 9.5c). Setzen Sie das obere Lenkkopflager in den Lenkkopf, installieren Sie dann die Lagerabdeckung. Drehen Sie den Einstellring auf das Lenkrohr, bis zwischen dem Lenkrohr und den Lagern kein Spiel mehr fühlbar ist. Setzen Sie die obere Gabelbrücke auf. Drehen Sie dann die Lenkrohrmutter zunächst locker auf.

11 Heben Sie bei GS- und Dakar-Modellen vorsichtig die untere Gabelbrücke mit dem Lenkrohr in den Lenkkopf, und stützen Sie sie dort ab (siehe Abbildung 9.5c). Setzen Sie den Einsteller samt oberem Lager und Abdeckung auf den Lenkkopf, und ziehen Sie ihn mithilfe des BMW-Werkzeugs oder dem selbst gebau-

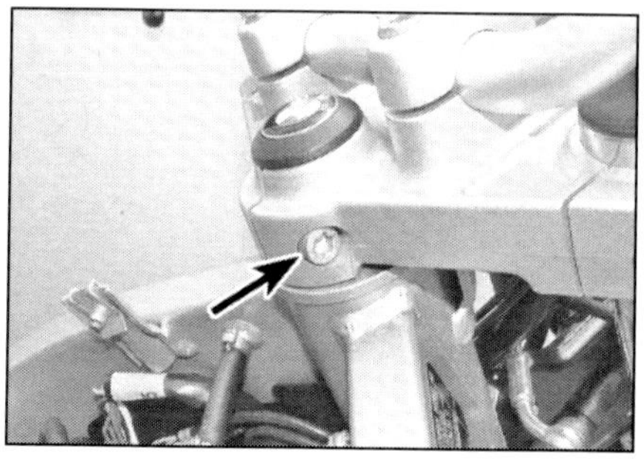

9.6a Lockern Sie die Einsteller-klemmschraube.

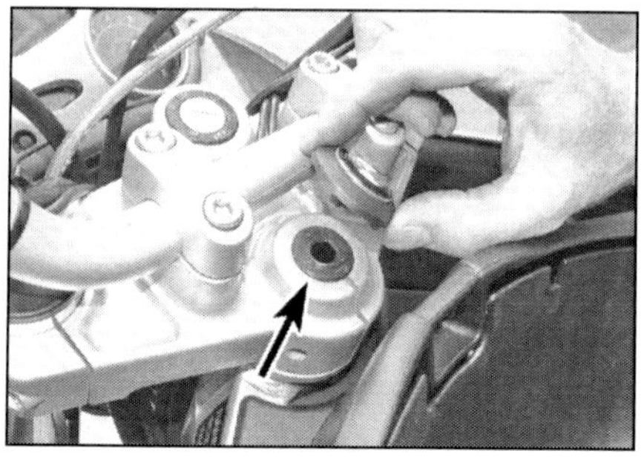

9.6b Entfernen Sie die Kappe, und drehen Sie den Einsteller wie beschrieben.

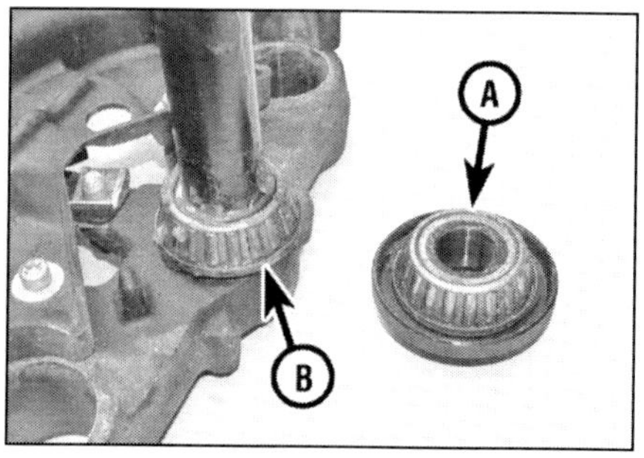

9.7 Oberes (A – GS-Modell) und unteres Lenkkopflager (B)

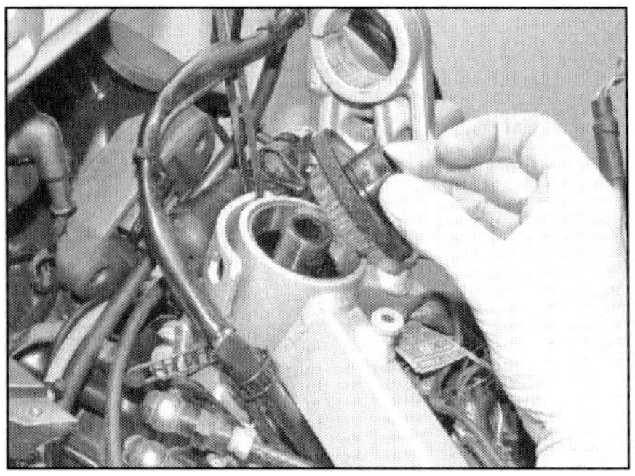

9.11 Installieren Sie das obere Lager samt Abdeckung und Einsteller auf das Lenkrohr, und ziehen Sie die Baugruppe wie beschrieben an.

ten Werkzeug mit zunächst 25 Nm an (siehe Abbildung sowie 9.5b).

12 Heben Sie bei CS-Modellen vorsichtig die untere Gabelbrücke mit dem Lenkrohr in den Lenkkopf, und stützen Sie sie dort ab (siehe Abbildung 9.5c). Setzen Sie das obere Lenkkopflager in den Lenkkopf, installieren Sie dann die Lagerabdeckung. Setzen Sie die obere Gabelbrücke auf, drehen Sie den Einsteller ein, und ziehen Sie ihn mit zunächst 25 Nm an.

13 Montieren Sie jetzt übergangsweise die Gabelholme und das Vorderrad, da deren Hebelwirkung und Gewicht die Einstellung erleichtert. Wechseln Sie jetzt zu Kapitel 1, Sektion 14, um das Lenkkopflager je nach Modell entsprechend der Schritte 8, 9 oder 10 endgültig einzustellen. Bauen Sie anschließend das Vorderrad wieder aus.

14 Bringen Sie die Gabelholme in die richtige Höhe zur oberen Gabelbrücke (siehe Sektion 6), und montieren Sie alle verbliebenen Teile in der umgekehrten Ausbaureihenfolge – beachten Sie die entsprechenden Anzugswerte.

15 Kontrollieren Sie das Lenkkopflagerspiel erneut, und stellen Sie es nötigenfalls ein (siehe Kapitel 1).

10 Lenkkopflager

Kontrolle

1 Entfernen Sie das Lenkrohr (siehe Sektion 9).

2 Entfernen Sie alte Fettreste aus dem Lager, und kontrollieren Sie alles auf Verschleiß und Beschädigung. Begutachten Sie die Lagerrollen auf Verschleiß, Beschädigungen und Verfärbung. Inspizieren Sie die Lagerkäfige auf Brüche oder Risse, und ersetzen Sie alle schadhaften Teile. Bei GS- und Dakar-Modellen ist das obere Lager in den Einsteller gepresst. Die BMW-Werkstatt verfügt über spezielle Werkzeuge, die einen Aus- und Einbau ermöglichen. Alternativ kann der Einsteller über einen geeigneten Steckschlüssel positioniert und das Lager mit einem selbst gebauten Werkzeug, dessen Schrauben in die Bohrungen gedreht sind, ausgetrieben werden (siehe Abbildung) – es

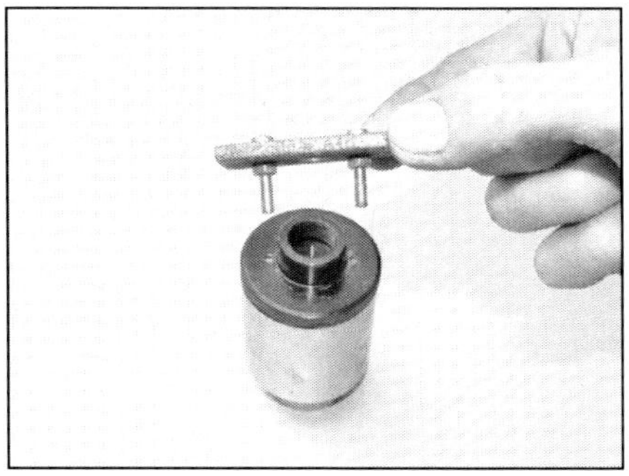

10.2 Treiben Sie das Lager mit dem eingeschraubten Werkzeug aus der Abdeckung.

handelt sich dabei um das von der zentralen Schraube befreite Aus- und Einbauwerkzeug für den Einsteller.

3 Entfernen Sie alte Fettreste aus den im Lenkkopf sitzenden Lagerringen – sie müssen glatt und frei von Vertiefungen sein – bei irgend einem Hinweis auf Schäden müssen immer beide Lager unten und oben im Lenkkopf gleichzeitig ersetzt werden. Die Lagerringe im Lenkkopf und auf dem Lenkrohr dürfen nur entfernt werden, wenn sie ausgetauscht werden müssen – verwenden Sie ausgebaute Lagerringe nicht mehr wieder.

Ersetzen

4 Die äußeren Lagerschalen sind in den Lenkkopf eingepresst und können mit einem geeigneten Treibdorn herausgeschlagen werden, der in den ggf. vorhandenen Ausschnitten angesetzt werden kann (siehe Abbildung). Treiben Sie die Lagerschale rund herum aus, um sie nicht zu verkanten. Es kann vorteilhaft sein, das Ende des Dorns zu krümmen, um die Schale besser ausschlagen zu können.

5 Schmieren Sie die neuen Lagerschalen mit Fett, und pressen Sie sie mit einer Einziehvorrichtung in den Lenkkopf (siehe Abbildung), notfalls können sie mit einem entsprechend großen Treibdorn eingeschlagen werden – achten Sie jedoch darauf, dass die Scheibe des Einziehers oder der Rand des Treibers nur den äußeren Rand des Lagers und niemals die Lagerlauffläche berührt. Um auf Nummer Sicher zu gehen, kann die Arbeit einer BMW-Werkstatt überlassen werden, die mit entsprechenden Werkzeugen ausgerüstet ist.

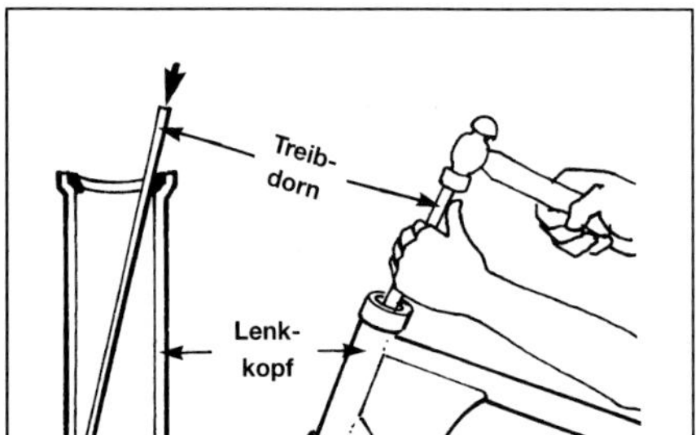

10.4 Treiben Sie die Lager mit einem Dorn aus.

Praxis TiPP

Der Einbau neuer Lager kann vereinfacht werden, wenn man sie über Nacht in die Kühltruhe legt. Sie schrumpfen dadurch und lassen sich leichter installieren. Alternativ kann Kältespray verwendet werden.

6 Entfernen Sie die Staubdichtung unten vom Lenkrohr, und ersetzen Sie sie durch eine neue. Schmieren Sie diese mit Fett ein.

7 Bauen Sie das Lenkrohr ein (siehe Sektion 9).

11 Hinterrad-Stoßdämpfer

Warnung: Versuchen Sie nicht, den Stoßdämpfer zu zerlegen. Er enthält eine Stickstoff-Füllung, die unter hohem Druck steht. Unsachgemäßes Zerlegen kann zu ernsthaften Verletzungen führen. Einzelteile des Stoßdämpfers sind nicht erhältlich.

Ausbau

Anmerkung: *Falls auch die Stoßdämpferanlenkung demontiert werden soll, muss dies zuerst geschehen (siehe Sektion 12).*

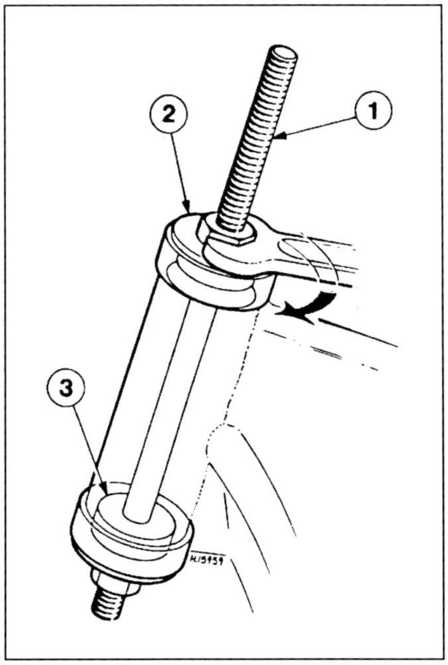

10.5 Lenkkopflager-Einziehvorrichtung

1 lange Schraube oder Gewindestange
2 dicke Scheibe
3 Führung für unteren Lagerring

11.3 Lösen Sie die Schraube.

11.6a Heben Sie das Hinterrad an, ...

11.6b ... lösen Sie die Mutter, ...

11.6c ... ziehen Sie den Bolzen heraus, ...

11.6d ... und bugsieren Sie den Stoßdämpfer nach unten heraus.

Funduro- und ST-Modelle

1 Entfernen Sie die Sitzbank und die Seitendeckel (siehe Kapitel 8).

2 Stützen Sie das Motorrad senkrecht mit einer geeigneten Stütze ab, sodass kein Druck auf die Hinterradfederung ausübt wird. Binden Sie den Bremshebel gegen den Lenker, damit das Motorrad nicht nach vorne rollen kann.

3 Lösen Sie die Schraube des externen Federvorspanners, und entnehmen Sie diesen (siehe Abbildung).

4 Lösen Sie die Mutter, und ziehen Sie den Bolzen heraus, der die Anlenkstangen am Anlenkhebel sichert – beachten Sie die Scheiben (siehe Abbildung 12.3). Schwenken Sie die Stangen vom Hebel zurück.

5 Lösen Sie den Bolzen, der den Stoßdämpfer unten am Anlenkhebel sichert – beachten Sie die Scheiben (siehe Abbildung 12.5), schwenken Sie den Hebel dann herunter.

6 Heben Sie das Hinterrad so weit wie möglich an. Stützen Sie es mit einem Holz oder Heber ab (siehe Abbildung). Lösen Sie die Mutter, und entfernen Sie die Scheibe vom Bolzen, der oben den Stoßdämpfer sichert. Ziehen Sie dann den Bolzen samt Scheibe heraus, und bugsieren Sie den Stoßdämpfer samt Federvorspanner aus dem Motorrad (siehe Abbildungen).

GS-, Dakar- und CS-Modelle

7 Entfernen Sie die Sitzbank und die hinteren Seitendeckel (siehe Kapitel 8). Demontieren Sie bei CS-Modellen auch den Schalldämpfer (siehe Kapitel 4B).

8 Stützen Sie das Motorrad senkrecht mit einer geeigneten Stütze ab, sodass kein Druck auf die Hinterradfederung ausübt wird. Binden Sie den Bremshebel gegen den Lenker, damit das Motorrad nicht nach vorne rollen kann. Unterlegen Sie das Hinterrad oder die Schwinge so, dass nach dem Lösen des Stoßdämpfers nichts herunterfällt (der Stoßdämpfer aber auch nicht komprimiert wird).

9 Befreien Sie bei GS- und Dakar-Modellen das Steuergerät, und legen Sie es mit angeschlossenem Stecker beiseite (siehe Kapitel 5). Lösen Sie die Sicherungsbox aus ihrem Halter (siehe Abbildung).

10 Lösen Sie die Schraube des Fußbremsen-Ausgleichsbehälters, umwickeln Sie diesen mit Lappen, und sichern Sie ihn möglichst aufrecht (siehe Abbildung).

11 Bereiten Sie eine Vorrichtung vor, mit der das Rahmenheck hoch gebunden oder von unten abgestützt werden kann. Lösen Sie die unteren Schrauben des Rahmenhecks, und lockern Sie die oberen Schrauben (siehe Abbildung). Heben Sie das Rahmenheck so weit an, dass der obere Stoßdämpferbolzen zugänglich wird, aber vordere Sitzbankbefestigung nicht berührt wird. Sichern Sie das Rahmenheck in dieser angehobenen Position (siehe Abbildung).

12 Hängen Sie bei GS- und Dakar-Modellen den Kabelbinder des externen Federvorspannerhalters aus. Lösen Sie die Schraube des Federvorspanners, und entnehmen Sie diesen (siehe Abbildung). Lösen Sie die Schrauben seines Halters, und entfernen Sie diesen. Füh-

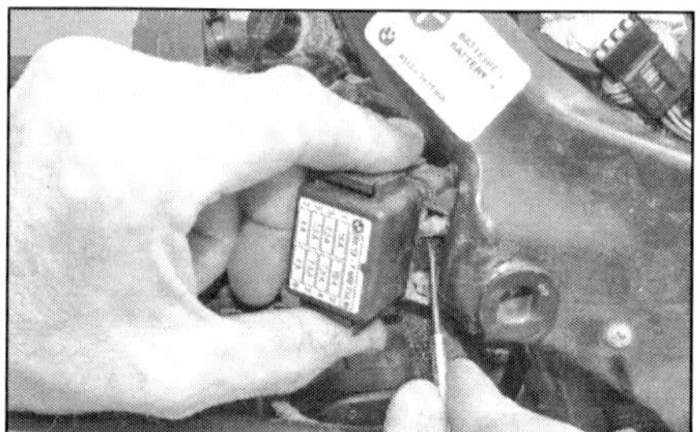

11.9 Befreien Sie die Sicherungsbox aus ihrem Halter.

11.10 Lösen Sie die Schraube, und nehmen Sie den Ausgleichsbehälter ab.

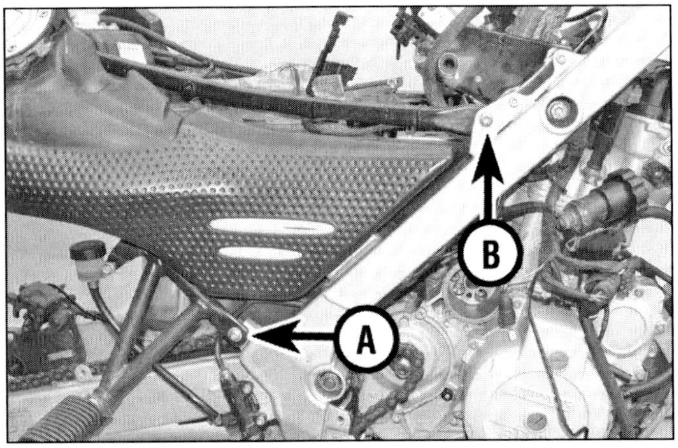

11.11a Lösen Sie an beiden Seiten die untere Schraube (A), und lockern Sie die vorderen Schrauben (B), ...

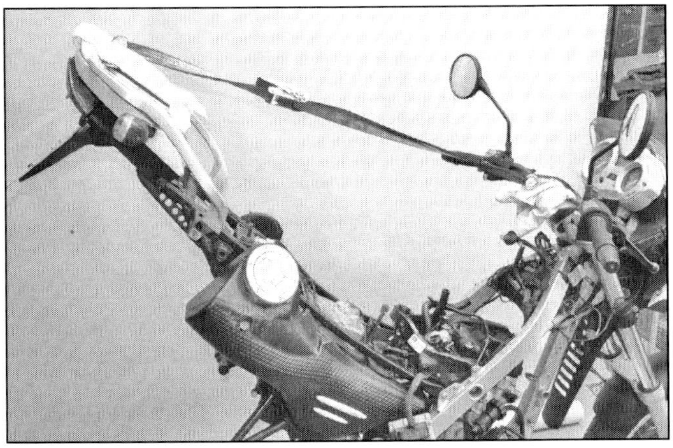

11.11b ... um das Rahmenheck anzuheben und zu sichern.

11.12 Befreien Sie den Einsteller vom Halter, und lösen Sie diesen vom Rahmen.

11.13 Lösen Sie die Schraube (A), entfernen Sie den Knopf, und lösen Sie die Befestigungsschraube (B).

ren Sie den Federvorspanner zum Stoßdämpfer zurück. Befreien Sie bei Dakar-Modellen den Ausgleichsbehälter des Vorspanners aus seinen Klemmen.

13 Entfernen Sie bei CS-Modellen mit einstellbarem Stoßdämpfer den Knopf vom externen Federvorspanner – beachten Sie, dass die dahinterliegende Kugel und die Feder wegspringen können (siehe Abbildung). Lösen Sie die Schraube des Vorspanners, entnehmen Sie ihn dann, und führen Sie ihn zum Stoßdämpfer zurück.

14 Lösen Sie den Bolzen, der den Stoßdämpfer unten am Anlenkhebel sichert – beachten Sie bei GS- und Dakar-Modellen die Scheiben (siehe Abbildung 12.5).

15 Lösen Sie oben am Stoßdämpfer die Mutter, und entfernen Sie die Scheibe (nur GS- und Dakar-Modelle), ziehen Sie dann den Bolzen heraus, und manövrieren Sie den Stoßdämpfer samt Federvorspanner aus dem Motorrad (siehe Abbildungen). BMW schreibt vor, beim Einbau einen neuen Bolzen und eine neue Mutter zu benutzen.

11.15a Lösen Sie die Mutter, ziehen Sie den Bolzen heraus, ...

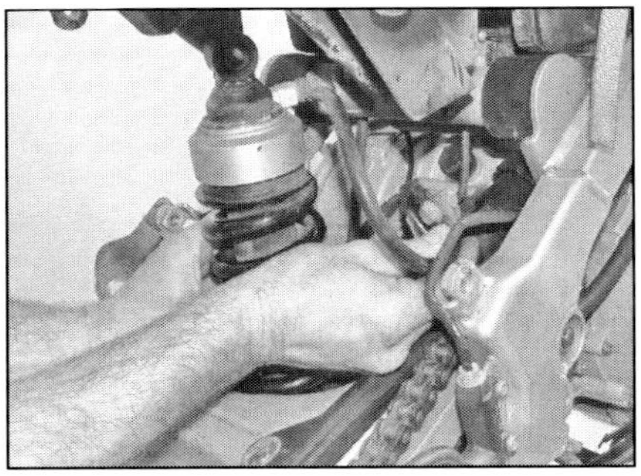

11.15b ... und manövrieren Sie den Stoßdämpfer heraus.

Kontrolle

16 Inspizieren Sie den Stoßdämpfer auf sichtbare Beschädigungen und Undichtigkeit, kontrollieren Sie die Feder auf lockeren Sitz, Risse und Anzeichen von Ermüdung.

17 Kontrollieren Sie die Buchse des oberen Stoßdämpferauges und die Laschen unten am Dämpfer auf Verschleiß und Beschädigungen (siehe Abbildung) – die Buchse ist nicht separat erhältlich.

18 Außer Schrauben und Muttern sind keine Einzelteile des Stoßdämpfers erhältlich, sodass er bei irgendwelchen Schäden ersetzt werden muss – konsultieren Sie im Zweifel einen Federungsspezialisten, der möglicherweise doch Reparaturen durchführen kann.

Einbau

19 Der Einbau entspricht der umgekehrten Ausbaureihenfolge. Beachten Sie dabei Folgendes:

- Versehen Sie die Aufnahmen des Stoßdämpfers und die Gelenke der Anlenkung mit Mehrzweckfett.
- Installieren Sie immer alle Bolzen zunächst handfest, bevor Sie sie anziehen.
- Bei GS-, Dakar- und CS-Modellen muss der Stoßdämpfer oben mit einem neuen

11.17 Inspizieren Sie die Buchse auf Verschleiß.

Bolzen samt neuer Mutter befestigt werden; ziehen Sie Mutter zuerst mit 58 Nm an und dann um 45° (eine achtel Umdrehung) weiter – sichern Sie dabei den Bolzen mit einer Verlängerung (siehe Abbildung 11.6c).

- Stellen Sie bei GS-, Dakar- und CS-Modellen beim Absenken des Rahmenhecks sicher, dass die Bremsleitung zwischen dem vorderen Bereich des Kotflügels und dem Rahmen verlegt ist; bei GS- und Dakar-Modellen muss zudem sichergestellt sein, dass der linke untere Bereich des Rahmens innerhalb des Auspuff-Hitzeschildes liegt (siehe Abbildung).
- Reinigen Sie bei GS-, Dakar- und CS-Modellen die Gewinde der hinteren Rahmenheckschrauben, versehen Sie sie mit Loctite 2701 (Dauerfest) oder Ähnlichem, und ziehen Sie die Schrauben mit 21 Nm (GS- und Dakar-Modelle bis 2003) bzw. 24 Nm

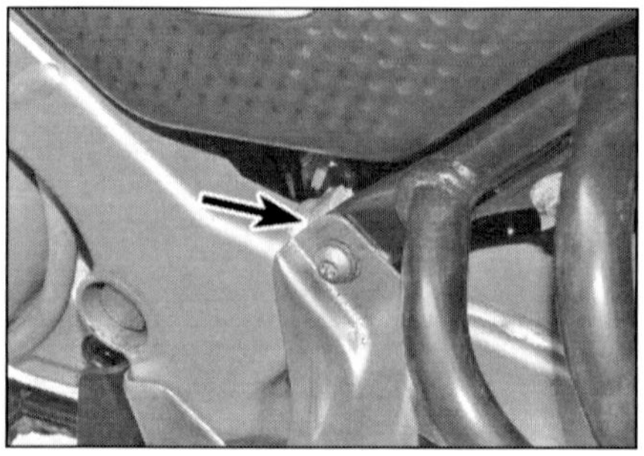

11.19 Der Rahmen muss innerhalb des Hitzeschildes liegen.

(GS- und Dakar- ab 2004 und alle CS-Modelle) an.

- Ziehen Sie alle Bolzen und Muttern mit den in den *Technischen Daten* angegebenen Drehmomenten an.

12 Hinterrad-Stoßdämpfer-Anlenkung

Ausbau

1 Stützen Sie das Motorrad senkrecht mit einer geeigneten Stütze ab, sodass kein Druck auf die Hinterradfederung ausübt wird. Binden Sie den Bremshebel gegen den Lenker, damit das Motorrad nicht nach vorne rollen kann. Unterlegen Sie das Hinterrad oder die Schwinge so, dass nach dem Lösen des Stoßdämpfers nichts herunterfällt (der Stoßdämpfer aber auch nicht komprimiert wird).

2 Notieren Sie, von welcher Seite die Bolzen eingeschoben werden und wo Scheiben installiert sind. Halten Sie Bolzen, Scheiben und Muttern zusammen.

3 Lösen Sie die Mutter, und ziehen Sie den Bolzen heraus, der die Anlenkstangen am Anlenkhebel sichert (siehe Abbildung). Beachten Sie bei GS- und Dakar-Modellen die Lagerabdeckungen zwischen den Stangen und dem Hebel (siehe Abbildung).

4 Lösen Sie die Mutter(n), und ziehen Sie den/die Bolzen heraus, mit dem/denen die Anlenkstangen an der Schwinge gesichert ist/sind – merken Sie sich die Einbaurichtung der Stangen (siehe Abbildung).

5 Lösen Sie die Mutter, und ziehen Sie den Bolzen heraus, der den Stoßdämpfer am Anlenkhebel sichert (siehe Abbildung).

6 Lösen Sie die Mutter, und entfernen Sie den Bolzen, welcher den Anlenkhebel am Rahmen sichert. Entfernen Sie den Hebel unter Beachtung seiner Einbauposition (siehe Abbildungen).

Kontrolle

7 Wenn die Distanzhülsen und Dichtringe ausgebaut werden, müssen sie entsprechend ihrer Einbauposition hingelegt werden – sie haben unterschiedliche Größen und müssen wieder an ihre ursprünglichen Positionen gelangen. Bei manchen Lagern der Anlenkung sind die Rollen nicht in Käfigen geführt, sodass sie nach dem Entfernen der Hülsen herausfallen können (je nachdem, wie gut sie gefettet sind).

12.3a Lösen Sie die Mutter, ...

12.3b ... ziehen Sie den Bolzen heraus und schwenken Sie die Stangen zurück. Stellen Sie bei GS- und Dakar-Modellen die Lagerabdeckungen sicher.

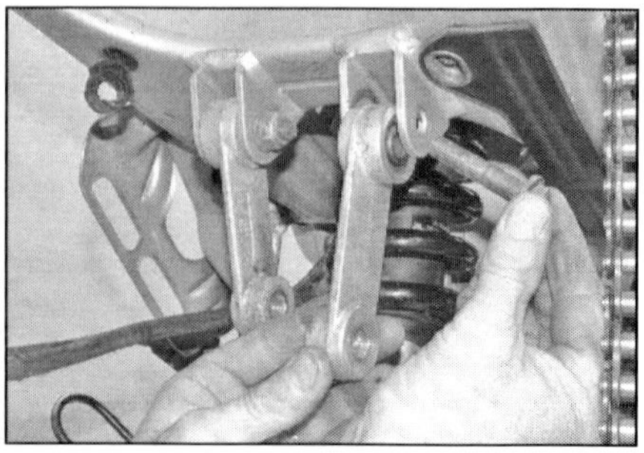

12.4 Lösen Sie die Mutter(n), ziehen Sie den/die Bolzen heraus, und entfernen Sie die Stangen – gezeigt am GS-Modell.

12.5 Lösen Sie die Mutter, ziehen Sie den Bolzen heraus, und schwenken Sie den Hebel nach unten.

12.6a Lösen Sie die Mutter, ...

12.6b ... ziehen Sie den Bolzen heraus, und entfernen Sie den Anlenkhebel.

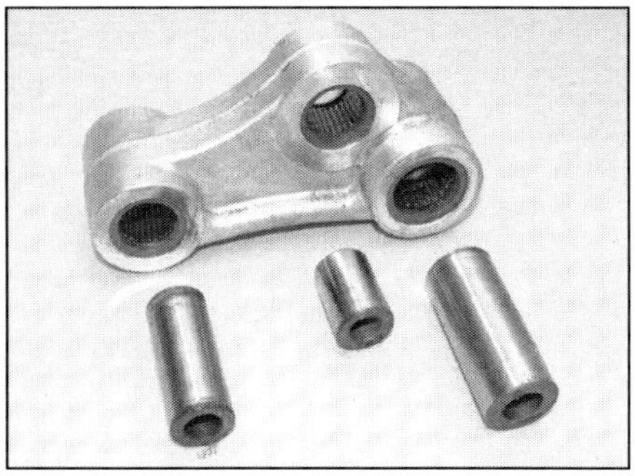

12.7a Ziehen Sie die Lagerhülsen heraus, ...

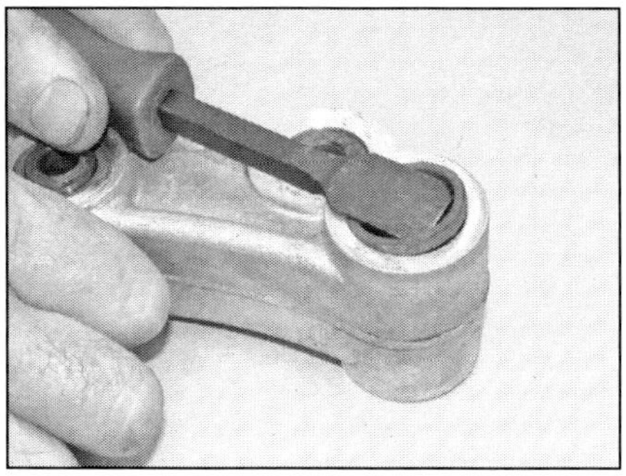

12.7b ... und entfernen Sie die Dichtringe.

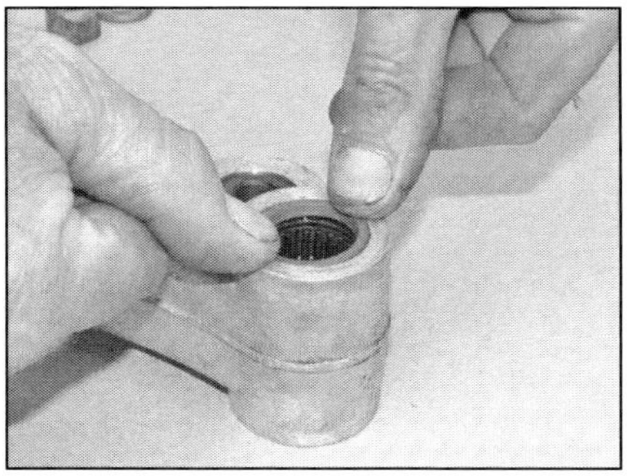

12.13 Drücken Sie die neuen Dichtringe in ihre Sitze.

Ziehen Sie die Hülsen aus dem Anlenkhebel und bei Funduro-, ST-, GS- und Dakar-Modellen aus den Anlenkstangen (siehe Abbildung); bei CS-Modellen müssen sie aus den Aufnahmen der Schwinge gezogen werden. Hebeln Sie die Dichtringe heraus – es müssen zwar später Neuteile verwendet werden, doch sollten die alten als Einbauhilfe zusammen mit der/den Distanzhülse(n) weggelegt werden (siehe Abbildung).

8 Reinigen Sie alle Komponenten, entfernen Sie sämtliche Fettreste und Rostspuren. Achten Sie darauf, keine der käfiglosen Rollen zu verlieren.

9 Unterziehen Sie alle Bauteile einer genauen Kontrolle, achten Sie auf tiefe Riefen und andere Hinweise von übermäßigem Verschleiß. Schieben Sie alle Hülsen wieder in ihre Lager, und stellen Sie sicher, dass sie kein übermäßiges Spiel darin haben. Ersetzen Sie alle verschlissenen oder beschädigten Komponenten.

10 Überprüfen Sie die im Anlenkhebel und den Anlenkstangen (Funduro, ST, GS- und Dakar-Modelle) bzw. der Schwinge (CS-Modelle) sitzenden Lager – detaillierte Informationen dazu finden sich in der Sektion 5 der *Werkzeug- und Werkstatt-Tipps* im Anhang.

11 Verschlissene Lager können aus ihren Sitzen getrieben oder gezogen werden – beachten Sie, dass einmal ausgebaute Lager nicht wiederverwendet werden dürfen. Messen Sie vor dem Ausbau, wie tief die Lager in ihren Sitzen stecken – wie viel Platz also für den Dichtring bleibt. Die neuen Lager sollten besser eingepresst oder eingezogen statt eingetrieben werden. Ist keine Presse zur Hand, kann eine Einziehvorrichtung gebaut werden (siehe Sektion 5 der *Werkzeug- und Werkstatt-Tipps* im Anhang). Lassen Sie die Arbeit nötigenfalls von einer BMW-Werkstatt erledigen. Das Erwärmen der Lagersitze auf 80 bis 100 °C erleichtert den Aus- und Einbau. Stellen Sie beim Einbau sicher, dass die markierten Seiten nach außen gelangen und alle Lager entsprechend der vorher notierten Einbautiefen installiert sind.

12 Schmieren Sie die Nadellager, Distanzhülsen und Dichtringe mit EP2-Fett – dies sorgt bei käfiglosen Lagern auch dafür, dass die Rollen »eingeklebt« werden.

13 Drücken Sie die neuen Dichtringe in ihre Sitze – achten Sie darauf, dass alle an die korrekten Positionen gelangen (siehe Abbildung).

14 Stecken Sie die Distanzhülsen in das/die Lager – dabei dürfen keine Rollen verloren gehen (siehe Abbildung 12.7a).

Einbau

15 Der Einbau entspricht der umgekehrten Ausbaureihenfolge. Beachten Sie dabei Folgendes:

- Alle Lager müssen mit ausreichend EP2-Fett versehen sein (siehe Schritte 7 bis 14).
- Stellen Sie sicher, dass alle Bolzen von der richtigen Seite eingeschoben werden. Alle Bolzen und Muttern müssen installiert sein, bevor mit dem Anziehen begonnen wird.
- Kontern Sie die Bolzenköpfe, und ziehen Sie die Muttern mit den in den *Technischen Daten* angegebenen Drehmomenten an.

13 Hinterrad-Stoßdämpfer
Einstellung

Funduro- und ST-Modelle

1 Der Stoßdämpfer ist in der Federvorspannung und der Zugdämpfung einstellbar.

2 Die Federvorspannung wird am externen Einstellknopf vorgenommen (siehe Abbildung). Drehen Sie den Knopf im Uhrzeigersinn, um die Vorspannung zu erhöhen, und gegen den Uhrzeigersinn, um sie zu verringern. Die Standardeinstellung für eine Person ohne Gepäck ist zehn Klicks im Uhrzeigersinn (vom Anschlag gegen den Uhrzeigersinn aus). Die Einstellungen (einschließlich »STD« für Standard) sind am Einstellergehäuse sowie auf Aufklebern am Rahmen markiert.

13.2 Stoßdämpfer-Federvorspanner

3 Die Zugdämpfung wird durch Drehen der Einstellschraube links unten am Stoßdämpfer verstellt. Drehen Sie die Schraube im Uhrzeigersinn, um die Dämpfung zu verhärten, und gegen den Uhrzeigersinn, um sie weicher zu machen. Die Standardeinstellung ist 3/4 bis eine Umdrehung gegen den Uhrzeigersinn (von der härtesten Position im Uhrzeigersinn aus).

GS- und Dakar-Modelle

4 Der Stoßdämpfer ist in der Federvorspannung und der Zugdämpfung einstellbar.

5 Die Federvorspannung wird am externen Einstellknopf vorgenommen (siehe Abbildung 11.12). Drehen Sie den Knopf im Uhrzeigersinn, um die Vorspannung zu erhöhen, und gegen den Uhrzeigersinn, um sie zu verringern. Die Standardeinstellung für eine Person ohne Gepäck ist bei GS-Modellen fünf Klicks, bei Dakar-Modellen 20 Klicks im Uhrzeigersinn (vom Anschlag gegen den Uhrzeigersinn aus). Die Einstellungen (einschließlich STD für Standard) sind am Einstellergehäuse sowie auf Aufklebern am Rahmen markiert.

6 Die Zugdämpfung wird durch Drehen der Einstellschraube rechts unten am Stoßdämpfer verstellt (siehe Abbildung). Drehen Sie die Schraube im Uhrzeigersinn, um die Dämpfung zu verhärten, und dagegen, um sie weicher zu machen. Die Standardeinstellung ist 3/4 bis eine Umdrehung gegen den Uhrzeigersinn (von der härtesten Position im Uhrzeigersinn aus).

CS-Modelle

7 Nur bei mit dem optionalen Touring- oder »Comfort«-Stoßdämpfer ausgerüsteten CS-Mo-

13.6 Stoßdämpfer-Zugstufeneinsteller

14.2 Heben Sie den Zahnriemen vom Riemenrad.

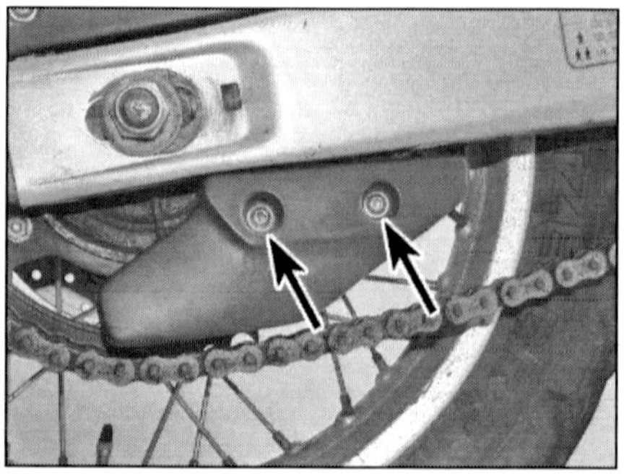
14.3a Schrauben des unteren Kettenschutzes – Funduro und ST

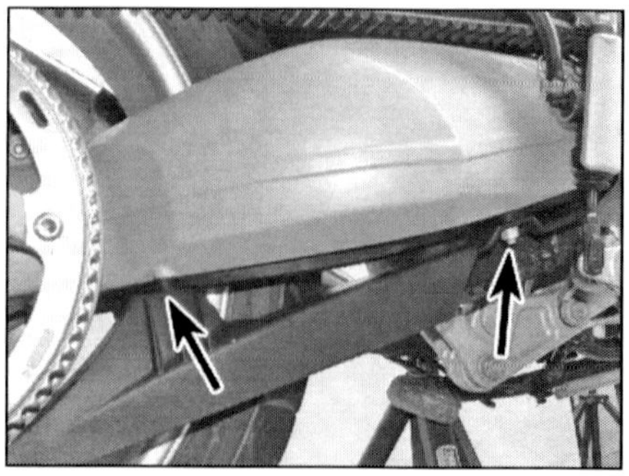
14.3b Muttern des unteren Riemenschutzes – CS

dellen ist der Stoßdämpfer ist in der Federvorspannung und der Zugdämpfung einstellbar.

8 Die Federvorspannung wird am externen Einstellknopf vorgenommen (siehe Abbildung 11.13). Drehen Sie den Knopf im Uhrzeigersinn, um die Vorspannung zu erhöhen, und dagegen, um sie zu verringern. Die Einstellungen, einschließlich der Standardposition für eine Person ohne Gepäck, sind am Einstellergehäuse markiert.

9 Die Zugdämpfung wird durch Drehen der Einstellschraube rechts unten am Stoßdämpfer verstellt (siehe Abbildung 13.6). Drehen Sie die Schraube im Uhrzeigersinn, um die Dämpfung zu verhärten, und dagegen, um sie weicher zu machen. Die Standardeinstellung ist 3/4 bis eine Umdrehung gegen den Uhrzeigersinn (von der härtesten Position im Uhrzeigersinn aus).

14 Hinterradschwinge

Ausbau

1 Bauen Sie das Hinterrad aus (siehe Kapitel 7).

2 Erzeugen Sie am Zahnriemen von CS-Modellen etwas Durchhang (siehe Kapitel 1), und ziehen Sie den Riemen vom hinteren Riemenrad (siehe Abbildung). Demontieren Sie den

14.6 Lösen Sie die Mutter, und entfernen Sie die Scheibe.

Bremssattel (siehe Kapitel 7). Falls nötig (z.B. für den Einbau einer neuen Schwinge) muss die Hinterachsenbefestigung aus der Schwinge ntfernt werden (siehe Kapitel 7).

3 Entfernen Sie ggf. den unteren Kettenschutz (Funduro- und ST-Modelle) bzw. den Riemenschutz (CS-Modelle) (siehe Abbildungen) – dies kann auch nach dem Ausbau der Schwinge geschehen.

4 Befreien Sie die Bremsleitung, ggf. den ABS-Sensor und/oder sein Kabel von der Schwinge.

5 Lösen Sie die Mutter(n), und entfernen Sie den/die Bolzen, um die Stoßdämpfer-Anlenkstange(n) von der Schwinge zu entfernen (siehe Abbildung 12.4).

14.7a Ziehen Sie den Schwingenbolzen heraus, ...

6 Falls vorhanden, werden die Schwingenlager-Abdeckkappen aus dem Rahmen entfernt. Lösen Sie die Mutter des Schwingenbolzens (siehe Abbildung).

7 Ziehen Sie den Schwingenbolzen heraus, und manövrieren Sie die Schwinge aus dem Motorrad heraus (siehe Abbildungen).

8 Entfernen Sie die Lagerabdeckungen von beiden Seiten der Schwinge (siehe Abbildung). Entfernen Sie nötigenfalls die vorne an der Schwinge sitzende Gleitschiene – wenn sie stark verschlissen oder beschädigt ist, muss sie ersetzt werden. Reinigen, überprüfen und fetten Sie alle Lagerungskomponenten (siehe Schritte 9 bis 17).

14.7b ... und entfernen Sie die Schwinge.

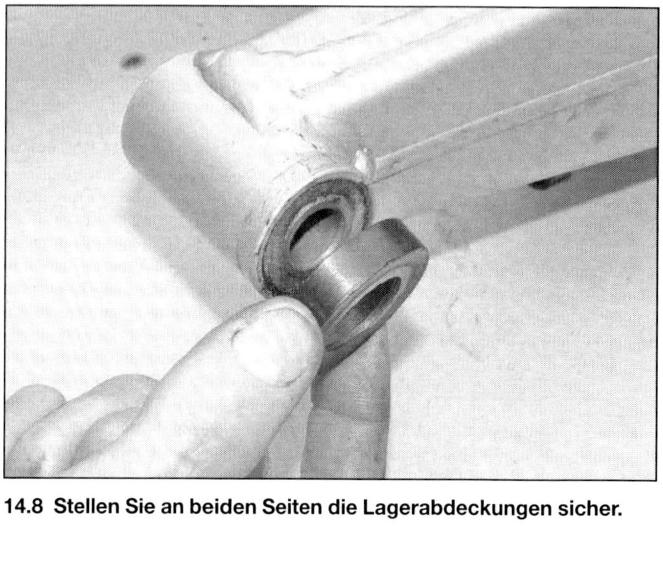
14.8 Stellen Sie an beiden Seiten die Lagerabdeckungen sicher.

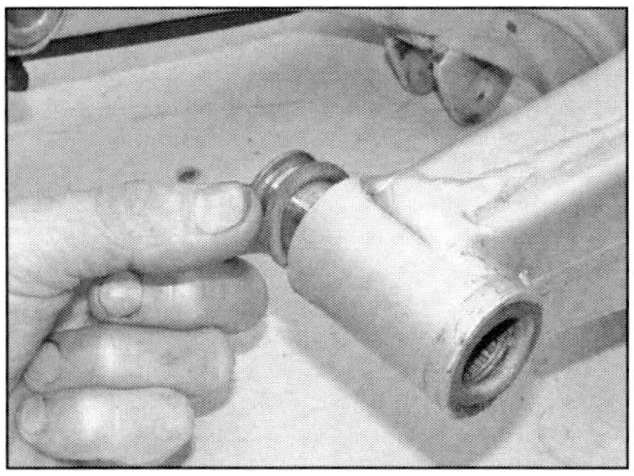

14.12a Ziehen Sie die Lagerbuchsen heraus, ...

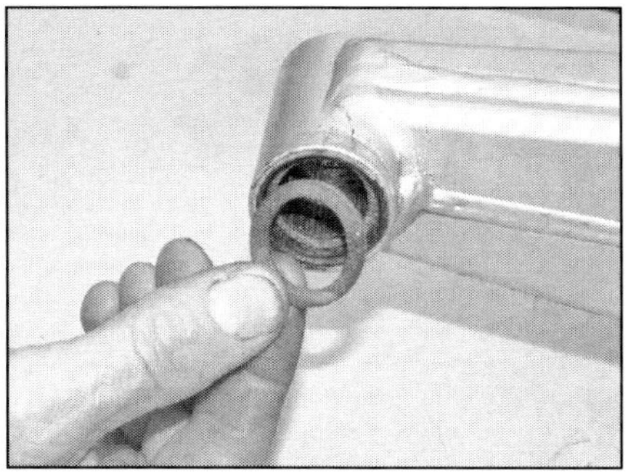

14.12b ... und entfernen Sie die Dichtringe.

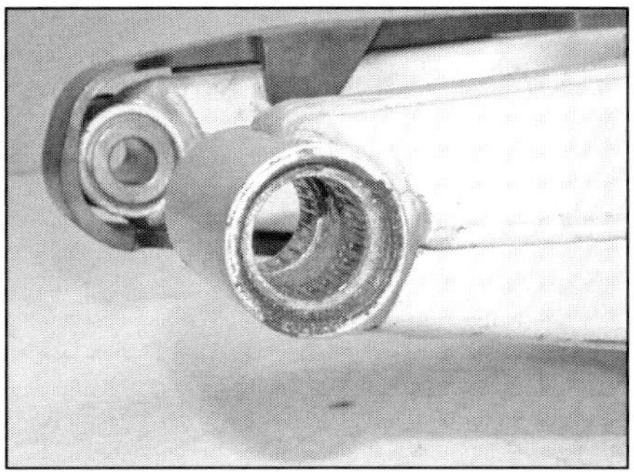

14.13 Die Schwinge ist an jeder Seite auf zwei Nadellagern geführt.

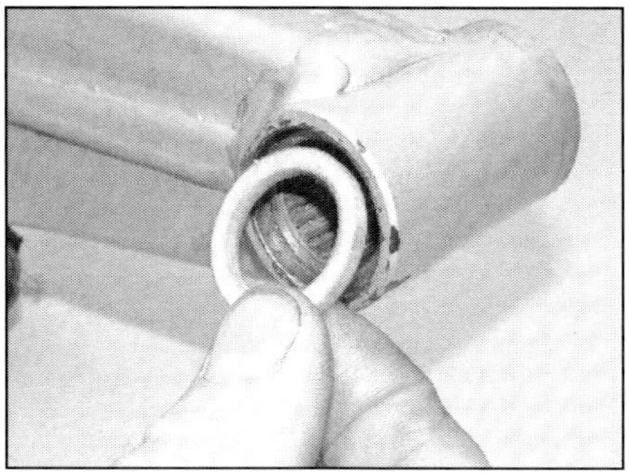

14.16 Pressen Sie die neuen Dichtringe in ihre Sitze.

Kontrolle

9 Reinigen Sie die Schwinge sorgfältig, und befreien Sie sie von sämtlichen Schmutz-, Rost- und Fettresten.

10 Inspizieren Sie die Schwinge genau auf Schäden, die durch einen Unfall entstanden sein können – eine beschädigte Schwinge muss ersetzt werden.

11 Kontrollieren Sie den (sorgfältig gereinigten) Schwingenbolzen auf Verzug, indem Sie ihn auf einer ebenen Fläche (z.B. einem Spiegel) rollen – ersetzen Sie ihn nötigenfalls.

12 Ziehen Sie an beiden Seiten innen die Hülsen aus der Schwinge (siehe Abbildung). Hebeln Sie bei allen außer CS-Modellen an beiden Seiten die vor den Lagern sitzenden Dichtringe heraus – die inneren können zusammen mit den Hülsen herausgekommen sein (siehe Abbildung). Später müssen neue Dichtungen installiert werden.

13 Entfernen Sie sämtliches alte Fett aus den Hülsen und Lagern. Kontrollieren Sie die jeweils zwei Nadellager jeder Seite (siehe Abbildung). Schieben Sie die Hülsen in die Lager, und prüfen Sie, ob Spiel vorhanden ist – beachten Sie Sektion 5 der *Werkzeug- und Werkstatt-Tipps* im Anhang für weitere Informationen.

14 Verschlissene Lager müssen ausgetrieben oder ausgezogen werden, beachten Sie jedoch, dass die Lager beim Ausbau zerstört werden und neue beschafft werden müssen. Messen Sie vor dem Ausbau mithilfe eines Messschiebers, wie tief sie eingepresst sind. Die neuen Lager müssen eingezogen oder eingepresst werden – nicht eingetrieben. Ist keine Presse zur Hand, kann eine Einziehvorrichtung gebaut werden (siehe Sektion 5 der *Werkzeug- und Werkstatt-Tipps* im Anhang). Lassen Sie die Arbeit nötigenfalls von einer BMW-Werkstatt erledigen. Das Erwärmen der Lagersitze auf 80 bis 100 °C erleichtert den Aus- und Einbau. Stellen Sie beim Einbau sicher, dass die markierten Seiten nach außen gelangen und alle Lager entsprechend der vorher notierten Einbautiefen installiert sind.

15 Schmieren Sie die Nadellager und Hülsen mit EP2-Fett.

16 Drücken Sie bei allen außer CS-Modellen die Dichtringe in ihre Sitze (siehe Abbildung).

17 Schieben Sie die Lagerhülsen ein, halten Sie dabei den äußeren Dichtring fest, damit er nicht von der Hülse heraus gedrückt wird (siehe Abbildung 14.12a).

Einbau

18 Falls entfernt, muss die Kettengleitschiene montiert werden. Installieren Sie die Lagerabdeckungen auf (siehe Abbildung 14.8).

19 Legen Sie die Kette oder den Riemen über die Schwinge (siehe Abbildung 14.7b). Schieben Sie den Schwingenbolzen ein (siehe Abbildung 14.7a).

20 Legen Sie zunächst die Scheibe auf, installieren Sie die Schwingenbolzenmutter, blockieren Sie den Bolzen und ziehen Sie die Mutter mit 100 Nm an (siehe Abbildung 14.6). Falls vorhanden, werden die Kappen in den Rahmen gesteckt.

21 Prüfen Sie, ob sich die Schwinge frei auf und ab bewegen lässt.

22 Montieren Sie alle verbliebenen Komponenten in umgekehrter Ausbaureihenfolge (siehe Schritte 5 bis 1).

23 Stellen Sie den Durchhang der Antriebskette bzw. des Riemens ein (siehe Kapitel 1). Prüfen Sie vor der ersten Fahrt die Funktionen der Hinterradfederung und der Bremse.

Kapitel 7
Bremsen, Räder und Endantrieb

Inhalt (in alphabetischer Reihenfolge, die Zahlen geben die Nummerierung in den grauen Feldern wieder)

Schwierigkeitsgrade

Leicht. Für Anfänger mit wenig Erfahrung geeignet.	**Relativ leicht.** Für Anfänger mit etwas Erfahrung geeignet.	**Relativ schwierig.** Geeignet für geübte Selbstschrauber.	**Schwer.** Geeignet für Selbstschrauber mit viel Erfahrung.	**Sehr schwer.** Geeignet für Experten und Profis.

Technische Daten

Vorderradbremse

Bremsflüssigkeit	DOT 4
Bremssattel – Typ	Zweikolben-Schwimmsattel (Brembo)
Bremssattelkolben – Durchmesser	30/32 mm
Bremsscheiben – Durchmesser	300 mm
Bremsscheibenstärke	
Standard	5,0 mm
Verschleißgrenze (min.)	4,5 mm
maximaler Scheibenverzug	
Funduro-, ST-, GS- und Dakar-Modelle	0,25 mm
CS-Modelle	0,14 mm
Handbremszylinderkolben – Durchmesser	13 mm

Hinterradbremse

Bremsflüssigkeit	DOT 4
Bremssattel – Typ	Einkolben-Schwimmsattel (Brembo)
Bremssattelkolben – Durchmesser	34 mm
Bremsscheiben – Durchmesser	240 mm
Bremsscheibenstärke	
Standard	5,0 mm
Verschleißgrenze (min.)	4,5 mm
maximaler Scheibenverzug	
Funduro-, ST-, GS- und Dakar-Modelle	0,25 mm
CS-Modelle	0,14 mm
Fußbremszylinderkolben – Durchmesser	
Funduro-, ST-, GS- und Dakar-Modelle	11 mm
CS-Modelle	13 mm

ABS

Spiel zwischen Sensor und Rotor
- vorne: 0,1 bis 1,3 mm; maximal 1,5 mm
- hinten
  - Funduro-, ST-, GS- und Dakar-Modelle: 0,1 bis 1,3 mm; maximal 1,5 mm
  - CS-Modelle: maximal 0,7 mm

Räder

Größe
- Funduro-Modelle
  - Vorderrad: 2,15 x 19 MT
  - Hinterrad: 3,00 x 17 MT
- ST-Modelle
  - Vorderrad: 2,15 x 18 MT
  - Hinterrad: 3,00 x 17 MT
- GS-Modelle
  - Vorderrad: 2,50 x 19 MT
  - Hinterrad: 3,00 x 17 MT
- Dakar-Modelle
  - Vorderrad: 1,60 x 21 MT
  - Hinterrad: 3,00 x 17 MT
- CS-Modelle
  - Vorderrad: 3,00 x 17 MT
  - Hinterrad: 4,50 x 17 MT

maximaler Verzug – Seitenschlag (axial) und Höhenschlag (radial), vorne und hinten
- Funduro- und ST-Modelle: 0,25 mm
- GS- und Dakar-Modelle: 2,0 mm
- CS-Modelle bis 2003: 0,3 mm
- CS-Modelle ab 2004: 1,3 mm

Reifen

Luftdruck und Profiltiefe: siehe *Tägliche Kontrollen*

Reifengrößen*
- Funduro- und GS-Modelle
  - vorne: 100/90-19 (57S) mit Schlauch
  - hinten: 130/80-17 (65S) mit Schlauch
- ST-Modelle
  - vorne: 100/90-18 (57S) mit Schlauch
  - hinten: 130/80-17 (65S) mit Schlauch
- Dakar-Modelle
  - vorne: 90/90-21 (54S) mit Schlauch
  - hinten: 130/80-17 (65S) mit Schlauch
- CS-Modelle
  - vorne: 110/70-ZR 17 (54W) schlauchlos
  - hinten: 160/60-ZR 17 (69 W) schlauchlos

Endantrieb

Funduro-, ST-, GS- und Dakar-Modelle
- Antriebskettendurchhang und Schmiermittel: siehe Kapitel 1
- Antriebskettentyp: O-Ringkette 5/8 x 1/4
- Antriebskettenlänge (Anzahl der Glieder)
  - Funduro- und GS-Modelle: 110 Glieder
  - GS- und Dakar-Modelle: 112 Glieder
- Kettenradgrößen (Anzahl der Zähne)
  - Motorritzel (vorne): 16
  - Kettenrad (hinten): 47

CS-Modelle
- Antriebsriemendurchhang: siehe Kapitel 1
- Antriebsriementyp: Poly Chain GS, 11 M-1892-26
- Antriebsriemenlänge (Anzahl der Zähne): 172 Zähne
- Riemenradgrößen (Anzahl der Zähne)
  - Motorriemenrad (vorne): 28
  - hinteres Riemenrad: 82

* *Beachten Sie die Eintragungen in Ihren Fahrzeugpapieren und der Bedienungsanleitung, wenden Sie sich im Zweifel an einen BMW-Händler, einen Reifenhändler, den TÜV oder die DEKRA.*

Anzugsdrehmomente

Antriebsriemen-Einstellexzenter-Klemmschrauben (CS-Modelle)	
Erstanzug	10 Nm
endgültiger Anzug	21 Nm
Bremsleitungs-Überwurfmuttern	18 Nm
Bremsscheiben-Schrauben (vorne und hinten)	
Funduro- und ST-Modelle	12 Nm
GS und Dakar	9 Nm
CS-Modelle	10 Nm
Bremsschlauch-Anschlussschrauben	
Funduro- und ST-Modelle	7 Nm
GS-, Dakar- und CS-Modelle	18 Nm
Fußbremszylinder-Befestigungsschrauben	
Funduro- und ST-Modelle	12 Nm
GS-, Dakar- und CS-Modelle	10 Nm
Handbremszylinder-Lenkerklemmschrauben	
Funduro- und ST-Modelle	12 Nm
GS-, Dakar- und CS-Modelle	9 Nm
Hinterachsmutter (Funduro-, ST-, GS- und Dakar-Modelle)	100 Nm
Hinterrad-Bremssattel-Befestigungsschrauben (CS-Modelle)	21 Nm
Hinterradmutter (CS-Modelle)	160 Nm
Kettenradschrauben/-muttern (hinten)	
Funduro- und ST-Modelle	25 Nm
GS- und Dakar-Modelle	21 Nm
Motorritzelmutter	
Funduro- und ST-Modelle	100 Nm
GS- und Dakar-Modelle	140 Nm
Riemenrad-Mitnehmermutter – CS-Modelle	160 Nm
Riemenradmutter (vorne) – CS-Modelle	
bis 2003	180 Nm
ab 2004	220 Nm
Riemenrad-Schrauben (hinten) – CS-Modelle	28 Nm
Vorderachse	
Funduro- und ST-Modelle	80 Nm
GS- und Dakar-Modelle	45 Nm
CS-Modelle	30 Nm
Vorderachsen-Klemmmuttern oder -Schraube(n)	
Funduro- und ST-Modelle	12 Nm
GS- und Dakar-Modelle	21 Nm
CS-Modelle	23 Nm
Vorderradbremssattel-Befestigungsschrauben	
Funduro- und ST-Modelle	50 Nm
GS-, Dakar- und CS-Modelle	41 Nm

1 Allgemeine Informationen

Alle Modelle werden vorne und hinten mit je einer hydraulischen Scheibenbremse verzögert. Vorne umgreift ein Zweikolben-Schwimmsattel die Scheibe, während dies hinten ein Einkolben-Schwimmsattel erledigt.

Das bei GS-, Dakar- und CS-Modellen gegen Aufpreis erhältliche Antiblockiersystem (ABS) sorgt dafür, dass die Räder beim heftigen Bremsen nicht blockieren – bei GS- und Dakar-Modellen lässt sich das ABS für Fahrten im Gelände abschalten. Da das ABS über eine komplizierte Elektronik und Hydraulik gesteuert wird und BMW zudem nur wenige technische Angaben macht, müssen erforderliche Arbeiten von einer Fachwerkstatt durchgeführt werden. Weiter hinten in diesem Kapitel ist daher lediglich die Funktion des ABS beschrieben.

Der Antrieb des Hinterrades erfolgt bei Funduro-, ST-, GS und Dakar-Modellen über eine offen laufende O-Ringkette, bei CS-Modellen über einen Zahnriemen. Das hintere Ketten- bzw. Riemenrad ist über einen Ruckdämpfer mit der Radnabe verbunden.

Funduro-, ST-, GS- und Dakar-Modelle haben Drahtspeichenräder, die nur mit Schlauchreifen bestückt werden dürfen. CS-Modelle sind mit Gussrädern ausgerüstet, die mit schlauchlosen Reifen bestückt werden müssen.

Anmerkung 1: *Wenn ein Bremssattel oder Bremszylinder (üblicherweise wegen klemmender Kolben oder austretender Bremsflüssigkeit) überholt werden soll, muss zuvor die gesamte Anleitung durchgelesen werden und ein Reparatur-Kit sowie ausreichend frische DOT-4-Bremsflüssigkeit bereitstehen. Nicht für alle Bremsen sind Reparatursätze erhältlich, sodass zuvor beim BMW-Händler erfragt werden muss, welche Ersatzteile beschafft werden können. Für manche Bremsen sind Dichtsätze erhältlich, die jedoch nicht frei verkäuflich sind, sondern nur von einer BMW-Werkstatt installiert werden dürfen.*

Anmerkung 2: *Arbeiten, die bei ABS-Modellen das Entlüften der Bremse erfordern, machen den Einsatz von Spezialwerkzeugen nötig, über die nur eine BMW-Werkstatt verfügt – ohne diese Ausrüstung darf niemals versucht werden, die Bremse zu entlüften. Somit dürfen Überholarbeiten an Bremssätteln, Bremszylindern oder der Austausch von Bremsleitungen nur von BMW-Werkstätten erledigt werden, wenn man das Motorrad nicht nach selbst ausgeführten Arbeiten per Transporter oder Anhänger zur Werkstatt bringen möchte oder kann.*

Achtung: Scheibenbremsen-Bauteile erzwingen selten eine Demontage. Zerlegen Sie keine Komponenten, wenn es nicht unbedingt nötig ist. Wenn die Wirkung einer Hydraulik-Bremsanlage schwach wird, muss das betreffende System demontiert, entleert, gereinigt und dann sorgfältig gefüllt und entlüftet werden. Innereien der Bremsen dürfen nicht mit Lösungsmitteln gereinigt werden, da hierdurch die Dichtungen quellen und zerstört werden. Verwenden

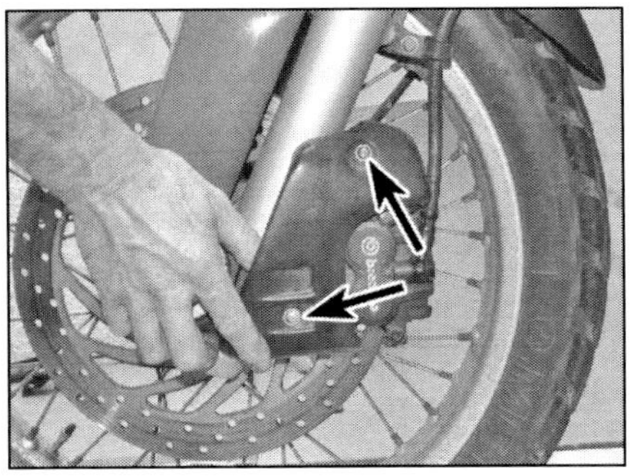

2.1 Lösen Sie die beiden Schrauben, und entfernen Sie die Bremszylinderabdeckung.

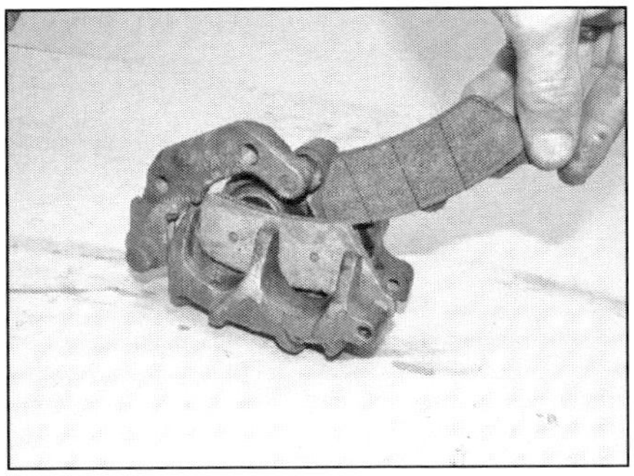

2.3b ... und entfernen Sie die Bremsbeläge.

Sie nur Bremsflüssigkeit oder Alkohol zur Reinigung. Passen Sie beim Arbeiten mit Bremsflüssigkeit besonders auf, es nicht in die Augen zu bekommen. Auch Lack und Plastikteile sind gefährdet.

2 Vorderrad-Bremsbeläge

⚠ ***Warnung: Der beim Betrieb der Bremse entstehende Staub kann gesundheitsschädliche Fasern enthalten. Blasen Sie ihn niemals mit Druckluft aus, und atmen Sie ihn nicht ein. Eine geeignete Filtermaske sollte bei Arbeiten an den Bremsen immer getragen werden.***

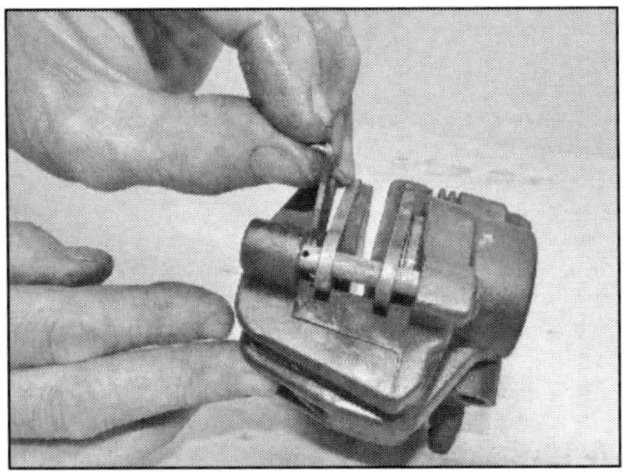

2.2 Entfernen Sie den Splint, ...

2.4 Lösen Sie die beiden Schrauben, und ziehen Sie den Sattel von der Bremsscheibe.

Anmerkung: *Betätigen Sie nicht den Bremshebel, wenn die Bremsbeläge ausgebaut sind.*

1 Entfernen Sie bei Funduro- und ST-Modellen die Bremssattelabdeckung (siehe Abbildung).
2 Entfernen Sie den Splint aus dem Belagstift (siehe Abbildung).
3 Treiben Sie den Belagstift mit einem geeigneten Dorn heraus (siehe Abbildung). Entfernen Sie die Bremsbeläge (siehe Abbildung).
4 Lösen Sie nun die Bremssattel-Befestigungsschrauben, und ziehen Sie den Sattel von der Bremsscheibe (siehe Abbildung).
5 Kontrollieren Sie die Oberflächen der Beläge auf Verunreinigung, und prüfen Sie, ob das Belagmaterial nicht unter der Verschleißgrenze ist (siehe Kapitel 1, Sektion 11). Ersetzen Sie die Beläge des Bremssattels immer als Satz, auch wenn nur einer nahe oder unterhalb der Verschleißgrenze liegt. Zudem müssen die Bremsbeläge ersetzt werden, wenn sie mit Öl oder Fett verschmutzt, stark eingekerbt sind oder durch Schmutz oder Sand beschädigt wurden.

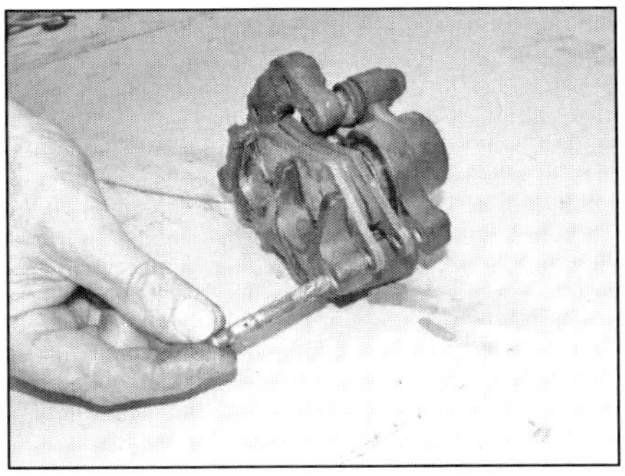

2.3a ... ziehen Sie den Belagstift heraus, ...

Anmerkung: *Es ist kaum möglich, Bremsbeläge vollständig zu entfetten. Wenn sie in irgendeiner Weise verunreinigt sind, müssen sie ersetzt werden.*

6 Wenn die Bremsbeläge in gutem Zustand sind, reinigen Sie sie mit einer vollkommen fett- und ölfreien feinen Drahtbürste. Arbeiten Sie mit einem spitzen Werkzeug eingearbeitete Partikel aus dem Material, und schleifen Sie verglaste Stellen mit Schmirgelleinen ab. Leichte Verunreinigungen und Korrosion, die die Funktion der Bremse beeinträchtigen können, müssen mit Bremsenreinigerspray entfernt werden.
7 Kontrollieren Sie den Zustand der Bremsscheibe (siehe Sektion 4).
8 Befreien Sie den Belagstift von sämtlichen Korrosionsresten, und begutachten Sie ihn auf Verschleiß und Beschädigungen.
9 Ziehen Sie den Bremssattel von seinem Träger (siehe Abbildung). Beachten Sie die Belagfeder oben im Sattel und die Belagführung am Bremssattel-Träger, und entfernen Sie die Teile nötigenfalls, um sie zu reinigen oder zu ersetzen – beachten Sie ihre Einbaupositionen (siehe Abbildungen). Entfernen Sie sämtliche Korrosion und ausgehärtete Fettreste von den Gleitstiften und aus den Gummimanschetten – inspizieren Sie diese auch auf Risse und Porosität, und ersetzen Sie sie nötigenfalls (siehe hierzu *Anmerkung 1* in Sektion 1 bezüglich der Verfügbarkeit von Ersatzteilen). Beachten Sie die Einbaupositionen.

2.9a Ziehen Sie den Bremssattel und seinen Träger auseinander.

2.9b Beachten Sie die Feder ...

2.9c ... und die Führung.

10 Beseitigen Sie an den sichtbaren Gleitflächen der Kolben Schmutz und Ablagerungen, die sonst die Dichtringe beschädigen könnten. Wenn neue Beläge eingebaut werden sollen, müssen die Kolben jetzt vollständig in ihre Bohrungen gedrückt werden, um Platz dafür zu schaffen; sind die alten Beläge noch brauchbar, reicht es, die Kolben ein kleines Stück einzudrücken. Drücken Sie die Kolben von Hand oder mit einem Holz als Hebel ein (siehe Abbildung). Notfalls können auch die alten Beläge installiert und mit einem Schraubendreher oder Ähnlichem auseinandergedrückt werden – achten Sie dabei darauf, das Belagmaterial nicht zu beschädigen. Profis und Werkstätten verwenden spezielle Bremskolben-Rückstellwerkzeuge. Durch das Drücken der Kolben in den Sattel wird Bremsflüssigkeit in den Ausgleichsbehälter gepumpt, es kann daher nötig sein, dass der Deckel, die Platte und die Manschette des Ausgleichsbehälters entfernt und etwas überschüssige Bremsflüssigkeit abgeschöpft werden müssen (siehe *Tägliche Kontrollen*). Lassen sich die Kolben nur schwierig zurückdrücken, muss die Kappe des Bremssattel-Entlüftungsventils entfernt werden, ein durchsichtiger Schlauch auf das Ventil gesteckt und sein anderes Ende in einen geeigneten Behälter gehalten werden. Öffnen Sie das Ventil, und versuchen Sie erneut, die Kolben zurückzudrücken (siehe Sektion 12). Passen Sie auf, keine Luft in das System eindringen zu lassen; entlüften Sie die Bremse anschließend nötigenfalls.

11 Falls ein Kolben fest zu sitzen scheint, müssen zunächst der andere Kolben mit einem Kabelbinder oder Holzstück blockiert und der Bremshebel betätigt werden, um zu prüfen, ob sich der in Frage kommende Kolben beim Betätigen des Bremshebels überhaupt bewegt. Lässt er sich herausdrücken aber nicht zurückschieben, wird er wahrscheinlich durch versteckte Korrosion gestoppt. Wenn er sich überhaupt nicht bewegt oder die Kolben vollständig gereinigt und inspiziert werden sollen, muss der Bremssattel überholt werden (siehe Sektion 3).

12 Installieren Sie ggf. die Belagfeder in den Sattel und die Führung an den Sattelträger (siehe Abbildungen 2.9b und c). Schmieren Sie die Belagstifte und die Gummimanschetten innen mit etwas Silikonpaste, und schieben Sie den Bremssattel auf seinen Träger (siehe Abbildung 2.9a) – die Manschetten müssen korrekt sitzen, um richtig abzudichten.

13 Achten Sie beim Einbau der Bremsbeläge darauf, dass ihr Belagmaterial zueinanderzeigt.

14 Richten Sie die Beläge im Bremssattel aus, und drücken Sie sie gegen die Feder, um die Bohrungen fluchten zu lassen. Installieren Sie den Belagstift, treiben Sie ihn evtl. mit einem geeigneten Dorn ein, und sichern Sie ihn mit dem Splint (siehe Abbildungen 2.3b und a sowie 2.2). Der Stift kann ggf. nach der Montage des Sattels in die Gabel eingetrieben werden, muss aber jetzt die Beläge in Position halten.

15 Schieben Sie den Bremssattel auf die Bremsscheibe – die Beläge müssen dabei auf beiden Seiten der Scheibe liegen (siehe Abbildung). Installieren Sie die Bremssattelschrauben, und ziehen Sie sie mit dem in den *Technischen Daten* angegebenen Drehmoment an. Falls noch nicht geschehen, muss jetzt der Belagstift eingetrieben und mit dem Splint gesichert werden.

2.10 Drücken Sie die Kolben in den Sattel.

16 Betätigen Sie mehrmals den Bremshebel, um die Beläge an die Scheibe zu drücken. Kontrollieren Sie den Bremsflüssigkeitsstand, und füllen Sie nötigenfalls auf (siehe *Tägliche Kontrollen*).

17 Prüfen Sie vor der ersten Fahrt die Funktion der Bremse.

3 Vorderrad-Bremssattel

Warnung: Der beim Betrieb von Bremsen entstehende Staub kann gesundheitsschädliche Fasern enthalten. Blasen Sie ihn niemals mit Druckluft aus, und atmen Sie ihn nicht ein. Eine geeignete Filtermaske sollte bei Arbeiten an den Bremsen immer getragen werden. Wenn eine Überholung des Bremssattels nötig ist, muss jegliche alte Bremsflüssigkeit abgelassen werden. Das Zerlegen, Überholen und Montieren von Bremsenteilen muss auf einer absolut sauberen Arbeitsfläche geschehen, damit kein Fremdkörper in die Bremse gelangen und sie während der Fahrt ausfallen lassen. Verwenden Sie zum Reinigen von Bremsenteilen auf keinen Fall Lösungsmittel auf Petroleumbasis. Benutzen Sie saubere DOT-4-Bremsflüssigkeit, Bremsenreiniger oder Spiritus. Seien Sie bei der Arbeit mit Bremsflüssigkeit äußerst vorsichtig – sie kann ihren Augen schaden und greift Lack und Kunststoff an.

2.15 Schieben Sie den Bremssattel auf die Scheibe.

Anmerkung: *Beachten Sie* Anmerkung 1 *von Sektion 1 bezüglich der Verfügbarkeit von Ersatzteilen.*

Ausbau

1 Entfernen Sie bei Funduro- und ST-Modellen die Bremssattelabdeckung.

2 Wenn der Bremssattel komplett abgenommen oder überholt werden soll, müssen die Bremsleitungs-Anschlussschraube gelöst und die Leitung getrennt werden – beachten Sie ihre Ausrichtung (siehe Abbildung) – seien Sie auf den Austritt von etwas Bremsflüssigkeit vorbereitet. Umwickeln Sie den Anschluss mit Frischhaltefolie, und sichern Sie den Schlauch aufrecht, um möglichst wenig Bremsflüssigkeit austreten zu lassen. Umwickeln Sie den Bremssattel mit Lappen, um austretende Flüssigkeit aufzusaugen. Die alten Dichtscheiben müssen später durch Neuteile ersetzt werden.

3 Wenn der Bremssattel überholt werden soll, müssen die Bremsbeläge entfernt werden (siehe Sektion 2).

4 Wenn der Bremssattel nur abgenommen werden soll, müssen seine Befestigungsschrauben gelöst und der Sattel von der Bremsscheibe gezogen werden (siehe Abbildungen 2.4 und 2.15). Sichern Sie den Sattel mit einem Kabelbinder am Motorrad, um die Bremsleitung nicht zu belasten.

3.2a Lösen Sie die Anschlussschraube, und befreien Sie die Bremsleitung.

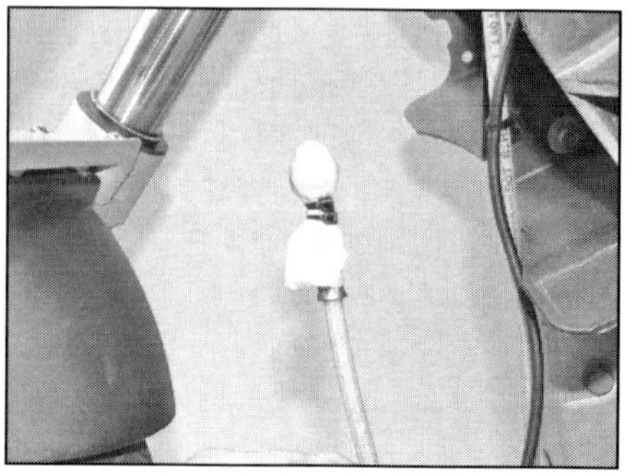

3.2b Dichten Sie die Bremsleitung wie beschrieben ab.

3.6a Setzen Sie am Bremsleitungsanschluss Druckluft an, ...

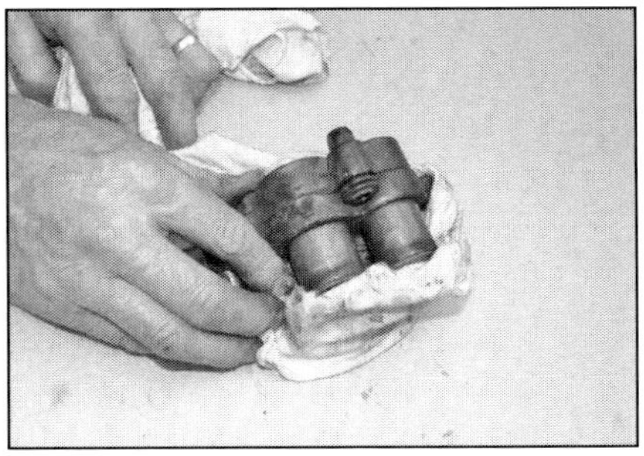

3.6b ... bis die Kolben befreit sind ...

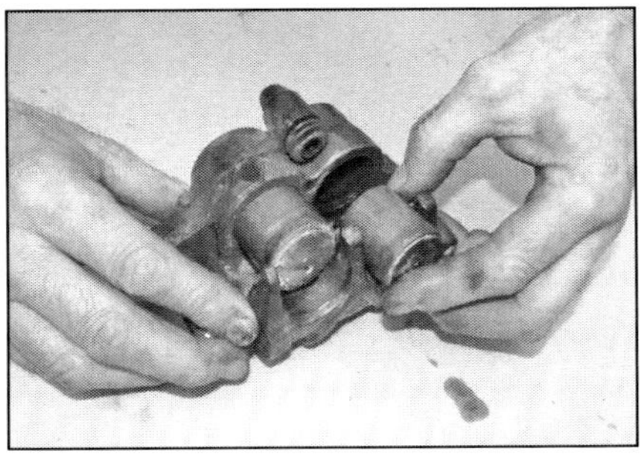

3.8 ... und entfernt werden können.

Anmerkung: *Betätigen Sie nicht den Bremshebel, wenn die Bremsbeläge ausgebaut sind.*

Überholen

5 Reinigen Sie den Sattel äußerlich mit Bremsenreiniger oder Spiritus. Halten Sie Lappen bereit, um austretende Bremsflüssigkeit aufzusaugen.

6 Falls noch nicht geschehen, müssen der Bremssattel von seinem Träger gezogen und die Feder aus dem Sattel entfernt werden (siehe Abbildungen 2.9a und b). Stopfen Sie einen dicken Lappen oder ein geeignetes Stück Holz zwischen die Kolben und das Gehäuse, um die Kolben daran zu hindern, ihre Bohrungen vollständig zu verlassen. Setzen Sie am Bremsleitungsanschluss Druckluft an, und befreien Sie mit anfangs wenig, dann nötigenfalls steigendem Druck die Kolben aus ihren Bohrungen (siehe Abbildungen) – sie müssen gleichzeitig herauskommen, sodass ggf. einer von ihnen mit einem Holz blockiert werden muss, damit der andere weiter herauskommt.

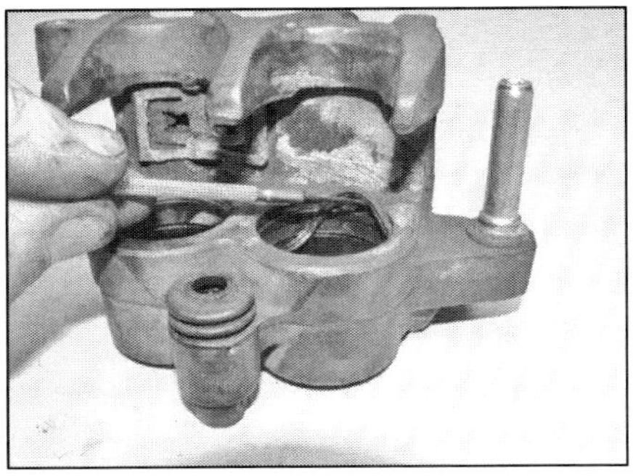

3.9 Entfernen Sie die Staubdichtungen (oben) und Dichtringe (unten).

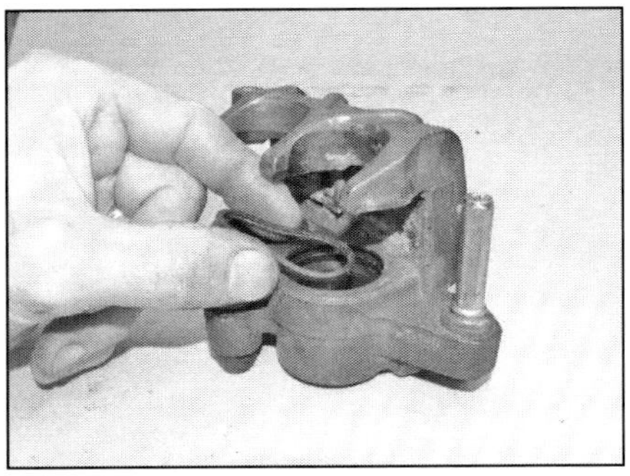

3.13 Installieren Sie die neuen Staubdichtungen.

7 Falls ein Kolben aufgrund von Korrosion in seiner Bohrung klemmt, muss der Bremssattel erneuert werden. Versuchen Sie nicht, ihn mit einer Zange oder anderem Werkzeug auszubauen.

8 Entfernen Sie das Holzstück, und ziehen Sie die Kolben aus ihren Bohrungen – markieren Sie sie entsprechend der Bohrung, um sicherzustellen, dass die Kolben beim Zusammenbau wieder in ihre ursprünglichen Positionen gelangen (siehe Abbildung).

9 Entfernen Sie mit einem Holz- oder Plastikwerkzeug die Staub- und die Kolbendichtungen aus den Sattelbohrungen, ohne diese zu beschädigen (siehe Abbildung). Die Dichtungen müssen später ersetzt werden.

10 Reinigen Sie Bohrungen und Kolben mit Spiritus, Bremsenreiniger oder sauberer Bremsflüssigkeit. Ist (gefilterte, ölfreie) Druckluft vorhanden, werden die Teile damit getrocknet.

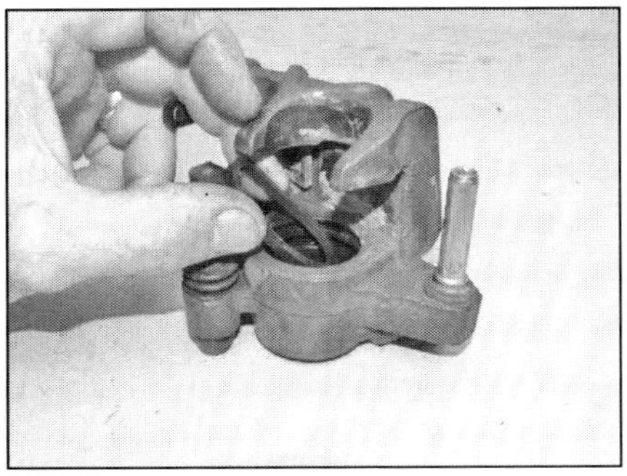

3.12 Schmieren Sie die neuen Dichtringe mit Bremsflüssigkeit, und installieren Sie sie in ihre Nut.

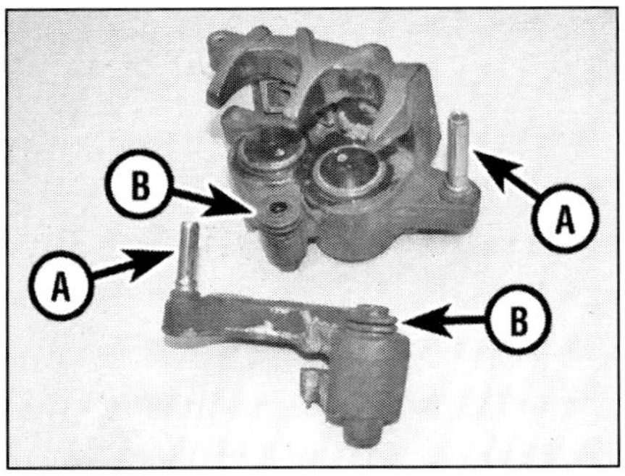

3.15 Reinigen Sie die Gleitstifte (A) und die Manschetten (B).

Achtung: Benutzen Sie zum Reinigen von Bremsenteilen auf gar keinen Fall Lösungsmittel auf Petroleumbasis.

11 Inspizieren Sie die Sattelbohrungen und Kolben auf Anzeichen von Korrosion, Kerben, Riefen und Abplatzungen. Wenn schadhafte Oberflächen vorhanden sind, muss der Bremssattel ersetzt werden. Wenn der Bremssattel in schlechtem Zustand ist, muss auch der Handbremszylinder kontrolliert werden.

12 Schmieren Sie die neuen Kolbendichtungen mit frischer Bremsflüssigkeit, und setzen Sie sie in die hinteren Nuten der Sattelbohrungen (siehe Abbildung). Beachten Sie die unterschiedlichen Durchmesser der Bohrungen, und stellen Sie sicher, dass die Dichtringe sowie auch die Staubdichtungen und Kolben in die korrekten Bohrungen gelangen.

13 Schmieren Sie die neuen Staubdichtungen mit frischer Bremsflüssigkeit, und setzen Sie sie in vorderen Nuten der entsprechenden Bohrung (siehe Abbildung).

14 Schmieren Sie die Kolben mit frischer Bremsflüssigkeit, und setzen Sie sie mit der geschlossenen Seite in die Sattelbohrungen, ohne die Dichtungen aus den Nuten zu drücken (siehe Abbildung 2.10). Drücken Sie sie mit den Daumen senkrecht bis auf den Boden.

15 Befreien Sie die Gleitstifte und die Gummimanschetten von ausgehärtetem Fett und Korrosionsresten (siehe Abbildung). Begutachten Sie die Manschetten auf Risse und Porosität, und ersetzen Sie sie nötigenfalls (siehe *Anmerkung 1* von Sektion 1 bezüglich der Verfügbarkeit von Ersatzteilen) – sie müssen richtig herum installiert werden. Installieren Sie die Belagfeder in den Sattel, und stellen Sie sicher, dass die Führung am Träger sitzt (siehe Abbildungen 2.9b und c). Schieben Sie den Bremssattel auf den Halter, dabei müssen die Manschetten korrekt um den Bund der Stifte liegen und diese so abdichten (siehe Abbildung 2.9a).

Einbau

16 Falls entfernt, werden die Bremsbeläge installiert (siehe Sektion 2).

17 Schieben Sie nun den Bremssattel auf die Bremsscheibe – die Beläge müssen auf beiden Scheibenseiten liegen (siehe Abbildung 2.15).

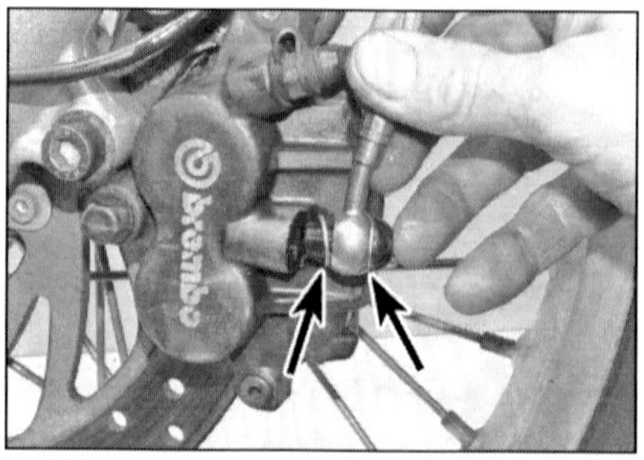

3.19 Benutzen Sie neue Dichtscheiben.

18 Installieren Sie nun die Bremssattel-Befestigungsschrauben, und ziehen Sie sie mit dem vorgeschriebenen Drehmoment an.

19 Verbinden Sie ggf. die Bremsleitung mit dem Bremssattel – verwenden Sie dabei neue Dichtscheiben (siehe Abbildung). Richten Sie die Leitung korrekt aus, und ziehen Sie die Anschlussschraube mit 7 Nm (Funduro- und ST-Modelle) bzw. 18 Nm (GS-, Dakar- und CS-Modelle) an.

20 Füllen Sie Bremsflüssigkeit auf (siehe *Tägliche Kontrollen*), entlüften Sie das System (siehe Sektion 12). Kontrollieren Sie alles auf Dichtigkeit, und prüfen Sie vor der ersten Fahrt die Funktion der Bremse.

4 Vorderrad-Bremsscheibe

Kontrolle

1 Begutachten Sie den Zustand der Bremsscheibenoberfläche auf Kerben und andere Beschädigungen. Leichte Kratzer sind nach Gebrauch normal und behindern nicht die Funktion der Bremse, tiefe Nuten und große Kerben reduzieren jedoch die Bremswirkung und erhöhen den Belagverschleiß. Wenn die Scheibe stark riefig ist, muss sie ersetzt werden.

2 Die Scheibe darf nicht dünner verschlissen sein, als in den *Technischen Daten* als minimaler Toleranzwert angegeben ist. Die Minimalstärke ist auch in die Scheibe eingeschlagen. Die Stärke kann mit einer Bügelmessschraube gemessen werden – wenn die Bremsscheibe zu dünn ist, muss sie ersetzt werden.

3 Um den Scheibenverzug zu kontrollieren, muss das Motorrad so abgestützt werden, dass das Rad nicht den Boden berührt. Befestigen Sie eine Messuhr so an der Gabel, dass der Messdorn die Scheibe etwa 10 mm unter ihrem Außenrand abtasten kann (siehe Abbildung). Drehen Sie das Rad langsam, und beobachten Sie die Messuhrnadel. Ist der Schlag größer als 0,25 mm (Funduro- und ST-Modelle) bzw. 0,14 mm (GS-, Dakar- und CS-Modelle), müssen zunächst die Radlager auf erhöhtes Spiel kontrolliert werden (siehe Kapitel 1). Sind die Lager verschlissen, müssen sie ersetzt (siehe Sektion 17) und diese Kontrolle wiederholt werden. Liegt immer noch starker Verzug vor, muss die Scheibe ersetzt werden.

Ausbau

4 Bauen Sie das Rad aus (siehe Sektion 15).

Achtung: Legen Sie das Rad nicht auf die Bremsscheibe, da sie verziehen kann. Legen Sie es auf Holzblöcke, sodass es auf der Felge aufliegt.

5 Wenn die alte Scheibe wiederverwendet werden soll, markieren Sie ihre Einbaulage am Rad, sodass sie in derselben Position wieder montiert werden kann. Lösen Sie die Bremsscheibenschrauben schrittweise über Kreuz, um ein Verziehen der Bremsscheibe zu vermeiden. Beachten Sie, dass die Schrauben mit Sicherungspaste eingeklebt sind, sodass Wärme den Ausbau erleichtert. Heben Sie die Scheibe vom Rad (siehe Abbildung) – beachten Sie bei mit ABS ausgerüsteten Maschinen den außen an der Bremsscheibe sitzenden Rotor (siehe Abbildung). Falls vorhanden, müssen die Scheiben sowie die zwischen der Scheibe und der Radnabe liegenden Abstandhalter beachtet werden.

Einbau

6 Stellen Sie vor der Montage der Bremsscheibe sicher, dass sich auf ihrem Sitz und besonders in den Kanten weder Korrosion noch Schmutz abgelagert haben, da hierdurch die Scheibe nicht flach aufliegt und beim Bremsen ein Rubbeln verursacht und/oder verzieht. Bei ABS-Modellen gilt das für den Sitz des Rotors.

7 Legen Sie ggf. die Abstandshalter auf die Radnabe. Bauen Sie die Scheibe so an das Rad, dass die Markierungen außen liegen und – falls Sie die originale Bremsscheibe installieren – die zuvor angebrachten Markierungen zur Radnabe ausgerichtet sind. Legen Sie bei ABS-Modellen den Rotor mit der markierten Seite nach außen auf die linken Scheibe, und richten Sie seine Bohrungen aus.

8 Installieren Sie die gereinigten und mit Sicherungspaste (Loctite 270 [dauerfest] für Funduro- und ST-Modelle; Loctite 243 [mittelfest] für GS- und Dakar-Modelle sowie Loctite 2701 [dauerfest] für CS-Modelle) versehenen Bremsscheibenschrauben ggf. samt ihrer Scheiben, und ziehen Sie sie nach und nach über Kreuz und schließlich bis zum in den *Technischen Daten* angegebenen Drehmoment an. Reinigen Sie die Scheiben mit Aceton oder Bremsenreiniger. Wenn neue Bremsscheiben verwendet wird, muss deren Schutzüberzug entfernt werden – zudem sind neue Bremsbeläge zu montieren.

9 Installieren Sie das Vorderrad (Sektion 15).

10 Betätigen Sie den Bremshebel mehrmals, um die Beläge an die Scheiben zu drücken. Kontrollieren Sie vor der ersten Fahrt sorgfältig die Funktion der Bremse.

4.3 Kontrolle des Bremsscheibenverzugs

5 Handbremszylinder

Warnung: Wenn der Bremszylinder überholt werden soll, muss die gesamte Bremsflüssigkeit aus dem System gepumpt werden. Das Zerlegen, Überholen und Montieren von Bremsenteilen muss auf einer absolut sauberen Arbeitsfläche geschehen, damit keine Fremdkörper in die Bremse gelangen und sie während der Fahrt ausfallen lassen. Verwenden Sie zum Reinigen von Bremsenteilen auf keinen Fall Lösungsmittel auf Petroleumbasis. Benutzen Sie saubere Bremsflüssigkeit, Bremsenreiniger oder Spiritus. Seien Sie bei der Arbeit mit Bremsflüssigkeit äußerst vorsichtig – sie kann ihren Augen schaden und greift Lack und Kunststoff an. Decken Sie gefährdete Teile mit Lappen ab, und wischen Sie Spritzer unverzüglich mit Seife und Wasser ab.

Anmerkung: *Beachten Sie bezüglich der Verfügbarkeit von Ersatzteilen und des Entlüftens von ABS-Bremssystemen die* Anmerkungen *in Sektion 1.*

Ausbau

1 Entfernen Sie den rechten Rückspiegel (siehe Kapitel 8).

2 Lösen Sie die Bremslichtschalterschraube unten am Bremszylinder, und befreien Sie den Schalter (siehe Abbildung).

3 Soll der Handbremszylinder nur vom Lenker genommen, aber nicht komplett zerlegt oder überholt werden, muss sichergestellt sein, dass der Behälterdeckel fest sitzt. Lösen Sie die Klemmschrauben, und entfernen Sie das Klemmstück. Umwickeln Sie die aus dem Hand-

4.5 Die Bremsscheibe ist mit sechs Schrauben gesichert – bei ABS-Modellen sichern Sie auch den Sensorring.

5.2 Lösen Sie jetzt die Bremslichtschalterschraube.

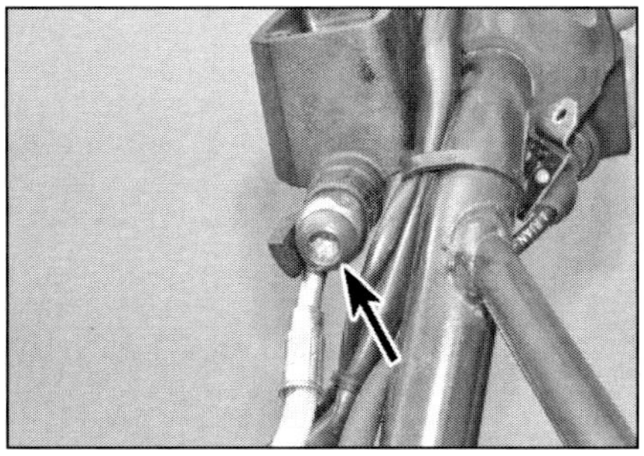

5.5 Bremsleitungs-Anschlussschraube

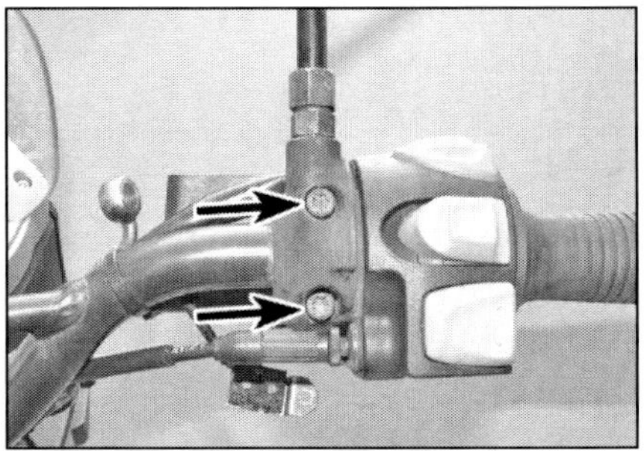

5.7 Lösen Sie die Schraube. Entfernen Sie den Handbremszylinder und das Klemmstück.

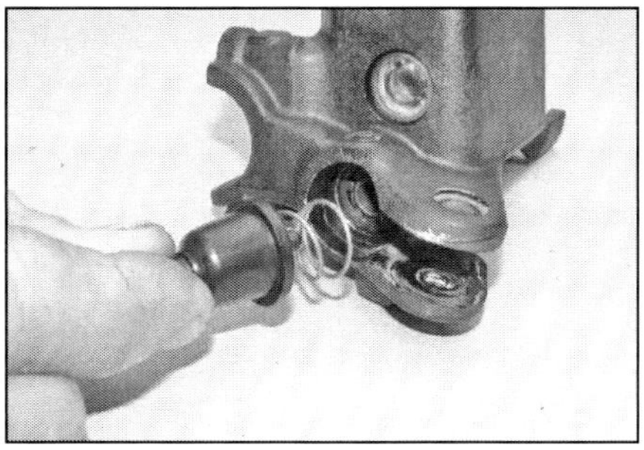

5.9a Entfernen Sie die Druckstange, die Gummikappe und die Feder vom Bremszylinderkolben.

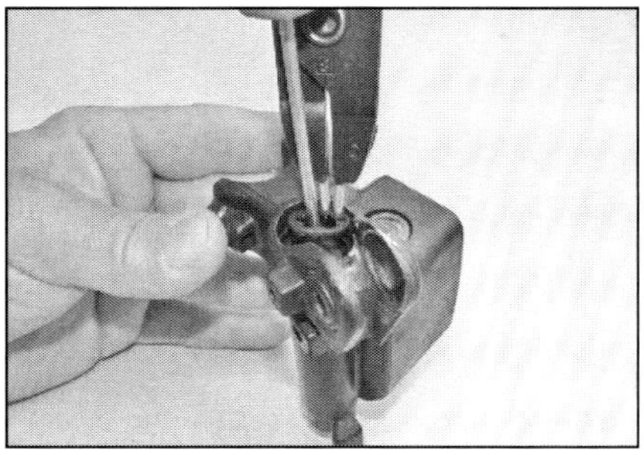

5.9b Drücken Sie den Kolben ein, entfernen Sie den Seegerring, ...

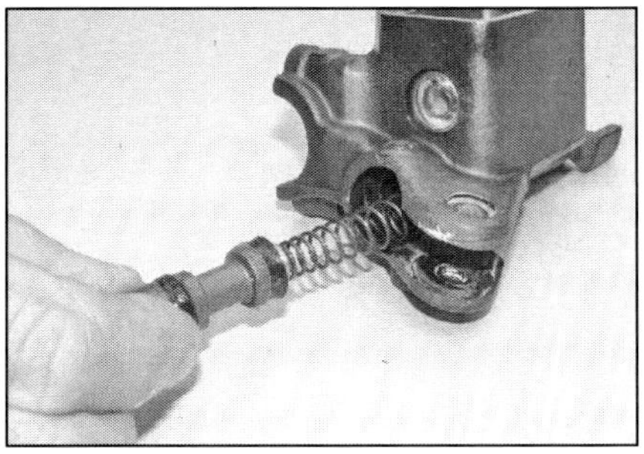

5.9c ... und ziehen Sie den Kolben samt Feder heraus.

bremszylinder und dem Ausgleichsbehälter bestehende Baugruppe mit Lappen, und nehmen Sie sie vom Lenker (siehe Abbildung 5.7). Die Bremsleitung darf nicht unter Last gesetzt und der Ausgleichsbehälter muss aufrecht gehalten werden, damit keine Luft ins Bremssystem eindringt.

4 Wenn der Bremszylinder komplett demontiert oder überholt werden soll, muss zuerst der Bremshebel entfernt werden (siehe Kapitel 6).

5 Lösen Sie die Bremsleitungsanschlussschraube, und trennen Sie die Leitung – merken Sie sich die Ausrichtung der Bremsleitung (siehe Abbildung). Umwickeln Sie den Anschluss mit Frischhaltefolie, und sichern Sie den Schlauch aufrecht, damit möglichst wenig Bremsflüssigkeit ausläuft. Wickeln Sie Lappen oder Papiertücher um den Handbremszylinder, um die darin befindliche Flüssigkeit aufzusaugen. Entfernen Sie die Dichtscheiben – später müssen neue verwendet werden.

6 Lockern Sie die Schrauben des Ausgleichsbehälterdeckels, und ziehen Sie sie leicht wieder an.

7 Lösen Sie die Handbremszylinder-Klemmschrauben, und entfernen Sie das Klemmstück. Entfernen Sie die aus dem Bremszylinder und dem Ausgleichsbehälter bestehende Baugruppe vom Lenker (siehe Abbildung).

8 Entfernen Sie den Ausgleichsbehälterdeckel samt Platte und Manschette. Schütten Sie die Bremsflüssigkeit in einen geeigneten Sammelbehälter. Wischen Sie alle Flüssigkeitsreste mit einem sauberen Lappen aus dem Behälter.

Überholen

9 Entfernen Sie die Staubmanschette aus dem Geberzylinder – die Feder und die Druckstange werden dabei mit herausgezogen. Die Manschette sitzt sehr fest und kann beim Aushebeln beschädigt werden – dem Reparatur-Set ist eine neue Manschette beigefügt (siehe Abbildung). Drücken Sie den Kolben ein, entfernen Sie den Seegerring, und ziehen Sie die Kolben-Baugruppe samt Feder heraus – beachten Sie die Einbaupositionen (siehe Abbildungen). Wenn sich die Teile schwierig entfernen lassen, muss am Bremsleitungsanschluss Druckluft angesetzt werden. Legen Sie die Bauteile genau entsprechend dem Ausbau auf eine saubere Oberfläche, um Schwierigkeiten beim Einbau zu vermeiden.

10 Reinigen Sie den Bremszylinder mit frischer Bremsflüssigkeit. Wenn gefilterter und ölfreier Druckluft zugänglich ist, trocknen Sie die Teile damit anschließend.

Achtung: Benutzen Sie zum Reinigen von Bremsenteilen unter keinen Umständen Lösungsmittel auf Petroleumbasis.

11 Inspizieren Sie die Bremszylinderbohrung auf Anzeichen von Korrosion, Kerben oder Rie-

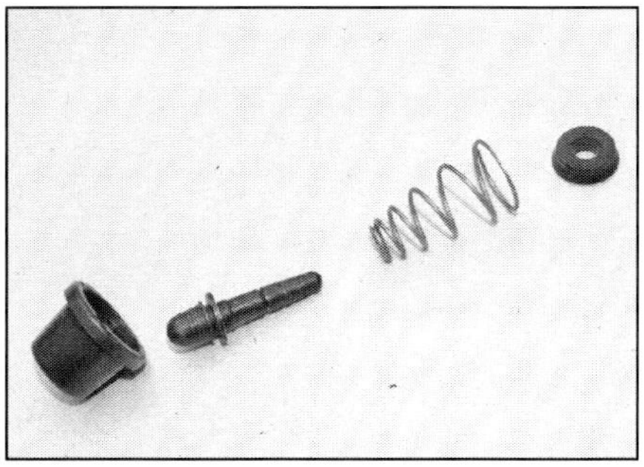

5.12 Inhalt des Handbremszylinder-Reparatursets

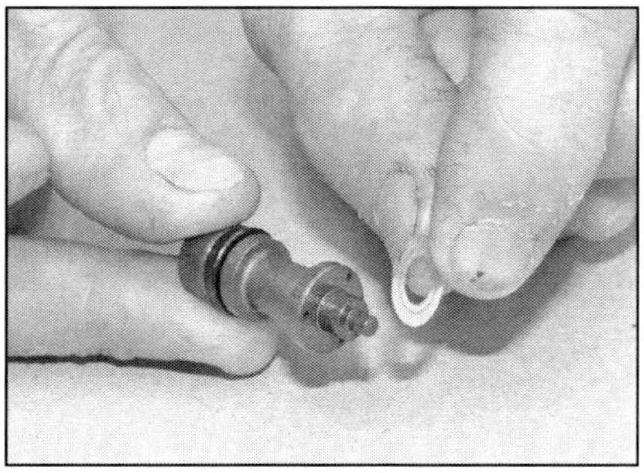

5.13a Rüsten Sie den Kolben vorne mit der Scheibe ...

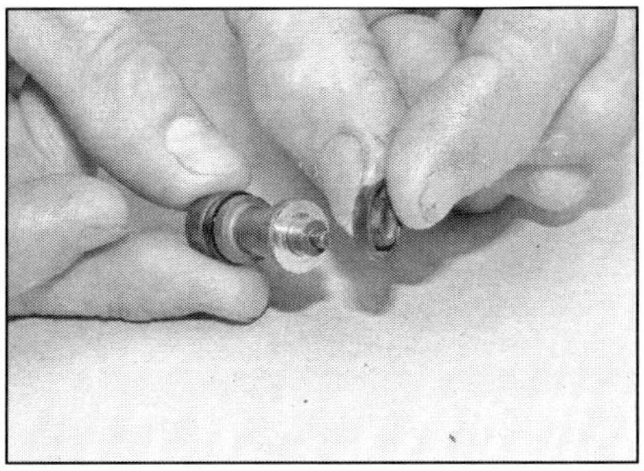

5.13b ... der Topfmanschette ...

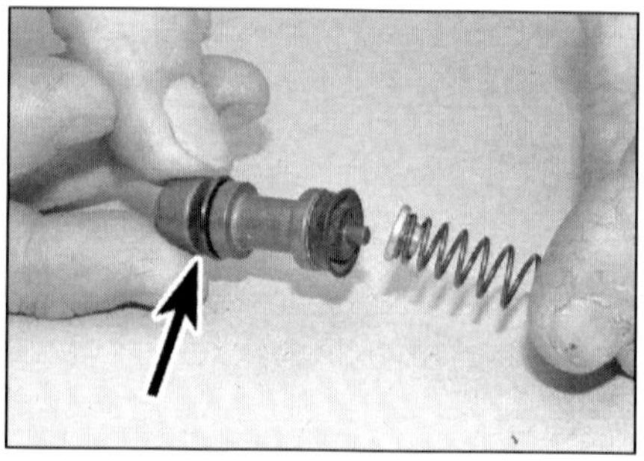

5.13c ... und der Feder aus – der Dichtring (Pfeil) muss installiert sein.

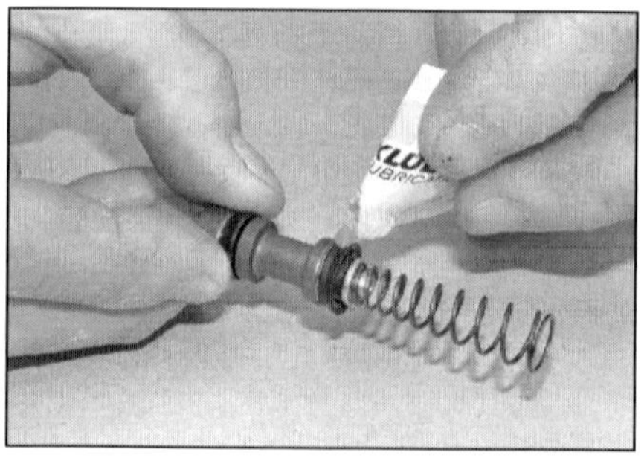

5.13d Schmieren Sie den Kolben, die Topfmanschette und den Dichtring.

fen. Wenn defekte Oberflächen vorhanden sind, muss der Handbremszylinder ersetzt werden. Wenn der Bremszylinder in schlechtem Zustand ist, muss er ersetzt werden, zudem sollten auch die Bremssättel kontrolliert werden.

12 Die Staubmanschette, die Druckstange, ihre Feder und die Topfmanschette werden samt Montagepaste als Reparaturset bereitgestellt (siehe Abbildung). Benutzen Sie unabhängig vom Zustand der alten Teile immer neue.

13 Rüsten Sie die Kolbenspitze mit der Scheibe aus, installieren Sie dann die neue Topfmanschette mit der breiteren Seite von der Scheibe weg zeigend (siehe Abbildungen) und die Kolbenfeder vor die Manschette (siehe Abbildung). Sichergehend, dass die Dichtung außen am Kolben installiert ist, wird die Baugruppe mit Montagepaste geschmiert (siehe Abbildung).

14 Schieben Sie den Kolben mit der Feder voran in den Zylinder – die Lippen der Topfmanschette dürfen dabei nicht umklappen (siehe Abbildung 5.9c). Drücken Sie den Kolben so weit ein, dass der neue Seegerring installiert werden kann (siehe Abbildung 5.9b). Versehen Sie das innere Ende der Druckstange mit Silikonpaste, schieben Sie innen die Druckstangenfeder mit der engeren Seite voran auf, und installieren Sie außen die Staubmanschette, sodass ihre an der schmalen Seite angebrachte Dichtlippe in die Nut greift (siehe Abbildung). Richten Sie das innere Ende der Druckstange zum Kolben aus (siehe Abbildung 5.9a), und drücken Sie das breitere Ende der Manschette mit einem 13-mm-Steckschlüssel in den Bremszylinder, bis sie einrastet (siehe Abbildung).

15 Inspizieren Sie die unter dem Ausgleichsbehälterdeckel sitzende Manschette. Ist sie beschädigt oder porös, muss sie ersetzt werden.

Einbau

16 Halten Sie den Handbremszylinder an den Lenker, und richten Sie seine Klemmfläche zur oben am Lenker angebrachten Körnermarkierung aus, bevor Sie das Klemmstück ansetzen (siehe Abbildungen). Ziehen Sie zunächst die obere Klemmschraube, dann die untere mit dem in den *Technischen Daten* angegebenen Drehmoment an.

17 Setzen Sie den an beiden Seiten mit neuen Dichtscheiben (siehe Abbildung) ausgerüsteten Bremsleitungsanschluss korrekt ausgerichtet an den Bremszylinderanschluss an (siehe Abbildung 5.5). Ziehen Sie dann die Anschlussschraube mit dem in den *Technischen Daten* angegebenen Drehmoment an.

18 Installieren Sie den Bremshebel (siehe Kapitel 6) und den Rückspiegel (siehe Kapitel 8).

19 Installieren Sie den Bremslichtschalter unten an den Handbremszylinder (siehe Abbildung 5.2).

20 Füllen Sie frische DOT-4-Bremsflüssigkeit in den Ausgleichsbehälter (siehe *Tägliche Kontrollen*), und entlüften Sie die Bremsanlage wie in Sektion 12 beschrieben.

21 Prüfen Sie vor der ersten Fahrt die Funktionen von Bremse und Bremslichtschalter.

6 Hinterrad-Bremsbeläge

Warnung: Der beim Betrieb der Bremse entstehende Staub kann gesundheitsschädliche Fasern enthalten. Blasen Sie ihn niemals mit Druckluft aus, und atmen Sie ihn nicht ein. Eine geeignete Filtermaske sollte bei Arbeiten an den Bremsen immer getragen werden.

1 Drücken Sie den Bremssattel gegen die Bremsscheibe, um den Kolben ins Gehäuse zu drücken und so Platz für die neuen Beläge zu schaffen. Je nach Flüssigkeitspegel im Ausgleichsbehälter kann es nötig sein, den Deckel samt Manschette entfernen zu müssen, um etwas Bremsflüssigkeit absaugen zu können (siehe *Tägliche Kontrollen*). Wenn sich der Kolben nur schwierig zurückdrücken lässt, muss die Kappe des Bremssattel-Entlüftungsventils entfernt werden, ein durchsichtiger Schlauch auf das Ventil gesteckt und sein anderes Ende in einen geeigneten Behälter gehalten werden. Öffnen Sie das Ventil, und versuchen Sie erneut, den Kolben zurückzudrücken (siehe Sektion 12). Passen Sie auf, dass keine Luft in das System eindringt, entlüften Sie die Bremse sonst nötigenfalls.

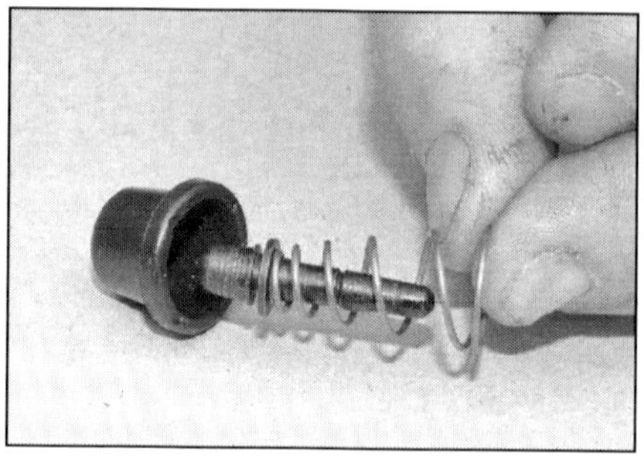

5.14a Rüsten Sie die Druckstange mit der Gummikappe und der Feder aus.

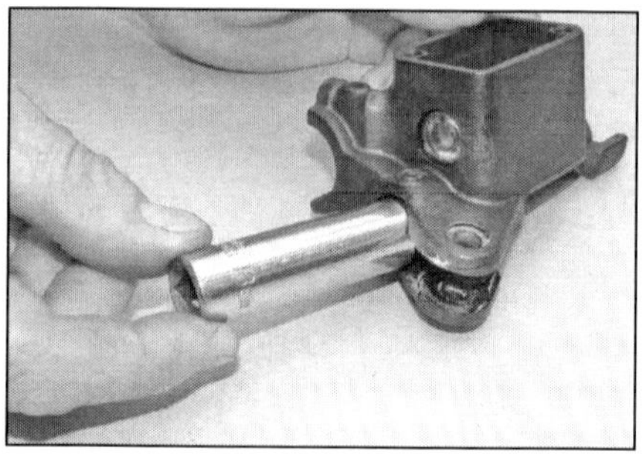

5.14b Drücken Sie den Bund der Kappe mit einem langen 13-mm-Steckschlüssel ein.

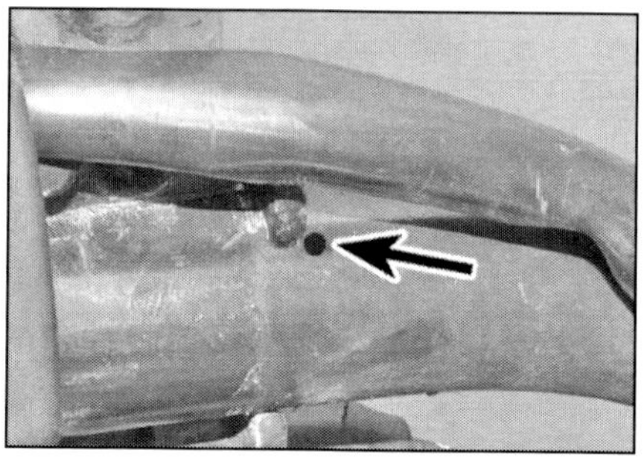

5.16a Richten Sie Kontaktfläche der Klemmung zur Körnermarkierung aus, ...

5.16b ... installieren Sie die Bremszylinder-Baugruppe. Ziehen Sie die Schrauben an.

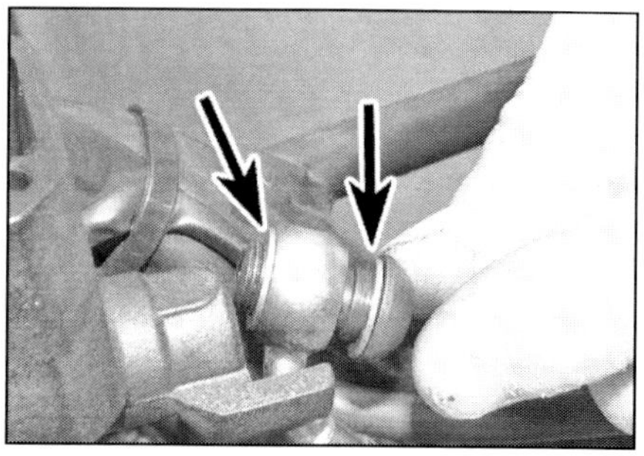

5.17 Benutzen Sie immer neue Dichtscheiben.

6.2a Entfernen Sie den Splint, ...

6.2b ... treiben Sie den Belagstift heraus, ...

6.2c ... und entfernen Sie die Bremsbeläge.

2 Entfernen Sie den Splint aus dem Belagstift (siehe Abbildung). Treiben Sie den Belagstift mit einem geeigneten Dorn heraus (siehe Abbildung). Entfernen Sie die Bremsbeläge (siehe Abbildung).

3 Kontrollieren Sie die Oberflächen der Beläge auf Verunreinigung und ob das Belagmaterial nicht unter der Verschleißgrenze ist (siehe Kapitel 1, Sektion 11). Ersetzen Sie immer beide Beläge als Satz, auch wenn nur einer nahe oder unterhalb der Verschleißgrenze liegt. Außerdem müssen die Bremsbeläge ersetzt werden, wenn sie mit Öl oder Fett verschmutzt, stark eingekerbt sind oder durch Schmutz oder Sand beschädigt wurden.

Anmerkung: *Es ist kaum möglich, Bremsbeläge vollständig zu entfetten – wenn sie in irgendeiner Weise verunreinigt sind, müssen sie ersetzt werden.*

4 Sind die Bremsbeläge in gutem Zustand, reinigen Sie sie mit einer vollkommen fett- und ölfreien feinen Drahtbürste. Arbeiten Sie mit einem spitzen Werkzeug eingearbeitete Partikel aus dem Material, und schleifen Sie verglaste Stellen mit Schmirgelleinen ab. Leichte Verunreinigungen und Korrosion, die die Funktion der Bremse beeinträchtigen können, müssen mit Bremsenreinigerspray entfernt werden.

5 Kontrollieren Sie den Zustand der Bremsscheibe (siehe Sektion 8).

6 Befreien Sie den Belagstift von Fettresten und Rostspuren, und kontrollieren Sie ihn auf Beschädigungen.

7 Bei dieser Gelegenheit sollte der Bremssattel befreit und von den Gleitstiften gezogen werden, um seine Funktion überprüfen zu können – bei dem von uns fotografierten Modell war der Sattel auf seinen Gleitstiften festgegangen – beachten Sie dazu Sektion 7.

8 Falls der Kolben fest zu sitzen scheint, muss zunächst geprüft werden, ob sich der Kolben beim Betätigen des Bremspedals überhaupt bewegt. Lässt er sich herausdrücken, aber nicht zurückschieben, wird er wahrscheinlich durch versteckte Korrosion gestoppt. Wenn er sich überhaupt nicht bewegt oder vollständig gereinigt und inspiziert werden soll, muss der Bremssattel überholt werden (siehe Sektion 7).

9 Installieren Sie die Bremsbeläge so, dass ihre Belagseiten auf beiden Seiten der Bremsscheibe liegen.

10 Richten Sie die Beläge im Bremssattel aus, und drücken Sie sie gegen die Feder, um die Bohrungen fluchten zu lassen. Installieren Sie den Belagstift, treiben Sie ihn ggf. mit einem geeigneten Dorn ein, und sichern Sie ihn mit dem Splint (siehe Abbildungen sowie 6.2a).

11 Betätigen Sie mehrmals den Bremshebel, um die Beläge an die Scheibe zu drücken. Kontrollieren Sie den Bremsflüssigkeitsstand, und füllen Sie ggf. auf (siehe *Tägliche Kontrollen*).

12 Prüfen Sie vor der ersten Fahrt die Funktion der Bremse.

6.10a Installieren Sie den inneren Bremsbelag, ...

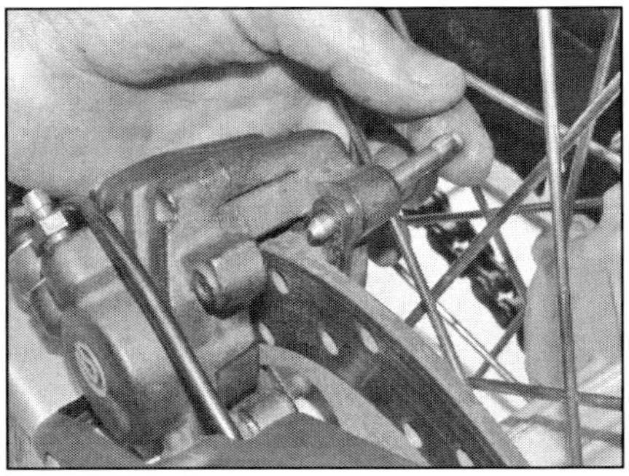

6.10b ... schieben Sie den Belagstift teilweise ein, um ihn zu sichern, ...

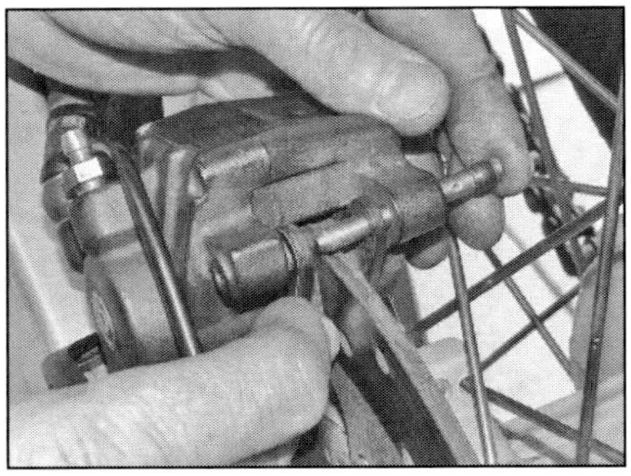

6.10c ... installieren Sie den äußeren Belag, und schieben Sie den Stift hindurch.

6.10d Treiben Sie den Stift vollständig ein.

7 Hinterrad-Bremssattel

Warnung: Der beim Betrieb von Bremsen entstehende Staub kann gesundheitsschädliche Fasern enthalten. Blasen Sie ihn niemals mit Druckluft aus, und atmen Sie ihn nicht ein. Eine geeignete Filtermaske sollte bei Arbeiten an den Bremsen immer getragen werden. Wenn eine Überholung des Bremssattels nötig ist (normalerweise bei Undichtigkeiten oder Funktionsverweigerung), muss jegliche alte Bremsflüssigkeit abgelassen werden. Das Zerlegen, Überholen und Montieren von Bremsenteilen muss auf einer absolut sauberen Arbeitsfläche geschehen, damit keine Fremdkörper in die Bremse gelangen und sie während der Fahrt ausfallen lassen. Verwenden Sie zum Reinigen von Bremsenteilen auf keinen Fall Lösungsmittel auf Petroleumbasis. Benutzen Sie saubere DOT-4-Bremsflüssigkeit, Bremsenreiniger oder Spiritus. Seien Sie bei der Arbeit mit Bremsflüssigkeit äußerst vorsichtig – sie kann ihren Augen schaden und greift Lack und Kunststoff an.

Anmerkung: *Beachten Sie betreffs Verfügbarkeit von Ersatzteilen und Entlüften von ABS-Bremssystemen die* Anmerkungen *in Sektion 1.*

7.1 **Bremsleitungs-Anschlussschraube**

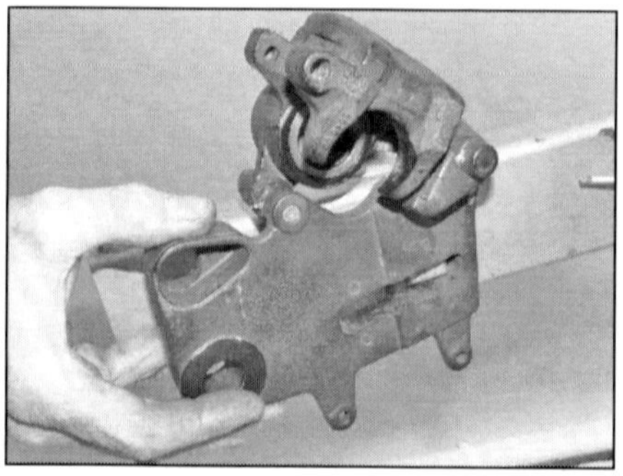

7.4 Befreien Sie den Bremssattel-Träger von der Schwinge.

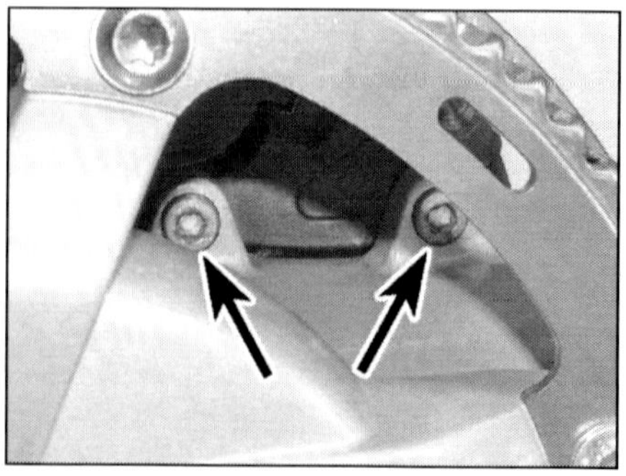

7.5 Lösen Sie die Schrauben, und ziehen Sie den Bremssattel von der Scheibe.

Ausbau

1 Wenn der Bremssattel komplett abgenommen oder überholt werden soll, müssen die Bremsleitungs-Anschlussschraube gelöst und die Leitung getrennt werden – beachten Sie ihre Ausrichtung zum Sattel (siehe Abbildung). Seien Sie auf den Austritt von etwas Bremsflüssigkeit vorbereitet. Umwickeln Sie den Anschluss mit Frischhaltefolie, und sichern Sie den Schlauch aufrecht, um möglichst wenig Bremsflüssigkeit austreten zu lassen (siehe Abbildung 3.2b). Umwickeln Sie den Bremssattel mit Lappen, um austretende Flüssigkeit aufzusaugen. Die alten Dichtscheiben müssen später durch Neuteile ersetzt werden.
2 Entfernen Sie nötigenfalls die Bremsbeläge (siehe Sektion 6).
3 Bauen Sie das Hinterrad aus (siehe Sektion 16).
4 Befreien Sie bei Funduro-, ST-, GS- und Dakar-Modellen den Bremssattel von der Schwinge (siehe Abbildung).
5 Lösen Sie bei CS-Modellen die Schrauben, und entfernen Sie den Bremssattel von der Schwinge (siehe Abbildung).

Überholen

6 Ziehen Sie den Bremssattel von seinem Träger (siehe Abbildung). Entfernen Sie nötigenfalls die Belagfeder aus dem Sattel und die Führung vom Träger – notieren Sie ihre Einbaupositionen (siehe Abbildungen). Reinigen Sie den Sattel äußerlich mit Bremsenreiniger oder Spiritus. Halten Sie Lappen bereit, um austretende Bremsflüssigkeit aufzusaugen.
7 Stopfen Sie einen dicken Lappen oder ein geeignetes Stück Holz zwischen den Kolben und das Gehäuse, um den Kolben daran zu hindern, seine Bohrungen vollständig zu verlassen (siehe Abbildung). Setzen Sie am Bremsleitungsanschluss Druckluft an, und befreien Sie mit anfangs wenig und dann nötigenfalls steigendem Druck den Kolben aus seiner Bohrung (siehe Abbildung).
8 Falls der Kolben aufgrund von Korrosion in seiner Bohrung klemmt und sich nicht mit Druckluft auspressen lässt, muss der Bremssattel durch ein Neuteil ersetzt werden. Versuchen Sie nicht, den Kolben mit einer Zange auszubauen!
9 Entfernen Sie mit einem Holz- oder Plastikwerkzeug die Staub- und die Kolbendichtung aus der Sattelbohrung, ohne diese zu beschädigen (siehe Abbildung). Die Dichtungen müssen später ersetzt werden.
10 Reinigen Sie die Bohrung und den Kolben mit Spiritus, Bremsenreiniger oder sauberer Bremsflüssigkeit. Ist (gefilterte, ölfreie) Druckluft vorhanden, werden die Teile damit getrocknet.

Achtung: Benutzen Sie zum Reinigen von Bremsenteilen auf gar keinen Fall Lösungsmittel auf Petroleumbasis.

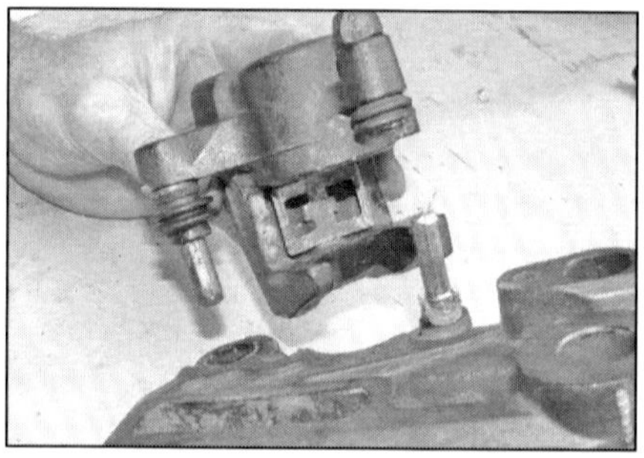

7.6a Ziehen Sie den Bremssattel und seinen Träger auseinander.

7.6b Beachten Sie die Feder...

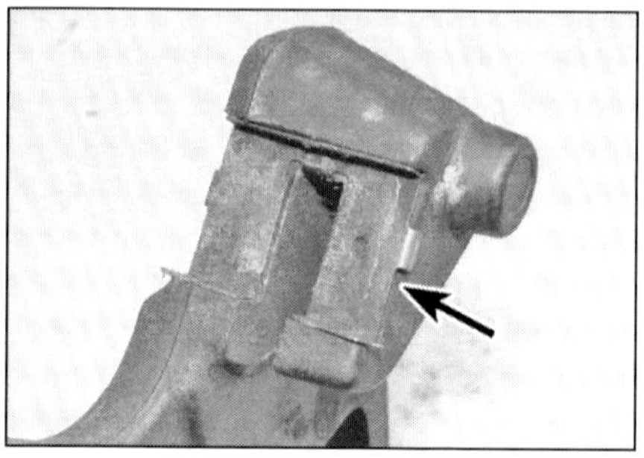

7.6c ... und die Führung.

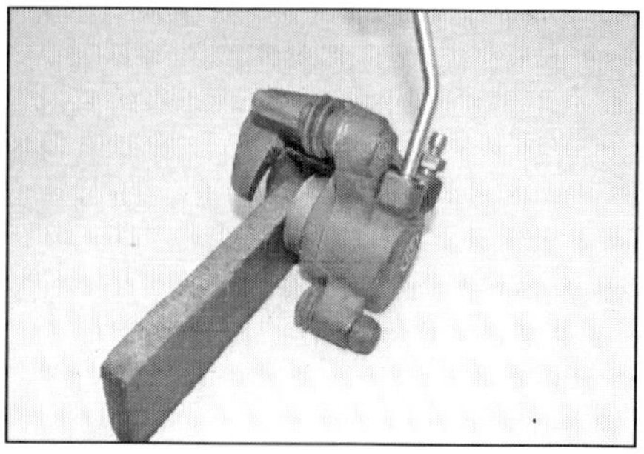

7.7a Setzen Sie am Bremsleitungsanschluss Druckluft an, ...

7.7b ... bis der Kolben befreit ist.

7.9 Entfernen Sie die Staubdichtungen (oben) und Dichtringe (unten).

7.12 Schmieren Sie die neuen Dichtringe mit Bremsflüssigkeit, und installieren Sie sie in ihre Nut.

7.13 Installieren Sie die neuen Staubdichtungen.

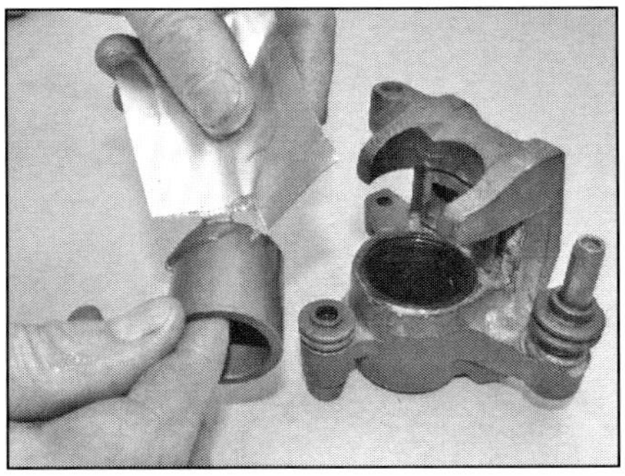

7.14a Schmieren Sie den Kolben, ...

7.14b ... installieren Sie ihn in den Sattel, ...

7.14c ... und drücken Sie ihn vollständig in seine Bohrung.

11 Inspizieren Sie die Sattelbohrung und den Kolben auf Anzeichen von Korrosion, Kerben, Riefen und Abplatzungen. Wenn schadhafte Oberflächen vorhanden sind, muss der Bremssattel ersetzt werden. Wenn der Bremssattel in schlechtem Zustand ist, muss auch der Fußbremszylinder kontrolliert werden.

12 Schmieren Sie die neue Kolbendichtung mit der beigefügten Montagepaste oder frischer Bremsflüssigkeit, und setzen Sie sie in die untere Nut der Sattelbohrung (siehe Abbildung).

13 Schmieren Sie die neue Staubdichtung, und setzen Sie sie in obere Nut der Bohrung (siehe Abbildung).

14 Schmieren Sie den Kolben, und setzen Sie ihn mit der geschlossenen Seite voran in die Sattelbohrung, ohne die Dichtungen aus den Nuten zu drücken (s. Abb.). Drücken Sie sie mit den Daumen senkrecht bis auf den Boden.

15 Befreien Sie die Gleitstifte am Träger und die Gummimanschetten von Fettresten und Rostspuren (siehe Abbildung). Kontrollieren Sie die Manschette auf Risse und Porosität, und ersetzen Sie sie nötigenfalls – achten Sie auf eine korrekte Montage.

16 Setzen Sie ggf. die Belagfeder in den Bremssattel und die Führung an den Halter (siehe Abbildungen 7.6b und c). Schieben Sie den Sattel auf den Träger – achten Sie dabei darauf, dass die Manschette korrekt abdichtet (siehe Abbildung 7.6a).

Einbau

17 Installieren Sie bei CS-Modellen den Bremssattel an die Schwinge, und ziehen Sie die Schrauben mit 21 Nm an (siehe Abbildung 7.5) – beachten Sie dabei, dass BMW vorschreibt, die vordere Bremssattelschraube nach jedem Ausbau zu erneuern, da sie ab Werk mit Sicherungspaste versehen ist.

18 Richten Sie bei Funduro-, ST-, GS- und Dakar-Modellen den Bremssattel an der Schwinge aus (siehe Abbildung 7.4).

19 Bauen Sie das Hinterrad ein (siehe Sektion 16).

20 Falls entfernt, werden die Bremsbeläge installiert (siehe Sektion 6).

21 Falls getrennt, wird die Bremsleitung angeschlossen – benutzen Sie dabei zwei neue Dichtscheiben (siehe Abbildung). Die Leitung muss korrekt ausgerichtet sein, dann wird die Anschlussschraube mit dem vorgeschriebenen Drehmoment angezogen.

22 Füllen Sie Bremsflüssigkeit auf (siehe *Tägliche Kontrollen*), entlüften Sie das System (siehe Sektion 12).

23 Kontrollieren Sie alles auf Dichtigkeit, und prüfen Sie vor der ersten Fahrt die Funktion der Bremse.

8 Hinterrad-Bremsscheibe

Kontrolle

1 Wechseln Sie hierfür zu Sektion 4. Die Messuhr muss an der Schwinge angebracht werden und das Hinterrad sich frei drehen lassen.

Ausbau

2 Bauen Sie das Rad aus (siehe Sektion 16). Entfernen Sie bei CS-Modellen die Antriebsachse und den Exzenterversteller aus der Schwinge (siehe Sektion 22).

Achtung: Legen Sie bei Funduro-, ST-, GS- und Dakar-Modellen das Rad nicht auf die Bremsscheibe oder das Kettenrad, da sie sich verziehen können. Legen Sie es auf Holzblöcke, sodass es auf der Felge aufliegt.

3 Soll die alte Scheibe wiederverwendet werden, markieren Sie die Einbaulage der Bremsscheibe am Rad, sodass sie in derselben Position wieder montiert werden kann. Lösen Sie die Bremsscheibenschrauben schrittweise über Kreuz, um ein Verziehen der Bremsscheibe zu

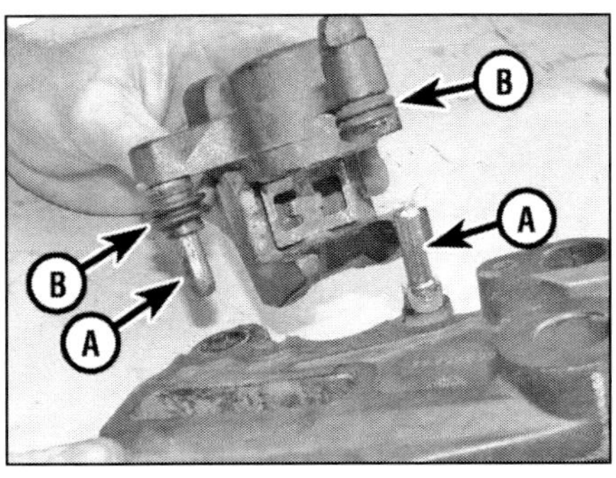

7.15 Reinigen Sie die Gleitstifte (A) und die Manschetten (B).

7.21 Benutzen Sie neue Dichtscheiben.

8.3a Befestigungsschrauben der Hinterrad-Bremsscheibe – Funduro-, ST-, GS- und Dakar-Modelle

8.3b Befestigungsschrauben der Hinterrad-Bremsscheibe – CS

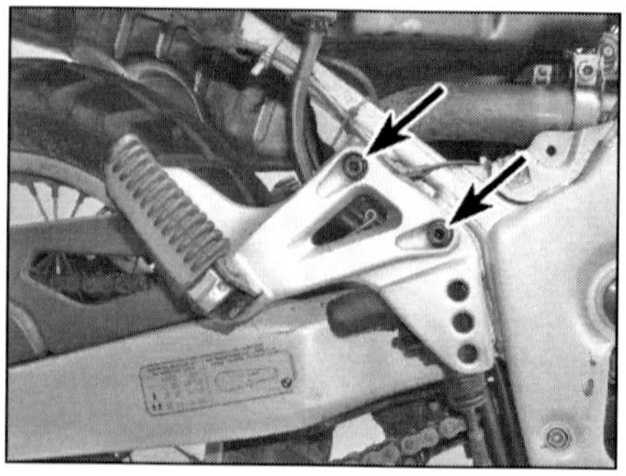

9.1a Lösen Sie die Schrauben, und entfernen Sie den rechten Beifahrer-Fußrastenträger.

vermeiden. Beachten Sie, dass die Schrauben mit Sicherungspaste eingeklebt sind, sodass Wärme den Ausbau erleichtert. Heben Sie die Scheibe vom Rad (siehe Abbildungen).

Einbau

4 Stellen Sie vor der Montage der Bremsscheibe sicher, dass sich auf ihrem Sitz und besonders in den Kanten weder Korrosion noch Schmutz abgelagert haben, da hierdurch die Scheibe nicht flach aufliegt und beim Bremsen ein Rubbeln verursacht.

5 Bauen Sie die Scheibe so an das Rad, dass die Markierung außen liegt und die zuvor angebrachten Markierungen ausgerichtet sind, wenn Sie die originale Bremsscheibe installieren. Der Pfeil muss die normale Drehrichtung des Rades anzeigen.

6 Installieren Sie die gereinigten und mit Sicherungspaste (Loctite 270 [dauerfest] für Funduro- und ST-Modelle; Loctite 243 [mittelfest] für GS- und Dakar-Modelle sowie Loctite 2701 [dauerfest] für CS-Modelle) versehenen Bremsscheibenschrauben ggf. samt ihrer Scheiben, und ziehen Sie sie nach und nach über Kreuz und schließlich bis zum in den *Technischen Daten* angegebenen Drehmoment an. Reinigen Sie die Scheiben mit Aceton oder Bremsenreiniger. Verwenden Sie neue Bremsscheiben, müssen sie deren Schutzüberzug entfernen und neue Bremsbeläge montieren.

7 Montieren Sie bei CS-Modellen die Antriebsachse und den Exzenterversteller aus der Schwinge (siehe Sektion 22).

8 Betätigen Sie mehrmals das Bremspedal, um die Beläge an die Scheibe zu drücken. Kontrollieren Sie vor der ersten Fahrt sorgfältig die Funktion der Bremse.

9 Fußbremszylinder

Warnung: Der beim Betrieb von Bremsen entstehende Staub kann gesundheitsschädliche Fasern enthalten. Blasen Sie ihn niemals mit Druckluft aus, und atmen Sie ihn nicht ein. Eine geeignete Filtermaske sollte bei Arbeiten an den Bremsen immer getragen werden. Wenn eine Überholung des Bremssattels nötig ist (normalerweise bei Undichtigkeiten oder Funktionsverweigerung), muss jegliche alte Bremsflüssigkeit abgelassen werden. Das Zerlegen, Überholen und Montieren von Bremsenteilen muss auf einer absolut sauberen Arbeitsfläche geschehen, damit keine Fremdkörper in die Bremse gelangen und sie während der Fahrt ausfallen lassen. Verwenden Sie zum Reinigen von Bremsenteilen auf keinen Fall Lösungsmittel auf Petroleumbasis. Benutzen Sie saubere DOT-4-Bremsflüssigkeit, Bremsenreiniger oder Spiritus. Seien Sie bei der Arbeit mit Bremsflüssigkeit äußerst vorsichtig – sie kann ihren Augen schaden und greift Lack und Kunststoff an.

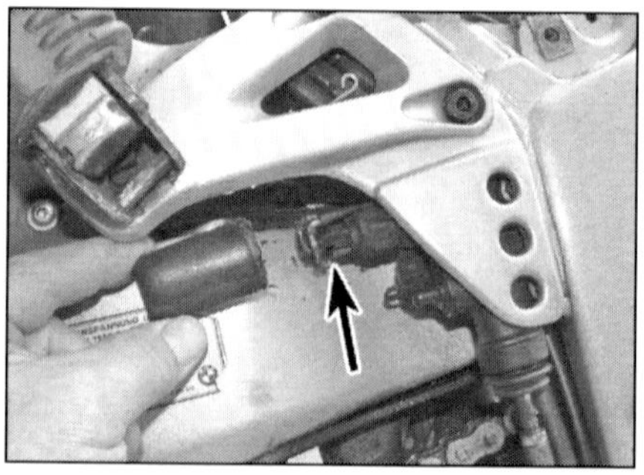

9.1b Trennen Sie den Bremslichtschalter-Stecker.

Anmerkung: *Beachten Sie betreffs Verfügbarkeit von Ersatzteilen und Entlüften von ABS-Bremssystemen die* Anmerkungen *in Sektion 1.*

9.1c Lösen Sie den Sicherungsring, und befreien Sie das Druckstangen-Gelenk vom Bremspedal.

Ausbau

1 Entfernen Sie bei Funduro- und ST-Modellen den rechten Seitendeckel (siehe Kapitel 8). Lösen Sie die Schrauben des Beifahrer-Fußrastenträgers, und entfernen Sie diesen (siehe Abbildung). Ziehen Sie die Kappe vom hinteren Bremslichtschalter, und trennen Sie den Kabelstecker (siehe Abbildung). Lösen Sie den Druckstangen-Sicherungsring, und befreien Sie das Gelenk vom Bremspedal (siehe Abbildung).

2 Lösen und entfernen Sie bei GS-, Dakar- und CS-Modellen den Splint, der die Druckstange am Bremspedal sichert (siehe Abbildungen).

3 Stellen Sie ein Gefäß bereit, in den der Ausgleichsbehälter ausgeschüttet werden kann. Lösen Sie die Ausgleichsbehälterschraube, entfernen Sie den Deckel und die Manschette, und schütten Sie den Behälter aus (siehe Abbildung). Wischen Sie verbliebene Bremsflüssigkeit mit einem Lappen aus.

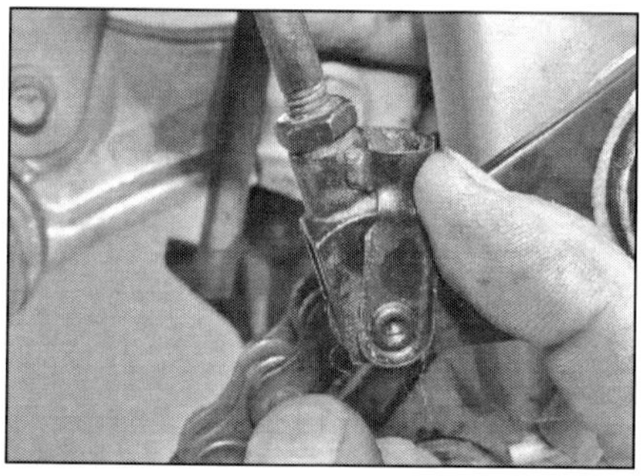

9.2a Lösen Sie den Clip, ...

9.2b ... und ziehen Sie den Stift heraus.

9.3 Lösen Sie die Schraube des Ausgleichsbehälters, und schütten Sie diesen aus.

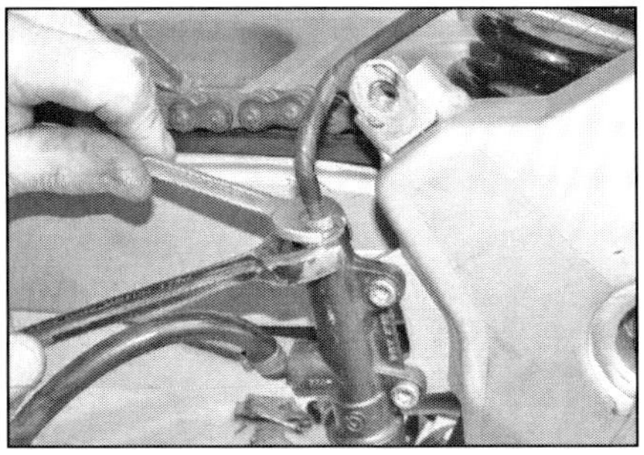

9.5 Halten Sie den Fußbremszylinder mit einem Maulschlüssel, und lösen Sie dann die Bremsleitungsmutter.

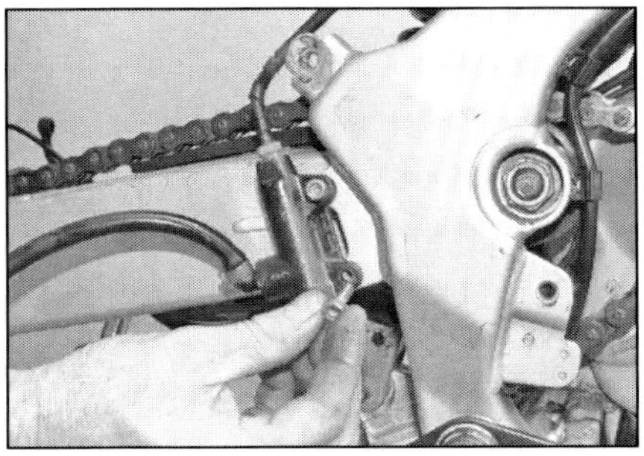

9.6a Lösen Sie die Schrauben, ...

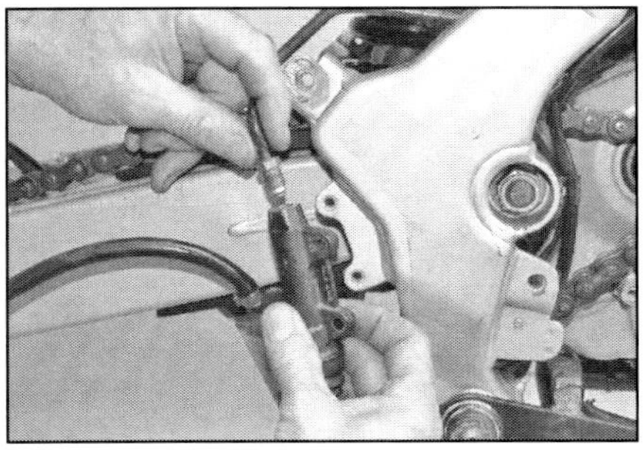

9.6b ... und entfernen Sie den Fußbremszylinder.

9.6c Beachten Sie bei CS-Modellen den Hackenschutz.

4 Lösen Sie bei Funduro- und ST-Modellen den Bremslichtschalter und den Bremsleitungsanschluss – beachten Sie seine Ausrichtung zum Bremszylinder. Umwickeln Sie den Anschluss mit Frischhaltefolie, und sichern Sie den Schlauch aufrecht, damit möglichst wenig Bremsflüssigkeit ausläuft (siehe Abbildung 3.2b). Entfernen Sie die Dichtscheiben – später müssen neue verwendet werden.

5 Kontern Sie bei GS-, Dakar- und CS-Modellen die Oberseite des Bremszylinders mit einem Maulschlüssel, und lösen Sie die Überwurfmutter der Bremsleitung (siehe Abbildung). Umwickeln Sie den Anschluss mit Frischhaltefolie, und sichern Sie den Schlauch aufrecht, damit möglichst wenig Bremsflüssigkeit ausläuft (siehe Abbildung 3.2b).

6 Lösen Sie die Befestigungsschrauben des Fußbremszylinders, und entnehmen Sie ihn – ziehen Sie bei GS-, Dakar- und CS-Modellen dabei die Bremsleitung heraus. Beachten Sie den ggf. vorhandenen Hackenschutz (siehe Abbildungen).

Überholen

7 Befreien Sie die Gummistaubkappe unten vom Bremszylinder, und entfernen Sie sie samt der Druckstange (siehe Abbildung). Drücken Sie den Kolben ein, um den Seegerring entfernen zu können, und ziehen Sie dann den Kolben samt Feder heraus – merken Sie sich die Einbaupositionen aller Teile (siehe Abbildung). Legen Sie die Bauteile entsprechend des Ausbaus auf eine saubere Oberfläche, um Schwierigkeiten beim Einbau zu vermeiden. Bei dem von uns fotografierten Modell saß der Kolben sehr fest in der weißen Buchse, und diese steckte noch fester im Zylinder (normalerweise sollten alle Teile allein durch den Federdruck herauskommen). Es war nötig, den Kolben mit einer durch den Bremsleitungsanschluss geführten dünnen Stange herauszudrücken, die Buchse mit einem Innenabzieher herauszuziehen und schließlich den O-Ring herauszuhebeln (siehe Abbildungen).

8 Reinigen Sie den Bremszylinder innen mit frischer Bremsflüssigkeit. Wenn gefilterte und ölfreie Druckluft zugänglich ist, trocknen Sie anschließend die Teile damit.

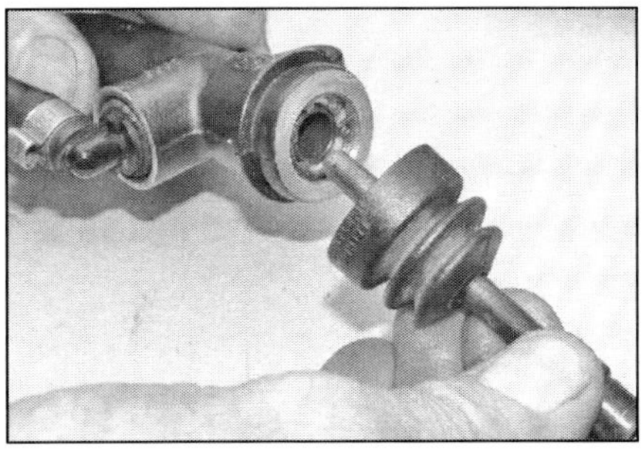

9.7a Entfernen Sie unten am Bremszylinder die Druckstange und die Manschette, ...

9.7b ... drücken Sie den Kolben hinein, entfernen Sie den Seegerring, und ziehen Sie den Koben samt Feder heraus.

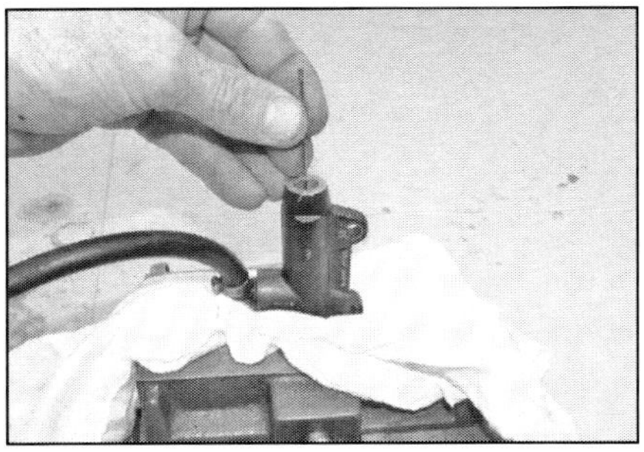

9.7c Klopfen Sie den Kolben nötigenfalls von oben her nach unten aus, ...

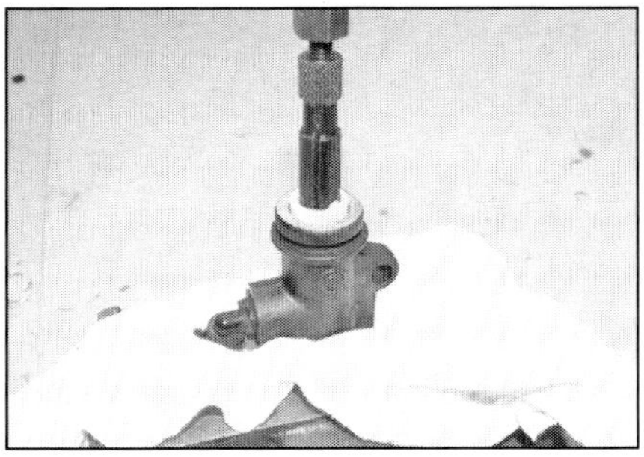

9.7d ... ziehen Sie die Buchse mit einem Abzieher heraus, ...

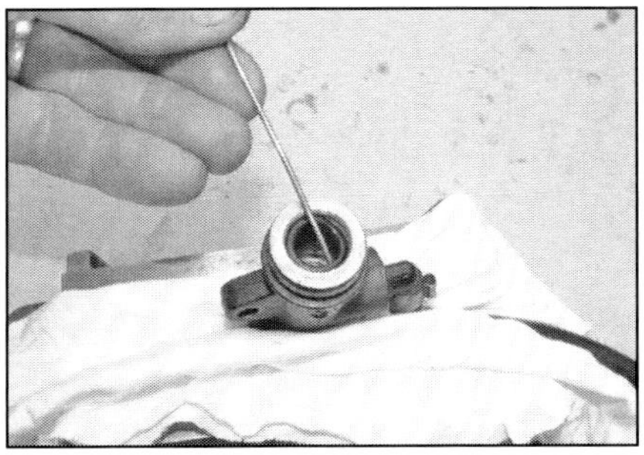

9.7e ... und entfernen Sie den O-Ring.

Achtung: Benutzen Sie zum Reinigen von Bremsenteilen unter keinen Umständen Lösungsmittel auf Petroleumbasis.

9 Inspizieren Sie die Bremszylinderbohrung auf Anzeichen von Korrosion, Kerben oder Riefen. Wenn defekte Oberflächen vorhanden sind, muss der Bremszylinder ersetzt werden. Wenn der Bremszylinder in schlechtem Zustand ist, muss er ersetzt werden, zudem sollte auch der Bremssattel kontrolliert werden.

10 Die Topfmanschette und der O-Ring müssen auf jeden Fall ersetzt werden – sie sind zusammen mit etwas Montagepaste als Reparaturset erhältlich. Die Druckstange und der Kolben sind ebenfalls als Ersatzteile erhältlich.

11 Rüsten Sie die Kolbenspitze mit der Scheibe aus, installieren Sie dann die neue Topfmanschette mit der breiteren Seite von der Scheibe weg zeigend (siehe Abbildungen) und die Kolbenfeder vor die Manschette (siehe Abbildung). Schmieren Sie den Kolben und die Topfmanschette mit der Montagepaste (siehe Abbildung).

12 Schieben Sie den Kolben mit der Feder voran in den Zylinder – die Lippen der Topfmanschette dürfen dabei nicht umklappen (siehe Abbildung). Rüsten Sie den Kolben mit dem O-Ring aus. Legen Sie die weiße Buchse über den Kolben, und drücken Sie sie in den Zylinder, bis die Nut des Seegerrings sichtbar wird (siehe Abbildung) – der O-Ring wird dabei mit herunter gedrückt. Drücken Sie den Kolben bis unter die Buchse, und installieren Sie den Seegerring in seine Nut (siehe Abbildung 9.7b).

13 Schieben Sie die Gummimanschette auf die Druckstange, bis ihre Dichtlippe in der Nut sitzt (siehe Abbildung). Versehen Sie das abgerundete Ende der Druckstange mit Silikonpaste, und richten Sie es zum Kolben aus. Schieben Sie dabei die Gummimanschette über den Zylinder (siehe Abbildung 9.7a).

Einbau

14 Richten Sie den Bremszylinder ggf. zusammen mit dem Hackenschutz und bei GS-, Dakar- und CS-Modellen zur Bremsleitung aus, und ziehen Sie die Befestigungsschrauben mit dem in den *Technischen Daten* angegebenen Drehmoment an (siehe Abbildungen 9.6c, b und a).

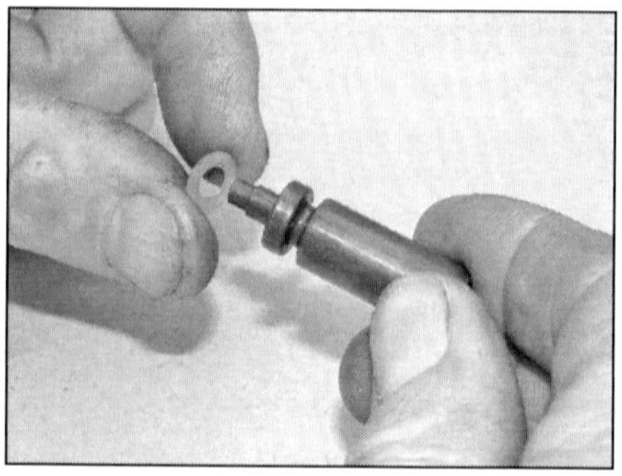

9.11a Rüsten Sie den Kolben vorne mit der Scheibe ...

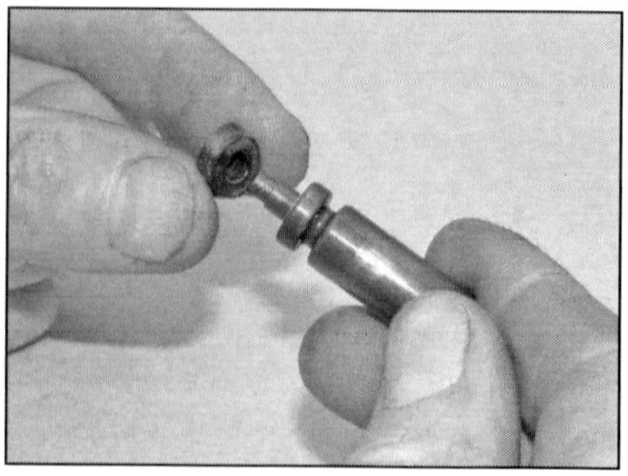

9.11b ... der Topfmanschette ...

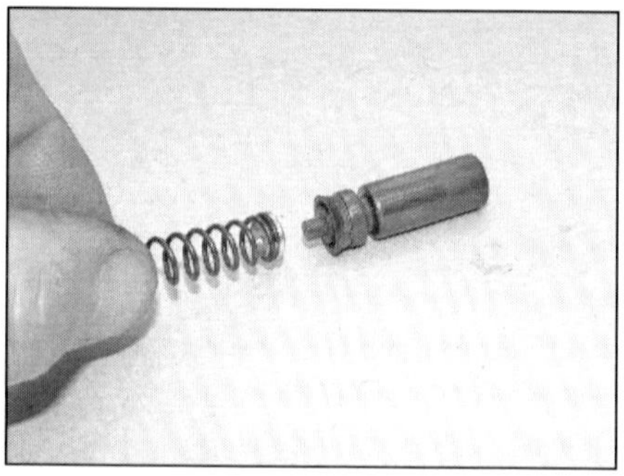

9.11c ... und der Feder aus.

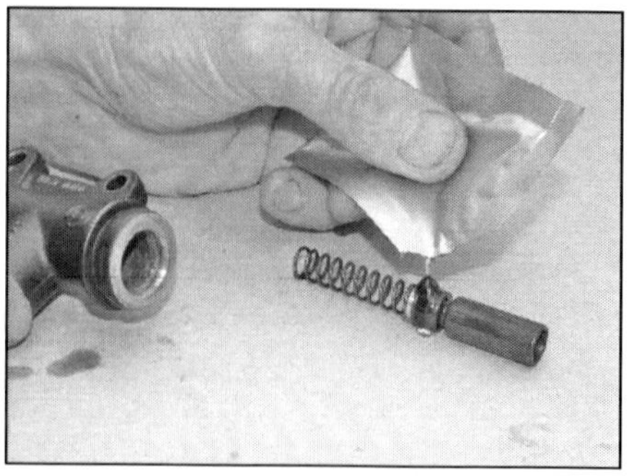

9.11d Schmieren Sie den Kolben und die Topfmanschette.

15 Verbinden Sie bei Funduro- und ST-Modellen die Bremsleitung mit dem Bremszylinder – rüsten Sie sie an beiden Seiten mit neuen Dichtscheiben aus, und richten Sie sie korrekt aus. Verbinden Sie den Kabelstecker, und installieren Sie die Abdeckung (siehe Abbildung 9.1b). Verbinden Sie die Druckstange mit dem Bremspedal, und sichern Sie sie dort (siehe

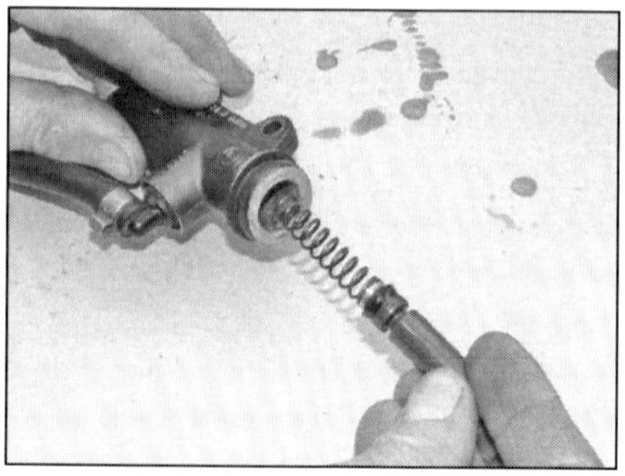

9.12a Drücken Sie die Baugruppe in den Bremszylinder.

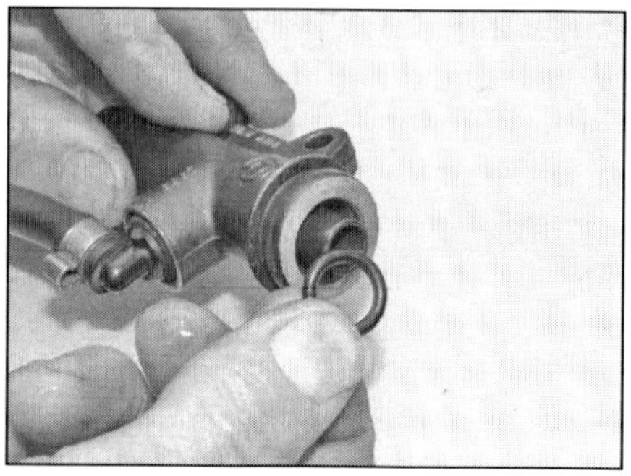

9.12b Rüsten Sie den Kolben mit dem O-Ring aus, ...

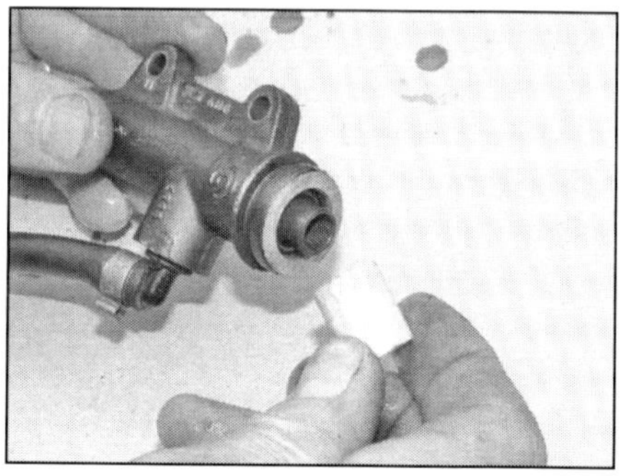

9.12c ... und installieren Sie die Buchse, ...

9.12d ... die vollständig in den Zylinder gedrückt werden muss.

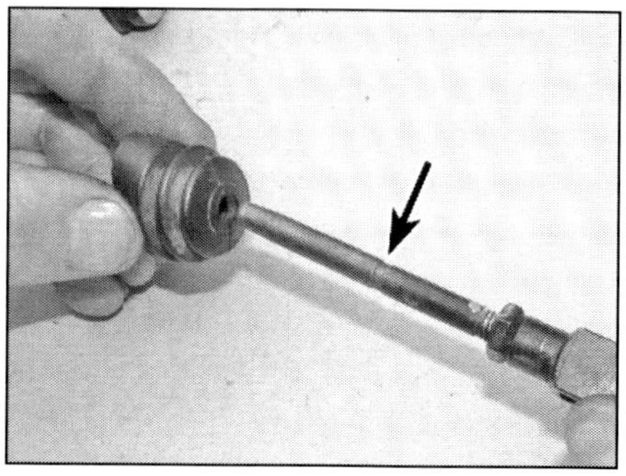

9.13 Schieben Sie die Manschette bis zur Nut (Pfeil) auf die Druckstange.

10.1a ABS-Steuergerät – GS- und Dakar-Modelle

10.1b ABS-Steuergerät – CS-Modelle

10.5 ABS-Schalter

Abbildung 9.1c). Installieren Sie die Fußrasten-Baugruppe, und ziehen Sie deren Befestigungsschrauben mit 50 Nm (Funduro- und ST-Modelle) bzw. 30 Nm (GS-, Dakar- und CS-Modelle) an (siehe Abbildung 9.1a).

16 Kontern Sie bei GS-, Dakar- und CS-Modellen den Bremszylinder, und ziehen Sie die Überwurfmutter der Bremsleitung sorgfältig bzw. (falls das korrekte Werkzeug zur Hand ist) mit 18 Nm an (siehe Abbildung 9.5). Richten Sie die Druckstange zum Bremspedal aus, stecken Sie den Clip ein, und sichern Sie ihn (siehe Abbildungen 9.2b und a).

17 Montieren Sie den Ausgleichsbehälter, und ziehen Sie seine Schraube sorgfältig an (siehe Abbildung 9.3a). Prüfen Sie, ob der Schlauch an beiden Seiten gut gesichert ist.

18 Füllen Sie frische DOT-4-Bremsflüssigkeit in den Ausgleichsbehälter (siehe *Tägliche Kontrollen*), und entlüften Sie die Bremsanlage, wie in Sektion 12 beschrieben.

19 Montieren Sie bei Funduro- und ST-Modellen den rechten Seitendeckel.

20 Prüfen Sie vor der ersten Fahrt ausführlich die Funktion der Bremse und des Bremslichts.

10 Antiblockiersystem (ABS)

Allgemeine Informationen

Warnung: Das ABS-Steuergerät vergleicht die Geschwindigkeiten beider Räder zueinander und ist mit den Größen der serienmäßigen Räder und Reifen programmiert. Werden andere Reifengrößen aufgezogen oder Räder mit anderen Felgendurchmessern montiert, kann es sein, dass das ABS nicht mehr korrekt funktioniert.

1 Das Antiblockiersystem (ABS) verhindert, dass die Räder bei heftigem Bremsen (oder normalem Bremsen auf losem oder rutschigem Untergrund) blockieren. An beiden Rädern sitzen Sensoren, die Informationen über die Umdrehungsgeschwindigkeit an das Steuermodul senden. Erkennt das Modul, dass ein Rad kurz vor dem Blockieren ist, löst es kurzzeitig den Bremsdruck, um es nicht rutschen zu lassen (siehe Abbildungen). Wenn das ABS aktiv ist, spürt man im Bremshebel oder -pedal ein Pulsieren, da der Bremsdruck vom Steuermodul in kurzen Vorgaben erhöht oder verringert wird.

2 Das ABS führt Selbstdiagnosen durch und schaltet sich beim Einschalten der Zündung automatisch ein. Nur bei GS- und Dakar-Modellen lässt sich das ABS mithilfe des über der Gabelbrücke sitzenden Kippschalters ausschalten (siehe Schritt 5). Das ABS arbeitet im Normalfall nicht bei Geschwindigkeiten unter 6 km/h; wurde eine Bremse vor Erreichen dieser Geschwindigkeit betätigt, arbeitet das ABS erst ab 12 km/h. Außerdem funktioniert das ABS nicht bei ausgeschalteter Zündung, bei einer schwachen Batterie oder beim Auftreten eines Defektes (sodass die ABS-Warnlampe nach dem Start weiterleuchtet bzw. während der Fahrt aufleuchtet). Das ABS schaltet sich ab, sobald das Motorrad für länger als zehn Sekunden auf einem Rad gefahren wird!

3 Beim Einschalten der Zündung leuchtet die ABS-Lampe im Cockpit auf und erlischt, sobald man losfährt. Bleibt die Lampe an oder leuchtet sie während der Fahrt auf, wird im System ein Defekt vorliegen und das ABS schaltet sich ab (die Bremsen funktionieren weiterhin wie gewohnt). Halten Sie an, schalten Sie die Zündung aus, und fahren Sie wieder los – erlischt die Lampe jetzt, ist alles in Ordnung, bleibt die Lampe an, muss das Motorrad von einer BMW-Werkstatt getestet werden.

4 Unter bestimmten Bedingungen kann die ABS-Warnlampe aufleuchten und ein Fehler gespeichert werden, obwohl tatsächlich gar kein Problem aufgetreten ist. Dies ist der Fall, wenn die äußeren Umstände einen Defekt vortäuschen, weil das Motorrad beispielsweise längere Zeit auf sehr schlechtem Untergrund gefahren wird, das Vorderrad während der Fahrt angehoben wurde (*Wheelie*), der Luftdruck eines Reifens extrem niedrig ist, oder das Hinterrad gedreht wird, während das Motorrad auf dem Hauptständer steht. Falls dies geschieht, muss angehalten und die Zündung abgeschaltet (sowie ggf. der Reifen aufgepumpt) werden. Starten Sie die Maschine und fahren Sie weiter – wenn das System erkennt, dass alles in Ordnung ist, wird die Lampe normal erlöschen. Leuchtet sie weiter, weil ein Fehler gespeichert wurde, muss dieser gelöscht werden, bevor die Lampe erlischt.

5 Bei GS- und Dakar-Modellen ist es möglich – und im Gelände empfehlenswert –, das ABS abzuschalten. Dies muss im Stillstand geschehen, indem man den ABS-Schalter für drei Sekunden gedrückt hält (siehe Abbildung), bis die ABS-Lampe zu blinken beginnt. Lassen Sie den Schalter los – das ABS ist jetzt ausgeschaltet, und die ABS-Lampe wird während der Zeit, in der das ABS ausgeschaltet ist, weiterblinken. Um das ABS wieder zu aktivieren, wird die Zündung aus und wieder eingeschaltet.

6 Leuchtet die ABS-Lampe beim Einschalten der Zündung nicht auf, müssen zunächst die Sicherungen und die Lampe selbst überprüft werden (siehe Kapitel 9), anschließend die Kabelstecker des Systems. Ist dies alles in Ordnung, muss das Motorrad von einer BMW-Werkstatt überprüft werden.

7 Die einzige mögliche – und regelmäßig nötige – Wartungsarbeit am ABS ist das Reinhalten der ABS-Sensorspitzen und deren Ringen (siehe Abbildung). Überprüfen Sie als Nächs-

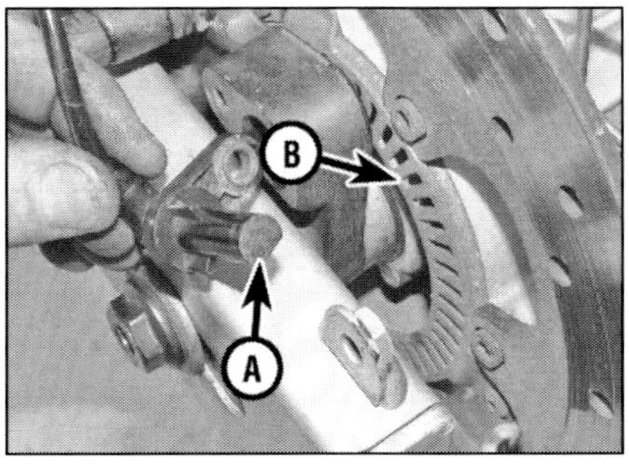

10.7a Die Rotorspitze (A) und die Nuten des ABS-Sensors (B) müssen sauber sein.

10.7b Prüfen Sie mit einer Fühlerlehre den Abstand zwischen Sensor und Ring.

tes den Abstand zwischen der Sensorspitze und den Sensorringen, auch wenn sich dieser im Normalfall nicht verändern sollte. Ermitteln Sie mithilfe einer Fühlerlehre, ob der in den *Technischen Daten* angegebene Wert eingehalten wird (siehe Abbildung) – nötigenfalls müssen die Befestigungsschrauben gelöst und mithilfe einer geeigneten Distanzscheibe der korrekte Abstand eingestellt werden. Kontrollieren Sie den Abstand an mehreren Stellen, indem Sie das Rad drehen.

8 Sowohl Fehlerdiagnosen als auch alle anderen Arbeiten am ABS (einschließlich des Entlüftens oder des Bremsflüssigkeits-Wechsels müssen von einer BMW-Werkstatt vorgenommen werden.

11 Bremsschläuche, Rohre und Anschlüsse

Kontrolle

1 Der Zustand der Bremsschläuche sollte regelmäßig kontrolliert werden. Bei ersten Alterungsanzeichen müssen sie gewechselt werden (siehe Kapitel 1). Drehen und ziehen Sie die Gummischläuche, um Risse, Beulen und durchsickernde Flüssigkeit zu entdecken. Begutachten Sie besonders die Verbindungen der Schläuche zu den Anschlussaugen, da hier die meisten Probleme auftreten.

2 Kontrollieren Sie bei ohne ABS ausgerüsteten GS-, Dakar- und CS-Modellen das Bremsleitungsrohr zum Fußbremszylinder und dessen Anschluss zum Bremsschlauch. Überprüfen Sie bei mit ABS ausgerüsteten Modellen alle anderen Rohre samt Anschlüssen und den ABS-Modulator auf Undichtigkeiten, Beulen und Knicke (siehe Abbildungen 10.1a und b).

3 Inspizieren Sie die Anschlussaugen der Bremsschläuche und bei ABS-Modellen die Anschlussmuttern auf Rost, Kratzer und Risse, und ersetzen Sie entsprechende Teile.

Praxis TiPP ***Der regelmäßige Austausch der Bremsschläuche lässt sich umgehen, indem man im Zubehörhandel erhältliche Stahlflex-Bremsschläuche montiert. Diese Leitungen halten eiwg – solange sie nicht mechanisch beschädigt werden. Viele Fahrer behaupten zudem, sie verbessern auch den Druckpunkt.***

Ersetzen

Anmerkung: *Beachten Sie bezüglich des Entlüftens von ABS-Bremssystemen die* Anmerkungen *in Sektion 1.*

4 Alle Bremsschläuche haben an den Enden Ringanschlüsse. Bedecken Sie umliegende Flächen mit Lappen, und lösen Sie an beiden Enden der Leitung die Anschlüsse – merken Sie sich ihre Ausrichtung am Geberzylinder oder Bremssattel (siehe Abbildungen 3.2a, 5.5, 7.1 und 9.4). Befreien Sie die Leitung aus allen Klemmen oder Führungen, merken Sie sich ihre Verlegung, und entfernen Sie sie. Die Dichtscheiben müssen später durch Neuteile ersetzt werden.

Anmerkung: *Betätigen Sie nicht die Bremse, wenn eine Leitung getrennt ist.*

5 Richten Sie die neue Bremsleitung aus – gehen Sie sicher, dass sie nicht verdreht ist oder anderweitig unter Spannung steht –, und verlegen Sie sie durch alle Führungen und Klemmen. Achten Sie darauf, dass die Leitungen keine beweglichen Teile berühren.

6 Prüfen Sie, ob der Anschluss korrekt ausgerichtet ist, und installieren Sie die Anschlussschrauben – benutzen Sie an beiden Seiten jedes Anschlussauges neue Dichtscheiben (siehe Abbildungen 3.19, 5.17 und 7.21). Ziehen Sie die Anschlussschrauben mit dem in den *Technischen Daten* angegebenen Drehmoment an.

7 Die Verbindungen zwischen den Schläuchen und Rohren sowie deren Anschlüsse an den ABS-Modulator bzw. bei ohne ABS ausgerüsteten GS-, Dakar- und CS-Modellen die Anschlüsse des Rohrs an den Fußbremszylinder sind mit Überwurfmuttern gesichert (siehe Abbildungen 9.5 sowie 10.1a und b). Hier gibt es keine Dichtscheiben. Lösen Sie die Mutter, um die Schläuche von den Rohren bzw. das Rohr vom Fußbremszylinder und/oder der Hydraulikeinheit zu trennen. Ziehen Sie die Überwurfmuttern beim Zusammenbau mit 18 Nm an, falls ein geeignetes Werkzeug zur Hand ist.

8 Spülen Sie die alte Bremsflüssigkeit aus dem System, füllen Sie es mit frischer DOT-4-Bremsflüssigkeit auf (siehe *Tägliche Kontrollen*), und entlüften Sie es (siehe Sektion 12).

9 Prüfen Sie vor der ersten Fahrt sorgfältig die Funktion der Bremsen.

12 Bremsanlage Entlüften und Bremsflüssigkeitswechsel

Anmerkung 1: *Beachten Sie bezüglich des Entlüftens von ABS-Bremssystemen die Anmerkungen in Sektion 1.*

12.5a Entlüftungsventil des Vorderrad-Bremssattels

12.2 Aufbau zum Entlüften der Bremse

Anmerkung 2: *Wenn die normale Form des Bremsenentlüftens nicht funktioniert, empfiehlt es sich, ein Vakuum-Entlüftungswerkzeug zu beschaffen (siehe Abbildung 12.17).*

Entlüften

1 Entlüften der Bremse besagt, dass alle Luftblasen aus dem Bremsflüssigkeitsbehälter, den Leitungen und den Bremssätteln entfernt werden. Entlüften ist immer notwendig, wenn eine Hydraulikverbindung gelöst, eine Komponente oder Leitung gewechselt oder ein Bremszylinder oder Sattel überholt wurden. Lecks im System können ebenfalls das Eindringen von Luft ermöglichen, aber sie zeigen auch durch auslaufende Flüssigkeit das Problem an und weisen auf eine dringend notwendige Reparatur hin.

2 Zum Entlüften der Bremsen werden neue DOT-4-Bremsflüssigkeit, ein durchsichtiger Vinyl- oder Plastikschlauch und ein zum Teil mit sauberer Bremsflüssigkeit gefüllter Behälter benötigt, dazu Lappen und ein Ringschlüssel für das Entlüftungsventil sowie ein Assistent (siehe Abbildung).

3 Bedecken Sie lackierte Teile mit Lappen, um keine Schäden durch Bremsflüssigkeitsspritzer zu riskieren.

4 Entfernen Sie den Deckel, die Platte und die Manschette des entsprechenden Bremszylinder-Ausgleichsbehälters (siehe *Tägliche Kontrollen*). Pumpen Sie langsam einige Male mit dem Hebel oder Pedal, bis keine aus den Bohrungen am Grund des Behälters aufsteigenden Blasen mehr zu sehen sind. Hierdurch ist das letzte Teil der Linie bereits entlüftet. Montieren Sie übergangsweise den Ausgleichsbehälterdeckel.

12.5b Entlüftungsventil des Hinterrad-Bremssattels

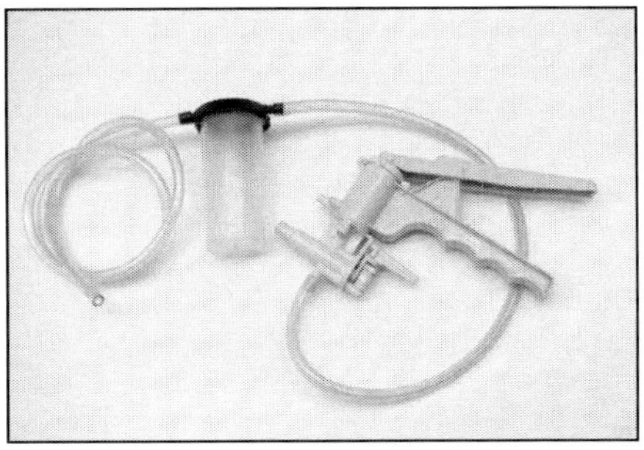

12.17 Eine Vakuumpumpe zum Bremsenentlüften

5 Ziehen Sie die Staubkappe vom Entlüftungsventil (siehe Abbildungen). Lockern Sie mit einem Ringschlüssel das Ventil, und ziehen Sie es zunächst leicht wieder an. Belassen Sie den Ringschlüssel auf dem Ventil, schieben Sie das eine Ende des durchsichtigen Schlauchs darüber, und stecken Sie das andere Ende in die Bremsflüssigkeit des Sammelbehälters (siehe Abbildung 12.2). Wird ein spezielles Entlüftungswerkzeug benutzt, muss im Behälter keine Bremsflüssigkeit stehen.
6 Kontrollieren Sie den Flüssigkeitsstand im Ausgleichsbehälter. Lassen Sie den Pegel während des Prozesses nicht unter die untere Markierung sinken.
7 Pumpen Sie vorsichtig drei- oder viermal mit dem Hebel oder Pedal, und halten Sie ihn/es gezogen bzw. gedrückt, während das Bremssattelventil geöffnet wird und Bremsflüssigkeit aus dem Sattel durch den Schlauch in den Behälter fließt, der Bremshebel kann jetzt an den Lenker gezogen bzw. das Pedal kann weiter durchgetreten werden. Wenn sich im System Luft befindet, werden in der austretenden Bremsflüssigkeit Blasen zu sehen sein.
8 Drehen Sie das Entlüftungsventil leicht wieder an, und lassen sie den Bremshebel los. Füllen Sie ggf. den Ausgleichsbehälter auf, und wiederholen Sie diesen Prozess, bis in der ausfließenden Bremsflüssigkeit keine Blasen mehr zu sehen sind und am Hebel oder Pedal ein Druckpunkt zu spüren ist. Ziehen Sie den Schlauch ab, das Entlüftungsventil sorgfältig an, und stecken Sie die Kappe auf.

> **Praxis TiPP** ***Falls sich ein fester Druckpunkt nicht einrichten lässt, kann die Bremsflüssigkeit aufgeschäumt sein. Lassen Sie die Bremsanlage über Nacht stehen, damit sie sich stabilisieren kann, und wiederholen Sie die Prozedur, nachdem sich die kleinen Luftbläschen aufgelöst haben.***

9 Kontrollieren Sie den Pegel des Ausgleichsbehälters, und füllen Sie ihn ggf. auf. Installieren Sie die Manschette, die Platte und den Deckel. Wischen Sie verschüttete Bremsflüssigkeit unverzüglich mit einem nassen Lappen ab, und kontrollieren sie das ganze System auf Undichtigkeiten.
10 Prüfen Sie vor der ersten Fahrt sorgfältig die Funktion der Bremse.

Bremsflüssigkeitswechsel

11 Der Wechsel der Bremsflüssigkeit ist ein ähnlicher Prozess wie das Entlüften der Bremse und erfordert das gleiche Material. Ggf. wird eine Pumpe zum Absaugen der Bremsflüssigkeit aus dem Ausgleichsbehälter benötigt. Stellen Sie sicher, dass der Behälter groß genug ist, die gesamte alte Bremsflüssigkeit aufnehmen zu können.
12 Folgen Sie den Hinweisen in den Schritten 2, 3 und 5, und entfernen Sie den Ausgleichsbehälterdeckel, die Platte und die Manschette. Saugen Sie den Behälter ab, oder pumpen Sie solange, bis jegliche alte Bremsflüssigkeit bis zum Behälterboden abgepumpt ist. Dabei sollte keine Luft in das System gelangen, da es ansonsten entlüftet werden muss. Füllen Sie den Behälter mit frischer Bremsflüssigkeit auf, und folgen Sie den Hinweisen in Schritt 7.
13 Ziehen Sie das Entlüftungsventil leicht an, und lösen sie den Bremshebel etwas. Halten Sie den Pegel im Behälter immer über der »LOWER«-Markierung, damit keine Luft eindringt und ein Entlüften nötig macht. Wiederholen Sie diesen Prozess, bis unten frische Bremsflüssigkeit ausfließt.

> **Praxis TiPP** ***Alte Bremsflüssigkeit ist wesentlich dunkler als frische, sodass man deutlich erkennen kann, wann die alte Flüssigkeit aus dem System gespült ist.***

14 Ziehen Sie den Schlauch ab, das Entlüftungsventil sorgfältig an, und stecken Sie die Kappe auf.
15 Kontrollieren Sie den Pegel des Ausgleichsbehälters, und füllen Sie ihn nötigenfalls auf. Installieren Sie die Manschette, die Platte und den Deckel. Wischen Sie verschüttete Bremsflüssigkeit unverzüglich mit einem nassen Lappen ab, und kontrollieren sie das ganze System auf Undichtigkeiten.
16 Prüfen Sie vor der ersten Fahrt sorgfältig die Funktion der Bremse.

Entleeren der Bremsanlage zum Überholen

17 Das Entleeren der Bremsanlage ähnelt wieder dem Entlüften. Die einfachste Methode ist der Einsatz einer Vakuumpumpe (siehe Abbildung) – folgen Sie den Infos ihres Herstellers. Sonst folgt man den Hinweisen zum Wechsel der Bremsflüssigkeit, nur dass dabei keine frische Bremsflüssigkeit nachgefüllt wird.

13 Räder
Inspektion und Reparatur

1 Um eine vernünftige Inspektion der Räder durchführen zu können, ist das Motorrad so aufzustellen, dass das zu kontrollierende Rad frei drehbar ist. Stellen Sie die Maschine auf eine entsprechende Stütze, und reinigen Sie die Räder sorgfältig, da Matsch und Schmutz die Inspektion stören und Schäden verdecken können. Führen Sie eine allgemeine Kontrolle der Räder (siehe Kapitel 1) und Reifen (siehe *Tägliche Kontrollen*) durch.
2 Befestigen Sie eine Messuhr an der Gabel oder der Schwinge, und richten Sie den Messstift seitlich gegen die Felge. Drehen sie das Rad langsam, und kontrollieren Sie das Axial-(Seiten-)Spiel (siehe Abbildung).

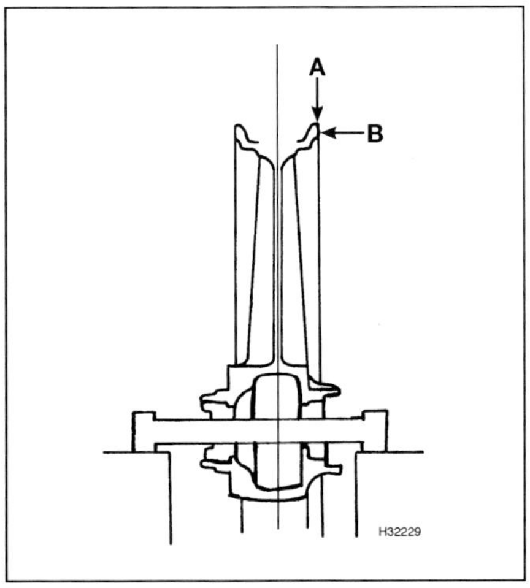

13.2 Kontrollieren Sie das Rad auf Radial-(Höhen-)- (A) und Axial-(Seiten-)Schlag (B).

3 Um das Radial-(Höhen-)Spiel akkurat messen zu können, muss das Rad ausgebaut und der Reifen demontiert werden. Bei im Schraubstock eingespannter Achse und einer Messuhr kann dann der Höhenschlag ermittelt werden.
4 Eine einfachere jedoch auch ungenauere Methode zum Ermitteln des Radialspiels ist durch das Befestigen eines festen Drahtes an der Gabel oder Schwinge zu erreichen, dessen Ende nahe an den Außenrand der Felge, wo der Reifen aufliegt, gebogen wird. Wenn das Rad in Ordnung ist, wird der Abstand zum Draht sich beim Drehen des Rades nicht verändern.
5 Wenn übermäßiger Verzug (siehe *Technische Daten*) festgestellt wird, müssen bei Drahtspeichenrädern zunächst die Speichen auf korrekte Spannung kontrolliert werden (siehe Kapitel 1). Kontrollieren Sie bei allen Rädern die Radlager. Wenn bis hierher alles in Ordnung ist, kann es sein, dass ein neues Rad beschafft werden muss – konsultieren Sie jedoch zuvor einen Spezialisten, der es evtl. reparieren kann.
6 Inspizieren Sie bei CS-Modellen die Gussräder auf Risse, Ausbrüche an der Felge und andere Beschädigungen. Achten Sie besonders auf Beulen in dem Gebiet, wo die Reifenflanken an der Felge liegen, da hier Undichtigkeiten auftreten können. Auch hier kann ggf. ein Spezialist weiterhelfen.
7 Bei Funduro-, ST-, GS- und Dakar-Modellen mit Speichenrädern müssen die Speichen re-

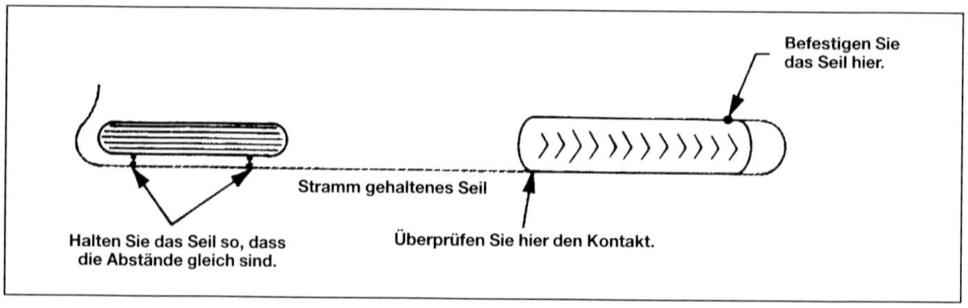

14.5 Spurkontrolle des Rades mithilfe eines Seils

gelmäßig überprüft werden (siehe Kapitel 1). Wenn man nicht ausreichend Erfahrungen hat, sollte das Reparieren oder Einsetzen von Speichen einem Fachbetrieb überlassen werden.

14 Räder
Spurkontrolle

1 Wenn durch ein schräg eingebautes Hinterrad, einen verzogenen Rahmen oder verbogene Gabel die Räder nicht in Flucht laufen, können dies Gründe für ein schlechtes und auch gefährliches Fahrverhalten der Maschine sein. Wenn der Rahmen oder die Gabelbrücken verzogen sind, kann nur ein Rahmenrichtspezialist weiterhelfen, oder die Baugruppen müssen getauscht werden.

2 Um die Spur kontrollieren zu können, wird neben einem Assistenten ein Seil oder eine absolut gerade Holzlatte und ein Lineal benötigt. Ebenfalls braucht man ein Lot.

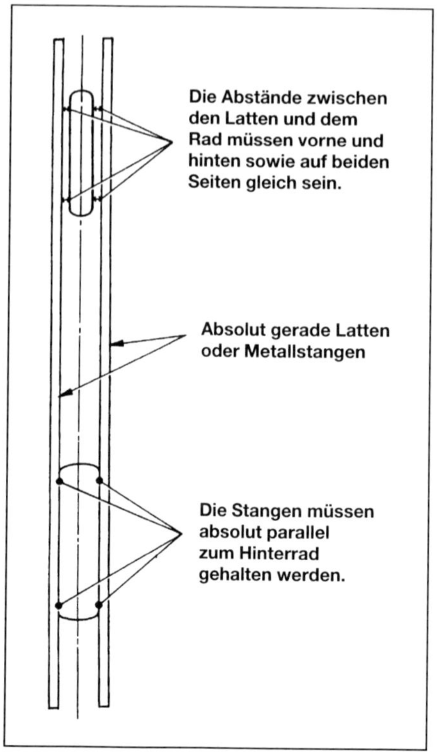

14.7 Spurkontrolle des Rades mithilfe von Holzlatten

3 Zur ordentlichen Kontrolle muss das Motorrad auf einer geeigneten Stütze senkrecht ausgerichtet sein. Zuerst ist bei Funduro-, ST-, GS- und Dakar-Modellen sicherzustellen, dass die Kettenspanner an beiden Seiten der Schwinge gleich eingestellt sind (siehe Kapitel 1, Sektion 1). Messen Sie dann die Breite beider Räder an der dicksten Stelle. Ziehen Sie den Wert des Vorderrades von dem des Hinterrads ab und teilen Sie den Wert durch zwei. Das Ergebnis ist der Wert, der bei den folgenden Messungen auf beiden Seiten der Räder herauskommen sollte.

4 Wenn ein Seil verwendet wird, muss der Assistent das eine Ende auf halber Höhe zwischen Boden und Hinterradachse halten, sodass es die hintere Seitenfläche des Reifens berührt.

5 Halten Sie das andere Ende des Seils am Vorderrad in die gleiche Höhe, und bringen Sie es stramm gespannt in Berührung mit der vorderen Seitenfläche des Hinterrads (siehe Abbildung). Drehen Sie das Vorderrad, bis es parallel mit dem Seil steht. Messen Sie den Abstand der Reifenflanken zum Seil.

6 Wiederholen Sie die Prozedur auf der anderen Seite der Maschine. Der Abstand zwischen Vorderrad und Seil muss auf beiden Seiten gleich sein.

7 Wie erwähnt, kann man die Messung auch mit einer absolut geraden Holzlatte durchführen (siehe Abbildung). Die Ausführung bleibt die gleiche.

8 Wenn der Abstand zwischen Reifen und Seil auf beiden Seiten variiert oder das Hinterrad nicht fluchtet, muss eine BMW-Werkstatt oder ein Rahmenspezialist konsultiert werden.

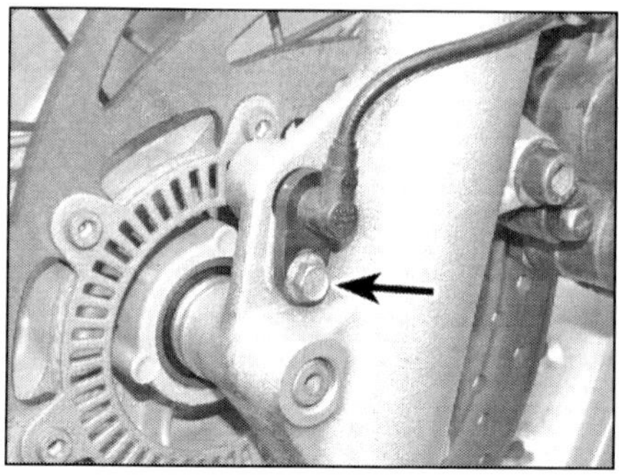

15.3 Lösen Sie die Schraube des ABS-Sensors.

9 Wenn die Spur stimmt, können die Räder vertikal immer noch nicht in Flucht stehen.

10 Mit einem Lot oder einem entsprechenden Gewicht und einer Schnur wird am Hinterrad gemessen, ob es senkrecht steht. Hierfür wird die Schnur an der oberen Seitenfläche des Reifens angelegt und das Lot herabgelassen. Wenn die Schnur beide Reifenflanken gleichzeitig berührt, steht das Rad gerade. Wenn nicht, muss der Ständer unterlegt werden, bis das Rad senkrecht steht.

11 Wenn das Hinterrad senkrecht steht, wird das Vorderrad in gleicher Weise kontrolliert. Wenn beide Räder nicht vertikal gleich stehen, ist der Rahmen und/oder ein wesentlicher Teil der Federelemente verzogen.

15 Vorderrad

Ausbau

1 Stellen Sie das Motorrad auf eine geeignete Abstützung, und stützen Sie es so ab, dass das Vorderrad nicht den Boden berührt.

2 Demontieren Sie den Vorderrad-Bremssattel (siehe Sektion 3). Sichern Sie den Sattel so, dass die Bremsleitung nicht unter Last steht. Es ist nicht nötig, die Bremsleitung zu trennen.

Anmerkung: *Betätigen Sie nicht den Bremshebel, wenn der Bremssattel demontiert ist.*

3 Bei ABS-Modellen muss der am linken Tauchrohr sitzende Vorderradsensor entfernt werden – beachten Sie die Distanzscheibe (siehe Abbildung) – sein Kabelstecker muss nicht getrennt, sondern der Sensor nur aus dem Arbeitsbereich heraus gebracht werden.

4 Lockern Sie bei Funduro- und ST-Modellen die Klemmmuttern des rechten Tauchrohrs (siehe Abbildung) – entfernen Sie nötigenfalls den Kotflügel, um den Zugang zu verbessern (siehe Kapitel 8). Lösen Sie die Achse. Wenn kein Gewicht auf dem Rad lastet, wird die Achse nach rechts heraus gezogen. Senken Sie das Rad vorsichtig ab, und ziehen Sie es nach vorne. Entfernen Sie rechts den Tachoantrieb und links die Distanzhülse aus der Radnabe.

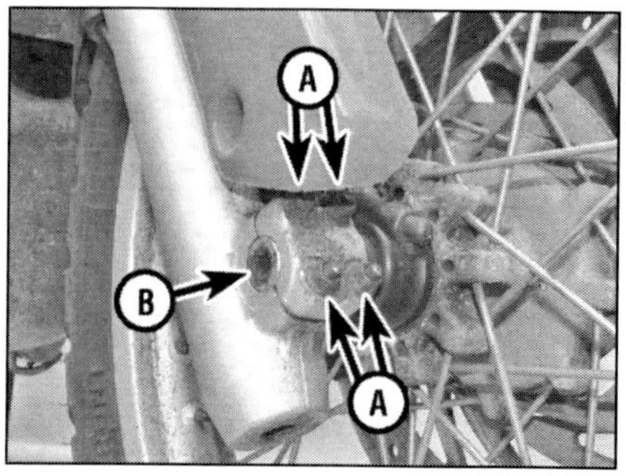

15.4 Lockern Sie die Klemmmuttern (A), und lösen Sie die Achse (B).

15.5a Lockern Sie bei GS- und Dakar-Modellen die Klemmschraube (A), und lösen Sie die Achse (B).

15.5b Ziehen Sie die Achse heraus, und entfernen Sie das Rad.

15.5c Entfernen Sie die Distanzhülsen links ...

15.5d ... und rechts aus der Radnabe.

15.6a Lösen Sie bei CS-Modellen den Achsbolzen (A), lockern Sie dann an beiden Seiten die Klemmschrauben (A).

15.6b Schieben Sie einen Schraubendreher durch die Bohrungen, um ihn als Griff für den Ausbau zu nutzen.

5 Lockern Sie bei GS- und Dakar-Modellen die Klemmschraube unten am rechten Tauchrohr (siehe Abbildung). Lösen Sie die Achse. Wenn kein Gewicht auf dem Rad lastet, wird die Achse nach rechts herausgezogen (siehe Abbildung). Senken Sie das Rad vorsichtig ab, und ziehen Sie es nach vorne. Entfernen Sie an beiden Seiten die Distanzhülsen aus der Radnabe – merken Sie sich deren Positionen (siehe Abbildung).

6 Lösen Sie bei CS-Modellen den Achsbolzen (siehe Abbildung). Lockern Sie unten an beiden Tauchrohren die Klemmschrauben. Lastet kein Gewicht auf dem Rad, wird die Achse nach links herausgezogen (siehe Abbildung). Senken Sie das Rad vorsichtig ab, und ziehen Sie es nach vorne. Entfernen Sie an beiden Seiten die die Distanzhülsen aus der Radnabe – merken Sie sich deren Positionen.

7 Befreien Sie den Tachoantrieb (Funduro- und ST-Modelle), die Hülse(n), die Achse und die Dichtringe von alten Fettresten.

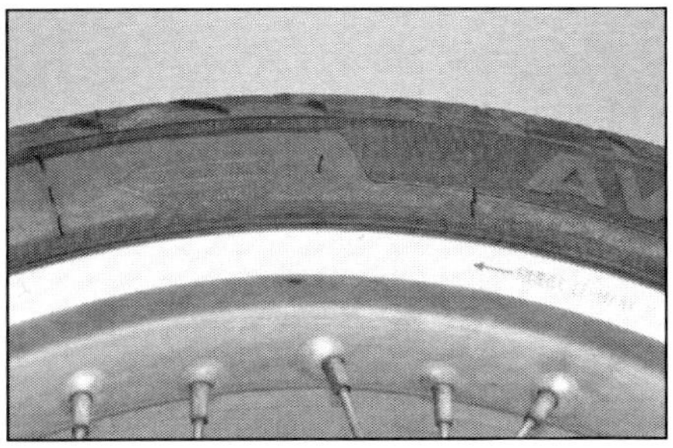

15.11 Die Richtungspfeile an Felge und Reifen müssen in die gleiche Richtung zeigen.

Achtung: Legen Sie das Rad nicht auf die Bremsscheibe, da sie dadurch verziehen kann. Legen Sie es auf Blöcke, sodass die Felge das Gewicht des Rades stützt. Betätigen Sie bei demontiertem Bremssattel nicht den Bremshebel.

8 Kontrollieren Sie die Achse durch Rollen auf einer ebenen Oberfläche, z.B. einer Glasscheibe, auf Verzug. Wenn die Ausrüstung vorhanden ist, legen Sie die Achse in Prismenböcke, und messen Sie den Verzug. Wenn die Achse verbogen ist, muss sie ersetzt werden.

9 Kontrollieren Sie die Dichtringe und die Radlager (siehe Sektion 17).

Einbau

10 Versehen Sie die Distanzhülse(n) innen sowie außen im Bereich der Dichtringe und bei Funduro- und ST-Modellen den Tachoantrieb mit etwas Fett. Stecken Sie die Hülse(n) in den/die Dichtring(e) – dies kann auch direkt beim Einbau des Rades geschehen.

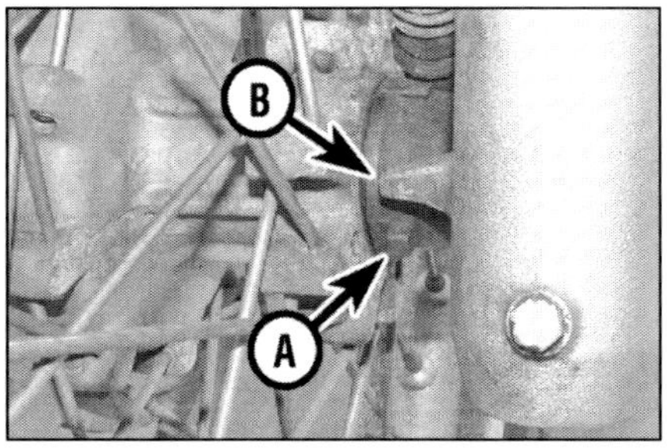

15.12 Drehen Sie den Tachoantrieb so, dass seine Lasche (A) unten gegen die der Gabel (B) drückt.

11 Manövrieren Sie das Rad mit der Bremsscheibe nach links zwischen den Gabelholmen in Position – der Richtungspfeil auf dem (neuen) Reifen muss in die normale Drehrichtung zeigen (siehe Abbildung). Versehen Sie die Achse dünn mit Fett.

12 Setzen Sie bei Funduro- und ST-Modellen den Tachoantrieb korrekt ausgerichtet rechts in die Radnabe, und installieren Sie links die Distanzhülse. Heben Sie das Rad in Position – Antrieb und Hülse müssen in Position bleiben (siehe Abbildung). Schieben Sie die Achse von rechts ein – sie muss durch die linke Distanzhülse in das Gewinde im linken Tauchrohr greifen – und ziehen Sie sie mit 80 Nm an. Senken Sie das Vorderrad ab, und montieren Sie den Bremssattel (siehe Sektion 3). Betätigen Sie mehrmals die Bremse, um die Bremsbeläge an die Scheibe zu drücken, und pressen Sie bei betätigter Bremse die Gabel einige Male zusammen, bis sich alle Komponenten gesetzt haben. Ziehen Sie jetzt zunächst die oberen und dann die unteren Achsen-Klemmmuttern mit 12 Nm an – falls das Klemmstück demontiert war, muss sichergestellt sein, dass »UP« nach oben zeigt (siehe Abbildung 15.4).

13 Stecken Sie bei GS- und Dakar-Modellen die Distanzbuchsen in beide Seiten der Radnabe (siehe Abbildungen 15.5d und c). Heben Sie das Rad in Position – die Hülsen müssen in Position bleiben. Schieben Sie die Achse von rechts ein – sie muss durch die linke Distanzhülse hindurch in das Gewinde im linken Tauchrohr greifen (siehe Abbildung 15.5b) – und ziehen Sie sie mit 45 Nm an (siehe Abbildung). Senken Sie das Vorderrad ab, und montieren Sie den Bremssattel (siehe Sektion 3). Betätigen Sie mehrmals die Bremse, um die Bremsbeläge an die Scheibe zu drücken, und pressen Sie bei betätigter Bremse die Gabel einige Male zusammen, bis sich alle Komponenten gesetzt haben. Ziehen Sie jetzt die beiden Achsenklemmschrauben mit 21 Nm an (siehe Abbildung 15.5a).

14 Stecken Sie bei CS-Modellen die Distanzbuchsen in beide Seiten der Radnabe. Heben Sie das Rad in Position – die Hülsen müssen in Position bleiben. Schieben Sie die Achse von links ein – sie muss durch die Distanzhülsen hindurch in das rechte Tauchrohr greifen. Installieren Sie dort den Achsbolzen, und ziehen Sie ihn mit 30 Nm an (siehe Abbildung). Senken Sie das Vorderrad ab, und montieren Sie den Bremssattel (siehe Sektion 3). Betätigen Sie mehrmals die Bremse, um die Bremsbeläge an die Scheibe zu drücken, und pressen Sie bei betätigter Bremse die Gabel einige Male zusammen, bis sich alle Komponenten gesetzt haben. Ziehen Sie jetzt die Achsen-Klemmschraube mit 23 Nm an.

15 Montieren Sie bei ABS-Modellen den Vorderradsensor samt aller Distanzscheiben, und ziehen Sie die Schraube an (siehe Abbildung). Prüfen Sie den Abstand der Sensorspitze zum Sensorring (siehe Sektion 10, Schritt 7).

16 Prüfen Sie vor der ersten Fahrt sorgfältig die Funktion der Vorderradbremse.

16 Hinterrad

Funduro-, ST-, GS- und Dakar-Modelle

Ausbau

1 Stützen Sie das Motorrad so ab, dass das Hinterrad frei vom Boden ist. Vergrößern Sie den Kettendurchhang etwas (siehe Kapitel 1).

2 Lösen Sie die Schrauben des Kettenschutzes, und entfernen Sie diesen samt der Hinterradabdeckung (siehe Abbildung).

3 Lösen Sie bei GS- und Dakar-Modellen mit ABS die Schraube des Sensors, und befreien Sie diesen vom Bremssattelträger – beachten Sie die Distanzscheiben (siehe Abbildung). Sein Kabelstecker muss nicht getrennt, sondern der Sensor muss nur aus dem Arbeitsbereich herausgebracht werden.

4 Lösen Sie die Achsmutter, und entfernen Sie die Scheibe (siehe Abbildung).

5 Entlasten Sie das Hinterrad, und ziehen Sie die Achse heraus. Senken Sie das Rad ab – der Bremssattel muss dabei an der Schwinge verbleiben (siehe Abbildung). Wenn sich die Achse schwierig herausziehen lässt, muss sie von der anderen Seite her durchgetrieben werden – beschädigen Sie dabei nicht ihr Gewinde. Beachten Sie die Scheibe.

6 Heben Sie die Kette vom Kettenrad, und manövrieren Sie das Rad aus der Schwinge heraus (siehe Abbildung).

15.13 Ziehen Sie bei GS- und Dakar-Modellen die Achse mit 45 Nm an.

15.15 Installieren Sie den ABS-Sensor, und ziehen Sie seine Schraube sorgfältig an.

16.2 Entfernen Sie den Kettenschutz samt Radabdeckung von der Schwinge.

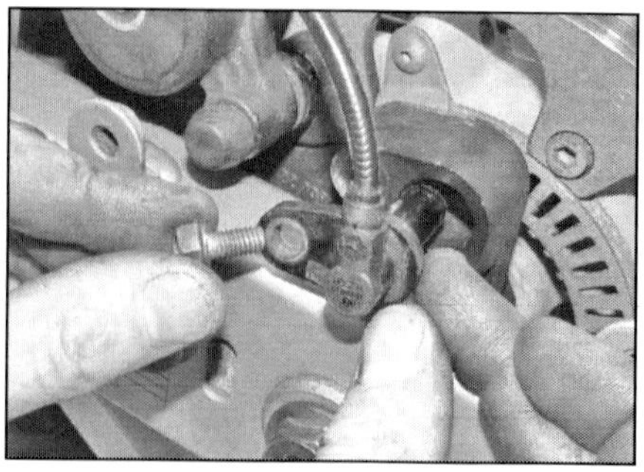

16.3 Lösen Sie die Schraube des ABS-Sensors, und befreien Sie diesen.

Achtung: Legen Sie das Rad nicht auf die Bremsscheibe oder das Kettenrad, da sie/es verziehen können. Legen Sie das Rad auf Blöcke, damit die Felge das Gewicht vom Rad stützt. Betätigen Sie nicht das Bremspedal, wenn der Bremssattel demontiert ist.

7 Entfernen Sie die Distanzbuchse links aus der Radnabe (siehe Abbildung) und nötigenfalls die Kettenspanner-Baugruppen aus beiden Seiten der Schwinge (siehe Abbildung). Befreien Sie die Hülsen, die Achse und die Dichtringe von Fettresten.

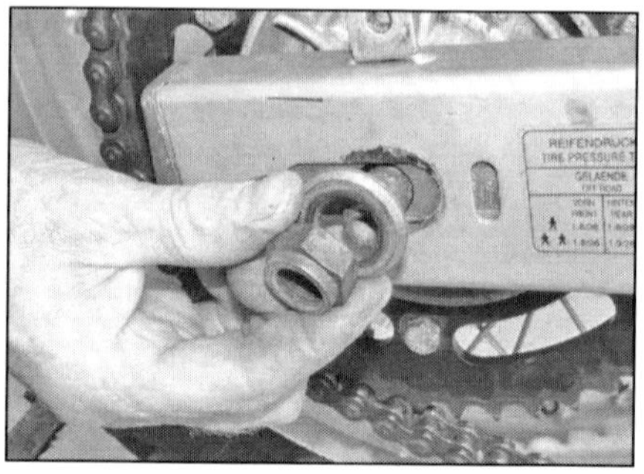

16.4 Lösen Sie die Achsmutter, und entfernen Sie die Scheibe.

16.5 Ziehen Sie die Achse heraus, und senken Sie das Rad ab, . . .

16.6 . . . heben Sie die Kette ab, und ziehen Sie das Rad nach hinten aus der Schwinge.

16.7a Entfernen Sie die Hülse links aus der Radnabe.

16.7b Entfernen Sie nötigenfalls die Kettenspanner.

16.11 Die Komponenten des Kettenspanners müssen korrekt zusammengefügt sein.

8 Kontrollieren Sie die Achse durch Rollen auf einer ebenen Oberfläche, z.B. einer Glasscheibe, auf Verzug. Wenn die Ausrüstung vorhanden ist, legen Sie die Achse in Prismenböcke, und messen Sie den Verzug. Wenn die Achse verbogen ist, muss sie ersetzt werden.
9 Kontrollieren Sie die Dichtringe und die Radlager (siehe Sektion 17).

Einbau

10 Versehen Sie die Distanzhülsen innen und außen im Bereich der Dichtringe mit etwas Fett. Fetten Sie ebenfalls die Achse dünn ein. Stecken Sie die linke Distanzhülse mit der schmaleren Seite in den Dichtring (siehe Abbildung 16.7a).
11 Stellen Sie sicher, dass der Bremssattelträger korrekt an der Schwinge sitzt. Falls entfernt, werden die Kettenspanner korrekt zusammengesetzt, die Mutter muss dabei in ihrem Ausschnitt liegen (siehe Abbildung). Schieben Sie die Spanner in die Schwinge (siehe Abbildung 16.7b).
12 Manövrieren Sie das Rad (mit der Bremsscheibe links) zwischen die Schwingenholme. Falls ein neuer Reifen montiert wurde, muss sichergestellt sein, dass der darauf angebrachte Pfeil in die normale Drehrichtung zeigt. Legen Sie die Kette auf das Kettenrad (siehe Abbildung 16.6).
13 Heben Sie das Rad in Position, und schieben Sie von links die mit der Scheibe ausgerüstete Achse ein (siehe Abbildung 16.5) – die Hülsen und der Bremssattel müssen dabei in Position bleiben. Legen Sie rechts die Scheibe auf, und drehen Sie die Mutter zunächst locker auf (siehe Abbildung 16.4).
14 Stellen Sie den korrekten Kettendurchhang ein (siehe Kapitel 1). Ziehen Sie anschließend die Achsmutter mit 100 Nm an.
15 Montieren Sie bei ABS-Modellen den Hinterradsensor samt aller Distanzscheiben, und ziehen Sie die Schraube an (siehe Abbildung 16.3). Prüfen Sie den Abstand der Sensorspitze zum Sensorring (siehe Sektion 10, Schritt 7).
16 Betätigen Sie mehrmals das Bremspedal, um die Beläge an die Scheibe zu drücken, und prüfen Sie vor der ersten Fahrt die Funktion der Bremse. Montieren Sie den Kettenschutz samt Hinterradabdeckung (siehe Abbildung 16.2).

CS-Modelle

Ausbau

17 Stützen Sie das Motorrad so ab, dass das Hinterrad nicht den Boden berührt.
18 Entfernen Sie den Schalldämpfer (Kapitel 4B).
19 Entfernen Sie die Radmutterabdeckung (siehe Abbildung). Hebeln Sie die Drahtsicherung ab – beachten Sie ihre Position (siehe Abbildung). Betätigen Sie die Hinterradbremse, und lösen Sie die Achsmutter – hierfür ist ein 56-mm-Ringschlüssel dem Bordwerkzeug beigefügt (siehe Abbildung). Entfernen Sie die Federscheibe, die flache Scheibe und den Konusring – merken Sie sich die Einbaupositionen (siehe Abbildungen).
20 Ziehen Sie das Rad von der Achse, und senken Sie es ab (siehe Abbildung).
21 Überprüfen Sie die Dichtringe und Radlager in der Radnaben-Baugruppe (siehe Sektion 17).

Einbau

22 Reinigen Sie das Gewinde der Achse und der Radmutter, und versehen Sie sie mit Molybdänfett (z.B. Optimoly TA).

16.19a Entfernen Sie die Abdeckung ...

16.19b ... und die Drahtsicherung.

16.19c Lösen Sie die Radmutter mit dem Bordwerkzeug.

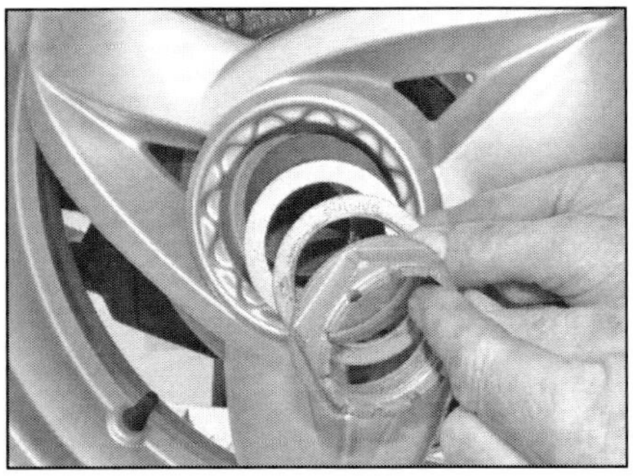

16.19d Entfernen Sie die Mutter, die Federscheibe, die flache Scheibe ...

16.19e ... und den Konusring.

16.20 Ziehen Sie das Rad von der Achse.

16.23 Die Mitnehmerstifte auf dem Bremsscheibenträger müssen in die Bohrungen der Felge greifen.

17.2 Hebeln Sie den/die Lagerdichtring(e) heraus.

23 Heben Sie das Rad auf die Achse – richten Sie dabei die Mitnehmerstifte zu den Bohrungen aus (siehe Abbildung). Installieren Sie den Konusring, die flache Scheibe und die Federscheibe mit der Markierung nach außen (siehe Abbildungen 16.19e und d) und die Radmutter. Ziehen Sie sie mit 160 Nm an, dann so viel weiter, bis die Bohrungen für die Drahtsicherung an der Mutter und der Achse fluchten, installieren Sie dann die Drahtsicherung (siehe Abbildung 16.19b) und die Radmutterabdeckung (siehe Abbildung 16.19a).
24 Montieren Sie den Schalldämpfer (siehe Kapitel 4B).
25 Betätigen Sie mehrmals das Bremspedal, um die Beläge an die Scheibe zu drücken, und prüfen Sie vor der ersten Fahrt die Funktion der Bremse.

17 Radlager

***Achtung:* Legen Sie das Rad nicht auf die Bremsscheibe oder das Kettenrad, da sie/es verziehen können. Legen Sie das Rad auf Blöcke, damit die Felge das Gewicht vom Rad stützt.**

Anmerkung: *Ersetzen Sie Radlager* ***immer*** *paarweise. Vermeiden Sie es, mit einem Hochdruckreiniger in die Radlager zu spritzen.*

Vorderradlager

1 Bauen Sie das Rad aus (siehe Sektion 15).
2 Hebeln Sie bei Funduro- und ST-Modellen rechts den Dichtring heraus – benutzen Sie dazu einen Schraubendreher oder einen speziellen Dichtringhaken. Entfernen Sie dann die Tachoantriebsplatte – beachten Sie die Positionen der Laschen. Hebeln Sie bei GS- und Dakar-Modellen rechts, bei CS-Modellen an beiden Seiten die Dichtringe heraus – benutzen Sie dazu einen Schraubendreher oder einen speziellen Dichtringhaken (siehe Abbildung). Passen Sie auf, nicht die Nabe zu beschädigen. Ersetzen Sie den/die Dichtring(e) später.
3 Kontrollieren Sie die in beiden Seiten der Nabe sitzenden Kugellager – die Innenringe müssen sich frei drehen lassen, während die Außenringe fest in der Nabe sitzen (siehe Sektion 5 der *Werkzeug- und Werkstatt-Tipps* im Anhang).

Anmerkung: *Bauen Sie die Lager nur aus, falls sie durch Neuteile ersetzt werden sollen.*

4 Falls die Lager verschlissen sind, muss zunächst das linke Lager mit einem Zughammer ausgebaut werden (siehe Sektion 5 der *Werkzeug- und Werkstatt-Tipps* im Anhang und Abbildungen). Erwärmen Sie den Lagersitz nötigenfalls, um den Ausbau zu erleichtern. Entfernen Sie die zwischen den Lagern sitzende Distanzhülse.
5 Drehen Sie das Rad um, und entfernen Sie auf die gleiche Weise das andere Lager. Alternativ kann es von der gegenüberliegenden Seite her mit einem geeigneten Werkzeug ausgetrieben werden.
6 Reinigen Sie die Radnabe mit Lösungsmittel, und begutachten Sie die Lagersitze auf Riefen und Verschleiß. Sind die Sitze beschädigt, muss das Rad von einer BMW-Werkstatt untersucht werden.
7 Installieren Sie die neuen Lager mit der Markierung nach außen. Benutzen Sie entweder eine Einziehvorrichtung (siehe Sektion 5 der

17.4a Richten Sie die Unterseite des Ausziehers zum Spalt zwischen dem Lager und der Distanzhülse aus, ...

17.4b ... arretieren Sie ihn, und ziehen Sie das Lager mit dem Zughammer aus.

17.7 Treiben Sie das neue Lager mit einem Steckschlüssel ein.

Werkzeug- und Werkstatt-Tipps im Anhang), ein altes Lager, einen Eintreiber oder eine geeignete Steckschlüsselnuss, die groß genug ist, nur den Außenring zu berühren, um das Lager senkrecht in seinen Sitz zu treiben (siehe Abbildung). Erwärmen Sie den Lagersitz nötigenfalls, um den Einbau zu erleichtern.

8 Drehen Sie das Rad um, und stützen Sie es so ab, dass das vorhandene Lager nicht wieder ausgetrieben werden kann. Setzen Sie die Abstandshülse in die Nabe, und installieren Sie das andere neue Radlager wie oben beschrieben in seinen Sitz. Die Hülse darf nur minimales Axialspiel haben.

9 Schmieren Sie bei Funduro- und ST-Modellen die Tacho-Antriebsplatte mit Fett, richten Sie ihre Laschen zu den Ausschnitten rechts in der Nabe aus, und stecken Sie die Platte in die Nabe. Schmieren Sie den neuen Lagerdichtring, und pressen Sie ihn ein (siehe Abbildung).

17.12 Hebeln Sie die Lager-Dichtringe heraus.

17.19a Drücken Sie den neuen Dichtring in seinen Sitz, ...

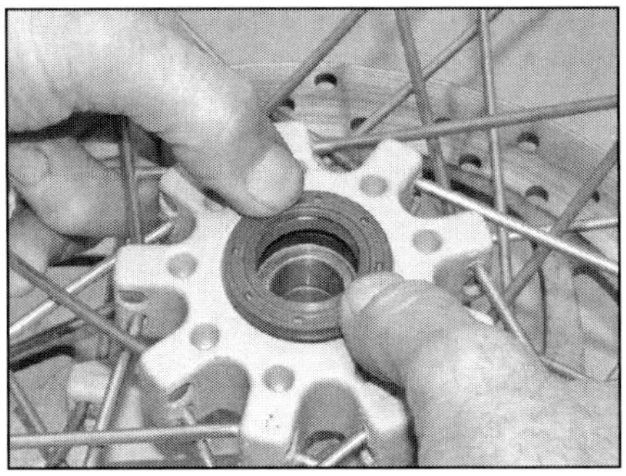

17.9 Drücken Sie den neuen Dichtring bündig in seinen Sitz.

17.11 Heben Sie den Kettenradmitnehmer aus der Radnabe.

Fetten Sie bei GS- und Dakar-Modellen den neuen Dichtring mit Fett, und pressen Sie ihn rechts und bei CS-Modellen die gefetteten, neuen Dichtringe rechts und links in die Radnabe. Der/die Dichtring(e) müssen bündig zum Bund der Radnabe liegen, daher ist das Einpressen mit einem Stück Holz hilfreich (siehe Abbildung 17.19b).

10 Befreien Sie die Bremsscheibe mit Aceton oder Bremsenreiniger von allen Fettresten, und bauen Sie das Rad ein (siehe Sektion 15).

Hinterradlager Funduro-, ST-, GS- und Dakar-Modelle

11 Bauen Sie das Hinterrad aus (siehe Sektion 16). Heben Sie rechts das Kettenrad samt Mitnehmer aus dem Rad (siehe Abbildung). Entfernen Sie bei Funduro- und ST-Modellen die dahinter sitzende Distanzhülse.

12 Hebeln Sie links den Lagerdichtring aus der Radnabe – benutzen Sie dazu einen Schraubendreher oder einen speziellen Dichtringhaken (siehe Abbildung). Beschädigen Sie dabei nicht die Nabe. Der Dichtring muss später erneuert werden.

13 Inspizieren Sie beide Lager (siehe Sektion 5 der *Werkzeug- und Werkstatt-Tipps* im Anhang). Der Innenring muss sich sanft drehen, während der Außenring fest in der Radnabe sitzt.

Anmerkung: *Bauen Sie die Lager nur aus, falls sie durch Neuteile ersetzt werden sollen.*

14 Falls die Lager verschlissen sind, muss der links vor dem Kugellager sitzende Seegerring entfernt werden (siehe Abbildung). Entfernen Sie zunächst das linke Lager mit einem Zughammer (siehe Sektion 5 der *Werkzeug- und Werkstatt-Tipps* im Anhang und Abbildungen 17.4a und b). Erwärmen Sie den Lagersitz ggf., um den Ausbau zu erleichtern. Entfernen Sie die zwischen den Lagern sitzende Distanzhülse.

15 Drehen Sie das Rad um, und entfernen Sie auf die gleiche Weise das andere Lager. Alternativ kann es von der gegenüberliegenden Seite her mit einem geeigneten Werkzeug ausgetrieben werden.

16 Reinigen Sie die Radnabe mit Lösungsmittel, und begutachten Sie die Lagersitze auf Riefen und Verschleiß. Sind die Sitze beschädigt, muss das Rad von einer BMW-Werkstatt untersucht werden.

17 Installieren Sie die neuen Lager mit der Markierung nach außen. Benutzen Sie entweder eine Einziehvorrichtung (siehe Sektion 5 der *Werkzeug- und Werkstatt-Tipps* im Anhang), ein altes Lager, einen Eintreiber oder eine geeignete Steckschlüsselnuss, die groß genug ist, nur den Außenring zu berühren, um das Lager senkrecht in seinen Sitz zu treiben (siehe Abbildung 17.7). Erwärmen Sie den Lagersitz nötigenfalls, um den Einbau zu erleichtern.

18 Drehen Sie das Rad um, und stützen Sie es so ab, dass das vorhandene Lager nicht wieder ausgetrieben werden kann. Setzen Sie die Abstandhülse in die Nabe, und installieren Sie das andere neue Radlager wie oben beschrieben in seinen Sitz. Die Hülse darf nur minimales Axialspiel haben.

19 Installieren Sie den Seegerring in seine Nut vor dem linken Lager. Fetten Sie den neuen

17.14 Entfernen Sie den Seegerring.

17.19b ... bringen Sie ihn mit einem Holz in eine bündige Position.

Dichtring, und pressen Sie ihn links in die Nabe (siehe Abbildung). Bringen Sie den Dichtring mit einem Holz in eine bündige Position zur Radnabe (siehe Abbildung).

20 Kontrollieren Sie den Mitnehmer und seine Ruckdämpfer (siehe Sektion 21).

21 Stecken Sie bei Funduro- und ST-Modellen die Distanzhülse in den Kettenradmitnehmer, und setzen Sie diesen in die Radnabe (siehe Abbildung 17.11). Reinigen Sie die Bremsscheibe mit Aceton oder Bremsenreiniger, und bauen Sie das Rad ein (siehe Sektion 16).

CS-Modelle

22 Entfernen Sie die Antriebsachse und den Exzentereinsteller aus der Schwinge, ziehen Sie dann den Einsteller von der Achse (siehe Sektion 22).

23 Entfernen Sie den Seegerring links vom Einsteller. Hebeln Sie den äußeren Lagerdichtring heraus – benutzen Sie dazu einen Schraubendreher oder einen speziellen Dichtringhaken. Beschädigen Sie dabei nicht die Nabe. Der Dichtring muss später erneuert werden.

24 Inspizieren Sie beide Lager. Links sitzt ein Rollenlager, rechts ein Kugellager. Kontrollieren Sie die Lagerkäfige, und prüfen Sie, ob sich die Innenringe sanft drehen lassen, während der Außenring fest in der Radnabe sitzen (siehe Sektion 5 der *Werkzeug- und Werkstatt-Tipps* im Anhang).

Anmerkung: *Bauen Sie die Lager nur aus, falls sie durch Neuteile ersetzt werden sollen.*

25 Um das Nadellager auszubauen, müssen der Einsteller mit dem Nadellager nach unten abgestützt und der Lagersitz etwas erwärmt werden. Heben Sie mit Handschuhen den Einsteller an, und klopfen Sie ihn auf Holzblöcke, damit der Lager herausfällt. Hebeln Sie den inneren Lagerdichtring heraus.

26 Um das Kugellager auszubauen, muss der Seegerring entfernt werden, dann werden der Einsteller mit dem Nadellager nach unten abgestützt und der Lagersitz etwas erwärmt. Heben Sie mit Handschuhen den Einsteller an, und klopfen Sie ihn auf Holzblöcke, damit das Lager zwischen den Hölzern herausfällt.

27 Reinigen Sie den Einsteller sorgfältig mit Lösungsmittel, und begutachten Sie die Lagersitze auf Riefen und Verschleiß. Sind die Sitze beschädigt, muss das Rad von einer BMW-Werkstatt untersucht werden.

28 Erwärmen Sie den Lagersitz erneut, und treiben Sie rechts das neue Kugellager mit der Markierung nach außen mit einem geeigneten Eintreiber oder einer geeigneten Steckschlüsselnuss, die groß genug ist, nur den Außenring zu berühren, senkrecht in seinen Sitz (siehe Sektion 5 der *Werkzeug- und Werkstatt-Tipps* im Anhang). Installieren Sie den Seegerring in seine Nut.

29 Treiben Sie den neuen inneren Dichtring mit einem geeigneten Steckschlüssel links in den Einsteller (siehe Sektion 5 der *Werkzeug- und Werkstatt-Tipps* im Anhang). Erwärmen Sie den Lagersitz erneut, und treiben Sie links das neue Nadellager mit der Markierung nach außen mit einem geeigneten Eintreiber oder einer geeigneten Steckschlüsselnuss, die groß genug ist, nur den Außenring zu berühren, senkrecht in seinen Sitz (siehe Sektion 5 *der Werkzeug- und Werkstatt-Tipps* im Anhang). Pressen Sie den äußeren Dichtring ein, und installieren Sie den Seegerring in seine Nut.

30 Schieben Sie den Exzentereinsteller auf die Achse, und installieren Sie die Baugruppe zurück in die Schwinge (siehe Sektion 22). Reinigen Sie die Bremsscheibe mit Aceton oder Bremsenreiniger.

Ketten- oder Riemenrad-Mitnehmerlager Funduro- und ST-Modelle

31 Bauen Sie das Rad aus (siehe Sektion 16). Heben Sie den Kettenradmitnehmer aus der Radnabe, und entfernen Sie die innere Distanzhülse (siehe Abbildung 17.11). Ziehen Sie die äußere Distanzhülse heraus, oder treiben Sie sie von innen aus.

32 Hebeln Sie mit einem Schraubendreher oder einem speziellen Haken den außen im Mitnehmer sitzenden Dichtring heraus – beschädigen Sie dabei nicht die Nabe. Der Dichtring muss später auf jeden Fall durch ein Neuteil ersetzt werden.

33 Inspizieren Sie das Lager. Drehen Sie den inneren Ring des Lagers mit den Fingern – wenn ein Lager sich nicht weich dreht und rau oder rumpelnd läuft oder der Außenring nicht fest im Mitnehmer sitzt, muss das Lager ausgetauscht werden – beachten Sie Sektion 5 der *Werkzeug- und Werkstatt-Tipps* im Anhang.

17.41a Treiben Sie die innere aus der äußeren Distanzhülse, ...

17.41c ... und dann die äußere Hülse ...

Anmerkung: *Bauen Sie das Lager nur aus, wenn es erneuert werden soll.*

34 Soll das Lager ersetzt werden, muss zuerst der Seegerring entfernt werden. Stützen Sie den Mitnehmer mit der Kettenradseite nach unten auf Hölzern, und treiben Sie das Lager mit einem Eintreiber oder einem ausreichend großen Steckschlüssel von innen her aus.

35 Reinigen Sie den Lagersitz mit Lösungsmittel, und begutachten Sie ihn auf Riefen und Verschleiß. Ist der Sitz beschädigt, muss der Mitnehmer von einer BMW-Werkstatt untersucht werden.

36 Installieren Sie das neue Lager mit der Markierung nach außen zeigend in seinen Sitz; treiben Sie es mit einem Eintreiber oder eine geeignete Steckschlüssel-Nuss, die nur den Innenring zu berühren, vollständig von außen in den Mitnehmer (siehe Sektion 5 der *Werkzeug- und Werkstatt-Tipps* im Anhang). Installieren Sie den Seegerring.

37 Schmieren Sie die neue Lagerabdichtung mit etwas Fett, drücken Sie sie in den Mitnehmer, und treiben Sie sie mit einem Eintreiber, einem passenden Steckschlüssel oder einem flachen Stück Holz von außen in Position.

38 Inspizieren Sie die Gummisegmente des Ruckdämpfers (siehe Sektion 21).

39 Installieren Sie die innere Distanzhülse in das Lager, und setzen Sie den Mitnehmer in die Radnabe. Bauen Sie das Hinterrad ein (siehe Sektion 16).

GS- und Dakar-Modelle

40 Bauen Sie das Rad aus (siehe Sektion 16). Heben Sie den Kettenradmitnehmer aus der Radnabe (siehe Abbildung 17.11).

17.41b ... und entfernen Sie zuerst die innere ...

17.41d ... sowie den Dichtring.

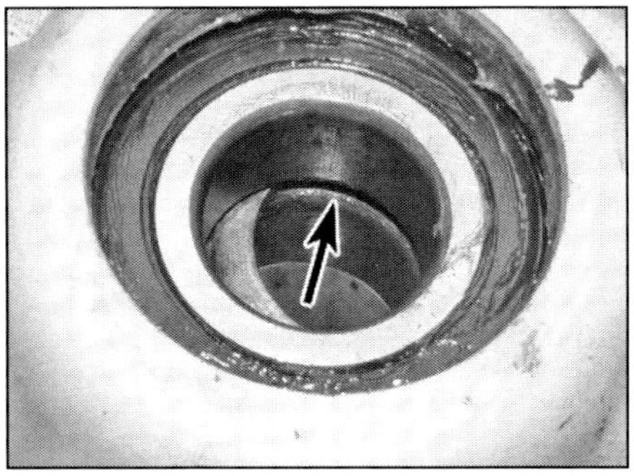

17.43a Drücken Sie den Distanzring zur Seite, ...

17.43b ... um das innerer Lager austreiben zu können.

17.43c Treiben Sie das äußere Lager mit einem Steckschlüssel aus.

17.45 Treiben Sie das äußere Lager mit einem geeigneten Steckschlüssel ein.

41 Treiben Sie die innere Distanzhülse mit einem geeigneten Steckschlüssel aus der äußeren Distanzhülse, und entfernen Sie diese dann (siehe Abbildungen). Hebeln Sie mit einem Schraubendreher oder speziellen Haken den außen im Mitnehmer sitzenden Dichtring heraus (siehe Abbildung) – beschädigen Sie dabei nicht die Nabe. Der Dichtring muss später durch ein Neuteil ersetzt werden.

42 Inspizieren Sie die Lager. Drehen Sie die inneren Ringe der Lager mit den Fingern – wenn ein Lager sich nicht weich dreht und rau oder rumpelnd läuft, oder der Außenring nicht fest im Mitnehmer sitzt, muss das Lager ausgetauscht werden – beachten Sie hierzu die Sektion 5 der *Werkzeug- und Werkstatt-Tipps* im Anhang.

Anmerkung: *Bauen Sie Lager nur aus, wenn es erneuert werden soll.*

43 Sollen die Lager ersetzt werden, muss der Mitnehmer auf Hölzern gelagert werden. Hebeln Sie die zwischen den Lagern sitzende Distanzscheibe zur Seite, und treiben Sie das innere Lager mit einem von außen angesetzten Dorn rundherum heraus (siehe Abbildungen). Entfernen Sie den Seegerring und die Scheibe, und treiben Sie das äußere Lager mit einem Eintreiber oder einem ausreichend großen Steckschlüssel von innen heraus – Erwärmen des Lagersitzes erleichtert den Ausbau.

44 Reinigen Sie den Lagersitz mit Lösungsmittel, und begutachten Sie ihn auf Riefen und Verschleiß. Ist der Sitz beschädigt, muss der Mitnehmer von einer BMW-Werkstatt untersucht werden.

45 Installieren Sie das neue äußere Lager mit der Markierung nach außen zeigend in seinen Sitz; treiben Sie es mit einem Eintreiber oder einer geeigneten Steckschlüsselnuss, die nur den Innenring berührt, vollständig von außen in den Mitnehmer (siehe Sektion 5 der *Werkzeug- und Werkstatt-Tipps* im Anhang und Abbildung). Installieren Sie die Distanzscheibe und den Seegerring. Treiben Sie jetzt das innere Lager auf die gleiche Weise ein.

46 Treiben Sie die innere Distanzhülse mit einem geeigneten Steckschlüssel von innen in seinen Sitz (siehe Abbildungen). Versehen Sie die neue Lagerabdichtung mit etwas Fett, drücken Sie sie in den Mitnehmer (siehe Abbildung) – bringen Sie ihn mit einem Holzblock in eine bündige Position zur Mitnehmer. Stützen Sie die innere Distanzhülse über einem Steckschlüssel ab, und treiben Sie dann die äußere Distanzhülse über den inneren in seinen Sitz (siehe Abbildungen).

47 Inspizieren Sie die Gummisegmente des Ruckdämpfers (siehe Sektion 21).

17.46a Stecken Sie die innere Distanzhülse in das innere Lager, ...

17.46b ... und treiben Sie sie bis in ihren Sitz.

17.46c Installieren Sie den neuen Dichtring.

17.46d Installieren Sie die äußere über die innere Distanzhülse, ...

17.46e ... stützen Sie diese, um die äußere Hülse aufzutreiben.

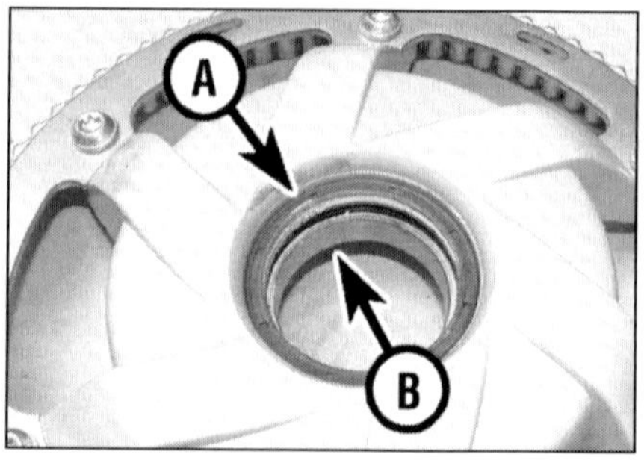

17.51 Dichtring (A), Mitnehmer-Lager (B) – CS-Modelle

48 Setzen Sie den Mitnehmer in die Radnabe (siehe Abbildung 17.11). Bauen Sie das Hinterrad ein (siehe Sektion 16).

CS-Modelle

49 Entfernen Sie den Riemenradmitnehmer und dann die Mitnehmerplatte sowie die Gummidämpfer (siehe Sektion 21).

50 Inspizieren Sie das Lager. Drehen Sie den inneren Ring des Lagers mit den Fingern – wenn ein Lager sich nicht weich dreht und rau oder rumpelnd läuft, oder der Außenring nicht fest im Mitnehmer sitzt, muss das Lager ausgetauscht werden – beachten Sie Sektion 5 der *Werkzeug- und Werkstatt-Tipps* im Anhang.

Anmerkung: *Bauen Sie das Lager nur aus, wenn es erneuert werden soll.*

51 Ist das Lager verschlissen, hebeln Sie mit einem Schraubendreher oder speziellen Haken den außen im Mitnehmer sitzenden Dichtring heraus (siehe Abbildung) – beschädigen Sie dabei nicht die Nabe. Der Dichtring muss später durch ein Neuteil ersetzt werden.

52 Entfernen Sie den Seegerring. Erwärmen Sie den Lagersitz auf ca. 80 °C. Heben Sie mit Handschuhen den Mitnehmer an. Klopfen Sie ihn auf Holzblöcke, damit das Lager rausfällt.

53 Reinigen Sie den Lagersitz mit Lösungsmittel, und begutachten Sie ihn auf Riefen und Verschleiß. Ist der Sitz beschädigt, muss der Mitnehmer von einer BMW-Werkstatt untersucht werden.

54 Installieren Sie das neue Lager mit der Markierung nach außen zeigend in seinen Sitz; treiben Sie es mit einem Eintreiber oder einer geeigneten Steckschlüsselnuss, die nur den Innenring berührt, vollständig von außen in den Mitnehmer (siehe Sektion 5 der *Werkzeug- und Werkstatt-Tipps* im Anhang). Installieren Sie den Seegerring.

55 Schmieren Sie die neue Lagerabdichtung mit etwas Fett, drücken Sie sie in den Mitnehmer (siehe Abbildung 17.51), und treiben Sie sie mit einem Eintreiber, einem passenden Steckschlüssel oder einem flachen Stück Holz von außen in Position.

56 Inspizieren Sie die Gummisegmente des Ruckdämpfers (siehe Sektion 21).

57 Installieren Sie die Gummidämpfer und die Mitnehmerplatte, und setzen Sie dann den Mitnehmer in die Radnabe (siehe Sektion 21).

18 Reifen

Allgemeine Informationen

1 Die Räder von Funduro-, ST-, GS- und Dakar-Modellen müssen mit Schlauchreifen ausgerüstet werden; auf die an CS-Modellen verwendeten Räder müssen schlauchlose Reifen gezogen werden. Die Reifengrößen finden sich in den *Technischen Daten* dieses Kapitels sowie auf einem Aufkleber am Kettenschutz, im Fahrerhandbuch und in den Fahrzeugpapieren.

2 Wechseln Sie zu den *Täglichen Kontrollen* am Anfang dieses Handbuches, um Räder und Reifen zu warten.

Montage neuer Reifen

3 Die Auswahl neuer Reifen wird von den Eintragungen in den Fahrzeugpapieren bestimmt. Achten Sie darauf, dass Vorder- und Hinterreifen zusammenpassen, die Größe und Geschwindigkeitsangabe stimmen. Lassen Sie sich von einem BMW- oder Reifenhändler beraten (siehe Abbildung).

4 Es empfiehlt sich, Reifen bei einem Spezialisten wechseln zu lassen. Der Heimwerker ist mit seinen Montiereisen oft überfordert und beschädigt eventuell die Dichtflächen an Reifen und Felgen. Dies gilt besonders bei schlauchlosen Reifen, da hier sowohl mehr Kraft als auch

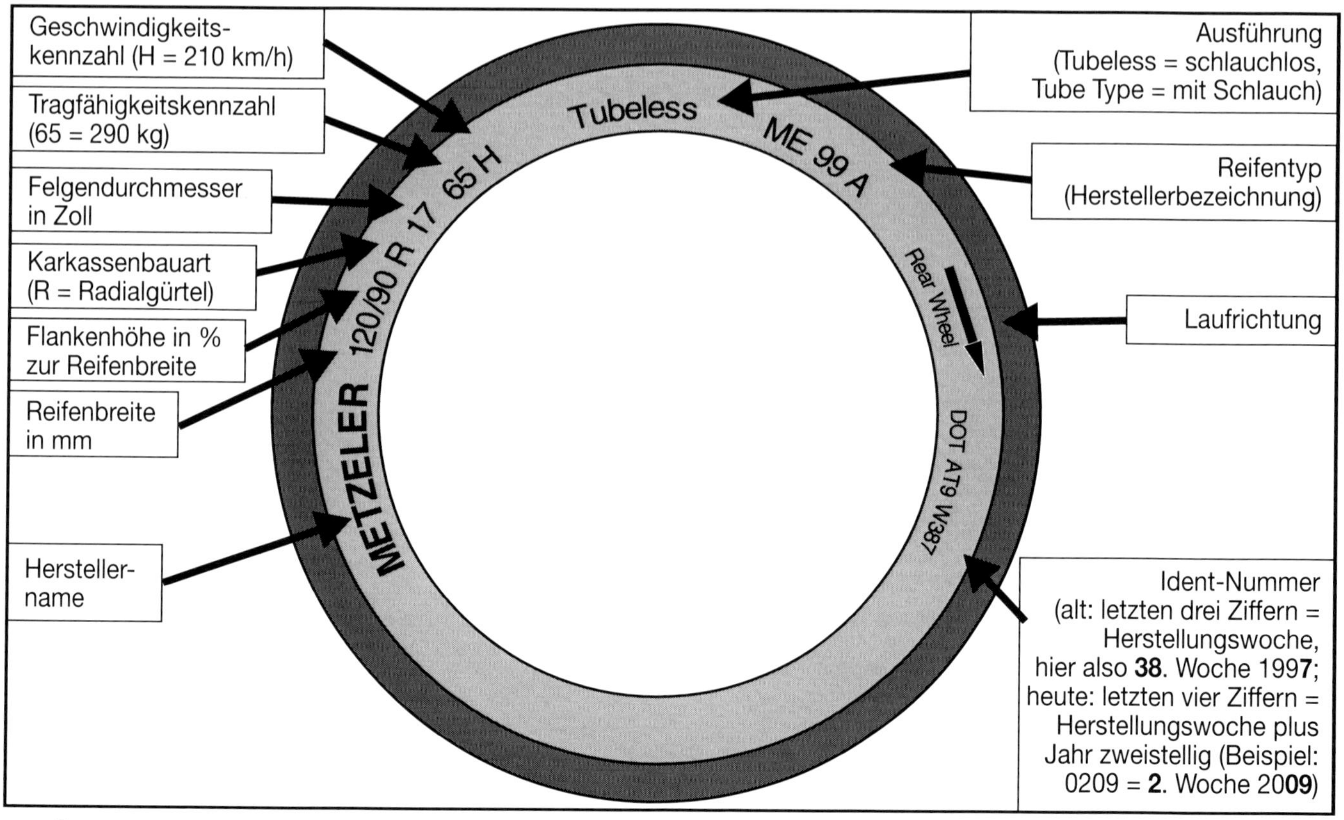

18.3 Übliche Reifenmarkierungen

7

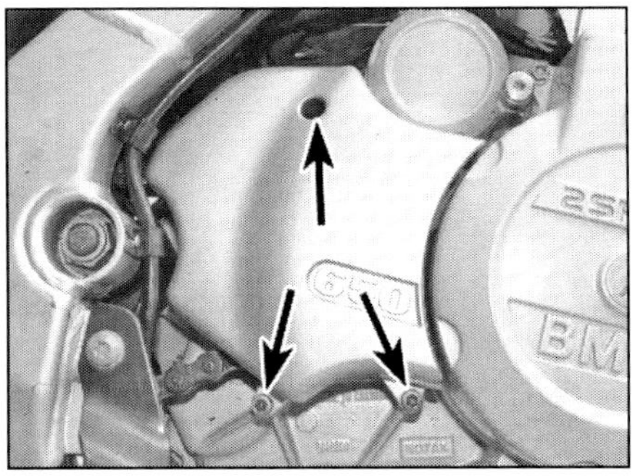

19.7 Lösen Sie die drei Schrauben, und entfernen Sie die Abdeckung – gezeigt an GS- und Dakar-Modellen.

mehr Sorgfalt bezüglich der Abdichtung erforderlich ist. Eine Werkstatt ist zusätzlich in der Lage, neue Reifen auszuwuchten.

5 Beachten Sie, dass beschädigte Schlauchlosreifen in manchen Fällen repariert werden können. Diese Reparaturen dürfen jedoch nur von einem Fachbetrieb ausgeführt werden.

19 Antriebskette und Ritzel (Funduro-, ST-, GS- und Dakar-Modelle)

Anmerkung: *Wenn die Kette und die Kettenräder ersetzt werden sollen, müssen Sie die Motorritzelmutter lockern, bevor die Schwinge ausgebaut wird.*

Antriebskette

Ausbau

1 Entfernen Sie die Motorritzelabdeckung (siehe Schritt 7).

2 Bauen Sie die Schwinge aus (siehe Kapitel 6).

3 Heben Sie die Kette vom Motorritzel, und entfernen Sie sie.

Reinigung

4 Die Reinigung der eingebauten Kette ist in Kapitel 1, Sektion 1, beschrieben.

5 Ist die Kette extrem verschmutzt, muss sie ausgebaut und für fünf bis sechs Minuten in Petroleum oder Kerosin gelegt und dann mit einer weichen Bürste gereinigt werden.

19.18a Schieben Sie eine neue Sicherungsscheibe auf, und installieren Sie die Mutter mit dem Ausschnitt nach innen.

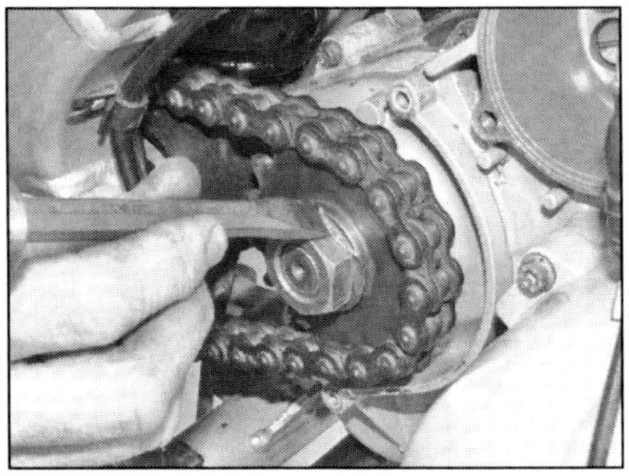

19.12 Biegen Sie die Lasche(n) zurück, lösen Sie die Mutter, und entfernen Sie die Scheibe.

Achtung: Verwenden Sie zum Reinigen kein Benzin, Verdünner oder anders Lösungsmittel, da hierdurch die Dichtringe der Kette angegriffen werden. Benutzen Sie keinen Hochdruckreiniger! Entfernen Sie die Kette aus dem Bad, wischen Sie sie ab, und trocknen Sie sie unverzüglich mit Druckluft. Die gesamte Prozedur darf nicht länger als zehn Minuten dauern, da die O-Ringe sonst auch durch das Petroleum oder Kerosin angegriffen werden.

Einbau

6 Der Einbau entspricht der umgekehrten Ausbaureihenfolge. Installieren Sie eine neue Kettenrolle, falls die vorhandene beschädigt oder stark verschlissen ist. Stellen Sie zum Schluss den Kettendurchhang ein, und schmieren Sie die Kette (siehe Kapitel 1).

Motorritzelabdeckung

7 Lösen Sie die Schrauben, und entfernen Sie die Abdeckung (siehe Abbildung).

8 Der Einbau entspricht der umgekehrten Ausbaureihenfolge.

Ritzel

Kontrolle

9 Kontrollieren Sie den Verschleiß beider Kettenräder (siehe Kapitel 1, Sektion 1). Wenn sie stark verschlissen sind, muss auch die Kette erneuert werden. Kontrollieren Sie auch die Antriebskette (siehe Kapitel 1). Ersetzen Sie

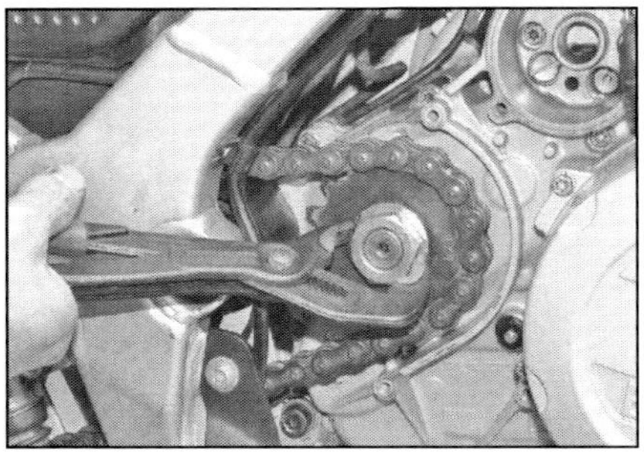

19.18b Biegen Sie die Lasche(n) gegen die angezogene Mutter.

19.14 Heben Sie die Kette ab, und ziehen Sie das Ritzel von der Getriebewelle.

die Kettenräder möglichst immer zusammen mit der Kette – verschlissene Kettenräder können eine neue Kette schnell zerstören und anders herum.

Motorritzel

Ausbau

10 Entfernen Sie die Motorritzelabdeckung (siehe Schritt 7).

11 Entfernen Sie bei Modellen bis 1997 den Seegerring, der das Ritzel sichert – später muss ein neuer verwendet werden.

12 Biegen Sie bei Modellen ab 1997 die Lasche der Sicherungsscheibe zurück (siehe Abbildung). Lassen Sie einen Assistenten die Fußbremse betätigen, lösen Sie die Ritzelmutter, und entfernen Sie die Scheibe – nötigenfalls muss die Mutter erwärmt werden, um die Sicherungspaste zu lösen. Benutzen Sie beim Einbau eine neue Sicherungsscheibe.

13 Lockern Sie die Antriebskette (siehe Kapitel 1). Soll auch das hintere Kettenrad entfernt werden, muss jetzt das Hinterrad ausgebaut werden (siehe Sektion 15), anderenfalls wird die Kette vom Kettenrad gehoben.

14 Heben Sie die Kette vom Motorritzel, und ziehen Sie dies von der Welle (siehe Abbildung). Kontrollieren Sie bei Funduro- und ST-Modellen den O-Ring, und ersetzen Sie ihn nötigenfalls.

15 Schmieren Sie die Welle mit Molybdänfett (z.B. Optimoly TA). Stellen Sie bei Funduro- und ST-Modellen sicher, dass der O-Ring korrekt sitzt. Legen Sie die Kette über das neue Ritzel, bei dem die »EXT«-Markierung außen sichtbar sein muss, und schieben Sie es auf die Welle (siehe Abbildung 19.14).

16 Falls das Hinterrad ausgebaut war, wird jetzt das hintere Kettenrad gewechselt und das Rad eingebaut (siehe Sektion 16). War die Kette jedoch nur vom Kettenrad abgehoben, wird sie wieder aufgelegt. Verringern Sie den Kettendurchhang.

17 Sichern Sie bei Modellen bis 1997 das Motorritzel mit einem neuen Seegerring.

18 Legen Sie bei Modellen ab 1997 eine neue Sicherungsscheibe auf, deren Laschen nach außen zeigen (siehe Abbildung). Reinigen Sie die Gewinde der Welle und der Mutter, versehen Sie das Gewinde der Mutter mit Loctite 243

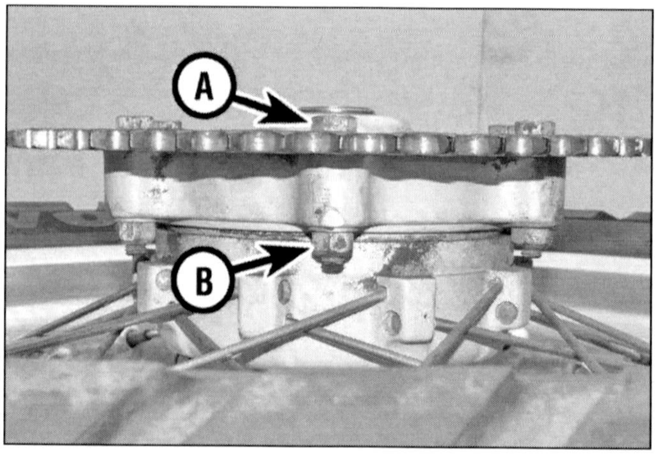

19.21 Kontern Sie den Schraubenkopf (A). Lösen Sie die Mutter (B).

20.9 Mutter des vorderen Riemenrades

(mittelfest), und ziehen Sie diese bei blockiertem Hinterrad mit 100 Nm (Funduro- und ST-Modelle) bzw. 140 Nm (GS- und Dakar-Modelle) an. Biegen Sie eine der Sicherungsscheibenlaschen gegen eine flache Seite der Mutter, um diese zu sichern (siehe Abbildung).

19 Montieren Sie die Motorritzelabdeckung, stellen Sie den Kettendurchhang ein, und schmieren Sie die Kette (siehe Kapitel 1).

Hinteres Kettenrad

Ausbau

20 Bauen Sie das Hinterrad aus (Sektion 16).

21 Kontern Sie die Kettenradschrauben, lösen Sie die Muttern. Entfernen Sie sie samt Scheiben (siehe Abbildung) und das Kettenrad unter Beachtung seiner Einbaulage. Kontrollieren Sie die Schrauben und Muttern. Ist eine beschädigt, müssen alle ausgetauscht werden.

22 Legen Sie das Kettenrad mit der eingeschlagenen Zahl (für die Anzahl der Zähne) nach außen auf den Mitnehmer, und ziehen Sie die Muttern schrittweise und gleichmäßig bis zum Drehmoment von 25 Nm (Funduro- und ST-Modelle) bzw. 21 Nm (GS- und Dakar-Modelle) an.

23 Bauen Sie das Hinterrad ein (Sektion 16).

20 Antriebsriemen und Riemenräder (CS-Modelle)

Antriebsriemen

Ausbau

1 Entfernen Sie die Motor-Riemenradabdeckung (siehe Schritt 5).

2 Bauen Sie die Schwinge aus (siehe Kapitel 6).

3 Heben Sie den Riemen vom vorderen Riemenrad, und entfernen Sie ihn.

Einbau

4 Der Einbau entspricht der umgekehrten Ausbaureihenfolge. Stellen Sie zum Schluss die Riemenspannung ein (siehe Kapitel 1).

Motor-Riemenrad-abdeckung

5 Lösen Sie die Schrauben, und entfernen Sie die Abdeckung (siehe Abbildung 19.7).

6 Der Einbau entspricht der umgekehrten Ausbaureihenfolge.

Riemenräder

Kontrolle

7 Kontrollieren Sie die Zähne von Riemen und Riemenrädern auf Verschleiß und Beschädigungen und die Riemen auch auf Risse oder sichtbare Drähte.

Vorderes Riemenrad

Ausbau und Einbau

Anmerkung: *BMW schreibt vor, bei Modellen ab 2004 das Riemenrad mit einem Abzieher (z.B. BMW-Werkzeug 271521) abzuziehen und mit einer Gewindebuchse und einer Aufpressbuchse (BMW-Teilenummern 271531 und 271 532) zu installieren – lassen Sie die Arbeit nötigenfalls von einer BMW-Werkstatt erledigen, um Beschädigungen an der Wellen- oder Riemenradverzahnung zu vermeiden.*

8 Entfernen Sie die Motor-Riemenradabdeckung (siehe Schritt 5).

9 Biegen Sie bei Modellen bis 2003 die Lasche der Sicherungsscheibe zurück (siehe Abbildung). Legen Sie den 5. Gang ein und lassen Sie einen Assistenten die Fußbremse betätigen, lösen Sie die Riemenradmutter, und entfernen Sie die Scheibe (siehe Abbildung) – benutzen Sie beim Einbau eine neue Sicherungsscheibe. Bei Modellen ab 2004 muss eine neue Mutter verwendet werden, da sie mit Sicherungspaste versehen ist.

10 Maximieren Sie den Durchhang des Antriebsriemens (siehe Kapitel 1).

11 Ziehen Sie das Riemenrad von der Welle, und heben Sie den Riemen ab. Entfernen Sie bei Modellen bis 2003 die zwei Segmente der geteilten Anlaufscheibe.

12 Schmieren Sie die Welle mit Molybdänfett (z.B. Optimoly TA).

13 Reinigen Sie bei Modellen bis 2003 die Gewinde der Welle und der Mutter. Installieren Sie die beiden Segmente der geteilten Anlaufscheibe – »kleben« Sie sie nötigenfalls mit etwa Fett ein. Legen Sie den Riemen um das Riemenrad, bei dem die »OUT«-Markierung außen sichtbar sein muss, und schieben Sie es auf die Welle (siehe Abbildung 20.9). Legen Sie eine neue Sicherungsscheibe auf. Spannen Sie den Riemen etwas vor, damit er nicht über das Riemenrad rutscht. Versehen Sie das Gewinde der Mutter mit Loctite 638 (hochfest), und ziehen Sie sie bei blockiertem Hinterrad mit 180 Nm an. Biegen Sie eine der Sicherungsscheibenlaschen gegen eine flache Seite der Mutter, um diese zu sichern.

14 Reinigen Sie bei Modellen ab 2004 die Gewinde der Welle. Schrauben Sie die Gewindebuchse (siehe *Anmerkung*) auf die Welle. Legen Sie den Riemen um das Riemenrad, bei dem die »OUT«-Markierung außen sichtbar sein muss, und schieben Sie korrekt ausgerichtet es über die Buchse auf die Welle (siehe Abbildung 20.9). Benutzen Sie die Aufpressbuchse, um das Riemenrad vollständig auf die Welle zu drücken. Entfernen Sie die Buchsen. Spannen Sie den Riemen etwas vor, damit er nicht über das Riemenrad rutscht. Installieren Sie die neue Mutter, und ziehen Sie bei blockiertem Hinterrad mit 220 Nm an. Lassen Sie die Sicherungspaste der Mutter sechs Stunden aushärten, bevor Sie mit dem Motorrad fahren.

15 Montieren Sie die Motor-Riemenradabdeckung, und stellen Sie die Riemenspannung ein (siehe Kapitel 1).

Hinteres Riemenrad

Ausbau

16 Lösen Sie die hintere Mutter der unteren Riemenabdeckung, und ziehen Sie diese herunter (siehe Abbildung).

17 Blockieren Sie das Hinterrad mithilfe der Fußbremse, und lösen Sie die Riemenradschrauben (siehe Abbildung). Maximieren Sie den Durchhang des Antriebsriemens (siehe Ka-

7

20.16 Lösen Sie die Mutter, um den Riemenschutz etwas nach unten ziehen zu können.

20.17 Schrauben des hinteren Riemenrads

21.3 Begutachten Sie die Ruckdämpferelemente.

pitel 1). Entfernen Sie das Riemenrad vom Träger, und befreien Sie es aus dem Riemen.

18 Die Kontaktfläche zwischen Riemenrad und Träger muss sauber sein. Reinigen Sie die Gewinde der Riemenradschrauben.

19 Setzen Sie das Riemenrad auf den Träger, installieren Sie die Schrauben, und ziehen Sie sie bei blockiertem Hinterrad gleichmäßig und schrittweise bis zum Drehmoment von 28 Nm an.

20 Montieren Sie die Riemenabdeckung, und stellen Sie die Riemenspannung ein (siehe Kapitel 1).

21 Ketten- oder Riemenrad-Mitnehmer/Ruckdämpfer

Funduro-, ST-, GS- und Dakar-Modelle

1 Bauen Sie das Hinterrad aus (siehe Sektion 16). Prüfen Sie das Spiel zwischen Mitnehmer und Radnabe, indem Sie das Kettenrad hin und her drehen – jegliches fühlbare Spiel weist auf verschlissene Ruckdämpferelemente hin.

Achtung: Legen Sie das Rad nicht auf die Bremsscheibe, da sie verziehen kann; legen Sie es so auf Holzblöcke, dass die Felge (oder der Reifen) das Gewicht trägt.

2 Heben Sie den Mitnehmer aus der Radnabe – die Gummidämpfer sollten darin verbleiben (siehe Abbildung 17.11). Beachten Sie bei Funduro- und ST-Modellen die im Mitnehmer sitzende Distanzhülse, und stellen Sie sie nötigenfalls sicher. Überprüfen Sie den Mitnehmer auf Risse und andere Beschädigungen.

3 Heben Sie die Dämpferelemente aus der Radnabe, und kontrollieren Sie sie auf Risse, Verhärtung und Porosität (siehe Abbildung) – ersetzen Sie sie nötigenfalls.

4 Die Kontrolle und das Ersetzen des Mitnehmerlagers wird in Sektion 17 beschrieben.

5 Der Einbau entspricht der umgekehrten Ausbaureihenfolge. Bei Funduro- und ST-Modellen muss die Distanzhülse korrekt im Mitnehmer sitzen.

6 Bauen Sie das Hinterrad ein (Sektion 16).

CS-Modelle

7 Lösen Sie die hintere Mutter der unteren Riemenabdeckung, und ziehen Sie diese herunter (siehe Abbildung 20.16). Maximieren Sie den Durchhang des Antriebsriemens (siehe Kapitel 1). Ziehen Sie den Riemen vom hinteren Riemenrad (siehe Abbildung).

8 Entfernen Sie die Drahtsicherung unter Beachtung ihrer Einbauposition. Betätigen Sie die Fußbremse, und lösen Sie mit einem 46-mm-Zwölfkantschlüssel die Mitnehmermutter (siehe Abbildungen). Ziehen Sie den Mitnehmer von der Antriebsachse, und entfernen Sie die Distanzhülse (siehe Abbildungen).

9 Prüfen Sie das Spiel zwischen der Mitnehmerplatte und dem Mitnehmer, indem Sie das Riemenrad hin und her drehen – jegliches fühlbare Spiel weist auf verschlissene Ruckdämpfer-Elemente hin. Stützen Sie den Mitnehmer auf Hölzern, und treiben Sie die Mitnehmerplatte mit einem geeigneten Steckschlüssel aus dem Lager (siehe Abbildung). Überprüfen Sie den Mitnehmer und die Platte auf Risse und andere Beschädigungen.

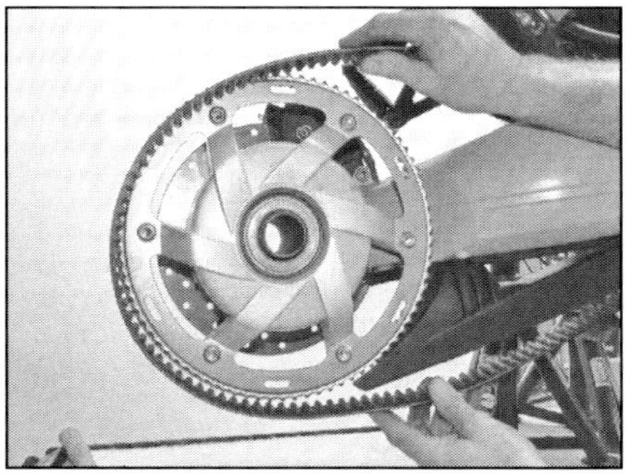

21.7 Ziehen Sie den Riemen vom Riemenrad.

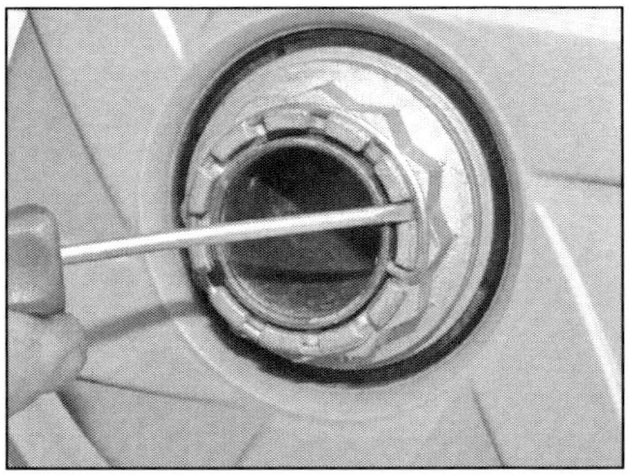

21.8a Entfernen Sie die Drahtsicherung, ...

21.8b ... und lösen Sie die Mitnehmermutter.

21.8c Ziehen Sie den Mitnehmer von der Achse, ...

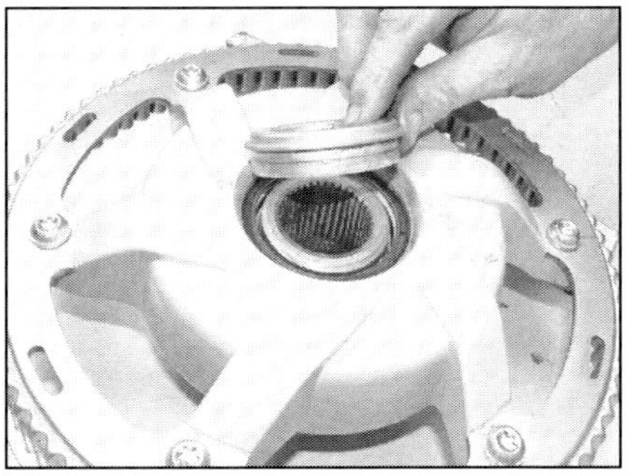

21.8d ... und entfernen Sie die Distanzhülse.

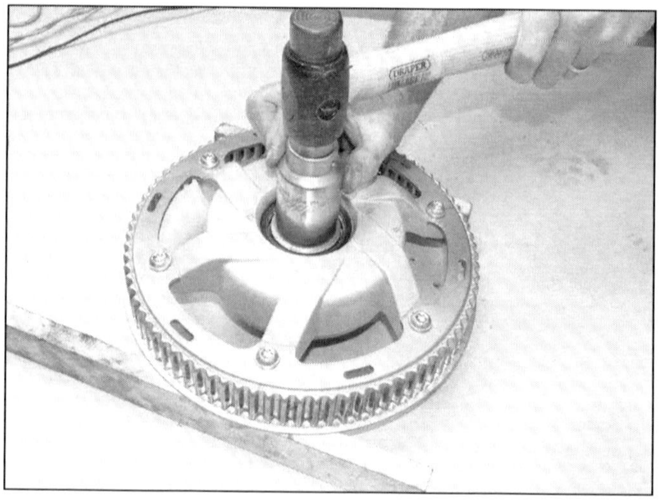

21.9 Treiben Sie die Mitnehmerplatte mit einem an den Bund des Nutenwellengehäuses angesetzten Steckschlüssel heraus.

21.10 Begutachten Sie die Ruckdämpferelemente.

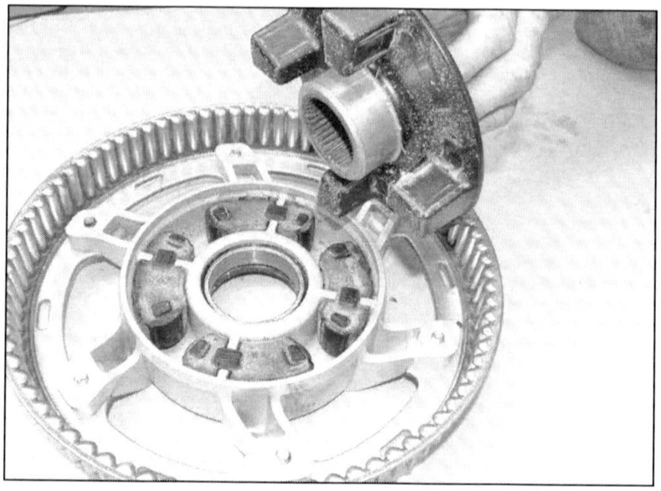

21.12a Installieren Sie die Mitnehmerplatte.

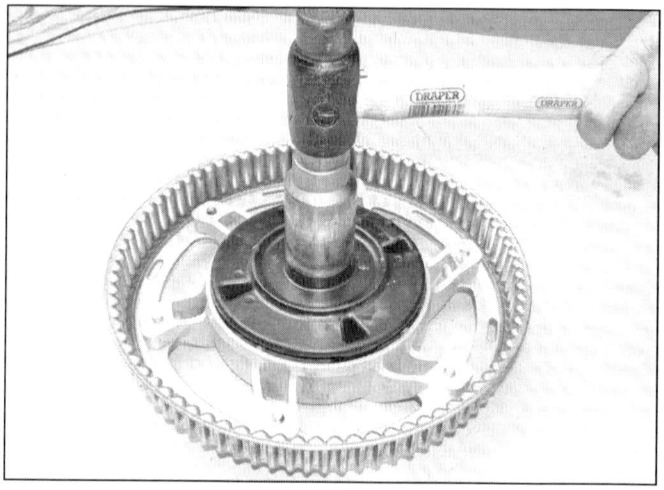

21.12b Klopfen Sie sie in ihr Lager.

10 Heben Sie die Dämpferelemente aus der Radnabe, und kontrollieren Sie sie auf Risse, Verhärtung und Porosität (siehe Abbildung) – ersetzen Sie sie nötigenfalls.

11 Reinigen Sie die Gewinde von Achse und Mutter sowie die Nuten von Achse und Platte. Schmieren Sie die Nuten der Achse und der Platte mit Molybdänfett (z.B. Optimoly TA).

12 Stecken Sie die Dämpfersegmente in den Mitnehmer, installieren Sie die korrekt ausgerichtete Platte, und klopfen Sie sie in das Lager (siehe Abbildungen).

13 Installieren Sie die Distanzhülse (siehe Abbildung 21.8d). Schieben Sie die Baugruppe auf die Antriebsachse (siehe Abbildung 21.8c). Installieren Sie die Mitnehmermutter. Ziehen Sie sie bei blockierten Hinterrad mit 160 Nm an (siehe Abbildung) und dann weiter, bis die Bohrungen der Mutter und der Achse für die Drahtsicherung fluchten, und installieren Sie die Sicherung (siehe Abbildung 21.8a).

14 Schieben Sie den Riemen auf das hintere Riemenrad (siehe Abbildung 21.7). Stellen Sie die Riemenspannung ein (siehe Kapitel 1). Montieren Sie die Riemenabdeckung (siehe Abbildung 20.16).

21.13 Installieren Sie die Mutter, und ziehen Sie sie mit 160 Nm an.

22.3a Lösen Sie die Schrauben, und befreien Sie den Sensor.

22 Hinterradachse und Exzentereinsteller (CS-Modelle)

1 Bauen Sie das Hinterrad aus (siehe Sektion 16). Entfernen Sie den Riemenradmitnehmer (siehe Sektion 21).

2 Demontieren Sie den Bremssattel (siehe Sektion 7).

3 Entfernen Sie den Geschwindigkeitssensor aus dem Gehäuse des Exzentereinstellers (siehe

22.3b Entfernen Sie die Einstellschraube.

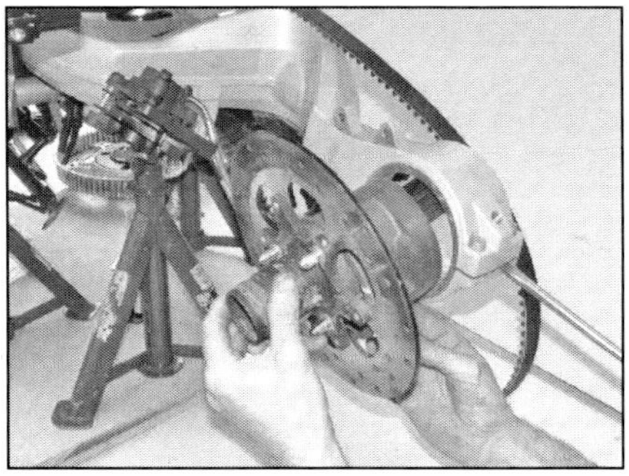

22.4 Ziehen Sie die Achse samt Bremsscheibe und Exzenter aus der Schwinge.

Abbildung). Lösen und entfernen Sie die Einstellschraube des Exzenters (siehe Abbildung).

4 Greifen Sie die aus Radachse, Bremsscheibe und Exzenter bestehende Baugruppe, und ziehen Sie sie aus der Schwinge (siehe Abbildung).

5 Falls der Exzenter von der Achse getrennt werden soll, muss die Bremsscheibe entfernt werden (siehe Sektion 8).

6 Der Exzentereinsteller muss mit einem Abzieher von der Achse gezogen werden – BMW bietet unter den Teilenummern 331552, 331307, 00750 und 331551 entsprechende Werkzeuge an.

7 Kontrollieren Sie die im Einsteller sitzenden Radlager (siehe Sektion 17), und ersetzen Sie sie nötigenfalls.

8 Pressen Sie den Einsteller auf die Welle – das Ende mit dem Nadellager muss im Bremsscheibenträger sitzen. BMW bietet unter den folgenden Teilenummern 315691, 234782, 315 611, 315696 und 315692 entsprechende Werkzeuge an.

9 Montieren Sie die Bremsscheibe (siehe Sektion 8).

10 Schieben Sie den Einsteller von links her vollständig in die Schwinge (siehe Abbildung 22.4) – die Bohrung für die Einstellschraube muss zum Loch in der Schwinge ausgerichtet sein. Ziehen Sie die Klemmschrauben schrittweise und gleichmäßig zunächst mit 10 Nm und dann mit 21 Nm an – dies soll lediglich sicherstellen, dass der Exzenter richtig sitzt; die korrekte Position wird später beim Einstellen der Riemenspannung festgelegt.

11 Installieren Sie den Geschwindigkeitssensor (siehe Sektion 22.3a). Drehen Sie die Einstellschraube einige Umdrehungen ein, aber lassen Sie ihn nicht den Einsteller berühren (siehe Abbildung 22.3b).

12 Montieren Sie den Bremssattel (siehe Sektion 7).

13 Installieren Sie jetzt den Riemenradmitnehmer (siehe Sektion 21). Bauen Sie dann das Hinterrad ein (siehe Sektion 16). Reinigen Sie die Bremsscheibe schlussendlich mit Azeton oder Bremsenreiniger.

Kapitel 8
Anbauteile

Inhalt (in alphabetischer Reihenfolge, die Zahlen geben die Nummerierung in den grauen Feldern wieder)

Schwierigkeitsgrade

Leicht. Für Anfänger mit wenig Erfahrung geeignet.	**Relativ leicht.** Für Anfänger mit etwas Erfahrung geeignet.	**Relativ schwierig.** Geeignet für geübte Selbstschrauber.	**Schwer.** Geeignet für Selbstschrauber mit viel Erfahrung.	**Sehr schwer.** Geeignet für Experten und Profis.

1 Allgemeine Informationen

In diesem Kapitel sind die nötigen Arbeitsschritte beschrieben, die zum Entfernen und Montieren der Anbau- und Verkleidungsteile am Motorrad nötig sind. Da bei vielen Wartungsarbeiten und Reparaturen Anbauteile entfernt werden müssen, sind die Arbeitsschritte hier zusammengefasst und werden in anderen Kapiteln erwähnt.

Im Falle einer Beschädigung der Teile ist es normalerweise üblich, diese Komponenten durch Neu- oder Gebrauchtteile zu ersetzen. Das Material, aus dem die Verkleidungsteile sind, lässt sich mit konventioneller Technik nicht reparieren. Es gibt jedoch einige Spezialisten, die Kunststoff wieder »schweißen« können. Es lohnt sich, hier Angebote einzuholen, bevor teure Neuteile verbaut werden.

Wenn die Demontage eines Verkleidungsteils ansteht, sollte es zunächst genau studiert, und alle Befestigungen und Anschlüsse beachtet werden, um beim Einbau alles wieder korrekt an seinen Platz zu bekommen. In einigen Fällen kann es nötig sein, einen Assistenten zur Hilfe zu haben, um bei der Demontage Lackschäden zu vermeiden. Wenn alle sichtbaren Befestigungen entfernt wurden, versuchen Sie die Teile wie beschrieben abzuziehen – **aber nicht mit Gewalt**. Wenn sie sich nicht entfernen lässt, überprüfen Sie, ob alle Befestigungen gelöst sind, und versuchen Sie es erneut. Beim Anbau von Verkleidungsteilen muss zuvor genau studiert werden, ob alle Befestigungen und angeschlossenen Teile wieder an ihren korrekten Platz gelangen. Achten Sie darauf, dass alle Befestigungen, wie auch alle Gewindeeinsätze, Klemmen und Dämpfergummis in gutem Zustand sind. Alle verschlissenen oder beschädigten Teile müssen ersetzt werden, bevor die Komponente installiert wird.

Ziehen Sie alle Befestigungen sorgfältig an, aber seien Sie vorsichtig, nichts zu überdrehen, da – nicht immer sofort – Belastungsbrüche oder Risse auftreten können.

2 Funduro- und ST-Modelle

Sitzbank

1 Stecken Sie den Zündschlüssel in das rechts hinten sitzende Sitzbankschloss, und drehen Sie ihn, um das Schloss zu öffnen (siehe Abbildung). Heben Sie die Sitzbank hinten an, um sie zu entfernen.

2 Der Einbau entspricht der umgekehrten Ausbaureihenfolge. Achten Sie darauf, dass die Sitzbank korrekt positioniert ist, und drücken Sie sie hinten herunter, um das Schloss zuschnappen zu lassen.

Seitendeckel

3 Entfernen Sie zunächst die Sitzbank (siehe Schritt 1).

4 Lösen Sie die beiden Schrauben (siehe Abbildung).

2.1 Entfernen Sie die Sitzbank.

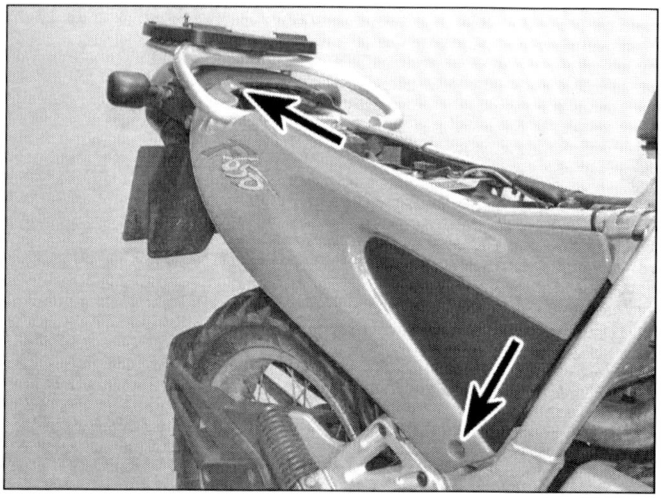

2.4 Lösen Sie die beiden Schrauben, ...

2.5 ... und befreien Sie den Stift aus der Öse.

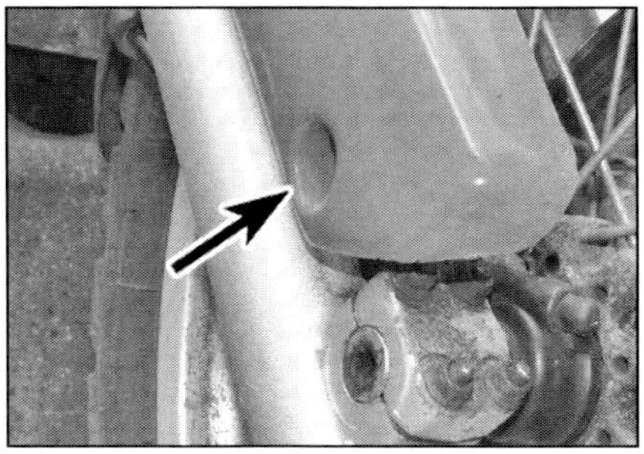

2.7a Lösen Sie an beiden Seiten unten ...

2.7b ... und oben die Kotflügelschrauben.

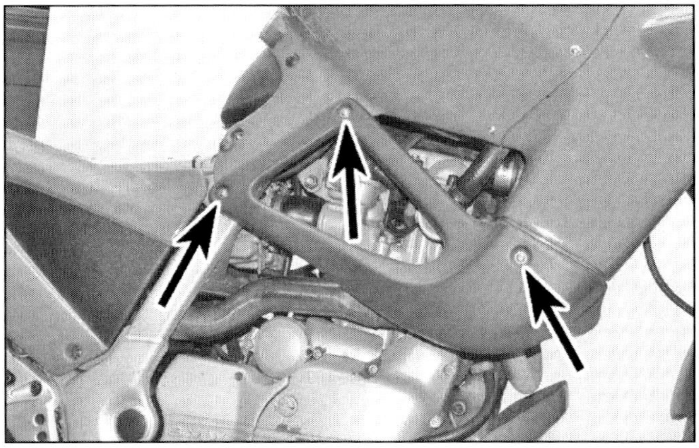

2.10 Schrauben der Motorabdeckung – Funduro-Modelle

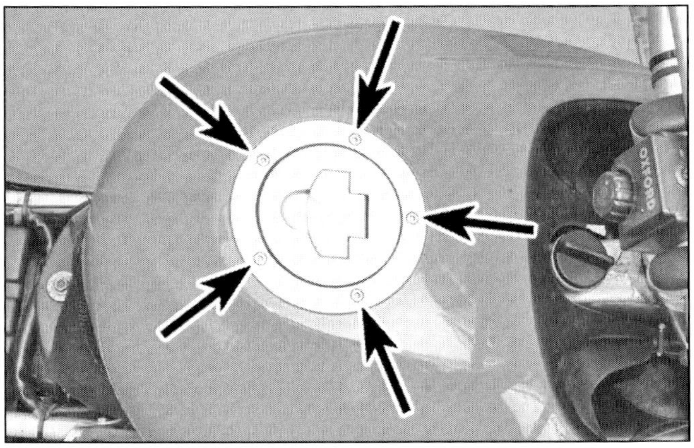

2.13 Lösen Sie die fünf Schrauben des Tankdeckelrings.

5 Ziehen Sie vorsichtig die obere vordere Ecke des Deckels vom Rahmen ab, um den Stift aus der Öse zu befreien (siehe Abbildung).
6 Der Einbau entspricht der umgekehrten Ausbaureihenfolge. Achten Sie darauf, dass der Stift richtig sitzt.

Vorderrad-Kotflügel

7 Lösen Sie bei Funduro-Modellen an jeder Seite die beiden Schrauben, die den Kotflügel am Tauchrohr sichern (siehe Abbildungen). Ziehen Sie den Kotflügel nach vorne. Befreien Sie nötigenfalls die Bremsleitung und die Tachowelle aus der jeweiligen Klemme, lösen Sie dann deren Schrauben, und entfernen Sie sie.
8 Lösen Sie bei ST-Modellen die beiden Schrauben, die den Kotflügel an der Strebe sichern – beachten Sie die Positionen der Bremsleitungs- und Tachowellenführungen. Ziehen Sie den Kotflügel nach vorne. Lösen Sie nötigenfalls die Schrauben, mit der die Strebe an den Tauchrohren gesichert ist.
9 Der Einbau entspricht der umgekehrten Ausbaureihenfolge. Achten Sie darauf, dass Bremsleitung und Tachowelle gesichert sind.

Motorabdeckungen

10 Lösen Sie die Schrauben (drei bei Funduro- und vier bei ST-Modellen, und entfernen Sie die Abdeckung (siehe Abbildung).
11 Der Einbau entspricht der umgekehrten Ausbaureihenfolge.

Tankabdeckung

12 Entfernen Sie die Sitzbank (Schritt 1).
13 Lösen Sie die Schrauben des Tankdeckelrings, und entfernen Sie ihn (siehe Abbildung).
14 Entfernen Sie die Motorabdeckungen (siehe Schritt 10).
15 Lösen Sie an jeder Seite die vier Schrauben, mit denen die Abdeckung an der Verkleidung gesichert ist sowie die Schraube, die sie hinten am Rahmen sichert. (siehe Abbildung).
16 Ziehen Sie vorsichtig die Abdeckung nach hinten vom Tank ab (siehe Abbildung).

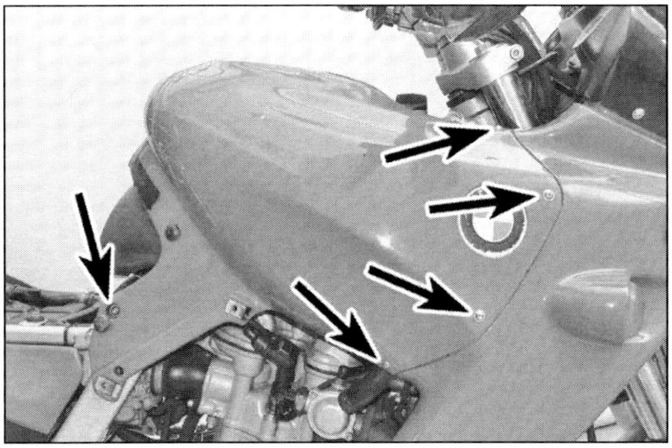

2.15 Lösen Sie die fünf Schrauben, ...

2.16 ... und heben Sie die Tankabdeckung ab.

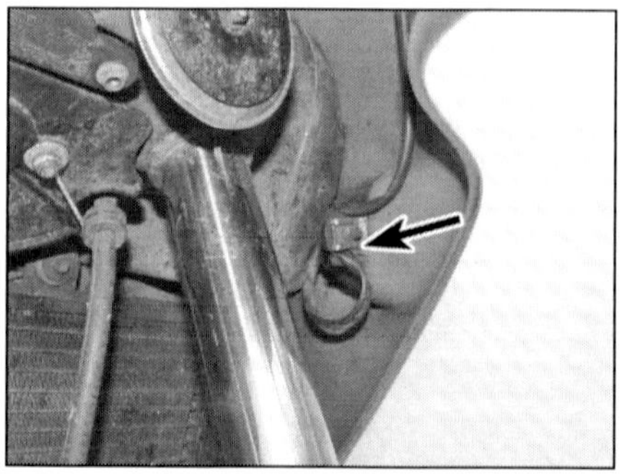

2.23 Befreien Sie die Blinkerkabel aus den Führungen.

2.24 Lösen Sie an jeder Seite unten die Schraube.

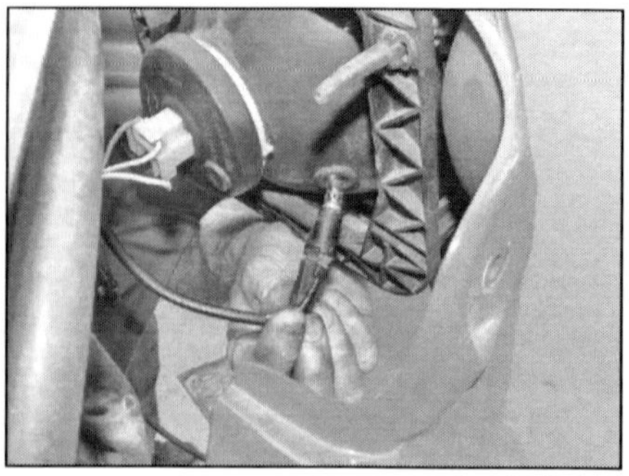

2.25a Ziehen Sie das Standlicht aus dem Scheinwerfer, ...

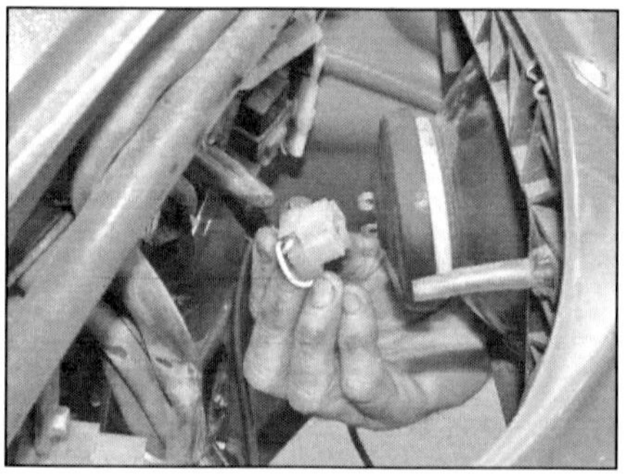

2.25b ... trennen Sie den Scheinwerferstecker ...

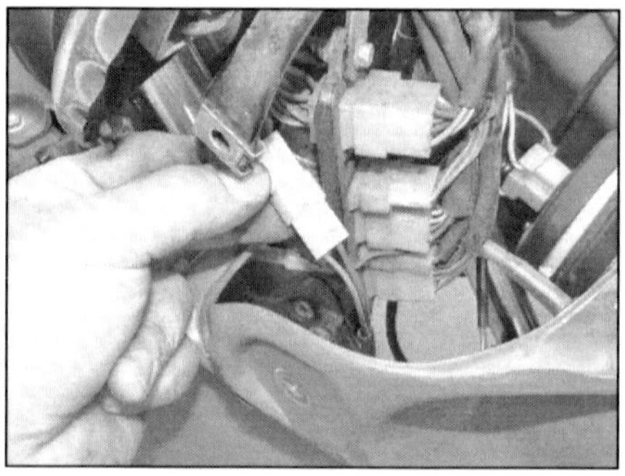

2.25c ... sowie die Blinkerstecker, ...

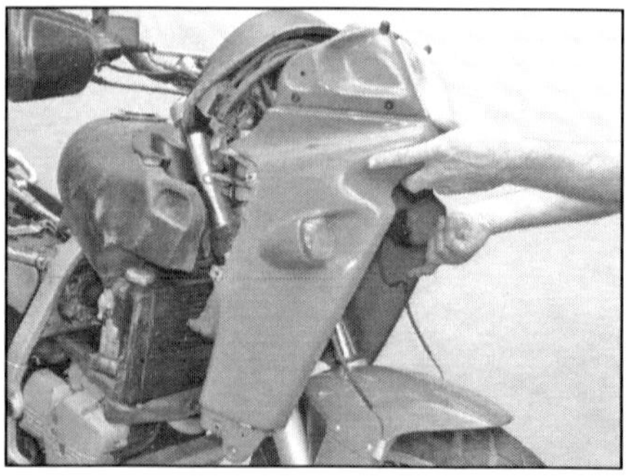

2.25d ... und entfernen Sie die Verkleidung.

17 Der Einbau entspricht der umgekehrten Ausbaureihenfolge.

Windschutzscheibe

18 Lösen Sie die vier Schrauben, und entfernen Sie die Scheibe.
19 Der Einbau entspricht der umgekehrten Ausbaureihenfolge.

Verkleidung

20 Entfernen Sie die Windschutzscheibe.
21 Entfernen Sie die Motorabdeckungen.
22 Lösen Sie an jeder Seite die vier Schrauben, mit denen die Verkleidung an der Tankabdeckung gesichert ist (siehe Abbildung 2.15).
23 Befreien Sie die Blinkerkabel aus den Führungen der Blinker, um mehr Platz für das Trennen der Stecker zu erhalten (siehe Abbildung).
24 Lösen Sie an jeder Seite die beiden Schrauben, mit denen die Verkleidung befestigt ist (siehe Abbildung).
25 Ziehen Sie die Verkleidung vorsichtig nach vorne und dabei das Standlicht aus dem Scheinwerfer. Trennen Sie den Scheinwerfer- sowie die Blinkerstecker (siehe Abbildungen).
26 Der Einbau entspricht der umgekehrten Ausbaureihenfolge.

Rückspiegel

27 Ziehen Sie die Gummikappe von der Spiegelbefestigung hoch (siehe Abbildung).
28 Lösen Sie mit einem am unteren Sechskant angesetzten Maulschlüssel den Spiegel aus dem Kupplungshebel- bzw. dem Bremszylinderhalter.
29 Der Einbau entspricht der umgekehrten Ausbaureihenfolge – drehen Sie den Spiegel in den Halter, und ziehen Sie ihn an. Stellen Sie den Spiegel dann wie gewünscht ein, indem der untere Sechskant gekontert und der darüberliegende Einsteller gelockert werden. Ziehen Sie den Einsteller nach dem Drehen des Spiegelschaftes wieder an.

Motorschutz

30 Lösen Sie die Schrauben des Motorschutzes, und entfernen Sie ihn (siehe Abbildung).

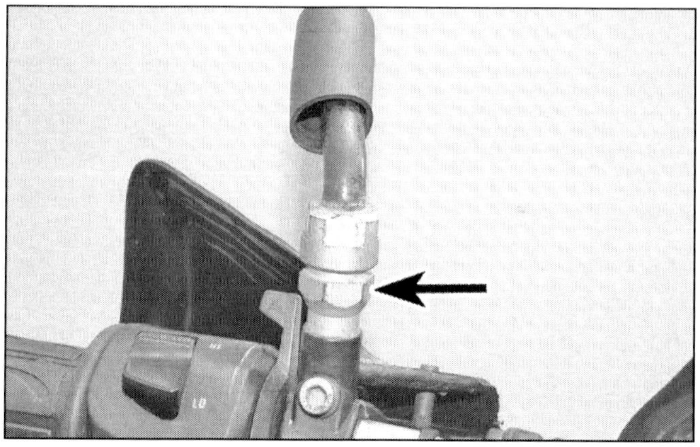

2.27 Ziehen Sie die Gummikappe hoch, um an die Spiegelbefestigung zu gelangen.

2.30 Schrauben des Motorschutzes

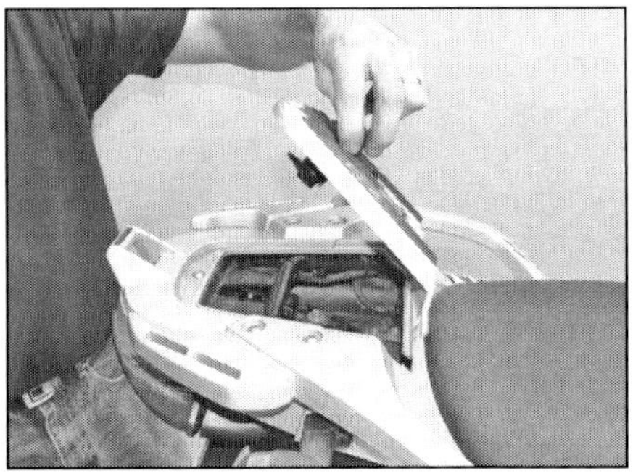

3.1a Öffnen und entfernen Sie den Werkzeugfachdeckel.

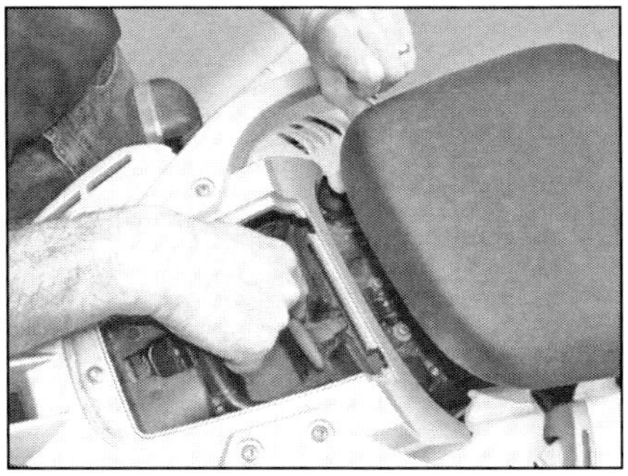

3.1b Öffnen Sie die Sitzbankverriegelung, und entfernen Sie den Sitz.

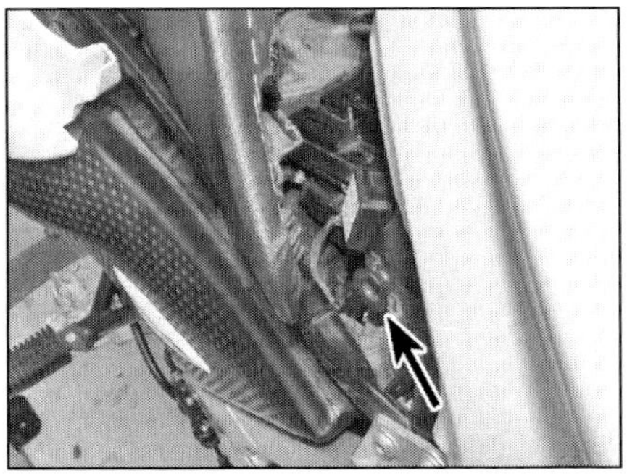

3.2 Die Sitzbank muss vorne korrekt über dem Halter sitzen.

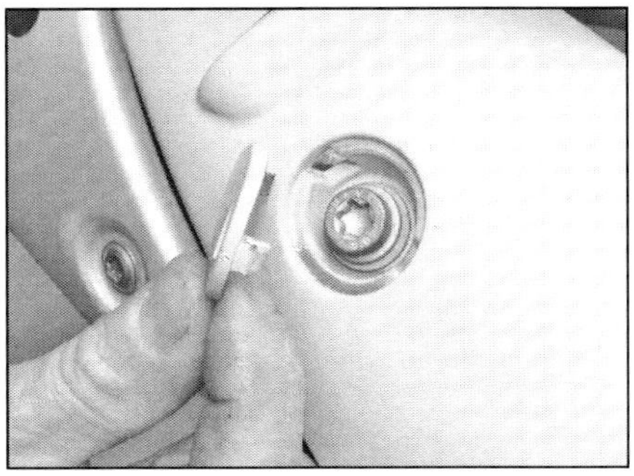

3.4 Entfernen Sie die Kappe, und lösen Sie die Schraube.

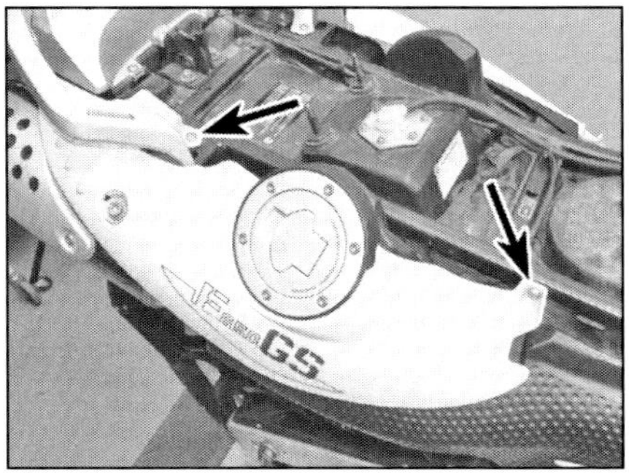

3.5a Lösen Sie die beiden Schrauben, ...

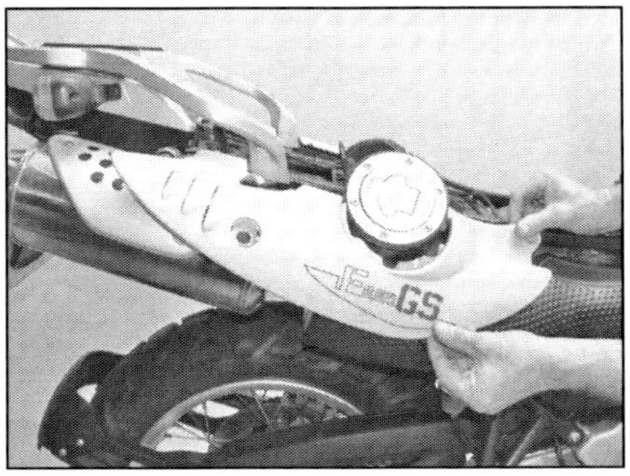

3.5b ... und entfernen Sie den Seitendeckel.

31 Der Einbau entspricht der umgekehrten Ausbaureihenfolge.

3 GS- und Dakar-Modelle

Sitzbank

1 Öffnen Sie mithilfe des Zündschlüssels das Werkzeugfach, und entfernen Sie deren Abdeckung (siehe Abbildung). Ziehen Sie den Sitzbanköffner, heben Sie den Sitz hinten an, und entfernen Sie ihn – merken Sie sich die Einbauposition (siehe Abbildung).

2 Der Einbau entspricht der umgekehrten Ausbaureihenfolge. Achten Sie darauf, dass die Sitzbank vorne korrekt positioniert ist (siehe Abbildung), und drücken Sie sie hinten herunter, um die Lasche einrasten zu lassen. Installieren Sie die Werkzeugfachabdeckung.

Seitendeckel

3 Entfernen Sie die Sitzbank (Schritt 1).

4 Entfernen Sie die Schraubenabdeckung, und lösen Sie die hintere Schraube (siehe Abbildung).

5 Lösen Sie die oberen Schrauben, und entfernen Sie vorsichtig den Seitendeckel – beachten Sie seine Einbaulage (siehe Abbildungen).

6 Der Einbau entspricht der umgekehrten Ausbaureihenfolge.

Vorderrad-Kotflügel

7 Lösen Sie zum Entfernen des oberen Kotflügels die vier Schrauben an dessen Unterseite, und manövrieren Sie den Kotflügel heraus (siehe Abbildungen). Lösen Sie evtl. die Schrauben, mit denen die obere und untere Hälfte verbunden sind, und trennen Sie sie.

8 Lösen Sie zum Entfernen des unteren Kotflügels zunächst links die Mutter der Bremsschlauchführung und entfernen Sie diese (siehe Abbildung). Lösen Sie die Schrauben der zwischen den Tauchrohren sitzenden Strebe, und ziehen Sie den Kotflügel nach vorne ab (siehe Abbildung). Lösen Sie nötigenfalls die Schrauben, die den Kotflügel an der Strebe sichern, und trennen Sie beide Teile.

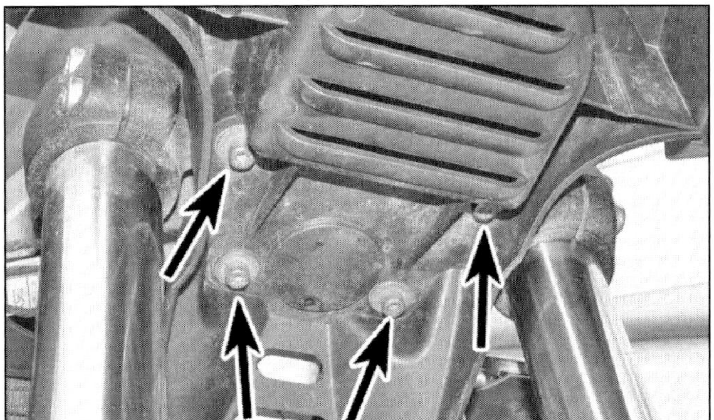

3.7a Lösen Sie die vier Schrauben, ...

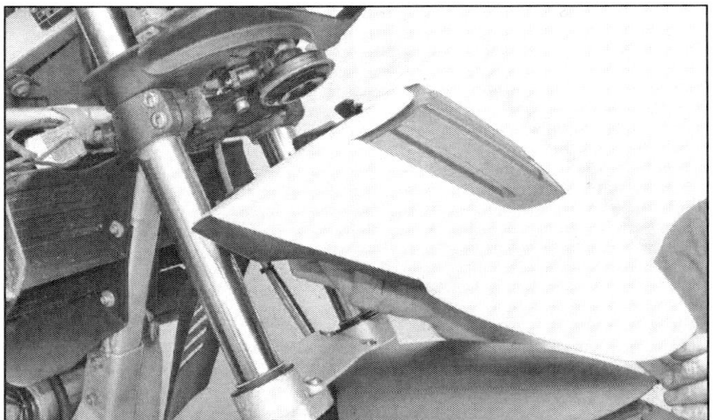

3.7b ... und entfernen Sie den oberen Kotflügel.

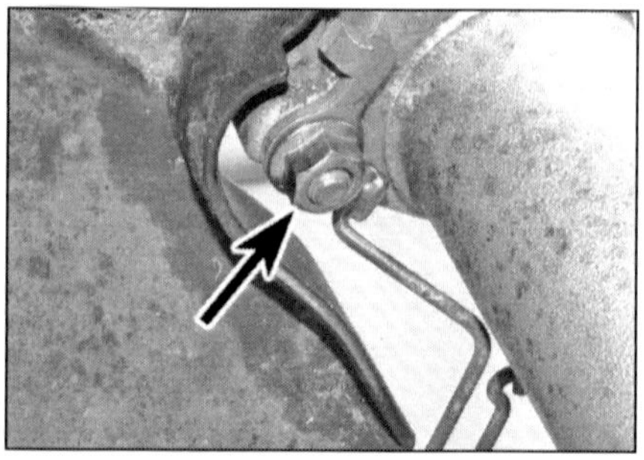

3.8a Lösen Sie die Mutter, und entfernen Sie die Bremsschlauchführung.

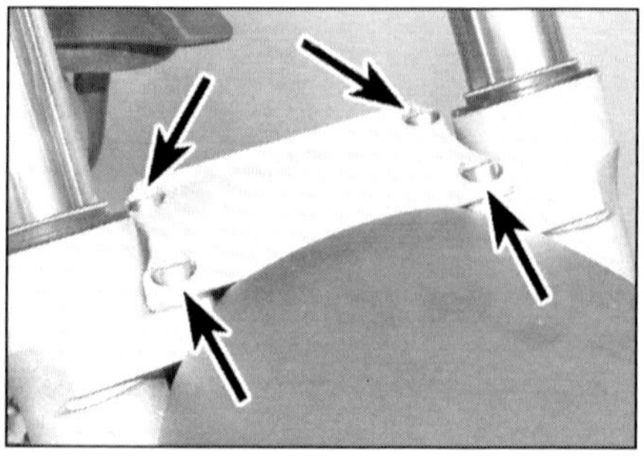

3.8b Lösen Sie die vier Schrauben (Pfeile) der Strebe, und entfernen Sie den Kotflügel.

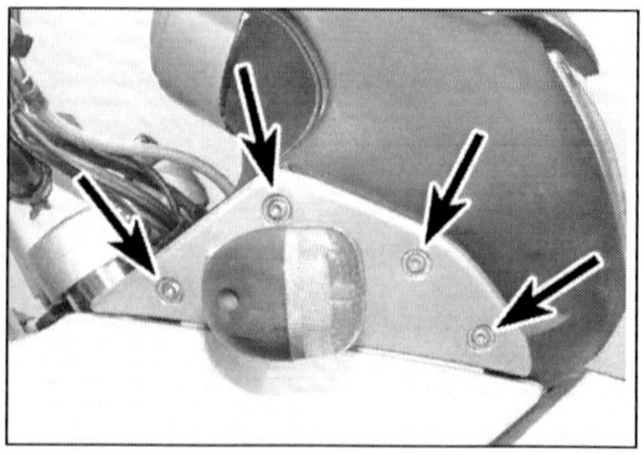

3.11a Lösen Sie die vier Schrauben, ...

9 Der Einbau entspricht der umgekehrten Ausbaureihenfolge.

Vordere Seitenverkleidungen

10 Entfernen Sie die Sitzbank (Schritt 1).

11 Lösen Sie die vier Schrauben der Blinkerhalterung, und trennen Sie den Blinkerstecker (siehe Abbildungen).

12 Für den Ausbau des linken Verkleidungsteils muss der Öleinfülldeckel herausgeschraubt werden – installieren Sie ihn später wieder.

13 Lösen Sie die vordere Schraube – drehen Sie den Lenker so, dass sie zugänglich ist (siehe Abbildung) – und die beiden oberen und hinteren Schrauben (siehe Abbildung). Ziehen Sie die Verkleidung vorsichtig unten ab, um den Stift aus der Öse zu befreien. Entfernen Sie die Verkleidung – beachten Sie dabei, wie sie in die obere Abdeckung greift (siehe Abbildung).

14 Der Einbau entspricht der umgekehrten Ausbaureihenfolge.

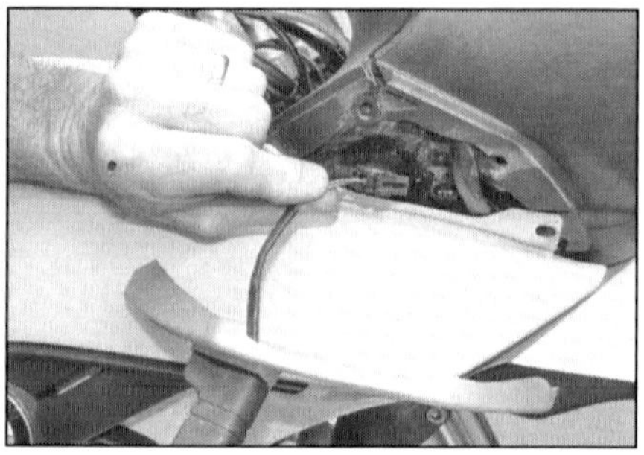

3.11b .... entfernen Sie den Blinkerhalter, und trennen Sie den Stecker.

3.12 Entfernen Sie den Öleinfülldeckel.

Obere Abdeckung

15 Entfernen Sie die vorderen Seitenverkleidungen (siehe Schritte 10 bis 13).

16 Lösen Sie die beiden Schrauben, und entfernen Sie die Abdeckung (siehe Abbildungen).

17 Der Einbau entspricht der umgekehrten Ausbaureihenfolge – die Schrauben sichern auch die Elektrikabdeckung, sodass sichergestellt sein muss, dass diese richtig sitzt.

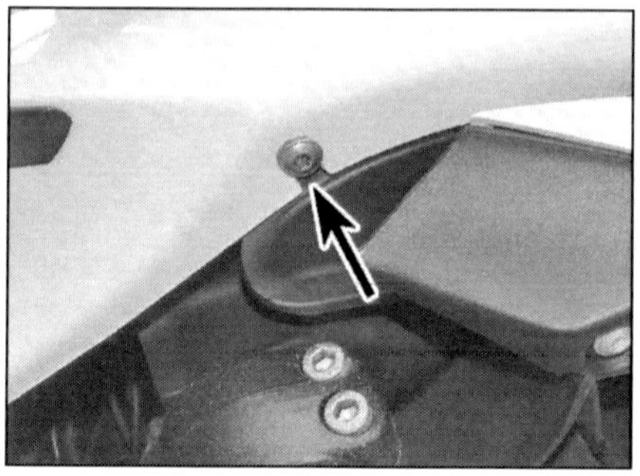

3.13a Lösen Sie die vordere Schraube ...

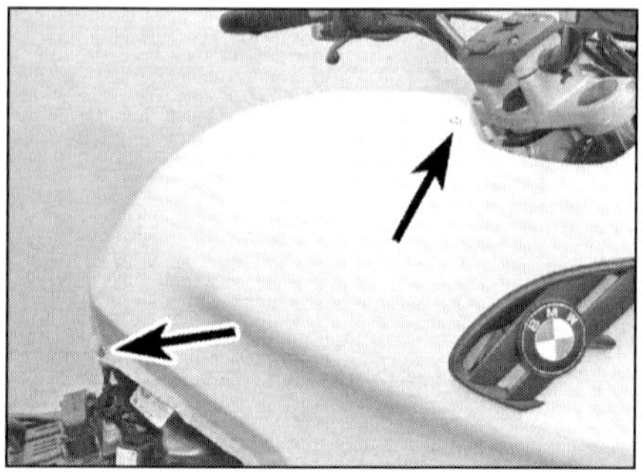

3.13b ... sowie die Schrauben oben und hinten, ...

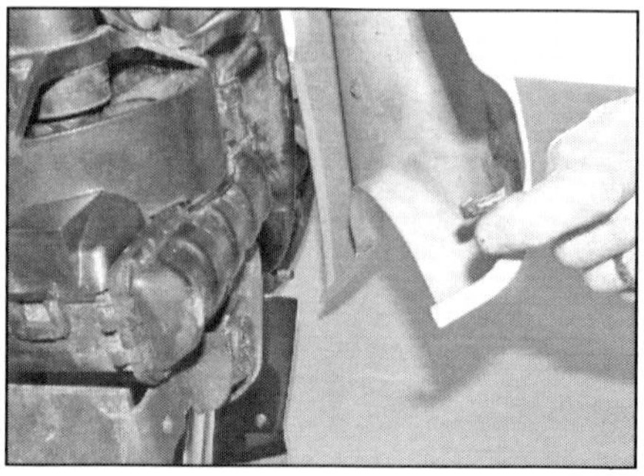

3.13c ... um den Stift aus der Öse zu ziehen und das Verkleidungsteil zu entfernen.

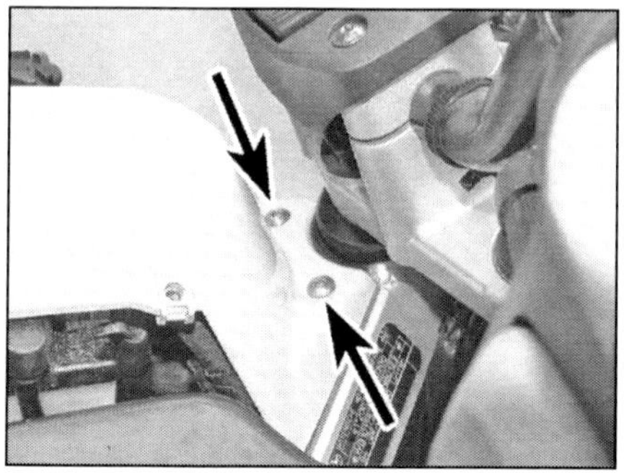

3.16a Lösen Sie die beiden Schrauben, ...

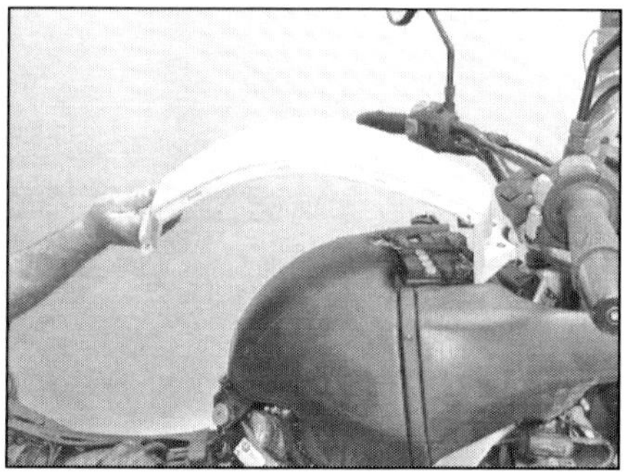

3.16b ... und entfernen Sie die obere Abdeckung.

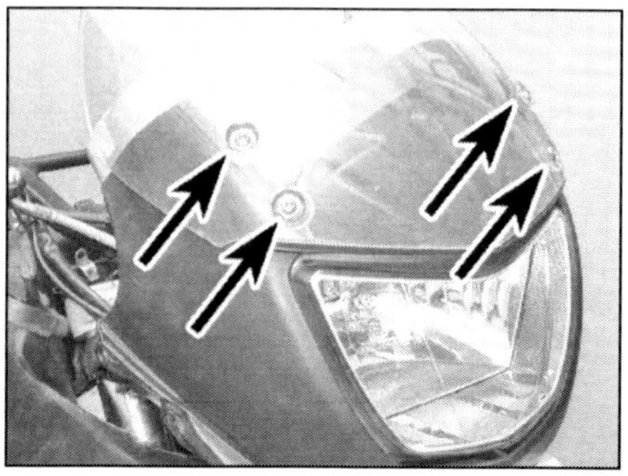

3.18 Lösen Sie die vier Schrauben, und entfernen Sie die Windschutzscheibe.

3.22 Lösen Sie die drei Schrauben, und entfernen Sie die Instrumentenabdeckung.

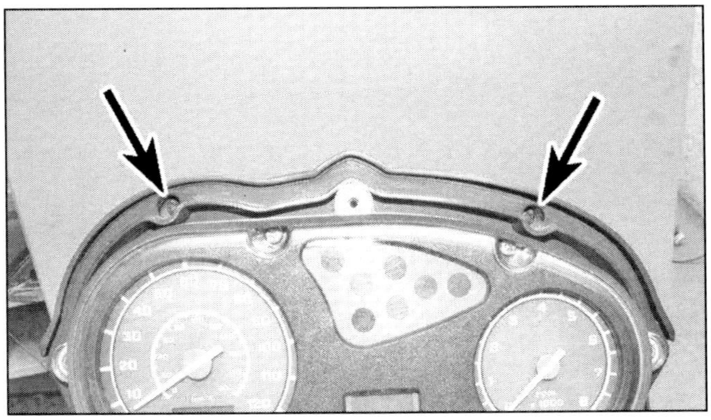

3.23 Lösen Sie die beiden Schrauben, befreien Sie die Verkleidung, ...

3.24a ... trennen Sie den Scheinwerferstecker, ...

3.24b ... entfernen Sie die Gummikappe, ...

3.24c ... und ziehen Sie das Standlicht heraus.

Windschutzscheibe

18 Lösen Sie die vier Schrauben, und entfernen Sie die Scheibe (siehe Abbildung) – bei manchen Dakar-Modellen kann zwischen Verkleidung und Scheibe ein Abstandhalter sitzen.
19 Der Einbau ist gleich umgekehrter Ausbau.

Verkleidung

20 Entfernen Sie die Windschutzscheibe.
21 Entfernen Sie die vorderen Seitenverkleidungen.
22 Lösen Sie die Schrauben der Instrumentenabdeckung, und entfernen Sie diese (siehe Abbildung).
23 Lösen Sie die zwei oberen Befestigungsschrauben der Verkleidung (siehe Abbildung).
24 Ziehen Sie die Verkleidung vorsichtig samt Scheinwerfer nach vorne, trennen Sie den Scheinwerferstecker, entfernen Sie die Gummikappe, und ziehen Sie das Standlicht aus dem Scheinwerfer (siehe Abbildungen).
25 Der Einbau entspricht der umgekehrten Ausbaureihenfolge.

Rückspiegel

26 Lösen Sie mit einem am unteren Sechskant angesetzten Maulschlüssel den Spiegel aus dem Kupplungshebel- bzw. dem Bremszylinderhalter (siehe Abbildung).
27 Der Einbau entspricht der umgekehrten Ausbaureihenfolge – drehen Sie den Spiegel in den Halter, und ziehen Sie ihn an, stellen Sie den Spiegel dann wie gewünscht ein, indem der untere Sechskant gekontert und der darüberliegende Einsteller gelockert werden. Ziehen Sie den Einsteller nach dem Drehen des Spiegelschaftes wieder an.

Motorschutz

28 Lösen Sie die drei Schrauben des Motorschutzes, und entfernen Sie ihn (siehe Abbildung).
29 Der Einbau entspricht der umgekehrten Ausbaureihenfolge.

3.26 Lösen Sie die untere Mutter, um den Spiegel aus dem Halter zu schrauben.

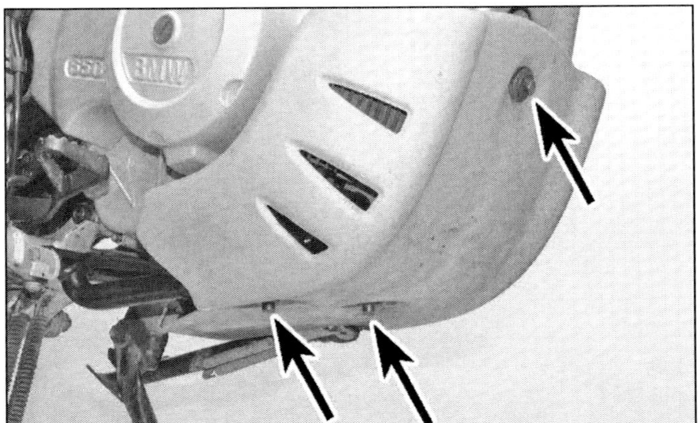

3.28 Schrauben des Motorschutzes

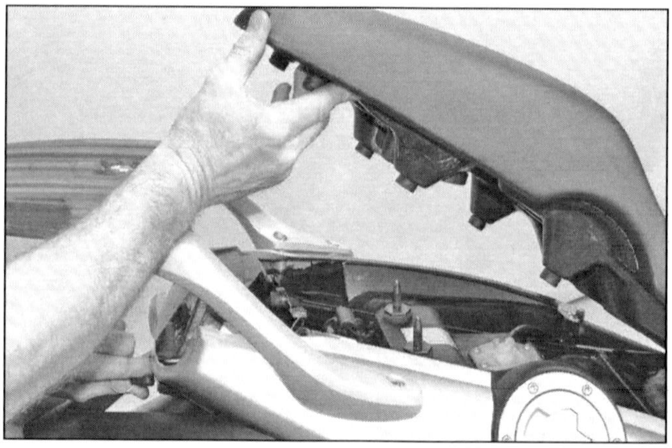

4.1 **Öffnen Sie das Sitzbankschloss, und entfernen Sie die Sitzbank.**

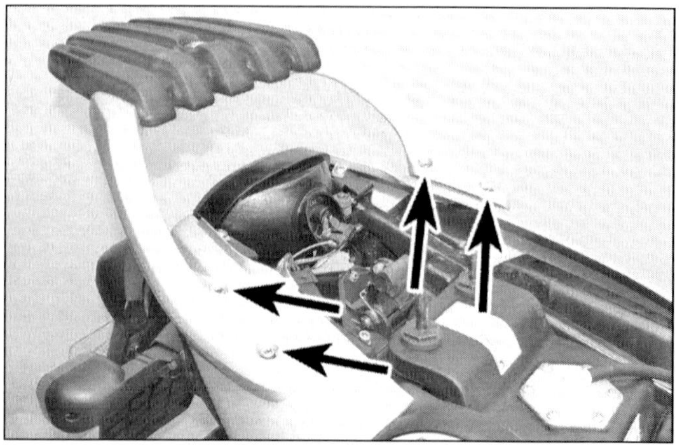

4.4a **Lösen Sie die Schrauben, und entfernen Sie den Gepäckträger.**

4 CS-Modelle

Sitzbank

1 Stecken Sie den Zündschlüssel in das rechts hinten sitzende Sitzbankschloss, und drehen Sie ihn, um das Schloss zu öffnen (siehe Abbildung). Heben Sie die Sitzbank hinten an, um sie zu entfernen.

2 Der Einbau entspricht der umgekehrten Ausbaureihenfolge. Achten Sie darauf, dass die Sitzbank korrekt positioniert ist, und drücken Sie sie hinten herunter, um das Schloss zuschnappen zu lassen.

Seitendeckel

3 Entfernen Sie zunächst die Sitzbank (siehe Schritt 1).

4 Lösen Sie die vier Schrauben des Gepäckträgers, und entfernen Sie diesen – beachten Sie die Scheiben (siehe Abbildungen).

5 Lockern Sie die hintere Schraube neben dem Sitzbankschloss (siehe Abbildung).

6 Lösen Sie die beiden oberen Schrauben, und entfernen Sie vorsichtig den Seitendeckel. Beachten Sie seine Einbaulage (siehe Abbildungen).

7 Der Einbau entspricht der umgekehrten Ausbaureihenfolge – die Nut der hinteren Lasche muss auf alle Fälle korrekt um die Schraube herum liegen.

Vorderrad-Kotflügel

8 Lösen Sie zum Entfernen des vorderen Kotflügelteils an jeder Seite die beiden Schrauben, und ziehen Sie den Kotflügel nach vorne ab (siehe Abbildung).

9 Um den hinteren Teil des Kotflügels demontieren zu können, muss zunächst das Rad ausgebaut werden (siehe Kapitel 7). Lösen Sie die Schrauben, und ziehen Sie das hintere Segment nach hinten ab.

10 Der Einbau entspricht der umgekehrten Ausbaureihenfolge.

Obere Abdeckung

11 Lösen Sie die Lasche (evtl. aufschließen). Entfernen Sie die Abdeckung (siehe Abbildung).

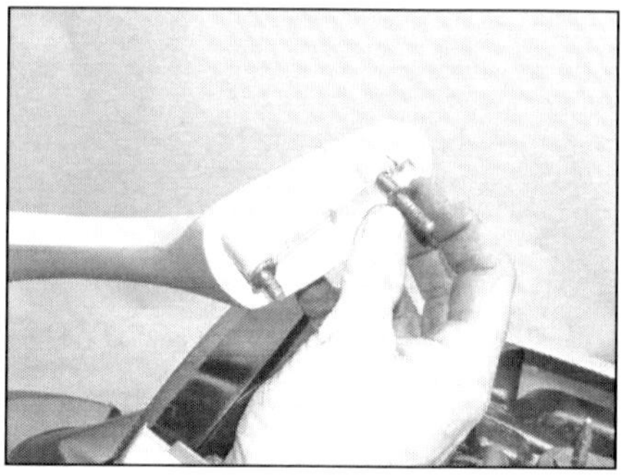

4.4b **Beachten Sie die Scheiben.**

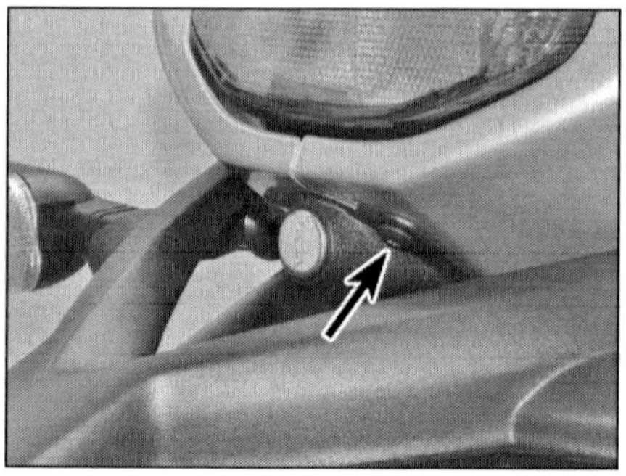

4.5 **Lockern Sie die hintere Schraube, ...**

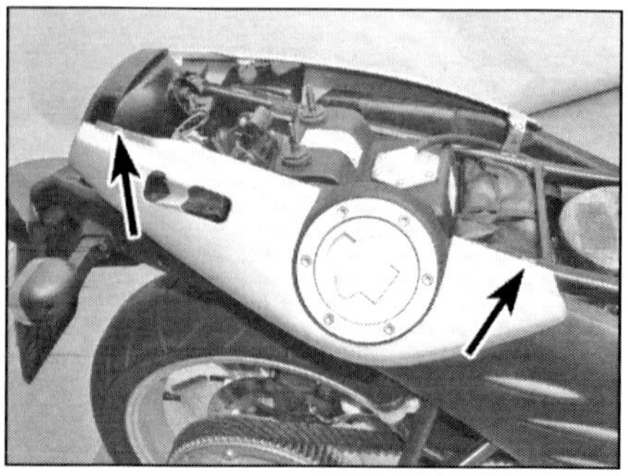

4.6a **... und entfernen Sie die beiden oberen Schrauben, ...**

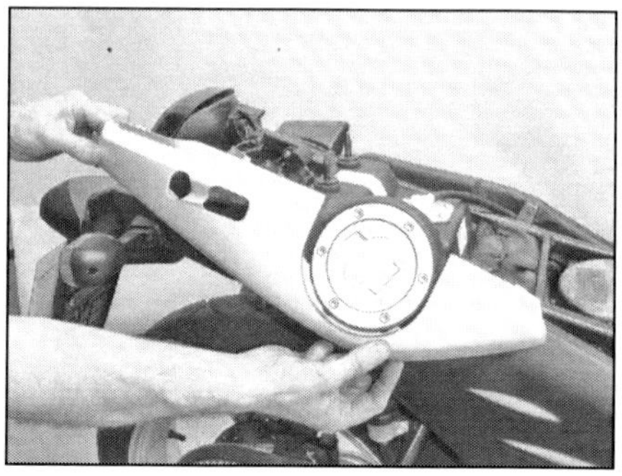

4.6b **... um den Seitendeckel zu entfernen.**

4.8 **Lösen Sie diese Schrauben, um das vordere Kotflügelsegment zu entfernen.**

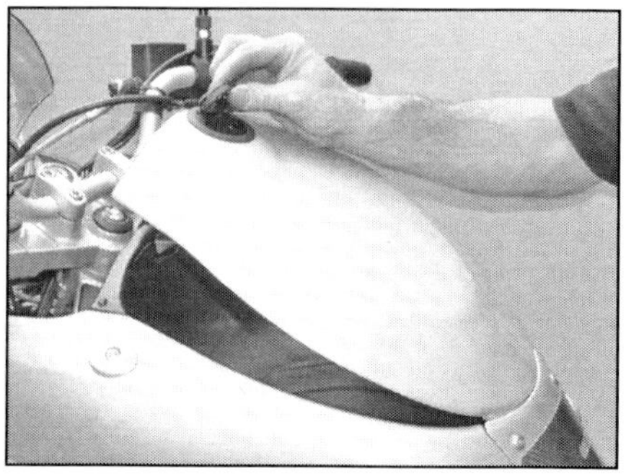

4.11 **Lösen Sie die Lasche, und entfernen Sie die Abdeckung.**

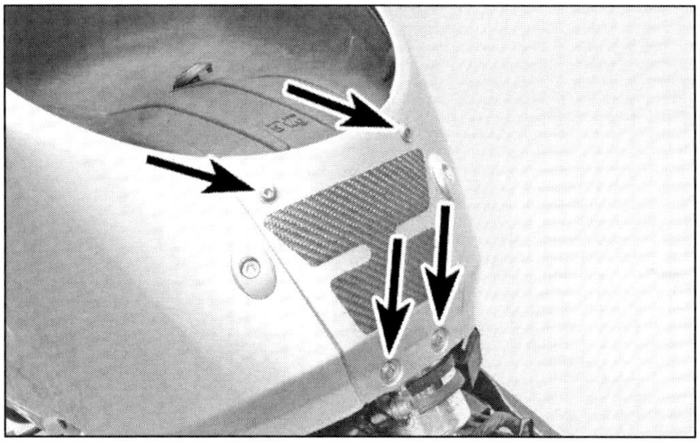

4.14 Lösen Sie die vier Schrauben, und entfernen Sie die hintere Abdeckung.

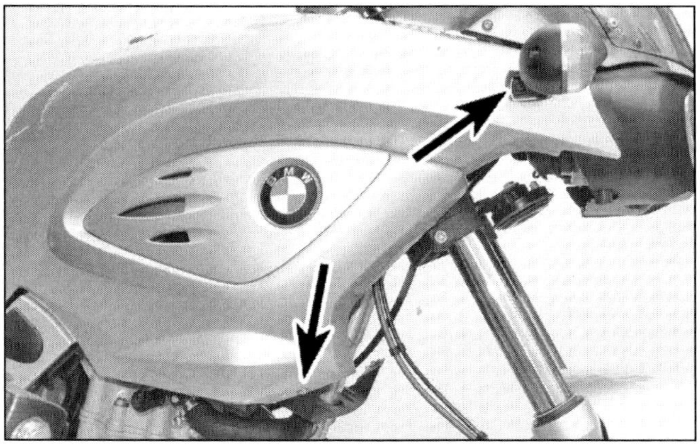

4.15a Lösen Sie die Blinkerschraube und die untere Verkleidungsschraube.

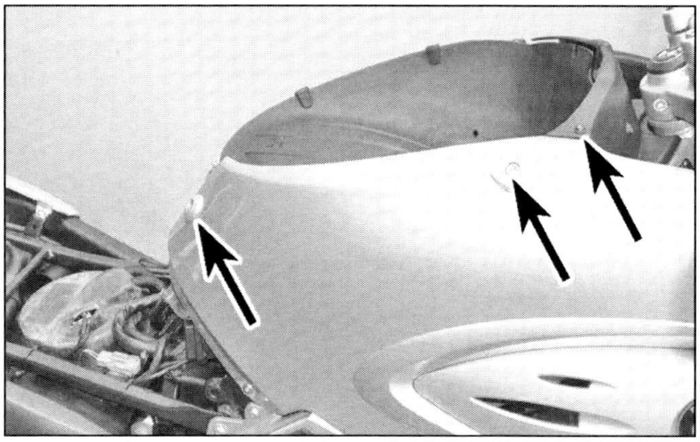

4.15b Lösen Sie die drei Schrauben, ...

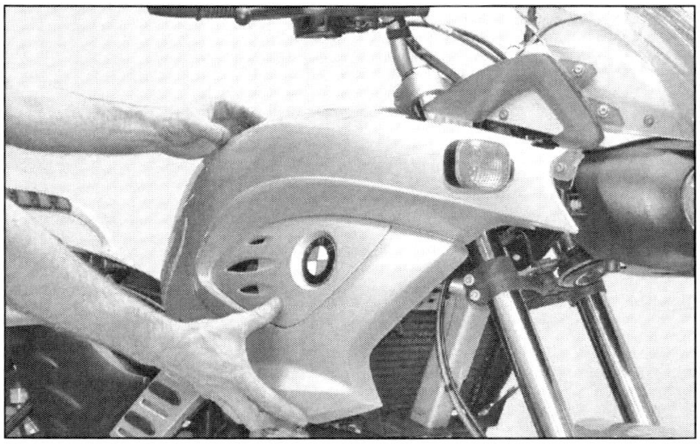

4.15c ... heben Sie das Verkleidungsteil ab, ...

12 Der Einbau entspricht der umgekehrten Ausbaureihenfolge.

Vordere Seitenverkleidungen

13 Entfernen Sie die Sitzbank (Schritt 1) und ggf. die obere Abdeckung (Schritt 11).
14 Lösen Sie die vier Schrauben, und entfernen Sie das hintere Verkleidungsteil (siehe Abbildung).
15 Lösen Sie die Schraube des Blinkers und die untere Verkleidungsschraube (siehe Abbildung). Lösen Sie die Schrauben, die den Seitendeckel am Verkleidungsteil sichern sowie die Schrauben oben und hinten. Entfernen Sie nötigenfalls die Handgriffe (siehe Abbildung). Heben Sie vorsichtig die Abdeckung ab, und trennen Sie den Blinkerstecker, sobald er zugänglich ist (siehe Abbildungen).
16 Der Einbau entspricht der umgekehrten Ausbaureihenfolge.

Rahmenabdeckungen

17 Entfernen Sie die vorderen Seitenverkleidungen. Lösen Sie die Schrauben, und entfernen Sie dann die Rahmenabdeckung (siehe Abbildung).
18 Der Einbau entspricht der umgekehrten Ausbaureihenfolge.

Windschutzscheibe

19 Lösen Sie die vier Schrauben, und entfernen Sie die Scheibe (siehe Abbildung).
20 Lösen Sie nötigenfalls die beiden Schrauben eines jeden Windschutzscheibenhalters, und entfernen Sie diese anschließend (siehe Abbildung).

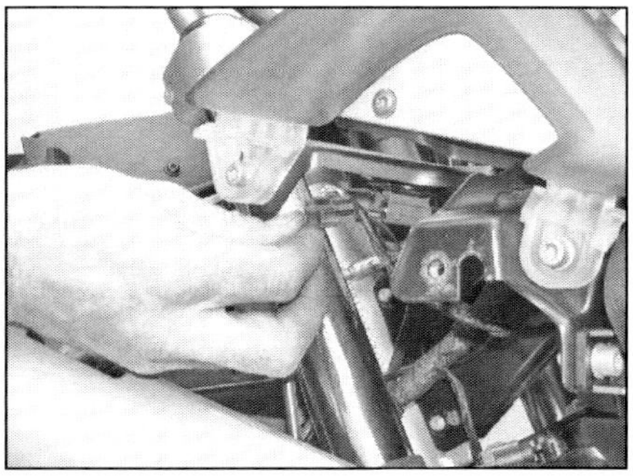

4.15d ... und trennen Sie den Blinkerstecker.

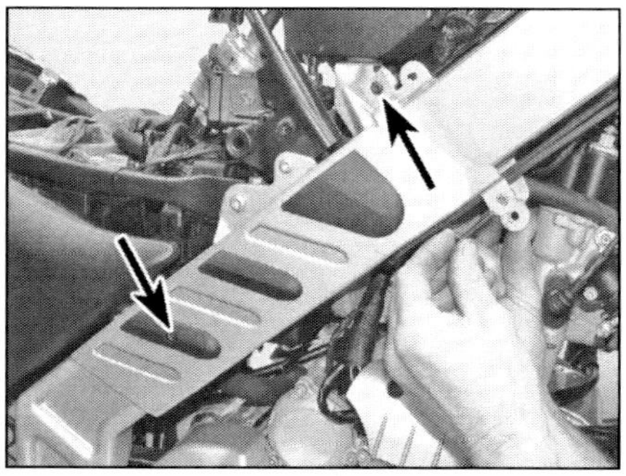

4.17 Lösen Sie die beiden Schrauben, und entfernen Sie die Rahmenabdeckung.

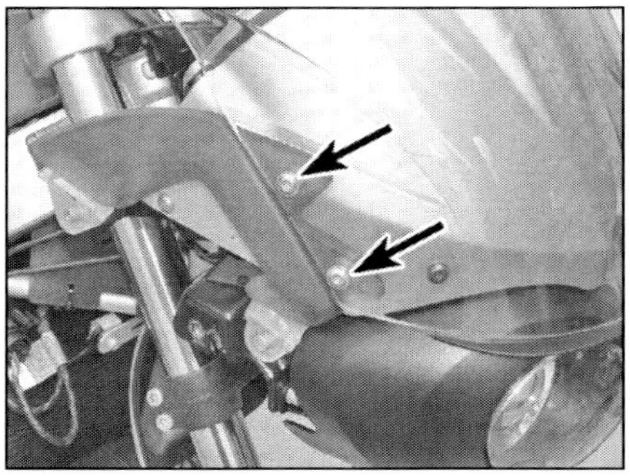

4.19 Lösen Sie an beiden Seiten die beiden Schrauben, und entfernen Sie die Windschutzscheibe.

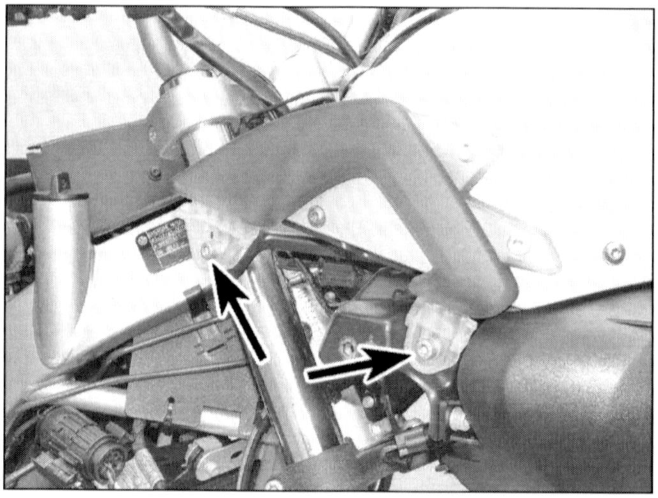

4.20 **Lösen Sie die beiden Schrauben, und entfernen Sie den Windschutzscheibenhalter.**

4.24a **Lösen Sie an jeder Seite die beiden Schrauben, ...**

21 Der Einbau entspricht der umgekehrten Ausbaureihenfolge.

Cockpitverkleidung

22 Entfernen Sie die Windschutzscheibe und ihre Halter (Schritte 19 und 20).

23 Entfernen Sie die vorderen Seitenverkleidungen (Schritte 13 bis 15).

24 Lösen Sie die vier Schrauben der Cockpitverkleidung, und entfernen Sie sie (siehe Abbildungen).

25 Der Einbau entspricht der umgekehrten Ausbaureihenfolge.

Rückspiegel

26 Lösen Sie mit einem am unteren Sechskant angesetzten Maulschlüssel den Spiegel aus dem Kupplungshebel- bzw. dem Bremszylinderhalter (siehe Abbildung 3.26).

27 Der Einbau entspricht der umgekehrten Ausbaureihenfolge – drehen Sie den Spiegel in den Halter und ziehen Sie ihn an. Stellen Sie den Spiegel dann wie gewünscht ein, indem der untere Sechskant gekontert und der darüberliegende Einsteller gelockert werden. Ziehen Sie den Einsteller nach dem Drehen des Spiegelschaftes wieder an.

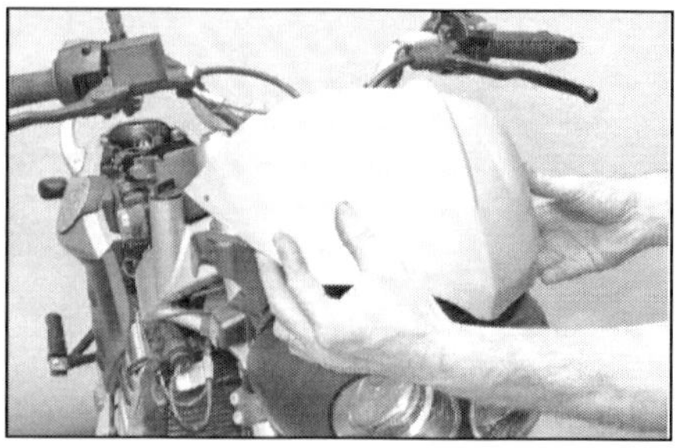

4.24b **... und entfernen Sie die Cockpitverkleidung.**

Kapitel 9
Elektrisches System

Inhalt (in alphabetischer Reihenfolge, die Zahlen geben die Nummerierung in den grauen Feldern wieder)

Schwierigkeitsgrade

Leicht. Für Anfänger mit wenig Erfahrung geeignet.	**Relativ leicht.** Für Anfänger mit etwas Erfahrung geeignet.	**Relativ schwierig.** Geeignet für geübte Selbstschrauber.	**Schwer.** Geeignet für Selbstschrauber mit viel Erfahrung.	**Sehr schwer.** Geeignet für Experten und Profis.

Technische Daten

Batterie

Kapazität ... 12 V, 12 Ah
Spannung
- vollständig geladen ... 13,0 bis 13,2 Volt, mindestens 12,8 Volt
- entladen ... unter 12,3 Volt

Laderate
- normal ... 1,2 A über 5 bis 10 Stunden
- schnell ... 4,0 A über eine Stunde

Ladesystem

Batteriekriechstrom ... 2 mA (max.)
maximale Ausgangsleistung ... 400 W/14 V
maximaler Ausgangsstrom ... 29 A bei 7500 U/min.

Sicherungen

Absicherungsrate ... siehe Schaltpläne

Lampen

Funduro- und ST-Modelle
- Scheinwerfer ... 12 V, 60/55 W H4
- Standlicht ... 12 V, 4 W
- Brems-/Rücklicht ... 12 V, 21/5 W
- Blinker ... 12 V, 10 W
- Instrumentenbeleuchtung und Kontrolllampen
  - Fernlicht ... 12 V, 2 W
  - alle anderen ... 12 V, 3 W

GS- und Dakar-Modelle
- Scheinwerfer ... 12 V, 60/55 W H4
- Standlicht ... 12 V, 5 W
- Brems-/Rücklicht ... 12 V, 21/5 W

Lampen (Fortsetzung)

GS- und Dakar-Modelle (Fortsetzung)	
Blinker	12 V, 10 W
Instrumentenbeleuchtung und Kontrolllampen	12 V, 1,2 W
CS-Modelle	
Scheinwerfer	12 V, 55 W H1 und H3
Standlicht	12 V, 5 W
Brems-/Rücklicht	12 V, 21/5 W
Kennzeichenbeleuchtung	12 V, 6 W
Blinker	12 V, 10 W
Instrumentenbeleuchtung und Kontrolllampen	12 V, 1,2 W

Anzugsdrehmomente

Anlasser-Befestigungsschrauben	10 Nm
Gabelbrücken-Klemmschrauben (obere Brücke)	
Funduro- und ST-Modelle	25 Nm
GS-, Dakar- und CS-Modelle	23 Nm
Lenkkopflagereinsteller (CS-Modelle)	
Erstanzug	25 Nm
endgültiger Anzug	60° zurück
Lenkrohr-Klemmschraube (CS-Modelle)	23 Nm
Lenkrohrmutter	
Funduro- und ST-Modelle	100 Nm
GS- und Dakar-Modelle	65 Nm
Lichtmaschinen-Deckelschrauben	11 Nm
Lichtmaschinen-Rotormutter	180 Nm
Lichtmaschinen-Statorschrauben	10 Nm
Öldruckschalter	12 Nm
Ölrohr-Anschlussschraube (CS-Modelle)	42 Nm
Zündschloss (Einmalschrauben)	20 Nm

1 Allgemeine Informationen

Alle Modelle sind mit einer 12-Volt-Elektrik ausgerüstet. Die Baugruppe beinhaltet eine Dreiphasen-Wechselstrom-Lichtmaschine und eine separate Regler-/Gleichrichtereinheit.

Der Regler begrenzt den Ladestrom, um die Anlage nicht zu überlasten, der Gleichrichter wandelt den in der Lichtmaschine produzierten Wechselstrom (AC) in Gleichstrom (DC) um, den die Verbraucher und die Batterie benötigen. Der Lichtmaschinenrotor sitzt rechts auf der Kurbelwelle.

Der Anlasser sitzt vor dem Zylinder oben am Motorgehäuse. Das Startersystem besteht aus dem Anlassermotor, der Batterie, dem Relais sowie verschiedenen Kabeln und Schaltern. Einige der Schalter (Seitenständer-, Kupplungs- und Leerlaufschalter) gehören zum Sicherheitsstromkreis, der die Zündung bei ausgeklapptem Seitenständer unterbricht, wenn bei laufendem Motor ein Gang eingelegt wird. Er verhindert zudem das Starten des Motors, solange bei ausgeklapptem Ständer und eingelegtem Gang nicht die Kupplung betätigt wird. Der Motor kann bei eingelegtem Gang nur mit eingeklapptem Ständer und gezogener Kupplung gestartet werden.

Anmerkung: *Beachten Sie, dass Elektroteile – einmal gekauft – normalerweise nicht vom Händler umgetauscht werden. Um unnötige Kosten zu vermeiden, sollten Sie ganz sicher sein, dass Sie das fehlerhafte Teil genau identifiziert haben, bevor Sie ein Ersatzteil kaufen.*

2 Elektrisches System Fehlersuche

⚠ ***Warnung: Um das Risiko von Kurzschlüssen zu verhindern, müssen die Zündung stets ausgeschaltet und das Massekabel (–) der Batterie getrennt sein, bevor an irgendwelchen elektrischen Komponenten gearbeitet wird. Vergessen Sie nach der Beendigung der Arbeit oder der Durchführung des Tests nicht, die Anschlüsse wieder anzuschließen.***

1 Ein typischer Stromkreis besteht aus einem Verbraucher, entsprechenden Schaltern und Relais sowie Kabeln und Steckern, die das Bauteil mit der Batterie und dem Rahmen (Masse) verbinden. Zur Lokalisierung eines Problems und als Hilfe bei den Kabelfarben müssen die Schaltpläne am Ende des Kapitels beachtet werden.

2 Bevor Sie einen defekten Stromkreis untersuchen, müssen Sie den Schaltplan studieren, um ein vollständiges Bild über die Bestandteile des Stromkreises zu erhalten. Probleme können beispielsweise dadurch eingekreist werden, indem man andere zum Stromkreis gehörende Komponenten auf ihre Funktion überprüft. Wenn mehrere Komponenten eines Stromkreises gleichzeitig ausfallen, ist es sehr wahrscheinlich, dass der Fehler in der Sicherung oder einem defekten Masseanschluss liegt, da mehrere Stromkreise oftmals an derselben Sicherung oder Masse angeschlossen sind. Masseanschlüsse lassen sich daran erkennen, dass Kabel direkt an den Rahmen oder den Motor geschraubt oder dort mit anderen Befestigungsschrauben gesichert sind.

3 Elektrikprobleme sind oftmals auf Kleinigkeiten wie lockere oder korrodierte Stecker oder eine durchgebrannte Sicherung zurückzuführen. Bevor Sie sich auf die Fehlersuche begeben, sollten Sie stets die Sicherungen, Kabel und Stecker des betroffenen Stromkreises einer Sichtkontrolle unterziehen. Wackelkontakte können besonders frustrierend sein, da der Defekt niemals auftritt, wenn man ihn untersuchen will. In solchen Situationen macht es sich gut, alle Verbindungen des betreffenden Stromkreises unabhängig ihres optischen Zustandes zu reinigen. Wackeln Sie an allen Verbindungen und Kabeln, um lockere Stellen zu finden, die Wackelkontakte hervorrufen können.

4 Für Kontrollen am elektrischen System empfiehlt sich ein Multimeter – ein Mehrfachmessgerät, mit dem sich Spannungs-, Stromstärken- und Widerstandsmessungen durchführen lassen. Leicht ablesbare digitale Ausführungen sind nicht teuer. Für einfache Prüfungen reichen aber auch ein Durchgangstester oder eine Prüflampe, doch können hiermit keine Messungen vorgenommen werden (siehe Abbildungen). Für

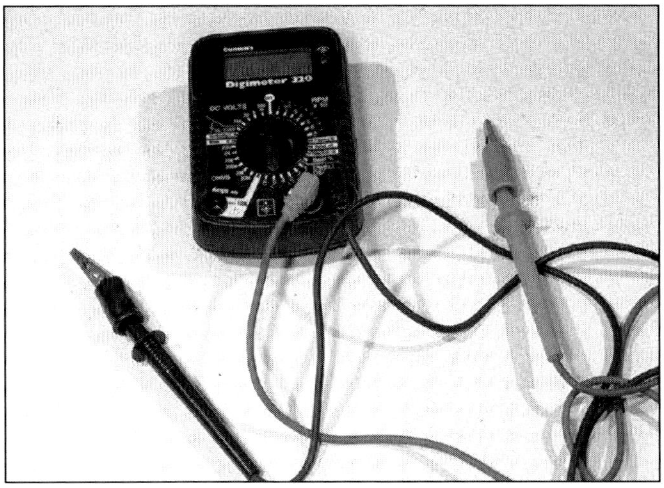

2.4a Ein digitales Multimeter eignet sich für alle elektrischen Prüfungen

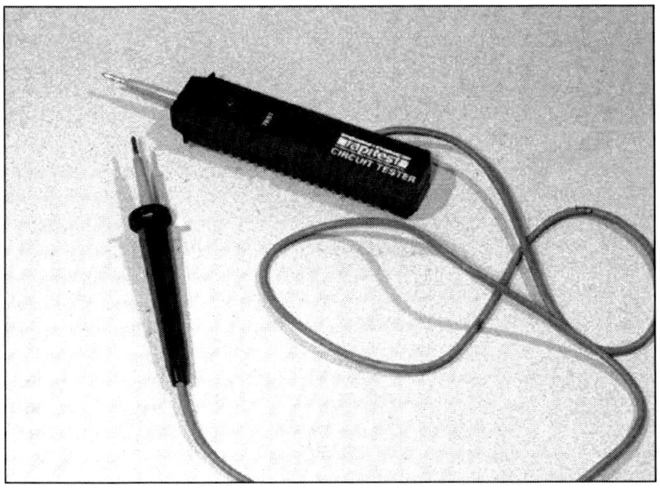

2.4b Ein batteriebetriebener Durchgangstester

manche Messungen werden zudem Überbrückungskabel benötigt, mit denen Verbraucher direkt an die Batterie geklemmt werden können.

Durchgangsprüfungen

5 Bei diesem Test wird ermittelt, ob der Strom durch einen Stromkreis fließen kann. Zum testen eignen sich ein Durchgangsprüfer (der bei geschlossenem Stromkreis piept) oder das auf den Ohm-Messbereich geschaltete Multimeter. Beide Geräte arbeiten mit einer eigenen Stromversorgung, sodass die Zündung abgeschaltet sein muss. Zur Sicherheit sollte auch der Masseanschluss (-) der Batterie getrennt werden – ganz besonders, wenn das Zündsystem überprüft wird.

6 Schalten Sie das Multimeter auf die Durchgangs-Funktion (falls vorhanden) oder den Ohm-Messbereich. Halten Sie die beiden Spitzen der Prüfkabel zusammen – das Gerät sollte jetzt durch piepen oder eine angezeigte Null Durchgang erkennen lassen. Schalten Sie nach dem Prüfen das Gerät aus, damit sich die Batterie nicht entlädt.

7 Ein Durchgangsprüfer kann auf die gleiche Weise benutzt werden – entweder piept er oder eine Lampe leuchtet auf, wenn Durchgang besteht.

8 Bei normalen Durchgangsprüfungen ist die Polarität des Messgerätes egal, allerdings muss beim Prüfen von Dioden oder Magnetschaltern darauf geachtet werden, den genauen Hinweisen über das Verbinden des Plus- und des Minuskabels zu folgen.

Durchgangsprüfung am Schalter

9 Scheint ein Schalter defekt zu sein, müssen seine Kabel bis zum Stecker verfolgt werden. Trennen Sie den Stecker, und überprüfen Sie, ob seine Kontakte in Ordnung sind. Verschmutzte oder korrodierte Kontakte können Gründe für das Problem sein. Reinigen Sie sie, und versehen Sie sie mit etwas wasserverdrängendem Lösungsmittel wie WD40 oder Kontaktreiniger und geeignetem Schutzspray.

10 Wird ein Multimeter verwendet, muss es entweder auf die Durchgangsfunktion (falls vorhanden) oder den Ohm-Messbereich geschaltet werden, dann werden die Prüfkabelspitzen mit den Steckerkontakten verbunden (siehe Abbildung). Einfache An-/Ausschalter wie Bremslichtschalter haben nur zwei Kontakte, während kombinierte Schalter wie die Lenkerschalter über mehrere Kabelkontakte verfügen. Studieren Sie den entsprechenden Schaltplan (am Ende dieses Kapitels), um sicherzustellen, dass an den korrekten Kabelkontakten geprüft wird. Bei eingeschaltetem Schalter muss Durchgang bestehen, bei ausgeschaltetem Schalter darf kein Durchgang bestehen.

Durchgangsprüfung bei Kabeln

11 Viele elektrische Probleme sind auf beschädigte Kabel zurückzuführen, was oft an einer falschen Verlegung, Quetschung bei falscher Montage von Teilen sowie lockere oder korrodierte Stecker liegt.

12 Eine Durchgangsprüfung kann an einem einzelnen Kabel durchgeführt werden, nachdem man es an beiden Enden getrennt und hier die Prüfklemmen angeschlossen hat (siehe Abbildung). Ist ein Kabel in Ordnung, wird Durchgang angezeigt – besteht dieser nicht, wird das Kabel irgendwo gebrochen sein.

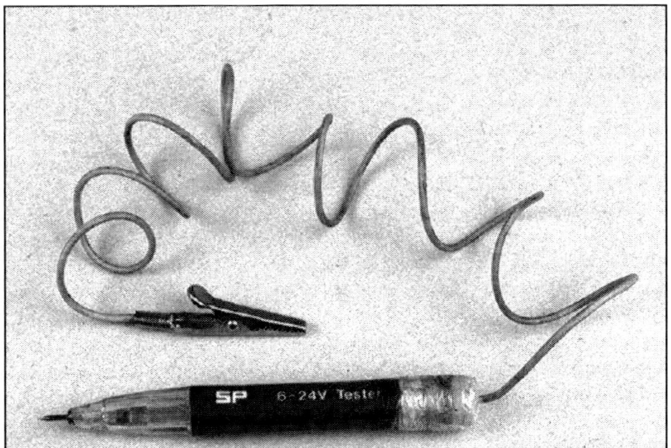

2.4c Eine einfache Prüflampe eignet sich für Spannungsprüfungen.

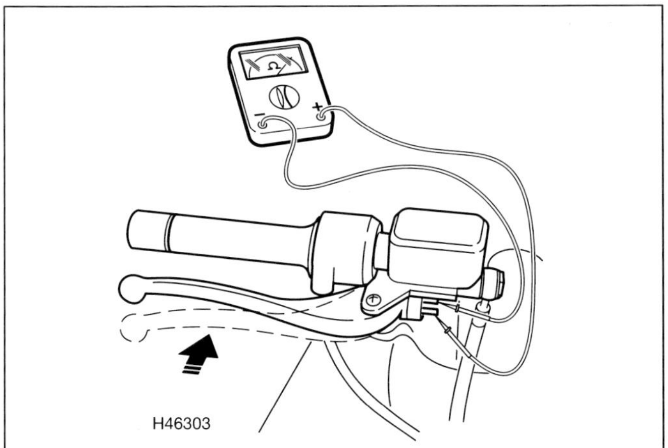

2.10 Prüfung eines Bremslichtschalters auf Durchgang

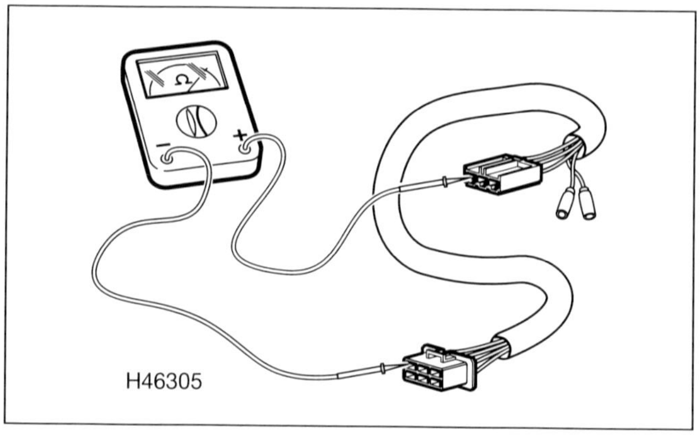

2.12 Prüfung eines Kabels auf Durchgang

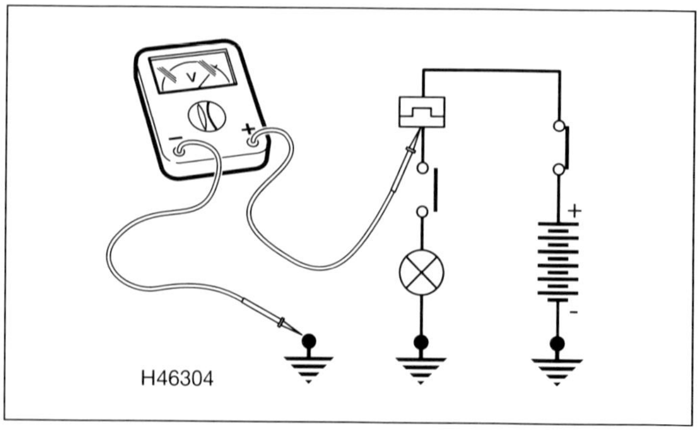

2.15 Schließen Sie das Prüfgerät parallel zum Stromfluss an.

13 Um den Durchgang eines Massekabels zu Masse zu prüfen, wird eine Prüfklemme an den Massekontakt des Steckers und die andere an den Rahmen, Motor oder (bei angeschlossenem Massekabel) Minuspol der Batterie gehalten. Sind das Kabel und sein Massekontakt in Ordnung, wird Durchgang angezeigt. Kein Durchgang bedeutet ein gebrochenes Kabel oder einen schlechten Massekontakt (s.u.).

Spannungsprüfungen

14 Eine Spannungsprüfung kann belegen, ob der Strom einen Verbraucher erreicht. Schalten Sie das Multimeter zuerst auf den DC-Volt-Messbereich für Gleichstrom, um die Spannung hinter der Batterie oder des Gleichrichters zu prüfen, dan auf AC (Wechselstrom), um die Spannung der Lichtmaschine zu messen. Für den Gleichstrombereich kann auch eine einfache Prüflampe verwendet werden, doch das Messgerät hat den Vorteil, den Wert der Spannung anzuzeigen.

15 Verbinden Sie die Prüfklemmen parallel zur vorhandenen Verkabelung (siehe Abbildung).

16 Identifizieren Sie zuerst den entsprechenden Stromkreis mithilfe des Schaltplans am Ende dieses Kapitels.

17 Wird ein Messgerät eingesetzt, muss zunächst sichergestellt sein, dass die Prüfklemmen korrekt daran angeschlossen sind – rot an Plus (+), schwarz an Minus (–). Schalten Sie das Messgerät auf den gewünschten Bereich (z.B. 0 bis 20 Volt DC). Verbinden Sie die rote Plusklemme mit dem Strom führenden Kabel und die schwarze Minusklemme mit Masse am Motor oder Rahmen oder dem Minuspol der Batterie. Bei eingeschalteten Schaltern muss beispielsweise Batteriespannung oder ein anderer in den *Technischen Daten* angegebener Wert angezeigt werden.

18 Wird eine Prüflampe eingesetzt (siehe Abbildung 2.4c), muss die Plusklemme mit dem Strom führenden Kabel und die Minusklemme mit Masse am Motor, Rahmen oder dem Minuspol der Batterie verbunden werden – bei eingeschaltetem Stromkreis muss die Lampe leuchten.

19 Liegt keine Spannung an, muss man sich zur Stromquelle (z.B. der Batterie) vorarbeiten, um herauszufinden, wo das Problem liegt.

Masseprüfung

20 Masseverbindungen gibt es entweder direkt zur Befestigung am Rahmen oder Motor (wie z.B. den Anlassermotor oder die Zündspule, die beide nur einen Steckerkontakt für Plus haben) oder über Kabel zum Massekabel an der Batterie. Auch ein kurzes Kabel kann vom Verbraucher direkt zum Rahmen verlegt sein.

21 Korrosion ist ebenso ein häufiger Grund für eine schlechte Masseverbindung wie lockere Anschlüsse.

22 Fallen alle oder mehrere Verbraucher gleichzeitig aus, muss die Festigkeit des Hauptmassekabels (–) an der Batterie überprüft werden. Außerdem sind das an den Motor geschraubte Massekabel sowie der/die Hauptmassepunkt(e) am Rahmen zu kontrollieren. Bei Korrosion muss der Anschluss freigelegt und gereinigt werden, bis wieder blankes Metall zum Vorschein kommt. Verbinden Sie den Anschluss, und tragen Sie etwas Polfett auf, um weiterem Rost vorzubeugen.

23 Um einen Verbraucher auf guten Masseschluss zu prüfen, müssen sein Massekontakt oder sein Gehäuse übergangsweise mithilfe eines Überbrückungskabels mit dem Rahmen verbunden werden – arbeitet der Verbraucher jetzt, ist sein Masseschluss defekt (s. Abb.).

24 Prüfen Sie bei einem Massekabel zunächst seine Anschlüsse auf Korrosion und lockere Kontakte, kontrollieren Sie dann das Kabel auf Durchgang (Schritt 13).

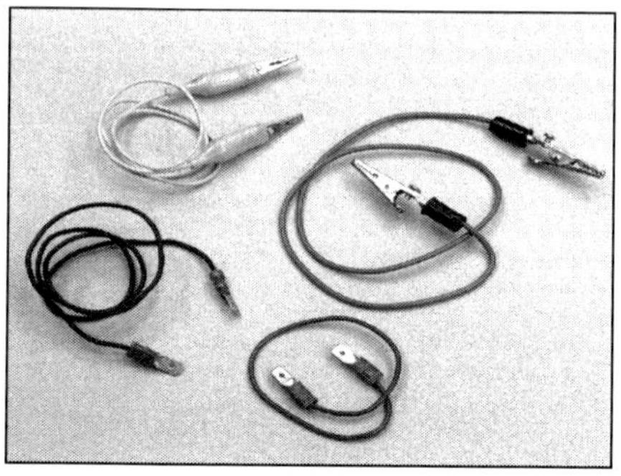

2.23 Verschiedene Überbrückungskabel (z.B. für Massetests)

Praxis TiPP ***Bedenken Sie immer: Ein elektrischer Stromkreis soll Strom von der Quelle (der Batterie) durch Kabel, Schalter, Relais usw. zum Verbraucher (Lampe, Anlasser etc.) leiten, von dort aus geht es über die Masseverbindung zurück zur Batterie. Elektrische Probleme sind im Wesentlichen Unterbrechungen dieses Stromflusses.***

3 Batterie
Ausbau, Einbau, Kontrolle und Wartung

Achtung: Seien Sie extrem vorsichtig, wenn Sie an der Batterie arbeiten. Die Batteriesäure ist stark ätzend, und bei der Ladung entstehen explosive Gase. Lösen Sie immer zuerst die Schraube des Minusanschlusses (–) an der Batterie, und schließen Sie diesen als Letztes wieder an.

Ausbau und Einbau

1 Die Zündung muss ausgeschaltet sein. Entfernen Sie die Sitzbank (siehe Kapitel 8).

2 Entfernen Sie bei Funduro- und ST-Modellen den linken Seitendeckel (siehe Kapitel 8). Lösen Sie zunächst die Minuspol-Anschlussschraube, und trennen Sie das Massekabel

3.2a Ziehen Sie den Schlauch ab, ...

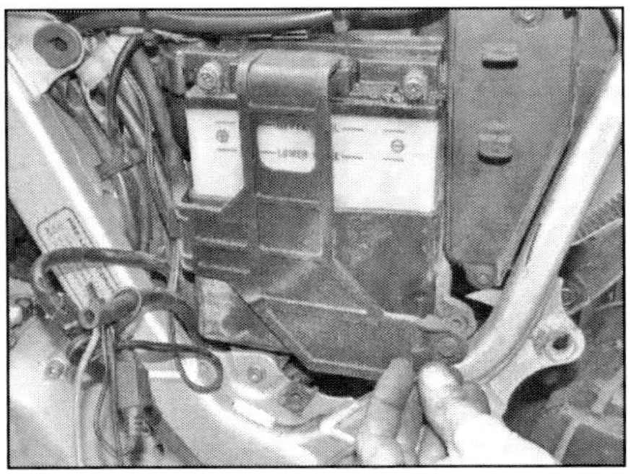

3.2b ... entfernen Sie den Halter, ...

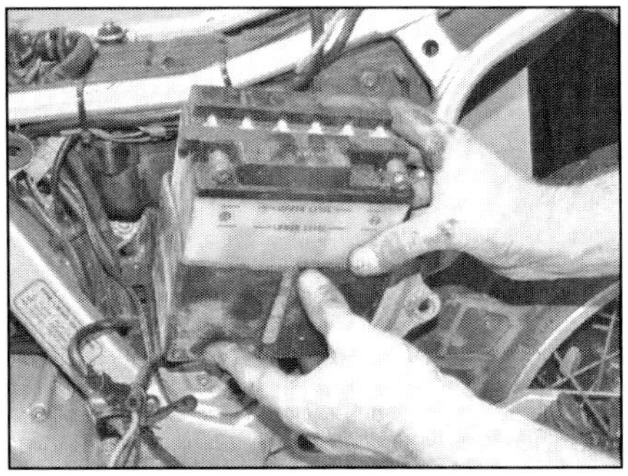

3.2c ... und heben Sie die Batterie heraus.

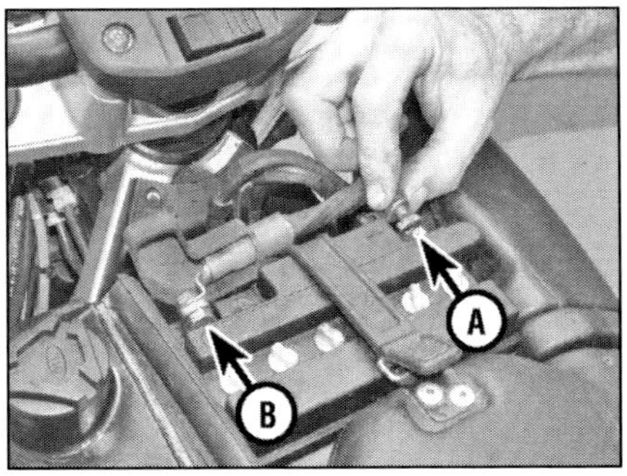

3.3a Trennen Sie zuerst das Massekabel (–) (A), und dann das Pluskabel (B).

3.3b Ziehen Sie den Schlauch (Pfeil) ab.

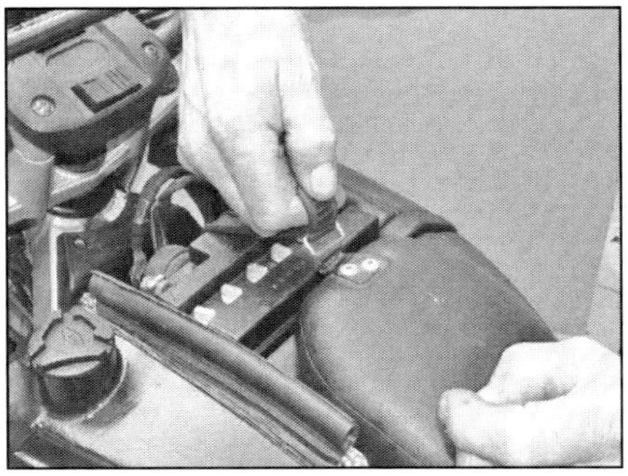

3.3c Lösen Sie das Batteriehalteband ...

von der Batterie. Lösen Sie dann die Pluspol-Anschlussschraube, und trennen Sie das Stromkabel. Ziehen Sie den Entlüftungs-/Überlaufschlauch ab (siehe Abbildung). Lösen Sie die Batteriehalterschraube, entfernen Sie den Halter, und entnehmen Sie die Batterie (siehe Abbildungen).

3 Entfernen Sie bei GS- und Dakar-Modellen die vorderen Seitenverkleidungsteile (siehe Kapitel 8). Lösen Sie zuerst die Minuspol-Anschlussschraube, und trennen Sie das Massekabel von der Batterie. Heben Sie die rote Isolierabdeckung an, lösen Sie dann die darunterliegende Pluspol-Anschlussschraube, und trennen Sie das Stromkabel. Ziehen Sie den Entlüftungs-/Überlaufschlauch ab (siehe Abbildung). Lösen Sie das Batteriehalteband, und heben Sie die Batterie aus dem Halter (siehe Abbildungen).

4 Entfernen Sie bei CS-Modellen das linke vordere Seitenverkleidungsteil (siehe Kapitel 8). Lösen Sie zunächst die Minuspol-Anschlussschraube, und trennen Sie das Massekabel von der Batterie. Heben Sie die rote Isolierabdeckung an, lösen Sie dann die darunterliegende Pluspol-Anschlussschraube, und trennen Sie das Stromkabel. Ziehen Sie den Entlüftungs-/Überlaufschlauch ab (siehe Abbildung). Lösen Sie das Batteriehalteband, und heben Sie die Batterie aus dem Halter (siehe Abbildungen).

Praxis TiPP ***Korrosion der Batteriepole kann auf ein Minimum reduziert werden, wenn man sie nach dem Anschließen der Kabel mit Polfett oder Vaseline versieht. Für diesen Zweck sind auch Sprays erhältlich. Verwenden Sie kein Fett auf Mineralbasis.***

5 Der Einbau entspricht der umgekehrten Ausbaureihenfolge. Die Batteriepole müssen sauber sein – reinigen Sie sie nötigenfalls mit einer Drahtbürste, feinem Sandpapier oder Stahlwolle –, dann werden zuerst das Pluskabel und anschließend das Massekabel (–) angeschlossen.

3.3d ... und heben Sie die Batterie heraus.

3.4 Lage der Batterie bei CS-Modellen

Kontrolle und Wartung

6 Bei den in allen Modellen verwendeten Batterien muss regelmäßige der Säurepegel kontrolliert und ggf. aufgefüllt werden – beachten Sie Kapitel 1 für Details. Zusätzlich müssen folgende Kontrollen durchgeführt werden.

7 Kontrollieren Sie die Batteriepole und Anschlüsse auf Korrosion und Festigkeit. Ist Korrosion vorhanden, müssen die Anschlüsse getrennt – Minus zuerst! – und die Batteriepole mit einer Drahtbürste, einem Messer oder Stahlwolle gereinigt werden. Schließen Sie die Batteriekabel wieder an – Plus zuerst! –, und verteilen Sie etwas Polfett oder Vaseline auf den Anschlüssen, um weitere Korrosion zu vermindern.

8 Das Batteriegehäuse muss sauber gehalten werden, damit kein Kriechstrom durch den Schmutz fließt und den Akku über längere Zeit entlädt. Waschen Sie die Außenseite des Gehäuses mit einer Lösung aus Wasser und Soda. Spülen Sie die Batterie dann ordentlich ab, und trocknen Sie sie.

9 Achten Sie auf Risse im Gehäuse, und wechseln Sie die Batterie sofort aus, wenn Sie welche entdecken. Wenn Säure auf den Rahmen oder den Batteriehalter gespritzt ist, muss sie sofort mit Sodalauge neutralisiert werden. Trocknen Sie alles ab, und bessern Sie Lackschäden aus.

10 Wenn das Motorrad für längere Zeit nicht benutzt wird, sollten die Batterieanschlüsse gelöst werden – Masse (–) zuerst. Wechseln Sie zu Sektion 4, und laden Sie die Batterie alle vier bis sechs Wochen auf.

11 Der Ladezustand der Batterie kann durch Messen der Spannung zwischen den Polen der vom Bordnetz getrennten Batterie ermittelt werden (siehe Abbildung). Schließen Sie die Plusklemme des Voltmeters an den Pluspol des Akkus an, ebenso die Minusklemme an den Minuspol. Eine voll geladene Batterie sollte zwischen 13,0 und 13,2 Volt Spannung haben. Wenn die Voltzahl unter 12,3 fällt, ist die Batterie entladen – die Ladung die Batterie erfolgt wie in Sektion 4 beschrieben.

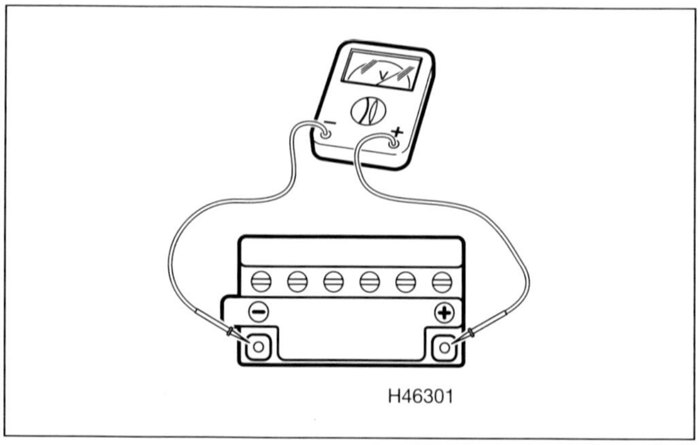

3.11 Messen Sie so die Batteriespannung.

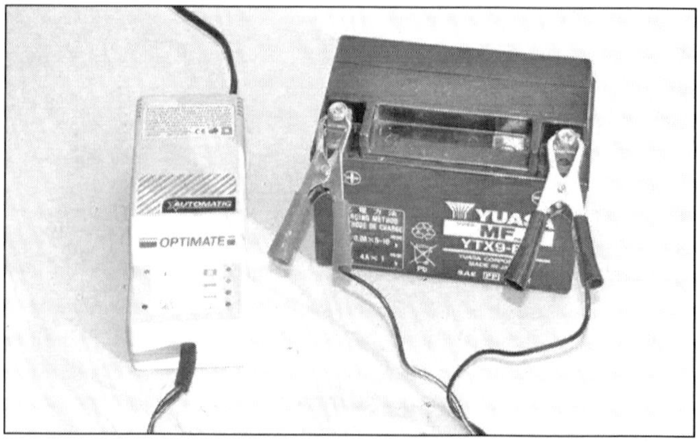

4.1 Das mit der Batterie verbundene Ladegerät

4 Batterie
Ladung

Achtung: Seien Sie extrem vorsichtig, wenn Sie an der Batterie arbeiten. Die Säure ist stark ätzend, und beim Aufladen entstehen explosive Gase. Das Ladegerät muss für 12-Volt-Motorradbatterien ausgelegt sein – Autoladegeräte sind meistens viel zu stark.

1 Bauen Sie die Batterie aus (siehe Sektion 3). Verbinden Sie das Ladegerät mit der Batterie, **bevor** Sie es einschalten – gehen Sie dabei sicher, dass die Anschlüsse nicht verwechselt werden – die Plusklemme gehört an den Pluspol und die Minusklemme an den Minuspol.

2 BMW empfiehlt, die Batterie mit 0,9 Ampere über fünf bis zehn Stunden zu laden. Das Überschreiten dieser Vorgaben kann dazu führen, dass die Batterie überhitzt und ihre Platten sich verziehen, sodass sie durch Kurzschlüsse zerstört wird. Nur sehr wenige Besitzer haben Zugang zu einem teuren automatischen Ladegerät – einfache Ladegeräte sollten nach einem möglicherweise stärkeren Anfangsladestrom auf ein niedriges, sicheres Level absinken (siehe Abbildung). Stoppen Sie sofort die Ladung, wenn die Batterie warm wird. Weiteres Laden führt zu Beschädigungen.

Anmerkung: *In Notfällen kann die Batterie mit einer Stromstärke von rund 4,0 Ampere über eine Stunde geladen werden, jedoch ist dieses nicht empfehlenswert, und die sichere Methode ist immer eine niedrige Ladung.*

3 Wenn die aufgeladene Batterie sich über kurze Zeit wieder entlädt, wird ein innerer Kurzschluss durch physikalische Beschädigungen oder starke Sulfatierung vorliegen, und es muss eine neue Batterie beschafft werden. Eine gesunde Batterie verliert etwa 1 Prozent ihrer Ladung pro Tag.

4 Installieren Sie die Batterie (siehe Sektion 3).

5 Wird das Motorrad für längere Zeit nicht benutzt, sollte die Batterie alle vier bis sechs Wochen geladen werden und nicht an das Bordnetz angeschlossen sein. Lagern Sie eine ausgebaute Batterie möglichst an einem kühlen und trockenen Platz. Eine stark entladene alte Batterie muss möglicherweise länger als zehn Stunden geladen werden.

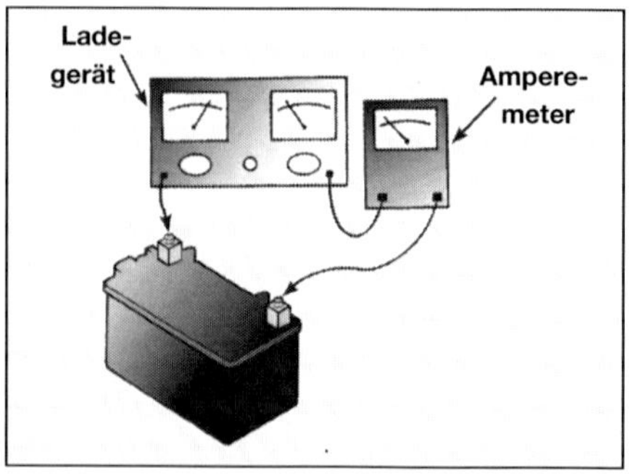

4.2 Wenn das Ladegerät kein eingebautes Amperemeter hat, schließen Sie ein externes Gerät in Reihe an. Schließen Sie das Amperemeter nicht zwischen die Batteriepole, da es dadurch zerstört wird.

5 Sicherungen und Relais

Sicherungen

Zugang

1 Die Bordelektrik ist mit Sicherungen unterschiedlicher Stärken geschützt. Wenn die gesamte Bordelektrik zur gleichen Zeit ausfällt, wird die Hauptsicherung durchgebrannt sein (kontrollieren Sie jedoch auch die Batterie und ihre Anschlüsse).

2 Entfernen Sie die Sitzbank (siehe Kapitel 8).

3 Die Sicherungen sitzen zusammen in einem Halter (Funduro- und ST-Modelle) bzw. einer Box (GS-, Dakar- und CS-Modelle) – entfernen Sie hierfür den Zugang den Deckel (siehe Abbildungen). Die Stärken der Sicherungen sind am Halter bzw. am Deckel angegeben (siehe die Schaltpläne am Ende des Kapitels).

Kontrolle und Ersetzen

4 Die Sicherungen können ausgebaut und einer Sichtkontrolle unterzogen werden. Ziehen Sie

5.3a Sicherungshalter – Funduro- und ST-Modelle

5.3b Sicherungsbox – GS- und Dakar-Modelle

5.3c Lösen Sie den Deckel, um Zugang zu den Sicherungen zu erhalten.

5.3d Sicherungsbox – CS-Modelle

5.3e Lösen Sie den Deckel, zwecks Zugang zu den Sicherungen.

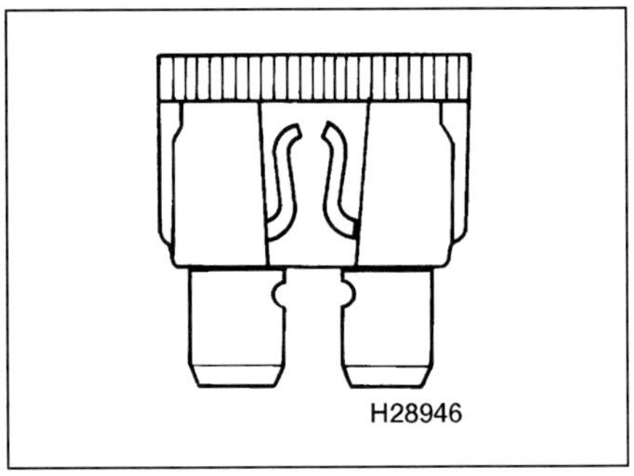

5.4 Eine durchgebrannte Sicherung erkennt man am unterbrochenen Metallstreifen.

die Sicherung mit den Fingern oder einer geeigneten Zange heraus. Eine durchgebrannte Sicherung ist leicht an der Unterbrechung in der Drahtverbindung zwischen den beiden Kontakten zu erkennen (siehe Abbildung) – im Zweifelsfall muss sie mit einem Durchgangsprüfer oder Ohmmeter geprüft werden. Jede Sicherung ist deutlich mit dem Wert der maximalen Stromstärke markiert und darf nur durch eine gleich starke ersetzt werden.

5 Für jede Absicherungsstärke ist eine Ersatzsicherung vorhanden.

6 Wenn die Ersatzsicherung eingesetzt wurde, muss an ihren Platz so bald wie möglich eine neue Ersatzsicherung gesteckt werden.

⚠ ***Warnung: Setzen Sie niemals eine stärkere Sicherung ein, und überbrücken Sie die Anschlüsse niemals mit Draht oder Ähnlichem, für wie kurz auch immer. Die elektrische Anlage kann stark beschädigt werden oder in Brand geraten.***

7 Brennt eine neue Sicherung sofort wieder durch, muss dem Kurzschluss im Kabelbaum genau auf den Grund gegangen werden. Achten Sie auf blanke Leitungen und abgeriebene, geschmolzene oder verbrannte Isolationen.

8 Gelegentlich wird eine Sicherung ohne offensichtlichen Grund durchbrennen oder den Stromkreis unterbrechen. Das Problem liegt in korrodierten Kontakten der Sicherung oder ihrer Halterung. Entfernen Sie diese Kontaktschwächen mit einer Drahtbürste oder Schleifpapier, und sprühen Sie die Anschlüsse mit Kontaktspray ein.

Relais

9 Die Bordelektrik beinhaltet verschiedene Relais, darunter auch eine aus einem Relais und einer Diode bestehende Baugruppe für den Anlasser-/Zündungs-Abschalt-Stromkreis – beachten Sie für Details die Schaltpläne am Ende des Kapitels. Das Anlasserrelais ist in Sektion 21 beschrieben. BMW macht keine Angaben zur Prüfung der Relais, sodass bei einem Problem in einem Stromkreis mit Relais zunächst die icherung, dann die Anschlusskontakte und die Kabel untersucht werden müssen. Bauen Sie dann das Relais aus, überprüfen Sie seine Anschlüsse auf Korrosion, und reinigen Sie sie ggf. Installieren Sie das Relais, und prüfen Sie seine Funktion – ist das Problem nicht beseitigt, muss das Relais durch ein erwiesenermaßen funktionierendes Teil ersetzt und geprüft werden, ob der Fehler beseitigt ist.

10 Entfernen Sie bei Funduro- und ST-Modellen die Sitzbank, um an das Blinkrelais zu gelangen und die Verkleidung, um das Anlasser-/Zündungs-Abschaltrelais und die Dioden zu erreichen (siehe Abbildungen).

11 Entfernen Sie bei GS- und Dakar-Modellen die obere Abdeckung (siehe Kapitel 8). Befreien Sie das Anlasserrelais aus seiner Halterung (siehe Abbildung). Lösen Sie die Schraube der Elektrikabdeckung, und entfernen Sie diese. Das Blinkrelais ist an seiner Unterseite eingehängt, während die anderen Relais sich auf der Konsole befinden (siehe Abbildungen).

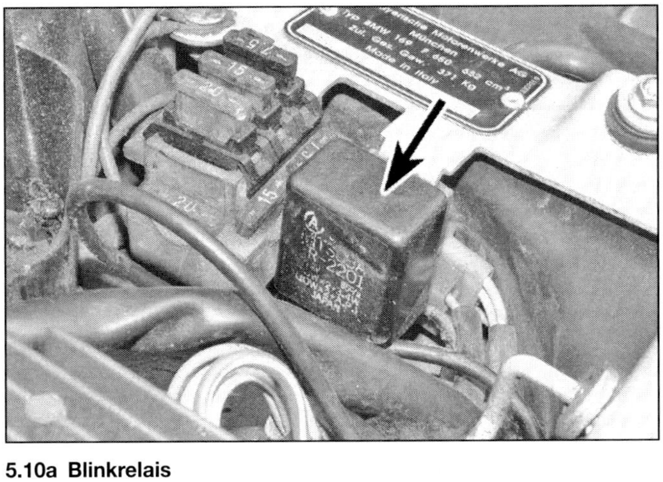

5.10a Blinkrelais

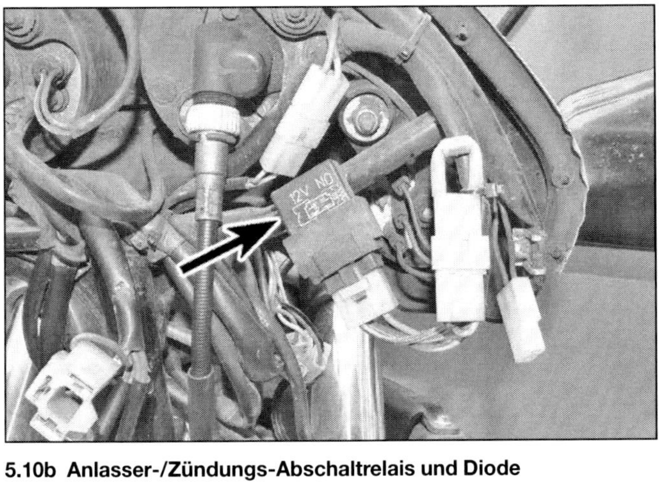

5.10b Anlasser-/Zündungs-Abschaltrelais und Diode

5.11a Befreien Sie das Anlasserrelais, ...

5.11b ... lösen Sie die Schraube, und entfernen Sie die Abdeckung, ...

5.11c ... an deren Unterseite das Blinkrelais steckt.

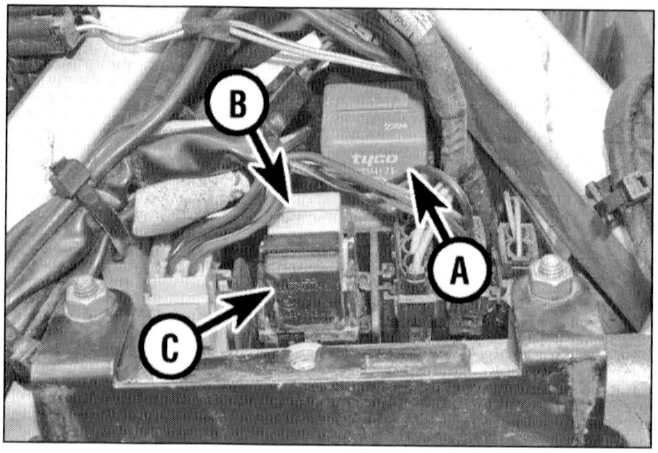

5.11d Die anderen Relais sitzen in der Konsole: Anlasser-/Zündungs-Abschaltrelais und Diode (A), BMS-Einspritzanlagen-Relais (B), Entlastungsrelais (C)

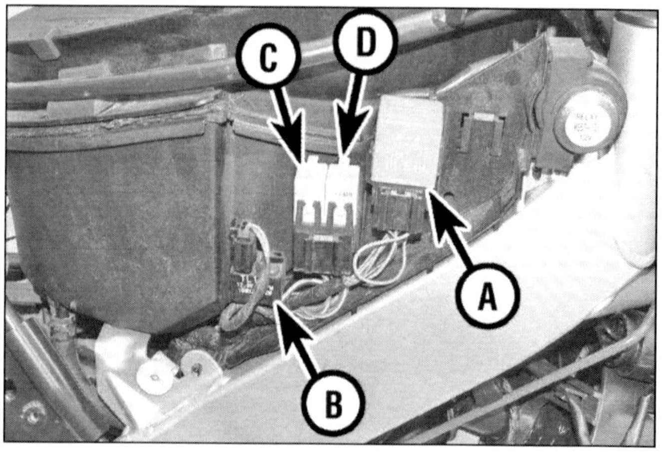

5.12 Anlasser-/Zündungs-Abschaltrelais und Diode (A), Blinkrelais (B), BMS-Einspritzanlagen-Relais (C), Entlastungsrelais (D)

12 Entfernen Sie bei CS-Modellen das rechte vordere Verkleidungsteil (siehe Kapitel 8 und Abbildung).

6 Lichtanlage
Kontrolle

1 Wenn ein Licht ausfällt, müssen zuerst die Lampe und ihr Sockel kontrolliert werden (beachten Sie dazu die entsprechende Sektion). Bei der Kontrolle eines Lampenglühdrahtes sollte eine Sichtkontrolle von einem Durchgangstest bestätigt werden, da die Drahtwendel nicht immer erkennen lässt, ob die Lampe durchgebrannt ist. Bei diesem Durchgangstest muss bedacht werden, dass bei vielen Lampen der Sockel den Massekontakt bildet.
2 Wenn mehrere oder alle Lampen ausgefallen sind, müssen die Batterie und die entsprechende(n) Sicherung(en) überprüft werden, außerdem sind das Zündschloss und ggf. der Licht- oder Blinkerschalter zu kontrollieren.
3 Wenn das Problem bis hierher nicht behoben werden konnte, müssen alle Kabel, Stecker und Anschlüsse mithilfe der Schaltpläne (am Ende dieses Kapitels) und der Informationen aus Sektion 2 auf Beschädigungen und/oder Korrosion kontrolliert werden.
4 Falls das Bremslicht ausfällt, müssen außerdem die Bremslichtschalter überprüft werden (siehe Sektion 12).
5 Falls die Blinker ausfallen, muss auch das Blinkrelais untersucht werden (siehe Sektion 5).

7 Scheinwerferlampe(n) und Standlichtlampe

Anmerkung: *Die Scheinwerfer sind mit Halogenlampen ausgerüstet, deren Glas nicht angefasst werden darf, da Flecken das Leben der Lampe verkürzen. Wenn sie doch einmal berührt worden ist, muss sie (im kalten Zustand) sorgfältig mit einem in Spiritus getränkten Lappen abgewischt und vor dem Einbau getrocknet werden.*

Funduro- und ST-Modelle Scheinwerferlampe

1 Demontieren Sie die Verkleidung, um den Zugang zu verbessern (siehe Kapitel 8).
2 Falls die Verkleidung nicht entfernt wurde, muss der von unten erreichbare Kabelstecker getrennt werden (siehe Abbildung).
3 Entfernen Sie die Gummikappe (siehe Abbildung).

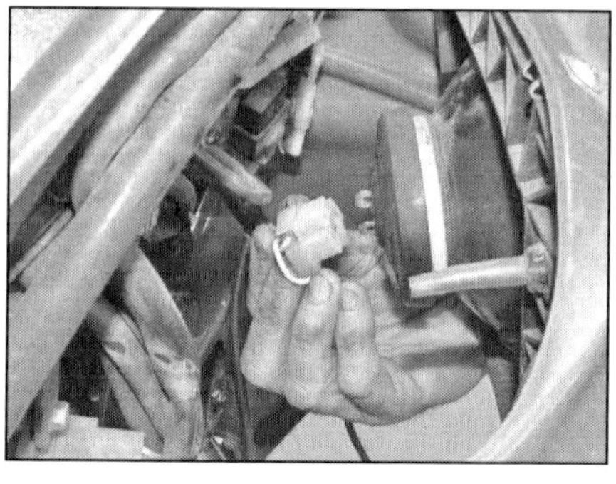
7.2 Trennen Sie den Kabelstecker, ...

7.3 ... entfernen Sie die Gummikappe, ...

7.4a ... lösen Sie den Drahtbügel, ...

7.4b ... und entfernen Sie die Lampe.

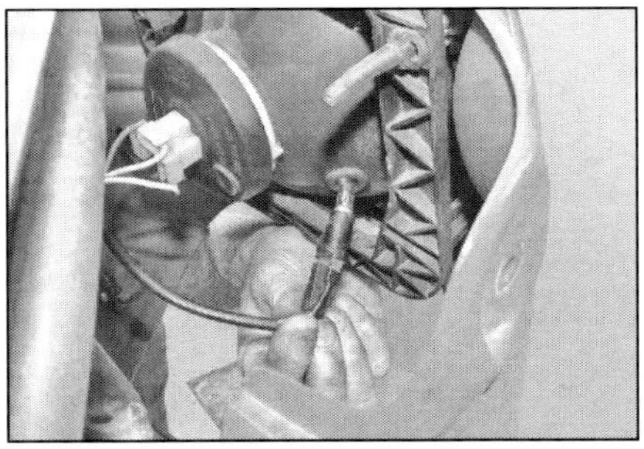

7.8 Ziehen Sie die Standlichtlampe aus dem Scheinwerfer.

7.12a Trennen Sie den Lampenstecker, ...

7.12b ... entfernen Sie die Gummikappe, ...

4 Lösen Sie den Drahtbügel, und entfernen Sie die Lampe aus dem Scheinwerfer (siehe Abbildungen).
5 Stecken Sie die Lampe korrekt ausgerichtet in den Scheinwerfer, und sichern Sie sie mit dem Drahtbügel.
6 Installieren Sie die Gummikappe.
7 Verbinden Sie den Kabelstecker (montieren Sie ggf. die Verkleidung), und prüfen Sie die Funktion der Lampe.

Standlichtlampe

8 Befreien Sie den Lampenhalter rechts aus dem Scheinwerfer – er ist von unten zugänglich (siehe Abbildung). Entfernen Sie die Lampe vorsichtig aus dem Halter, indem Sie sie eindrücken und nach links drehen.
9 Installieren Sie die neue Lampe in den Halter. Stecken Sie diesen in den Scheinwerfer.
10 Prüfen Sie die Funktion der Lampe.

Praxis TiPP ***Um das Leben der Lampe zu verlängern und sich nicht an einer zerbrochenen Lampe zu verletzen, ist es ratsam, den Glaskolben nur mit einem Tuch anzufassen.***

GS- und Dakar-Modelle Scheinwerferlampe

11 Demontieren Sie zunächst die Verkleidung, um den Zugang zur Lampe zu verbessern (siehe Kapitel 8).
12 Falls die Verkleidung nicht entfernt wurde, muss der von unten erreichbare Kabelstecker getrennt werden – verdrehen Sie dazu die Lenkung entsprechend. Entfernen Sie die Gummikappe (siehe Abbildungen).
13 Drehen Sie den Lampensicherungsring im Uhrzeigersinn, und entfernen Sie ihn sowie die Lampe (siehe Abbildungen).
14 Stecken Sie die Lampe korrekt ausgerichtet in den Scheinwerfer, und sichern Sie sie mit dem Ring, der gegen den Uhrzeigersinn gedreht werden muss.
15 Falls die Verkleidung nicht entfernt wurde, werden die Gummikappe installiert und der Stecker angeschlossen.
16 Montieren Sie ggf. die Verkleidung, und prüfen Sie die Funktion der Lampe.

Standlichtlampe

17 Befreien Sie den Lampenhalter rechts aus dem Scheinwerfer – er ist von unten zugänglich (siehe Abbildung). Entfernen Sie die Lampe vorsichtig aus dem Halter – falls sowohl die Lampe als auch der Halter Metallgehäuse haben, muss die Lampe eingedrückt und nach

7.13a ... lösen Sie den Ring, ...

7.13b ... und entfernen Sie die Lampe.

7.17a Ziehen Sie die Standlichtlampe aus dem Scheinwerfer, ...

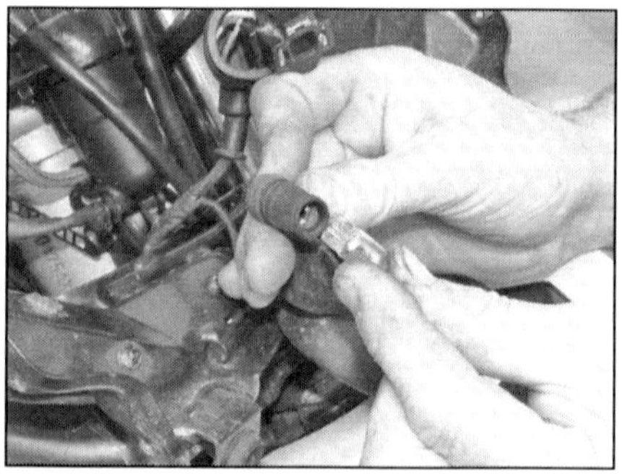

7.17b ... und entfernen Sie die Lampe.

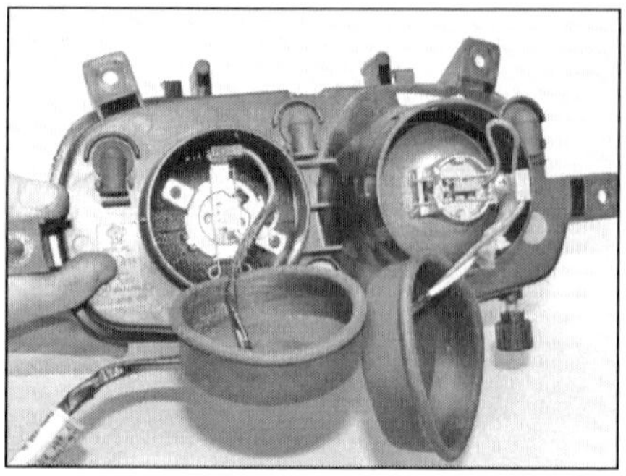

7.20 Entfernen Sie die Gummikappe der entsprechenden Scheinwerferlampe.

7.25 Ziehen Sie die Standlichtlampe aus dem Scheinwerfer.

links gedreht werden, um sie zu befreien (siehe Abbildung).

18 Installieren Sie die neue Lampe in den Halter. Stecken Sie diesen in den Scheinwerfer.

19 Prüfen Sie die Funktion der Lampe.

CS-Modelle Scheinwerferlampe

20 Entfernen Sie die Gummiabdeckung (siehe Abbildung).

21 Trennen Sie je nach zu entfernender Lampe entweder den Stecker der Lampe oder des Stiftes.

22 Lösen Sie die Drahtbügel, und entfernen Sie die Lampe.

23 Stecken Sie die Lampe korrekt ausgerichtet in den Scheinwerfer, und sichern Sie sie mit den Clips.

24 Verbinden Sie den Kabelstecker und stecken Sie die Gummikappe auf. Prüfen Sie die Funktion der Lampe.

Standlichtlampe

25 Befreien Sie den Lampenhalter rechts aus dem Scheinwerfer – er ist von unten zugänglich (siehe Abbildung). Ziehen die Lampe vorsichtig aus dem Halter.

26 Installieren Sie die neue Lampe in den Halter. Stecken Sie diesen in den Scheinwerfer.

27 Prüfen Sie die Funktion der Lampe.

8 Scheinwerfer

Ausbau und Einbau

1 Demontieren Sie die Verkleidung (siehe Kapitel 8).

2 Lösen Sie bei Funduro- und ST-Modellen die drei Schrauben, mit denen die Scheinwerfer-Baugruppe in der Verkleidung gesichert ist, und heben Sie sie heraus (siehe Abbildung). Befreien Sie nötigenfalls den Scheinwerfer aus seinem Rahmen.

3 Befreien Sie bei GS- und Dakar-Modellen die Scheinwerfereinheit vorsichtig aus der Verkleidung, indem Sie die drei eingepressten Halter herausdrücken (siehe Abbildung).

4 Lösen Sie bei CS-Modellen oben die beiden Schrauben der Scheinwerferabdeckung, dann die beiden oberen Clips gefolgt von den unteren. Entfernen Sie die Abdeckung (siehe Abbildungen) und die Gummikappen von den Lampenhaltern, und trennen Sie die Stecker (siehe Abbildung 7.20). Ziehen Sie den Standlicht-Lampenhalter heraus (siehe Abbildung 7.25). Öffnen Sie den Kabelbinder. Lösen Sie die vier Befestigungsschrauben des Scheinwerfers, und entfernen Sie ihn (siehe Abbildung).

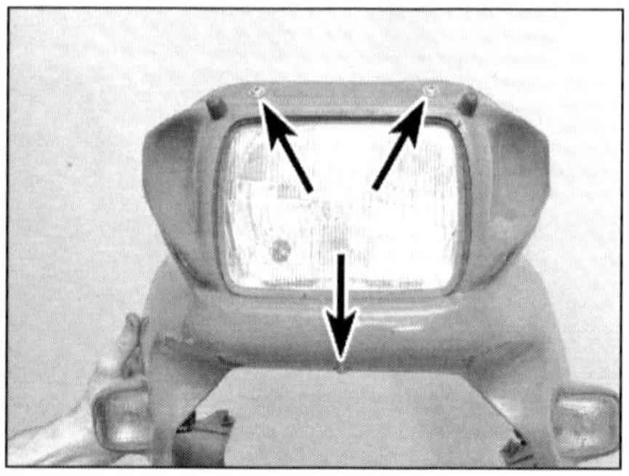

8.2 Lösen Sie die drei Schrauben, und entfernen Sie den Scheinwerfer.

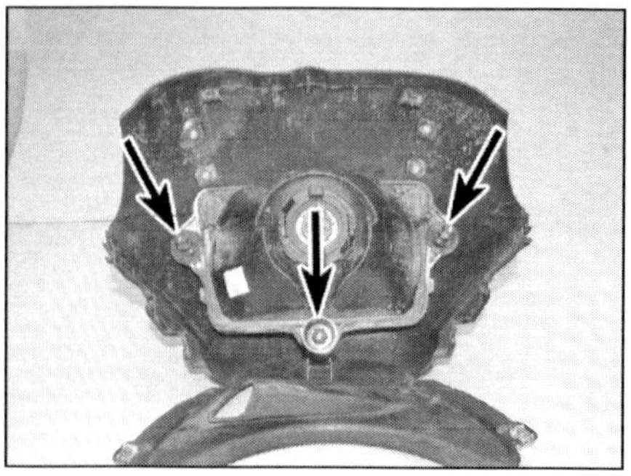

8.3 Befreien Sie die Halter aus der Verkleidung.

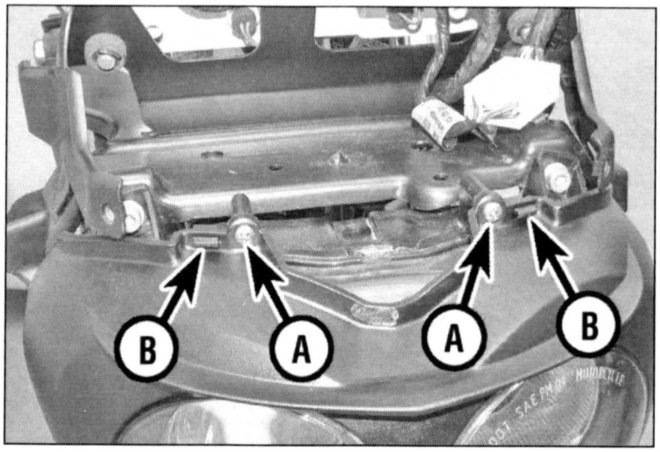

8.4a Lösen Sie die beiden Schrauben (A), befreien Sie die oberen Clips (B) ...

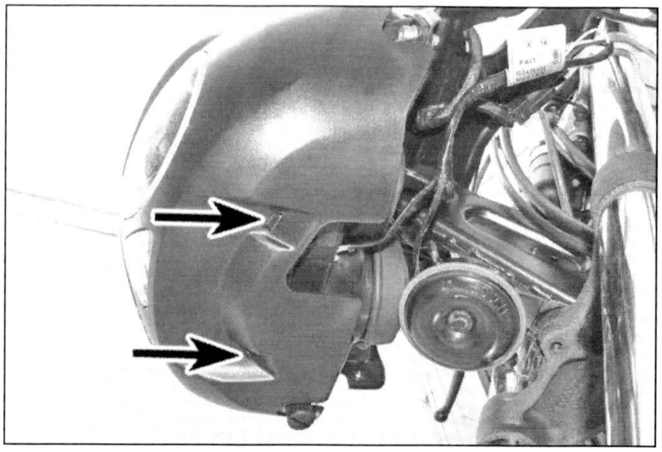

8.4b ... sowie die unteren Clips, ...

8.4c ... und entfernen Sie die Abdeckung.

8.4d Lösen Sie an beiden Seiten die Schrauben, und entfernen Sie den Scheinwerfer.

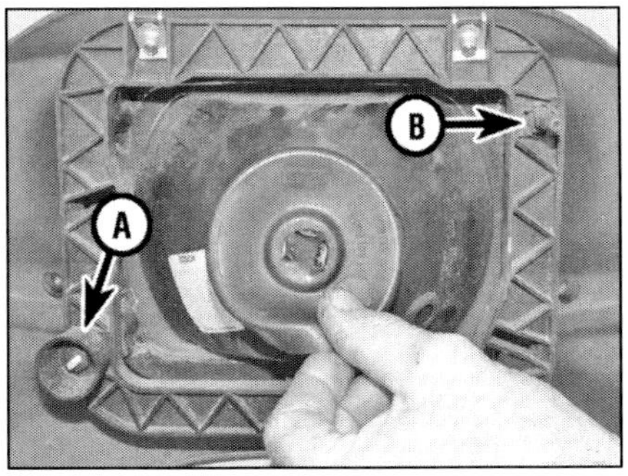

8.8 Höhenversteller (A), Seitenversteller (B) – Funduro- und ST-Modelle

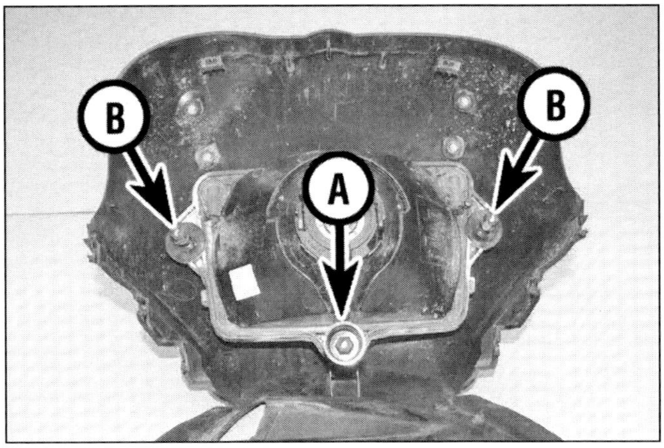

8.9 Höhenversteller (A), Seitenversteller (B) – GS- und Dakar-Modelle

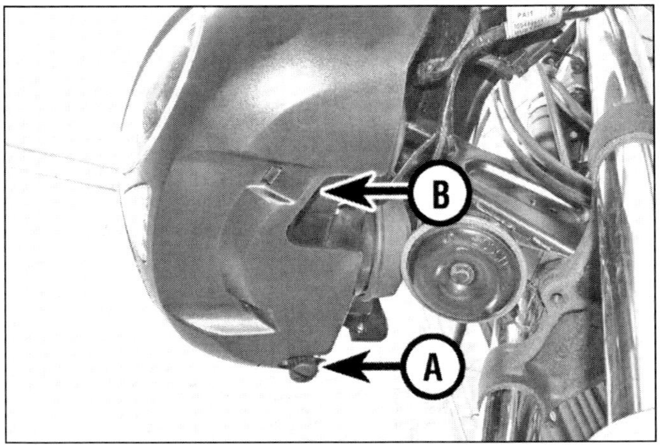

8.10 Höhenversteller (A), Seitenversteller (B) – CS-Modelle

5 Entfernen Sie nötigenfalls die Lampe(n) (siehe Sektion 7).

6 Der Einbau entspricht der umgekehrten Ausbaureihenfolge. Achten Sie darauf, dass alle Kabel korrekt verlegt, angeschlossen und gesichert sind. Prüfen Sie die Funktion des Scheinwerfers. Kontrollieren Sie die Lichtkegeleinstellung.

Lichtkegeleinstellung

Anmerkung: *Ein schlecht eingestellter Scheinwerfer kann ein Problem für den entgegenkommenden Verkehr sein sowie für schwache und schlechte Ausleuchtung der Fahrbahn sorgen. Die Prüfung der Einstellung ist Bestandteil der Hauptuntersuchung (siehe Anhang).*

7 Der Lichtkegel des Scheinwerfers kann sowohl horizontal als auch vertikal eingestellt werden. Zuerst sollten Sie den Luftdruck der Reifen und die richtige Einstellung der Federelemente überprüfen. Ein auf dem Motorrad sitzender Assistent soll es auf einer ebenen Fläche gerade halten, und der Tank sollte halb voll sein. Wenn das Motorrad normalerweise viel mit zwei Personen besetzt ist, sollte sich ein zweiter Assistent auf den Sozius setzen.

8 Bei Funduro- und ST-Modellen erfolgt die Höhenverstellung durch Drehen des Einstellknopfes links unten am Scheinwerfer (siehe Abbildung). Die seitliche Verstellung wird mithilfe der Schraube oben rechts am Scheinwerfer erledigt.

9 Bei GS- und Dakar-Modellen erfolgt die Höhenverstellung durch Drehen des Einstellknopfes unten am Scheinwerfer (siehe Abbildung). Die seitliche Verstellung wird mithilfe der seitlich am Scheinwerfer sitzenden Schrauben erledigt.

10 Bei CS-Modellen erfolgt die Höhenverstellung durch Drehen des Einstellknopfes rechts unten am Scheinwerfer (siehe Abbildung). Die seitliche Verstellung wird mithilfe der unten am Scheinwerfer links von der Mitte sitzenden Schrauben erledigt.

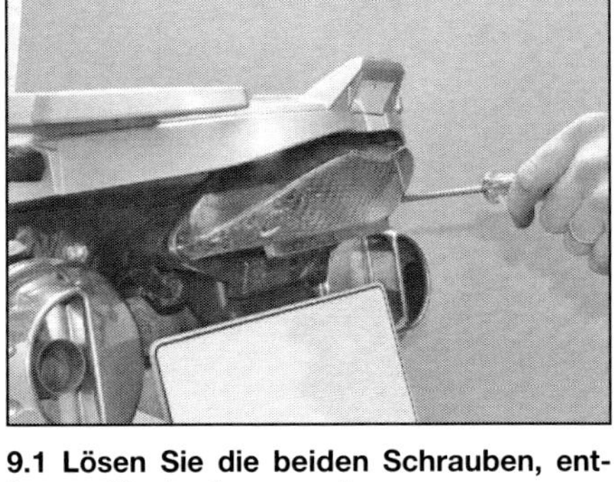

9.1 Lösen Sie die beiden Schrauben, entfernen Sie das Lampenglas, ...

9.2 ... und entfernen Sie dann die Lampe.

9 Brems-/Rücklicht- und Kennzeichenlampe

Brems-/Rücklichtlampe

1 Lösen Sie die Schrauben des Rücklichtglases, und entfernen Sie dies (siehe Abbildung).

2 Drücken Sie die Lampe in den Halter, drehen Sie sie nach links, und entfernen Sie sie (siehe Abbildung). Kontrollieren Sie die Sockel-Kontakte auf Korrosion, und reinigen Sie sie nötigenfalls.

3 Richten Sie die Stifte der neuen Lampe zu den Nuten des Sockels aus, drücken Sie die Lampe hinein, und drehen Sie sie im Uhrzeigersinn, um sie zu arretieren.

9.5 Lösen Sie die beiden Schrauben, und entfernen Sie das Gehäuse.

Anmerkung: *Sie sollten die Lampe mit einem Tuch anfassen, um keine Fingerabdrücke darauf zu hinterlassen.*

4 Installieren Sie das Rücklichtglas, und ziehen Sie seine Schrauben sorgfältig an.

Kennzeichenlampe

5 Lösen Sie die Schrauben, mit denen das Lampengehäuse befestigt ist, und entfernen Sie es (siehe Abbildung).
6 Entfernen Sie die Gummikappe, drücken Sie dann die Lampe in den Halter, drehen Sie sie gegen den Uhrzeigersinn, und ziehen Sie sie heraus. Kontrollieren Sie die Sockelkontakte auf Korrosion, und reinigen Sie sie nötigenfalls.
7 Richten Sie die Stifte der neuen Lampe zu den Nuten des Sockels aus, drücken Sie die Lampe hinein, und drehen Sie sie im Uhrzeigersinn, um sie zu arretieren.

Anmerkung: *Sie sollten die Lampe mit einem Tuch anfassen, um keine Fingerabdrücke darauf zu hinterlassen.*

8 Installieren Sie das Lampengehäuse, und ziehen Sie seine Schrauben sorgfältig an.

10 Rücklicht

Funduro- und ST-Modelle

1 Entfernen Sie die Sitzbank (siehe Kapitel 8).
2 Trennen Sie den Rücklichtstecker (siehe Abbildung). Merken Sie sich die Verlegung des Kabels, und führen Sie es zum Rücklicht zurück.
3 Lösen Sie die drei Muttern der Rücklichteinheit, und entfernen Sie diese – beachten Sie die Scheiben und Buchsen (siehe Abbildung).
4 Der Einbau entspricht der umgekehrten Ausbaureihenfolge. Prüfen Sie die Funktion des Rücklichts und des Bremslichts.

GS- und Dakar-Modelle

5 Entfernen Sie die Sitzbank (siehe Kapitel 8). Befreien Sie das Rücklichtkabel aus seinen Kabelbindern, um mehr Platz zu erhalten. Lösen Sie die Schrauben des Kennzeichen-/Rücklichthalters, entnehmen Sie das Teil, und sichern Sie es mit Draht oder einem Kabelbinder am Gepäckträger (siehe Abbildung). Achten Sie darauf, die eingefassten Muttern nicht zu verlieren.
6 Trennen Sie den Rücklichtstecker.
7 Lösen Sie die drei Muttern der Rücklichteinheit, und entfernen Sie diese – beachten Sie die Scheiben und Buchsen (siehe Abbildung).
8 Der Einbau entspricht der umgekehrten Ausbaureihenfolge. Prüfen Sie die Funktionen des Rücklichts und des Bremslichts.

CS-Modelle

9 Entfernen Sie die Seitendeckel (siehe Kapitel 8). Ziehen Sie die Kabelstecker vom Rücklicht – merken Sie sich ihre Positionen (siehe Abbildung).
10 Lösen Sie den Halteclip.
11 Lösen Sie die zwei Schrauben der Rücklichteinheit, und entfernen Sie diese (siehe Abbildung).
12 Der Einbau entspricht der umgekehrten Ausbaureihenfolge. Prüfen Sie die Funktion des Rücklichts und des Bremslichts.

11 Blinker

Stromkreiskontrolle

1 Die meisten Blinkerprobleme sind das Resultat einer durchgebrannten Lampe oder korrodierten Fassung, besonders wenn die An-

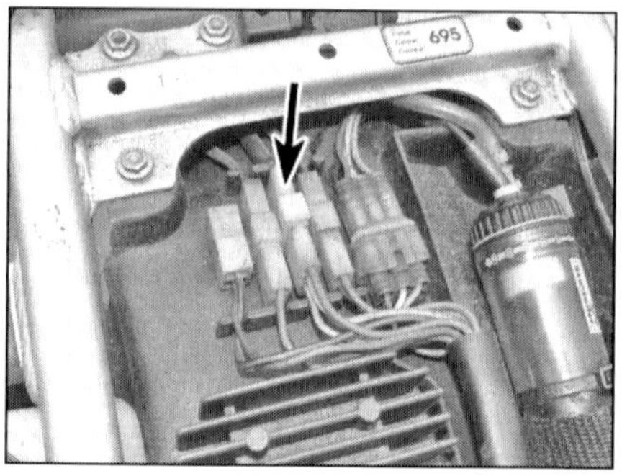

10.2 Trennen Sie den Kabelstecker, ...

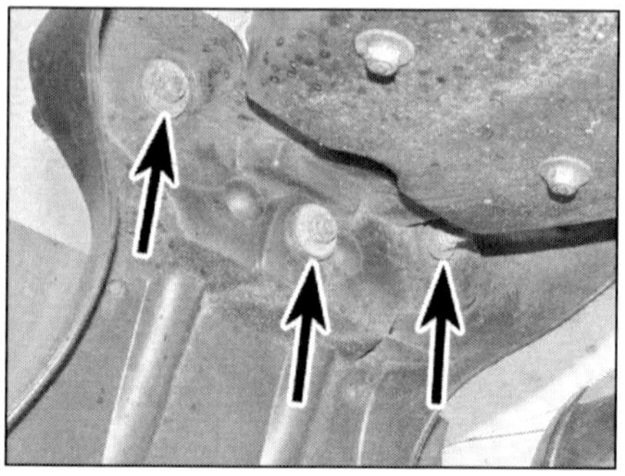

10.3 ... und lösen Sie die drei Muttern.

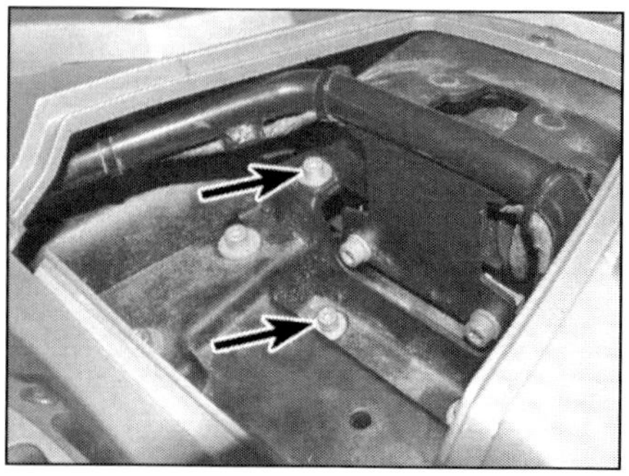

10.5 Lösen Sie an jeder Seite des Halters die beiden Schrauben.

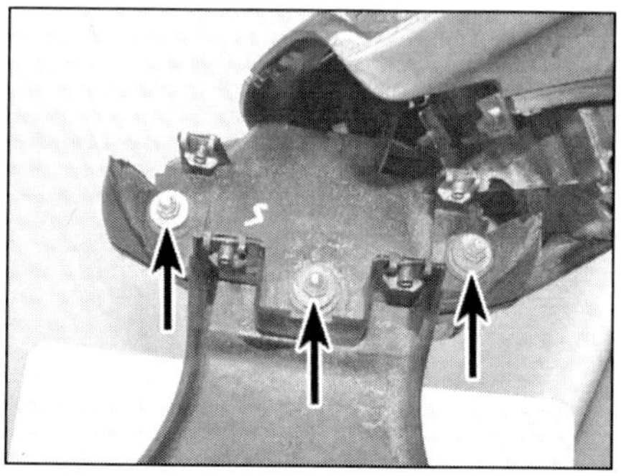

10.7 Lösen Sie die drei Muttern, und entfernen Sie das Rücklicht.

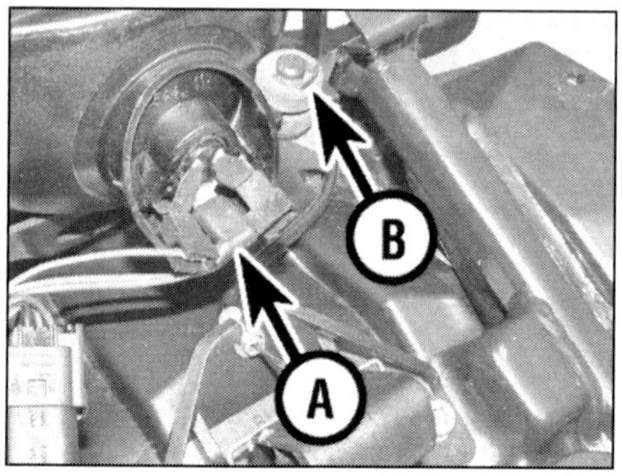

10.9 Trennen Sie die Kabelstecker (A), und lösen Sie den Clip (B).

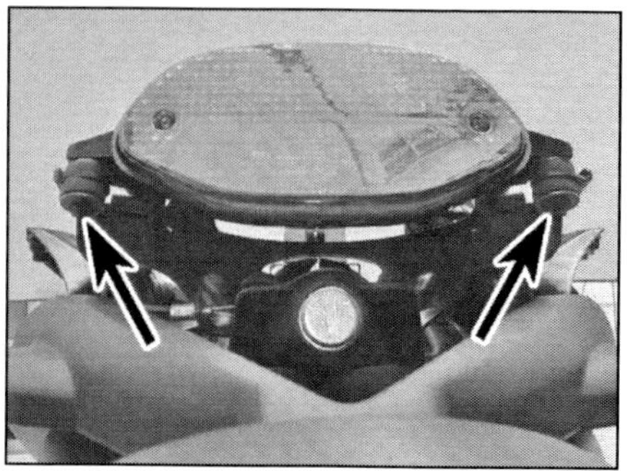

10.11 Lösen Sie die beiden Schrauben, und entfernen Sie das Rücklicht.

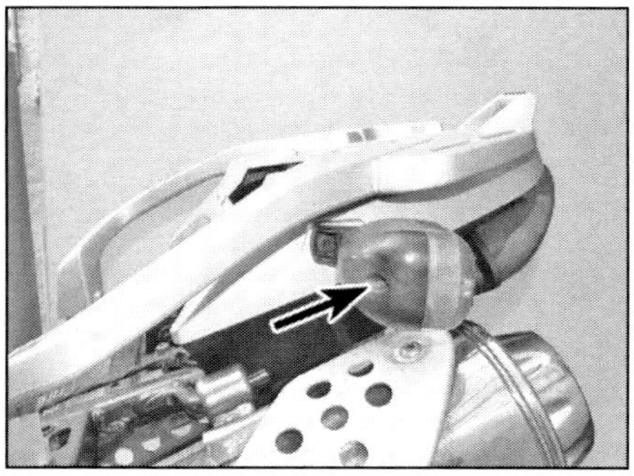

11.2 Lösen Sie die Schraube, und entfernen Sie das Blinkerglas.

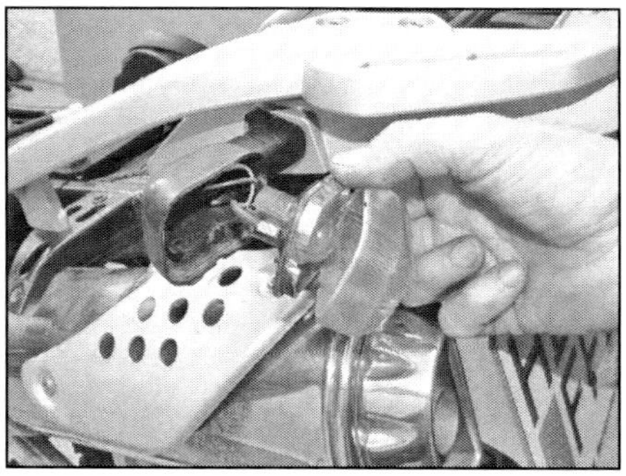

11.3 Befreien Sie den Lampenhalter aus dem Blinkerglas.

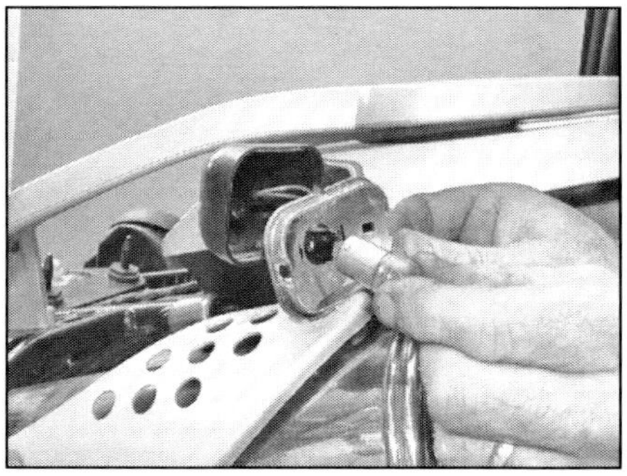

11.4 Entfernen Sie die Lampe aus dem Halter.

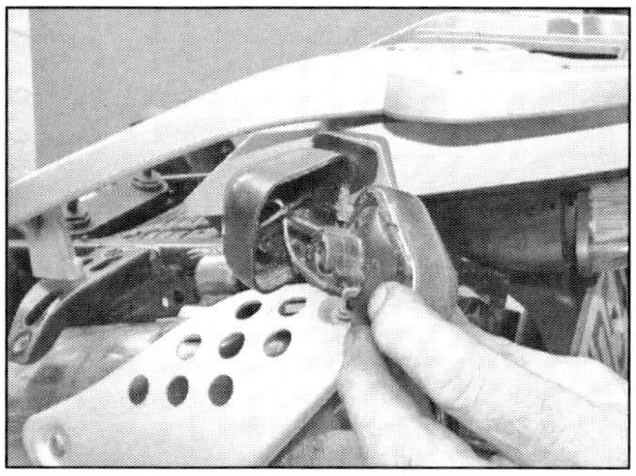

11.6 Installieren Sie die Blinkerglas/Lampenhalter-Baugruppe in das Gehäuse.

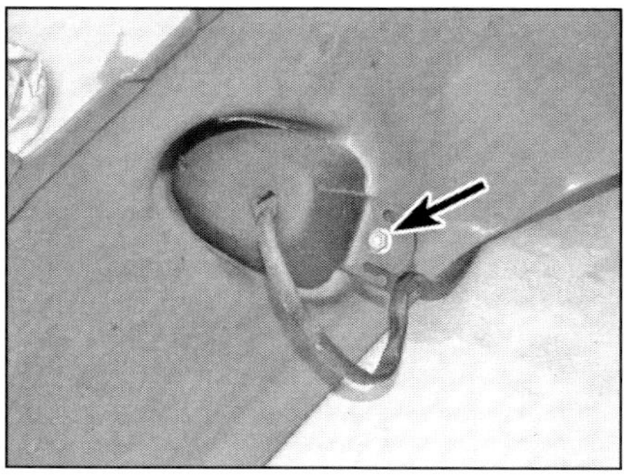

11.7 Lösen Sie die Schraube, und entfernen Sie den Blinker.

lage auf einer Seite noch funktioniert und auf der anderen nicht. Kontrollieren Sie zunächst die Lampen, Fassungen und Kabelstecker Überprüfen Sie dann die Sicherung und das Blinkrelais (siehe Sektion 5). Ist bis hierher alles in Ordnung, liegt das Problem in der Verkabelung oder den Anschlüssen (siehe die Sektionen 2, 6 und die Schaltpläne) oder dem Blinkschalter – beachten Sie hierfür Sektion 16.

Blinkerlampen ersetzen

2 Lösen Sie die Schraube des Blinkerglases, und befreien Sie es vom Gehäuse (siehe Abbildung).
3 Befreien Sie den Lampenhalter aus dem Blinkerglas (siehe Abbildung).
4 Drücken Sie die Lampe in den Halter, drehen Sie sie nach links, und entfernen Sie sie (siehe Abbildung). Kontrollieren Sie die Kontakte in der Fassung auf Korrosion, und reinigen Sie sie nötigenfalls.
5 Richten Sie die Stifte der neuen Lampe zu den Schlitzen des Sockels aus, drücken Sie die Lampe hinein, und verdrehen Sie sie bis zum Anschlag im Uhrzeigersinn.

Anmerkung: *Sie sollten die Lampe mit einem Tuch anfassen, um keine Fingerabdrücke darauf zu hinterlassen.*

6 Stecken Sie den Lampenhalter in das Blinkerglas, setzen Sie dies ans Gehäuse, und ziehen Sie die Schraube vorsichtig an (siehe Abbildung) – bei zu festem Anzug können das Blinkerglas splittern oder das Gewinde ausreißen.

Blinker-Einheiten Vordere Blinker

7 Entfernen Sie bei Funduro- und ST-Modellen die Verkleidung (siehe Kapitel 8). Lösen Sie die Schraube, die den Blinker daran sichert, und befreien Sie ihn von der Verkleidung (siehe Abbildung).
8 Lösen Sie bei GS- und Dakar-Modellen die vier Schrauben der Blinkerhalterung, und trennen Sie den Blinkerstecker (siehe Abbildungen). Lösen Sie die Schraube des Blinkerglases, und befreien Sie es samt Lampenhalter vom Gehäuse. Trennen Sie das Kabel vom Lampenhalter. Lösen Sie die Mutter, die den Schaft an der Halterung sichert (siehe Abbildung). Ziehen Sie nötigenfalls das Kabel nach innen heraus.
9 Entfernen Sie bei CS-Modellen das vordere Verkleidungsteil (siehe Kapitel 8). Lösen Sie die Schraube des Blinkerglases, und befreien Sie es samt Lampenhalter vom Gehäuse. Trennen Sie das Kabel vom Lampenhalter. Entfernen Sie den Blinkerschaft von der Verkleidung. Ziehen Sie nötigenfalls das Kabel nach innen heraus.
10 Der Einbau entspricht der umgekehrten Ausbaureihenfolge. Prüfen Sie die Funktion des Blinkers.

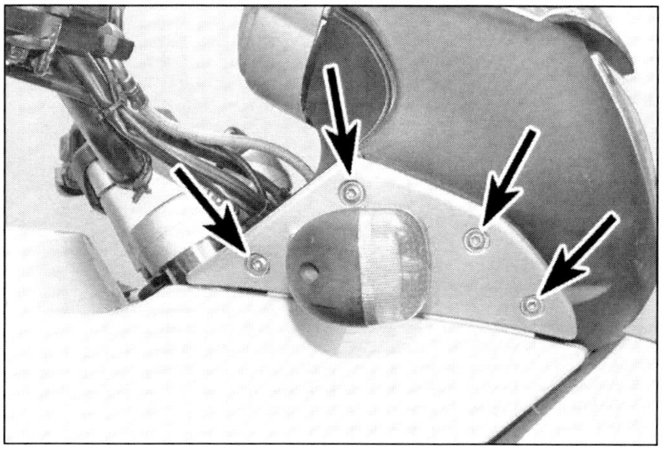

11.8a Lösen Sie die vier Schrauben, entfernen Sie die Halterung, ...

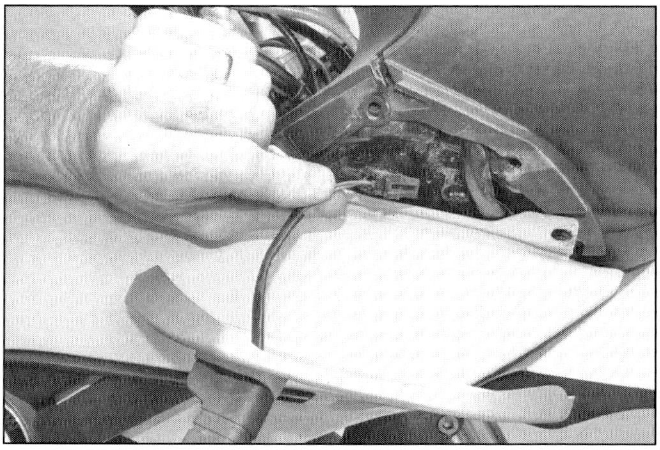

11.8b ... und trennen Sie den Blinkerstecker.

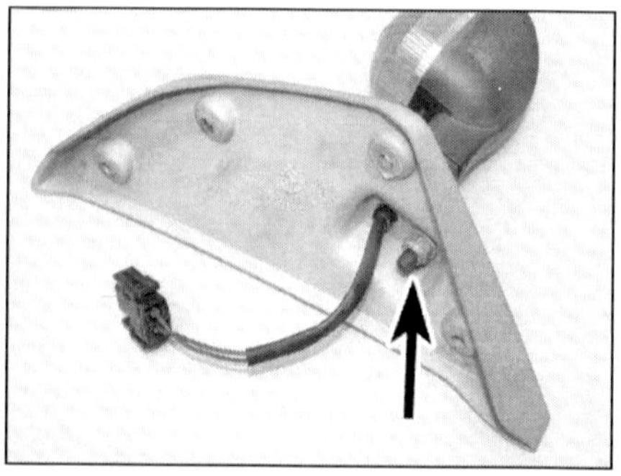

11.8c Lösen Sie die Mutter, und entfernen Sie den Blinker.

11.11a Trennen Sie die Kabelstecker.

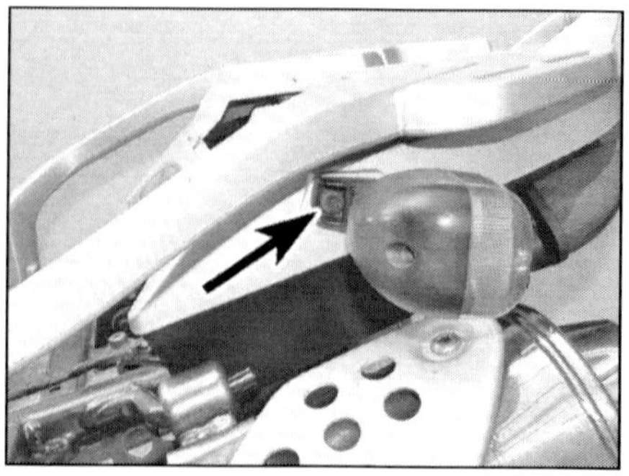

11.11b Lösen Sie die Blinkerschraube.

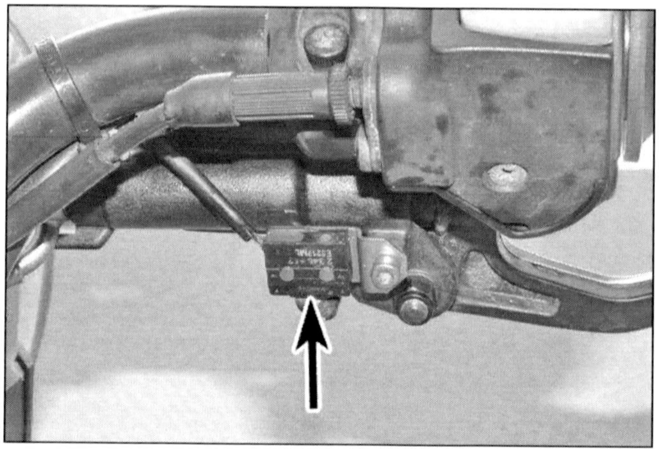

12.2 Vorderer Bremslichtschalter

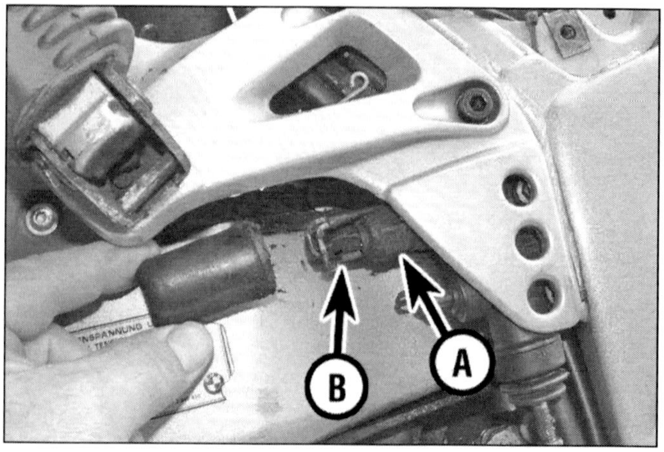

12.3 Hinterer Bremslichtschalter (A) und Kabelstecker (B)

Hintere Blinker

11 Lösen Sie die Schraube des Blinkerglases, und befreien Sie es samt Lampenhalter vom Gehäuse (siehe Abbildung 11.2). Trennen Sie das Kabel vom Lampenhalter. Lösen Sie die Mutter des Schaftes (siehe Abbildung). Ziehen Sie nötigenfalls das Kabel nach innen heraus.

12 Der Einbau entspricht der umgekehrten Ausbaureihenfolge. Prüfen Sie die Funktion des Blinkers.

12 Bremslichtschalter

1 Vor der Überprüfung der Schalter sollte der Bremslichtstromkreis kontrolliert werden (siehe Sektion 6).

2 Der vordere Bremslichtschalter sitzt unten am Handbremszylinder (siehe Abbildung). Entfernen Sie bei Funduro- und ST-Modellen die Verkleidung (siehe Kapitel 8). Entfernen Sie bei GS- und Dakar-Modellen die obere Abdeckung (siehe Kapitel 8), befreien Sie das Anlasserrelais aus seiner Halterung, lösen Sie die Schraube der Elektrikabdeckung, und entfernen Sie diese (siehe Abbildungen 5.11a und b). Entfernen Sie bei CS-Modellen das Luftfiltergehäuse (siehe Kapitel 4B). Verfolgen Sie das Kabel des Schalters, und trennen Sie es am Stecker. Verbinden Sie die Klemmen eines Durchgangsprüfers mit den Bremslichtschalterkontakten (siehe Abbildung 2.10). Bei nicht betätigter Bremse darf kein Durchgang bestehen, bei gezogenem Hebel muss Durchgang bestehen – bei anderen Ergebnissen (und wenn das Kabel und der Stecker in Ordnung sind) ist der Schalter defekt und muss ersetzt werden. Beachten Sie die Verlegung des Kabels, und befreien Sie es aus allen Kabelbindern.

3 Der hintere Bremslichtschalter sitzt bei Funduro- und ST-Modellen hinten am Fußbremszylinder – ziehen Sie die Gummikappe ab, und trennen Sie den Kabelstecker (siehe Abbildung). Verbinden Sie die Klemmen eines Durchgangsprüfers mit den Kontakten des Bremslichtschalters. Bei nicht betätigter Bremse darf kein Durchgang bestehen, bei betätigter muss Durchgang bestehen – bei anderen Ergebnissen ist der Schalter defekt und muss ersetzt werden. Er ist direkt mit der Bremsflüssigkeit verbunden, sodass beim Einbau ein neuer Dichtring verwendet und die Bremsanlage entlüftet werden muss (siehe Kapitel 7).

4 Bei GS-, Dakar- und CS-Modellen sitzt der hintere Bremslichtschalter innerhalb des Rahmens über dem Bremspedal (siehe Abbildung). Entfernen Sie bei GS- und Dakar-Modellen die rechte vordere Seitenverkleidung, und demontieren Sie bei CS-Modellen die Sitzbank (siehe Kapitel 8), um Zugang zum Kabelstecker zu erhalten und diesen zu trennen Verbinden Sie die Klemmen eines Durchgangsprüfers mit den Kontakten der Bremslichtschalterseite. Bei nicht betätigter Bremse darf kein Durchgang bestehen; bei betätigter muss Durchgang bestehen – bei anderen Ergebnissen (und wenn das Kabel und der Stecker in Ordnung sind) ist der Schalter defekt und muss ersetzt werden. Beachten Sie die Verlegung des Kabels, und befreien Sie es aus allen Kabelbindern.

5 Ist der Schalter in Ordnung, müssen die Kabel zwischen dem Stecker, der Sicherung und dem Zündschloss sowie zwischen dem Stecker und dem Bremslichtstecker untersucht werden – beachten Sie die Schaltpläne am Ende des Kapitels.

12.4 Hinterer Bremslichtschalter – GS-Modelle

9

13.2a Lösen Sie die Rändelringe, und befreien Sie die Wellen.

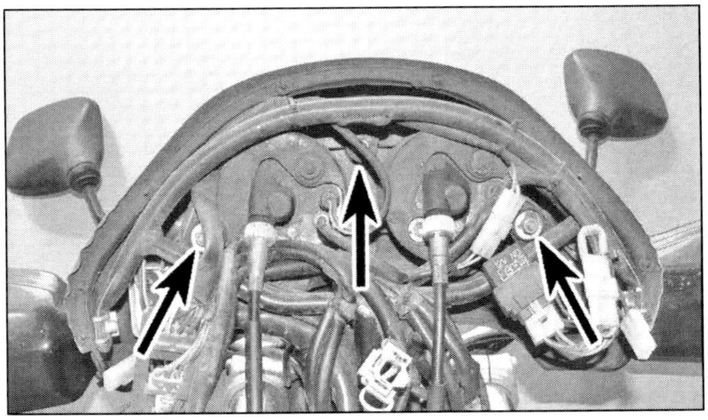

13.2b Lösen Sie die drei Muttern, und entfernen Sie den Instrumententräger.

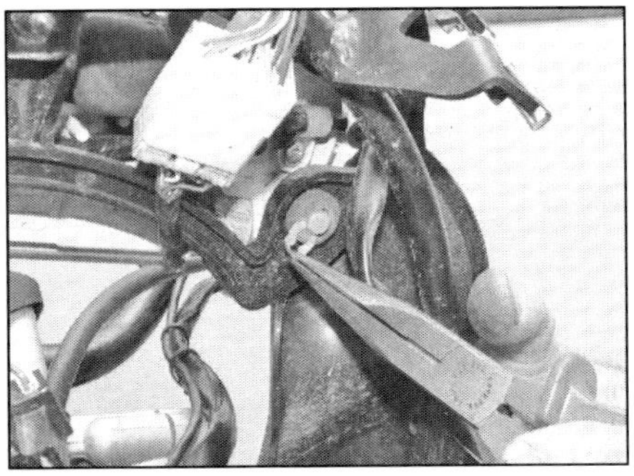

13.3a Lösen Sie die drei Clips.

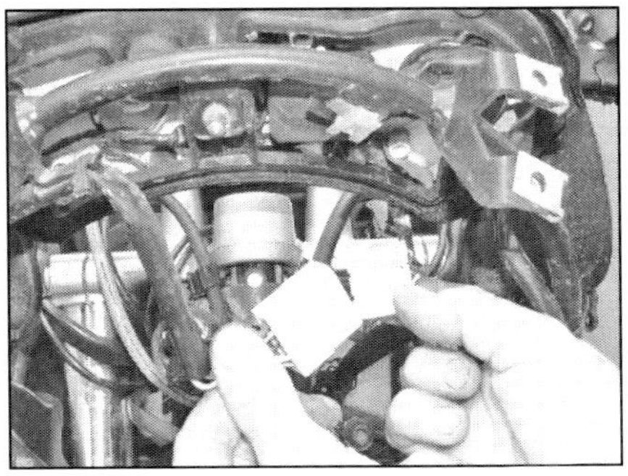

13.3b Trennen Sie den Kontrolllampenstecker.

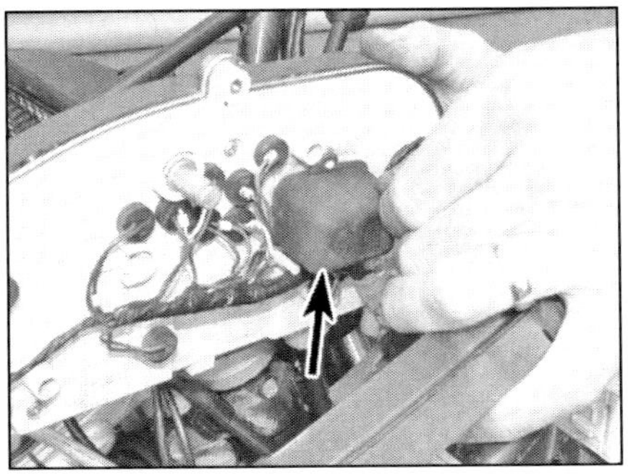

13.3c Befreien Sie das Instrumentengehäuse, und ziehen Sie die Gummikappe ab, ...

13 Cockpit-Instrumente

Ausbau und Einbau

1 Entfernen Sie die Verkleidung (siehe Kapitel 8).

2 Lösen Sie bei Funduro- und ST-Modellen zunächst die Rändelringe der Tacho- und Drehzahlmesserwellen, und befreien Sie sie (siehe Abbildung). Ziehen Sie dann vorsichtig alle Lampenhalter der Instrumentenbeleuchtung und der Kontrolllampen aus dem Gehäuse. Trennen Sie nun die Kabel an den Steckern oder dem Instrument. Lösen Sie die Muttern, und heben Sie anschließend den Instrumententräger ab (siehe Abbildung).

3 Trennen Sie bei GS- und Dakar-Modellen den Kontrolllampenstecker (siehe Abbildung). Lösen Sie die Clips, und befreien Sie den Instrumententräger. Ziehen Sie die Gummikappe vom Instrumentenkabelstecker, befreien Sie seine Lasche, und trennen Sie den Stecker vom Instrument (siehe Abbildungen).

4 Trennen Sie bei CS-Modellen den Kontrolllampenstecker (siehe Abbildung). Ziehen Sie die Gummikappe vom Instrumentenkabelstecker, befreien Sie seine Lasche, und trennen Sie den Stecker vom Instrument. Lösen Sie die Clips, und befreien Sie den Instrumententräger.

Zerlegen

5 Bei Funduro- und ST-Modellen ist jedes Instrument separat erhältlich. Wenn der Tachometer entfernt werden soll, muss der Rückstellknopf-Sicherungsring abgeschraubt und der Knopf durch den Instrumententräger gedrückt werden. Lösen Sie die Mutter(n) des zu demontierenden Instruments, und ziehen Sie es nach vorne heraus. Beachten Sie den um jedes Instrument liegenden O-Ring, und ersetzen Sie ihn, falls er beschädigt, verformt oder porös ist. Lösen Sie nötigenfalls die Schrauben des Winkelantriebs, und entfernen Sie diesen hinten vom Instrument. Lösen Sie nötigenfalls die Schrauben des Kontrolllampengehäuses, und entfernen Sie dieses – all seine Komponenten einschließlich der einzelnen Lampengläser sind einzeln erhältlich.

6 Lösen Sie bei GS-, Dakar- und CS-Modellen die vorderen Schrauben, und entfernen Sie die äußere und innere Abdeckung (siehe Abbil-

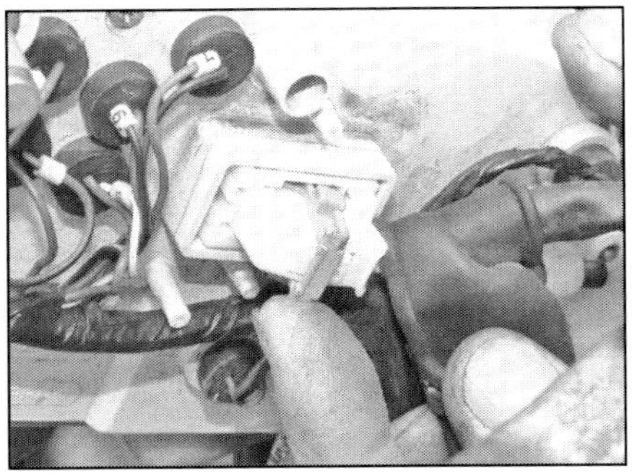

13.3d ... um den Instrumentenstecker zu trennen.

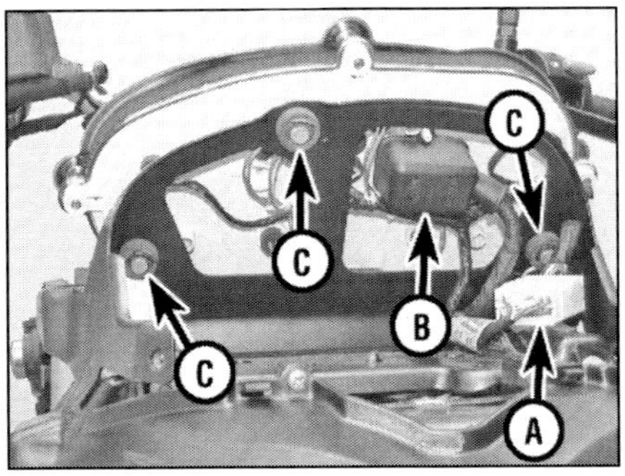

13.4 Kontrolllampenstecker (A), Instrumentenstecker (B), Clips (C)

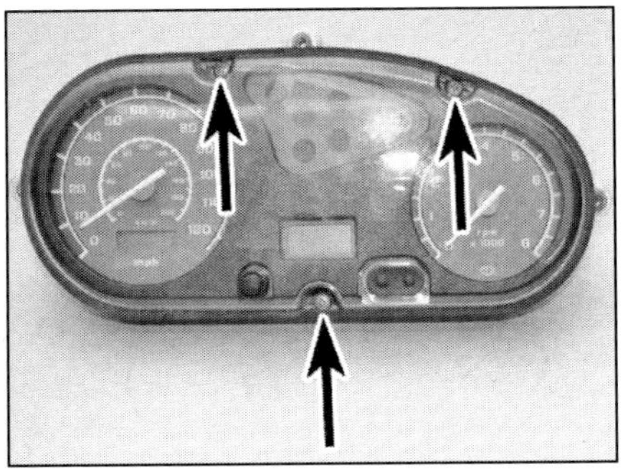

13.6a Lösen Sie die Schrauben, ...

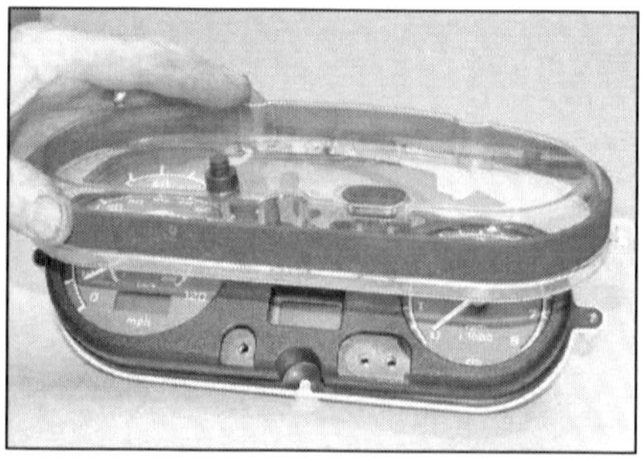

13.6b ... und entfernen Sie die äußere ...

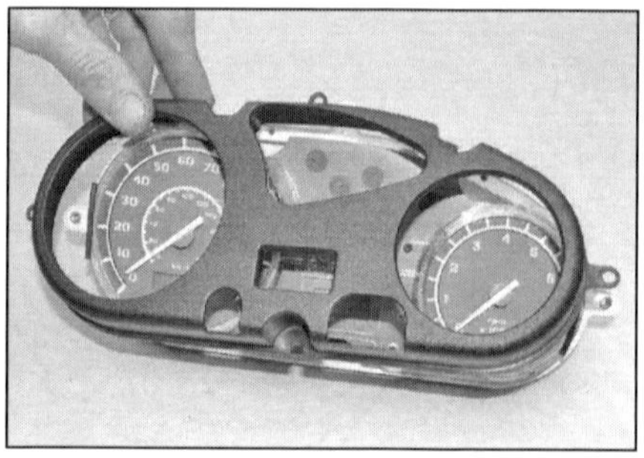

13.6c ... sowie die innere Abdeckung.

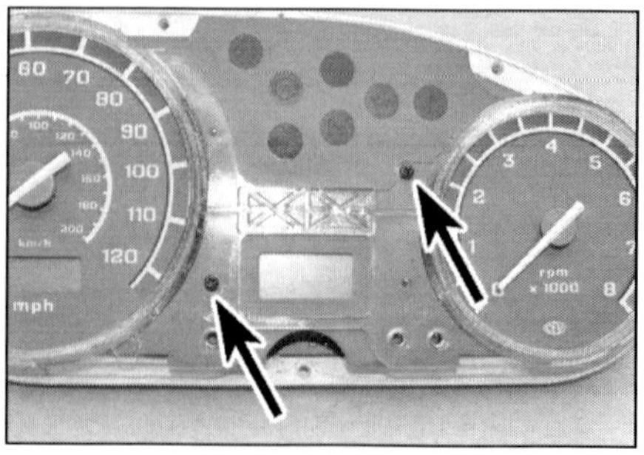

13.6d Lösen Sie die Schrauben, und entfernen Sie die Frontplatte.

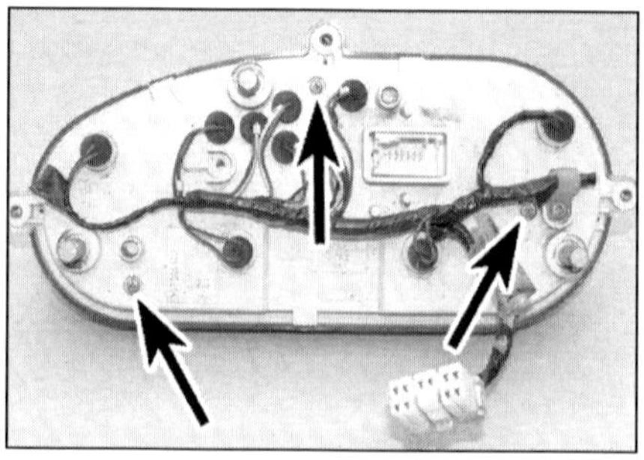

13.6e Lösen Sie die Schrauben.

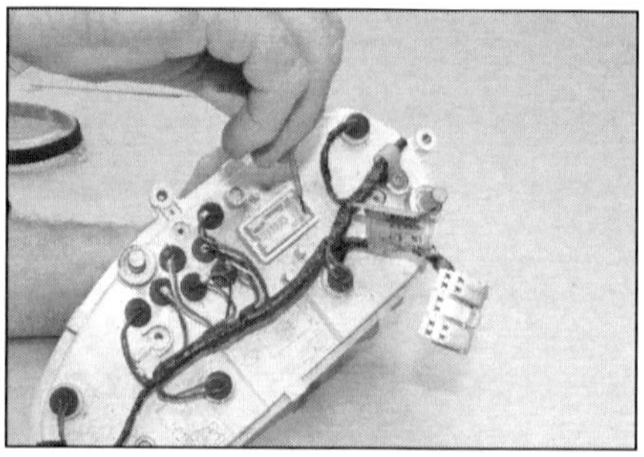

13.6f Befreien Sie die Laschen.

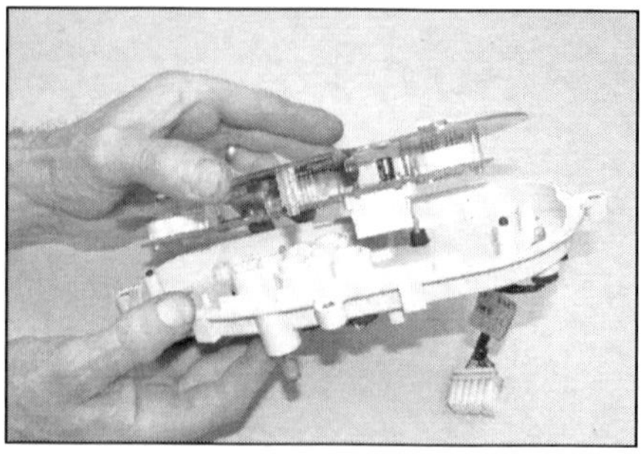

13.6g Entfernen Sie die Instrumententafel.

dungen). Lösen Sie die zwei kleinen Schrauben neben dem Tacho und dem Drehzahlmesser, und entfernen Sie die Frontplatte (siehe Abbildung). Lösen Sie die drei Schrauben an der Rückseite, und befreien Sie die Laschen am Kabelanschluss, während Sie die Instrumententafel vorsichtig vom Gehäuse abziehen, sodass die Laschen nicht wieder einrasten (siehe Abbildungen). Heben Sie die Tafel aus dem Gehäuse.

7 Der Zusammenbau entspricht der umgekehrten Zerlegungsreihenfolge.

Instrumenten- und Kontrolllampen

8 Entfernen Sie die Verkleidung (siehe Kapitel 8). Identifizieren Sie die auszutauschende Lampe, und demontieren Sie nötigenfalls den Instrumententräger, falls der Zugang zu beengt ist (siehe Schritt 2, 3 oder 4).

9 Ziehen Sie vorsichtig den entsprechenden Lampenhalter aus dem Gehäuse.

10 Entfernen Sie die Lampe, und ersetzen Sie sie durch eine neue. Stecken Sie den Lampenhalter zurück ins Gehäuse (siehe Abbildung).

11 Prüfen Sie die Funktion der Lampe, und montieren Sie die Verkleidung.

Tacho- und Drehzahlmesserwelle (Funduro- und ST-Modelle)

12 Entfernen Sie die Verkleidung (siehe Kapitel 8).

13 Lösen Sie nun am entsprechenden Instrument den Rändelring der Welle (siehe Abbildung 13.2a).

14 Falls die Tachowelle entfernt werden soll, muss sie am Antriebsgehäuse des Vorderrades befreit werden.

15 Falls die Drehzahlmesserwelle entfernt werden soll, muss sie am Motor gelöst werden.

16 Ziehen Sie die Welle unter Beachtung ihrer Verlegung heraus.

17 Der Einbau entspricht der umgekehrten Ausbaureihenfolge.

Praxis TiPP ***Um die neue Welle exakt so zu verlegen wie die alte, wird das untere Ende der neuen mit Klebeband am oberen Ende der alten gesichert und diese vorsichtig nach unten herausgezogen, sodass die neue in deren Position gebracht wird. Entfernen Sie das Klebeband, und sichern Sie die Welle am Tacho- bzw. Drehzahlmesserantrieb.***

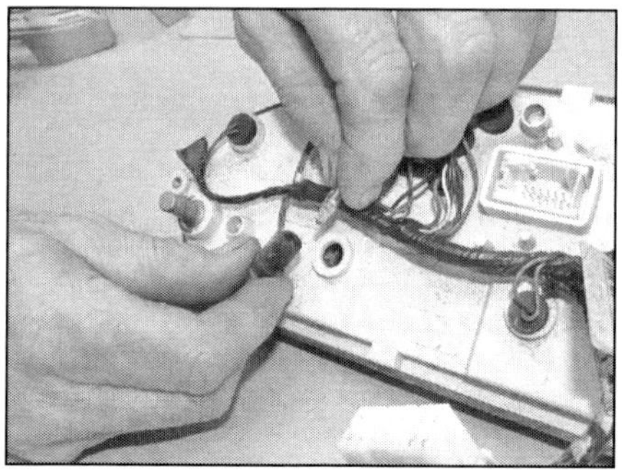

13.10 Ziehen Sie den Lampenhalter aus dem Gehäuse, und entfernen Sie die Lampe.

14 Öldruckschalter

Kontrolle

1 Der Öldruckschalter ist hinter dem Zylinder in das Motorgehäuse geschraubt. Die Öldruck-Warnlampe muss beim Einschalten der Zündung aufleuchten und kurz nach dem Starten des Motors erlöschen. Leuchtet die Warnlampe bei laufendem Motor auf, muss dieser unverzüglich abgeschaltet werden, um eine Ölstandkontrolle durchzuführen (siehe *Tägliche Kontrollen*). Wenn der Pegel korrekt ist, muss eine Öldruckkontrolle durchgeführt werden (siehe Kapitel 2, Sektion 3).

2 Leuchtet die Öldruck-Warnlampe beim Einschalten der Zündung nicht auf, muss zuerst die Lampe überprüft werden (siehe Sektion 13). Ist sie in Ordnung, müssen die Gummiabdeckung vom Schalter gezogen und der Stecker

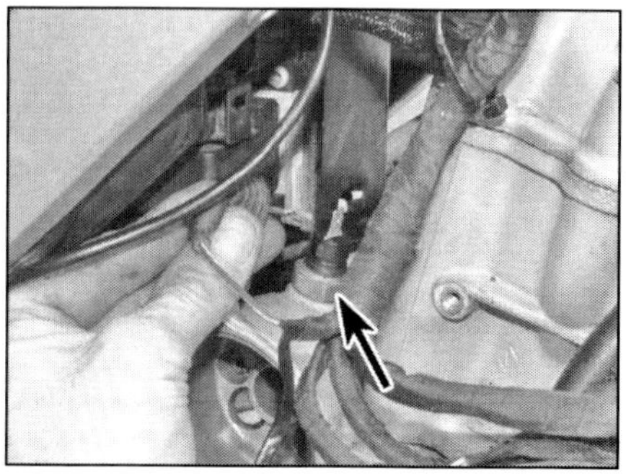

14.2 Ziehen Sie die Gummikappe zurück und den Kabelstecker vom Öldruckschalter.

getrennt werden (siehe Abbildung). Erden Sie das Kabel bei eingeschalteter Zündung gegen das Motorgehäuse, und kontrollieren Sie, ob die Warnlampe aufleuchtet. Wenn ja, ist der Schalter defekt und muss erneuert werden.
3 Leuchtet die Lampe auch bei diesem Test nicht, muss am Kabel die Spannung geprüft werden – liegt keine an, muss das Kabel zwischen dem Schalter und dem Instrument auf Durchgang überprüft werden (beachten Sie die Schaltpläne am Ende dieses Kapitels).
4 Wenn die Warnlampe bei laufendem Motor leuchtet, obwohl der Öldruck in Ordnung ist (siehe Kapitel 2), wird das Kabel vom Öldruckschalter getrennt (s.o.). Bei eingeschalteter Zündung darf das Licht nicht brennen – anderenfalls hat entweder das Kabel zwischen dem Öldruckschalter und dem Instrument irgendwo Masseschluss, oder der Schalter ist defekt und muss ausgetauscht werden.

Ausbau

5 Der Öldruckschalter ist hinter dem Zylinder in das Motorgehäuse geschraubt.
6 Ziehen Sie die Gummiabdeckung vom Schalter und trennen Sie den Stecker (siehe Abbildung 14.2).
7 Lösen Sie den Schalter, und schrauben Sie ihn aus dem Motor – die Dichtscheibe muss später erneuert werden.

Einbau

8 Reinigen Sie das Schaltergewinde und tragen Sie Loctite 243 (mittelfest) auf. Rüsten Sie den Schalter mit einer neuen Dichtscheibe aus, und ziehen Sie ihn mit 12 Nm an. Verbinden Sie den Stecker, und schieben Sie die Gummikappe auf (siehe Abbildung 14.2).
9 Starten Sie den Motor, und kontrollieren Sie die Funktion des Schalters sowie seine Dichtigkeit.

15 Zündschloss

Warnung: Um das Risiko eines Kurzschlusses zu vermeiden, muss vor jeder Zündschlosskontrolle der Masseanschluss (Minus) von der Batterie getrennt werden.

Kontrolle

1 Entfernen Sie bei Funduro- und ST-Modellen die Verkleidung (siehe Kapitel 8).
2 Entfernen Sie bei GS- und Dakar-Modellen die obere Abdeckung (siehe Kapitel 8). Befreien Sie das Anlasserrelais aus seiner Halterung, lösen Sie die Schraube der Elektrikabdeckung, und entfernen Sie diese (siehe Abbildungen 5.11a und b).
3 Entfernen Sie bei CS-Modellen das Luftfiltergehäuse (siehe Kapitel 4B).
4 Verfolgen Sie das Kabel des aus dem Zündschloss kommenden Kabel, und trennen Sie sie am Stecker.
5 An der Zündschlossseite werden jetzt mit einem Ohmmeter oder Durchgangsprüfer der Durchgang der in den Schaltplänen am Ende des Kapitels gezeigten Anschlusspaare ermittelt. Durchgang muss je nach Zündschlossstellung zwischen den im Schaltplan mit einer dicken Linie verbundenen Anschlüssen bestehen.
6 Wenn das Zündschloss bei einem dieser Tests versagt, muss es ersetzt werden.

Ausbau

Anmerkung: *Zur Diebstahlsicherung ist das Zündschloss je nach Modell mit Abscherkopf- oder Einmalschrauben gesichert, die nicht mit normalen Werkzeugen gelöst werden können. Diese Schrauben können nicht wiederverwendet werden, sodass vor Arbeitsbeginn neue beschafft sein sollten.*

7 Entfernen Sie bei Funduro- und ST-Modellen die Verkleidung (siehe Kapitel 8).
8 Entfernen Sie bei GS- und Dakar-Modellen die obere Abdeckung (siehe Kapitel 8). Befreien Sie das Anlasserrelais aus seiner Halterung, lösen Sie die Schraube der Elektrikabdeckung, und entfernen Sie diese (siehe Abbildungen 5.11a und b).
9 Entfernen Sie bei CS-Modellen das Luftfiltergehäuse (siehe Kapitel 4B).
10 Verfolgen Sie das aus dem Zündschloss kommende Kabel, und trennen Sie es am Stecker. Befreien Sie das Kabel aus allen Führungen und Klemmen, und führen Sie es zum Zündschloss zurück – merken Sie sich seine Verlegung.
11 Entfernen Sie die obere Gabelbrücke (siehe Kapitel 6, Sektion 9) – es ist nicht nötig, die Gabelrohre auszubauen. Stellen Sie bei CS-Modellen sicher, dass das Vorderrad am Boden steht und belastet ist.
12 Klemmen Sie die Gabelbrücke in einen mit weichen Backen ausgerüsteten Schraubstock, und lockern Sie die Köpfe der Zündschlossschrauben mit einem geeigneten Meißel oder Dorn, bis sie mit einer Zange ausgeschraubt werden können. Ziehen Sie dass Zündschloss aus der Gabelbrücke.

Einbau

13 Beschaffen Sie sich möglichst Scherkopfschrauben, da hierfür kein Spezialwerkzeug benötigt wird, und ziehen Sie sie an, bis die Köpfe abscheren. Wenn Einmalschrauben verwendet werden, müssen sie mit dem BMW-Spezialwerkzeug (Teilenummer 510531) mit 20 Nm angezogen werden. Achten Sie auf ein korrekt verlegtes Kabel und einen fest angeschlossenen Stecker.
14 Montieren Sie bei Funduro-, ST-, GS- und Dakar-Modellen die obere Gabelbrücke. Installieren Sie die Lenkrohrmutter, und ziehen Sie sie mit 100 Nm (Funduro- und ST-Modelle) bzw. 65 Nm (GS- und Dakar-Modelle) an. Ziehen Sie dann die Gabelbrücken-Klemmschrauben mit 25 Nm (Funduro- und ST-Modelle) bzw. 23 Nm (GS- und Dakar-Modelle) an.
15 Montieren Sie bei CS-Modellen die obere Gabelbrücke über das Lenkrohr. Drehen Sie den Einsteller ein, und ziehen Sie ihn mit 25 Nm an. Bewegen Sie die Lenkung zweimal von Anschlag zu Anschlag, damit sich die Lager setzen, lenken Sie dann ganz nach links. Lockern Sie den Einsteller jetzt um 60° (eine sechstel Umdrehung) – entweder mithilfe einer Gradscheibe oder zwei Markierungen (einer am Einsteller und einer im Winkel von 60° gegen den Uhrzeigersinn an der Gabelbrücke). Ziehen Sie die Lenkrohr-Klemmschraube und die Gabelbrücken-Klemmschrauben mit 23 Nm an. Kontrollieren Sie das Lagerspiel wie in Kapitel 1 beschrieben. Stecken Sie den Stopfen in den Einsteller.
16 Verbinden Sie den Zündschlossstecker – achten Sie auf die korrekte Verlegung des Kabels. Installieren Sie alle demontierten Komponenten.

16 Lenkerschalter

Kontrolle

1 Im Allgemeinen funktionieren die Schalter zuverlässig und problemlos. Wenn Probleme auftreten, liegt es oft an Schmutz und korrodierten Kontakten, aber auch Verschleiß und Bruch innerer Teile sind Möglichkeiten, die nicht übersehen werden dürfen.
2 Die Schalter können mit einem Ohmmeter oder einer Prüflampe auf Durchgang kontrolliert werden.
3 Entfernen Sie bei Funduro- und ST-Modellen die Verkleidung (siehe Kapitel 8).
5 Entfernen Sie bei GS- und Dakar-Modellen die obere Abdeckung (siehe Kapitel 8). Befreien Sie das Anlasserrelais aus seiner Halterung, lösen Sie die Schraube der Elektrikabdeckung, und entfernen Sie diese (siehe Abbildungen 5.11a und b).
6 Entfernen Sie bei CS-Modellen das Luftfiltergehäuse (siehe Kapitel 4B).
7 Kontrollieren Sie den Durchgang zwischen den Anschlüssen der Schalterseite bei entsprechender Schalterstellung (d.h. Schalter aus – kein Durchgang, Schalter an – Durchgang; siehe Schaltpläne am Ende des Kapitels). Durchgang muss je nach Schalterstellung zwischen den im Schaltplan mit einer dicken Linie verbundenen Anschlüssen bestehen.
8 Wenn die Durchgangsprüfung ein Problem bestätigt, muss das Schaltergehäuse vom Len-

16.8 Reinigen Sie die Schalterkontakte.

ker demontiert werden, um es innen mit Kontaktspray einzusprühen – der Schalter muss dazu nicht vollständig entfernt werden (siehe Abbildung). Falls sie zugänglich sind, können die Kontakte mit einem Messer sauber gekratzt oder feinem Sandpapier oder Stahlwolle aufpoliert werden. Wenn Schalterelemente beschädigt oder zerstört sind, wird dieses bei der Demontage offensichtlich.

Ausbau und Einbau

9 Entfernen Sie bei Funduro- und ST-Modellen die Verkleidung (siehe Kapitel 8).
10 Entfernen Sie bei GS- und Dakar-Modellen die obere Abdeckung (siehe Kapitel 8). Befreien Sie das Anlasserrelais aus seiner Halterung, lösen Sie die Schraube der Elektrikabdeckung, und entfernen Sie diese (siehe Abbildungen 5.11a und b).
11 Entfernen Sie bei CS-Modellen das Luftfiltergehäuse (siehe Kapitel 4B).
12 Verfolgen Sie das Kabel des entsprechenden Schalters, und trennen Sie seine(n) Stecker. Führen Sie die Kabel zum Schalter zurück. Befreien Sie sie dabei aus allen Führungen und Kabelbindern, und merken Sie sich seine Verlegung.
13 Lösen Sie die Lenkerschalterschrauben, und befreien Sie den Schalter vom Lenker (siehe Abbildungen).
14 Der Einbau entspricht der umgekehrten Ausbaureihenfolge.

17 Leerlaufschalter

Kontrolle

1 Der Leerlaufschalter befindet sich rechts unterhalb des Ritzel- oder Riemenraddeckels am Motorgehäuse. Der Schalter ist Teil des Sicherheitsstromkreises, der dafür sorgt, dass der Motor bei eingelegtem Gang und ausgeklapptem Seitenständer nicht läuft und nur gestartet werden kann, wenn bei eingelegtem Gang und ausgeklapptem Seitenständer die Kupplung gezogen wird. Wenn die Leerlauf-Kontrolllampe nicht leuchtet, muss zuerst die Lampe überprüft werden (siehe Sektion 13).
2 Entfernen Sie je nach Modell die Ritzel- oder Riemenradabdeckung (siehe Kapitel 7).

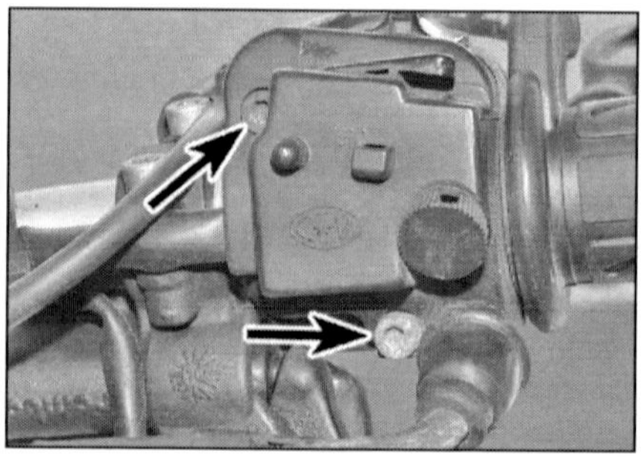

16.13a Lenkerschalter-Gehäuseschrauben – Funduro- und ST-Modelle, rechte Seite

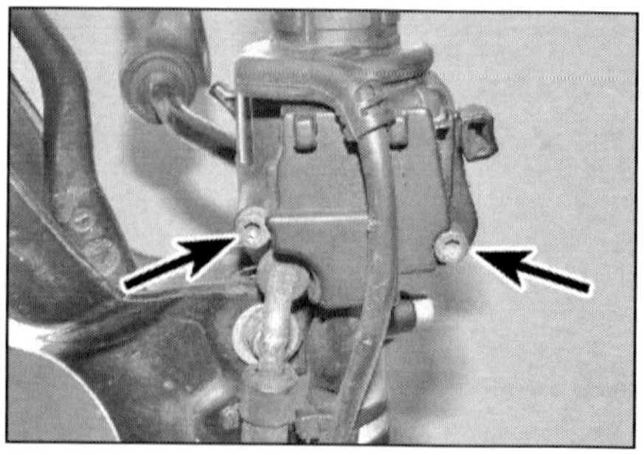

16.13b Lenkerschalter-Gehäuseschrauben – Funduro- und ST-Modelle, linke Seite

16.13c Lenkerschalter-Gehäuseschrauben – GS-, Dakar- und CS-Modelle, rechte Seite

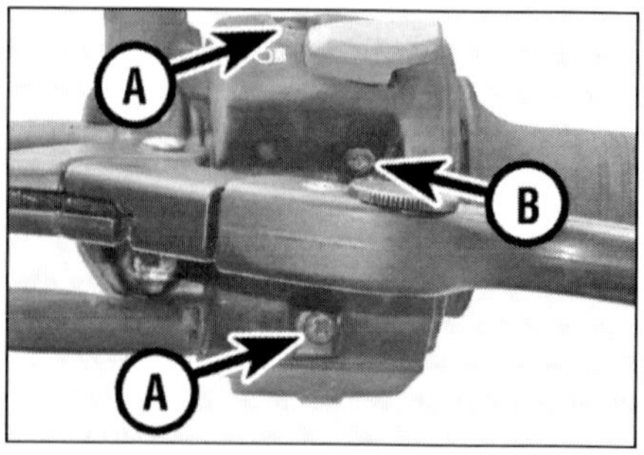

16.13d Lenkerschalter-Gehäuseschrauben – GS-, Dakar- und CS-Modelle, linke Seite

3 Schalten Sie das Getriebe in den Leerlauf. Lösen Sie die kleine Schraube in der Mitte des Schalters, und befreien Sie den Kabelanschluss (siehe Abbildung).
4 Bei getrenntem Stecker und eingeschalteter Zündung darf die Leerlauflampe nicht leuchten. Anderenfalls hat das Kabel zwischen dem Stecker und dem Instrument irgendwo Massekontakt. Halten Sie den Anschluss am Motor gegen Masse – wenn die Lampe leuchtet, ist das Kabel in Ordnung.
5 Prüfen Sie den Durchgang zwischen dem Schalterkontakt und dem Motorgehäuse. Bei im Leerlauf stehendem Getriebe muss Durchgang bestehen, bei eingelegtem Gang nicht – bei anderen Ergebnissen muss der Schalter ausgebaut werden (s.u.), damit kontrolliert werden kann, ob sein Kolben verbogen oder beschädigt ist oder im Gehäuse klemmt (siehe Abbildung). Ein defekter Leerlaufschalter muss ersetzt werden.
6 Ergibt der Test, dass der Schalter in Ordnung ist, muss bei eingeschalteter Zündung ermittelt werden, ob am Kabel Batteriespannung anliegt – falls nicht, muss die Verkabelung zwischen dem Schalter und dem Instrument untersucht werden (beachten Sie die Schaltpläne am Ende dieses Kapitels).
7 Kontrollieren Sie nötigenfalls auch die anderen Komponenten des Sicherheitsstromkreises sowie ihre Verkabelung und Stecker – dies gilt besonders für den Seitenständerschalter (siehe Sektion 18), den Kupplungsschalter (siehe Sektion 19) und das Anlasser-/Zündungs-Abschaltrelais samt der Dioden (siehe Sektion 5) – beachten Sie dazu die Schaltpläne am Ende dieses Kapitels.

Ausbau und Einbau

8 Der Leerlaufschalter befindet sich rechts unterhalb des Ritzel- oder Riemenraddeckels am Motorgehäuse – demontieren Sie zunächst die Abdeckung (siehe Kapitel 7).
9 Schalten Sie das Getriebe in den Leerlauf. Lösen Sie die kleine Schraube in der Mitte des

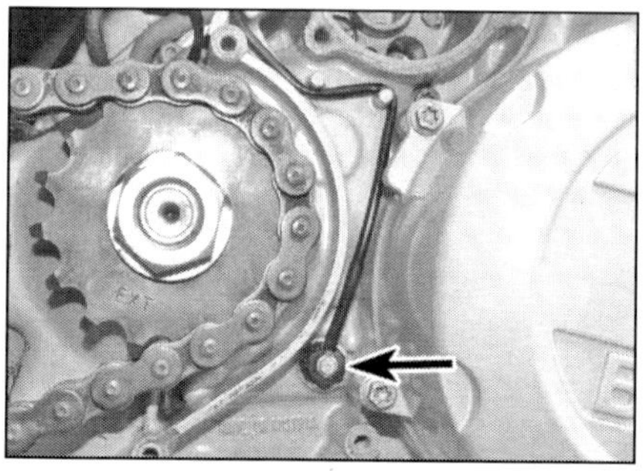

17.3 Lösen Sie die Schraube, und befreien Sie das Kabel vom Leerlaufschalter.

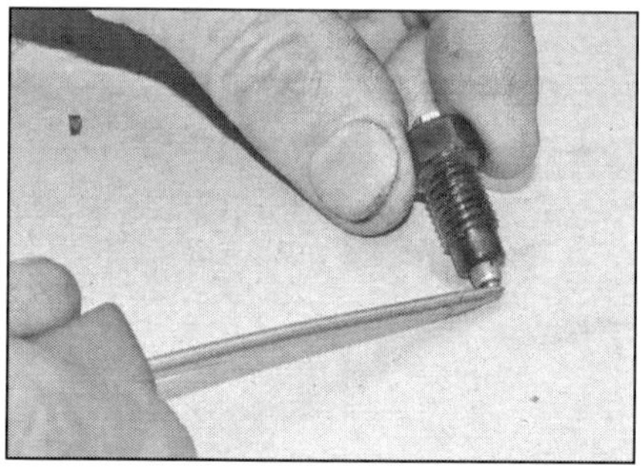

17.4 Der Stift des Schalters muss sich sanft und frei bewegen lassen.

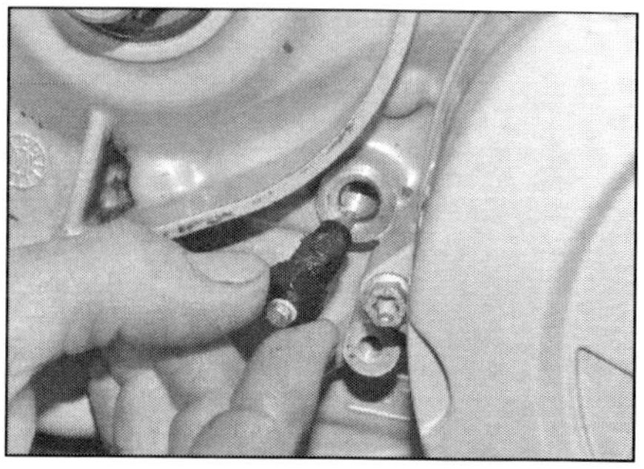

17.10 Lösen und entfernen Sie den Leerlaufschalter.

Schalters, und befreien Sie den Kabelanschluss siehe Abbildung 17.3).

10 Reinigen Sie den Bereich um den Schalter herum, und schrauben Sie ihn aus dem Motorgehäuse.

11 Reinigen Sie das Gewinde des Schalters, versehen Sie es mit Loctite 243 (mittelfest), und schrauben Sie den Schalter sorgfältig ein.

12 Verbinden Sie das Kabel, und prüfen Sie die Funktion des Schalters (S 17.3). Montieren Sie je nach Modell die Ritzel- oder Riemenradabdeckung (siehe Kapitel 7).

18 Seitenständerschalter

Kontrolle

1 Der Seitenständerschalter sitzt an der Ständerbefestigung. Der Schalter ist Teil des Sicherheitsstromkreises, der dafür sorgt, dass der Motor bei eingelegtem Gang und ausgeklapptem Seitenständer nicht läuft und nur gestartet werden kann, wenn bei eingelegtem Gang und ausgeklapptem Seitenständer die Kupplung gezogen wird.

2 Verfolgen Sie das Kabel des Schalters, und trennen Sie es am Stecker (siehe Abbildung) – entfernen Sie ggf. die Steckerabdeckung am Motor, um den Zugang zu verbessern.

3 Prüfen Sie mithilfe eines Ohmmeters oder Durchgangstesters die Funktion des Schalters. Verbinden Sie die Prüfgerätklemmen mit den Kontakten der Schalterseite. Bei eingeklapptem Ständer muss Durchgang bestehen (Null Widerstand), bei ausgeklapptem darf keiner bestehen (unendlicher Widerstand).

4 Bei anderen Ergebnissen ist der Schalter defekt und muss ersetzt werden.

5 Wenn der Schalter in Ordnung ist, müssen die anderen Komponenten des Sicherheitsstromkreises sowie ihre Verkabelung und Stecker überprüft werden – dies gilt besonders für den Leerlaufschalter (siehe Sektion 17), den Kupplungsschalter (siehe Sektion 19) und das Anlasser-/Zündungs-Abschaltrelais samt der Dioden (siehe Sektion 5) – beachten Sie dazu die Schaltpläne am Ende dieses Kapitels.

Ersetzen

6 Der Seitenständerschalter sitzt an Ständerbefestigung. Verfolgen Sie das Kabel des Schalters, und trennen Sie es am Stecker (siehe Abbildung 18.2) – entfernen Sie ggf. die Steckerabdeckung am Motor, um den Zugang zu verbessern. Drehen Sie bei GS- und Dakar-Modellen den Steckerhalter eine viertel Umdrehung nach links, um sie aus dem Rahmen zu befreien. Führen Sie das Kabel zum Schalter zurück. Befreien Sie es aus allen Klemmen und Kabelbindern – merken Sie sich die Verlegung.

7 Lösen Sie den Sprengring des Schalters, und entfernen Sie die Scheibe und den Schalter unter Beachtung der Einbauposition (siehe Abbildungen).

8 Montieren Sie den korrekt ausgerichteten (neuen) Schalter.

9 Führen Sie das Kabel zum Stecker – achten Sie auf eine korrekte Verlegung –, und sichern Sie es mit den Klemmen bzw. neuen Kabelbindern.

10 Verbinden Sie die Stecker, und prüfen Sie die Funktion des Schalters.

19 Kupplungsschalter

Kontrolle

1 Der Kupplungsschalter befindet sich unten am Kupplungshebelhalter (siehe Abbildung 19.9). Der Schalter ist Teil des Sicherheitsstromkreises, der dafür sorgt, dass der Motor bei eingelegtem Gang und ausgeklapptem Seitenständer nicht läuft und nur gestartet werden kann, wenn bei eingelegtem Gang und ausgeklapptem Seitenständer die Kupplung gezogen wird. Der Schalter ist nicht einstellbar.

2 Entfernen Sie bei Funduro- und ST-Modellen die Verkleidung (siehe Kapitel 8).

3 Entfernen Sie bei GS- und Dakar-Modellen die obere Abdeckung (siehe Kapitel 8). Befreien Sie das Anlasserrelais aus seiner Halterung, lösen Sie die Schraube der Elektrikabdeckung, und entfernen Sie diese (siehe Abbildungen 5.11a und b).

4 Entfernen Sie bei CS-Modellen das Luftfiltergehäuse (siehe Kapitel 4B).

5 Verfolgen Sie das Kabel des Schalters und trennen Sie seinen Stecker.

6 Verbinden Sie die Klemmen des Ohmmeters oder Durchgangsprüfers mit den beiden Anschlüssen des Schalters. Bei gezogenem Kupplungshebel muss Durchgang (kein Widerstand), beim Loslassen Unterbrechung (unendlicher Widerstand) festgestellt werden.

7 Wenn der Schalter in Ordnung ist, muss die Verkabelung des Stromkreises untersucht werden (siehe Schaltpläne am Ende des Kapitels).

8 Sind der Schalter und seine Kabel in Ordnung, müssen die anderen Komponenten des Sicherheitsstromkreises sowie ihre Verkabelung und Stecker kontrolliert werden – dies gilt besonders für den Leerlaufschalter (siehe Sektion 17), den Seitenständerschalter (siehe Sektion 18) und das Anlasser/Zündungs-Abschaltrelais samt der Dioden (siehe Sektion 5) – beachten Sie die Schaltpläne am Ende dieses Kapitels.

Ausbau und Einbau

9 Der Kupplungsschalter befindet sich unten am Kupplungshebelhalter (siehe Abbildung).

10 Entfernen Sie bei Funduro- und ST-Modellen die Verkleidung (siehe Kapitel 8).

18.2 Stecker des Seitenständerschalters – GS- und Dakar-Modelle

18.7a Entfernen Sie den Sprengring ...

18.7b ... und die Scheibe, ...

18.7c ... und heben Sie den Schalter vom Zapfen.

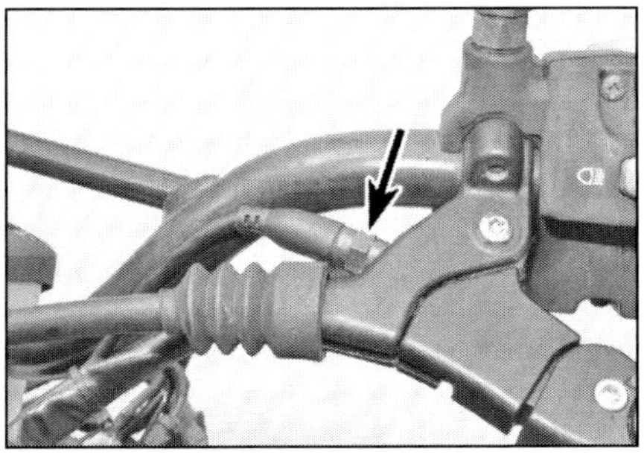

19.9 Kupplungsschalter

11 Entfernen Sie bei GS- und Dakar-Modellen die obere Abdeckung (siehe Kapitel 8). Befreien Sie das Anlasserrelais aus seiner Halterung, lösen Sie die Schraube der Elektrikabdeckung, und entfernen Sie diese (siehe Abbildungen 5.11a und b).

12 Entfernen Sie bei CS-Modellen das Luftfiltergehäuse (siehe Kapitel 4B).

13 Verfolgen Sie das Kabel des Schalters und trennen Sie seinen Stecker. Führen Sie das Kabel zum Schalter zurück, befreien Sie es dabei aus allen Klemmen und Kabelbindern.

14 Schrauben Sie den Schalter aus dem Hebelhalter.

15 Der Einbau entspricht der umgekehrten Ausbaureihenfolge.

20 Hupe

Kontrolle

1 Überprüfen Sie zuerst die Sicherung (siehe Sektion 5).

2 Die Hupe sitzt an der unteren Gabelbrücke – demontieren Sie bei GS- und Dakar-Modellen den oberen Kotflügel (siehe Kapitel 8). Trennen Sie den/die Hupenstecker (siehe Abbildungen) – die Kontakte müssen sauber und frei von Rost sein. Verbinden Sie die Hupe mithilfe zweier Überbrückungskabel direkt mit der Batterie – wenn sie immer noch nicht funktioniert, muss sie ersetzt werden (siehe unten).

3 Wenn die direkt mit der Batterie verbundene Hupe funktioniert, muss der Hupenstromkreis samt aller Anschlüsse überprüft werden (beachten Sie dazu die Hinweise in Sektion 2 und die Schaltpläne am Ende des Kapitels). Sind alle Kabel und Anschlüsse in Ordnung, muss der Kontakt des Hupenknopfes im Schaltergehäuse überprüft werden (siehe Sektion 16).

Ersetzen

4 Die Hupe sitzt an der unteren Gabelbrücke – demontieren Sie bei GS- und Dakar-Modellen den oberen Kotflügel (siehe Kapitel 8).

5 Trennen Sie den/die Hupenstecker (siehe Abbildungen 20.2a, b oder c). Lösen Sie die Halterschraube, und entfernen Sie die Hupe.

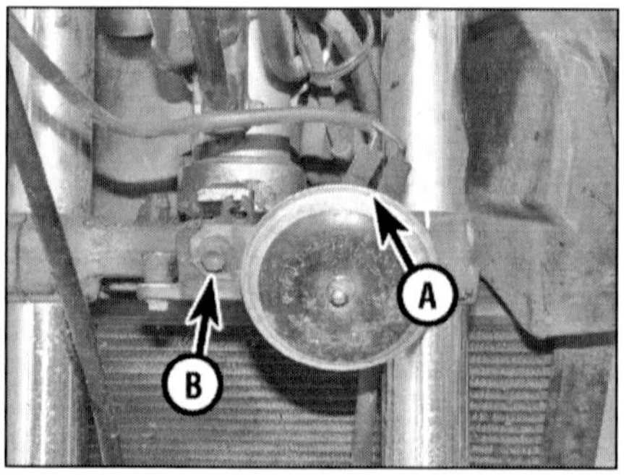

20.2a Hupenstecker (A) und Befestigungsschraube (B) – Funduro-Modelle

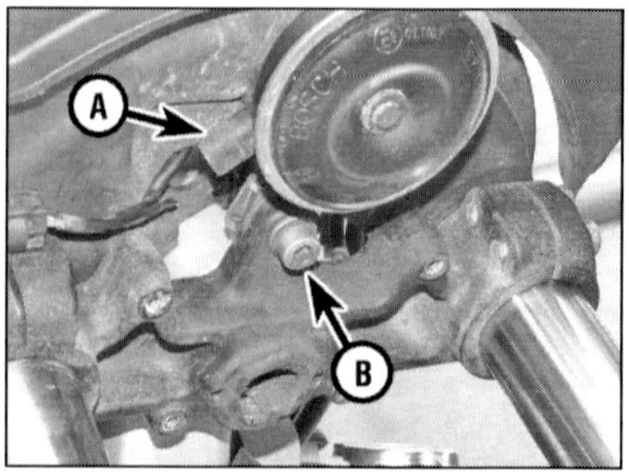

20.2b Hupenstecker (A) und Befestigungsschraube (B) – GS- und Dakar-Modelle

20.2c Hupenstecker – CS-Modelle

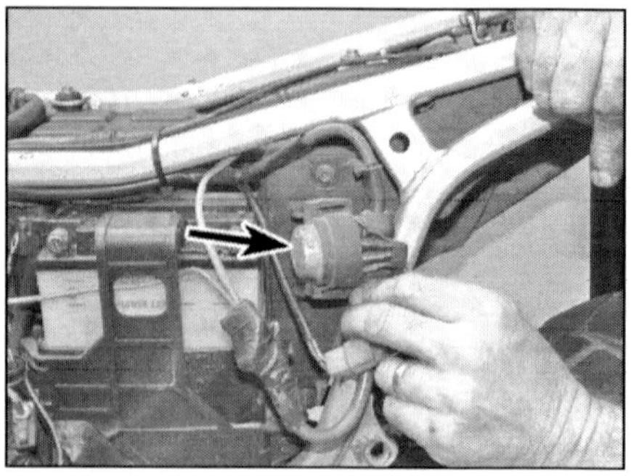

21.4a Anlasserrelais – Funduro- und ST-Modelle

6 Bauen Sie die Hupe an, und ziehen Sie die Schraube sorgfältig an. Verbinden Sie den/die Kabelstecker, und prüfen Sie die Funktion der Hupe.

21 Anlasserrelais

Kontrolle

1 Entfernen Sie bei Funduro- und ST-Modellen den linken Seitendeckel (siehe Kapitel 8).

2 Entfernen Sie bei GS- und Dakar-Modellen die obere Abdeckung (siehe Kapitel 8).

3 Entfernen Sie bei CS-Modellen das rechte vordere Verkleidungsteil (siehe Kapitel 8).

4 Befreien Sie das Relais aus seiner Halterung (siehe Abbildungen). Heben Sie ggf. die Gummiabdeckung an, und lösen Sie die Mutter des Anlasserkabels (siehe Abbildung) – positionieren Sie das Kabel in ausreichendem Abstand zum Relaiskontakt. Bei eingeschalteter Zündung, eingelegtem Leerlauf und Killschalter auf »RUN« wird der Startknopf gedrückt – im Relais muss ein Klicken zu hören sein.

5 War kein Klicken zu hören, wird die Zündung wieder ausgeschaltet und das Relais ausgebaut (siehe unten), um es wie folgt zu testen.

6 Verbinden Sie ein auf den Messbereich Ohm x 1 gestelltes Multimeter mit dem Anlasser- und dem Batterieschraubanschluss des Relais – es darf kein Durchgang festgestellt werden (unendlicher Widerstand). Jetzt wird eine voll geladene 12-Volt-Batterie mithilfe von Überbrückungskabeln an die kleinen Anschlüsse des Relais geklemmt – im Relais muss ein Klicken zu hören sein und das Multimeter 0 Ohm (vollen Durchgang) anzeigen. Wenn dies der

21.4b Anlasserrelais – GS- und Dakar-Modelle

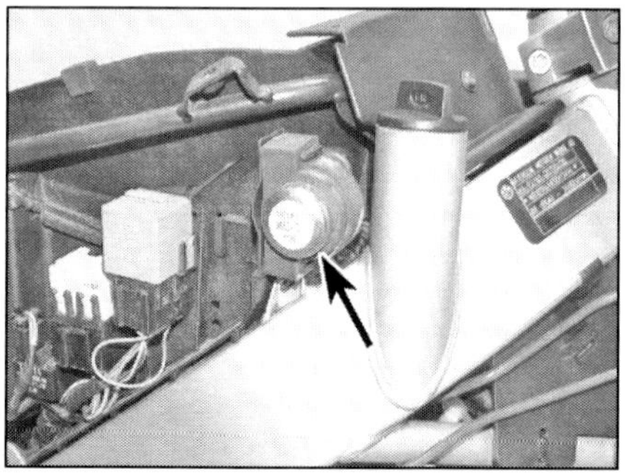

21.4c Anlasserrelais – CS-Modelle

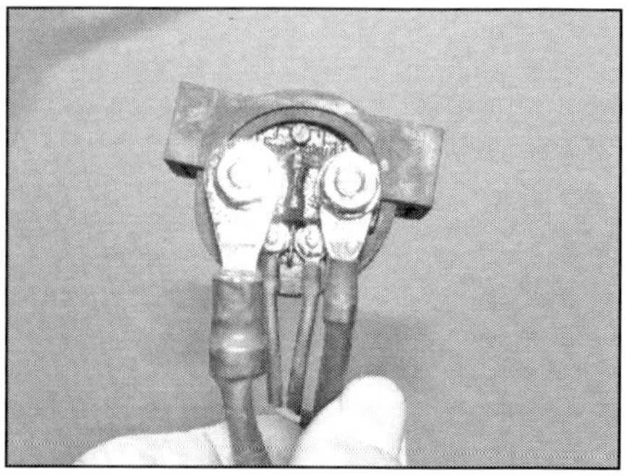

21.4d Befreien Sie das Anlasserrelais, um Zugang zu den Anschlüssen zu erhalten.

22.2 Ziehen Sie die Abdeckung zurück, lösen Sie die Schraube, und nehmen Sie das Anschlusskabel beiseite.

22.3a Lösen Sie die beiden Befestigungsschrauben, ...

Fall ist, hat sich das Relais als funktionstüchtig erwiesen. Wenn das Relais bei angelegter Batteriespannung nicht klickt und kein Durchgang (unendlichen Widerstand) angezeigt wird, muss es ersetzt werden.

7 Wenn das Relais in Ordnung ist, müssen die dicken von der Batterie kommenden und zum Anlasser führenden Kabel überprüft werden – besonders ihre Anschlüssen müssen fest sitzen und frei von Rost sein.

8 Kontrollieren Sie als Nächstes die Kabel und Anschlüsse des Stromkreises zum Relais – beachten Sie die Hinweise in Sektion 2 und die Schaltpläne am Ende dieses Kapitels.

Ersetzen

9 Entfernen Sie bei Funduro- und ST-Modellen den linken Seitendeckel (siehe Kapitel 8).

10 Entfernen Sie bei GS- und Dakar-Modellen die obere Abdeckung (siehe Kapitel 8).

11 Entfernen Sie bei CS-Modellen das rechte vordere Verkleidungsteil (siehe Kapitel 8).

12 Trennen Sie zuerst den Masseanschluss (–) und dann das Stromkabel (+) von der Batterie.

13 Befreien Sie das Relais aus der Halterung (siehe Abbildungen 21.4a, b, c oder d). Notieren Sie, welches Kabel an welchen Anschluss kommt. Heben Sie ggf. die Gummiabdeckungen ab, lösen Sie die Mutter des Batterie- und des Anlasserkabels, und trennen Sie die Kabel (siehe Abbildung 21.4d). Lösen Sie die Muttern der dünnen Kabel, und trennen Sie diese. Entfernen Sie das Relais aus der Gummihalterung.

14 Der Einbau entspricht der umgekehrten Ausbaureihenfolge. Ziehen Sie die Anschlussmuttern sorgfältig an. Verbinden Sie zuerst den Strom- (+) und dann den Masseanschluss (–) mit der Batterie.

22 Anlassermotor
Ausbau und Einbau

Ausbau

1 Der Anlasser sitzt vorne am Motor. Trennen Sie das Massekabel (–) der Batterie (Sektion 3). Entfernen Sie bei Funduro- und ST-Modellen die rechte Motorabdeckung (siehe Kapitel 8).

2 Ziehen Sie die Gummiabdeckung vom Anlasser zurück (siehe Abbildung). Lösen Sie die Mutter, die das Kabel am Anlasser sichert, und nehmen Sie es ab.

3 Lösen Sie die beiden Schrauben, die den Anlasser am Motorgehäuse halten, ziehen Sie den Anlasser aus dem Motorgehäuse, und entfernen Sie ihn (siehe Abbildungen) – falls er fest sitzt, kann er vorsichtig mit einem Schraubendreher abgehebelt werden.

4 Entfernen Sie den O-Ring vom Ende des Anlassers – beim Einbau wird auf jeden Fall ein neuer benötigt.

Einbau

5 Rüsten Sie den Anlasser am Flansch mit einem neuen mit Öl geschmierten O-Ring aus, und gehen Sie sicher, dass er in seiner Nut liegt (siehe Abbildung). Die Unterseiten der Anlasserbefestigungslaschen und ihre Kontaktflächen am Motorgehäuse müssen sauber sein.

6 Bringen Sie den Anlasser in Position, und schieben Sie ihn in das Motorgehäuse (siehe Abbildung 22.3b). Stellen Sie sicher, dass die Anlasserverzahnung in das Untersetzungszahnrad greift. Installieren Sie die Befestigungsschrauben, und ziehen Sie sie mit 10 Nm an (siehe Abbildung 22.3a).

7 Verbinden Sie das Anlasserkabel mit dem Anlasser, und sichern Sie es mit der Mutter (siehe Abbildung 22.2). Schieben Sie die Gummiabdeckung über den Anschluss.

8 Verbinden Sie den Masseanschluss (–) mit der Batterie (siehe Sektion 3).

23 Anlassermotor
Überholung

Kontrolle

1 Bauen Sie den Anlasser aus (Sektion 22). Umwickeln Sie ihn mit Lappen, und klemmen Sie ihn in einen mit weichen Backen ausgerüsteten Schraubstock – ziehen Sie diesen nicht zu fest.

2 Verbinden Sie den Pluspol einer geladenen 12-Volt-Batterie mithilfe eines Überbrückungskabels mit dem aus der hinteren Abdeckung ragenden Schraubengewinde und den Minuspol mit einer seiner Befestigungslaschen – jetzt muss der Anlasser arbeiten. Läuft der Anlasser nicht oder hat er beim Starten des Motors Schwierigkeiten, muss er zerlegt und genauer untersucht werden.

22.3b ... und ziehen Sie den Anlasser aus dem Motorgehäuse.

22.5 Rüsten Sie den Anlasser mit einem neuen, geschmierten O-Ring aus.

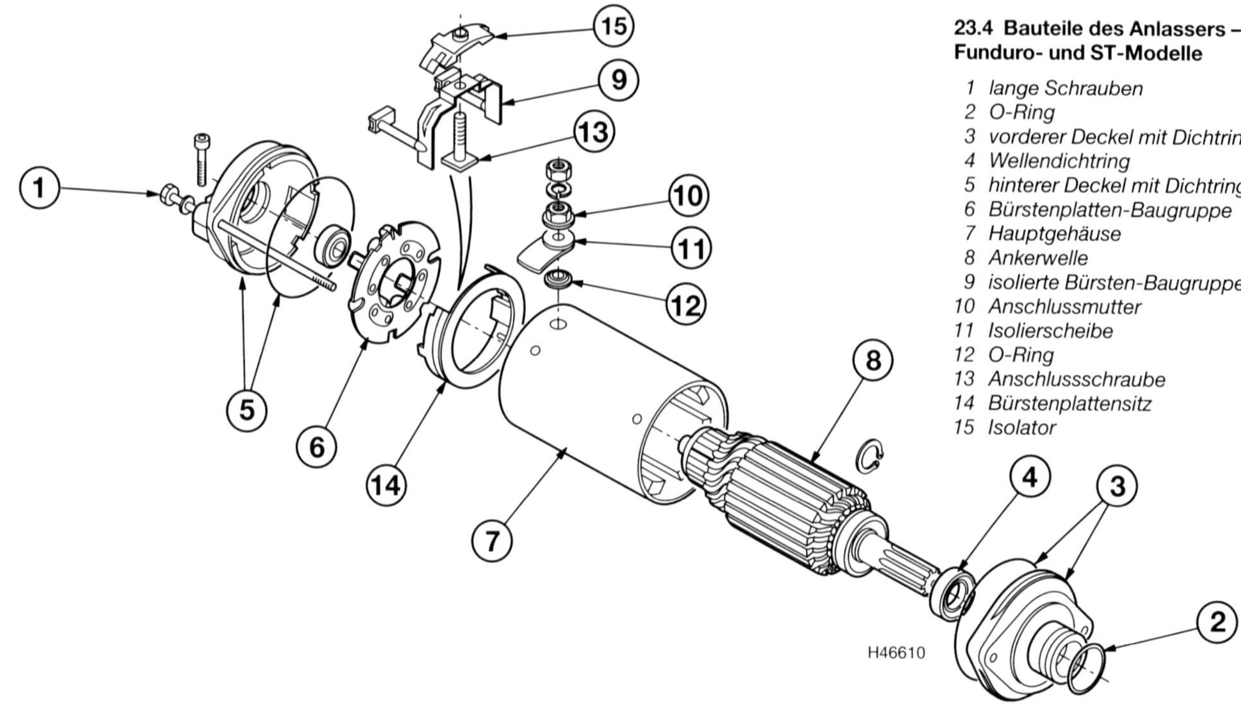

23.4 Bauteile des Anlassers – Funduro- und ST-Modelle

1 lange Schrauben
2 O-Ring
3 vorderer Deckel mit Dichtring
4 Wellendichtring
5 hinterer Deckel mit Dichtring
6 Bürstenplatten-Baugruppe
7 Hauptgehäuse
8 Ankerwelle
9 isolierte Bürsten-Baugruppe
10 Anschlussmutter
11 Isolierscheibe
12 O-Ring
13 Anschlussschraube
14 Bürstenplattensitz
15 Isolator

Funduro- und ST-Modelle

Zerlegen

3 Bauen Sie den Anlasser aus (Sektion 22).

4 Beachten Sie die Markierungen an den Übergängen zwischen Hauptgehäuse und dem vorderen und hinteren Deckel, die bei der Montage wieder fluchten müssen. Falls sie schwierig zu erkennen sind, müssen neue angebracht werden (siehe Abbildung).

5 Lösen und entfernen Sie die beiden langen Schrauben aus dem Anlasser.

6 Entfernen Sie den vorderen Anlasserdeckel. Beachten Sie seinen Dichtring, und ersetzen Sie ihn nötigenfalls.

7 Entfernen Sie den hinteren Anlasserdeckel. Beachten Sie seinen Dichtring, und ersetzen Sie ihn nötigenfalls.

8 Ziehen Sie die Ankerwelle aus dem Hauptgehäuse – beachten Sie, dass es von den darin sitzenden Magneten zurückgehalten wird.

9 Ziehen Sie die Bürsten samt der isolierten Kabel aus ihren Gehäusen. Entfernen Sie die Bürstenplatte unter Beachtung ihrer Position vom Hauptgehäuse.

10 Lösen Sie die Anschlussmutter, und entfernen Sie die Isolierscheibe sowie den O-Ring – beachten Sie deren Positionen. Ziehen Sie die Anschlussschraube heraus, und entfernen Sie die isolierte Bürsten-Baugruppe aus dem Bürstenplattensitz – beachten Sie die Einbaulage. Entfernen Sie den Isolator und den Bürstenplattensitz. Kontrollieren Sie den Anschlussschrauben-O-Ring, und ersetzen Sie ihn nötigenfalls.

GS-, Dakar- und CS-Modelle

Zerlegen

11 Bauen Sie den Anlasser aus (Sektion 22).

12 Beachten Sie die Markierungen an den Übergängen zwischen Hauptgehäuse und dem vorderen und hinteren Deckel, die bei der Montage wieder fluchten müssen. Falls sie schwierig zu erkennen sind, müssen neue angebracht werden (siehe Abbildung).

13 Lösen und entfernen Sie die beiden langen Schrauben, und entfernen Sie den vorderen Anlasserdeckel (siehe Abbildungen). Beachten Sie seinen Dichtring, und ersetzen Sie ihn nötigenfalls.

14 Entfernen Sie den hinteren Anlasserdeckel (siehe Abbildung) – die Bürstenplatte wird mit ihm zusammen heraus kommen. Entfernen Sie die Distanzscheiben von der Ankerwelle oder aus dem Deckel (siehe Abbildung 23.33b). Lösen Sie die Mutter der Anschlussschraube, und entfernen Sie den äußeren Isolator (siehe Abbildung 23.36c). Entfernen Sie die Bürstenplatte und die Anschlussschraube aus dem hinteren Anlasserdeckel (siehe Abbildung) sowie den O-Ring und den inneren Isolator von der Schraube.

23.12 Beachten Sie die Ausrichtung der Vertiefung zur hinteren Abdeckung.

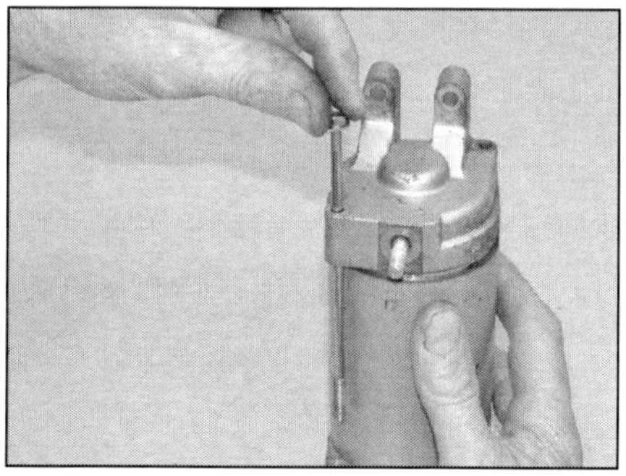

23.13a Lösen und entfernen Sie die beiden Schrauben, ...

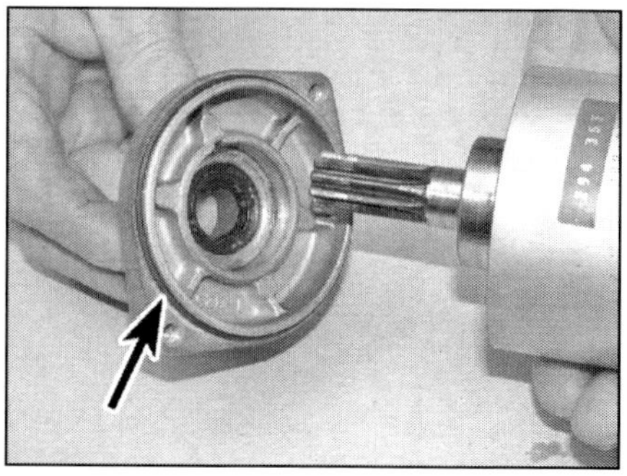

23.13b ... um den hinteren Deckel samt Dichtring zu entfernen.

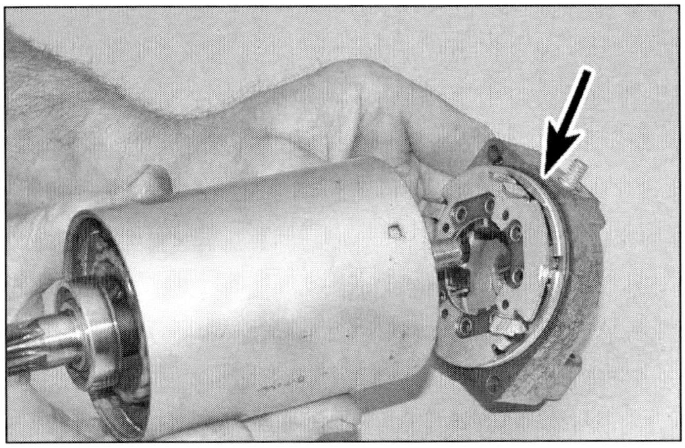

23.14a Entfernen Sie die hintere Abdeckung samt Bürstenplatten-Baugruppe, beachten Sie den Dichtring.

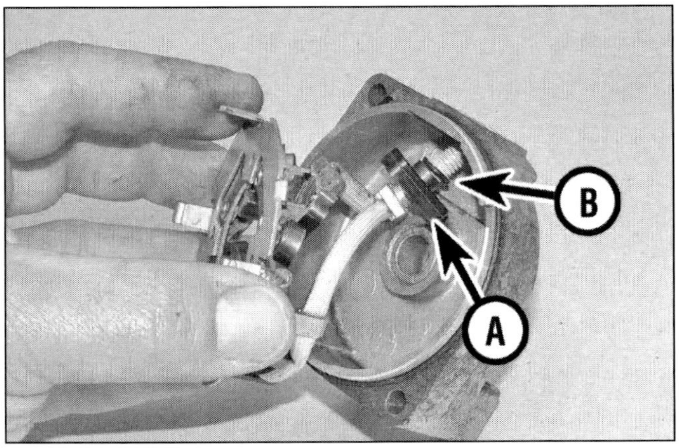

23.14b Entfernen Sie die Bürstenplatte – beachten Sie den Isolator (A) und den O-Ring (B) an der Anschlussschraube.

15 Ziehen Sie die Ankerwelle aus dem Hauptgehäuse – beachten Sie, dass es von den darin sitzenden Magneten zurückgehalten wird.

Inspektion

Anmerkung: *Für die Anlasser von Funduro- und ST-Modellen sind alle Teile als Ersatzteil lieferbar; für die Anlasser von GS-, Dakar- und ST-Modellen sind lediglich ein Bürstenset und die Gehäusedichtringe lieferbar – wenn irgendetwas anderes beschädigt oder verschlissen ist, muss der gesamte Anlasser ersetzt werden.*

16 Die Teile, denen am meisten Aufmerksamkeit geschenkt werden muss, sind die Kohlebürsten. Im Neuzustand sind sie etwa 12 mm lang. Wenn sie nur noch ca. 6 mm lang sind, gerissen, gebrochen oder anderweitig beschädigt sind, muss ein neues Bürsten-Set installiert werden (siehe Abbildung).

17 Inspizieren Sie die Kollektor-Lamellen der Ankerwelle auf Kerben, Kratzer und Verfärbung (siehe Abbildung). Der isolierende Glimmer zwischen den Lamellen muss etwa 0,5 mm tiefer liegen – bringen Sie ihn nötigenfalls mithilfe einer geeigneten Feile auf diese Höhe (siehe Abbildung). Der Kollektor kann vorsichtig mit Schmirgelleinen gereinigt werden, darf aber nicht mit Schleifpapier bearbeitet werden. Wischen Sie alle Rückstände mit einem mit Spiritus getränkten Lappen ab.

18 Mithilfe eines Ohmmeters oder eines Durchgangsprüfers wird zwischen den Kollektorlamellen der Widerstand gemessen (siehe Abbildung) – innerhalb des Kollektors muss Durchgang bestehen. Messen Sie den Widerstand zwischen den Lamellen und der Ankerwelle (siehe Abbildung) – hier darf kein Durchgang bestehen (unendlicher Widerstand). Bei anderen Ergebnissen ist die Ankerwelle defekt.

19 Kontrollieren Sie das vorne auf der Ankerwelle sitzende Anlasserzahnrad auf ausgebrochene Zähne oder übermäßiger Verschleiß.

20 Inspizieren Sie die beiden Deckel auf Risse oder Verschleiß. Kontrollieren Sie den Dichtring im vorderen Deckel, das auf der Ankerwelle sitzende Kugellager sowie die Buchse im

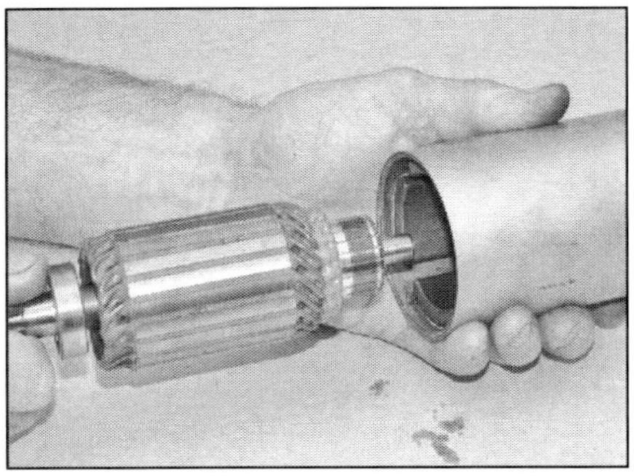

23.15 Ziehen Sie die Ankerwelle aus dem Gehäuse.

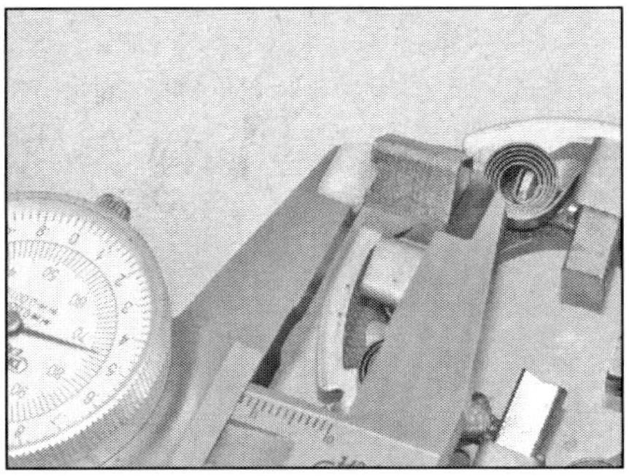

23.16 Messen Sie die Länge beider Bürsten.

23.17a Kontrollieren Sie die Lamellen ...

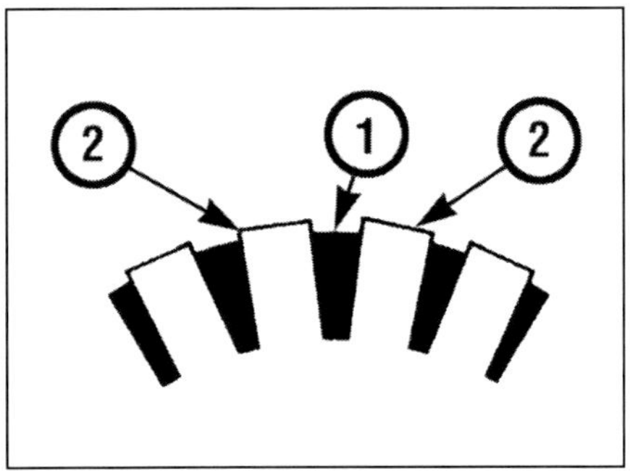

23.17b ... und die Höhe des Glimmers (1) zwischen den Lamellen (2).

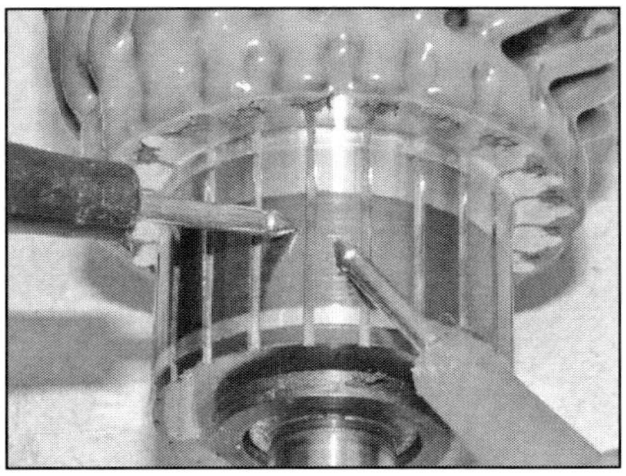

23.18a Zwischen den Lamellen muss Durchgang bestehen.

23.18b Zwischen den Lamellen und der Welle darf kein Durchgang bestehen.

23.20a Inspizieren Sie den Dichtring in der vorderen Abdeckung, ...

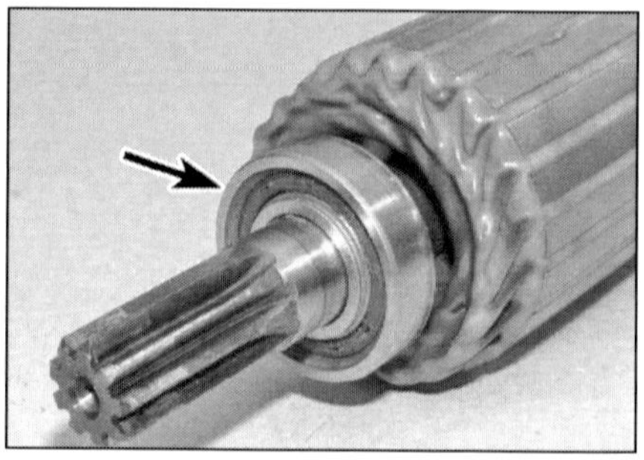

23.20b ... das Kugellager auf der Welle ...

23.20c ... und die Buchse in der hinteren Abdeckung.

hinteren Deckel auf Verschleiß und Schäden (siehe Abbildungen) – zwar sind bei GS-, Dakar- und ST-Modellen diese Teile nicht von BMW lieferbar, doch handelt es sich um Normteile, die im Fachhandel erhältlich sein sollten. Notieren Sie vor der Beschaffung die darauf markierten Größen.

21 Begutachten Sie die Magneten im Hauptgehäuse und das Gehäuse selbst auf Risse.

22 Kontrollieren Sie Dicht- und O-Ringe auf Schäden. Ersetzen Sie schadhafte Teile ggf.

Funduro- und ST-Modelle

Zusammenbau

23 Installieren Sie den Bürstenplattensitz und den Isolator in das Hauptgehäuse (siehe Abbildung 23.4). Richten Sie die Arme der isolierten Bürsten-Baugruppe im Bürstenplattensitz aus. Stecken Sie die Anschlussschraube ein, installieren Sie den (neuen) O-Ring, die Isolierscheibe und Mutter, und ziehen Sie diese sorgfältig an.

24 Platzieren Sie die Bürstenfederenden oben auf die Bürstengehäuse – so bleiben die Bürsten nicht am Kollektor hängen, wenn die Ankerwelle eingeschoben wird. Setzen Sie die Bürstenplatten-Baugruppe an das Hauptgehäuse. Richten Sie dabei die isolierten Bürstenkabel zu den Ausschnitten aus, und stellen Sie sicher, dass die Lasche der Platte in den Ausschnitt des Gehäuses greift.

25 Installieren Sie die isolierten Bürsten in ihre Gehäuse, und schieben Sie sie in Position.

26 Schieben Sie die Ankerwelle in das Hauptgehäuse – sie wird dabei von den Magneten hineingezogen. Richten Sie die Bürstenfedern über den Bürsten aus – diese müssen dabei gegen den Kollektor drücken und sich frei in ihren Gehäusen bewegen lassen.

27 Der Dichtring des hinteren Anlasserdeckels muss in Position sein, dann wird der Deckel auf das Gehäuse gesetzt und seine Markierungen ausgerichtet. Die Lasche des Gehäuses muss dabei in den Deckelausschnitt greifen.

28 Der Dichtring des vorderen Anlasserdeckels muss in Position sein, dann wird die Lippe des Dichtrings mit etwas Fett geschmiert. Installieren Sie den Deckel, und richten Sie die Markierungen zum Hauptgehäuse aus.

29 Prüfen Sie, ob alle Markierungen korrekt fluchten, installieren Sie die langen Schrauben, und ziehen Sie sie sorgfältig an.

30 Installieren Sie den Anlasser (Sektion 22).

GS-, Dakar- und CS-Modelle

Zusammenbau

31 Schieben Sie vorsichtig die Ankerwelle in das Hauptgehäuse – beachten Sie, dass sie von den Magneten angezogen wird (siehe Abbildung 23.25).

32 Drücken Sie die Bürsten in ihre Gehäuse, und heben Sie die Bürstenfederenden oben auf den Bürstengehäusen – so bleiben die Bürsten nicht am Kollektor hängen, wenn die Bürstenplatte über die Ankerwelle geschoben wird (siehe Abbildung). Installieren Sie die Bürstenplatten-Baugruppe über den Kollektor. Richten Sie die Laschen um der Vertiefung des Gehäuses aus (siehe Abbildungen) und die Bürstenfederenden über den Vertiefungen ihrer Bürste (siehe Abbildung). Prüfen Sie, ob die Bürsten gegen den Kollektor drücken und sich frei in ihren Gehäusen bewegen lassen.

33 Legen Sie das innere Isolierstück über die Anschlussschraube (siehe Abbildung), und schieben Sie die Distanzscheiben auf die Ankerwelle (siehe Abbildung).

34 Der Dichtring des hinteren Anlasserdeckels muss in Position sein, dann wird die Buchse mit etwas Fett versehen (siehe Abbildung). Setzen

23.32a Positionieren Sie die Federenden wie gezeigt.

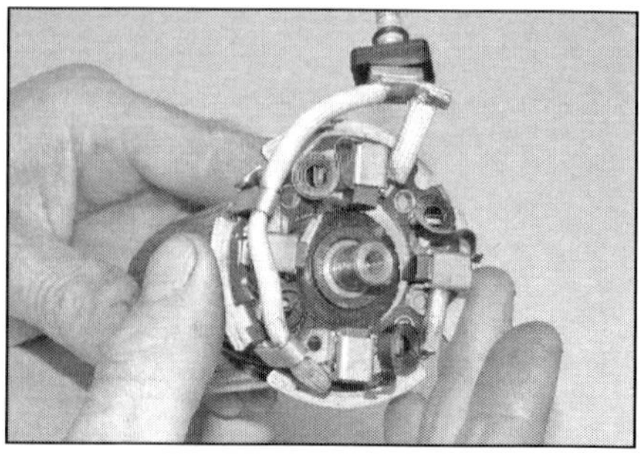

23.32b Schieben Sie die Bürstenplatte auf den Kollektor, ...

23.32c ... und richten Sie dessen Laschen zur Vertiefung aus.

23.32d Richten Sie die Federenden über den Bürsten aus.

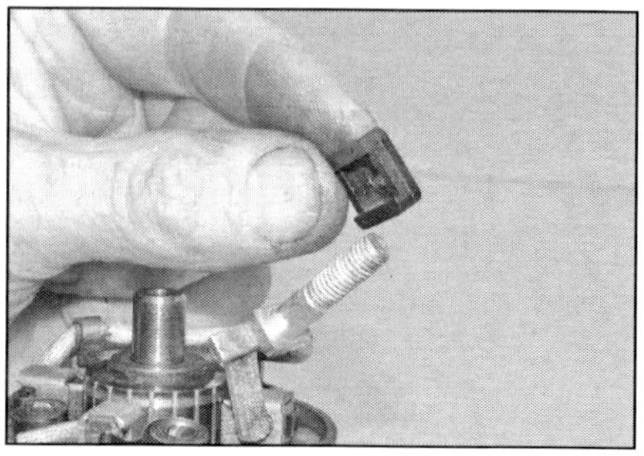

23.33a Schieben Sie das Isolierstück mit dem Ausschnitt nach unten auf die Anschlussschraube.

9

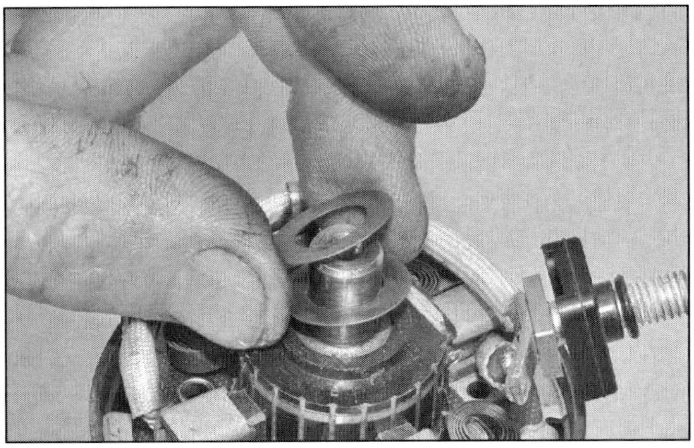

23.33b Rüsten Sie die Ankerwelle mit der/den Distanzscheibe(n) aus.

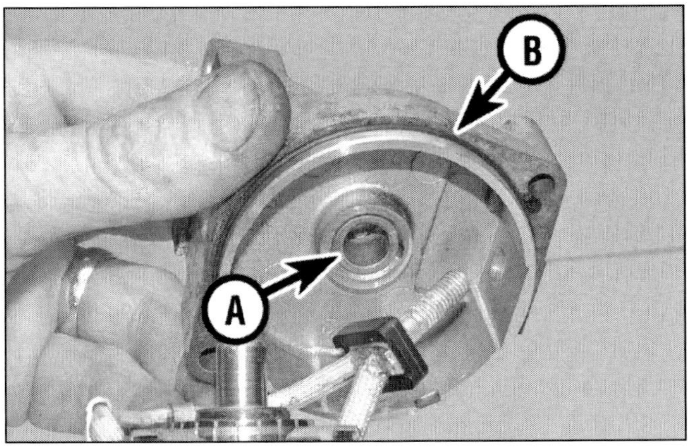

23.34 Fetten Sie die Buchse (A), rüsten Sie den Deckel mit dem Dichtring (B) aus, und installieren Sie ihn.

23.36a Schieben Sie den O-Ring so auf die Schraube, ...

23.36b ... dass er wie gezeigt liegt.

23.36c Legen Sie die äußere Isolierscheibe (Pfeil) auf, und installieren Sie die Mutter.

Sie den Deckel auf das Gehäuse, stecken Sie die Anschlussschraube durch die Bohrung, und richten Sie die Vertiefung des Gehäuses zur Bohrung aus.

35 Schmieren Sie die Lippe des Dichtrings im vorderen Deckel mit etwas Fett (siehe Abbildung 23.20a). Sichergehend, dass der Dichtring in Position sitzt, wird der Deckel vorne auf das Gehäuse geschoben – richten Sie die Schraubenbohrungen zu denen des hinteren Deckels aus (siehe Abbildung 23.13b). Installieren Sie die langen Schrauben, und ziehen Sie sie sorgfältig an (siehe Abbildung 23.13a).

36 Schieben Sie vorsichtig den O-Ring über die Anschlussschraube, sodass er zwischen der Schraube und dem hinteren Deckel sitzt (siehe Abbildung). Installieren Sie den äußeren Isolator, und ziehen Sie die Mutter sorgfältig an (siehe Abbildung).

37 Installieren Sie den Anlasser (Sektion 22).

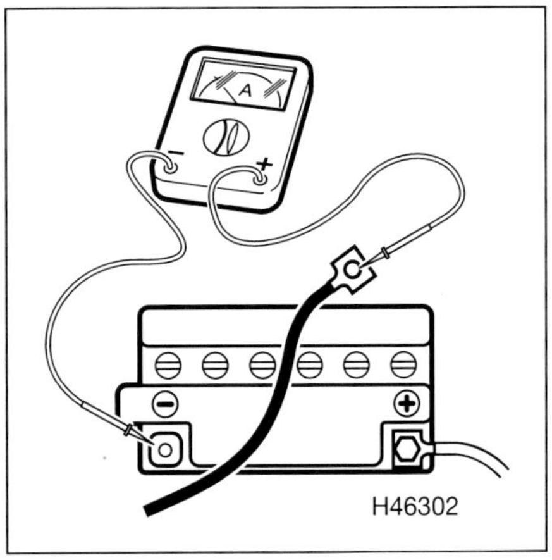

24.5 Schließen Sie das auf den Ampere-Bereich geschaltete Messgerät beim Kriechstromtest wie gezeigt an.

24 Ladesystem
Test

1 Wenn an der Funktion des Ladesystems Zweifel bestehen, sollte zunächst das System als Ganzes kontrolliert werden, danach die einzelnen Komponenten.

Anmerkung: *Vor Beginn der Kontrolle muss sichergestellt werden, dass die Batterie vollständig geladen ist und alle elektrischen Verbindungen sauber sind und fest sitzen.*

2 Zur Kontrolle der Ausgangsleistung und der Funktion der Komponenten des Ladesystems wird ein Multimeter (mit Stromspannungs-, Stromstärken- und Widerstandsmessmöglichkeiten) benötigt. Ist ein solches Gerät nicht zur Hand, sollte die Kontrolle einer BMW-Werkstatt überlassen werden.

3 Folgen Sie bei der Kontrolle sorgfältig den Hinweisen, um falsche Anschlüsse oder Kurzschlüsse zu vermeiden, die zu irreparablen Schäden an elektrischen Bauteilen führen können.

Kriechstromtest

Achtung: Schließen Sie das Amperemeter (Multimeter auf A-Messbereich) immer in Reihe, niemals parallel zur Batterie an, da es dabei beschädigt wird. Schalten Sie nicht die Zündung an, und betätigen Sie niemals den Startknopf, wenn das Messgerät angeschlossen ist – der plötzlich fließende Strom würde das Gerät zerstören.

4 Stellen Sie das Zündschloss auf »OFF«, und trennen Sie den Minusanschluss (–) von der Batterie (siehe Sektion 3).

5 Schalten Sie das Multimeter auf den Amperemessbereich, und verbinden Sie die Minusklemme mit dem Minuspol (–) der Batterie sowie die Plusklemme (+) mit dem getrennten Masseanschlusskabel (siehe Abbildung). Schalten Sie das Messgerät immer zunächst auf den höchsten Messbereich und dann schrittweise herunter auf den Milliamperebereich (mA), um ein Durchbrennen der Gerätesicherung zu verhindern.

6 Bei dieser Messung sollte nicht mehr als 2 mA Stromstärke abzulesen sein. Wenn das Ergebnis höher (aber nicht auf Verbraucher wie

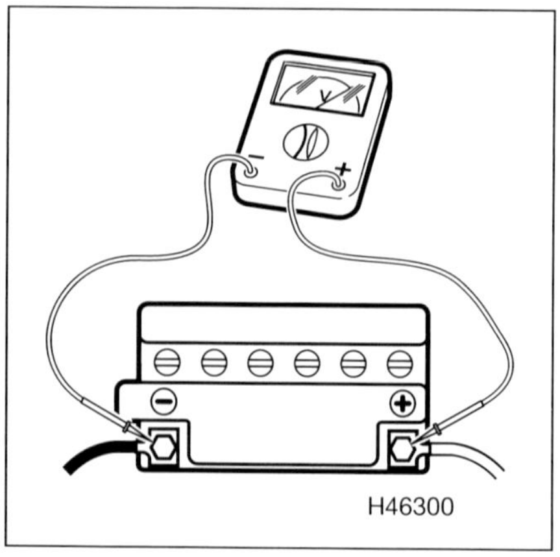

24.9 Schließen Sie das auf den Voltbereich (DC) geschaltete Messgerät beim Test der geregelten Ausgangsspannung wie gezeigt an.

eine Alarmanlage zurückführt) ist, liegt irgendwo im elektrischen System ein Kurzschluss vor. Trennen Sie das Messgerät, und schließen Sie den Masseanschluss (–) der Batterie wieder an.

7 Wenn Kriechströme festgestellt werden, müssen unter Verwendung der Schaltpläne am Ende des Kapitels systematisch einzelne elektrische Bauteile getrennt und der Test wiederholt werden, bis die Kriechstromquelle identifiziert ist.

Ausgangsleistungstest

8 Beachten Sie Sektion 3, um Zugang zur Batterie zu erhalten. Starten Sie den Motor, und bringen Sie ihn auf Betriebstemperatur.

9 Schließen Sie bei im Standgas laufendem Motor das Multimeter mit dem auf 0 – 20 Volt Gleichstrom (DC) eingestellten Messbereich an die beiden Pole der Batterie an – Plus an Plus, Minus an Minus (siehe Abbildung).

10 Erhöhen Sie langsam die Drehzahl des Motors – die Spannung muss von 13 auf 15 Volt ansteigen – bei anderen Ergebnissen müssen die Lichtmaschine und der Regle überprüft werden (siehe Sektionen 25 und 26).

> **Praxis TiPP** ***Hinweise auf einen defekten Regler sind Lampen mit drehzahlabhängiger Leuchtstärke, die dauernd durchbrennen, und eine überhitzende Batterie.***

25 Lichtmaschine

Kontrolle

1 Entfernen Sie rechts am Zylinder die Kabelsteckerabdeckung (siehe Abbildungen).

2 Verfolgen Sie das aus dem rechts am Motor sitzenden Lichtmaschinendeckel kommende Kabel, und trennen Sie den Stecker. Kontrollieren Sie die Steckerkontakte auf Korrosion und lockere Kontakte.

3 Zum Test des Statorspulenwiderstandes werden die Klemmen eines auf den Messbereich Ohm x 1 gestellten Multimeters mit je zwei der drei von der Lichtmaschine kommenden weißen Kabel verbunden, sodass drei Messergebnisse vorliegen. Sind die Spulen in Ordnung, müssen die Widerstände etwa gleich, dürfen aber nicht zu hoch sein (BMW macht keine Angaben). Dann wird zwischen jedem Anschluss und Masse der Durchgang überprüft – es darf kein Durchgang bestehen (unendlicher Widerstand). Besteht Durchgang, muss geprüft werden, ob dies nicht an einer schadhaften Spule oder einem schadhaftes Kabel zwischen dem Stecker und dem Stator liegt – anderenfalls ist der Lichtmaschinenstator zu erneuern.

Ausbau

4 Entfernen Sie die Ritzel- bzw. Riemenradabdeckung (siehe Abbildung).

5 Stellen Sie Funduro- ST-, GS- und Dakar-Modelle auf den Seitenständer, um möglichst wenig Öl zu verlieren. Entfernen Sie den Motorschutz (siehe Kapitel 8).

6 Demontieren Sie bei GS- und Dakar-Modellen die Regler-/Gleichrichtereinheit (siehe Sektion 26).

7 Ziehen Sie evtl. den Entlüftungsschlauch vom Lichtmaschinendeckel ab.

8 Lassen Sie bei CS-Modellen das Motoröl ab (siehe Kapitel 1). Lösen Sie die Ölrücklaufrohr-Anschlussschraube unten am Motor (siehe Abbildung) – die Dichtscheibe muss später erneuert werden.

9 Entfernen Sie rechts am Zylinder die Kabelsteckerabdeckung (siehe Abbildungen 25.1a und b). Verfolgen Sie die aus dem rechts am Motor sitzenden Lichtmaschinendeckel kommende Kabel (der Lichtmaschine und des Zündgebers), und trennen Sie die Stecker.

10 Lösen Sie schrittweise und über Kreuz die Schrauben des Lichtmaschinendeckels (siehe Abbildung) und ziehen Sie diesen vom Motor, klopfen Sie ihn nötigenfalls rundherum mit einem weichen Hammer ab, um die Dichtung zu lösen – da die Statorspulen im Deckel sitzen, werden sie von den Magneten des Rotors zurückgezogen. Seien Sie (auch wenn das Motoröl zuvor abgelassen wurde) auf auslaufendes Öl vorbereitet. Die Dichtung muss später durch ein Neuteil ersetzt werden. Stellen Sie nötigenfalls die auf der Zwischenradwelle oder im Deckel befindliche Anlaufscheibe sicher (siehe Abbildung 25.23).

11 Lösen Sie bei Funduro- und ST-Modellen die Schrauben des Zündzeitpunktsensors, und bringen Sie diesen aus dem Arbeitsbereich heraus.

12 Um die Rotormutter lösen zu können, muss die Kurbelwelle am Mitdrehen gehindert werden – wechseln Sie zu Kapitel 2, Sektion 8, Schritt 5, und installieren Sie das Kurbelwellen-Haltewerkzeug. Alternativ kann die Kurbelwelle mithilfe eines Innensechskant-Einsatzes gekontert und die Rotormutter mit einem Ringschlüssel gelöst werden, doch lässt sich mit

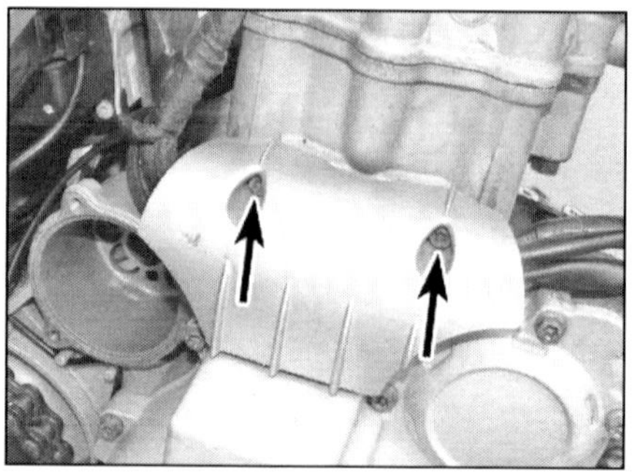

25.1a Lösen Sie die beiden Schrauben, und entfernen Sie die Kabelabdeckung.

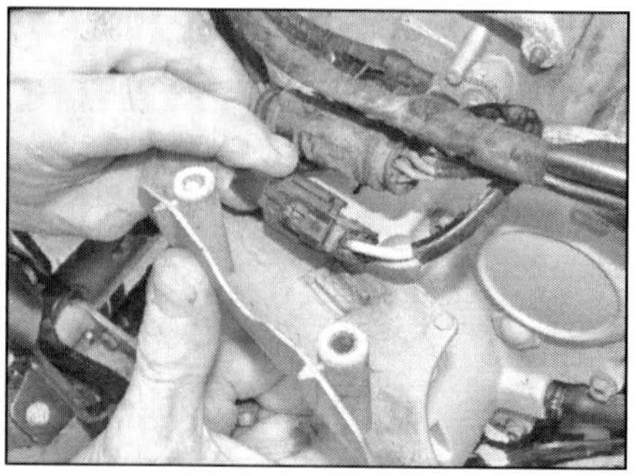

25.1b Bei GS-, Dakar und CS-Modellen ist der Lichtmaschinenstecker darin befestigt.

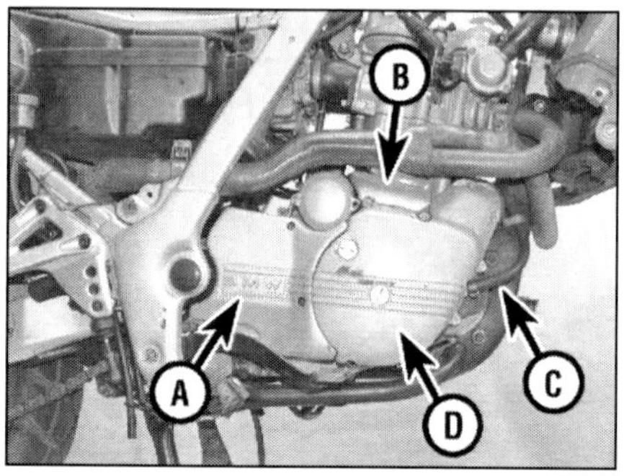

25.4 Motorritzelabdeckung (A), Kabelabdeckung (B), Entlüftungsschlauch (C), Lichtmaschinendeckel (D) – Funduro- und ST-Modelle

25.8 Lösen Sie die Ölrohr-Anschlussschraube – CS-Modelle.

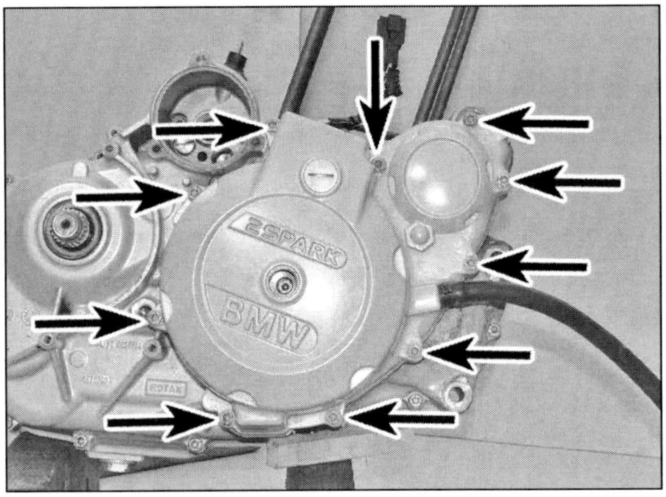

25.10 Lichtmaschinen-Deckelschrauben – GS-, Dakar- und CS-Modelle

25.12 Blockieren Sie den Rotor, während Sie seine Mutter lockern.

dieser Methode die Mutter später nicht mit dem Drehmomentschlüssel anziehen (siehe Abbildung). Die Mutter sitzt sehr fest; lockern Sie sie, aber drehen Sie sie nicht vollständig von der Welle – so schützt sie den Rotor davor, beim Abziehen abzuspringen.

25.13a Drehen Sie den Abzieher auf den Rotor, ...

13 Zum Entfernen des Rotors von der Kurbelwelle ist ein Abziehwerkzeug nötig. Benutzen Sie entweder das BMW-Spezialwerkzeug (Teilenummer 125510) oder einen ähnlichen Abzieher, und drehen Sie diesen auf die Rotornabe, ziehen Sie dann den Bolzen an, um den Rotor von der Welle zu ziehen (siehe Abbildungen). Entfernen Sie den Abzieher, drehen Sie die Mutter vollständig ab, und entfernen Sie die Scheibe und den Rotor (siehe Abbildung 25.22a). Stellen Sie den in der Kurbelwellennut sitzenden Keil sicher (siehe Abbildung 25.19). Entfernen Sie ggf. das hinter dem Rotor sitzende Anlasserzahnrad, falls es zusammen mit dem Rotor gelöst wurde – drehen Sie es im Uhrzeigersinn, um es aus dem Freilauf zu befreien; anderenfalls wird das Zahnrad von der Kurbelwelle gezogen (siehe Abbildung 25.20).

14 Trennen Sie nötigenfalls den Anlasserfreilauf vom Rotor (siehe Kapitel 2).

15 Um den Lichtmaschinenstator aus dem Deckel entfernen zu können, müssen die Schraube der Kabelklemme und die Statorschrauben gelöst und der Stator entnommen werden – achten Sie auf den im Deckel-Ausschnitt steckenden Gummistopfen (siehe Abbildung).

Einbau

16 Befreien Sie die Dichtflächen des Lichtmaschinendeckels und des Motorgehäuses von Dichtungsresten. Reinigen Sie die Gewinde der Stator- und Kabelklemmenschrauben. Installieren Sie den Stator in den Lichtmaschinendeckel, richten Sie die Verkabelung zur Nut des Deckels aus (siehe Abbildung 25.15). Ziehen Sie die mit Loctite 243 (mittelfest) versehenen Stator- und Kabelklemmenschrauben mit 10 Nm an. Drücken Sie den mit etwas Dichtmasse versehene Gummistopfen der Kabel in seinen Sitz im Deckel.

17 Falls entfernt, wird der Anlasserfreilauf an den Rotor montiert (siehe Kapitel 2).

18 Entfetten und reinigen Sie die Konusflächen der Kurbelwelle und des Rotors mit einem geeignetem Lösungsmittel.

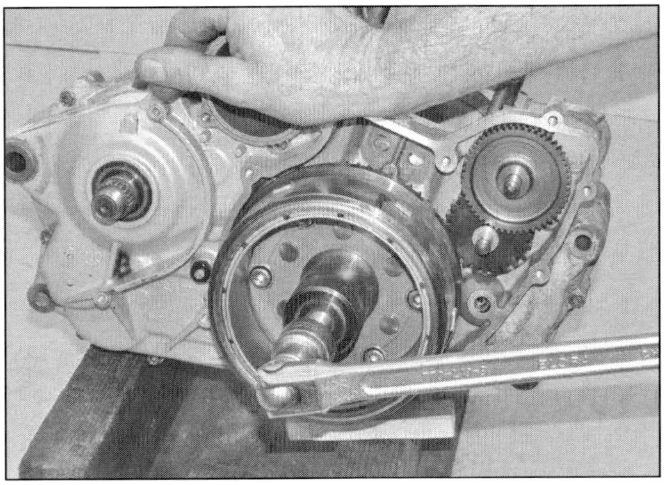

25.13b ... blockieren Sie diesen, und ziehen Sie den Abzieherbolzen an.

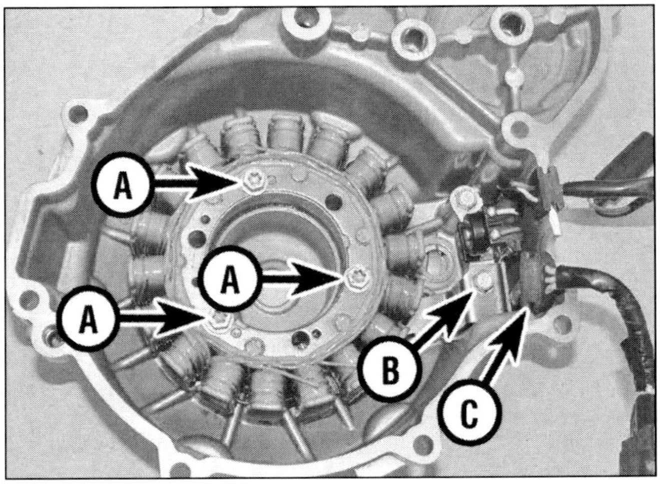

25.15 Lösen Sie die Statorschrauben (A) und die Kabelklemmschraube (B), befreien Sie dann den Gummistopfen (C) – gezeigt an GS-, Dakar- und CS-Modellen.

25.19 **Stecken Sie den Keil in seine Nut.**

25.20 **Installieren Sie das Freilaufrad.**

25.21 **Schieben Sie den Rotor auf die Kurbelwelle.**

19 Installieren Sie den Keil in die Konusnut (siehe Abbildung).
20 Schmieren Sie die Gleitfläche der Kurbelwelle (nicht den Konus!) und die Außenseite des Anlasserrades, die auf dem Freilaufgehäuse sitzt, mit Molybdänfett. Schmieren Sie die in die Spreizrollen des Freilauf greifende Gleitfläche der Radnabe mit Motoröl. Installieren Sie das Anlasserrad in den Freilauf – drehen Sie es dabei im Uhrzeigersinn, um die Rollen zu spreizen (siehe Abbildung).
21 Sichergehend, dass keine Metallteile an den magnetischen Innenseiten des Rotors haften, wird nun der Rotor auf der Kurbelwelle geschoben – dabei muss er zum Keil und das Anlasserrad zum Zwischenrad ausgerichtet werden (siehe Abbildung).
22 Installieren Sie die Rotormutter mit der Scheibe, blockieren Sie den Motor wie während des Ausbaus, und ziehen Sie die Mutter mit 180 Nm an (siehe Abbildungen).
23 Stellen Sie sicher, dass die Anlaufscheibe auf der Zwischenradwelle liegt (siehe Abbildung).
24 Versehen Sie die Kabelgummistopfen mit etwas Dichtmittel, und stecken Sie sie in ihre Ausschnitte, und legen Sie eine neue Dichtung auf (siehe Abbildungen). Installieren Sie den Lichtmaschinendeckel – beachten Sie, dass er vom Rotormagneten angezogen wird (siehe Abbildung). Ziehen Sie seine Schrauben schrittweise und über Kreuz bis zum Drehmoment von 11 Nm an.
25 Verbinden Sie die Kabelstecker, und montieren Sie die Abdeckung. Entfernen Sie das Kurbelwellen-Arretierwerkzeug, und ersetzen Sie es durch den Stopfen.
26 Montieren Sie alle verbliebenen Komponenten in der umgekehrten Ausbaureihenfolge (Schritte 8 bis 4). Installieren Sie bei CS-Modellen die Ölrohr-Anschlussschraube mit neuen Dichtscheiben, und ziehen Sie sie mit 42 Nm an. Füllen Sie Motoröl auf, und kontrollieren Sie den Pegel (siehe *Tägliche Kontrollen*).

26 Regler-/ Gleichrichtereinheit

Kontrolle

1 Trennen Sie die Stecker der Regler-/Gleichrichtereinheit (s.u.) – die Steckerkontakte dürfen nicht locker oder korrodiert sein. BMW macht keine Angaben zum Prüfen der Einheit. Wenn nach einem Test des Ladesystems (siehe Sektion 24) der Fehler in der Einheit vermutet wird, muss sie durch eine erwiesenermaßen funktionierende Regler-/Gleichrichtereinheit ersetzt und das Ladesystem erneut geprüft werden.

25.22a **Installieren Sie die Rotormutter samt Scheibe, ...**

25.22b **... und ziehen Sie ihn wie beschrieben an.**

25.23 **Die Anlaufscheibe muss auf der Zwischenradwelle liegen.**

25.24a **Versehen Sie die Gummistopfen mit Dichtmasse, ...**

25.24b **... und legen Sie die neue Dichtung auf.**

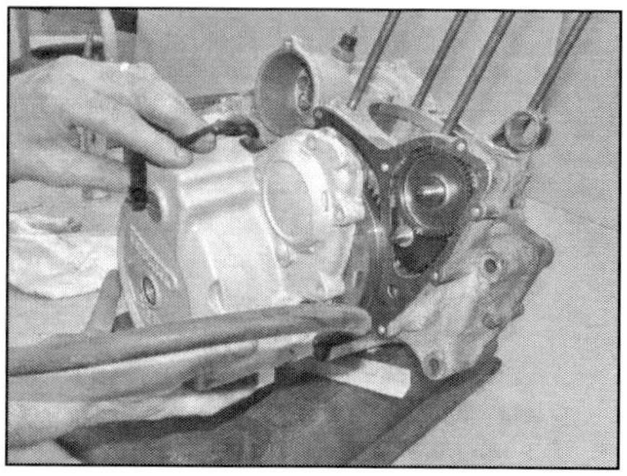

25.24c **Installieren Sie den Lichtmaschinendeckel.**

26.2a Trennen Sie die Kabelstecker, ...

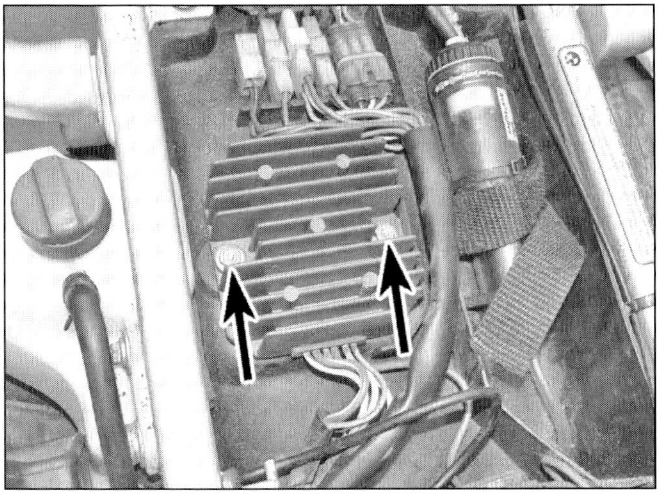

26.2b ... und lösen Sie die beiden Schrauben der Regler-/Gleichrichtereinheit.

26.3a Trennen Sie die Kabelstecker, ...

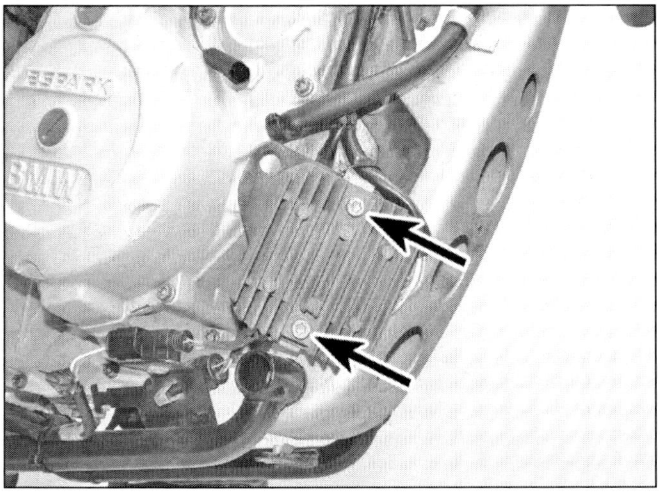

26.3b ... und lösen Sie die beiden Schrauben der Regler-/Gleichrichtereinheit.

Ausbau und Einbau

2 Entfernen Sie bei Funduro- und ST-Modellen zunächst die Sitzbank (siehe Kapitel 8). Trennen Sie die Stecker der Regler-/Gleichrichtereinheit. Lösen Sie nun die Schrauben der Einheit, und entfernen Sie sie anschließend (siehe Abbildungen).

3 Entfernen Sie bei GS- und Dakar-Modellen den Motorschutz (siehe Kapitel 8) und die Kabelabdeckung (siehe Abbildungen 25.1a und b). Trennen Sie die Stecker der Regler-/Gleichrichtereinheit. Lösen Sie die Schrauben der Einheit, und entfernen Sie sie (siehe Abbildungen).

4 Entfernen Sie bei CS-Modellen die Kabelabdeckung (siehe Abbildungen 25.1a und b), und trennen Sie die Kabelstecker (siehe Abbildung 2.3a). Die Einheit sitzt im vorderen Rahmensegment – entfernen Sie dies, um den Zugang zu verbessern (siehe Kapitel 2, Sektion 4). Lösen Sie die Schrauben der Einheit, und entfernen Sie sie.

5 Der Einbau entspricht der umgekehrten Ausbaureihenfolge.

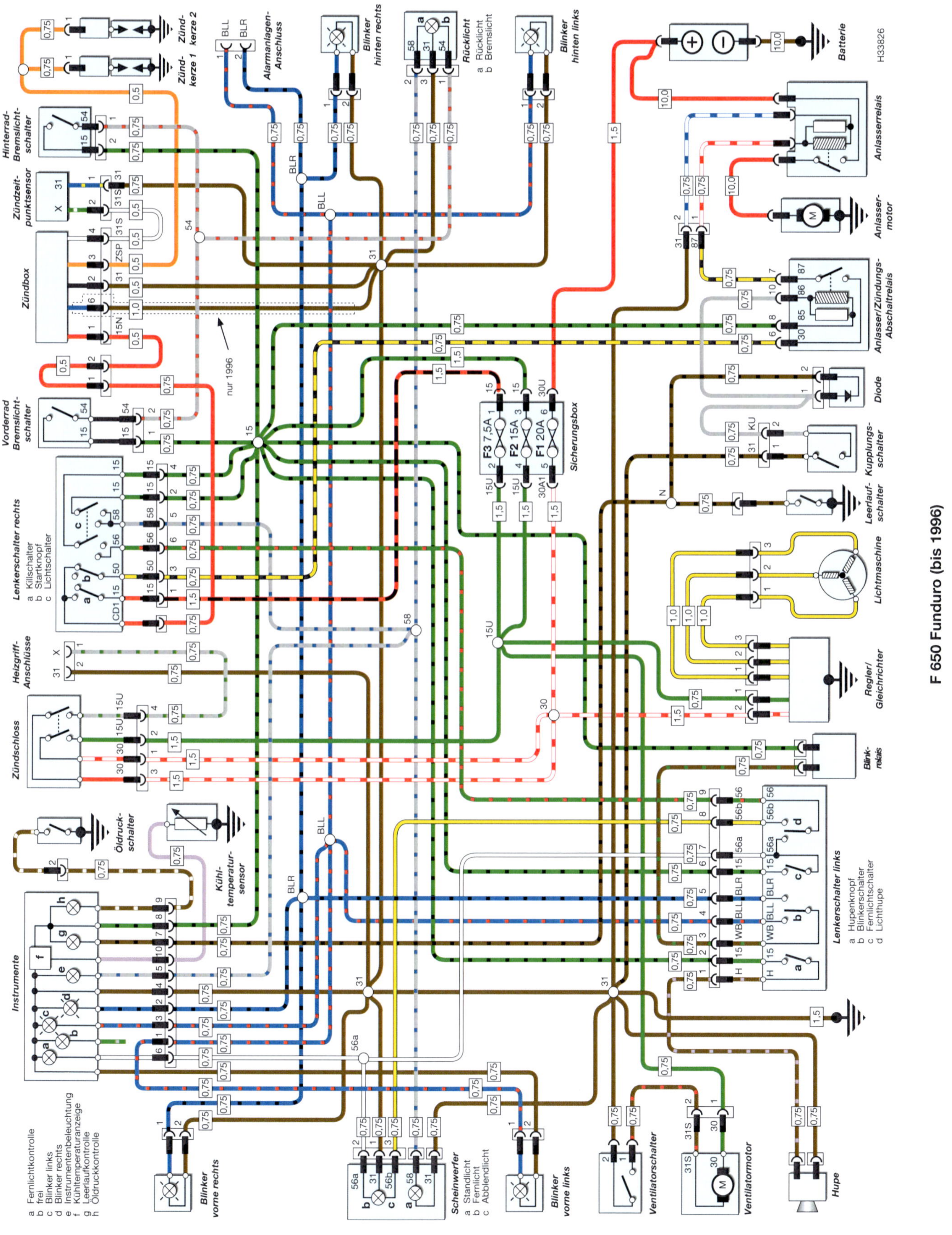
F 650 Funduro (bis 1996)
H33826
Zündkerze 1
Zündkerze 2
Hinterrad-Bremslichtschalter
Zündzeitpunktsensor
Zündbox
Vorderrad Bremslichtschalter
Lenkerschalter rechts
a Killschalter
b Startknopf
c Lichtschalter
Heizgriff-Anschlüsse
Zündschloss
Öldruckschalter
Kühltemperatursensor
Instrumente
a Fernlichtkontrolle
b frei
c Blinker links
d Blinker rechts
e Instrumentenbeleuchtung
f Kühltemperaturanzeige
g Leerlaufkontrolle
h Öldruckkontrolle
Blinker vorne rechts
Scheinwerfer
a Standlicht
b Fernlicht
c Abblendlicht
Blinker vorne links
Ventilatorschalter
Ventilatormotor
Hupe
Alarmanlagen-Anschluss
Blinker hinten rechts
Rücklicht
a Rücklicht
b Bremslicht
Blinker hinten links
Batterie
Anlasserrelais
Anlassermotor
Anlasser/Zündungs-Abschaltrelais
Diode
Kupplungsschalter
Leerlaufschalter
Lichtmaschine
Regler/Gleichrichter
Blinkrelais
Lenkerschalter links
a Hupenknopf
b Blinkerschalter
c Fernlichtschalter
d Lichthupe
Sicherungsbox
F3 7,5A
F2 15A
F1 20A
nur 1996

9

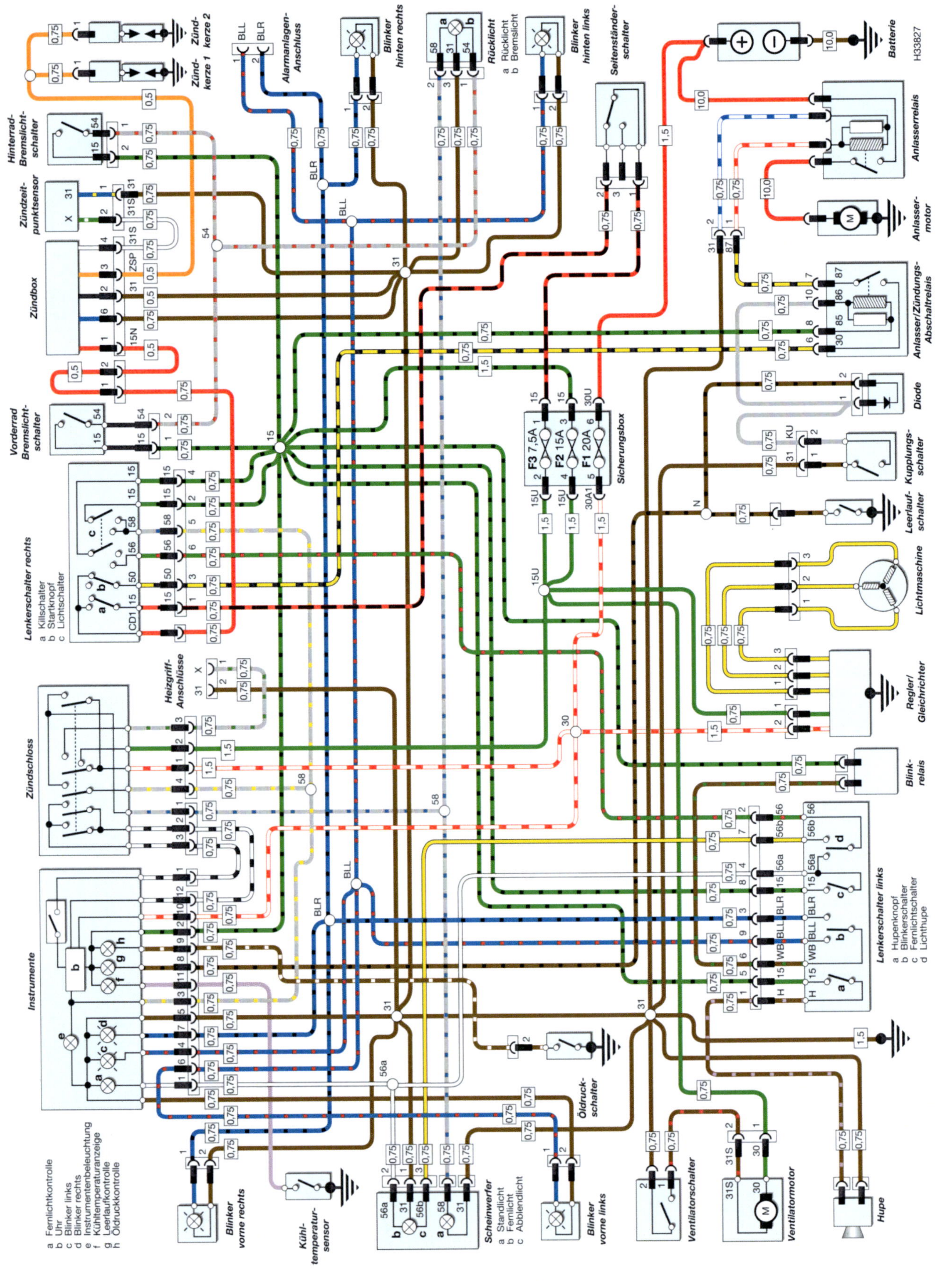

F 650 Funduro (ab 1997) und F 650 ST

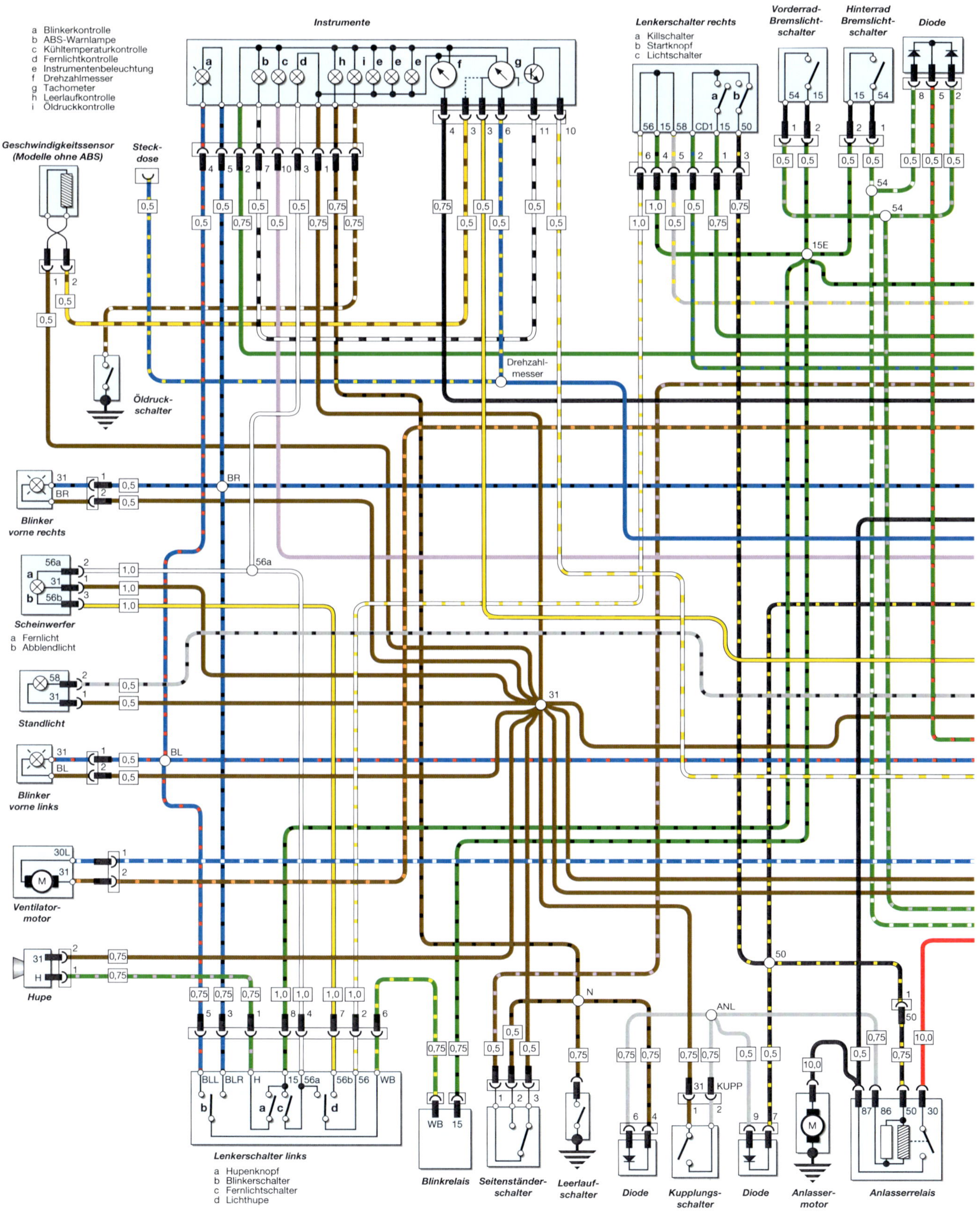

F 650 GS und Dakar (bis 2003)

9

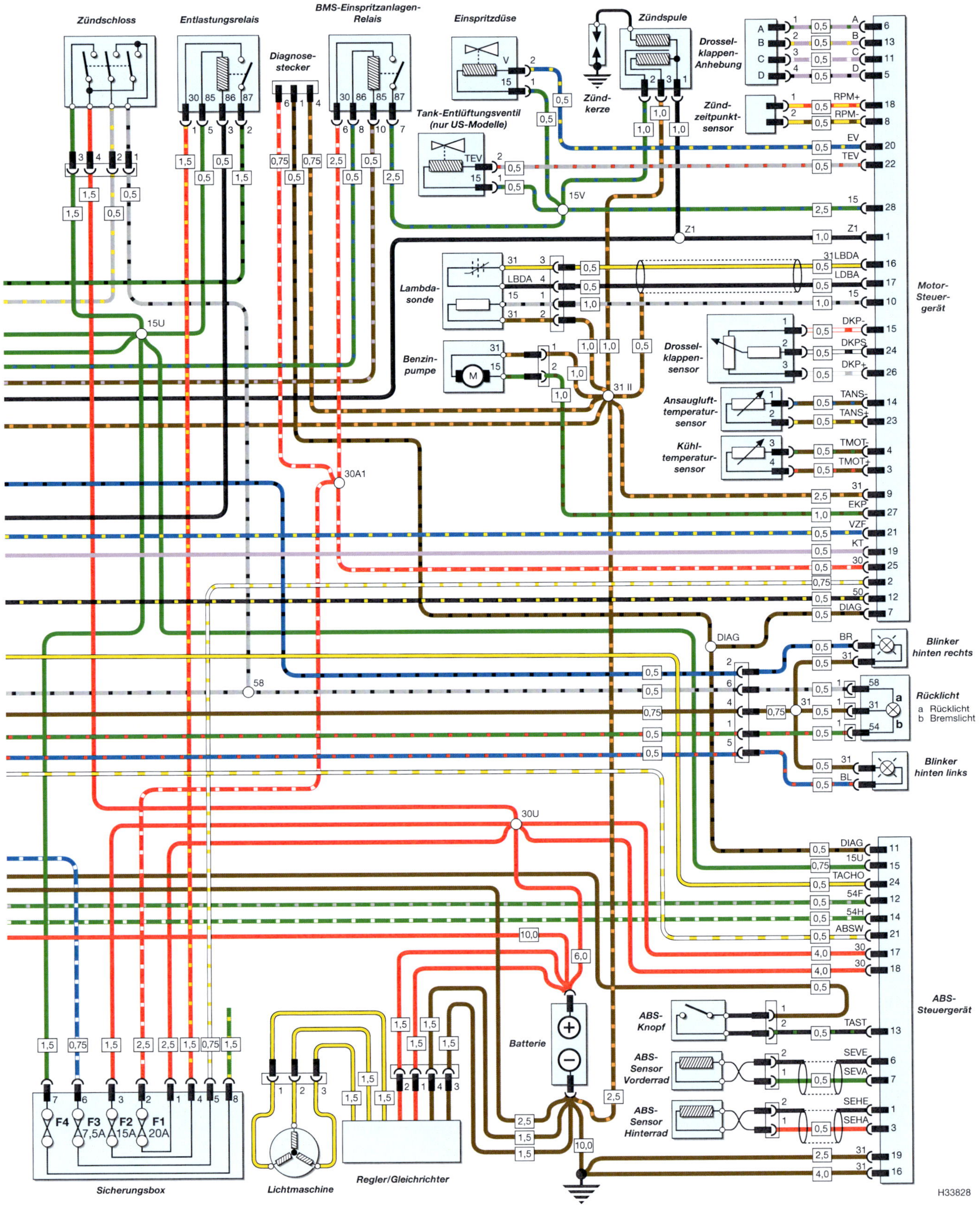

F 650 GS und Dakar (bis 2003)

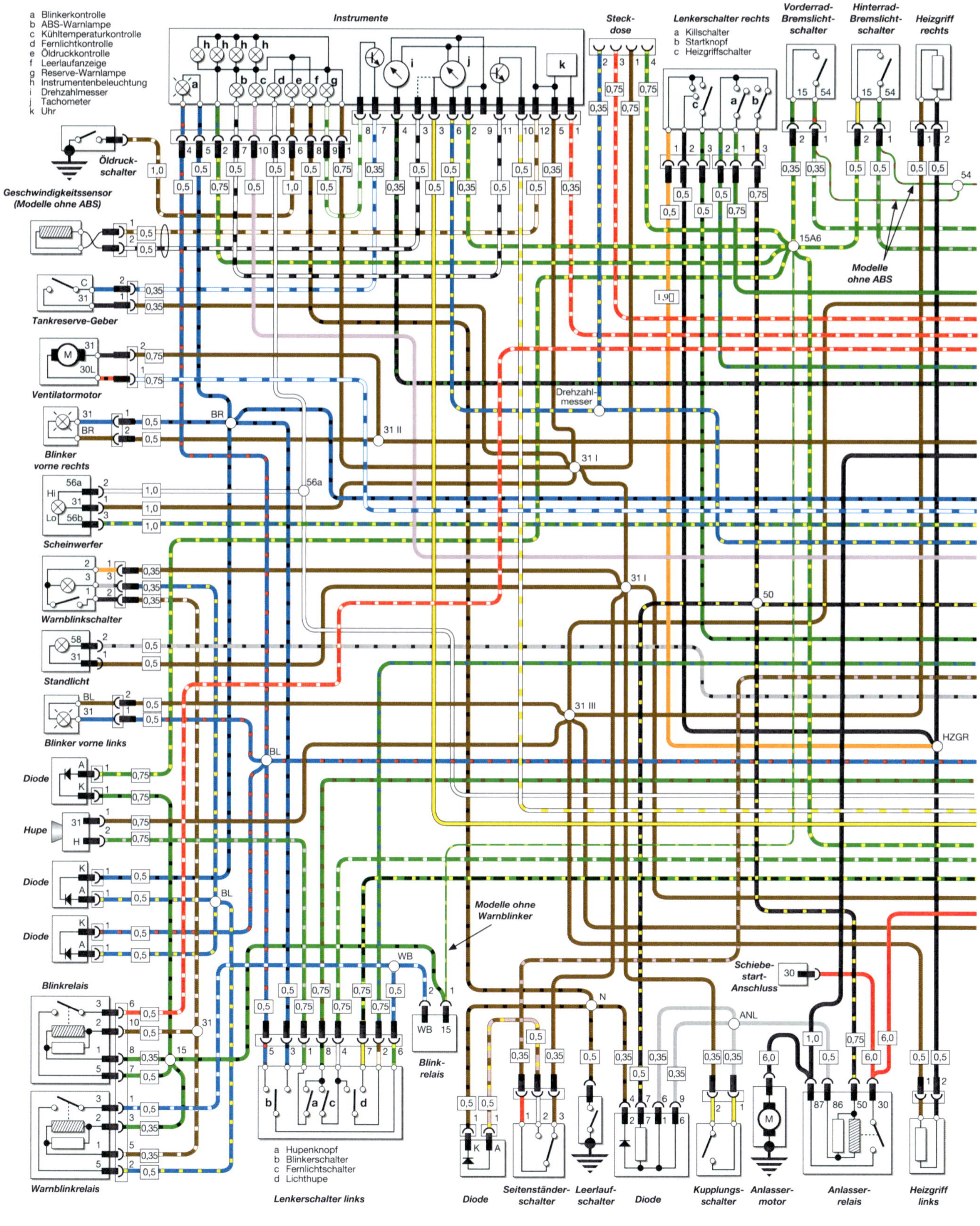

F 650 GS und Dakar (ab 2004)

9

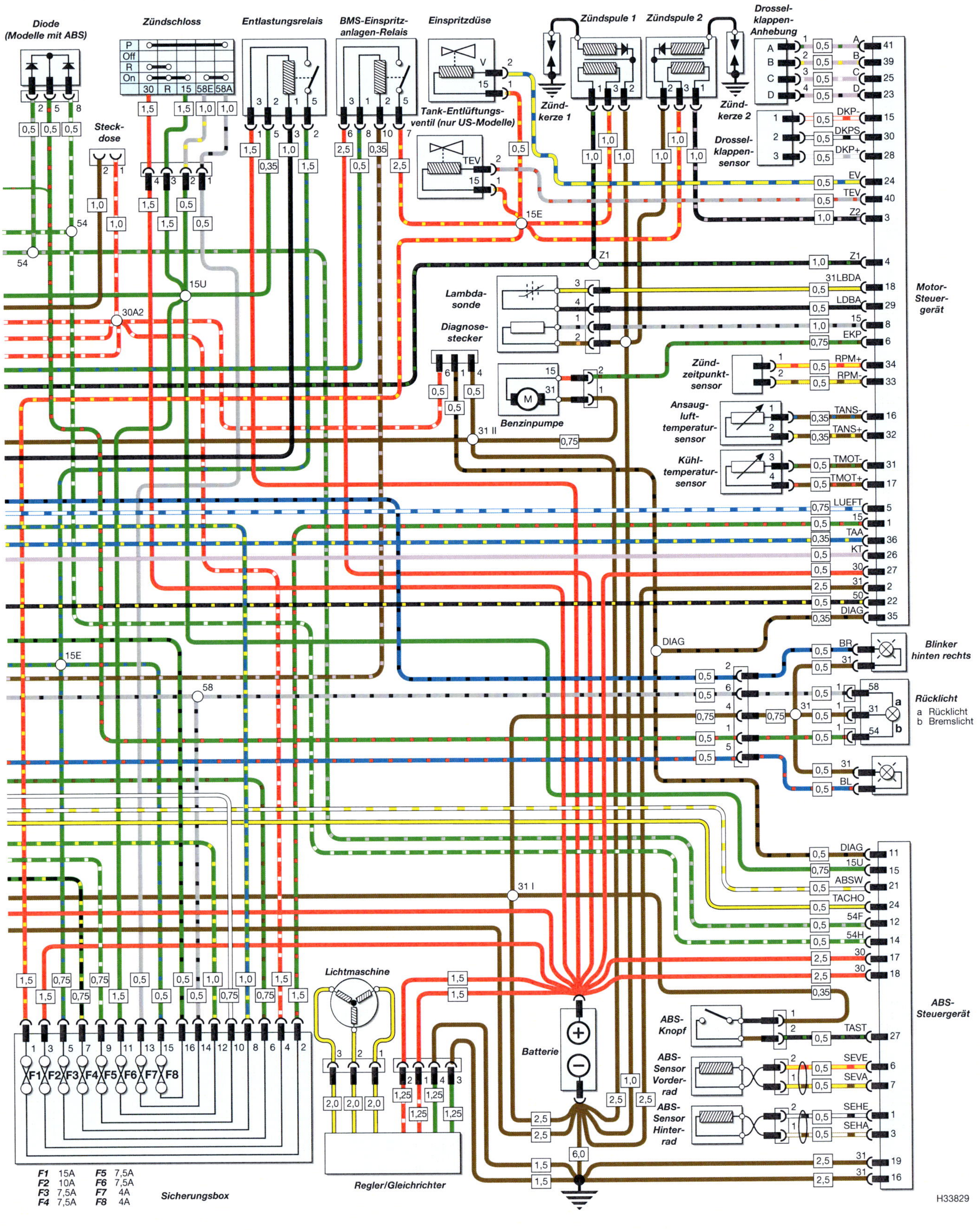

F 650 GS und Dakar (ab 2004)

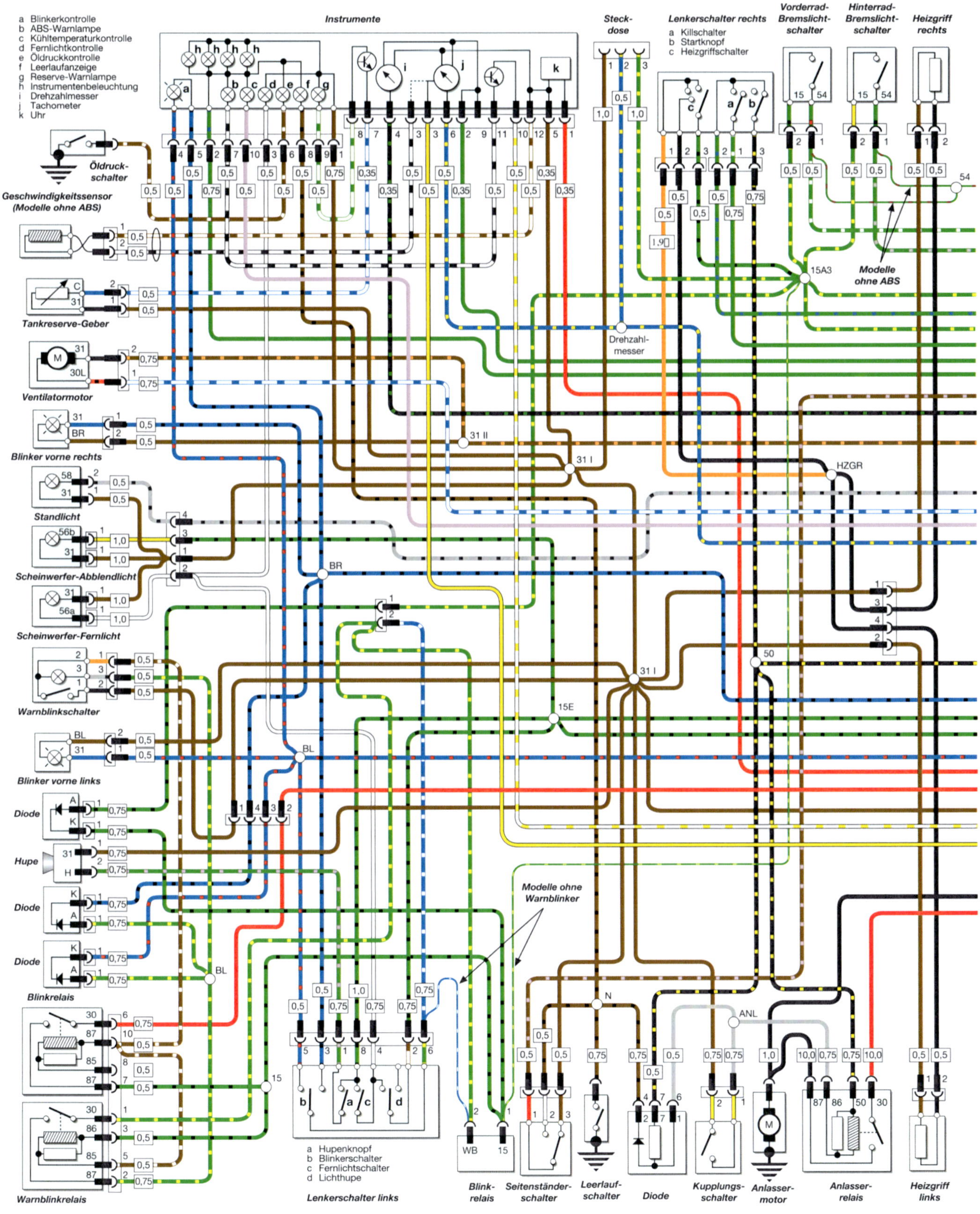

F 650 CS (bis 2003)

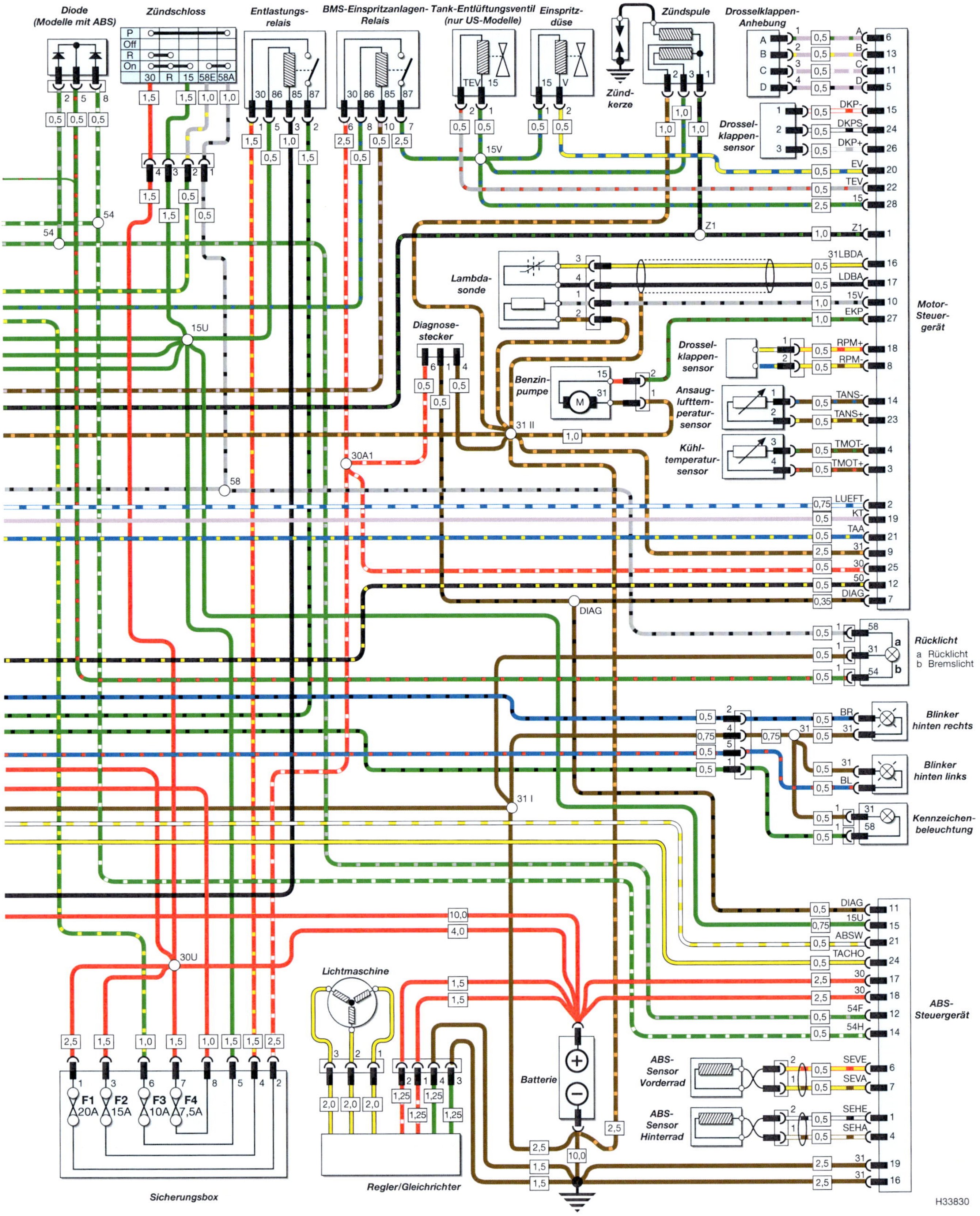

F 650 CS (bis 2003)

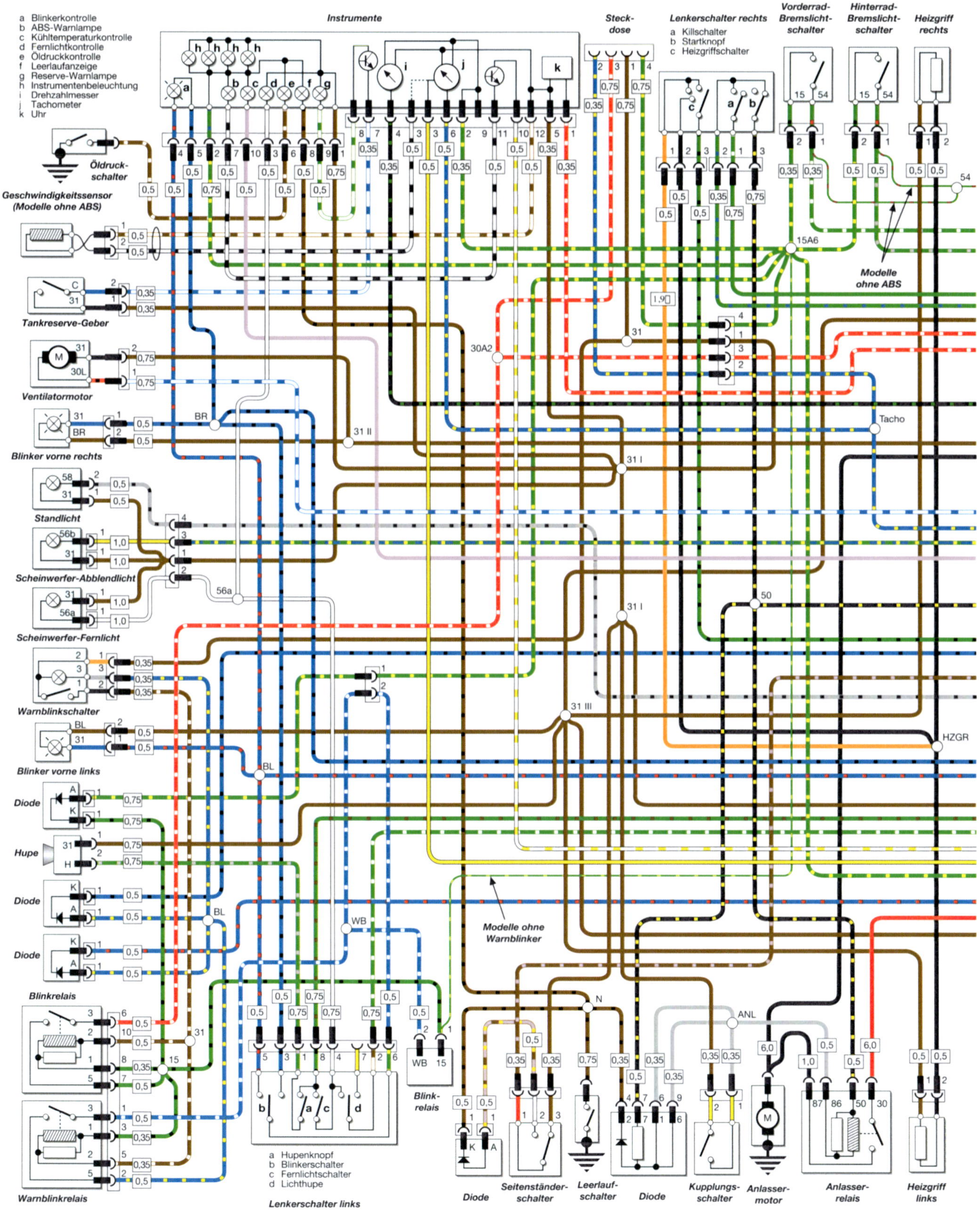
a Blinkerkontrolle
b ABS-Warnlampe
c Kühltemperaturkontrolle
d Fernlichtkontrolle
e Öldruckkontrolle
f Leerlaufanzeige
g Reserve-Warnlampe
h Instrumentenbeleuchtung
i Drehzahlmesser
j Tachometer
k Uhr
Instrumente
Steck-dose
Lenkerschalter rechts
a Killschalter
b Startknopf
c Heizgriffschalter
Vorderrad-Bremslicht-schalter
Hinterrad-Bremslicht-schalter
Heizgriff rechts
Öldruck-schalter
Geschwindigkeitssensor (Modelle ohne ABS)
Tankreserve-Geber
Ventilatormotor
Blinker vorne rechts
Standlicht
Scheinwerfer-Abblendlicht
Scheinwerfer-Fernlicht
Warnblinkschalter
Blinker vorne links
Diode
Hupe
Diode
Diode
Blinkrelais
Warnblinkrelais
Modelle ohne ABS
Modelle ohne Warnblinker
15A6
30A2
31
31 I
31 II
31 III
Tacho
HZGR
50
56a
BR
BL
WB
N
ANL
a Hupenknopf
b Blinkerschalter
c Fernlichtschalter
d Lichthupe
Lenkerschalter links
Blink-relais
Diode
Seitenständer-schalter
Leerlauf-schalter
Diode
Kupplungs-schalter
Anlasser-motor
Anlasser-relais
Heizgriff links

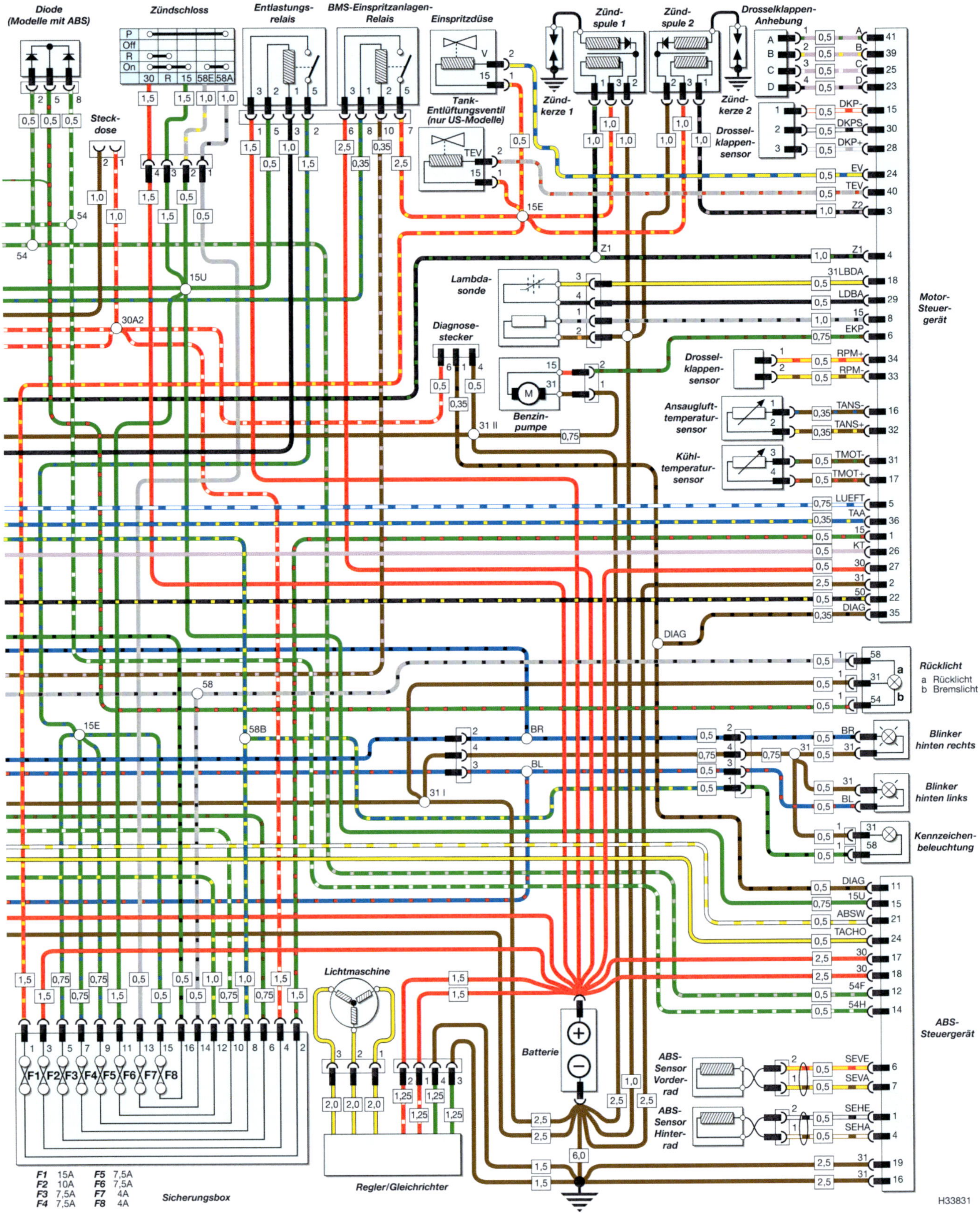

F 650 CS (ab 2004)

Werkzeug- und Werkstatt-Tipps

Werkzeug-Kauf

Zur Wartung und Reparatur ist unbedingt ein Werkzeugsatz nötig. Obwohl die Anschaffung einer geeigneten Grundausrüstung zunächst etwas Geld kostet, macht sie sich schnell bezahlt, da man durch Eigenleistung Werkstattkosten spart. Bei steigender Erfahrung und Zutrauen kann zusätzliches Werkzeug beschafft werden, um große Reparaturen und Motorüberholungen durchführen zu können. Viele Spezialwerkzeuge sind teuer und werden nur selten benutzt, hierbei kann sich das Mieten lohnen bzw. der gemeinsame Kauf mit Freunden oder einem Club.

Eine Regel ist, besser gutes teures Qualitätswerkzeug zu kaufen, als billiges, welches schnell verschleißt und öfter erneuert werden muss – und dadurch die anfänglichen Ersparnisse schnell aufhebt.

> ***Warnung: Um das Risiko zu vermindern, durch das Brechen schlechten Werkzeugs verletzt zu werden oder Bauteile zu beschädigen, muss immer auf stabile Qualität und die Erfüllung von Sicherheitsnormen geachtet werden.***

Die folgende Werkzeugliste entspricht nicht den Wartungs- und Reparaturwerkzeugen des Herstellers und der Werkstätten, sondern stellt eine Empfehlung dar, welche Werkzeuge für einfache Arbeiten benötigt werden. Zusätzlich werden solche Dinge wie eine elektrische Bohrmaschine, eine Eisensäge, Feilen, Hämmer, ein Lötkolben und eine mit einem Schraubstock ausgerüstete Werkbank empfohlen. Obwohl nicht als Werkzeug klassifiziert, ist eine Sammlung von Schrauben, Muttern, Scheiben und Rohrstücken immer sehr nützlich.

Werks-Spezialwerkzeug

In unvermeidlichen Fällen ist die Benutzung von Spezialwerkzeug empfohlen. Wenn die Möglichkeit einer alternativen Verwendung besteht, ist diese beschrieben. Jedoch ist manchmal das Risiko einer Verletzung oder Beschädigung zu groß, sodass ein Spezialwerkzeug des Herstellers benutzt werden muss. Spezialwerkzeug ist normalerweise nur über den Motorradhandel zu bekommen und mit einer Werksnummer versehen. Einige der oft benutzten Werkzeuge, wie z.B. Rotorabzieher sind auch über den Zubehörhandel erhältlich.

Grundausstattung Wartungs- und Reparatur-Werkzeug

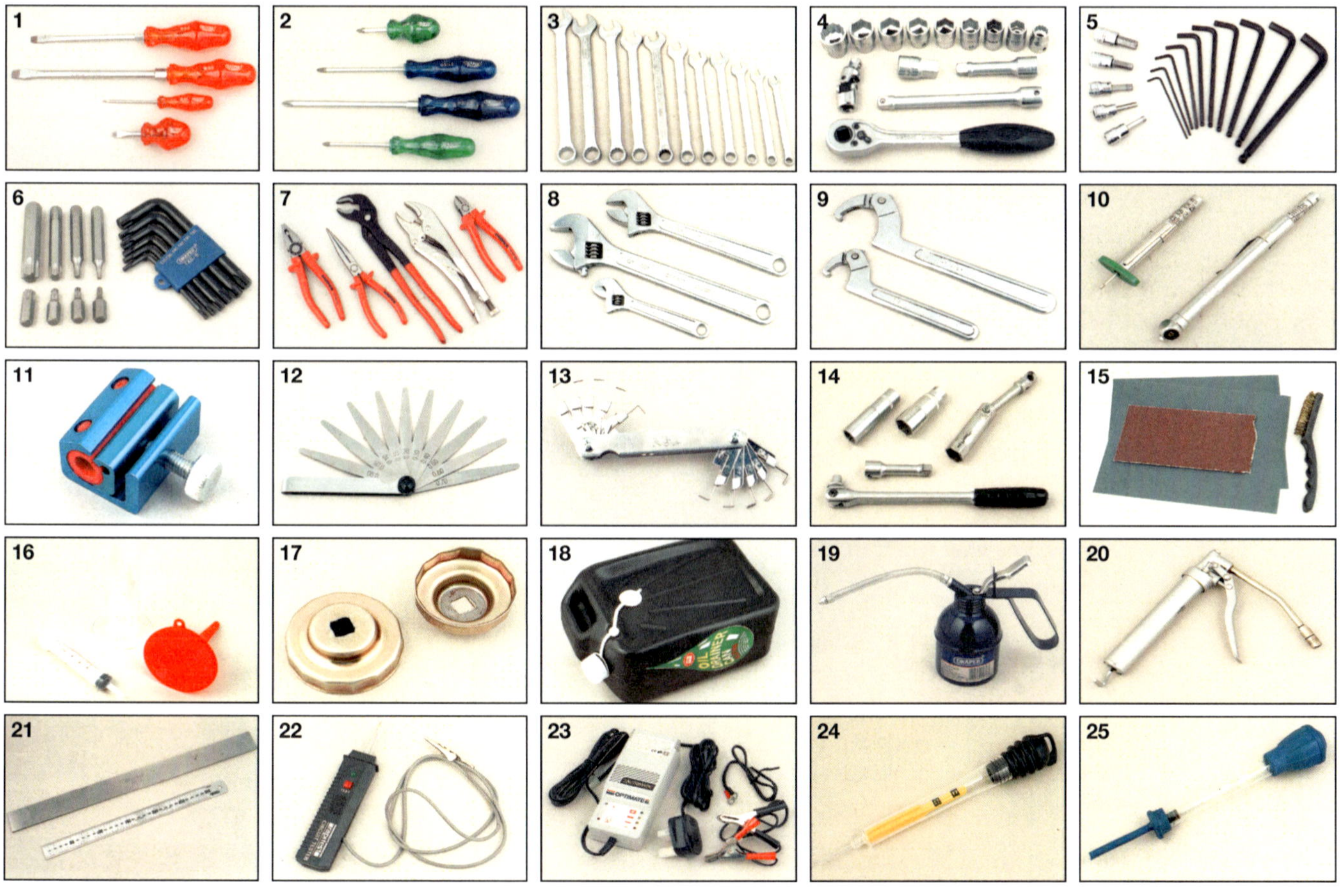

1 Schlitzschraubendrehersatz
2 Kreuzschraubendrehersatz
3 Gabel-/Ringschlüsselsatz
4 Steckschlüsselsatz mit 3/8 oder ½ Zollantrieb (Knarrenkasten)
5 Inbus-Schlüsselsatz oder Steckeinsätze
6 Torxschlüsselsatz oder -bits
7 verschiedene Zangen, Gripzangen
8 einstellbarer Rollgabelschlüssel
9 Hakenschlüssel (am besten einstellbar)
10 Profiltiefenmesser, Luftdruckprüfgerät
11 Bowdenzug-Öler
12 Fühlerlehre
13 Mess- und Einstellgerät für Zündkerzenelektroden
14 Zündkerzenschlüssel oder tiefer Knarreneinsatz
15 Drahtbürste und Schleifpapier
16 Trichter und Messbecher
17 Bandschlüssel
18 Öl-Auffangbehälter
19 Ölkanne mit Pumpe
20 Fettpresse
21 Stahllineal und Winkel
22 Durchgangsprüfer
23 Batterieladegerät
24 Hydrometer (zur Bestimmung der Batteriesäuredichte)
25 Frostschutztester (für wassergekühlte Motoren)

Werkzeug für Reparatur und Überholung

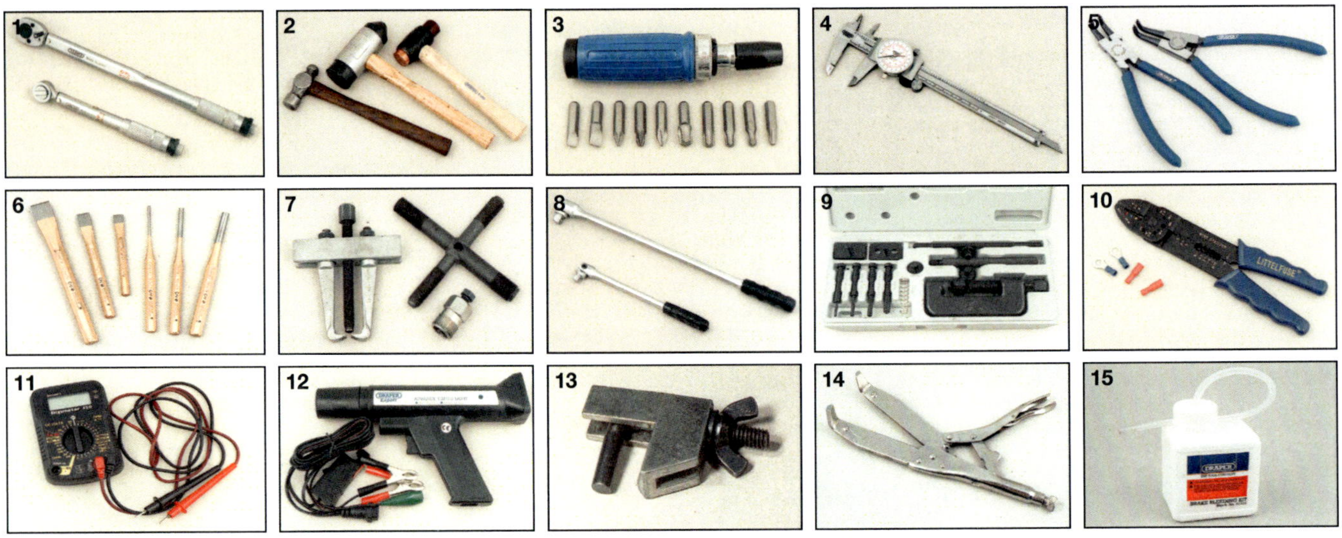

1 *Drehmomentschlüssel (kleine und mittlere Ausführung)*
6 *Dorne und Meißel*
11 *Multimeter (für Volt, Ampere, Ohm)*

2 *Stahl-, Plastik- und Gummihammer*
7 *verschiedene Abzieher*
12 *Stroboskoplampe (für dynamische Zündungskontrolle)*

3 *Schlagschraubersatz*
8 *Gelenkgriff und Rohrverlängerung*
13 *Schlauchklemme*

4 *Schieblehre*
9 *Ketten-Trenn- und Montierwerkzeug*
14 *Kupplungs-haltewerkzeug*

5 *Seegerringzangen (für innen und außen)*
10 *Abisolierzange*
15 *Einpersonen-Bremsentlüftungssatz*

Spezialwerkzeug

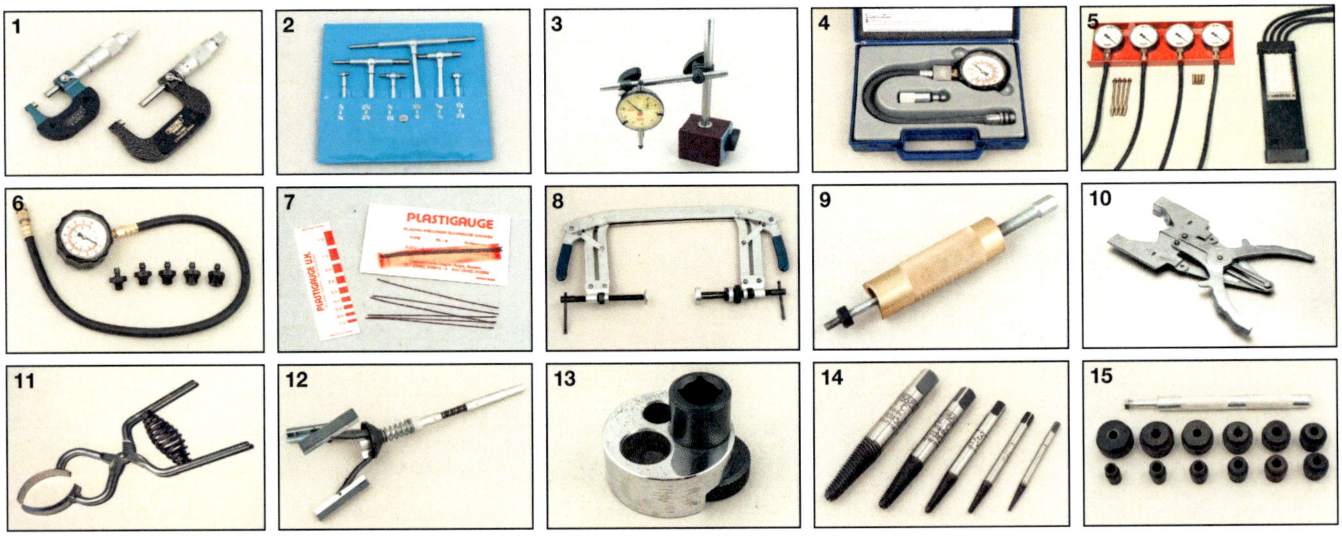

1 *Mikrometerschrauben*
6 *Öldruck-Messgerät*
11 *Kolbenringklemme*

2 *Innenmessgeräte*
7 *Quetschmessstreifen für Lagerspielmessung*
12 *Zylinderhonsteine*

3 *Messuhr mit Halter*
8 *Ventilfederpresse*
13 *Bolzenausdreher*

4 *Zylinderkompressions-Messgerät*
9 *Kolbenbolzenauszieher*
14 *Linksausdrehersatz*

5 *Synchronisationsgerät*
10 *Kolbenringzange*
15 *Lagertreibersatz*

1 Werkstatt
Ausrüstung und Einrichtung

Die Hebebühne

- Man kann sich die Arbeit an vielen Bauteilen des Motorrades erheblich erleichtern, wenn die Maschine mithilfe einer Hebebühne in eine günstige Arbeitshöhe gebracht wird. Die teuren hydraulischen oder pneumatischen Hebebühnen, wie man sie aus professionellen Werkstätten kennt, sind eine lohnenswerte Anschaffung, wenn man viele Reparaturen und Überholungen zu erledigen hat (siehe Abbildung 1.1).

1.1 Hydraulische Motorrad-Hebebühne

- Wenn das Motorrad angehoben wird, muss darauf geachtet werden, dass es gegen Herunterfallen gesichert wird. Die meisten Bühnen haben dazu eine einstellbare Vorderrad-Klemmung. Beim Einklemmen des Rades darf der Reifen oder die Felge nicht beschädigt werden, den besten Schutz bieten hier zwischengelegte Holzblöcke.
- Sichern Sie das Motorrad mit Spannriemen an der Bühne (siehe Abbildung 1.2). Wenn die Maschine nur einen Seitenständer besitzt und kippgefährdet ist, sollte sie auf einer passenden Stütze positioniert werden.

1.2 Mit z.B. an den Beifahrerfußrasten befestigten Spannriemen wird die Maschine vor dem Umfallen gesichert.

- Passende Stützen sind in unterschiedlichen Formen und Ausführungen im Fachhandel erhältlich. Zumeist wird die Maschine damit an der Hinterrad- oder Schwingenachse angehoben (siehe Abbildung 1.3). Um beide Räder zu entlasten, kann ein Wagenheber unter den Motor positioniert und das Vorderteil angehoben werden (siehe Abbildung 1.4).

1.3 Diese Stütze hebt das Motorrad an der Schwingenachse an.

1.4 Um Beschädigungen zu vermeiden, muss immer ein Stück Holz zwischen Wagenheber und Motor oder Rahmen liegen.

Rauch und Feuer

- Beachten Sie genau das Kapitel »Sicherheit geht vor!« am Anfang des Buches. Gehen Sie sicher, dass ein Feuerlöscher zur Hand ist, der für brennbare Flüssigkeiten geeignet ist – versuchen Sie auf gar keinen Fall, brennendes Benzin oder Öl mit Wasser zu löschen!
- Sorgen Sie dafür, dass immer ausreichende Belüftung sichergestellt ist. Wenn keine Abgas-Absauganlage vorhanden ist, darf der Motor nur außerhalb der Werkstatt gestartet werden.
- Wenn Sie mit Kraftstoff hantieren, muss durch gutes Lüften dafür gesorgt werden, dass sich keine zündfähigen Gasgemische bilden können. Das Gleiche gilt beim Aufladen von Batterien. Rauchen Sie nicht, und verbieten Sie auch anderen Personen, in der Werkstatt zu rauchen.

1.5 Benutzen Sie zum Lagern von Kraftstoff nur vorgeschriebene Kanister.

Flüssigkeiten

- Wenn Sie den Tank entleeren müssen, darf der Kraftstoff nur in geeigneten und verschließbaren Behältern und Kanistern gelagert werden (siehe Abbildung 1.5). Lagern Sie Benzin niemals in Gläsern oder Flaschen.
- Benutzen Sie entsprechende Motoren-Entfetter oder schwer entflammbare Lösungsmittel, wie z.B. Paraffin (Kerosin), um Öl, Fett und Schmutz zu entfernen – benutzen Sie niemals Benzin! Tragen Sie bei diesen Arbeiten Gummihandschuhe, und benutzen Sie diese Reinigungsmittel nur draußen oder in sehr gut belüfteten Räumen.

Staub-, Augen- und Handschutz

- Schützen Sie Atemwege und Lunge mit Staubmasken vor dem Eindringen von Staubpartikeln. Manche älteren Brems- oder Kupplungsbeläge enthalten Krebs erregendes Asbest – hantieren Sie auf jeden Fall sehr vorsichtig mit solchem Material. Schützen Sie Ihre Augen mit einer Schutzbrille vor Spritzern und Spänen (siehe Abbildung 1.6).

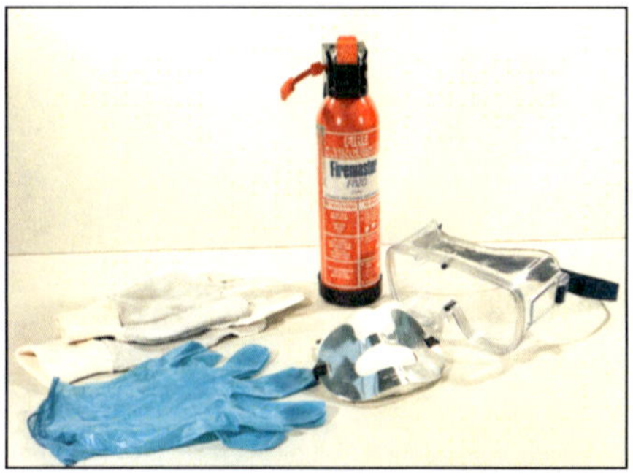

1.6 Ein Feuerlöscher, eine Schutzbrille, Staubmaske und Schutzhandschuhe sollten in der Werkstatt immer zur Hand sein.

- Schützen Sie Ihre Hände mit Gummihandschuhen vor dem Kontakt mit Lösungsmitteln, Benzin und Öl. Alternativ kann vor Arbeitsbeginn eine spezielle Schutzcreme auf die Hände aufgetragen werden. Wenn Sie mit heißen Teilen oder Flüssigkeiten hantieren, müssen hierfür geeignete Handschuhe getragen werden.

Die Entsorgung alter Flüssigkeiten

- Alte Reinigungs- und Bremsflüssigkeit, Kraftstoff und Öl dürfen nicht ins Erdreich oder in Wasserabflüsse gelangen. Füllen Sie die entsprechenden Flüssigkeiten in geeignete Behälter, und bringen Sie sie zu dem Händler, von dem Sie sie erworben haben. Unter Vorlage einer Quittung sind Händler verpflichtet, altes Öl und Bremsflüssigkeit wieder zurückzunehmen. Schütten Sie unterschiedliche Flüssigkeiten nicht zusammen in einen Behälter, da sie nur getrennt wieder aufbereitet werden können. Öliger und fettiger Schmutz kann zusammen mit dem Altöl abgegeben werden, alte Ölfilter können ebenfalls beim Händler entsorgt werden.

2 Befestigungen
Schrauben und Muttern

Typen und Anwendungen

Schrauben

- Köpfe von Maschinenschrauben gibt es in den Ausführungen Sechskant, Torx und Vielzahn – alle in Innen- und Außenversionen (siehe Abbildungen 2.1 und 2.2). Vielzahn-Schrauben werden im Motorradbau sehr selten verwendet. Schlitz- und Kreuzschlitzköpfe werden nur bei kleinen Schrauben verwendet, die keiner großen Belastung ausgesetzt sind. Längenangaben bei Schrauben werden von unterhalb des Kopfes bis zum Ende gemessen (siehe Abbildung 2.11).

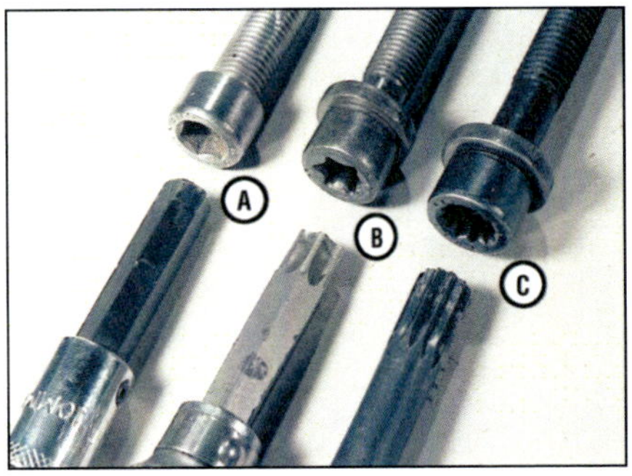

2.1 Innen-Sechskant (»Inbus«) (A), Torx (B) und Vielzahnschraubenköpfe (C) mit entsprechenden Werkzeugen

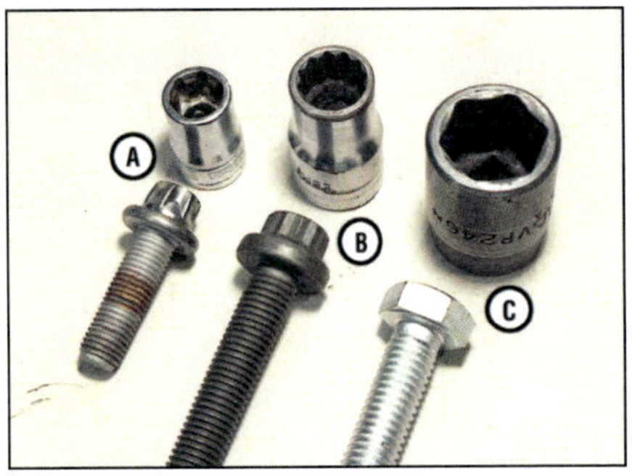

2.2 Außen-Torx (A), Vielzahn (B) und Sechskantschrauben (C) mit entsprechenden Steckschlüsseleinsätzen (»Nüssen«)

- Verschiedene Schrauben haben Zugfestigkeitsangaben auf ihren Köpfen. Je höher die Zahl, desto stabiler die Schraube. Hochfeste Schrauben tragen eine 10 oder höhere Zahl. Ersetzen Sie eine hochfeste Schraube niemals durch eine minderfeste.

Scheiben (siehe Abbildung 2.3)

- Unterlegscheiben werden zwischen Schraubenkopf und Bauteil gelegt, um Beschädigungen des Teils zu vermeiden und um die Last des Anzugsmoments zu verteilen. Spezielle Unterlegscheiben werden bei verschiedenen Gelegenheiten als Abstandhalter und Einstellscheibe eingesetzt. Kupfer- oder Aluminiumscheiben fungieren als Dichtungsringe, z.B. bei Ablassschrauben.

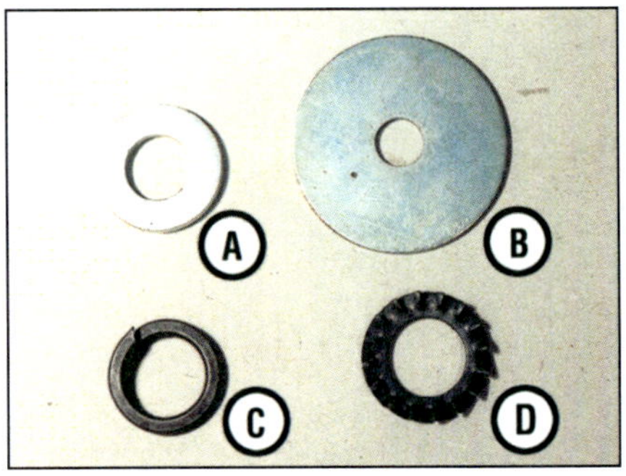

2.3 Unterlegscheibe (A), Kotflügelscheibe (B), Federring (C) und Sicherungsscheibe (D)

- Der offene Federring übt zwischen Schraube und Bauteil axialen Druck aus. Nach einmaligem Gebrauch muss er ersetzt werden. Wenn der Federring zusammen mit einer Unterlegscheibe verwendet wird, muss er zwischen diese und die Schraube gelegt werden.
- Sternförmige Sicherungsscheiben schneiden sich beim Linksherumdrehen in die Schraube und das Bauteil ein, um das Lösen der Schraube zu verhindern. Sie werden oft bei elektrischen Masseverbindungen am Rahmen verwendet.
- Konus- oder Fächerscheiben üben zwischen Schraube und Bauteil axialen Druck aus. Sie werden mit der flachen Seite auf das Bauteil gelegt, wenn sie abgeflacht sind, sind sie ermüdet und müssen ausgewechselt werden.
- Sicherungsbleche werden unter glatte Wellenmuttern gelegt, das Blech wird an einer oder mehreren Seiten der Mutter hochgebogen und gegen deren Sechskant gepresst, um ein Lösen zu verhindern. Ist das Blech nach mehrmaligem Gebrauch verschlissen, muss es ersetzt werden.
- Wellenscheiben werden eingesetzt, um Spiel auf Achsen aufzunehmen. Sie üben leichten Federdruck aus und verhindern das Hin- und Herschieben von Baugruppen, z.B. Kipphebeln auf ihren Wellen.

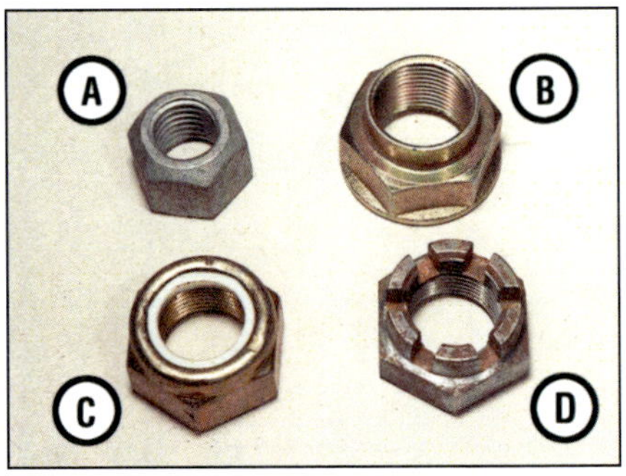

2.4 Sechskantmutter (A), Mutter mit Bund (B), selbstsichernde Mutter mit Nylon-Einsatz (C), Kronenmutter (D)

Muttern und Splinte

- Herkömmliche Muttern sind sechsseitig (siehe Abbildung 2.4). Ihre Größenbezeichnungen richten sich nach dem Gewindedurchmesser und dessen Steigung. Hochfeste Muttern tragen auf einer Seite eine Zahl, die ihre Festigkeit angibt.
- Selbstsichernde Muttern haben entweder Nylon-Einsätze oder zwei Federstreifen, außerdem gibt es Muttern mit Bund, die sich mit einer Verzahnung sichern. Ihr aller Vorzug liegt darin, dass sie nicht durch Vibrationen zu lösen sind. Die Nylon- und Federausführungen können mehrmals universell eingesetzt werden und müssen erst ersetzt werden, wenn sie leichtgängig oder verschlissen sind. Die Bundausführungen müssen nach jedem Lösen ausgewechselt werden.
- Splinte werden zum Sichern von Kronenmuttern auf Achsen, aber auch gegen das Lösen normaler Sechskantmuttern eingesetzt, besonders an Radachsen und Bremsankern. Normale Splinte müssen wegen der Bruchgefahr nach jedem Gebrauch erneuert werden (siehe Abbildungen 2.5 und 2.6).

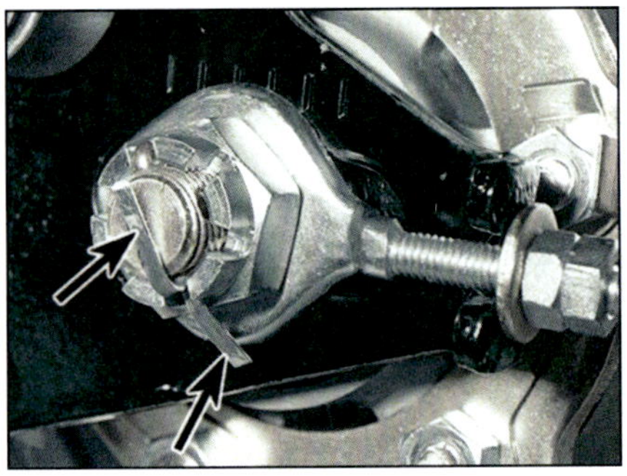

2.5 Biegen Sie Einwegsplinte bei Kronenmuttern wie gezeigt auseinander.

2.6 Biegen Sie Einwegsplinte bei normalen Muttern wie gezeigt auseinander.

Achtung: Wenn die Schlitze der Kronenmutter nach dem vorschriftsmäßigen Anziehen nicht mit der Splintbohrung in der Achse fluchten, ziehen Sie sie so weit fester, bis der Splint durchgeführt werden kann. Lockern Sie sie nicht zu diesem Zweck.

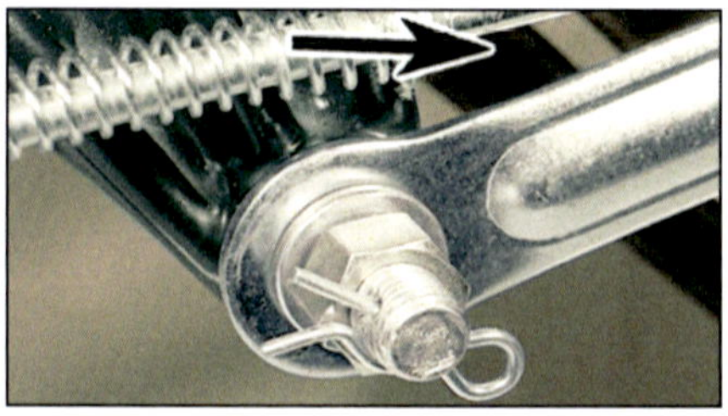

2.7 Federsplinte werden mit dem geschlossenen Ende in Fahrtrichtung (Pfeil) montiert.

- Federsplinte können mehrmals verwendet werden, solange sie nicht beschädigt sind. Installieren Sie Federsplinte immer mit dem geschlossenen Ende nach vorne (siehe Abbildung 2.7).

Sicherungsringe (s. Abbildung 2.8)

- Sicherungsringe, die mit »Augen« zum besseren Aus- und Einbau versehen sind, werden auch Seegerringe genannt. Je nach Einsatzzweck auf Wellen oder in Bohrungen sitzen die Augen innen oder außen. Geschliffene Ringe können beidseitig verwendet werden, bei gestanzten Ringen (mit einer flachen und einer abgerundeten Seite) muss die flachen Seite entstehenden Druck auf die Nut übertragen (siehe Abbildung 2.9).
- Benutzen Sie immer eine Seegerringzange zur Montage und Demontage, spannen Sie damit die Ringe nicht mehr als nötig. Drehen

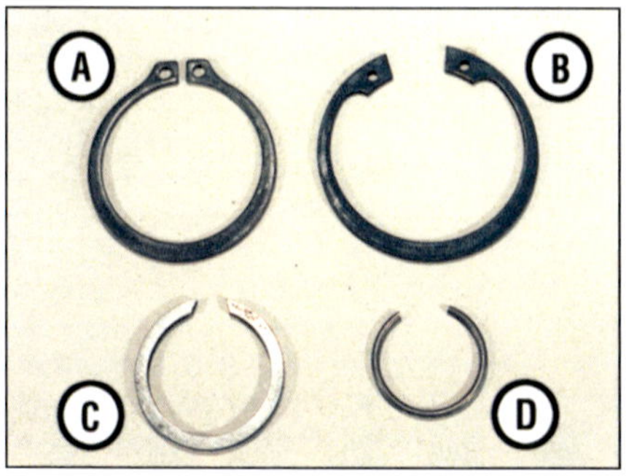

2.8 Wellen-Seegerring (A), Bohrungs-Seegerring (B), geschliffener Sicherungsring (C), Draht-Sicherungsring (D)

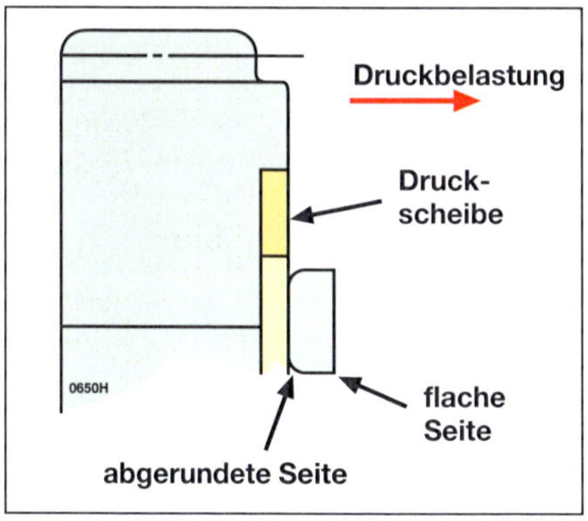

2.9 Korrekte Einbaulage eines gestanzten Sicherungsrings

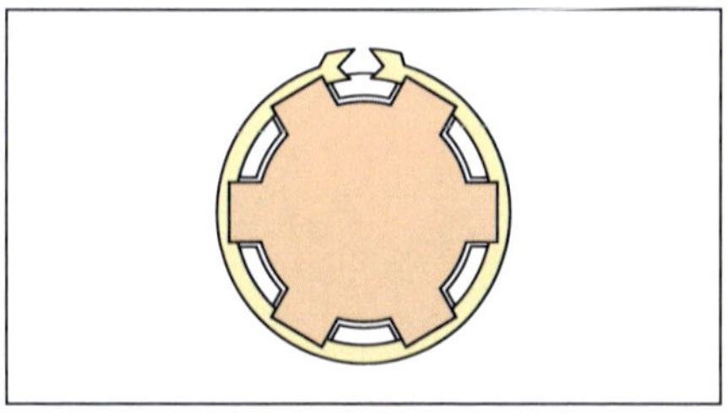

2.10 Die Öffnung des Sicherungsrings muss in einer Nut der Welle liegen.

Sie die Ringe nach der Montage in ihrer Nut, um sicherzugehen, dass sie richtig sitzen. Wenn ein Sicherungsring auf eine Nutenwelle montiert wurde, muss die Öffnung mit einer Nut fluchten. So wird sichergestellt, dass die Enden gut gehalten werden (siehe Abbildung 2.10).

- Sicherungsringe können durch den Druck von Bauteilen verschleißen und dadurch locker in ihren Nuten sitzen. Da hierdurch die Gefahr des Herausspringens steigt, sollten Sie regelmäßig nach jedem Ausbau ersetzt werden.
- Drahtsicherungsringe werden normalerweise zur Sicherung des Kolbenbolzens in die Nuten des Kolbens gesetzt. Sie können mit einer Spitzzange oder einem kleinen Schraubendreher ausgebaut werden. Kolbenbolzen-Sicherungsringe dürfen auf keinen Fall mehrmals verwendet werden.

Gewindedurchmesser und Gewindesteigung

- Der Durchmesser eines Gewindes wird außen an der Schraube oder des Bolzens gemessen. Fast alle Motorradhersteller benutzen heute metrische Gewinde nach ISO-Norm, eine M-6-Schraube hat einen Gewindedurchmesser von 6 mm. Diese Bezeichnung gilt auch für die entsprechende Mutter, hier muss der Durchmesser in den »Tälern« des Gewindes gemessen werden.
- Die Gewindesteigung bezeichnet den Abstand zwischen zwei Gewindegängen (siehe Abbildung 2.11). Sie wird in Millimetern angegeben, jedoch nur extra erwähnt, wenn sie von der Norm abweicht, d.h. eine M-8-Schraube nicht 1,25 mm, sondern z.B. ein Feingewinde von 1,0 mm hat – sie heißt dann M 8 x 1,0. Mit zunehmendem Gewindedurchmesser wird auch die Steigung größer.

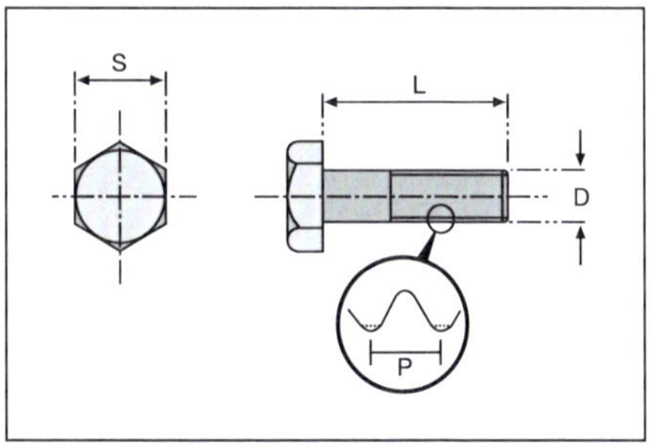

2.11 Schraubenlänge (L), Gewindedurchmesser (D), Gewindesteigung (P), Schlüsselweite (S)

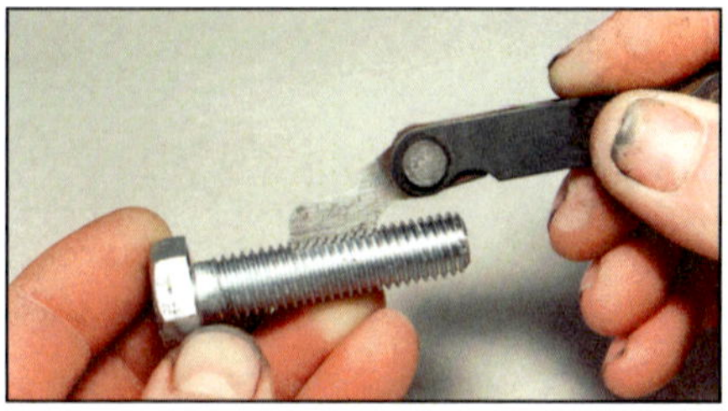

2.12 Mit einer Gewindelehre kann die Steigung bestimmt werden.

- Zu bestimmten Gewindedurchmessern, -steigungen und -festigkeiten gehören entsprechende Schraubenköpfe mit Schlüsselweiten in Millimetern (siehe Abbildung 2.11). Bei Unsicherheit können Gewindesteigungen mit Gewindelehren gemessen werden (siehe Abbildung 2.12).

Schlüsselweite	∅ Gewinde x Steigung
8 mm	M 5 x 0,8 mm
8 mm	M 6 x 1,0 mm
10 mm	M 6 x 1,0 mm
12 mm	M 8 x 1,25 mm
14 mm	M 10 x 1,25 mm
17 mm	M 12 x 1,25 mm

- Die meisten Schrauben und Bolzen haben Rechtsgewinde, d.h. die Schraube oder Mutter wird im Uhrzeigersinn festgezogen. Linksgewinde finden sich ganz selten an Stellen, wo die Drehrichtung des Bauteils die Verbindung lösen könnte, z.B. bei einigen Ritzelmuttern.

Festsitzende Gewinde

- Durch Feuchtigkeit, Salz und elektro-chemische Korrosion zwischen unterschiedlichen Metallen können außensitzende Schrauben im Laufe der Zeit schwer zu lösen sein. Mit normalen Methoden wird man in diesen Fällen wahrscheinlich den Schraubenkopf zerstören. Wenn man merkt, dass sich eine Schraube oder Mutter nicht wie üblich durch ein Knacken löst und dann leicht ausbauen lässt, sollte die übliche Demontage sofort gestoppt werden, bevor etwas zerstört wird.

2.13 Bereits ein leichter Schlag auf den Schraubenkopf reicht oft aus, ein korrodiertes Gewinde zu lösen.

2.14 Ein Schlagschrauber setzt die Wucht des Hammers in eine Drehbewegung um.

- Bereits ein leichter Schlag auf den Schraubenkopf kann Korrosion und Spannungen im Gewinde lösen (siehe Abbildung 2.13).
- Kriechöl (wie z.B. Caramba) kann als Rostlöser an die Verbindung gesprüht werden und über Nacht einsickern. Formt man mit Plastilin eine »Wanne« um die Mutter oder Schraube, kann die Verbindung sogar geflutet werden.
- Aufgrund der öligen Umgebung haben innerhalb des Motorgehäuses befindliche Schraubverbindungen kaum Korrosionsprobleme. Doch kann auch hier ein Schlagschrauber die Arbeit erleichtern, festsitzende Schrauben zu lösen (siehe Abbildung 2.14).
- Korrosion zwischen Metallen (z.B. Stahl und Aluminium) kann durch Erwärmung gelockert werden. Da sich Aluminium stärker ausdehnt als Stahl, reißt die Verbindung auf und die Bohrung (im Aluminium) erweitert sich. Hitzeempfindliche Teile wie Dichtringe und Gummistopfen müssen zunächst entfernt werden, dann kann man z.B. mit einem Heißluftgebläse den Bereich um die Schraube erwärmen (siehe Abbildung 2.15). Alternativ kann man das Bauteil auf einer elektrischen Herdplatte, in einem Backofen, in kochendem Wasser oder mit einem Bügeleisen erwärmen. Benutzen Sie keine offene Flamme! Tragen Sie Handschuhe, um Hautverbrennungen zu vermeiden.
- Als nächste Möglichkeit kann man die Schraube mit Hammer und Meißel losklopfen (siehe Abbildung 2.16). Hierdurch wird die Schraube oder Mutter zerstört, doch viel wichtiger ist, dass man das Bauteil dabei nicht beschädigt.

2.15 Erwärmen Sie den Bereich um die Schraubverbindung gleichmäßig.

2.16 Mit einem am Rand angesetzten Meißel wird die Schraube oder Mutter gelockert.

Achtung: Beachten Sie immer, dass das Gehäuseteil, in dem die Schraube sitzt, viel empfindlicher und teurer ist als die Schraube selbst. Wenn die Schraube gelockert ist, sollte sie nicht mit Gewalt herausgedreht werden. Um das Gewinde zu schonen, muss die Schraube bei starkem Widerstand vorsichtig ein- und ausgedreht werden, bis sie locker ist.

Abgebrochene Schrauben und Stehbolzen

- Wenn das Gewinde zugänglich ist, kann man versuchen, es mit einer selbstsichernden Gripzange zu drehen. Mit einem Stehbolzendreher, der normalerweise bei Zylinderstehbolzen verwendet wird, lassen sich meist bessere Ergebnisse erzielen (siehe Abbildung 2.17). Stehbolzen lassen sich auch mit zwei gegeneinander verkonterten Muttern lösen (siehe Abbildung 2.18).
- Eine bündig am Gehäuse abgerissene Schraube kann, wenn sie nicht allzu fest sitzt, nur mit einem Linksausdreher entfernt werden. Zunächst wird mit dem Körner in der Mitte des Gewindes eine Markierung geschlagen, aus der ein Bohrer nicht mehr abrutschen kann (siehe Abbildung 2.19). Wählen Sie den Bohrer etwa halb bis dreiviertel so groß wie der Innendurchmesser der Schraube, und bohren Sie ein dem Linksausdreher entsprechend tiefes Loch. Wählen Sie den größtmöglichen Linksausdreher, aber achten Sie darauf, die Wandung der Schraube oben nicht auseinanderzudrücken, da dadurch das Gewinde im Gehäuse beschädigt und das Herausdrehen erschwert wird.
- Drehen Sie den Linksausdreher links (gegen den Uhrzeigersinn) in die abgebrochene Schraube. Wenn er sich festgefressen hat, wird er automatisch den Gewinderest aus dem Gehäuse herausdrehen (siehe Abbildung 2.20).

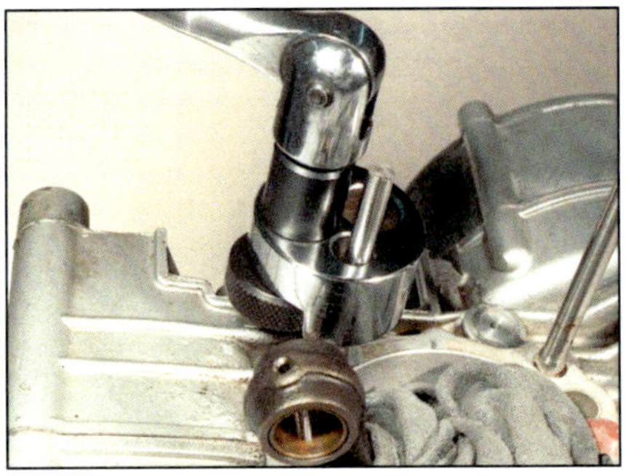

2.17 Mit einem Stehbolzendreher können auch festsitzende Schraubengewinde gelöst werden.

2.18 Nach dem Verdrehen zweier Muttern gegeneinander kann hiermit der Bolzen herausgeschraubt werden.

2.19 Achtung beim Vorbohren: nicht das weichere Gehäusematerial beschädigen.

Warnung: Linksausdreher sind sehr hart und können bei unvorsichtigem Umgang mit ihnen und sehr fest sitzenden Schraubenresten abbrechen. In diesem Fall sollte eine professionelle Werkstatt konsultiert werden.

2.20 Drehen Sie den Linksausdreher links herum in das Bohrloch, bis das Gewindestück herausgeschraubt ist.

2.21 Besonders bei abgerundeten Köpfen sind Flächendruckschlüssel solchen mit Zwölfkant vorzuziehen.

2.23 Zum Nacharbeiten von Außengewinden wird ein Schneideisen aufgedreht.

2.26 Bohren Sie zunächst das alte Gewinde auf (Lager und Dichtungen sollten besser abgedeckt sein).

- Alternativ, oder wenn das Gehäusegewinde zu stark beschädigt ist, kann die Schraube ganz herausgebohrt werden. Hierbei muss darauf geachtet werden, dass die Bohrung exakt zentriert und gerade sitzt und genau die vorgegebene Tiefe erreicht wird. Dann kann ein Übermaßgewinde eingebohrt oder ein Gewindeeinsatz (z.B. »Heli Coil«) hineingeschraubt werden. Bei Zweifel über die eigenen Fähigkeiten und in Anbetracht des Preises für ein neues Gehäuse sollte diese Arbeit gegebenenfalls einer Werkstatt überlassen werden.
- Schrauben und Muttern mit abgerundeten Sechskantköpfen sollten sehr vorsichtig mit exakten Ring- oder Steckschlüsseln gelöst werden. Diese sollten besser sechs als zwölf Kanten aufweisen. Als sehr gut haben sich auch Schlüssel erwiesen, die nicht die Kanten, sondern die Flächen der Köpfe belasten – sie werden u.a. unter dem Handelsnamen »Metrinch« vertrieben (siehe Abbildung 2.21)
- Schlitz- oder Kreuzschlitzschrauben werden häufig durch falsche Schraubendrehergrößen beschädigt, zudem können die Dreher auch verschlissen (abgerundet) sein. Inbus- und Torx-Schrauben sind dagegen kaum zu zerstören. Wenn Zugang besteht, kann man mit einer Eisensäge einen Schlitz in die Schraube sägen und sie mit einem passenden Schlitzschraubendreher lösen. Alternativ kann die Schraube mit Hammer und Meißel vorsichtig losgeklopft werden. Beschädigte Schrauben dürfen auf keinen Fall wieder eingesetzt und festgezogen werden.

Gewindereparatur

- Besonders in Aluminium kann ein Gewinde durch viel zu festes Anziehen, eingearbeiteten Schmutz oder auch Vibrationen lockerer Schrauben schnell zerstört werden. Das Gewinde kann komplett mit der Schraube herausfallen.
- Wenn ein Gewinde nur leicht beschädigt oder mit alter Schraubensicherungspaste verdreckt ist, kann es mit einem passenden Gewindebohrer repariert/gereinigt werden (siehe Abbildungen 2.22 und 2.23). Für Zündkerzengewinde gibt es spezielle Größen. Achten Sie darauf, den Bohrer mit korrektem Durchmesser und vor allem richtiger Steigung zu benutzen, da das Gewinde sonst zerstört wird. Das Gleiche gilt für Außengewinde. Hier kann mit einer passenden Gewindefeile oder einem Schneideisen nachgearbeitet werden (siehe Abbildung 2.24).
- Wenn um das beschädigte Innengewinde genügend Material vorhanden ist und eine größere Schraube eingesetzt werden kann, ist es möglich, das Loch passend zu vergrößern und ein größeres Gewinde einzuschneiden. Manchmal, z.B. bei Zündkerzen oder Ablassschrauben und bei wenig »Fleisch« um das Loch, ist dieser Schritt jedoch nicht möglich.
- Man muss dann auf Gewindeeinsätze zurückgreifen, die in das aufgebohrte defekte Gewinde eingesetzt werden und in die anschließend wie-

> Praxis TiPP
>
> 
>
> **Ein Klecks Ventileinschleifpaste auf der Schraube kann für den Schraubendreher das letzte Quäntchen Haftung bringen.**

2.22 Zum Reinigen und Reparieren von Innengewinden muss ein passender (!) Gewindebohrer senkrecht (!) eingeschraubt werden.

2.24 Mit einer Gewindefeile können Außengewinde nachgebessert werden.

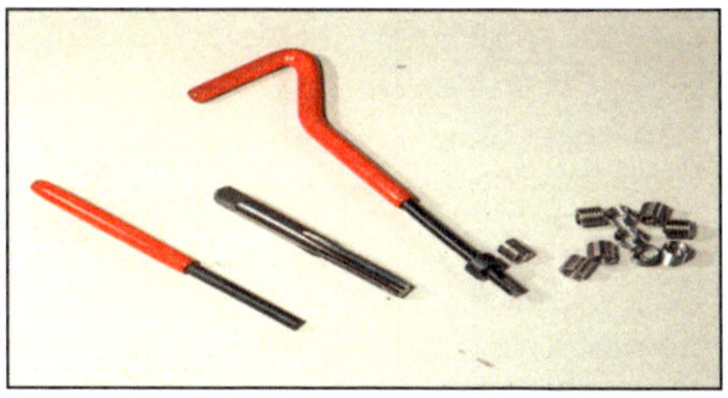

2.25 Dem »Heli Coil« Grund-Kit sind neben Gewindeeinsätzen auch die nötigen Spezialwerkzeuge beigefügt.

2.27 Drehen Sie sorgfältig den Gewindeschneider hinein, . . .

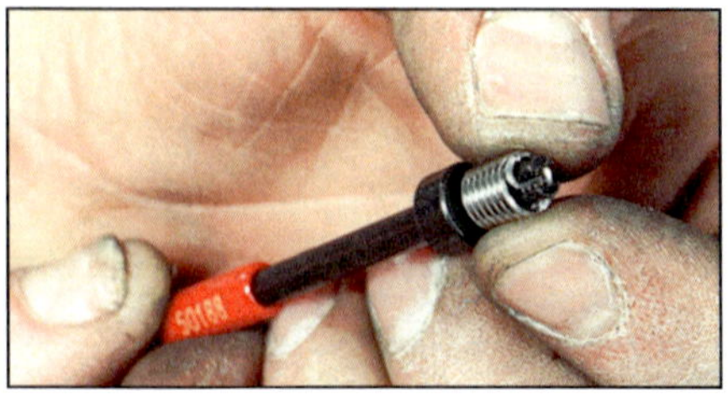

2.28 . . . setzen Sie den Einsatz in das Eindrehwerkzeug, . . .

2.29 . . . und schrauben Sie ihn in die Bohrung.

2.30 Brechen Sie zum Schluss die Lasche ab.

der Originalschrauben oder Zündkerzen eingedreht werden können. Neben vielen anderen Einsätzen heißt das bekannteste Produkt »Heli Coil«. Eine Packung enthält einen Heli-Coil-Gewindebohrer, Einbauwerkzeuge und mehrere Einsätze (siehe Abbildung 2.25). Vergrößern Sie das Loch mit einem passenden Bohrer (siehe Abbildung 2.26), schneiden Sie vorsichtig das Gewinde ein (siehe Abbildung 2.27). Drehen Sie vorsichtig und mit leichtem Druck den Einsatz hinein (siehe Abbildungen 2.28 und 2.29). Wenn er 1/2 bis 1/4 Umdrehung vor dem Grund sitzt, wird das Werkzeug herausgezogen und mit der Stange die Eindrehlasche abgebrochen (siehe Abbildung 2.30).

- Es gibt Gewinde-Reparaturmittel auf Epoxy-Harz-Basis auf dem Markt, sie sollten jedoch nur bei wenig belasteten Verbindungen eingesetzt werden.

Schraubensicherungspaste

- Schraubensicherungspaste wird an Verbindungen eingesetzt, wo durch Vibrationen Gefahr der Lockerung besteht, oder besonders sicherheitsrelevante Teile verloren gehen können. Außerdem wird sie verwendet, wo andere Schraubensicherungen, wie Bleche oder Splinte, nicht eingesetzt werden können.
- Vor dem Auftragen von Sicherungspaste müssen beide Gewinde sorgfältig von alten Resten gereinigt, entfettet und getrocknet werden. Es gibt zwei Arten von Schraubensicherungspasten: dauerfeste und lösbare. Normalerweise wird lösbare Schraubensicherung verwendet, nur Zylinderstehbolzen werden oft mit dauerhafter Paste eingesetzt. Geben Sie einen oder zwei Tropfen auf die ersten Gewindegänge der einzusetzenden Schraube, setzen Sie sie ein, und ziehen Sie sie mit dem vorgeschriebenen Drehmoment fest. Geben Sie nicht zu viel Sicherungspaste auf das Gewinde, da sonst beim Ausbau ein Alu-Gewinde mit herausgezogen werden kann.
- Es gibt Schrauben und Muttern, die mit einem trockenen Sicherungsmaterial überzogen sind. Diese Verbindungsteile müssen nach jeder Demontage ersetzt werden.
- Um Gewinde vor dem Korrodieren zu schützen, können sie mit Kupferpaste eingesetzt werden. Dieses empfiehlt sich besonders bei stark hitzebelasteten Teilen wie Zündkerzen, Krümmerflanschmuttern und Auspuffschrauben.

3.1 Fühlerlehren werden zum Ermitteln kleiner Spaltmaße benötigt. Ihr Maß ist auf einer Seite eingeätzt.

3 Messwerkzeuge und Messuhren

Fühlerlehren

- Fühlerlehren werden zum Ermitteln kleiner Spaltmaße und Spiele (z.B. Ventilspiel) benutzt (siehe Abbildung 3.1). Wo der Einsatz einer Messuhr unmöglich ist, kann man mit ihnen auch Seitenspiel von Wellen messen.
- Fühlerlehrensätze müssen vorsichtig behandelt und dürfen nicht verbogen oder beschädigt werden. In jedes Blatt ist auf einer Seite das entsprechende Maß eingeätzt. (Messen Sie das bei besonders billigen Fühlerlehren einmal nach!) Die Blätter sollten gegen Korrosion immer leicht eingeölt sein, damit sie nicht – im wahrsten Sinne – »aufblühen«.
- Wenn Sie irgendwo Spiel ermitteln wollen, gilt immer der Wert, bei dem das Blatt sich mit leichtem Druck durch die beiden Komponenten ziehen lässt. Es kann passieren, dass man manchmal zwei Fühlerlehren benötigt.

Messschrauben (Mikrometer-Schrauben)

- Mit einer Präzisions-Messschraube lassen sich Messgenauigkeiten von bis zu einem tausendstel Millimeter erzielen. Das empfindliche Gerät sollte immer in seinem Etui und nie lose im Werkzeugkasten aufbewahrt werden, da defekte Geräte falsche Messergebnisse zeigen, die eventuell teure Motorschäden nach sich ziehen können.
- Bügelmessschrauben werden zum Ermitteln von Außendurchmessern eingesetzt, es gibt sie in verschiedenen Messbereichen, normalerweise von 0 bis 25 mm, 25 bis 50 mm usw., immer in 25-mm-Schritten steigend. Zu großen Bügelmessschrauben gibt es austauschbare Zwischenstücke, um verschiedene Messungen durchführen zu können. Allgemein ist das größte benötigte Maß das des Kolbendurchmessers.
- Kleine Innendurchmesser können mit Innenmesslehren oder Dreipunkt-Innenmessschrauben ermittelt werden. Große Durchmesser, wie Zylinderbohrungen, lassen sich mit Messuhren oder Schnabelmessschrauben ermitteln. Alle diese Geräte sind sehr teuer, und es stellt sich die Frage, ob sich die Anschaffung für den Hobbyschrauber lohnt.

Bügelmessschrauben

Anmerkung: *Hier wird eine konventionelle mechanische Messschraube beschrieben. Einfacher abzulesen, aber auch erheblich teurer sind digitale Geräte.*

- Vor Beginn muss immer die Kalibrierung kontrolliert werden, d.h. das Gerät wird geschlossen (bei 0–25 mm) oder mit den entsprechenden (gereinigten!) Zwischenstücken versehen und auf Null-Maß gestellt (siehe Abbildung 3.2).

Beachten Sie hierzu die Bedienungsanleitung der Messschraube. Denken Sie immer daran,

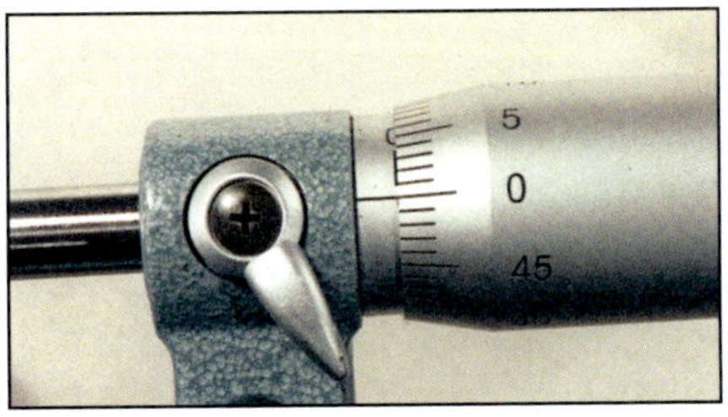

3.2 Kontrollieren Sie vor dem Gebrauch, ob die Messschraube auf Null kalibriert ist.

dass es sich hierbei um ein Präzisionsmessgerät handelt, das schonend behandelt werden muss.

- Achten Sie darauf, dass das zu messende Teil sauber ist. Drücken Sie den Amboss (1) gegen das Teil und drehen Sie die Trommel (2), bis die Spindel (3) das Teil an der gegenüberliegenden Seite leicht berührt (siehe Abbildung 3.3). Drehen Sie jetzt die Spindel mit der Ratsche (4) ein, bis sie überrutscht, schrauben Sie sie auf gar keinen Fall mit der Trommel fester – hierdurch kann das Instrument zerstört werden.
- Jetzt kann die Spindel mit dem Klemmhebel arretiert und die Bügelmessschraube vom zu messenden Teil genommen werden, dann wird das Ergebnis abgelesen. Zuerst wird die Grundmessung auf dem Schaft abgelesen, dann wird die Feinmessung auf der Trommel hinzugezählt. Anhand der Teilstriche auf dem Schaft werden in unserem Fall die ganzen und halben Millimeter abgelesen. Auf der Trommel sind die Hundertstel-Millimeter-Markierungen zu sehen (je nach der Beschriftung auf dem Bügel und Genauigkeit der Messschraube können auch andere Werte abgelesen werden). Jede ganze Umdrehung bedeutet eine Veränderung um einen halben Millimeter. Der Teilstrich, der (direkt von oben betrachtet!) über der Linie liegt, zeigt einen hundertstel Millimeter (0,01 mm) an. Zählen Sie das abgelesene Ergebnis zu der Schaftmessung hinzu.

In unserem Beispiel wird folgendes Messergebnis abgelesen (siehe Abbildung 3.4):

obere Schaft-Skala	2,00 mm
untere Schaft-Skala	0,50 mm
Trommel-Skala	0,45 mm
Messergebnis	**2,95 mm**

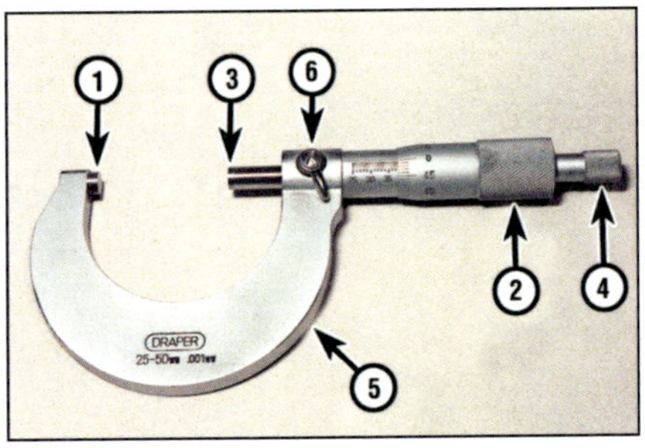

3.3 Bügelmessschrauben-Bauteile
1 Amboss, 2 Trommel, 3 Spindel, 4 Ratsche, 5 Bügel, 6 Feststellhebel

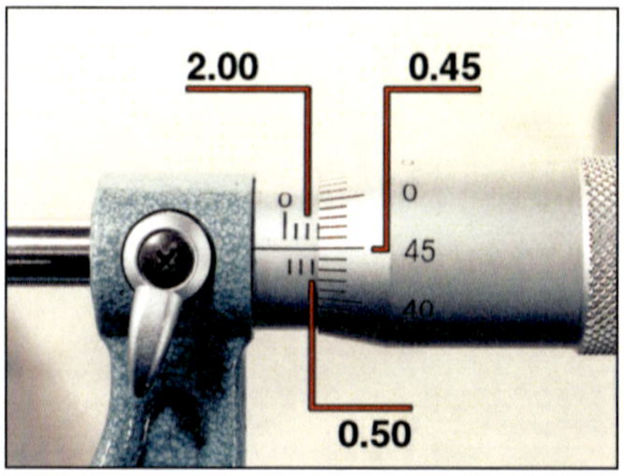

3.4 Das Messergebnis beträgt 2,95 mm.

- Einige Messgeräte haben eine Nonius-Skala auf ihrem Schaft, mit der es ermöglicht wird, auf tausendstel Millimeter genau zu messen. Zählen Sie zu dem oben abgelesenen Ergebnis den Wert hinzu, der mit einem Teilstrich auf der Trommel fluchtet. Anmerkung: Beim Ablesen des Nonius der 0,001-mm-Teilstriche muss genauestens von oben abgelesen werden. Drehen Sie die Messschraube gegebenenfalls zu sich hin. In unserem Beispiel wird folgendes Messergebnis abgelesen (siehe Abbildungen 3.5 und 3.6):

untere Schaft-Skala (große Striche)	46,000 mm
untere Schaft-Skala (kleine Striche)	0,500 mm
Trommel-Skala	0,490 mm
fluchtende Linie (Nonius)	0,004 mm
Messergebnis	**46,994 mm**

Innenmessgeräte

- Für das Ausmessen von Bohrungen benötigt man Innenmessgeräte. Da Messschrauben sehr teuer sind, kann man auf einen Satz verstellbarer Innenfühler zurückgreifen, die mit einer Bügelmessschraube vermessen werden.
- Mit Teleskop-Messlehren können z.B. Pleuelaugen und Kolbenbolzenbohrungen vermessen werden. Schieben Sie die saubere Lehre ein, spannen Sie sie auseinander, sichern Sie sie, und ziehen Sie sie aus der Bohrung (siehe Abbildung 3.7). Messen Sie das Ergebnis mit einer Bügelmessschraube (siehe Abbildung 3.8).
- Sehr kleine Bohrungen, wie Ventilführungen, können mit Bohrungsfühlern vermessen werden. Schieben Sie die saubere Lehre ein, spannen Sie sie so weit auseinander, bis sie leicht gleitet, sichern Sie sie, und ziehen Sie sie aus der Bohrung (siehe Abbildung 3.9). Messen Sie das Ergebnis mit einer Bügelmessschraube (siehe Abbildung 3.10).

Messschieber

Anmerkung: *Beschrieben werden hier konventionelle Nonius- und Uhren-Messschieber, Digital-Messschieber sind leichter abzulesen, kosten jedoch sehr viel mehr Geld.*

- Ein Messschieber arbeitet nicht so genau wie eine Bügelmessschraube, dafür ist er leichter zu bedienen und vielseitig für Außen-, Innen- und Tiefenmessungen einsetzbar. Für viele Messungen, wie z.B. Kupplungsbeläge oder Ventilfedern, reicht er völlig aus.
- Lösen Sie zunächst die Klemmschraube (1), und schieben Sie das Gerät soweit auseinander, dass die Schnäbel (2) über bzw. die Kreuzspitzen (3) in das zu messende Teil passen (siehe Abbildung 3.11). Schieben Sie das Gerät, eventuell mit der Feineinstellung (4), bis auf beiden Seiten leichter Kontakt entsteht, und ziehen Sie die Klemmschraube wieder an. Jetzt werden auf der festen Skala (6) als Grundmessung die ganzen Millimeter abgelesen, die links der Null auf der Schieberskala (5) liegen. Als Nächstes wird auf der Schieberskala der Strich identifiziert, der genau mit einem Strich auf der festen Skala fluchtet, jeder Strich steht normalerweise für 0,02 oder sogar 0,01 Millimeter. Addieren Sie den abgelesenen Wert zu der Grundmessung hinzu, und Sie haben das Messergebnis. In unserem Beispiel wird folgendes Messergebnis abgelesen (siehe Abbildung 3.12):

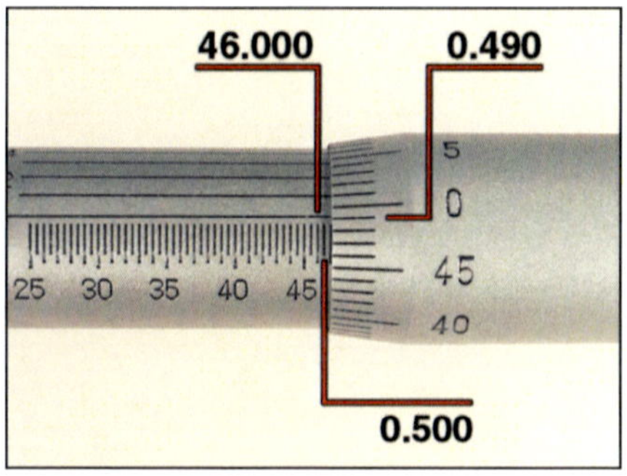

3.5 Auf dem Schaft und der Trommel werden 46,99 mm abgelesen, . . .

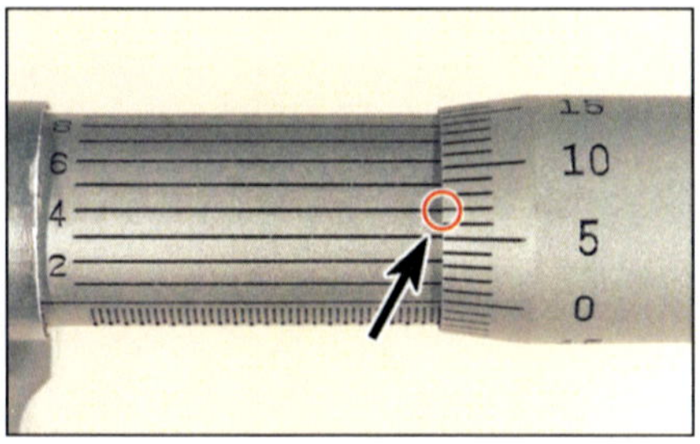

3.6 . . . dazu kommen 0,004 mm aufgrund der fluchtenden Linien.

3.7 Spannen Sie die Teleskop-Messlehre in der Bohrung auseinander, arretieren Sie das Gerät, . . .

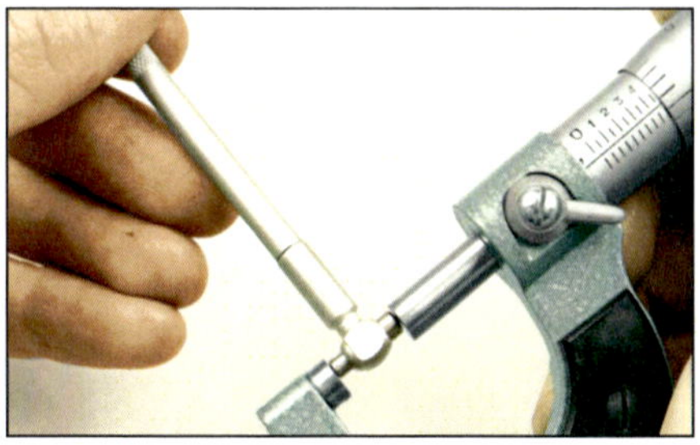

3.8 . . . und messen Sie das Ergebnis mit der Bügelmessschraube.

3.9 Spannen Sie den Bohrungs-Fühler in das Loch, und sichern Sie ihn in Position, . . .

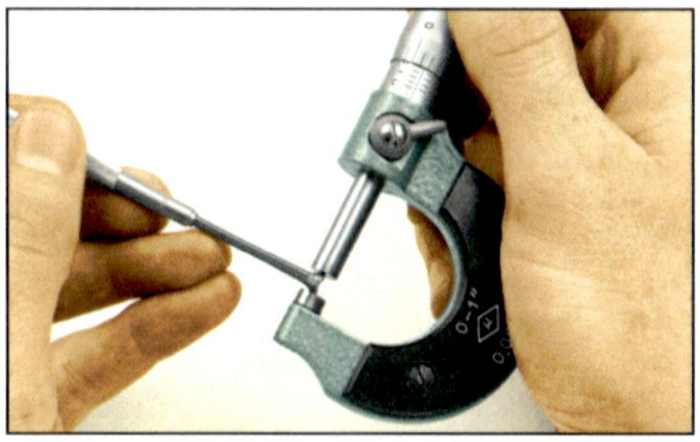

3.10 . . . messen Sie das Gerät mit einer Bügelmessschraube.

Grundmessung	55,00 mm
Feinmessung	0,92 mm
Messergebnis	**55,92 mm**

- Einige Messschieber sind zur Feinmessung mit einer Messuhr ausgerüstet. Achten Sie darauf, dass der Messschieber sauber sein muss. Schieben Sie ihn zuerst zusammen und kontrollieren Sie, ob die Messuhr auf Null steht, gegebenenfalls muss am Außenring nachgestellt werden. Lösen Sie zunächst die Klemmschraube (1), und schieben Sie das Gerät soweit auseinander, dass die Schnäbel (2) über bzw. die Kreuzspitzen (3) in das zu messende Teil passen (siehe Abbildung 3.13). Schieben Sie das Gerät, eventuell mit der Feineinstellung (4), bis auf beiden Seiten leichter Kontakt entsteht, und ziehen Sie die Klemmschraube wieder an. Jetzt werden auf der festen Skala (5) als Grundmessung die ganzen Millimeter abgelesen, die links der Schieberskala (6) erscheinen. Als Nächstes wird die Position der Nadel in der Uhr (7) ermittelt, jeder Teilstrich

A

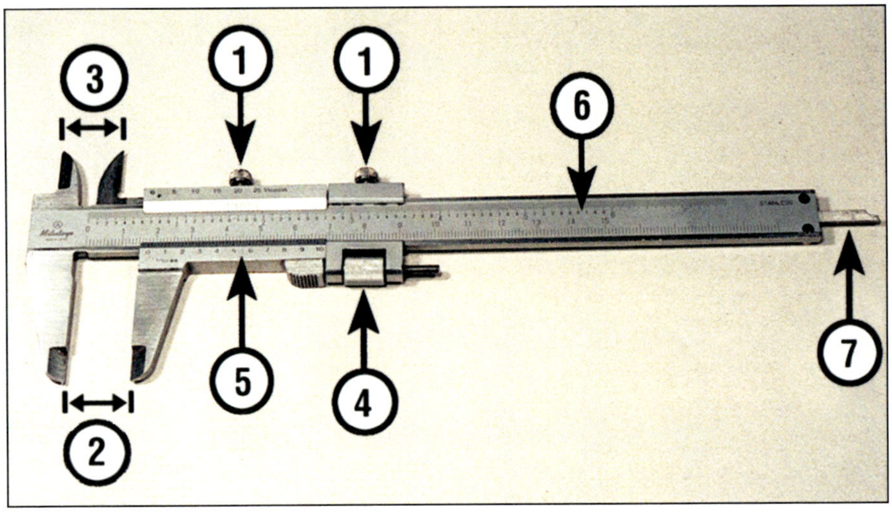

3.11 Bauteile eines Messschiebers (Nonius-Ablesung)

1 Klemmschraube
2 Außenmess-Schnäbel
3 Innenmess-Kreuzspitzen
4 Feineinstellung
5 Schieberskala
6 feste Skala
7 Tiefenmessdorn

entspricht hier 0,05 mm. Addieren Sie diesen Wert zu der Grundmessung, um das Messergebnis zu erhalten.

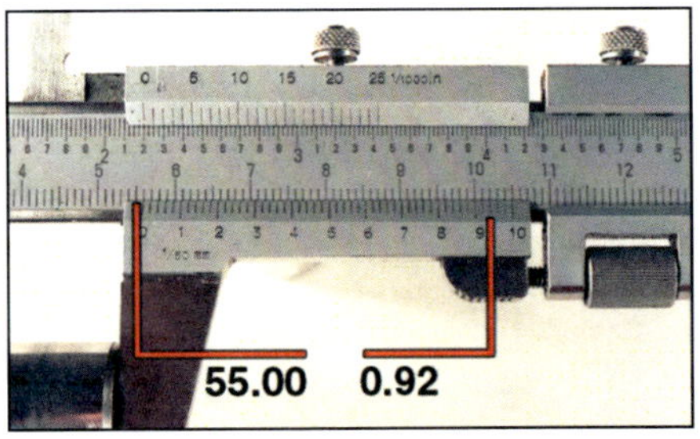

3.12 Das Messergebnis beträgt 55,92 mm.

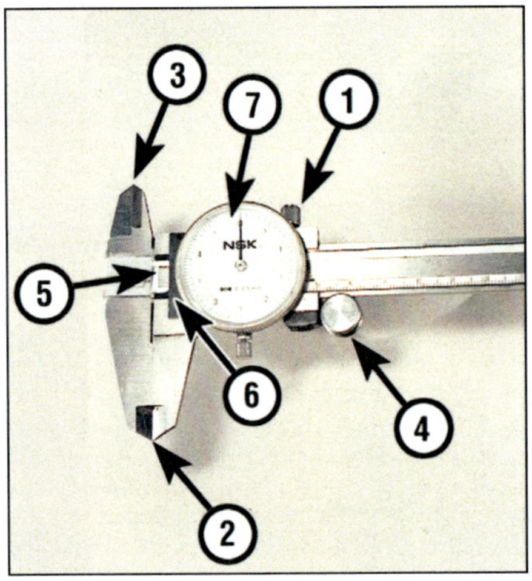

3.13 Bauteile eines Messschiebers (Uhr-Ablesung)

1 Klemmschraube
2 Außenmess-Schnäbel
3 Innenmess-Kreuzspitzen
4 Feineinstellung
5 feste Skala
6 Schieberskala
7 Messuhr

In unserem Beispiel wird folgendes Messergebnis abgelesen (siehe Abbildung 3.14):

Grundmessung	55,00 mm
Feinmessung	0,95 mm
Messergebnis	**55,95 mm**

Plastigauge-Messstreifen

- Plastigauge ist ein Kunststoffstreifen, der zwischen zwei Oberflächen gepresst wird und anhand dessen Quetschungsbreite und einer Skala das Spiel zwischen den Oberflächen ermittelt werden kann.
- Üblicherweise werden mit Plastigauge Spiele in Gleitlagern von Kurbel- und Nockenwellenlagern sowie zwischen Hubzapfen und Pleuellagern ermittelt. Im Folgenden wird Letzteres als Beispiel beschrieben.
- Gehen Sie vorsichtig mit Plastigauge um, damit sich keine verzerrten Messergebnisse zeigen. Schneiden Sie mit einem scharfen Messer einen Streifen davon ab, der etwas kürzer ist als die Breite der Lagerschale, und legen Sie ihn parallel zur Welle in das Lager oder auf die Welle (siehe Abbildung 3.15). Montieren Sie vorsichtig beide Lagerschalen und setzen Sie das Pleuel zusammen. Ziehen Sie, ohne das Pleuel auf der Kurbelwelle zu drehen, die Schrauben oder Muttern mit dem vorgeschriebenen Drehmoment fest. Dann wird alles vorsichtig wieder gelockert und der Plastigauge-Streifen begutachtet.
- Der Streifen wird mit der an der Packung befindlichen Skala verglichen und das entsprechende Lagerspiel abgelesen (siehe Abbildung 3.16). Entfernen Sie anschließend alle Plastigauge-Reste mit dem Fingernagel.

3.14 Das Messergebnis beträgt 55,95 mm.

Achtung: Um ein korrektes Messergebnis zu erhalten, müssen alle vom Motorradhersteller vorgeschriebenen Anzugs-Drehmomente und -Reihenfolgen genauestens eingehalten werden.

Messuhren und Verzugsmessung

- Mithilfe einer Messuhr können kleinste Bewegungen ermittelt werden. Typische Einsatzzwecke sind Messungen von Unrundlauf, Seitenspiel oder Kolbenpositionen zur Zündeinstellung bei Zweitaktmotoren. Zu einem Messuhr-Set gehören eine Vielzahl von Tastern, Adaptern und Befestigungsmöglichkeiten.

3.15 Der Plastigauge-Streifen wird längs auf die Lageroberfläche gelegt.

- Im Ruhezustand der Uhr muss die Nadel auf Null stehen, gegebenenfalls muss am Ring nachjustiert werden.
- Prüfen Sie, ob der Messbereich der Uhr für die zu erwartende Bewegung ausreicht. Die meisten Uhren haben neben der großen Feinmessanzeige mit 0,01- oder 0,001-mm-Einteilung einen kleinen Zeiger, der ganze Millimeter misst. Zählen Sie zuerst die ganzen Millimeter und dann die Hundertstel oder Tausendstel dazu.

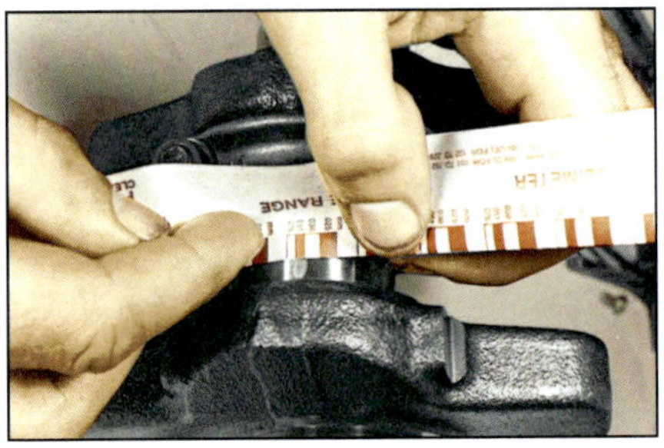

3.16 Messen Sie die Breite der gequetschten Messstreifen.

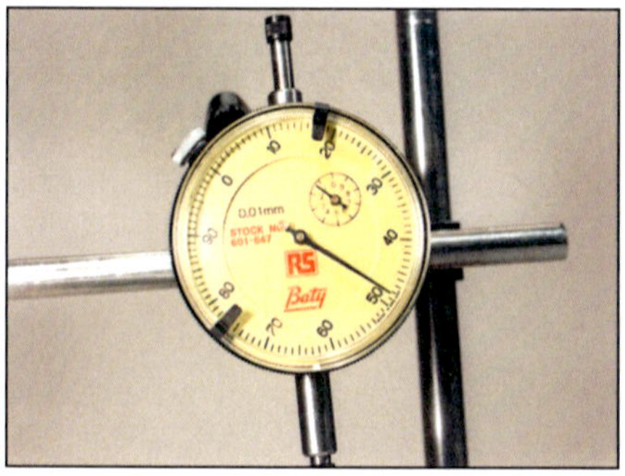

3.17 Das Messergebnis beträgt 1,48 mm.

In unserem Beispiel wird folgendes Messergebnis abgelesen (siehe Abbildung 3.17):

Grundmessung	1,00 mm
Feinmessung	0,48 mm
Messergebnis	**1,48 mm**

- Wenn der Unrundlauf von Wellen ermittelt werden soll, muss die Welle in V-förmigen Ausschnitten von stabilen Blöcken laufen und die Messuhr an einem Stativ rechtwinkelig zur Welle montiert werden. Lassen Sie den Taster in der Wellenmitte aufliegen, und drehen Sie langsam die Welle. Beobachten Sie dabei die Anzeige (siehe Abbildung 3.18). Führen Sie ggf. an verschiedenen Stellen der Welle Messungen durch, und merken Sie sich den maximalen Schlag.

Anmerkung: *Das abgelesene Ergebnis stellt den totalen Unrundlauf der Welle dar. Einige Hersteller geben in ihren* Technischen Daten *den maximalen Wert zu einer Seite an, sodass das Ergebnis halbiert werden muss.*

- Das Seitenspiel (Axialspiel) einer Welle kann nach dem sicheren Befestigen der Messuhr am Gehäuse gemessen werden, der Taster wird dabei auf das Wellenende gesetzt. Dann wird die Welle mit der Hand hin- und hergedrückt und anhand der Bewegung des Zeigers das Spiel abgelesen (siehe Abbildung 3.19).
- Zur exakten Zündzeitpunktbestimmung bei mehrzylindrigen Zweitakt-Motoren wird eine Messuhr so platziert, dass der Taster durch das Zündkerzengewinde auf den Kolben zum Liegen kommt. Justieren Sie die Uhr im oberen Totpunkt des Kolbens auf Null, und beachten Sie die Betriebsanleitung.

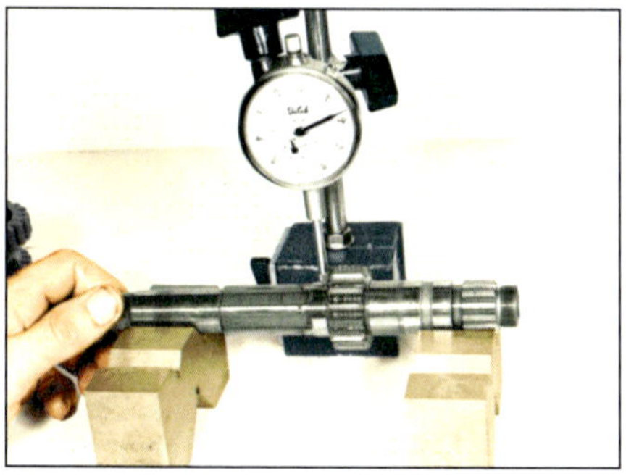

3.18 Messen Sie den Unrundlauf der Welle mit einer Messuhr.

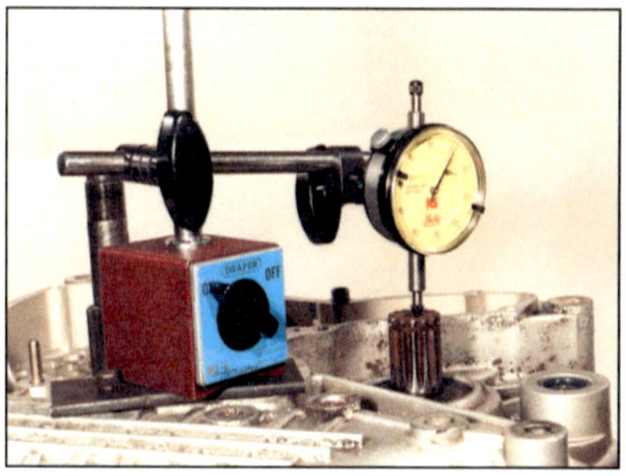

3.19 Hier wird das Axialspiel einer Welle vermessen.

Zylinder-Kompressionsmessgerät

- Kompressionsuhren gibt es mit verschiedenen Anschlüssen: Entweder mit einem konusförmigen Gummi, das in die Kerzenbohrung gedrückt werden muss, oder mit passendem Gewinde zum Einschrauben – letzteres ist zu empfehlen. Der Messbereich der Uhr sollte bei Benzinmotoren bis 20 bar gehen.
- Nach dem Entfernen der Zündkerzen wird die Kompression bei drehendem, aber nicht laufendem Motor gemessen (siehe Abbildung 3.20). Führen Sie den Kompressionstest so durch, wie es in der Ausrüstung zur Fehlersuche beschrieben wird. Das Messgerät wird den Druck solange halten, bis das Ventil per Hand geöffnet wird.

Öldruck-Messgerät

- Um den Öldruck des Motors zu ermitteln, wird ein Öldruck-Messgerät benötigt, die meisten von ihnen sind mit verschiedenen Adaptern ausgerüstet, sodass sie in alle Anschlussgewinde geschraubt werden können (siehe Abbildung 3.21). Wenn der vom Hersteller vorgesehene Anschluss an einer externen Öldruckleitung liegt, muss eine spezielle Ersatz-Ölleitung verwendet werden, um Ölmangel an verschiedenen Komponenten auszuschließen.

3.20 Ein Kompressionstester mit Gummi-Konus muss kräftig in die Bohrung gedrückt werden.

3.21 Öldruck-Messuhr und Anschluss-Adapter (Pfeil)

- Der Öldruck wird bei mit einer bestimmten Drehzahl laufendem Motor gemessen. Oftmals sind die vorgeschriebenen Werte sowohl bei kaltem als auch bei warmem Motor angegeben.

Haarlineale und Verzug

- Zur Kontrolle einer ebenen Dichtfläche auf Verzug muss ein Haarlineal oder ein Präzisions-Stahllineal über die Fläche gelegt und vorhandene Spalte mit einer Fühlerlehre vermessen werden (siehe Abbildung 3.22). Messen Sie diagonal zum Bauteil und zwischen Befestigungsbohrungen (siehe Abbildung 3.23).
- Kontrollieren Sie verschiedene Bauteile, wie Kupplungsreibscheiben auf einer ebenen Fläche (z.B. einem Spiegel), auf Verzug.

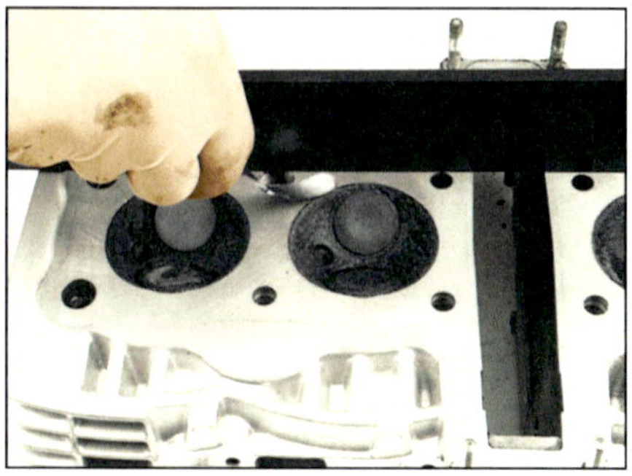

3.22 Mit einem Präzisionslineal und einer Fühlerlehre wird der Verzug der Dichtfläche gemessen.

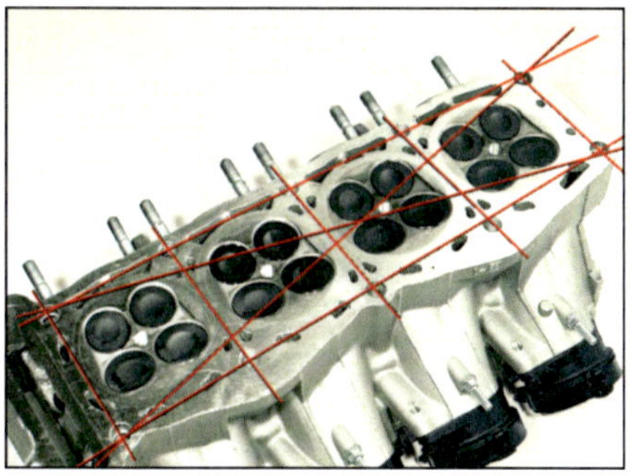

3.23 Kontrollieren Sie in diesen Richtungen den Zylinderkopf und auch die Zylinder auf Verzug.

4 Drehmoment und Hebel

Was ist das Drehmoment?

- Mit Drehmoment ist die Drehkraft gemeint, die auf eine Welle wirkt. Das Drehmoment wird bestimmt durch die Länge des Hebels und die auf dessen Ende wirkende Kraft. Die Maßeinheit 1 Nm (Newton pro Meter) bedeutet eine Kraft von einem Newton (ca. 100 g) auf einen ein Meter langen Hebel, ist der Hebel nur 10 cm lang, muss er schon mit 1000 g belastet werden.
- Die vom Hersteller angegebenen Drehmomente beziehen sich auf die Belastung, die Zugfähigkeit und Größe des Gewindes und das Material, in dem es halten soll.
- Bei einem zu geringen Drehmoment besteht die Gefahr, dass die Verbindung sich im Betrieb löst, zu starkes Drehmoment kann die Verbindungsteile überlasten und beschädigen, sodass sie ab- oder ausreißen können.

Der automatische Drehmoment-Schlüssel

- Kontrollieren Sie die Kalibrierung und Funktionsfähigkeit des Drehmomentschlüssels (der für das verlangte Drehmoment ausgelegt sein muss). Oftmals sind auf dem Drehmomentschlüssel mehrere Maßeinheiten angegeben (Nm, kpm oder lbf/in und lbf/ft), verwechseln Sie die Maßeinheiten nicht!
- Stellen Sie den Schlüssel auf das verlangte Drehmoment ein (siehe Abbildung 4.1). Wenn Ihr Drehmomentschlüssel nicht die angegebene Maßeinheit aufweist, muss anhand von Tabellen umgerechnet werden. Wenn Hersteller eine Empfehlung aussprechen (8–10 Nm), sollte die Verbindung mit dem mittleren Wert angezogen werden. Genauso hätte man 9 Nm ± 1 Nm angeben können. Viele Drehmomentschlüssel können nach Einstellen des Wertes arretiert werden, sodass beim Anziehen der Wert nicht verändert werden kann.
- Setzen Sie die Schraube oder Mutter an, und ziehen Sie sie leicht fest. Das Gewinde muss sauber und frei von alten Sicherungskomponenten sein. Wenn nicht anders erwähnt, müssen die Gewinde trocken sein – unter bestimmten Umständen sind eingeölte oder mit Schraubensicherung versehene Gewinde nötig, dann sind entsprechende Drehmomente berücksichtigt.
- Ziehen Sie die Verbindung fest, bis der Drehmomentschlüssel mit einem Klicken automatisch auslöst und damit anzeigt, dass das gewünschte Drehmoment erreicht ist. Kontrollieren Sie ein zweites Mal die Festigkeit der Verbindung. Wenn ein Bauteil mit unterschiedlichen Gewindedurchmessern befestigt wird, müssen immer zuerst die größeren Verbindungen mit den höheren Drehmomenten festgezogen werden.
- Nachdem die Arbeit mit dem Drehmomentschlüssel beendet ist, muss die vorhandene Arretierung gelöst und die Einstellung auf Null gestellt werden – legen Sie den Schlüssel nicht vorgespannt beiseite. Benutzen Sie keinen Drehmomentschlüssel zum Lösen von Verbindungen.

Anziehen mit Winkelmessscheibe

- Manche Hersteller schreiben vor, Schraubverbindungen nach dem Anziehen mit einem vorgegebenen Drehmoment noch um einen bestimmten Winkel nachzuziehen.
- Mit einer Winkelmessscheibe (siehe Abbildung 4.2) oder einem Winkelmesser kann der gewünschte Winkel bestimmt und entsprechend nachgezogen werden (siehe Abbildung 4.3).

4.2 Die aufsetzbare Winkelscheibe wird auf Null arretiert, bevor die Verbindung entsprechend nachgezogen wird.

Lockerungs-Reihenfolge

- Wenn mehrere Schrauben oder Muttern eine Komponente sichern, sollten sie alle gleichmäßig Schritt für Schritt gelöst werden, sodass nicht zum Schluss die gesamte Last auf einer Verbindung liegt und das Bauteil verbiegen oder verziehen kann.
- Wenn vom Hersteller eine Anzugs-Reihenfolge vorgegeben ist, müssen die Verbindungen entgegengesetzt gelöst werden. Ansonsten werden Verbindungen schrittweise von außen nach innen gelockert (siehe Abbildung 4.4).

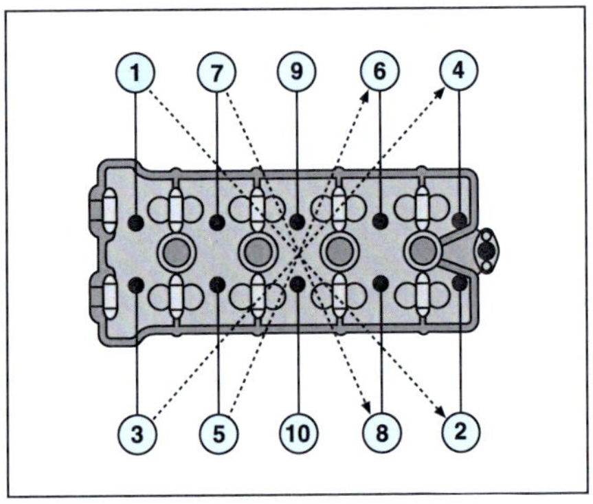

4.4 Beim Lösen von Schraubverbindungen muss von außen nach innen gearbeitet werden.

Anzugs-Reihenfolge

- Wenn mehrere Schrauben oder Muttern eine Komponente sichern, sollten sie alle gleichmäßig Schritt für Schritt angezogen werden, sodass nicht zu Anfang die gesamte Last auf einer Verbindung liegt und Dichtungen zerstört werden oder das Bauteil verbiegen oder verziehen kann. Besonders wichtig ist ein gleichmäßiges Anziehen bei großflächigen und festen Verbindungen wie Zylinderköpfen oder Motorgehäusen.
- Normalerweise wird vom Hersteller eine Anzugsreihenfolge, entweder als Zeichnung oder auch direkt am Bauteil markiert, angegeben. Wenn nicht, wird in der Mitte begonnen und schritt- und kreuzweise nach außen gearbeitet (siehe Abbildung 4.5). Beginnen Sie mit

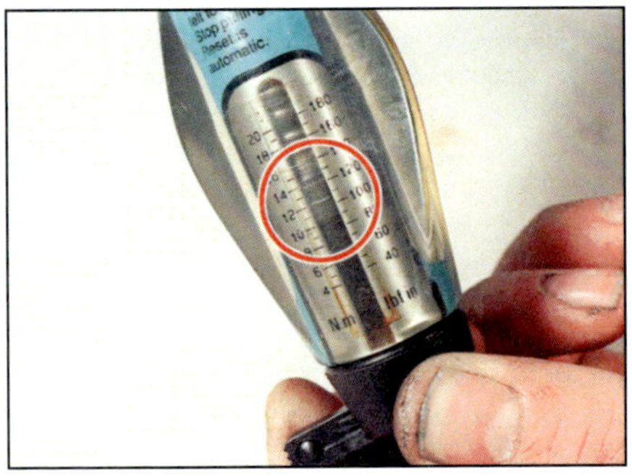

4.1 Stellen Sie den Drehmomentschlüssel auf das gewünschte Anzugsmoment ein, in diesem Fall auf 12 Nm.

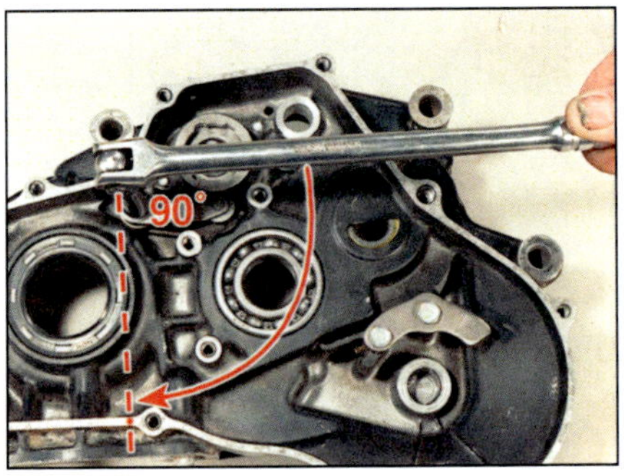

4.3 Man kann den Winkel auch per Auge oder Geodreieck bestimmen.

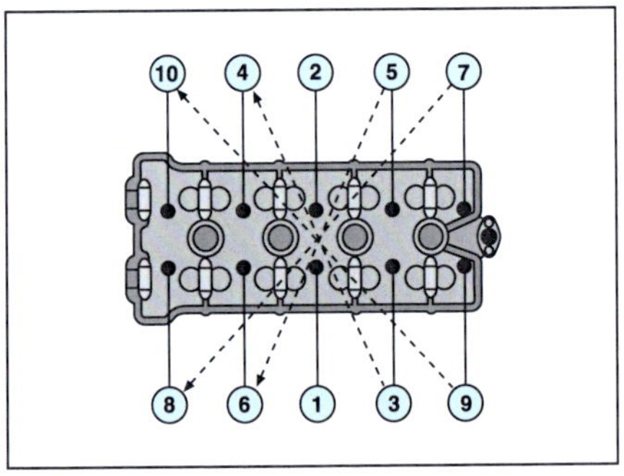

4.5 Typische Anzugsreihenfolge von Schrauben oder Muttern einer großflächigen Verbindung

handfestem Anziehen aller Verbindungen, setzen Sie dann den Drehmomentschlüssel an und ziehen Sie alles kreuzweise Schritt für Schritt fester, bis alle Anzugsmomente stimmen. Nur so ist gewährleistet, dass die Verbindung hält und nichts beschädigt wird. Wichtige Verbindungen wie Zylinderköpfe haben oftmals zwei oder drei Anzugsschritte, bis alles endgültig festgezogen wird.

Der richtige Hebel

- Verwenden Sie Werkzeuge im richtigen Winkel. Ziehen Sie Schlüssel wenn möglich immer zu sich hin, wenn Verbindungen gelöst werden sollen. Wenn das nicht möglich ist, darf das Werkzeug nicht von der Hand umschlungen sein (siehe Abbildung 4.6) – der Schlüssel kann abrutschen oder die Verbindung sich plötzlich lösen, und Ihre Finger an scharfen Kanten gequetscht oder aufgerissen werden.

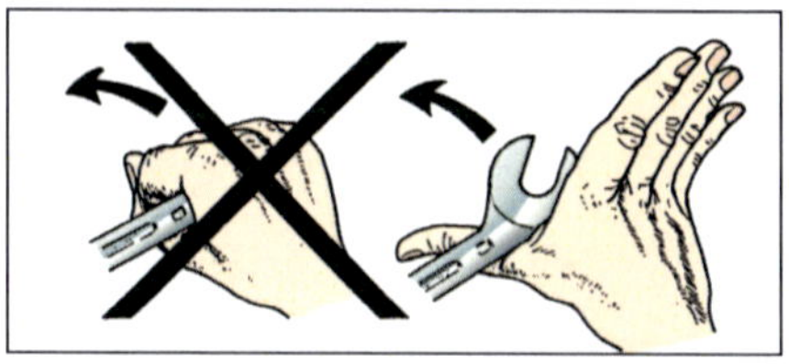

4.6 Wenn Sie den Schlüssel nicht zu sich ziehen können, drücken Sie ihn mit geöffneter Hand.

- Bei sehr festen Verbindungen kann eine Hebelverlängerung durch ein Rohr oder Stange helfen, sie zu lösen. Normalerweise sind Werkzeuge jedoch so ausgelegt, dass mit ihnen alle entsprechenden Verbindungen gelöst werden können. Wie Sie festgegangene Verbindungen lösen können, ist unter Punkt 2 beschrieben. Inbusschrauben und deren Gewinde können sehr leicht zerstört werden, wenn man einen Inbusschlüssel mit einem Rohr verlängert. Beim Anziehen sollten Verlängerungen generell nie benutzt werden, da man sich mit der eingesetzten Kraft leicht verschätzen kann.

5 Lager

Wälzlager – Aus- und Einbau

Treiber und Steckschlüsselnüsse

- Bevor man mit dem Ausbau eines Lagers beginnt, muss man sich vergewissern, in welche Richtung es demontiert wird. Einige Gehäuse haben angegossene Nuten oder Halteplatten. Überprüfen Sie Identifikations-Markierungen an den Lagern, und messen Sie ggf. ihre Einbautiefe im Gehäuse. Merken Sie sich die Einbaurichtung, wenn das Lager auf einer Seite abgedichtet ist.

5.1 Mit einem Lagertreiber, der nur den äußeren Ring berührt, wird das Lager eingetrieben.

5.2 Auch eine passende Nuss kann hierfür verwendet werden. Verkanten Sie das Lager nicht!

- Wälzlager können mit einem passenden Austreib-Werkzeug oder einer Steckschlüsselnuss, deren Durchmesser etwas kleiner als der Außendurchmesser des Lagers ist, aus dem Gehäuse geschlagen werden. Stützen Sie das Gehäuse rund um das Lager mit Holzblöcken ab, um es vor Verzug zu schützen. Nach ein paar Schlägen mit einem schweren Hammer auf den Treiber sollte das Lager aus dem Gehäuse fallen. Wenn der Zugang, z.B. bei Radlagern, erschwert ist, muss das Lager mit einem Treibdorn im Kreis herum ausgeschlagen werden, damit es nicht im Sitz verkantet.
- Mit der gleichen Ausrüstung können auch neue Lager eingetrieben werden. Stützen Sie auch hier das Gehäuse mit Holzblöcken ab. Setzen Sie das Lager senkrecht – und bei einseitiger Abdichtung richtig herum, die Beschriftung zeigt normalerweise immer nach außen – in die Bohrung, und treiben Sie es ein. Wird hierbei der Käfig, Dichtring oder innerer Lagerring berührt, ist das Lager zerstört (siehe Abbildungen 5.1 und 5.2).
- Kontrollieren Sie, ob der Innenring sich nach der Montage frei drehen lässt.

5.3 Dieser Lagerabzieher ist mit einer Trennvorrichtung versehen, die unter das Lager geklemmt wird.

Abzieher und Zughammer

- Wenn ein Lager auf eine Welle gepresst ist, kann man es meist nur mit einem Abzieher wieder herunterbekommen (siehe Abbildung 5.3). Gehen Sie sicher, dass die Abzieher-Arme sicher hinter das Lager greifen und nicht abrutschen können. Wenn kein Platz zum Abziehen ist, kann es manchmal nötig sein, das dahinter liegende Zahnrad zusammen mit dem Lager abzuziehen (siehe Abbildung 5.4).

5.4 Wenn hinter dem Lager kein Platz für die Abzieherarme ist, kann z.B. das dahinter liegende Zahnrad mit abgezogen werden.

Achtung: Gehen Sie sicher, dass sich die Spindel des Abziehers immer in der Mitte der Welle befindet und beim Anziehen nicht abrutscht. Achten Sie darauf, dass die Welle nicht beschädigt wird.

- Setzen Sie den Abzieher so an, dass die Spindel sich in der Mitte der Welle abdrückt und nicht abrutscht, wenn das Lager abgezogen wird.
- Wenn das Lager auf die Welle getrieben wird, darf der äußere Ring und der Käfig oder Dichtring nicht berührt werden. Mithilfe eines Steck-

5.5 Benutzen Sie zum Auftreiben des Lagers ein Rohr, das etwas größer ist als die Welle und nur den inneren Lagerring berührt.

5.6 Nach dem Einführen wird der Auszieher aufgespreizt, sodass er hinter den Innenring greift.

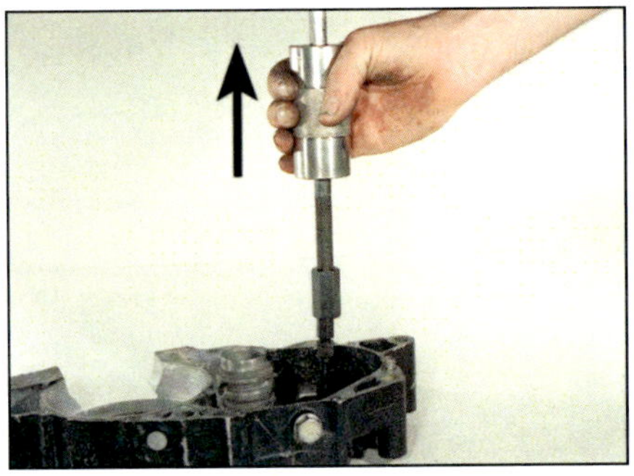

5.7 Dann kann ein Zughammer aufgeschraubt und durch dessen nach oben geschlagenes Gewicht das Lager ausgetrieben werden.

schlüssels oder passenden Rohrs, das nur den inneren Lagerring berührt, kann das Lager bis auf seinen Sitz geschlagen werden (siehe Abbildung 5.5).

- Lager, die in Sacklöchern stecken, können nicht ausgeschlagen werden. Hier wird ein Innenauszieher benötigt, der in das Lager gesteckt und dann aufgespreizt wird (siehe Abbildung 5.6). Dieser Auszieher wird zusammen mit dem Lager entweder mit einem Abzieher herausgezogen oder mit einem Zughammer herausgetrieben (siehe Abbildung 5.7).
- Es kann auch möglich sein, dass das Lager durch sein Eigengewicht aus dem Gehäuse fällt, nachdem dieses, wie unten beschrieben, erhitzt worden ist. Legen Sie das Gehäuse, um die Dichtfläche nicht zu beschädigen, so auf eine nicht zu harte Oberfläche, dass das Lager

5.8 Schlagen Sie das erwärmte Gehäuse mehrmals auf Holzblöcke, um das Lager herausfallen zu lassen.

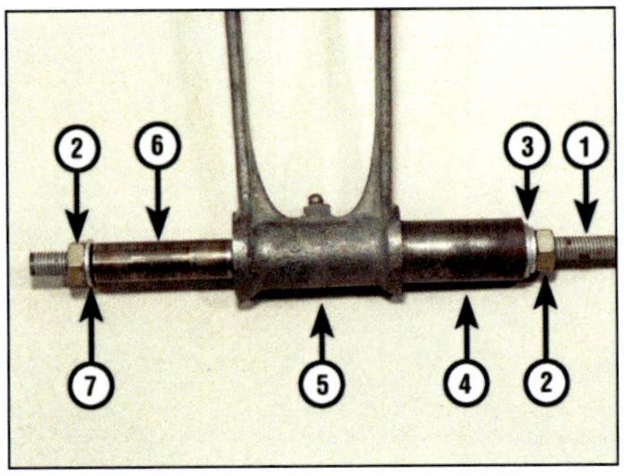

5.9 Hier soll eine Lagerbuchse gewechselt werden.

1 *lange Schraube oder Gewindestange*
2 *Muttern*
3 *Scheiben mit größerem Außendurchmesser als Rohr-Innendurchmesser*
4 *Rohr mit zur Buchse passendem Durchmesser*
5 *Hebelarm mit Lagerbuchse*
6 *Rohr mit etwas kleinerem Durchmesser als Lagerbuchse*
7 *Scheibe mit etwas kleinerem Außendurchmesser als Lagerbuchse*

nach unten herausfallen kann. Tragen Sie beim Erwärmen Handschuhe, und klopfen Sie dabei das Gehäuse regelmäßig auf die Oberfläche, um das Lager leichter herausfallen zu lassen (siehe Abbildung 5.8).

- Lager können genauso in Sacklöcher montiert werden, wie es oben beschrieben ist.

Einzieh-Vorrichtungen

- Lager oder Buchsen, die z.B. in obere Pleuelaugen oder andere Hebel eingepresst sind, können nicht ohne Beschädigung des Bauteils aus-

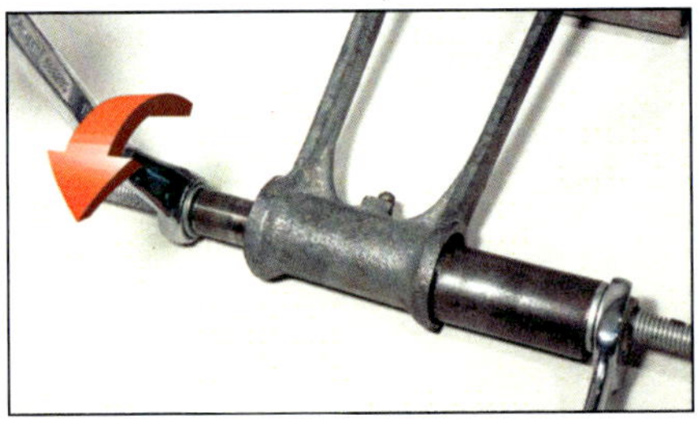

5.10 Hier wird die Lagerbuchse aus dem Hebel gezogen.

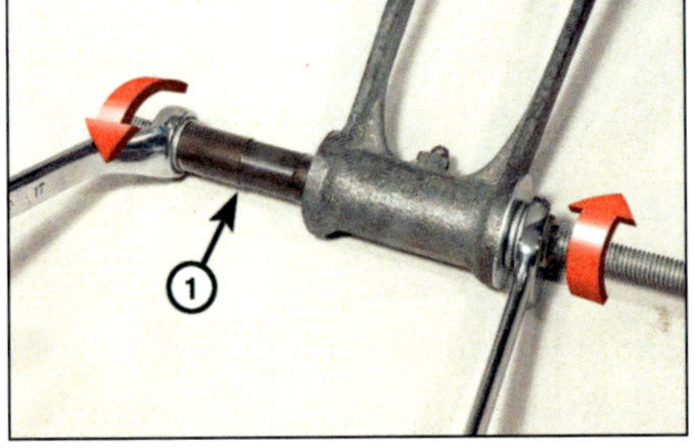

5.11 Die neue Lagerbuchse (1) wird in das Bauteil gezogen.

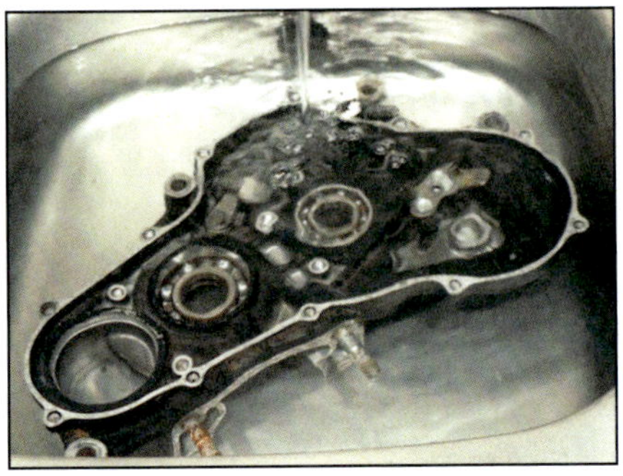

5.12 Wenn das Teil in einen Topf passt, kann es in kochendem Wasser erwärmt werden. Achten Sie danach bei Stahlteilen auf Rostschutz!

geschlagen werden. Auch Gummibuchsen lassen sich schlecht durch Schläge aus- und eintreiben. Wenn man Zugang zu einer maschinellen Presse hat, kann man hiermit arbeiten, falls nicht, muss zum Aus- und Einziehen von Buchsen ein Werkzeug angefertigt werden.

- Man benötigt eine lange Schraube mit Mutter (oder eine Gewindestange mit zwei Muttern), ein Stück Rohr, das einen größeren Innendurchmesser als die Buchse hat, ein weiteres Stück Rohr mit einem kleineren Außendurchmesser als die Buchse und eine Reihe verschiedener Scheiben (siehe Abbildungen 5.9 und 5.10). Die Rohre müssen länger sein als die Buchse.
- Das gleiche Werkzeug, ohne Rohre, kann man zum Einziehen der Buchse benutzen (siehe Abbildung 5.11).

Ausdehnung durch Erwärmung

- Wenn der Lageraußenring fest im Leichtmetallgehäuse steckt, kann dieses erwärmt werden, um das Lager zu lockern. Aluminium dehnt sich bei Erwärmung mehr aus als Stahl, also darf auch das Lager warm werden. Es gibt verschiedene Möglichkeiten der Erwärmung, doch sollte man auf offene Brennerflammen verzichten, da das Material sich verziehen oder sogar schmelzen kann.
- Man kann das Teil in einem auf nicht mehr als 100 °C erwärmten Backofen oder in kochendem Wasser erwärmen (siehe Abbildung 5.12). Eine gezielte Erhitzung ist mit einem Heißluftgebläse, wie es zum Abbeizen verwendet wird, oder einem Bügeleisen zu erreichen (siehe Abbildung 5.13).

5.13 Die Umgebung des Lagers kann mit einem Heißluftgebläse erwärmt werden. Schützen Sie Dichtungen vor direkter Hitze!

> ⚠ ***Warnung: Bei all diesen Methoden müssen zur Vermeidung von Verbrennungen Handschuhe getragen werden.***

- Beim Erhitzen des ganzen Gehäuses muss darauf geachtet werden, dass Kunststoffteile, wie Leerlaufschalter, beschädigt werden könnten – bauen Sie sie vorher aus.
- Bauen Sie unverzüglich nach dem Erhitzen das Lager aus. Sie werden merken, dass es sehr leicht auszutreiben ist oder gar von allein herausfallen wird.
- Auch zur Erleichterung des Einbaus neuer Lager kann das Gehäuse erhitzt werden. Die Motorradhersteller haben oft die Gehäuse entsprechend konstruiert und benutzen diese Methode bei der Motormontage.
- Zur leichteren Montage kann man das Lager auch über Nacht in die Kühltruhe legen, damit sie sich zusammenziehen. Empfohlen wird diese Methode z.B. bei den Lagerschalen, die in den Lenkkopf getrieben werden.

Lager-Typen und Markierungen

- An Motorrädern findet man Gleitlagerschalen und Wälzlager (Nadellager, Kegellager und Kugellager) in verschiedenen Größen (siehe Abbildungen 5.14 und 5.15). Die Rollen (Kugeln, Kegel oder Nadeln) der Wälzlager sitzen meistens in Käfigen, doch gibt es auch offene Lager.
- Gleitlager werden normalerweise bei Kurbelwellen und Pleuelfüßen verwendet, da sie hohe Druckbelastung aushalten, auch die Fertigung des Kurbeltriebs wird dadurch erheblich erleichtert. Sie benötigen konstanten Öldruck, da sie sonst schnell fressen. Sie sind zumeist aus gesinterter (selbstschmierender) Phosphor-Bronze, um beim Motorstart, wenn erst Öldruck aufgebaut wird, Notlauf-Eigenschaften zu besitzen.
- Wälzlager besitzen einen inneren und einen äußeren Ring, zwischen denen Rollen oder Kugeln laufen. Sie benötigen konstante Schmierung, aber keinen Druck, und halten axiale Belastungen aus. Kugellager sind nur komplett als Bauteil zu montieren, die meisten Nadellager und Kegellager bestehen aus getrennt zu montierenden Innen- und Außenringen. Letztere halten hohe axiale Belastungen aus und werden deshalb oft in Lenkköpfen eingesetzt.
- Wälzlager sind im Gegensatz zu Gleitlagern Normteile, die bei bekannter Markierung (anhand derer das Maß, die Belastbarkeit und der Typ bestimmt werden können) im Fachhandel besorgt werden können (siehe Abbildung 5.16).
- Metallbuchsen bestehen üblicherweise aus Phosphorbronze, in Stoßdämpferaugen werden Gummibuchsen verwendet, in billigen Schwingenlagerungen fristen Plastikbuchsen ein kurzes Dasein.

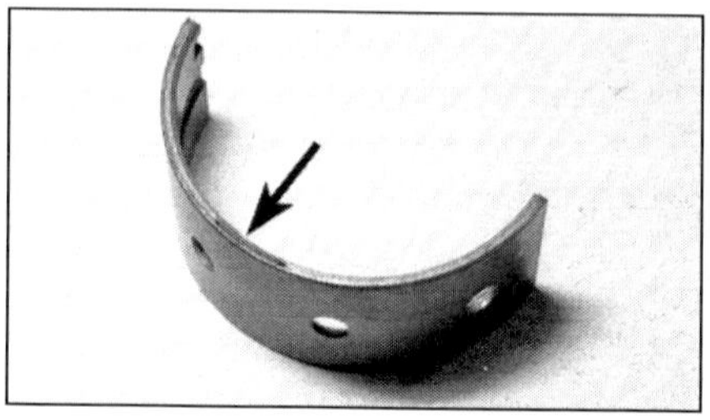

5.14 Gleitlager-Schalen gibt es glatt oder mit Nuten. Normalerweise sind sie mit Farb-Codes markiert.

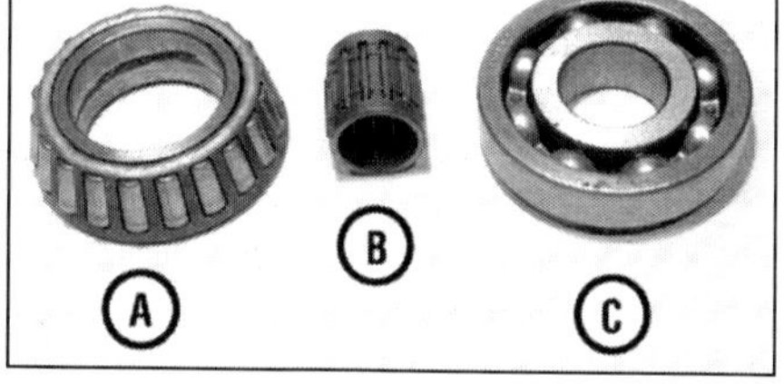

5.15 Kegelrollenlager (A), Nadellager (B) und Kugellager (C), alle mit Käfig

5.16 Typische Markierung eines Kugellagers

Fehlersuche bei Lagern

- Wenn sich ein Lageraußenring im Lagersitz gedreht hat, ist das Gehäuse beschädigt. Wenn noch nicht allzu viel Material abgetragen ist, kann man das Lager mit Spezialkleber einsetzen.

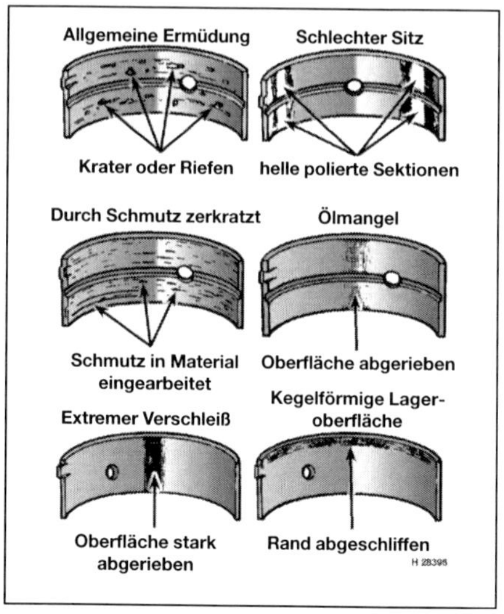

5.17 Typische Lager-Schäden

5.18 Diese Kugeln haben deutliche Abdrücke – das Lager ist defekt.

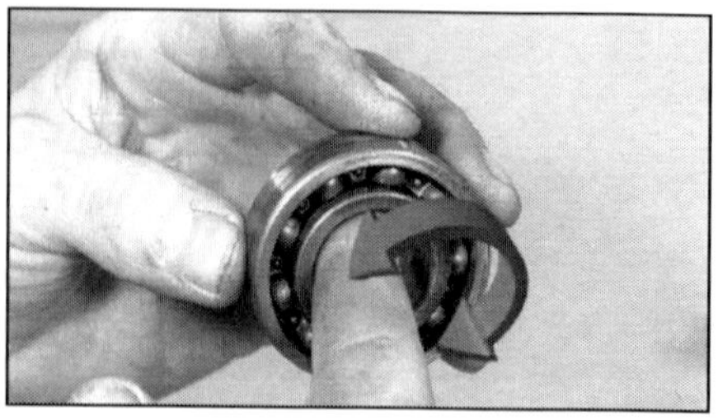

5.19 Halten Sie den äußeren Ring, und drehen Sie den inneren Ring dicht am Ohr.

- Gleitlagerschalen können durch Ölmangel, Korrosion oder Fremdteilchen im Öl beschädigt werden (siehe Abbildung 5.17). Kleine Teilchen werden in die Lageroberfläche eingearbeitet, während große Teile die Schale und die Welle zerkratzen. Wird das Motorrad viel auf Kurzstrecken eingesetzt, kann sich der Motor nur ungenügend erwärmen, und dadurch entstehendes Kondenswasser sorgt für mangelnde Schmierung und kann das Lager korrodieren lassen.
- Kugel- und Rollenlager können durch Überhitzung (bei Ölmangel) und eindringenden Schmutz zerstört werden, Kegelrollenlager drücken sich bei zu hoher Last ein. Wälzlager unterliegen auch bei vorschriftsmäßiger Benutzung einem gewissen Verschleiß. Wenn ein Wälzlager nicht auf beiden Seiten abgedichtet ist, kann es in Paraffin von alten Fettresten befreit und anschließend getrocknet werden, sodass bei einer Sicht-Inspektion die Kugeln, Käfige und Laufflächen kontrolliert werden können (siehe Abbildung 5.18).
- Ein Kugellager kann auf Verschleiß kontrolliert werden, wenn man sich seinen Rundlauf genau anhört. Geben Sie dünnes Öl in das Lager, und drehen Sie den Innenring dicht am Ohr (siehe Abbildung 5.19). Es sollten keine Laufgeräusche festzustellen sein. Wenn es hakt oder rau läuft, ist es verschlissen.

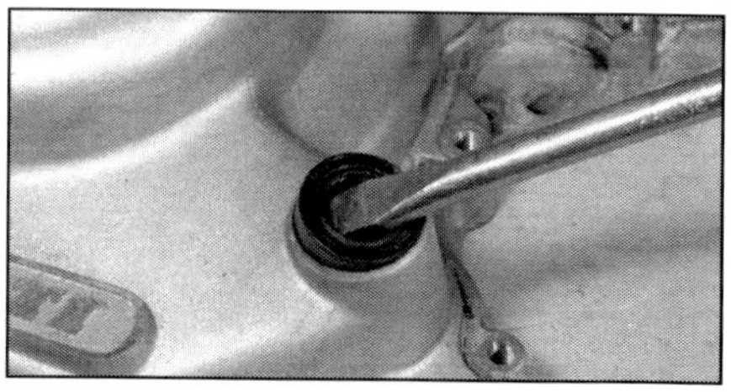

6.1 Alte Dichtringe werden beim Aushebeln zerstört, weiterverwenden darf man sie nicht.

6.2 Diese Dichtring-Markierungen geben die Innengröße, die Außengröße und die Breite an.

6 Öl-Dichtringe

Aus- und Einbau

- Wellen-Dichtringe (auch »Simmerringe« genannt) sollten bei jeder Demontage der entsprechenden Baugruppe erneuert werden, da die Dichtlippen mit der Zeit verschleißen und das Material altert.
- Dichtringe können mit einem großen Schlitzschraubendreher aus ihrem Sitz gehebelt werden (siehe Abbildung 6.1). Achten Sie beim Ausbau darauf, dass der Dichtring nicht durch Seegerringe oder Draht gesichert ist.
- Neue Dichtringe werden normalerweise mit den markierten Seiten nach außen und der Federseite gegen die Flüssigkeit eingebaut. Sonderformen dichten z.B. Kurbelgehäuse von Zweitaktmotoren in beide Richtungen ab.
- Mit einem nur außen am Ring anliegenden Lagertreiber oder Steckschlüssel wird der neue Dichtring senkrecht an seinen Platz getrieben – Schläge auf die Dichtfläche zerstören den Ring.

Dichtring-Typen und Markierungen

- Dichtringe sind normalerweise mit einfachen Dichtlippen ausgerüstet. Doppeldichtungen werden verwendet, wenn beidseitig Flüssigkeit oder Gas gegeneinander abgedichtet werden müssen.
- Dichtringe härten nach langer Zeit aus. Wenn das Motorrad lange gestanden hat, hilft nur ein Auswechseln aller Dichtringe.
- Dichtringe sind meistens Normteile. Doch außer den angegebenen Maßen (siehe Abbildung 6.2) sind sie aus für ihre Einsatzzwecke entsprechendem Material konstruiert.

7 Dichtungen und Dichtmasse

Dichtungs- und Dichtmassentypen

- Um das Austreten von Flüssigkeiten und Überdruck zu verhindern, werden Gehäuseteile mit Dichtungen gegeneinander geschraubt. Aluminium- oder Kupfer-Dichtungen findet man häufig an Zylinderköpfen, die meisten Dichtungen sind aus Papier. Wenn die Dichtflächen der Gehäuse nicht beschädigt sind, können die Dichtungen trocken angesetzt werden, mit etwas Fett oder Dichtmasse können sie eventuell für die Montage in Position gehalten werden.
- Mit Silikondichtmasse können kleine Löcher oder Unregelmäßigkeiten ausgeglichen werden. Durch Zusammenziehen der Gehäuseteile wird Silikon zur Seite herausgepresst. Man kann zwar damit Papierdichtungen ersetzen, doch muss zuvor kontrolliert werden, ob die Dicke des Papiers nicht für bestimmte Bauteile wichtig ist. Silikon sollte nicht bei hohen Temperaturen oder Benzinberührung eingesetzt werden.
- Dauerelastische, anhärtende oder aushärtende Dichtmasse kann zusammen mit Dichtungen oder direkt zwischen Metall-Dichtflächen eingesetzt werden. Für bestimmte Zwecke werden bestimmte Dichtmassen benötigt: Dauerelastische Dichtmasse kann an fast allen Verbindungen eingesetzt werden, anhärtende Masse an rauen oder beschädigten Dichtungen, und aushärtende Dichtmasse wird an immer bestehenden Verbindungen oder bei hohen Temperaturen und hohem Druck verwendet.

Anmerkung: *Kontrollieren Sie zunächst, ob die verwendeten Papierdichtungen mit Dichtmasse imprägniert sind, bevor Sie zusätzliche Dichtmasse auftragen.*

- Überprüfen Sie, ob die ausgewählte Dichtmasse den Ansprüchen der Dichtung genügt, d.h. hohe Temperaturen oder Benzin aushalten. Einige Anbieter verkaufen Dichtmassen in verschiedenen Farben, sodass man für seinen Motor die unauffälligste aussuchen sollte.
- Geben Sie nicht zu viel Dichtmasse auf die Flächen, da sie sich nicht nur nach außen, wo sie abgewischt werden kann, sondern auch nach innen drücken kann, wo abgefallenes Material im Extremfall Ölkanäle verstopfen kann.

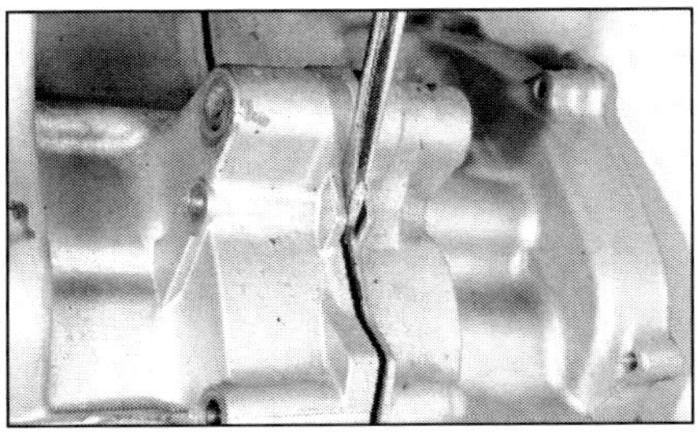

7.1 Wenn Hebellaschen vorhanden sind, kann hier vorsichtig mit einem Schraubendreher auseinander gehebelt werden.

7.2 Klopfen Sie mit einem weichen Hammer die Dichtungs-Umgebung ab – zerstören Sie keine Kühlrippen.

Viele Bauteile werden mit einer oder zwei Passhülsen zwischen den Dichtflächen zusammengefügt. Wenn eine Passhülse sich nicht entfernen lässt, darf sie nicht mit Zangen gegriffen werden, da sie dabei verbogen und zerstört wird. Legen Sie zur Stabilisierung eine eng sitzende Steckschlüsselnuss oder einen passenden Kreuzschlitzschraubendreher hinein, und greifen Sie die Hülse dann mit der Zange.

Öffnen einer Dicht-Verbindung

- Alter, Hitze, Druck und die Verwendung aushärtender Dichtmasse können dafür sorgen, dass zwei zusammenhängende Bauteile alleine mit Fingerkraft kaum wieder auseinander zu

7.3 Dichtungsreste können mit einem Dichtungsschaber, . . .

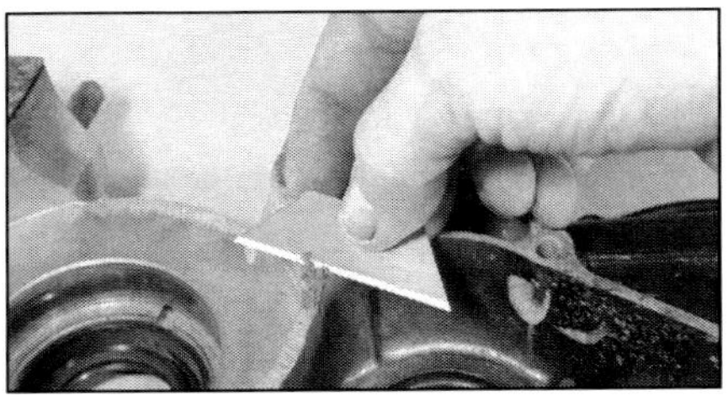

7.4 . . . einer Messerklinge . . .

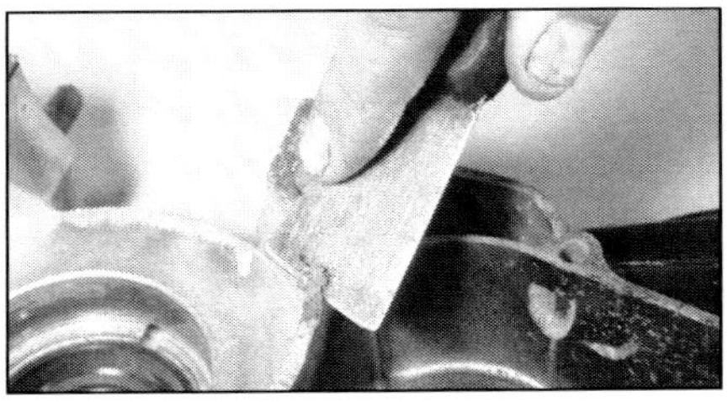

7.5 . . . oder einem Spachtel entfernt werden.

7.6 Mit um eine flache Feile gewickeltem feinen Schleifpapier kann die Dichtfläche gereinigt werden.

bekommen sind. Doch dürfen keine Hebel benutzt werden, wenn hierfür keine Hebelstellen vorgesehen sind (siehe Abbildung 7.1), da sonst die Dichtflächen beschädigt werden.

- Mithilfe eines Gummi- oder Kunststoffhammers (siehe Abbildung 7.2) oder aber eines Stahlhammers mit Holzstück wird in der Nähe der Dichtflächen gegen die Bauteile geklopft. Schlagen Sie nicht gegen filigrane Gussteile wie Kühlrippen, da sie abbrechen können. Zeigt diese Methode Erfolg, können die Gehäusehälften mit einem dazwischen geschobenen Holzstück auseinandergedrückt werden.

Achtung: Wenn die Verbindung sich gar nicht lösen lässt, kontrollieren Sie, ob wirklich alle Schrauben gelöst sind.

Entfernen alter Dichtungen

- Papierdichtungen lassen sich zumeist relativ rückstandsfrei entfernen. Übrig gebliebene Reste müssen vor dem Auflegen einer neuen Dichtung gründlich entfernt werden.
- Kratzen Sie alle Dichtungsreste sorgfältig und vorsichtig ab, hobeln Sie dabei kein Aluminium ab, und kerben Sie es nicht ein (siehe Abbildungen 7.3, 7.4 und 7.5). Hartnäckige Rückstände können mit Dichtungsentferner aus der Sprühdose entfernt werden. Zum Schluss der Reinigung können die Dichtflächen mit sehr feinem Schleifpapier (siehe Abbildung 7.6) oder einem Topfschwamm gereinigt werden.
- Alte Dichtmasse kann je nach Typ abgekratzt oder abgepult werden. Beachten Sie, dass es chemische Dichtungsentferner gibt, die die Arbeit erleichtern, doch müssen sie für die vorhandene Dichtungsmasse ausgelegt sein.

8 Ketten

Trennen und Verbinden von Antriebsketten

- Antriebsketten für größere Motorräder sind endlos, d.h. sie haben kein Schloss zum Öffnen. Soll die Kette gewechselt werden, muss die alte mit einem Kettentrenner geöffnet, und die neue nach dem Aufziehen ordentlich ver-

8.1 Drücken Sie mit dem Kettentrenner den Bolzen durch die Kette, . . .

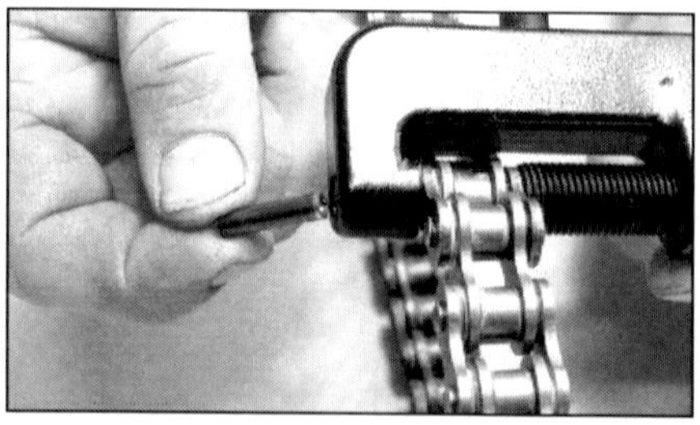

8.2 . . . entfernen Sie den Bolzen, nehmen Sie das Werkzeug ab, . . .

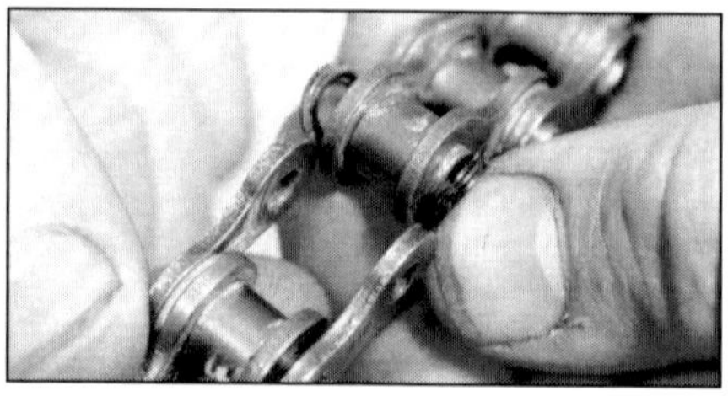

8.3 . . . und öffnen Sie die Kette.

nietet werden. Federclip-Schlösser dürfen nur im Notfall verwendet werden. Zum Trennen und Vernieten gibt es neben den gezeigten Werkzeugen eine Vielzahl anderer – lesen Sie vor dem Arbeiten deren Gebrauchsanweisungen.

- Drehen Sie die Kette, und suchen Sie das Nietschloss. Im Gegensatz zu den anderen Bolzen, die am Rand abgeplattet sind, sind seine Bolzen durch zentrale Schläge aufgespreizt

Warnung: Eine Antriebskette ist über lange Zeit und unter widrigen Umständen einer sehr hohen Belastung ausgesetzt. Nur mit einer korrekten Vernietung kann sie die gewünschte Lebensdauer erreichen. Eine abreißende Kette stellt für Mensch und Maschine eine große Gefahr dar!

(siehe Abbildung 8.9). Positionieren Sie das Schloss zwischen die Ritzel, und setzen Sie an einen Bolzen die Trennvorrichtung an (siehe Abbildung 8.1). Drücken Sie den Bolzen durch die Kette (siehe Abbildung 8.2). Achten Sie bei einer O-Ringkette auf die entsprechenden Dichtungen (siehe Abbildung 8.3). Führen Sie die Prozedur am anderen Bolzen durch.

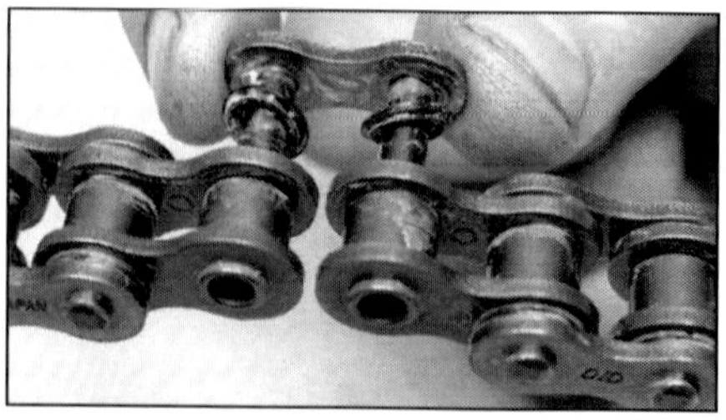

8.4 Drücken Sie das neue mit O-Ringen bestückte Schloss durch die Enden der Kette, . . .

8.5 . . . legen Sie neue O-Ringe über die Bolzenenden, . . .

8.6 . . . und legen Sie die neue Lasche auf.

Achtung: Bei großen und sehr harten Ketten kann es nötig sein, die Vernietung der Bolzen abzufeilen oder abzuschleifen, bevor sie sich durch die Kette drücken lassen.

- Überprüfen Sie, ob das neue Schloss in der Größe und Stärke der Kette entspricht – verwenden Sie niemals das alte Schloss wieder. Die Größen und Ausführungen der Ketten sind auf den Gliedern eingestanzt (siehe Abbildung 8.10).
- Legen Sie die Enden der Kette über das hintere Kettenrad. Legen Sie bei einer O-Ringkette je einen neuen O-Ring auf die Bolzen des Schlosses, und schieben Sie das Schloss

8.7 Mit einer solchen Klemme lässt sich die Lasche leicht in ihre Position schieben.

8.8 Mit dem Ketten-Verniet-Werkzeug wird pro Arbeitsgang ein Bolzen vollständig vernietet.

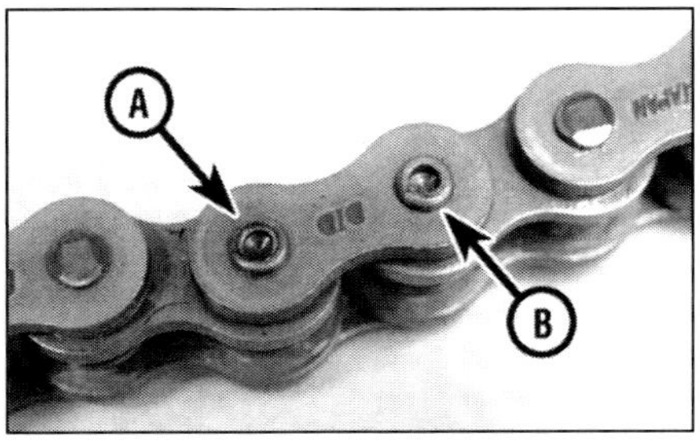

8.9 Korrekt vernieteter Bolzen (A), Bolzen noch nicht vernietet (B)

durch die beiden Kettenenden (siehe Abbildung 8.4). Legen Sie auf jedes Bolzenende einen neuen O-Ring und über beide die neue Lasche (siehe Abbildungen 8.5 und 8.6).

- Die Lasche lässt sich nicht mit der Hand aufschieben. Benutzen Sie entweder ein spezielles Werkzeug (siehe Abbildung 8.7), eine Zange oder Klemme, mit der Sie die Lasche über die Bolzen drücken können.
- Positionieren Sie das Verniet-Werkzeug der Anleitung entsprechend über dem Bolzen, und spreizen Sie ihn durch Einschrauben der Spindel auseinander (siehe Abbildungen 8.8 und 8.9). Wiederholen Sie die Prozedur am anderen Bolzen.

Warnung: Kontrollieren Sie genau die Vernietung der Bolzen, und vergewissern Sie sich, dass die Lasche sich nicht lösen kann. Wenn die Bolzenenden reißen, muss ein neues Schloss verwendet werden.

8.10 Typische Kettengröße und Typenmarkierung

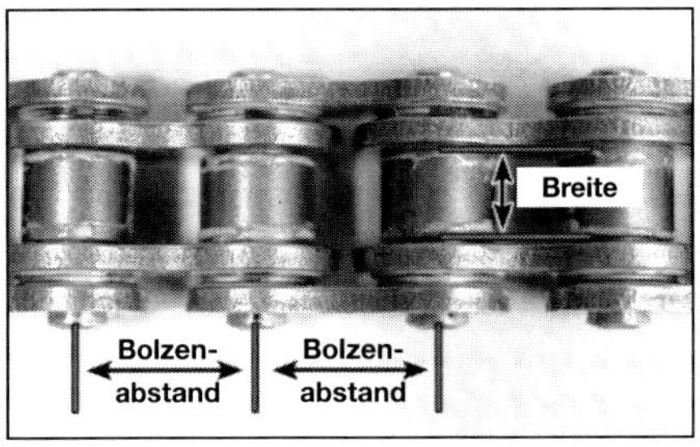

8.11 Maße zur Bestimmung der Kettengröße

Antriebsketten-Größen

- Die Kettengröße wird durch eine dreistellige Zahl angegeben, folgende Buchstaben stehen für den Kettentyp (siehe Abbildung 8.10). Die Typen sagen etwas über die Qualität und Stärke (Dicke der Laschen) aus, und ob es sich um eine O-Ring-Kette handelt.
- Die erste Ziffer gibt den Abstand der Bolzenmitten zueinander an (siehe Abbildung 8.11). Die Ziffer wird in einen Bruch über eine Acht gesetzt, und dieser gibt den Abstand in Zoll an:

Beginnt die Größenangabe mit einer 4 (z.B. 428), haben die Bolzen einen Abstand von 4/8 Zoll = 12,7 mm.
Beginnt die Größenangabe mit einer 5 (z.B. 520), haben die Bolzen einen Abstand von 5/8 Zoll = 15,9 mm.
Beginnt die Größenangabe mit einer 6 (z.B. 630), haben die Bolzen einen Abstand von 6/8 Zoll = 19,1 mm.

- Anhand der zweiten und dritten Ziffer kann die Breite der Rollen bestimmt werden, die ebenfalls in englischen Maßen angegeben ist, z.B. hat eine 525er Kette Rollen mit einer Breite von 5/16 Zoll (7,94 mm; siehe Abbildung 8.11).

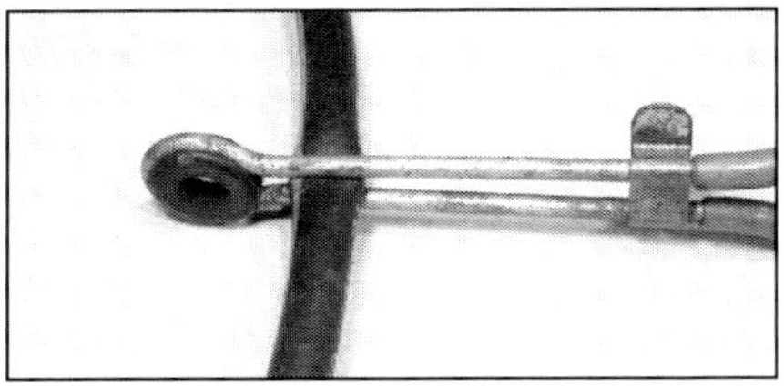

9.1 Schläuche können mit einer Bremsleitungsklemme, . . .

9.2 . . . einer Flügelmutter-Klemme, . . .

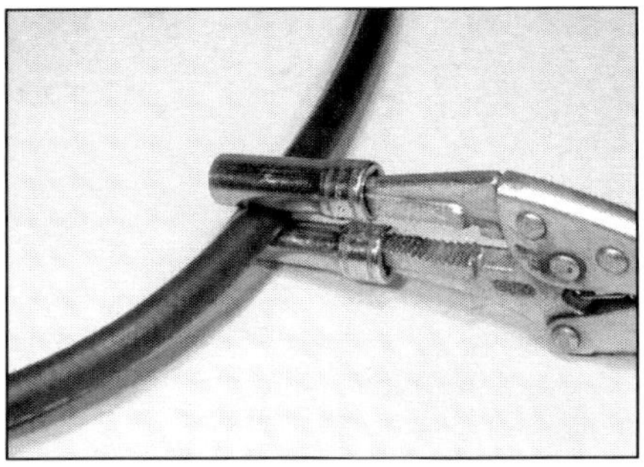

9.3 . . . auf einer Gripzange steckenden Nüssen . . .

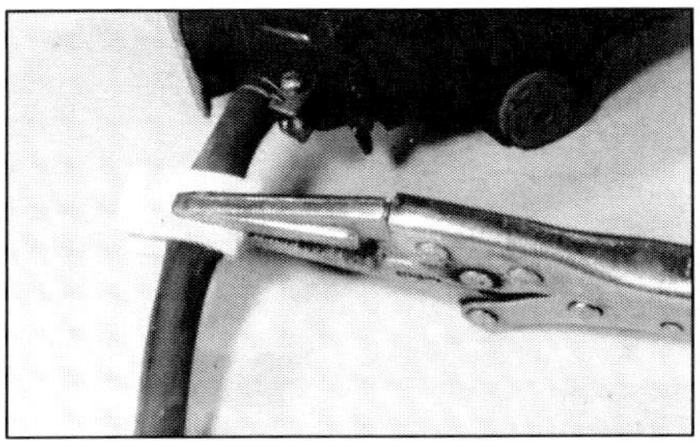

9.4 . . . oder unterlegter Pappe abgeklemmt werden.

9 Schläuche

Abklemmen zur Durchflussunterbrechung

- Dünne flexible Schläuche können abgeklemmt werden, damit man an bestimmten Bauteilen arbeiten kann. Welche Methode auch immer gewählt wird, das Schlauchmaterial darf nicht dauerhaft verbogen oder durch die Klemme beschädigt werden (vgl. Abb. 9.1–9.4).

Lösen und Aufschieben von Schläuchen

- Gehen Sie sicher, dass alle Klemmen und Schellen entfernt sind. Greifen Sie den Schlauch, und ziehen Sie ihn drehend vom Stutzen. Wenn der Schlauch im Laufe der Zeit ausgehärtet ist und sich nicht bewegt, schlitzen Sie ihn am Stutzen mit einem scharfen Messer längs auf, und ziehen Sie ihn dann ab.
- Widerstehen Sie der Versuchung, zur Erleichterung der Schlauchmontage die Anschlüsse mit Fett oder Seife einzuschmieren; es hilft zwar, doch kann dann am Stutzen auch Flüssigkeit leichter austreten. Besser ist es, das Schlauchende ggf. in heißem Wasser oder anderen Flüssigkeiten zu erwärmen und damit geschmeidig zu machen.

Diebstahlschutz

Einleitung

Ihr Motorrad kann eher gestohlen sein, als Sie zum Lesen diese Einleitung benötigen. Und es gibt kaum ein schlimmeres Gefühl, als zu der Stelle zurückzukehren, wo einmal Ihr Motorrad stand. Selbst wenn Sie ihre Maschine gegen Diebstahl versichert hatten, werden Sie nach dem ersten Schock noch die Unannehmlichkeiten bei der Polizei und der Versicherung zu spüren bekommen.

Motorraddiebe unterscheiden sich in zwei Kategorien: Professionelle Auftragsdiebe und Gelegenheitsklauer. Profis sind auf bestimmte Marken und Modelle spezialisiert und suchen dann manchmal landesweit, um dieses Motorrad zu beschaffen. Gelegenheitsdiebe schauen dagegen nach leichten Zielen, die mit minimalem Aufwand und Risiko geknackt werden können.
Während es unmöglich ist, die Maschine hundertprozentig gegen Profis zu sichern, kann man gegen die Gelegenheitsdiebe, die etwa die Hälfte aller Maschinen stehlen, einiges unternehmen.
Denken Sie daran, dass diese immer nach Gelegenheiten schauen – wenn also zwei ähnliche Motorräder Seite an Seite parken, werden sie den Blick auf dasjenige richten, welches am wenigsten gesichert ist. Mit etwas Vorsorge kann man hier schon das Risiko eines Diebstahls deutlich reduzieren.

Ausrüstung

Es gibt für Motorräder reichlich spezielle Vorrichtungen zu kaufen, und die folgenden Texte fassen ihre Anwendungen und Plus- sowie Minuspunkte zusammen.

Wenn Sie sich für den für Ihre Zwecke optimalen Typ eines Sicherheitssystems entschieden haben, empfehlen wir Ihnen, einen oder mehrere der regelmäßig in der Motorradpresse durchgeführten Vergleichstests dieser Teile durchzulesen. In diesen Tests werden aktuelle Modelle verschiedener Hersteller in ihrer Sicherheit, ihre Bedienbarkeit und auf ihr Preis-/Leistungsverhältnis verglichen.

1

Die Kette und das Schloss müssen von guter Qualität und ausreichender Länge sein, um Ihr Motorrad an einen stabilen Gegenstand anschließen zu können.

Keines dieser Sicherheitssysteme kann einen vollständigen Schutz gewährleisten. Es wird empfohlen, mit zwei oder mehr der unten beschriebenen Vorrichtungen die Sicherheit Ihrer Maschine zu erhöhen (ein Schloss, eine Kette plus eine Alarmanlage sind nahezu ideal). Je mehr Sicherheitsmaßnahmen am Motorrad vorhanden sind, desto geringer ist die Wahrscheinlichkeit, dass es gestohlen wird.

Schloss und Kette

Plus: *Sehr flexibel einzusetzen; das Motorrad kann an nahezu alle immobilen Objekte angeschlossen werden. Bei manchen Ausführungen kann das Schloss einzeln als Bremsscheibenschloss eingesetzt werden (siehe unten).*

Minus: *Kann sehr schwer und unhandlich auf dem Motorrad zu transportieren sein, doch werden einige Typen mit Transportbeuteln geliefert, die man auf dem Rücksitz festschnallen kann.*

- Schwere Ketten und Schlösser sind eine ideale Sicherheitsvorrichtung (siehe Abbildung 1). Wenn das Motorrad geparkt wird, schließt man es mit der Kette an eine stabile und nicht zu entfernende Vorrichtung wie einen Laternenpfahl oder ein Geländer an. Hierdurch lässt sich die Maschine weder wegfahren noch mit einem Lieferwagen abtransportieren.
- Achten Sie beim Anlegen der Kette darauf, dass sie um den Rahmen oder die Schwinge verläuft (siehe Abbildungen 2 und 3). Legen Sie die Kette niemals nur um ein Rad; ein Dieb kann das Rad lösen und den Rest der Maschine abtransportieren. Versuchen Sie, die Kette so kurz wie möglich zu verlegen, um das Ansetzen von Werkzeugen zu erschweren, und halten Sie sie vom Boden fern, um das Auftrennen mit einem Meißel oder einem Beil zu verhindern. Positionieren Sie das Schloss so, dass der Schließzylinder nach unten zeigt, da es hierdurch für den Dieb schwierig wird, ihn zu erreichen.

2

Führen Sie die Kette durch den Rahmen und nicht nur durch ein Rad . . .

3

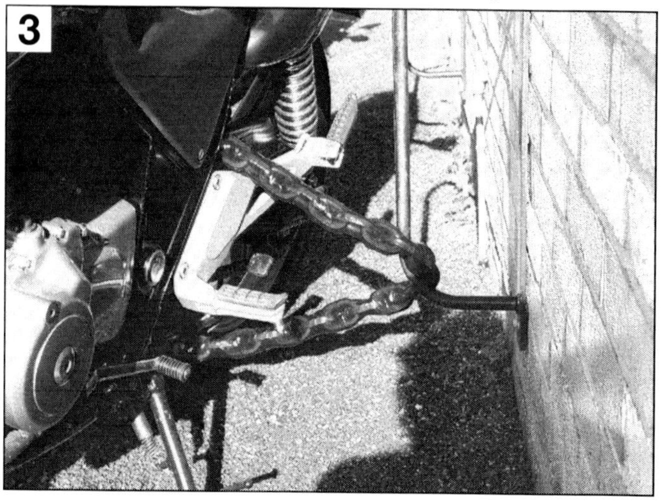

. . . und um einen stabilen Gegenstand.

Bügelschlösser

Plus: *Eine sehr effektive Abschreckung, mit der die Maschine an einem Mast oder Geländer gesichert werden kann. Die meisten Bügelschlösser werden mit einem Halter geliefert, der einen einfachen Transport ermöglicht.*

Minus: *Nicht so flexibel wie ein Kettenschloss.*

- Diese stabilen Schlösser werden ähnlich eingesetzt wie Kettenschlösser. Sie sind leichter als eine Kette samt Schloss, aber nicht so flexibel einzusetzen. Die Länge und die Form des Bügelschlosses beschränken das Einsatzgebiet (siehe Abbildung 4).

Wenn das Bügelschloss lang genug ist, kann die Maschine auch damit an einem festen Gegenstand gesichert werden.

Bremsscheibenschlösser

Plus: *Klein, leicht und sehr leicht zu transportieren. Die meisten Modelle sind im Werkzeugfach unterzubringen.*

Ein typisches Bremsscheibenschloss wird durch eines der Löcher in der Scheibe gesteckt.

Minus: *Schützt nicht vor dem Abtransport des Motorrades mit einem Lieferwagen. Das Vergessen des Schlosses kann beim Losfahren sehr unangenehm werden.*

- Diese Schlösser sind dazu konstruiert, in ein Loch in der Bremsscheibe gesteckt zu werden und das Rad beim Drehen zu blockieren (siehe Abbildung 5). Einige Ausführungen sind mit einer Alarmanlage ausgerüstet, die im abgeschlossenen Zustand durch Bewegung aktiviert wird. Diese wirkt nicht nur als Abschreckung gegen Diebe, sondern auch als Erinnerung an den Fahrer, das Schloss vor dem Losfahren herauszunehmen.
- Die Kombination aus einem Bremsscheibenschloss und einem Stück Drahtseil, das um einen Masten oder ein Geländer gelegt wird, bietet ein weiteres Sicherheitsplus (s. Abb. 6).

Alarmanlagen und Wegfahrsperren

Plus: *Einmal installiert, ist sie absolut mühelos zu bedienen. Manche Versicherungen bieten bei bestimmten Anlagen (und Auflagen) Rabatte.*

Minus: *Kann teuer und schwierig zu installieren sein. Kein System hindert den Dieb daran, das Motorrad mit einem Lieferwagen abzutransportieren.*

- Elektronische Alarmanlagen und Wegfahrsperren gibt es in unterschiedlichen Preisklassen. Es sind drei unterschiedliche Systeme erhältlich: reine Alarmanlagen, reine Wegfahrsperren und etwas teurere kombinierte Geräte (siehe Abb. 7).
- Eine Alarmanlage ist so konstruiert, dass sie ein Warngeräusch erzeugt, sobald am Motorrad herummanipuliert wird.
- Eine Wegfahrsperre schützt davor, dass das Motorrad ohne Schlüssel und/oder Codierung gestartet werden kann, indem sie die elektrische Anlage blockiert.
- Haben Sie sich für eine Anlage entschieden, sollten Sie die Einbaukosten beachten, wenn Sie die Montage nicht selbst erledigen können. Wenn das Motorrad nicht regelmäßig eingesetzt wird, muss auch der Stromverbrauch berücksichtigt werden, der bei allen Systemen über die Bordbatterie erfolgt. Eine von einer viel Strom verbrauchenden Anlage leer gesogene Batterie sorgt sowohl dafür, dass das Motorrad nicht gestartet werden kann, als auch dafür, dass die Alarmanlage nach einer gewissen Zeit nicht mehr funktioniert.

Ein mit einem Drahtseil kombiniertes Bremsscheibenschloss bietet zusätzlichen Schutz.

Ein typisches Alarm-/Wegfahrsperrensystem

Unverwechselbare Markierungen können überall angebracht werden – stets an einen gut sichtbaren Warnhinweis denken, der sehr abschreckend wirken kann.

Verkleidungsteile können mit eingeätzten Markierungen versehen werden . . .

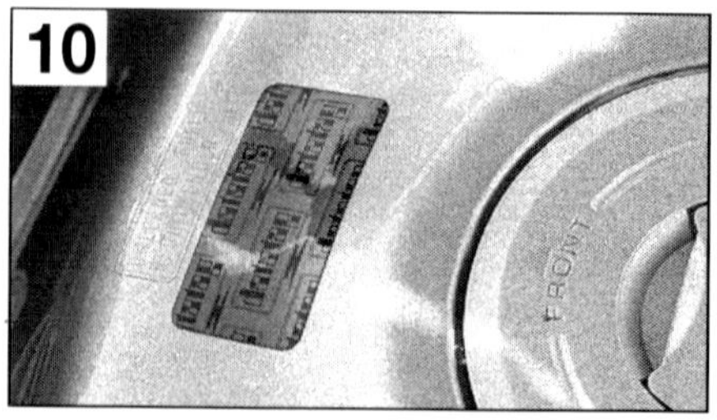

. . . auch hier stets den Warnhinweis des Herstellers des Diebstahlschutzes gut sichtbar anbringen.

Sicherungsmarkierungen

Plus: *Sehr billige und effektive Abschreckung. Manche Vesicherungen bieten bei Sicherungsmarkierungen Rabatte im Teilkaskobereich.*

Minus: *Schützen nicht vor Gelegenheitsdieben, die einen Ausflug machen wollen.*

- Es gibt viele verschiedene Ausführungen an Sicherungsmarkierungen. Ideal ist es, so viele Teile am Motorrad wie möglich mit einer einzigen Nummer zu markieren (siehe Abbildungen 8, 9 und 10). Mit dem Satz wird ein Formular geliefert, auf dem Ihre persönlichen Daten und die Details des Motorrades eingetragen und in einem Register gespeichert werden. Dieses Register ermöglicht der Polizei, jeden rechtmäßigen Besitzer eines Motorrades oder Bauteils zu identifizieren, auch wenn alle anderen Formen der Identifikation entfernt sind. Bringen Sie immer einen gut sichtbaren Warnaufkleber zur Abschreckung am Motorrad an.

Bodenverankerungen, Radklemmen und Sicherungspfosten

Plus: *Eine exzellente Form der Sicherheit, die auch die entschlossensten Diebe abschrecken wird.*

Minus: *Schwierig zu installieren und evtl. teuer.*

- Während das Motorrad sich zu Hause befindet, ist es eine gute Idee, es sicher am Boden oder an der Wand zu verankern, selbst wenn es in einer gut gesicherten Garage steht. Zu diesem Zwecke werden eine Reihe verschiedener Bodenverankerungen, Radklemmen und Sicherungspfosten angeboten (siehe Abbildung 11). Diese Vorrichtungen werden entweder im Beton oder Stein verankert oder erhalten ein eigenes Fundament.

Zuhause bietet eine solide Bodenverankerung ein hohes Maß an Sicherheit.

Diebstahlschutz zu Hause

Ein großer Anteil der Motorräder werden beim Besitzer zu Hause gestohlen. Einige Dinge sollten beachtet werden, wenn die Maschine an ihrem Heimatstandort steht:

✓ Wenn möglich, sollte das Motorrad immer in der sicheren Garage stehen. Vertrauen Sie niemals dem serienmäßigen Garagenschloss. Bringen Sie am Tor einen zusätzlichen Schließmechanismus an, und denken Sie über eine Alarmanlage nach. Ein von einem Bewegungsmelder aktivierter Scheinwerfer ist auch für den eigenen Nutzen eine gute Investition.

✓ Sichern Sie das Motorrad immer am Boden oder an der Wand, auch wenn es in einer gut gesicherten Garage steht.

✓ Lassen Sie Ihr Motorrad nicht regelmäßig an der Straße stehen, versuchen Sie, es möglichst außer Sichtweite der Straße zu parken, wenn Sie keine Garage besitzen. Decken Sie ein frei stehendes Motorrad mit einer Plane ab, um seine Identität nicht sofort preiszugeben.

✓ Es ist nicht ungewöhnlich, dass ein Dieb einem Motorradfahrer nach Hause folgt, um herauszufinden, wo die Maschine abgestellt wird. Er wird dann später zurückkehren. Wenn Sie vermuten, dass Ihnen jemand folgt, sollten Sie zunächst zu einer Tankstelle, Eisdiele oder sonstigem fahren.

✓ Wenn Sie ein Motorrad verkaufen wollen, sollten Sie in der Anzeige nicht Ihre Adresse oder den Standplatz der Maschine angeben. Vereinbaren Sie mit Interessenten einen Treffpunkt abseits Ihrer Wohnung. Es ist bekannt, dass Diebe als potenzielle Käufer auftreten, um herauszufinden, wo die Maschine steht, und sie dann später »kostenlos« abholen.

Diebstahlschutz unterwegs

Genauso wichtig wie die Sicherheitsausrüstung an Ihrem Motorrad sind einige allgemeine Regeln, die beachtet werden sollten, wenn das Motorrad irgendwo geparkt werden soll.

✓ Parken Sie an einem belebten Platz.

✓ Benutzen Sie einen bewachten Autoparkplatz.

✓ Parken Sie nachts in einem beleuchteten Bereich, vorzugsweise direkt unterhalb einer Straßenlaterne.

✓ Lassen Sie das Lenkschloss einrasten – es bewirkt zwar nicht viel, sorgt aber dafür, dass die Versicherung zahlt.

✓ Sichern Sie das Motorrad mit einem zusätzlichen Schloss an einem stabilen unbeweglichen Gegenstand wie einer Laterne oder einem Geländer. Wenn dieses nicht möglich ist, sollten Motorräder »zusammengebunden« werden.

✓ Belassen Sie niemals Ihren Helm oder Gepäck auf dem Motorrad.

Schmiermittel und Flüssigkeiten

Speziell für den Einsatz an und in Motorrädern ist ein weiter Bereich an Schmiermitteln, Flüssigkeiten und Reinigungsmitteln entwickelt worden. Hier soll gezeigt werden, was es gibt, wofür es eingesetzt wird und welche Eigenschaften es hat.

Viertakt-Motoröl

- Motoröl ist zweifellos die wichtigste Komponente eines Viertaktmotors. Moderne Motorradmotoren stellen große Anforderungen an das Öl, weswegen dessen Auswahl sehr wichtig ist. Die Verwendung eines ungeeigneten Öls führt zu erhöhtem Motorverschleiß und kann mit einem ernsthaften Motorschaden enden. Bevor Sie Motoröl kaufen, müssen Sie beachten, welche Anforderungen der Motorradhersteller stellt. Hierbei wird sowohl eine Klassifikation als auch ein bestimmter Viskositätsbereich angegeben.
- Die Öl-Klassifikation wird durch die API-Rate (festgelegt durch das »**A**merican **P**etroleum **I**nstitute«) angegeben. Sie erscheint in Form von zwei Buchstaben, so z.B. als »SG«. Das S steht für »Spark«, d.h. fremdgezündete Motoren (die mit Benzin laufen). Der zweite Buchstabe liegt im Alphabet zwischen A und J und steht für die Leistungsfähigkeit des Öls. Je früher der Buchstabe, desto höher sind die Anforderungen an das Öl. Ein SG-Öl übersteigt also die Anforderungen eines SF-Öls.

Anmerkung: *Bei manchen Ölen ist eine zweite mit einem C beginnende Klassifikation angegeben, die für die Verwendung in Dieselmotoren (Compression Ignition = Selbstentzündung) steht und daher für den Einsatz in Motorrädern irrelevant ist.*

- Die »Viskosität« des Öls wird durch die SAE-Rate identifiziert (festgelegt durch die **S**ociety of **A**utomotive **E**ngineers). Alle modernen Motoren erfordern Mehrbereichsöle, und dort besteht die SAE-Rate aus zwei Nummern, hinter der ersten steht ein W, also z.B. 10W/40. Die erste Zahl steht für die Viskositätsrate des Öls bei niedrigen Temperaturen (W steht für Winter = getestet bei – 20 °C), die zweite Zahl steht für die Viskositätsrate des Öls bei hohen Temperaturen (getestet bei 100 °C). Je niedriger die Zahl, desto dünner das Öl. So steht ein 10W/40-Öl für einen besseren Kaltlauf als ein 15W/50-Öl.
- Neben dem Typ und der Viskosität gibt es drei unterschiedliche chemische Aufbauten des Motoröls. Man kann Öl auf mineralischer Basis, synthetisches Öl und ein Gemisch aus beiden Sorten – teilsynthetisch genannt – kaufen. Obwohl alle Öle eine ähnliche Viskosität und Klassifizierung haben, sind die Preise sehr unterschiedlich. Mineralöle sind die billigsten und Synthetiköle die teuersten, teilsynthetische Öle liegen entsprechend dazwischen. Die Entscheidung liegt im Wesentlichen beim Besitzer, doch sollte bedacht werden, dass moderne Synthetiköle bessere Schmier- und Reinigungseigenschaften haben als traditionelle Mineralöle, und diese Eigenschaften auch länger behalten. Bedenken Sie, dass die Arbeitsumgebungen in einem modernen hochdrehenden Motorradmotor für ein Öl höchste Anforderungen bedeuten, und deswegen ein Synthetiköl empfehlenswert ist. Die Mehrkosten bei jedem Ölwechsel können langfristig viel Geld sparen, indem der Motorverschleiß verringert wird.
- Schließlich muss immer sichergestellt werden, dass das Öl für Ihr Motorrad geeignet ist. Motoröl ist normalerweise für Autos entwickelt worden und kann deswegen Additive oder Schmierstoffe enthalten, die in einem Motorradmotor mit Nasskupplung Kupplungsrutschen verursachen können.

Zweitakt-Motoröl

- Moderne Hochleistungszweitaktmotoren stellen hohe Anforderungen an ihr Öl. Um Klemmen oder Fressen im Motor zu vermeiden, ist es entscheidend, Qualitätsöle zu verwenden. Zweitaktöl unterscheidet sich stark von Viertaktöl. Das Öl schmiert ausschließlich die Kurbelwelle und den/die Kolben (Primärtrieb und Getriebe haben ihr eigenes Öl), dann muss es während der Verbrennung rückstandslos verschwinden.
- Die Japaner haben kürzlich ein Klassifizierungssystem für Zweitaktöle eingeführt, die JASO-Rate. Diese wird in Form von zwei Buchstaben, entweder FA, FB oder FC, angegeben. FA ist die niedrigste und FC die höchste Klassifikation. Stellen Sie sicher, dass das zu verwendende Öl den Empfehlungen des Herstellers entspricht.
- Neben dem Typ und der Viskosität gibt es drei unterschiedliche chemische Aufbauten des Zweitaktöls. Man kann Öl auf mineralischer Basis, synthetisches Öl und ein Gemisch aus beiden Sorten – teilsynthetisch genannt – kaufen. Die Preise sind sehr unterschiedlich. Mineralöle sind die billigsten und Synthetiköle die teuersten, teilsynthetische Öle liegen entsprechend dazwischen. Die Entscheidung liegt im Wesentlichen beim Besitzer, doch sollte bedacht werden, dass moderne Synthetiköle bessere Schmiereigenschaften besitzen und sauberer verbrennen als traditionelle Mineralöle. Die Mehrkosten können langfristig viel Geld sparen, indem der Motorverschleiß verringert wird, die Leistung erhalten bleibt und Ablagerungen weitgehend vermieden werden.
- Wenn Sie einen Zweitaktmotor mit Getrenntschmierung besitzen, muss darauf geachtet werden, dass das Öl für den Betrieb in Pumpen geeignet ist. Viele Hochleistungszweitaktöle sind für Rennmaschinen konzipiert, bei denen sie direkt im Tank dem Benzin beigemischt werden. Diese Öle haben eine hohe Viskosität und sind nicht für Getrenntschmierungspumpen geeignet.

Getriebeöl

- Getriebeöl ist ein spezielles zähes Öl, das in Getrieben und Hinterradantrieben (bei Kardanwellen) eingesetzt wird und überall dort, wo hohe Reibkräfte und Temperaturen herrschen. Es ist in verschiedenen Viskositäten erhältlich.
- Bei allen Zweitaktmotoren werden das Getriebe und die Kupplung mit speziellem Öl geschmiert, welches entsprechend der Herstelleranweisung gewechselt werden muss.
- Obwohl bei den meisten Viertaktmaschinen der Motor, die Kupplung und das Getriebe mit der gleichen Ölversorgung geschmiert werden, gibt es auch Motorräder mit getrennt geschmierten Bauteilen und gegebenenfalls einer Trockenkupplung.
- Motorradhersteller empfehlen entweder ein Einbereichsgetriebeöl oder ein bestimmtes Motoröl, um das Getriebe zu schmieren.
- Getriebeöle sind speziell für ihren Einsatz zwischen Zahnflanken konzipiert. Die Viskosität dieser Öle ist durch eine SAE-Nummer angegeben, doch deren Messung unterscheidet sich von Motorölen. Als grober Hinweis gilt, dass ein SAE-90-Getriebeöl etwa die gleiche Viskosität wie ein SAE-50-Motoröl hat.

Kardanöl

- Bei mit einem Kardanantrieb ausgerüsteten Motorrädern hat dieser Endantrieb immer seine eigene Ölversorgung. Der Hersteller gibt hierfür eine Klassifizierung und eine Viskosität an.
- Diese Öle werden durch die Zahl hinter der API-Bezeichnung GL (für Gear Lubricant) klassifiziert, ein GL5-Öl ist besser als eines mit der Bezeichnung GL4. Stellen Sie sicher, dass Ihr Öl die vorgegebene Klassifikation zumindest einhält oder übertrifft und die korrekte Viskosität hat. Die Viskosität dieser Öle ist durch eine SAE-Nummer angegeben, doch deren Messung unterscheidet sich von Motorölen. Als grober Hinweis gilt, dass ein SAE-90-Kardanöl etwa die gleiche Viskosität wie ein SAE-50-Motoröl hat.
- Wenn die Benutzung eines druckfesten EP-Öls (Extreme Pressure) vorgeschrieben ist, muss Ihr Öl auch diesen Anforderungen entsprechen.

Gabelöl und Stoßdämpferflüssigkeit

- Konventionelle Teleskopgabeln arbeiten hydraulisch und erfordern dazu Gabelöl. Um die korrekte Funktion der Gabel sicherzustellen, muss das Gabelöl entsprechend der Herstelleranweisung ausgetauscht werden.
- Gabelöl ist in einer Vielzahl von Viskositäten erhältlich, welche durch die SAE-Rate zu identifizieren ist. Die Werte variieren von leichtem Öl (SAE 5) bis zu sehr dickem Öl (SAE 30). Wenn Sie Gabelöl kaufen, muss darauf geach-

tet werden, dass es den Herstelleranweisungen entspricht.

• Einige Schmiermittelhersteller produzieren auch eine Reihe hochwertiger Federungsflüssigkeiten, die Gabelöl ähnlich sind, aber hauptsächlich für den Einsatz im Wettbewerb bestimmt sind. Diese Flüssigkeiten können unterschiedliche Viskositätsraten haben, die nicht den SAE-Werten für normale Gabeln entsprechen. Im Zweifel müssen die Herstelleranweisungen beachtet werden.

Brems- und Kupplungsflüssigkeit

• Bremsflüssigkeit wird auch in hydraulischen Kupplungsbetätigungen eingesetzt und ist eine Hydraulikflüssigkeit, die einen sehr hohen Siede- und niedrigen Gefrierpunkt besitzt. Sie greift Gummi nicht, dafür aber Lack und Plastik stark an. Sie ist stark wasseranziehend (hygroskopisch) und altert daher durch Wasseraufnahme aus der Luft. Behälter sollten daher nicht offen stehen gelassen werden. Für den Rennsport ist Bremsflüssigkeit auf Silikonbasis erhältlich, auf die diese Eigenschaft nicht zutrifft, die aber Bremskomponenten aus anderem Material benötigt.

• Alle Scheibenbremsanlagen und einige Kupplungen werden hydraulisch betätigt. Um deren korrekte Funktion sicherzustellen, muss die Hydraulikflüssigkeit regelmäßig entsprechend der Herstelleranweisungen ausgetauscht werden.

• Brems- und Kupplungsflüssigkeit wird durch den DOT-Wert klassifiziert. Die meisten Motorradhersteller schreiben DOT-3 oder -4 vor. Diese beiden Flüssigkeiten basieren auf Glykol und können untereinander gemischt werden. DOT-4 übertrifft die Anforderungen von DOT-3. Es ist empfehlenswert, ein für DOT-3 vorgesehenes System mit DOT-4 zu befüllen – aber niemals anders herum, denn hierdurch wird die Bremswirkung beeinträchtigt.

• Einige Hersteller produzieren auch eine DOT-5-Hydraulikflüssigkeit auf Silikonbasis. Diese Bremsflüssigkeit darf nicht mit DOT-3- oder DOT-4-Flüssigkeit vermischt werden, da hierdurch die Wirkung des Hydrauliksystems stark beeinträchtigt wird.

Kühlmittel/Frostschutz

• Bei der Beschaffung von Kühlmittel oder Frostschutz muss unbedingt sichergestellt werden, dass es für einen Aluminiummotor geeignet ist und Korrosionsschutzmittel enthält, um das Verstopfen von Kühlmittelkanälen zu verhindern. Als allgemeine Regel gilt, dass die meisten Kühlmittel pur eingesetzt werden müssen und nicht verdünnt werden dürfen, und Frostschutz mit destilliertem Wasser verdünnt werden muss, um eine Lösung der gewünschten Stärke zu erhalten. Beachten Sie die Herstellerangaben auf der Flasche.

• Stellen Sie sicher, dass das Kühlmittel regelmäßig entsprechend der Herstellerangaben gewechselt wird.

Kettenschmiermittel

• Dieses wird zumeist als Spray angeboten, welches speziell für den Einsatz an Motorradketten entwickelt wurde. Es hat zum einen die Funktion, die Reibung zwischen der Kette und den Kettenrädern zu vermindern und zum anderen soll es einen Korrosionsschutz bilden. Der regelmäßige Einsatz von Kettenschmiermittel guter Qualität verlängert die Lebensdauer des Endantriebs und sorgt für einen minimalen Kraftverlust zwischen Motor und Hinterrad.

• Nach der Benutzung von Kettenspray muss einige Zeit gewartet werden, bis das Lösungsmittel verdunstet und das Schmiermittel eingezogen ist. Anderenfalls wird es durch die Fliehkraft wieder abgeschleudert und verschmutzt dabei noch die Felge. Achten Sie beim Einsatz von O-Ringketten darauf, dass das Spray dafür geeignet ist.

• Schmiermittel auf Silikonbasis pflegen und schützen Teile aus Gummi (Schläuche, Stopfen u.a.). Sie werden zur Schmierung von Schlössern und Scharnieren verwendet.

Entfetter und Reiniger

• Entfetter sind starke Lösemittel, um Fett und Ölschmiere zu entfernen. Sie sind in der Regel hochgiftig, können Lack und Kunststoffteile angreifen und sind entzündlich. Manche Lösemittel stehen außerdem in Verdacht, Krebs zu erregen. »Kaltreiniger« ist dagegen ein sanfter Entfetter auf Petroleumbasis, der wasserlöslich ist und daher abgewaschen werden kann, am besten über dem Ölabscheider einer Selbstwaschanlage.

• Es gibt viele verschiedene Reiniger und Entfetter, um Schmutz und Fett zu entfernen, wie es sich im normalen Einsatz ansammelt. Entfetter sind Lösungsmittel, die normalerweise als Spray oder als Flüssigkeit für den Einsatz in Spritzpistolen geliefert werden. Folgen Sie immer sorgfältig den Herstelleranweisungen, und tragen Sie eine Schutzbrille. Die meisten Lösungsmittel sind brennbar und dünsten giftige Gase aus – treffen Sie vor dem Einsatz entsprechende Vorkehrungen (siehe *Sicherheit geht vor!*).

• Für allgemeine Reinigungen können im Fachhandel erhältliche Reiniger und Entfetter benutzt werden. Diese Mittel müssen zumeist einige Zeit einwirken, bevor sie mit Wasser abgespült werden.

Bremsenreiniger ist ein Lösungsmittel, welches jegliche Öl-, Fett- und Schmutzreste aus Bremsenteilen entfernen kann. Es verdunstet schnell und bildet keine Rückstände.

Vergaserreiniger ist ein Spray, mit dem die hartnäckigen Rückstände und Gummiablagerungen entfernt werden können, wie man sie häufig in zu überholenden Vergasern findet. Es hinterlässt in der Regel einen leichten Ölfilm. Der Reiniger eignet sich nicht für elektrische Komponenten.

Dichtungsentferner ist zumeist ein Spray, mit dem hartnäckige Dichtungsreste beseitigt werden können, ohne dass die Gefahr besteht, die Gehäusefläche zu zerkratzen und damit die Dichtfläche zu beschädigen.

Unterbrecher-/Zündkerzen-Reiniger soll Ölfilm, Schmutz und Oxidation von Unterbrecherkontakten und Zündkerzenelektroden beseitigen. Er ist fett- und rückstandfrei. Er kann ebenfalls zur Reinigung von Vergaserdüsen verwendet werden.

Sprühöl

• Sprühöle gibt es in verschiedenen Ausführungen, und sie eignen sich auch zum Schmieren von Hebeln, Schaltern und freiliegenden Gelenken. Versuchen Sie ein Sprühmittel zu beschaffen, welches auf Trockenfilm basiert, da es eine trockene Oberfläche hinterlässt und nicht, wie Öl, Staub und Schmutz anzieht, wodurch die Verschleißrate wieder erhöht werden würde.

• Die meisten Sprühöle fungieren auch als Feuchtigkeitsverdränger und Schutzfilm in Schaltern und Kabelverbindungen oder als Rostlöser bei festen Schrauben.

• Kriechöl wird oft fälschlich als »Kontaktspray« bezeichnet, weil es auch Wasser verdrängen kann. Es ist zum schnellen Schmieren kleiner Lagerstellen und Konservieren von Maschinenteilen geeignet.

• Kontaktspray soll Oxidation von elektrischen Kontakten entfernen und sie gleichzeitig konservieren. Allerdings funktioniert das kaum, da Oxid nur mit Säure entfernt werden kann (solche Sprays gibt es), die Säure aber ihrerseits wieder das Metall angreift. Die üblichen sogenannten »Kontaktsprays« sind daher lediglich Kriechöle, von denen keine Reinigung der elektrischen Kontakte erwartet werden kann.

Fette

- Fette werden zum Schmieren von Gelenken und Lagern eingesetzt. Ein gutes Mehrbereichsfett ist für die meisten Anwendungen ausreichend, doch manche Hersteller schreiben den Einsatz spezieller Fette an Bauteilen wie Schwingen- und Anlenkhebellagerungen vor. Diese Fette können im Zubehörfachhandel erworben werden; die üblichen Spezialfette sind Molybdänfett, Lithiumfett, Graphitfett, Silikonfett und temperaturbeständige Kupferpaste.

Dichtmasse

- Dichtmassen können zusammen mit Dichtungen verwendet werden, um ihre Dichtigkeit zu verbessern. Oder sie werden direkt zum Abdichten zweier Metallflächen verwendet. Abhängig vom Typ härten sie entweder aus oder bleiben dauerelastisch.

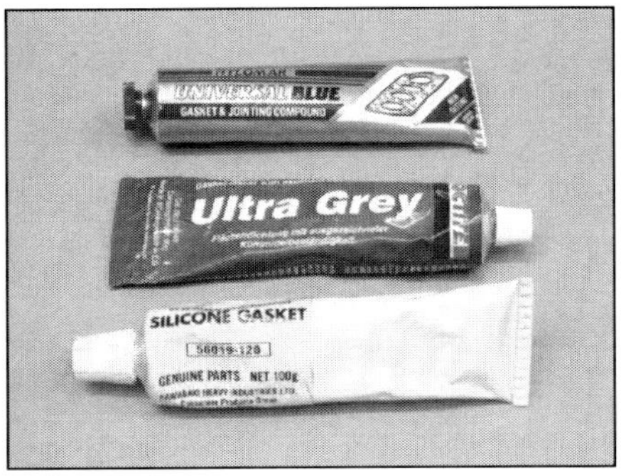

- Bei der Beschaffung von Dichtmasse muss sichergestellt sein, dass sie zur Verwendung an einem Verbrennungsmotor geeignet ist. Universaldichtstoffe aus dem Baumarkt können ähnlich aussehen, halten jedoch eventuell weder starke Hitze noch Kontakt mit Öl oder Kraftstoff aus (siehe *Werkzeug- und Werkstatt-Tipps* für weitere Informationen).

Schraubensicherung

- Diese Mittel werden zum Sichern von Gewinden in Positionen eingesetzt, wo sich Schrauben durch Vibrationen lösen können. Schraubensicherungsmasse kann im Fachhandel beschafft werden. Stellen Sie sicher, dass die Gewindegänge beider Komponenten vollständig sauber und trocken sind, bevor Sie das Mittel sparsam auftragen (siehe *Werkzeug- und Werkstatt-Tipps* für weitere Informationen).

Kraftstoff-Additive

- Mittel zum Schutz und zur Reinigung des Kraftstoffsystems gibt es in vielfältiger Auswahl. Diese Additive sind konzipiert, alle Ablagerungen in Vergasern und Einspritzanlagen zu entfernen und vor Verschleiß zu schützen, um das Kraftstoffsystem wirkungsvoll funktionieren zu lassen. Wenn ein Kraftstoff-Additiv verwendet wird, muss zuvor sichergestellt sein, dass es in Ihrem Motorrad eingesetzt werden kann, besonders wenn dieses mit einem Katalysator ausgerüstet ist.
- Sogenannte Oktan-Booster erhöhen die Klopffestigkeit des Treibstoffs. Sie können die Leistungsfähigkeit stark getunter Motoren verbessern, wenn diese mit einfachem Benzin betrieben werden – in Serienmotoren bringen sie nichts.

Wachse und Polituren

- Wachse und Polituren reinigen und konservieren lackierte Teile. Da es unterschiedliche Lackarten gibt, muss ausprobiert werden, ob die jeweilige Politur bzw. das Wachs dazu passt. Für Schutzflüssigkeiten, die kein Wachs, sondern Silikon oder Polymere enthalten, verspricht die Werbung einen vielfach längeren Schutz gegenüber Wachsen. In Tests konnte die längere Dauer des Schutzes jedoch nicht nachgewiesen werden.

Sicherheitscheck

Hauptuntersuchung

In Deutschland müssen Motorräder alle zwei Jahre zur Hauptuntersuchung nach § 29 der Straßenverkehrszulassungsordnung (StVZO). Diese Untersuchung wird im Volksmund als »TÜV« bezeichnet; das stammt noch aus der Zeit, als der Technische Überwachungsverein (TÜV bzw. TÜH) das Monopol auf Hauptuntersuchungen besaß. Das ist seit einigen Jahren nicht mehr der Fall. DEKRA und auch freie Sachverständige, die einer anerkannten Überwachungsorganisation wie KÜS oder GTÜ angeschlossen sind, dürfen die Hauptuntersuchung durchführen.

Gerade bei freien Sachverständigen hat dies seine Vorteile für den Fahrzeugbesitzer: Eine familiäre Atmosphäre, sehr kurze Wartezeiten und hohe Kompetenz unterscheiden diese kleinen Prüfbüros von den häufig anonymen und bürokratischen Prüfstellen der eingesessenen Organisationen.

TÜV/TÜH (alte Bundesländer) und DEKRA (neue Bundesländer) besitzen allerdings nach wie vor das Monopol für die Begutachtung von Änderungen am Fahrzeug, für die keine Gutachten vorliegen – etwa selbstgebaute Auspuffanlagen, Umbauten zum Gespann o.Ä.

Bei der Hauptuntersuchung werden Betriebs- und Verkehrssicherheit des Motorrades geprüft. Sachverstand des Prüfers vorausgesetzt – was leider nicht immer der Fall ist –, ist dies ein notwendiger Check im Interesse des Fahrzeugbesitzers. Doch unabhängig von dieser regelmäßigen Untersuchung sollte der Fahrer des Motorrades wissen, wo die sicherheitsrelevanten Baugruppen sitzen und sie selber prüfen können.

> **Praxis TiPP** ***Wenn Sie ein gebrauchtes Motorrad kaufen möchten, so ist eine kürzlich durchgeführte Hauptuntersuchung (HU) keinesfalls eine Gewähr für den einwandfreien Zustand des Fahrzeugs. Motor, Getriebe und wesentliche Teile der Elektrik werden bei der HU nicht geprüft, und selbst wichtige Baugruppen wie Bremsen und Rahmen können von einem inkompetenten Prüfer falsch beurteilt worden sein.***

Elektrik

Beleuchtung

Prüfen Sie die Funktion aller Leuchten am Motorrad: Stand-, Abblend-, Fern-, Rück- und Bremslicht, Letzteres bei Fuß- und Handbremse. Das Gleiche gilt für die Blinker und eventuelle Zusatzleuchten wie Breit- oder Zusatzscheinwerfer, Nebelschlussleuchte oder Warnblinker. Häufig wird die Instrumentenbeleuchtung nicht beachtet (übrigens auch nicht bei der HU), doch auch bei einer Nachtfahrt möchte man doch wissen, wie schnell man fährt.

Scheinwerfereinstellung

Im Gegensatz zu Autos wird bei der HU die Scheinwerfereinstellung bei Motorrädern nicht überprüft. Tun Sie das daher selbst im eigenen Interesse; weder ist es angenehm, andere Verkehrsteilnehmer zu blenden, noch nachts lediglich das Vorderrad oder die Baumwipfel zu beleuchten.
Stellen Sie in einer Werkstatt, die ein Prüfgerät für PKW besitzt, den Scheinwerfer Ihres Motorrades ein. Achten Sie dabei darauf, dass Sie das Motorrad mit dem üblichen Fahrgewicht belasten (1).

Batterie

Auch der Zustand von Batterie, Sicherungen, Regler und Lichtmaschine ist sicherheitsrelevant. Stellen Sie sich beispielsweise vor, auf der Überholspur der Autobahn geht schlagartig der Motor aus, weil es an Zündfunken fehlt, oder nachts in der gleichen Situation bleibt plötzlich das Licht weg.

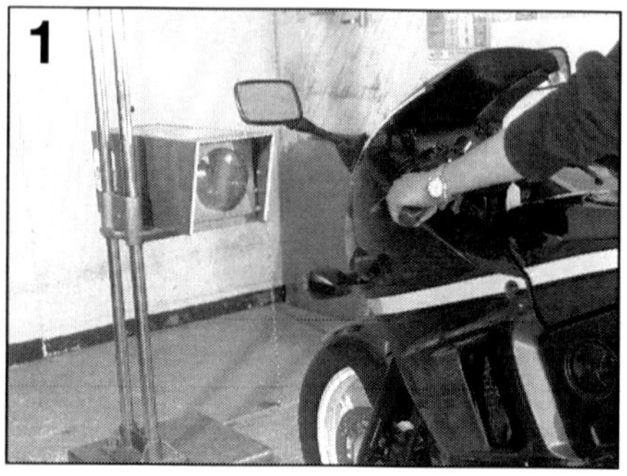

Prüfen der Scheinwerfereinstellung mit einem PKW-Prüfgerät

Auspuff und Antrieb

Auspuff

Auspuff und Schalldämpfer haben zugegebenermaßen wenig mit Sicherheit zu tun. Allerdings kann mit einer nicht genehmigten Änderung die Betriebserlaubnis des Fahrzeugs erlöschen, was bei einem Unfall – der noch nicht einmal selbst verschuldet sein muss – unangenehme Folgen haben kann: Fahren ohne Versicherungsschutz, eventuell Fahren ohne Führerschein (wenn das Motorrad serienmäßig leistungsbegrenzt und die Fahrerlaubnis darauf beschränkt war), Fahren ohne Betriebserlaubnis u.a. Stellen Sie also sicher, dass der angebaute Auspuff entweder serienmäßig oder eingetragen ist, dass die Anlage fest sitzt und keine Löcher oder Durchrostungen vorliegen.

Antrieb

Sehr viel mehr mit Sicherheit hat der Hinterradantrieb zu tun, obwohl er bei der HU nicht geprüft wird. Ist die Kette in ordentlichem Zustand und weist die richtige Spannung auf? Sind Ritzel und Kettenrad nicht übermäßig abgenutzt? Bei Kardanmaschinen: Ist der Hinterradantrieb öldicht? Ist die Mitnehmerverzahnung des Hinterrads in Ordnung? (Für diese Prüfung muss das Hinterrad ausgebaut werden.)

Steuerkopf und Federung

Steuerkopf

Entlasten Sie das Vorderrad, sodass es frei in der Luft steht. Schwenken Sie den Lenker langsam von Anschlag zu Anschlag. Ist der Lenker dabei schwergängig? Sind »Raststellen« zu spüren? Schlägt etwas am Tank an? Das alles darf nicht der Fall sein, andernfalls sind Lenkkopflager und/oder Anschläge neu zu justieren bzw. auszutauschen (2).
Fassen Sie die beiden Enden der Vorderachse mit den Fäusten und versuchen Sie, das Rad nach hinten und vorne zu drücken. Ein loses Lenkkopflager können Sie dabei an einem »Klacken« erkennen, wobei das Geräusch auch von einer ausgeschlagenen Telegabel kommen kann. Um sicher zu gehen, lassen Sie bei diesem Test eine zweite Person einen Finger an den Spalt zwischen Lenkkopf und unterer Gabelbrücke legen. Selbst ein kleines Spiel des Lagers lässt sich so feststellen (3).

Vorderradfederung

Bocken Sie das Motorrad ab und halten es mit der Vorderbremse fest. Drücken Sie nun mit dem Lenker die Telegabel zusammen. Sie darf dabei nicht stocken oder klemmen (4). Prüfen Sie die Enden der Tauchrohre auf Öldichtigkeit. Ölnebel oder gar -tropfen weisen auf undichte Simmerringe hin (5).
Prüfen Sie schließlich den Ölstand in den Telegabelrohren nach Anleitung.

Hinterradfederung

Lassen Sie das Motorrad in abgebocktem Zustand von einer zweiten Person festhalten. Drücken Sie das Heck nach unten. Die Hinterradfederung darf dabei nicht stocken oder klemmen. Das Heck darf nach dem Loslassen auch nicht nachschwingen (6).
Prüfen Sie das oder die hinteren Federbein/e auf Öldichtigkeit. Nur wenige Federbeine sind reparabel. Erkundigen Sie sich danach.
Fassen Sie das Hinterrad an, und versuchen Sie, es nach links und rechts zu drücken. Damit kann Spiel im Hinterradlager und im Schwingenlager festgestellt werden (9).
Bei Maschinen mit einem Zentralfederbein können die Lager der Anlenkhebel ausschlagen. Lassen Sie eine zweite Person das Hinterrad des Motorrads anheben, und beobachten Sie dabei mit einer Taschenlampe die Lagerstellen, um Spiel festzustellen (7, 8).

Um das Lenkkopflager zu prüfen, darf das Vorderrad nicht aufstehen, auch nicht so!

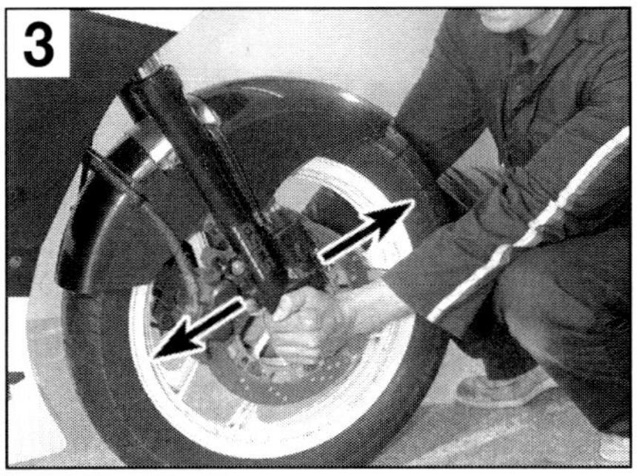

Prüfen von unzulässigem Spiel in Lenkkopflager und Telegabel

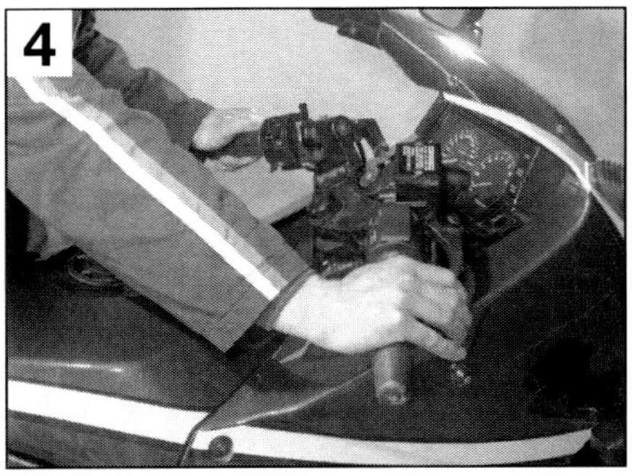

Bei gezogener Handbremse mit dem Lenker die Telegabel zusammendrücken.

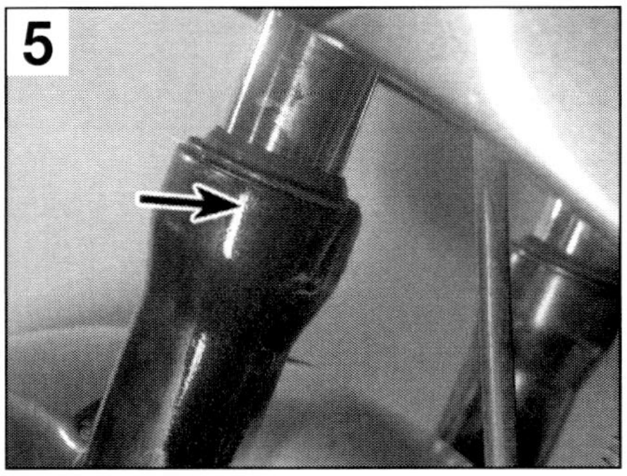

Bei undichten Simmerringen tritt Öl am oberen Ende des Tauchrohrs aus.

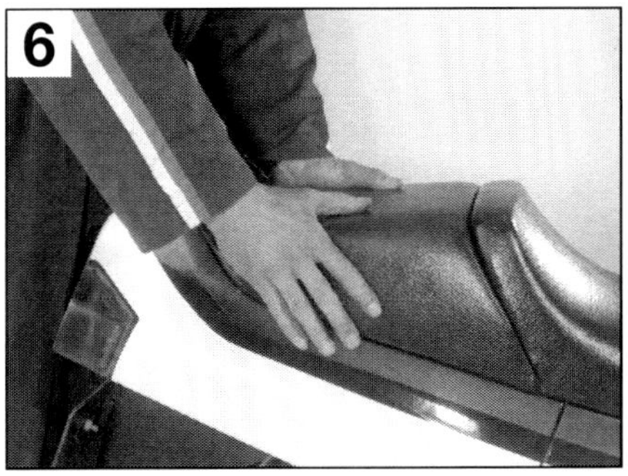

Herunterdrücken des Hecks zum Prüfen der Hinterradfederung

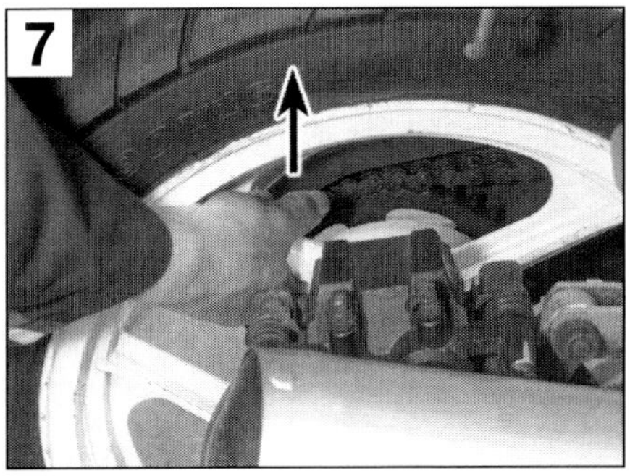

Anheben des Hinterrades, um Spiel . . .

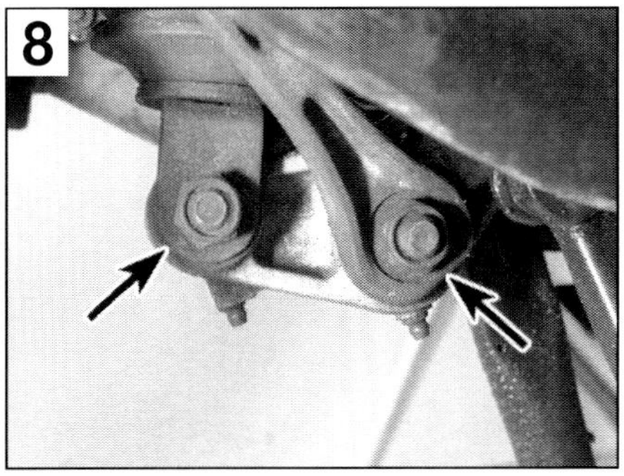

. . . in den Lagern der Federbein-Anlenkung aufzuspüren.

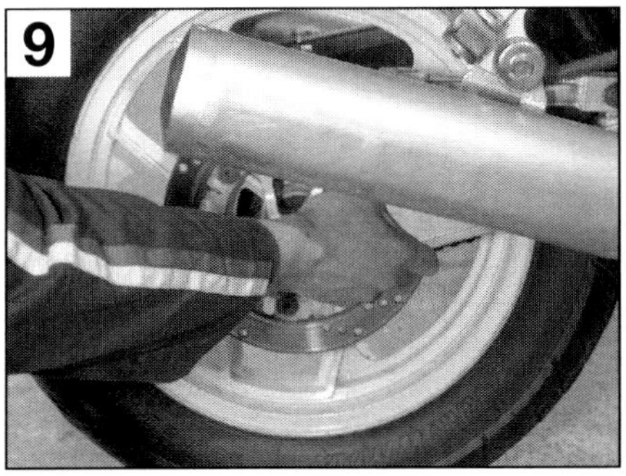

Hinterradschwinge nach links und rechts drücken, um unzulässiges Spiel in den Schwingenlagern festzustellen.

Bremsen, Räder und Reifen

Bremsen

Ziehen Sie bei angehobenem Rad die jeweilige Bremse, und lösen Sie sie wieder. Danach muss sich das Rad frei drehen lassen, ohne dass die Bremse klemmt. Leichte Schleifgeräusche dabei sind bei Scheibenbremsen normal.

Unterziehen Sie die Bremsscheibe einer Sichtprüfung. Sie darf im Bremsbereich keine Riefen und Absätze aufweisen, erst recht keine Risse.

Prüfen Sie die Belagstärke der Bremsbacken, wie im Handbuch beschrieben (10).

Betätigen Sie bei Trommelbremsen den Bremshebel bis zum Anschlag, und prüfen Sie den Winkel zwischen Bremsnockenhebel und Bremsstange bzw. -seilzug; er muss knapp unter 90° liegen (11).

Prüfen Sie bei hydraulischen Bremsen alle Schläuche und Leitungen bei betätigter Bremse auf Undichtigkeiten. Prüfen Sie den Pegel im Bremsflüssigkeitsvorratsbehälter.

Räder und Reifen

Prüfen Sie Gussräder auf Beschädigung und Risse, Drahtspeichenräder auf lose, verbogene und gebrochene Speichen. Lassen Sie das angehobene Rad frei drehen und prüfen es und den Reifen auf runden Lauf. Kontrollieren Sie, ob das Rad ausgewuchtet wurde und die Wuchtgewichte sich noch an ihren Plätzen befinden.

Fassen Sie das Rad, und versuchen Sie, es nach links und rechts zu drücken. Dabei darf kein Spiel der Radlager feststellbar sein (13).

Prüfen Sie den Reifen auf Risse, Beschädigungen und Profiltiefe. In Deutschland muss das Profil an allen Stellen mindestens 1,6 Millimeter tief sein (14).

Stellen Sie sicher, dass Reifen mit den vorgeschriebenen Maßen und Herstellerbindungen montiert sind (siehe Angaben im Fahrzeugschein). Beachten Sie Laufrichtungspfeile an den Reifen-Seitenwänden (15).

Prüfen Sie den Festsitz aller Achsen- und Klemmfaustmuttern und das Vorhandensein vorgesehener Splinte (16).

Die Radflucht (Spur) können Sie am besten mit einer Spurlatte feststellen (17; siehe Beschreibung vorne im Buch).

Allgemeine Checks

Prüfen Sie den Festsitz aller wesentlichen Muttern von Verkleidung, Lenker, Sitzbank, Motor, Rahmen und Schutzblechen. Fußrasten und Haltegriffe dürfen nicht verbogen oder lose sein. An keiner Stelle darf der Rahmen Durchrostungen zeigen.

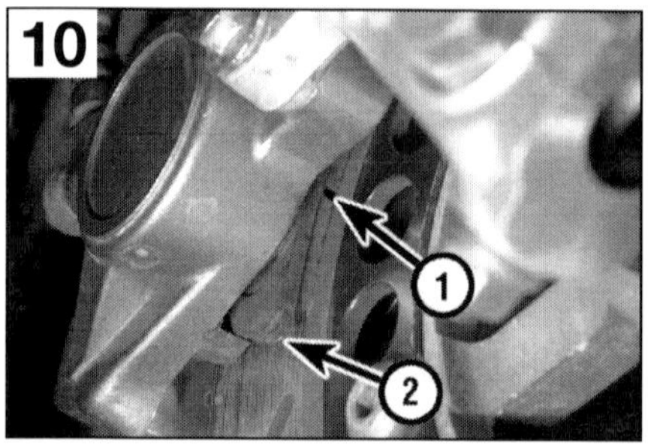

Der Verschleiß von Bremsbelägen kann meist ohne Abnahme der Bremssättel festgestellt werden. Die meisten besitzen Verschleißnuten (1) oder -markierungen (2).

Prüfen Sie an Trommelbremsen bei betätigter Bremse den Winkel zwischen Nockenhebel und Bremsstange bzw. -seilzug. Viele Bremsen besitzen einen Verschleißanzeiger.

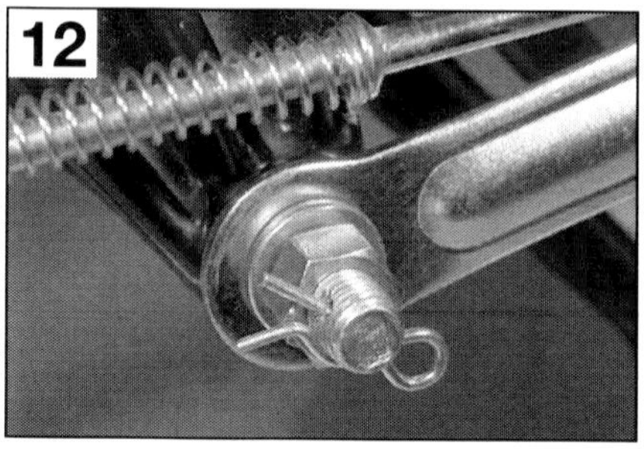

Die Verschraubung des Bremssattelhalters muss wie vorgeschrieben gesichert sein.

Prüfen Sie das Radlagerspiel, indem Sie das Rad nach links und rechts drücken.

Prüfen der Profiltiefe

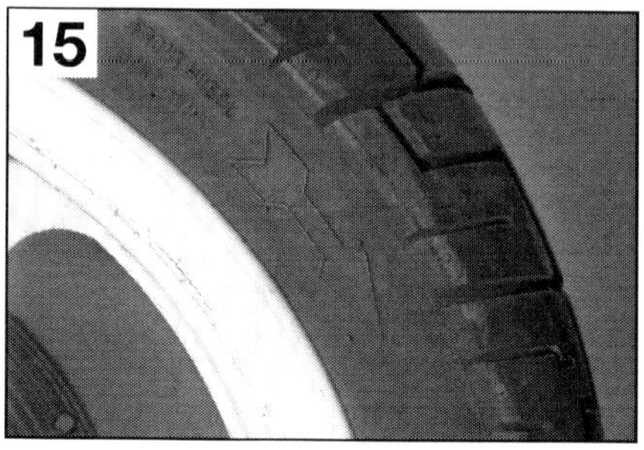

Manche Reifen besitzen einen Laufrichtungspfeil an der Seitenwand.

Achsenmuttern, die als Kronenmuttern ausgeführt sind, müssen mit einem Splint gesichert werden.

Prüfen der Radflucht mit Spurstangen

Stilllegen

Es sind einige Dinge zu beachten, bevor man das Motorrad für längere Zeit stilllegt, etwa über den Winter. Das Fahrzeug abzustellen, ohne die beschriebenen Arbeiten auszuführen, bringt erhöhten Verschleiß und Schwierigkeiten beim »Ausmotten« mit sich.

1. Waschen und reinigen Sie das Motorrad gründlich. Führen Sie notwendige Reparaturen jetzt durch, da Sie nach dem Winter ja doch keine Lust dazu haben werden.
2. Fahren Sie das Motorrad warm. Legen Sie dazu an einem sonnigen Tag eine Tour von mindestens 20 Kilometer ein. Fahren Sie auf dem Rückweg an einer Tankstelle vorbei, tanken Sie randvoll und erhöhen Sie den Reifendruck um etwa 1 bar über den vorgeschriebenen Wert.
3. Stellen Sie das Motorrad an einem trockenen Platz ab, wo es längere Zeit stehen soll. Bocken Sie es so auf, dass kein Reifen den Boden berührt.
4. Führen Sie Motor-, Getriebe- und eventuell (bei Kardanmaschinen) Hinterradölwechsel durch. Das geht gut, weil der Motor jetzt noch warm ist. Altes Öl enthält aus Verbrennungsrückständen saure Bestandteile, die mit der Zeit Metall angreifen, daher sollte es nicht im Motorrad belassen werden.
5. Schmieren Sie die Antriebskette.
6. Verschließen Sie die Auspuffrohre mit Plastiktüten, oder stopfen Sie Lappen hinein, um Kondenswasser und damit Innenrost zu vermeiden (3).
7. Drehen Sie alle Zündkerzen heraus und füllen in jedes Loch etwa 20 ml (1 Esslöffel) frisches Motoröl. Legen Sie danach den höchsten Gang ein und drehen den Motor ein paar Mal mit dem Hinterrad durch. Das verteilt das Öl an die Zylinderwände und verhindert Rost. Schrauben Sie die Kerzen wieder ein (1).
8. Ölen Sie alle Bowdenzüge mit einer alten Spritze und Nähmaschinenöl (Beschreibung siehe vorne im Buch).
9. Schließen Sie die Benzinhähne, und entleeren Sie die Schwimmerkammern aller Vergaser, um Verharzung des Benzins zu vermeiden und um beim späteren Start gleich frisches Benzin aus dem Tank zur Verfügung zu haben (2).
10. Bauen Sie die Batterie aus (3) und stellen sie an einen kühlen, frostfreien, trockenen Ort (z.B. Keller). Laden Sie sie etwa alle vier Wochen mit einem Steckerladegerät einen Tag lang nach (Ladestrom max. 1/10 des Wertes der Batteriekapazität). Noch besser ist es, die Batterie ins Auto einzubauen (Parallelanschluss zur Autobatterie).
11. Konservieren Sie leicht rostende und Chromstellen des Motorrades mit Sprühöl oder Wachs.
12. Reinigen Sie den Luftfiltereinsatz und bauen ihn wieder ein.
13. Bedecken Sie das Motorrad mit einem alten Laken oder einem anderen Stoff. Plastikfolie ist nicht geeignet, weil sich darunter Kondenswasser bildet und das Fahrzeug rostet.

Etwas Motoröl in jedes Kerzenloch geben.

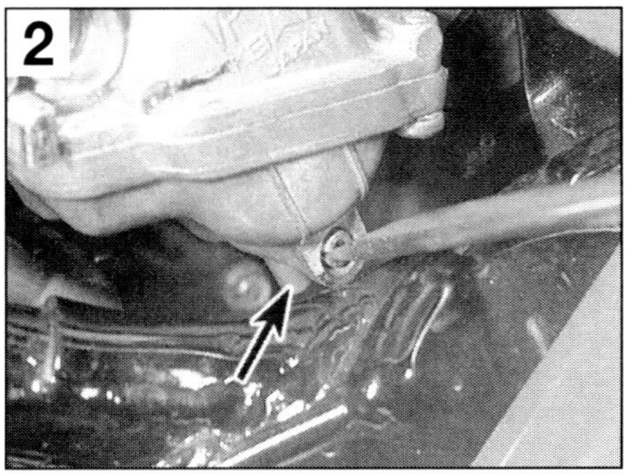

Die meisten Vergaser-Schwimmerkammern besitzen eine Schraube, mit der man das Benzin aus der Kammer ablassen kann.

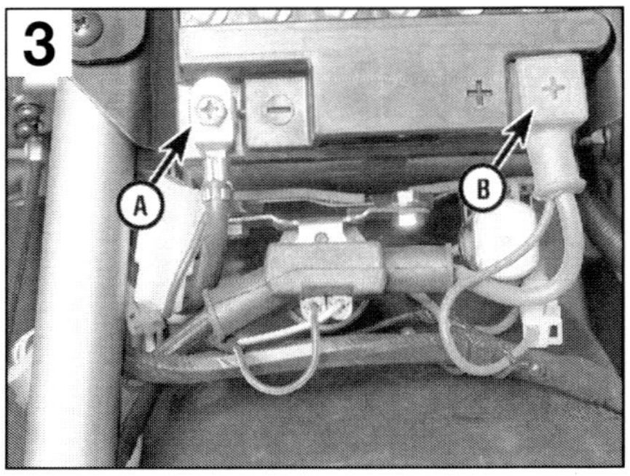

Batterie abklemmen, Minuspol (A) zuerst.

Inbetriebnahme

Haben Sie das Motorrad wie beschrieben gewissenhaft »eingemottet«, so ist der Start in die neue Saison kein Problem.

1. Bauen Sie die geladene Batterie wieder ein (Pluspol zuerst anschließen, Kupferpaste an den Polen nicht vergessen).
2. Wischen Sie überschüssiges Konservierungsöl und -wachs ab.
3. Kontrollieren Sie den Reifen-Luftdruck.
4. Entfernen Sie Plastiktüten bzw. Lappen von den Auspuffrohren.
5. Stellen Sie die Benzinhähne auf »ON« (bei normalen Hähnen) bzw. auf »PRI« (bei Unterdruck-Benzinhähnen), damit die Schwimmerkammern mit frischem Benzin gefüllt werden.
6. Ziehen Sie die Kupplungn und befestigen Sie den Hebel mit einem Gummi am Handgriff. Nach längerer Standzeit können die Lamellen zusammenkleben (4).
7. Starten Sie den Motor und lassen ihn etwa eine Minute laufen. Stellen Sie dabei einen eventuellen Unterdruckbenzinhahn wieder auf »ON«.
8. Schalten Sie den Motor wieder aus und kontrollieren nach etwa einer Minute den Motorölstand. Bei Motoren mit Trockensumpf-Schmierung kann es nämlich sein, dass durch die lange Standzeit das Öl aus dem Öltank in den Motor gelaufen ist, sodass eine Kontrolle vor dem Laufenlassen ein falsches Ergebnis brächte. Lösen Sie den Kupplungshebel wieder.
9. Prüfen Sie die Funktion beider Bremsen. Vor allem müssen sie nach dem Bremsen die Räder wieder freigeben.

Das Motorrad ist jetzt bereit zur ersten Fahrt. Lassen Sie es langsam angehen, denn auch die Reflexe müssen erst wieder sitzen. Gute Fahrt!

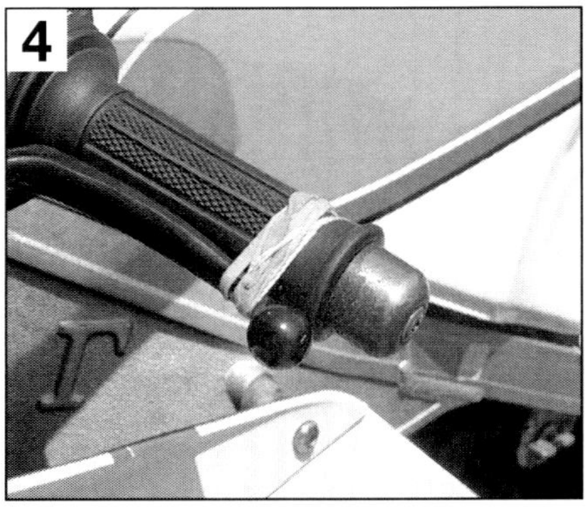

Der Kupplungshebel wird mit einem Gummi am Handgriff festgebunden.

Fehlersuche

(von Hans Hohmann)

In diesem Abschnitt sind die häufigsten Fehler am Motorrad zusammengestellt und ihre Behebung beschrieben. Dennoch kann es vorkommen, dass ausgerechnet die Ursache Ihrer Panne nicht beschrieben ist. Eine umfassende Darstellung der Technik aller Motorräder kann dieses Kapitel nicht leisten. Dazu sind eine Menge spezieller Bücher geschrieben worden.

Eine erfolgreiche Fehlersuche besteht aus etwas Grundwissen zusammen mit systematischer und logischer Vorgehensweise, nicht zu vergessen innerer Ruhe. Daher gibt es keine »mysteriösen Fehler«, sondern nur mangelnde Erfahrung oder mangelnde Systematik.

Beginnen Sie jede Fehlersuche mit der genauen Feststellung der Fehler-Symptome. Überlegen Sie, was es sein könnte; danach, was es noch sein könnte. Beginnen Sie dann mit systematischer Suche, Schritt für Schritt. Die beiden Schemata »Programmierte Fehlersuche« sollen Ihnen dabei helfen. Danach sind Baugruppe für Baugruppe mögliche Fehler erklärt.

Programmierte Fehlersuche:

Motorrad hat keine Leistung mehr

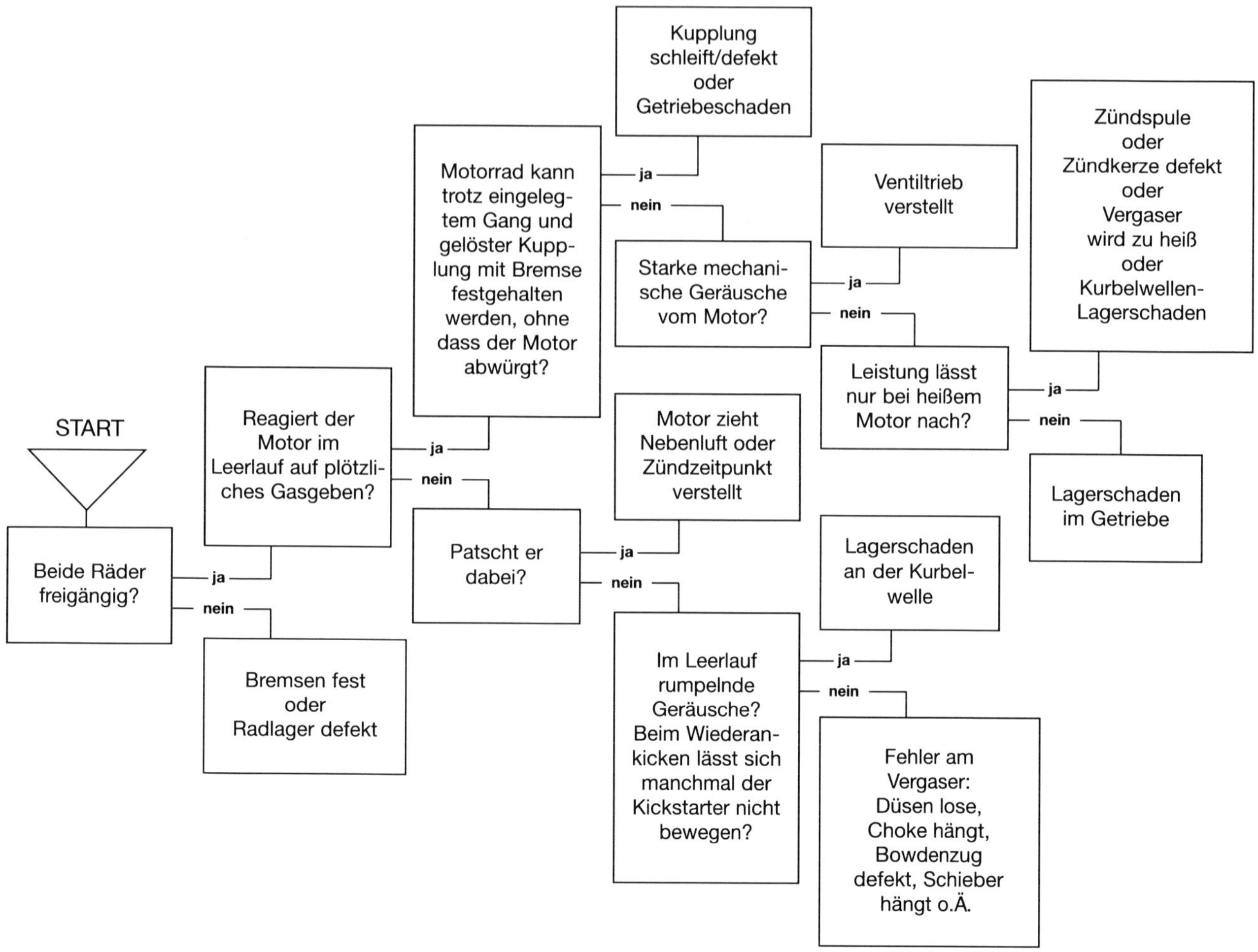

Programmierte Fehlersuche:

Motorrad springt nicht an

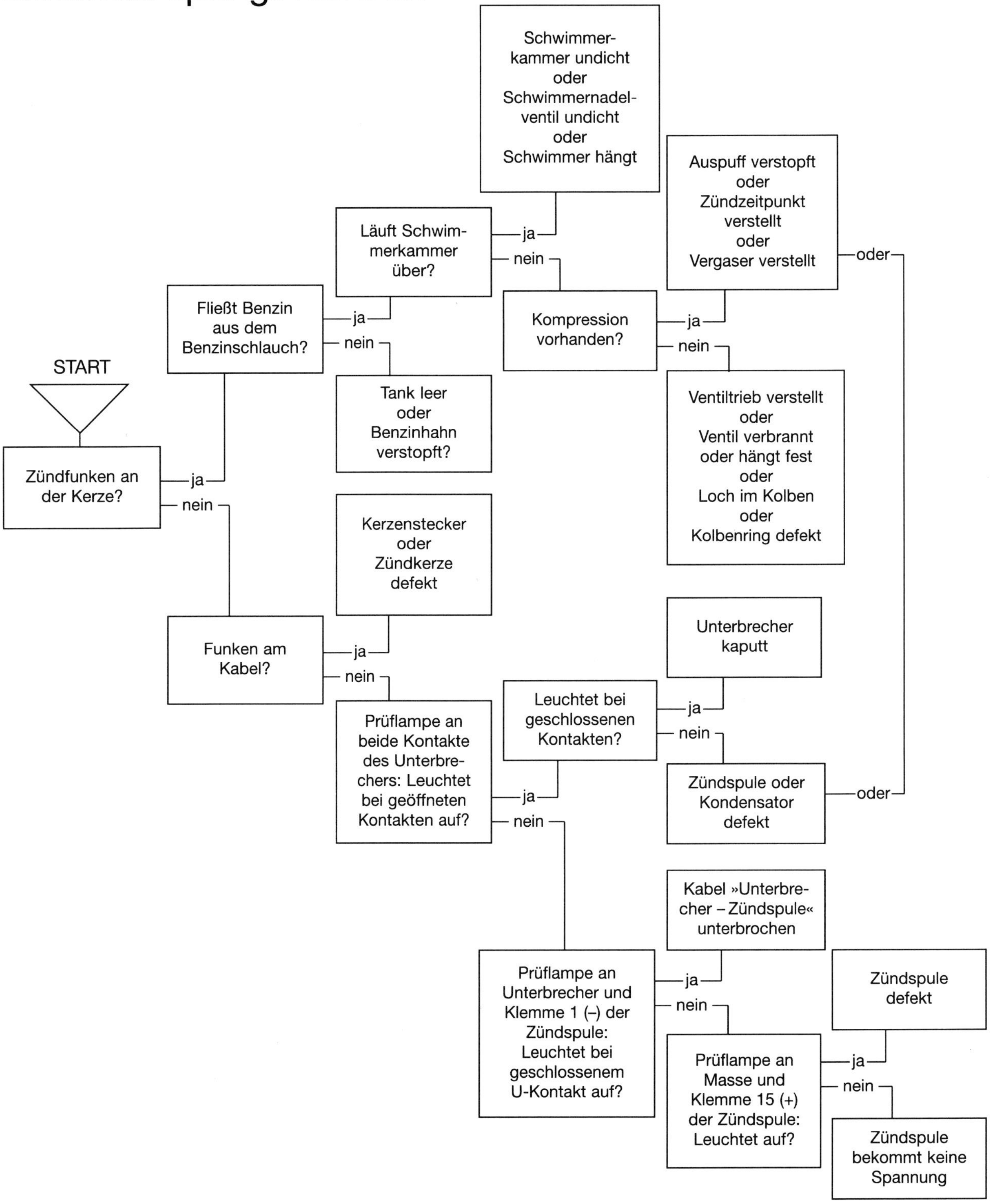

1 Anlasserprobleme

Anlasser dreht sich nicht:

- ☐ Killschalter umgelegt.
- ☐ Sicherung durchgebrannt. Prüfen Sie die Hauptsicherung am Anlasserrelais.
- ☐ Batterie leer. Prüfung: Zündung einschalten, Fernlicht an und Hupenknopf drücken. Funktioniert alles, so ist die Batterie voll. Wenn nicht, laden bzw. ersetzen.
- ☐ Leerlauf nicht eingelegt.
- ☐ Defekter Leerlauf-, Kupplungshebel- oder Seitenständerschalter. Schalter und Kabel prüfen.
- ☐ Zündschalter defekt. Mit Ohmmeter prüfen.
- ☐ Killschalter oder dessen Kabel defekt. Prüfen Sie beide auf elektrischen Durchgang in der »RUN«-Position.
- ☐ Anlasserknopf defekt. Mit Ohmmeter prüfen.
- ☐ Anlasserrelais defekt. Siehe Beschreibung vorne im Buch.
- ☐ Verkabelung gebrochen oder Kurzschluss. Prüfen Sie den Anlasserstromkreis mit einer Prüflampe durch.
- ☐ Anlasser defekt. Prüfen: Lösen Sie das Plus-Kabel vom Anlasser und schließen daran und an Masse eine Prüflampe an. Zündung einschalten und Anlasserknopf drücken. Leuchtet die Prüflampe auf, so ist der Anlasser defekt.

Anlasser dreht sich, aber Motor nicht:

- ☐ Anlasserfreilauf defekt. Ausbauen und reparieren.

Anlasser will sich drehen, Motor blockiert aber:

- ☐ Motorschaden. Hierfür kann einiges die Ursache sein: Kurbelwellenlager defekt, Kolbenklemmer, Steuerkette übergesprungen, Ventiltrieb defekt u.a.

2 Motor springt nicht an

Kein Benzinfluss zum Vergaser:

- ☐ Kein Benzin im Tank.
- ☐ Benzinhahn steht auf »OFF«.
- ☐ Bei Unterdruck-Benzinhahn: Unterdruck-Schlauch ist defekt oder nicht angeschlossen oder Membran im Hahn ist defekt. Benzinhahn als Notbehelf auf »PRI« stellen.
- ☐ Benzinfilter am Benzinhahn oder am Vergaser verstopft.
- ☐ Bei installierter Benzinpumpe: Pumpe defekt oder bekommt keine Spannung.
- ☐ Tankbelüftung verstopft. Die Belüftung befindet sich oft im Tankdeckel – freiblasen. Manchmal verschließen auch Tankrucksäcke die Belüftung.
- ☐ Benzinleitung verstopft. Das ist sehr unwahrscheinlich, weil ein Filter vorgeschaltet ist. Höchstens kann noch ein Stopfen von einer Reparatur darin stecken.

Kein Benzin im Brennraum:

- ☐ Schwimmerkammer ist leer und Schwimmer klemmt in oberer Stellung. Das kann nach langer Standzeit des Motorrads der Fall sein, wenn das Benzin aus der Schwimmerkammer verdunstet ist und harzige Rückstände zurückgeblieben sind.
- ☐ Düsen des Vergasers verstopft. Freiblasen.
- ☐ Wassertropfen vor der Hauptdüse. Das kann z.B. nach Wäschen oder langer Standzeit (Kondenswasser) vorkommen. Schwimmerkammer entleeren.
- ☐ Benzinpegel in der Schwimmerkammer zu niedrig. Schwimmer verbogen?

Motor »abgesoffen«:

- ☐ Schwimmernadelventil klemmt oder ist defekt. Freiblasen oder ersetzen.
- ☐ Schwimmer klemmt in unterer Stellung.
- ☐ Schwimmer verbogen.
- ☐ Choke-Mechanismus lässt sich nicht ausschalten. Prüfen und reparieren.
- ☐ Verstopfter Lufteinlass. Der Luftfiltereinsatz kann sehr dreckig oder nass sein, ein Lappen vor den Lufteinlass legen oder Ähnliches.

Kein Zündfunke:

- ☐ Zündschalter nicht an.
- ☐ Killschalter auf »OFF«.
- ☐ Sicherung durchgebrannt.
- ☐ Batterie leer.
- ☐ Anlasser verschlissen. Ein verschlissener Anlasser kann beim Starten so viel Strom ziehen, dass die Batteriespannung für einen genügenden Zündfunken nicht mehr ausreicht.
- ☐ Zündkerzen defekt. Dies kann sogar bei neuen Zündkerzen passieren.
- ☐ Zündkerzenkörper feucht und/oder dreckig. Der Zündfunken wandert dann draußen am Zündkerzen-Isolator gegen Masse. Kerze trocknen und säubern, auch den Stecker von innen.
- ☐ Kerzenstecker defekt. Haarrisse im Stecker lassen, vor allem bei feuchtem Wetter, den Funken im Stecker gegen Masse wandern.
- ☐ Zündkabel brüchig. Auch hier können Kriechfunkenstrecken gegen Masse entstehen.
- ☐ Zündkabel lose. Befestigen.
- ☐ Zündspule defekt. Bei einem Mehrzylindermotor ist es allerdings unwahrscheinlich, dass alle Zündspulen gleichzeitig kaputtgehen; er müsste dann zumindest auf einem oder zwei Zylindern zünden.
- ☐ Verkabelung im Zündstromkreis gebrochen oder Kurzschluss.
- ☐ Zündgeberspulen defekt. Spulen wie vorne beschrieben prüfen, evtl. ersetzen.
- ☐ Zündbox defekt. Prüfen – soweit möglich – und evtl. ersetzen.

Schwacher Zündfunke:

- ☐ Viele der vorgenannten Ursachen können auch einen zu schwachen Zündfunken hervorrufen. Beginnen Sie mit der Prüfung an den Kerzen: Elektrodenabstand korrekt?

Fehlende Kompression:

- ☐ Zündkerze(n) lose. Nachziehen bzw. defektes Gewinde im Zylinderkopf reparieren.
- ☐ Zylinderkopfdichtung defekt.
- ☐ Ventil schließt nicht. Das kann an einer falschen Ventileinstellung liegen oder an einem verbrannten oder verklemmten Ventil. Die Steuerkette kann auch übergesprungen sein.
- ☐ Verschleiß von Zylinder, Kolben und Kolbenringen.
- ☐ Kolbenringe klemmen im Kolben (Ölkohle) oder sind gebrochen.
- ☐ Loch im Kolben. Das passiert bei einer falschen Zündkerze mit zu niedrigem Wärmewert oder zu heißem Motor, etwa durch abgemagertes Gemisch.

3 Motor geht nach dem Starten wieder aus

Ursachen:

- ☐ Choke defekt oder falsch justiert. Ohne Choke springt ein kalter Motor unter Umständen an, läuft jedoch nicht weiter. Umgekehrt mag ein warmer Motor mit Choke anspringen, dann aber wegen Überfettung wieder ausgehen.
- ☐ Fehlfunktion der Zündung. Siehe »schwacher Zündfunke«.
- ☐ Vergaser falsch eingestellt. Falsche Leerlaufdrehzahl oder schlecht justierte Leerlaufgemisch- bzw. Leerlaufluftschraube kann die Ursache sein.
- ☐ Motor zieht Nebenluft. Prüfen Sie Ansaugstutzen und Zylinderkopfdichtung auf Risse und lose Teile.
- ☐ Benzinzulauf schlecht. Verstopfte Benzinfilter, Nachrüstfilter oder Wasser können den Benzinzulauf verringern, sodass der Motor nach kurzer Zeit wegen Benzinmangels ausgeht.
- ☐ Lufteinlassquerschnitt stark verringert. Das kann durch einen verstopften Luftfiltereinsatz oder einen vergessenen Lappen geschehen. Das Gemisch überfettet, und der Motor stirbt ab.
- ☐ Tankbelüftung verstopft. Die Belüftung befindet sich oft im Tankdeckel – freiblasen. Manchmal verschließen auch Tankrucksäcke die Belüftung.

4 Schlechter Motorlauf bei Standgas

Schwacher Zündfunke oder Fehlzündungen:

- ☐ Batteriespannung zu schwach. Batterie laden bzw. ersetzen.
- ☐ Defekte Zündkerzen, siehe »kein Zündfunke«.
- ☐ Defekte Kerzenstecker oder Zündkabel.
- ☐ Falscher Wärmewert der Zündkerze. Wird eine Kerze zu heiß, kann es zu Glühzündungen kommen, was oft kapitale Motorschäden nach sich zieht. Achten Sie streng auf den vorgeschriebenen Wärmewert. Siehe auch Zündkerzen-Vergleichstabelle am Schluss des Buches.
- ☐ Falscher Zündzeitpunkt. Prüfen Sie statischen und dynamischen Zündzeitpunkt und die Verstellung bei höheren Drehzahlen.
- ☐ Defekte Zündspule(n). Ein Zündspulendefekt kann nicht nur in totalem Ausfall bestehen, sondern sich auch in Fehlzündungen bemerkbar machen.
- ☐ Defekte Zündgeberspulen. Prüfen Sie sie, wie im Buch beschrieben.
- ☐ Defekte Zündbox. Prüfen durch Messen oder Austausch.

Benzin-Luft-Gemisch falsch:

- ☐ Motor zieht Nebenluft, siehe Punkt 3.
- ☐ Leerlaufgemisch falsch eingestellt. Leerlaufgemisch- bzw. Leerlaufluftschraube justieren.
- ☐ Vergaser nicht synchronisiert. Synchronisation wie vorne im Buch beschrieben.
- ☐ Leerlaufdüse oder Leerlaufsystem des Vergasers verstopft. Freiblasen.
- ☐ Luftfiltereinsatz fehlt oder ist beschädigt. Ersetzen. Achten Sie auch auf den korrekten Sitz des Luftfilterdeckels.
- ☐ Choke defekt oder falsch justiert. Prüfen Sie auch den Choke-Zug auf Leichtgängigkeit und nötiges Spiel.
- ☐ Schwimmerstand zu hoch oder zu niedrig. Einstellen.
- ☐ Benzintank-Belüftung verstopft. Reinigen.
- ☐ Ventilspiel falsch. Ventile neu einstellen (siehe vorne im Buch).

Niedrige Kompression:

- ☐ Siehe unter Punkt 2 »fehlende Kompression«.

5 Schlechte Beschleunigung

Ursachen:

- ☐ Siehe Ursachen unter Punkt 4.
- ☐ Vergaserschieber klemmt.
- ☐ Bremsen klemmen. Prüfen Sie die Freigängigkeit der Räder. Verbogene Radachsen und verzogene Bremsscheiben können die gleiche Wirkung hervorrufen.

6 Schlechter Motorlauf/ wenig Leistung bei hoher Geschwindigkeit

Schwacher Zündfunke oder Fehlzündungen:

- ☐ Siehe unter Punkt 4.
- ☐ Bei Motorrädern mit Unterbrecherkontaktzündung kann der Unterbrecherkondensator defekt sein. Prüfen durch Austausch.
- ☐ Isolierung von Zündkerzenstecker oder Zündkabel schlecht. Poröse Stecker und Kabel können bei hoher Drehzahl Kriechströme zur Masse leiten und damit Zündunterbrechungen bzw. Fehlzündungen hervorrufen.

Benzin-Luft-Gemisch falsch:

- ☐ Alle unter Punkt 4 beschriebenen Ursachen sind möglich – außer der zweiten (Leerlaufgemisch falsch) und der vierten (Leerlaufsystem verstopft).
- ☐ Hauptdüse des Vergasers hat sich losvibriert oder fehlt ganz.
- ☐ Hauptdüse hat die falsche Größe. Vielleicht hat ein Vorbesitzer eine kleine eingebaut, um vermeintlich Benzin zu sparen. Oder die Hauptdüse ist nach dem Luftdruck im Flachland gewählt, und Sie fahren in den Bergen.
- ☐ Düsennadel und Nadeldüse sind ausgeschlagen. Ersetzen Sie sie als Satz.
- ☐ Belüftungsbohrungen des Vergasers verstopft. Reinigen.
- ☐ Benzinzulauf schlecht. Verstopfte Benzinfilter, Nachrüstfilter oder Wasser können den Benzinzulauf verringern.
- ☐ Tankbelüftung verstopft. Siehe oben.
- ☐ Gummimembran am Vergaserschieber eingerissen (nur bei Gleichdruckvergasern). Erneuern.

Niedrige Kompression:

- ☐ Siehe unter Punkt 2 »fehlende Kompression«.

7 Klopfen und Klingeln

Ursachen:

- ☐ Ölkohleablagerungen im Brennraum. Nach hoher Laufleistung oder bei defekten Kolbenringen oder Ventilschaftdichtungen kann es dazu kommen. Die Kohle beginnt zu glühen und verursacht unkontrollierte Zündungen. Klopfen, Klingeln und kapitale Motorschäden sind die Folge. Zylinderkopf demontieren und Brennraum reinigen.
- ☐ Schlechtes Benzin. Benzin mit zu niedriger Oktanzahl kann zu Klopfen und Klingeln führen. Tanken Sie Superbenzin oder – z.B. im Ausland – erhöhen Sie die Oktanzahl durch Zugabe von Benzol.
- ☐ Wärmewert der Zündkerze falsch. Wird eine Kerze zu heiß, kann es zu Glühzündungen (Klopfen und Klingeln) kommen, was oft kapitale Motorschäden nach sich zieht. Achten Sie streng auf den vorgeschriebenen Wärmewert. Siehe auch Zündkerzen-Vergleichstabelle am Schluss des Buches.
- ☐ Zu mageres Benzin-Luft-Gemisch. Fehlender Luftfilter(einsatz), Nebenluft, niedriger Schwimmerstand, falsche Nadeldüsenstellung und zu kleine Hauptdüse können das Gemisch mit gefährlichen Folgen abmagern.

8 Überhitzung

Falsche Zündeinstellung:

- ☐ Defekte Zündkerzen, siehe Punkt 2.
- ☐ Zündkerzen mit falschem Wärmewert. Wird eine Kerze zu heiß, kann auch der Motor selbst durch Glühzündungen zu heiß werden, was oft kapitale Motorschäden nach sich zieht. Achten Sie streng auf den vorgeschriebenen Wärmewert. Siehe auch Zündkerzen-Vergleichstabelle am Schluss dieses Buches.
- ☐ Falscher Zündzeitpunkt. Einstellen.

Falsches Benzin-Luft-Gemisch:

- ☐ Leerlaufgemisch- bzw. Leerlaufluftschraube verstellt. Neu justieren.
- ☐ Hauptdüse zu klein.
- ☐ Luftfilter beschädigt oder fehlt.
- ☐ Motor zieht Nebenluft. Lassen Sie den Motor im Standgas laufen und sprühen dabei Starthilfe-Spray auf die Stellen an Ansaugstutzen und Zylinderkopfdichtung, wo Sie Nebenluft vermuten. Läuft darauf der Motor mit höherer Drehzahl, so zieht er Nebenluft. Ist die Drehzahl unverändert, so sind die Stellen dicht.
- ☐ Benzinstand im Schwimmergehäuse zu niedrig. Schwimmer nachstellen.
- ☐ Benzintankbelüftung blockiert.

Mangelnde Schmierung:

- ☐ Motorölstand zu niedrig. Prüfen und nachfüllen.
- ☐ Motoröl zu alt. Sehr altes Motoröl verliert seine Schmier- und Kühlwirkung. Wechseln Sie rechtzeitig Öl und Ölfilter.
- ☐ Motoröl von schlechter Qualität oder falscher Viskosität. Wechseln gegen eines der richtigen Sorte.

Ungewöhnliche Ursachen:

- ☐ Rippen des Kühlers sind verdreckt. Sehr stark zugesetzte Kühlrippen beeinträchtigen den Wärmetausch zwischen Fahrtwind und Kühler. Das kann zu Überhitzungen führen.

9 Kupplungsprobleme

Kupplung rutscht durch:

- ☐ Kein Spiel am Kupplungshebel (bei Seilzug-Kupplungen). Einstellen.
- ☐ Kupplungszug schwergängig, weil zu stark geknickt oder Seele aufgefasert. Ersetzen.
- ☐ Ausrückmechanismus verschlissen oder defekt. Reparieren.
- ☐ Flüssigkeitsstand im Ausgleichsbehälter zu hoch (bei hydraulischer Kupplungsbetätigung). Ausgleichen.
- ☐ Reibscheiben stark verschlissen. Erneuern als Paket.
- ☐ Kupplungsfedern gebrochen oder ermüdet. Ausmessen und als Satz erneuern.
- ☐ Kupplungsmitnehmer und/oder -korb verschlissen: Reibscheiben und Lamellen haben sich in die Mitnehmernuten eingearbeitet, sodass sie nicht mehr in den Nuten gleiten können. Mit Schlüsselfeile glätten oder bei starkem Verschleiß Teile ersetzen.
- ☐ Falsches Schmiermittel (bei Nasskupplung). Auch nicht vorgesehene Zusätze wie Molybdändisulfit können die Kupplung zum Durchrutschen bringen. Schmiermittel gegen das vorgeschriebene tauschen. Unter Umständen sind die Reibscheiben der Kupplung durch falsche Zusätze unbrauchbar geworden und müssen ersetzt werden.

Kupplung trennt nicht:

- ☐ Zu viel Spiel am Kupplungshebel (bei Seilzug-Kupplungen). Einstellen.
- ☐ Ausrückmechanismus verschlissen oder defekt. Reparieren.
- ☐ Flüssigkeitsstand im Ausgleichsbehälter zu niedrig (bei hydraulischer Kupplungsbetätigung). Ausgleichen.
- ☐ Luft im Betätigungssystem (bei hydraulischer Kupplungsbetätigung). Entlüften.
- ☐ Kupplungs-Sekundärzylinder defekt (bei hydraulischer Kupplungsbetätigung). Ein beschädigter Kolben kann im Zylinder feststecken und die Kupplung nicht mehr betätigen.
- ☐ Kupplungsfedern unterschiedlich stark. Passiert bei einer oder mehreren gebrochenen Federn.
- ☐ Verbranntes Motoröl steckt zwischen Lamellen und Reibscheiben. Das kann passieren, wenn die Kupplung unter hoher Last lange geschliffen hat. Motoröl wechseln.
- ☐ Fremdkörper sitzen zwischen Reibscheiben und Lamellen. Kupplung auseinander nehmen und reinigen.
- ☐ Motoröl-Viskosität zu hoch. Öl wechseln.
- ☐ Kupplungsmitnehmer und/oder -korb verschlissen: Reibscheiben und Lamellen haben sich in die Mitnehmernuten eingearbeitet, sodass sie nicht mehr in den Nuten gleiten können. Mit Schlüsselfeile glätten oder bei starkem Verschleiß Teile ersetzen.
- ☐ Stahllamellen der Kupplung verzogen und wellig. Das kann bei zu langem Schleifenlassen geschehen.
- ☐ Lose Kupplungsmutter. Dadurch sind Mitnehmer und Kupplungskorb nicht mehr zentriert, was eine mangelhafte Trennung der Kupplung verursachen kann. Symptom: Das Kupplungsspiel am Hebel ändert sich ständig. Reparieren.

10 Schaltprobleme

Schalthebel kehrt nicht in Mittelstellung zurück:

- ☐ Gebrochene oder verschlissene Schaltfeder. Erneuern.
- ☐ Schaltwelle verbogen oder festgefressen. Verbogene Schaltwellen sind oft Folge eines Sturzes auf den Schalthebel. Leichte Beschädigungen können an der ausgebauten Schaltwelle gerichtet werden.

Getriebe lässt sich nicht oder schwer schalten:

- ☐ Kupplung trennt nicht, siehe Punkt 9.
- ☐ Schaltwelle verbogen. Siehe oben.
- ☐ Schaltmechanismus verschlissen oder defekt. Reparieren.
- ☐ Schaltgabeln verbogen oder verschlissen. Reparieren bzw. ersetzen.

Herausspringen eines Ganges:

- ☐ Schaltmechanismus verschlissen oder defekt. Reparieren.
- ☐ Schaltklauen und -fenster der Getrieberäder verschlissen. Die Klauen weisen gegen ein Herausspringen eine Hinterschneidung von etwa 5° auf. Nach langer Laufzeit oder durch Härtefehler können die Klauen verschleißen. Entsprechende Getrieberäder ersetzen.
- ☐ Getrieberäder, -gleitbuchsen und -wellen verschlissen. Erneuern.
- ☐ Schaltwelle verbogen. Siehe oben.

Überspringen eines Ganges:

- ☐ Schaltmechanismus verschlissen oder defekt. Reparieren.

11 Ungewöhnliche Motorgeräusche

Klopfen und Klingeln:

- ☐ Siehe Punkt 7.

Kolbenklappern:

- ☐ Kolbenspiel zu groß. Das kann mehrere Ursachen haben: Bei einer Reparatur wurden zu kleine Kolben eingesetzt; Verschleiß nach langer Laufzeit; Schrumpfung der Kolben durch Überhitzung. Kolbenklappern ist ein hohes Klappergeräusch, das bei leichter oder gar keiner Last auftritt, vor allem, wenn gerade Gas gegeben wird. Zylinder aufbohren und Übermaßkolben einsetzen.
- ☐ Pleuel verbogen. Mögliche Ursachen: Motor überdreht; Starten des Motors mit Flüssigkeit im Brennraum (übergelaufener Vergaser); Beschädigung der Kurbelwelle bei einer Reparatur. Bei einem verbogenen Pleuel muss die Kurbelwelle ausgebaut und das Pleuel ersetzt werden.
- ☐ Verschleiß von Kolbenbolzen, Bolzenbohrung im Kolben oder oberem Pleuelauge. Ursache: Mangelnde Schmierung oder hohe Laufleistung. Verschlissene Teile ersetzen.
- ☐ Kolbenringe verschlissen, gebrochen oder festgeklemmt. Erneuern nach gründlicher Prüfung von Kolben und Zylinderbohrung.

Ventilklappern:

- ☐ Ventilspiel zu groß. Einstellen.
- ☐ Ventilfeder ermüdet oder gebrochen. Erneuern.
- ☐ Nockenwelle oder Zylinderkopf verschlissen oder beschädigt. Die Lagerstellen der Nockenwelle sind sehr empfindlich gegen mangelnde Schmierung, die bei zu niedrigem Ölstand vorkommen kann, aber auch bei hohen Drehzahlen bei kaltem Motor.
- ☐ Schlepphebel verschlissen. Starker Verschleiß eines Hebels und schnelle Änderung des Ventilspiels weisen auf einen gebrochenen Schlepphebel bzw. auf einen Verschleiß der Oberflächenhärte hin. Meist ist auch der zugehörige Nocken verschlissen. Teile erneuern.
- ☐ Verschlissener Nockenwellenantrieb. Eine lose oder gelängte Steuerkette, verschlissene Zahnräder u.a. können sehr unangenehme Geräusche machen. Erneuern Sie die Teile, bevor größerer Motorschaden die Folge ist.

Andere Geräusche:

- ☐ Pleuelfußlager verschlissen. Ein deutliches Klopfen aus dem Kurbelgehäuse, das schnell lauter wird. Ursache: Mangelnde Schmierung oder sehr hohe Laufleistung. Bei Verdacht auf diesen Fehler sollte der Motor sofort abgeschaltet werden, um noch stärkeren Schaden zu vermeiden (z.B. Pleuel-Abriss).
- ☐ Kurbelwellen-Hauptlager defekt. Dieser Fehler macht sich durch rumpelnde Geräusche und starke Vibrationen bemerkbar. Die Lagerschalen müssen erneuert und die Kurbelwelle eventuell überdreht werden.
- ☐ Kurbelwelle stark unrund. Eine verbogene oder verschränkte Kurbelwelle kann die Folge von Überdrehzahlen oder Schäden im Zylinderkopf sein. Auch ein plötzlich blockierendes Getriebe oder Hinterrad kann Verursacher sein, ebenso wie ein Schlag auf ein Kurbelwellenende, etwa beim Umfallen der Maschine.
- ☐ Motorhalterungen lose. Alle Schrauben und Muttern festziehen.
- ☐ Zylinderkopfdichtung defekt. Das Geräusch ist ein hohes Pfeifen vom Zylinderkopf, es kann aber auch jedes andere Geräusch sein, dass man mit ausströmendem Gas in Verbindung bringt. Meist ist die Leckstelle auch von einem Ölnebel umgeben. Wenn die Dichtung nach innen defekt ist, kann ein Überdruck im Kurbelgehäuse die Folge sein, wodurch einiges Öl aus der Kurbelgehäuseentlüftung gepresst wird. Ursache einer defekten Zylinderkopfdichtung kann sein: sehr hohe Laufleistung; Überhitzung; ungleichmäßiges Anziehen der Zylinderkopfschrauben. Dichtung schnellstmöglich ersetzen.
- ☐ Undichter Auspuff.

12 Ungewöhnliche Getriebe- und Endantriebsgeräusche

Kupplungsgeräusche:

- ☐ Zuviel Spiel in einzelnen Komponenten der Kupplung. Vermessen und nötigenfalls erneuern.
- ☐ Zahnrad des Primärantriebs verschlissen oder beschädigt. Erneuern.

Getriebegeräusche:

- ☐ Lager oder Buchsen verschlissen oder beschädigt. Vermessen und erneuern.
- ☐ Getriebezahnräder verschlissen oder beschädigt. Erneuern.
- ☐ Fremdkörper im Getriebe. Das kann Dreck oder Sand sein, aber auch Metallstücke von beschädigten Motorteilen. Öl ablassen und auf Fremdkörper untersuchen, nötigenfalls Getriebe inspizieren.
- ☐ Getriebe-/Motorölstand zu niedrig. Auffüllen.
- ☐ Schaltmechanismus defekt. Reparieren.

Endantriebsgeräusche:

- ☐ Ritzel lose. Festziehen, wenn Innenverzahnung und Abtriebswellenprofil noch in Ordnung sind. Sonst ersetzen.
- ☐ Abtriebskette zu lose. Eine lose oder stark verschlissene Kette kann beim Lauf an Gehäuse und Hinterradschwinge schlagen. Kette spannen oder ersetzen.
- ☐ Ölstand im Winkeltrieb zu niedrig. Auffüllen (Kardanantrieb).
- ☐ Kegelrad/Tellerrad schlecht justiert. Prüfen und einstellen (Kardanantrieb).
- ☐ Kegelrad/Tellerrad beschädigt oder verschlissen. Stets paarweise auswechseln (Kardanantrieb)!

13 Starker Auspuffrauch

Weißer Rauch:

- ☐ Rein weißer Rauch deutet auf verdampfendes Kondenswasser hin und hört kurz nach dem Kaltstart auf.

Blauer Rauch durch verbranntes Öl:

- ☐ Kolbenringe verschlissen oder gebrochen. Besonders trifft dies auf den Ölabstreifring zu. Kolben, -ringe und Zylinder vermessen und nötigenfalls erneuern.
- ☐ Zylinder riefig oder verschlissen. Auf nächstes Übermaß aufbohren und Übermaßkolben mit neuen Ringen einsetzen.
- ☐ Ventilschaftdichtungen verschlissen, beschädigt oder verhärtet. Erkenntlich an blauem Rauch, wenn der Gasgriff nach dem Beschleunigen schnell geschlossen wird, etwa beim Gangwechsel. Ersetzen.
- ☐ Ventilführungen verschlissen. Vermessen und ersetzen.
- ☐ Ölstand im Motor zu hoch. Messen und ausgleichen.
- ☐ Zylinderkopfdichtung nach innen defekt. Ersetzen.
- ☐ Defektes Rückschlagventil in der Kurbelgehäuseentlüftung. Ventil ersetzen.

Schwarzer Rauch durch zu fettes Gemisch:

- ☐ Luftfiltereinsatz verstopft oder nass. Erneuern.
- ☐ Hauptdüse zu groß oder lose. Ersetzen bzw. festziehen.
- ☐ Choke-Mechanismus defekt: Choke lässt sich nicht ausschalten. Reparieren.
- ☐ Benzinstand im Schwimmergehäuse zu hoch. Schwimmer nachbiegen.
- ☐ Schwimmernadelventil undicht. Reinigen oder erneuern.

14 Öldrucklampe leuchtet auf

Schmierungsmangel:

- ☐ Ölmangel im Motor. Auffüllen.
- ☐ Öl-Viskosität zu niedrig. Ölwechsel.
- ☐ Ölpumpe defekt. Reparieren.
- ☐ Ölansaugleitung verstopft. Reinigen.
- ☐ Lagerstellen der Nockenwelle verschlissen. Bei zu großen Lagerspalten kann sich kein Öldruck mehr aufbauen, die Lampe leuchtet auf. Nockenwelle und/oder Zylinderkopf ersetzen bzw. reparieren.
- ☐ Kurbelwellenlager verschlissen. Siehe oben. Hier genügt es oft, neue Lagerschalen einzubauen.
- ☐ Rückschlagventil klemmt offen. Dadurch kann sich an den Lagerstellen kein genügender Öldruck aufbauen. Ventil reparieren bzw. erneuern.

Elektrischer Fehler:

- ☐ Öldruckschalter defekt. Durchmessen (siehe vorne) und nötigenfalls erneuern.
- ☐ Verkabelung defekt. Prüfen Sie den Öldruckschaltkreis auf Kurzschlüsse, aufgescheuerte oder geknickte Kabel.

15 Schlechte Fahreigenschaften

Schlechter Geradeauslauf:

- ☐ Lenkkopflager zu straff eingestellt. Das verursacht Pendeln bei niedrigen Geschwindigkeiten. Neu justieren.
- ☐ Lenkkopflager verschlissen oder beschädigt. Nach zu straffem Einstellen oder nach einem Unfall kann dies die Folge sein. Das ist auch der Fall, wenn Strom über die Lenkkopflager fließen muß, etwa Masseleitung der Scheinwerfer. Neue Lager sollten geschmiert werden.
- ☐ Reifenluftdruck zu niedrig. Grundsätzlich gilt: besser zu hoch als zu niedrig.
- ☐ Reifen vorne und/oder hinten verschlissen. Abgefahrene Reifen können sich in Pendeln, instabilem Geradeauslauf und Kippeln bemerkbar machen. – Hinterradschwingenlager verschlissen. Erneuern.
- ☐ Verzogene Hinterradschwinge. Dies wird normalerweise nur nach einem Unfall auftreten. Schwinge richten oder erneuern.
- ☐ Radlager verschlissen oder defekt. Erneuern.
- ☐ Falsche Reifen. Manche Reifentypen oder -kombinationen sind einfach ungeeignet für das Motorrad, auch wenn sie noch reichlich Profil haben.

Motorrad zieht nach links oder rechts:

- ☐ Hinterrad aus der Spur. Ungleichmäßiges Anziehen der Kettenspanner stellt das Hinterrad schräg. Die gleiche Wirkung kann eine verbogene Radachse haben.
- ☐ Räder fluchten nicht. Auch ein verbogener Rahmen, Telegabel oder Hinterradschwinge kann das gleiche Ergebnis haben.
- ☐ Verdrehte Gabelbrücken. Schlaglöcher oder schlechte Wegstrecken können die Gabelbrücken gegeneinander verdrehen. Klemmschrauben der Gabelbrücken, Vorderradachse und Schutzblechhalter lösen, Lenker und Vorderrad gerade stellen und alle Schrauben, von unten beginnend, wieder anziehen.

Lenker vibriert oder schlägt:

- ☐ Reifen abgefahren oder nicht ausgewuchtet.
- ☐ Reifen nicht ordentlich montiert. An den Reifenflanken sind Linien aufvulkanisiert, die bei richtiger Montage überall den gleichen Abstand zum Felgenhorn haben müssen. Wenn nicht, sitzt der Reifen nicht richtig auf der Felgenschulter. Bei Schlauchreifen kann auch der Schlauch eingeklemmt sein.
- ☐ »Bremsplatte«. Nach starken Bremsungen mit blockierendem (Hinter-)Rad kann der Reifen am Aufstandspunkt abradiert sein. Er »hoppelt« dann und gehört ausgewechselt.
- ☐ Felgen verzogen oder beschädigt. Prüfen Sie sie auf Rundlauf.
- ☐ Hinterradschwingenlager verschlissen. Erneuern.
- ☐ Radlager defekt. Erneuern.
- ☐ Lenkkopflager zu lose. Neu einstellen bzw. erneuern.
- ☐ Lose Vorderradführung. Lose Schrauben und Muttern an Gabelbrücken, Schutzblech, Gabelstabilisator und Achse können zu Vibrationen im Lenker führen.
- ☐ Motoraufhängung lose. Ziehen Sie alle Muttern und Schrauben nach.

Schlechte Wirkung der Telegabel:

- ☐ Gabelöl-Pegel falsch. Bei zu geringem Ölstand ist mangelnde Dämpfung die Folge, das Rad schlägt nach. Zu viel Öl kann die Gabel steif machen und zu den Dichtringen herausdrücken.
- ☐ Falsches Gabelöl. Im Gegensatz zum Motoröl kommt es beim Gabelöl stark auf die Viskosität an. Wechseln Sie es im Zweifel gegen eines der vorgeschriebenen Sorte.
- ☐ Dämpfermechanik verschlissen. Dies passiert nur bei sehr hoher Laufleistung oder langer Fahrt mit verschlissenen Dichtringen. Die Gabel muss überholt werden.
- ☐ Weiche oder ermüdete Gabelfedern. Die Gabel taucht beim Bremsen extrem stark ein. Gabelfedern ersetzen.
- ☐ Verbogene oder korrodierte Standrohre. Beides kann zum Festklemmen der Gabel führen. Stand- und eventuell Tauchrohre müssen erneuert werden.
- ☐ Verkantete Gabel. Werden beim Festziehen der Vorderradachse die Gabelfäuste zusammengezogen, verkantet die Gabel und kann nicht mehr einfedern. Klemmfäuste lockern und mit gezogener Bremse Gabel ein paar Mal einfedern, damit sie sich wieder ausrichtet. Danach Klemmfäuste wieder anziehen.
- ☐ Defekt im Anti-Dive-Mechanismus, wenn vorhanden.

Telegabel stuckert beim Bremsen:

- ☐ Zu viel Spiel zwischen Stand- und Tauchrohren. Gabel überholen.
- ☐ Lose Lenkkopflager. Neu einstellen.
- ☐ Verzogene Bremsscheibe(n). Erneuern.

Schlechte Wirkung der Hinterradfederung:

- ☐ Federbeindämpfer verschlissen oder undicht. Erneuern.
- ☐ Weiche oder ermüdete Feder. Das Motorrad sinkt bei Beladung zu tief ein und verliert an Bodenfreiheit. Ersetzen durch stärkere bzw. neue Feder.
- ☐ Hinterradschwingenlager festgefressen. Erneuern.
- ☐ Lager der Umlenkhebel festgefressen. Erneuern.
- ☐ Verbogene Dämpferstange des Federbeins. Erneuern.

16 Ungewöhnliche Rahmen- und Federungsgeräusche

Geräusche von vorne:

- ☐ Gabelöl zu dünn oder zu wenig. Das kann ein »spritzendes« Geräusch verursachen und ist meist mit unkorrektem Gabelverhalten verbunden.
- ☐ Gabelfeder gebrochen. Dies macht ein klickendes oder schabendes Geräusch.
- ☐ Lenkkopflagerschalen gebrochen. Klickende Geräusche.
- ☐ Gabelbrücken lose. Festziehen.
- ☐ Zu viel Spiel zwischen Stand- und Tauchrohren. Klapperndes Geräusch.

Geräusch von hinten:

- ☐ Dämpferöl des Federbeins zu wenig. Das kann ein »spritzendes« Geräusch verursachen.
- ☐ Defektes Federbein mit innerer Beschädigung.

17 Bremsprobleme

Bremsen sind schwammig oder zeigen wenig Wirkung:

- ☐ Luft im Bremssystem. Entlüften.
- ☐ Bremsbeläge abgenutzt. Prüfen Sie die Stärke anhand der Verschleißmarken, und erneuern Sie sie nötigenfalls.
- ☐ Verölte Beläge. Beläge können bereits verölen, wenn sie mit Fingern auf der Belagfläche angefasst werden. Verölte Beläge können nicht mehr entfettet werden, sind unbrauchbar und durch neue zu ersetzen.
- ☐ Verglaste Beläge. Schlechtes Belagmaterial kann bei bestimmten Reibpaarungen verglasen, d.h. es bildet sich eine glasharte Schicht darauf, die nicht mehr bremst. Notbehelf: mit grobem Schmirgel oder Feile Glasschicht entfernen. Besser: Beläge ersetzen.
- ☐ Wasser im Bremssystem. Da Bremsflüssigkeit wasseranziehend ist, enthält sie nach einigen Jahren einen relativ hohen Wasseranteil. Das kann in Extremsituationen zu Dampfblasenbildung und damit nachlassender Bremsleistung führen. Bremsflüssigkeit erneuern.
- ☐ Manschette im Hauptbremszylinder verschlissen. Symptom: Bei leichtem Zug am Hebel ist zunächst ein Druckpunkt spürbar, doch dann gibt der Hebel nach und wandert langsam Richtung Griff. Hauptbremszylinder überholen.
- ☐ Kolbendichtung im Bremssattel undicht. Ersetzen und Sattel überholen.
- ☐ Hebel bzw. Bremspedal falsch eingestellt. Neu justieren.

Bremsen schleifen:

- ☐ Bremsscheibe(n) verzogen. Erneuern.
- ☐ Korrosion in den Bremssätteln: Kolben, Bohrungen, Bremsklötze. Überholen und reinigen.
- ☐ Kolbendichtung im Bremssattel beschädigt oder zu alt. Der Kolben kann klemmen und nicht mehr in die Ausgangsposition zurückkehren. Dichtung ersetzen.
- ☐ Bremsklotz beschädigt. Bruch oder abgelöster Belag verklemmen die Bremse. Erneuern.
- ☐ Radachse verbogen. Erneuern.
- ☐ Bremspedal/Hebel klemmt. Schmieren und leichtgängig machen.
- ☐ Bremse zu straff eingestellt. Das passiert nur bei gestängebetätigter hinterer Trommelbremse. Das Pedalspiel sollte bei normal beladenem Motorrad eingestellt werden, da sich bei Beladung die Bremse zuzieht.
- ☐ Bremssattelhalter verbogen. Das kann bei einem Unfall passieren. Gussteile austauschen, Schmiedeteile lassen sich wieder richten.
- ☐ Fehler im Anti-Dive-System (wenn vorhanden). Hier kann der zweite Hauptbremszylinder defekt oder die Kolbenstange zu lang sein.

Pulsierender Bremshebel/-pedal:

- ☐ Das Motorrad ist mit einem Antiblockier-System (ABS) ausgerüstet. Pulsieren ist dann normal.
- ☐ Bremsscheibe(n) verzogen. Erneuern.
- ☐ Radachse verbogen. Erneuern.

Scheibenbremsgeräusche:

- ☐ Bremsen quietschen. Mehrere Ursachen möglich: Schwingungsquietschen kann durch Benetzen der Rückseite der Bremsklötze mit Kupferpaste beseitigt werden; Reibpaarungsquietschen, liegt an der Art des Bremsbelages, neue Bremsklötze ausprobieren; verschmutzte Beläge durch Verglasung, Dreck, Öl u.Ä.
- ☐ Bremsscheibe verzogen. Das kann rhythmische Geräusche wie Quietschen, Schaben oder Klicken verursachen. Bremsscheibe erneuern.
- ☐ Bremsklötze zu klein. Es ist sehr unwahrscheinlich, dass falsche Bremsklötze eingebaut wurden, dennoch würde dies ein Klopfen beim Beginn jedes Bremsens hervorrufen.

Schütteln beim Bremsen:

- ☐ Ausgeschlagene Telegabeln und Lenkkopflager rufen ein Schütteln beim Bremsen hervor. Ursache prüfen und beseitigen.

18 Elektrikprobleme

Batterie schwach oder leer:

- ☐ Batterie zu alt und sulfatiert. Ersetzen.
- ☐ Batterie wurde lange nicht geladen. Tiefentladung, kurzfristig kann die Batterie zwar noch einmal zum Leben erweckt werden, aber ihre Lebensdauer ist drastisch verkürzt. Daher Batterien bei langer Stillstandszeit des Motorrads regelmäßig nachladen oder, noch besser, im PKW parallel zur PKW-Batterie anschließen.
- ☐ Säurestand zu niedrig. Destilliertes Wasser nachfüllen und Batterie nachladen.
- ☐ Pole korrodiert. Leitungen abnehmen, blank schaben, mit Kupferpaste benetzen und wieder anbauen.
- ☐ Batterie ständig entladen. Entweder liegt ein Kriechstrom vor, der auch bei ausgeschalteter Zündung die Batterie entlädt, oder Regler/Lichtmaschine sind defekt. Prüfen und reparieren.
- ☐ Ständige Stadtfahrten. Bei häufigen Fahrten mit niedriger Drehzahl kann es sein, dass die Batterie nicht genügend geladen wird.
- ☐ Verkabelung defekt. Suchen Sie im Ladestromkreis systematisch nach gebrochenen oder gequetschten Kabeln.

Batterie überladen:

- ☐ Regler defekt. Eine überladene Batterie erkennt man an starkem Gasen. Regler prüfen und erneuern.

Totaler Ausfall:

- ☐ Sicherung durchgebrannt. Prüfen Sie die Hauptsicherung und die Ursache für ihr Durchbrennen.
- ☐ Batterie leer. Ursache feststellen und beseitigen.
- ☐ Massekabel der Batterie lose. Prüfen Sie die Befestigung am Batteriepol und am Motor bzw. Rahmen.
- ☐ Zündschalter defekt. Durchmessen und evtl. erneuern.
- ☐ Verkabelung gebrochen. Systematisch mit Prüflampe prüfen.

Starker Lampenverschleiß:

- ☐ Vibrationsverschleiß. Bei starken Vibrationen von Motor oder Fahrwerk leben Lampen nicht lange. Versuchen Sie, durch Aufhängung in Gummilagern die Schwingungen fernzuhalten.
- ☐ Wackelkontakt. Durch einen »Wackler« wird die Lampe ständig an- und ausgeschaltet, was ihre Lebensdauer verringert.
- ☐ Überspannung. Durch einen defekten Regler kann Überspannung entstehen, was die Lampen schnell durchbrennen lässt.
- ☐ Falsche Lampe. Eine 6-Volt-Lampe in einem 12-Volt-Bordnetz lebt nicht lange.

Ausrüstung zur Fehlersuche

Kompressionsprüfung

Niedrige Kompression hat Auspuffqualm, hohen Ölverbrauch, schlechtes Startverhalten und mangelnde Leistung zur Folge. Ein Kompressionstest liefert wichtige Informationen zum Zustand des Motors und kann, regelmäßig durchgeführt, frühzeitig Schadensgefahren anzeigen.

Ein Kompressionstester ist zum Einschrauben in das Zündkerzenloch gedacht, eventuell mit einem Adapter versehen. Einschraubtester sind denen mit Gummiadapter vorzuziehen.

Vor dem Test überprüfen Sie bitte das Ventilspiel und justieren es nötigenfalls.

1 Fahren Sie das Motorrad warm bis zur Betriebstemperatur, schalten dann den Motor aus und schrauben die Zündkerzen heraus. Verbrennen Sie sich dabei nicht!

2 Schrauben Sie Adapter und Kompressionstester in das Kerzenloch von Zylinder 1 (siehe Abbildung 1).

Einschrauben des Adapters in das Kerzenloch, dann Aufschrauben des Kompressionstesters.

3 Stellen Sie bei Motorrädern mit Kickstarter den Killschalter auf »OFF«, drehen den Gasgriff ganz auf und treten dann den Motor einige Male durch, bis die Anzeige des Kompressionstesters nicht weiter steigt.

4 Bei Motorrädern mit elektrischem Anlasser hängt das Vorgehen von der Art der Zündung ab. Schalten Sie den Killschalter auf »OFF« und die Zündung an. Drehen Sie den Gasgriff ganz auf und drehen den Motor per Anlasser einige Sekunden durch, bis die Anzeige des Kompressionstesters nicht weiter steigt. Arbeitet der Anlasser nicht bei ausgeschaltetem Killschalter, schalten Sie die Zündung aus und machen bei Punkt 5 weiter.

5 Stecken Sie die Zündkerzen wieder in ihre Stecker und legen sie so auf den Motorblock, dass die Metallkörper der Kerzen Kontakt mit Masse haben (eventuell mit Blumendraht befestigen; siehe Abbildung 2). Das verhindert Beschädigung des Zündsystems, wenn der Motor

Alle Zündkerzen müssen beim Test gegen Masse geerdet sein.

durchgedreht wird. Platzieren Sie die Kerzen nicht in der Nähe der Kerzenlöcher, damit nicht unabsichtlich austretender Benzindampf entzündet wird.

Schalten Sie Zündung und Killschalter auf »ON«, drehen den Gasgriff ganz auf und drehen den Motor per Anlasser einige Sekunden durch, bis die Anzeige des Kompressionstesters nicht weiter steigt.

6 Lesen Sie die Anzeige des Testers ab und notieren Sie. Wiederholen Sie bei Mehrzylindermotoren den Vorgang bei allen Kerzenlöchern.

7 Vergleichen Sie die Werte mit denen in den *Technischen Daten*. Liegen sie im angegebenen Bereich und sind die Werte der verschiedenen Zylinder nicht sehr unterschiedlich, so ist der Motor in gutem Zustand. Andernfalls müssen Zylinderkopf und evtl. Kolben und Zylinder überholt werden.

8 Niedrige Kompression kann die Folge von zu viel Kolbenspiel, verschlissenen Kolbenringen, defekter Zylinderkopfdichtung oder undichten Ventilen sein.

9 Um zwischen undichten Ventilen und verschlissenen Kolben zu unterscheiden, geben Sie etwas Öl in das Kerzenloch, um kurzfristig die Kolbenringe abzudichten (siehe Abbildung 3).

Verschlissene Kolbenringe können kurzfristig durch etwas Motoröl abgedichtet werden.

Führen Sie dann erneut den Kompressionstest durch. Erreicht er deutlich höhere Werte, so sind Kolben/Ringe/Zylinder verschlissen. Im anderen Fall prüfen Sie Ventile und Zylinderkopfdichtung.

10 Weniger häufig ist eine hohe Kompression, die die Werte in den *Technischen Daten* übersteigt. Entweder hat ein Vorbesitzer wegen Leistungssteigerung die Kompression erhöht, oder es hat sich viel Ölkohle im Brennraum abgelagert. In diesem Fall sollte der Zylinderkopf abgenommen und gereinigt werden.

Batterietest

⚠ ***Warnung: Batteriegase sind explosiv (Knallgas). Halten Sie Feuer, offene Flammen und Funken von der Batterie fern, vor allem, wenn sie geladen wird.***

Zur Prüfung brauchen Sie ein Voltmeter. Am besten ist eines mit Digitalanzeige (siehe Abbildung 4), da es auch zehntel Volt anzeigt. Halten Sie auch eine Stoppuhr bereit.

1 Die Batterie bleibt im Motorrad eingebaut. Sitzbank oder Seitendeckel abnehmen, damit Sie leicht an die Pole herankommen.

2 Messbereich am Voltmeter auf 20 Volt (Gleichspannung, DC) stellen. Prüfkabel an den Batteriepolen anklemmen. Die Anzeige wird nun je nach Ladezustand des Akkus zwischen 11 und 13,2 Volt betragen. Den abgelesenen Wert notieren.

3 Jetzt Zündung und Fernlicht anschalten (Motor bleibt aus!) und sofort das Messgerät beobachten. Die Spannung wird jetzt sinken, und es gibt drei Möglichkeiten:

- Die Voltzahl fällt um lediglich 0,3 bis 0,4 Volt ab und verändert sich dann kaum noch. Die Batterie ist intakt und geladen.

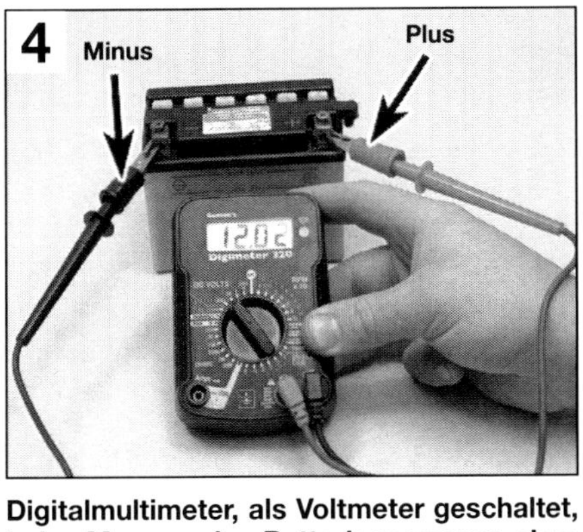

Digitalmultimeter, als Voltmeter geschaltet, beim Messen der Batteriespannung ohne Belastung.

- Die Spannung sinkt stärker als 0,4 Volt innerhalb von fünf bis zehn Sekunden (Stoppuhr!). Die Batterie ist tiefentladen, kann aber noch gerettet werden.
- Die Spannung bricht sofort nach Einschalten von Zündung und Fernlicht zusammen, sinkt also um mehr als 2 Volt. Mindestens eine Zelle der Batterie ist defekt. Erneuern.

Durchgangsprüfung

»Durchgangsprüfung« meint den Test einer elektrischen Verbindung auf ungehinderten Stromfluss. Sie kann unterbrochene Kabel, korrodierte Stecker u.Ä. aufspüren. Durchgang kann mit einem Ohmmeter, Durchgangsprüfer oder einer Prüflampe mit Batterie getestet werden (siehe Abbildungen 5, 6 und 7). Alle diese Instrumente sind mit eigener Stromquelle ausgestattet, daher erfolgt der Test bei

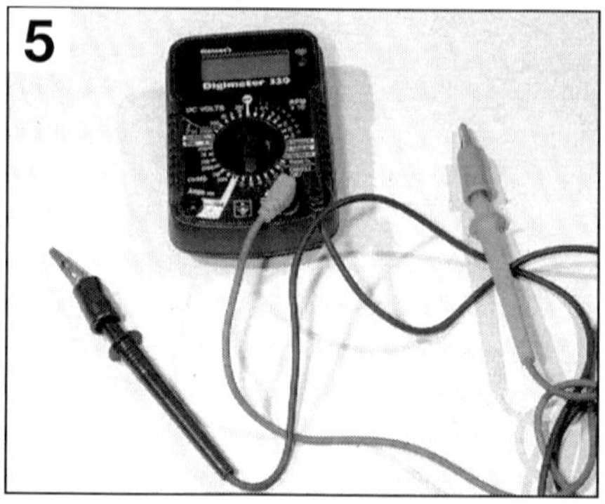

Ein Digitalmultimeter kann für alle elektrischen Tests verwendet werden.

ausgeschalteter Zündung. Klemmen Sie grundsätzlich vor jeder Durchgangsprüfung den Minuspol der Batterie ab.
Verwenden Sie ein Ohm- oder Multimeter, so schalten Sie den korrekten Widerstandsbereich ein und halten die Prüfspitzen aneinander. Die Anzeige muss Null sein. Bei getrenn-

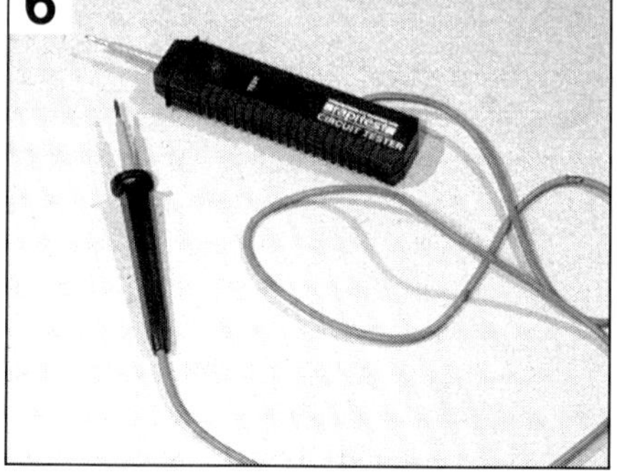

Durchgangsprüfer mit eigener Spannungsquelle

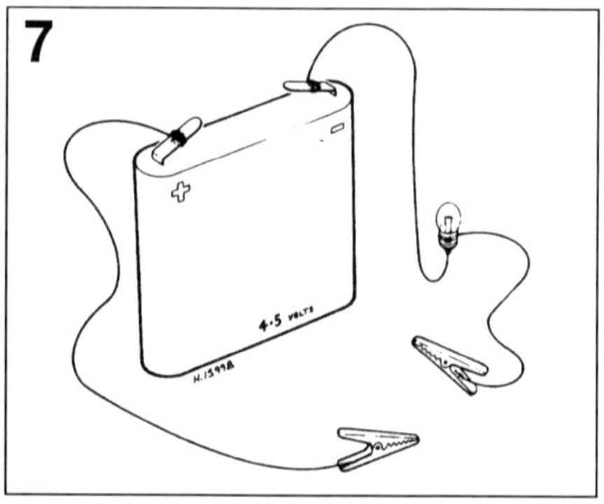

Selbstgebauter Durchgangsprüfer mit Batterie und Glühlampe in Reihenschaltung

ten Prüfspitzen muss das Gerät »unendlich« (bzw. bei manchen Geräten »1«, ohne Kommastelle) anzeigen.
Schalten Sie das Messgerät nach der Messung aus, um dessen Batterie zu schonen.

Schalter-Test

1 Verfolgen Sie die Kabel eines Schalters zurück bis zu den ersten Steckern. Trennen Sie die Stecker, und untersuchen Sie sie auf Zustand und Sauberkeit.
2 Stellen Sie das Multimeter auf »OHMs x 10« (Widerstand in Ohm x 10) und verbinden die Prüfspitzen mit den Steckern (siehe Abbildung 8). Einfache An/Aus-Schalter besitzen nur zwei Kabel, während Schalter mit mehreren Stellungen, z.B. Zündschalter, entsprechend viele

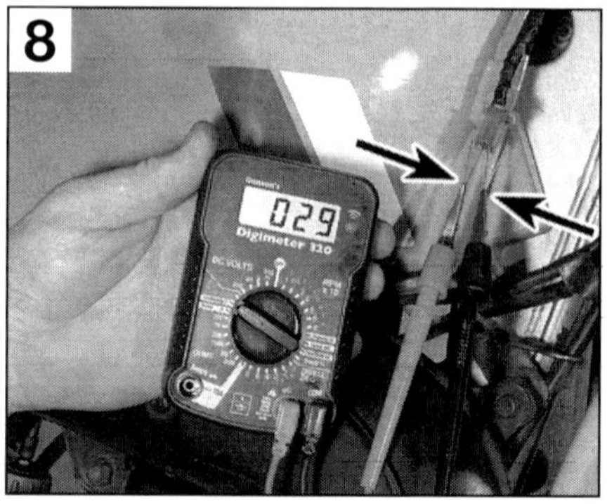

Durchgangsprüfer mit dem Ohmmeter am vorderen Bremsschalter

Kabel haben. Prüfen Sie anhand des Schaltbildes die korrekten Verbindungen zwischen den Kabeln bei verschiedenen Schalterstellungen. Durchgang (0 Ohm) sollte bei geschlossenem, kein Durchgang (unendlicher Widerstand) bei geöffnetem Schalter vorhanden sein.
3 *Hinweis:* Die Polung der Prüfspitzen spielt bei dem Test keine Rolle. Anders ist es bei der Prüfung von Dioden oder anderen Halbleitern.
4 Ein Durchgangsprüfer oder eine Batterie mit Prüflämpchen kann in gleicher Weise benutzt werden (siehe Abbildung 9). Bei Durchgang (Schalter an) muss das Lämpchen leuchten bzw. der Summer arbeiten.

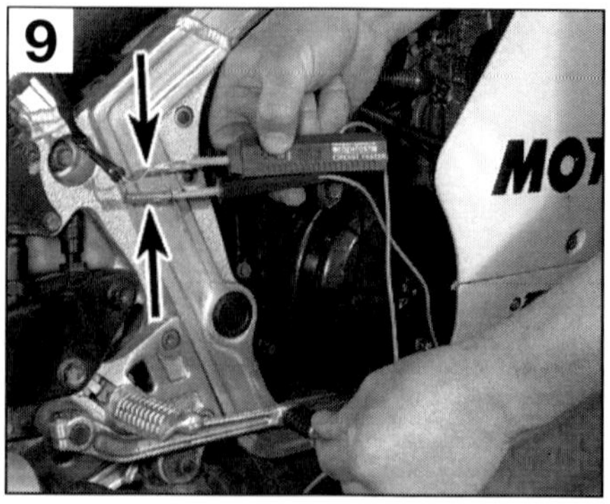

Test mit dem Durchgangsprüfer am hinteren Bremsschalter

Kabeltest

Viele elektrische Defekte werden von durchgescheuerten Kabeln oder losen Steckern verursacht. Auch korrodierte Anschlüsse oder Kabelklemmungen können Ursachen sein.

1 Ein Durchgangstest kann an einem Kabel durchgeführt werden, indem das Kabel an beiden Enden vom Bordnetz getrennt und mit den Prüfspitzen verbunden wird (siehe Abbildung 10).

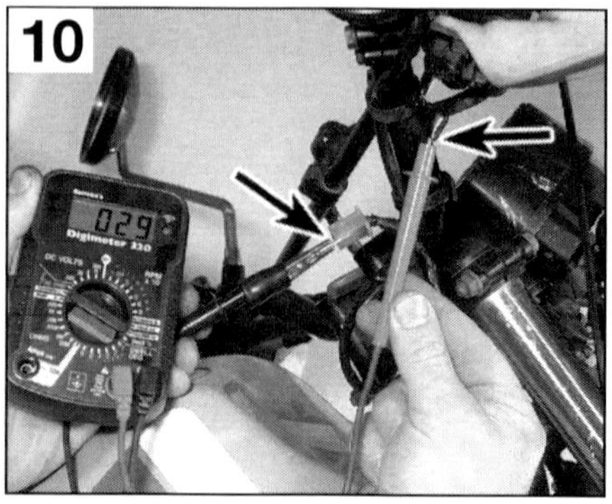

Durchgangsprüfer am vorderen Bremslichtschalter. Eine Prüfspitze durchsticht dabei den Isolationsmantel.

2 Die Prüfung erfolgt wie beim Schalter-Test (siehe oben).

Spannung messen

Oft muss festgestellt werden, ob die Bordspannung ein Bauteil überhaupt erreicht. Das kann mit einem Voltmeter erfolgen, einer Prüflampe oder einem Summer (siehe Abbildungen 11 und 12).
Ein Messgerät besitzt den Vorteil der genauen Spannungsmessung. Auch hier ist ein Digital-Voltmeter vorzuziehen, da es erstens Spannungswerte hinter dem Komma anzeigen kann und zweitens eine versehentlich falsche Polung der Prüfspitzen nicht durch Defekt des

A

11

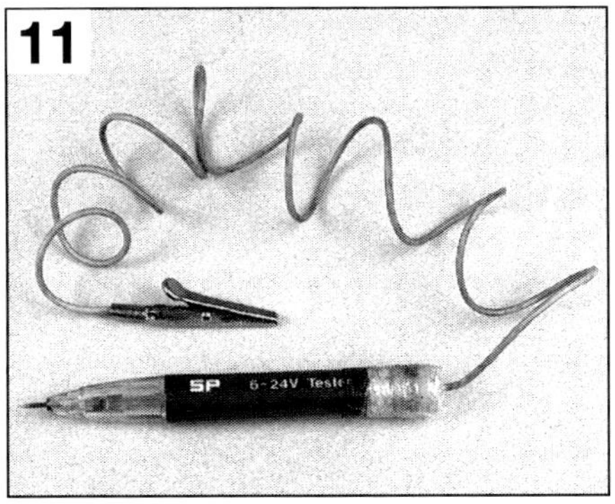

Eine einfache Prüflampe kann gut für Spannungsprüfung benutzt werden.

12

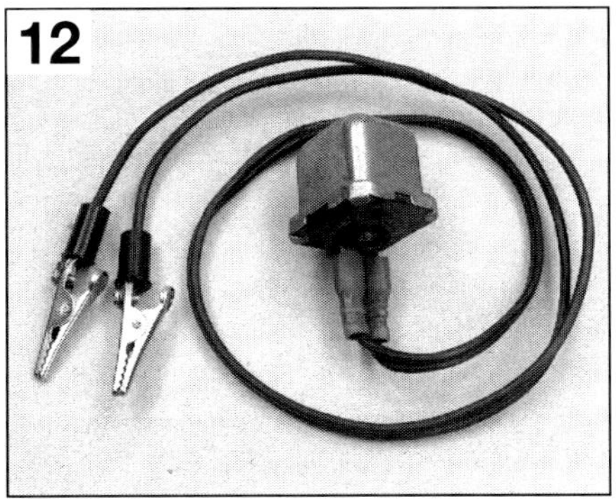

Summer statt Prüflampe

Gerätes, sondern lediglich durch ein Minus vor der Anzeige beantwortet. Bei Analog(Skala)-Geräten achten Sie dagegen peinlich auf die Polung der Prüfspitzen.
Spannung wird immer parallel zur Spannungsquelle gemessen, nie in Reihe.

1 Finden Sie zunächst den betreffenden Schaltkreis anhand des Schaltplans heraus. Sollten auch noch andere Bauteile von diesem Schaltkreis – d.h. von dieser Sicherung – betrieben werden, stellen Sie sicher, dass sie korrekt funktionieren. Trennen Sie sie nötigenfalls vom Schaltkreis, um Messergebnisse nicht zu verfälschen.

13

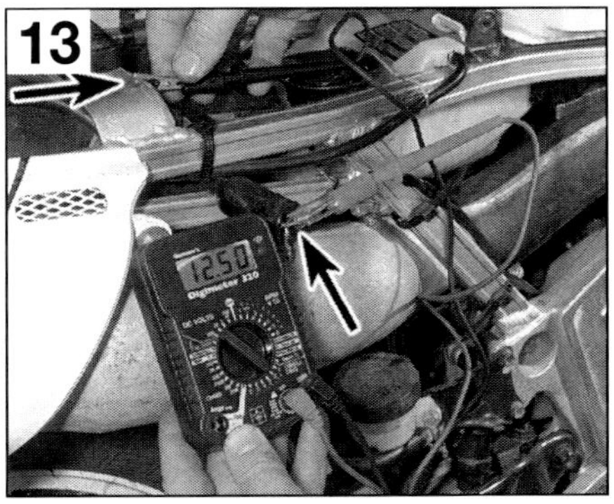

Spannungsprüfung mit dem Voltmeter an den Kabeln des Bremslichts

2 Stellen Sie das Multimeter auf Gleichspannung (DC), 20 Volt, und verbinden die schwarze negative) Prüfspitze mit Masse (Minus), etwa am Rahmen (siehe Abbildung 13). Nun können Sie mit der roten (positiven) Spitze Spannungstests durchführen, z.B. an Klemme 15 der Zündspule, an einem Stecker oder einer Lampe.
3 Verfahren Sie ähnlich, wenn Sie eine Prüflampe oder einen Summer benutzen (siehe Abbildung 14). Hier ist die Polung der Anschlüsse egal, lediglich bei einigen Summern ist sie vorgeschrieben. Beachten Sie, dass alte englische

14

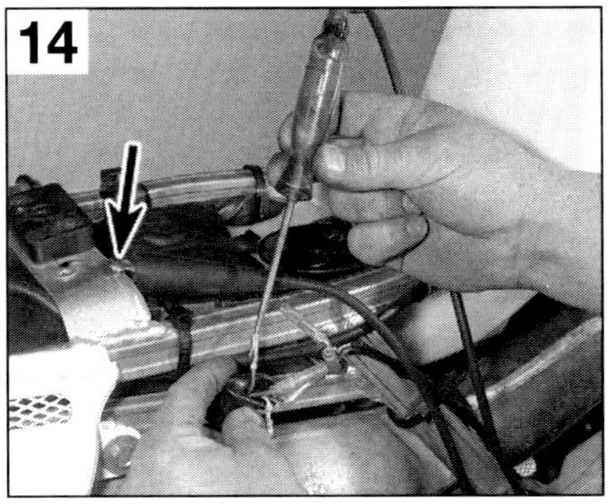

Spannungsprüfung an einem Kabel mit der Prüflampe – Lampe mit Masse verbunden

Motorräder meist nicht Minus, sondern Plus an Masse haben.
4 Können Sie keine Spannung feststellen, wo sie sein sollte, so arbeiten Sie sich systematisch den Schaltkreis zurück Richtung Sicherung. Erreichen Sie dabei einen spannungsführenden Punkt, so wissen Sie, dass zwischen diesem und dem Messpunkt davor die Unterbrechung liegen muss.

Masseverbindung prüfen

Masseanschlüsse sitzen entweder direkt am Rahmen oder Motor (z.B. Leerlaufschalter, Öldruckgeber u.a.) oder laufen über ein Massekabel, das seinerseits am Rahmen befestigt ist. Ursache schlechter Masseanschlüsse ist oft Korrosion, z.B. bei Birnen.
Bei Totalausfall der Elektrik prüfen Sie das Massekabel von der Batterie (Minuspol) zu Rahmen oder Motor. Lösen Sie nötigenfalls das Kabel, schaben Sie die Enden blank, streichen sie mit Kupferpaste ein und montieren es wieder.

15

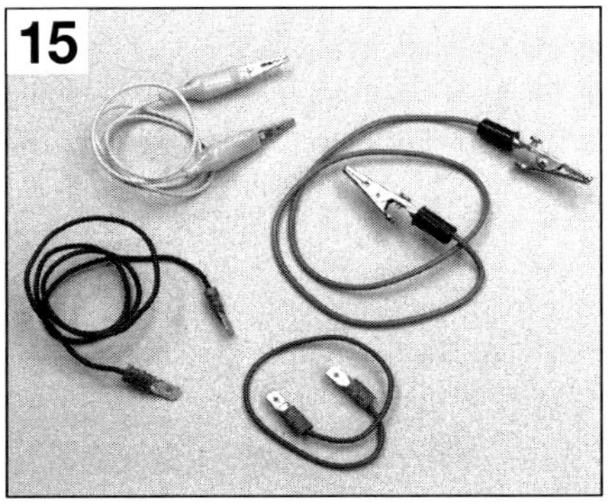

Einige Messkabel, die als Überbrückung verwendet werden können – oben zwei mit Krokodilklemmen.

1 Um den Masseanschluss eines Bauteils zu testen, benötigen Sie Messkabel mit Krokodilklemmen auf beiden Seiten (siehe Abbildung 15). Es ist gut, etwa fünf solcher Kabel in der Länge von je einem Meter in der Werkstatt zur Hand zu haben. Verbinden Sie mit diesem Kabel vorübergehend den Rahmen (Masse) des Motorrads mit dem Minusanschluss des Bauteils und prüfen seine Funktion.
2 Funktioniert das Bauteil nun, so ist sein Masseanschluss defekt. Prüfen Sie den Schaltkreis auf Unterbrechungen und korrodierte Anschlüsse.

Kurzschluss finden

Ein Kurzschluss besteht immer dann, wenn der Verbraucher in einem Stromkreis (Birne, Hupe o.Ä.) überbrückt wird, und der Strom, ohne dessen Widerstand zu passieren, ungehindert nach Masse fließen kann. Üblicherweise brennt dabei die Sicherung des Stromkreises durch.
Oft sind durchgescheuerte Kabel die Ursache, deren Scheuerstelle mit Masse (Rahmen, Motor o.Ä.) in Berührung kommt.

1 Bauen Sie alle Verkleidungsteile ab, die den Schaltkreis verdecken.
2 Schalten Sie alle Schalter des Schaltkreises aus, und entfernen Sie die Sicherung des Kreises. Verbinden Sie eine Prüflampe mit den beiden Anschlüssen der Sicherung. Sie darf nicht leuchten.
3 Bewegen Sie Schritt für Schritt alle Kabel des Schaltkreises, bis die Lampe aufleuchtet. So können Sie leicht die Stelle des Kurzschlusses feststellen.

Erklärung technischer Begriffe

A

ABE Allgemeine Betriebserlaubnis eines Fahrzeugs.
Asbest Natürliches Mineral in Faserform mit hoher Hitzebeständigkeit. Früher in Bremsbelägen und Dichtungen verwendet, heute wegen Krebsgefahr durch andere Materialien ersetzt.
ABS Antiblockier-System. Elektronisches oder mechanisches System, das das Blockieren von Rädern beim Bremsen verhindern soll.
Abzieher Spezialwerkzeug, das Lager oder Zahnräder von Wellen oder aus Gehäusebohrungen zieht.
Akkumulator Chemischer Stromspeicher, landläufig *Batterie* genannt.
Ampere (sprich: Ampehr) Einheit für Stromstärke. Abkürzung: A.
Amperestunden (Ah) Kapazität eines Akkumulators (Batterie).
Anlaufscheibe Unterlegscheibe zwischen zwei sich gegeneinander bewegenden Teilen auf einer Welle.
Anti-Dive Wörtlich: »Eintauch-Verhinderer«. In die Vorderradbremse integriertes System, das das Eintauchen der Telegabel beim Bremsen verhindern soll.
API American Petroleum Institute. Ein Qualitätsmaß für Viertakt-Motorenöle.
ATF Automatic Transmission Fluid. Dünnflüssiges Öl für Automatik-Getriebe, wird oft auch als Dämpferöl in Telegabeln verwendet.
Aufbohren Größerdrehen einer Bohrung, z.B. des Zylinders. Erfordert Übermaßkolben.
axial In Längsrichtung einer Achse wirkend.

B

bar Einheit für Luftdruck. Faustregel für Motorradreifen: 2,5 bar.
Batteriesäure Schwefelsäure bestimmter Dichte und Reinheit.
Benzin-Luft-Gemisch Das Gemisch aus Benzinnebel und Luft, das Vergaser oder Einspritzanlage erzeugen, und dessen Volumenverhältnis erfahrungsgemäß bei 1 : 14,7 liegen sollte, um optimal verbrennen zu können.
Blinkrelais Schalter, der unter Spannung automatisch und regelmäßig an- und ausschaltet. Mechanische und elektronische Bauformen.
Bowdenzug (Sprich: Baudenzug.) Flexibler Seilzug zur mechanischen Fernbetätigung. Beispiel: Gaszug, Kupplungszug, Chokezug. Besteht aus Hülle und Seele.
Buchse An beiden Enden offene Hülse, die im Maschinenbau meist als Lager dient.
Büchse An nur einem Ende offene Hülse, die im Maschinenbau als Verstärkung von Sacklöchern oder als Lager dient.

D

Diagonalreifen Reifen, bei dem die Karkassenfäden schräg zur Laufrichtung liegen.
Dichtring Wellendichtring für rotierende (manchmal auch lineare, siehe Telegabel) Bewegung. Auch: Simmerring (geschützte Bezeichnung der Firma Freudenberg).
Dichtung Flächendichtung zwischen Gehäusehälften, Deckeln oder anderen Maschinenbauteilen. Kann aus unterschiedlichen Materialien bestehen, je nach Einsatzzweck.
Diode Elektronisches Ventil. Lässt Strom nur in einer Richtung passieren. Halbleiterbauteil.
dohc (double overhead camshaft). Doppelte obenliegende Nockenwelle. Bauform der Ventilsteuerung.
Drehmoment Maß für die Kraft, mit der etwas (Kurbelwelle, Schraube) gedreht wird. Einheit: Newtonmeter (Nm), Kraft mal Hebelarm.

E

E-Starter Elektrischer Starter, Anlasser.
Einbereichsöl Öl mit nur einer Viskosität, z.B. SAE 50W.
Einspritzsystem Im Gegensatz zum Vergaser, der das Benzin durch Luftströmung passiv vernebeln lässt, spritzt die Einspritzung den Kraftstoff in exakter Menge in den Ansaugstutzen oder direkt in den Brennraum ein. Sehr aufwändig und teuer, aber genau und kraftstoffsparend.
Elektrodenabstand Spalt zwischen den Zündkerzenelektroden, der ab und zu nachgestellt werden muss. Meist 0,6 bis 0,8 mm breit.
Endloskette Antriebskette, deren Enden nicht zerstörungsfrei getrennt werden können.

F

Federkeil (Auch: Scheibenfeder.) Halbmondförmiger Metallkeil, der, in die Nut einer Welle gelegt, das darüber geschobene Bauteil (Zahnrad, Lichtmaschine) formschlüssig mit der Welle verbindet.
Federscheibe Gewellte Unterlegscheibe aus Federstahl, die Mutter bzw. Schraube am Losdrehen hindern soll.
Flüssige Schraubensicherung Flüssigkeit, von der ein paar Tropfen auf ein Gewinde gegeben und dann die Mutter/Schraube eingedreht wird. Die Flüssigkeit erhärtet unter Luftabschluss und sichert damit die Mutter/Schraube. Verbindung ist mit Schraubenschlüssel wieder lösbar.
Frostschutz Zusatz zum Kühlwasser, der den Gefrierpunkt senkt. Auf Alkohol- oder Glykol-Basis.
Fühlerlehre Auch: Ventillehre. Satz mit verschieden dicken Metallplättchen, die zur Bestimmung von kleinen Innenmaßen dienen.

G

Gabelbrücken Dreieckige Metallklemmen ober- und unterhalb des Lenkkopfs zur Aufnahme der Standrohre.
Gleichrichter Elektronisches Halbleiterbauteil (»Diodenplatte«) zum Umformen der von der Lichtmaschine gelieferten Wechselspannung in Gleichspannung.
Gleichstrom Stromfluss ohne Änderung der Polarität.
Gleitlager Lagerschalen aus bronzebeschichtetem Kupfer oder aus Sintermaterial. Funktioniert nur mit Öldruck: Die Welle gleitet auf einem dünnen Ölfilm in der Lagerbohrung ohne Materialberührung. Verwendung als Kurbelwellen- und Nockenwellenlager. Billig, schnell austauschbar und leise, aber empfindlich und mit hohem Reibwiderstand.

H

Halogenlampe Scheinwerferbirne besonderer Bauform, die mit Halogengas gefüllt ist, um den Niederschlag von verdampfendem Metall der Glühwendel an der Glaswand zu verhindern. Bauformen als H1-, H3- und H4-Birnen.

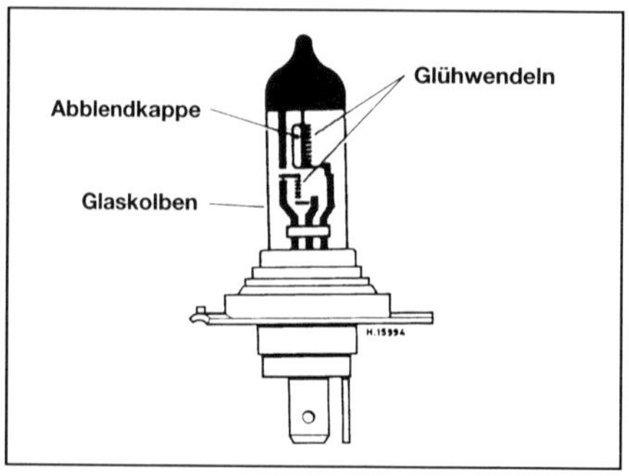

Halogen-Scheinwerferbirne

Hauptlager Lager der Kurbelwelle im Motorgehäuse.
Helicoil Spiralförmiger Gewindeeinsatz zur Reparatur ausgerissener Gewinde, wenn wenig Material vorhanden ist, sodass das Loch nur wenig ausgebohrt werden kann.

Einschrauben eines Helicoil-Gewindeeinsatzes in ein Zündkerzenloch

A

Hochspannung Spannung im Sekundärstromkreis des Zündsystems zur Produktion des Zündfunkens. Liegt zwischen 15.000 und 35.000 Volt bei sehr geringer Stromstärke. Unangenehm, aber nicht gefährlich.
Honen Überschleifen der Oberfläche eines Zylinders, wobei feine diagonale Riefen entstehen, in denen das Motoröl zur Kolbenschmierung haften kann.
Hydraulik Ein mit Flüssigkeit gefülltes System von Leitungen, um Druck zu übertragen. Üblich an (Scheiben-)Bremsen und manchen Kupplungen.
hygroskopisch Wasseranziehend. Trifft auf Bremsflüssigkeit zu.
Hypoidverzahnung Bauform eines Kegeltriebes (siehe Kegelrad), bei der Antriebs- und Abtriebsachse nicht in einer Ebene liegen, sodass die Zähne von Kegel- und Tellerrad in speziellen Kurven (Hypoidkurven) geschliffen werden müssen. Aufwendig und teuer, aber leise und belastbar. Benötigt spezielles Schmieröl (Hypoidöl).

I

IC Integratet circuit, integrierter Schaltkreis. Halbleiterbauteil.
Inbusschlüssel Schlüssel für Innensechskantschrauben.

K

Kabelbaum Durch Schutzschlauch zusammengefasste Kabel, die entlang einer Strecke im Motorrad verlegt sind, z.B. am Rahmen entlang.
Kardanwelle Welle, die mit einem Kreuz- oder Gleichlaufgelenk ihre Drehrichtung um einige Winkelgrade ändern kann. Wurde bei Motorrädern mit Wellenantrieb mit Einführung der Hinterradfederung nötig.
Katalysator Mit Edelmetall beschichtetes Bauteil im Auspuff, das auf chemisch-katalytischem Weg schädliche Abgasbestandteile (Stickoxide, Kohlenwasserstoffe u.a.) in unschädliche umwandeln soll. Wirkung und Nebenwirkungen sind umstritten.
Kegelrad Zusammen mit dem Tellerrad bildet es ein Getriebe, das Drehbewegungen um 90° umlenkt (siehe Abbildung).

Kegel- und Tellerrad zum Umlenken einer Drehbewegung um 90°

Kegelrollenlager Lager mit Innen- und Außenring, Kegelrollen als Wälzkörper. Hohe axiale und radiale Belastbarkeit. Verwendung als Lenkkopf-, Schwingen- und Radlager. Lagerspiel muss eingestellt werden.
Kickstarter Fußbetätigter Hebel zum Durchdrehen des Motors, um ihn zu starten.
Killschalter Not-Aus-Schalter, bei den meisten Motorrädern am rechten Lenkerende. Funktioniert als Kurzschluss- oder Zündunterbrechungs-Schalter. In Deutschland nicht vorgeschrieben.
km Abkürzung für Kilometer.
km/h Abkürzung für Kilometer pro Stunde. Geschwindigkeitseinheit.
Kolbenbolzen (Hohler) Bolzen als Verbindung zwischen Kolben und Pleuelauge. Darf weder im Pleuelauge noch im Kolben Klemmsitz haben. Oberfläche poliert und gehärtet.
Kompression Verringerung des Volumens und Erhöhung des Drucks im Brennraum durch den aufwärtsgehenden Kolben. Kompression wird als Verhältniszahl genannt, z.B. 1 : 10 = zehn Volumenteile Benzin-Luft-Gemisch werden auf ein Volumenteil zusammengepresst.
Kontermutter Mutter, die fest gegen eine andere geschraubt wird, um durch die dadurch hervorgerufene Spannung im Gewinde die zweite am Losdrehen zu hindern.
Kronenmutter Mutter mit zinnenartigen Zacken an einem Ende. Zusammen mit einem Querloch im zugehörigen Gewinde kann die Mutter mit einem Splint gegen Aufdrehen gesichert werden.
Kugellager Lager mit Innen- und Außenring, Kugeln als Wälzkörper. Häufigste Ausführung: Radialrillen-Kugellager. Kann fast nur radiale Kräfte aufnehmen.

L

Lager Mechanische Verbindung zwischen zwei sich gegeneinander bewegenden Maschinenteilen.
Läppen Materialabtrag mit äußerst feinem Schmirgelleinen (Läppleinen). Kurz vor dem Polieren.
LCD Liquid crystal display. Flüssigkristall-Anzeige. Bekannt von Armbanduhren, setzt sie sich langsam auch in Kraftfahrzeug-Instrumenten durch.
LED Light emitting diode. Leuchtdiode. Wird als verschleißfreier und stromsparender Ersatz für Kontrolllämpchen verwendet.
Lenkkopfwinkel, auch Steuerkopfwinkel, Winkel zwischen der gedachten Verlängerung des Lenkkopfs (nicht der Telegabel!) und der Horizontalen.
Lichtmaschine Stromgenerator im Kraftfahrzeug. Unterschiedliche Bauarten möglich.

M

Manschette Topfförmiger Gummiring, der in Bremszylindern für Dichtigkeit beim Betätigen sorgt.
Masse Bezeichnung des Minuspols am Kraftfahrzeug, der außer bei alten englischen Fahrzeugen am Rahmen (Masse) liegt.
Mehrbereichsöl Öle mit speziellen Legierungen, die die Schmierfähigkeit bei unterschiedlichen Temperaturen gewährleisten. Diese Eigenschaft wird in Viskositätsgrenzen ausgedrückt, z.B. SAE 20W50. D.h., dass das Öl bei niedrigen Temperaturen die Viskosität von 20, bei hohen von 50 besitzt.
Mikrometerschraube Messgerät für Längen, das durch feine Einteilung bis tausendstel Millimeter anzeigt. Verwendet zum Messen von Durchmessern, z.B. Kolben, Kolbenbolzen, Ventilschäften u.a.
Multimeter Elektrisches Messinstrument, das Spannung, Widerstand, oft auch Stromstärke und Kapazität messen kann.

N

Nachlauf Strecke vom Aufstandspunkt des Vorderrads zur Kreuzung der Verlängerung des Lenkkopfs mit dem Boden. Der Nachlauf bestimmt wesentlich die Handlichkeit (geringer N.) bzw. die Spurstabilität (großer N.).
Nadellager Lager mit nadelähnlichen Wälzkörpern. Kann hohe, aber nur radiale Kräfte aufnehmen. Verwendung als Pleuellager.
Nasse Zylinderlaufbuchsen Bauform eines wassergekühlten Motors, bei dem die Zylinderlaufbuchsen nicht in den Block eingeschrumpft sind, sondern direkt vom Kühlmittel umspült werden.
Nm Newtonmeter. Maßeinheit für Drehmoment (Kraft mal Weg).
Nylstop-Mutter Mutter mit einem Nylonring in einem Ende. Der Ring wird mit auf das Gewinde geschraubt und sichert die Mutter. Solche selbstsichernden Muttern sind höchstens zweimal zu verwenden.

O

O-Ring-Kette Antriebskette, bei der die Rollen gegen die Laschen mit O-Ringen (Gummi-Dichtringen) abgedichtet sind.
ohc (overhead camshaft). Obenliegende Nockenwelle. Bauform der Ventilsteuerung.
Ohm Einheit für elektrischen Widerstand.
Ohmmeter Widerstandsmessgerät.
ohv (overhead valve). Obenliegende Ventile. Bauform der Gassteuerung beim Viertaktmotor.
Oktanzahl Maß für den Widerstand eines Kraftstoffs gegen Selbstentzündung.
OT Oberer Totpunkt. Höchster Punkt der Kolbenbahn im Zylinder.

P

Pferdestärken (PS) Veraltete Einheit für Leistung. Heute ersetzt durch Watt (W). 1 PS = 0,36 kW.

Plastigauge Dünner Plastikstreifen zum Messen von Gleitlagerspiel.
Pleuel (auch: Pleuelstange) Verbindungsstange zwischen Kolben und Kurbelwelle.
Pleuelauge Obere Bohrung im Pleuel, in der der Kolbenbolzen sitzt.
Pleuelfuß Untere Bohrung im Pleuel, in der der Hubzapfen der Kurbelwelle sitzt.
Primärantrieb Antrieb der Kurbelwelle zum Getriebe.
Primärspannung Spannung im Primärstromkreis des Zündsystems. Bei Batteriezündungen 12 Volt, bei Hochspannungskondensatorzündungen (CDI) etwa 400 Volt bei relativ hoher Stromstärke. CDI-Primärspannung daher gefährlich.
PTFE Polytetrafluorethylen. Markenname: Teflon (Firma Dupont). Extrem gleitfähiger und reaktionsarmer Kunststoff. Kann nur in sehr aufwändigen Verfahren mit Metall verbunden werden.

R

radial Senkrecht zu einer Achse wirkend.
Radialreifen Reifen, bei dem die Karkassenfäden in Laufrichtung liegen.
Radstand Abstand zwischen den Senkrechten durch die Radachsen.
Regler Mechanisches oder elektronisches Bauteil im Kraftfahrzeug, das die von der Lichtmaschine gelieferte Spannung im Netz konstant hält, die Lichtmaschine vor Überlastung schützt und den Ladezustand der Batterie regelt.
Relais (Sprich: Relee.) Elektromagnetischer, fernsteuerbarer Schalter. Wird zur Schaltung von hohen Strömen eingesetzt.
Ruckdämpfer Gummiteile in der Hinterradnabe, die den Ruck plötzlicher Lastwechsel zwischen Kettenrad und Nabe dämpfen (siehe Abbildung). Manchmal werden auch rein metallische Ruckdämpfer konstruiert, z.B. in der Kupplung oder am Getriebeausgang (Knagge).

Gummi-Ruckdämpfer in der Hinterradnabe

S

SAE Society of Automotive Engineers. Standard für Flüssigkeits-Viskosität.
Schaltgabeln Gabelförmige Metallteile, die beim Schalten die Zahnräder auf den Getriebewellen hin und her schieben.
Schaltklauen Radiale Verbindungszapfen zwischen Getriebezahnrädern. Die Zapfenflanken sind schräg gefräst (hinterschnitten), damit sich der Eingriff unter Last nicht lösen kann.
Schieblehre Messgerät für Längen, das durch feine Einteilung bis hunderstel Millimeter anzeigt.
Schraubenfeder Spiralförmig gewickelte Feder in Zylinderform. Verwendung als Gabel- und Ventilfeder.
Seegerring Radial federnder Ring, der zur Sicherung eines Bauteils in eine Nut gesetzt wird.
Shim Stahlplättchen spezifischer Stärke, das bei direkt auf die Ventile wirkender Nockenwelle (oft bei dohc-Motoren) als Scheibe dazwischengelegt wird und das Ventilspiel bestimmt.
Sicherung Feiner Draht (Schmelzsicherung) oder Automat, der bei zu hohem Strom in einem Stromkreis (z.B. durch Kurzschluss) den Stromkreis unterbricht.
Simmerring Siehe Dichtring.
Spiel Strecke, mit der sich zwei Bauteile voneinander wegbewegen können, ohne auf Widerstand zu stoßen.
Standrohr Teil der Telegabel, der verchromt und poliert ist und in das Tauchrohr eintaucht.
Steuerkette Antriebsmöglichkeit der Nockenwelle. Billig, aber relativ verschleißanfällig.
Steuerkettenspanner Mechanische Spannvorrichtung, die die Längenausdehnung der Steuerkette ausgleicht.
Stirnräder Antriebsmöglichkeit der Nockenwelle: Zahnradkaskade zwischen Kurbel- und Nockenwelle. Teuer, aber genau und verschleißarm.
sv (side valve). Seitliche Ventile. Bauform der Gassteuerung beim Viertaktmotor (sehr alt).

T

Tauchrohr Teil der Telegabel, in den das Standrohr eintaucht.
Teflon Siehe PTFE.
Telegabel Häufigste Bauart der Vorderradführung und -federung, die aus Stand- und Tauchrohren besteht.
Tellerrad Siehe Kegelrad.
Thyristor Halbleiterbauteil mit hoher elektrischer Belastbarkeit. Verwendung als elektronischer, verschleißfreier Schalter.
Torx Speziell geformtes, sechskantiges Schraubenkopfprofil.
Transistor Halbleiterbauteil, in Zündboxen, Reglern und elektronischen Blinkrelais verbaut.
TWI Treadwear Indicator. Reifenverschleißmarke.

U

U/min. Alte Abkürzung für »Umdrehungen pro Minute«, Drehzahl. Heute: 1/min oder min^{-1}
Unterdruckuhren Messinstrumente, mit denen der Unterdruck in den Ansaugstutzen zwischen Vergaser und Zylinderkopf gemessen werden kann. Erforderlich zum Synchronisieren von Vergasern bei Mehrzylindermotoren.
Unwucht Unterschiedliche Masseverteilung auf dem Umfang eines rotierenden Teils (Rad, Kurbelwelle u.a.). Kann durch Gegengewichte ausgeglichen werden.
Upside-down-Gabel »Umgedrehte« Telegabel, bei der die Standrohre unten und die Tauchrohre oben sind.
UT Unterer Totpunkt. Unterster Punkt der Kolbenbahn im Zylinder.

V

Ventillehre Siehe auch: Fühlerlehre.
Viskosität Fließfähigkeit von Schmierstoffen. Die Viskosität von SAE 5 ist sehr hoch (dünnflüssiges Öl), SAE 90 ist sehr dickflüssig.
Volt Einheit für elektrische Spannung.

W

Watt Einheit für Leistung (W).
Wechselstrom Ständig und regelmäßig die Polung ändernder Stromfluss.
Welle Runder, sich drehender Stab im Maschinenbau.
Widerstand Elektrische Größe, gemessen in Ohm.
Winkel-Anzugsmoment Drehmoment, ausgedrückt in Winkelgraden.
Winkelgradscheibe Messscheibe mit einem Winkelkreis von 360°, mit der sich, auf ein Kurbelwellenende montiert, die Kolbenstellung in Winkelgraden der Kurbelwelle angeben lässt.

Z

Zahnriemen Flacher Antriebsriemen, dessen Innenseite gezahnt ist und damit in entsprechende Zahnräder eingreifen kann. Verwendung als Nockenwellenantrieb und (seltener) als Hinterradantrieb.
Zündreihenfolge Die Reihenfolge, in der Mehrzylindermotoren ihre einzelnen Zylinder zünden. Wird ab Zylinder Nummer eins gezählt.
Zündzeitpunkt Punkt in der Kolbenbahn kurz vor Ende des Verdichtungstakts, bei dem der Zündfunke das Gemisch entzündet. Wird in »Millimeter vor OT« oder in Winkelgraden der Kurbelwelle gemessen.

Umrechnungsfaktoren

Länge (Distanz)

Inches/Zoll (in) x 25,4 =
Millimeter (mm) x 0,0294 = in
Feet/Fuß (ft) x 0,305 =
Meter (m) x 3,281 = ft
Miles/Meile (M) x 1,609 =
Kilometer (km) x 0,621 = M

Volumen (Hubraum)

Cubic Inches (cu in) x 16,387 =
Kubikzentimeter (cm^3) x 0,061 = cu in
Englische (Imperial) Pints (Imp pt) x 0,568 =
Liter (l) x 1,76 = Imp pt
Englische (Imperial) Quarts (Imp qt) x 1,137 =
Liter (l) x 0,88 = Imp qt
Englische (Imperial) Quarts (Imp qt) x 1,201 =
US-Quarts (US qt) x 0,833 = Imp qt
US-Quarts (US qt) x 0,946 =
Liter (l) x 1,057 = US qt
Englische (Imperial) Gallons (Imp gal) x 4,546 =
Liter (l) x 0,22 = Imp gal
Englische (Imperial) Gallons (Imp gal) x 1,201 =
US-Gallons (US gal) x 0,833 = Imp gal
US-Gallons (US gal) x 3,785 =
Liter (l) x 0,264 = US gal

Masse (Gewicht)

Ounces/Unzen (oz) x 28,35 =
Gramm (g) x 0,035 = oz
Pound/Pfund (lb) x 0,454 =
Kilogramm (kg) x 2,205 = lb

Kraft

Ounces-Force (ozf; oz) x 0,278 =
Newton (N) x 3,6 = ozf; oz
Pounds-Force (lbf; lb) x 4,448 =
Newton (N) x 0,225 = lbf; lb
Newtons (N) x 0,1 =
Kilopond (kgf; kg) x 9,81 = N

Druck

Pounds-Force per Square-Inch (psi; lbf/in^2; lb/in^2) x 0,070 =
Kilopond pro Quadratzentimeter (kg/cm^3) x 14,223 = psi; lbf/in^2; lb/in^2
Pounds-Force per Square-Inch (psi; lbf/in^2; lb/in^2) x 0,068 =
Atmosphärendruck (at) x 14,696 = psi; lbf/in^2; lb/in^2
Pounds-Force per Square-Inch (psi; lbf/in^2; lb/in^2) x 0,069 =
bar x 14,5 = psi; lbf/in^2; lb/in^2
Pounds-Force per Square-Inch (psi; lbf/in^2; lb/in^2) x 6,895 =
Kilopascal (kPa) x 0,145 = psi; lbf/in^2; lb/in^2
Kilopascal (kPa) x 0,01 =
Kilogramm pro Quadratzentimeter (kg/cm^2) x 98,1 = kPa

Drehmoment (Kraftmoment)

Pounds-Force Inches (lbf in; lb in) x 1,152 =
Kilopond pro Zentimeter (kg/cm) x 0,868 = lbf in; lb in
Pounds-Force Inches (lbf in; lb in) x 0,113 =
Newtonmeter (Nm) x 8,85 = lbf in; lb in
Pounds-Force Inches (lbf in; lb in) x 0,083 =
Pounds-Force Feet (lbf ft; lb ft) x 12 = lbf in; lb in
Pounds-Force Feet (lbf ft; lb ft) x 0,138 =
Kilopondmeter (kg m) x 7,233 = lbf ft; lb ft
Pounds-Force Feet (lbf ft; lb ft) x 1,356 =
Newtonmeter (Nm) x 0,738 = lbf ft; lb ft
Newtonmeter (Nm) x 0,102 =
Kilopondmeter (kg m) x 9,804 = Nm

Vakuum (Unterdruck)

Inches Mercury (in. HG) x 3,377 =
Kilopascal (kPa) x 0,2961 = in. HG
Inches Mercury (in. HG) x 25,4 =
Millimeter Quecksilbersäule (mm HG) x 0,0394 = in. HG

Leistung

Brake Horsepower (bhp) x 0,7457 =
Kilowatt (kW) x 1,34 = bhp
Brake Horsepower (bhp) x 0,986 =
Pferdestärke (PS) x 1,014 = bhp
Pferdestärke (PS) x 0,7355 =
Kilowatt (kW) x 1,36 = PS

Geschwindigkeit

Miles per hour (mph) x 1,609 =
Kilometer pro Stunde (km/h) x 0,621 = mph

Kraftstoffverbrauch*

Miles per Imperial Gallon (mpg) x 0,354 =
Kilometer pro Liter (km/l) x 2,825 mpg (Imp)
Miles per US-Gallon (mpg) x 0,425 =
Kilometer pro Liter (km/l) x 2,352 = mpg (US)

* *Um von mpg auf Liter pro 100 Kilometer (l/100 km) umrechnen zu können, muss das Ergebnis aus mpg (Imp.) x l/100 km = 282 – bzw. aus mpg (US) x l/100 km = 235 betragen. Beispiel: Bei 31 mpg ergibt 282 : 31 = 9,1 l/100 km*

Temperatur

Grad Fahrenheit (°F) = (°C x 1,8) + 32;
Grad Celsius (°C) = (°F – 32) x 0,56

Zündkerzen-Vergleichstabelle

Zündkerzen-Wärmewerte

Bosch			
alt	neu	alt	neu
50	12	170	7
60	12–11	180	7
70	11	190	6
80	10–11	200	6
90	10	210	6
100	9–10	220	5
110	9	230	5
120	9	240	4
130	8	250	4
140	8	260	3
150	8	270	3
160	7	280	3

Zündkerzen-Vergleichstabelle

Gewinde	Bosch alt	Bosch neu	Beru alt	Beru neu	Champion	NGK
18x1,5	M45T1	M12B	45/18	18-128		AB-2
18x1,5	M95T1	M10A	95/18	18-10A	D16 v D16Y	A-6
18x1,5	M145T1	M8A	145/18	18-8A	D14 v D15Y	A-6
18x1,5	M175T1	M7A	175/18	18-7A	K9 v D10	A-6
18x1,5	M225T1	M5A	225/18	18-5A	UK10	A-7
18x1,5	M240T1	M4AC	240/18	18-4A2	K9 v D9	A-7
18x1,5	M260T1	M4AC	260/18	18-4A1	K7 v K8G	A7
14x1,25	W95T1	W10A	95/14	14-10A		B-4H
14x1,25	W145T1	W8A	145/14	14-8A	H88	B5HS
14x1,25	W145T2	W8C	145/14/3	14-8C	N5 v N6	B5ES
14x1,25	W145T30	W8D	175/14/3	14-8D	N5	BP5ES
14x1,25	W145T35	W8B	145/14A	14-8B	L92Y v L95Y	BP5HS
14x1,25	W175T1	W7A	175/14	14-7A	L85 v H88	B6HS
14x1,25	W175T2	W7C	175/14/3	14-7C	N88	B6ES
14x1,25	W175T30	W7D	175/14/3	14-7D	N9Y	BP6ES
14x1,25	W175T35	W7B	175/14A	14-7B	L87Y	BP6HS
14x1,25	W175T7		D175/14	14-7B	L87Y	BP6HS
14x1,25	W190M11S	W6AS	190/14Z	14Z-6A2		B6HV
14x1,25	W200T27		D200/14/3	14-5D	N6Y	BP7ES
14x1,25	W200T30	W6DC	200/14/3A	14-7D	N9Y	BP6ES
14x1,25	W200T35	W6B	200/14A	14-6B		BP6HS
14x1,25	W215T28		D215/14/3		L6Y	BP6ES
14x1,25	W225T1	W5A	225/14	14-7A	L85 v H88	B7HS
14x1,25	W225T2	W5C	225/14/3	14-7C	N4	B7ES
14x1,25	W225T30	W5D	225/14/3A	14-5D	N6Y	BP7ES
14x1,25	W225T35	W5B	225/14/A	14-5B	UL82Y	BP7HS
14x1,25	W225T7		D225/14	14-7B	L87Y	BP6HS
14x1,25	W230T30	W5D1	230/14/3A	14-5D1	N6Y	BP7ES
14x1,25	W240T1	W4A2	240/14	14-5A	L81	B7HS
14x1,25	W240T2	W4C2	240/14/3	14-4CS1	N3	B7ES
14x1,25	W240T28		D240/14/3	14-5D	N6Y	BP7ES
14x1,25	W260T1	W3AC	260/14	14-4A1	L4G	B8HS
14x1,25	W260T2	W3CC	260/14/3	14-4CS1	N3	B8ES
14x1,25	W260T28		D260/14/3	14-4CS1	N3	B8EV

Zündkerzen-Gesichter

(siehe Kapitel 1 Zündkerzen-Wartung)

Kontrollieren Sie regelmäßig die Zündkerzen. Bei Motorproblemen können Kerzengesichter Aufschluss über die Ursache geben. Nach Sichtung einer überhitzten Zündkerze kann man Schritte unternehmen, die teure Motorschäden verhindern. Wechseln Sie auch scheinbar funktionierende Zündkerzen regelmäßig aus – Sie werden merken, dass der Motor besser anspringt, gleichmäßiger läuft und weniger Benzin verbraucht.

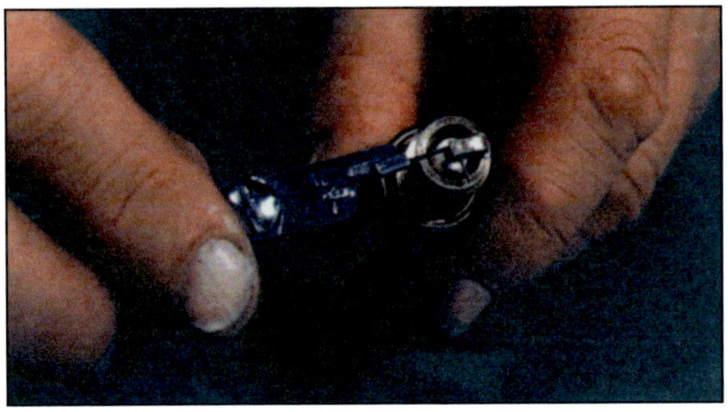

Kontrolle des Elektroden-Abstands – Benutzen Sie besser eine Drahtlehre als eine Fühlerlehre.

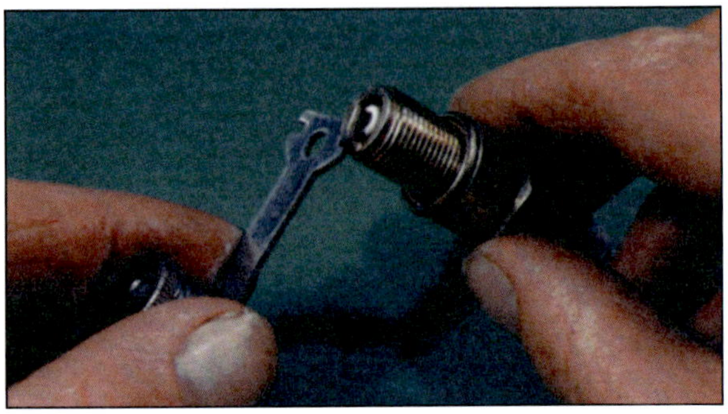

Einstellung des Elektroden-Abstands – Biegen Sie die Masse-Elektrode vorsichtig mit einem geeigneten Werkzeug nach.

Normaler Zustand – Eine hellbraune oder graue Färbung zeigt, dass der Motor in einem guten Zustand und die Zündkerze vom richtigen Typ ist. An den Elektroden ist kein Verschleiß festzustellen.

Asche-Ablagerungen – Hellbraune Ablagerungen an den Elektroden bewirken Fehlzündungen oder Zündaussetzer. Gründe: Eindringen und Verbrennen von Öl oder schlechtes Benzin.

Kohleablagerungen – Schwarze, trockene und rußige Ablagerungen sorgen für Fehlzündungen und schwache Zündfunken. Gründe: falscher Wärmewert der Kerze, fettes Benzin/Luft-Gemisch, ein fehlerhaft arbeitender Choke oder ein stark verschmutzter Luftfilter.

Verölte Kerze – Nasse, schwarze, klebrige Ablagerungen führen zu Fehlzündung und einem schwachen Funken. Gründe: Undichte Kolbenringe oder Ventilführungen (bei Viertaktern) sowie zu fettes Öl/Benzin-Gemisch bei Zweitaktern.

Überhitzung – Weiß gefleckter Isolator und verglaste Elektroden. Gründe: Falscher Wärmewert der Kerze, falsch arbeitende Zündung, minderwertiges Benzin, Kühlprobleme des Motors.

Verschlissene Kerze – Abgebrannte und abgerundete Elektroden, Verschmutzung oder abgeplatzte Isolatoren sorgen für schlechtes Startverhalten, besonders bei schlechtem Wetter, sowie erhöhten Benzinverbrauch.